（2014年）

继电保护原理及控制技术的研究与探讨——发电侧

中国电机工程学会继电保护专业委员会◎编

中国水利水电出版社
www.waterpub.com.cn

内 容 提 要

本书为中国电机工程学会继电保护专业委员会2014年发电侧保护和控制学术研讨会的会议论文集，收录了106篇关于发电侧保护和控制技术的专业论文，内容涵盖了发电厂保护和控制、机网协调、分布式发电以及IEC 61850应用及经验等多个继电保护领域。内容丰富、涵盖面广、实用性强，对今后发电侧保护与控制研究具有较高的参考价值和借鉴意义。本书可为相关专业专家、学者以及相关工程技术人员提供参考。

图书在版编目（CIP）数据

继电保护原理及控制技术的研究与探讨 ： 发电侧 ： 2014年 / 中国电机工程学会继电保护专业委员会编. -- 北京 ： 中国水利水电出版社, 2014.11
ISBN 978-7-5170-2695-2

Ⅰ. ①继… Ⅱ. ①中… Ⅲ. ①继电保护－学术会议－文集 Ⅳ. ①TM77-53

中国版本图书馆CIP数据核字(2014)第266231号

书 名	**继电保护原理及控制技术的研究与探讨——发电侧(2014年)**
作 者	中国电机工程学会继电保护专业委员会 编
出版发行	中国水利水电出版社 （北京市海淀区玉渊潭南路1号D座 100038） 网址：www. waterpub. com. cn E-mail：sales@ waterpub. com. cn 电话：(010) 68367658（发行部）
经 售	北京科水图书销售中心（零售） 电话：(010) 88383994、63202643、68545874 全国各地新华书店和相关出版物销售网点
排 版	北京时代澄宇科技有限公司
印 刷	北京纪元彩艺印刷有限公司
规 格	184mm×260mm 16开本 38.75印张 991千字
版 次	2014年11月第1版 2014年11月第1次印刷
定 价	**128.00**元

前　言

十一月的南京，天高云淡，秋风飒爽。中国电机工程学会继电保护专业委员会发电侧保护和控制学术研讨会在南京顺利召开。会议由中国电机工程学会继电保护专业委员会主办，南京南瑞继保电气有限公司承办。

电源是电力系统非常重要的一部分，更是智能电网不可或缺的一个重要部分。经济发展、可再生能源利用、低碳、节能、环保、安全，不仅向常规电厂提出了更高要求，同时也促进了多种能源发电技术的发展。智能电网的出现和建设，也给发电侧提出了新的要求。如何保证发电侧安全可靠稳定运行，与智能电网配合协调，是当前保护和控制面临的一个重大挑战。为此，中国电机工程学会继电保护专委会决定举办专题学术研讨会，研讨发电侧保护和控制的新挑战、新技术，探讨智能电网下发电侧保护控制的新问题，交流各种保护和控制技术的解决方案、运行维护经验。

大会得到了电力各界的热烈响应，征得论文120余篇，经专家教授评审，最终确定106篇论文入选本届会议。

在论文编辑出版过程中，我们得到了有关单位和人员的大力支持和帮助。借此机会，对积极组织、推荐论文的各发电公司、设计院、电科院、高校、设备制造厂等单位的领导、工作人员和所有提交论文的作者表示衷心的谢意。

本届会议是在中国电机工程学会继电保护专业委员会的直接领导下召开的，电机工程界的前辈和多位专家学者给予了细致的关怀和指导。南京南瑞继保电气有限公司领导十分关注本届会议的召开，给予了大力支持。中国水利水电出版社对本论文集的出版给予了热情的支持和帮助，在此一并致谢。

编者

2014 年 11 日

目　录

前言

100MW 及以下水轮发电机主保护配置方案的优化设计研究
…………………………………………………… 桂　林　李荷婷　陈健国　邹　键　王祥珩（1）

600MW 机组高起始无刷励磁系统调节新方法
——串联柔性电阻方法在盘山电厂应用 ……… 孟为群　贾宪武　张　伟　段海超　吴　龙（10）

大型发电机组变压器后备保护存在问题及解决方案 ………………………… 张健康　粟小华（16）

同步发电机转子匝间短路故障在线监测的研究评述与展望 …… 郝亮亮　桂　林　陈　俊（24）

零序电压型与注入式定子接地保护的灵敏度分析
…………………………………………………… 陈　俊　汤炳章　张琦雪　严　伟　沈全荣（37）

大型燃机电厂 SFC 逻辑控制盘国产化冗余方案 ………………… 蔡晓铭　冯桂青　石祥建（41）

全光纤式光学电流互感器的裂相横差保护在沙河电站抽水蓄能机组上的应用
…………………………………………………… 李德敏　杨海学　赵苏彦　蒋立宪　王　凯（46）

国内外核电站发电机—变压器组保护装置差异性分析 …………………… 檀松朴　林春来（51）

重型燃气轮发电机保护的配置 ………………………………………… 于增波　周鸿博（56）

某 2×300MW 火力发电厂 6kV 电缆故障导致全厂停电的原因分析与经验教训
…………………………………………………………………………………………… 张红亮（60）

国产微机保护在 CPR1000 核电机组上的应用 ………… 何其伟　姬生飞　潘仁秋　陈佳胜（64）

新型相位比较式失步保护方法的实现 ………………………………… 刘万斌　刘小波（70）

旋转型转子接地保护系统研究及应用
……………………………… 王　光　王　钧　陈　俊　张琦雪　于海波　刘　乐（77）

IEC61850 技术在水电厂厂用电系统中的应用
…………………………… 侯　炜　高　健　张灵凌　严　伟　邹　颖　王淑超　牛洪海（83）

和应涌流对发电机差动保护的影响及应对措施 ……… 许　峰　李军保　陈　俊　王　凯（89）

发电机失磁保护整定计算的探讨 ……………………… 杨宏宇　蒋一泉　单　华　蒋　琛（94）

三阻抗元件型发电机失步保护在田湾核电站的应用与创新 …… 张亚峰　李　聪　米国政（101）

浅析燃气轮发电机定子接地保护 ……………………………………… 于增波　周鸿博（107）

一起单相接地短路引起主变差动保护动作的思考
——发电机 $3U_0$ 定子接地保护的改进方案 ………………………… 魏　军　刘万斌（112）

江苏沙河抽水蓄能电站发电电动机主保护优化分析 … 杨海学　赵苏彦　蒋立宪　王　凯（116）

基于可靠性理论的抽水蓄能机组检修策略优化计算模型研究 …………………… 巩　宇（121）

燃气轮机启动过程中的继电保护处理方案探讨 ………………… 姬生飞　房　康　牛元超（128）

火电厂高压变频系统中的电机保护方案研究 ………………………………… 窦　君（135）

发电机定子匝间短路保护方案 ………………………………………… 龚恺恺　朱颖俊（142）

发电机过激磁保护反时限曲线的选择与优化 ………… 梁乾兵　夏　天　董玉玲　徐卫星（146）

汽轮发电机转子匝间监测装置的研制及应用
…………………………………………………… 李华忠　任洪磊　张琦雪　王　光　陈　俊（151）
潍坑发电机内部故障分析及主保护优化设计研究
…………………………………………………… 干建丽　桂　林　陈　俊　张景林　王祥珩（156）
一起典型发电机转子交流侧接地故障排查和分析
…………………………………………………… 程　骁　吕晓勇　王　光　徐　金　陈　俊（164）
发电厂电流互感器相关故障的应对措施 …………………………………………………… 焦国强（169）
浅谈 ABB 励磁系统转子过电压保护…………………………………………………………… 林长鹏（172）
广蓄电厂机组保护闭锁技术国产化研究与应用 …………………………………………… 李贻凯（177）
大型燃气轮发电机组保护若干问题探讨 ……………… 王　凯　许　峰　陈　俊　王　光（183）
大型水电站具有 GIL 出线的线路保护及 TA 配置设计方案探讨 ………………………… 王伟华（189）
高渗透率 DG 接入配电网对继电保护的影响及解决思路
………………………………………………………………… 严　伟　席康庆　徐光福　朱中华（196）
智能化技术在电厂升压站的应用 ………………………… 潘仁秋　杨　健　孙　亮　何海波（202）
一种改进的发电侧电流突变量选相方案 ……………………………………………… 黄　涛　陆于平（207）
景洪水电站备用电源自投系统的研制及应用 ………………………… 魏　巍　石　勇　牛洪海（213）
浅谈某厂励磁系统 TV 断线判别的改造 …………………………………………… 夏志凌　黄　龙（217）
ABB UFES 快速灭弧器在火力发电厂的应用 ………………………………………………… 葛宗琴（222）
双 Y 型绕组电动机差动保护研究 ……………………………………………………… 查晓毅　张袁丰（228）
提高水电机组 AGC 与一次调频调节性能的关键技术问题探究与改进 ………………… 唐亚波（233）
大型发电机电压互感器高压熔断器“慢熔”故障分析及处理……………………………… 苏汉章（238）
某电厂 1 号炉乙排粉机变频器直流过电压故障的处理与防范 …………………………… 卜繁薇（245）
国产励磁系统在进口 225MW 燃气发电机组上的应用
……………………………………………………………………………… 牟　伟　娄季献　吴　龙（249）
PSVR 100 发电机励磁调节装置在谏壁电厂三机励磁中的成功应用 ……………………… 姜伟民（255）
新型跨接器过电压保护回路设计介绍 …………………… 韩　兵　牟　伟　施一峰　吴　龙（262）
国产 SFC 设备在江苏沙河抽水蓄能电站的应用研究
……………………………………… 闫　伟　袁江伟　司红建　石祥建　吴　龙　刘为群（266）
静止变频器（SFC）启动机组泵工况过程浅析 ……………………… 王　熙　刘　聪　冯刚声（273）
国产大型静止变频器（SFC）系统设计及应用
……………………………………… 徐　峰　高苏杰　张亚武　衣传宝　石祥建　刘为群（279）
SFC 启动的抽水蓄能机组励磁系统研制及应用 ………………………………………… 施一峰　牟　伟（284）
1000MW 机组 PCS—9400 分布式智能励磁系统应用
——励磁系统状态检测及状态评估新技术 …………… 慈学敏　王彦杰　施一峰　吴　龙（289）
ABB Unitrol 5000 励磁系统专用高灵敏度发电机 TV 断线监测装置研制及应用
……………………………………………………………………………………… 李军保　裴丽秋（294）
730MW 机组并行三通道多冗余切换技术应用…………………… 刘兰海　郑　雷　吴　龙（299）
励磁系统采样 TA 故障引发机组跳闸处理方法 ………………………………………………… 林长鹏（303）
自动电压控制系统在电厂中的应用 ……………………………………………………………… 谭春力（306）

发电机同期回路优化设计 …………………………………………………………… 杨长存（312）
厂用电二次系统检修中需要注意的问题 ………………………………… 张　峰　潘铁山（315）
脱硝系统稀释风机过电流问题的分析研究 ………………………………………… 秦绍俊（318）
浅谈漫湾电厂 AGC 优化策略 ……………………………………………… 李天平　盛　蕊（323）
电厂 NCS 系统网络优化探讨与应用 ………………………………………… 任晓骏　熊忠群（327）
发电厂生产管理区主要业务分析及接入方案的设计与研究 …… 刘梦欣　储真荣　杨　鹏（334）
IEC61850 标准在发电机变压器组保护装置中的应用 ……………………… 张为越　崔殿彬（343）
基于 DFR 的核电站中压事件记录系统 ………………………… 陈佳胜　钟守平　陈　俊（349）
核岛中压电动机馈线保护整定方法 ………………………………………… 车　皓　李　嘉（354）
火电机组有功功率变送器暂态性能分析 ………………………… 杨　涛　黄晓明　宣佳卓（360）
浅谈变压器智能在线监测装置的使用 ……………………………………………… 曹小燕（365）
基于智能控制装置 PCS—9821 的 GIS 智能汇控柜在三峡地下电站的应用 ………… 王　慧（369）
基于 WEBGIS 平台的电网台风预警系统研究 …………………………… 黄山峰　金岩磊（375）
智能变电站顺序控制功能的研究与应用 …………………………………………… 滕井玉（380）
应用于智能站的中低压线路光纤纵差保护装置
………………………………………………… 徐　舒　余群兵　丁　力　徐光福　柴铁洪（386）
分布式光伏运行监控系统设计探讨
………………………… 邹国惠　罗奕飞　张春合　徐光福　严　伟　徐　浩　赵云峰（391）
分布式电源接入对配网过流保护及距离保护的影响和应对策略
………………………………………… 赵月灵　程秋秋　代　莹　张庆伟　张春雷　王高明（398）
分散式新能源并网方案设计及技术研究 ……………… 杜振华　赵　靖　王志华　王　立（405）
基于永磁同步发电机的风力发电系统的数学建模 …… 刘永生　牛洪海　魏　巍　陈　俊（410）
风电场升压站中性点接地方式分析 …………………………………………………… 王　威（418）
分布式光功率预测方案研究 ……… 徐　浩　吴智刚　黄宏盛　翟剑华　王小平　赵玉灿（422）
大型并网光伏电站光伏组件的维护 …………………… 郭少刚　张存峰　周　国　王丰绪（426）
不同容量光伏发电场综合自动化监控系统组网方案探讨
…………………………………………………………… 何海波　杨　健　孙　亮　姬生飞（433）
分布式光伏发电监控与管理 ……………………………………………… 张　琪　徐　浩（438）
风电场侧 AVC 系统实现方法及应用
………………………………………… 王小平　黄宏盛　徐　浩　黄　伟　翟剑华　李陶旺（445）
并网风电场调度自动化信息平台的优化与探究 ………………………… 李　燚　刘梦欣（451）
大型并网光伏电站 AGC/AVC 应用 … 黄　伟　刘永朝　金岩磊　周　敬　唐儒海　王小平（457）
分布式光伏发电接入对配网主变中性点过电压的影响研究 ……………………… 何俊峰（462）
基于 SCADA 的多风电场远程监控系统的设计 ……………………………………… 张海超（468）
电力生产信息计算平台架构设计 …………… 秦冠军　张军华　金岩磊　葛立青　黄山峰（472）
微网协调控制保护装置的研制及 RTDS 仿真验证
………………………………………… 徐光福　何俊峰　郭　勇　王景霄　张春合　余群兵（479）
基于 IEC61850 的二次设备台账管理系统 …………………………………………… 滕井玉（488）
TV 一次保险熔断引起的高频保护误动原因分析研究 ………………………………… 胡小燕（494）

基于负荷曲线的变压器运行能力在线评价与预警 …… 尹　凯　葛立青　王　永　张代新（500）
一种基于 EMS 实时数据及故障录波数据的故障分析系统 ………………… 刘焕志　祁　忠（507）
利用短路电流校验差动保护的技术应用 ……………………………………… 杨长存　方　浩（515）
“两渡”直流投产后严重故障下南方电网的失步特性分析
……………………………………………… 常宝立　涂　亮　方胜文　俞秋阳　柳勇军（520）
区域保护控制系统研究及应用 ……………………………………………… 施永健　周继馨（528）
稳定控制装置在镇海电厂的应用 ……………………………………………………… 高　军（539）
基于可视化配置平台的标准化稳控切负荷执行站实施方案
……………………………………………………… 洪丽强　徐　柯　常东旭　任祖怡（545）
预制舱在太原南智能站中的应用 ……………………………………………………… 王　凯（552）
一种测试继电保护装置跳闸出口接点性能的新方法 ………………… 施静辉　张延冬　于　哲（560）
基于预估信息的配电网自适应电流保护方法 ………… 李　伟　杨国生　李仲青　王兴国（564）
一种基于 PSD—BPA 的复杂故障下的临界切除时间自动计算方法
…………………………………… 常宝立　徐光虎　李　敏　何俊峰　夏彦辉　梅　勇（571）
降低凝泵电机电耗 …………………………………………………………… 杨长存　任池银（576）
自动电压调控系统 AVC 控制码转换计算研究 ………………… 师淑英　苏荣芳　刘春雷（580）
双端远方备自投技术研究及应用 …………………………………………… 施永健　陈智远（584）
IEC/TR 61850—90—5 关键技术概述及工程实施展望…… 陈玉林　胡绍谦　杨　贵　刘明慧（588）
数字化变电站网络流量分析与丢帧控制 ………………… 李广华　冯亚东　周　强　王自成（596）
220kV 线路保护标准化设计改造 ……………………………………………………… 高　军（603）
分布式电源接入配电网继电保护策略研究 ……………………………………………… 张　嵩（607）

100MW 及以下水轮发电机主保护配置方案的优化设计研究

桂 林[1]，李荷婷[1]，陈健国[2]，邹 键[2]，王祥珩[1]

（1. 清华大学电机系电力系统及发电设备控制和仿真国家重点实验室，北京 100084；
2. 三峡梯调通信中心成都调控中心，四川 成都 610041）

【摘 要】 单机容量在100MW 及以下的中小型水轮发电机主保护方案的设计不能简单沿用传统设计方案（完全纵差+零序电流型横差保护）。本文以60MW 那邦冲击式发电机、90MW Soubre混流式发电机和58MW 沙坪二级贯流式发电机主保护的定量化设计为例，并结合已有的大中型水轮发电机主保护定量化及优化设计的经验，说明应根据中小型发电机定子绕组形式所决定的内部故障特点的不同，来决定是沿用传统设计方案还是在其基础上增设裂相横差保护。上述设计思路可供水电设计院和相关监理公司参考。

【关键词】 中小型水轮发电机；主保护设计；内部短路计算；绕组形式；故障特点

0 引言

随着中国水电“十二五”规划的逐步落实和中国水电“走出去”战略的加快实施，国内外水电领域出现了一批单机容量在100MW 及以下的中小型机组，受各种客观条件的制约，其发电机主保护方案的设计无法都采用基于全面内部故障分析的定量化设计方法[1-4]，发电机主保护的设计一般都沿用传统设计方案——完全纵差保护+零序电流型横差保护。

下面以那邦水电站（3×60MW，冲击式水轮发电机）、Soubre 水电站（3×90MW，混流式水轮发电机）和沙坪二级水电站（6×58MW，贯流式水轮发电机）发电机主保护的定量化设计为例，并结合已有的大中型水轮发电机主保护定量化及优化设计的经验，对100MW 及以下水轮发电机主保护配置方案的优化设计提出合理化建议，供水电设计院和相关监理公司参考。

1 那邦发电机主保护定量化设计过程

那邦水电站位于云南省德宏州盈江县西部勐乃河上，电站总装机容量180MW（3×60MW）；其发电机采用分数槽（$q=26/5$）半波绕组（定子绕组节距为 $y_1=14$、$y_2=17$），10 极，定子槽数为156，每相2 分支，每分支26 个线圈。

那邦发电机额定参数为：$P_N=60\text{MW}$，$U_N=10.5\text{kV}$，$I_N=3770.45\text{A}$，$\cos\varphi_N=0.875$，$I_{f0}=480\text{A}$，$I_{fN}=795\text{A}$。

1.1 那邦发电机的故障特点及典型故障特征

根据对东方电气集团四川东风电机厂有限公司提供的发电机定子绕组展开图的分析，该发电机定子绕组实际可能发生的内部短路见表1 和表2。

表1 中，定子槽内上、下层线棒间短路共156 种（等于定子槽数）。通过对同槽故障的分析

发现，没有同相同分支匝间短路；同相不同分支匝间短路 108 种，占 69.23%；相间短路 48 种，占 30.77%。

表 1　　那邦发电机 156 种同槽故障

同相同分支匝间短路	同相不同分支匝间短路	相间短路 48 种	
		分支编号相同	分支编号不同
0	108	48	0

表 2 中，定子绕组端部交叉处短路共 4524 种。通过对端部交叉故障（简称为端部故障）的分析发现，同相同分支匝间短路 630 种，占 13.93%，其中最小短路匝数为 5 匝（对应的短路匝比为 19.23%），有 120 种，最大短路匝数为 26 匝（对应的短路匝比为 100%），有 6 种；同相不同分支匝间短路 702 种，占 15.52%；相间短路 3192 种，占 70.56%。

表 2　　那邦发电机 4524 种端部交叉故障

同相同分支匝间短路 630 种				同相不同分支匝间短路	相间短路 3192 种	
短路匝数	5 匝	6～21 匝	26 匝		分支编号相同	分支编号不同
故障数	120	504	6	702	1572	1620

从表 1 和表 2 可以看出，那邦发电机所采用的分数槽半波绕组使得实际可能发生的内部短路中不存在小匝数同相同分支匝间短路，将有利于主保护方案性能的提高[5-6]。

1.2　运用“多回路分析法”确定传统设计方案的合理性

通过全面的内部短路仿真计算，可以得到那邦发电机故障时每一支路电流的大小和相位（包括两中性点间的零序电流的大小），以此为基础进行主保护方案的灵敏度分析，又能清楚地认识到每种保护的长处（能灵敏反应哪些短路）和短处（不反应哪些短路），从而在定量分析的基础上确定最终的主保护配置方案。

那邦发电机采用图 1 所示的传统设计方案（无需装设分支 TA），对于实际可能发生的 4680 种内部故障没有保护死区，对 3240 种内部故障（占内部故障总数的 69.23%）有两种及以上原理不同的主保护灵敏动作；由于完全纵差保护不反应匝间短路，故传统设计方案的双重化指标不高，考虑到微机保护装置是用软件来实现继电器的功能，可适当降低对双重化指标的要求。

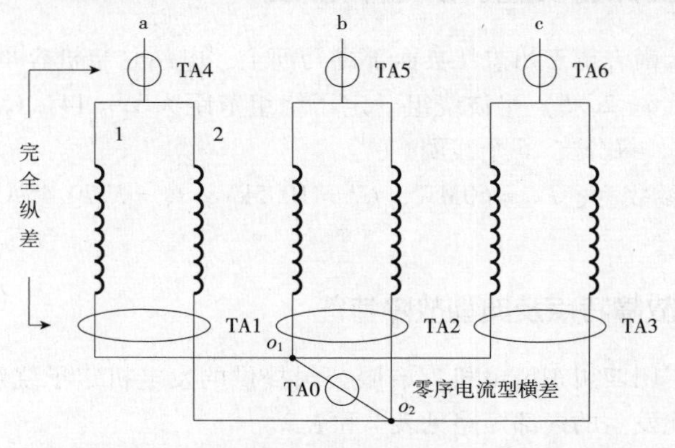

图 1　那邦发电机内部故障主保护及 TA 配置方案

2 Soubre 发电机主保护定量化设计过程

Soubre 水电站位于非洲科特迪瓦共和国萨桑德拉河上的 Naoua 瀑布处，总装机容量 270MW（3×90MW）；其发电机采用分数槽（$q=29/7$）叠绕组（定子绕组节距为 $y_1=11$），56 极，定子槽数为 696，每相 4 分支，每分支 58 个线圈。

Soubre 发电机额定参数为：$P_N=90MW$，$U_N=10.5kV$，$I_N=5822A$，$\cos\varphi_N=0.85$，$I_{f0}=837A$，$I_{fN}=1572A$。

2.1 Soubre 发电机的故障特点及典型故障特征

根据对阿尔斯通水电设备（中国）有限公司提供的发电机定子绕组展开图的分析，该发电机定子绕组实际可能发生的内部短路见表 3 和表 4。

表 3 Soubre 发电机 696 种同槽故障

同相同分支匝间短路 420 种				同相不同分支匝间短路	相间短路 240 种	
短路匝数	2 匝	3 匝	4～7 匝		分支编号相同	分支编号不同
故障数	88	68	264	36	120	120

表 4 Soubre 发电机 6429 种端部交叉故障

同相同分支匝间短路 948 种				同相不同分支匝间短路	相间短路 5448 种	
短路匝数	1 匝	2～3 匝	4～6 匝		分支编号相同	分支编号不同
故障数	360	304	284	33	2720	2728

表 3 中，定子槽内上、下层线棒间短路共 696 种（等于定子槽数）。通过对同槽故障的分析发现，同相同分支匝间短路 420 种，占 60.34%，其中最小短路匝数为 2 匝（对应的短路匝比为 3.45%），有 88 种，最大短路匝数为 7 匝（对应的短路匝比为 12.07%），有 20 种；同相不同分支匝间短路 36 种，占 5.17%；相间短路 240 种，占 34.48%。

表 4 中，定子绕组端部交叉处短路共 6429 种。通过对端部交叉故障的分析发现，同相同分支匝间短路 948 种，占 14.75%，其中最小短路匝数为 1 匝（对应的短路匝比为 1.72%），有 360 种，最大短路匝数为 6 匝（对应的短路匝比为 10.34%），有 20 种；同相不同分支匝间短路 33 种，占 0.51%；相间短路 5448 种，占 84.74%。

由于 Soubre 发电机采用的是叠绕组且绕组节距接近整距，使得同槽故障中大多数属于同相故障（若为整距绕组，则同槽故障均为同相故障），且同槽故障中的同相同分支匝间短路只可能发生在相邻 N、S 极下的线圈间，从而导致同相同分支匝间短路的短路匝数不大；端部故障中的同相同分支匝间短路则可能发生在同一极下的相邻线圈之间，对应的短路匝数更小；而 Soubre 发电机由于转速低，每分支线圈数反而很多（由 58 个线圈串联而成），使得同相同分支匝间短路的短路匝比（短路匝数/每分支线圈数）很小，主保护灵敏度问题突出[5-6]。

2.2 运用“多回路分析法”确定最终的主保护配置方案

由于篇幅限制，主要对比一下传统设计方案与推荐的定量化设计方案的差异。

2.2.1 传统设计方案——完全纵差保护（代号 3）+一套零序电流型横差保护（代号 01）

按照传统设计方法（基于概念、经验和定性分析），大型水轮发电机需配置完全纵差保护，以对付实际可能发生的相间短路；由于还存在匝间短路的可能，故需增设横差保护，零序电流型横差保护由于结构简单、功能全面而被优先选择。

Soubre 发电机传统设计方案的构成如图 2 所示，在 o_1-o_2 之间接一个电流互感器 TA0，以构成一套零序电流型横差保护；利用每相机端和中性点侧的相电流互感器 TA1～TA6，可构成一套完全纵差保护。

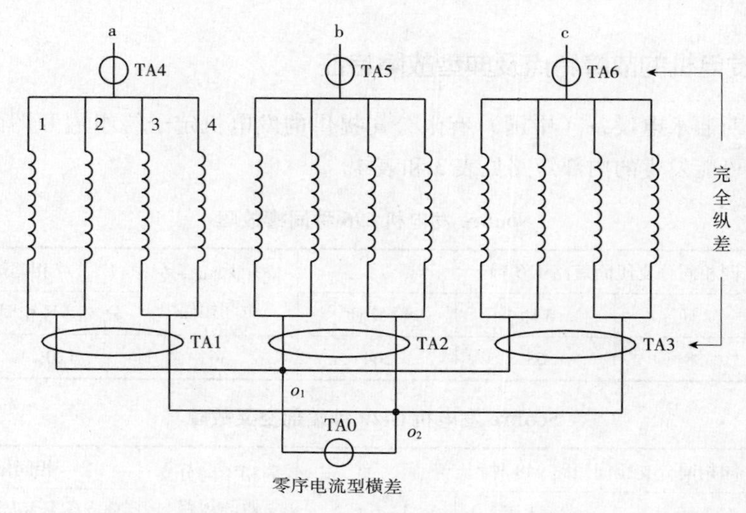

图 2　Soubre 发电机传统设计方案（相邻连接，12－34）

传统设计方案的性能见表 5，不能动作故障数为 1079 种（占故障总数的 15.14%），双重化指标为 79.79%。

表 5　Soubre 发电机同槽和端部故障时传统设计和定量化设计方案的动作情况

故障类型	构成形式	几种主保护均不动作	只有 1 种主保护动作	2 种及以上主保护都动作
同槽故障数	K01+3_ 12－34	290	166	240
	K01+3_ 13－24	269	187	240
	K01+3_ 14－23	299	163	234
	K01+10+3_ 12－34	178	130	388
	K01+10+3_ 13－24	137	168	391
	K01+10+3_ 14－23	187	130	379
端部故障数	K01+3_ 12－34	789	195	5445
	K01+3_ 13－24	796	192	5441
	K01+3_ 14－23	798	439	5192
	K01+10+3_ 12－34	686	134	5609
	K01+10+3_ 13－24	632	220	5577
	K01+10+3_ 14－23	695	134	5600

2.2.2 定量化设计方案——完全纵差保护（代号3）+一套零序电流型横差保护（代号01）+完全裂相横差保护（代号10）

经主保护定量化设计过程，推荐方案如图3所示，将每相的1、3分支接在一起，形成中性点 o_1；再将每相的2、4分支接在一起，形成中性点 o_2。在 o_1、o_2 之间接一个电流互感器TA0，以构成一套零序电流型横差保护；并在每相的1、3分支组和2、4分支组上装设分支电流互感器TA1～TA6，且有机端相电流互感器TA7～TA9，以构成一套完全裂相横差保护和一套完全纵差保护（其中性点侧相电流取自每相已有的两个分支组TA）。

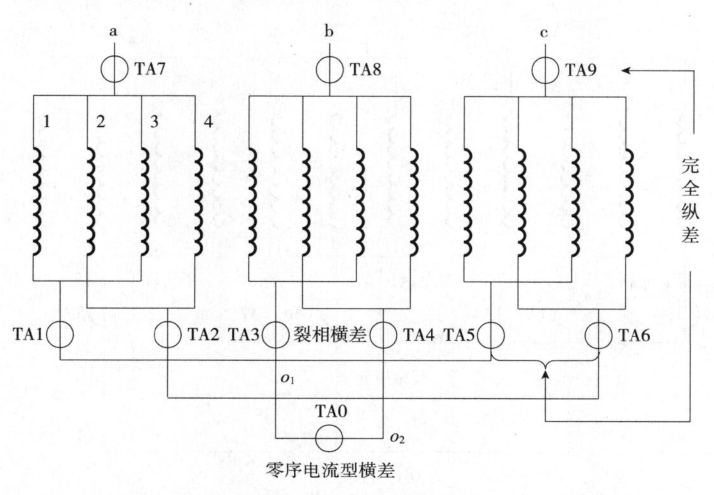

图3 Soubre 发电机内部故障主保护及TA配置推荐方案（相隔连接，13－24）

对于Soubre发电机实际可能发生的7125种内部故障，图3所示推荐方案不能动作故障数有769种，占内部故障总数的10.79%，不能动作的故障类型大多为短路匝比不大于5%的小匝数同相同分支匝间短路；对5968种内部故障（占内部故障总数的83.76%）有两种及以上原理不同的主保护灵敏动作，见表5。

由于Soubre发电机定子绕组形式所决定的故障特点中小匝数匝间短路问题突出，即使采用更加复杂的中性点引出方式并增设分支TA（图4），其不能动作故障数也高达608种，占内部故障总数的8.53%。

通过进一步的分析发现，相比于图3所示推荐方案，图4所示方案不能动作故障类型中发生几率大的大匝数同相同分支匝间短路数反而增大了（见表6和表7），究其原因在于随着短路匝数的增加，故障相故障分支与非故障分支的中性点侧电流大小和相位相差越来越大，故障分支中性点侧电流对故障相不平衡度的影响越来越显著，当故障分支恰好为被舍弃的分支时，故障相其余分支之间的不平衡度就很小了，必然导致故障相不完全裂相横差保护灵敏度的降低。

表6 Soubre发电机同槽故障时各种主保护配置方案不能动作故障数及其性质

主保护方案	不能动作故障数	同相同分支匝间短路						同相不同分支匝间短路	相间短路
		2匝	3匝	4匝	5匝	6匝	7匝		
推荐方案	137	76	40	4	6	0	2	9	0
可能方案	138	41	24	27	20	13	6	7	0

表 7　**Soubre 发电机端部故障时各种主保护配置方案不能可靠动作故障数及其性质**

主保护方案	不能动作故障数	同相同分支匝间短路						同相不同分支匝间短路	相间短路
		1 匝	2 匝	3 匝	4 匝	5 匝	6 匝		
推荐方案	632	360	176	60	22	6	2	6	0
可能方案	470	246	98	43	48	23	6	6	0

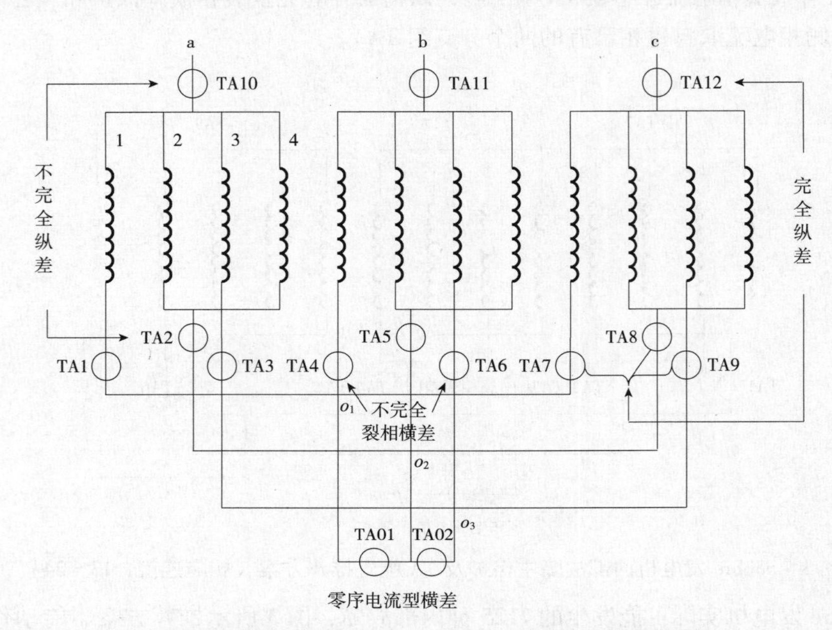

图 4　Soubre 发电机内部故障主保护及 TA 配置可能方案（相隔连接，1－24－3）

一般来说，完全裂相横差保护反应匝间短路的能力要优于零序电流型横差保护，因为完全裂相横差反应的是一相两部分之间的不平衡，而零序电流型横差则是将三相绕组分成两部分、反应流过中性点连线的不平衡电流；对于小匝数同相同分支匝间短路，不完全裂相横差保护的灵敏性与完全裂相横差保护的灵敏性相差不大，甚至要好于完全裂相横差，但是随着短路匝比的增加，不完全裂相横差保护的灵敏性逐渐变差。

3　沙坪二级发电机主保护定量化设计过程

沙坪二级水电站为大渡河干流 22 级规划的第 20 个梯级电站，上游为沙坪一级水电站，下游为龚嘴水电站；电站共安装 6 台 58MW 的灯泡贯流式机组（单机容量为国内最大）；其发电机采用分数槽（$q=5/2$）波绕组（定子绕组节距为 $y_1=6$、$y_2=9$），68 极，定子槽数为 510，每相 2 分支，每分支 85 个线圈。

沙坪二级发电机额定参数为：$P_N=58$MW，$U_N=10.5$kV，$I_N=3447.6$A，$\cos\varphi_N=0.925$，$I_{f0}=586.2$A，$I_{fN}=955.6$A。

3.1　沙坪二级发电机的故障特点及典型故障特征

根据对东方电气集团东方电机有限公司提供的发电机定子绕组展开图的分析，该发电机定子绕组实际可能发生的内部短路见表 8 和表 9。

表 8　　沙坪二级发电机 510 种同槽故障

同相同分支匝间短路 184 种				同相不同分支匝间短路	相间短路 306 种	
短路匝数	36 匝	37~65 匝	66 匝		分支编号相同	分支编号不同
故障数	4	176	4	20	198	108

表 9　　沙坪二级发电机 6630 种端部交叉故障

同相同分支匝间短路 1728 种				同相不同分支匝间短路	相间短路 4794 种	
短路匝数	1 匝	2~66 匝	67 匝		分支编号相同	分支编号不同
故障数	24	1674	30	108	3028	1766

表 8 中，定子槽内上、下层线棒间短路共 510 种（等于定子槽数）。通过对同槽故障的分析发现，同相同分支匝间短路 184 种，占 36.08%，其中最小短路匝数为 36 匝（对应的短路匝比为 42.35%），有 4 种，最大短路匝数为 66 匝（对应的短路匝比为 77.65%），也有 4 种；同相不同分支匝间短路 20 种，占 3.92%；相间短路 306 种，占 60%。

表 9 中，定子绕组端部交叉处短路共 6630 种。通过对端部交叉故障的分析发现，同相同分支匝间短路 1728 种，占 26.06%，其中最小短路匝数为 1 匝（对应的短路匝比为 1.18%），有 24 种，最大短路匝数为 67 匝（对应的短路匝比为 78.82%），有 30 种；同相不同分支匝间短路 108 种，占 1.63%；相间短路 4794 种，占 72.31%。

通常情况下，贯流式发电机由于水头低（极数多）、容量小（分支数少），使得每分支线圈数反而很多，导致同相同分支匝间短路多为小短路匝比，主保护灵敏度问题突出；而沙坪二级发电机所采用的绕组形式[5-6]，使得同槽故障中不存在小匝数同相同分支匝间短路、端部故障中小匝数同相同分支匝间短路所占比率不大（表 8 和表 9），将有利于发电机主保护性能的提高。

3.2　运用"多回路分析法"对比不同主保护配置方案的性能

受限于篇幅，主要对比一下传统设计方案与增设裂相横差保护的定量化设计方案的差异。

通过表 10 可以看出，在传统设计方案的基础上增设裂相横差保护（需将相应的中性点侧相 TA 改为分支 TA），不能动作故障数减少了 94 种（占内部故障总数的 1.32%），双重化指标提高了 26.67%。

表 10　　沙坪二级发电机同槽和端部故障时传统设计和定量化设计方案的动作情况

故障类型	构成形式	几种主保护均不动作	只有 1 种主保护动作	2 种及以上主保护都动作
同槽故障数	K01+3	0	204	306
	K01+10+3	0	0	510
端部故障数	K01+3	152	1712	4766
	K01+10+3	58	106	6466

4　大中型水轮发电机主保护定量化及优化设计经验[7-10]

分析对比已有的 300 多台大中型水轮发电机主保护的定量化设计结果，不难发现：

（1）采用叠绕组的高转速水轮发电机，譬如鲁德巴（2×230MW，20 极）、瓦屋山（2×130MW，18 极）、仙游抽蓄（4×300MW，14 极）、清远抽蓄（4×320MW，14 极）、仙居抽蓄（4×375MW，16 极）、洪屏抽蓄（4×300MW，12 极）和深圳抽蓄（4×300MW，14 极）发电机，经定量化设计过程均取得了良好的保护性能，其主保护配置方案的不能动作故障率（不能动作故障数/内部故障总数）分别仅为 0.27%、0.0%、0.08%、0.16%、0.27%、0.0% 和 0.17%。

（2）采用波绕组的高转速水轮发电机也取得了良好的保护性能，譬如溧阳抽蓄电站（6×250MW，20 极）发电机主保护配置方案无保护死区。

（3）采用叠绕组的低转速水轮发电机，即使采用与上述高转速水轮发电机相同的主保护配置方案，也难以取得良好的保护性能，譬如桥巩（4×57MW，72 极，Alstom 机组）、岩滩扩机工程（2×300MW，84 极）和梨园（4×600MW，64 极）发电机主保护配置方案的不能动作故障率分别高达 15.48%、11.14% 和 9.70%，究其原因在于发电机定子绕组形式所决定的内部故障中小匝数同相同分支匝间短路所占比率太大。

5 结语

（1）传统设计方案仅凭概念、经验和定性分析来确定，未经全面的内部短路分析计算及主保护定量化设计过程，分支的分组及主保护方案的选取难免存在盲目性。

（2）对于高转速中小型水轮发电机，无论其定子绕组是采用叠绕组还是波绕组，均可沿用传统设计方案，无需增设分支 TA。

（3）对于低转速中小型水轮发电机，若其定子绕组采用叠绕组，需在传统设计方案（完全纵差＋零序电流型横差保护）的基础上增设裂相横差保护，以改善对于小匝数同相同分支匝间短路的灵敏性。

（4）对于采用波绕组的低转速中小型水轮发电机，在传统设计方案的基础上增设裂相横差保护，同样有利于主保护性能的改善。

参考文献：

[1] 高景德，王祥珩，李发海．交流电机及其系统的分析［M］．2 版．北京：清华大学出版社，2005.

[2] 王维俭．电气主设备继电保护原理与应用［M］．2 版．北京：中国电力出版社，2002.

[3] 桂林．大型发电机主保护配置方案优化设计的研究［D］．北京：清华大学，2003.

[4] 桂林．大型水轮发电机主保护定量化设计过程的合理简化及大型汽轮发电机新型中性点引出方式的研究［D］．清华大学博士后研究报告，2006.

[5] 白延年．水轮发电机设计与计算［M］．北京：机械工业出版社，1982.

[6] 许实章．交流电机的绕组理论［M］．北京：机械工业出版社，1985.

[7] 桂林，王维俭，孙宇光，等．三峡右岸发电机主保护配置方案设计研究总结［J］．电力系统自动化，2005，29（13）：69－75.

[8] 桂林，王祥珩，孙宇光，等．巨型水轮发电机定子绕组设计建议——由发电机主保护定量化设计引出的反思［J］．电力系统自动化，2009，33（4）：45－48.

[9] 桂林，王祥珩，孙宇光，等．叠绕组水轮发电机内部故障特点与主保护性能分析［J］．电力系统自动化，2010，34（7）：70－74.

[10] 桂林，王祥珩，孙宇光，等．向家坝和溪洛渡水电站发电机主保护设计总结［J］．电力自动化设备，2010，30（7）：30－33.

作者简介：

桂　林（1974—　），男，博士，副教授，研究方向为大机组保护及故障分析。

李荷婷（1990—　），女，硕士研究生，研究方向为发电机故障分析及其保护。

陈健国（1963—　），男，本科，高级工程师，研究方向为梯级运行调度。

邹　键（1964—　），女，本科，高级工程师，研究方向为梯级水电站发变组继电保护定值整定及运行管理。

王祥珩（1940—　），男，博士，教授，博士生导师，研究方向为电机分析与控制、电机故障及保护、电气传动及其自动化等。

600MW 机组高起始无刷励磁系统调节新方法——串联柔性电阻方法在盘山电厂应用

孟为群[1]，贾宪武[2]，张　伟[2]，段海超[2]，吴　龙[3]

（1. 大唐国际发电股份有限公司，北京　100033；
2. 天津大唐国际盘山发电有限责任公司，天津　301907；
3. 南京南瑞继保电气有限公司，江苏　南京　211102）

【摘　要】　本文介绍大唐盘山电厂600MW机组20倍高起始无刷励磁系统采用的一种新的HIR调节方法，将一种虚拟柔性电阻（软件方法模拟的电阻）串联在主励磁机磁场绕组中，相当于等效降低主励磁机时间常数，提高无刷励磁系统响应比。

【关键词】　高起始响应（HIR）；无刷励磁系统；AVR

0　引言

2000年以前300MW和600MW机组广泛采用无刷励磁方式，随着自并激静止励磁技术的成熟应用，无刷励磁方式中旋转设备实时检测困难、维护不方便、反应速度慢等问题逐步显现，慢慢被自并激励磁系统所取代，仅有少量1000MW容量的核电机组在使用无刷励磁方式。实际上，经过近10多年来无刷励磁制造商的技术发展，已经解决在线检测问题，包括磁场接地检测、磁场电压检测、旋转二极管故障检测等，其日常维护工作量极小，如果解决反应速度慢的问题，保证无刷励磁系统响应速度与自并激励磁系统相同或相似，则对于1000MW机组励磁系统的应用，无刷励磁方式将具有很大的竞争优势。

天津大唐国际盘山电厂2台600MW机组采用无刷励磁方式，原励磁系统采用国外进口产品，采用强微分参数补偿主励磁机时间常数，之后进行技术改造，采用南瑞继保公司生产的PCS-9400微机励磁系统，机组参数见表1。

表1　　天津大唐国际盘山电厂600MW机组参数表

机组设备	参数	符号	数值
发电机组	发电机组转动惯量/s	T_j	10.07
	发电机有功功率/MW	P	600.0
	发电机无功功率/Mvar	Q	290.0
	转子额定电压/V	U_{fn}	429.1
	转子额定电流/A	I_{fn}	4202.0
	直轴开路时间常数/s	$T_{d0'}$	8.77

续表

机组设备	参数	符号	数值
励磁机	励磁机额定容量/kVA	S_{en}	2442
	励磁机频率/Hz	f_e	200
	额定输出电压/V	U_e	393
	额定励磁电压/V	U_{efn}	17.5
	额定励磁电流/A	I_{efn}	225
	空载励磁电压/V	U_{ef0}	4.6
	空载励磁电流/A	I_{ef0}	59.4
	75℃励磁绕组直阻/Ω	R_{lf}	0.08
	转子时间常数/s	T_{E0}	1.873
永磁机	永磁机容量/kVA	S_P	152
	永磁机额定频率/Hz	f_p	400
	永磁机额定电压/V	U_{pmg}	300

根据机组参数可以计算出，晶闸管整流器输出电压顶值电压为23倍强励电压，发电机额定负载时触发角度高达87.5°，其相对于空载电压的放大倍数为88，由于放大倍数较大，原励磁调节器在运行过程中励磁电压波动幅度较大。

1 PCS－9400无刷励磁系统组成

改造后发电机励磁系统组成原理图如图1所示。

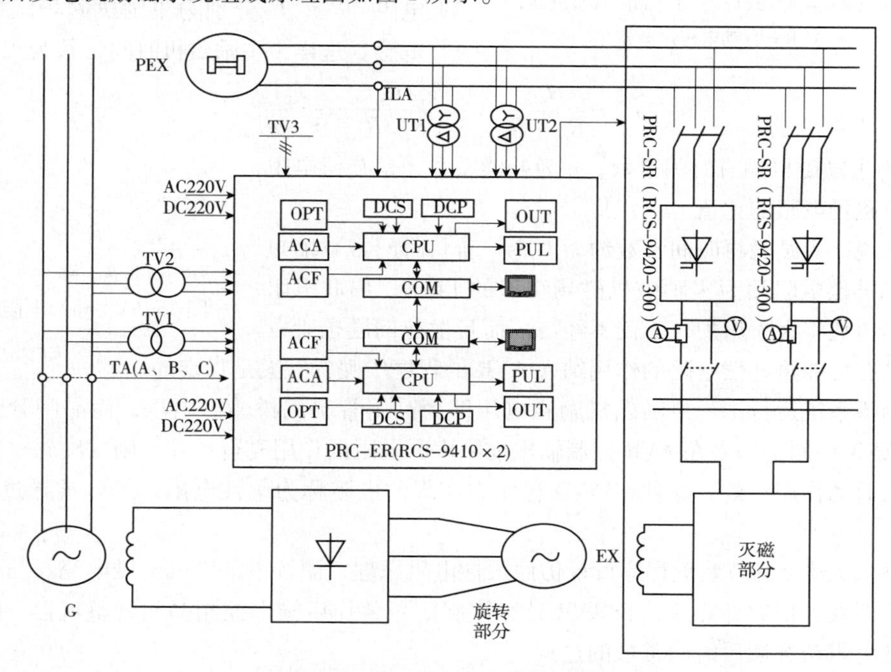

图1 600MW机组三机无刷励磁系统原理图

PCS－9400微机无刷励磁系统由PPC－ER励磁调节柜、PPC－SR晶闸管整流柜和PPC－BM灭磁及过电压保护柜三个部分组成，励磁调节器采用完全独立双自动双手动励磁调节通道配置，每个通道单独布置在一个RCS－9410励磁调节装置内，包括工作电源、模拟量输入、计算DSP、通信CPU、触发脉冲开出、数字量开入开出等完成励磁调节模块功能，两个通道通过以太网与后台工控机通信，完成监测、调试、录波等功能。晶闸管整流柜双整流桥并列运行，单个整流桥满足包括强励在内的发电机所有工况运行要求，晶闸管整流桥采用热管散热器自冷型整流桥，正常运行时不需要冷却风机，大大减小灰尘和噪音。灭磁采用灭磁开关＋线性电阻灭磁方式，正常运行时采用晶闸管整流桥逆变灭磁，故障时采用灭磁开关灭磁，过电压保护采用氧化锌非线性电阻过电压保护。

2　柔性电阻缩短时间常数

无刷励磁系统的原理接线图如图2所示。从图中可知，励磁控制是通过具有1～2s时间常数的交流无刷励磁机环节来实现，属于惯性控制系统，目前用于补偿惯性控制系统特性的方法通常是在电压自动调节器（AVR）上增加微分环节，但这仅是解决电压闭环调节稳定性的问题，未能从根本上解决励磁机时间常数过长的问题。

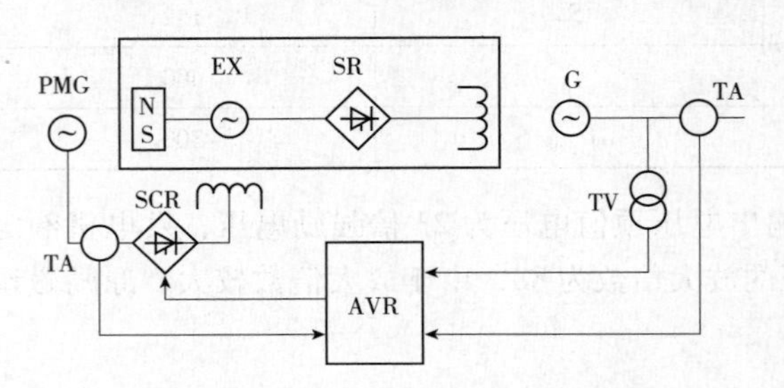

图2　无刷励磁系统典型接线图

G—发电机；EX—主励磁机；SR—旋转整流环；PMG—永磁副励磁机；SCR—晶闸管整流器；AVR—自动电压调节器

实际上，降低主励磁机时间常数最直接的方法就是在交流励磁机磁场回路中串联线性电阻，如图3所示，图中，R_{ce}为串联补偿电阻，R_{ex}、L_{ex}分别为主励机磁场绕组电阻和电感。这样，主励磁机时间常数为

$$T_E^* = \frac{L_{ex}}{R_{ce}+R_{ex}} = \frac{L_{ex}/R_{ex}}{1+R_{ce}/R_{ex}} = \frac{T_E}{1+\eta} \tag{1}$$

式中：T_E为主励磁机固有时间常数；η为补偿系数，是补偿电阻与主励磁机磁场电阻的比值。

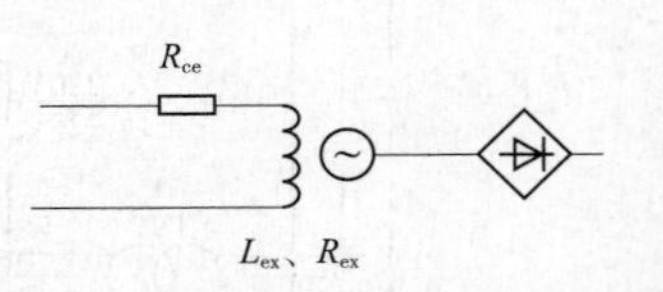

图3　串联补偿电阻示意

一般来说，主励磁机时间常数约为1.5s，若将时间常数缩短为0.1s，则补偿电阻须为主励磁机磁场绕组的14倍，串联电阻后，系统热损耗将大大增加，不仅不经济，而且散热问题也难以解决。有没有可能将补偿电阻的作用纳入AVR的程序中呢？答案是肯定的。

无刷励磁系统运行中，主励磁机励磁电压即为晶闸管整流桥输出电压，而晶闸管整流桥输出电压由AVR控制，如果在AVR控制输出前将串联电阻的作用先行计算，则主励磁机励磁电压与串联电阻后的作用等效，这种在AVR程序中实现的电阻称为柔性电阻，等效推导过程如图4所示。

PCS—9410励磁调节装置程序设计仿照柔性电阻原理，测量主励磁机励磁电流，与柔性电阻阻值及整流器放大倍数计算后，和AVR计算控制信号叠加后输出控制晶闸管整流器。图5所示为推导柔性电阻与补偿后时间常数的过程。

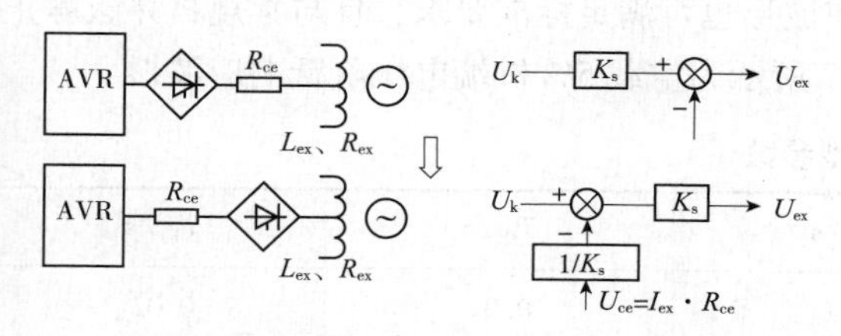

图4　柔性电阻等效图

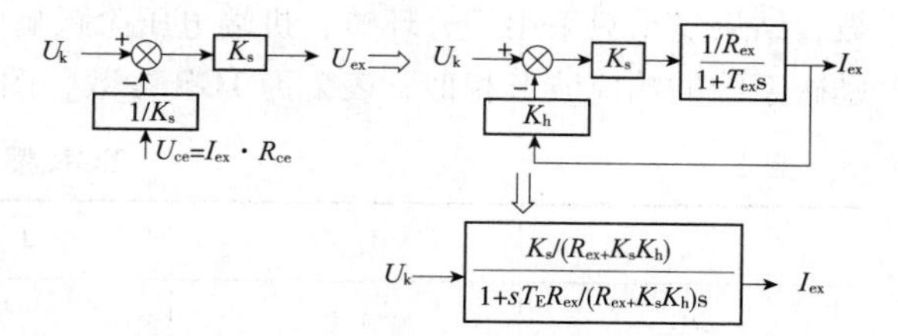

图5　柔性电阻数学模型推导

K_s—晶闸管整流器电压转换系数；U_{ce}—串联电阻电压；R_{ex}—主励磁机磁场绕组电阻；U_k—AVR 输出的控制电压

K_h—柔性电阻控制系数；T_e—主励磁机固有时间常数；I_{ex}—主励磁机磁场绕组电流

这样，串联柔性电阻后，晶闸管整流器及主励磁机环节增益系数和时间常数变为

$$\eta = \frac{K_s K_h}{R_{ex}}$$

$$T_E^* = \frac{R_{ex}}{R_{ex} + K_s K_h} T_E = \frac{T_E}{1+\eta} \tag{2}$$

$$K_s^* = \frac{1}{R_{ex} + K_s K_h} K_s$$

转换为标么值后，式（2）各量变为式（3）

$$\eta = \dot{K}_s \dot{K}_h$$

$$T_E^* = \frac{1}{1 + K_s K_h} T_E = \frac{T_E}{1+\eta} \tag{3}$$

$$\dot{K}_s^* = \frac{1}{1 + \dot{K}_s \dot{K}_h} \dot{K}_s = \frac{\dot{K}_s}{1+\eta}$$

式中：$\dot{K}_s$ 为晶闸管整流器最大输出电压与励磁基值电压的比值；$\dot{K}_h$ 为柔性电阻控制参数（程序定值）。

可见，串联柔性电阻的作用与串联实际线性电阻的作用等效，且没有多余的热量损耗，提高了励磁系统的效益。

3　应用试验情况分析

根据试验结果分析，最终选择柔性电阻系数 $K_h=0.3$，柔性电阻补偿倍数为 24.12，则励磁机等效动态响应时间常数缩短为 1.873/25.12 = 0.075s，等效放大倍数为 80.4/25.12 = 3.2，RCS－9410励磁调节装置中 AVR 采用 TGR 模型，PSS 采用 PSS－2B 模型，AVR 数学模型图如图 6 所示。

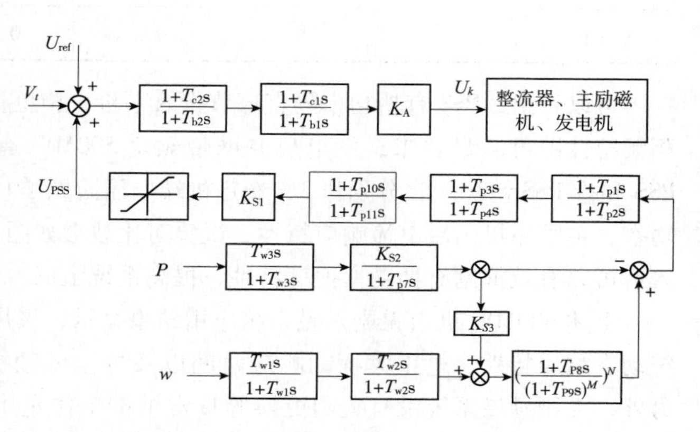

图 6　RCS－9400 励磁系统 AVR 数学模型

采用空载阶跃响应试验调试 TGR 参

数，结果显示只采用积分环节，机端电压阶跃响应波形也可满足标准要求，且与常规自并激静止励磁系统的响应波形相似，表2为TGR参数，图7所示为空载5%机端电压阶跃响应波形。

表2 TGR模型参数

K_A	T_{C2}/s	T_{B2}/s	T_{C1}/s	T_{B1}/s
240	1.0	10.0	0.04	0.02

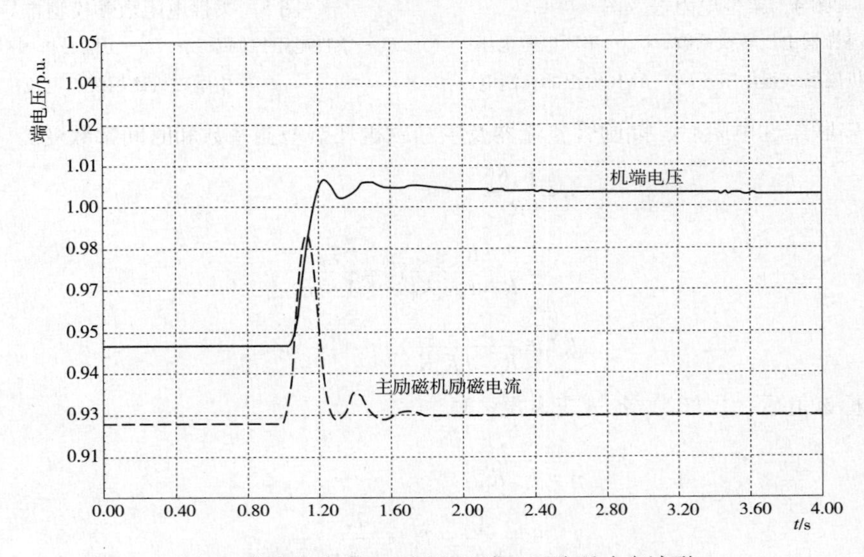

图7 发电机空载5%额定机端电压阶跃响应波形

在电力系统稳定器（PSS）调试中，测量发电机无补偿相频特性结果与常规自并激静止励磁系统大致相同，在频率2.0Hz时，励磁系统滞后角度大约120°，最终整定PSS—2B参数见表3。

表3 PSS整定参数表

参数	T_{W1-3}/s	T_{p7}/s	K_{s2}	K_{s3}	K_{s1}	T_{p8}/s	T_{p9}/s
整定值	5.0	5.0	0.497	1.0	2.0	0.5	0.1
参数	N	M	T_{p1}/s	T_{p2}/s	T_{p3}/s	T_{p4}/s	
整定值	1	5	0.2	0.02	0.2	0.01	

可以看出，PSS有功功率隔直环节投入一阶，相位补偿仅需投入两阶超前滞后环节，有补偿相频特性即可满足要求，发电机并网带额定590MW有功功率、20MW无功功率工况下，不投PSS和投PSS情况下，分别作2%额定机端电压阶跃响应试验，观察机端电压、有功功率、无功功率、主励磁机励磁电流响应特性，试验对比波形如图8和图9所示。从波形分析可知，PSS投入后可以有效抑制有功功率振荡特性，提高系统阻尼。

上述600MW机组无刷励磁系统应用结果显示，采用串联柔性电阻方法可以保证无刷励磁系统动态响应特性、电压大扰动响应时间以及抑制低频振荡特性都与自并激静止励磁系统相同，另外，无刷励磁系统没有碳刷更换等日常维护工作量，励磁电源设计灵活，既可以采用他励方式，也可以采用自励方式。

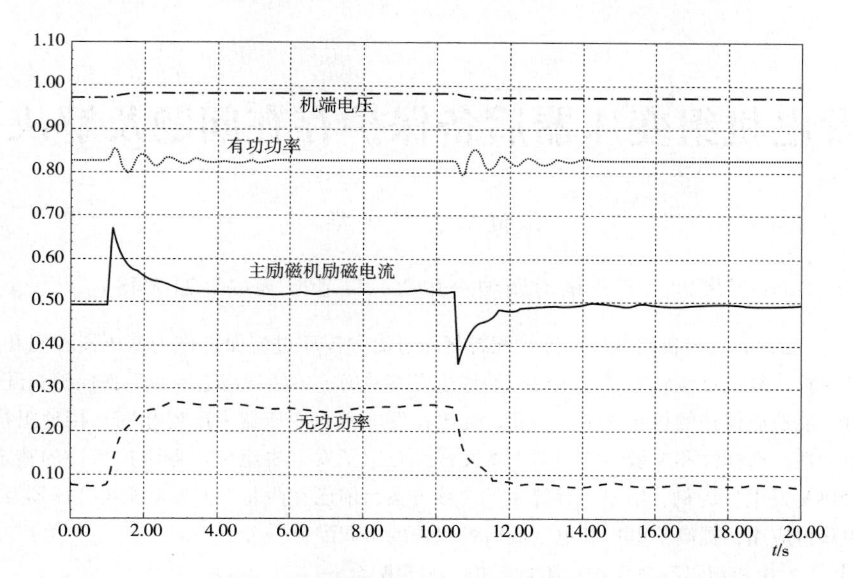

图 8　PSS 未投入时发电机负载 2% 电压阶跃响应波形

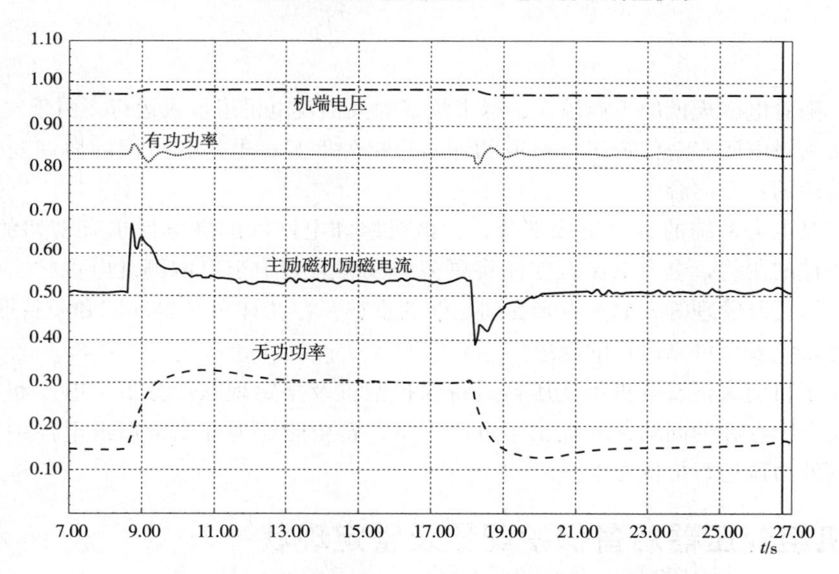

图 9　PSS 投入时发电机负载 2% 电压阶跃响应波形

参考文献：

［1］李基成．现代同步发电机励磁系统设计及应用［M］．北京：中国电力出版社，2002.
［2］孟凡超，吴龙．发电机励磁技术问答及事故分析［M］．北京：中国电力出版社，2009.
［3］黄耀群，李兴源．同步电机现代励磁系统及其控制［M］．成都：成都科技大学出版社，1998.
［4］彭丽媛，于秋来，等．650MW 无刷励磁机组技术特性分析［J］．黑龙江电力，2000，22（6）：20－21.

作者简介：

孟为群（1971—　），男，北京，本科，高工，研究方向为电力系统自动化。

大型发电机组变压器后备保护存在问题及解决方案

张健康，粟小华

（国家电网西北电力调控分中心，陕西　西安　710048）

【摘　要】　目前，发电机组变压器通常配置复压过流和零序过流保护作为变压器相间和接地故障的后备保护。复压过流和零序过流保护动作边界不易确定，经常与电网侧后备保护失配，在发生故障时可能造成保护的越级跳闸。为此，提出在发电机组变压器中配置相间和接地阻抗保护，以协调速动性、选择性和灵敏性的矛盾。本文详细介绍了发电机组变压器阻抗保护的整定原则，并以某750kV发电厂为例，给出了计算实例。该方案目前已在西北大型发电机组变压器及电厂送出线路中获得应用，提高了电厂和电网侧后备保护的协调配合。

【关键词】　发电机组；后备保护；阻抗保护；整定配合

0　引言

近年来，随着电网规模的不断扩大，越来越多的大型发电机组投入运行。由于发电机单机容量较大，其跳闸对电网安全稳定运行造成的冲击也格外明显，电厂和电网的协调配合始终是电力系统运行管理的核心内容。

发电机组是电力系统的重要组成部分，发电机组和电网间的继电保护有密切的配合关系。受诸多客观条件的制约，电力工作者往往将更多的注意力集中于电网侧继电保护，电厂侧继电保护在技术、运行及管理等方面一直未受到足够的重视，存在许多薄弱环节和亟待改进的地方，成为影响电力系统安全可靠运行的隐患。

本文介绍了目前大型发电机组变压器后备保护配置及整定现状，分析了电厂和电网侧后备保护在整定配合上存在的问题，并提出了解决方案，希望能够为提高电厂继电保护技术和运行水平、保证网源协调运行提供参考。

1　发电机组变压器后备保护配置及整定现状

大型变压器作为电力系统的核心设备之一，对继电保护动作的可靠性、灵敏性和速动性均提出了更高的要求。现有大型发电机组（300MW 及以上发电机、330kV 及以上变压器）通常配置两段式复压过流保护作为变压器及相邻设备相间故障的后备保护，同时配置两段式零序过流保护作为变压器及相邻设备接地故障的后备保护[1-2]，两者是与电网侧继电保护有配合关系的变压器保护，也是本文将要讨论的重点。

在实际工程中，复压过流Ⅰ段动作电流按对母线相间故障有足够灵敏度整定，动作时间比对应配合的线路保护时间定值多一个级差；Ⅱ段动作电流按躲过变压器额定电流整定，动作时间大于Ⅰ段时间定值。低电压及负序电压定值分别按躲过电动机自启动条件及正常运行时不平衡电压整定，并对母线相间故障有足够灵敏度。

零序过流Ⅰ段按对母线接地故障有足够灵敏度整定，并与对应配合的线路零序过流保护或纵联保护配合；Ⅱ段按与对应配合线路零序过流保护最末段配合整定。

按照GB1094.5—2008《电力变压器第5部分　承受短路的能力》规定及国内设备制造实际情况，变压器承受短路电流的持续时间不超过2s。因此，为防止出口附近短路造成变压器损坏，变压器后备保护的整定应考虑变压器热稳定的要求，复压过流及零序过流Ⅰ段的动作时间不应大于2s。

2　发电机组变压器后备保护存在问题分析

继电保护是保障电网安全稳定运行的第一道防线。为保证故障的有选择性切除，电力系统中各继电保护装置之间必须相互配合，首先由故障元件本身的保护切除故障，当其拒动时才允许由相邻元件的保护切除故障。这就决定了继电保护整定必须满足逐级配合的原则[3]，即当下一个元件故障时，上一个元件的定值必须在保护范围和动作时间上均与故障元件定值相互配合，如图1所示。需要强调的是，配合是指两保护在保护范围和动作时间两个要素上均取得配合，任何一个要素不配合都是失配，失配就可能造成保护的误动作。

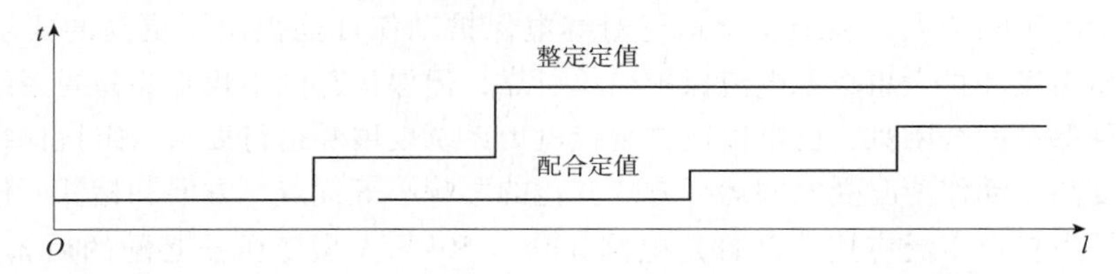

图1　保护定值配合曲线

图2给出了电厂及电网侧后备保护配置示意图。其中R_{TM}为电厂侧变压器后备保护，一般为复压过流及零序过流保护；R_{LM}、R_{LN}为电网侧后备保护，分别安装于送出线路电厂及系统侧，通常为阻抗保护；图中箭头代表保护区域。

为确保故障的有选择性切除，电厂侧后备保护R_{TM}应和电网侧后备保护R_{LM}相配合。同时，电网侧后备保护R_{LN}也应和电厂侧后备保护R_{TM}相配合。下面以图2为例，分析目前电厂和电网侧后备保护在配合上存在的问题。

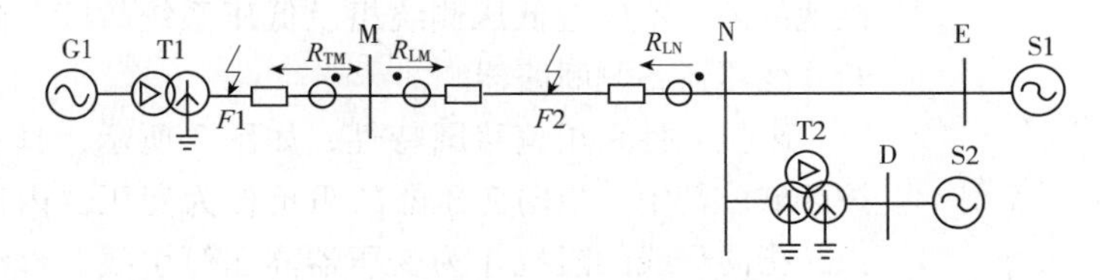

图2　电厂和电网侧后备保护配置示意图

按照相关规定[3]，灵敏性是后备保护需要优先保证的技术指标。由于电厂的送出线路一般较短，为确保后备保护R_{TM}在母线M故障时有足够的灵敏性，其电流元件的动作范围必然延伸较远。计算表明，R_{TM}保护范围不仅会伸出线路MN而进入相隔很远的同电压等级某条线路，而且可能伸出对端厂站变压器T_2的中压侧D并进入下一个电压等级某条线路。此外，其动作边界还受系统运行方式影响明显，不易确定。

电厂侧后备保护R_{TM}的整定通常有两种方法：①为了实现与电网侧后备保护R_{LM}的配合，R_{TM}的动作时间就得明显增加，从而大大降低区内故障的切除速度，加重变压器设备损坏程度并威胁电网稳定运行，与相关规定及反事故措施要求不符；②不考虑与电网侧后备保护配合，电流定值按保灵敏度整定，时间定值按不超过 2s 整定，这样，在电网发生故障且主保护拒动的情况下可能引起电厂变压器保护 R_{TM} 越级跳闸。目前电厂变压器保护的整定计算大多采用后者，明显增加了后备保护误动作的风险。

此外，超高压电网后备保护通常为相间和接地阻抗保护，而电厂变压器后备保护则为复压过流和零序过流保护，由于不同原理的保护种类在整定配合上天然存在困难，造成电网侧后备保护 R_{LN} 与电厂侧后备保护 R_{TM} 经常出现失配状况，在电厂出现故障且主保护拒动的情况下可能引起电网侧后备保护 R_{LN} 非选择性跳闸。

总之，从电厂与电网侧继电保护配合角度来看，现有电厂变压器相间和接地保护配置及整定方案难以兼顾选择性、灵敏性及速动性的要求，成为影响电力系统安全可靠运行和扩大事故范围的隐患。

3　发电机组变压器后备保护解决方案

继电保护配置及整定原则的正确性是保证电力系统安全稳定运行的先决条件。随着电网规模及发电机容量的不断增大，系统安全运行对继电保护动作性能提出了更高的要求，继电保护不正确动作极易引发和扩大事故。电流保护简单可靠，但保护范围不稳定，易受系统运行方式影响，与相邻元件保护配合困难，已难以适应现代电力系统发展和运行要求。阻抗保护具有动作范围明确，灵敏度高，动作情况受电网运行方式变化的影响小等优点，方便和相邻元件保护整定配合，在线路保护中获得广泛应用，并且是电网 330～750kV 大型变压器必配的后备保护[4-8]。这启示我们，可以考虑在大型发电机组变压器中配置阻抗保护并合理整定，以解决现有电厂和电网侧后备保护在配合上存在的问题，实现网源协调运行。

3.1　配置方案

在发电机组变压器高压侧增加阻抗保护，包括相间阻抗保护和接地阻抗保护，分别作为变压器和相邻设备相间及接地故障的后备保护。其中，相间阻抗保护反应变压器高低压侧绕组、引线、母线及相邻线路相间故障；接地阻抗保护反应变压器高压侧绕组、引线、母线及相邻线路的接地故障，不反应低压侧绕组及低压系统故障。阻抗保护动作于断开变压器各侧断路器。

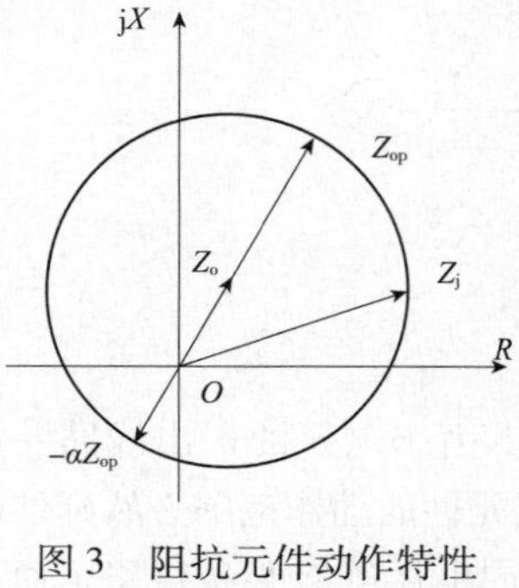

阻抗元件采用偏移圆特性，如图 3 所示，具有正、反两个保护区域。其中，指向变压器的阻抗作为变压器内部故障的后备保护，指向母线的阻抗作为变压器高压侧引线、母线及线路故障的后备保护。

图 3　阻抗元件动作特性

需要指出的是，电网侧变压器配置的阻抗保护，其指向变压器的阻抗不伸出对侧母线，作为变压器部分绕组故障的后备保护。发电机组变压器阻抗保护则与之不同，以相间阻抗为例，指向变压器的阻抗应伸出变压器低压侧母线，并有足够的灵敏度。

3.2　整定方案

下面以图 2 为例，给出电厂和电网侧有配合关系的阻抗保护的整定原则。在本节讨论中，R_{TM} 为发电机组变压器装设的阻抗保护，采用带偏移圆特性。

3.2.1 变压器阻抗保护

指向变压器的阻抗按低压侧母线故障有足够灵敏度，并与低压侧设备保护配合整定。指向母线的阻抗按指向变压器阻抗的5%整定，并与对侧出线阻抗Ⅰ段或Ⅱ段配合。下面以相间阻抗为例介绍阻抗保护具体的整定计算方法，接地阻抗相同。

（1）指向变压器的阻抗。指向变压器的阻抗穿过变压器，按保证变压器低压侧母线相间故障有足够灵敏度整定，即

$$Z_{FTM} \geqslant K_{sen} Z_t$$

式中：Z_{FTM}为指向变压器的阻抗定值；K_{sen}为灵敏系数，$K_{sen}=1.5$；Z_t为变压器阻抗。

此外，还需躲过变压器低压侧所接厂高变及励磁变低压母线故障，即

$$Z_{FTM} \leqslant K_k Z_t + K_k K_{inf} Z_t'$$

式中：K_k为可靠系数，$K_k=0.7$；K_{inf}为最小助增系数；Z_t'为厂高变、励磁变阻抗。

（2）指向母线的阻抗。为保护变压器高压侧引线、母线及线路故障，指向母线的阻抗可按指向变压器阻抗的5%左右整定，即

$$Z_{BTM} = 5\% Z_{FTM}$$

式中：Z_{BTM}为指向母线的阻抗定值。

保护范围不能伸出线路相间阻抗Ⅰ、Ⅱ段，即

$$Z_{BTM} \leqslant K_k K_{inf} Z_{LM}$$

式中：Z_{LM}为线路阻抗Ⅰ、Ⅱ段定值。

（3）动作时间。按与出线相间阻抗Ⅰ、Ⅱ段时间定值配合，即

$$t_{TM} \geqslant t_{LM} + \Delta t$$

式中：t_{TM}为阻抗保护时间定值；t_{LM}为线路阻抗Ⅰ、Ⅱ段动作时间；Δt为时间级差。

3.2.2 线路阻抗保护

现以线路阻抗Ⅱ段为例进行讨论。线路M侧阻抗保护R_{LM}仍按DL/T 559—2007《220～750kV电网继电保护装置运行整定规程》整定。N侧阻抗保护R_{LN}除了依照DL/T 559—2007《220～750kV电网继电保护装置运行整定规程》外，还需考虑与发电机组变压器阻抗保护R_{TM}的配合。换句话说，R_{LN}按躲过变压器低压侧母线故障整定。此时，其保护范围不会超出R_{TM}的正向偏移部分并有足够裕度，即

$$Z_{LN} \leqslant K_k Z_l + K_k K_{inf} Z_t$$

式中：Z_{LN}为线路保护阻抗定值；Z_l为线路阻抗。

同时，R_{LN}的动作时间应大于R_{TM}的动作时间并有足够裕度，即

$$t_{LN} \geqslant t_{TM} + \Delta t$$

式中：t_{LN}为线路保护时间定值。

总之，为同时兼顾选择性、灵敏性和速动性的要求，实现电厂和电网侧后备保护的协调配合，确保电网稳定运行及变压器设备安全，应对发电机组变压器后备保护功能进行完善，增设变压器阻抗保护并合理整定。

3.3 应用中需注意的问题

采用阻抗保护后，有以下问题需要注意：

（1）阻抗保护应具备防止误动的振荡闭锁、TV断线闭锁等功能。振荡闭锁作为成熟的保护

技术已在我国获得广泛应用[4-7]。由于系统振荡周期不易确定以及为了提高保护动作速度，方便和相邻保护配合，阻抗保护应经振荡闭锁环节而不是靠增加动作延时来防止在系统振荡时误动作。

（2）要考虑保护装置硬件的兼容性。发电机组保护功能模块较多，增设阻抗保护后，需对保护装置的硬件资源进行评估，确保内存容量、运行速度符合要求。必要时需对硬件进行升级，保证装置能稳定可靠运行。

（3）配置阻抗保护后，阻抗保护将作为变压器和相邻设备相间及接地故障的主要后备保护，原有的复压过流和零序过流保护配置及整定可适当简化，主要作为阻抗保护的后备，侧重防止误动作。

综上，采用本文方案后，当发电机组发生故障时（图2中$F1$），由变压器阻抗保护R_{TM}动作予以切除，防止电网侧阻抗保护R_{LN}动作造成的事故范围扩大；仅当R_{TM}拒动时才由R_{LN}动作断开系统侧电源，保证电网和电厂侧保护的配合。同样，当电网侧发生故障时（图2中$F2$），由电网侧阻抗保护R_{LM}动作予以隔离，避免电厂侧后备保护R_{TM}动作误切发电机组；仅当R_{LM}拒动时才由R_{TM}动作断开电厂侧电源，保证电厂和电网侧保护的配合。可见，以上动作逻辑实现了电厂和电网侧后备保护的相互配合，并保证了故障的快速切除。

4 整定计算实例

随着西北750kV骨干网架建设的加速推进，越来越多的大容量发电厂接入750kV电网。这些电厂一般装设两台发电机，单台额定功率通常为660MW或1000MW，经过变压器升压至750kV后通过单回送出线路接入系统。图4给出了某发电厂接线示意图。

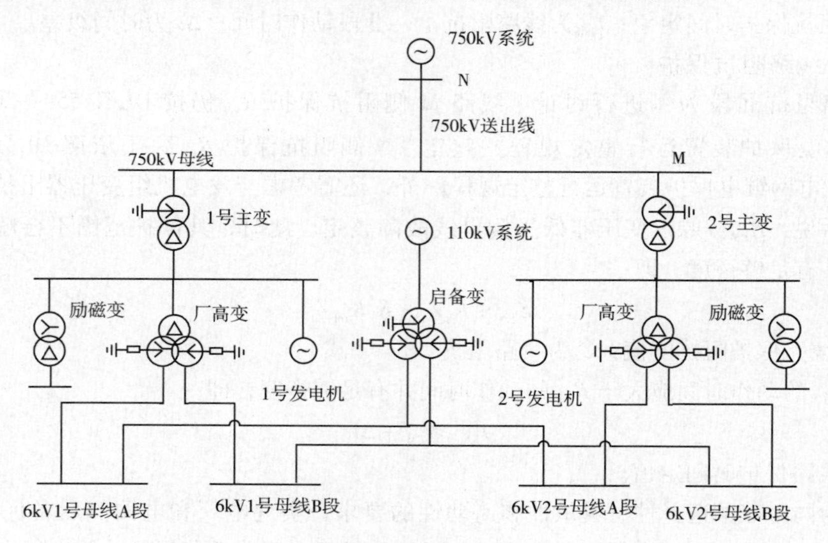

图4 电厂接线示意图

图4中，送出线路正序阻抗8.33Ω，零序阻抗22.69Ω；主变压器额定容量720MVA，额定电压800±2×2.5%/22kV，短路阻抗14.63%；厂高变为低压分裂变，额定容量63/38－38MVA，额定电压22/6.3－6.3kV，高压—低压Ⅰ短路阻抗21.85%，高压—低压Ⅱ短路阻抗21.61%；励磁变额定容量7.2MVA，额定电压22/0.83kV，短路阻抗7.97%。

依据规程[3]，可计算出送出线路 M 侧后备保护定值。其中，相间阻抗Ⅱ段定值 14.92Ω，时间 0.8s；相间阻抗Ⅲ段定值 24.79Ω，时间 2.5s；接地阻抗与相间阻抗定值相同；零序Ⅳ段（最末段）电流定值 300A，时间 3.1s。

下面着重介绍发电机组变压器及送出线路 N 侧后备保护整定方法。计算中阻抗及电流均采用一次值。

4.1 变压器阻抗保护

以相间阻抗为例介绍阻抗保护的整定计算方法。

（1）指向变压器的阻抗。指向变压器的阻抗按保证变压器低压侧母线相间故障有足够灵敏度整定，即

$$Z_{FTM} \geqslant K_{sen} Z_t = 1.5 \times 0.1463 \times \frac{800^2}{720} = 195\ (\Omega)$$

其次，还需躲过厂高变、励磁变低压侧母线相间故障，即

$$\begin{aligned} Z_{FTM} &\leqslant K_k Z_t + K_k K_{inf} Z_t' \\ &= 0.7 \times 0.1463 \times \frac{800^2}{720} + 0.7 \times 1 \times 0.2161 \times \frac{800^2}{63} = 1627\ (\Omega) \end{aligned}$$

$$\begin{aligned} Z_{FTM} &\leqslant K_k Z_t + K_k K_{inf} Z_t'' \\ &= 0.7 \times 0.1463 \times \frac{800^2}{720} + 0.7 \times 1 \times 0.0797 \times \frac{800^2}{7.2^2} = 5050\ (\Omega) \end{aligned}$$

最终，指向变压器的阻抗定值为

$$Z_{FTM} = 195\ (\Omega)$$

（2）指向母线的阻抗。按指向变压器阻抗的 5% 整定，即

$$Z_{BTM} = 5\% Z_{FTM} = 5\% \times 195 = 9.75\ (\Omega)$$

线路保护阻抗Ⅱ段定值为 14.92Ω，由于

$$Z_{BTM} \leqslant K_k K_{inf} Z_{LM} = 0.7 \times 1 \times 14.92 = 10.44\ (\Omega)$$

阻抗保护的反向保护区未伸出线路阻抗Ⅱ段，指向母线的阻抗定值是合适的。

（3）动作时间。按与出线相间阻抗Ⅱ段时间定值配合，即

$$t_{TM} = t_{\text{II}} + \Delta t = 0.8 + 0.3 = 1.1\ (\text{s})$$

4.2 变压器过流保护

配置相间阻抗保护后，复压过流保护可做适当简化，仅保留一段，作为相间阻抗保护的补充。

（1）电流定值。电流元件按躲过变压器高压侧额定电流整定，即

$$I_{set} = \frac{K_{rel} I_e}{K_{fh}} = \frac{1.2 \times 519.6}{0.9} = 692.8\ (\text{A})$$

同时按变压器低压侧两相短路流过保护的最小短路电流校验灵敏系数，即

$$K_{sen} = \frac{I_{k,min}^{(2)}}{I_{set}} = \frac{2019.5}{692.8} = 2.9 > 1.5$$

满足要求。

（2）时间定值。按照与线路后备保护最长动作时间配合整定，出线阻抗Ⅲ段时间定值为

2.5s，所以过流保护动作时间为

$$t_{set}=t_{III}+\Delta t=2.5+0.3=2.8\ (s)$$

4.3 变压器零序过流保护

配置接地阻抗保护后，零序电流保护也可做适当简化，仅保留一段，作为接地阻抗保护的补充。

（1）电流定值。电流元件按照与线路零序保护最末段配合，线路零序电流保护最末段电流定值为300A，所以变压器零序电流定值为

$$I_{set}=K_{rel}K_{br}I_{setIV}=1.1\times1\times300=330\ (A)$$

（2）时间定值。按照与线路接地后备保护最长动作时间配合整定，出线零序最末段时间定值为3.1s，所以

$$t_{set}=t_{IV}+\Delta t=3.1+0.3=3.4\ (s)$$

4.4 送出线路N侧阻抗保护

N侧线路阻抗保护R_{LN}按与变压器阻抗保护R_{TM}的配合整定。

（1）阻抗定值。按躲过电厂变压器低压侧母线故障整定，即

$$Z_{LN}\leqslant K_kZ_l+K_kK_{inf}Z_t$$

$$=0.7\times8.33+0.7\times1\times0.1463\times\frac{800^2}{720}=96.9\ (\Omega)$$

（2）动作时间。按与变压器阻抗保护时间定值配合，即

$$t_{LN}=t_{TM}+\Delta t=1.1+0.3=1.4\ (s)$$

5 结语

随着现代电力系统朝着大机组、高电压、大电网的方向迅猛发展，电厂与电网的协调运行越来越成为影响系统安全稳定的关键，由于继电保护配合不当造成电网事故的危害也愈发严重。目前电厂采用复压过流及零序过流保护作为大型变压器短路故障后备保护的作法具有局限性，难以实现与电网侧后备保护的整定配合，已不能满足现代电力系统安全运行的要求。为此，本文提出在发电机组变压器中配置阻抗保护，并给出了整定计算方法。本方案已在西北电网大型发电机组变压器及电厂送出线路中获得应用，改善了电厂和电网侧后备保护的协调配合，提高了电力系统及变压器设备运行的安全可靠性。

参考文献：

[1] 王维俭．电气主设备继电保护原理与应用［M］．2版．北京：中国电力出版社，2002.

[2] DL/T 684—2012 大型发电机变压器继电保护整定计算导则［S］．北京：中国电力出版社，2012.

[3] DL/T 559—2007 220kV～750kV电网继电保护装置运行整定规程［S］．北京：中国电力出版社，2007.

[4] 朱声石．高压电网继电保护原理技术［M］．北京：中国电力出版社，2005.

[5] 张健康，粟小华，胡勇．750kV同塔双回线接地距离保护整定计算［J］．电力系统自动化，2009，33（22）：102－105.

[6] 李园园，郑玉平．距离继电器作为变压器低压侧故障远后备时的性能［J］．电力系统自动化，2006，

30 (15): 44－47.
[7] 刘凯，李小滨，索南加乐，等．一种新的高压线路保护稳定破坏检测元件 [J]．电力系统自动化，2009，33 (19): 56－60.
[8] 高中德，舒治淮，王德林．国家电网公司继电保护培训教材 [M]．北京：中国电力出版社，2009.

作者简介：

张健康（1976— ），男，博士，高级工程师，主要研究方向为继电保护整定计算及运行管理。E－mail：zhangjk@nw.sgcc.com.cn

粟小华（1961— ），男，硕士，高级工程师，主要研究方向为继电保护技术管理。E－mail：Suxh@nw.sgcc.com.cn

同步发电机转子匝间短路故障在线监测的研究评述与展望

郝亮亮[1]，桂　林[2]，陈　俊[3]

（1. 北京交通大学电气工程学院，北京　100044；2. 清华大学电机系，北京　100084；
3. 南京南瑞继保电气有限公司，江苏　南京　211102）

【摘　要】　转子匝间短路是大型发电机常见的一种电气故障，会引起励磁电流增大、输出无功减小、机组振动加剧等不良影响，若不及早处理还可能引起更严重的转子接地故障和大轴磁化。对转子匝间短路故障在线监测的研究是近年来的热点，本文首先对该故障各种诊断方法的原理及优缺点进行了详细的评述，指出基于运行中电气量的在线监测方案最具可行性。结合作者近年来的一系列研究，对故障的数学建模、故障特征及其机理、故障的在线监测方案进行了简要的介绍，并结合当前的研究现状对该领域的研究趋势进行了展望。

【关键词】　同步发电机；励磁绕组；匝间短路；故障诊断

0　引言

同步发电机作为电能生产的基本设备，对电力系统的安全运行起着至关重要的作用。伴随电力系统的快速发展，发电机的容量也在不断的增加，人们对大型发电机安全运行的要求越来越高。近年来，CIGRE（国际大电网会议）的历届年会中，发电机的故障保护及监测一直是SC－A1（旋转电机专业委员会）的重点议题[1]。

转子匝间短路是同步发电机常见的一种电气故障，近年来对该故障的报道屡见不鲜[2-5]，三峡发电机在机组检修中就曾发现转子匝间短路；而仅中国广东省在2009—2011年的三年中，就已经有10余台400～1000MW等级的发电机出现了转子匝间短路故障，在2010年就已确认发生了5起。

轻微的短路故障不会给发电机带来严重的后果，但若无法实现故障的早期诊断，而任其不断恶化，会引起励磁电流的增加、输出无功能力的降低以及机组振动的加剧。故障还有可能恶化为发生在励磁绕组与转子本体之间的一点或两点接地故障，严重时还可能会烧伤轴颈、轴瓦，给发电机组及电力系统的安全稳定运行带来巨大的威胁[6]。由转子匝间短路故障引起损失的例子也不胜枚举，20世纪90年代，中国某火电厂4台300MW发电机中就有3台因转子匝间短路等原因最终导致大轴磁化，其中2台还烧坏护环；2002年，某核电站2号发电机组在更换C相主变后的起机过程中，由于转子匝间短路在主变事故冲击下发展为接地故障，机组被迫停机检修[7]；2005年，凤滩水电站6号发电机的转子匝间短路故障还引起了主保护的动作。

检测发电机转子匝间短路故障现场常用的传统方法主要包括开口变压器法、直流阻抗法、交流阻抗和功率损耗法、空载及短路特性试验法、两极电压平衡试验、绕组分布电压测量、冲击脉冲法试验、红外热成像法等[1-2,7-8]。这些方法有的已在现场应用多年，并且积累了很多经验，适合于进行离线的故障检测或定位，但都不能在实际运行工况下对故障进行在线监测，有的方法甚至要将转子抽出，应用效果往往不太理想，文献［8］对各种离线检测方法进行了详细的介绍。

除加工工艺不良以及绝缘缺陷等原因造成的稳定性转子匝间短路外，发电机转子高速旋转中励磁绕组承受离心力造成绕组间的相互挤压及移位变形、励磁绕组的热变形、通风不良引起的局部过热以及金属异物等是导致转子发生匝间短路的重要原因，这些原因引起的动态匝间短路故障多在发电机的实际运行中发生。如果能够在发电机运行中实现对转子匝间短路故障的在线监测，及时发现处于萌芽期的小匝数早期故障，监视其发展并确定是否需要检修，就能避免轻微的故障恶化成为严重的匝间短路或转子接地故障，这对保障大型发电机的安全运行具有重要的意义。因此，近年来国内外专家学者更加关注于对发电机转子匝间短路故障在线检测的研究。

本文首先总结了转子匝间短路故障的在线监测技术方案，对其基本原理及优缺点进行了全面客观的评述。在此基础上，重点对基于运行中电气量的在线监测方法及相关研究进行了探讨，结合当前的研究现状指出目前研究中存在的不足，并对该领域的研究趋势进行了展望。

1 转子匝间短路故障在线监测方法的原理及评述

近年来，国内外专家学者对同步发电机转子匝间短路故障的在线检测进行了大量的研究，并提出了很多方法。

1.1 基于磁场探测的故障检测方法

同步发电机发生转子匝间短路后，转子主极磁场和漏磁场都将不同于正常运行，通过在气隙中布置探测导体或线圈提取磁场特征进行故障检测是一种可行的方案。

单导线微分法[9]是我国哈尔滨大电机研究所提出的一种方法，并在太原热电厂试验成功。该方法将一根与发电机轴向平行的探测导线固定在定子槽中或槽楔上，通过该导线感应电动势的微分波形对故障进行检测。图1所示为该方法的原理示意图，由转子表面的磁场分布可知，探测导线的感应电动势波形呈现阶梯状，而每一阶梯的高低取决于对应槽的磁通变化率，与匝数有关。若各槽绕组的匝数相等，正常运行时各槽磁通变化率也相等，各阶梯的高度也就相等；当某槽内有短路匝时，相应匝数减少，那么阶梯的高度就会降低。同时，利用微分电路将所有阶梯降到同一水平面进行比较，依据此便可判断某槽是否发生了短路。

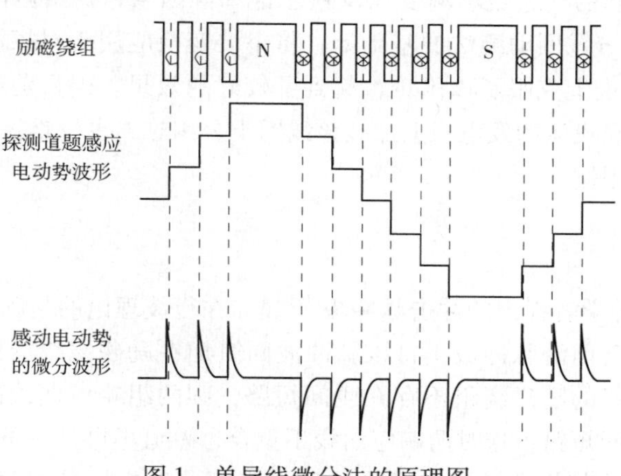

图1 单导线微分法的原理图

显然，该方法仅适合空载时的故障检测，发电机负载时会受到电枢反应的影响，使检测结果失效。

微分线圈动测法是英国学者 Albright 提出的[10]，围绕该方法学者们进行了大量的研究[11-13]。由于主磁场是由所有线圈共同产生的，转子匝间短路虽然会影响主磁通的强度，但是由于所占比例很小，不容易测量。而漏磁通分别交链于各槽的励磁绕组，其大小与该槽内线圈匝数成正比，能直接反映出各槽线圈匝数的变化。因此该方法将探测线圈固定在定子上，并使其尽量靠近转子铁芯，同时测量转子漏磁通的径向分量和切向分量，并对其进行微分，通过对微分波形的分析可判断发电机是否发生了转子匝间短路故障。

图 2 所示为发电机空载运行时微分线圈动测法的原理示意图。如果励磁绕组不存在匝间短路，则探测线圈感应电压波峰的包络线连续平滑，其波峰个数和序号与转子槽一一对应。当励磁绕组某槽线圈存在匝间短路时，交链于该槽的漏磁通就会减少，在探测线圈上所感应出的电动势就会相应降低。因此，当探测线圈感应电压波形的某一特征波峰离开包络线凹缩变短时，即表明它对应槽中的绕组存在匝间短路故障。

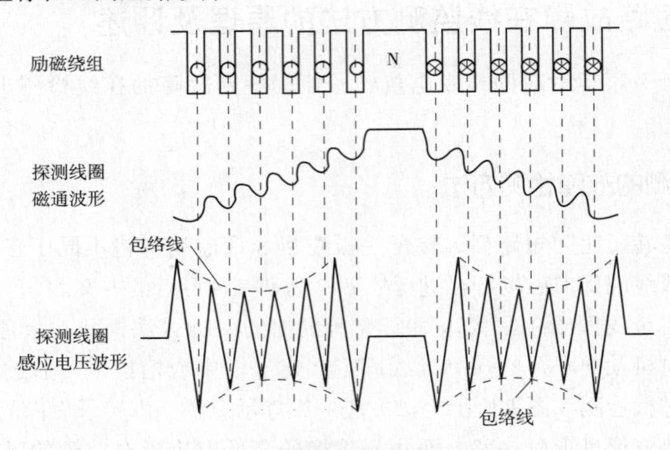

图 2　微分线圈动测法的原理图

微分线圈动测法在一定程度上弥补了单导线微分法在发电机负载时的局限性，最适合在空载及机端三相对称短路时监测发电机转子是否存在匝间短路以及判断短路的严重程度。但在实际运行时，电枢反应引起的气隙磁场畸变以及铁芯饱和等因素，仍给匝间短路的准确判断带来了困难[14]。有学者在微分线圈动测法的基础上，将小波变换应用于对探测线圈感应电动势波形特征的提取[15]，一定程度上克服了该困难，起到了较好的效果。因目前绝大多数发电机出厂时未装设探测线圈，在已经投运的发电机上加装该线圈十分困难，也较难被电厂所接受，因此该方法的应用受到了一定的限制。

1.2　冲击脉冲法

英国的 Wood J W 等学者提出的冲击脉冲法[16]建立在行波理论的基础上。如图 3 所示，利用信号发生器发出连续的陡前沿脉冲波，将该脉冲波同时加在励磁绕组的两端，在监测点可测到两组响应曲线。若发电机的励磁绕组不存在匝间短路，则两组响应曲线的差值为一条直线；反之，若励磁绕组存在匝间短路，这时两响应曲线不重合，差值不再是一条直线。因此，可以用显示在示波器上的两个响应特性曲线之差的合成波形来判定发电机是否存在励磁绕组匝间短路，若波形有突起的地方说明存在匝间短路，并且突起的波幅大小反映了短路的严重程度。理论上即使励磁绕组出现1匝的短路故障，应用冲击脉冲法也有较高的灵敏度[17-18]。

冲击脉冲法所需的检测装置简单，且灵敏度较高，适合于在转子静态下对故障进行检测及辅助定位，而用于机组运行状态下在线监测的研究也正在开展，但效果尚不理想[19-20]。

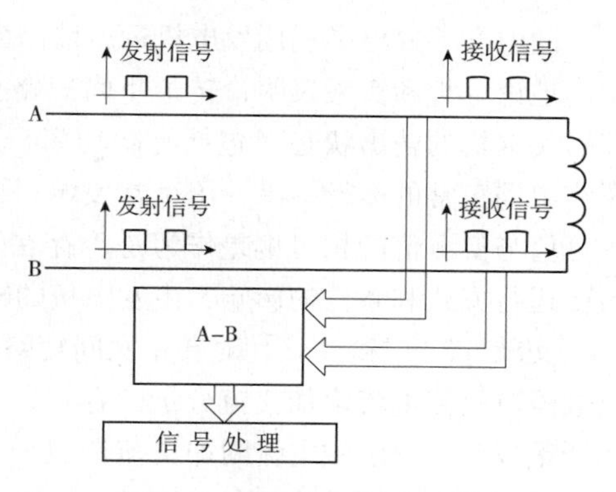

图3　冲击脉冲法原理图

1.3　利用机组振动特性

机组的振动特性为电机及变压器的绕组内部故障监测提供了一种崭新的思路，F. C. Trutt等学者对此进行了大量研究[21-24]。实际中确曾出现较多由于转子匝间短路故障引起的机组振动超标的案例。在工程实践中，当电厂运行人员发现机组瓦振或轴振超标，且振动幅值与励磁电流和无功功率呈现较为一致的变化趋势时，就会怀疑发电机发生了转子匝间短路[25]。华北电力大学的万书亭等学者在转子匝间短路对发电机定子和转子振动特性影响方面做了大量开创性的理论研究工作[26]，推导了故障时定子和转子的振动特性方程，并指出：对于转子，故障将激发工频振动；对于一对极发电机的定子，2倍机械转频振动下降；对于多对极发电机的定子，工频、2倍频振动增加。

但当短路匝数较少时，故障引起的机组振动不明显，且实际中引起发电机振动的因素也很多（如转子热不平衡、风路堵塞、轴瓦碰磨、偏心、机座下沉等），尚无法单纯利用振动特性来诊断包括转子匝间短路在内的发电机内部故障，一般只能作为辅助判据。

1.4　利用轴电压

轴电压是指由磁不对称等原因引起的存在于电机主轴两端的交流电压。若防护不当，轴电压将可能引起破坏性的轴电流，因此近年来国内外学者对轴电压进行了广泛且深入的研究[27-28]，也有学者尝试利用发电机的轴电压进行转子匝间短路故障的检测[29-30]。文献［29］以一台30kVA的2对极汽轮发电机为例，分析了转子匝间短路时转子的轴电压谐波特征，得出故障发生后将产生2倍频、4倍频和6倍频的轴电压的结论。文献［30］提出利用通过齿槽谐波轴电压诊断转子匝间短路故障的方法，指出：发电机定子齿槽效应可以导致发电机气隙磁通密度畸变，在转轴两端感应频率与齿槽数相对应的轴电压特征分量，可以利用该特征分量诊断转子匝间短路故障。

但由于引起轴电压的原因很多，每一种磁场的不对称都有可能引起不同幅值及频率的轴电压，使得轴电压的频率成分非常复杂。除此之外，静电电荷、静态励磁系统、剩磁及电容电流等原因均可能造成轴电压各种复杂的频率分量[1]。而目前利用轴电压进行发电机转子匝间短路故障监测还仅局限于定性分析与实验，也仅可作为一种辅助的监测手段。

1.5　利用运行中的电气量

利用运行中的电气量实现对转子匝间短路故障的在线监测不需对发电机一次侧进行改造，且针对性强，能发现运行中的动态短路，是目前的研究热点。

国内学者提出了利用发电机运行监测数据中的励磁电流进行故障诊断的方法[31]。文献［31］中的理论分析和实验表明，转子匝间短路会引起励磁电流的增大和无功功率的减少，可以把故障后发电机的输出状态（包括有功功率、无功功率、定子电压和电流等）看成是发电机定、转子绕组均正常的运行结果，用正常发电机的数学模型计算出励磁电流，将励磁电流的正常理论计算值与实测值的相对偏差作为是否存在转子匝间短路及短路严重程度的判据。但因发电机参数受运行方式和条件的影响，由发电机的输出状态量准确计算励磁电流比较困难。

文献［32］和［33］对转子匝间短路时的励磁电流特性进行了分析，实验表明转子匝间短路故障时励磁电流附加交流分量的存在，而且附加谐波电流的幅值还可反应转子匝间短路故障的严重程度。但励磁电流附加交流谐波分量比较小，无法据此区分是转子匝间短路还是其他电气故障（比如定子绕组内部故障等）。文中也仅限于对谐波产生原因的定性分析，没有研究不同的定子绕组形式对励磁电流谐波成分的影响，而且没有考虑附加谐波成分对气隙磁场及定、转子电流带来的影响，更不能准确地定量计算。文献［34］以定子单个线圈为基本对象，对转子匝间短路时定子和转子电流特征进行分析，但文中的分析并没有全面考虑定子单个线圈之间的联接关系，而事实上，定子绕组的分布及连接方式也会对故障后的定、转子电流频率特性产生本质的影响。

针对采用无刷励磁方式的同步发电机，文献［35］基于对转子匝间短路故障特征传递规律的研究，创造性地提出利用励磁机励磁电流监测主发电机的转子匝间短路故障。但同时文中也指出了励磁机励磁电流的故障特征幅值对发电机的励磁方式和 AVR（自动电压调节器）的整流方式较为敏感，选取合适的监测阈值还需要进一步研究，这首先需要对不同运行方式下发生不同匝数短路时的励磁机励磁电流进行定量计算。

文献［36］还提出了一种基于神经网络的在线监测方法，无需建立精确的发电机数学模型，但此方法需要测量发电机正常状态极限运行范围内的励磁电流、无功功率以及有功功率等大量数据样本，在实际应用中有一定局限性。

检测转子匝间短路的另一种方法是用定子绕组本身作探测线圈，利用转子匝间短路时定子并联支路中产生的环流来检测故障。此法是 Kryukhin 首先提出的[37]，并在英国的许多发电机上得到应用。大型汽轮发电机一般只有 1 对极，每相的 2 个分支分布在不同极的相同位置，并且绕向相反。正常运行时，转子磁场的基波及奇数次谐波在同相不同分支出中感应出相同的电动势，不会产生环流。但当转子发生匝间短路时，将出现偶数次空间谐波转子磁场，进而会在同相 2 个并联分支中感应出大小相等、方向相反的电动势，引起定子相绕组内的偶次谐波环流。

国内学者在这方面也做了很多实验和理论分析工作[38]。空载实验和并网负载实验都表明，发生转子匝间短路后，定子同相的 2 个并联分支之间存在偶次谐波环流，而且其大小随短路匝数的增加而上升。其中文献［39］针对气隙均匀的汽轮发电机，用磁网络法计算转子匝间短路引起的定子环流大小，在计算中把励磁电流当作已知的常量来考虑励磁绕组产生的磁动势。由于定子环流产生的电枢反应磁场影响了气隙磁场，又会引起励磁电流（包括励磁绕组正常部分电流和短路匝电流）的变化，这种计算定子环流的方法在某些故障情况下会出现较大误差，还有待进一步完善。

文献［40］的实验表明，一台 4 极、每相 2 分支的同步发电机发生转子匝间短路时，定子绕组中会产生 1/2 及 3/2 等分数次谐波的环流。事实上，对多极的同步发电机，转子匝间短路后定子相绕组中环流的谐波成分还与定子绕组结构（包括每相分支数以及各分支的位置）有关，有些同步发电机会出现偶次谐波环流，也有些会出现分数次谐波的环流，需要进一步深入分析并准确计算其大小。

2 基于电气量在线监测的相关研究进展

通过上述分析可以看到，虽然近年来学者们对转子匝间短路故障检测进行了大量研究，但实际应用中还存在局限性：或无法实现在线监测（传统检测法及冲击脉冲法等）；或需对发电机一次侧进行改造（基于磁场探测）；或检测结果缺乏针对性（利用机组振动及轴电压）。而所认识到的电气故障特征往往十分微弱、模糊，且多种因素交织在一起，无法对故障进行准确的在线分析和诊断。基于此，笔者近年来围绕基于电气量的转子匝间短路故障在线监测进行了大量研究，取得了初步的研究成果。

2.1 故障的数学建模

由于转子匝间短路破坏了发电机电气参数的对称性，引起气隙磁场的畸变和定子相绕组内部的不平衡电流，对称分量法及相坐标法均不再适用。为突破以往无法准确计算故障时发电机电气量的研究瓶颈，文献［41］采用多回路分析法按照定、转子的实际回路列出了以定、转子所有回路电流为变量的状态方程，即

$$(\boldsymbol{M}' + \boldsymbol{M}_{\mathrm{T}})\, p\boldsymbol{I}' + (p\boldsymbol{M}' + \boldsymbol{R}' + \boldsymbol{R}_{\mathrm{T}})\, \boldsymbol{I}' = \boldsymbol{E} \tag{1}$$

式（1）相关的符号解释见文献［41］，该式为同步发电机转子匝间短路故障的数学模型，对凸极机和隐极机均适用。

采用诸如 Runge－Kutta 等数值方法对式（1）进行求解，可得自故障发生到进入稳态的整个过渡过程。但对于极对数和阻尼回路多的大型水轮发电机，式（1）的维数很高，迭代求解到稳态将花费大量机时，实用性不强。为此文献［42］根据同步发电机转子匝间短路故障后的气隙磁场及其在定、转子回路中感应电流的一般性分析，提出了故障的稳态数学模型，该模型将式（1）的时变系数微分方程组转化成以定、转子电流的各次谐波的正弦和余弦分量幅值为变量的线性代数方程组，可直接求得故障后的稳态电流，实现故障的快速求解。

两种数学模型的计算结果均经过了模拟样机的实验验证。

2.2 故障特征及其机理

文献［43］以一台 12kW、3 对极的隐极同步发电机样机为例，通过对转子绕组和定子绕组产生的磁动势性质及其在气隙磁场中相互作用的理论分析，对实验中出现的定、转子各次谐波分量进行物理解释。在此基础上，文献［44］基于对该台发电机定子绕组 3 种不同形式的变换（转子保持不变），利用故障的数学模型对不同定子绕组形式的电机所发生的同一种转子匝间短路故障进行了计算；通过傅立叶分解得到了稳态故障电流的谐波特征，并进行比较分析，揭示了定子绕组形式对故障稳态电流谐波特征的影响。进而得到 1 对极大型汽轮发电机及常见定子绕组形式的大型水轮发电机故障时的稳态电流特征[45]，并对故障特性量的影响因素（包括结构完整的阻尼绕组、分布式励磁绕组短路位置、短路匝数等）进行了理论分析[46]。

理论分析和仿真计算都表明，转子匝间短路故障后相绕组内部会出现偶数次或与极对数有关的分数次谐波的稳态不平衡电流，这种故障特征与其他常见电气故障及系统振荡等不正常状态的特征存在明显差异，为故障监测提供了理论依据。

2.3 基于定子相绕组内部不平衡电流有效值的故障监测方案

由于定子绕组内部故障对发电机的破坏力极大，大型发电机一般都配置了主保护。若发电机主保护配置的 TA 在反应定子内部故障的同时也能实现对转子匝间短路故障的监测将是十分有意义的。

为此，文献［47］以三峡左岸 VGS 发电机为例，通过定量分析转子匝间短路故障对主保护不平衡电流的影响，提出了基于定子相绕组内部稳态不平衡电流总有效值的故障监测原理。计算与分析表明，该故障监测原理能解决依靠单一谐波检测所带来的一系列问题，可较灵敏地反应转子的小匝数短路故障。而且这种监测方法只需利用主保护配置的分支（组）TA 或中性点连线间 TA，工程可行性较强。根据该原理研制的故障在线监测装置已于 2012 年 3 月在浙江新安江水电站投入试运行。

3 转子匝间短路故障在线监测技术的研究展望及初步思路

3.1 无死区灵敏监测方案的研究

虽然基于定子相绕组内稳态不平衡电流总有效值的故障监测原理已实现了对稳态故障特征量的最大程度提取，但由于发电机机端和中性点两侧的电流互感器特性不完全一致以及发电机的制造偏差等原因，正常运行时也会有不平衡电流进入故障监测装置，这会引起监测灵敏性的下降。例如，对于彭水 ALSTOM1 号发电机，实测正常时进入不完全裂相横差保护的不平衡电流总有效值为432.6A，而经过计算可知，当励磁绕组短路11 匝（短路匝比为0.92%）时引起的不平衡电流才与正常时相当，可见监测的灵敏性还不够高。因此，需要进一步深入研究励磁绕组全范围内无死区的匝间短路监测方案。

监测原理可不拘泥为利用稳态电气特征，例如可尝试利用暂态电气特性进行故障监测。根据超导体闭合回路的磁链守恒可知，当发生转子匝间短路故障的发电机定子相电流变小的瞬间，为了保持励磁故障附加回路的磁链不变，该回路中将引起相应的较大瞬变电流。反过来，这一瞬变电流将会引起定子相绕组内不平衡电流的增加。这是转子匝间短路故障所特有的（必须有不对称的励磁故障附加回路），可在此基础上研究基于暂态不平衡电流的故障监测新原理。当然，这里仅是给出一种可能的研究思路，还需进一步进行研究论证。若该原理可行，那么显然短路匝数越小监测灵敏性越高，可弥补利用稳态电流进行监测的小匝数短路死区。

3.2 对不具备分支电流互感器安装条件发电机的故障监测研究

除少量俄国供应机型外，中国绝大多数的大型汽轮发电机中性点仅引出 3 个端子，尚不具备分支电流互感器的安装条件。而实际上，相比水轮发电机而言，汽轮发电机的工作环境更为恶劣，转子匝间短路故障发生几率更高。对不具备分支电流互感器安装条件发电机的故障监测可通过以下途径展开。

3.2.1 研究基于转子励磁磁动势的故障监测原理

转子匝间短路将引起不同于正常运行时的励磁磁动势，这为故障的监测提供了一条新思路。如图 4（a）所示的隐极同步电机为例，该电机的励磁绕组是由 11′、22′、33′、44′四组同心式线圈串联而成。励磁绕组正常时，励磁磁动势的波形如图 4（b）所示，其基波幅值为

$$F_f = \frac{1}{2}N_f I_f \tag{2}$$

式中：N_f为励磁绕组的串联总匝数；I_f为励磁电流直流分量；k_f为励磁磁动势的波形因数。

假设励磁绕组11′发生部分匝间短路，短路后的励磁磁动势分布如图4（c）所示，由于励磁绕组有效匝数的减少，短路后的基波励磁磁动势的幅值F'_{f1}将必然小于按励磁绕组正常时计算的F_{f1}。即若短路后的励磁电流直流分量为I'_f，则

$$F'_{f1} < \frac{1}{2}k_f N'_f I_f = F_{f1} \tag{3}$$

因此，若能准确计算出发电机实际运行时的基波励磁磁动势F'_{f1}，将之与正常运行时的基波励磁磁动势F_{f1}相比较，理论上正常运行时两者应相同，而转子匝间短路时将有式（3）的关系，由此即可实现对短路故障的判断。

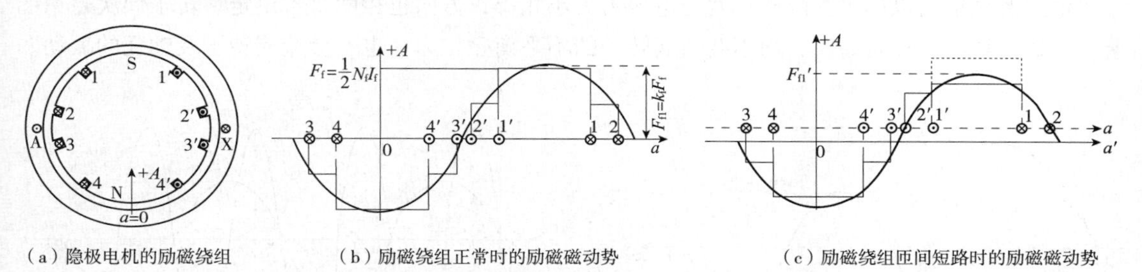

（a）隐极电机的励磁绕组　（b）励磁绕组正常时的励磁磁动势　（c）励磁绕组匝间短路时的励磁磁动势

图4　转子匝间短路故障前后的励磁磁动势

由于发电机实际运行时的基波励磁磁动势的计算受发电机参数、磁化曲线、转子漏磁等因素影响，该方法对小匝数短路监测的灵敏性不高。但随着短路匝数的增加，判据的灵敏性也将增加，可弥补监测大匝数短路故障的死区。

由于该方法基于转子励磁磁势的计算与比较，因此不论励磁调节器如何动作，负载如何变化，该方法均不受影响。实现这一原理监测的关键点有两个，首先是实际运行时励磁磁动势的准确计算模型，模型中的参数应受发电机运行工况影响较小；另外，还需研究其他故障对监测判据的影响，以采取相应的闭锁等方式解决。

3.2.2　基于机组振动的监测方案

目前对转子匝间短路故障时定、转子振动特性的理论分析研究还较为初步，在分析时大都没有全面考虑故障后定、转子各种时间电流所产生的各种空间谐波磁场之间的相互作用，因此分析还有局限性，得不到严谨、完整的结论。可在已有研究的基础上[25-26]，更进一步细致分析故障后定、转子的振动特性（包括切向和径向），以期找到故障所独有的振动特性，并明晰其影响因素和变化规律，在此基础上研究基于振动的监测方案。

以典型的1对极大型汽轮发电机为例，对转子匝间短路故障时发电机的振动特征进行初步分析。

已有的研究已表明：常见1对极汽轮发电机发生转子匝间短路后，定子相绕组内部会出现2、4等偶次谐波不平衡电流，进而产生偶次电枢反应磁场；励磁电流仍以直流分量为主，由于故障导致了励磁绕组在各极下的结构差异，励磁电流直流分量亦会产生偶次谐波磁场。

下面主要分析故障引起的转子振动。由于转子刚性较强，气隙磁场引起的径向力不会在转子各点引起分布式的振动，转子的径向振动取决于电磁力在转子各点的径向不平衡合力。发电

机正常运行时，转子所受径向力是平衡的，不会引起转子径向振动。下面将选取转子匝间短路故障时引起转子振动的主要因素进行分析。

（1）定子基波电流产生的基波磁场与转子直流分量产生的偶次谐波磁场作用。定子基波电流产生的基波磁场和转子直流分量产生的偶次谐波磁场相对转子均静止。从图 5 可以看出，在转子上相距为 π 弧度两处由转子直流分量产生的偶次磁场相等，而由定子基波电流产生的基波磁场相反。因此，两处电磁力大小相等，但方向一个指向转子圆心，另一个背离转子圆心。转子受到恒定的不平衡磁拉力，不会引起转子的振动。但由于该不平衡磁拉力随转子同步旋转，对于轴瓦的某点，将受到径向的基频交变力，可引起轴瓦的基频振动。

（2）定子 2 次谐波电流产生的偶次磁场与转子直流分量产生的偶次谐波磁场作用。从图 6 可以看出，在转子相距为 π 弧度两处由转子直流分量产生的偶次磁场相等，由定子 2 次谐波电流产生的偶次磁场也相等。因此，两处电磁力大小相等，方向也相同。不论定、转子偶次磁场的谐波次数、转速、转向如何，均不会引起转子的不平衡磁拉力，也不会造成转子及轴瓦的振动。

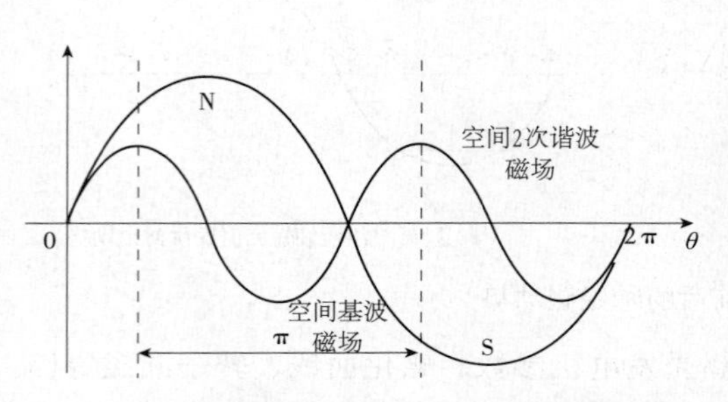

图 5　空间基波和 2 次谐波磁场之间的作用

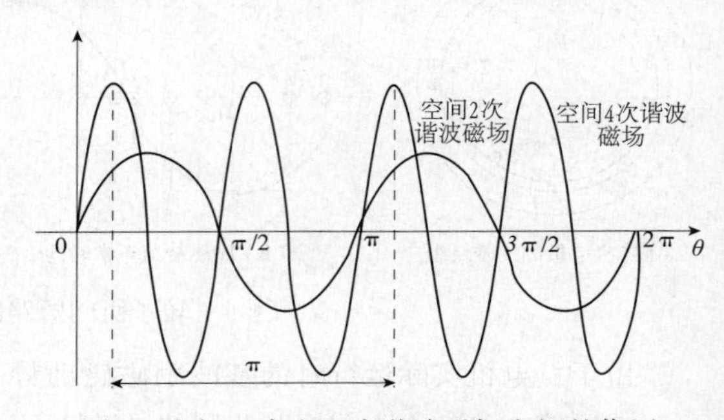

图 6　空间 2 次和 4 次谐波磁场之间的作用

（3）定子 2 次谐波电流产生的偶次磁场与转子直流分量产生的基波和奇数次磁场作用。定子 2 次谐波不平衡电流产生的 2 次谐波磁场同转子直流分量产生的基波和奇数次谐波磁场均与转子相对静止。按上文的分析方法可知：其相互作用会在转子上产生恒定的不平衡径向磁拉力，可引起轴瓦的基频振动。

以上理论分析初步表明，常见的 1 对极大型汽轮发电机发生转子匝间短路故障后，转子轴瓦会出现基频振动，多家电厂的故障实例也印证了这一结论。除此之外，故障时的转子热不平衡以及脉动电磁转矩也会引起转子的振动，而故障气隙磁场引起的径向电磁力还会对空心圆柱形定子产生弹性壳体振动。需细致全面分析故障对振动的影响机理，并研究振动特征的影响因素，才能为基于振动的故障监测奠定坚实的基础。

3.3　对故障在线定位的研究

目前对同步发电机转子匝间短路故障在线定位的研究还较少，多数情况下是利用分布电压法或冲击脉冲法进行故障的离线定位。对于受转子旋转影响的动态匝间短路（如因相互挤压引起的短路），即使在线检测发现了故障，但在停机后可能无法找到故障位置。这就需要对故障在线定位进行研究，在发现故障后找到对应的故障磁极（对于隐极电机还需找到短路槽）。

一种较为初步的思路是，引入发电机的转子鉴相信号，找到故障后电气量的时域特点或某些时间谐波的相位特点与转子位置的关系。

若不考虑磁路饱和，转子某一极下的匝间短路故障可看做正常的励磁磁场与故障磁极产生附加磁场的叠加。正常的励磁磁场不会产生定子不平衡电流，而由于定转子之间的相对运动，故障磁极产生的附加磁场将随着转子运动周期性的改变定子不平衡电流。目前，大型发电机一般都安装有转轴鉴相传感器，利用其发出的鉴相信号配合发电机的转速信号可准确获取任意时刻的转子位置角，从而为定子不平衡电流打上时标（得到不平衡电流随转子位置角变化的波形）。理论上对于不同磁极的故障，不平衡电流应具有相同的时域特点，只不过其波形的特征波峰或波谷出现的时刻不同；而对于不平衡电流某一次故障特征时间谐波（与极对数有关）的相角与转子位置角的差也能反映出故障磁极。

如图 7 所示，以一台 2 对极的发电机为例进行简要说明，该发电机的定子每相由相同极性下的两分支正向并联而成，在由鉴相脉冲和转速信号获取到转子位置信息后便可给相电流和不平衡电流打上时标。经理论分析易知，若位于转子 d 轴的 1 号磁极发生短路故障，则不平衡电流的特征波峰和波谷分别出现在 1 号磁极和 3 号磁极中心正对 A1 分支中心的时刻。对不平衡电流中的 1/2 次谐波的波峰和波谷的分析类似，不再详述。

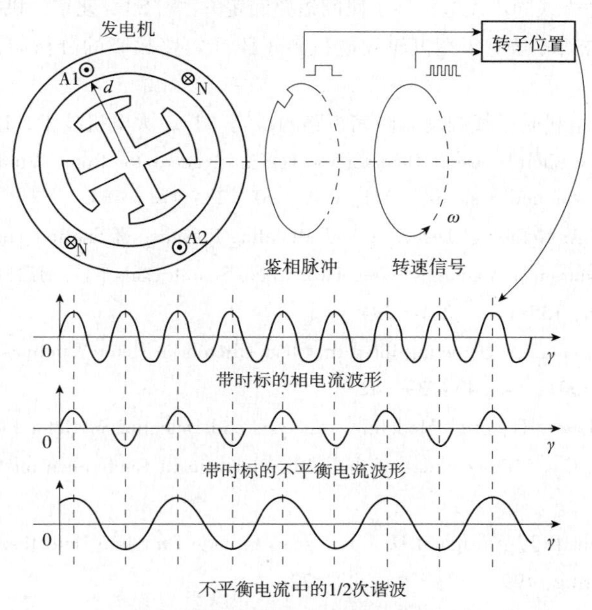

图 7　故障在线定位方案的可行性分析

显然定子绕组的分布与连接以及实际存在的各种干扰因素（如制造偏差等）会对不平衡电流的波形产生影响，需要进一步深入分析并选取合适的识别方法。

4　结语

近年来大型发电机转子匝间短路故障频发，已引起很多电厂的重视。虽然转子小匝数短路故障不会引起励磁电流、无功及振动的显著变化，对发电机运行影响不大。但初步的分析表明，越是小匝数的短路越容易受到其他故障或过渡过程（起停机等）的冲击而恶化（转子接地等）。

还可以看到，对大型汽轮发电机转子匝间短路故障监测的研究更为迫切。在这里笔者呼吁大型汽轮发电机的设计专家与制造厂商能够改变目前的中性点 3 端子引出方式，已有的研究成果已充分论证了引出分支电流 TA 的可行性[48]。若能加以推广必将实现对发电机的定、转子绕组的高质量保护或监测，进一步提高运行可靠性。

参考文献：

[1] 马宏忠．电机状态监测与故障诊断［M］．北京：机械工业出版社，2008.

[2] 邹炯斌，赵锋，宁颖辉．1000MW机组发电机转子绕组匝间短路故障分析［J］．热力发电，2012，41（6）：74－76.

[3] 唐芳轩，许艳霞．秦山第二核电站发电机转子匝间短路故障的诊断与处理［J］．电力设备，2005，6（1）：67－69.

[4] 杨素华．丹江口电厂发电机转子匝间短路的诊断与处理［J］．云南水利发电，2005，23（2）：95－97.

[5] Tavner P J. Review of Condition Monitoring of Rotating Electrical Machines［J］．IET Electric Power Applications，2008，2（4）：215－247.

[6] Huang Haizhou，Zhang Kanjun，Zhang Yong. Detection of Turbine Generator Field Winding Serious Inter－turn Short Circuit Based on the Rotor Vibration Feature［C］//Proceedings of the 44th Universities Power Engineering Conference. Glasgow：IET，2009：1－5，

[7] JB/T 8446—2005 隐极式同步发电机转子匝间短路测定方法［S］．北京：机械工业出版社，2005.

[8] 彭发东，张征平，陈杰华，等．大型汽轮发电机转子匝间短路故障的分析与诊断［J］．大电机技术，2010（6）：17－19.

[9] 赵玉升．大型汽轮发电机转子线圈动态匝间短路的检测［J］．大电机技术，1982（5）：18－23.

[10] Albright D R. Interturn Short－circuit Detector for Turbine－generator Rotor Windings［J］．IEEE Transactions on Power Apparatus and Systems，1971，PAS－90（2）：478－483.

[11] Stoll R L，Hennache A. Method of Detecting and Modeling Presence of Shorted Turns in DC Field Winding of Cylindrical Rotor Synchronous Machines Using Two Airgap Search Coils［J］．IEE Proceedings—Electric Power Applications，1988，135（6）：281－294.

[12] Ramirez－Nino J，Pascacio A. Detecting Interturn Short Circuits in Rotor Windings［J］．IEEE Computer Applications in Power，2001，14（4）：39－42.

[13] Fišer R，Makuc D，Lavrič H，et al. Modeling，Analysis and Detection of Rotor Field Winding Faults in Synchronous Generators［C］//Proceedings of the 19th International Conference on Electrical Machines. Rome：IEEE，2010：1－6.

[14] Albright D R，Albright D J，Albright J D. Flux Probes Provide On－line Detection of Generator Shorted Turns［J］．Power Engineering，1999，103（9）：28－32.

[15] 刘庆河，蔡维铮，徐殿国．汽轮发电机转子绕组匝间短路在线检测方法的研究［J］．中国电机工程学报，2004，24（9）：234－237.

[16] Wood J W. Rotor Winding Short Detection［J］．IEE Proceedings on Electric Power Applications，1986，133（3）：30－35.

[17] EI－Sharkawi M A，Marks R J II，Oh S，et al. Localization of Winding Shorts Using Fuzzified Neural Networks［J］．IEEE Transactions on Energy Conversion，1995，10（1）：140－143.

[18] Streifel R J，Marks R J II，EI－Sharkawi M A. Detection of Shorted－turns in the Field Winding of Turbine－generator Rotors Using Novelty Detectors—development and Field Test［J］．IEEE Transactions on Energy Conversion，1996，11（2）：312－317.

[19] Guttormsson S E，Marks R J II，EI－Sharkawi M A，et al. Elliptical Novelty Grouping for On－line Short－turn Detection of Excited Running Rotors［J］．IEEE Transactions on Energy Conversion，1999，14（1）：16－22.

[20] Kulkarni A S，EI－Sharkawi M A，Marks R J II，et al. Development of a Technique for On－line Detection of

Shorts in Field Windings of Turbine - generator Rotors: Circuit Design and Testing [J]. IEEE Transactions on Energy Conversion, 2000, 15 (1): 8 - 13.

[21] Ding F, Trutt F C. Calculation of Frequency Spectra of Electromagnetic Vibration for Wound - rotor Induction Machines with Winding Faults [J]. Electric Machines and Power Systems, 1988, 14: 137 - 150.

[22] Trutt F C, Sottile J, Kohler J L. Detection of AC Machine Winding Deterioration Using Electrically Excited Vibrations [J]. IEEE Transactions on Industry Applications, 2001, 37 (1): 10 - 14.

[23] Trutt F C, Sottile J, Kohler J L. Condition Monitoring of Induction Motor Stator Windings Using Electrically Excited Vibrations [C] // Proceedings of the 37th Industry Applications Annual Meeting. Pittsburgh, Pennsylvania. USA: IEEE, 2002: 2301 - 2305.

[24] Tsypkin M. Induction motor condition monitoring: Vibration Analysis Technique—A practical Implementation [C] // Proceedings of the 8th International Electric Machines and Drives Conference. Niagara Falls, USA: IEEE, 2011: 406 - 411.

[25] 张征平，刘石．大型汽轮发电机转子匝间短路故障在线诊断方法 [J]．电力自动化设备，2012，32 (8): 148 - 152.

[26] 万书亭．发电机绕组与偏心故障交叉特征分析及其检测方法研究 [D]．保定：华北电力大学，2005.

[27] Zare F. Practical Approach to Model Electric Motors for Electromagnetic Interference and Shaft Voltage Analysis [J]. IET Electric Power Applications, 2010, 4 (9): 727 - 738.

[28] Shami U T, Akagi H. Identification and Discussion of the Origin of a Shaft End - to - end Voltage in an Inverter - driven Motor [J]. IEEE Transactions on Power Electronics, 2011, 25 (6): 1615 - 1625.

[29] Alan M. Mirko C. Experimental Research on Rotor Fault Diagnosis Using External Coil Voltage Analysis and Shaft Voltage Signal Analysis [C] // Proceedings of the Symposium on Diagnostics for Electric Machines, Power Electronics and Drives. Vienna, Austria: IEEE, 2005: 1 - 4.

[30] 武玉才．发电机故障的交叉特性分析及机电联合故障诊断研究 [D]．保定：华北电力大学，2010.

[31] Li yonggang, Zhao hua, Li heming. The New Method on Rotor Winding Inter Turn Short - circuit Fault Measure of Turbine Generator [C] // Proceedings of the 2003 IEEE International Electric Machines and Drives Conference. Wisconsin, USA: IEEE, 2003: 1483 - 1487.

[32] Wan Shuting, Li Heming, Li Yonggang, et al. The Diagnosis Method of Generator Rotor Winding Inter - turn Short Circuit Fault Based on Excitation Current Harmonics [C] // Proceedings of the 5th International Conference on Power Electronics and Drive Systems. Singapore: IEEE, 2003: 1669 - 1673.

[33] Neti P, Nandi S. Analysis and Modeling of a Synchronous Machine with Structural Asymmetries [C] //Proceedings of 2006 IEEE Conference on Electrical and Computer Engineering. Ottawa: IEEE, 2006: 1236 - 1239.

[34] 张超，夏立，吴正国，等．同步发电机转子绕组匝间短路故障特征规律分析 [J]．高电压技术，2010，36 (6): 1506 - 1512.

[35] 张超，夏立，吴正国，等．同步发电机转子绕组匝间短路故障特征传递规律 [J]．电力系统保护与控制，2011，39 (14): 52 - 57.

[36] Marcos F S, Angelo V D, Pyramo P. Detection of Shorted Turns in the Field Winding of Turbogenerators Using the Neural Network MLP [C] // Proceedings of 2010 International Conference Systems Man and Cybernetics. Arizona, Tucson: IEEE, 2001: 1930 - 1935.

[37] Kryukhin S S. A New Principle for Synchronous Machine Protection from Rotor Winding Inter - turn and Double Earth Faults [J]. Electric Technology, 1972, 2 (5): 47 - 59.

[38] Li Y G, Li H M, Zhao H, et al. Fault Identification Method of Rotor Inter Turn Short - circuit Using Stator Winding Detection [C] // Proceedings of the 6th International Conference on Electrical Machines and

Systems. Beijing: IEEE, 2003: 856-860.

[39] Wan S T, Li H M, Li Y G, et al. Reluctance Network Model of Turbo-generator and Its Application—Part 1: Model [C] // Proceedings of the 8th International Conference on Electrical Machines and Systems. Nanjing: IEEE, 2005: 1988-1993.

[40] Sottile J, Trutt F C, Leedy A W. Condition Monitoring of Brushless Three-phase Synchronous Generators with Stator Winding or Rotor Circuit Deterioration [J]. IEEE Transactions on Industry Applications, 2006, 42 (5): 1209-1215.

[41] 孙宇光，郝亮亮，王祥珩．同步发电机励磁绕组匝间短路的数学模型与故障特征［J］．电力系统自动化，2011，35（6）：45-50.

[42] Hao Liangliang, Sun Yuguang, Qiu Arui, et al. Steady-state Calculation and Online Monitoring of Interturn Short Circuit of Field Windings in Synchronous Machines [J]. IEEE Transactions on Energy Conversion, 2012, 27 (1): 128-138.

[43] 孙宇光，郝亮亮，王祥珩．同步发电机励磁绕组匝间短路故障时的稳态电流谐波特征研究［J］．中国电机工程学报，2010，30（33）：51-57.

[44] 郝亮亮，孙宇光，邱阿瑞，等．定子绕组形式对同步发电机励磁绕组匝间短路稳态电流特征的影响［J］．中国电机工程学报，2011，31（30）：61-68.

[45] 郝亮亮，孙宇光，邱阿瑞，等．大型水轮发电机励磁绕组匝间短路的稳态故障特征分析［J］．电力系统自动化，2011，35（4）：40-45.

[46] 郝亮亮，孙宇光，邱阿瑞，等．隐极发电机励磁绕组匝间短路故障定位及短路匝数估算［J］．中国电机工程学报，2011，31（21）：85-92.

[47] 郝亮亮，孙宇光，邱阿瑞，等．基于主保护不平衡电流有效值的转子匝间短路故障监测［J］．电力系统自动化，2011，35（13）：83-87，107.

[48] 桂林，王祥珩，王维俭，等．大型汽轮发电机中性点引出方式及保护配置方法［P］：中国，CN101702512A.

作者简介：

郝亮亮（1985— ），男，博士，副教授，主要研究方向为电力系统主设备保护与监测，柔性直流输电系统的控制与保护；电力系统分析与控制。E-mail：llhao@ bjtu. edu. cn

桂　林（1974— ），男，博士，副教授，主要研究方向为大机组保护与故障分析。E-mail：guilin99@ mails. tsinghua. edu. cn

陈　俊（1978— ），男，硕士，高级工程师，主要研究方向为电力主设备继电保护和工业过程控制。E-mail：chenj@ nari-relays. com

零序电压型与注入式定子接地保护的灵敏度分析

陈　俊，汤炳章，张琦雪，严　伟，沈全荣

（南京南瑞继保电气有限公司，江苏　南京　211102）

【摘　要】　本文对基波零序电压定子接地保护和注入式定子接地保护的灵敏度进行定量分析，研究结果显示注入式定子接地保护的电阻判据在发电机中性点附近的灵敏度明显优于基波零序电压定子接地保护，而在大部分的范围内其灵敏度低于基波零序电压定子接地保护，两者配合使用可实现优势互补，从而提升大型机组定子接地保护方案的性能。

【关键词】　注入式定子接地保护；零序电压型定子接地保护；灵敏度；过渡电阻

0　引言

定子单相接地故障是发电机组比较常见的故障形式。目前在现场得到广泛应用的定子单相接地保护原理包括基波零序电压定子接地保护（也称为零序电压型定子接地保护）、三次谐波电压型定子接地保护和注入式（20Hz 或 12.5Hz）定子接地保护。发电机注入式定子接地保护具有不受运行工况影响、灵敏度一致、不受传递过电压的影响等优点，近年来受到了广泛关注，并且在各种类型的大型机组上得到了推广应用[1-4]。

由于注入式定子接地保护的以上特点，少数人过度放大了注入式定子接地保护的优点，认为注入式定子接地保护的性能全面优于基波零序电压定子接地保护，包括接地故障检测的灵敏度，甚至要求双套定子接地保护均采用注入式原理，由于只能采用同一个注入电源，一旦注入电源异常，两套保护均将受到影响，存在安全隐患。基于以上情况，有必要定量分析这两种定子接地保护的性能，正确认识不同原理的优缺点，便于制定合理的定子接地保护配置方案，实现优势互补。

1　零序电压型定子接地保护的灵敏度分析

假设发电机三相绕组对地电容相等，则发电机定子单相接地故障位置与零序电压、接地过渡电阻的关系式[5]为

$$\alpha = -\dot{U}_0\left(\frac{1}{R_n}+\frac{1}{R_g}+\mathrm{j}\omega C_\Sigma\right)\frac{R_g}{\dot{E}_\varphi} \tag{1}$$

式中：α 为定子单相接地故障位置；$\dot{U}_0$ 为发电机定子零序电压一次值；$\dot{E}_\varphi$ 为发电机单相接地故障相电动势；C_Σ 为机端三相绕组对地电容之和；R_n 为中性点接地变负载电阻（一次值）；R_g 为接地故障点的过渡电阻（一次值）。

令 $X_C=\dfrac{1}{\omega C_\Sigma}$，则

$$\alpha=\left|-\dot{U}_0\left(\frac{1}{R_n}+\frac{1}{R_g}+j\omega C_{\Sigma}\right)\frac{R_g}{\dot{E}_{\varphi}}\right|$$

$$=\left|-\frac{\dot{U}_0}{\dot{E}_{\varphi}}\left[\left(\frac{R_g}{R_n}+1\right)+j\frac{R_g}{X_C}\right]\right| \tag{2}$$

$$=\left|\frac{\dot{U}_0}{\dot{E}_{\varphi}}\right|\sqrt{\left(\frac{R_g}{R_n}+1\right)^2+\left(\frac{R_g}{X_C}\right)^2}$$

经过整理得

$$\left(\frac{1}{R_n^2}+\frac{1}{X_C^2}\right)R_g^2+\frac{2}{R_n}R_g+\left[1-\left|\frac{\alpha\dot{E}_{\varphi}}{\dot{U}_0}\right|^2\right]=0 \tag{3}$$

求解接地电阻为

$$R_g=\frac{\sqrt{\frac{1}{R_n^2}-\left(\frac{1}{R_n^2}+\frac{1}{X_C^2}\right)\left(1-\left|\frac{\alpha\dot{E}_{\varphi}}{\dot{U}_0}\right|^2\right)}-\frac{1}{R_n}}{\frac{1}{R_n^2}+\frac{1}{X_C^2}} \tag{4}$$

由上式即可分析在整定一定的零序电压定值的情况下，保护能够反映的接地过渡电阻值 R_g 与接地故障位置 α 的关系。

设中性点零序电压 TV（或中性点接地变压器）变比为 $U_{\varphi N}/U_{0n}$，则当机端单相金属性接地时，中性点零序电压二次值为 U_{0n}，基波零序电压保护的电压定值一般按 kU_{0n}（$k=5\%\sim10\%$）整定，对应的零序电压一次值为 $kU_{\varphi N}$，则

$$|\dot{E}_{\varphi}/\dot{U}_0|\approx U_{\varphi N}/U_0=1/k \tag{5}$$

将式（5）代入式（4）可得

$$R_g=\frac{\sqrt{\frac{1}{R_n^2}-\left(\frac{1}{R_n^2}+\frac{1}{X_C^2}\right)\left[1-\left(\frac{\alpha}{k}\right)^2\right]}-\frac{1}{R_n}}{\frac{1}{R_n^2}+\frac{1}{X_C^2}} \tag{6}$$

由式（6）可知，当 $\alpha<k$ 时，$R_g<0$，为不合理的解，即接地故障位置小于 k 的范围为基波零序电压保护的死区，这也是基波零序电压保护又被称为 95% 定子接地保护的原因。

以某 350MW 发电机为例，一次额定电压为 23kV，中性点接地变压器二次负载电阻为 0.33Ω，电压变比为 23kV/190V，则折算到一次侧的电阻值为 4836Ω，发电机中性点接地电阻一般按照一次电阻值小于等于容抗设计，为计算方便，可取电阻等于容抗值，则机端单相金属性接地时的中性点零序电压二次值为 190V/1.732 = 109.7V，当基波零序电压定子接地保护按有 10% 死区整定时（$k=10\%$），不同接地故障位置所能检测的过渡电阻值如图 1 所示。

可见，按以上零序电压定值整定时，基波零序电压定子接地保护在发电机中性点附近有 10% 的死区，在不同接地故障位置具有不同的灵敏度，越靠近发电机机端其灵敏度越高。该例子中在发电机机端单相接地故障时的检测灵敏度可达 30kΩ 以上。

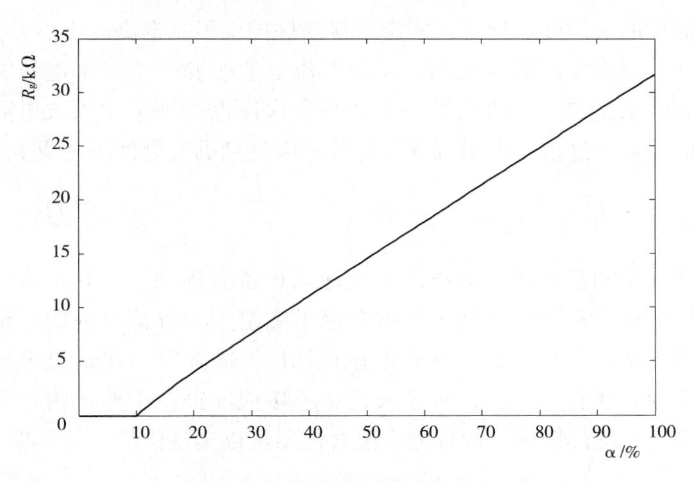

图1　不同接地故障位置所能检测的过渡电阻值

2　注入式定子接地保护的灵敏度分析

注入式定子接地保护一般由低电阻判据和零序电流判据构成，低电阻判据反映定子绕组对地绝缘电阻的下降，零序电流判据可以作为注入电源异常时的后备保护。

低电阻判据的整定以静止状态下中性点位置模拟接地故障时所能准确测量的过渡电阻值为依据，由于注入的信号强度比较弱，考虑各种测量环节误差的影响，该原理所能准确测量的过渡电阻一般不超过20kΩ，考虑一定的可靠系数，电阻定值一般按1～5kΩ整定，因此，注入式定子接地保护的低电阻判据在整个定子绕组上的灵敏度不超过5kΩ。基于以上问题，国内学者提出了自适应20Hz电源注入式定子接地保护的思路，接地电阻整定值随接地故障允许电流限制和接地故障位置变化而自动改变，接地电阻定值的表达式为[6]

$$R_{g.set}=\frac{-R_N}{1+\lambda^2}+\sqrt{\frac{U_{0d}^2}{K_K^2I_Y^2}-\frac{R_N^2}{1+\lambda^2}\left(1-\frac{1}{1+\lambda^2}\right)} \tag{7}$$

其中

$$\lambda=\frac{R_N}{X_C}$$

式中：U_{0d}为零序电势；I_Y为接地故障允许电流限制；K_K为可靠系数。

以上自适应方法同样受到所能准确测量的过渡电阻的影响，在机端附近接地时，即使接地电阻定值动态抬高了，但由于注入式原理无法准确测量比较大的过渡电阻值，导致判据失效，因此，难以实际应用。

零序电流判据采用与频率无关的算法，不仅仅反映基波分量，因此，零序电流中的三次谐波分量对其有一定的影响，定值整定时要躲过该不平衡量，其灵敏度要比基波零序电压保护略低，其在不同接地故障位置所能检测的过渡电阻值与基波零序电压型接地保护类似。

3　两种保护原理的灵敏度比较

由图1可见，注入式定子接地保护的低电阻判据在发电机中性点附近的灵敏度明显优于基波零序电压保护，基波零序电压保护在靠近机端附近的灵敏度可达30kΩ以上，在接地故障位置超过22.8%时的灵敏度即可超过5kΩ，因此，实际上在定子绕组上绝大部分的位置发生接地故障时，基波零序电压保护的灵敏度均比注入式定子接地保护电阻判据高。当然，注入式定子接地保护除了低电阻判据外，还有零序电流判据，零序电流定值按躲过不平衡电压和主变高压侧单相接地传递过电压的影响来整定，定值门槛一般较高，这样也弥补了注入式电阻判据在靠近机端附近灵敏度比较低的不足，这也是电阻判据要与零序电流判据配合使用的重要原因。

4 结语

注入式定子接地保护和基波零序电压定子接地保护各有优缺点，其灵敏度高低与接地故障位置有关，不能一概而论，基波零序电压保护在定子绕组大部分范围内的灵敏度远高于注入式定子接地保护的电阻判据，但其在中性点附近存在死区，需要靠三次谐波电压型定子接地保护去弥补，且不能在无励磁状态下工作；而注入式定子接地保护在中性点附近可获得较高的灵敏度，无死区且不受运行工况的影响，两种方案配合使用可以实现优势互补，提升大型机组定子接地保护方案的性能。

参考文献：

[1] 张琦雪，陈佳胜，陈俊，等. 大型发电机注入式定子接地保护判据的改进［J］. 电力系统自动化，2008，32（3）：66－69.

[2] 兀鹏越，陈飞文，黄旭鹏，等.1036MW机组注入式定子接地保护调试及动作分析［J］. 电力自动化设备，2011，31（3）：147－150.

[3] 张天吾. 注入式发电机定子接地保护在构皮滩水电站600MW机组上的应用［J］. 贵州水力发电，2009，（2）：70－72.

[4] 陈俊，陈佳胜，张琦雪，等. 超超临界机组发电机定子和转子接地保护方案［J］. 电力系统自动化，2008，32（20）：101－103.

[5] 陈俊，刘梓洪，王明溪，等. 不依赖注入式原理的定子单相接地故障定位方法［J］. 电力系统自动化，2013，37（4）：104－107.

[6] 姚晴林，赵斌，郭宝甫，等. 自适应20Hz电源注入式定子接地保护［J］. 电力系统自动化，2008，32（18）：71－73.

作者简介：

陈 俊（1978— ），男，硕士，高级工程师，主要从事发电厂继电保护的研究、开发和管理工作。E－mail：chenj@ nari－relays. com

汤炳章（1981— ），男，学士，助理工程师，主要从事发电厂保护及自动化相关技术工作。

张琦雪（1974— ），男，博士，研究员级高级工程师，从事电气主设备微机保护的研究和开发工作。

严 伟（1975— ），男，硕士，研究员级高级工程师，从事发电厂继电保护的研究、开发和管理工作。

沈全荣（1965— ），男，硕士，研究员级高级工程师，从事电力系统继电保护的研究、开发和管理工作。

大型燃机电厂 SFC 逻辑控制盘国产化冗余方案

蔡晓铭[1]，冯桂青[2]，石祥建[3]

（1. 深圳能源集团股份有限公司东部电厂，广东　深圳　518120；
2. 深圳能源集团股份有限公司，广东　深圳　518000；
3. 南京南瑞继保电气有限公司，江苏　南京　211102）

【摘　要】　本文介绍了静态变频（SFC）系统逻辑控制盘（Control Of Logic Panel，以下简称 COLP ）的基本功能，阐述了其在大型燃机电厂中的重要作用；通过解决几大技术难题，成功实现 COLP 的国产化冗余，并论述了其重要工程意义。

【关键词】　SFC；逻辑控制盘（COLP）；冗余

0　引言

东部电厂一期 3×390MW 联合循环机组，采用三菱 SFC 系统作为启动设备。SFC 系统由两套 SFC 和一套 COLP 组成，实现两套 SFC 可分别拖动三台机组，而无论使用哪一套 SFC，COLP 都参与了控制，这就使得 COLP 的作用尤其重要。原 COLP 为三菱原装进口，备件昂贵，备件供货周期较长，而且目前部分备件已不生产，且没有替换产品，如果没有充足的备件支持，COLP 的安全运行无法保障，倘若 COLP 出现故障而无法及时排除，则会影响任何一台机组的启动。因此，如何保证 COLP 的低故障率是燃气轮发电机电厂应该考虑的问题。在这种情况下，考虑 COLP 的国产化冗余首当其冲。

1　COLP 的控制原理[1]和功能

静态变频（SFC）在燃机启动过程中，电源取自 6kV 厂用电，系统将大小与频率不变的交流电变成大小与频率变化的交流电，加在发电机定子绕组上，使发电机在启动过程中以同步电动机的方式运行。转速从 0 到 700r/min 后，进行高盘吹扫，再降转速至 570r/min，燃机点火，加速上升至 2000r/min 后，延时 80s，SFC 退出运行，燃机将发电机拖至 3000r/min。这是目前主流燃气轮发电机由 SFC 拖动的正常启动流程。大型燃机电厂两套 SFC 拖动三台机组原理一次图如图 1 所示[2]。

从图 1 中看到，要实现两套 SFC 拖动三台机组，需增加大量切换隔离开关，其切换控制逻辑在 COLP 中实现，这样 COLP 的控制对象包括两套 SFC 的控制及反馈信号，三台机组主要开关及其刀闸指令、反馈和闭锁，三台机组励磁系统控制方式指令及反馈，三台机组透平控制系统（TCS）的指令与反馈，另外还有三台发电机转子位置传感器信号（未在图中画出），总计包括 122 路开入信号和 199 路开出信号。COLP 必须承担大量的信号处理和逻辑运算功能，虽然 COLP 柜中配备了两套 PLC，解决了 PLC 故障时的备用问题，但由于在大型燃机电厂中 COLP 的重要性极其高，一旦发生屏柜毁灭性故障、回路故障或除 PLC 以外的硬件故障，问题的处理需要较长时间，严重影响发电厂机组的启动，会给电厂带来巨大经济损失，因此，需要考虑更为可靠的备用方案。

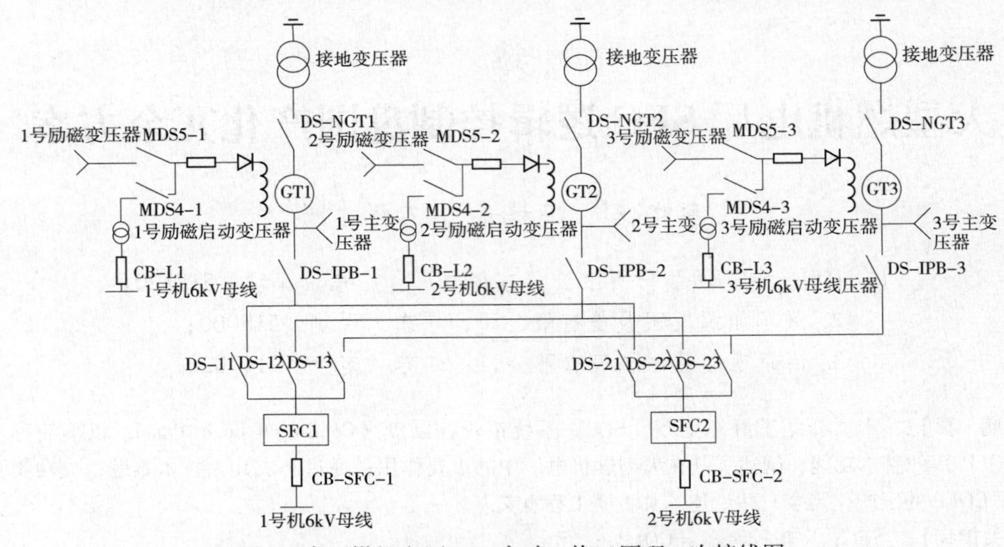

图 1　大型燃机电厂 SFC 启动二拖三原理一次接线图

2　COLP 国产化冗余方案

为减少改造过程对原 COLP 的影响，并保证改造调试过程中由于各种因素导致改造无法顺利运行时原 COLP 能够快速恢复接线并投入使用，经研究，制订出一种切实可行的改造方案，设计示意图[3]如图 2 所示。

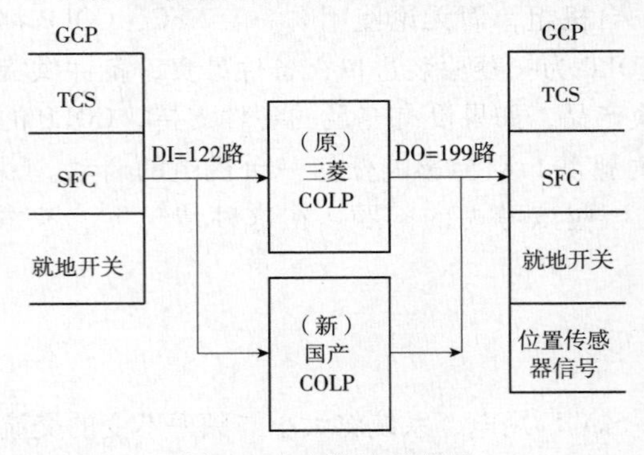

图 2　改造设计示意图

（1）两套 COLP 的开入、开出信号采用并接方式，为了保证原有连接电缆有足够长度，并接位置放在原 COLP 屏柜内，将原有端子排改为双层端子排。通过这种方式，TCS 逻辑不需作任何改动，其控制对象只有一套 COLP，另一套 COLP 必须作停电处理。

（2）两套 COLP 之间的连接电缆（DI 和 DO）均在新 COLP 柜内经过刀闸式可分断端子排连接。刀闸式端子排可在原 COLP 柜与新 COLP 柜之间提供隔离断点，方便新 COLP 柜调试。

（3）开入回路和开出回路均采用并联方式，开入及开出回路接线如图 3 和图 4 所示。

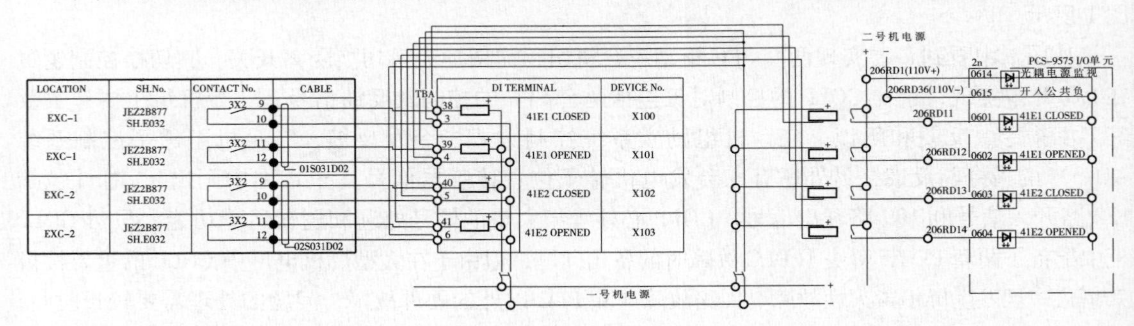

图 3　开入回路设计方案

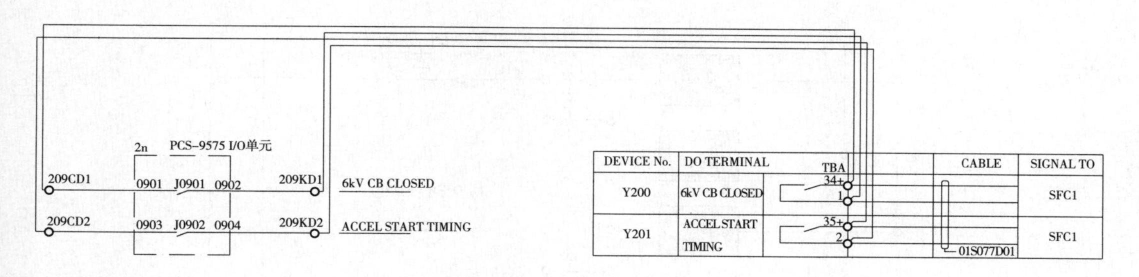

图4 开出回路设计方案

3 开入并联解决方案

从图3开入回路设计方案看，开入信号并接至两套COLP，看似简单，却存在极大安全隐患。问题的分析可通过图5看出，当1号COLP控制电源空开送上，2号COLP控制电源断开时，开入信号2有效（接点闭合），开入信号3无效（接点打开），从图中箭头方向可以看到，直流正极通过线圈2、线圈3、线圈1，通过开入信号2接点回到直流负极，假设三个线圈直阻一致，均为R，则加在线圈2上的电压为$U_d/3$（U_d为直流控制电源电压）。考虑只有开入信号3无效，其他开入信号均有效，有效开入信号个数为n，则加在线圈2上的电压为$\frac{R}{2R+R/n}U_d$，考虑极限，n很大时，则加在线圈2上的电压约等于$U_d/2$，则线圈2、线圈3可能误动。为此，需采取有效措施，避免错误开入的出现。

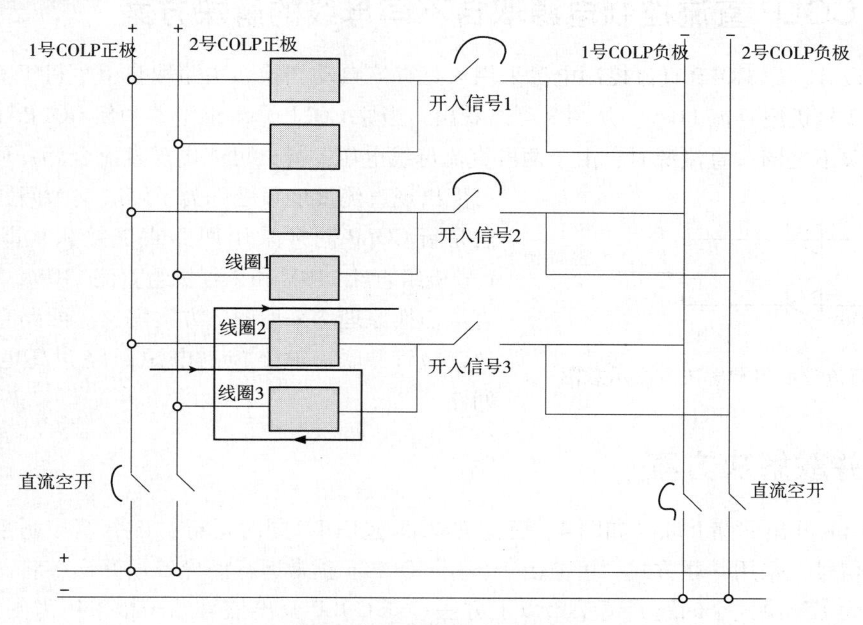

图5 开入直接并联存在问题示意图

通过安装特殊端子排继电器可以解决这一问题，图6是解决方案示意图。从图6可以看到，由于二极管反向无法导通，成功避免了误开入的出现。此次改造，采用型号为UTTB 2.5－2DIO端子，每一路开入需配两个。试验结果表明此解决方案切实可行。

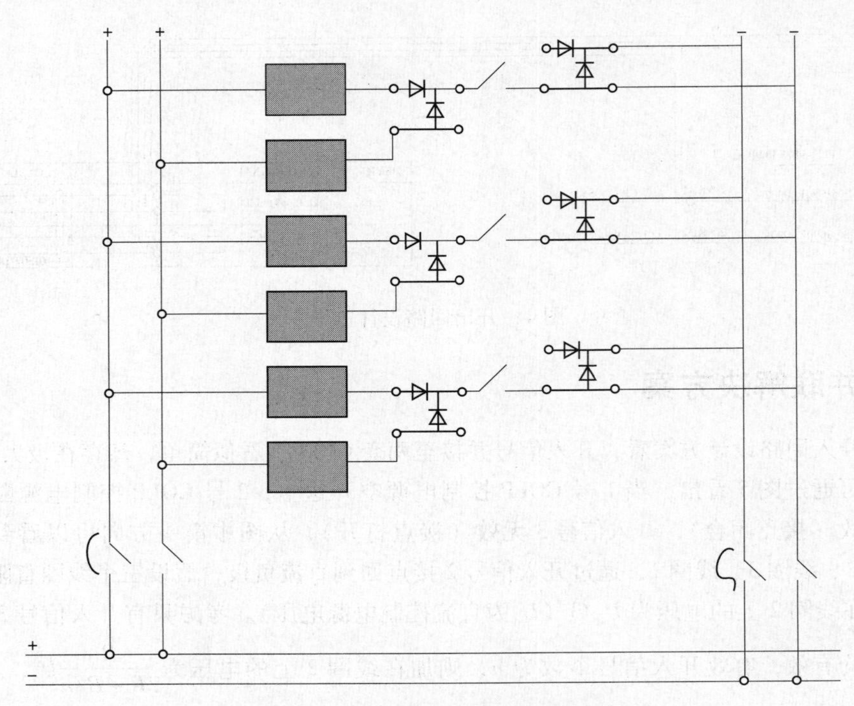

图 6　开入直接并联解决方案示意图

4　两套 COLP 直流控制电源取自不同母线的解决方案

按照原设计，原 COLP 直流控制电源采用双路直流自动切换，主路取自 1 号机组直流 110V，另一路取自 2 号机组直流 110V。从图 3 可以看出，当原 COLP 开入继电器和新 COLP 开入光隔使用的直流电源不是同一直流源时，由于两段直流母线电压差异，可能出现直流合环，环流的出现可能出现直流接地报警，为了解决这个问题，处理方法是新 COLP 同样采用两路直流接入，即分别取自 1 号机组直流 110V 和 2 号机组直流 110V，两套 COLP 直流切换原理均采用图 7 方案解决。两路直流分别经过二极管并联，输出控制电源回路为高电压的直流回路。

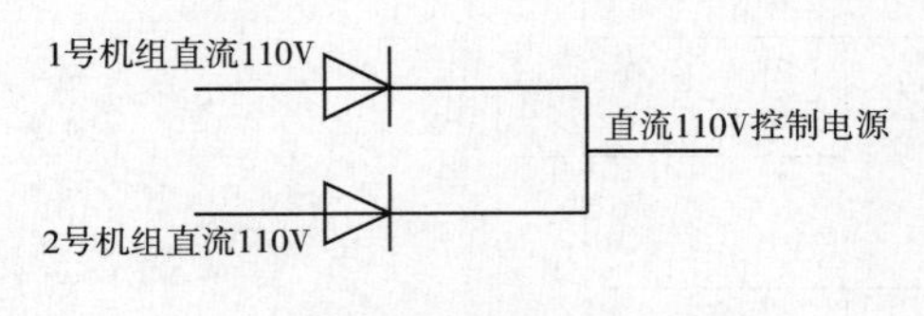

图 7　直流控制电源解决方案示意图

5　开出并联解决方案

两套 COLP 开出回路并联，如图 4 所示。如果两套 COLP 同时运行，部分至控制系统的开出信号为闭合信号，采用并联方式，可能由于备用 COLP 非正常运行而导致误开出，将严重影响系统的运行。为了解决这个问题，可采用以下方法：新 COLP 开出信号端子排采用刀闸式端子排，调试时将这些端子排刀闸打开，保证开出信号不影响在运行的原 COLP 开出信号；当新 COLP 投运后，设专门的“开出使能”压板，当压板投入时，控制系统的所有开出信号有效，当压板退出时，用软件方式屏蔽所有开出信号；由于原 COLP 无法通过软件屏蔽开出信号，当新 COLP 作为主用时，原 COLP 需作停电处理，即断开控制电源，这样原 COLP 的所有开出信号均无效。

6 新 COLP 的优点

新 COLP 控制系统提供了完备的事件记录，加上 B 码对时功能，为事故分析提供了方便。COLP 开入开出信号较多，但每次启动时间先后顺序及间隔时间相对固定，因此，通过事件记录或故障录波与正常时对比，可以很快查找故障原因，图 8 所示为事件记录功能的截图。

3948	2014-07-05 07:27:41:97	(1)	NGT3_CLOSE: 退出
3947	2014-07-05 07:27:41:93	(1)	NGT3_OPEN: 投入
3946	2014-07-05 07:27:37:840	(1)	SFC1_SEL_FGT3: 退出
3945	2014-07-05 07:27:37:751	(1)	DS13_CLOSE: 投入
3944	2014-07-05 07:27:36:736	(1)	DS13_OPEN: 退出
3943	2014-07-05 07:27:36:257	(1)	CBL3_CLOSE: 投入
3942	2014-07-05 07:27:36:251	(1)	CBL3_OPEN: 退出
3941	2014-07-05 07:27:36:111	(1)	MDS4_3_OPEN: 退出
3940	2014-07-05 07:27:36:107	(1)	MDS4_3_CLOSE: 投入
3939	2014-07-05 07:27:36:29	(1)	MDS5_3_CLOSE: 退出
3938	2014-07-05 07:27:36:24	(1)	MDS5_3_OPEN: 投入
3937	2014-07-05 07:27:35:845	(1)	SFC1_SEL_FGT3: 投入

图 8 投运后装置的事件记录功能

7 结语

COLP 的国产化冗余，一方面使原有 COLP 有了备用；另一方面，原有 COLP 故障分析手段有限，仅有简单的报警指示，新 COLP 有完备的事件记录功能和录波功能，为故障时快速分析原因提供了可能；更重要的是，COLP 的国产化改造为下一步 SFC 国产化打下了基础。

作者简介：

蔡晓铭（1979— ），男，广东汕头人，工程师，从事电厂检修管理工作。

冯桂青（1973— ），男，海南海口人，高级工程师，从事电厂检修管理工作。

石祥建（1980— ），男，江苏徐州人，工程师，从事自动化产品研发工作。

全光纤式光学电流互感器的裂相横差保护在沙河电站抽水蓄能机组上的应用

李德敏[1]，杨海学[1]，赵苏彦[1]，蒋立宪[1]，王　凯[2]

（1. 江苏沙河抽水蓄能电站，江苏　常州　213332；
2. 南京南瑞继保电气有限公司，江苏　南京　211102）

【摘　要】　沙河抽水蓄能电站发电机组因中性点空间狭小，无法在分支上安装传统电磁式 TA，仅配置单元件横差保护应对定子匝间故障，在某些匝间故障下灵敏度较低。而全光纤式光学电流互感器（Optical Current Transducer，OCT）可安装于狭小空间，完成发电机分支电流测量，进而实现裂相横差保护。本文首先介绍了 OCT 的原理、特点及安装方式，然后给出了沙河电站基于 OCT 的裂相横差保护的系统架构，改造后的方案提高了定子匝间保护灵敏度，完善了主保护配置，最后本文通过与传统电磁式 TA 对比，分析了 OCT 对保护性能的提升作用。

【关键词】　光学电流互感器（OCT）；裂相横差保护；全光纤式光学电流互感器；变频启动过程

0　引言

水轮发电机组一般是多分支的，在部分或所有分支上安装传统电磁式电流互感器，即可实现不完全差动、裂相横差保护来应对定子匝间短路故障。抽水蓄能机组很多是双分支的，由于发电机中性点分支空间有限，无法安装传统电磁式电流互感器，只能在两分支中性点的连接线上安装横差电流互感器，配置单元件横差保护来应对定子匝间短路故障。单元件横差保护在某些匝间故障情况下灵敏度较低，不能快速动作于切除故障，导致机组损伤较大。例如，浙江某水电厂，先后两次发生定子匝间短路故障，虽然单元件横差保护均正确动作，但故障持续时间较长，发电机定子受损严重。

对于此类受发电机中性点分支物理空间限制而无法安装传统电磁式电流互感器的机组，如何完善定子匝间短路保护配置就成了一个亟待解决的问题。

1　基于 OCT 实现发电机中性点狭小空间的分支电流测量

OCT 基于法拉第磁光效应原理，其传感原理如图 1 所示。

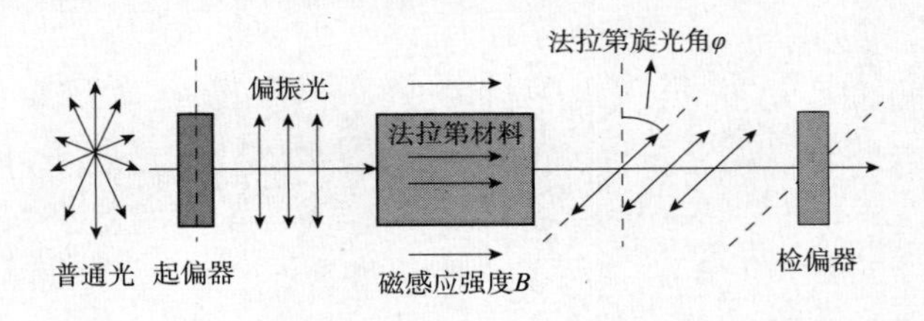

图 1　光学电流互感器原理示意图

线偏振光通过处于磁场中的法拉第材料（磁光玻璃或光纤）后，偏振光的偏振方向将产生与磁感应强度平行分量大小相关的旋转，应用干涉原理和动态补偿方式实现偏振光的干涉来检测相位变化，进而测量产生磁场的电流大小[1-4]。

OCT 将一次传感器制成光缆形式，传感光缆可以方便地缠绕在任何形式的一次导体上，对一次导体的几何形状没有任何要求，可以较好地满足电厂中导体直径较大的需求。同时，OCT 对物理空间要求很小，能够在狭小空间内完成互感器的安装，解决抽水蓄能机组中性点空间小，无法在分支上安装传统 TA 实现电流测量的问题。

OCT 的磁光材料为传感光纤，结构型式可具体设计，安装方式也较为灵活。对于实际工程，需要由 OCT 设计人员实地调研运行环境，综合考虑各种环境因素对 OCT 性能、稳定性和使用寿命的影响后，设计出合理的结构型式，并确定最佳安装方式。

OTA 一次传感光纤缠绕方式示意图如图 2 所示。沙河抽水蓄能电站的发电机共有两个分支，两分支铜排之间的距离约 40 ~ 50mm，如此近的距离无法在两个分支分别安装传统电磁式 TA，仅安装了总的中性点 TA，从图 2（a）也可以看出中性点 TA 尺寸与分支间距离相差很大。

后安装的 OCT 位于发电机接地柜内，传感光缆缠绕在柜体底部横向的铜排上，在相互并行的两分支铜排上分别配置一台 OCT。另外，在柜体侧壁布置一个光纤转接盒，用于将分支 OCT 引出的光纤合并为一根光缆后送至采集单元。图 2（a）为 OCT 的一次传感光纤缠绕方式的正视图，图 2（b）为 OCT 的一次传感光纤缠绕方式的侧视图。

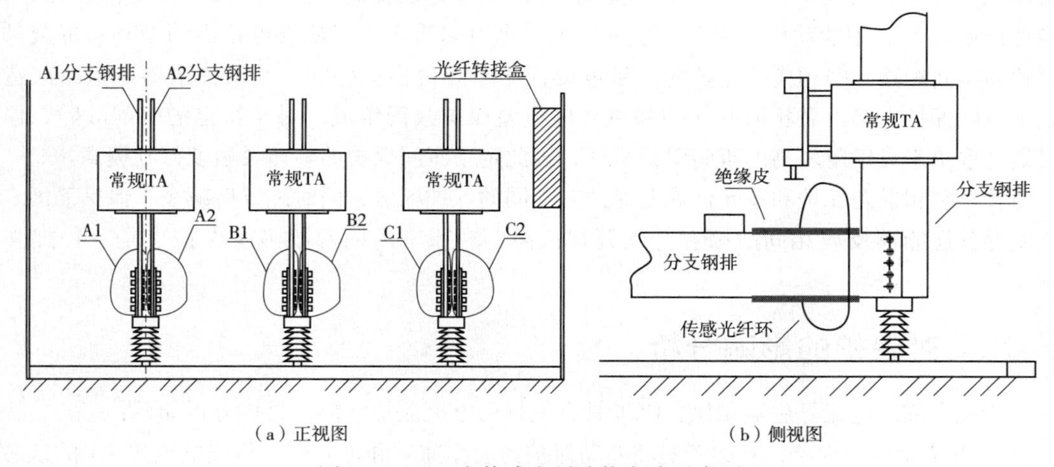

（a）正视图　　（b）侧视图

图 2　OCT 一次传感光纤缠绕方式示意图

2　基于 OCT 的裂相横差保护

裂相横差保护需引入发电机中性点双分支电流，在中性点两个分支分别装设一组 OCT，OCT 送出的光信号经光缆送至光学互感器采集单元进行解析处理，得到数字量采样数据。所有的数字量采样数据上送至合并单元，由合并单元进行数据同步后送至保护装置实现裂相横差保护。保护系统的整体架构如图 3 所示。

裂相横差保护比较的是中性点两分支各相的不平衡，单元件横差保护比较的是中性点两个分支之间的不平衡，二者均能反应定子匝间短路，但是对于特定的匝间短路故障形式，二者的灵敏度并不一致[5]。参考文献［6］对三峡电站 1 号发电机组内部故障进行的全面分析计算，摘取其中部分计算结果如下：对于单机空载工况下的同槽匝间故障，单元件横差保护能够灵敏动作

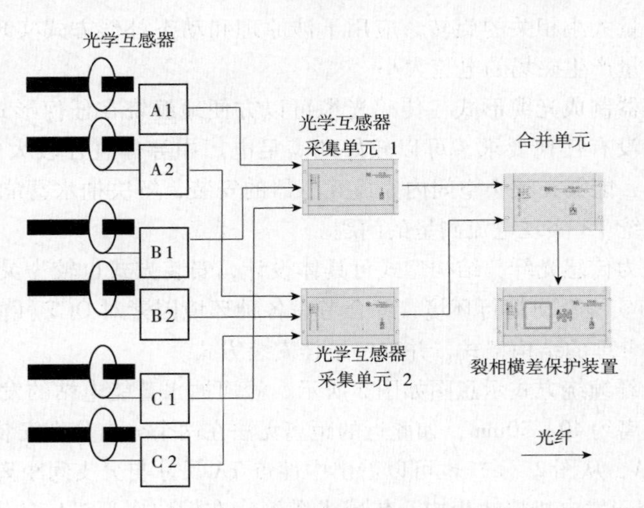

图 3　保护系统整体架构示意图

数为 210，可能动作数为 81，不能动作数为 189，裂相横差保护能够灵敏动作数为 359，可能动作数为 40，不能动作数为 81；而对于单机空载工况下的端部匝间故障，单元件横差保护能够灵敏动作数为 1371，可能动作数为 54，不能动作数为 165，裂相横差保护能够灵敏动作数为 1508，可能动作数为 55，不能动作数为 27[6]。从以上数据可以看出，三峡发电机由同槽和端部交叉故障导致的匝间短路，裂相横差保护的灵敏度要优于单元件横差保护。沙河抽水蓄能电站改造后的定子匝间保护方案由裂相横差保护和单元件横差保护共同组成，对于特定的匝间故障，保护的灵敏度取决于灵敏度较高的匝间保护元件，因此定子匝间保护的整体灵敏度得到提高。

另外，裂相横差保护和单元件横差保护有不同的保护死区，同时配置后减小了保护死区。裂相横差保护还能够反应相间故障和分支开焊故障，对原有的内部故障主保护也是一种加强和完善。

3　OCT 对保护的影响分析

与传统电磁式电流互感器相比，OCT 具有优越的电流测量性能，具体分析如下：

（1）OCT 无饱和现象，有助于提高差动保护的动作速度和可靠性。传统电磁式 TA 的铁芯的磁化特性为非线性，当发生短路故障时，故障电流中非周期分量可能导致铁芯的磁通密度饱和，二次电流严重畸变，波形出现缺损，幅值下降。业内对这些问题进行了大量研究，提出了很多识别方法和判据，但都不能彻底解决 TA 饱和带来的不利影响[7]。而 OCT 基于法拉第磁光效应，结构中没有铁芯，不存在饱和问题，保护装置无需进行 TA 饱和判别，简化了保护逻辑，提高了差动保护的动作速度和可靠性。

（2）OCT 低频传变特性好，在抽水蓄能机组低频启动初始阶段无需闭锁保护，且提高了保护可靠性。抽水蓄能机组存在低频启动过程，在启动过程的初始阶段，发电机电气量频率很低，传统电磁式 TA 对低频信号的传变特性较差，特别是 5Hz 以下电流波形严重畸变，易导致保护不正确动作。某抽水蓄水机组低频启动过程初始阶段（3Hz 左右），发电机机端、中性点电流和装置计算的差流波形如图 4 所示。从图中可以看出，电流波形畸变严重，且机端 TA 和中性点 TA 传变不一致，导致装置计算出虚假的差动电流。

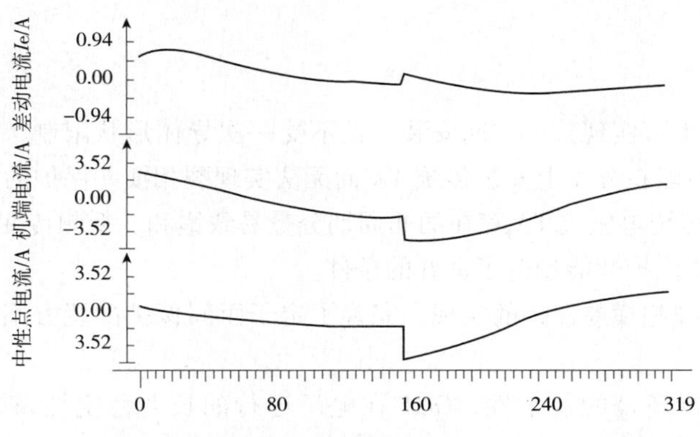

图4　频率为3Hz左右时传统电磁式TA的传变波形

以往的抽水蓄能机组保护装置一般采用极低频率下直接闭锁差动保护的方式来防止差动保护误动，这又导致了发电机的短时无差动保护状态。而OCT对包含直流在内的极低频率信号均具有良好的传变效果，从而保证了低频启动过程采样数据的准确性[8-9]，启动过程差动保护可以全程投入。

（3）OCT有绝缘简单、暂态特性好、小电流测量精度高、动热稳定性好等优势。另外，OCT采用全光学结构，不存在二次开路过电压等问题，安全性好。

综上所述，采用OCT获取分支电流的裂相横差保护从信号源头保证了采样数据的真实性，且无需考虑TA饱和等带来的负面影响，简化了保护逻辑，提高了保护可靠性。

值得注意的是，虽然OCT在变电站已经有较多的应用实例，但是当其应用于电厂时，由于电厂设备运行环境的复杂性，仍需要进行一些分析研究。例如，发电机中性点分支一次电流很大，各相铜排的距离较近，电流产生的磁场相互交叠，需保证某相OCT的测量不受其他相电流磁场的影响；发电机环境温度相对较高，变化范围宽，OCT传感光纤的双折射会受温度影响，从而导致随温度变化产生的精度飘移[10]；发电机是旋转设备，运行时持续的振动也会对OCT的测量精度产生一定的影响；另外，还要考虑热老化、湿度等对OCT器件寿命的影响。

4　现场应用情况

基于光学电流互感器的裂相横差保护在现场投运以来，运行状况良好，无异常报警。由于尚未有保护启动或动作的波形，仅给出投运期间手动录波的发电机A相电流波形，如图5所示。

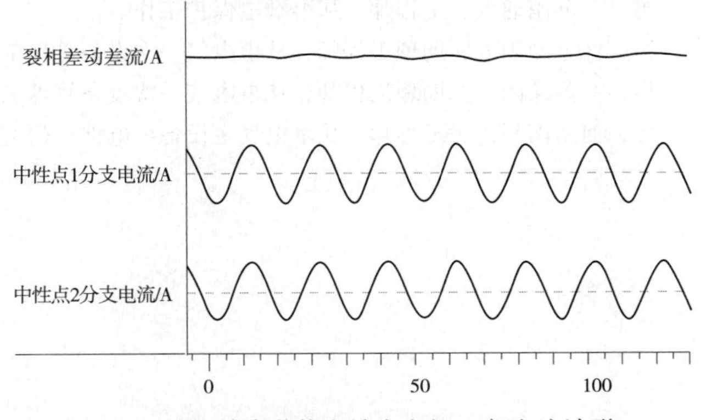

图5　沙河抽水蓄能电站发电机A相电流波形

5 结语

（1）全光纤式 OCT 可实现狭小空间安装，且不受一次导体形状限制，解决了某些发电机由于中性点空间狭小，不能在分支上安装传统 TA 而无法实现裂相横差保护的问题。

（2）OCT 解决了传统电磁式 TA 存在的非周期分量易致饱和、低频传变特性差、小电流测量精度差等问题，为提高保护性能创造了良好的条件。

（3）基于 OCT 的裂相横差保护的实现，完善了定子匝间保护配置方案，提高了匝间保护的灵敏度。

（4）鉴于电厂运行环境的复杂性，OCT 在电厂运行的长期稳定性及寿命有待于进一步的验证。

参考文献：

[1] 肖智宏．电力系统中光学互感器的研究与评述［J］．电力系统保护与控制，2014，42（12）：148－154.

[2] 郭志忠．电子式电流互感器研究评述［J］．继电器，2005，33（14）：11－16.

[3] 张健，及洪泉，远振海，等．光学电流互感器及其应用综述［J］．高电压技术，2007，33（5）：32－36.

[4] 盛珑，高桦，张国庆，等．用于微机保护的光学电流互感器的开发［J］．继电器，1999，27（3）：29－31.

[5] 王维俭．电气主设备继电保护原理与应用［M］．北京：中国电力出版社，1996.

[6] 桂林，王祥珩，王维俭．三峡发电机主保护灵敏性的全面分析和讨论［J］．电力系统自动化，2002，26（8）：45－49.

[7] 贺家李，宋从矩．电力系统继电保护原理［M］．北京：中国电力出版社，2004.

[8] 滕林，刘万顺，李贵存．光学电流传感器及其在继电保护中的应用［J］．电网技术，2002，26（1）：31－34.

[9] 尚秋峰，王仁洲，杨以涵．光学电流互感器及其在电力系统中的应用［J］．华北电力大学学报，2001，28（2）：14－18.

[10] 于文斌．光学电流互感器光强的温度特性研究［D］．哈尔滨：哈尔滨工业大学，2005.

作者简介：

李德敏（1976—　），男，广东东莞人，工程师，从事电厂运行技术管理工作。

杨海学（1979—　），男，江苏南通人，工程师，从事继电保护工作。

赵苏彦（1988—　），男，江苏溧阳人，助理工程师，从事电气一次设备管理工作。

蒋立宪（1988—　），男，江苏溧阳人，助理工程师，从事电气一次设备管理工作。

王　凯（1983—　），男，河南南阳人，工程师，从事电气主设备继电保护研究。E－mail：wangkai3@nari－relays. com

国内外核电站发电机—变压器组保护装置差异性分析

檀松朴，林春来

（中广核工程有限公司，广东　深圳　518124）

【摘　要】　本文根据二代加核电站电气主接线特点，融合国内外大机组保护的工程经验，基于对发电机—变压器组保护装置所需各项保护功能的深入分析，选取有代表性的国内品牌和国外品牌发电机—变压器组保护装置，从硬件和原理两方面，分析其共同点和差异点，以期为后续核电工程发变组保护装置的选型工作提供指导意见。

【关键词】　二代加核电站；发变组保护；差动保护；定子接地保护

0　引言

我国在建核电站主接线电压等级高，若发生故障，可能造成巨大经济损失和电力系统冲击，甚至对核安全造成威胁。因此，必须对其配置性能良好、动作可靠的继电保护装置，其中需要首要保护的为发电机—变压器组（简称为发变组）保护装置。我国核电站发变组保护一度是国外品牌占有率较高，而近年来国内品牌发变组保护装置的市场占有率逐年提高，且根据电网或业主要求，部分核电站已将国外品牌的发变组保护装置更换为国内品牌。为此，有必要针对国内外品牌发变组保护装置的技术特点进行对比研究，为后续核电项目的选型工作提供参考。

1　核电站发变组保护总体配置

为确保核电站机组安全和厂用电的可靠，对主要的电气故障和异常运行工况都设置有双重化的保护，双套保护的110V直流电源分别来自常规岛和核岛各自独立的直流系统。共5～6面发变组保护柜，保护A、C柜配有发电机的双重化保护装置，保护B、D柜配有主变及高厂变的双重化保护装置，保护E柜配有非电量保护装置，保护F柜（如有）配有保护管理机。保护配置的主要原则为加强主保护及简化后备保护。

2　国内外发变组保护硬件差异

国内外发变组保护装置的总体硬件差异，主要体现在防止误动的措施方面。

防止拒动和防止误动，是所有继电保护装置需要解决的一个主要矛盾。对发变组保护装置来说，如果误动，就可能对电网造成冲击；如果拒动，则可能会对电厂设备造成损害。为解决拒动的问题，国内外品牌的发变组保护方案均为双重化配置，如前文所述。

在防止误动方面，由于国外品牌均为单CPU系统，而国内品牌则为双CPU系统（有的则为三CPU系统，基本原理不变），两套系统完全独立，互为闭锁判据。如此，国内品牌可以更好地防止误动。

我国电力系统的稳定十分重要，这就要求发变组保护装置有极低的误动率，而国内品牌能够较好地满足此要求。国外一些品牌近期则多发误动事件，如国外某发变组保护品牌在2008—

2010年之间，发生误动9次，其后该公司将DSP模块全部更换，并升级了相应软件，才解决该问题。

3　国内外发变组保护原理差异

核电站发变组保护由数十种不同原理的保护共同组成，限于篇幅，仅选择其中3项保护类型进行分析。

3.1　发电机差动保护和主变压器差动保护

差动保护是发电机和主变的主保护。其中我国核电发电机差动保护为完全纵差保护，其对最常发生且最为严重的相间短路故障反应的灵敏度最高。

我国核电项目的主变采用单相变压器，其相间短路的概率大大降低，而接地短路的概率相对增加。主变零序差动保护将Yn侧的三相电流互感器（TA）二次侧接成零序过滤器的方式，再与中性点TA二次组成差动接线。其整定值与其他保护无关，不需要对电流相位和大小进行校正，对涌流和过励磁电流亦不敏感。主变配置纵差保护作为主保护，在纵差保护对高压绕组单相接地灵敏度不够时配置零差保护作为后备保护。目前我国核电均要求配置零差保护。

我国核电项目的发变组差动保护原理图如图1所示。

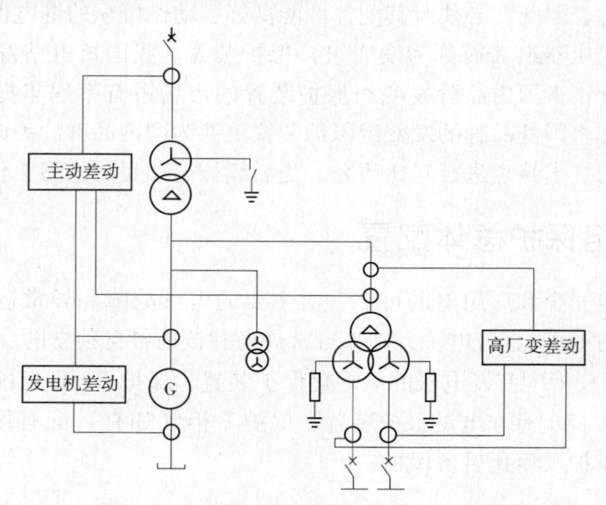

图1　我国核电项目的发变组差动保护原理图

在差动保护的具体实现方式上，国内外品牌均拥有一些关键技术可以解决匝间故障判别、TA饱和判别和区外故障转区内故障判别的问题。

（1）判别小电流故障。在判别发电机定子绕组和主变绕组的小电流故障（如匝间故障）方面，国外品牌采用的四折线法等方法，基本原理相近；而某国内品牌采用工频变化量差动保护技术，即差动电流、制动电流和短路过程中的电压量均采用50Hz频率分量的变化量，起到了良好的效果。如2005年2月，辽宁绥中电厂800MW机组主变发生A相轻微匝间故障，该国内品牌的工频变化量差动保护快速动作。

（2）判别区外故障导致的TA饱和。如何判别区内或区外故障，是差动保护的核心课题，尤其是在区外故障导致TA饱和时可靠不误动，即TA饱和判别。对此，国外品牌有包括附加制动区法、双斜率特性等判别方法，其本质都是判断制动电流和差动电流的出现顺序，用以判断是否发生了TA饱和，以便闭锁差动保护；而国内某品牌采用异步法，即根据制动电流和差动电流的工频变化量的出现顺序，准确判断出区外故障，再投入抗TA饱和算法，即利用变压器、发电机差动电流中谐波含量和波形特征来识别电流互感器的饱和，并使用了工频变化量作为判据，准确率和动作速度均较高。

2005年9月16日，国外某品牌的附加制动区法由于整定值设置不当，未能有效判别出区外故障，导致三峡左岸9号机B套主变差动保护在区外故障导致TA饱和时发生误动作[1]。

（3）区外故障转区内故障时快速恢复差动保护。当发变组保护装置判断区外故障导致TA饱和之后，其会自动闭锁差动保护一段时间。然而在此闭锁期间，区外故障有可能引起区内故障，此时要求发变组保护装置应尽快地可靠动作，保护区内设备。对此，国内某品牌采用的异步法判据可以有效识别区外故障转化为区内故障的情况，其有效动作时间为发现区内故障后20ms左右，而国外品牌的动作时间则需待TA饱和对差动保护的闭锁（一般闭锁时间整定为15个周波，即300ms左右）结束，才可以动作。因此在判别区外故障转区内故障方面，异步法有一定优势。

3.2 发电机定子接地保护

由于发电机差动保护动作整定值被整定在定子额定电流的10%～20%，对被限制在10A的定子接地故障，发电机差动保护不能动作，因此必须单独配置发电机定子接地保护[2]。针对二代加核电站发电机定子的高阻接地方式，外加电源型注入式定子单相接地保护是较为合理的选择，因其不受发电机运行工况的影响，即使发电机处于停机状态，保护依然有效[3]。其原理是通过发电机中性点接地变压器对发电机定子绕组注入20Hz低频交流信号，如图2所示，发电机正常运行时，定子回路对地是绝缘的，注入信号只产生很小的电容电流，而发生发电机定子单相接地故障时，注入信号将产生电阻性电流。保护装置采集注入电压和回路的测量电流，通过数字滤波器滤出20Hz的电压和电流分量来确定故障电阻阻值。

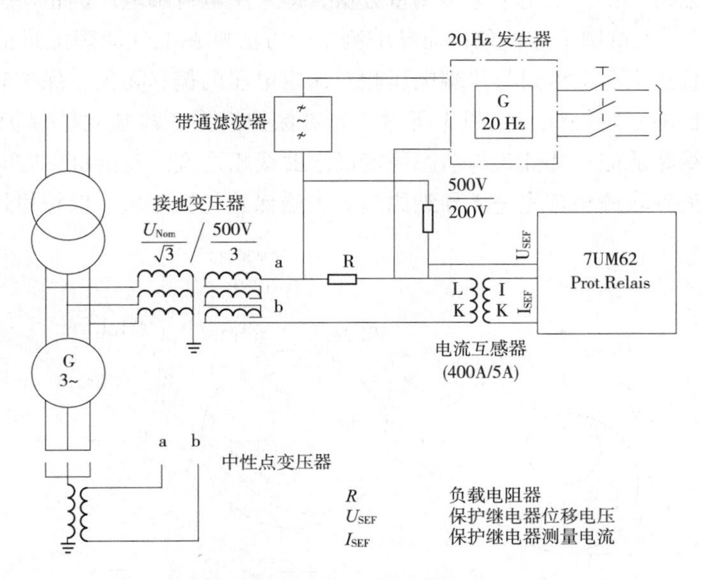

图2　注入式发电机定子接地保护示意图

对20Hz注入式100%定子接地保护影响较大的参数为负载电阻，此电阻与带通滤波器的等效电阻共同组成电阻分压器，经计算中性点接地变二次侧负载电阻值取 1.2Ω，有利于减少 20Hz 电源的正常负荷和提高接地保护灵敏度。目前，国内保护装置用保护级 TA 很难保证在微小电流情况下的测量精度，误差大，尤其是相位误差，因此中性点接地变二次侧 TA 采用高精度的保护装置用 TA，使小电流测量精度得到满足[4]。

20 世纪 70 年代，一些国外品牌各自开发了独有的注入式定子接地保护技术，也有国外品牌一直采用基波与三次谐波配合的定子接地保护技术。近年来，国内某品牌吸收国外品牌的技术优势，开发了拥有自主知识产权的注入式定子接地保护技术，其技术水平已与国外品牌相当。

3.3 发电机失磁保护

发电机失磁是指同步发电机转子的励磁小于同步电机稳定运行所需要的励磁值（励磁极限），该励磁极限决定了发电机的静态稳定特性。如果励磁系统不能满足发电机所需的无功需求，那么发电机就会超出稳定极限。此时同步电机的转子将加速，产生滑差和滑差电流，导致转子和定子局部过热，以及转子过电压，从系统中吸收无功，并可能导致系统振荡，因此有必要配置失磁保护[5]。

与常规火电机组相比，核电机组的直轴电抗、暂态电抗、次暂态电抗相对较大，发电机的静稳储备减小，在系统受到扰动或发电机励磁系统发生故障时很容易失去稳定，因此更有必要加强失磁保护的应用。失磁保护主要使用定子判据和转子判据，也有国内品牌辅以母线（或机端）低电压判据和发电机减出力判据。由于采用旋转励磁的转子回路励磁电压不能直接取出，励磁系统提供励磁电压消失的信号给保护装置作为转子判据。

不同品牌发变组保护装置的主要差异在于定子回路判据。国内外品牌保护装置一般采用阻抗测量方法，该种测量方法来源于阻抗圆在机电式继电器时代的广泛应用。但是，20 世纪 70 年代初，国外某品牌独树一帜，采用了导纳测量方法，即采用电流和电压的正序分量计算出阻抗的倒数（相当于导纳）。阻抗圆十分抽象，而导纳测量的方法则在电气原理上近似于发电机的稳定极限，较为直观，且这个稳定极限与机端电压相对额定电压的偏移无关，保护装置的动作特性可以很好地接近发电机的稳定特性。如图 3 所示，失磁保护提供 3 段独立的保护特性，特性 1、2 与静态稳定极限曲线相适应，特性 3 与动态稳定极限曲线相适应。发电机失磁时对比图 3 中的失磁保护特性曲线，失磁轨迹将首先进入导纳原理的失磁保护特性区域，保护很快动作。

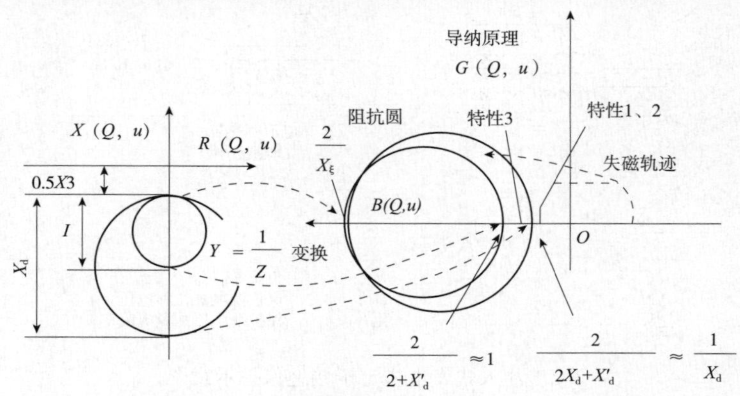

图 3　导纳原理与阻抗原理的失磁保护特性比较

另外，核电发电机组要求具有功率因数0.95（超前）的进相运行能力，在进相运行允许的范围内，整定失磁保护的定值时需与励磁机控制保护系统的励磁调节器的低励限制曲线配合，做到低励限制先于失磁保护动作[6]。

因此，在发电机失磁保护方面，国外某品牌拥有技术独到之处。

4 结语

通过本文的分析可知，单纯从设备原理来讲，国内外品牌发变组保护装置各有所长，其中国内品牌发变组保护装置能够更好地满足国内电网的要求，且近年来技术有较大进步，因此代表了未来的主流方向。

参考文献：

[1] 丁威，卢继平．三峡左岸电站主变差动保护误动的分析［J］．水电站机电技术，29（4）：42－43.

[2] 陈济东．大亚湾核电站系统及运行［M］．北京：原子能出版社，1994.

[3] 宋建军，高迪军．西门子20Hz电压注入式100%定子接地保护原理及调试［J］．电力科学与工程，2011，27（8）：38－41.

[4] 王兆鹏．核电站1000MW级机组的发变组保护配置［J］．电力自动化设备，2010，30（6）：111－114.

[5] Hans－Joachim Hermann，高迪军．基于导纳测量方法的发电机失磁保护——极为贴近发电机的运行极限图［C］//第一届水力发电技术国际会议论文集（第一卷）．北京：中国电力出版社，2006.

[6] 魏燕，高有权．发电机失磁保护及其出口方式研究［J］．继电器，2003，31（2）：54－56.

作者简介：

檀松朴（1988—　），男，工程师，开关采购经理，主要研究方向为继电保护、电缆、开关柜、直流设备、核电站专属电气设施等。E－mail：tansongpu@ cgnpc. com. cn

林春来（1984—　），男，工程师，主要研究方向为继电保护、通信、电缆、开关柜、直流设备、核电站专属电气设施等。E－mail：linchunlai@ cgnpc. com. cn

重型燃气轮发电机保护的配置

于增波[1]，周鸿博[2]

（1. 哈尔滨电气股份有限公司，黑龙江　哈尔滨　150040；
2. 国网黑龙江省电力公司经济技术研究院，黑龙江　哈尔滨　150036）

【摘　要】　本文介绍了燃气轮机的静态起动过程，机组的配置，讨论了起动过程中的定子接地方式、起动过程中的短路特性，以及起动过程中发电机部分保护的配置。

【关键词】　燃气轮发电机变频装置；离散傅里叶变换（DFT）

0　引言

重型燃气轮发电机组在国内的装机容量越来越多，正在悄悄改变着中国能源结构。燃气轮机的起动是把发电机作为同步电动机，使用中压变频装置使其拖动起来的，燃气轮发电机保护的配置因变频装置的接入而与一般火电机组有所差异。本文以 GE 的 9FA 多轴燃气轮发电机保护为例，讨论了起动阶段发电机保护的特殊要求。

1　燃气轮发电机组起动过程说明

图 1 所示为一个典型燃气轮机静态起动过程中转速对时间以及 V/Hz 对时间的变化曲线。整个过程从电流型变频器（Load Communicated Inverter，LCI）投入开始拖动燃气轮机从盘车转速到轻吹转速，从盘车转速到 30% 的轻吹转速一般耗时 3min 左右。轻吹过程一般持续 15min。然后，LCI 退出机组惰走，转速降到点火转速准备点火，该过程大约持续 3min。在点火期间 LCI 重新投入。最后，LCI 拖动机组加速最高到自持转速。

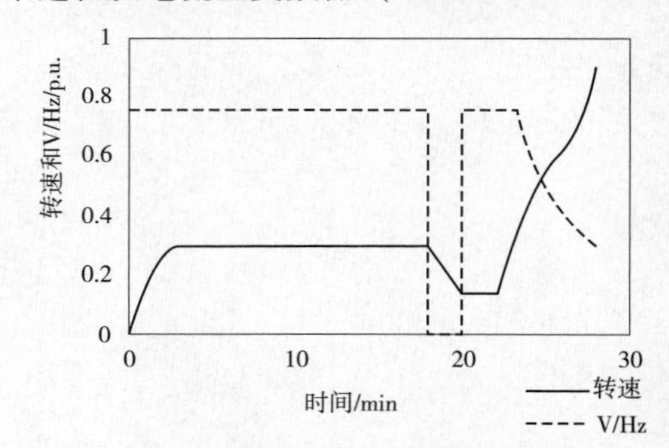

图 1　典型燃气轮发电机组起动曲线

从起动阶段 V/Hz 对时间的变化曲线上看，在起动阶段调节励磁限制定子电压来避免饱和。定子电压是随着转速增加而递增的，限制机组 V/Hz 不超过 0.76 倍防止发生磁饱和。

2　起动阶段的发电机保护

2.1　起动阶段发电机中性点的接地方式

（1）经中性点接地变压器接地的高电阻接地方式。发电机中性点通过配二次电阻的接地变压器的高电阻接地方式最为常见。接地电阻一般按照等于单相对地电容容抗的 3 倍，来避免发电机因铁磁振荡而产生的瞬态过电压而造成损伤。中性点接地电阻一般按照把接地故障电流限制在3～25A或更低的标准进行选择。如果中性点接地设备在静态起动过程中仍投入，在静态起动装置的直流段发生接地故障时，将有直流电流流过接地变压器一次侧，使其快速饱和。一旦发生饱和，通过接地变压器一次侧的电流仅由变压器一次电阻决定。如果接地故障没有切除，会很快超过变压器的散热能力。中性点接地的电压互感器的耐直流电流的能力比接地变压器更低。如果起动阶段发电机及机端电压互感器一次中性点接地，则直流接地故障必须快速切除（通过测量发电机中性点接地变压器一次直流电流判断）。

（2）经高电阻接地方式。发电机中性点直接经一个高电阻接地也是一个常见做法。同样，中性点接地电阻的选择必须限制接地故障电流在3～25A或更低。直流接地故障可以通过测量中性点的直流电流来判断。这种配置的优点是接地电阻可以在LCI起动过程中投入，使整个起动阶段基波零序电压定子接地保护原理有效。

（3）不接地。静态起动过程中中性点不接地可避免由变频装置直流侧故障引发的问题。这种设计是在起动过程中发电机中性点的接地隔离开关打开，并可使用一次不接地的开口三角电压互感器来测量接地故障。这样做的原因是如果发生直流侧接地使中性点接地变压器、一次侧中性点接地的Y－Y电压互感器发生饱和，并且也可能使发电机一定程度饱和。发电机和机端电压互感器一次绕组不接地不会为直流故障电流留下通道。

目前引进的重型燃气轮发电机组中性点都采用了高电阻接地方式，比较安全的做法是在起动阶段由隔离开关退出。如果使用机端电压互感器的开口三角信号用于起动阶段的基波零序电压接地保护，需要采用与接地开关同步控制的电动隔离开关使起动阶段机端电压互感器一次中性点不接地，正常运行阶段机端电压互感器一次接地，这样可以避免正常运行时相电压中含有大量的三次谐波。

GE的LCI中配置了接地保护，所以不用考虑变频起动阶段的定子接地问题。

2.2 短路特性

空载状态发电机对称短路电流可由下式得出

$$I_{\mathrm{scrms}}=\frac{P}{3U}\left[\left(\frac{1}{X''_{\mathrm{d}}}-\frac{1}{X'_{\mathrm{d}}}\right)\mathrm{e}^{-t/T''_{\mathrm{d}}}+\left(\frac{1}{X'_{\mathrm{d}}}-\frac{1}{X_{\mathrm{d}}}\right)\mathrm{e}^{-t/T'_{\mathrm{d}}}+\frac{1}{X_{\mathrm{d}}}\right] \tag{1}$$

式中：P为额定容量；U为额定线电压；X''为超瞬变电抗；T''_{d}为励磁绕组短路超瞬变时间常数；X'_{d}为瞬变电抗；T'_{d}为短路瞬变时间常数；X_{d}为同步电抗。

式（1）中$1/X''_{\mathrm{d}}$表示1倍机端电压除以X''_{d}，然而，在起动过程中定子电压要低于额定电压。因此，起动阶段发电机对称短路电流可由下式得出

$$I_{\mathrm{scrms}}=I_{\mathrm{base}}\left[\left(\frac{Vpu}{X''_{\mathrm{d}}}-\frac{Vpu}{X'_{\mathrm{d}}}\right)\mathrm{e}^{-t/T''_{\mathrm{d}}}+\left(\frac{Vpu}{X'_{\mathrm{d}}}-\frac{Vpu}{X_{\mathrm{d}}}\right)\mathrm{e}^{-t/T'_{\mathrm{d}}}+\frac{Vpu}{X_{\mathrm{d}}}\right] \tag{2}$$

起动过程中，感抗值会随着频率（转速）变化而变化，我们使用324全氢冷隐极发电机的电抗和时间常数进行分析，数据为：

$X''_{\mathrm{d}}=0.165$；$T''_{\mathrm{d}}=0.031\mathrm{s}$；$X'_{\mathrm{d}}=0.24$；$T'_{\mathrm{d}}=0.76\mathrm{s}$；$X_{\mathrm{d}}=1.81$。

图1中典型的燃机轮发电机组起动过程短路电流—时间曲线，该发电机在空载、额定转速情况下可用初始短路电流为6.06p.u.。在加速到轻吹、轻吹、点火、加速到额定转速过程中，要将转速、频率控制在使V/Hz在0.76p.u.。因此，此过程中初始短路电流为7.41p.u.的76%，即4.66p.u.。经过初始加速到额定转速，调节励磁使发电机电压上升到最高起动电压（为额定

电压的 26.4%）。在以后加速过程中，一直保持此电压直到最后。因此 Volt/Hz 持续降低，可用的短路电流一直下降到最小值 1.32p.u.（在 90% 额定转速时）。

2.3 起动阶段的保护配置

起动阶段需要保护的设备主要包括隔离变压器、LCI、发电机。隔离变压器可以用传统方法保护，在这里就不再讨论。在起动阶段的 LCI 和发电机的保护因为频率的变化需要特别分析。

（1）静态起动期间使用的保护。因为在起动低频阶段可靠性差或在低频状态没有响应，一些传统的保护需要在起动阶段闭锁退出。一些智能保护装置也会因为起动初始阶段频率低于其可用频率而不能可靠动作。因此，必须进行这些装置的低频性能分析。

（2）低频响应。大多保护装置都是采用相量傅立叶算法进行电气量测量的。典型地，微机型智能保护装置采用离散傅立叶变换（DFT）通过固定的采样周期测量的电压和电流来计算相量值。DFT 在整个周期内会对基波和谐波产生一个纠正，如果 DFT 长度与电气量周期不匹配，则测量精度会下降。图 2 表明当 DFT 长度等于电气量周期和等于 110% 电气量周期时 DFT 的幅值响应。

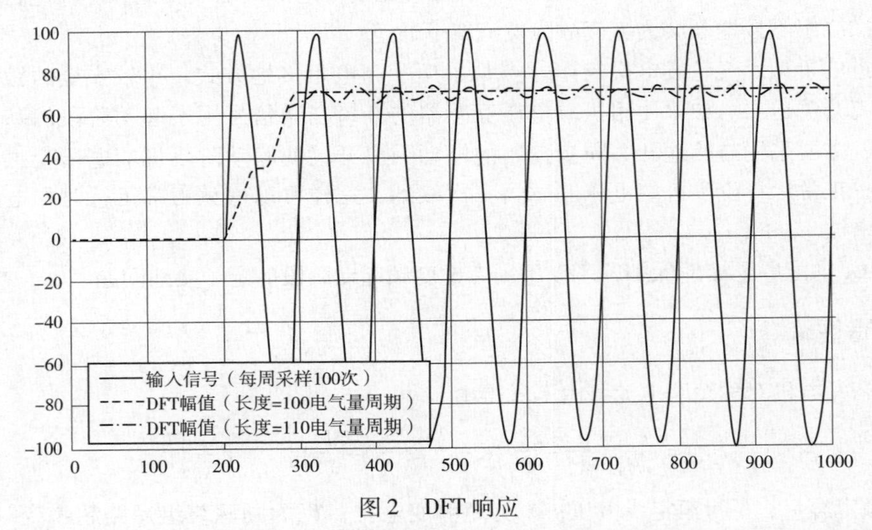

图 2 DFT 响应

在起动过程中，有一些保护是需要投入的，如过电流保护。过电流保护采用电流幅值作为判据。一些保护装置使用时域 RMS 计算来产生这些保护的动作信号，这些计算不受系统频率影响；其他保护装置采用相量估算法来保证精度。两种方法都可以用来得到精确的相量值：第一种方法调整采样速率，是为维持每个周期恒定的采样数量；另一个方法计算因 DFT 长度和系统频率的差异产生的偏差，去补偿相量测量偏差。虽然采用方法不同，两种方法都能得到精确的结果。

使用相量测量的保护功能的响应时间在低频运行时也会受到影响，这是因为 DFT 的斜坡影响。例如一个特定的保护功能在 50Hz 时需要一个周期，同样在 5Hz 时也需要一个周期。按此计算，5Hz 时运行时间为 50Hz 时的 10 倍，达到 200ms。带定时限特性的保护功能同样受到影响，若定时限延时 5 个周期，则在 50Hz 时需要 100ms，而 5Hz 时需要 1s。

在频率特别低时，仪用互感器以及保护装置内部的隔离元件的电压和电流测量精度会受到影响。发生故障期间，幅值增大以及电流波形漂移将使测量精度进一步下降。然而，LCI 起动期间，故障电流和系统 X/R 都是运行频率的函数，频率最低时的值就是它们的最低值。这些因素同样会降低测量误差。另外，从起动过程中和额定转速时 TA 特性的动态仿真情况看，TA 在起动阶段也能满足保护功能要求。一般情况下发电机和 TA 在这样低频条件的暂态响应不会影响保护的定值计算。

2.4 特定保护的投入

虽然变频装置内集成了一系列保护功能，仍需要外部提供一些保护，动作于关停变频装置、灭磁、闭锁同期，增加系统的安全性。

（1）差动保护。在起动过程中发电机出口断路器断开，发电机与变频装置相连接。因为频率是从低到高变化的，TA 和保护装置的低频特性不需考虑。所以，频率特别低时保护能否可靠动作是个问题。

变频装置经常被接到差动保护范围内部，这样，变频电流只流过中性点侧 TA，在差动保护两侧产生差流，导致起动阶段差动保护误动。这种情况下必须使用两套定值或在起动阶段闭锁差动保护，造成差动保护在起动阶段不可用，同时切换逻辑或闭锁逻辑会使正常运行时差动保护的安全性下降。所以，最好的方式是差动保护把变频装置电流涵盖，整个过程一直投入。

（2）过流保护。在起动阶段，定子速断过流保护也被用来做发电机短路保护，其设定值必须高于起动阶段的最大定子电流。

（3）接地保护。大多数变频装置内部都含有接地保护。如果起动阶段投入中性点接地电阻，则保护装置也可以实现定子接地保护和直流侧一点接地保护。

参考文献：

[1] 王维俭，王祥珩，王赞基．大型发电机变压器内部故障分析与继电保护［M］．北京：中国电力出版社，2006.

[2] 陈俊，王其敏，王瑞生，等．RCS－985R/S 微机发电机保护在岗南抽水蓄能机组上的应用［J］．电力自动化设备，2005，125（11）：75－78.

[3] 王昕，景雨刚，王大鹏，等．抽水蓄能机组继电保护配置研究［J］．电力系统保护与控制，2010，38（24）：66－70，92.

[4] IEEEStd C37. 102TM－2006 IEEE Guide for AC Generator Protection［J］. New York，NY，USA：The Institute of Electrical and Electronics Engineers，2007.

作者简介：

于增波（1970—　），男，工程师，主要研究方向为燃气发电厂电气设备。E－mail：yuzb@harbin－electric. com

周鸿博（1990—　），男，助理工程师，主要研究方向为电力系统设计规划。E－mail：459309708@qq. com

某2×300MW火力发电厂6kV电缆故障导致全厂停电的原因分析与经验教训

张红亮

（中国电力科学研究院，北京　100192）

【摘　要】　本文介绍了某2×300MW火力发电厂因一根6kV动力电缆接地故障而引发的全厂停电事故，通过对事故过程、保护动作、事故处理的分析，找出导致事故发生、扩大的原因，针对性地提出事故处理原则及事故预防措施。

【关键词】　厂用电；分支保护；全厂停电

0　引言

作为我国电力系统的主力机型之一，该厂2台300MW火电机组的厂用电高压母线采用6kV电压等级。为了保证厂用电的可靠性，厂用电母线按机组分段原则设计。每台机炉设置两段高压厂用母线，6kV厂用负荷如低压厂用工作变压器（简称低工变）、输煤变压器、除灰变压器及电动机等对称分别接于2段母线上，这样可以保证一段母线故障时，另一段母线可继续运行保证一半负荷继续正常工作，从而保证机组不停机。

另外，为了保证机组突发事故高压厂用工作变压器（简称高厂变）跳闸以及机组停运时的电力供应，设计安装有高压备用变压器（简称备变），该变压器低压侧有四个分支分别接到两台机组6kV四段厂用母线上。系统一次接线图如图1所示。

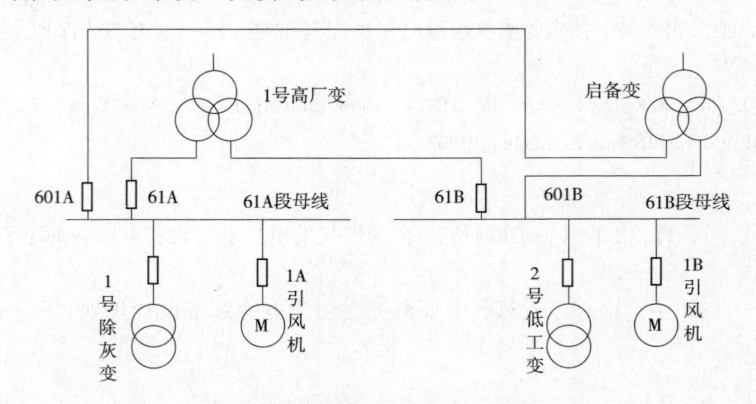

图1　1号机组6kV厂用电接线示意图

1　事故前电厂运行状况

事故前该电厂1号机组投产试运结束，商业化满负荷运行，2号机组正在做168试运行的最后检查，处于停运状态。1号机组厂用电由机组自带，2号机组厂用电由启备变供电。其时，厂区内一些建筑收尾工程仍在进行，除灰楼脚手架正在拆除。

2 事故发生经过

9 月 12 日 18 时许，集控室突然报警，61B 段开关跳闸，随即 1 号机组跳机，启备变跳闸，全厂停电，柴油发电机启动正常，保安系统投入正常。随即强送备用电源，送电到 601A 母线时，强送 2 次不成功，将该段母线所有负荷开关停运后送电成功。随即恢复负荷，当恢复到 1 号除灰变压器时备用电源再次跳闸，确认 1 号除灰变有故障，隔离后，厂用电系统恢复正常。

检查保护动作情况，发现 1 号发变组保护屏有 61B 分支零序过流Ⅰ段、1 号高厂变零序过流Ⅰ段动作，启备变 601A 分支零序过流Ⅰ段、Ⅱ段动作信号。

3 原因查找和分析

3.1 事故直接原因

事故后检查 1 号除灰变压器，发现除灰楼西门外 1 号除灰变压器 6kV 电缆在电缆沟内突出来一段裸露在外，且电缆皮破损，对金属支架有放电痕迹。原因是除灰楼拆除脚手架的工人为省事，在高处直接将铁管仍到地上，正好有一根砸在露在外面的电缆上，使得电缆发生单相接地故障。

3.2 事故扩大的原因

除灰变压器按照继电保护技术规范安装有零序电流保护，但却没有动作，导致事故的扩大，检查 1 号除灰变压器开关柜继电器小室，发现确实没有任何保护动作信号，检查继电器正常、各处接线正常，后测量零序 TA 接线，发现对互感器处不通，到电缆夹层检查，发现零序 TA 二次引出线脱落，这是造成事故扩大越级跳闸的直接原因。

3.3 事故进一步扩大的原因

1 号除灰变压器接于 61A 母线，但故障时首先跳闸的却是 61B 开关，而且检查 1 号发电机故障录波器，发现是 61B 段电流异常，检查启备变保护是 601A 保护动作，录波器显示是 601A 段接地。怀疑 1 号高厂变 2 个分支的零序 TA 接入发变组保护时颠倒：61A 的接到了 61B 分支保护中，61B 的接到了 61A 分支保护中。将 2 分支零序 TA 电缆在保护屏和 TA 端子箱处分别拆开，一端接地，实测证明果然接反，随即将其恢复正常。这是导致事故进一步扩大的原因。如果接线正确，1 号除灰变压器接地保护拒动后，61A 分支保护正确动作，61A 段母线失压，仍可以保证 61B 段的继续运行，保证 1 号发电机不停机。

3.4 全厂失压的直接原因

61B 分支最先跳闸，601B 开关备用电源自动合闸成功，但故障仍然没有切除，1 号高厂变零序电流保护Ⅰ段动作，1 号机跳机，61A 分支开关跳闸，601A 分支备用电源合闸到故障母线上，其分支零序过流Ⅰ段正确动作，切除 601A，那么 2 号机组厂用电源应该保持正常，1 号机组 61B 段母线也应该保持正常带电，但实际情况却是启备变跳闸，全厂失电。

检查启备变保护，发现 601A 分支零序过流保护Ⅰ段、Ⅱ段动作信号均有，根据跳闸逻辑，Ⅰ段出口只跳本分支，Ⅱ段出口跳启备变所有开关。检查启备变故障录波器，发现两段动作信号几乎不分先后同时出现。据此分析：应该是 601A 分支开关合闸到故障母线上后，其零序过流保护Ⅰ段正确动作并出口，但不知为何，其Ⅱ段却同时出口，最终导致启备变跳闸，全厂失压。

为了验证分析的正确性，立即通知保护厂家来厂，厂家技术人员到场后，利用启备变双套保护的优势，做好所有安全措施后，停用怀疑有问题的一套保护，保持另外一套保护正常运行。将 601A 分支零序 TA 在进线端子排处短接，保证 TA 不开路，然后将试验电流通入保护装置内模拟单相接地故障，果然发现该分支零序过流保护存在Ⅰ段动作的同时Ⅱ段也动作的现象。这是造成全厂失压的直接原因。面对这样的结果，厂家技术人员承认是软件有问题，对软件进行升级后，再次试验，零序分支过流保护两段动作均正常。

4 责任分析

综合以上事故经过与原因分析，本次全厂失压的事故历经几个环节：动力电缆裸露在外，土建野蛮施工，1 号除灰变零序 TA 开路，1 号高厂变低压分支零序 TA 进保护装置的线接反，启备变分支零序过流保护Ⅰ段、Ⅱ段同时出口。其责任涉及安装单位、土建单位、调试单位、设备厂家及业主方方面面。这其中任何一家单位的工作确实做到了位，将自身的工作做细做扎实，都不可能出现全厂失压的大事故。

5 经验教训

（1）严把验收关，针对安装单位不到位的工作，必须责令其整改，如果事故前能够将裸露在外的电缆按照规程要求摆放进电缆沟内并且将盖板封闭，就不会出现电缆受损接地的事故。

（2）《电力安全工作规程》明确规定不得高空抛物，但本次的事故正是由于土建单位的野蛮施工高空抛掷铁管导致的，这说明土建单位安全管理的缺失，也说明业主安全管理部门监管不力，尤其是在收尾阶段，大家都容易放松安全管理这根弦，而许多事故却往往是在这时发生的。所以说安全是任何时候都必须提到第一位的，放松安全管理就意味着有可能发生事故。

（3）机组投产前的调试基本就是机组安全的最后一道关口，调试单位的调试不仅是将整个系统经过试验运转起来，也包含利用调试发现施工中存在的问题并且解决所发现的问题，而本次引发事故扩大最终导致全厂失压的 TA 开路、二次线接反、启备变分支零序过流保护Ⅰ段、Ⅱ段同时出口却均没有能在调试阶段解决，可见调试工作的漏洞有多大。因此充实调试单位技术力量，加强其调试的责任心，完善其调试内容，加强其监管，确保调试工作的万无一失是当前调试单位和业主必须重点关注的工作之一。

（4）保护装置厂家新安装到厂的保护存在先天的问题，厂家没有在出厂试验时发现并解决；调试单位没有在调试时发现；业主继电保护管理部门也没有在交接验收过程中发现，就这样让一套先天不足的保护投入到了正常运行中，为事故的发生准备好了条件。这说明基建阶段的继电保护管理工作存在极大的漏洞，这与技术管理和检修维护人员过晚投入到建设中的机组管理有很大关系。许多新建电厂在建设阶段都忽视检修维护人员的作用，一般都在投产前才投入维护力量，而此时这些人员来不及熟悉图纸及设备就投入到保障机组 168 试运的工作中，根本无法及时发现以前遗留和存在的问题；再者新建电厂人员配置精简，继电保护从业人员根本不按照厂网分离之前的规程要求配置人员，人少且试验设备缺乏，维护力量严重不足，保持正常生产已属不易，兼顾其他就力不从心了。因此确保技术管理人员尽早投入到机组建设过程中并且确保关键技术专业如继电保护、热工等的技术力量满足要求是保证机组安全投入运行并安全生产的重中之重，希望电厂管理层能够确实意识到这一点并真正地落实到日常管理中去。

作者简介：

张红亮，高级工程师，中国电力科学研究院继电保护研究所，从事继电保护研究管理工作。E - mail：zhanghongliang@ epri. sgcc. com. cn

国产微机保护在 CPR1000 核电机组上的应用

何其伟，姬生飞，潘仁秋，陈佳胜

（南京南瑞继保电气有限公司，江苏　南京　211102）

【摘　要】　为了确保百万千瓦核电机组的安全稳定运行，对中广核宁德核电站 1～4 号机组保护进行了技术改造。按照反事故措施要求，遵循双重化、双 CPU 配置的原则，选用国产微机保护装置，优化了注入式定子接地保护、高压厂用变压器分支低电压保护、发电机过频保护等逻辑，完成了保护的国产化改造，简化了机组保护二次回路，并满足相关技术规程要求，有力地促进了我国核电站机组保护的技术进步，打破了国外厂家在 CPR1000 核电机组保护上的技术垄断。

【关键词】　继电保护；核电站；CPR1000

0　引言

根据中电联发布的《2014 年上半年全国电力供需形势分析预测报告》，截至 2014 年 6 月底，我国核电机组装机容量 1778 万 kW，装机容量不超过全国总装机容量的 2%，与世界上核电的装机容量平均水平 17% 相差甚远，核电的发展空间巨大。根据国务院批准的《核电中长期发展规划（2011—2020 年）》，到 2015 年，在运行核电装机容量为 4000 万 kW，在建核电装机容量超过 2000 万 kW；到 2020 年，在运行核电装机容量 5800 万 kW，在建核电装机容量 3000 万 kW。

中广核福建宁德核电站 4 台机组保护为国产微机保护首次应用于 CPR1000 型核电机组，彻底打破了国外公司对该领域的垄断，促进了我国核电机组保护领域的技术进步。

1　机组国产保护方案

宁德核电厂安装 4 台 CPR1000 型二代改进型压水堆核电机组，以 500kV 电压接入系统，主接线形式为 3/2 接线。本期 500kV 系统为 4 个完整串，其中 500kV 母线装有 1 组高压并联电抗器，发电机出口设有断路器，励磁系统采用自励无刷旋转整流器励磁系统，每台机组设置 2 台高压厂用变压器（简称高厂变）。

宁德核电 4 台机组原均采用国外公司继电保护产品，在福建省电网主管部门组织的安全检查中发现，该产品为“单 CPU 架构”，无法适应福建地区关于“发变组保护双 CPU 配置”的反事故措施要求。因此，宁德核电 4 台机组均陆续换型为国产继电保护产品。

宁德核电站机组保护方案如下：

（1）采用主、后备一体化、“双 CPU + 双 DSP 架构”的装置 RCS—985，按照双重化配置原则，共组 7 面屏柜。其中 A、C 屏各配置一台发电机（含励磁机）保护装置，提供发电机、励磁机的全套双重化电气量保护功能。B、D 屏各配置一台主变压器（含 2 台高厂变）保护装置，提供主变压器、2 台高厂变的全套双重化电气量保护功能。E 屏配置 2 套变压器非电量保护装置，分别提供主变和2台高厂变的全部非电量保护功能。F屏配置发变组保护管理机及就地工作站。另配1面发电机定子接地附件箱，安装于机房内，安装注入式定子接地保护辅助电源装置1台。

（2）保护功能配置上保留了百万千瓦级核电机组保护的基本功能，保护配置、保护外部开入、保护跳闸出口接点型式等均严格按照国内相关技术规程及反措的要求设计，满足核电站的需求。

（3）考虑到宁德核电站的实际情况，对其原有部分特殊保护逻辑、二次回路进行了充分讨论和优化改进。

2　宁德核电站机组保护的特点

宁德核电站因其电站运行方式和核岛安全设计的要求，有其特殊之处，主要有以下三点保护逻辑优化。

2.1　注入式定子接地保护逻辑优化

宁德核电站主变低压侧配置有1台接地变压器。当发电机出口断路器（GCB）开关分断时，发电机系统只有1个接地点，即发电机中性点接地变二次侧的负载电阻；当GCB开关合上时，发电机系统具有2个接地点，分别为发电机中性点接地变压器和厂用变压器高压侧接地变压器二次侧的负载电阻。这些接地变压器二次侧的负载电阻对于注入式定子接地保护电阻的测量是有影响的。

RCS—985G 发电机保护装置采取了如下方法来消除两个接地点副边并联电阻的影响：当发电机未并网时，计算模型中扣除掉发电机中性点接地变负载电阻的影响；当发电机处于并网状态时，计算模型中扣除掉发电机中性点和厂变高压侧接地变负载电阻的影响。程序自动识别发电机并网状态，自动进行计算模型的切换，投入并联电阻补偿，以适应核电站单双接地点变化的工况，保证电阻测量的准确性。

表1为单双接地点切换时进行的注入式定子接地保护静态电阻测试数据，数据表明，并网前后的测量电阻均在5%误差范围内，满足工程应用要求。

表1　并网前后测量电阻数据

并网状态	静态电阻/Ω	测量电阻值/Ω	误差
并网前	11	11.53	4.77%
	9	9.39	4.33%
	7	7.27	3.90%
	5	5.11	2.11%
	4	3.99	-0.11%
	3	2.98	-0.67%
	2	1.96	-2.05%
	1	0.98	-2.25%
	0.5	0.49	-2.00%

续表

并网状态	静态电阻/Ω	测量电阻值/Ω	误差
并网后	13	13.37	2.83%
	10	10.04	0.40%
	5	4.95	-1.00%
	4.75	4.67	-1.68%
	3	2.94	-2.00%
	2	1.95	-2.50%
	1	0.97	-3.00%
	0.5	0.49	-2.00%

2.2 高厂变分支低电压保护逻辑优化

高厂变分支低电压保护用于分支故障所导致的电压低情况下及时切除故障点和启动备自投，保障厂用电安全。I 时限经 2.5s 动作于解列，II 时限经 4s 动作于全停同时切辅助变。其动作方程为 $U_{pp} < U_{pp}$dyzd，并经过分支负序电压和断路器位置接点闭锁，详细逻辑如图 1 所示。

为防止 TV 三相熔丝熔断或进线空开异常跳开导致的“虚假低电压”，保护增加了分支进线 TV 有压门槛；真实故障时，厂变低压分支电压由额定电压开始下降，在未降至有压门槛时可保证快速动作。为防止 TV 一次及二次熔丝单相、两相熔断，同时发生一次单相接地时不误闭锁低电压保护，采用负序电压来实现闭锁。

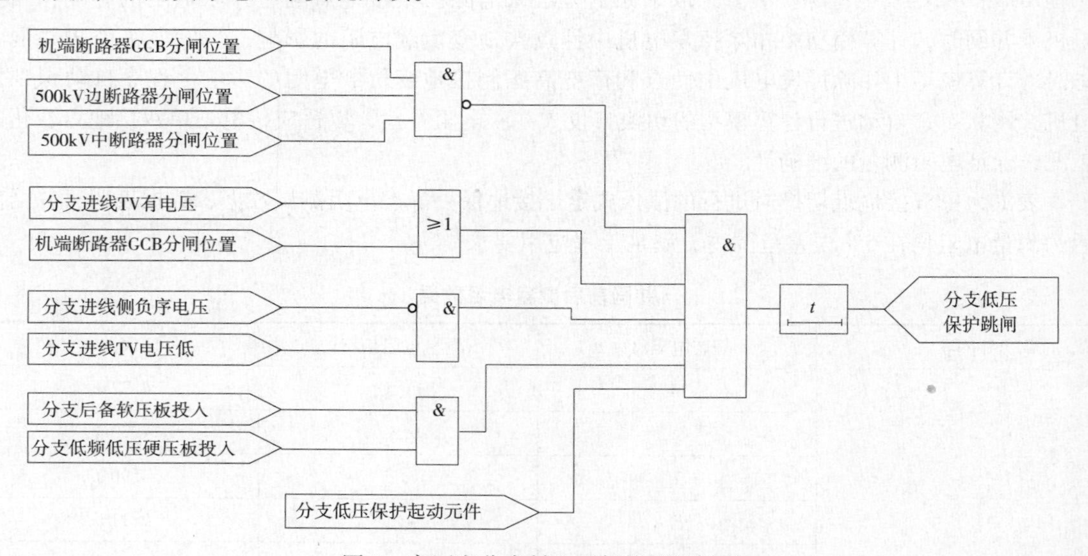

图 1　高厂变分支低电压保护原逻辑图

宁德核电现场提出事故预想：在主变倒送电运行情况下，500kV 系统如果突然失电（对侧变电站跳开或自然灾害等原因），则厂变低压分支电压在 2.3s 以内会降低到 0V（根据现场录波图），因低电压保护存在“进线 TV 有压门槛”，低电压保护无法动作于厂用电切换，因此希望优化该保护逻辑。

若直接取消进线 TV 有压门槛判别，则 TV 二次回路故障（如空开偷跳或误操作）时，会直接导致低电压保护误出口危及机组安全。因此，经讨论提出优化改进方案如下（具体逻辑如图 2 所示）。

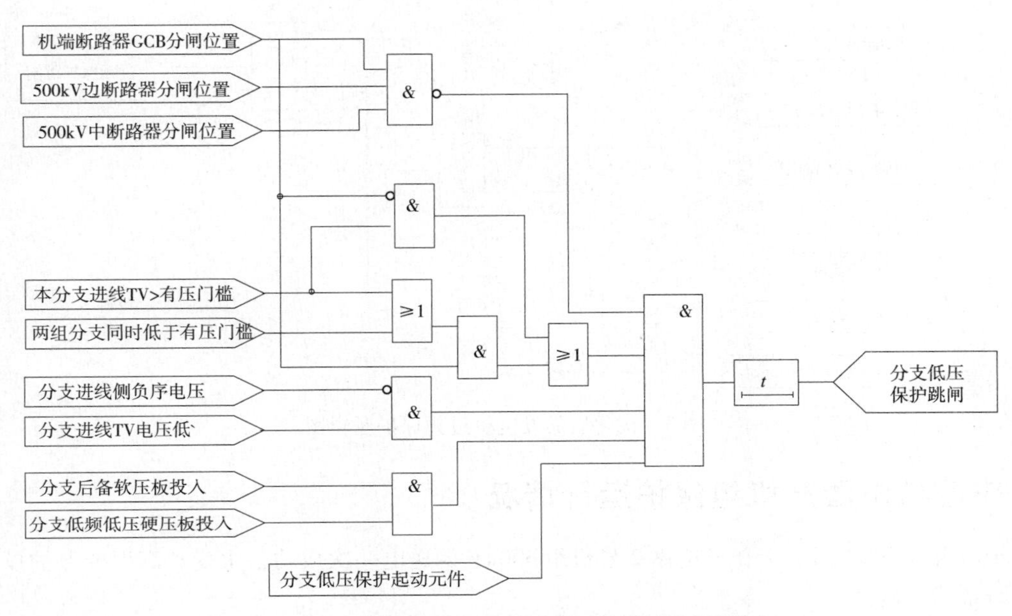

图 2　优化后的高厂变分支低电压保护逻辑图

当 GCB 分位时，500kV 高压侧系统失电或故障导致厂变两组分支 TV 会同时降低电压，且电压很快降低到 0，而 TV 二次回路故障时只有 1 组分支电压降低到 0。据此，当两组分支 TV 同时降低电压时认为是系统侧失电，自动退出“进线 TV 有压门槛”，保护能可靠动作；否则，保护则判定为厂用系统故障，投入“进线 TV 有压门槛”，可靠防止 TV 二次回路故障（如空开偷跳或误操作）导致低电压保护误出口。

当 GCB 合位时，由于励磁系统的调节作用，分支 TV 电压不可能短时降到低于“有压门槛”，“有压门槛”一直投入。

2.3　发电机过频保护逻辑优化

根据 GB/T 14285—2006《继电保护和安全自动装置技术规程》，发电机过频保护用于保护汽轮机，为防止发电机在频率高时，使汽轮机的叶片及其拉筋发生断裂。

另根据 DL/T 684—2012《大型发电机变压器继电保护整定计算导则》“附录表 G1 大机组频率异常运行允许时间建议值”来看，推荐意见为过频单次 30s 延时动作。

经现场核实，宁德核电 2 号机组过频Ⅲ段整定值 51.5Hz、延时 2.5s、动作于 500kV 开关解列。该保护段设置的目的和整定方法已与上述两个规程要求不一致。根据参考电站设计和整定值分析，该段保护是为防止系统频率波动影响到核电站的厂用系统。

若发电机频率采样引自机组机端 TV，过频保护按照常规电厂逻辑配置，那么，在正常运行发电时，当 GCB 开关因外部原因发生偷跳或误跳，导致汽轮机超速，发生发电机过频，延时 2.5s 将动作于 500kV 断路器解列。从而导致厂用电同时失去发电机和系统两个电源点，按核电运行规程要求，将进入停堆、慢速切换厂用电流程，从而引发停堆事故。

因此，根据上述情况，经设计方确认，过频Ⅲ段增加“经 GCB 断路器位置闭锁”控制字，供用户选择投入（具体逻辑如图 3 所示）。当投入此控制字时，GCB 为分位时，过频Ⅲ段退出；GCB 为合位时，过频Ⅲ段投入。

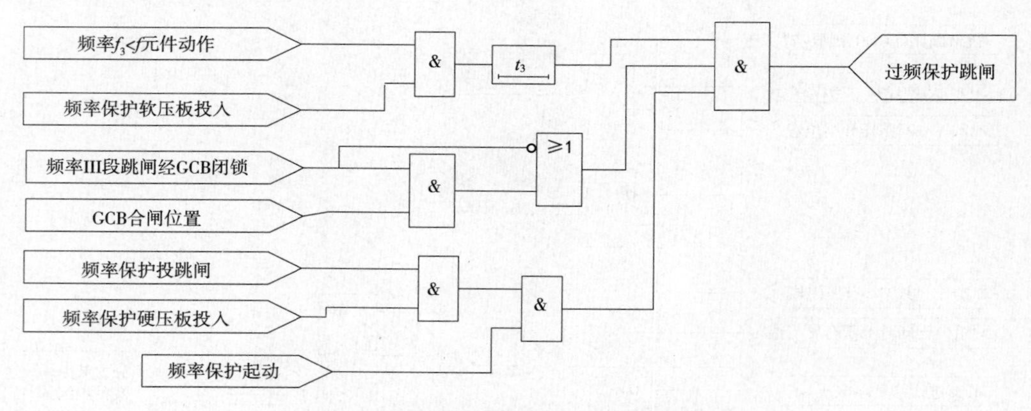

图 3　优化后的发电机过频保护逻辑图

3　宁德核电国产机组保护运行情况

2013 年 4 月 11 日，宁德核电站 2 号机组 500kV 倒送电一次成功，主变和高厂变保护投入运行，设备运行良好。

2014 年 5 月 4 日 21 时 50 分，经过 168h 满载试运行试验考核，中广核福建宁德核电站 2 号机组正式投入商业运行。RCS—985 机组保护投运试验历经数月，经受了核电项目“零缺陷”的严格考验。

从商运发电以来，国产机组保护装置在宁德核电站运行状态良好，无任何异常情况。

4　结语

从 2009 年江苏田湾核电百万千瓦机组保护的国产化应用，到方家山核电、福清核电 CNP1000 机组，再到宁德核电、防城港核电 CPR1000 机组，南瑞继保电气有限公司已陆续完成 14 台 1000MW 级核电机组新建或改造核电站的国产化微机保护设计研发工作。

国产保护供应商具有设计研发实力强、应急响应迅速、售后服务及时、备品备件供给充足、沟通顺畅有效等优势，其产品更为符合国内的运行习惯。国产微机保护在核电领域已形成逐步取代进口产品之势。

参考文献：

[1] GB/T 14285—2006　继电保护和安全自动装置技术规程 [S].
[2] DL/T 684—2012　大型发电机变压器继电保护整定计算导则 [S].
[3] 王维俭. 电气主设备继电保护原理与应用 [M]. 北京：中国电力出版社，2002.
[4] RCS－985G　发电机保护装置技术说明书. 2014.
[5] RCS－985BT　发电机变压器成套保护装置技术说明书. 2014.

作者简介：

何其伟（1976—　），男，江西南昌人，工程师，从事电气主设备继电保护的设计工作。E－mail：

heqw@ nari - relays. com

姬生飞（1983— ），男，黑龙江佳木斯人，工程师，从事电气主设备继电保护的设计工作。

潘仁秋（1972— ），男，江苏南京人，工程师，从事电气主设备继电保护的设计工作。

陈佳胜（1975— ），男，湖北大冶人，高级工程师，从事电气主设备继电保护研究。E - mail：chenjs @ nari - relays. com

新型相位比较式失步保护方法的实现

刘万斌，刘小波

（国电南京自动化股份有限公司，江苏　南京　210032）

【摘　要】　失步保护是大型发电机组必须配置的重要保护，本文根据失步时发电机电势与系统电势的功角变化规律及失步要求，提出了同弦多圆弧边界的失步保护方案，圆弧边界可与机组功角的静稳边界 δ_J 和动稳边界 δ_M 对应。圆弧边界识别采用相位比较算法实现，每增加一条圆弧 δ_X 边界，只须给定 $\sin\delta_X$、$\cos\delta_X$ 值，运行时增加两个乘法计算，然后实现逻辑判别即可。判据逻辑清晰，实现方法简单。

【关键词】　振荡失步；失步保护功角；同弦多圆弧边界；滑极计数

0　引言

随着电力系统容量不断增大，发电机组接入的系统阻抗相对较小，一旦发生系统非稳定性振荡，其振荡中心很容易进入发电机组内部，严重威胁发电机组和系统的安全运行。目前，我国大型发电机组均装配机组失步保护，并有多种不同类型的判据实现，本文根据失步时发电机电势与系统电势的功角 δ 变化规律及失步要求，提出了新型同弦多圆弧边界的失步保护方案。

1　失步时机端测量阻抗轨迹及功角 δ 变化特性

发变组系统图、有功 P（δ）特性及失步时机端测量阻抗轨迹及功角 δ 变化关系，如图 1 所示。

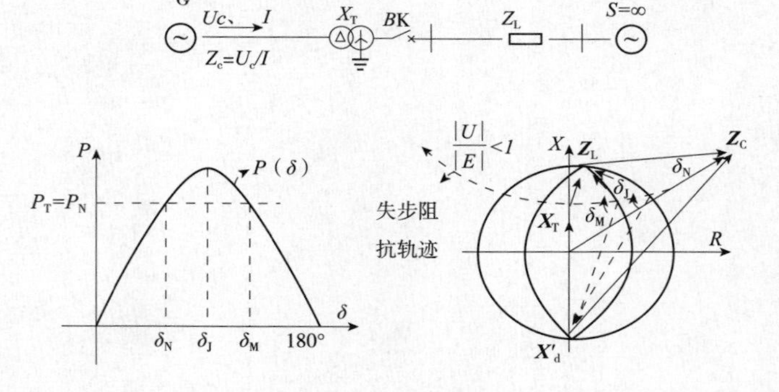

图 1　发电机组系统图、有功 P（δ）特性、失步阻抗轨迹及功角变化关系

P_T、P_N—正常运行时机械功率和电功率；δ_N—正常运行时，机组电势对系统等值电势的功角；

δ_J—静稳边界功角（发最大电功率时）；δ_M—动稳边界功角（$>\delta_M$ 失步运行）；

$\boldsymbol{Z}_C$—测量阻抗值；$\boldsymbol{Z}_L$—机组与系统联络阻抗；$\boldsymbol{X}'_d$、$\boldsymbol{X}_T$—发电机暂态电抗、变压器电抗

正常情况下，发电机在静稳区运行，功角 δ 小于 δ_J；若功角 δ 大于 δ_J 运行时，发电机将失去静稳运行特性，极易失稳。

机组系统扰动振荡时，功角 δ 做周期性摆动，若是稳定振荡，最大摆动功角 δ 小于 δ_M；若是非稳定振荡（即失步），最大摆动功角 δ 大于 δ_M。

由 P（δ）特性可知，功角 δ 大于 δ_M 后，$P_T > P_N$，$\frac{d\delta}{dt} > 0$，功角 δ 将进一步增大，机组逐渐步入失步状态，若此时能减少 P_T 或增加励磁，则有机会将机组拉入同步运行状态。

进入失步状态运行时，功角 δ 的变化过程是：

$$\delta_N \to \delta_J \to \delta_M \to 180° \to 360°\ (0°) \to \delta_N \to \delta_J \to \delta_M$$

随着功角 δ 的变化，机端测量阻抗 $\boldsymbol{Z}_c$ 为

$$\boldsymbol{I} = \frac{\boldsymbol{E} - \boldsymbol{U}}{\boldsymbol{X}'_d + \boldsymbol{Z}_L + \boldsymbol{X}_T} = \frac{\boldsymbol{U}\left(\frac{|\boldsymbol{E}|}{|\boldsymbol{U}|}e^{j\delta} - 1\right)}{\boldsymbol{X}'_d + \boldsymbol{Z}_L + \boldsymbol{X}_T}; \tag{1}$$

$$\boldsymbol{Z}_c = \frac{\boldsymbol{U}_C}{\boldsymbol{I}} = \frac{\boldsymbol{U} + \boldsymbol{I}\ (\boldsymbol{Z}_L + \boldsymbol{X}_T)}{\boldsymbol{I}} = \frac{\boldsymbol{U}}{\boldsymbol{I}} + (\boldsymbol{Z}_L + \boldsymbol{X}_T) = \frac{\boldsymbol{X}'_d + \boldsymbol{Z}_L + \boldsymbol{X}_T}{\frac{|\boldsymbol{E}|}{|\boldsymbol{U}|}e^{j\delta} - 1} + (\boldsymbol{Z}_L + \boldsymbol{X}_T) \tag{2}$$

$\frac{|\boldsymbol{E}|}{|\boldsymbol{U}|} \neq 1$ 时，$\boldsymbol{Z}_c$ 变化轨迹是以 $\frac{(\boldsymbol{Z}_L + \boldsymbol{X}_T)\left(\frac{|\boldsymbol{E}|}{|\boldsymbol{U}|}\right)^2 + \boldsymbol{X}'_d}{\left(\frac{|\boldsymbol{E}|}{|\boldsymbol{U}|}\right)^2 - 1}$ 为圆心，以 $\left|\frac{(\boldsymbol{X}'_d + \boldsymbol{Z}_L + \boldsymbol{X}_T)\ \frac{|\boldsymbol{E}|}{|\boldsymbol{U}|}}{\left(\frac{|\boldsymbol{E}|}{|\boldsymbol{U}|}\right)^2 - 1}\right|$ 为半径的圆；$\frac{|\boldsymbol{E}|}{|\boldsymbol{U}|} = 1$ 时，$\boldsymbol{Z}_c$ 变化轨迹是 $\frac{1}{2}[(\boldsymbol{Z}_L + \boldsymbol{X}_T - \boldsymbol{X}'_d) - j\ (\boldsymbol{Z}_L + \boldsymbol{X}_T + \boldsymbol{X}'_d)\ \cot\ (\delta/2)]$ 直线。

2 同弦多圆弧边界的失步保护方案

同弦多圆弧边界的失步保护方案是通过检测 Z_c 在阻抗平面的变化轨迹来反映功角 δ 的变化过程的。

同弦多圆弧失步保护的测量阻抗计算，采用发电机端电压、电流。根据测量阻抗轨迹特性检测功角 δ 的变化过程，判别是否失步，如图 2 所示。

阻抗平面上，同弦多圆弧由外弦 MZ_A、Z_BN 和圆弧①（δ_1）、②（δ_2）、③（δ_3）、④（δ_4）构成，将阻抗平面按功角 δ 变化分成 $0° \sim \delta_1$、$\delta_1 \sim \delta_2$、$\delta_2 \sim \delta_3$、$\delta_3 \sim \delta_4$、$\delta_4 \sim 360°$ 五个区，即 0、Ⅰ、Ⅱ、Ⅲ、Ⅳ区。测量阻抗轨迹按顺序穿过五个区，即 0→Ⅰ→Ⅱ→Ⅲ→Ⅳ，发电机失步，或Ⅳ→Ⅲ→Ⅱ→Ⅰ→0，电动机失步，并在每个区停留足够时间，则保护判为发生振荡失步。每逐区穿过一次，保护的滑极计数加 1。发电机失步滑极和电动机失步滑极可分别计数。

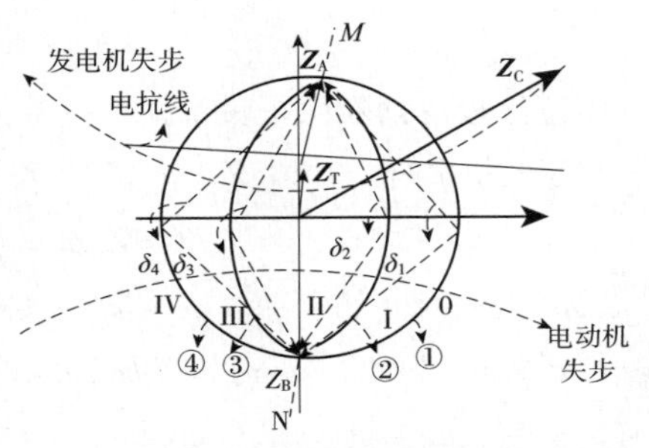

图 2 同弦多圆弧失步保护动作特性

Z_A—测量点到系统侧等值阻抗；

Z_B—测量点到机组侧等值阻抗；

Z_T—确定电抗线特性的阻抗值；

Z_C—测量阻抗值；δ—机组侧电势对系统等值电势的功角

Z_T 电抗线特性把动作区分上、下两部分。测量阻抗轨迹顺序穿过五个区时，在Ⅱ区中，位于电抗线以下，则认为振荡中心在发电机组内，位于电抗线以上，则认为振荡中心在系统侧。

失步振荡周期为 T_{osc} 时，滑越分区边界（圆弧 $\delta_m \sim \delta_n$）的时间：$t_{mn} = \frac{|\delta_m - \delta_n|}{360°}T_{osc}$。

保护动作是通过整定滑极次数实现。同时提供失步前预处理功能或失步预警。

同弦多圆弧失步保护逻辑框图如图 3 所示。

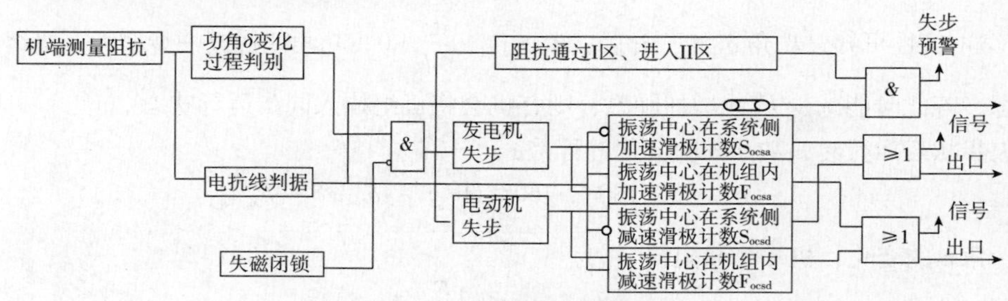

图 3　同弦多圆弧失步保护逻辑框图

3　同弦多圆弧相位比较式算法实现

3.1　算法研究

同弦多圆弧失步保护判据边界由四段圆弧（δ_1、δ_2、δ_3、δ_4）和一段电抗线 Z_T 五部分组成，圆弧角度对应功角 δ，采用相位比较来实现边界判别，如图 4 所示。

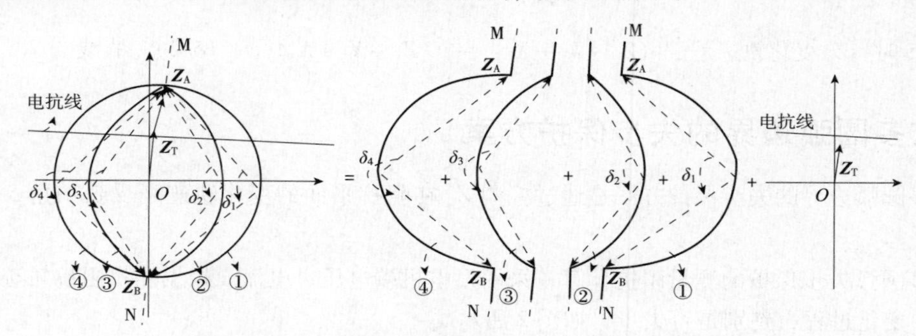

图 4　弦多圆弧失步保护动作边界分解

相位比较法判断两个矢量间相位差关系的算法实现过程如下。

假定矢量 $Z_1=a+jb$，$Z_2=c+jd$，Z_1、Z_2 两个矢量间相位差在［α，β］（$\alpha<\beta$）区间的关系是

$$\boldsymbol{Z}=\boldsymbol{Z}_1\overline{\boldsymbol{Z}_2}=|\boldsymbol{Z}|e^{j\theta_{1,2}}=ac+bd+j(bc-ad)$$

$$\boldsymbol{Z}e^{-j\alpha}=|\boldsymbol{Z}|e^{j(\theta_{1,2}-\alpha)}=(ac+bd)\cos\alpha+(bc-ad)\sin\alpha+j[(bc-ad)\cos\alpha-(ac+bd)\sin\alpha]$$

$$e^{j\beta}\overline{\boldsymbol{Z}}=|\boldsymbol{Z}|e^{j(\beta-\theta_{1,2})}=(ac+bd)\cos\beta+(bc-ad)\sin\beta+j((ac+bd)\sin\beta-(bc-ad)\cos\beta)$$

$$\text{im}(\boldsymbol{Z}e^{-j\alpha})=(bc-ad)\cos\alpha-(ac+bd)\sin\alpha$$

$$\text{im}(e^{j\beta}\overline{\boldsymbol{Z}})=(ac+bd)\sin\beta-(bc-ad)\cos\beta$$

式中：im（）为取复数的虚部。

（1）若要 $\alpha\leqslant\theta_{1,2}\leqslant\beta$ 成立，则分以下两种情况讨论：

1）$0<\beta-\alpha<\pi$ 时，$\{\theta_{1,2}\mid\alpha\leqslant\theta_{1,2}\leqslant\beta\}=\{\theta_{1,2}\mid(\alpha\leqslant\theta_{1,2}\leqslant\alpha+\pi)\cap(\beta-\pi\leqslant\theta_{1,2}\leqslant\beta)\}$，得出，当$(\text{im}(Ze^{-j\alpha})\geqslant0)$且$(\text{im}(e^{j\beta}\overline{Z})\geqslant0)$时，$\alpha\leqslant\theta_{1,2}\leqslant\beta$ 成立；即满足$(bc-ad)\cos\alpha-(ac+bd)\sin\alpha\geqslant0$ 和$(ac+bd)\sin\beta-(bc-ad)\cos\beta\geqslant0$ 时，$\alpha\leqslant\theta_{1,2}\leqslant\beta$ 成立。

2）$\pi<\beta-\alpha<2\pi$ 时，$\{\theta_{1,2}\mid\alpha\leqslant\theta_{1,2}\leqslant\beta\}=\{\theta_{1,2}\mid(\alpha\leqslant\theta_{1,2}\leqslant\alpha+\pi)\cup(\beta-\pi\leqslant\theta_{1,2}\leqslant\beta)\}$，得

出，当$(\mathrm{im}(Ze^{-j\alpha})\geqslant 0)$或$(\mathrm{im}(e^{j\beta}\overline{Z})\geqslant 0)$时，$\alpha\leqslant\theta_{1,2}\leqslant\beta$成立；即满足$(bc-ad)\cos\alpha-(ac+bd)\sin\alpha\geqslant 0$或$(ac+bd)\sin\beta-(bc-ad)\cos\beta\geqslant 0$时，$\alpha\leqslant\theta_{1,2}\leqslant\beta$成立。

（2）多圆弧边界判别是利用两个矢量间相位差在［α，β］（$\alpha<\beta$）区间的判别关系，实现圆弧动作边界识别。亦分两种情况：即①$\alpha<\pi$，$\beta=2\pi$；②$\alpha>\pi$，$\beta=2\pi$。

1）动作边界对应的$\boldsymbol{Z}_1$、$\boldsymbol{Z}_2$矢量间相位差区间$[\alpha,\beta](\alpha<\beta)$，$\alpha=\delta_1<\pi$，$\beta=2\pi$。即$\sin\beta=0$，$\cos\beta=1$，且$\pi<\beta-\alpha<2\pi$。$\boldsymbol{Z}_1=\boldsymbol{Z}_B-\boldsymbol{Z}_C=a+jb$，$\boldsymbol{Z}_2=\boldsymbol{Z}_A-\boldsymbol{Z}_C=c+jd$。因此，满足$[(bc-ad)\cos\delta_1-(ac+bd)\sin\delta_1\geqslant 0]$或$(ad-bc\geqslant 0)$时，$\delta_1\leqslant\delta\leqslant 2\pi$，即阻抗$\boldsymbol{Z}_C$在A区，如图5所示。

2）动作边界对应的$\boldsymbol{Z}_1$、$\boldsymbol{Z}_2$矢量间相位差区间$[\alpha,\beta](\alpha<\beta)$，$\alpha=\delta_4>\pi$，$\beta=2\pi$。即$\sin\beta=0$，$\cos\beta=1$，且$0<\beta-\alpha<\pi$。$\boldsymbol{Z}_1=\boldsymbol{Z}_B-\boldsymbol{Z}_C=a+jb$，$\boldsymbol{Z}_2=\boldsymbol{Z}_A-\boldsymbol{Z}_C=c+jd$。因此，满足$(bc-ad)\cos\delta_4-(ac+bd)\sin\delta_4\geqslant 0$和$ad-bc\geqslant 0$时，$\delta_4\leqslant\delta\leqslant 2\pi$，即阻抗$\boldsymbol{Z}_C$在A区，如图6所示。

3）电抗线动作边界判别，令$\boldsymbol{Z}_T=h+jk$，$\boldsymbol{Z}_1=\boldsymbol{Z}_T-\boldsymbol{Z}_C=m+jn$，$\boldsymbol{Z}=\boldsymbol{Z}_1\times\overline{\boldsymbol{Z}_T}=|\boldsymbol{Z}|e^{j\theta_{1,T}}=mh+nk+j(nh-mk)$，$-\dfrac{\pi}{2}\leqslant\theta_{1,T}\leqslant\dfrac{\pi}{2}$时，$\mathrm{Re}(|\boldsymbol{Z}|e^{j\theta_{1,T}})\geqslant 0$，因此，满足$mh+nk\geqslant 0$时，阻抗$\boldsymbol{Z}_C$在A区，如图7所示。

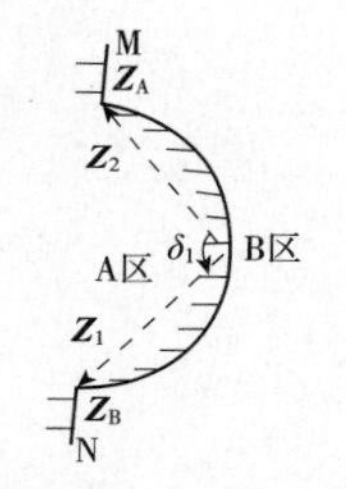

图5 $\delta_1\leqslant\delta\leqslant 2\pi$

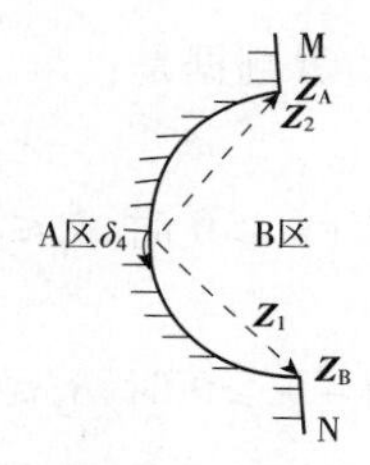

图6 $\delta_4\leqslant\delta\leqslant 2\pi$

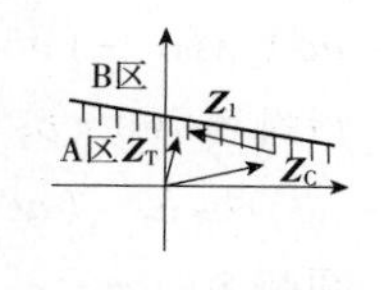

图7 $-\dfrac{\pi}{2}\leqslant\theta_{1,T}\leqslant\dfrac{\pi}{2}$

（3）运行时，圆弧及电抗线的动作边界判别可进一步优化。

因$\boldsymbol{Z}_C=\dfrac{\boldsymbol{U}}{\boldsymbol{I}}=\dfrac{U_a+j\,U_b}{I_a+j\,I_b}$；$\boldsymbol{Z}_1=\boldsymbol{Z}_B-\boldsymbol{Z}_C=\boldsymbol{Z}_B-\dfrac{\boldsymbol{U}}{\boldsymbol{I}}=\dfrac{\boldsymbol{Z}_B\boldsymbol{I}-\boldsymbol{U}}{\boldsymbol{I}}$；$\boldsymbol{Z}_2=\boldsymbol{Z}_A-\boldsymbol{Z}_C=\boldsymbol{Z}_A-\dfrac{\boldsymbol{U}}{\boldsymbol{I}}=\dfrac{\boldsymbol{Z}_A\boldsymbol{I}-\boldsymbol{U}}{\boldsymbol{I}}$。

$\boldsymbol{U}$、$\boldsymbol{I}$为测量电压、电流，令$\boldsymbol{U}=U_a+j\,U_b$；$\boldsymbol{I}=I_a+j\,I_b$；$\boldsymbol{Z}_A=R_A+j\,X_A$；$\boldsymbol{Z}_B=R_B+j\,X_B$；$\boldsymbol{Z}_T=R_T+j\,X_T$。

1）圆弧动作边界判别优化。$\boldsymbol{Z}_1$与$\boldsymbol{Z}_2$的相位差关系等效于（$\boldsymbol{Z}_B\boldsymbol{I}-\boldsymbol{U}$）与（$\boldsymbol{Z}_A\boldsymbol{I}-\boldsymbol{U}$）之间相位差关系；令

$$\boldsymbol{U}_B=\boldsymbol{Z}_B\boldsymbol{I}-\boldsymbol{U}=(R_BI_a-X_BI_b-U_a)+j(R_BI_b+X_BI_a-U_b)=a+jb$$
$$\boldsymbol{U}_A=\boldsymbol{Z}_A\boldsymbol{I}-\boldsymbol{U}=(R_AI_a-X_AI_b-U_a)+j(R_AI_b+X_AI_a-U_b)=c+jd$$

得
$$\begin{cases}a=R_BI_a-X_BI_b-U_a\\ b=(R_BI_b+X_BI_a-U_b\\ c=R_AI_a-X_AI_b-U_a\\ d=R_AI_b+X_AI_a-U_b\end{cases}$$

当$R_B=0,R_A=0$时，有
$$\begin{cases}a=-X_BI_b-U_a\\ b=X_BI_a-U_b\\ c=-X_AI_b-U_a\\ d=X_AI_a-U_b\end{cases}$$

2）电抗线的动作边界判别优化。

$$\boldsymbol{Z}_1=\boldsymbol{Z}_\text{T}-\boldsymbol{Z}_\text{C}=\boldsymbol{Z}_\text{T}-\frac{\boldsymbol{U}}{\boldsymbol{I}}=\frac{\boldsymbol{Z}_\text{T}\boldsymbol{I}-\boldsymbol{U}}{\boldsymbol{I}}$$

$\boldsymbol{Z}_1$与$\boldsymbol{Z}_T$的相位差关系等效于$\boldsymbol{Z}_\text{T}\boldsymbol{I}-\boldsymbol{U}$与$\boldsymbol{Z}_\text{T}\boldsymbol{I}$之间相位差关系，令

$$\boldsymbol{U}_\text{TC}=\boldsymbol{Z}_\text{T}\boldsymbol{I}-\boldsymbol{U}=(R_\text{T}I_\text{a}-X_\text{T}I_\text{b}-U_\text{a})+\text{j}(R_\text{T}I_\text{b}+X_\text{T}I_\text{a}-U_\text{b})=m+\text{j}n$$

$$\boldsymbol{U}_\text{T}=\boldsymbol{Z}_\text{T}\boldsymbol{I}=(R_\text{T}I_\text{a}-X_\text{T}I_\text{b})+\text{j}(R_\text{T}I_\text{b}+X_\text{T}I_\text{a})=h+\text{j}k$$

得

$$\begin{cases}m=R_\text{T}I_\text{a}-X_\text{T}I_\text{b}-U_\text{a}\\n=R_\text{T}I_\text{b}+X_\text{T}I_\text{a}-U_\text{b}\\h=R_\text{T}I_\text{a}-X_\text{T}I_\text{b}\\k=R_\text{T}I_\text{b}+X_\text{T}I_\text{a}\end{cases}$$

当$R_\text{T}=0$时，有

$$\begin{cases}m=-X_\text{T}I_\text{b}-U_\text{a}\\n=X_\text{T}I_\text{a}-U_\text{b}\\h=-X_\text{T}I_\text{b}\\k=X_\text{T}I_\text{a}\end{cases}$$

3.2 边界判据

综合上述，同弦多圆弧失步保护五部分边界判据是：

（1）圆弧δ_1（$0<\delta_1<\pi$），边界判据是

$(bc-ad)\cos\delta_1-(ac+bd)\sin\delta_1\geqslant0$ 或 $ad-bc\geqslant0$ 时，$\delta_1\leqslant\delta\leqslant2\pi$。

（2）圆弧δ_2（$0<\delta_2<\pi$），边界判据是

$(bc-ad)\cos\delta_2-(ac+bd)\sin\delta_2\geqslant0$ 或 $ad-bc\geqslant0$ 时，$\delta_2\leqslant\delta\leqslant2\pi$。

（3）圆弧δ_3（$\pi<\delta_3<2\pi$），边界判据是

$(bc-ad)$ $\cos\delta_3-$ $(ac+bd)$ $\sin\delta_3\geqslant0$ 且 $ad-bc\geqslant0$ 时，$\delta_3\leqslant\delta\leqslant2\pi$。

（4）圆弧δ_4（$\pi<\delta_4<2\pi$），边界判据是

$(bc-ad)$ $\cos\delta_4-$ $(ac+bd)$ $\sin\delta_4\geqslant0$ 且 $ad-bc\geqslant0$ 时，$\delta_4\leqslant\delta\leqslant2\pi$。

（5）电抗线$\boldsymbol{Z}_\text{T}$边界判据是：满足$mh+nk\geqslant0$时，振荡中心进入发电机组侧。

3.3 失步保护的实现方法

失步保护通过这些圆弧边界检测当前功角δ对应的$\boldsymbol{Z}_\text{C}$所在区，并判别$\boldsymbol{Z}_\text{C}$穿越各个区的历史逻辑和停留时间，确定机组是否进入失步状态。失步保护具体实现方法如下：

（1）计算机端阻抗对应的实数a、b、c、d、m、n、h、k值。

（2）计算测量阻抗值$\boldsymbol{Z}c$所在位置，判断$ad-bc\geqslant0$，若是，则测量阻抗值$\boldsymbol{Z}_\text{c}$当前位于Ⅰ、Ⅲ、Ⅳ区，当前区号：$N=2+\text{int}((bc-ad)\cos\delta_3-(ac+bd)\sin\delta_3\geqslant0)+\text{int}((bc-ad)\cos\delta_4-(ac+bd)\sin\delta_4\geqslant0)$；若不是，则测量阻抗值$\boldsymbol{Z}c$当前位于0、Ⅰ、Ⅱ区，当前区号：$N=\text{int}((bc-ad)\cos\delta_1-(ac+bd)\sin\delta_1\geqslant0)+\text{int}((bc-ad)\cos\delta_2-(ac+bd)\sin\delta_2\geqslant0)$。其中，int（）表示取整数。

（3）判断当前发电机组是否发生失磁，若失磁则闭琐失步保护。

（4）判断测量阻抗在阻抗平面上的轨迹是否从Ⅰ区至Ⅱ区或Ⅲ区至Ⅱ区。若穿过该区域，并在Ⅰ区或Ⅲ区停留时间大于整定设置时间，则发出失步预警。

（5）判断失步振荡中心位置，若满足$mh+nk\geqslant0$时，则失步振荡中心位于机组内部，反之，则失步振荡中心位于系统侧。

（6）若失步振荡中心位于机组内，且测量阻抗依次足时穿越（0→Ⅰ→Ⅱ→Ⅲ→Ⅳ）五个区，则机组内失步逻辑的加速滑极计数加1，或测量阻抗依次足时穿越（Ⅳ→Ⅲ→Ⅱ→Ⅰ→0）五个区，则机组内失步逻辑的减速滑极计数加1；判断机组内失步滑极计数值是否不小于整定值，若不小于整定值，则机组内失步保护动作。

（7）若发电机组的失步振荡中心位于系统侧时，且测量阻抗依次足时穿越（0→I→II→III→IV）五个区，则系统侧失步逻辑的加速滑极计数加1，或测量阻抗依次足时穿越（IV→III→II→I→0）五个区，则系统侧失步逻辑的减速滑极计数加1；判断系统侧失步滑极计数值是否不小于整定值，若不小于整定值，则系统侧失步保护动作。

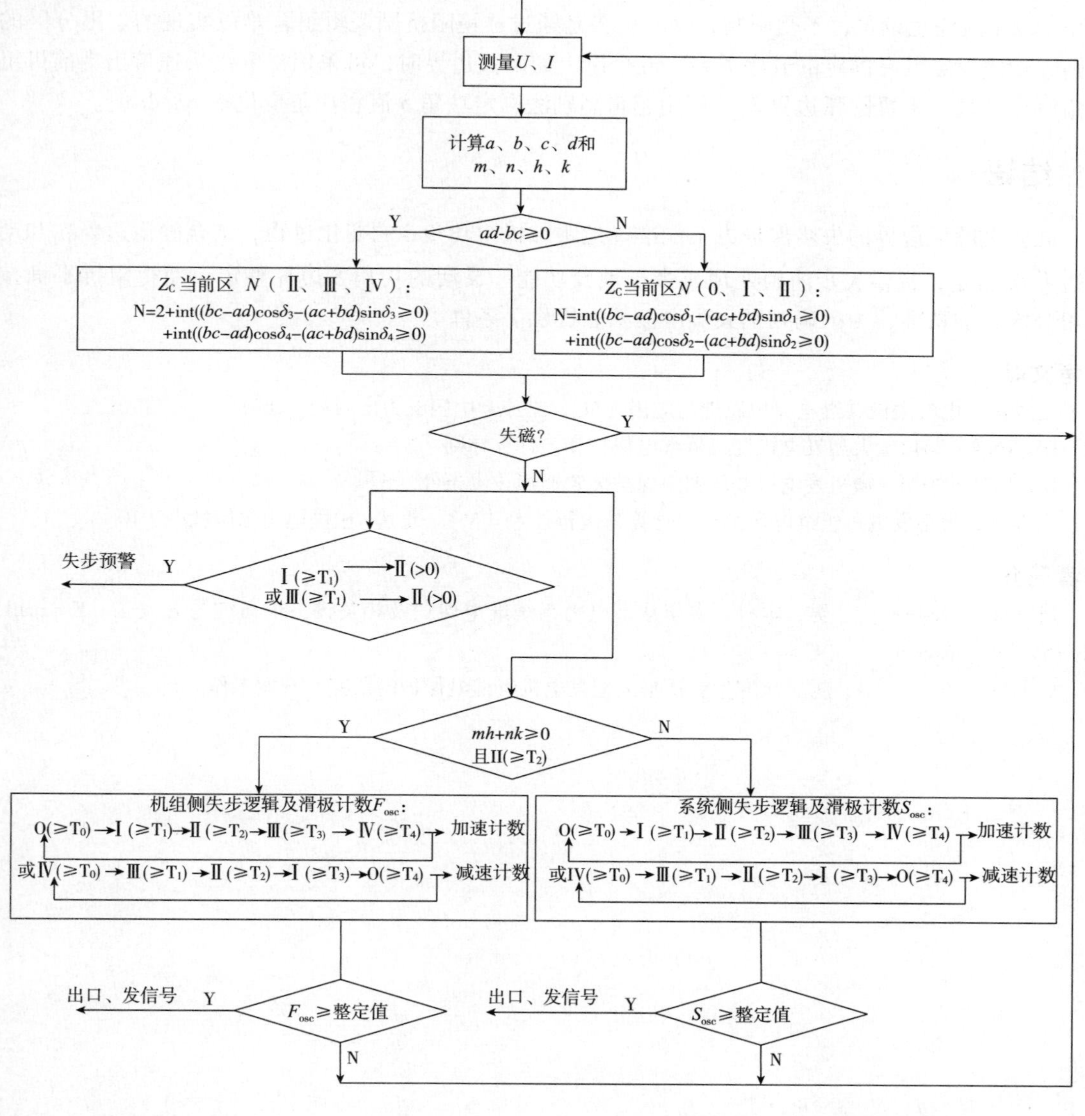

图8　失步保护实现的主要流程图

（注：Ⅰ（$\geqslant T_1$）→Ⅱ（>0）表示须在Ⅰ区中停留时间不小于 T_1 然后进入Ⅱ，其他类同）

保护软件实现流程图见图 8 所示。

同弦多圆弧失步保护方案，圆弧 δ_1、δ_2边界可与机组功角的静稳边界 δ_J和动稳边界 δ_M对应，既作为机组失步逻辑判别的边界，又可提供失步前预处理或失步预警功能。机组以任意运行方式进入某条圆弧边界均对应着相同的功角 δ，使得同一失步频率下，穿越某一区域有相同的停留时间，便于整定使用。每条圆弧间无相关性，可根据需要任意整定，比如 δ_4可结合断路器遮断电流限制整定，即 $\delta_4 = 360° - \delta_{trip}$，$\delta_{trip}$ 为遮断电流限制的跳闸角，简化失步保护判据。

相位比较式的同弦多圆弧判据算法简洁、快速。每增加一条圆弧 δ_X边界，只须给定 $\sin\delta_X$、$\cos\delta_X$值，运行时增加两个乘法计算，然后实现逻辑判别即可。根据需要，圆弧 δ_X边界可在区间 $0 < \delta_X < 2\pi$ 内任意设定，不受限制，这些优势是通过透镜阻抗圆逻辑组合难以实现的。因分区的原因，功角设定具有固定的升序关系，五个以上的圆弧边界时，可采用二分法快速检出当前机组功角所在区域。密置圆弧边界 δ_X，可用逻辑判别法测定功角 δ 值和功角变化率 $d\delta/dt$ 值。

4 结语

同弦多圆弧边界的失步保护方案能准确地跟踪机组功角 δ 的变化过程，结合静稳边界 δ_J和动稳边界 δ_M整定，提供失步前预处理或失步预警功能。灵活的功角 δ 边界整定，使得阻抗平面按功角分区更加精准，为准确判别失步滑极状态提供了条件。

参考文献：

[1] 王维俭．电气主设备继电保护原理与应用［M］．北京：中国电力出版社，2001.

[2] DL/T684－2012 大型发电机变压器继电保护整定计算导则［S］.

[3] DL/T671—2010 微机发电机变压器组保护装置通用技术条件［S］.

[4] 高春如．大型发电机组继电保护整定计算与运行技术［M］．北京：中国电力出版社，2010.

作者简介：

刘万斌（1964— ），男，本科，多年从事电力系统继电保护及相关设备的研究与开发工。E－mail：lwb515515@ sina. com

刘小波（1978— ），男，研究生，从事大型发电机组继电保护的研究与开发工作。

旋转型转子接地保护系统研究及应用

王　光，王　钧，陈　俊，张琦雪，于海波，刘　乐

（南京南瑞继保电气有限公司，江苏　南京　211102）

【摘　要】　针对已有无刷励磁发电机组旋转型转子接地保护存在的问题，本文提出了新型旋转型转子接地保护系统方案，阐述了基本原理和系统结构，并就注入方波电压式转子接地保护原理、无线通信方式、自适应方波频率调整技术、灵活的应用方式等关键技术进行了分析；最后介绍了该保护系统的应用情况，证明了本文提出的新型旋转型转子接地保护系统完全能够满足无刷励磁机组的应用需求。

【关键词】　无刷励磁机组；旋转型转子接地保护；注入式转子接地保护原理

0　引言

目前发电机励磁方式主要有无刷励磁（或旋转励磁）和自并励两种方式，无刷励磁发电机组以美国西屋公司、日本三菱公司、德国西门子公司和法国阿尔斯通公司产品居多。无刷励磁是指旋转整流装置与发电机、主励磁机和副励磁机在同轴上旋转，经过整流后向发电机转子回路提供励磁电流，不需要任何滑环、换相器、集电环、电刷等元件，减少了日常的工作维护量，提高设备的运行可靠性。

对于无刷励磁机组来说，发电机转子绕组、励磁机电枢部分和整流回路均同轴旋转，无需引入任何外部量，因此常规发电机转子接地保护应用遇到了一定问题。目前转子绕组接地故障检测主要有两种常用方法：①设置检测电刷，经过检测电刷引出转子正端或负端实现转子接地保护，为减少电刷磨损，延长电刷的使用寿命，通常采用定时检测的方式（定时举刷装置），这样一般3个月左右需更换一次电刷，但是这种方法不是连续的监测及保护，在绝大多数时间内处于无转子接地保护状态，存在安全隐患；②安装随转子一同旋转的接地检测设备，与外部信号接收及处理单元共同构成旋转型转子接地保护系统。阿尔斯通公司的旋转型检测装置MRET[1]为目前国内应用较多的一种旋转型转子接地保护系统，该系统具有实现方式简单、可实现转子绕组接地故障在线持续监测等优点，但在应用中也存在很多不足，故障率较高，应用情况一般，主要存在以下问题[2-4]：

（1）装置硬件故障率较高，且难以分析原因。

（2）转子接地故障检测灵敏度在转子绕组不同位置和不同励磁电压水平时不一致。

（3）保护定值内部硬件固化，难以满足电厂不同运行需求。

（4）保护检测的是转子绕组绝缘泄漏电流，并未检测和计算转子绕组对地绝缘电阻，因此并未反应真实的转子绕组对地绝缘情况。

（5）无故障录波功能，不利于故障分析和事故排查。

（6）采用红外传输技术，信号传输易受油污等环境影响。

针对已有旋转型转子接地保护应用中出现的上述问题，迫切需要研究一种新型的旋转型转

子接地保护系统，以改进和提高无刷励磁发电机组的转子接地保护性能。

1　旋转型转子接地保护系统结构

新型旋转型转子接地保护系统适用于大型无刷励磁发电机组的转子绕组对地绝缘监测和保护。该保护系统由旋转检测单元、信号转接单元和保护计算单元三个子系统共同构成，系统结构图如图 1 所示。

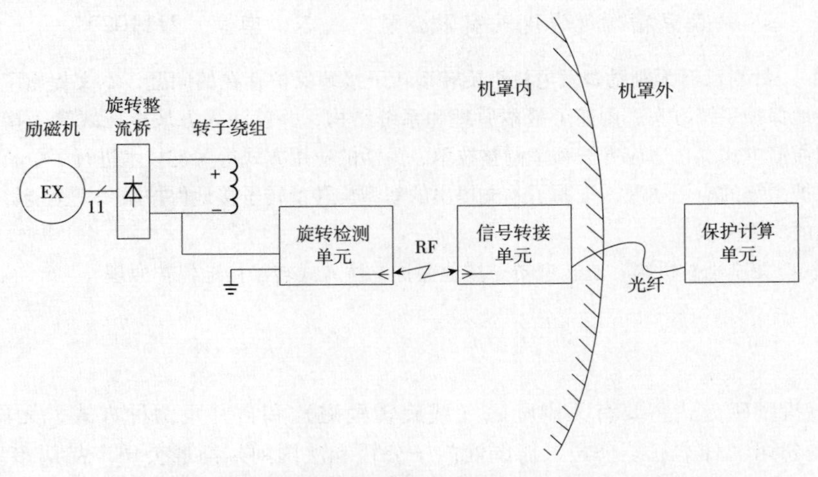

图 1　新型旋转型转子接地保护系统结构示意图

旋转检测单元安装于发电机励磁机侧的转子轴端，和大轴一同高速旋转，是旋转部件，由同轴旋转的小容量永磁发电机提供电源，在旋转检测单元内部产生一个方波电源，通过转子绕组端部引出线（一般接转子绕组负端）注入至转子绕组对地回路中，实现转子绕组接地故障检测，并将检测信号通过无线射频技术传送至励磁机定子支架上的信号转接单元。

信号转接单元安装在励磁机定子支架上，通过无线射频方式接收旋转检测单元的检测信号，并进行信号转换，通过光纤方式将数据发送给保护计算单元。

保护计算单元安装在保护屏柜内，该装置通过光纤通信方式接收信号转接单元的数据信号，实时求解转子一点接地电阻值，构成转子一点接地判据，完成转子接地保护，并完成故障录波、通信等人机接口。

2　关键技术研究

已有无刷励磁发电机组的旋转型转子接地保护应用中存在不少应用问题，严重影响了其保护性能，多次出现装置故障和不正确动作，针对这些问题，需要进行深入研究。

2.1　注入方波电压式转子接地保护原理

旋转型转子接地保护检测设备安装于发电机转子转轴端部，首次采用注入方波电压式转子接地保护原理[5]，如图 2 和图 3 所示。旋转时由永磁机发电并调制产生方波电源，在转子绕组两端、负端或正端和大轴之间注入方波电压信号，发电机正常运行时转子绕组回路对地（大轴）是绝缘的，发生转子绕组接地故障后，对地绝缘被破坏，采集方波电压和转子绝缘漏电流可实时计算转子绕组对大轴绝缘电阻阻值。

原有 MRET 转子接地保护采用类似于叠加直流电压原理，根据转子绕组绝缘泄漏电流大小反映转子接地故障，不具有转子绕组对地绝缘电阻测量功能，无法反应真实的转子绕组对地绝缘情况，且在转子绕组不同位置和不同励磁电压水平发生接地故障时保护灵敏度不一致。

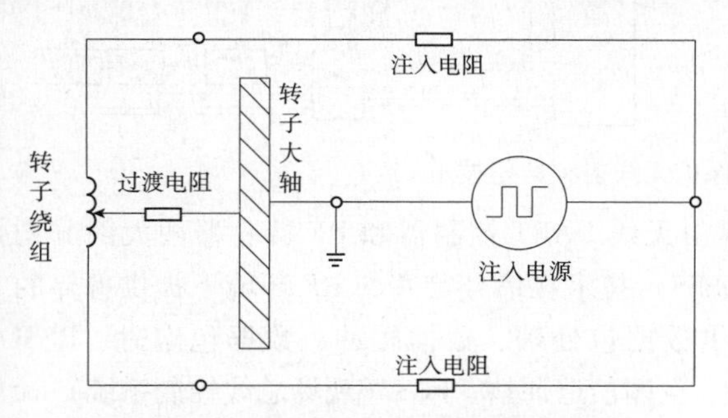

图2　双端注入式转子接地保护原理

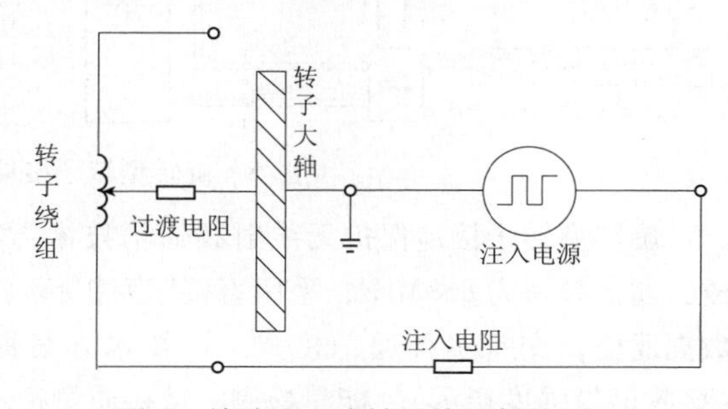

图3　单端注入式转子接地保护原理

无刷励磁发电机组一般仅能引出转子绕组的一端（通常为负端），因此下面以转子绕组负端注入式原理为例进行阐述，其等效电路图如图 4 所示。

图 4 中，U_r为转子电压，U_s为注入方波电源，R_y为注入大功率耦合电阻，R_m为注入回路测量电阻，i_m为转子绕组接地故障泄漏电流，α 为以百分比表示的转子绕组故障接地位置（负端为 0%），R_g为转子绕组接地故障过渡电阻。

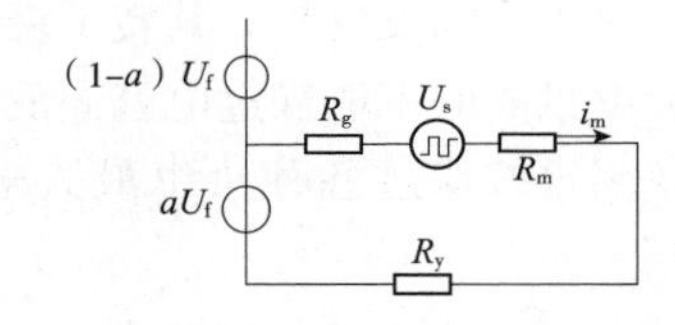

图4　负端注入式保护等效电路图

旋转型转子接地保护方波电源有正负半波两种状态，对应测量电流为 i_{m1}、i_{m2}，对应方波电压为 U_{s1}、U_{s2}。根据等效电路，则状态 1 回路方程为

$$\alpha U_{r1} + U_{s1} = i_{m1}\ (R_y + R_m + R_g) \tag{1}$$

状态 2 回路方程为

$$\alpha U_{r2} + U_{s2} = i_{m2}\ (R_y + R_m + R_g) \tag{2}$$

根据上述回路方程可得到转子绕组接地故障过渡电阻 R_g，即

$$R_g = \frac{U_{s1} - U_{s2}\dfrac{U_{r1}}{U_{r2}}}{i_{m1} - i_{m2}\dfrac{U_{r1}}{U_{r2}}} - \ (R_m + R_y) \tag{3}$$

注入方波电压式转子接地保护原理可满足无励磁状态下的测量要求，不受转子绕组对地电容的影响，灵敏度高且一致。该原理既能在 100% 范围内测量转子接地故障，同时也能反映转子绕组绝缘下降，起到对绝缘老化监视的作用，解决了以往 MRET 保护存在的问题。

2.2　无线射频通信技术

旋转设备和静止接收设备之间需要无线方式通信，在旋转型转子接地保护中采用高频的无线射频技术，频段远离发电机固有电气频率以及高次谐波，保证了通信的可靠性，解决了原有旋转型保护 MRET 红外通信技术易受油污等环境影响的问题。旋转型转子接地保护无线射频通信技术系统结构如图 5 所示，无线射频通信模块分别安装于旋转检测单元和信号转接单元，完成旋转部分和静止设备间的无线通信要求。

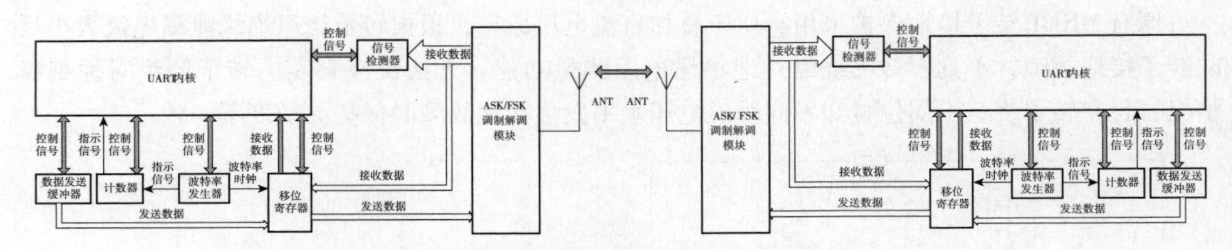

图 5　旋转型转子接地保护无线射频通信技术

旋转型转子接地保护无线射频通信技术方案由无线 UART 控制器和 RF 接收器两大部分构成，通信频率为 868MHz，采用直接序列扩频（DSSS）技术在信号堵塞的 RF 环境下提供鲁棒的数据通信，支持多种通信模式。该技术方案提供数据包处理、数据缓冲、数据包定时、RSSI（接收信号强度指示）、能量检测、链接质量指示、空闲信道评估、FCS（现场总线控制系统）计算和 CRC（循环校验码）检测等功能。

2.3　自适应方波频率调整技术

对于不同发电机，其转子绕组等效对地电容可能相差较大。如方波固定于某一频率，则当方波频率过高时不能躲过电容充放电过程，所采集的数据为暂态数据，计算结果完全错误；如方波频率固定按躲过各种机组最大电容充放电周期设定，将导致保护固有延时过长，对机组安全不利。

针对上述情况，新型旋转型转子接地保护系统采用了自适应方波频率调整技术。保护计算单元通过检测阻容回路的充放电过程，实时计算并跟踪调整方波电源频率，并将方波电源频率信号下发至旋转检测单元，自动修正方波电源频率，进而可靠躲过暂态过程，消除转子绕组对地电容的影响，确保了接地电阻测量的精确度。方波电源频率的调整范围宽，调整范围可达 0.1～1Hz。

2.4　灵活的定值整定方式

旋转型转子接地保护系统可根据需要多段定值，分别动作于报警和跳闸，报警和跳闸延时分开，电阻定值和延时定值可在保护计算单元上方便地整定，电厂可以根据运行要求灵活地进行定值整定和修改，以及保护功能的投退。

原有 MRET 保护定值内部硬件固化，出厂设定后无法更改，难以适应电厂的应用需求。

2.5　数字化保护系统

新型旋转型转子接地保护系统实现了完全数字化，在旋转型转子接地保护检测回路中设置若干测量元件，将电气模拟量就地数字化转换为数字量，在此基础上保护系统所有数据处理和传输、保护计算、人机接口等全部实现了数字化，极大提高了保护系统小信号抗干扰能力和整体性能水平。具备完善的事件记录和故障录波功能，为现场故障分析提供大容量的数据记录，便于故障分析和排查。具备强大的通信功能，支持电力行业通信标准 DL/T 667—1999（IEC 60870—5—103）、Modbus 通信规约和新一代通信标准 IEC61850，满足电厂未来数字化发展需要。

原有旋转型转子接地保护 MRET 保护几乎全部采用模拟器件，未实现数字化，保护系统无信息记录和故障录波功能，故障报警时难以区分是真实转子接地故障还是装置工作异常，不利于故障分析和事故排查。

3 现场应用

新型旋转型转子接地保护已在多台机组上投入运行，运行情况良好，具有广泛的应用前景。浙江某电厂330MW无刷励磁发电机组原采用阿尔斯通旋转型转子接地保护MRET，保护系统灵敏度较低，易受运行工况影响，现场多次发生设备故障退出和保护误报警，且设备更换价格昂贵，无任何技术支持和售后服务，给电厂造成了很大的损失。改造时选用了新型旋转型转子接地保护系统，旋转检测单元安装于发电机转子转轴端部，信号转接单元安装于励磁机定子支架，保护计算单元安装于保护室。

该机组起机时进行了详细的转子接地故障动态模拟试验，试验结果优于DL/T 671—2010《发电机变压器组保护装置通用技术条件》等相关标准和规范要求，试验数据见表1。

表1　模拟转子接地故障试验数据

序号	模拟试验电阻 R_g/kΩ	转子接地测量电阻 R_g/kΩ	误差
1	0	0.19	+0.19kΩ
2	4	4.16	+0.16kΩ
3	6	6.23	+3.8%
4	10	10.31	+3.1%
5	15	15.34~15.5	+2.3%~+3.3%
6	19	19.28~19.35	+1.5%~+1.8%
7	19.7	19.99~20.13	+1.5%~+2.2%
8	21	21.46~21.53	+2.2%~+2.5%
9	25	25.47~25.63	+1.9%~+2.5%

该保护系统于2013年6月投入运行，至今运行情况良好，未发生任何异常，可靠保障了机组运行安全。

4 结语

本文分析了以往旋转型转子接地保护存在的不足，针对无刷励磁机组对转子接地保护的要求，研制了新型旋转型转子接地保护系统，并应用于多台无刷励磁机组，该系统具有以下优点：

（1）首次在旋转型转子接地保护采用注入方波电压式原理，不受机组运行状况影响，无死区、灵敏度高。

（2）具有转子接地故障电阻测量功能和完善的故障录波功能，便于事故分析和故障排查，并能够监视转子绝缘的缓慢老化。

（3）采用自适应方波频率调整技术，能够适用不同类型发电机组。

（4）采用无线射频通信技术，保证通信可靠性的同时解决了原有MRET红外技术易受油污影响的问题。

（5）具有灵活的定值整定方式，适应不同电厂的应用需求。

参考文献：

[1] 转子接地检测装置（MRET）技术说明书.

[2] 马铁军，胡贤优，尹柏清，薛斐，郭建平．发电机转子接地保护频繁退出运行原因分析与解决措施［J］．内蒙古电力技术，2009，27（2）：16－18.

[3] 庚文峰．发电机转子接地监测装置中旋转检测单元（MRET）替代电路的设计制作［J］．广东电力，2008，21（9）：49－52.

[4] 刘兴华，陈宇锋．沙角 C 电厂 2 号发电机转子接地检测装置改造［J］．广东电力，2003，16（5）：58－61.

[5] 王光，温永平，陈俊，严伟．注入方波电压式转子接地保护装置的研制及应用［J］．江苏电机工程，2009，28（2）：74－77.

作者简介：

王　光（1980—　），男，内蒙古达拉特旗人，高级工程师，从事电气主设备微机保护的研究、开发和技术管理工作。

王　钧（1978—　），男，内蒙古集宁人，助理工程师，从事电力系统控制保护的技术服务和营销工作。

陈　俊（1978—　），男，江苏姜堰人，高级工程师，从事电气主设备微机保护的研究、开发和技术管理工作。

张琦雪（1974—　），男，江苏沭阳人，教授级高工，从事电气主设备微机保护的研究和开发工作。

于海波（1984—　），男，黑龙江海林人，工程师，从事电力系统控制保护的结构研究和设计工作。

刘　乐（1983—　），男，山东日照人，工程师，从事电力系统控制保护的硬件平台研究和设计工作。

IEC61850技术在水电厂厂用电系统中的应用

侯 炜[1]，高 健[1]，张灵凌[1]，严 伟[1]，邹 颖[2]，王淑超[1]，牛洪海[1]

（1. 南京南瑞继保电气有限公司，江苏 南京 211102；
2. 中国水电顾问集团昆明勘测设计研究院，云南 昆明 650051）

【摘 要】 本文提出了基于IEC61850标准的水电厂厂用电系统数字化方案，该方案可简化水电厂厂用电系统二次接线，节省投资，优化系统功能，提高全厂运行效率。依托数字化网络的过程层GOOSE及SMV技术，以二次智能设备为载体的关键应用，可为目前水电厂厂用电系统普遍存在的问题提供良好的解决途径，为全厂运维、保护及监控提供全面、快速的数据支撑，提升全厂自动化水平。

【关键词】 水电厂；厂用电系统；数字化技术；IEC61850

0 引言

当前，我国水电厂计算机监控系统实现了对水电厂工艺系统的监控，但该系统对厂用电系统信息的采集较少，只局限于运行人员关心的少数开关量及电流、功率等信号。

随着我国大型水电厂数量日益增多，厂用电系统也变得越来越复杂，传统的计算机监控系统在某些方面已逐渐无法满足系统运行要求，暴露出一些影响水电厂安全经济生产的问题：

（1）很多电厂高压厂用变压器容量不足以带动全部厂用负荷，对于接线复杂的大型水电厂厂用电系统，发生连续故障进而引发多级备投动作时，高压厂用变压器极易面临过负荷问题，容易发生设备损坏或者引起跳闸，导致大范围的停电，影响生产，造成重大经济损失。

（2）随着微机型综合保护测控装置及各种智能装置的普及，原有的通过计算机监控所反映出的厂用电信息显得非常局限，监控实现方式主要依赖于硬接点信号，消耗大量电缆，敷设工程复杂，即使某些工程采用远程通信方式将厂用电气二次设备接入计算机监控系统，也仅能提供少量与运行相关的必要信息，大量表征电厂运行状况的信息无法在现有计算机监控系统中充分体现，运行人员不能得到全面的厂内设备信息，系统数据分析和事件处理能力薄弱。

（3）厂用电气设备种类繁多，各厂家设备通信规约、模型不统一，极大地限制了信息交互性，增加了通信管理的额外成本。[1]

近年来，基于IEC61850标准的数字化技术在电力行业内得到广泛应用，针对水电厂的应用标准已经明确（水电厂监控通信标准IEC61850－7－410、水电厂建模思想与导则标准IEC61850－7－510）。依托先进的智能元件及基础设备，构建基于IEC61850标准的分布式网络架构，能够全面提高信息交互的快速性、可靠性及准确性，实现厂用电系统数字化[2-3]，以全面、快速的数据支撑来保障安全经济运行。因此，现阶段以IEC61850数字化标准为基础，整合电厂内电气控制装置的数据通信、在线监测、智能操控和继电保护等功能产品，可以解决上述提到的一系列问题。

1　厂用电系统数字化方案的设计

1.1　设计思路

建立在 IEC61850 通信规范基础上的现代化电气系统能够实现智能电气设备间的信息共享和互操作，其主要特征是智能化一次设备（电子式互感器、智能化开关等）和网络化二次设备分层（过程层、间隔层、站控层）构建，不同电气设备采用不同的方案。针对发变组保护、测控装置等二次设备距离一次设备较远的情况，可采用一次设备就地智能化的方案，发电机出口断路器就地布置智能终端，机端 TV 就地加装合并单元，机端及中性点 TA 可以采用常规互感器就地加装合并单元实现数字化，在某些传统互感器安装较困难的场合（如分支 TA），可采用柔性光学电流互感器及合并单元实现数字化；针对厂用电系统综合保护测控装置开关柜就地安装。优势是距离一次设备近，由电缆导致的 TA 饱和及干扰的概率较小，且厂用电系统电子式互感器相对常规互感器价格较高，采用电子式互感器及智能终端不具优势，因此对于单个间隔自身电流、电压及断路器信号的采集、遥控及保护出口采用常规方案，跨间隔的综合保护测控装置之间通过 GOOSE、SV 过程层网络可以实现现阶段厂用电系统所不具备的功能。

1.2　系统架构及数据网络

根据 IEC61850 标准，结合数字化变电站的技术经验，水电厂厂用电系统可划分为站控层、间隔层、过程层三层结构。站控层设备包括系统服务器、工程师站、操作员站等；间隔层涵盖各电压等级二次智能设备，主要为保护、测控、计量以及其他装置；过程层主要设备为电子式互感器、智能化开关设备（智能操作箱）等。数字化厂用电监控系统结构如图 1 所示。

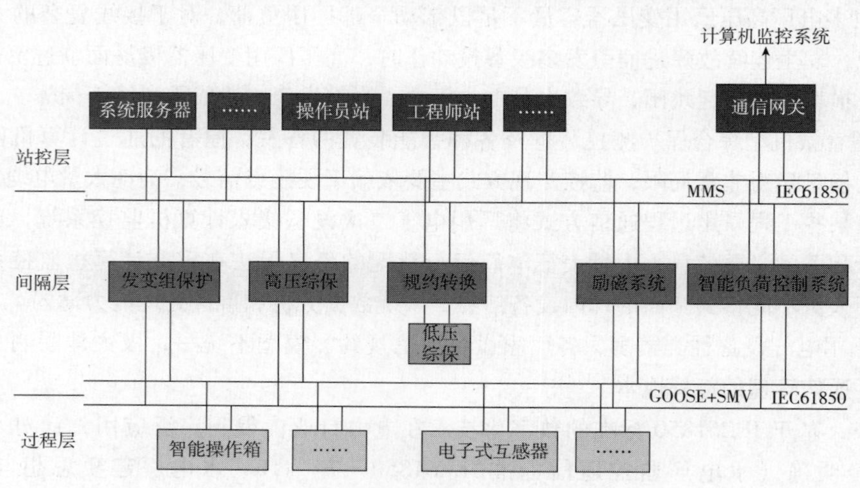

图 1　数字化厂用电监控系统结构

如图 1 所示，厂用电系统通信网络可分为间隔层通信网络和过程层通信网络。间隔层通信网络用于建立站控层设备与间隔层二次设备之间的物理链接；过程层网络用于建立间隔层二次设备与过程层设备间的物理链接。由于 380V 低压厂用电保护装置数量庞大，而且 380V 设备信息量较少，用户对故障录波等不作要求，采用以太网成本高，综合考虑，该部分采用总线方式接入通信管理单元转换成IEC61850，其他环节采用以太网双网结构、IEC61850规约。

发变组保护所需互感器除机端电压互感器采用常规互感器以外，其他均可采用电子式互感器，可有效解决目前互感器存在的TA饱和问题，而且动态范围大、精度与负载无关、绝缘简单且TA无开路危险[5]。

负荷控制主、从机实现了厂用负荷的控制，解决了高压厂用变压器容量不足时备自投动作可能导致的过负荷问题，负荷控制从机可以兼做高、低压厂用电备自投功能。

励磁调节器也可通过就地布置合并单元的方式，通过SV进行机端电流、机端电压、整流桥电压、交流励磁电流等信息的采集，通过GOOSE接收增减磁指令，节省电缆，提高自动化水平。

在站控层以太网通信中，各高压厂用电综合保护测控装置直接通过以太网口与厂用电监控系统通信，通信协议以MMS为主。站控层设置操作员站（或只设置监视站）。

在过程层，原间隔层装置间的大部分复杂的二次接线被快速GOOSE专网通信所取代，大大简化了电厂二次系统结构。

另外，基于过程层GOOSE星型网，还新增一些数字化GOOSE保护新应用，如基于GOOSE的水电厂厂用负荷智能控制方案、基于GOOSE的高压厂用母线快速保护及断路器失灵保护等，大大提高了保护系统的灵活性，节省大量电缆投资，减少现场电缆敷设。星型的GOOSE网络结构避免了网络风暴的发生，提高了GOOSE网络的安全性。

系统对时方式可以同时采用SNTP和IRIG-B两种方式。SNTP是简单网络时间协议，主要用来同步保护的系统时钟，可以为以太网直接相连的高压厂用电保护测控装置和通信管理单元对时。SNTP理论精度可以达到1ms，同时还保留了IRIG-B对时方式，装置将自动适应两种对时方式，且两者互为冗余，提高了系统的对时可靠性。

2 厂用电系统数字化方案的优势特征

水电厂厂用电系统数字化方案为厂用电系统提供了监视、控制、统计、事故分析、事件记录、厂用电率分析等监控管理功能，解决了现有计算机监控系统在电气信息方面薄弱的问题，主要具有如下特点：

（1）数字化方案的通用性、开放性。按照IEC61850数字化标准的定义，水电厂厂用电系统与其他类型电厂在网络结构上基本一致，且二次设备均按国际IEC61850标准实现，系统具备未来开放性。IEC61850系统将支持兼容各类标准的数据传输、文件传输和各类自定义数据结构，为今后系统高级功能扩展预留开放性接口。IEC61850是未来电力系统自动化的发展方向，全球各厂家产品的开放性与互操作性均由国际测试认证机构（如KEMA）来验证。

（2）可靠性强、便于运维及事故分析。IEC61850装置的在线自描述功能强大，用户可以在线读取装置模型，随时了解装置状况。IEC61850装置报告块可按用户要求任意组合配置，各信息点可任意组合定义到报告块中，方便运维及改造。装置事故报告、波形本地保存并主动上送监控后台，后台报告遗失还可从装置获取，有利于事故分析。数字化水电厂厂用电系统配置完成后，形成统一的SCD配置文件，方便保存，系统恢复和配置复用简单。IEC61850装置数据模型与通信模块相互独立，鲁棒性强，提高了系统的平均故障间隔时间。

（3）过程层通信方式先进、可靠。GOOSE、SMV数字通信代替硬接线，节省电缆投资，简化系统二次接线，且数字信号定义灵活，针对信号的变动要求仅修改配置文件即可，因此基于过程层专网，可以灵活实现保护功能高级应用。

3　厂用电系统数字化方案的关键应用

依托数字化方案网络结构及信息传输方面的优势，在系统内保护控制装置灵活开发相应的高级应用，可以为目前水电厂厂用电系统存在的问题及隐患提供很好的解决途径。

3.1　智能负荷控制

很多水电厂的高压厂用变压器容量不足以带动全厂厂用电负荷，图 2 为某电厂厂用电智能负荷控制方案结构示意图，高压厂用变压器的容量按全厂负荷 1/3 的 1.6 倍设计，同一母线的两台高压厂用变压器作为第一级备自投，相邻母线作为第二级备自投。当高压厂用母线由故障引发多级备投或当某台高压厂用变压器检修期间另一台运行的高压厂用变压器发生故障时，需要第二级备自投动作，另一母线的高压厂用变压器极易发生过负荷，影响电厂安全，智能负荷控制方案可以有效解决以上问题[6]。

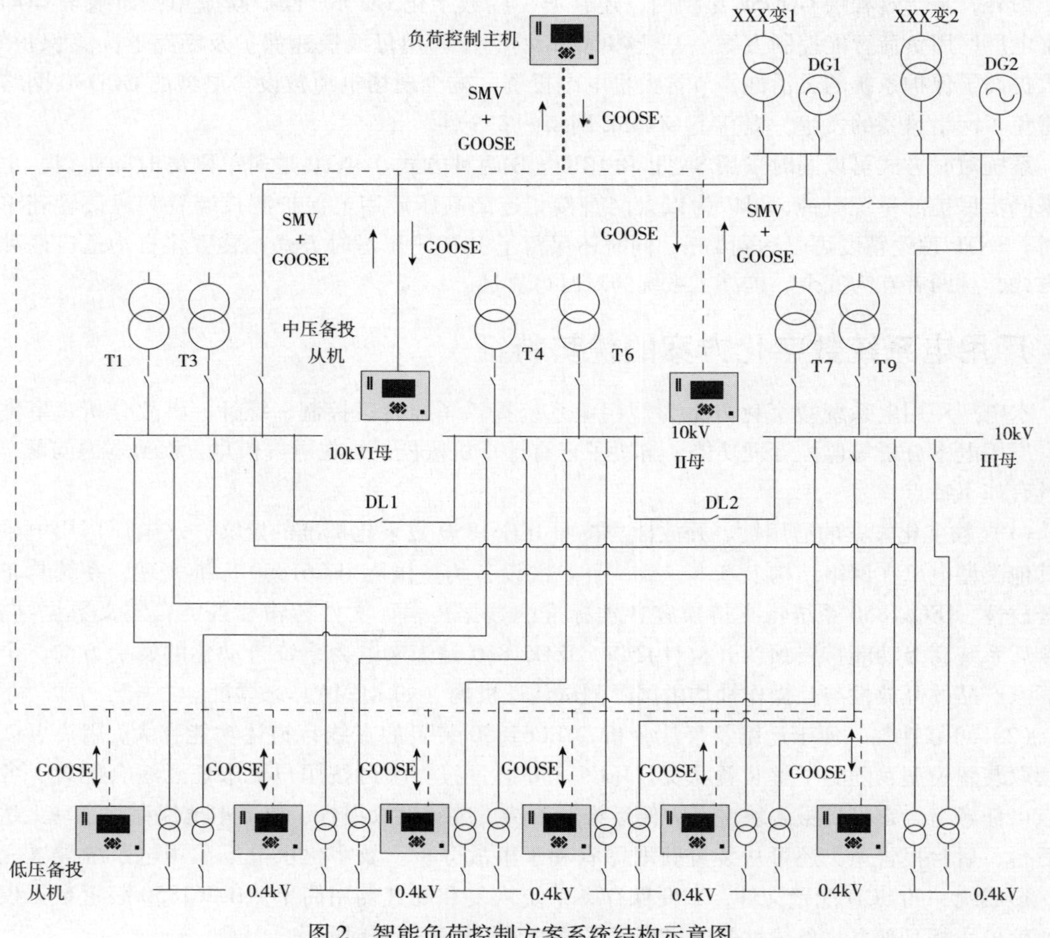

图 2　智能负荷控制方案系统结构示意图

3.1.1　智能负荷控制方案系统结构

智能负荷控制方案是在数字化结构的基础上，利用已有的过程层网络，构建主从式三层结构。

智能负荷控制主机与从机之间采用 IEC61850 -9 -2 及 GOOSE 标准进行采样信号及开关量的发送和接收。中压从机通过过程层网络向主机发送母线进线电流信号及装置开关量组合信号，低压从机仅需向主机发送 400V 间隔的开关位置信号，主机接收从机发送的模拟量及开关量，进行逻辑判断后，下发允许备投及切负荷指令。

3.1.2 智能负荷控制方案工作逻辑

过负荷一般发生在分段自投的情况下，10kV Ⅰ段母线失电自投合分段，原来Ⅰ段母线所带负荷转移至Ⅱ段母线，Ⅱ段母线进线变压器可能过负荷，如果此时Ⅱ段母线再失压发生备投，则Ⅰ段母、Ⅱ段母线负荷均转移至Ⅲ段母线，Ⅲ段母线进线变压器过负荷的可能性更大，即备投级数越多过负荷概率越大，逻辑示意图如图 3 所示。

主机接收中压从机上送的各进线电流，并记忆母线失电前 5 ~ 60s 进线电流（用户可整定），可以实时判断当前各高压厂用变压器的负荷情况，主机Ⅱ段母线失电，备自投可以将Ⅱ段母线负荷切向Ⅰ段母线，也可以切向Ⅲ段母线，主机自动选择负荷轻的方向进行备自投，同时根据故障母线的失电前进线电流与目标母线的当前电流的叠加值，判断自投后是否会发生过负荷，如果备自投动作后会发生过负荷，则主机通过 GOOSE 网向 400V 从机发送切负荷指令，切第一轮负荷后，主机向目标中压从机发出启动备自投指令，由中压从机完成自投操作，如果自投完成后仍有过负荷现象，则主机向 400V 从机发出第二轮减载指令（切负荷指令可根据用户要求，按照负荷重要程度设置多轮）。如果Ⅰ段母线或Ⅲ段母线失电，中压备自投无需进行目标母线选择，主机只需判断自投动作后Ⅱ段母线电源是否会过负荷，若判断结果显示会发生过负荷，则按照事先设定的优先级顺序向 400V 装置发出切负荷指令，第一轮切负荷后，主机向中压从机发送允许备投指令，备投成功后，若仍过负荷，则进行二三轮切负荷，依次类推。

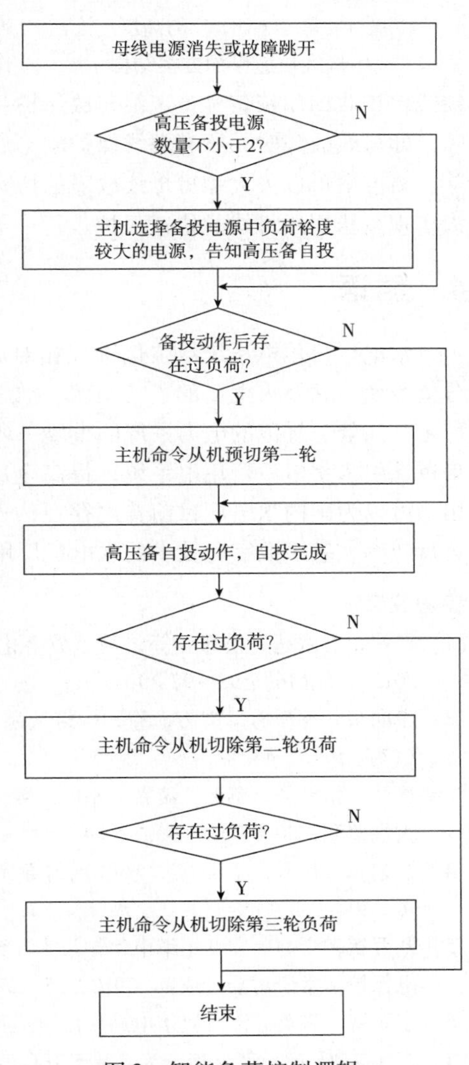

图 3 智能负荷控制逻辑

针对具有多段 6/10kV 母线的情况，方案与三段母线类似。智能负荷控制方案所需设备除主机需要单独设立外，中低压从机均在原有备投装置上提升功能即可，不需要增加过多的投资成本。

3.2 基于 GOOSE 网络的高压厂用母线快速保护

传统厂用电母线由于经济性及间隔数较多等原因均不配置母差保护，采用数字化、一体化方案使厂用电母线保护成为可能。基于 GOOSE 的高压厂用母线快速保护方案结构如图 4 所示，简易母线保护由嵌入在 6/10kV 厂用变压器后备保护装置

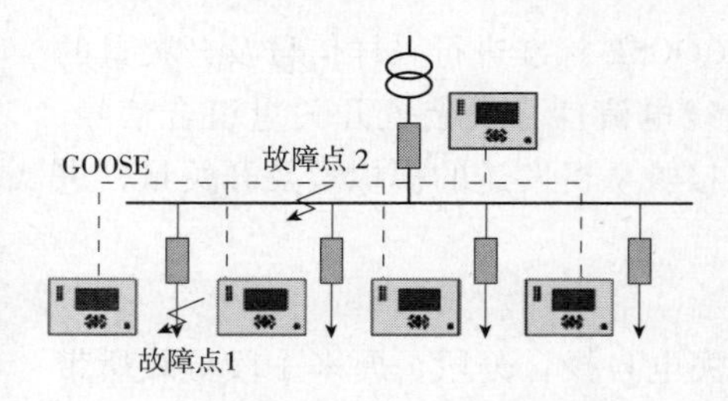

图4　基于 GOOSE 的高压厂用母线快速保护方案结构

中的动作元件和嵌入在各间隔（厂用变压器、电动机保护等）保护装置中的闭锁元件组成，母线装置之间通过 GOOSE 网络通信，不增加任何额外的硬件成本[7]。

图 4 中，当故障点 1 发生故障时，该间隔的综合保护测控装置快速启动，同时通过 GOOSE 网络将闭锁信号传送给进线保护装置，防止进线保护跳闸，而由自己切除故障，进线保护收到闭锁信号后闭锁保护，如果馈线保护动作后经固定延时故障仍未切除，判断为馈线断路器失灵，馈线保护收回闭锁信号，进线开放保护将故障切除，实现失灵保护功能。当在故障点 2 发生故障，即母线故障时，所有馈线保护均不启动，不发闭锁信号，因此进线保护可以快速将故障切除。新方案可以大大缩短母线故障的切除时间，既不增加装置，又不增加任何二次硬接线，就可以实现高压厂用母线的快速保护。

4　结语

水电厂厂用电系统数字化进程相对滞后于变电站及火电厂，因此，推广和实施过程需要充分借鉴变电站及火电厂的成功案例。推进数字化技术在水电厂厂用电系统的应用，是建设安全、稳定、高效、规范的电力系统的重要一环，也是必然选择。应用数字化技术，将数字化过程层网络概念引入水电厂厂用电系统，提高全厂自动化水平的同时，以过程层网络为基础开发高级应用，可以为国内水电厂目前普遍存在的安全隐患提供良好的解决途径。为进一步提高水电厂的运行效率，基于数字化技术的水电厂厂用电系统二次一体化概念是需要后续深入研究的方向。

参考文献：

［1］严伟，王淑超，侯炜，等．基于数字化技术的发电厂电气二次一体化方案［J］．电力系统自动化，2012，36（16）：93－97，131.

［2］李向荣，郝悍勇，樊涛，等．构筑数字化电网　建设信息化企业［J］．电力系统自动化，2007，31（17）：1－5，44.

［3］徐洁，张红芳，蔡波，凌霄．水电厂数字化设备各层互联技术的现状及发展趋势［J］．水电自动化与大坝监测，2008，32（6）：2－4.

［4］李朝晖，杨贤，毕亚雄．水电机组数字化及其工程应用［J］．电力系统自动化，2008，32（23）：76－80.

［5］刘万斌，李莉．发变组继电保护技术在数字化电厂中的发展［C］//2010 年中国水力发电工程学会继电保护学术研讨会，成都．2010，25－27.

［6］李天智，张英．溪洛渡水电站厂用电运行方式及风险分析［J］．水电与新能源，2013，4：41－45.

［7］李斌，马超，贺家李，等．基于 IEC 61850 的分布式母线保护方案［J］．电力系统自动化，2010，34（20）：66－70.

作者简介：

侯炜（1979—　），男，山西阳泉人，工程师，从事电力系统自动化研究。E－mail：houw@ nari－relays. com

和应涌流对发电机差动保护的影响及应对措施

许　峰[1]，李军保[2]，陈　俊[3]，王　凯[3]

（1. 萧山发电厂，浙江　杭州　311251；
2. 浙江省能源集团有限公司，浙江　杭州　310007；
3. 南京南瑞继保电气有限公司，江苏　南京　211102）

【摘　要】　和应涌流可能导致运行机组的变压器差动保护或发电机差动保护不正确动作，造成不必要的停机事故。针对和应涌流引起的主变差动保护误动作已有大量的研究论证，但是和应涌流对发电机差动保护的影响尚未引起重视。本文分析了和应涌流对发电机差动保护的影响，指出和应涌流时的非周期电流分量引起的电流互感器暂态饱和才是发电机差动保护误动的本质原因。然后，提出了基于相电流直流分量和差动电流的时序比较式和应涌流识别判据，并通过现场波形的回放试验验证其可靠性。

【关键词】　和应涌流；差动保护；电流互感器暂态饱和

0　引言

发电机组是电力系统中至关重要的设备，其运行状态直接关系着电力系统的稳定可靠。当一台变压器空投充电时，不仅合闸变压器中会产生励磁涌流，另一台与合闸变压器并联或级联的运行变压器中也会发生和应作用，在运行变压器中产生涌流，称为和应涌流。近年来，我国陆续建设了不少燃气—蒸汽联合循环电厂，而燃气轮发电机组启停机操作频繁，出现和应涌流的概率较高，现场就发生过多次和应涌流导致发电机、变压器差动保护误动的案例。和应涌流可能会导致运行机组的变压器差动保护，业内已经做了大量的分析研究，并提出了一些应对措施和判据。但是，和应涌流导致发电机差动保护的影响尚并未引起行业内技术人员的足够重视，缺少相应的理论分析及对策研究。本文将对和应涌流导致发电机差动保护误动的机理进行分析，在此基础上提出了应对措施，并通过现场故障波形回放验证其可靠性。

1　和应涌流对发电机差动保护的影响

当变压器空载合闸时，运行变压器不断积累负向偏磁，其磁通曲线会有一部分进入饱和区，从而产生涌流，即和应涌流。和应涌流的产生从本质上讲是由于偏磁累积导致变压器饱和而引起，其波形特征与常规的励磁涌流类似，如呈现尖顶波、具有间断角等特征，但是变化趋势和衰减速度不同。和应涌流通常在空投变压器发生合闸操作后的几个或十几个周期后出现，且持续时间较长[1]。

对发电机差动保护来说，由于和应涌流是穿越性电流，不存在和应涌流直接导致保护误动的问题。但是，发生和应涌流时，发电机电流中含有较大的衰减非周期分量，而且由于运行变压器与合闸变压器之间和应作用的影响，使和应涌流中的非周期分量的衰减速度大为减缓。随着时间的累积，TA 铁芯磁通逐渐接近或达到饱和点，若此时和应涌流已衰减至较小数值，计及负荷电流的影响，TA 铁芯磁通就工作在饱和点附近的一个局部磁滞回环内，导致 TA 局部暂态饱和的发生，从而使电流互感器的一次电流和二次电流之间产生一定的幅值与相位差[2]。

当机端和中性点 TA 饱和特性一致时，虽然和应涌流可能使得两 TA 均趋于饱和，但由于饱和时间一致，不产生差动电流。如图 1 所示，两侧电流均于 1. 28s 时刻饱和，无差流。

若两侧 TA 的饱和特性不一致，某一侧 TA 会首先饱和，则发电机差动电流即为 TA 局部暂态饱和而产生的励磁电流，该电流近似为正弦波，其谐波含量较少，传统的防止励磁涌流的二次谐波制动判据有可能失效，导致误动发生。如图 2 所示，中性点电流在 0. 93s 时刻首先出现饱和，而机端电流在 1. 28s 时刻才饱和，在 0. 93 ~ 1. 28s 之间出现了较大的差动电流。

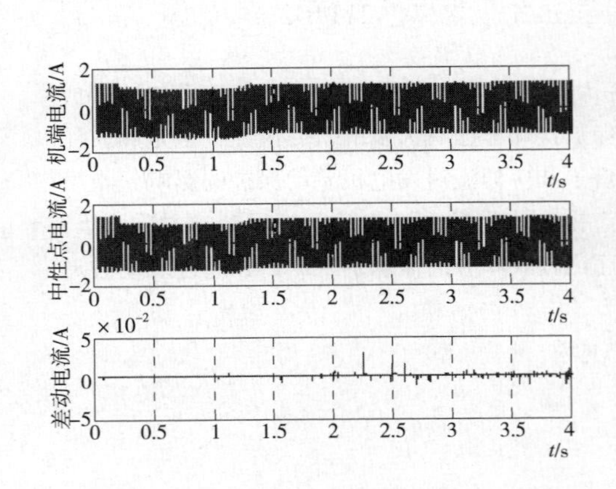

图 1　发电机两侧 TA 饱和特性相同时和应涌流及差动电流

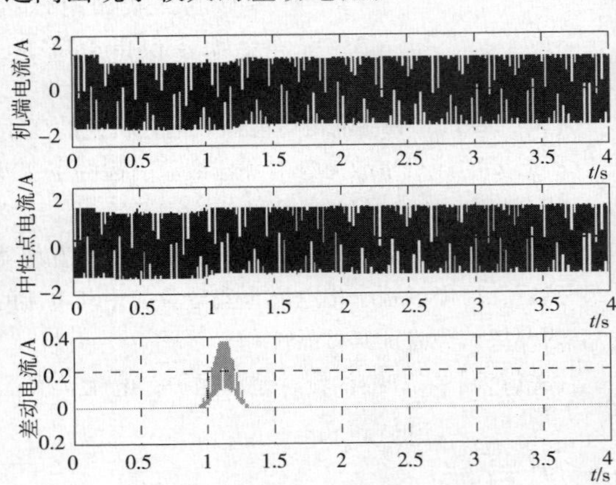

图 2　发电机两侧 TA 饱和特性不同时和应涌流及差动电流

因此，和应涌流不是导致发电机差动误动的本质原因，衰减缓慢的非周期分量引起的电流互感器暂态饱和才是发电机差动保护误动的真正原因。现有的和应涌流引起发电机差动保护的误动案例，一般是空载合闸后几十个周期才动作，正好与电流互感器受到非周期分量作用后，需要经过一定的时间才能饱和的特点相吻合。

2　防止和应涌流导致发电机差动保护误动作的措施

目前，针对和应涌流引起的主变差动保护误动作已提出了一些防范措施。文献［3－5］提出适当提高保护定值或降低二次谐波制动比的方法，一定程度上可以躲过较小的和应涌流，但提高定值不仅牺牲差动保护灵敏度，而且究竟改为多少缺乏整定依据，也无法从根本上消除和应涌流的影响。文献［4］和文献［6］提出断开运行变压器或空载合闸变压器的中性点接地，消除和应涌流通路的方法，但文献［8］研究发现，无论是对运行变压器还是空投变压器，断开其中性点接地并不能消除和应涌流的产生。文献［7］提出了增加电流互感器饱和判据的措施，但此方法不能应对变压器自身饱和导致的差动误动。

上述方法要么不能移植应用于发电机差动保护，要么存在一定的不足，不能有效预防和应涌流导致的差动保护不正确动作，有必要寻求新的应对措施。

现有的发电机差动保护包括差动速断保护、比率差动保护、工频变化量差动保护，由于差动电流较小，且增加较慢，差动速断保护和工频变化量差动均不会误动，因此，只需要考虑防止发电机比率差动误动的措施。

当出现和应涌流时，发电机相电流开始叠加非周期分量，电流互感器并不会立即饱和，随着非周期分量的持续存在，某侧电流互感器发生暂态饱和。此时，由于两侧 TA 的饱和特性不同，开始出现差动电流。因此，和应涌流时，发电机相电流直流分量与差动电流二者是异步出现的，如图 3（a）所示为和应涌流时发电机相电流直流分量与差动电流的波形图。从图中可以看出，当发电机内部故障时，相电流直流分量突增与差动电流几乎同时出现。

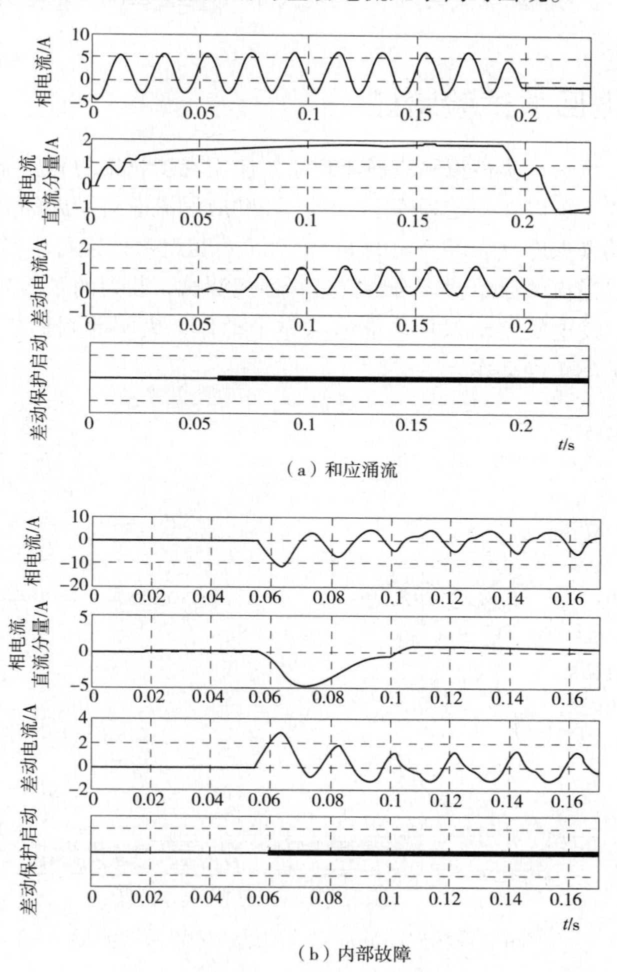

图 3　发电机相电流直流分量与差动电流波形图

而当发电机内部故障时，相电流直流分量突增与差动电流几乎同时出现，如图 3（b）所示。利用此特征筛选出和应涌流，并短暂闭锁（2～5min）比率差动保护，防止发电机差动保护的误动作。

若和应涌流期间又出现内部故障或发生区外转区内的转换性故障，则前一阶段会满足上述方法判据，比率差动保护被短时闭锁，为了在后一阶段发生内部故障时刻差动保护能够快速动作，需增加解除闭锁判据。

内部故障时，差动电流和相电流会同步增加，利用此特征可准确识别内部故障，解除对差动保护的闭锁。具体实现逻辑为：在比率差动保护闭锁期间，若差动电流和相电流在短时间（2～5ms）内相继出现突增，即满足式（1），则再次开放差动保护判别，以应对转换型故障和涌流期间发生故障的情况。

$$\begin{cases}\Delta I_{\mathrm{d.max}} > I_{\mathrm{th1}} \\ \Delta I_{\max} > I_{\mathrm{th2}}\end{cases} \tag{1}$$

式中：$\Delta I_{\mathrm{d.max}}$为三相差动电流在$\Delta t$时间窗内突增量的最大值，A；$\Delta I_{\max}$为各相电流在$\Delta t$时间窗内突增量的最大值，A；$I_{\mathrm{th1}}$为差动电流突增量门槛值，$I_{\mathrm{n}}$为机组二次额定电流值，A；$I_{\mathrm{th2}}$为相电流突增量门槛值，A。

3　现场波形数据回放试验验证

受试验条件限制，无法真实模拟和应涌流现象。使用现场收集的和应涌流故障波形数据，通过波形回放测试的方式，可以在一定程度上验证上述和应涌流应对措施的有效性。

将前述判据在南瑞继保电气有限公司的 PCS－985 发变组保护装置中实现，并使用浙江某电厂实际出现的一次和应涌流的原始波形对装置进行回放测试，装置的录波波形如图 4 所示。经过多次的回放测试试验，发电机差动保护均能够可靠不动作，表明此判据能够有效防止和应涌流导致的发电机差动保护不正确动作。

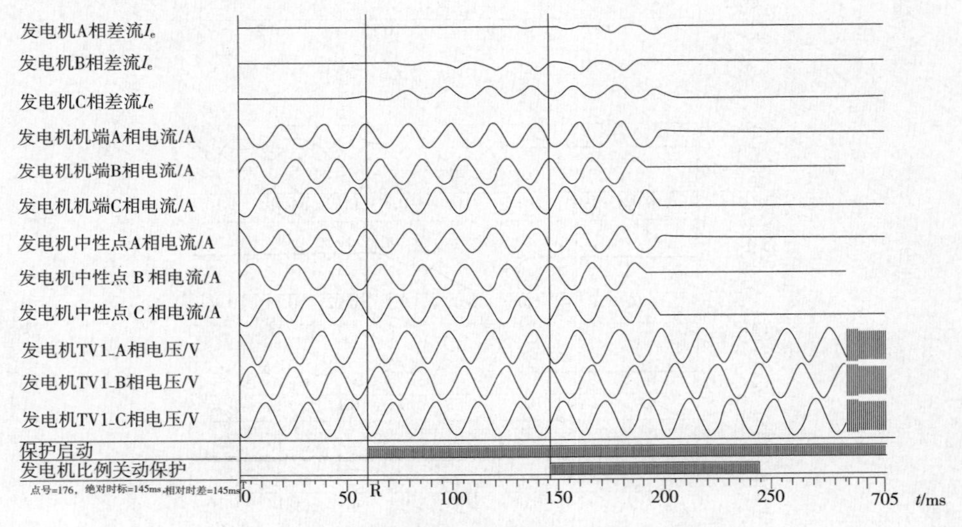

图 4　现场故障波形回放测试后装置录波波形

4　结语

（1）衰减缓慢的非周期分量引起的电流互感器暂态饱和是和应涌流导致发电机差动保护误动的真正原因。

（2）基于相电流直流分量和差动电流的时序比较式和应涌流识别判据能够有效防止和应涌流导致的发电机差动保护误动作。

（3）本文所述方法具有广泛的适用性，适用于各类启停机操作频繁的发电机组。

参考文献：

[1] 张雪松，何奔腾，张建松．变压器和应涌流的产生机理及其影响因素研究［J］．电力系统自动化，2005，29（6）：15－19.

[2] 袁季修，盛和乐．电流互感器的暂态饱和及应用计算［J］．继电器，2002，30（2）：1－5
[3] 赵萍，徐华．和应涌流引起的差动保护误动分析及对策探讨［J］．华东电力，2009，33（3）：72－77.
[4] 袁宇波，李德佳，陆于平，等．变压器和应涌流的物理机理及对差动保护的影响［J］．电力系统自动化，2005，29（6）：9－14.
[5] 张明．和应涌流对继电保护误动的分析及对策［J］．电力与能源，2012，33（3）：289－291.
[6] 上官帖，谌争鸣，郭军燕．和应涌流对变压器差动保护的影响及对策［J］．华中电力，2012，17（5）：50－52.
[7] 毕大强，孙叶，李德佳，等．和应涌流导致差动保护误动原因分析［J］．电力系统自动化，2007，31（22）：36－40.
[8] 毕大强，孙叶，李德佳，等．变压器中性点接地方式对和应涌流产生的影响分析［J］．继电器，2007，35（20）：7－12.

作者简介：

许　峰（1972—　），男，工程师，主要从事电厂电气专业技术管理工作。E－mail：xufeng73530@sina.com

李军保（1965—　），男，高级工程师，主要从事电厂电气专业技术管理工作。E－mail：lijb@zjenergy.com.cn

陈　俊（1978—　），男，高级工程师，主要研究方向为电气主设备继电保护。E－mail：chenj@nari－relays.com

王　凯（1983—　），男，工程师，主要研究方向为电气主设备继电保护。E－mail：wankai3@nari－relays.com

发电机失磁保护整定计算的探讨

杨宏宇[1,2]，蒋一泉[1]，单　华[1,2]，蒋　琛[1,2]

（1. 江苏方天电力技术有限公司，江苏　南京　211102；
2. 南京宁众人力资源咨询服务有限公司，江苏　南京　210009）

【摘　要】　失磁保护广泛配置在发电机保护中，其阻抗元件定值的整定计算还存在一定的问题。发电机是经过一定的联系电抗 X_c 与无穷大系统相连，而以"静稳边界"为判据的失磁保护定值中的 X_c 是固定的。实际上，随着运行方式的改变，X_c 是变化的。《大型发电机变压器继电保护整定计算导则》中失磁保护的系统联系电抗 X_c 前后不一致，失磁保护异步圆上限定值跟工程实际存在偏差，失磁保护阻抗圆下限定值和保护装置说明书不一致，造成失磁保护阻抗定值整定计算较为混乱。本文根据系统运行方式的变化，对失磁保护的阻抗定值进行计算分析，提出了部分修订意见，与业界同仁商讨。

【关键词】　发电机；失磁保护；静稳阻抗圆；异步阻抗圆

0　引言

随着发电机组容量不断增加，系统网架逐级扩大，大型发电机组的安全稳定运行变得尤为重要。GB/T 14285—2006《继电保护和安全自动装置技术规程》要求：失磁对电力系统有重大影响的发电机应装设专用的失磁保护[1]。由此，失磁保护广泛使用在300MW及以上发电机中。

发电机的失磁保护是网源协调的一项重要内容。采用合理的失磁保护定值，能保证机组在发生失磁故障时可靠动作，在异常工况时不误动。阻抗元件是发电机失磁保护必不可少的判据，通过整定静稳圆的上下边界和异步圆的上下边界就可以确定发电机失磁运行时的阻抗动作区域。由此可见，理清异步阻抗圆和静稳阻抗圆的边界显得尤为重要。

DL/T 684—2012《大型发电机变压器继电保护整定计算导则》（以下简称导则2012）关于失磁保护阻抗边界定值的整定建议中有两处值得商讨。一个是静稳阻抗圆的上边界 X_c，另一个是异步边界阻抗圆的上边界 X_a。另外导则2012给出阻抗圆的下边界 X_b 与部分资料不一致。

随着运行方式的改变，系统联系电抗 X_c 同样是变化的，而失磁保护的静稳圆上边界阻抗定值是固定的。导则2012中关于此联系电抗大小方式的选择前后矛盾。失磁保护的异步圆上边界 X_a 按照机组躲过机组的振荡中心计算，导则2012给出的计算公式有误。另外，导则2012要求失磁保护的阻抗圆下边界按照发电机的同步电抗 X_d 计算，部分发电机保护装置说明书和继电保护教材的计算结果比导则2012规定值偏大。本文结合工程实际情况，给出失磁保护阻抗判据整定计算的修订意见，与业界同仁商讨。

1　失磁保护阻抗判据的分析

1.1　失磁保护静稳阻抗圆上边界值 X_c

失磁保护的主要判据是根据失磁后发电机机端测量阻抗的变化轨迹，采用最大灵敏角为 $-90°$

的阻抗继电器构成发电机的失磁保护，其动作特性如图1所示。失磁发电机的机端阻抗最终一定进入图1的圆1中，圆1称为异步边界阻抗圆。为了更加灵敏地检测发电机的失磁故障，对于汽轮发电机一般选择静稳阻抗圆作为动作判据，如图1中的圆2，圆内为静稳破坏区。该圆交X轴于$+X_c$和$-X_d$，X_c为系统等效联系电抗，X_d为发电机同步电抗。水轮发电机的$X_d \neq X_q$，其静稳阻抗轨迹呈滴状（图4中曲线3）[2,5]。导则2012规定汽轮发电机的整定值为

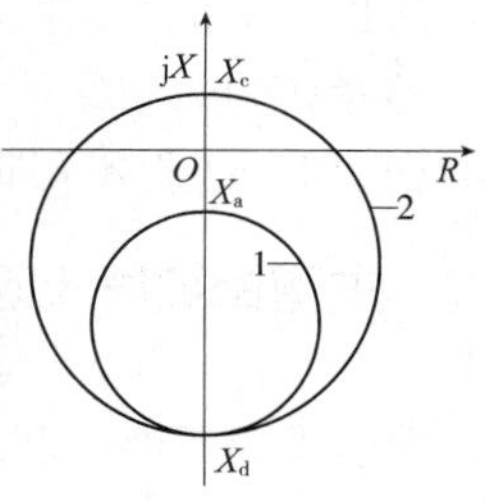

图1　阻抗动作特性
1—异步边界圆；
2—汽轮机静稳边界圆

$$
\begin{aligned}
X_c &= X_{con}\frac{U_{gn}^2 n_a}{S_{gn} n_v} \\
X_a &= -\frac{X_d'}{2}\frac{U_{gn}^2 n_a}{S_{gn} n_v} \\
X_b &= -X_d\frac{U_{gn}^2 n_a}{S_{gn} n_v}
\end{aligned}
\tag{1}
$$

式中：X_d'为发电机暂态电抗（不饱和值），标幺值；X_d为发电机同步电抗，标幺值；X_{con}为发电机与系统间的联系电抗（包括升压变压器阻抗，系统处于最小运行方式）标幺值（以发电机额定容量为基准）。

导则2012附录F规定：在对发电机的失磁保护、失步保护等进行整定时，均需应用到所整定机组对系统的联系电抗X_c，其计算方法简介如下。

n台相同容量机组并联运行时，其接线及等值电路如图2所示。单台机组与系统的联系电抗X_c为

$$
X_c = \frac{X_s(X_g + X_T)}{X_s(n-1) + X_g + X_T} + X_T \tag{2}
$$

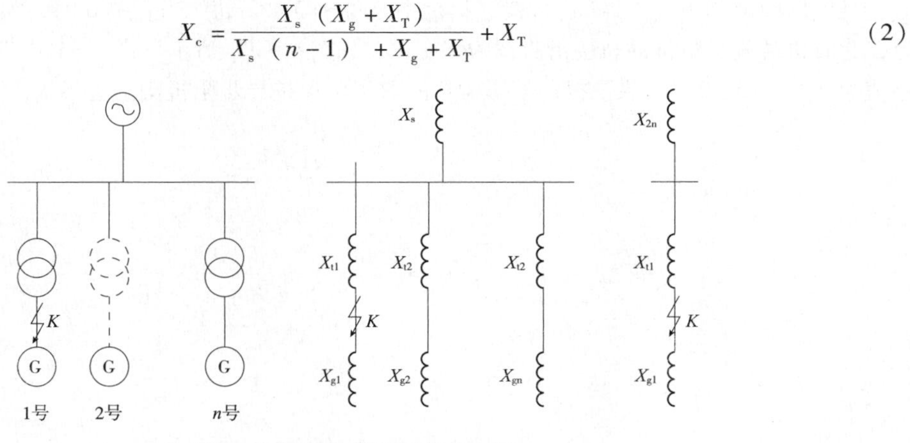

图2　电厂主接线及其等值电路

式（2）表明机组处于最大运行方式下，这与失磁保护的联系电抗（包括升压变压器阻抗，系统处于最小运行方式）表述相矛盾。在生产中，失磁保护的阻抗整定值是固定的，而机组的运行方式是变化的，其系统联系电抗X_c也随之改变；所以从原则上来说，失磁保护联系电抗应该取各种运行方式下的最大阻抗值，即应该按照最小运行方式下进行整定计算。这是因为机组在最大运行方式下的联系电抗较小，其整定阻抗区域也较小；而机组在最小运行方式下的联系电抗较大，其整定阻抗区域也较大。这样就可以保证机组在各种运行方式下其阻抗动作区域均在保护的阻抗判别范围内。反之，按照最大运行方式整定系统阻抗而机组处于最小运行方式时，

失磁保护的阻抗判别区域均存在一定的不动作区。

笔者认为失磁保护的静稳阻抗圆判据的系统联系电抗宜取最大运行方式下的阻抗值，应按照导则 2012 附录 F［即式（2）］进行计算。

1.2 失磁保护异步阻抗圆上边界值 X_a

一般发电机经一联络线与无穷大系统并列运行时的等值电路和矢量图如图 3 所示。图中 $\dot{E}_d$ 为发电机的同步电动势；$\dot{U}_G$ 为发电机端的相电压；$\dot{U}_s$ 为无穷大系统的相电压；$\dot{I}$ 为发电机的定子电流；X_d 为发电机的同步电抗，X_s 为发电机与系统之间的联系电抗，$X_\Sigma = X_d + X_s$；φ 为受端的功率因数角；δ 为 $\dot{E}_d$ 和 $\dot{U}_s$ 之间的夹角（即功角）。

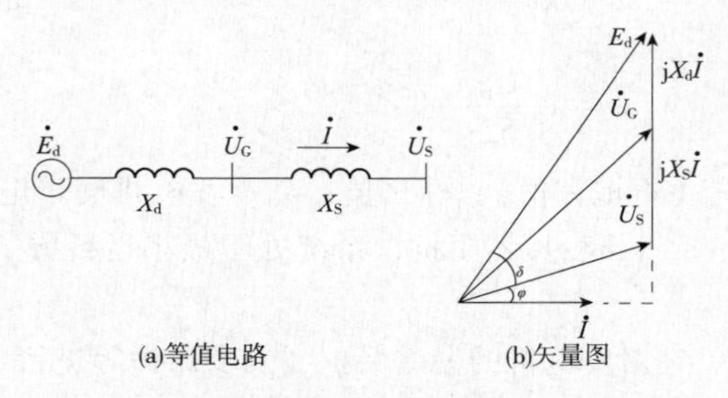

(a)等值电路　(b)矢量图

图 3　发电机与无穷大系统的并列运行

根据图 3 的等值电路和振荡对保护影响的分析，当认为系统电压 $\dot{U}_s$ 所在的母线为无穷大母线，且电压幅值相等（$\dot{E}_d \approx \dot{U}_s$）时，振荡中心位于 $X_\Sigma/2$ 处。当 $\dot{U}_s \approx 0$ 时，振荡中心位于 $X'_d/2$ 处，此时机端测量阻抗的轨迹沿直线 OO' 变化，如图 4（a）所示。当 $\delta = 180°$ 时，测量阻抗的最小值为 $Z_G = -X'_d/2$。为躲开振荡的影响，故取失磁保护异步阻抗圆上边界 $X_A = -0.5X'_d$，即

$$X_a = -\frac{X'_d}{2}\frac{U_{gn}^2 n_a}{S_{gn} n_v}$$

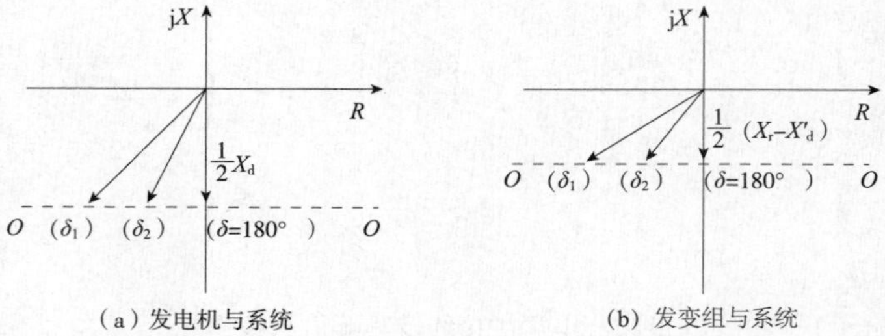

（a）发电机与系统　（b）发变组与系统

图 4　系统振荡时机端测量阻抗的变化轨迹

工程中，发电机经一联络线直接与无穷大系统并列运行的情况几乎不存在，更多的是发电机和升压主变作为一个单元组再与无穷大系统并列运行。其等值电路和矢量图如图 5 所示。图中 $\dot{U}_T$ 为主变高压侧的相电压；X_T 为主变的短路阻抗，X_s 为发电机变压器组与系统之间的联系电抗，$X_\Sigma = X_d + X_T + X_s$。其余符号同图 3 中的含义。

根据图 5 的等值电路和振荡对保护影响的分析，当认为系统电压 $\dot{U}_s$ 所在的母线为无穷大母

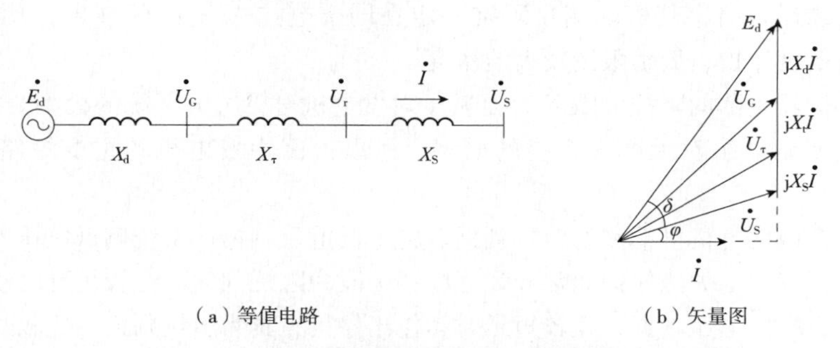

（a）等值电路　　　　（b）矢量图

图5　发电机变压器组与无穷大系统的并列运行

线，且电压幅值相等（$\dot{E}_d \approx \dot{U}_s$）时，振荡中心位于 $X_{\Sigma}/2$ 处。当 $\dot{U}_s \approx 0$ 时，振荡中心位于（$X_T - X'_d$）/2 处，此时机端测量阻抗的轨迹沿直线 OO' 变化。如图4（b）所示。当 $\delta = 180°$ 时，测量阻抗的最小值为 $Z_G =$（$X_T - X'_d$）/2。为躲开振荡的影响，失磁保护异步阻抗圆上边界 $X_A = \frac{1}{2}(X_T - X'_d)$，即

$$X_a = \frac{(X_T - X'_d)}{2}\frac{U_{gn}^2 n_a}{S_{gn} n_v}$$

笔者认为失磁保护的异步圆判据的电抗上限值根据实际运行情况宜考虑主变短路阻抗的因素，应按照 $X_a = \frac{(X_T - X'_d)}{2}\frac{U_{gn}^2 n_a}{S_{gn} n_v}$ 进行计算。

1.3　失磁保护阻抗圆下边界值 X_B

考虑到在不同转差率下异步运行时能可靠工作，取失磁保护异步阻抗圆下边界 $X_B = -1.2X'_d$[7]。南瑞继保 RCS－985 发电机变压器保护装置说明书则推荐失磁保护异步阻抗圆下边界 $X_B = -\left(X_d + \frac{X'_d}{2}\right)$[8]。这两种计算结果都比导则2012 的 $X_B = -X'_d$ 偏大。笔者认为该值应遵照导则2012 要求进行计算。

1.4　失磁保护阻抗边界值的分析

国能安全〔2014〕161 号《防止电力生产事故的二十五项重点要求》要求：低励限制定值应考虑发电机电压影响并与发电机失磁保护相配合，遵循低励限制先于低励保护动作、低励保护先于失磁保护动作的原则，低励限制线应与静稳极限边界配合，且留有一定裕度。

由此可见，如果按照运行小方式的联系电抗整定失磁保护静稳阻抗圆的上限 X_c，会造成失磁保护的静稳圆区域较大，留给低励保护、低励限制的裕度较小。这样结果是，当机组处于最大运行方式时，对于进相运行较深的机组，机端测量阻抗更容易进入静稳阻抗圆区域内，易造成失磁保护发信或动作。

由于发电机失磁时，其机端测量阻抗一定处于异步边界阻抗圆内，所以针对采取静稳阻抗圆判据的失磁保护，其上限阻抗定值 X_c 不宜选取太大，能够保证失磁运行时可靠发信或动作即可。

同样，对于失磁保护静稳圆和异步圆的阻抗下限 X_B 不宜选取大于发电机同步电抗 X_d 的值。

首先，发电机失磁运行时，其机端测量阻抗一定在同步电抗 X_d 上的区域内；其次，选取 $X_B = -X_d$，可以留给低励保护、低励限制较大的裕度。

对于失磁保护异步圆的阻抗上限 X_a，是基于对发电机对无穷大系统的模型分析计算的结果，而工程中发电机变压器组对无穷大系统的居多，所以振荡中发电机的主变短路阻抗因素不可忽略。

失磁保护通常由发电机机端测量阻抗判据、转子低电压判据、系统侧低电压、机端侧低电压判据等构成。工程应用中失磁保护通常分为三段：Ⅰ段为阻抗判据，经较短延时动作于发信；Ⅱ段为阻抗判据 + 机端低电压判据，经较短延时动作于停机；Ⅲ为阻抗判据，经较长延时动作于停机。这样整定计算的结果是失磁保护静稳圆上限往下趋向于主变短路阻抗，整个静稳圆面积变小；失磁保护异步圆上限往上偏移了主变短路阻抗，趋向于原点，整个异步圆面积变大。最终阻抗元件作为主要判据在辅助判据的配合下，可以做到机组在失磁状况下，失磁保护可靠动作，且能大大降低机组进相运行中失磁保护误动的可能。

2　保护整定算例

某火力发电厂有 4 台 660MW 参数相同的机组，通过 3 条线路接入系统，接线方式如图 6 所示，系统及机组参数如表 1 所示。

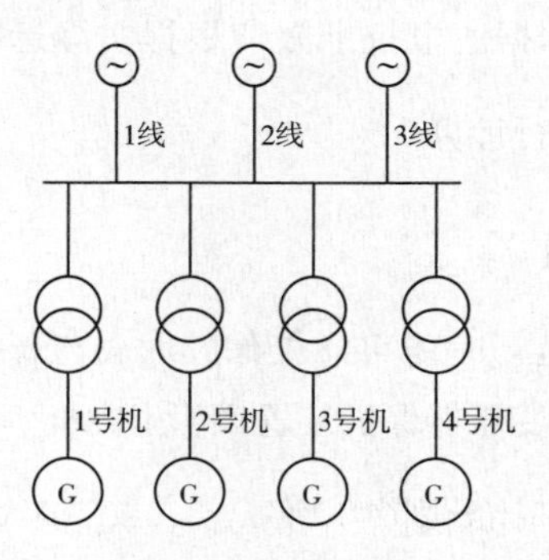

图 6　电厂主接线

根据导则 2012，保护定值计算均应按照发电机阻抗为基准。

表 1　　660MW 机组相关参数

名称	参数	名称	参数
发电机额定功率	660MW	主变压器短路阻抗 U_d	0.18
发电机功率因数	0.9	发电机机端 TV 变比	20/0.1kV
发电机同步电抗 X_d	2.4962	发电机机端 TA 变比	28000/5A
发电机直轴暂态电抗 X'_d（不饱和值）	0.2934	北陆 5211 线系统阻抗	0.1578
发电机直轴次暂态电抗 X''_d（饱和值）	0.2238	北陆 5212 线系统阻抗	0.1578
主变压器额定容量	780MVA	北陆 5213 线系统阻抗	0.1578
主变压器额定电压	525/20kV		

注　系统基准 $S_B = 1000\text{MVA}$，$U_B = 525\text{kV}$

发电机额定阻抗（二次值）为

$$Z_{gn}=\frac{U_{gn}^{2}n_{a}}{S_{gn}n_{v}}=\frac{20^{2}\times 28000/5}{660/0.9\times 20/0.1}=15.27\ (\Omega)$$

主变阻抗为

$$X_{t}=0.18\times\frac{660/0.9}{780}=0.1692$$

系统最小运行方式下，最大阻抗为

$$X_{s.max}=0.1578\times\frac{660/0.9}{1000}=0.1157$$

系统最大运行方式下，最小阻抗为

$$X_{s.min}=\frac{0.1157}{3}=0.0386$$

依据导则2012，联系电抗最小值为

$$X_{c.min}=0.1692+\frac{0.0386\times(0.2238+0.1692)}{0.0386\times(4-1)+0.2238+0.1692}=0.1990$$

单机单线运行时，联系电抗最大值为

$$X_{c.max}=0.1692+0.1157=0.2849$$

2.1 静稳圆判据的失磁保护整定算例

失磁保护采用静稳阻抗圆判据，根据导则2012，保护定值计算如下

$$X_{b}=-X_{d}Z_{gn}=-2.4962\times 15.27=-38.12\ (\Omega)$$

系统最大运行方式，联系电抗取最小值时

$$X_{c}=X_{c.min}Z_{gn}=0.1990\times 15.27=3.04\ (\Omega)$$

系统最小运行方式，联系电抗取最大值时

$$X_{c}=X_{c.max}Z_{gn}=0.2849\times 15.27=4.35\ (\Omega)$$

所以，失磁保护静稳圆阻抗定值见表2。

表2　静稳圆阻抗计算表

阻抗	系统大方式	系统小方式
静稳圆上限定值 X_c/Ω	3.04	4.35
静稳圆下限定值 X_b/Ω	-38.12	-38.12

2.2 异步圆判据的失磁保护整定算例

失磁保护采用异步阻抗圆判据，根据导则2012，保护定值计算如下

$$X_{b}=-X_{d}Z_{gn}=-2.4962\times 15.27=-38.12\ (\Omega)$$

依据导则2012，异步圆阻抗上限值为

$$X_{a}=-\frac{X_{d}'}{2}Z_{gn}=-\frac{0.2935}{2}\times 15.27=-2.24\ (\Omega)$$

考虑主变阻抗因素后的异步圆阻抗上限值为

$$X_{a}=\frac{X_{T}-X_{d}'}{2}Z_{gn}=\frac{0.1692-0.2935}{2}\times 15.27=-0.95\ (\Omega)$$

所以，失磁保护静稳圆阻抗定值见表 3。

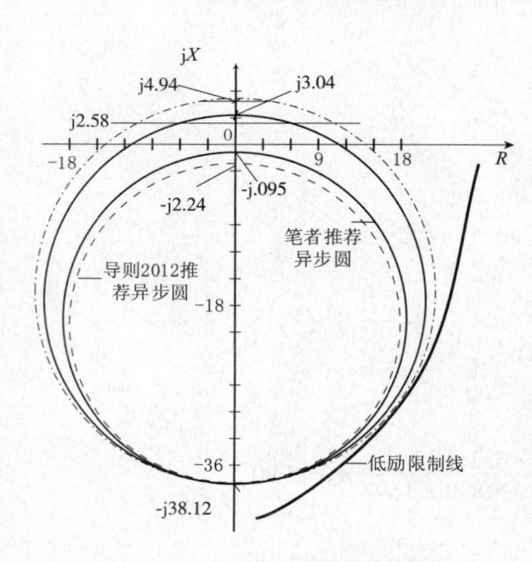

图 7　失磁保护阻抗边界图

表 3　　　异步圆阻抗计算表

阻抗	导则 2012	笔者推荐
异步圆上限定值 X_a/Ω	−2.24	−0.95
异步圆下限定值 X_b/Ω	−38.12	−38.12

2.3　不同计算结果的分析

由以上计算结果可知，在同一阻抗复平面下，失磁保护静稳圆和异步圆阻抗定值区域如图 7 所示。失磁保护静稳圆上边界阻抗值采用系统最大运行方式计算结果比系统采用最小运行方式计算结果留给低励限制更多的裕度。失磁保护异步圆上边界阻抗值考虑到主变因素时，可以提高失磁保护阻抗元件的灵敏度。失磁保护阻抗圆的下边界值均按照发电机的同步电抗计算，同样留给低励限制充足的裕度。

3　结语

失磁保护已经广泛地应用在发电机保护中，阻抗元件作为失磁保护的最重要的判据，其重要性不言而喻。失磁保护静稳圆定值中的 X_c 是固定的；而实际上，随着运行方式的改变 X_c 是变化的。失磁保护异步圆定值中的 X_a 多数未考虑主变阻抗的因素。

通过本文的计算分析，为保证机组进相运行时，失磁保护不误动，机组失磁状况下，失磁保护可靠动作，本文推荐失磁保护静稳圆联系电抗 X_c 宜取各种运行方式的最小值，异步圆上限电抗 X_a 宜包含主变阻抗进行计算。

参考文献：

[1] GB/T 14285—2006 继电保护和安全自动装置技术规程 [M]. 北京：中国电力出版社，2006.
[2] DL/T 684—2012 大型发电机变压器继电保护整定计算导则 [M]. 北京：中国电力出版社，2012.
[3] DL/T 684—1999 大型发电机变压器继电保护整定计算导则 [M]. 北京：中国电力出版社，1999.
[4] 张保会，尹项根. 电气系统继电保护 [M]. 北京：中国电力出版社，2007.
[5] 王维检. 电气主设备继电保护原理与应用 [M]. 2 版. 北京：中国电力出版社，2002.
[6] 国能安全〔2014〕161 号《防止电力生产事故的二十五项重点要求》 [M]. 北京：中国电力出版社，2014.
[7] 贺家李，李永丽，董新洲，李斌. 电气系统继电保护原理 [M]. 北京：中国电力出版社，2010.
[8] ZL_YJBH2001.0707 RCS-985 系列发电机变压器成套保护装置技术说明书.

作者简介：

杨宏宇（1979—　），男，河南省上蔡县，硕研，工程师，主要从事发电厂继电保护整定计算和调试工作。

三阻抗元件型发电机失步保护在田湾核电站的应用与创新

张亚峰，李　聪，米国政

（中国核电江苏核电有限公司，江苏　连云港　222042）

【摘　要】　针对大容量发电机组，分析了发电机失步保护的重要性及技术特征。介绍了田湾核电站三阻抗元件型发电机失步保护的基本原理、定值整定与出口逻辑。由于发电机失步保护与失磁保护均以阻抗变化轨迹为动作判据，且动作特性存在重叠区域，因此可能造成发电机失步时失磁保护误动，文中提出通过增加辅助判据的方式消除它们之间的冲突，其解决方案为其他电厂提供了参考。

【关键词】　三阻抗元件型失步保护；应用；创新

0　引言

田湾核电站一期工程为两台俄罗斯生产的 WWER1000/428 AES－91 型压水堆核电机组，发电机额定容量为 1111MVA。两台机组分别以发电机—双卷变压器组接线升压至 500kV 接入系统，500kV 升压站采用 3/2 断路器接线方式。发电机和主变压器之间装有发电机出口断路器，发电机中性点经电压互感器接地，汽轮发电机励磁系统采用无刷旋转励磁系统。原技术落后、可靠性差的晶体管型俄供发变组保护装置经改造后采用南京南瑞继保公司生产的 RCS－985 发电机变压器成套微机保护装置，配有专门的三阻抗元件型失步保护，实践证明，改造后的发电机失步保护安全性、可靠性得到了很大的提高，充分保证了发电机的安全、稳定运行。该改造案例对其他电厂也有一定的借鉴意义。

目前，随着制造业技术水平的提高及用电需求的增大，发电机组容量尤其是核电机组容量越来越大，新建机组单机容量大多在 100 万 kW 以上，单机对系统的影响也越来越大。当电网发生扰动引起失步振荡时，发电机失步保护将动作，若此时盲目地将机组与系统解列，将造成电网突然失去较大电源，使电网运行条件进一步恶化，对系统稳定造成冲击，因此有必要深入分析发电机失步保护的基本原理及动作特性，提高可靠性，尽可能减小损失。

1　发电机失步保护的重要性

对于大容量发电机（特别是汽轮发电机），其同步电抗参数较大，而与之相连的系统电抗较小。当发生系统振荡时，振荡中心往往落在发电机-变压器组内部，使机端电压随振荡大幅度波动，厂用机械难以稳定运行，甚至处于制动状态，可能造成停机停炉、炉管过热或炉膛爆炸（火电机组）、停堆、停泵等重大事故[1]。失步运行时，振荡过程中产生对轴系的周期性扭力，可能造成大轴严重机械损伤，由于周期性转差变化在转子绕组中引起感应电流，引起转子绕组发热。大型机组与系统失步，还可能导致电力系统解列甚至崩溃事故。所以大型发电机组失步后果严重，必须有相应保护。

国家电力调度通信中心颁发的《〈国家电网公司十八项电网反重大事故措施〉（试行）继电保护专业重点实施要求》中5.11条规定“并网电厂都应制定完备的发电机带励磁失步振荡故障的应急措施，200MW及以上容量的发电机组应配置失步保护”。

2　发电机失步保护的技术特征

2.1　失步振荡的基本特征

在电力系统正常运行时，所有发电机都以同步转速旋转，这时并列运行的各发电机之间相位没有相对变化，系统与各发电机之间的电势差为常数，系统中各点电压和各回路的电流均不变。当电力系统由于某种原因受到干扰时（如短路、故障切除、电源的投入或切除等），并列运行的各同步发电机与系统电源之间或系统两部分电源之间电势差将随时间变化，系统中各点电压和各回路电流也随时间变化，功角δ随时间摆动现象，称为振荡。电力系统的振荡有同期振荡和非同期振荡两种情况，能够保持同步而稳定运行的振荡（$\delta<90°$）称为稳定（同期）振荡；导致电力系统失去同步而不能正常运行的振荡（$\delta>90°$）称为失步（非同期）振荡。功角特征曲线如图1所示。

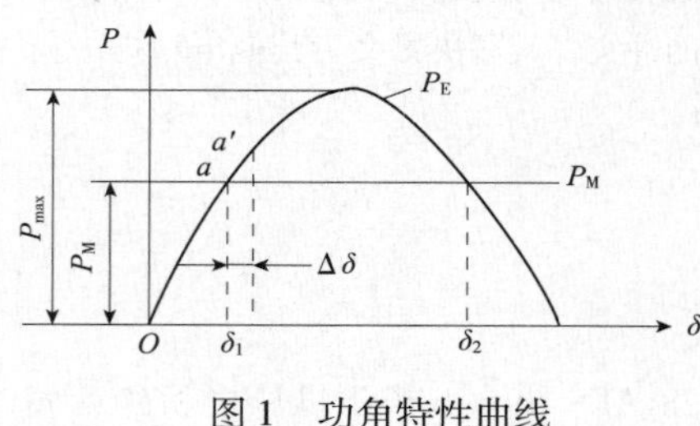

图1　功角特性曲线

失步振荡电流与三相短路电流危害相似，但振荡电流在较长时间内反复出现，使发电机组遭受力和热的损伤，特别是周期性作用在旋转轴系上的振荡扭矩，可能使大轴扭伤或缩短运行寿命，所以大型发电机一旦发生失步，振荡次数或时间应受到严格限制，这也是发电机失步保护应完成的任务[1]。

发电机发生失步振荡时，当发电机与系统两侧电动势相角差为180°时，振荡电流最大，可能会超过发电机出口断路器开断容量，此时若失步保护动作出口解列，会对出口断路器造成严重损伤。因此失步保护只是在发电机失步振荡已持续达预定时间或振荡次数，选择在两侧电动势相角差小于90°且不断减小（振荡电流较小）的条件下跳开出口断路器，必要时在失步保护装置中增设电流闭锁元件，以保证在跳闸时断路器切断的电流小于断路器额定失步开断电流。

2.2　失步保护的基本技术要求

（1）能正确区分短路与振荡、稳定振荡和失步振荡，失步保护只在失步振荡时动作。

（2）失步保护动作后的行为应由系统安全稳定运行的要求决定，不应立即动作于跳闸，只是在振荡次数或持续时间超过规定时，才选择切断电流较小的时刻使发电机解列。系统发生失步振荡后，同一电厂中仅部分发电机失步保护动作出口跳闸，以免全厂停运。

3　田湾核电站三阻抗元件型失步保护的技术特点

3.1　基本原理

田湾核电站对无穷大系统如图2所示，对于两侧电动势幅值比$E_B/E_A=1$、$E_B/E_A>1$、$E_B/E_A<1$三种情况，相应的振荡阻抗轨迹如图3中虚线所示。当$E_B/E_A=1$，且两侧电动势相位差为

δ（$\dot{E}_B$领先$\dot{E}_A$，即发电机工况下）时，失步保护装置观察到的视在阻抗为Z_k。

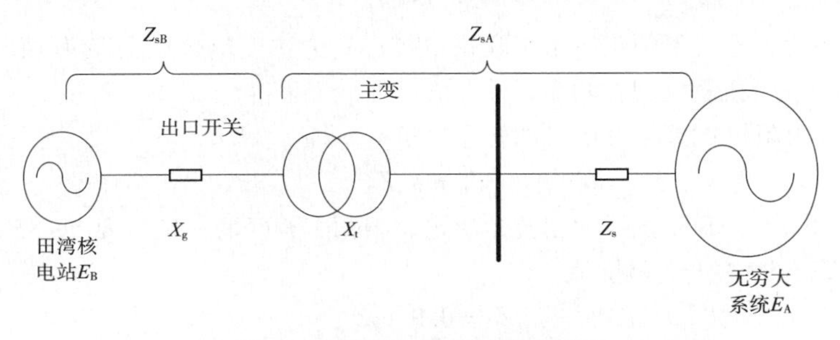

图2　田湾核电站对无穷大系统

田湾核电站三阻抗元件型失步保护装置阻抗元件计算采用发电机机端正序电压、正序电流，阻抗轨迹在各种故障下均能正确反映。三阻抗元件失步继电器动作特性如图4所示，第一部分是透镜特性，图中①即为透镜特性阻抗元件，它把阻抗平面分成透镜内动作区I_n和透镜外不动作区A，透镜内角为α；第二部分是遮挡器特性，图中②即为遮挡器直线阻抗元件，它把阻抗平面分为左半部分（L）和右半部分（R），其方向与透镜主轴相同；第三部分特性是电抗线，图中③即为电抗线阻抗元件，它垂直于主轴，其位置由Z_C决定，它把动作区一分为二，电抗线以上为Ⅱ段动作区，以下为Ⅰ段动作区。当振荡中心位于发电机—变压器组（以下简称发变组）的内部时，属Ⅰ段动作区，一般要求在第一次滑极（失步）后即将机组跳闸解列；当振荡中心位于发变组之外的系统中时，属Ⅱ段动作区，滑极继电器一定不要立即跳闸，使系统保护有时间处理，只是在预定的滑极次数之后系统保护仍未能妥善处理时，才使发电机跳闸，所以$Z_C \leqslant X_t$（变压器电抗）。该失步保护装置可以识别的最小振荡周期为120ms。

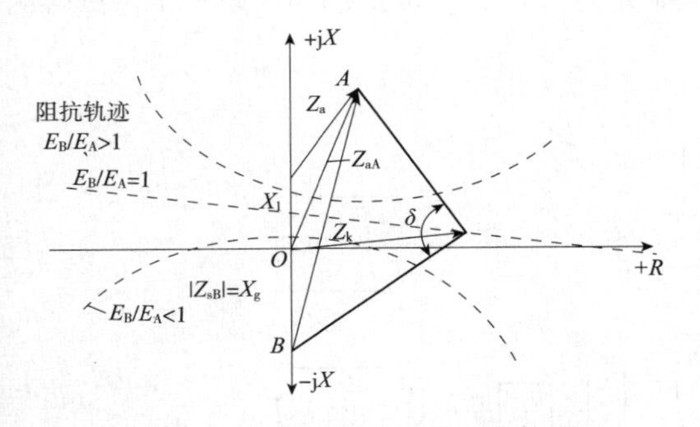

图3　三种情况下的失步阻抗轨迹

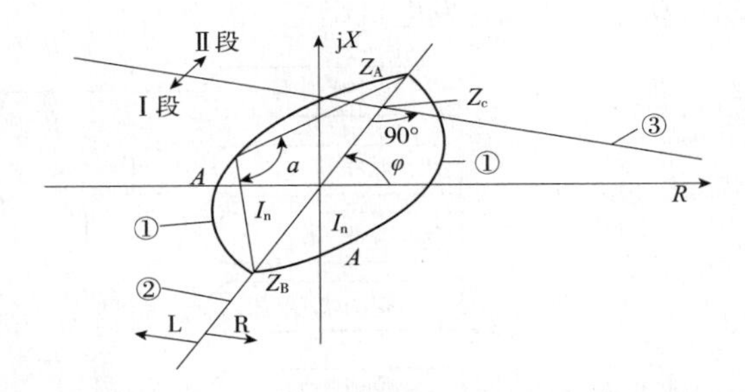

图4　三阻抗元件型失步保护继电器特性

3.2　定值整定与出口逻辑

田湾核电站三阻抗元件型失步保护只在失步振荡情况下动作，反应发电机失步振荡引起的异步运行。考虑到核安全的特殊要求及机组解列时对核安全设备的影响，失步振荡时，只有振荡中心位于发变组内部或失步振荡时间过长，对发电机构成威胁时，才动作于跳闸，而且在两侧电动势相位差小于90°的条件下使断路器跳开，以免断路器的开断容量过大。

图4中，遮挡器特性第一象限阻抗Z_A等于发电机与系统的最大联系阻抗，有

$$Z_A = (X_{S.\min} + X_T)\ Z_{gn}$$

其中

$$Z_{gn}=\frac{U_{gn}^{2}n_{TA}}{S_{gn}n_{TV}}$$

式中：$X_{S.min}$为最小运行方式下的正序系统联系电抗；X_T为主变电抗；Z_{gn}为基值阻抗；U_{gn}为发电机额定电压；S_{gn}为发电机额定视在功率。

遮挡器第三象限阻抗Z_B等于发电机的暂态电抗X'_d，即

$$Z_B=X'_dZ_{gn}$$

灵敏角φ_{sen}由图 3 中 AB 阻抗线的阻抗角决定，根据工程经验一般取 80°～85°。

电抗特性Z_C等于 90% 主变阻抗值，即

$$Z_C=0.9X_TZ_{gn}$$

内角为 $\alpha=180°-2\arctan\frac{2Z_R}{|Z_A|+|Z_B|}$

其中

$$Z_R\leqslant\frac{1}{1.3}R_{L.min}$$

$$R_{L.min}=\frac{U_{gn}^{2}}{S_n}\cos\varphi$$

式中：$R_{L.min}$为发电机最小电抗。

发电机出口断路器允许开断电流为

$$I_{off.j}=K_{rel}\frac{I_{off}}{n_{TA2}}$$

式中：I_{off}为发电机出口断路器最大允许开断电流。

图 5 为失步保护逻辑框图，当失步元件动作时，且此时闭锁元件开放（装置硬件如 CPU 等无故障且无 TA、TV 断线信号），若失步保护信号及软压板均投入，则发失步保护报警信号；若失步保护跳闸及硬压板均投入且失步振荡次数达到整定定值即失步保护起动，则失步保护跳闸出口动作，即汽轮发电机组与系统解列。

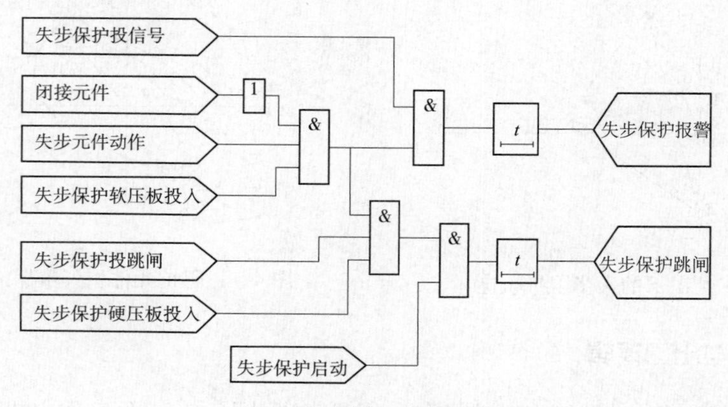

图 5　失步保护逻辑框图

正常情况下，田湾核电站一期工程两台机组并列运行（图 6），主变高压侧（500kV 侧）采用 3/2 接线方式，每台机组分别配备三阻抗元件型发电机失步保护。当两台机组同时发生失步振荡时，考虑到田湾核电站核安全的特殊要求及机组停机时对核安全设备的影响，在确定区内滑极动作次数时，统筹考虑，尽可能将损失降到最小，且使机组核安全得到充分保障，最终确定 1 号机组区内滑极动作次数为 3 次，2 号机组区内滑极动作次数为 2 次。

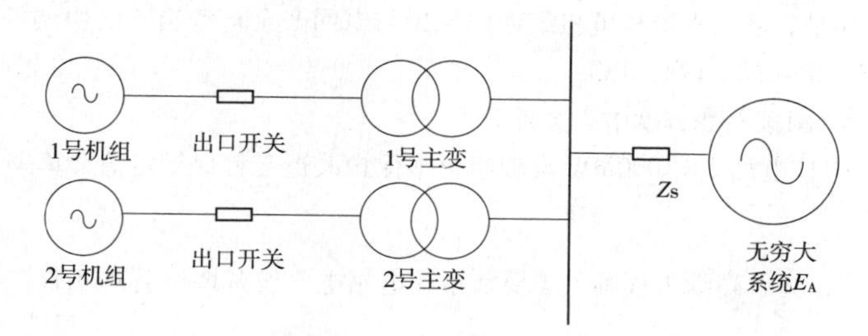

图6　田湾核电站两台机组并列运行

4　田湾核电站三阻抗元件型失步保护的应用创新

4.1　三阻抗元件型失步保护与失磁保护的冲突

田湾核电站一期工程两台机组发变组保护分别装有发电机失步保护和失磁保护，失磁保护也以发电机机端阻抗为主判别元件，异步阻抗圆内阴影部分（图7）为动作区，当发电机机端测量阻抗变化轨迹落入异步圆内，并经过失磁保护的动作延时时间，失磁保护就会动作出口于停机。两者动作特性如图7和图4所示。由图中可看出，两者动作区有重叠部分，这样在发电机和系统间发生失步振荡时，如果阻抗变化轨迹在穿越失步区域时，若穿越次数不满足失步保护动作条件，但阻抗变化轨迹已进入失磁异步圆并停留一定时间（大于失磁保护动作时间），此时，失磁保护就可能“抢先”误动。

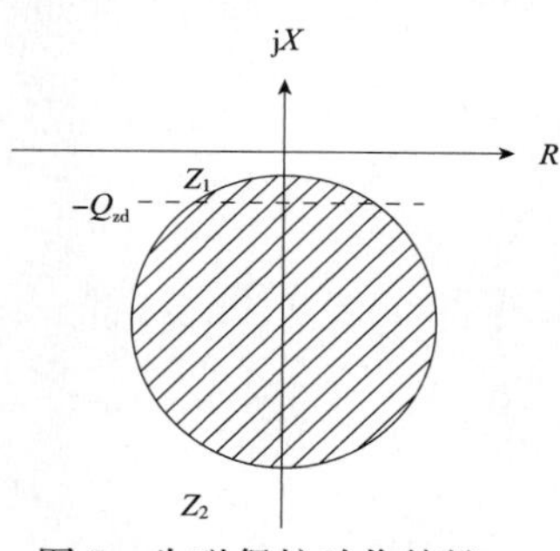

图7　失磁保护动作特性

4.2　解决方案

当发电机发生区内失步振荡时，系统电压作往复摆动，变化量较小，而发电机发生失磁故障时，电压降低较明显，尤其是发电机转子电压，因此，为防止发电机失步振荡时，失磁保护抢先误动，可以引入电压量作为辅助判据来区分失步保护与失磁保护。由于田湾核电站一期工程发电机采用无刷励磁方式，因此发电机失磁保护采用系统电压作为辅助判据，只有当电压小于0.9倍额定电压时，失磁保护才动作出口，这样可以有效避免发电机区内失步振荡时失磁保护“抢动”。

5　结语

对于核电机组来说，发电机失步保护动作的可靠性既关系到自身的核安全，也关系到电网系统的稳定。而发电机失步保护与失磁保护在动作特性上具有“先天性”的“冲突”，本文提出的增加发电机失磁保护辅助判据能够合理解决这一问题，同时对两个保护的动作特性也不会造成任何影响。该解决方案为其他大容量发电机组尤其是核电机组的发电机失步保护提供了参考。

参考文献：

[1] 王维俭．发电机变压器继电保护应用［M］．2版．北京：中国电力出版社，2004.

[2] 徐健，徐金，王翔．发电机失磁保护和失步保护的冲突与协调［J］．电力系统自动化，2007，31(17)：61－64.

[3] 吴国旸，宋新立，鞠平，等．大型核电机组涉网保护与电网安全自动装置的协调控制原 则［J］．电力系统自动化，2014，38（3）：178－183.
[4] 调继【2005】222 号 国家电力调度中心文件．
[5] 江苏方天电力．田湾核电站 2×1000MW 发变组继电保护改造工程保护定值计算书．

作者简介：

张亚峰（1962— ），男，高级工程师，主要从事核电站电气设备调试管理工作。E－mail：zhangyfa@jnpc. com. cn

李 聪（1987— ），男，助理工程师，主要从事核电站电气设备调试与维护工作。E－mail：licong@jnpc. com. cn

米国政（1966— ），男，研究员级高级工程师，主要从事核电站电气设备维修管理工作。E－mail：migz@ jnpc. com. cn

浅析燃气轮发电机定子接地保护

于增波[1]，周鸿博[2]

（1. 哈尔滨电气股份有限公司，黑龙江　哈尔滨　150040；
2. 国网黑龙江省电力公司经济技术研究院，黑龙江　哈尔滨　150036）

【摘　要】　本文着重讨论几种定子接地保护在9F重型燃气轮发电机组上的应用，其中包括基波零序电压、三次谐波、外接低频电源注入式定子接地保护三种原理。

【关键词】　燃气轮发电机变频启动出口断路器（GCB）接地保护；基波零序；三次谐波；低频注入

0　引言

定子绕组对地（铁芯）绝缘的损坏将引发单相接地故障，这是定子绕组最常见的电气故障之一。定子绕组单相接地故障对发电机的危害主要表现在定子铁芯的烧伤和接地故障扩大为相间或匝间短路故障。由于燃气轮发电机组都配置发电机出口断路器，断口电容使发电机整体相对地电容较大，发生单相接地故障时故障电流较高，更容易损伤定子铁芯，所以必须灵敏配置发电机定子接地保护。

1　9F燃气轮发电机机系统配置

燃气轮发电机组主接线图如图1所示。燃气轮发电机和主变之间设有发电机出口断路器，配有起动隔离开关。燃气轮发电机组起动时，变频装置（LCI）把发电机作为同步电动机拖动机组至自持转速后退出。为避免起动阶段LCI投入时发生直流一点接地故障烧毁接地变压器和互感器，在LCI投入期间接地变压器不能投入，机端电压互感器一次绕组中性点不允许接地，防止因直流一点接地发生饱和。电压互感器采用V－V接线或Y－Y接线。采用Y－Y接线时，如使用相电压，则电压互感器二次侧需要设一个闭口三角形绕组用于消除三次谐波。三次谐波100%定子接地保护需要的机端三次谐波信号可以从主变低压设置的开口三角绕组处取。机端电压互感器一次中性点经电动隔离开关接地，可以实现机组启动后发电机相对地电压的测量，但这样配置造成了机端电压互感器柜结构复杂，成本上升。

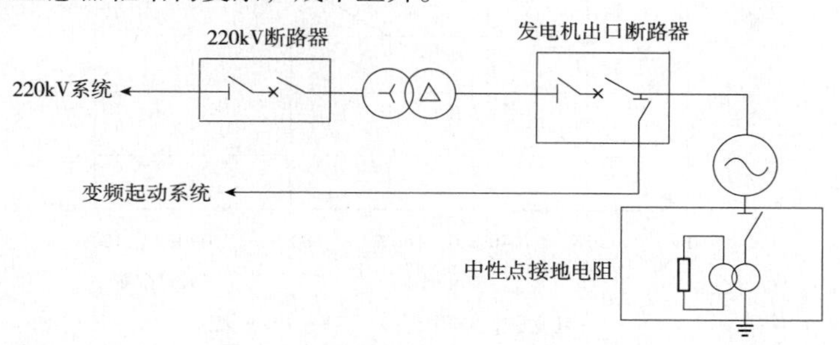

图1　燃气轮发电机组主接线图

发电机中性点采用高电阻接地方式，发电机正常运行时，不会因三相电容不平衡引起中性点较大的位移电压。当系统侧发生单相接地故障时，通过主变耦合电容传递至发电机的零序电压较小，基波零序电压定子接地保护的误动可能性也比较小。

中性点高电阻的配置要按照下面原则来考虑：

（1）限制发电机定子绕组单相接地重燃弧过电压不超过 2.6pu，中性点接地电阻与发电机对地电容抗的比值 K_R 按照不大于 1.0 倍选取。

（2）同时限制单相接地故障电流小于最大允许值（全氢冷发电机接地电流允许值为 2.5A），并使之尽可能小。

（3）流过中性点接地电阻的电流（接地变一次电流）不超过 5A。

（4）尽可能增大中性点接地电阻与发电机对地电容抗的比值 K_R，以增加定子接地保护的灵敏度，同时减少故障电流来限制由于接地产生的机械损坏和故障损伤。

上面几个原则相互制约，对于大型发电机，特别是配出口断路器的重型燃气轮机来说，上述标准不可能完全达到。根据 IEEE 标准，高电阻接地方式的配置要限制发生单相接地故障电流不大于 25A；GE 公司建议最大接地故障电流不大于 10A。但是由于每相等效电容较大，计算电容电流也超过了 10A，则 $K_R = 0$ 时机端接地故障电流要大于 15A。这就要求发电机定子整个范围内发生接地故障时接地保护要迅速动作防止故障进一步扩大。

2 几种接地保护的原理及分析

2.1 基波零序电压定子接地保护

发电机正常运行时，基波零序电压接近于零，当发电机或其连接设备发生接地故障时，中性点的基波零序电压会根据发生故障的位置变化而上升，当发生机端接地时，中性点的基波零序电压会上升到发电机相对地电压。

由于发电机三相绕组对地电容不完全对称，正常运行时中性点存在位移电压，该方案在中性点附近存在保护死区。基波零序电压定子接地保护可以有效完成 90% ~95% 位置的定子接地保护，燃气轮发电机的基波零序电压信号一般取自中性点接地电阻，在接地开关闭合后有效，但不需要闭锁逻辑。基波零序电压定子接地保护示意图如图 2 所示。

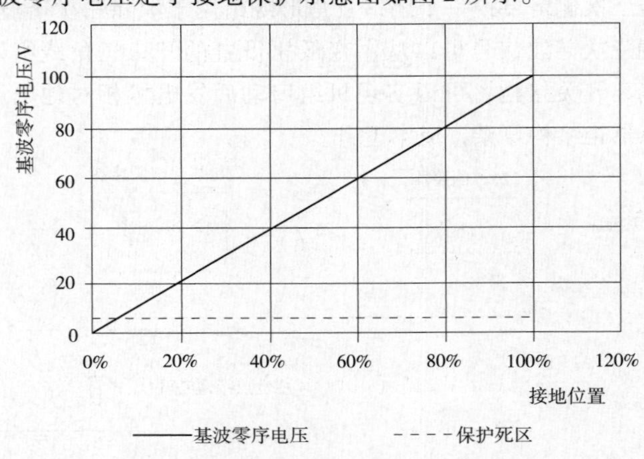

图 2　基波零序电压定子接地保护示意图

2.2 三次谐波定子接地保护

发电机三次谐波的等级与下列因素有关：

（1）发电机的自身结构。发电机定子绕组的节距是决定三次谐波数量的关键因素，有一部分发电机只有很少的三次谐波，三次谐波定子接地保护不能使用。

（2）发电机输出的有功和无功。三次谐波电压一般随发电机有功负荷的增加而增加。发电机空载或低负荷时，三次谐波电压一般最低，然而在很多情况下，这些还不能作为一个可靠的定值。发电机的无功输出也对三次谐波有影响，而且更不好预测。一般情况下，三次谐波随发电机的无功输出增加而增加，但在某些特殊情况下，特别是燃气轮发电机，三次谐波在特定的无功输出时会发生陡降，这会使三次谐波定子接地保护不可靠。

（3）发电机出线端电容。发电机出线端电容，包括发电机出线对中性点电容、封闭母线和主变低压侧电容，会对三次谐波水平有一些影响，但其影响要比上两条小。增加机端电容会使三次谐波稍微增加。

图3显示了三种工况的发电机中性点和机端的三次谐波电压。其中图3（a）所示为正常工况，图3（b）所示为机端侧接地故障，图3（c）所示为中性点侧接地故障。

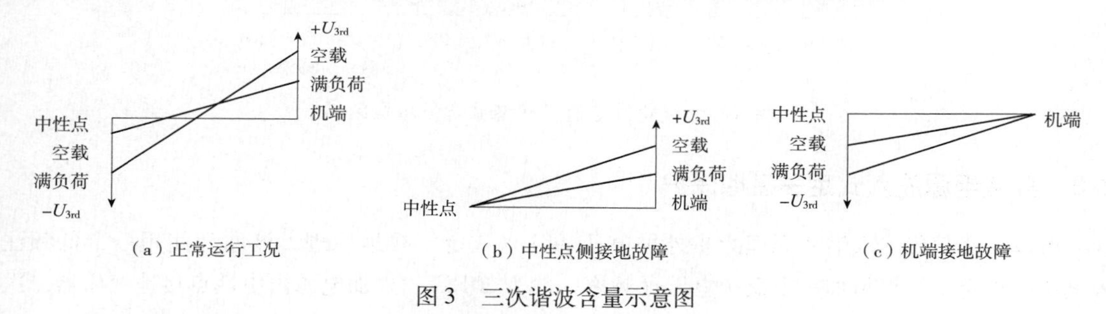

图3 三次谐波含量示意图

2.2.1 三次谐波中性点欠电压定子接地保护（27TN）

三次谐波中性点欠电压原理是检测发电机中性点接地变压器二次电阻上的三次谐波，当发电机中性点附近发生接地故障时，接地电阻上的三次谐波电压会降低，该功能覆盖的定子绕组范围取决于启动定值和故障时刻由发电机产生的三次谐波大小。使用该原理时，需要配合一个机端正序电压判据来避免发电机失磁时中性点三次谐波电压降低而导致该原理误动。此保护需要由GCB辅助接点闭锁。

此保护原理可以仅通过中性点侧的三次谐波实现，现场接线简单，但可靠性较低且可能存在死区。

2.2.2 三次谐波电压比率定子接地保护

该保护通过比较中性点侧和出线侧的三次谐波电压来实现。该原理相比27TN最大的优点就是可靠性有了一定提高。该原理需要在机端设开口三角型电压互感器来测量机端三次谐波，这就要求该组电压互感器一次侧星型绕组中性点接地。

2.2.3 三次谐波定子接地保护的缺点

图4所示为一台燃气轮发电机的三次谐波示意图。V3是机端的三次谐波，VN3是中性点侧三次谐波。上面两条曲线是计算值，下面两条曲线是实际测量值。由图可见，计算值和测量值有很大差异，所以设定时要采用实际测量值。对这台燃气轮机来说，输出功率在150～220MW之间

时，中性点测量三次谐波会有一个突降，这将导致 27TN 原理误动。其他燃气轮机，三次谐波可能在特定的无功输出时骤降而造成三次谐波原理误动。如果使用三次谐波原理，必须现场测量三次谐波，考察该原理是否可用。国内现状是三次谐波原理投入，考虑到中性点附近接地故障时，故障电流小，零序电压低，只投信号而不投跳闸。但这本身也存在一个在此期间发生一点接地故障运行时，由于槽内绝缘已经发生破损，更易发生第二点接地而造成更严重的相间或匝间短路，所以建议提高定子 100% 接地保护的可靠性，整个定子接地保护都投跳闸。

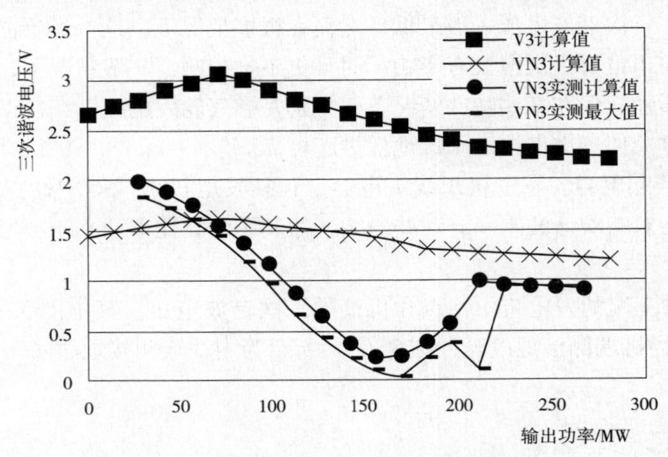

图 4　燃气轮发电机三次谐波含量示意图

2.3　外接电源注入式定子接地保护

可以完全替代三次谐波原理的是外加电压源注入式定子接地原理。该原理使用一个低频注入电压源给定子绕组施加一个低频电压（频率一般为 20Hz），外加电源由中性点接地变压器二次电阻注入，当发生单相接地故障时，定子回路零序阻抗大大减小，20Hz 零序电流骤增，大于正常时的零序电流，保护动作。外接 20Hz 电源定子单相接地保护与发电机的有功和无功负荷无关，也与故障点的位置无关，能够反映定子绕组绝缘的均匀下降，能对绝缘老化起到监督作用。一般情况下基波零序电压型定子接地保护同时投入作为备用。此保护的一个主要特点是可以在机组停机时检测发电机定子接地故障，使运行人员在投入运行前进行测试。注入式定子接地保护动作于发电机全停。

由于燃气轮发电机都配有出口断路器，断口电容的接入使发电机总相对地电容较大，选择中性点接地电阻阻值较小。采用低频注入式定子接地保护时要使用较大的二次电阻来提高保护灵敏度，可以通过降低接地变压器变比的方法增加二次电阻的阻值，但接地一次变压器电压要高于发电机最大可能相电压，防止电压偏高运行发生机端定子接地时接地变压器过电压。

3　结语

提高发电机定子接地保护特性对于完成整个发电机绕组的接地保护非常重要。本文详细分析了基波零序电压定子接地保护、三次谐波定子接地保护和低频注入式定子接地保护的原理，使运行人员认识到三次谐波定子接地保护的不足。当考虑使用三次谐波原理的时候，首先要通过现场实测来了解发电机的三次谐波特征，以判断该原理是否可用。理想情况下，需要在发电机的整个有功和无功运行范围测量三次谐波水平。低频注入式定子接地保护可以作为100%定子接地保护的主要选择方案与基波零序电压定子接地保护动作于解列灭磁，同时配一套三次谐波欠电压或三次谐波比较式定子接地保护动作于发信。

参考文献：

[1] 王维俭，王祥珩，王赞基．大型发电机变压器内部故障分析与继电保护［M］．北京：中国电力出版社，2006.

[2] 王维俭，鲁华富．三次谐波电压式定子接地保护的运行和改进［J］．中国电力，1995，28（11）：46-49，53.

[3] IEEE Std C37. 101TM—2006 IEEE Guide for Generator Ground Protection New York, NY, USA: The Institute of Electrical and Electronics Engineers, 2007.

[4] IEEE Std C37. 102TM—2006 IEEE Guide for AC Generator Protection. New York, NY, USA: The Institute of Electrical and Electronics Engineers, 2007.

作者简介：

于增波（1970— ），男，工程师，主要研究方向为燃气发电厂电气设备。E-mail：yuzb@harbin-electric. com。

周鸿博（1990— ），男，助理工程师，主要研究方向为电力系统设计规划。E-mail：459309708@qq. com。

一起单相接地短路引起主变差动保护动作的思考——发电机 $3U_0$ 定子接地保护的改进方案

魏　军，刘万斌

（国电南京自动化股份有限公司，江苏　南京　210031）

【摘　要】　介绍了现场某台发电机满负荷运行时机端发生单相接地短路后快速发展成两相接地短路到三相短路故障，导致主变差动保护动作的事故概况。通过对接地短路故障的发展过程深入分析，指出传统定子接地保护的不足，并提出了两种改进的发电机定子接地保护方案。

【关键词】　零序电压；定子接地保护；两段式；反时限特性

0　引言

某发电厂 1 号机组满负荷运行，发电机机端发生单相接地短路后不久发展成两相接地短路到三相短路故障，导致主变压器（简称主变）差动保护动作跳机。经查由发电机侧单相接地短路后故障进一步发展的事例时有发生，对机组安全运行产生很大影响，因此研究提高发电机定子接地保护的性能，避免此类故障扩大化的发生具有重要的现实意义。

1　事故简述

1 号发电机电气主接线如图 1 所示。1 号发电机满负荷运行，发电机机端发生 A 相单相接地

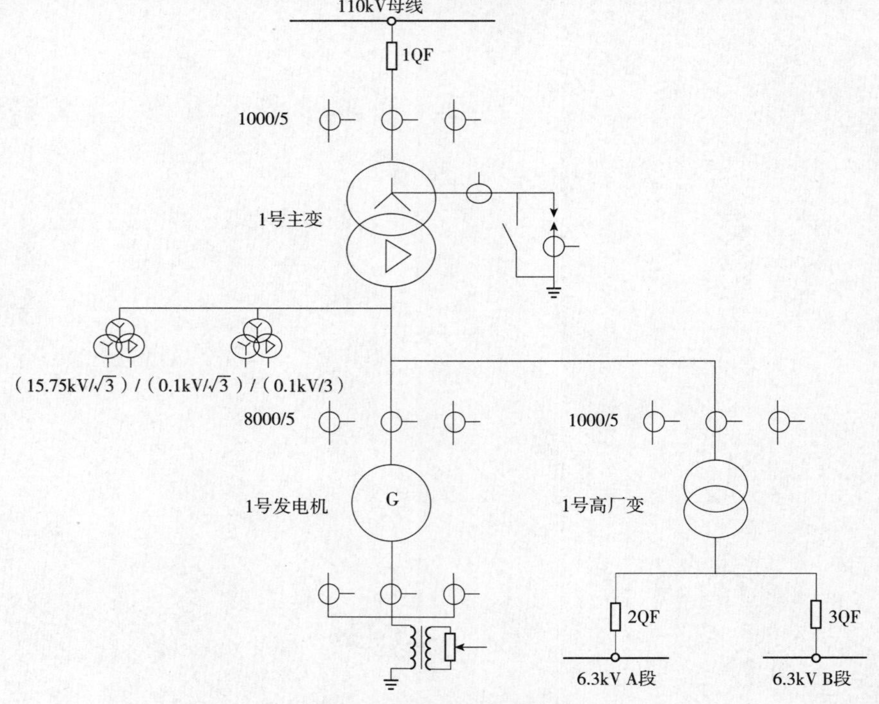

图 1　1 号发电机主接线图

短路，不久故障发展成两相接地短路，紧接着又快速发展成三相短路故障，短路点位于主变差动保护区内，引起主变差动速断保护、主变差动保护动作，跳开断路器 1QF、断路器 2QF、断路器 3QF、关主汽门、灭磁、启动快切。

调取保护装置内部故障录波如图 2 所示。主变差动保护取三侧（发电机机端侧、主变高压侧和厂变高压侧），基准侧是发电机机端侧，差动回路 TA 接线方式是反极性接入。短路点位于发电机机端处，在主变差动保护范围区内。从录波图可以看出，单相接地短路时，发电机侧三相电流变化不大，当故障发展成两相接地短路、三相短路故障后，发电机侧三相电流急剧增大，短路电流达到 6 ~7 倍的额定电流，且故障时主变差动保护三侧电流已同相，计算此时的差流 I_d = 22A，所以主变差动保护正确动作。

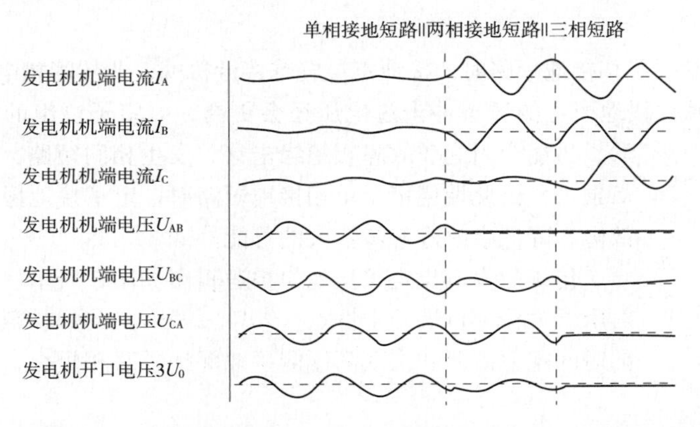

图 2　单相接地短路故障发展成两相接地短路、三相短路过程的录波图

2　深层分析

从故障性质来看，主变差动保护动作行为正确。但从故障过程来分析，有值得深思的地方：不同短路故障下的电流、电压、零序电压数据见表 1。在机端侧 A 相接地短路时三相电流、三相线电压采样值对称并且与正常运行时的采样值相比基本没有变化，而零序电压 $3U_o$ = 97.44V；故障发展成 A、B 两相接地短路时，A、B 相电流急剧增大，U_{ab} 电压降低到 7.9V，U_{bc} 和 U_{ca} 电压明显降低，零序电压降低到 25.14V；故障发展成 A、B、C 三相短路时，A、B、C 三相电流增大，A、B、C 三相线电压降低，零序电压降低到 1.59V。

表 1　　不同短路故障下的电流、电压、零序电压数据

参数	短路性质		
	单相接地短路	两相接地短路	三相短路
发电机机端 $\dot{I}_a$/A	$3.01\angle -3.4°$	$23.1\angle 66.5°$	$22.17\angle -140°$
发电机机端 $\dot{I}_b$/A	$3.04\angle -122°$	$20.9\angle -111°$	$22.57\angle 101°$
发电机机端 $\dot{I}_c$/A	$3.06\angle 116°$	$2.5\angle -132°$	$25.21\angle -19.5°$
发电机机端 $\dot{U}_{ab}$/V	$100.2\angle 50.4°$	$7.9\angle 75.4°$	$7.4\angle -107°$
发电机机端 $\dot{U}_{bc}$/V	$100.3\angle -69.7°$	$78.5\angle 51.5°$	$6.7\angle 128°$
发电机机端 $\dot{U}_{ca}$/V	$100.03\angle 170°$	$85.7\angle -126°$	$6.9\angle 17.5°$
发电机机端 $3U_o$/V	97.44	25.14	1.59

图2中，在单相接地短路发生初期，从故障录波图上读出录波启动时发电机机端开口三角零序电压就一直存在，大小为$3U_o=97V$，说明发生有较高零序电压的单相接地短路已有一段时间了。现场的发电机定子接地保护整定值$3U_o=8V$、$t=5s$，由于保护装置的录波时长只有200ms，虽不能准确知道单相接地短路后经过多长时间发展成两相接地短路、直至三相短路的，但从发电机$3U_o$定子接地保护的反应来看，接地短路发展过程时长应小于5s。

如果在发生单相接地短路时发电机$3U_o$定子接地保护能可靠、快速地动作切除故障，单相接地短路不会再扩大发展成更为严重的两相接地短路、三相短路故障，也就保证了发电机组的安全稳定运行。

3 应对措施

当发电机定子发生单相接地短路时，接地点位置越接近机端，非故障相电压升得越高，可达线电压值，定子间歇性接地产生的暂态冲击过电压还会更高，对定子绕组的绝缘水平是很大考验，可能会引起非故障相绝缘击穿，发生相间短路，扩大事故，加大事故损失。因此期望定子单相接地短路时，定子接地保护能快速动作切除故障，降低事故进一步扩大的可能。

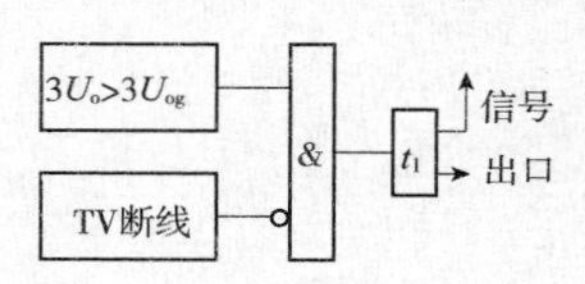

图3　发电机定子接地保护逻辑图

传统的发电机定子接地保护逻辑图如图3所示，设一段定值，一段时限。为保证机端到中性点（90%～95%）的保护范围，定子接地保护的时间定值需要和主变高压侧接地保护延时相配合，一般延时整定$t_1=3\sim5s$。

传统的定子接地保护保证了灵敏度，但无论接地点在何位置，非故障相电压升多高，都需经过较长延时才能反应，动作速度慢。

为此提出两种改进的发电机定子接地保护方案：

（1）发电机定子接地保护采用高、低两段定值，每段带延时的方案，如图4所示。低定值段带较长延时，按传统定子接地保护整定，保证灵敏度。高定值段带短延时，高定值$3U_{0g2}$段按躲过主变高压侧和厂变低压侧接地时的耦合零序电压值整定，一般可取（15%～25%）$3U_{0.N}$（$3U_{0.N}$——机端接地时的零序电压值），短延时时一般可取$t_{21}=0.3\sim1.0s$。

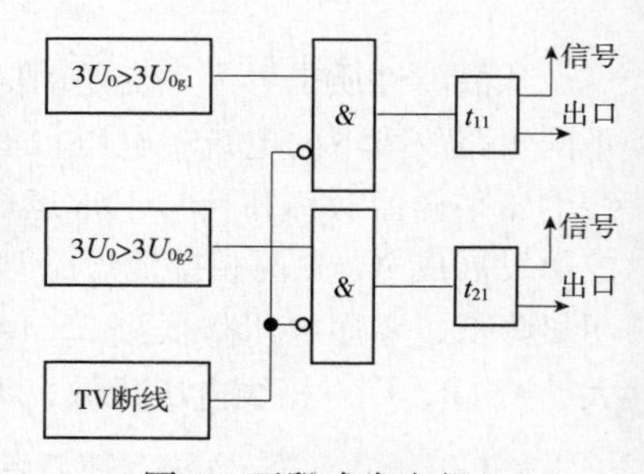

图4　两段式发电机定子接地保护逻辑图

（2）采用带有反时限特性的零序电压定子接地保护。反时限特性的零序电压定子接地保护逻辑、动作特性如图5、图6所示，对应数据见表2、表3。图6中，$3U_0^*=3U_0/3U_{0N}$。

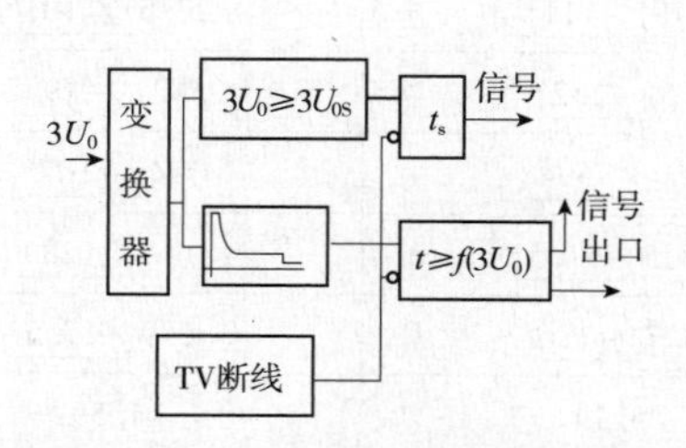

图5　发电机定子接地保护反时限逻辑图

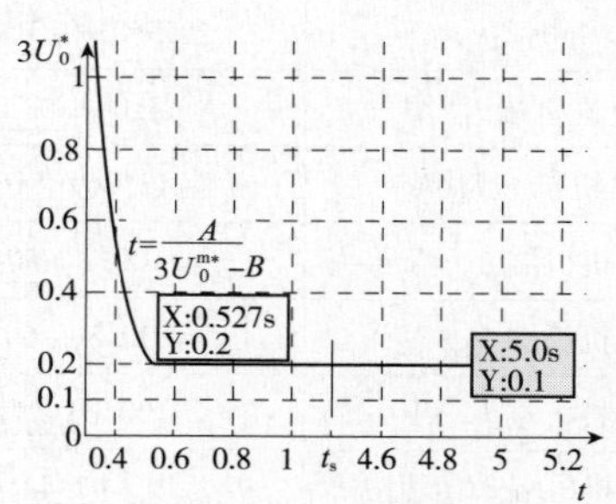

图6　发电机定子接地保护反时限动作特性

表 2　　反时限特性的零序电压定子接地保护整定值

参数说明	报警定值	报警时限	下限定值	下限定时限	反时限				机端接地时零序电压值
					反时限启动值	反时限常数 A	反时限常数 B	反时限指数 m	
符号	$3U_{0.S}^*$	t_s	$3U_{0.L}^*$	t_L	$3U_{0.H}^*$	A	B	m	$3U_{0N}$
定值	0.1	3.0s	0.1	5.0s	0.2	0.3	0.1	0.25	100V

注：$3U_{0.S}^* = 3U_{0.S}/3U_{0N}$

$3U_{0.L}^* = 3U_{0.L}/3U_{0N}$

$3U_{0.H}^* = 3U_{0.H}/3U_{0N}$

表 3　　反时限特性动作时间表

参数	1	2	3	4	5	6	7	8	9	10
$3U_0^*$	0.1	0.2	0.3	0.4	0.5	0.6	0.7	0.8	0.9	1.0
动作时间/s	5.0	0.528	0.469	0.432	0.405	0.385	0.368	0.355	0.343	0.333

零序电压两段式定子接地保护和带反时限特性的定子接地保护方案整定灵活，既能保证保护的灵敏度，又能实现与主变高压侧接地保护的灵活配合，同时满足随着零序电压的升高尽快切除故障的要求，将定子单相接地故障向两相接地短路或三相短路发展的几率降到最小。

4　结语

定子绕组单相接地故障是发电机最常见的一种故障，而且往往是更为严重的绕组内部短路故障发生的先兆。通过对发电机定子接地保护方案的改进，可以极大地降低单相接地短路故障进一步扩大的几率，减少发电机定子接地对发电机本身造成的损坏程度，缩短修复工期，降低维修成本，提高机组运行的经济效益。

参考文献：

[1] 王维俭. 电气主设备继电保护原理与应用 [M]. 北京：中国电力出版社，2001.
[2] DL/T 684 - 2012 大型发电机变压器继电保护整定计算导则 [S].
[3] 高春如. 大型发电机组继电保护整定计算与运行技术 [M]. 北京：中国电力出版社，2010.

作者简介：

刘万斌（1964—　），男，本科，多年从事电力系统继电保护及相关设备的研究与开发工作。

魏　军（1974—　），男，本科，江苏南京人，从事电气主设备继电保护的研究与试验工作。Email：wj757@ sina. com

江苏沙河抽水蓄能电站发电电动机主保护优化分析

杨海学[1]，赵苏彦[1]，蒋立宪[1]，王　凯[2]

（1. 江苏沙河抽水蓄能电站，江苏　常州　213332；
2. 南京南瑞继保电气有限公司，江苏　南京　211102）

【摘　要】　江苏沙河抽水蓄能电站对发电电动机主保护进行了优化，增配了基于光学电流互感器的裂相横差保护。本文给出了保护系统实现方案，并分析了改造前后定子匝间保护的性能提升情况，然后着重分析了基于光学电流互感器的优良测量性能，差动保护在动作速度、灵敏度等方面得到的提升。

【关键词】　光学电流互感器；裂相横差保护；全光纤式光学电流互感器；变频启动过程

0　引言

江苏沙河抽水蓄能电站的发电电动机绕组是双分支的，由于发电电动机中性点分支空间有限，无法在每个分支安装传统的电磁式电流互感器（TA），只能在两分支中性点的连接线上安装横差TA，配置单元件横差保护来应对定子匝间短路故障[1]。单元件横差保护在某些匝间故障情况下灵敏度较低，不能快速动作于切除故障。

而全光纤式光学TA将一次传感器制成光缆形式，传感光缆可以方便地缠绕在任何形状的一次导体上，对物理空间的要求也很小，能够实现狭小空间的安装，解决了抽水蓄能机组中性点分支TA的安装问题，进而实现裂相横差保护功能[2]。江苏沙河电站采用基于柔性光TA的裂相横差保护方案实现了主保护的优化，本文将对改造前后的发电电动机主保护性能进行详细的对比分析。

1　基于柔性光TA的裂相横差保护

裂相横差保护引入发电电动机双分支电流，在中性点两个分支上分别装设光学TA，偏振光信号在一次电流产生的磁场中发生相位偏转后，经光缆送至光学互感器采集单元进行解析处理，得到数字量采样数据。所有的数字量采样数据上送至合并单元，由合并单元进行数据同步后送至保护装置实现裂相横差保护裂相横差。裂相横差保护系统的整体架构如图1所示。

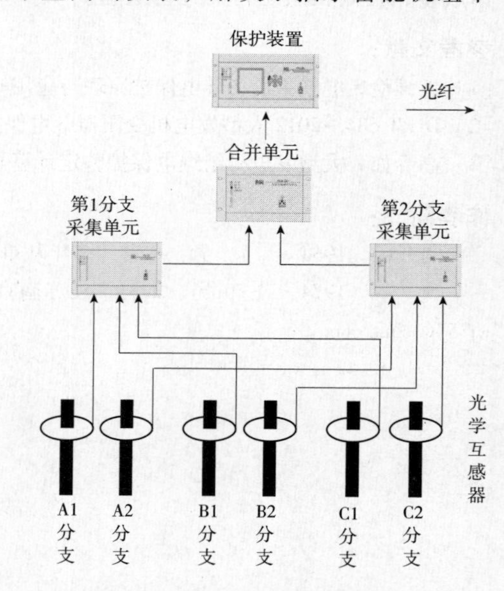

图1　裂相横差保护系统整体架构示意图

2 发电电动机主保护性能优化

改造后的发电电动机定子匝间保护由裂相横差保护和单元件横差保护共同组成，裂相横差保护比较的是中性点两分支各相的不平衡，单元件横差保护比较的是中性点两个分支之间的不平衡[3]，二者均能反应定子匝间短路，对于特定的匝间故障，保护的灵敏度取决于灵敏度较高的匝间保护元件，定子匝间保护的整体灵敏度得到提高。另外，裂相横差保护和单元件横差保护有不同的保护死区，同时配置后减小了保护死区。裂相横差保护还能够反应相间故障和分支开焊故障，对原有的内部故障主保护也是一种加强和完善[1]。

保护改造后不仅实现了裂相横差保护功能的配置，而且受益于光学 TA 的优良“传变”特性，差动保护的整体性能也有了很大的提高，以下内容将对此进行详细的分析。

2.1 提高低频启动过程保护灵敏度

抽水蓄能机组兼具水泵和发电两种基本工作方式，两种工况下转子旋转方向相反，水泵运行时机组不能自行启动，必须依靠外部电源启动，一般采用静止变频器（Static Frequency Converter，SFC）启动或背靠背启动方式将发电电动机从静止拖动至同步转速。水泵启动过程持续时间可能长达数分钟，在此过程中，发电电动机转子由静止状态逐渐升高转速至额定转速，对应的定子侧电气量频率也由 0Hz 逐渐升高至额定频率[4]。

相对于常规水轮机组，抽水蓄能机组启停频繁，一般每天均要启停数次，且在水泵启动过程起始就已加励磁，定子电流的频率和幅值随着转速升高而变化，整个过程持续时间较长。因此在启动过程中尽可能提高主保护性能非常重要。

以往差动保护基于常规的电磁式 TA，一次低频电流输入时测量误差显著增大，抽水蓄能机组变频启动过程的初始阶段，电气量频率在 5Hz 以下时，电磁式 TA 出现严重的暂态饱和，传变特性差，二次电流畸变严重，严重影响差动保护性能。一般采取两种措施防止该过程的差动保护不正确动作：一种是通过提高差动定值躲过差流最大不平衡电流，其缺点是会明显降低差动保护灵敏度；另一种是在频率极低情况下，差动保护暂时闭锁以防止误动，但是导致此过程中无差动主保护。

以某 250MW 抽水蓄能机组为例，在水泵启动过程初始阶段，TA 传变严重失真。图 2 所示为该机组在频率为 3Hz 左右时的录波波形，包括发电电动机机端、中性点电流和装置计算的差流波形。从图 2 中可以看出，电流波形畸变严重，且机端 TA 和中性点 TA 传变不一致，导致装置

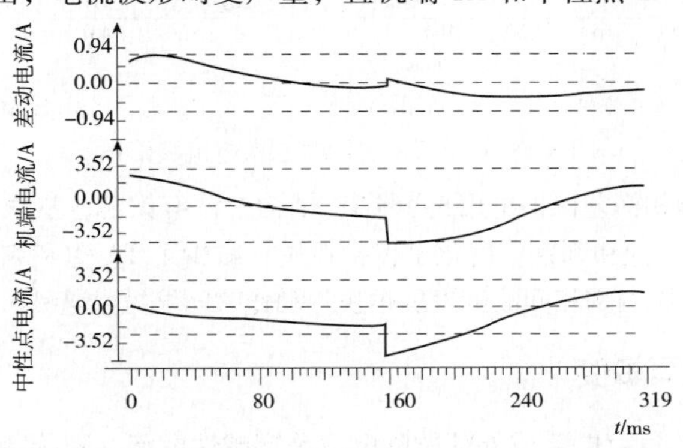

图 2 频率为 3Hz 左右时电磁式 TA 的传变波形

计算出虚假的差动电流。

江苏沙河电站基于柔性光 TA 实现裂相横差保护，光学 TA 基于法拉第磁光效应，通过检测偏振光信号在磁场中的相位变化来测量产生磁场的电流大小，其结果仅与一次电流大小有关，与电流的交变频率无关[5-7]。因此，在极低频率情况下，光学 TA 也能够获得同样的测量精度，同时也保证了差动各侧电流传变的一致性。在变频启动的整个过程中，不会有虚假的计算差流产生，差动保护可以全程投入，并大大降低差动保护启动定值，显著提高了低频启动过程中差动保护的灵敏度，可靠保障了抽水蓄能机组水泵启动安全。表 1 给出了南瑞继保 PCS—9250 光学 TA 在各频率下的电流测量精度。

表 1　　南瑞继保 PCS—9250 光学 TA 测量精度表

频率/Hz	施加电流值/A	互感器测量电流值/A	误差/%
3	60.0	60.13	0.2
50	60.0	60.12	0.2
100	60.0	60.18	0.3
200	60.0	60.12	0.2

3.2　提高主保护动作速度

以往差动保护基于电磁式 TA，当 TA 发生饱和时，二次电流出现畸变。图 3（a）所示波形为大容量短路稳态对称电流引起的稳态饱和，图 3（b）所示波形为短路电流中含有非周期分量或铁芯剩磁引起的暂态饱和[8]。TA 饱和严重影响差动保护的性能，可能导致差动保护的误动或拒动。常见对策是在保护装置的差动保护逻辑中增加 TA 饱和识别判据，国内外各厂家提出了多种判别 TA 饱和的方法，如利用 TA 饱和情况下每个周期仍存在不饱和时段的特点构成饱和检测元件、利用发生故障与出现饱和的时差判别饱和等[9]。这些判据在保护逻辑中一直处于投入状态，增加了逻辑复杂性，内部故障发生时延长了差动保护动作时间。

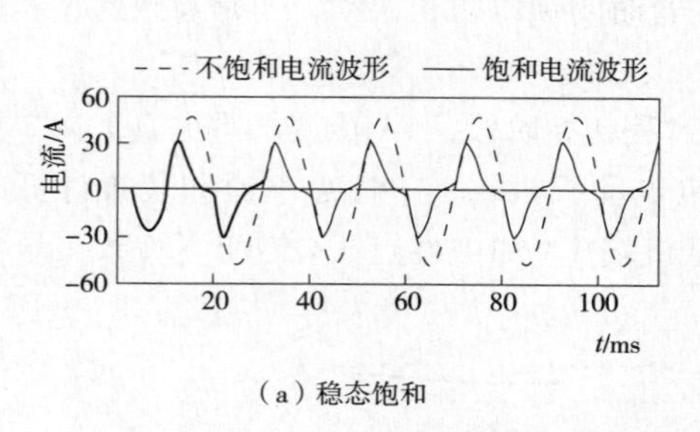

（a）稳态饱和

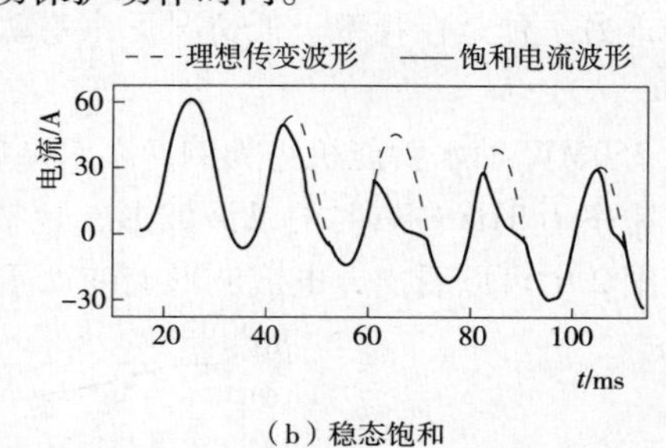

（b）稳态饱和

图 3　电磁式 TA 饱和时二次电流波形图

沙河电站新配置的裂相横差保护采用光学 TA，结构中没有铁芯，从根本上避免了饱和问题的存在。保护装置取消了 TA 饱和判别，简化了保护逻辑，减少了 TA 饱和判别时间，提高了差动保护的动作速度。发电电动机内部相间故障发展很快，动作时间缩短数毫秒可显著减少设备损失。

3.3　提高工频主保护灵敏度

对于差动保护来说，负荷电流或外部故障电流是穿越性电流，随着穿越性电流的增大，差动不平衡电流逐渐增加，为防止由不平衡电流导致的差动保护误动，采用比率制动特性的差动保护[1]。差动保护不平衡电流产生的原因很多，主要有：各侧 TA 不同型导致的传变特性不一致；保护级 TA 本身误差较大，包括比差和角差；故障电流中的非周期分量引起 TA 饱和和导致的不平衡差流等[10]。在对比率差动保护进行整定时，差动启动电流定值按躲过发电电动机额定负载时的最大不平衡电流整定，制动斜率定值的整定需躲过区外短路故障时的最大不平衡电流。

光学 TA 测量精度可达 0.5 级，无饱和问题，能够更加真实地传变一次电流，差流不平衡电流相比电磁式 TA 要小得多。因此，基于光学 TA 的差动保护，可适当降低差动启动电流和制动斜率的整定值，以获取更高的保护灵敏度。

如图 4 所示，曲线 2 和曲线 1 分别为使用电磁式 TA 的差动保护不平衡电流和比率制动特性曲线。曲线 4 和曲线 3 分别为使用光学 TA 的差动保护不平衡电流和比率制动特性曲线。

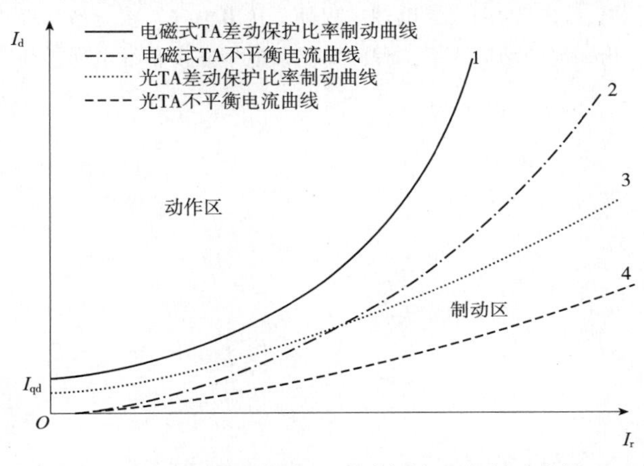

图 4　不平衡电流曲线和差动保护比率制动特性

4　结语

（1）沙河抽水蓄能电站主保护优化改造，实现了基于光学 TA 的裂相横差保护，完善了定子匝间保护配置，提高了匝间保护的灵敏度，减小了保护死区。

（2）受益于光学 TA 的优良测量性能，差动保护的可靠性、速动性和灵敏度得到提高，整体保护性能得到优化。

（3）基于光学 TA 的裂相横差保护不仅仅适用于抽水蓄能机组，同样可以适用于火电机组、核电机组、燃气轮机组及部分水电机组。

参考文献：

[1] 王维俭．电气主设备继电保护原理与应用［M］．北京：中国电力出版社，1996.

[2] 肖智宏．电力系统中光学互感器的研究与评述［J］．电力系统保护与控制，2014，42（12）：148－154.

[3] 桂林，王祥珩，王维俭．三峡发电机主保护灵敏性的全面分析和讨论［J］．电力系统自动化，2002，26（8）：45－49.

[4] 王昕，井雨刚，王大鹏，等．抽水蓄能机组继电保护配置研究［J］．电力系统保护与控制，2010，38（24）：66－70.

[5] 张健，及洪泉，远振海，等．光学电流互感器及其应用综述［J］．高电压技术，2007，33（5）：32－36.

[6] 滕林，刘万顺，李贵存．光学电流传感器及其在继电保护中的应用［J］．电网技术，2002，26（1）：31－34.

[7] 尚秋峰，王仁洲，杨以涵．光学电流互感器及其在电力系统中的应用 [J]．华北电力大学学报，2001，28（2）：14-18.
[8] 袁季修，盛和乐．电流互感器的暂态饱和及应用计算 [J]．继电器，2002，30（2）：1-5.
[9] 郑玉平，沈全荣，李力，等．异步法 TA 饱和判别的继电保护方法：中国，CN02138487.8 [P]．2003-05-21.
[10] 贺家李，宋从矩．电力系统继电保护原理 [M]．北京：中国电力出版社，2004.

作者简介：

杨海学（1979— ），男，江苏南通人，工程师，从事继电保护工作。

赵苏彦（1988— ），男，江苏溧阳人，助理工程师，从事电气一次设备管理工作。

蒋立宪（1988— ），男，江苏溧阳人，助理工程师，从事电气一次设备管理工作。

王 凯（1983— ），男，河南南阳人，工程师，从事电气主设备继电保护研究。E-mail：wangkai3@nari-relays.com

基于可靠性理论的抽水蓄能机组检修策略优化计算模型研究

巩　宇

（中国南方电网调峰调频发电公司，广东　广州　510630）

【摘　要】　目前我国电力系统中的抽水蓄能电站检修策略绝大部分采取的是计划检修，由于缺乏理论支持，所以计划检修的周期制定并不完善，造成了大量过度检修和检修不足的现象，影响机组的可靠运行并造成资金和时间的浪费。本文根据可靠性理论，提出一种以机组可用率最高和检修成本最低为目标的计算抽水蓄能机组计划检修周期的优化模型，并以国内某大型抽水蓄能电站数据为基础进行实例计算，得出优化结论，提高了机组的运行可靠性，降低了运行成本，并为蓄能机组检修策略优化研究的后续工作提出设想和建议。

【关键词】　蓄能机组；计划检修；可用率；检修成本；优化模型

0　引言

随着新能源不断并网，电网的调峰调频能力要求日益提高，由于抽水蓄能机组在电网调峰调频方面的巨大优势，国家电网和南方电网目前均在大力兴建抽水蓄能电站。我国目前投运的抽水蓄能电站虽然已经有了一定的规模，但是在电力系统中的占比较小，对其检修策略的研究尚处于初级阶段，基本上采用定期检修的检修策略，受使用环境和机组状态监测分析技术的限制，在未来较长的一段时间内仍将采用以定期检修为主的检修策略[1-2]。

受电力系统高可靠性要求的影响，目前的检修策略制定时更多的是偏向宁肯多修，不能少修的方向，定期检修周期的制定较为随意，缺乏理论和数据的支持，为修而修的现象普遍存在，造成了资源的大量浪费，且许多设备由于过度检修反而缩短了寿命，故障率不降反升，导致检修成本高昂且检修效果不佳。检修成本高居不下是电力系统，特别是电源侧一个急需解决的问题，高昂的检修成本使电网公司和发电公司的总成本高企，浪费了大量的资源，制约利润率的提高[3]。

目前，为了解决检修成本过高问题，提高检修质量，国内外很多学者和电力企业均做了大量的研究，提出了很多现代检修理论[4]，如以可靠性为中心的检修（RCM），关键敏感设备的识别与管理（CCM）等，对抽水蓄能机组检修策略的制定提供了参考[5-7]，一些电站采用了类似的方法进行检修策略的改进，达到了一定的效果，但仍有巨大的改进空间。

基于国内抽水蓄能机组绝大部分以计划检修为主的现状，本文根据可靠性理论的相关内容，分别以可用率最高和运行检修成本最低为优化目标，构建优化模型，计算在优化目标基础上的设备检修周期，并以国内某大型抽水蓄能电站运行数据为例对算法进行验证。

1　可靠性理论

抽水蓄能机组由很多系统组成，如发电机、主变压器、线路、开关、励磁系统、计算机监控系统、调速器系统等，每个系统又分为若干子系统，每个子系统又由若干零部件组成，任何部位都可能发生故障，而根据设备的稳定性和使用频率，发生故障的概率千差万别，且设备的重要性导致其故障的影响也不一样，如发电机故障将导致单台机组强迫停运，且需要长时间的维修，控制系统故障也可能导致单台机组强迫停运，但维修时间较短，一些传感器系统故障不会影响机组的正常运行，待机组正常停机时择机维修即可。所以，需要识别机组不同系统的故障模式和频率，采取不同的检修策略。经过多年的实践研究，随着设备全生命周期研究的深入，技术人员对抽水蓄能机组相关设备的寿命得出了以下几种分布：指数分布、威布尔分布、正态分布、偏正态分布等。但在通常情况下，能较好地刻画设备故障分布函数的有指数分布和威布尔分布，指数分布可以看作威布尔分布中的形状系数等于 1 时的特殊分布[8-11]。

2 威布尔分布（Weibull distribution）

在可靠性工程中，一般用威布尔分布就能简练而统一地描述出整个浴盆曲线。因为指数分布的故障率 $\lambda(t)=\lambda$ 为常数，所以它无法描述“浴盆”中下降和上升的“两边”，用威布尔分布表示的几个可靠性函数如下。

2.1 密度函数 $f(t)$

威布尔分布的密度函数为

$$f(t)=\begin{cases}\dfrac{k}{\lambda}\left(\dfrac{t}{\lambda}\right)^{k-1}\mathrm{e}^{-\left(\frac{t}{\lambda}\right)^{k}}, & t\geqslant 0\\ 0, & t<0\end{cases} \tag{1}$$

分布曲线如图 1 所示。

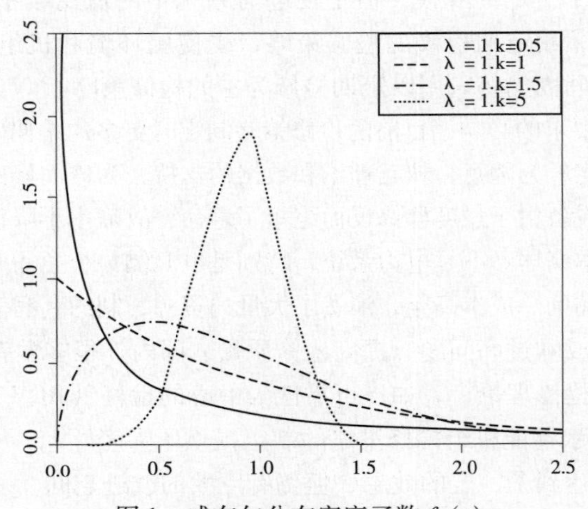

图 1 威布尔分布密度函数 $f(t)$

2.2 累积分布函数 $F(t)$ 和可靠度 $R(t)$

威布尔分布的累积密度函数为

$$F(t)=\int_0^t f(t)\mathrm{d}t=\begin{cases}1-e^{-\left(\frac{t}{\lambda}\right)^{k}}, & t\geqslant 0\\ 0, & t<0\end{cases} \tag{2}$$

分布曲线如图 2 所示。

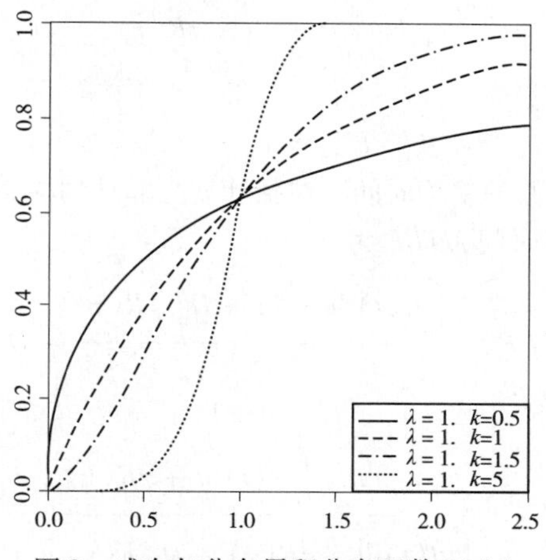

图2 威布尔分布累积分布函数 $F(t)$

由于可靠度 $R(t)=1-F(t)$，所以可靠度函数为

$$R(t)=1-F(t)=e^{-\left(\frac{t}{\lambda}\right)^{k}} \tag{3}$$

3 检修策略优化模型

目前，中国抽水蓄能机组检修主要采用计划检修和非计划检修结合的检修策略，在此基础上进行检修策略的优化主要以两个指标作为优化的目标，确定计划检修的周期：①机组可用率最高；②维修成本最低。

假设蓄能机组设备中某系统的可靠度为 $R(t)$，在设备使用过程中对计划检修周期 τ 存在一个决策问题，计划检修周期 τ 设置不当将导致：①计划检修周期过短，即检修过于频繁，可能在设备出故障几率很低的情况下对其进行维修或更换，造成过度检修的浪费和停机时间，降低可用率，增加检修成本；②周期设置太长，在设备发生故障后还没有到达计划检修的时间，则变为故障检修，即非计划检修，设备故障后将造成非计划停运，将造成额外的损失，如各种罚款费用等。所以如何设置计划检修周期 τ 是蓄能机组检修策略制定一个非常重要的环节。本章将分别以这两个指标作为优化的目标，以某电站的设备数据作为基础数据，建立优化模型，计算最佳的检修周期 τ。

3.1 以可用率最高为优化指标的优化模型

3.1.1 模型参数

设计划检修时间为 D_{pm}，非计划检修时间（故障检修）为 D_{cm}，其余模型参数如下：

（1）设备两次可用时刻的平均时间间隔 u 为

$$u=\int_0^{\tau} tf(t)\,\mathrm{d}t+\tau R(\tau)+D_{cm}F(\tau)+D_{pm}R(\tau) \tag{4}$$

式中：u 为设备自上次检修完投运至本次检修完投运的平均时间；τ 为计划检修周期；$R(\tau)$ 为设备运行可靠度函数；$F(\tau)$ 为累积故障分布函数；$f(t)$ 为设备故障密度函数。

（2）设备平均运行时间 E_{up}。该时间 E_{up} 为设备自上次检修完投运至本次停机检修的运行时间，则

$$E_{\mathrm{up}} = \int_0^{\tau} tf(t)\,\mathrm{d}t + \tau R(\tau) \tag{5}$$

（3）设备平均检修时间 E_{down} 为

$$E_{\mathrm{down}} = u - E_{\mathrm{up}} \tag{6}$$

式中：E_{down} 为蓄能机组停机检修的平均时间，包括计划与非计划检修。

（4）设备平均无故障运行时间 $MTBF$ 为

$$MTBF = \frac{\int_0^{\tau} tf(t)\,\mathrm{d}t + (\tau + D_{\mathrm{pm}})R(\tau)}{F(\tau)} + D_{\mathrm{cm}} \tag{7}$$

（5）设备可用率 Ava 为

$$Ava = \frac{E_{\mathrm{up}}}{u} = \frac{\int_0^{\tau} tf(t)\,\mathrm{d}t + \tau R(\tau)}{\int_0^{\tau} tf(t)\,\mathrm{d}t + \tau R(\tau) + D_{\mathrm{cm}}F(\tau) + D_{\mathrm{pm}}R(\tau)} \tag{8}$$

3.1.2　优化目的

以可用率最高为优化指标时，在已知设备的故障密度函数 $f(t)$ 和预防性检修和故障检修的时间后，计算式（8）中 Ava 取最大值时的 τ 即为最优的预防性检修周期。

3.2　以检修成本最低为优化指标的优化模型

3.2.1　模型参数

在以检修成本最低为优化指标时，为便于计算，忽略检修所花费的时间，设计划检修成本为 C_{pm}，非计划检修成本（故障检修）为 C_{cm}，其余模型参数如下：

（1）设备两次可用时刻的平均时间间隔 u 为

$$u = \int_0^{\tau} tf(t)\,\mathrm{d}t + \tau R(\tau) \tag{9}$$

式中：u 为设备自上次检修完投运至本次检修完投运的平均时间；τ 为计划检修周期；$R(\tau)$ 为设备运行可靠度函数；$F(t)$ 为累积故障分布函数；$f(t)$ 为设备故障密度函数。

（2）设备平均无故障运行时间 $MTBF$ 为

$$MTBF = \frac{\int_0^{\tau} tf(t)\,\mathrm{d}t + \tau R(\tau)}{F(\tau)} = \frac{u}{F(\tau)} \tag{10}$$

（3）设备检修平均成本 P。该值为设备运行过程中，预防性检修和故障检修的平均成本，则

$$P = C_{\mathrm{cm}}F(\tau) + C_{\mathrm{pm}}R(\tau) \tag{11}$$

（4）设备平均运行成本。该值为将检修成本分摊到每一个运行日中，每日的运行成本，则

$$C = \frac{P}{u} \tag{12}$$

3.2.2　优化目的

以最低检修成本最低为优化指标时，在已知设备的故障密度函数 $f(t)$ 和预防性检修和故障检修的成本后，计算式（12）中 C 取最小值时的 τ 即为最优的预防性检修周期。

4　实例计算

以某电站机组某个系统 A 为例进行检修策略优化计算，分为以下三步：

（1）构建 A 系统可靠性相关函数：①故障密度函数 $f(t)$；②累计故障分布函数 $F(t)$；③可靠度函数 $R(\tau)$。

（2）以可用率最高为优化目标进行计算。

（3）以检修成本最低位优化目标进行计算。

4.1 构建可靠性相关函数 $f(t)$、$F(\tau)$ 及 $R(\tau)$

根据工程实践经验，系统 A 的故障密度函数近似于威布尔分布，根据电厂设备出厂报告中的可靠性参数得知，其故障密度函数为

$$f(t)=\begin{cases}\frac{\beta}{\eta}\left(\frac{t}{\eta}\right)\beta-1\mathrm{e}^{-\left(\frac{t}{\eta}\right)^{\beta}}, & t\geqslant 0\\ 0\end{cases} \tag{13}$$

式中：$\beta=2.1$；$\eta=380$

累计密度函数为

$$F(\tau)=\int_0^t f(t)\,\mathrm{d}t=\begin{cases}1-\mathrm{e}^{-\left(\frac{t}{\eta}\right)^{\beta}}, & t\geqslant 0\\ 0, & t<0\end{cases} \tag{14}$$

可靠度 $R(\tau)=1-F(\tau)$，所以可靠度函数为

$$R(\tau)=1-F(\tau)=\mathrm{e}^{-\left(\frac{t}{\eta}\right)^{\beta}} \tag{15}$$

计算过程遵循以下条件：

（1）目前，该电站对于系统 A 的预防性检修定为 2 年一次，即 $\tau=730$，持续时间与一般性预防性检修一致，均为 14 天，即 $D_{\mathrm{pcm}}=14$，该系统故障将导致机组停运，电网公司对其考核折算完后减去可用时间 42 天，即 $D_{\mathrm{cm}}=42$。

（2）预防性检修一次的成本费用为 24 万/次，故障检修成本折算为 60 万/次，包含了机组非计划停运带来的其他损失。

4.2 以可用率最高为优化目标

将上述参数代入 3.1 中的以可用率最高为目标的优化模型，使用 Mathmatica 计算可用率模型中的相关参数。

计算现有检修策略下的可用率 *Ava*

系统 A 可用时刻的平均时间间隔 $u(730)=376.5$ 天，系统 A 平均运行时间 $E_{up}(730)=335$ 天，系统 A 平均检修时间 $E_{\mathrm{down}}(730)=u-E_{\mathrm{up}}=41$ 天，系统 A 平均无故障运行时间 $MTBF(730)=383.9$ 天，系统 A 可用率 $Ava(730)=0.88$，即按照 2 年一次的预防性检修策略，系统 A 的可用率为 88%，继续使用 Mathmatica 计算可用率最高时检修周期 τ 的值。所用函数为

NMaximize [{*Availability* [τ], $\tau>0$}, τ]

计算结果为

{0.9037781725861964, {$\tau\rightarrow 269.95504317$}}

即当 $\tau=269.955$ 时，可用率 *Ava* 有最大值 0.903，则此时各参数为：

系统 A 可用时刻的平均时间间隔 $u(270)=257.8$ 天，系统 A 平均运行时间 $E_{\mathrm{up}}(270)=233$ 天，系统 A 平均检修时间 $E_{\mathrm{down}}(270)=u-E_{\mathrm{up}}=24.8$ 天，系统 A 平均无故障运行时间 $MTBF(270)=668$ 天，系统 A 可用率 $Ava(270)=0.904$，即

当 A 电站监控系统上位机的预防性检修周期为 270 天时，其系统拥有最高的可用率 90.4%，其平均无故障时间 *MTBF* 为 668 天，高于预防性检修周期为 730 天的可用率 88% 和 *MTBF* 383.9 天。

4.3 以检修成本最低为优化目标

将上述参数代入 3.2 中的以检修成本最低为目标的优化模型，使用 Mathmatica 计算可用率模型中的相关参数，则

系统 A 可用时刻的平均时间间隔 u（730）=335 天，系统 A 平均无故障运行时间 *MTBF*（730）=341.66 天，设备检修平均成本 P（730）=60 万元，日平均运行成本 C（730）=0.177 万元，即按照 2 年一次的预防性检修策略，A 电站上位机系统的平均运行时间为 335 天，平均无故障时间为 341.66 天，平均检修维护成本为 60 万元，日平均运行成本为 0.177 万元。继续使用 Mathmatica 计算，当日平均成本最低时检修周期 τ 值。作用函数为

NMinimize [{*Avg*cost [τ], $\tau>0$}, τ]

计算结果为

{0.1612792561548292, {$\tau\to313.9866317004879$}}

即当 $\tau=313.987$ 时，日平均运行成本 Avg_{Cost} 有最小值 0.161，此时各参数为：

系统 A 可用时刻的平均时间间隔 u（314）=257.8 天，系统 A 平均无故障运行时间 *MTBF*（314）=528 天，设备检修平均成本 P（314）=41.5 万元，日平均运行成本 C（314）=0.161 万元，即当 A 电站监控系统上位机的预防性检修周期为 257.8 天时，其系统拥有最低的日平均运行成本 0.161 万元，低于预防性检修周期为 730 天时的日平均运行成本 0.177 万元；其平均无故障时间 *MTBF* 为 528 天，高于预防性检修周期为 730 天的 *MTBF* 341 天。

4.4 优化前后比较

优化比较结论见表 1。

表 1　　系统 A 检修策略优化前后对比

以可用率最高为优化目标的优化策略			
	检修周期	可用率	*MTBF*
优化前	730 天	88%	383.9 天
优化后	270 天	90.4%	668 天
以成本最低为优化目标的优化策略			
	检修周期	运行成本	*MTBF*
优化前	730 天	0.177 万/日	341.66 天
优化后	270 天	0.161 万/日	528 天

由以上对比可以发现，优化后的检修策略明显提高了设备的可用率和平均无故障运行时间，并降低了设备的运行成本，明显地提高了电站的运行效益。如系统 A，以可用率最高的计算方式优化前可用率 88%，优化后 90.4%；以运行成本最低的优化方式计算优化前日运行成本 0.177 万元/天，优化后 0.161 万元/天。但是在实际运行中，一个电站的设备系统种类繁多，不同设备

根据计算其预防性检修的周期不一致，要制定最优的预防性检修策略，应对所有设备系统均进行如上计算，得出所有设备的预防性检修周期后进行综合考虑，尽量在一次机组退备检修的时间内对尽可能多的设备进行预防性检修，在满足各设备最优检修周期的基础上，减少机组退出运行的时间。

5 结语

虽然在很多工程领域已经开始进行状态检修，但对于国内电力系统中运行的抽水蓄能电站绝大部分采取计划检修的策略，这是由中国电力系统的体制和运行环境所决定的，所以研究在计划检修策略下的优化决策很有意义。目前，大多数电站均制定一个固定的计划检修周期，在机组退出运行开始检修后，对其大部分设备进行检修，这实际上将造成很多过度检修现象的存在，不同类型的设备所需要的最优检修周期不同，即使同一类设备其最优检修周期也不同，如计算机监控系统，其故障分布函数与同为二次设备的调速器控制系统、继电保护系统等不同。所以，制定检修策略时首先要明确检修策略是以保证机组可用率最高还是检修成本最低为目标，不同的电站，不同的机组可以采取不同的检修目标；其次需要针对每一个子系统根据本文的计算方法进行计算，得出所有系统的最优预防性检修周期；最后进行统一综合评估，取舍最优的检修策略，才能达到运行效益的最大提升。

参考文献：

[1] 全文涛，沈海华．电站优化检修的实践与认识［J］．华东电力，2004，32（6）：20－23.

[2] 刘华新，马银戌，陈立新．基于项目管理的发电企业大修管理系统的研究［J］．煤矿机械，2004，6：128－130.

[3] 石磊，谷宁昌．以可靠性为中心的维修［M］．北京：机械工业出版社，1995.

[4] Block，H. W.，Langberg，N. A.，Savits，T. H. Repair Replacement Policies［J］．Journal of Applied Probability，1993，30（1）：194－206.

[5] Sheu，S.，Griffith，W. S,，Nakagawa，T. Extended Optimal Replacement Model with Random Minimal Repair Costs［J］．European Journal of Operational Research，1995，85（3）：636－649.

[6] Wang，H.，Pham，H. Some Maintenance Models and Availability with Imperfect Maintenance in Production Systems. Annals of Operational Research，1999，91（2）：305－318.

[7] 郑荣跃，严剑松．威布尔分布参数估计新方法研究［J］．机械强度，2002，24（4）：599－601.

[8] 周晓军，奚立峰，李杰．一种基于可靠性的设备顺序预防性维护模型［J］．上海交通大学学报，2005，39（12）：2044－2047.

[9] 杨京燕，马昕，周成．水电机组检修周期的优化研究［J］．现代电力，2005，22（6）：85－87.

[10] 毛晋，张宇，张福伟，张卫东．发电机组预知性维修策略“按需检修”的研究［J］．现代电力，1997，14（3）：33－34.

[11] 黄雅罗，黄树红．发电设备状态检修［M］．北京：中国电力出版社，2000.

作者简介：

巩 宇（1982— ），男，硕士，高级工程师，研究方向为抽水蓄能电站检修维护研究。E－mail：19409767@qq.com

燃气轮机启动过程中的继电保护处理方案探讨

姬生飞，房　康，牛元超

（南京南瑞继保电气有限公司，江苏　南京　211102）

【摘　要】　根据燃气轮机组在变频启动过程中的电气特性，分析在启动过程中发电机定子接地、低频过流、过电压、主变差动的处理方案，提出在启动过程中需要闭锁的常规保护，以期对后续的燃气机组继电保护设计提供一些参考。

【关键词】　燃气机组；变频启动；定子接地；低频过流；主变差动；继电保护设计

0　引言

中国现在发电机组以火力发电为主，主要是燃煤发电，为控制 PM2.5 排放，随着西气东输及缅甸、中亚天然气管道的铺通，国内天然气供应大为改善。其中大中城市用天然气替代煤炭发电，燃气发电机组是适应世界环保要求和市场新环境而开发的新型发电机组。它是取代燃油、燃煤机组的新型绿色环保动力，充分利用各种天然气或有害气体作为燃料，变废为宝、运行安全方便，成本效益高，排放污染低，并适宜热、电联产等优点，市场前景十分广阔。燃气发电具有能源转换效率高、污染物排放少、启停迅速、运行灵活等特点[1]。近年来，我国燃气发电产业持续快速发展，为优化能源结构、促进节能减排、缓解电力供需矛盾、确保电网安全稳定发挥了重要作用，是今后的发展方向，也将迎来广阔的市场需求。

1　燃气轮机组的启动方式

燃气轮机组的启动方式，按启动时间的长短主要分为两种，即正常启动（Normal Start）和快速启动（Fast Start）。正常启动是按设定程序进行的一种启动，启动过程中需要暖机，严格控制机组的加速率和加载率，避免在机体内产生过大的热应力，保证机组启动过程中热应力在一个安全水平内。因此，这种启动方式所需时间较长，重型机组大约需 10～22min，为适应简单循环燃气轮机发电装置调峰的需要，有些机组除正常启动外，还设置了快速启动，这也是按设定程序进行的一种启动，但提高了程序中的加速率和加载率，减少了暖机时间。因此，启动时间缩短，过程中的热应力仍然在可以接受的水平内。例如，GE 公司的 6B 型机组，在用柴油机启动时，从静止到全速空载，正常启动的时间为 12min（包括柴油机暖机时间 2min），快速启动的时间为 7min10s，加载过程正常启动为 4min，快速启动为 2min，总的启动时间分别为 16min 和 9min 10s。

除上述两种启动方式外，还有一种时间更短的启动，称为紧急启动（Emergency Start）这是一种强制性启动，即在很短时间内超越正常程序强行将机组从静止带至满负荷。由于这种启动对机组的损害太大，除非万不得已，很少在实际使用。

其中，大容量燃气轮发电机正常启动方式一般采用变频启动，有外部电源经静态变频装置（SFC）给电机定子绕组供电，并经启动励磁装置给励磁绕组励磁电源[2]，采用静止变频器启动具有效率高、可靠性好、自诊断功能强、维护量小、启动平稳、布置灵活等特点，而且对机组结构没有任何特殊要求。从经济上考虑，同一电厂的多台机组可共用一台变频器，容易实现冗余配置。因此，随着电力电子技术的进步和静止变频器控制理论的日臻完善以及可靠性的提高，静止变频器广泛用作燃气轮发电机组和抽水蓄能机组的启动设备，本文主要基于燃气轮发电机变频启动的过程，分析继电保护的处理方案。

2 燃气轮机组的典型配置和启动状态电气量

燃气轮机电站的系统接线，既不同于常规的燃煤电站和水电站，也不同于抽水蓄能电站。与常规的水电站和火电站相比，燃气轮发电机组由于无法实现自启动，因此需要装设专门的启动设备和启动母线以及相应的断路器和隔离开关。与抽水蓄能电站相比，燃气轮发电机组不存在反向运行的可能性，因此不需要装设抽水蓄能机组所需要的换相开关。与常规电站的系统接线相比，燃气轮机电站在厂用变压器低压侧增加了 SFC，及其电源侧断路器 QFs 和发电机侧的隔离开关 QSs，辅助励磁变压器 AET 及其电源侧断路器 QFse 和励磁装置侧的隔离开关 QSse。燃气轮发电机组装设出口断路器（GCB）除了能缩小事故范围、简化厂用电设备的切换操作以及减少高压断路器的操作次数外[3]，还能避免主变压器低压侧和厂用电变压器高压侧绕组在发电机启停期间的分流问题，有助于提高静止变频器的利用率，因此世界上 80% 的燃气轮发电机组均装设 GCB[4]，图 1 所示为燃气轮机组的典型配置方案。

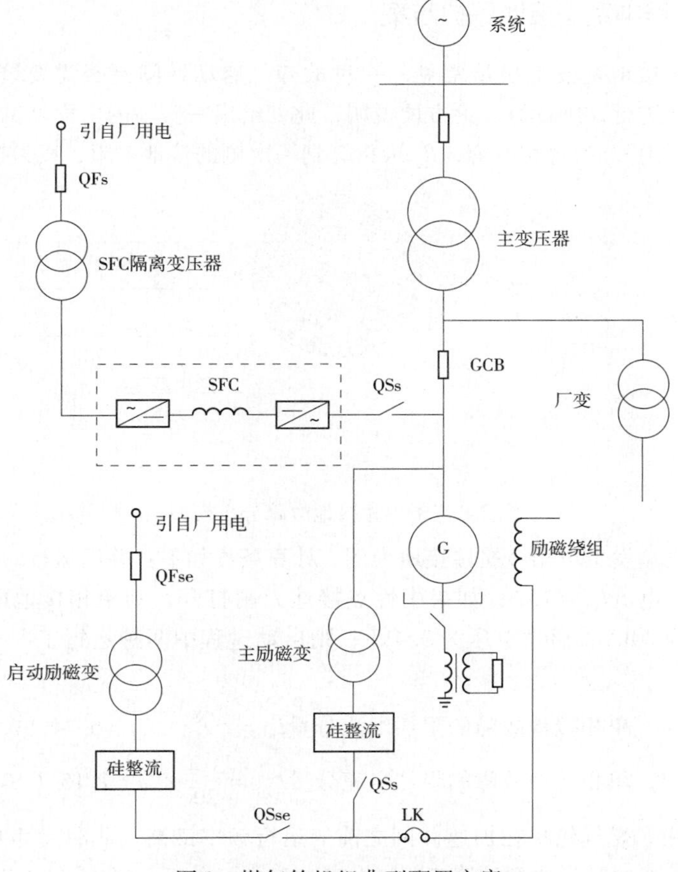

图 1 燃气轮机组典型配置方案

根据图 1 的典型配置方案，当燃气轮发电机组启动时，首先合上辅助励磁变压器的低压侧隔离开关 QSse 和电源侧断路器 QFse，然后闭合 SFC 的发电机侧隔离开关 QSs 和电源侧断路器 QFs。在主控制器的作用下，自动电压调节器 AVR 向励磁绕组提供适量的励磁电流，由 SFC 按照一定的控制策略向发电机定子绕组提供电流，驱动发电机由静止开始旋转，并按照燃气轮机的启动方案分别控制燃气轮机的清洗、点火、暖机、并加速至自保持转速。燃气轮机启动成功后，打开隔离开关 QSs 和 QFse，并在 SFC 关停后依次跳开静止变频器的电源侧断路器 QFs 和辅助励磁变压器的电源侧断路器 QFse，由发电机组自动实现同期并网。燃气轮机组在 SFC 变频启动过程中，发电机电流较小，最大约为 $0.07I_e$（I_e 为额定电流），机端电压较低，约为 $17\%\ U_n$（U_n 为额定电压），发电机转速 0 ~ 2000r/min，频率 0 ~ 33.3Hz，发电机的 U/f 值范围为 0.25 ~ 1.0，吸收有功。此时发电机电气量的频率远低于工频，受低频的影响，差动保护、相间后备保护、定子接地保护（除受频率影响外，由于启动过程中的电压较低，按照发电模式整定的零序电压定值较高，在启动过程保护范围极小）等可能无法动作。为了反应发电机定子相间短路和定子接地故障，需要考虑变频启动过程中的定子接地保护功、低频过流保护和过电压保护的处理方案，以上保护功能需采用与频率无关的算法，且在进入发电机模式后应能自动退出相应保护功能[5]。

3　燃气轮机组变频启动过程的保护处理

3.1　SFC 启动过程中定子接地保护方案

定子绕组的单相接地是发电机最常见的一种故障，启动期间是否需要装设定子接地保护，需要对各种运行工况进行详细计算。为方便说明，此处给出一实际的工程算例，图 2 所示为计算采用的电路模型，图中 C_g 为每相电容，R_g 为折算到一次侧的接地电阻，K 为接地开关。

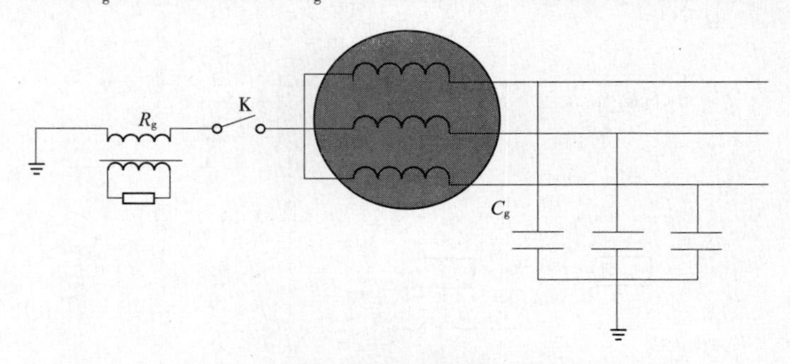

图 2　定子单相接地故障分析模型

具体计算均以机端发生单相金属性接地为例。计算条件如下：并网运行时，如果接地刀闸闭合，则单相接地故障电流 $I_{C1}=15$A；如果中性点接地刀闸打开，则单相接地电流为 $I_{C2}=13.4$A；发电机的额定电压为 20kV；启动电压为 3.4kV；则启动过程中两种运行工况下单相接地时的故障电流计算如下：

（1）并网运行时，单相接地故障的阻性电流分量 $I_R=\sqrt{I_{C1}^2-I_{C2}^2}=6.74$（A）。

（2）启动过程中，单相接地故障的阻性电流分量 $I_{R.S}=\dfrac{3.4}{20}\times I_R=1.15$（A）。

（3）启动过程中，燃气轮机在加速并网之前的运行频率最高，此时发生单相接地故障的电容电流最大，因此选择此时为典型计算工况。此时，发电机的运行频率 $f\approx0.7f_n$，因此发生单相接地故障的容性电流分量为$I_{C.S}=3\omega C_g U_\varphi=\dfrac{\omega}{\omega_n}\dfrac{U_\varphi}{U_{\varphi.n}}I_{C2}\approx1.56$（A）。此即中性点刀闸打开时，启动过程中发生单相接地的故障电流。

（4）假如启动过程中，中性点接地刀闸闭合，则相应条件下的单相接地故障电流为$I_{RC.S}=\sqrt{I_{C.S}^2+I_{R.S}^2}=1.94$（A）。

GB/T 14285—2006《继电保护和安全自动装置技术规程》[5]中额定电压为18～20kV，额定容量300～600MW的发电机组，接地电流的允许值为1A。因此，现代大型燃气轮发电机组在启机过程中，无论中性点刀闸闭合与否，均应装设完善的定子单相接地保护。那么根据在变频启动过程中电气量分析，在变频启动过程中，发电机的转速从0～2000r/min变化，对应频率从0～33.3Hz变化。由于SFC启动过程中发电机中性点隔离开关需要断开，无法取得中性点零序电压，因此零序电压取自发电机机端TV开口三角，采用与频率无关的算法，该保护同样经SFC输出端隔离开关QSs的辅助常开触点控制，在SFC切除时自动退出。

关于零序电压定值整定：以额定参数为400MW，20kV的燃气轮发电机为例，静止变频器的容量约为发电机额定容量的1%～2%，在其启动过程中，SFC输出到发电机主回路的电压为3.4kV，发电机机端TV变比一般为$\dfrac{20\text{kV}}{\sqrt{3}}/\dfrac{100\text{V}}{\sqrt{3}}/\dfrac{100\text{V}}{3}$，当发电机机端发生金属性接地故障时，TV的二次侧输出电压仅为17V。如果按照常规启停机保护整理，基波零序电压整定为10V[6]，则其保护范围仅为（17－10）/17＝41.2%。因此，考虑到发电机变频启动电压为3.4kV，比其额定电压20kV小得多，且启动期间发电机GCB打开，定子接地保护的灵敏度不必考虑外部系统单相接地故障的影响，零序电压定值可适当降低，比如按1.7V（3.4kV/20kV×10V＝1.7V）整定，此时保护范围为（17－1.7）/17＝90%。

3.2 SFC启动过程中低频过流保护方案

由于在启动过程中，发电机差动保护将被闭锁，致使发电机在整个启动过程中失去快速保护。鉴于燃气轮发电机启停频繁、启动过程持续时间长等特点，因此有必要增设针对启动期间相间故障的低频过流保护，并在同期并网后退出。根据燃气机在启动过程中电气量分析，燃气轮机启动过程中，频率变化范围为0.05～33.3Hz，相当于额定工频频率的0.1%～66.7%，与频率成正比的发电机电抗也由工频值下降到相应值，因此，发电机定子相间短路时低频短路电流值较大，即使机端电压维持在$0.17U_n$的较低值，此短路电流也是相当大的，在此期间发生相间故障时，由于低频的影响，发电机的常规保护可能拒动，且起动过程持续时间较长，为此需考虑设针对起动期间相间故障的低频过流保护。

考虑在燃气轮机启动过程中，频率较低，常规的小变流器对低频电流传变效果差，一些工频算法会出现较大误差，所以在此期间发生相间故障时，发电机的常规保护可能拒动。本文建议此时低频过流保护采用低频传变效果好的小变流器、频率跟踪以及与频率无关的算法，并要求低频过流保护采用SFC输出端隔离开关的辅助接点与过流元件组成“与”门出口，SFC切除后低频过流保护自动退出。

3.3 SFC启动过程中过电压保护方案

在SFC启动过程时，为了保护SFC启动回路，需考虑SFC启动过程中的过电压保护，建议保护经发电机出口断路器 GCB 位置和 SFC 输出端隔离开关的辅助接点双重闭锁。以 SFC 启动额定电压为 3.4kV 为例，过电压定值可按 4kV 整定计算。

3.4 SFC 启动过程中主变差动保护方案

燃气轮电站 SFC 配置方案如图 3 所示。

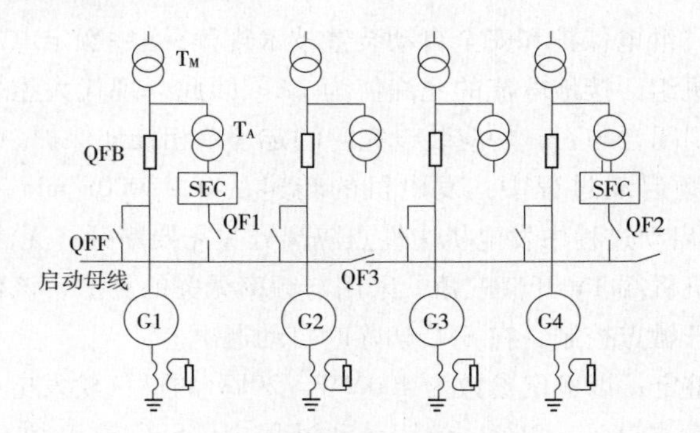

图 3　燃气轮电站 SFC 配置方案

SFC 变频启动过程中，DSF 闭合，GCB 打开，主变压器通过厂用变压器倒送电运行，过流 TA2 的电流为主变差动不平衡电流，且该电流为低频电流，燃气轮机组典型主保护配置如图 4 所示。

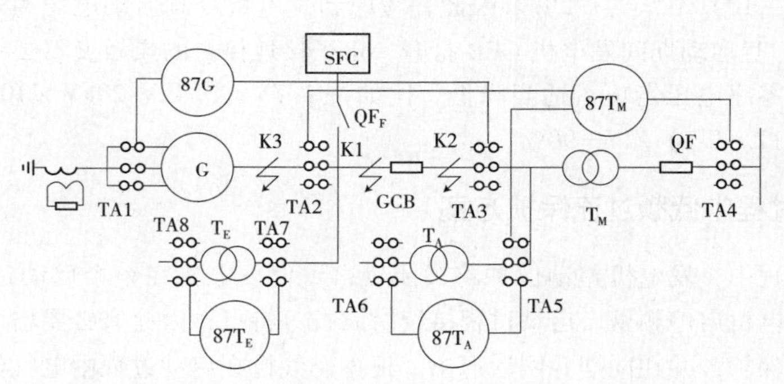

图 4　燃气轮机组主保护配置图

SFC 变频启动期间，发电机机端 GCB 断开，主变通过厂变倒送电运行，SFC 启动回路流过的电流对主变差动保护来说为不平衡电流，且该电流为低频电流。在图 4 中，当 *K*1 点故障时，TA4 和 TA5 电流不变，主变差流即为 TA2 电流，SFC 和燃气轮机同时向 *K*1 点提供故障电流（流经 TA2），可能导致主变差动保护动作于解列和切换厂用电，导致事故操作复杂化，甚至可能失去厂用电，造成事故范围扩大[7-8]。实际上，此时发电机低频过流保护完全可以保护 *K*1 点，而且灵敏度更好，且只需动作于灭磁，无需解列和切换厂用电。

通过以上分析，可以引入 GCB 辅助接点，通过辅助接点的状态控制主变差动的范围，在变频启动过程中，GCB 打开时，主变差动保护经采用 TA4 和 TA5 电流，当并网后，主变差动保护采用 TA4、TA5 和 TA2 电流。

3.5 SFC 启动过程中保护闭锁方案

启动期间，燃气轮发电机的电气状态与正常运行时差异较大，按照正常运行条件配置的保护有些可能无法正常发挥作用，有些可能会导致误动，还有些保护可能根本没有考虑燃气轮发电机的实际运行特点。在燃气轮发电机启动期间，根据启动过程电气特点将一些保护退出运行，不仅有助于提高一次系统运行的可靠性，而且还会降低保护装置的演算负担，有助于改善保护装置的性能。

根据燃气轮机变频启动过程电气特征，发电机频率的变化在0.05～33.3Hz之间，机端电压很低，约为17% U_n，发电机的U/f值范围为0.25～1.0，因此发电机低频保护、低电压保护、频率异常保护应闭锁，发电机并网后再投入运行，此时保护的处理方案可考虑以发电机出口断路器辅助接点实现上述闭锁。

在燃气轮机组变频启动过程中，SFC投入阶段，燃气轮机是吸收有功的，相当于同步电动机以同步方式启动[9]。此时如果逆功率保护按照常规机组整定，则燃气轮机的逆功率保护在变频启动过程中有可能动作，因此此时逆功率保护可通过适当抬高定值的方式躲过，一般按躲过机组启动的最大功率进行整定，一般为10% P_n 以上。这个在启动过程中逆功率保护可正常投入，若逆功率保护按常规定值整定，需考虑闭锁，发电机并网后再投入运行，此时继电保护的处理方案可考虑以发电机GCB辅助接点实现上述闭锁。

另外，在变频启动过程中，发电机频率和电压均很低，根据电机厂家的意见，SFC启动过程中，过励磁保护应闭锁，机组并网后再投入运行。

4 结语

结合燃气轮机组在变频启动时的电气量特点，本文针对燃气轮机组在变频启动过程中的低频过流保护、定子接地保护、过电压保护、主变差动保护进行了分析和探讨，给出了处理方案，并分析了启动过程中需要闭锁的保护功能，希望对以后燃气轮机组的继电保护设计方面有所帮助。

（1）燃气轮机组在变频启动时需考虑定子接地保护、低频过流保护，保护处理上需考虑采用与频率无关的算法。

（2）燃气轮机组在变频启动过程中，为保护启动回路，需考虑启动过程的过电压保护，保护处理方案可考虑采用GCB位置接点和SFC隔离开关辅助接点的双重闭锁。

（3）可引入GCB辅助接点的状态，时时控制主变差动的范围，实现变频启动过程中的主变差动保护功能的差动范围调节。

（4）燃气轮机组在变频启动过程中，发电机频率低，定子电压低，发电机低频保护、低电压保护、频率异常保护应闭锁，逆功率保护可根据定值情况进行选择性的闭锁。上述保护可在发电机并网后再投入运行。

参考文献：

[1] 徐润涛．我国燃气轮机发电站的发展概况及其展望［J］．燃气轮机技术，1998，11（3）：5－10.
[2] 阮伟．大型燃机变频调速系统的运行及控制特点［J］．电力建设，2008，29（2）：88－89.
[3] 闫观清，夏富军．宝泉抽水蓄能电站电气主接线设计探讨［J］．红水河，2000，19（3）：19－66.
[4] 罗炳林．论电气主接线与装设发电机出口断路器的关系［J］．电力建设，2005，26（3）：5－7.
[5] GB/T 14285—2006. 继电保护和安全自动装置技术规范［S］.
[6] DL/T 684—1999. 大型发电机变压器继电保护整定计算导则［S］.
[7] 王维俭．电气主设备继电保护原理与应用［M］．二版．北京：中国电力出版社，2002.

[8] GB/T 50062—2008. 电力装置的继电保护和自动装置技术规范 [S].
[9] 马晓静. 燃机电厂电气设计特点 [J]. 电力建设，2006，27（5）：41－44.

作者简介：

姬生飞（1983—　），男，黑龙江佳木斯人，工程师，从事发电厂电气设计工作。E－mail：jisf@ nari－relays. com

房　康（1986—　），男，江苏南京人，助理工程师，从事发电厂电气设计工作。

牛元超（1988—　），男，山东泰安人，助理工程师，从事发电厂电气设计工作。

火电厂高压变频系统中的电机保护方案研究

窦　君

（河北大唐国际唐山热电有限责任公司，河北　唐山　063029）

【摘　要】　高压变频调速技术以其优异的调速、启制动性能、高效率、高功率因数和节电效果，成为国内外公认的最有发展前景的火电厂节能方式。采用大容量变频器对电机进行拖动控制时，电机电源经过整流逆变，频率和相位都会发生变化。因此，应用高压变频器对电机调速控制时，要重点研究变频运行中的电机保护整定计算和配置问题。

【关键词】　高压变频系统；电机保护；整定计算；保护配置

0　引言

为有效降低火电厂厂用电率，越来越多的火电厂正在进行或已完成高压电机的变频改造工作。随着机组负荷变化和调节自动化程度的提高，电机经常处于频繁的启动、制动、正反转以及变负荷等多种运行方式中，这就对电机继电保护装置提出了更高的要求。另外，电机的应用范围广，常工作于环境极为恶劣的场合，如潮湿、高温、多尘、腐蚀等场合，造成了现在的电机比过去更容易损坏，尤其是过载、短路、缺相、扫膛等故障出现频率最高。对于低压电机而言，使用变频器自身的保护足以达到要求，可是对于高压大容量电机而言，一般需要采用智能型电机综合保护。

当采用大容量变频器对电动机进行拖动控制时，电机电源经过整流逆变，频率和相位都会发生变化[1]。因此应用高压变频器对电动机调速控制时，要重点研究变频运行中的电机保护整定计算和配置问题。

（1）高压变频启动电机，启动电流只有额定电流的 1.2～1.5 倍，使启动时间比工频定速启动有所延长，这对按照躲过启动电流整定的保护和按启动时间整定的保护会带来一定的影响。

（2）变频器输出侧会在电机启动瞬间产生励磁涌流，涌流电流里存在一定高次谐波分量，尤其当电机在低频段工作时，高次谐波分量更高。电机的发热量较工频运行方式下有所增加，这对电机的过流保护和过热保护会产生一定的影响。

（3）电机差动保护的工作原理是基于比较电动机两端电流的大小与相位的，而变频器输入输出侧的电流在相位上不一致，是影响电动机采用差动保护的最大障碍[2]。

变频系统中电机保护的功能配置和定值整定都会不同于工频运行方式，合理选用保护配置和定值既能充分发挥电机的过载能力又能使电机免于损坏，从而提高电力拖动系统的可靠性和生产的连续性。具体功能选择应综合考虑电机本身的价值、负载类型、使用环境、电机主体设备的重要程度、电机退出运行是否对生产系统造成严重影响等因素，力争做到经济合理。

1 高压变频系统电机综合保护研究

1.1 高压变频器的保护功能

变频器具有过流保护、欠压保护、过压保护和过载保护等几种保护功能。当电源或者变频器内部发生故障或出现不正常运行状态时，变频器自动跳闸或切换重合以恢复供电。

（1）过流保护。变频器控制电路、驱动回路误动作或误配线，都会造成逆变器上、下桥臂直通等短路事故。短路电流的整定值一般设置为逆变器输出额定电流的 2 ~3 倍。超过逆变器额定电流 2 倍以上的电流，应立即采取保护措施。

（2）过载保护。一般情况下，过载保护具有反时限特性。过载电流越大，允许继续运行的时间越短，保护动作的时间也越短。过载保护按反时限特性整定：1 ~1.1 倍额定电流时允许长期工作，1.1 倍以上额定电流时动作延时按反比例变化。

（3）过压和欠压保护。高压变频器过压与欠压采样点相同，过电压保护的整定值为逆变器开关元件的 1.7 倍左右。另外逆变器直流侧大电容两端出现欠压时，也应立即关闭逆变器。

（4）自动重合闸功能。高压变频调速装置能在电网切换或自动重合闸后，自动快速回到切换或者重合闸之前的运行状态，保持不间断运行。装置在高压消失期间，连续监测电机的转速、残压大小及残压相位，高压恢复后，装置能在电动机任何转速下自动将变频装置投入运行。

1.2 高压变频系统电机保护配置方案

理想的电机保护不是功能最多也不是所谓最先进的，而是应该满足现场实际需求合理地选择保护的种类、功能，同时考虑保护器安装、调整、使用简单方便，做到经济性和可靠性的统一，具有较高的性能价格比。

1.2.1 长启动保护

电机在启动的过程中出现缺相或发生电机堵转时，会出现长时间、大电流的电机启动过程，若保护不及时动作电机就会被烧毁，一般电机都有长启动保护。

电动机工频启动时，$I_{max} < 1.125I_e$，则电动机正常启动，长启动保护不动作，否则说明电动机未能正常启动，长启动保护动作。当某相电流超过整定值时过流元件启动，保护单元开始计数 $I_s^2t_s$ 数值，如果计数数值超过了整定数值，保护元件发出跳闸信号并跳开开关，同时在保护装置指示器上显示“长启动保护”的故障代码。

电机在变频运行方式下，启动电流最大为额定电流，启动时间比工频要适当延长。按照工频整定的长启动保护在变频启动过程中失去了存在的必要性，但可以将长启动保护作为工频旁路启动电机的一个重要保护方式。

1.2.2 电流速断保护

电机内部发生金属性短路时，理论上故障电流会趋向于无穷大，电流速断保护就是利用这一特征快速启动继电器将故障电机从电网中退出来。电流速断保护的整定原则是，躲过电机正常启动的最大电流和瞬时过负荷电流，避免保护误动作。

采用变频器对电机供电时，变频器的移相变压器在空载合闸的时候会有较大的励磁涌流，电流速断保护应可靠躲过变压器的 5 ~$6I_e$ 来整定，通常速断定值为 $7I_e$。在启动时间内取高整定值，以躲开大的启动电流，启动结束后取低整定值，躲开正常运行时最大的负荷电流，这样既可以避开电动机启动开始瞬间的暂态峰值电流，又提高了电流速断保护在正常运行状态下的灵敏度。

1.2.3 过电流保护

过电流是指电气元件超过其额定电流的运行状态，一般在6倍额定电流以内。当变频器的输出侧发生短路或电动机堵转、输出侧电容超过限定值或变频器加减速参数设置不合理时，变频器都将出现过电流造成电机损坏，因此应设置过电流保护。

变频运行中电机过电流保护，按躲过保护安装处的最大负载电流来整定。由于变频器过载能力很差，因此不能按照电机的启动时间来整定，应按照移相变压器的过电流时间来整定，是一个反时限曲线：电流超过越多则产生保护时间越短，电流超过越少产生保护需要的时间越长。

1.2.4 接地保护

电机的单相接地是运行中较为常见的故障，绕组单相接地后易导致绝缘损坏，有可能扩大为相间短路。重要辅机系统的电机，单机容量在300kW及以上时就应配置电机接地保护。

电压型变频器均有移相变压器，可以将电机和系统电网有效隔离，在变频器输出电缆或电动机发生单相接地短路时对厂用电母线系统侧基本没有多大影响，再加之变频器与电动机间电缆短，电容电流小。使用传统的零序TA方法来检测电动机或电缆单相接地故障变得非常困难，所以在使用变频器后，电动机一般没有配置接地保护[3]。为了保证电机在工频旁路条件下发生单相接地能够可靠切除故障电机，通常采用变压器中性点经小电阻接地方式，可以实现接地保护。

1.2.5 电动机过热保护

电机在运行中都会产生损耗，一方面降低了电机的工作效率，另一方面会使电机发热，绕组温度升高会加速绝缘老化，绝缘性能急剧下降，大幅度缩短电机额定使用寿命，甚至导致电机着火，危及人身安全[4]。为防止电机出现因过载、冷却故障、缺乏监控和必要的维护导致绝缘老化而造成电机发热，应配置相应的过热保护。

电机在不同负载条件下的升温遵照一根指数曲线，它的稳态值决定于负载电流的平方值，热元件的动作值以继电器设定值规定，整定值 t_{6X} 是冷态电动机以6倍满负荷电流启动热元件的动作时间。加权系数 P 决定两根曲线热增加的比例，一般设定在20%～100%之间，对于直接在线启动的电动机 P 设定在50%。电机过热保护动作定值点及保护动作值变化趋势如图1所示。

当电动机电流在满负荷电流 $I_θ$ 之下时，保护装置继电器不会跳闸，只用作电机的热态监测，作为重载条件下前期热积累的参考数据。当热水平超过整定预报警80% $θ_a$ 时，继电器发出预报警信号，面板指示器上显示电机过热报警的故障代码。当热水平达到并超过100%时，继电器动作跳闸，并在指示器上显示电机过热报警跳闸的故障代码。当热容量达到或高于设定禁止热再启动级40%～60% $θ_a$ 时，再启动使能输出继电器被解除，以避免电动机的不必要启动，同时在保护装置指示器上显示电机过热禁止启动的故障代码。

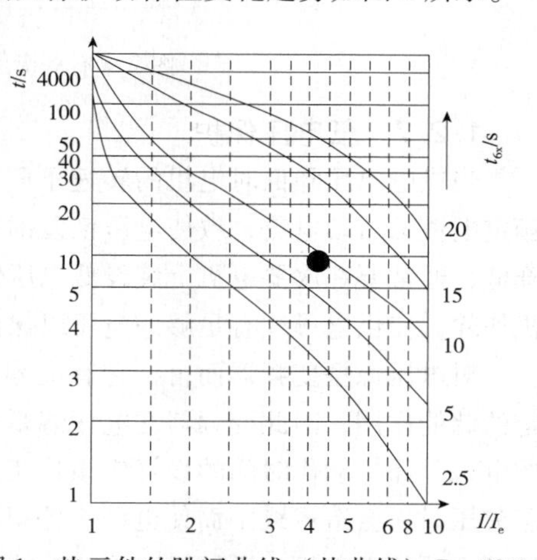

电机直接启动方式时，根据电动机热态条件下的时

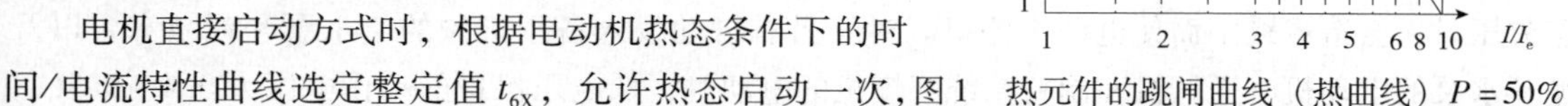

间/电流特性曲线选定整定值 t_{6X}，允许热态启动一次，

图1 热元件的跳闸曲线（热曲线）$P=50\%$

冷态启动两次。电动机启动时间可以比给定的时间稍长几秒钟，选10s。

1.2.6 相不平衡保护

电机运行过程中，会因为三相负载不平衡、电机绕组匝间短路和断相、供电系统非全相运行等原因造成电机定子三相电流不平衡，从而把电机的绝缘击穿造成电机的转矩不稳定发生剧烈震动，甚至可能引起电机烧毁事故。相电流不平衡单元由一个单相保护和一个反时限电流不平衡保护所组成，根据最高和最低相电流数值检测，即不平衡电流 $\Delta I=100\%\ (I_{L.max}-I_{L.min})/I_{L.max}$，在完全不平衡时为100%不平衡，负序电流 $I_2=57.8\%$。如果不平衡超过设定动作级 ΔI，单元启动，动作时间决定于不平衡的程序和基本动作时间整定值 t_Δ。

如果不平衡状况超过设定动作时间，保护单元发出跳闸指令跳开断路器，在保护装置显示器上显示相不平衡保护跳闸的故障代码。对于电流小于满负荷电流时避免在低电流水平的不必要跳闸，最大电流假定不应小于满负荷电流。不平衡保护定值 q_{v0}，$t\Delta=60s$，动作点和定值变化趋势如图2所示。

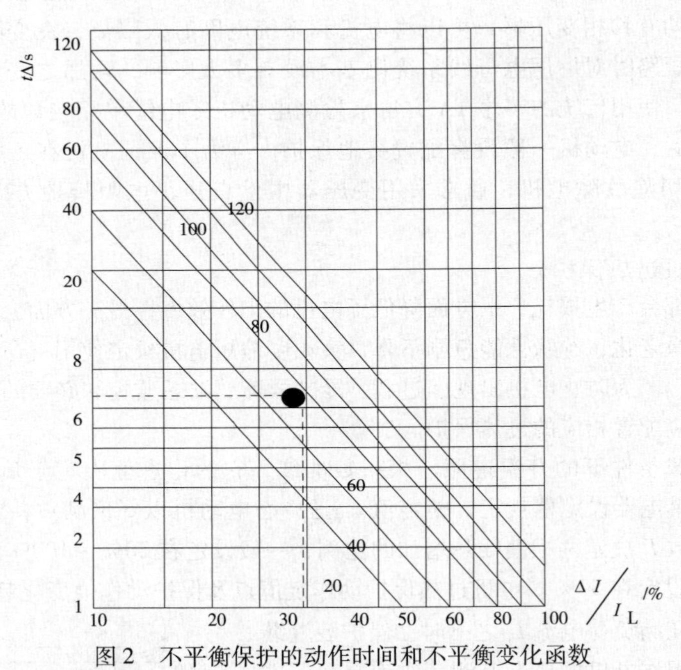

图2 不平衡保护的动作时间和不平衡变化函数

1.2.7 低电压保护

当供电电压降低时电机的转速下降，而当母线电压恢复时，大量电机自启动吸收几倍于其额定电流的启动电流，致使电压恢复时间拖长。为防止电动机自启动时使电网电压长时间严重降低，通常要在次要电机上装设低电压保护，当供电母线电压降低到一定值时，延时将次要电动机切除，使供电母线有足够的电压以保证重要电动机自启动。

对电压源型变频器而言，它有大容量的高压电容器作为整流滤波环节，由于该电容具有一定的储能作用，因此变频器在电压降低情况下仍然具备一定的带载能力，所以对于功率不太大的电机，保护动作时间的设置应该比工频运行时长，这样才能保证在系统外部故障导致瞬时暂态欠压时不会造成跳闸而使电动机停机。对于具有自动投入备用机械的给水泵和凝结水泵以及循环水泵的电动机、送风机和制粉系统磨煤机的电动机，低电压保护的动作电压为 $0.4\sim0.5U_n$，动作时限为 5 ~ 10s[5]。

此外，电机在 2000kW 以上时要考虑对电机进行差动保护。在变频器的输出侧与电机之间安装一组电流互感器和中性点处的电流互感器重新构建一个差动保护范围，将高压变频器部分绕开，可以有效解决输入侧和输出侧的相位和频率问题，同时也不会扩大保护范围。由于高压电机应用变频器后继电保护与工频直接启动电机的继电保护整定和配置上有很大区别，其位于电力系统的末端，整定值大小对系统有较大影响，因此需要结合变频器的构成原理和电机的保护特性，重新对这个问题进行探讨，以便最大限度地减少故障损失，达到理想效果[6]。

2 高压变频系统电机保护方案及验证

2.1 高压变频启动电机的保护方案

电机变频改造后，在电气回路中需要引入变频器的合闸闭锁功能和变频跳闸功能，如图 3 所示。

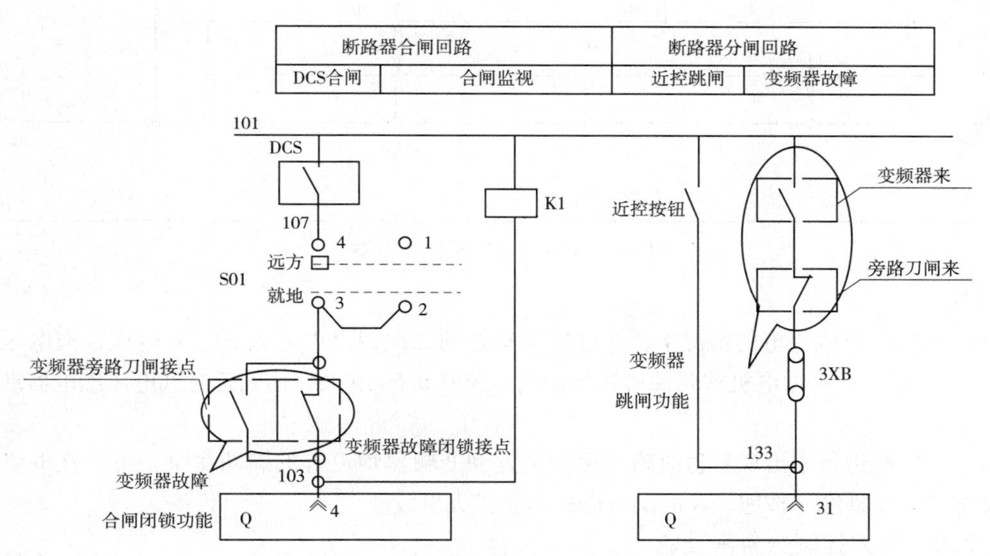

图 3 变频启动电机的电气二次回路

在电机原有保护的基础之上增加变频器故障闭锁合闸、变频器旁路合闸、变频器故障跳闸和旁路跳闸功能。变频启动电机的保护方案如图 4 所示。

2.2 变频启动电机的保护功能验证

2.2.1 电机的保护功能验证

将 6kV 高压开关在试验位置合上，模拟电动机正常运行，在开关柜电气二次侧交流回路中根据设定的保护定值通入工频模拟量。

（1）模拟在旁路启动时发生电机缺相运行或堵转，在二次回路通入长启动保护定值，达到延时保护继电器动作并跳开高压开关，装置发出长启动保护跳闸的故障代码。

（2）模拟电机运行中出现短路过流、过载运行、单相接地和三相电流不平衡等故障，在二次回路通入相应的保护定值，达到动作延时保护继电器动作并跳开高压开关，装置发出对应的

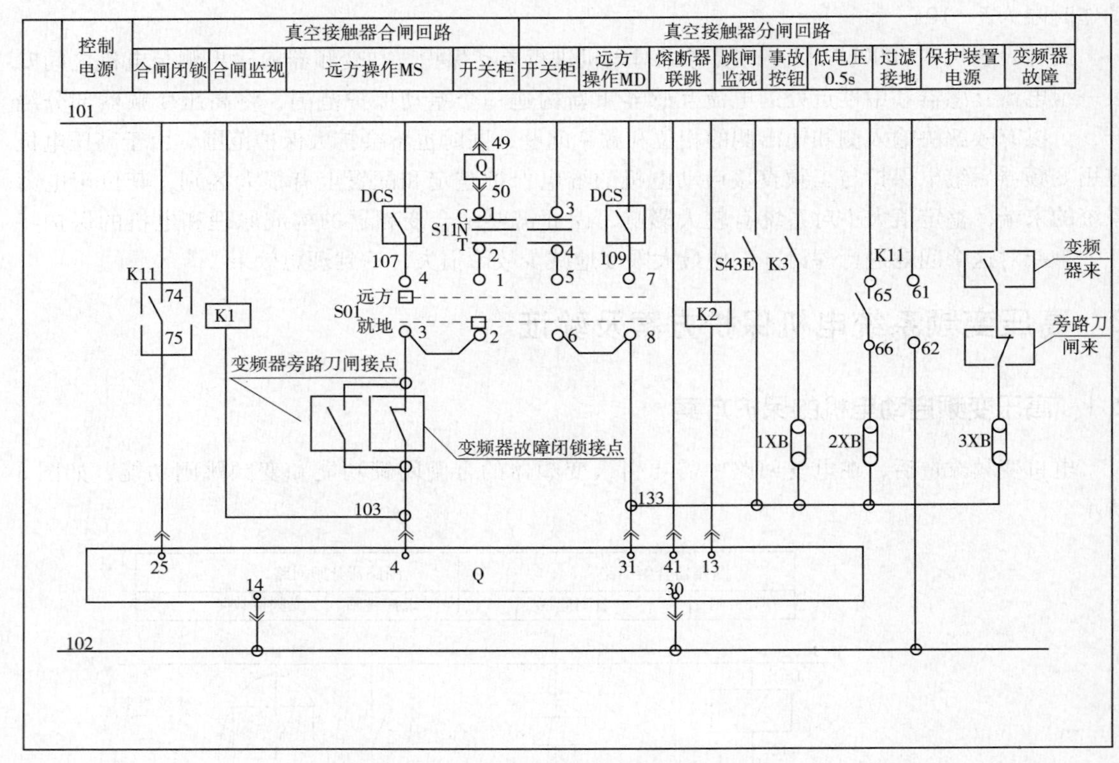

图4　变频启动电机保护方案

故障代码。

（3）在6kV母线停电的情况下，在电压互感器的二次回路中通入57.7V电压，当电压值下降到65% U_n 以下，根据电机重要性可选择低电压延时0.5s或9s，达到延时低电压继电器动作跳开高压开关。

（4）当电机运行中出现紧急故障或保护装置和变频器均没有准确动作时，可以在电机本体附近操作“事故急停”按钮，及时跳开电机防止扩大事故。

2.2.2　远方控制分合闸试验

将开关柜远近控手闸置远方位置，模拟电机系统处于控制室远方操作状态。（电机变频运行，变频器旁路刀闸“合闸用”接点断开，变频器旁路刀闸“跳闸用”接点闭合。）

（1）在变频器处模拟变频器故障闭锁接点断开，此时DCS无法合闸操作。

（2）在变频器处恢复变频器故障闭锁接点闭合，此时DCS能顺利合开关。

（3）工频运行中，变频器旁路合闸接点闭合，此时DCS操作能顺利合开关。

（4）断开变频器跳闸压板，在变频器处短接跳闸接点，此时开关不分闸，合上变频器跳闸压板后，短接该接点开关能顺利分闸。

（5）工频运行中，变频器旁路跳闸接点闭合，此时DCS能顺利跳开开关。

2.2.3　就地控制分合闸试验

将远近控手闸置就地位置，模拟运行中电机系统处于开关本体操作状态。（变频运行中，变频器旁路刀闸“合闸用”接点断开，变频器旁路刀闸“跳闸用”接点闭合。）

（1）在变频器处模拟故障闭锁接点断开，此时开关本体处无法合闸操作。

（2）在变频器处恢复变频器故障闭锁接点闭合，开关本体处能顺利合开关。

（3）工频运行中，变频器旁路合闸接点闭合，此时开关本体能顺利合开关。

（4）断开变频器跳闸压板，在变频器处短接跳闸接点，此时开关不分闸，合上变频器跳闸压板后再次短接该接点开关能顺利分闸。

（5）工频运行中，变频器旁路跳闸接点闭合，此时开关本体能顺利跳开开关。

3 结语

目前，越来越多的电厂进行了高压电机的变频改造，深入研究应用变频器对电机保护整定和配置的影响具有重要的现实意义。本文提出采用高压变频器和微机型电机保护的双重保护方式，并重点对变频方式中的保护整定和配置进行分析论证，找到一种有效的解决方案，实现电机变频、工频的双重保护和运行方式切换，为电机的变频运行提供可靠的技术保证。

参考文献：

[1] 刘鹏．浅议大容量变频器对电动机继电保护的影响与研究［J］．科技资讯，2011（26）．

[2] 牟明朗，李嘉罗．高压电动机变频运行方式下保护问题的研究［J］．大众科技，2011（8）．

[3] 张超，张艳艳，黄生睿．大容量变频器对电动机继电保护问题的影响［J］．继电器，2007，35（17）：10－11.

[4] 黄超醒．电机过热保护［J］．家电科技，2009（22）．

[5] 李健，仲浩．变频调速系统中电动机继电保护整定计算研究［J］．江苏电机工程，2010，29（4）：25－26.

[6] 徐沐文．高压电机应用变频器后继电保护整定的探讨［J］．广东科技，2008（202）：142.

作者简介：

窦君（1983—　），男，河北省唐山市人，工程师，燕山大学电气工程专业本科学历，浙江大学电气工程专业在职研究生。主要从事电气及继电保护方面研究。E－mail：doujun2007@126.com

发电机定子匝间短路保护方案

龚恺恺[1]，朱颖俊[2]

（1. 浙江浙能镇海燃气热电有限责任公司，浙江　宁波　315208；
2. 浙江省火电建设公司，浙江　杭州　310016）

【摘　要】　本文简要介绍了发电机定子匝间短路的特点，以及有专用 TV 和无专用 TV 情况下的匝间短路保护方案，并介绍了新泓口发电厂发电机定子匝间短路保护的配置方案。

【关键词】　匝间短路保护；专用 TV；保护方案

0　引言

关于发电机是否需要配置定子绕组匝间短路保护的问题，一直以来都有争论。国外的观点趋向于认为水轮机组宜装设横差保护（裂相保护），而汽轮发电机则不必设此保护；国内近年来观点较为一致，认为有必要装设定子绕组匝间保护。

虽然国内外电机厂均承诺过其发电机不会发生匝间短路，不必装设匝间保护，理由是槽内上下线圈的绝缘是相对槽侧壁绝缘的两倍，因此发生匝间短路前应先发生定子接地故障。但在发电机端部结构复杂，既有相间绝缘又有匝间绝缘，如果端部固定不当或发生振动，可能会使绝缘逐渐磨损引起短路。

容量较大的发电机每相都有两个或两个以上的并联支路。同一支路绕组匝间短路或同相不同支路的绕组匝间短路，都称为定子绕组的匝间短路。由于纵差保护不反应发电机定子绕组一相匝间短路，因此，发电机定子绕组一相匝间短路后，如不能及时处理故障，则可能发展成为相间故障，造成发电机的严重损坏。故对于发电机定子绕组的匝间短路，必须装设专用保护。

大容量的发电机，由于其结构紧凑，无法引出所有分支，往往只在中性点引出三个端子，无法装设横差保护。因此大型机组通常采用反映纵向零序电压的匝间短路保护，根据有无配置专用 TV，具体可分为有专用 TV 的匝间短路保护方案和无专用 TV 的匝间短路保护方案。

1　发电机定子匝间短路的特点

（1）发电机定子绕组一相匝间短路时，在短路电流中有正序、负序和零序分量，且各序电流相等，同时短路初瞬也出现非周期分量。

（2）发电机不同相匝间短路时，必将出现环流的短路电流。

（3）发电机定子绕组的线圈匝间短路时，由于破坏了发电机 A、B、C 三相对中性点之间的电动势平衡，三相不平衡电动势中的零序分量反映到电压互感器时，开口三角形绕组的输出端就有 $3U_o$，而一次回路中产生的零序电流则会在并联分支绕组两个中点之间的连线形成环流。

（4）由于一相匝间短路时，出现负序分量，它产生反向旋转磁场，因而在转子回路中感应出二倍频率的电流，转子中的电流反过来又在定子中感应出其他次谐波分量，这样，定子和转子反复互相影响，就在定子和转子回路中产生一系列谐波分量。而且由于一相中一部分线圈被短接，就可能使得在不同极性下的电枢反应不对称，也将在转子回路中产生谐波分量。

（5）一相匝间短路时的负序功率的方向与发电机其他内部及外部不对称短路时的负序功率方向相反。

2 专用 TV 的匝间短路保护方案

发电机正常运行时，机端不出现基波零序电压。相间短路时，也不出现零序电压。单相接地故障时，接地故障相对地电压为零，而中性点对地电压上升为相电压，因此三相出线对中性点电压仍然对称，不出现零序电压。若定子绕组匝间短路，则三相对发电机中性点电压的对称性被破坏，因而出现零序电压。

为了反映三相对中性点的零序电压，此保护用电压互感器 TV1 的中性点不可接地，而必须通过高压电缆与发电机的中性点相连，此 TV 称为匝间保护专用 TV。

发电机发生匝间短路时机端专用 TV 的开口三角绕组两端会产生零序电压，利用这一特点可构成纵向零序电压的内部短路保护。

如图 1 所示为 A 相绕组发生匝间短路，则故障相电动势将变为$\dot{E}'_A=(1-\alpha)\dot{E}_A$，未发生短路的两相电动势不变，三相电动势相量图如图 1 所示。按照对称分量法，可求得零序电动势为

$$3\dot{E}'_0=\dot{E}'_A+\dot{E}'_B+\dot{E}'_C=-\alpha\dot{E}_A$$

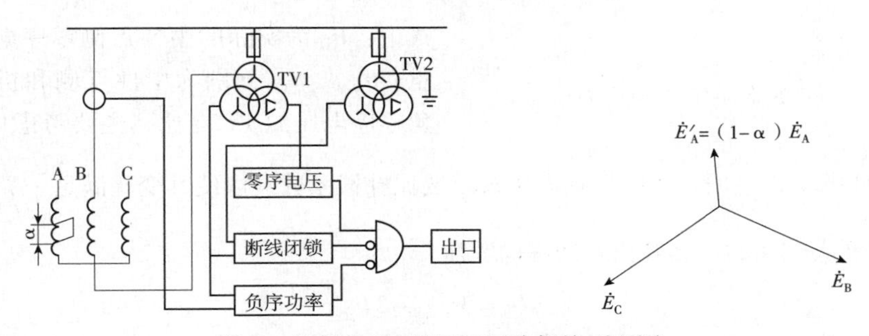

图 1 有专用 TV 的匝间短路保护原理图

为了防止低定值零序电压匝间短路保护在外部短路时误动作，可设负序功率方向闭锁原件。当发电机内部相间和匝间短路以及定子绕组分支开焊时，负序源位于发电机内部，它所产生的负序功率由发电机流出；而当系统中发生各种故障时，负序功率由系统流入发电机。判断负序功率方向，便可区分是发电机内部故障还是系统故障。

为防止 TV 一次熔断器熔断而引起保护误动作，还可设电压断线闭锁。

3 无专用 TV 的匝间短路保护方案

国内存在一类这样的机组结构和保护配置方案，此类机组中性点只能引出三个端子而无法装设单元件横差保护，同时也没有机端匝间专用 TV 不能装设负序方向闭锁纵向零压匝间保护，在现场空间等情况允许的情况下，应首选增加机端专用 TV，通过装设负序方向闭锁纵向零压匝间保护，在匝间故障时动作出口。另外，对于不能加装机端专用 TV 的机组，需要针对性的给出合理的匝间保护方案。

首先，可考虑采用故障分量启动的负序方向匝间保护来实现定子绕组内部匝间故障的保护。此保护采用负序电流的故障分量 ΔI_2、负序电压的故障分量 ΔU_2、负序功率的故障分量 ΔP_2 作为启动元件，经短延时后切换为稳态量的负序方向作为延时判别元件，保护经短延时延时出口。

故障分量启动元件动作判据为

$$(\Delta I_2 > I_{2QT}) \cap (\Delta U_2 > U_{2QT}) \cap (\Delta P_2 > P_{\Delta T})$$

式中：I_{2QT}、U_{2QT}、$P_{\Delta T}$分别为负序电流、负序电压、负序功率故障分量门槛值；∩表示“与门”。

稳态量负序方向元件动作判据为

$$(I_2 > I_{2Q}) \cap (U_2 > U_{2Q}) \cap (P_2 > 0)$$

式中：I_{2Q}、U_{2Q}分别为负序电流、电压门槛值；P_2 为负序方向元件。

稳态量负序方向继电器的最大灵敏角，一般为 75°～85°。负序方向继电器的电压取自机端普通 TV，电流取自中性点 TA 或机端 TA，无需增设匝间专用 TV。内部故障时，负序功率由发电机流向系统。

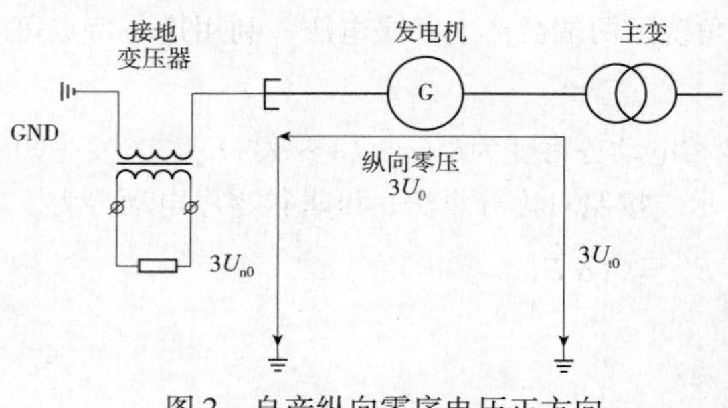

图 2　自产纵向零序电压正方向

同时采用自产纵向零序电压匝间保护原理与负序方向原理经与门出口。零序电压正方向如图 2 所示。

U_{t0}为机端零序电压的基波分量。其中

$$U'_{n0} = U_{n0}\frac{3n_{TV3}}{n_{TV1}}$$

式中：U_{n0}为实际的中性点侧零序电压的基波分量；n_{TV3}、n_{TV1}分别为中性点侧和机端侧开口三角零序电压的TV 变比，主要考虑中性点 TV 变比不为$\frac{U_G}{\sqrt{3}}\Big/100$ 的工程应用，将中性点电压乘以变比补偿系数，以使其变比满足$\frac{U_G}{\sqrt{3}}\Big/100$ 的要求。

根据基尔霍夫定律，可计算出自产纵向零压

$$3\dot{U}_0 = 3\dot{U}'_{t0} - 3\dot{U}_{n0}$$

保护逻辑如图 3 所示。

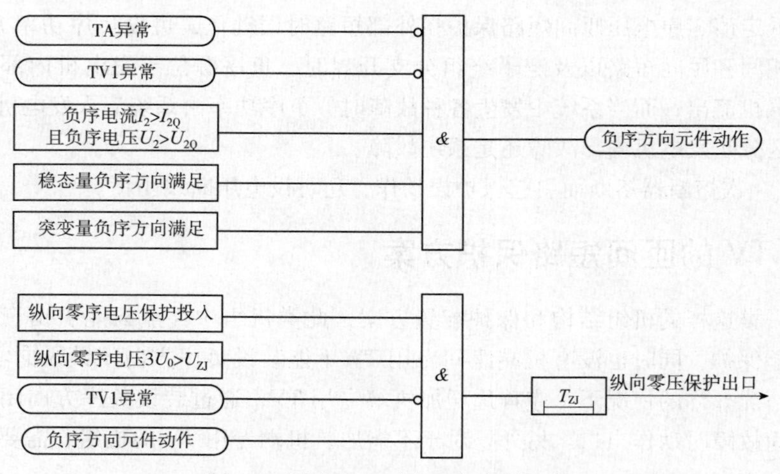

图 3　无专用 TV 时的匝间保护逻辑

4 新泓口发电厂发电机定子匝间短路保护方案

新泓口发电厂9F燃机采用“一拖一多轴布置”。一台燃气轮机拖动一台发电机，一台蒸汽轮机拖动一台发电机。

燃机发电机为GE公司设计的324LU型全氢冷燃气轮发电机。燃机发电机由于需变频启动，因此发电机TV的其中一组二次绕组做成闭口三角，以此来防止变频启动过程中可能发生的谐振。如果要配置专用TV，则需测量专用TV的开口三角电压，而不能将开口三角闭合，在变频启动过程中可能发生谐振。因此GE公司不推荐配置专用匝间保护TV。燃机发电机TV、TA以及中性点接地设备均安装在燃机发电机出线罩内，出线罩内的空间条件也不允许再配一组专用TV。综合以上因素，新泓口发电厂燃机发电机未配置匝间保护专用TV，保护方案采用无专用TV的匝间短路保护方案。

汽机发电机为哈尔滨电机厂设计生产的QF－100－2空冷汽轮发电机，为常规发电机，不作为变频启动电机使用，因此汽机发电机配置了专用的匝间保护TV，保护方案采用有专用TV的匝间短路保护方案。

5 结语

目前反应纵向零序电压的匝间短路保护，基本上采用专用TV，且较为成熟。无专用TV的保护方案，由于纵向零压为自产，需后台计算，因此，保护的灵敏度会有所下降，且现场实际运行经验较少。

因此若条件允许，应尽量配置匝间保护专用TV，并配置负序方向闭锁纵向零压匝间保护。

参考文献：

[1] 王维俭．电气主设备继电保护原理与应用［M］．北京：中国电力出版社，1998.

[2] 李玉海，李久红，张小庆，等．纵向零序电压型发电机匝间保护几个问题［J］．电力自动化设备，2001（10）：62－66.

[3] 鄢志超．发电机匝间保护相关问题的探讨［J］．浙江电力，2009（5）：14－14.

作者简介：

龚恺恺（1981—　），男，工程师，主要研究方向为电力系统继电保护。E－mail：25887134@qq.com

朱颖俊（1988—　），男，助理工程师，主要研究方向为电力系统继电保护调试。E－mail：251064292@qq.com

发电机过激磁保护反时限曲线的选择与优化

梁乾兵，夏　天，董玉玲，徐卫星

（江苏镇江发电有限公司，江苏　镇江　212114）

【摘　要】　大型机组整定导则要求，反时限过激磁保护按发电机、主变制造厂提供的反时限过激磁特性曲线进行整定。实际应用中发现，G60 保护装置提供的 Inverse 曲线不能很好地与发电机过激磁能力相配合，在其启动值（pick up）附近 3% 的区域，其反时限动作时间实测值与计算时间相差很大，极有可能引起不必要的动作。本文就 G60 过激磁保护反时限特性曲线的试验，结合具体工程，阐述其优化的必要性。

【关键词】　过激磁保护；反时限曲线；选择；优化

0　引言

某厂一台 600MW 机组，发电机保护配置为 GE 公司 G60 装置，在停机时，对过激磁保护进行校验，发现在启动值的附近反时限动作时间与计算时间相差很大。对另一套相同的装置进行校验，结果相同。修改启动值进行试验，在不同的启动值下，现象相同。

经试验探讨，选取 Flexcurve 自定义曲线，能有效实现过激磁保护与被保护设备过激磁能力曲线的配合，同时能避免上述现象的发生。

1　原过激磁保护定值及试验结果分析

1.1　定值及试验

主接线为发电机变压器组，主变过激磁能力远远大于发电机过激磁能力，取发电机过激磁能力作为过激磁保护整定的依据。

保护整定值见表 1。

表 1　　G60 发电机过励磁保护整定值

参数	*U/f* 保护 1	*U/f* 保护 2	参数	*U/f* 保护 1	*U/f* 保护 2
功能	启用	启用	复位时间 *T*/s	1.0	0.0
启动值	1.05	1.09	闭锁	不闭锁	不闭锁
曲线	定时限	反时限曲线 A	信号保持	保持	保持
时间常数 *TDM*/s	2.00	0.63	事件记录	启用	启用

定时限：启动值 1.05p.u.，延时 2s 发信。

反时限：启动值 1.09p.u.；反时限曲线为 Inverse A 曲线；时间常数 *TDM* = 0.63；复位时间 T = 0s。

发电机过激磁能力曲线数据见表2。

表2　　发电机过激磁能力曲线

U/f（标幺值）	1.05	1.10	1.15	1.20	1.25
允许时间/s	长期	55	18	6	2

保护动作时间为

$$T=\frac{TDM}{\left(\frac{U}{f}/\text{启动值}\right)^{2}-1} \tag{1}$$

过激磁保护动作计算时间和实测时间参见表3。

表3　　过激磁保护动作计算时间和实测时间

U/f（标幺值）	1.05	1.10	1.15	1.20	1.25
计算时间/s	—	34.18	5.57	2.97	1.99
实测时间/s	—	10.44	5.8	3.05	2.25

表3数据表明：

（1）选取Inverse A作为反时限过激磁动作曲线，计算时间虽不超过发电机过激磁能力，但在1.10倍、1.15倍时，与发电机过激磁能力相差较大，不能完全反映发电机的过激磁反时限能力。

（2）在启动值1.1倍附近，保护装置实测动作时间远小于发电机1.1倍过激磁时的允许时间。

整定值不变，在启动值附近其他点的计算时间和实测时间见表4。

表4　　过激磁保护实测时间

U/f（标幺值）	1.11	1.12	1.13	1.14
计算时间/s	17.01	11.29	8.43	6.71
实测时间/s	10.46	10.42	8.98	7.07

表4数据表明，在启动值整定值附近3%偏差范围内，Inverse A曲线起始点的动作时间小于计算时间，而且越靠近启动值，实测时间与计算时间相差越大。

原因是时间精度小于1.1倍启动值时测试时间不准确，因经要求在大于1.1倍启动值时进行测试。而在实际运行中，发电机发生过激磁时往往要突破这一要求。

DL/T 671—2010《发电机变压器组保护装置通用技术条件》规定：发电机反时限过激磁保护长延时可整定到1000s；反时限应能整定，以便和发电机过激磁特性相匹配。

通过分析、实测发现，原反时限整定曲线用作发电机过激磁保护时，在起始点附近，其实测时间比发电机允许的过激磁时间小很多，在实际运行中很有可能误动作。因此，有必要对G60发电机过激磁保护的反时限曲线重新选择并进行试验，消除隐患。

1.2　原因分析

图1为G60发电机保护装置过激磁反时限特性固有曲线。

TDM 是时间常数，由图可知，将 *TDM* 整定至 10s 时，起始点的时间才到 1000s 附近，但不能与发电机特性相匹配；将 *TDM* 整定至 3s、1s 时，起始点的时间可满足发电机能力的要求，但其他点的过激磁特性不能与发电机特性相匹配。将 *TDM* 复归时间整定至 1s 以下时，起始点的时间太小，不能反映发电机的过激磁能力。

表 5 为启动值为 1. 09p. u. ，*TDM* 分别为 1s、3s、10s 时，继电器的实测时间。可知，施加电压不小于 1. 03p. u. 时，测试时间和计算时间一致；施加电压小于 1. 03p. u. 时，动作时间即为 1. 03p. u. 的时间。

表 5　　不同 *TDM* 下的实测时间　　单位：s

	TDM = 1		*TDM* = 3		*TDM* = 10	
施加电压	计算时间	实测时间	计算时间	实测时间	计算时间	实测时间
1. 00 倍启动值	不动作	16. 43	不动作	49. 28	不动作	166. 4
1. 01 倍启动值	49. 75	16. 48	149. 25	49. 36	497. 5	166. 36
1. 02 倍启动值	24. 75	16. 65	74. 25	49. 3	247. 5	166. 6
1. 03 倍启动值	16. 42	16. 60	49. 26	50. 14	164. 2	166. 84
1. 04 倍启动值	12. 25	12. 98	36. 75	38. 64	122. 5	127. 7
1. 05 倍启动值	9. 75	9. 65	29. 25	28. 32	97. 5	94. 84

国标中对过激磁反时限采用瞬时返回、延时返回未明确说明（国家电网生〔2007〕883 号规定，过激磁保护的返回系数不低于 0. 96）。国内常习惯采用瞬时返回特性继电器，主要是试验方便。

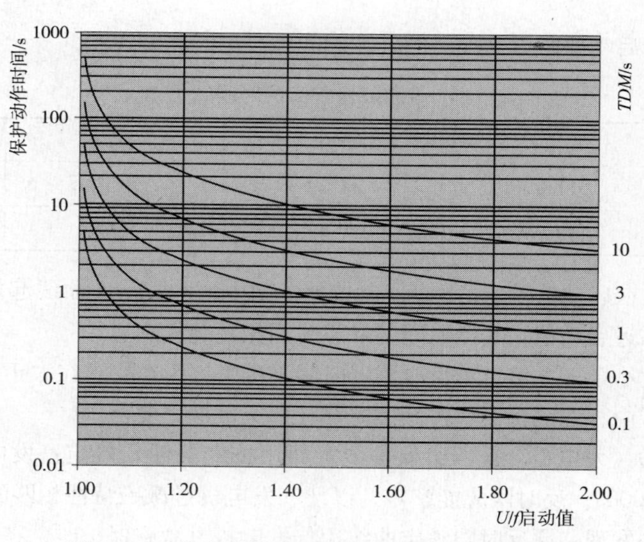

图 1　G60 发电机过激磁保护 Inverse A 特性曲线

2　优化后的过激磁保护及试验

通过 1. 2 节的分析，选取 Inverse A 作为反时限过激磁动作曲线，当发电机真正过激磁时，在起始点附近容易误动作，存在误跳机的隐患。为此，选择 G60 保护中自定义曲线 Flexcurve A

作为过激磁保护动作曲线。

2.1 装置设定

将反时限定值改为1.1p.u.，时间常数为1.00，发电机过激磁保护整定值见表6。

表6　G60发电机过励磁保护整定值

参数	U/f保护1	U/f保护2	参数	U/f保护1	U/f保护2
功能	启用	启用	复位时间 T/s	1.0	0.0
启动值	1.05	1.1	闭锁	不闭锁	不闭锁
曲线	定时限	自定义曲线A	信号保持	保持	保持
时间常数 TDM/s	2.00	1.00	事件记录	启用	启用

按照表2中发电机过激磁能力，逐点进行反复取值、试验，取得表7的整定数据。

表7　G60 flexcurve A设定值

设置	参数	设置	参数
自定义曲线	flexcurve A	1.05倍启动值	7000ms
特性	IEEE中等反时限	1.10倍启动值	3500ms
0.95倍启动值	0ms	1.20倍启动值	100ms
0.96倍启动值	0ms	1.30倍启动值	100ms
0.97倍启动值	0ms	1.40倍启动值	100ms
0.98倍启动值	0ms	1.50倍启动值	100ms
1.03倍启动值	55000ms	1.60倍启动值	100ms

2.2 试验结果

优化后的过激磁保护动作结果见表8，对照表2发电机过激磁能力，自定义曲线Flexcurve A的整定值与发电机的实际过激磁能力相匹配，在起始点附近的实测时间比优化前理想。

表8　过激磁保护动作实测时间、整定值、试验电压

U/f（标幺值）	1.10	1.15	1.20	1.25	1.3	1.4
Flexcurve　A	1.03	1.05	1.1	1.2	1.3	1.4
整定时间/ms	55000	7000	3500	100	100	100
试验电压/V	63.51	66.4	69.29	72.175	75.06	80.836
实测时间/s	55.02	16.9	4.22	1.91	0.81	0.23

3 结语

G60发电机过激磁保护选取Inverse曲线时，不能用计算公式算得的时间作为保护整定的依据，必须实测，特别是启动值附近的过激磁点。根据实测数据，选取符合发电机特性的曲线、数据进行优化整定。

Inverse 曲线并非不能用于发电机过激磁保护，只是 Inverse A 特性曲线不适用于文中的发电机组。在选取曲线时，应将发电机实际过激磁能力曲线与实测曲线相匹配。

文中发电机过激磁保护使用相电压，为防止发电机接地时过激磁保护误动作，选取发电机端专用 TV（匝间保护专用）作为过激磁保护的“SOURCE”整定。

Flexcurve A 反时限曲线启动值起始点选择 1.1 倍，反复试验其动作电压的准确性，确保其动作值误差在 ±2% 范围内。确保在小于启动值起始点时反时限保护不会动作。

经优化后，文中的发电机过激磁保护可有效避免原启动值附近动作时间不准的隐患，反时限的实际动作时间与发电机的过激磁能力匹配较好。

参考文献：

[1] 王维俭，候炳蕴．大型机组继电保护理论基础［M］．北京：中国电力出版社，1989.
[2] DL/T 671—2010 发电机变压器组保护装置通用技术条件［S］.
[3] DL/T 684—2012 大型发电机变压器继电保护整定计算导则［S］.
[4] G60 保护说明书［Z］.

作者简介：

梁乾兵（1968— ），男，江苏如东人，高级工程师，主要从事发电厂电气技术管理工作。E-mail：ll6869@163.com

夏　天（1981— ），男，江苏镇江人，助理工程师，主要从事发电厂电气检修工作。

董玉玲（1976— ），女，河南新郑人，工程师，主要从事发电厂电气检修工作。

徐卫星（1979— ），男，江苏灌云人，助理工程师，主要从事发电厂电气检修工作。

汽轮发电机转子匝间监测装置的研制及应用

李华忠，任洪磊，张琦雪，王　光，陈　俊

（南京南瑞继保电气有限公司，江苏　南京　211102）

【摘　要】　转子匝间短路是汽轮发电机较常见的故障类型之一，匝间故障会造成励磁电流增大、机组振动加剧等不良影响，若不及时处理还可能引起转子接地故障，导致更严重的大轴烧伤或大轴磁化。本文分析了汽轮发电机转子匝间短路故障时稳态磁势特性，依据励磁磁势变化特点，提出了基于励磁磁势差值计算的转子匝间在线监测方案，阐述了基本原理及监测判据。本文提出的方案易于实现，并在试验样机上进行试验验证，试验结果表明该方案对转子匝间短路故障能实现有效在线监测。

【关键词】　汽轮发电机；转子绕组；匝间短路；励磁磁势；在线监测；拉格朗日插值

0　引言

转子绕组匝间短路是汽轮发电机较常见的故障类型之一[1-4]。由于转子绕组的设计布置、制造工艺、运行中受电热及机械应力等影响，使得转子匝间容易出现磨损、断裂、垫条滑移等问题，造成匝间短路或间歇性匝间短路。虽然轻微匝间短路对机组运行影响不大，但如果不及时发现，一旦故障继续发展，可能会导致转子绕组发生转子一点接地或两点接地故障、烧伤轴瓦和轴颈、大轴磁化等严重后果，使得机组被迫停机，造成巨大经济损失。如果在匝间短路初期就能及时预报，不仅可以避免严重事故发生，而且有利于安排机组检修，提高故障处理效率。

目前国内外学者对转子匝间短路故障特征及监测方法已有大量研究。传统的转子绕组匝间短路离线检测方法如直流电阻法、交流阻抗与功率损耗法、空载和短路特性试验法等虽然比较成熟，但需在机组静止或不带负载的情况下检测，无法实现在线监测。文献［5］和文献［6］中提出采用微分线圈动测法，该方法适合在空载及机端三相对称短路时监测发电机转子是否发生匝间短路以及判断短路的严重程度，但受电枢反应引起的气隙磁场畸变、铁芯饱和以及需加装探测线圈等因素影响，该方法应用受到限制[7]。文献［8］提出以转子绕组匝间短路时定子相绕组内部会出现分数次谐波的稳态环流为故障特征量作为监测判据，但对于绝大部分汽轮机组中性点仅引出 3 个端子，不具备分支电流互感器安装条件。鉴于以上情况，本文提出基于励磁磁势差值的汽轮发电机转子匝间在线监测方案，依据该方案研制出相应的监测装置，并在试验样机上进行试验验证。

1　汽轮发电机转子匝间短路在线监测原理

1.1　转子匝间短路磁势特性分析

当发电机正常运行时，励磁磁势在空间上可近似认为是阶梯形或梯形分布，如图 1（a）所示。当发电机转子绕组发生匝间短路时，由于转子绕组有效匝数减少，励磁磁势局部发生缺失，导致励磁磁势峰值和基波励磁磁势也随之降低，如图 1（b）所示，故匝间短路部分可认为是退磁的磁动势分布作用，即短路部分的等效磁动势反向作用在有短路的磁极主磁场的正常磁动势上。图 1 所示为汽轮发电机励磁绕组磁势正常运行及短路示意图。

然而由于励磁系统闭环恒压调节的作用，必然会增大励磁电流，以补偿因转子匝间短路而引起的励磁磁势缺额，维持发电机机端电压与故障前一致。图 2 所示为发电机励磁调节系统示意图。

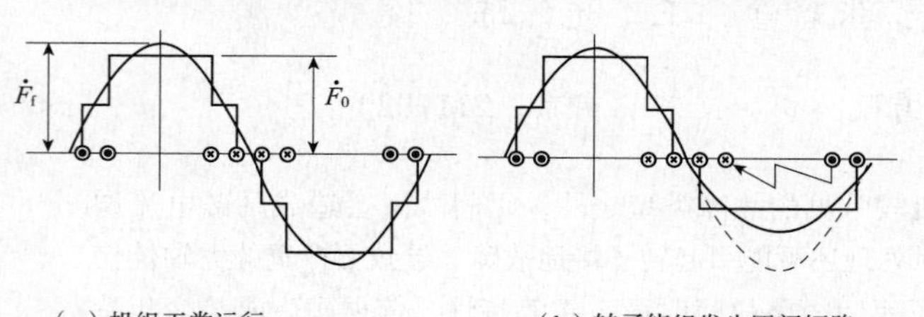

图 1　汽轮发电机励磁绕组磁势正常运行及短路示意图

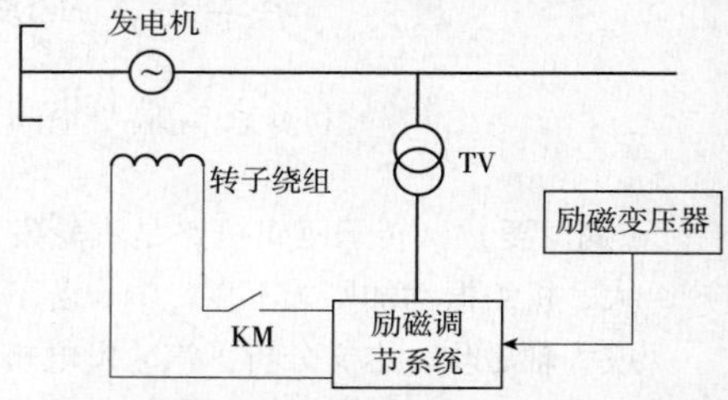

图 2　发电机励磁调节系统示意图

因此，当发电机转子绕组发生匝间短路后，转子绕组基波合成磁势 $\dot{F}_f$ 由增磁后的基波励磁磁势 $\dot{F}'_f$ 与在短路线匝上反向作用的基波励磁磁势 $\Delta\dot{F}$ 共同构成，关系式如下

$$\dot{F}_f = \dot{F}'_f - \Delta\dot{F} \tag{1}$$

所以，短路后的转子基波合成磁势必然小于增磁后的励磁磁势。其中，增磁后励磁磁势可按增磁后实测励磁电流在发电机正常运行时所产生的励磁磁势计算而得，计算公式如下

$$F'_f = \frac{1}{2}k_f N_f I'_f \tag{2}$$

式中：N_f 为励磁绕组的串联总匝数；I'_f 为匝间短路后励磁电流直流分量；k_f 为励磁磁动势的波形系数。

转子基波合成磁势与当前发电机运行工况相对应，可通过发电机机端电压、电流及发电机相关参数计算而得。

1.2　监测判据

基于上述分析，当转子绕组发生匝间短路后，由增磁后的励磁电流计算得的励磁磁势 $\dot{F}'_f$ 必然大于当前工况下转子基波合成磁势 $\dot{F}_f$。可利用当前工况下计算得的转子基波合成磁势与当前实测励磁电流计算得的励磁磁势的差值是否大于监测门槛作为监测判据，判据如下

$$k_c F'_f - F_f > \varepsilon \tag{3}$$

式中：k_c 为装置测量计算环节的调整系数；ε 为励磁差流监测门槛。

理论上，当发电机正常运行时，由发电机运行工况计算出的励磁磁势与实测励磁电流计算出的励磁磁势应相同，励磁差值为零；当发电机转子匝间发生故障时，两者则出现差值，当差值大于监测门槛，经延时装置报警。其中，监测门槛按可靠躲过最大不平衡励磁磁势整定，报警延时应躲过系统振荡、励磁调节等影响。

1.3　辅助判据

由于转子绕组发生匝间故障时，不影响定子绕组的对称性，因此，三相电压仍然应当保持较好的对称度。为提高判别的可靠性，增加三相电压对称度的判别

$$\max\{U_{fa}, U_{fb}, U_{fc}\} < 1.2\min\{U_{fa}, U_{fb}, U_{fc}\} \tag{4}$$

式中：U_{fa}、U_{fb}和U_{fc}分别为发电机机端三相电压值。

该判据为防止发电机内部或外部短路故障时导致装置误报警。

3 关键技术

由式（3）监测判据可知，励磁磁势差值由计算得的转子基波合成磁势和实测励磁电流对应的励磁磁势求得，能否准确计算出各个励磁磁势对判别是否发生匝间短路起到至关重要的作用。

3.1 励磁磁势计算模型

实测励磁电流对应的励磁磁势可根据式（2）求得。因此准确计算出当前工况下对应的转子基波合成磁势成为监测判据的关键。

当发电机带载运行时，发电机合成磁势 $\dot{F}_\delta$ 由转子励磁基波磁势 $\dot{F}_f$ 和电枢反应磁势 $\dot{F}_a$ 共同建成，即

$$\dot{F}_\delta = \dot{F}_f + \dot{F}_a \tag{5}$$

因此可求得励磁磁势为

$$\dot{F}_f = \dot{F}_\delta - \dot{F}_a \tag{6}$$

其中，电枢反应磁势计算公式为

$$\dot{F}_a = 1.35\frac{W_1 I}{p}k_a \tag{7}$$

式中：W_1 为一相定子绕组串联的总匝数；p 为极对数；k_a 为分布系数；I 为发电机电枢电流，这些参数均可通过发电机参数或测量而得。

故由式（6）可知，计算出发电机合成磁势即可求得转子基波磁势。

根据电机学理论知识，可通过查找发电机磁化曲线求得气隙电势与合成磁势对应关系，如图3所示，即在求得气隙电势后，可通过磁化曲线求得对应的合成磁势。发电机磁化曲线由试验可得，气隙电势可由发电机机端电压、电枢电流及发电机电抗参数求得。根据上述计算方法，可将计算得的合成磁势与式（7）计算得的电枢反应磁势代入式（6），即可求得对应的转子基波磁势。

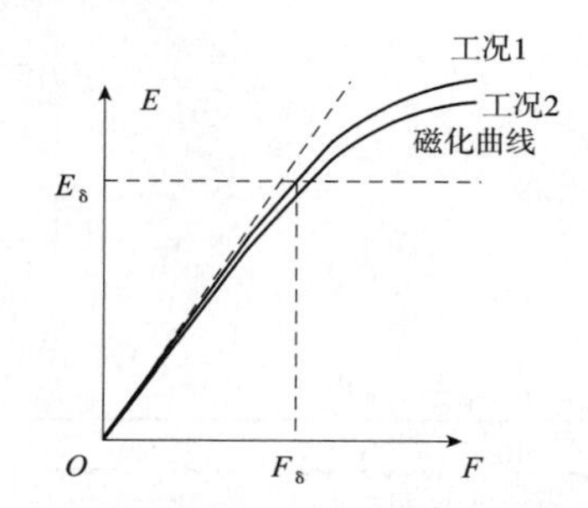

图3　发电机多种工况下磁化曲线图

考虑发电机在不同工况下受电枢反应和铁芯饱和的影响，可以实测发电机不同工况下相应磁化曲线，根据发电机不同工况选择气隙电势与合成磁势的对应关系，可准确计算出当前工况气隙电势与合成磁势的对应关系，能有效提高计算精度。

3.2 基于拉格朗日插值法的分段气隙磁势算法

在铁芯不饱和的情况下，气隙电势与合成磁势成线性关系，如图3中线性部分；当铁芯饱和时（如发电机正常励磁或过励磁情况），气隙电势与合成磁势为非线性关系，如图3中曲线部

分。为准确计算气隙电势对应的合成磁势，保护算法上采用了基于拉格朗日插值法的分段磁势算法，见下式

$$\begin{cases} F(E) = F_k l_k(E) + F_{k+1} l_{k+1}(E) + F_{k+2} l_{k+2}(E) \\ l_k(E) = \dfrac{(E-E_{k+1})(E-E_{k+2})}{(E_k-E_{k+1})(E_k-E_{k+2})} \\ l_{k+1}(E) = \dfrac{(E-E_k)(E-E_{k+2})}{(E_{k+1}-E_k)(E_{k+1}-E_{k+2})} \\ l_{k+2}(E) = \dfrac{(E-E_k)(E-E_{k+1})}{(E_{k+2}-E_k)(E_{k+2}-E_{k+1})} \end{cases} \tag{8}$$

式中：E 为发电机当前工况的气隙电势；$F(E)$ 为气隙电势对应的合成磁势；(F_k, E_k)、$(F_{k+1}$ $E_{k+1})$ 和 (F_{k+2}, E_{k+2}) 为相邻三组合成磁势与气隙电势对应数据；$l_k(E)$、$l_{k+1}(E)$ 和 $l_{k+2}(E)$ 为拉格朗日二次多项式插值系数。

4 样机试验

基于上述提出的转子匝间监测方案，将具有监测功能的转子匝间监测装置在清华大学电机系动模实验室 A1533 样机上进行试验验证。

A1533 样机额定容量 15kVA，额定功率 12kW，额定功率因数 0.8，额定频率 50Hz，额定转速 1000r/min，额定电压 400V，额定电流 21.7A，额定励磁电压 27V，额定励磁电流 16A。图 4 所示为 A1553 样机与转子匝间监测装置接线图及励磁绕组引出抽头示意图。

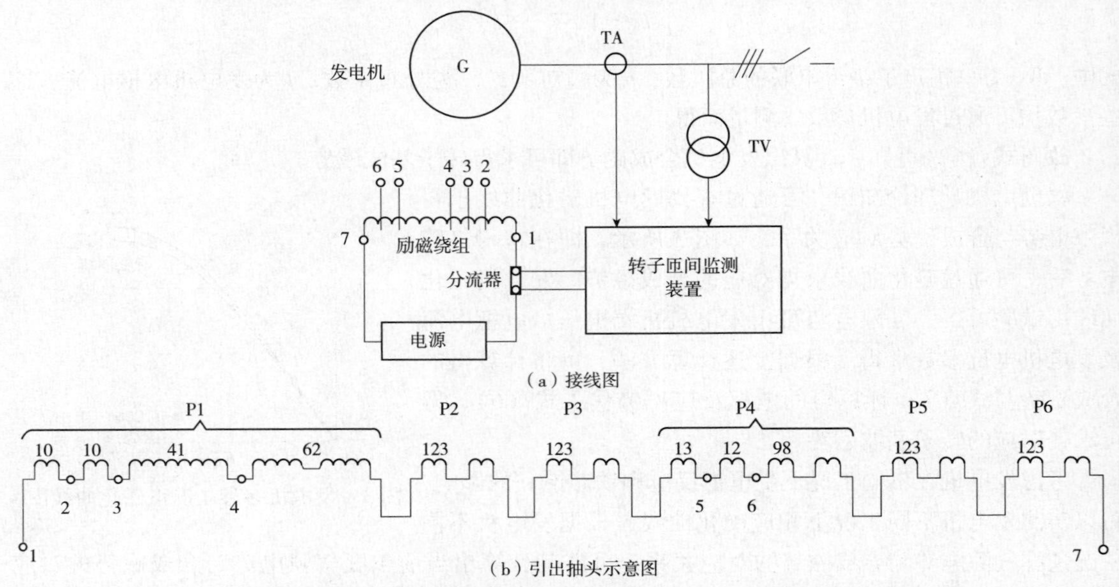

(a) 接线图

(b) 引出抽头示意图

图 4 A1553 样机与转子匝间监测装置接线图及励磁绕组引出抽头示意图

转子绕组总匝数为 123 × 6 = 738（匝），中间引出了 5 个抽头（编号为 2、3、4、5、6），各部分的匝数情况如图 4（b）所示。在监测装置中，励磁磁势差值门槛按躲过最大不平衡励磁磁势差值整定，依据试验工况，将监测门槛值整定为 0.010p.u.，记录试验情况见表 1。

表 1 记录结果表明，短接匝数大于 61 匝（短路匝比 8.26%）时，监测装置均能有效监测。

表 1　　监测装置的监测结果

序号	匝间短路（带载情况）	短接匝数/匝/短路匝比/%	计算励磁磁势/p. u.	实测励磁磁势/p. u.	励磁差值/p. u.	装置行为
1	6-7 短接（带负载）	344/46.61	0.461	0.761	0.299	匝间短路报警
2	4-5 短接（带负载）	321/43.50	0.462	0.739	0.277	匝间短路报警
3	1-4 短接（带负载）	61/8.26	0.470	0.487	0.017	匝间短路报警
4	6-7 短接（空载）	344/46.61	0.470	0.768	0.272	匝间短路报警
5	4-5 短接（空载）	321/43.50	0.459	0.732	0.272	匝间短路报警
6	1-4 短接（空载）	61/8.26	0.470	0.487	0.017	匝间短路报警
7	更小短接匝数	—	—	—	—	装置不报警
8	无短接故障	—	—	—	—	装置不误报警

5　结语

本文分析了汽轮发电机转子匝间短路稳态磁势特性，提出基于励磁磁势差值的转子匝间在线监测方案，采用实测的发电机机端电压和电流，计算出当前工况下所需的基波励磁磁势，与实测励磁电流计算的励磁磁势形成励磁磁势差值，以判别该差值是否大于门槛值为监测判据，门槛值可按可靠躲过最大不平衡励磁磁势整定。此外，将具有该方案的监测装置在 A1553 样机上进行试验验证，结果表明，该方案对转子匝间短路故障能进行有效在线监测。

参考文献：

[1] 唐芳轩，许艳霞．秦山第二核电站发电机转子匝间短路故障的诊断与处理［J］．电力设备，2005，6（1）：67-69.

[2] 邹炯斌，赵锋，宁颖辉．1000MW 机组发电机转子绕组匝间短路故障分析［J］．热力发电，2012，41（6）：74-76.

[3] 杨素华．丹江口电厂发电机转子匝间短路的诊断与处理［J］．云南水利发电，2005，23（2）：95-97.

[4] Tavner P J. Review of Condition Monitoring of Rotating Electrical Machines［J］. IET Electric Power Applications，2008，2（4）：215-247.

[5] Stoll R L，Hennache A. Method of Detecting and Modeling Presence of Shorted Turns in DC Field Winding of Cylindrical Rotor Synchronous Machines Using Two Airgap Search Coils［J］. IEE Proceedings—Electric Power Applications，1988，135（6）：281-294.

[6] Ramirez-Nino J，Pascacio A. Detecting Interturn Short Circuits in Rotor Windings［J］. IEEE Computer Applications in Power，2001，14（4）：39-42.

[7] Albright D R，Albright D J，Albright J D. Flux Probes Provide On-line Detection of Generator Shorted Turns［J］. Power Engineering，1999，103（9）：28-32.

[8] 孙宇光，郝亮亮，王祥珩．同步发电机励磁绕组匝间短路的数学模型与故障特征［J］．电力系统自动化，2011，35（6）：45-49.

作者简介：

李华忠（1983—　），男，工程师，主要从事电力主设备继电保护研究、开发。E-mail：lihz@nari-relays.com

任洪磊（1986—　），男，助理工程师，主要从事电力主设备继电保护相关技术工作。

张琦雪（1974—　），男，博士，高级工程师，主要从事电力主设备继电保护研究、开发。

王　光（1980—　），男，硕士，高级工程师，主要从事电力主设备继电保护研究、开发及管理工作。

陈　俊（1978—　），男，硕士，高级工程师，主要从事电力主设备继电保护研究、开发及管理工作。

滩坑发电机内部故障分析及主保护优化设计研究

干建丽[1]，桂　林[2]，陈　俊[3]，张景林[4]，王祥珩[2]

（1. 浙江浙能北海水力发电有限公司，浙江　丽水　323907；
2. 清华大学电机系电力系统及发电设备控制和仿真国家重点实验室，北京　100084；
3. 南京南瑞继保电气有限公司，江苏　南京　211102；
4. 东方电气集团东方电机有限公司，四川　德阳　618000）

【摘　要】　滩坑水电站的运行实践再次证明传统主保护配置方案存在匝间短路灵敏性不足的缺陷。通过调查滩坑发电机实际短路的特征，在全面的内部短路仿真计算的基础上比较各种主保护方案的灵敏度，经定量化设计过程来完成滩坑发电机主保护的优化设计，并综合考虑技改工作的实际条件和限制因素，在提高主保护配置方案灵敏性的同时，又不过分增大技改工作的难度，为后续水电站的技改工作提供借鉴。

【关键词】　大型水轮发电机；主保护设计；内部短路计算；绕组形式；故障特点

0　引言

滩坑水电站是“十五”期间浙江省实施建设的最大水电工程，电站位于浙江省青田县境内的瓯江支流小溪的中游河段，总装机容量60万kW（3×200MW）。其发电机主保护的原有设计沿用了传统设计方案——完全纵差保护+零序电流型横差保护[1]，并未采用基于全面内部故障分析的定量化设计方法[2-4]；2010年10月11日09时02分27秒，滩坑水电站1号机组双套零序电流型横差保护均动作于跳闸，事后分析为发电机定子绕组匝间短路故障，虽然2套横差保护均动作于跳闸，但定子线棒仍然烧伤严重，仅大量线棒的更换和修复就花了一个多月的时间。滩坑水电站的运行实践再次证明传统主保护配置方案存在匝间短路灵敏性不足的缺陷。

为了提高发电机匝间短路保护的灵敏性，浙江浙能北海水力发电有限公司联合东方电机有限公司、南瑞继保电气有限公司和清华大学进行技术改造，在机组小修期间，通过加装分支TA来增设裂相横差保护，其技改方案的合理性需经全面的内部故障仿真分析的验证；滩坑发电机中性点设备及保护改造工作的成功实施，将引领国内一批大中型水轮发电机的技改工作。

1　滩坑发电机主保护定量化设计过程

滩坑发电机采用整数槽（$q=4$）“全波绕组”（定子绕组节距为$y_1=10$、$y_2=14$），40极，定子槽数为480，每相4分支，每分支40个线圈。

发电机额定参数为：$P_N=200\text{MW}$，$U_N=13.8\text{kV}$，$I_N=9297.1\text{A}$，$\cos\varphi_N=0.9$，$I_{f0}=754.9\text{A}$，$I_{fN}=1301.6\text{A}$。

为了提高滩坑发电机匝间短路保护的灵敏性，有必要了解滩坑发电机实际短路的条件和特征，进而在全面的内部短路仿真计算的基础上比较各种主保护方案的灵敏度，经定量化设计过程来完成主保护配置方案的优化设计，以确保滩坑发电机的安全运行。

在优化滩坑发电机主保护配置方案的同时，还需明确该方案沿用滩坑发电机现有分支分组方式（“14－23”分支引出）的合理性，在提高主保护配置方案灵敏性的同时，又不过分增大技改工作的难度；毕竟发电机主保护配置方案的定量化及优化设计是一个多变量复杂系统的工程优化设计问题，必须兼顾设计的科学性和实用性；在不显著降低主保护配置方案性能的前提下，发电机中性点侧分支的引出必须考虑电机结构和制造工艺是否方便、是否有利于简化保护方案和减少硬件投资。

1.1 调查发电机的故障特点，确定典型故障特征

根据对东方电气集团东方电机有限公司提供的发电机定子绕组展开图的分析[5-6]，滩坑发电机定子绕组实际可能发生的内部短路见表1和表2。

表1　　滩坑发电机480种同槽故障

同相同分支匝间短路	同相不同分支匝间短路	相间短路240种	
		分支编号相同	分支编号不同
0	240	216	24

表2　　滩坑发电机10558种端部交叉故障

同相同分支匝间短路504种				同相不同分支匝间短路	相间短路7438种	
短路匝数	19匝	20匝	40匝		分支编号相同	分支编号不同
故障数	240	252	12	2616	1704	5734

（1）定子槽内上、下层线棒间短路共480种（等于定子槽数）。通过对同槽故障的分析，发现：没有同相同分支匝间短路；同相不同分支匝间短路240种，占50%；相间短路240种，占50%。

（2）定子绕组端部交叉处短路共10558种。通过对端部交叉故障（简称为端部故障）的分析，发现：同相同分支匝间短路504种，占4.77%，其中最小短路匝数为19匝（对应的短路匝比为47.5%）、有240种，最大短路匝数为40匝（一分支首尾短接）、有12种；同相不同分支匝间短路2616种，占24.78%；相间短路7438种，占70.45%。

如图1（a）所示，滩坑发电机采用的是整数槽“全波绕组”，每个分支绕电机内圆两圈，且每一分支由四个线圈组构成（＋、＋、…；＋、＋、…；＋、＋、…；＋、＋、…，或者是－、－、…；－、－、…；－、－、…；－、－、…，正号表示线圈的绕向是先到上层边而后到下层边，负号则表示线圈的绕向与上述相反）。

“每一线圈组”的10个线圈分别位于相邻的N极下或者是相邻的S极下，使得“同一线圈组”的各个线圈之间相距360°电角度；每绕完“同一线圈组”的10个线圈之后，人为地前进或后退一个槽（槽距角为15°电角度），再绕相同绕向的“下一线圈组”的10个线圈；这样一来，“不同线圈组”的各个线圈之间相距15°、30°或45°电角度，如图1（b）所示。

而滩坑发电机线圈节距为$y_1=5\tau/6$（短距绕组），可能发生同槽故障的两个线圈在空间上相距150°电角度，使得同槽故障中不存在同相同分支匝间短路，见表1统计结果。

又如图1（a）所示，端部故障中可能发生同相同分支匝间短路的两个线圈在空间上已属于“不同的两圈”之中，彼此之间至少相隔19个线圈（考虑到可能发生端部交叉故障的线圈的绕

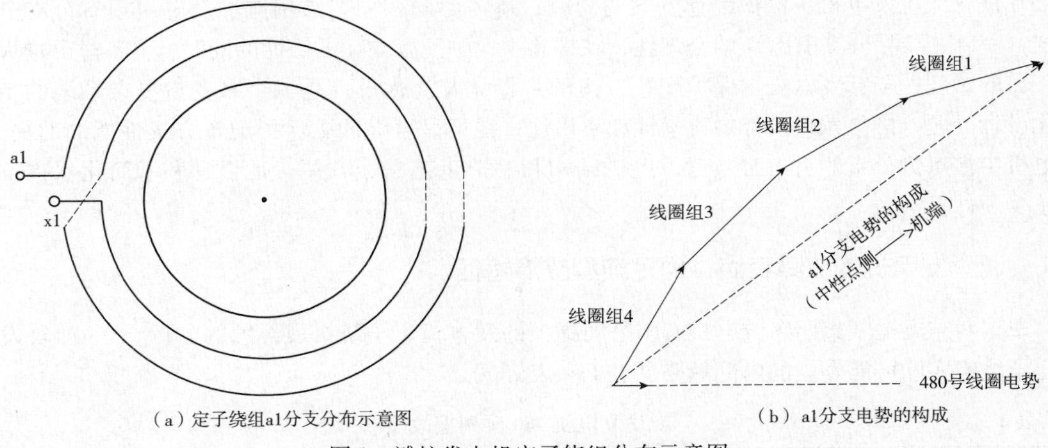

（a）定子绕组a1分支分布示意图

（b）a1分支电势的构成

图 1　滩坑发电机定子绕组分布示意图

向相同），故端部故障中不存在小匝数同相同分支匝间短路，见表 2 统计结果。

滩坑发电机所采用的上述整数槽“全波绕组”使得实际可能发生的内部短路中不存在小匝数同相同分支匝间短路，将有利于主保护方案性能的提高。

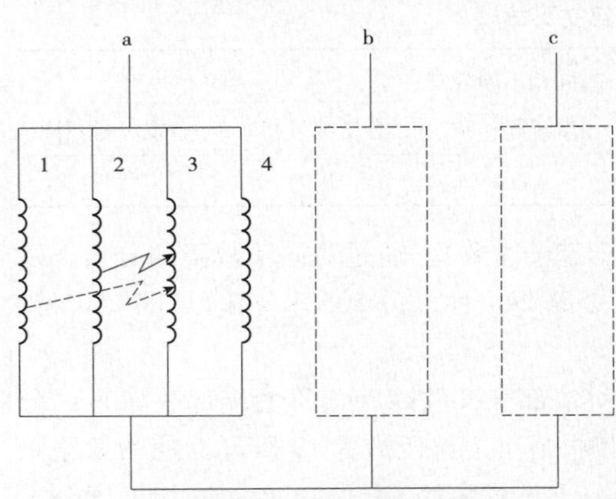

图 2　发生在相近电位的同相不同分支匝间短路

相对于叠绕组发电机而言，波绕组发电机内部短路中同相不同分支匝间短路所占比率较大，此时应密切注意发生在相近电位的同相不同分支匝间短路（如图 2 所示，两短路点距离中性点位置相近）的构成与分布特点[7-9]，因为若将两故障分支分到同一分支组中，则该同相不同分支匝间短路的短路回路电流将无法直接引入保护装置的差动回路中，将增大主保护配置方案的动作死区；通过进一步的统计分析，发现滩坑发电机的相近电位同相不同分支匝间短路（两短路点位置相差 0 ~ 4 匝）均发生在每相的 1、3 分支（或 2、4 分支，或 1、4 分支，或 2、3 分支）间。

1.2　运用“多回路分析法”进行全面的内部短路仿真计算，以清楚认识各种主保护方案的性能

通过全面的内部短路仿真计算，可以得到发电机故障时每一支路电流的大小和相位（包括两中性点间的零序电流的大小），以此为基础进行主保护方案的灵敏度分析，又能清楚认识到每种保护的长处（能灵敏反应哪些短路）和短处（不反应哪些短路），并能发现对于发生在相近电位的同相不同分支匝间短路，不同构成形式的主保护方案的性能相差悬殊。下面以完全裂相横差保护为例进行说明。

图 3 中实线箭头所示故障为滩坑发电机在并网空载运行方式下，a 相第 1 支路第 31 号线圈的下层边和 a 相第 3 支路第 31 号线圈的上层边发生端部同相不同分支匝间短路，两短路点距中性点位置相同（根据滩坑发电机的定子绕组连接图，a1 和 a3 分支的线圈排列并不相同，这样一来距中性点位置相同的两短路点之间就存在电动势差）。

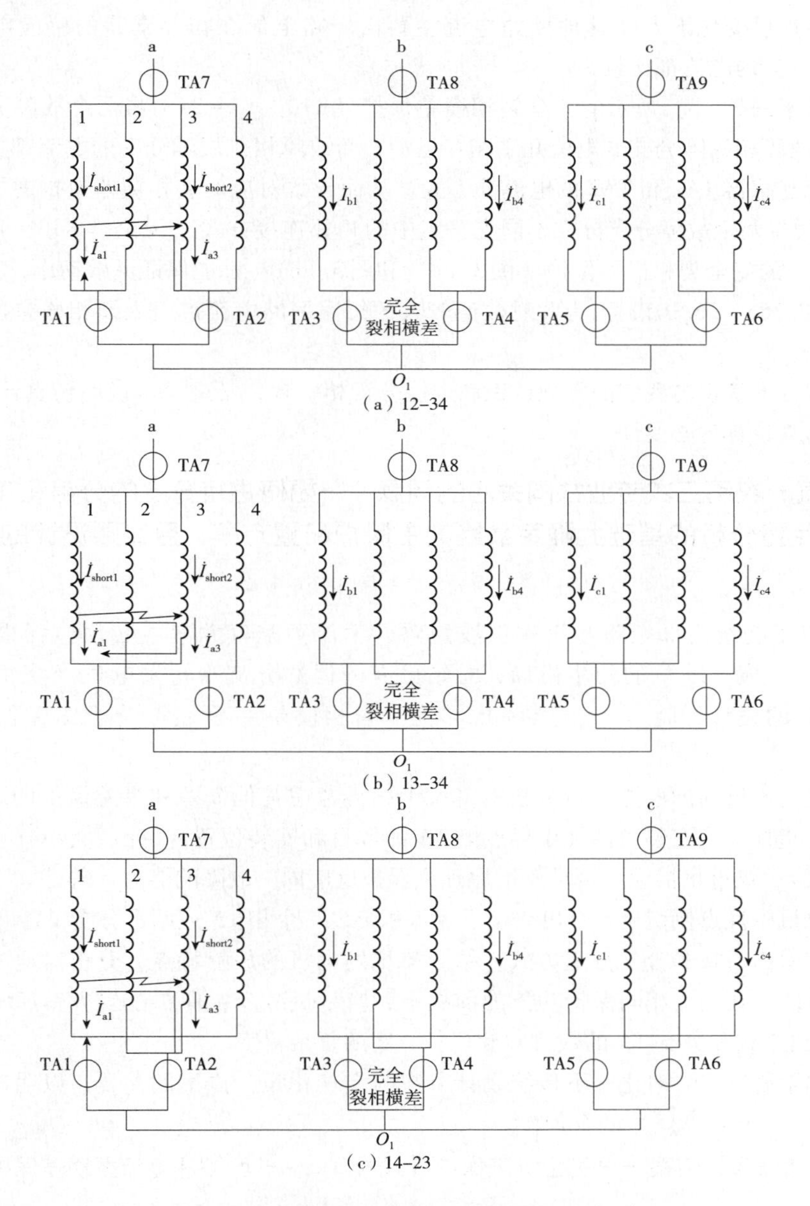

图 3　一组相近电位的同相不同分支匝间短路

故障相各支路（包括短路附加支路）基波电流的大小（有效值，单位为 A，下同）和相位为：$\dot{I}_{a1}=9328.26\angle-37.86°$、$\dot{I}_{a2}=288.55\angle4.91°$、$\dot{I}_{a3}=9320.51\angle145.23°$、$\dot{I}_{a4}=244.06\angle119.47°$、$\dot{I}_{short1}=2646.14\angle150.20°$、$\dot{I}_{short2}=2644.54\angle-40.70°$。

短路回路电流 $\dot{I}_{a1}=9328.26\angle-37.86°$和 $\dot{I}_{a3}=9320.51\angle145.23°$的大小相差不大、相位近于相反，这是由于短路回路电流 $\dot{I}_{a1}$、$\dot{I}_{a3}$主要由直流励磁直接感应电动势差所产生（其他电流对他的影响很小），所以 $\dot{I}_{a1}$和 $\dot{I}_{a3}$近于反向；由于两短路点距中性点位置相同，所以 $\dot{I}_{a1}$和 $\dot{I}_{a3}$的大小相差很小。通过互感的作用，两个短路分支对其他分支的互感磁链基本相互抵消，从而导致其他分支的电流故障前后变化不大（其他回路电流主要由短路电流在相邻支路的感应电动势之差产生），非故障分支的电流都比较小。

因此，对于图3（b）所示的完全裂相横差保护（K10_ 13－24，将两个故障分支分在同一支路组中），故障相故障分支的电流几乎相互抵消，而故障相非故障分支的电流都比较小，使得流过分支电流互感器TA1和TA2的电流都不大，从而导致对应的裂相横差保护的灵敏系数只有1.138；而采用将两个故障分支分在不同支路组中的相邻连接方式（无论是K10_ 12－34，还是K10_ 14－23）的完全裂相横差保护［图3（a）和图3（c）］都能保证灵敏动作，其对应的灵敏系数分别为27.366、26.105，因为此时数值较大的短路回路电流被引入裂相横差保护的差动回路中。

上述规律性的认识与我们的常规认识和定性分析相一致，又进一步说明仿真计算的正确性，同时也说明仿真计算的必要性。

1.3 以电气一次和二次专业共同关心的问题——如何进行分支的分组和TA的配置为突破口，在定量分析的基础上确定最终的主保护配置方案，且兼顾设计的科学性和实用性

为兼顾定子绕组内部短路和机端引线短路，主保护配置方案中必须包括横差和纵差保护，以形成“一横一纵”的初步格局；总结已有的偶数分支水轮发电机（绕组形式既有叠绕也有波绕）的设计经验[7-9]，主要考虑“完全裂相横差＋不完全/完全纵差保护”两种初步格局。

在对上述初步格局的性能进行分析的基础上，再考虑其他横差和纵差保护的取舍，这时需综合考虑各种指标——安装条件（中性点侧TA的数目和安装位置）、死区大小（主保护配置方案拒动故障数）、双重化指标（两种不同原理主保护反应同一故障的能力）等。

基于发电机中性点侧引出6个出线端子、每相装设一个相TA或两个分支TA，考虑不同的发电机中性点侧引出方式和分支分组方式，结合滩坑发电机的故障特点，分析对比不同的主保护配置方案的性能。在完成相同保护功能的前提下，应尽量减少主保护配置方案所需的硬件投资（中性点侧引出方式和分支TA的数目）和保护方案的复杂程度。

由于篇幅限制，主要对比一下传统设计方案与定量化设计方案的差异，以明确其沿用原有分支分组方式（“14－23”）的合理性。

1.3.1 传统设计方案——完全纵差保护（代号3）＋一套零序电流型横差保护（代号01）

表3　滩坑发电机同槽和端部故障时传统设计方案和优化设计方案的动作情况

故障类型	构成形式	几种主保护均不动作	只有1种主保护动作	2种及以上主保护都动作
同槽故障数	K01＋3_ 12－34	0	240	240
	K01＋3_ 13－24	48	192	240
	K01＋3_ 14－23	0	240	240
	K01＋10＋3_ 12－34	0	0	480
	K01＋10＋3_ 13－24	0	48	432
	K01＋10＋3_ 14－23	0	0	480

续表

故障类型	构成形式	几种主保护均不动作	只有1种主保护动作	2种及以上主保护都动作
端部故障数	K01+3_ 12-34	12	3772	6774
	K01+3_ 13-24	122	3639	6797
	K01+3_ 14-23	210	3246	7102
	K01+10+3_ 12-34	12	26	10520
	K01+10+3_ 13-24	30	136	10392
	K01+10+3_ 14-23	54	162	10342

按照传统设计方法（基于概念、经验和定性分析），大型水轮发电机需配置完全纵差保护，以对付实际可能发生的相间短路；由于还存在匝间短路的可能，故需增设横差保护，零序电流型横差保护由于结构简单、功能全面而被优先选择。

滩坑发电机传统设计方案的构成如图4所示，在o_1o_2之间接一个电流互感器TA0，以构成一套零序电流型横差保护；利用每相机端和中性点侧的相电流互感器TA1～TA6（无分支电流互感器），可构成一套完全纵差保护。

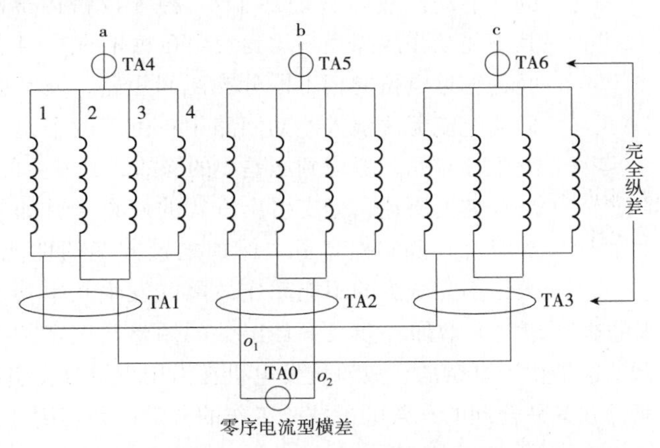

图4　滩坑发电机传统设计方案及TA配置（相邻连接，14－23）

传统设计方案的性能见表3，不能动作故障数为210种（占故障总数的1.9%），双重化指标为66.5%。

1.3.2　优化设计方案——完全纵差保护（代号3）＋一套零序电流型横差保护（代号01）＋完全裂相横差保护（代号10）

经主保护定量化设计过程，推荐的优化设计方案如图5所示，将每相的1、2分支接在一起，形成中性点o_1；再将每相的3、4分支接在一起，形成中性点o_2。在o_1o_2之间接一个电流互感器TA0，以构成一套零序电流型横差保护；并在每相的1、2分支组和3、4分支组上加装分支电流互感器TA1～TA6，且有机端相电流互感器TA7～TA9，以构成一套完全裂相横差保护和一套完全纵差保护（其中性点侧相电流取自每相加装的两个分支组TA）。

推荐采取相邻连接的分支引出方式（“12－34”），完全取决于滩坑发电机定子绕组形式所决定的故障特点（如1.1节所述），上述分支组合保证了所有的相近电位同相不同分支匝间短路的故障分支位于不同的分支组中（图6），之所以还存在保护死区是因为某些相近电位同相不同分

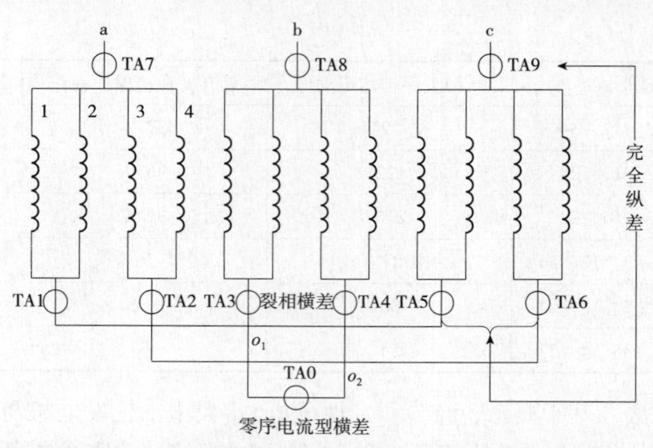

图5　滩坑发电机内部故障主保护及 TA 配置推荐方案（相邻连接，12－34）

支匝间短路的故障点均在机端附近（当然故障分支电流也不大，因为故障点若在机端则故障不复存在）。

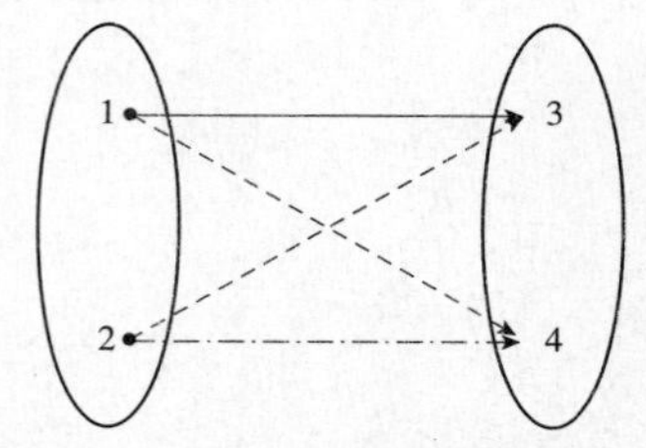

图6　滩坑发电机发生在相近电位的同相不同分支匝间短路分布示意图

与“12－34”分支组合相对比，现有分支引出方式“14－23”的不能动作故障数增加了 42 种（仅占内部故障总数的 0.4%），其不能动作故障类型均为发生在每相的1、4 分支（或2、3 分支）间的相近电位同相不同分支匝间短路，究其原因在于较大的短路回路电流无法引入差动回路中；由于两个短路分支的短路点均靠近中性点侧，考虑到压差小的缘故，其发生的几率其实很低。

如上所述，分支引出方式的调整（譬如采用“12－34”的分支组合）确实提高了主保护配置方案的性能（表 3），但好处不大，因为减少的不能动作故障的发生几率其实很低；而其对电机结构和制造工艺所带来的难度却大大增加，涉及铜环层数的调整乃至定子机座高度、大轴长度和整个轴系的重新计算，这是相当复杂的。故滩坑发电机在沿用现有分支引出方式（“14－23”）的基础上优化主保护配置方案是合理的，兼顾了技改工作的科学性和实用性。

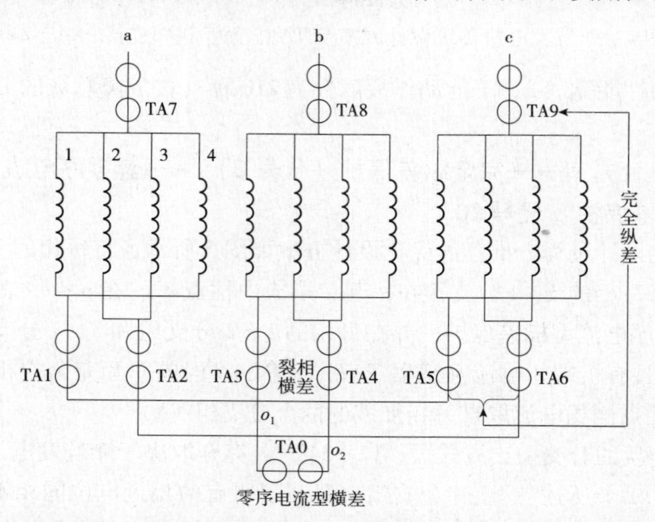

图7　滩坑发电机内部故障主保护及 TA 配置技改方案（相邻连接，14－23）

对于滩坑发电机实际可能发生的11038种内部故障，图7所示主保护配置技改方案不能动作故障数为54种（占内部故障总数的0.5%），对10822种内部故障（占内部故障总数的98%）有两种及以上原理不同的主保护灵敏动作；相比于原有设计方案，其匝间短路的灵敏性得到进一步的提高，双重化指标改善更加明显（因为完全纵差不反应匝间短路）。

2 结语

（1）传统设计方案仅凭概念、经验和定性分析来确定，未经全面的内部短路分析计算及主保护定量化设计过程，难免存在匝间短路灵敏性不足的缺陷。

（2）发电机主保护配置技改方案的选择必须建立在定量分析的基础之上，并综合考虑工程实际条件和限制因素，兼顾技改工作的科学性和实用性。

（3）滩坑发电机中性点设备及保护改造工作的成功实施，将引领国内一批大中型水轮发电机的技改工作，其在水电领域的推广示范效应必将取得显著的经济效益和突出的社会效益。

参考文献：

[1] 王维俭．电气主设备继电保护原理与应用［M］．2版．北京：中国电力出版社，2002.

[2] 高景德，王祥珩，李发海．交流电机及其系统的分析［M］．2版．北京：清华大学出版社，2005.

[3] 桂林．大型发电机主保护配置方案优化设计的研究［D］．北京：清华大学出版社，2003.

[4] 桂林．大型水轮发电机主保护定量化设计过程的合理简化及大型汽轮发电机新型中性点引出方式的研究［D］．北京：清华大学博士后研究报告，2006.

[5] 白延年．水轮发电机设计与计算［M］．北京：机械工业出版社，1982.

[6] 许实章．交流电机的绕组理论［M］．北京：机械工业出版社，1985.

[7] 桂林，王维俭，孙宇光，等．三峡右岸发电机主保护配置方案设计研究总结［J］．电力系统自动化，2005，29（13）：69－75.

[8] 桂林，王祥珩，孙宇光，等．巨型水轮发电机定子绕组设计建议——由发电机主保护定量化设计引出的反思［J］．电力系统自动化，2009，33（4）：45－48.

[9] 桂林，王祥珩，孙宇光，等．向家坝和溪洛渡水电站发电机主保护设计总结［J］．电力自动化设备，2010，30（7）：30－33.

作者简介：

干建丽（1972—　），女，浙江杭州人，工程师，从事发电厂继电保护检修维护工作。

桂　林（1974—　），男，安徽广德人，副教授，研究方向为大机组保护及故障分析。

陈　俊（1978—　），男，江苏姜堰人，高级工程师，从事电气主设备微机保护的研究和开发工作。

张景林（1971—　），男，四川德阳人，高级工程师，主要从事水轮发电机设计工作。

王祥珩（1940—　），男，安徽淮南人，教授，博士生导师，研究方向为电机分析与控制、电机故障及保护、电气传动及其自动化等。

一起典型发电机转子交流侧接地故障排查和分析

程　骁[1]，吕晓勇[2]，王　光[1]，徐　金[1]，陈　俊[1]

（1. 南京南瑞继保电气有限公司，江苏　南京　211102；
2. 中国长江电力股份有限公司三峡电厂，湖北　宜昌　443133）

【摘　要】　转子接地故障是发电机较常见的故障类型之一，现有文献对转子直流侧接地故障分析较多，交流侧故障分析较少，本文针对现场一起典型发电机转子交流侧接地故障进行分析，总结了交流侧接地故障特征，以期给电厂继电保护运行和维护提供参考。

【关键词】　转子接地保护；转子交流侧接地故障

0　引言

转子接地故障是发电机较常见的故障，转子一点接地时，由于没有形成闭合通路，励磁绕组参数没有改变，所以并不造成直接的危险，然而如果再发生第二点接地故障，则会出现故障点电流过大而烧伤转子本体、励磁绕组被短接使气隙磁通失去平衡引起振动以及轴系转子磁化等灾难性后果，严重威胁发电机的安全[1-3]。

发电机转子接地典型故障主要分为两大类：①直流侧接地，包括转子绕组本身及其引出线至整流桥直流侧；②交流侧接地，包括励磁变低压侧绕组及其引出线至整流桥交流侧。现有文献对转子直流侧接地故障分析较多，交流侧故障分析较少，本文针对现场一起典型发电机转子交流侧接地故障进行分析，以期给电厂继电保护运行和维护提供参考。

1　转子接地故障排查

国内某电厂一台660MW发电机组采用自并励励磁方式，转子接地保护采用注入方波电压式转子接地保护原理，双端注入方式，如图1所示。发电机正常运行时转子绕组回路对地（大轴）是绝缘的，发生转子绕组接地故障后，对地绝缘被破坏。为此，通过在发电机转子绕组两端注入方波信号电源，可区分正常运行和接地故障[4]。

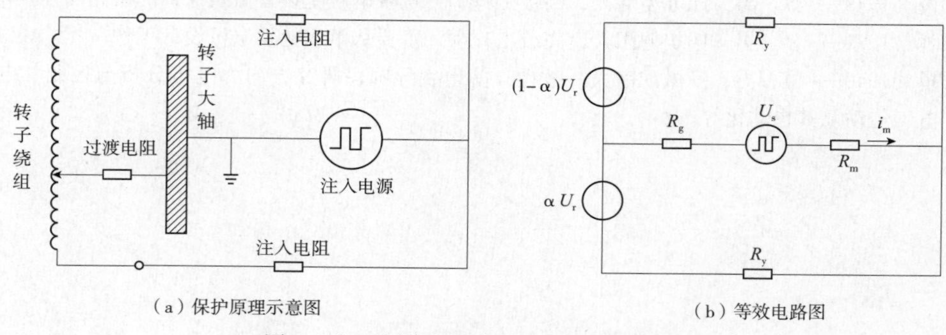

（a）保护原理示意图　　（b）等效电路图

图1　注入方波电压式转子接地保护原理

2013 年 7 月，该机组发生了一起典型的励磁系统交流侧接地故障，满负荷运行时先后两次发生转子接地保护动作并停机。事故发生前，发电机组一直处于正常运行，7 月 26 日，转子接地保护第一次动作停机，停机后发现保护动作前较短时间内有多次转子一点接地报警信号。电厂技术人员对发电机转子及电气一、二次回路检查后未发现异常，采用 1000V 绝缘摇表分段测试励磁系统交流侧和直流侧绝缘均正常，在无法找到故障点的情况下于 27 日凌晨再次并网运行。

该机组并网后逐渐升至额定负荷，约 11h 后转子一点接地多次报警，很快转子接地保护再次动作停机。再次进行所有回路检查仍未见异常，再次用 1000V 摇表测试绝缘正常，同时对转子接地保护装置进行了校验，排除了装置异常的可能。由于转子接地保护在机组并网初期负荷较低时未报警和动作，而是在机组满负荷后动作，根据这一故障情况分析，应该不是稳定接地故障，可能是间隙放电导致接地。另外转子接地绝缘泄漏电流波形含有很大的 50Hz 工频分量，接地位置约为 50%，可能是励磁系统交流侧接地。根据装置报告，转子接地保护一点接地阻值测量为 0kΩ，多次启动和跳闸波形测量结果基本一致，保护屏柜内无交流电缆接入，装置校验正常，也基本能确定励磁系统存在接地故障。

根据以上分析，决定采用更高电压等级摇表进行绝缘检测，选用了 2500V 摇表重新进行分段测试绝缘，并将重点放在了励磁系统交流侧。经过仔细排查最终找到放电点，事故原因为励磁变低压侧 C 相母排与共箱外壳放电接地，图 2 所示为故障点照片。故障点具体情况是：励磁变低压侧 C 相的出线母排分三层，为调整层间间距，中间设置了铁块调节，该铁块长期运行后从母排层间滑出靠近封闭母线箱体外壳，电压过高时击穿放电，导致励磁系统交流侧 C 相接地。

（a）转子接地故障位置

（b）调节铁块放电灼伤部位

图 2　转子接地故障点

综合上述故障排查过程，转子接地保护具有其复杂性和特殊性，应给予足够的重视，建议应尤其注意以下几点：

（1）转子接地报警或跳闸后，在未找到故障原因时不应轻易恢复机组运行，避免再次非停，若故障位置位于转子绕组本体，多次故障可能会使故障发展进而严重威胁机组运行安全。

（2）转子接地保护报警或动作存在多次返回，且故障情况与机组运行状态有关时，应注意间隙放电接地故障发生的可能性，故障排查措施应根据具体情况及时调整，本次发现故障点的关键是适当提高了绝缘摇表的电压等级。

（3）对于大型发电机组，转子接地保护建议采用双套配置且采用不同原理，双套保护可以互为补充并相互校验，快速排除保护装置异常，节省故障排查时间，将故障排查重点放在一次设备上。

2　转子接地故障特征分析

本次励磁系统交流侧接地故障的事故原因、波形特征、排查过程均具有一定典型性，基于注入式转子接地保护原理，分析典型的故障特征，给电厂继电保护运行和维护提供参考。根据励磁系统电路拓扑图和注入方波电压式转子接地保护原理，本次励磁变低压侧C相接地故障电路图如图3所示。

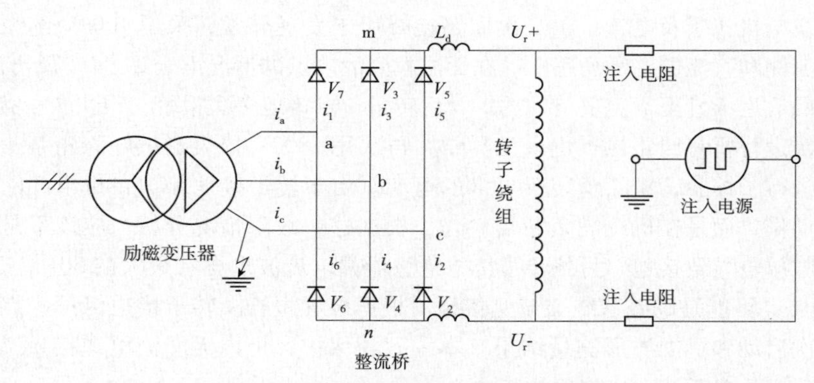

图3　励磁变低压侧C相接地示意图

根据以上故障电路图，励磁系统低压侧为不接地系统，在交流侧单相接地故障时（本次故障为励磁变低压侧C相），故障相电压降低，非故障相电压升高，在故障点会出现较高的零序电压，通过整流桥、注入式接地保护回路上的注入电阻、注入方波电源和大轴接地点形成了零序通路。由于该零序电压为50Hz工频电气量，因此零序回路中也将流过50Hz工频零序电流，装置的转子接地泄漏电流测量回路也应会出现50Hz工频零序电流。而在励磁系统直流侧接地时，根据以往经验转子接地泄漏电流应以直流分量和300Hz分量为主，几乎不含有50Hz工频交流分量。另外在大轴碳刷接触不良或轴电压影响等异常工况时，一般转子接地泄漏电流波形多不规律，尚无发现具有波形特征较好的50Hz工频分量。

对于转子等效接地位置特征，当发生励磁系统交流侧单相接地故障时，由于励磁整流桥各个桥臂的循环导通，转子绕组实际接地位置将在正极和负极之间交替出现，1/3周波（以50Hz工频分量作为基准）为正极接地，下个1/3周波为负极接地。由于注入式转子接地保护计算周期一般为0.5s以上，因此在注入方波电源的正半周期或负半周期，转子绕组实际接地位置都会以1/3周波交替出现，经过保护滤波平均处理后，综合了正负极接地位置的影响，最终注入式转子接地保护计算的转子绕组等效接地位置最可能为50%。另外，根据以往乒乓式转子接地保护发生的交流侧接地故障经验，保护装置等效接地位置测量也约为50%[5]。而励磁系统发生直流侧接地时，故障点大多位于转子绕组引出回路，故障点位置一般为0%或者100%，即使故障点位于转子绕组本体，一般情况也很少恰好位于50%位置附近。当转子绕组整体绝缘下降时，如励磁正负极碳粉积累导致绝缘降低，转子绕组等效接地位置可能为50%，但此时泄漏电流波形特性不含有50Hz工频分量，因此也可区分这一故障类型。其他原因导致的转子接地保护测量电阻下降，包括大轴碳刷接触不良或轴电压异常时，转子等效接地位置一般会有明显变化，较少稳定在50%附近，另外这些异常情况下的转子接地绝缘电阻一般也不会很稳定，常发生较快变化。

综合上述分析，励磁系统发生交流侧接地故障时一般同时具有以下两个典型特征：

（1）转子绝缘泄漏电流具有明显的50Hz工频电气特征。

（2）转子绕组等效接地位置约为50%。

现场录取的装置波形也验证了上述分析，多次报警和动作波形均较为一致，选取第二次保护动作波形如图 4 所示。

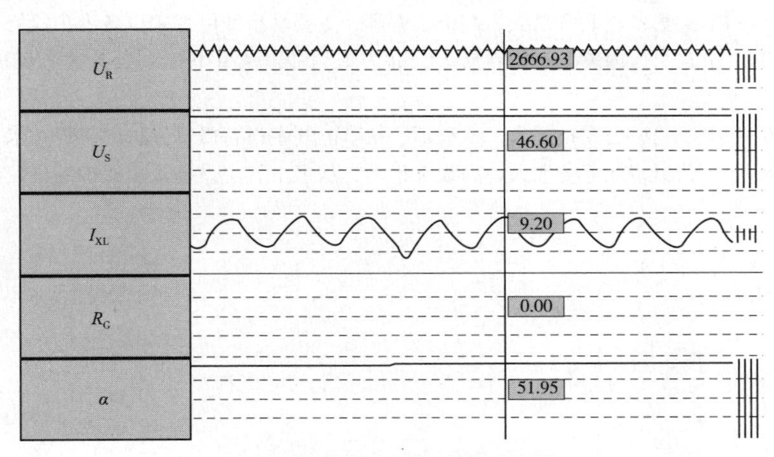

图 4　转子接地保护动作录波图

图 4 中 U_R 为转子电压，U_S 为注入方波电压，I_{XL} 为转子绝缘泄漏电流，R_G 为转子接地绝缘电阻，α 为转子接地位置。

根据现场录取的保护动作波形，转子绝缘泄露电流 I_{XL} 幅值较大，峰值约 9.2mA，交流谐波以 50Hz 工频分量为主，叠加有较小的直流分量，交流波形的正弦度较好。转子接地测量电阻为零，转子一点接地位置计算为 51.9%。转子绝缘泄漏电流和转子等效接地位置与上述分析的交流侧接地故障特征均较为相符。

3　结语

本文分析了一起现场典型发电机转子交流侧接地故障，根据故障分析和排查情况，一般同时具有以下故障特征时应重点考虑励磁系统交流侧接地：

（1）转子接地泄漏电流波形以 50Hz 工频分量叠加一定的直流分量为主，区别于直流侧接地的 300Hz 锯齿波特征，大轴炭刷接触不良或轴电压影响时一般转子接地波形多不规律。

（2）转子等效接地位置约为 50%，转子绕组外部回路故障时故障位置一般为 0% 或 100%，转子本体故障时一般也不会恰好在 50% 的位置。

（3）转子接地故障排查措施应根据具体情况及时调整，特别是出现间隙放电接地故障时。

参考文献：

[1] 王维俭．电气主设备继电保护原理与应用［M］．2 版．北京：中国电力出版社，1996.

[2] 李宾，屠黎明，苏毅，等．发电机转子接地保护综述［J］．电力设备，2006，7（11）：33－36.

[3] 郭光荣．发电机转子励磁绕组接地保护［J］．电力系统自动化，2003，27（20）：73－76.

[4] 王光，温永平，陈俊，等．注入方波电压式转子接地保护装置的研制及应用［J］．江苏电机工程，2009，28（2）：74－77.

[5] 陈俊，王光，严伟，等．关于发电机转子接地保护几个问题的探讨［J］．电力系统自动化，2008，32（1）：90－92.

作者简介：

程　骁（1978—　），男，河南安阳人，工程师，从事电气主设备微机保护的研发和科研项目管理工

作。E - mail：chengx@ nari - relays. com

吕晓勇（1976—　），男，湖北宜昌人，高级工程师，主要从事继电保护设备维护检修工作。

王　光（1980—　），男，内蒙古达拉特旗人，高级工程师，从事电气主设备微机保护的研发和管理工作。

徐　金（1979—　），男，山东招远人，工程师，从事电气主设备微机保护的工程技术和管理工作。

陈　俊（1978—　），男，江苏姜堰人，高级工程师，从事电气主设备微机保护的研发和管理工作。

发电厂电流互感器相关故障的应对措施

焦国强

（华能国际电力股份有限公司上安电厂，河北　石家庄　050310）

【摘　要】　据不完全统计，近几年各种电流互感器及其相关回路（包括电流互感器端子、电缆、中间端子排等）发生故障几率明显上升，造成保护误动，机组跳闸事故频发，也存在人身伤害隐患，因此本文对其进行探讨和研究，并提出应对措施。

【关键词】　电流互感器；端子排；红外热成像

0　引言

电流互感器是电力系统重要的一次设备，将大电流变换成小电流，为继电保护和测控提供信号源，担负着电力系统安全和准确计量的重要责任。近年来，发电厂多次发生由于电流互感器本身及回路故障造成的继电保护误动和拒动事故，给发电厂安全稳定运行带来了巨大隐患，为此，本文针对各种电流互感器故障进行分析并提出应对措施，并举一反三，以将电流互感器故障造成的危害降到最低，确保发电厂设备安全稳定运行。

1　故障案例分析

1.1　案例一

2003 年 3 月，某厂 4 号发电机差动保护动作，发变组故障录波器录波显示发电机定子电流 A 相波形有畸变；分别调取发电机两套保护相关事件记录，其中第一套保护显示发电机差动保护动作，第二套无保护动作信号，第一套保护动作时 A 相电流为：机端 7.06kA，中性点侧 0kA，差流 7.06kA，B、C 两相机端侧和中性点侧电流均为 7.06kA，差流为 0kA。由以上检查情况可初步认为保护动作不是发电机主绝缘故障造成的，极有可能是中性点侧 A 相电流回路存在故障。

检查中性点电流互感器端子箱二次接线及电流回路，测量直阻发现 A 相电流互感器本身直阻刚测量时约 10Ω，然后缓慢升至无穷大（B、C 两相稳定为 2.3Ω）。由此判断为电流互感器本身故障。将 A 相电流互感器拆除后，发现电流互感器温度较高，明显区别于其他相的电流互感器，打开电流互感器外部线包发现电流互感器线圈与外引线为焊锡焊接，因焊接质量问题造成焊接点脱落，处于似接非接状态，当有电流通过时，由于发热膨胀变形使得焊接点错位断开造成电流互感器开路。

1.2　案例二

2013 年 7 月，某电厂 2 号机发电机出口开关跳闸，发电机 A 套保护动作，发电机差动保护跳闸。保护动作情况：发电机 A、B 相差流分别为 $0.44I_e$ 大于发电机差动保护整定值（$0.2I_e$），保护动作正确。

现场检查，进行数据及波形图分析。发变组故障录波器显示故障前发电机定子电流、电压数据均正常，没有发生突变现象，发电机B套保护没有异常，且电流、电压数据正常，发电机录波装置发电机出口侧电流也正常（录波装置发电机出口侧电流与发电机B套保护取自同一组电流互感器），因而初步判断发电机一次系统无故障，应是差动保护电流互感器二次回路或电流互感器本体故障。

进一步检查发现发电机机端差动电流互感器就地端子接线箱A相接线端子发黑，检查接线端子两侧都没松动现象，中间联结片无法拉开，解开接线端子两侧引线，取出接线端子发现在联结片位置已烧穿，B相接线端子在相同位置也烧焦（图1）。

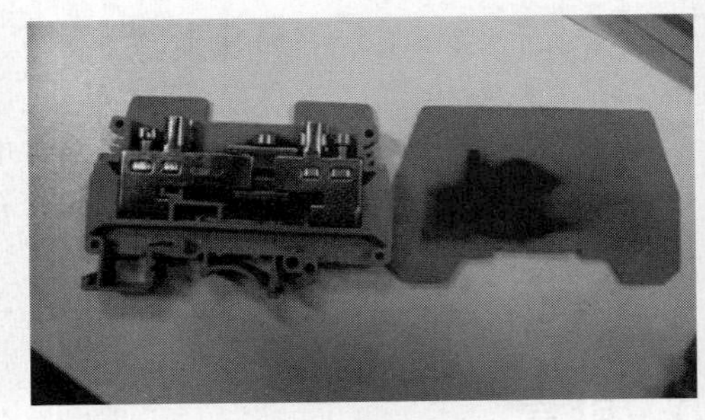

图1　端子排烧损情况

发电机电流互感器就地端子接线箱A相与B相的联结端子隔板击穿，故障情况与数据反映现象吻合。

从检查结果情况应是A相接线端子接触不良发热，导致联结片处绝缘隔板烧穿与B相接线端子短路，使A、B相电流无法进入保护装置，造成保护装置只有中性点侧电流输入，出现差流，差流大于保护整定值，因而保护装置差动动作。

1.3　案例三

2010年8月，某厂在进行500kV母差保护改造过程中，发现母差保护中两组电流互感器在端子柜处端子烧毁（图2），二次回路电线烧断，已经造成电流互感器开路，由于开关运行电流较小，电流互感器变比较大，二次电流较小，因此没有造成母差保护误动。运行中母差保护存在拒动的可能性，其危害也相当大。

图2　端子排内部烧毁情况

2　应对措施

（1）对于基建项目，电流互感器的选型和出厂试验要高度重视，应选择国内实力较强的厂家，同时对于出厂试验报告要进行仔细核对，确保各参数正确。

（2）基建项目投运前验收时一定要对每个电流互感器端子进行检查紧固，检查电流互感器直阻测试报告，对于回路直阻偏差较大回路重点检查。

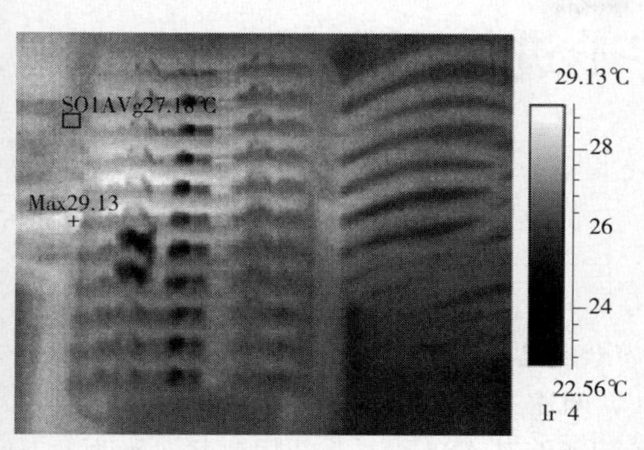

图3　电流互感器中间端子排红外成像情况

（3）在定期检修中应加强电流互感器的伏安特性试验、直阻测量、回路电缆绝缘检查及中间端子排的检查。

（4）在日常运行中，应加强定期巡检，对继电保护装置和自动化设备加强采样数据检查、监测，对中间端子排加强外观检查。

（5）同时在日常运行中，应采用红外热成像仪等先进设备对电流互感器本体及中间端子排进行热成像监测（图3），往往能发现早期故障。在电流互感器本体线圈绕组出现匝间短路或虚焊时，局部温度会急剧上升。有利于及早采取措施进行处理，防止发生人身伤害和设备事故。

作者简介：

焦国强（1970.7—　），男，高级工程师，从事继电保护及自动化检修维护工作。E-mail：18032119829@189.cn

浅谈 ABB 励磁系统转子过电压保护

林长鹏

（大唐国际锦州热电有限责任公司，辽宁　锦州　121017）

【摘　要】　ABB 励磁系统以其先进的技术优势在国内众多电厂中广泛应用。本文通过 ABB 转子过电压保护原理及转子过电压保护参数整定方法，阐述了 ABB 转子过电压保护潜在隐患及对 ABB 转子过电压保护改进的几点建议。衷心希望能够对 ABB 励磁系统用户起到帮助作用。

【关键词】　保护；霍尔元件；整定；隐患；改进

0　引言

励磁系统是发电厂不可或缺的组成部分，对机组正常运行起到至关重要的作用。近年来因励磁系统故障造成机组停运事件屡见不鲜。ABB 励磁系统以其先进的技术优势在国内众多电厂中被广泛应用，但作为 ABB 励磁用户我们发现其转子过电压保护存在设计隐患。本文将结合一起 ABB 励磁转子过电压保护误动原因对设计原理进行分析，从而论述其设计隐患并提出改进建议。

1　原理及存在问题

图 1 所示为 ABB 转子过电压保护原理图。

图 1 中，T_1 为霍尔元件（支路电流测量元件），V1000 模块为转子过电压触发模块（雪崩二极管）。V_1、V_2、V_3 为跨接器晶闸管。当发生转子过电压时（转子电压大于 2200V），V1000 模块击穿，跨接器导通（若发生正向过电压，V_2、V_3 导通；若发生反向过电压，V_1 导通）T_1 检测跨接器导通电流值。当测量电流值（P10929 值）大于保护整定值（P925）时，励磁装置发转子过压保护动作信号，动作出口。

由以上分析可以发现 ABB 励磁系统转子过电压保护存在以下缺陷。

1.1　抗干扰性能差

由保护原理可知，保护只采用跨接器导通电流作为单一判据，可靠性极差。如果霍尔元件受强干扰将直接导致转子过电压保护动作。由于霍尔元件安装位置距离母线铜排较近，母线铜排是主要的干扰源，当母线电流增大时，干扰增大，霍尔元件感应电流值势必增大。

霍尔元件是根据霍尔效应制作的一种磁场传感器。霍尔效应是磁电效应的一种，如图 2 所示，在半导体薄片两端通以控制电流 I，并在薄片的垂直方向施加磁感应强度为 B 的匀强磁场，则在垂直于电流和磁场的方向上，将产生电势差为 U_H 的霍尔电压。

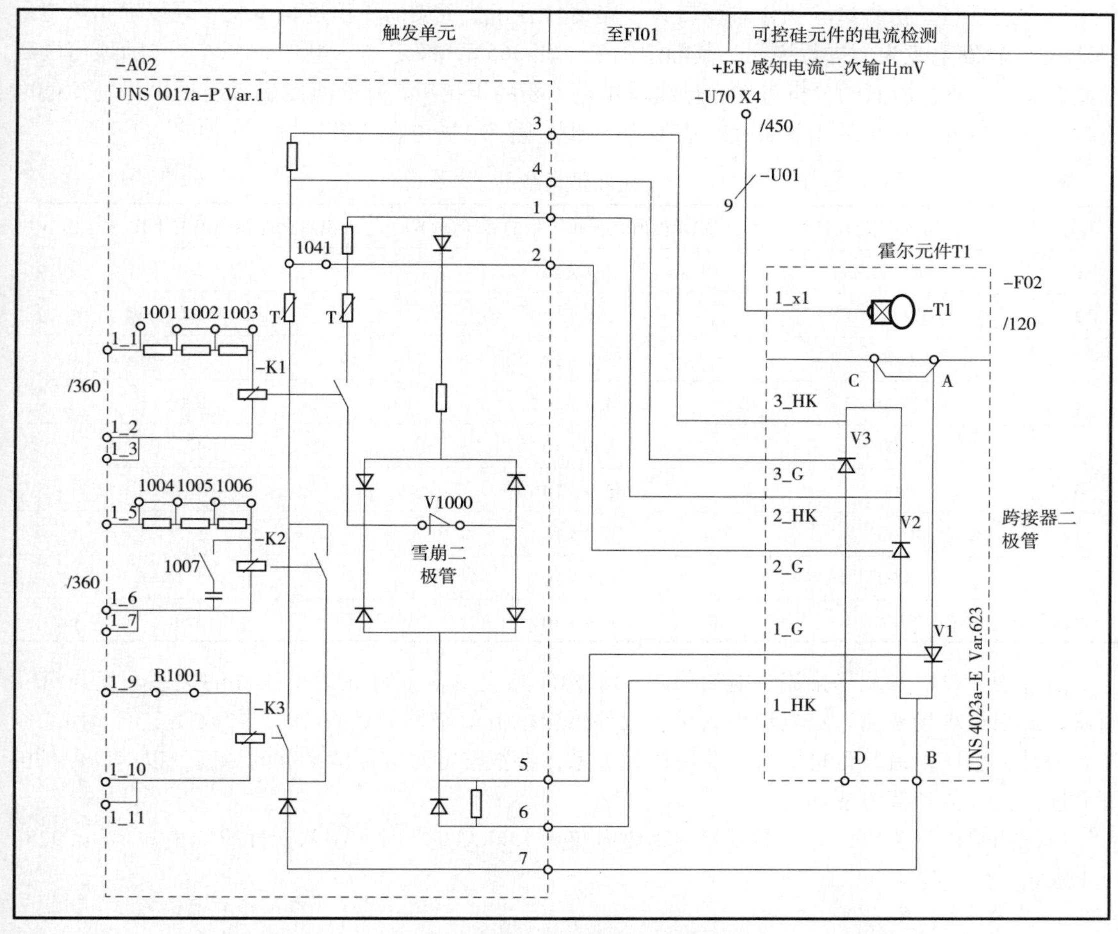

图 1　ABB 转子过电压保护原理图

1.2　二极管性能下降可诱发保护动作

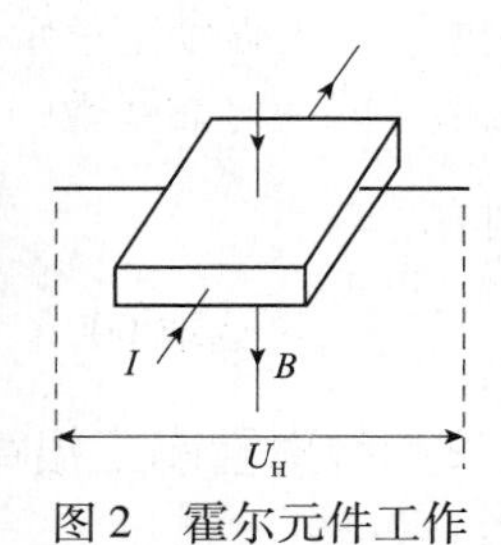

图 2　霍尔元件工作原理示意图

由以上的保护原理可知，当 V1000 模块因为性能下降，击穿电压降低，机组强励运行时将导致跨接器误导通。此时，导通电流达到 P925 设置值时，则转子过电压保护动作。

通过以上分析可以发现 ABB 转子过电压保护可靠性较差。提高保护的可靠性，成为 ABB 用户必须解决的难题。下面将分析如何提高转子过电压保护可靠性。

2　解决方案

2.1　针对霍尔元件易受干扰问题的解决方案

根据现场实测跨接器导通电流（P10929）采样值，对参数（P925）进行整定修改。针对霍尔元件易受干扰问题，在保持现有保护原理的基础上，对 P925 参数整定的最优方案应是采用仿真计算方式进行。仿真试验操作难度较大，应请具有相关资质的单位进行试验。现以锦州热电厂300MW 汽轮发电机为例进行说明，其额定励磁电压 365V，额定励磁电流 2642A，强励顶值励磁电流 5284A。通过前面的分析可知，母线铜排是主要的干扰源，那么当励磁系统输出强励顶值电流时，对霍尔元件产生的干扰最大。表 1 为锦州热电厂磁场仿真结果。

表 1　　磁场仿真结果

编号	母排通入电流值/A	霍尔元件所在铜排产生的磁通量/Wb	霍尔元件检测出的干扰电流值/A
1	2600	3.4×10^{-7}	204
2	2642	3.5×10^{-7}	206
3	2800	3.7×10^{-7}	220
4	3200	4.2×10^{-7}	280
5	3500	4.6×10^{-7}	425
6	4000	5.3×10^{-7}	484
7	4500	6.0×10^{-7}	533
8	5000	6.6×10^{-7}	571
9	5284	6.9×10^{-7}	590

通过表 1 可以发现母排流过电流值与霍尔元件感应电流值存在近似线性的关系。经与 ABB 商议，可根据现场实测一定电流下的霍尔元件感应电流值来推导计算 P925 参数设定值。但必须注意的是，感应电流与母排电流并非纯线性关系，参数整定时应保留足够的裕度，以提高保护的可靠性。其具体计算方法如下。

以锦州热电厂为例，通过实测发现励磁电流为 1.6kA 左右时，霍尔元件感应电流值（P925）在 126A 左右，则

$$I_{(\mathrm{P925})}=\frac{I_y I_{(\mathrm{P10929})}}{I_x}k_r$$

式中：I_y 为强励定值励磁电流；I_x 为机组励磁电流；I_{P10929} 为励磁电流，为 I_x 时霍尔元件感应电流值；k_r 为可靠系数，一般可取 1.4。

则有
$$I_{(\mathrm{P925})}=\frac{5284\times126}{1600}\times1.4=582\ (\mathrm{A})。$$

$I_{(\mathrm{P925})}$ 可选取 600A。

2.2　针对雪崩二极管性能下降问题

对于使用 ABB 励磁系统的工厂，应检查转子过电压保护定值（电压定值），即雪崩二极管击穿电压值。首先，检查 V1000 模块标示牌标定击穿电压值（如 2200V 标示牌标注为 22R）。其次，应结合机组大修，进行转子过电压保护试验。由试验测定 V1000 模块击穿电压，确保二极管性能完好。由于该试验难度较大，电厂一般不具备该试验能力，可请具备相关资质的单位进行试验。

3　改进建议

经过分析可以发现 ABB 转子过电压保护参数 P925 设置原理有以下两个方面：①躲避干扰；

②做为保护触发主判据。正常运行情况下，跨接器不导通，即导通电流值（P10929）理论上应为0。因此，笔者建议 ABB 转子过电压保护可进行下述改造，以提高保护可靠性。

3.1 增加跨接器导通辅助判据

跨接器的构成为正向及反向晶闸管，没有辅助接点。但通过硬件回路可增加辅助模块 V4（继电器型模块），即 V1000 击穿后，在触发晶闸管的同时触发 V4 模块。由 V4 模块辅助接点作为跨接器导通辅助判据，并对 AVR 软件图进行修改。修改后，转子过电压保护判据由跨接器导通“与”导通电流值［（P10929）达到参数（P925）设定值］，“与”门逻辑构成如图 3 所示，从而提高保护可靠性，防止误动发生。

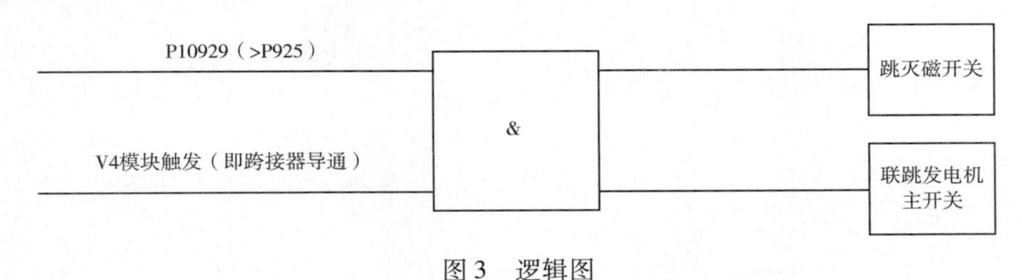

图3　逻辑图

3.2 提高霍尔元件的抗干扰性能

由霍尔元件测量原理可知霍尔元件安装位置选取合理是降低母排干扰的有效方法，建议改进霍尔元件的安装位置，最大程度地降低霍尔元件受干扰的程度。

3.3 增加霍尔元件感应电流值的远程监测功能

目前，各厂所用 ABB 励磁系统送出的模拟量仅有励磁电流、励磁电压。建议 ABB 增加霍尔元件感应电流值送出功能，实现用户远程监测功能。在此也建议各厂对励磁系统进行改造，增加对 AVR 远程通信监控功能。远程通信功能应实现故障记录读取及录波数据读取，方便各厂全面掌握励磁系统运行状况；切实提高励磁设备可靠性。

3.4 改进转子过电压触发单元

ABB 励磁系统采用雪崩二极管作为过电压击穿元件且保护单元过于硬件化，各厂不能实时掌握雪崩二极管性能状态。建议 ABB 进行改进，实现过电压触发单元运行状态的可视化，使各维护人员能准确掌握设备运行状态。

4 结语

励磁系统是发电厂稳定发电的重要组成部分，维护好发电厂的励磁系统是保障发电厂稳定、电网稳定的必备条件和基础。作为电力行业的一员，我们有责任、有义务努力提高自身的业务技能，做好自己的本职工作。以上为笔者阐述的“ABB 转子过电压保护”误动的原因及处理解决方法，同时也提出了对 ABB 励磁系统改造的几点建议。希望本文能够对使用 ABB 励磁系统的各厂起到微薄的帮助，同时也希望各厂吸取锦州热电厂的经验教训，共同保障电网的安全稳定运行。

参考文献：

[1] 刘取. 电力系统稳定性及发电机励磁控制 [M]. 北京：中国电力出版社，2007
[2] 竺士章. 发电机励磁系统试验 [M]. 北京：中国电力出版社，2005
[3] 李基成. 现代同步发电机励磁系统设计及应用 [M]. 北京：中国电力出版社，2009
[4] ABB. ABB UN5000 励磁系统原理说明书.

作者简介：

林长鹏（1983— ），男，本科，助理工程师，主要从事继电保护生产技术管理、技术改造及整定计算。E - mail：15804166207@ 126. com

广蓄电厂机组保护闭锁技术国产化研究与应用

李贻凯

（调峰调频发电公司检修试验中心，广东　广州　510000）

【摘　要】　保护闭锁技术是蓄能机组保护的控制中枢。由于蓄能电厂多种工况频繁切换的需要，一次接线复杂、控制逻辑多样。有效反映蓄能机组多种工况的切换过程及运行状态并对特定保护功能提供闭锁输出是保护闭锁技术的核心。本文详细介绍了对西门子保护闭锁系统的国产化改造方法，提供了对不同厂家蓄能机组保护闭锁技术进行重新设计的思路。

【关键词】　蓄能机组保护；闭锁逻辑；继电保护；国产化改造

0　引言

蓄能机组具有运行工况多且转换频繁的特点，除发电运行工况外，蓄能机组还具备发电调相、抽水调相、抽水运行、电气制动、变频启动、背靠背启动等多种工况，工况间可实现快速切换[1]。此外，为实现蓄能机组多种工况快速切换的特点，蓄能电厂较常规发电厂增加了大功率静止变频启动装置、启动母线、换相刀闸、电气制动开关等一次设备，一次电气接线复杂。基于以上特点，可靠的工况识别与有效的保护闭锁技术成为蓄能机组保护设计的核心。

广蓄电厂 5～8 号机组保护为西门子公司 SIPROTEC 3 系列产品，投运时间已达 12 年以上，保护闭锁设计与功能配置已显落后，亟需进行技术改造。南瑞继保电气有限公司 PCS－985GW 发变组保护提供易于调整的模块化程序，可灵活地适应不同厂家蓄能机组保护的改造项目。广蓄电厂 5～8 号机组保护国产化改造工程最大的挑战就在于对原西门子保护闭锁逻辑的重新设计。

1　西门子保护闭锁设计

西门子公司 SIPROTEC 3 系列机组保护采用监控系统信号完成保护闭锁[2-4]，包括表 1 中 22 个监控信号。

表 1　　西门子 SIPROTEC 3 保护闭锁信号表

序号	监控信号		序号	监控信号	
1	Pump	泵工况	12	P to S	泵工况停机
2	Generator	发电工况	13	Synchr. Cond. Generator	发电工况调相
3	Turb. For Back to Back	背靠背拖动（拖动机）	14	Black Start	黑启动

续表

序号	监控信号		序号	监控信号	
4	S to T	背靠背启动（拖动机）	15	S to G	发电工况启动
5	T to S	背靠背停机（拖动机）	16	G to S	、发电工况停机
6	S to CP Start with SFC	泵工况调相 SFC 启动	17	G to CG	发电工况转发电工况调相
7	S to CP Start with Back to Back	背靠背启动至泵工况调相（被拖动机）	18	CG to G	发电工况调相转发电工况
8	Synchr. Cond. Pump	泵工况调相	19	CG to S	发电调相工况停机
9	CP to S	泵工况调相停机	20	P to G	泵工况转发电工况
10	CP to P	泵工况调相转泵工况	21	Braking	电气制动
11	P to CP	泵工况转泵工况调相	22	Blocking BF	出口开关失灵闭锁

由表 1 可见，西门子保护闭锁信号涵盖了蓄能机组全部的稳定工况及转换工况，每个闭锁信号均由监控系统在机组控制流程中进行识别，并经中间继电器励磁后发送至保护装置。保护回路繁琐，闭锁信号细分过度，且由于众多中间继电器的存在更容易出现由于二次回路故障或维护不当而引起的保护误动。例如，水泵工况电压相序保护，该保护功能仅在泵工况调相 SFC 启动、背靠背启动至泵工况调相（被拖动机）、泵工况转发电工况及出口开关失灵闭锁 4 个工况下开放，而剩余 18 个工况下均闭锁。由于闭锁信号由中间继电器励磁状态下发送至保护装置，在其中 10 个发电相关的工况及切换过程中，中间继电器发生故障将与直接导致保护误动。

2 广蓄电厂机组保护国产化改造

2.1 保护闭锁信号及内部逻辑

蓄能机组保护设置多种闭锁条件，根本原因在于蓄能机组一次设备接线方式复杂，启停过程所涉及 7 把刀闸及开关状态；机组调相工况与发电水泵工况难以区分。而如果采取措施使保护装置具备识别每把刀闸及开关状态的能力，结合监控系统对机组出力的判断，即可简化蓄能机组保护的闭锁系统。南瑞继保电气有限公司 PCS－985GW 保护装置采用刀闸及开关状态与监控信号相结合的方法，在原西门子保护闭锁信号基础上进行优化，闭锁信号包括表 2 中 10 组信号。

表2　　　　南瑞继保 PCS－985GW 保护闭锁信号表

序号	保护开入名称	备注
1	机端断路器分闸位置	—
2	机端断路器合闸位置	—
3	换相刀闸分闸位置	具备3选2功能
4	换相刀闸发电机位置	具备3选2功能
5	换相刀闸电动机位置	具备3选2功能
6	被拖动刀闸合闸位置	具备3选2功能
7	拖动刀闸合闸位置	具备3选2功能
8	发电机调相模式开入	组合信号
9	水泵调相模式开入	组合信号
10	电制动开关合闸位置	—

由表2可见，外部开入信号接入保护装置后，根据同一工况下一次设备状态不变的原则建立工况判别逻辑，经该逻辑判断即可实现保护装置的工况识别，工况识别逻辑见表3。

表3　　　　南瑞继保 PCS－985GW 保护工况识别表

序号	状态名称	判别逻辑
1	发电运行工况	换相开关发电机位置 机端断路器分闸位置 发电机调相模式开入 → & → 发电运行工况
2	发电调相工况	换相开关发电机位置 机端断路器分闸位置 发电机调相模式开入 → & → 发电运行工况
3	水泵运行工况	换相开关发电机位置 机端断路器分闸位置 水泵调相模式开入 → & → 水泵运行工况
4	水泵调相工况	换相开关发电机位置 机端断路器分闸位置 水泵调相模式开入 → & → 水泵运行工况
5	拖动机运行工况	拖动开关合闸位置 → ≥1 → 拖动机运行工况
6	被拖动运行工况	被拖动开关合闸位置 机端断路器分闸位置 → & → 被拖动机运行工况
7	电制动工况	电气制动开关合闸位置 → ≥1 → 电制动工况
8	断路器分闸状态	机端断路器分闸位置 → ≥1 → 断路器分闸状态口

由表 3 可见，蓄能机组各运行工况已由原 22 种工况整合为 8 种工况，保护外部回路大大简化，保护可靠性也进一步加强。

2.2 调相模式组合信号

保护闭锁信号的时序问题直接影响保护是否能够正常投入和正确动作，如逆功率、低功率等保护。

（1）监控系统中蓄能机组被拖动启动流程如图 1 所示。

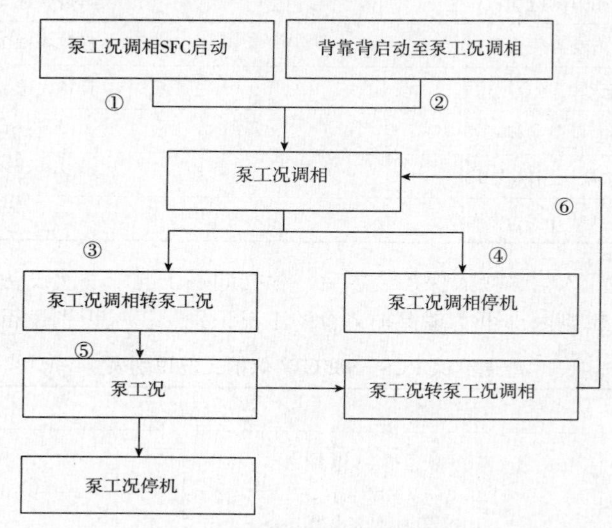

图 1　机组被拖动转换流程

对原监控信号进行组合，构成可涵盖水泵调相运行及切换工况的综合信号。修改监控系统程序，将泵工况调相 SFC 启动、背靠背启动至泵工况调相（被拖动机）、水泵调相工况、水泵调相工况转泵工况、泵工况转水泵调相工况、泵工况调相停机合并构成水泵调相模式（图 2）。

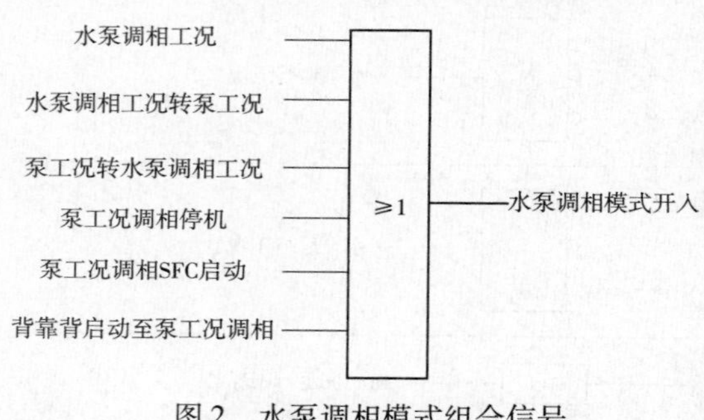

图 2　水泵调相模式组合信号

该组合信号涵盖了以下几个过程：

1）转换过程①、②中，断路器合闸信号与被拖动刀闸合闸信号同时出现，且较泵工况调相信号早，只采用开关及刀闸位置与泵工况调相信号进行工况识别将导致转换过程保护工况识别不连续。将泵工况调相 SFC 启动、背靠背启动至泵工况调相（被拖动机）信号纳入组合信号，并采用表 4 的识别逻辑即可避免转换过程①、②工况识别不连续的风险。

2）转换过程③、⑤、⑥涉及水泵调相工况与泵工况的转换，为保证低功率保护在转换过程中不发生误动，则将水泵调相工况转泵工况、泵工况转水泵调相工况纳入组合信号。组合后，保护装置在机组泵工况带满负荷前不投入功率保护。

3）转换过程④中，水泵调相信号早于断路器分闸信号消失，只采用开关位置与水泵调相信号进行工况识别同样导致转换过程保护工况识别不连续。将泵工况调相停机信号纳入组合信号，并采用表 3 的识别逻辑即可避免转换过程④工况识别不连续的风险。

（2）监控系统中蓄能机组发电转换流程如图3所示。

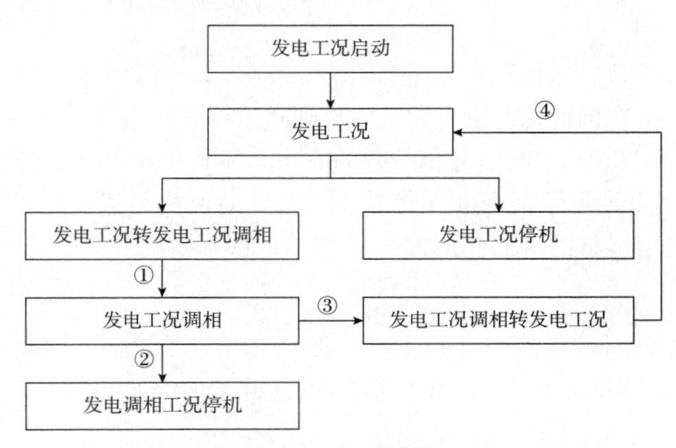

图3　机组发电转换流程

对原监控信号进行组合，构成可涵盖发电调相运行及切换工况的综合信号。修改监控系统程序，将发电调相工况、发电工况转发电调相工况、发电调相工况转发电工况、发电调相工况停机合并构成发电调相模式（图4）。

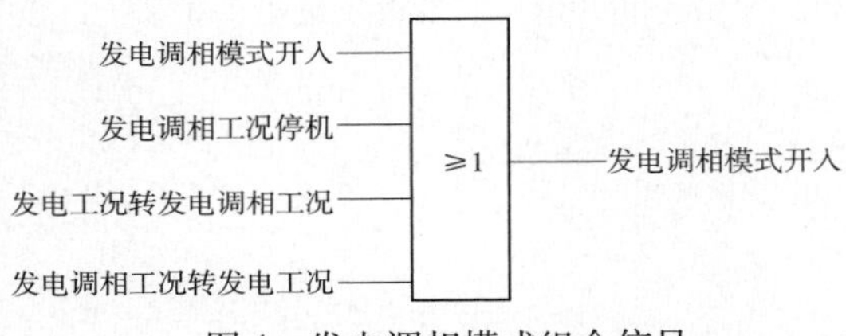

图4　发电调相模式组合信号

1）转换过程①、③～④涉及发电调相工况与发电工况的转换，为保证逆功率保护在转换过程中不发生误动，则将发电调相工况转发电工况、发电工况转发电调相工况纳入组合信号。组合后，保护装置在机组发电工况带正常负荷前不投入逆功率保护。

2）转换过程②中，发电调相信号早于断路器分闸信号消失，只采用发电调相信号与开关位置进行工况识别将导致转换过程保护工况识别不连续。将发电调相工况停机信号纳入组合信号，并采用表3的识别逻辑即可避免转换过程②工况识别不连续的风险。

对原监控信号经过上述的技术处理后，保护投退状态实现连续切换，消除保护投退时序死区问题。

2.3　位置接点优化

为提升保护可靠性，降低保护对开关及刀闸位置接点的依赖性，对表2中的分相操作刀闸进行进一步优化，即分相选取刀闸位置接点接入保护装置，并按图5所示逻辑进行刀闸位置识别，同时实现刀闸位置报警功能。

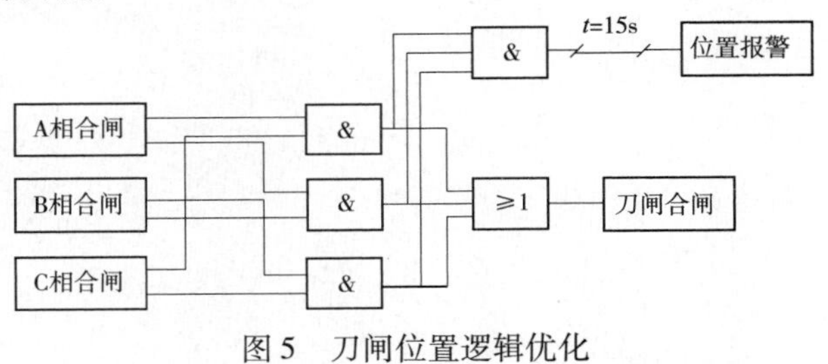

图5　刀闸位置逻辑优化

3 结语

广蓄电厂接线方式复杂，保护闭锁由监控系统控制，机组启停过程中多个闭锁条件切换使得保护行为分析繁琐。本次国产化改造工程，主要通过重新梳理合并保护闭锁技术，重构监控闭锁信号，采用监控信号与开关/刀闸信号相结合的方法，简化保护二次回路，完成南瑞继保电气有限公司 PCS－985 发变组保护在蓄能机组的首次应用。对原机组保护配置进行进一步完善，新增保护功能有效提高机组运行的可靠性。

参考文献：

[1] 王维俭．电气主设备继电保护原理与应用［M］．北京：中国电力出版社，1996.

[2] 蔡鑫贵，史继莉．广州蓄能水电厂机组及主变压器继电保护的配置与运行［J］．继电器，2006，34（24）：65－69.

[3] 王昕，井雨刚，王大鹏，等．抽水蓄能机组继电保护配置研究［J］．电力系统保护与控制，2010，38（24）：66－70.

[4] Siemens AG 2002. 发变组 7UM62 保护装置说明书［R］.

作者简介：

李贻凯（1982—　），男，硕士，工程师，主要从事电厂事故分析，电网、发电厂继电保护研究、改造及维护。E－mail：kevinelee@163.com

大型燃气轮发电机组保护若干问题探讨

王　凯[1]，许　峰[2]，陈　俊[1]，王　光[1]

（1. 南京南瑞继保电气有限公司，江苏　南京　211102；
2. 萧山发电厂，浙江　杭州　311251）

【摘　要】　本文首先介绍燃气轮发电机相对于汽轮发电机组的特点，然后针对机组未配置匝间专用 TV、发电机机端 TV 一次侧中性点不接地等现场工程应用问题，分析燃气轮机组的定子匝间保护、定子接地保护和失磁保护需做的特殊处理，最后介绍和应涌流对机组保护的影响及应对措施。

【关键词】　燃气轮发电机组；负载换流型变频器（LCI）；自产纵向零序电压；发电机定子匝间保护；和应涌流

0　引言

近年来，我国陆续建设了不少燃气—蒸汽联合循环电厂，国产保护装置也逐渐进入燃气轮机发电机组保护领域。但由于燃气轮机发电厂的数量仍然较少，特别是大型的燃气—蒸汽联合循环机组在国内的应用时间不长，行业内对燃气轮机发电机组保护尚未形成共识，也缺少相应的标准进行规范。

以往对于燃气轮机组保护的研究主要集中在变频启动过程中保护元件需做的特殊处理，或应新增的保护功能。例如，失磁、失步保护在启动过程中是否应该闭锁[1]，在启动过程中配置定子接地保护的必要性以及原理方案[2]等。近年来，燃气轮机组保护在工程应用上遇到了一些新问题，如发电机未配置匝间专用 TV、发电机机端 TV 一次侧中性点不接地、机组频繁启停引发的和应涌流等，本文将就这些特殊情况，对定子匝间保护、定子接地保护、失磁保护等如何应对的问题做一些分析探讨。

1　燃气轮机发电机组的特点

从机组保护的角度看，燃气轮机组相对于汽轮机组，有其自身特点：

（1）大型燃气轮机组多配备负载换流型变频器（以下简称 LCI），启动期间由 LCI 系统通过电气拖动方式为发电机提供动力，发电机处于同步电动机运行状态，转速逐渐提升，直至压气机获得足够转速能够正常工作。在此过程中，发电机定子电流最大约为额定电流的 7%，机端电压最大约为额定电压的 17%[1]，发电机转子转速介于 0 ~ 2000 r/min 区间，对应定子侧电气量的频率为 0 ~ 33.3Hz，发电机的 U/F 值范围为 0.25 ~ 1.0。在此过程中，部分保护的灵敏度可能下降，甚至无法动作，而另一些保护可能误动。

（2）大型的燃气—蒸汽联合循环机组，燃气轮机、汽轮机和发电机多采用单轴布置，转轴更长，失步振荡等异常状态对大轴的损伤更大。

（3）为提高发电效率，燃气轮机组使用压气机来提高燃气的进气压力。压气机消耗大量的能量，约占燃气轮机组输出功率的 10% ~ 20%。

2 发电机定子匝间保护

某些燃气轮机发电机组，特别是一些进口机组，以发电机不会发生匝间短路故障为由，不配置发电机定子匝间保护。事实上，发电机的端部引线积油、积尘以及振动过大都可能引发端部匝间故障[3]。国内某电厂就曾经发生过发电机 C 相某分支绕组首尾短路故障，由于未配置定子匝间保护，故障起始阶段无保护动作，当故障持续超过 2 s 转化为相间短路时，才由差动保护动作停机，定子损坏十分严重。

由于不配置匝间保护，这些机组一般未安装匝间专用 TV，后期实现定子匝间保护需要重新设计施工，工期长、投资大。本文介绍一种方法，无需改动一次设备，即可实现定子匝间保护功能。

根据发电机零序电压的电势关系，机端零序电压、纵向零序电压和中性点零序电压的一次值应满足

$$\dot{U}_{z0\_1}=\dot{U}_{f0\_1}-\dot{U}_{n0\_1} \tag{1}$$

式中：$\dot{U}_{z0_1}$为纵向零序电压的一次值，kV；$\dot{U}_{f0_1}$为机端零序电压的一次值，kV；$\dot{U}_{n0_1}$为中性点零序电压的一次值，kV。

由于发电机接地变压器的负载电阻较小，不能将其视为理想变压器。为得到发电机中性点零序电压一、二次值之间的关系，将接地变压器二次侧折算至一次侧，等效电路图如图 1 所示。

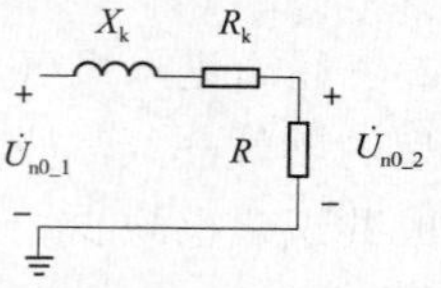

图 1 发电机中性点接地变压器等效电路图

经电路运算，中性点零序电压的一、二次值之间的关系为

$$\dot{U}_{n0\_1}=\dot{U}_{n0\_2}\frac{R+(R_k+jX_k)}{R}n_k \tag{2}$$

式中：n_3 为中性点零序电压的二次值，V；R 为接地变压器二次侧负载电阻折算至一次侧的等效电阻，Ω；R_k 为接地变压器的短路电阻，Ω；X_k 为接地变压器的短路电抗，Ω；n_k 为接地变压器的变比。

发电机机端零序电压的一、二次值应满足

$$\dot{U}_{f0\_1}=\dot{U}_{f0\_2}\cdot n \tag{3}$$

式中：$\dot{U}_{f0_2}$为机端零序电压的二次值，V；n 为发电机机端 TV 的变比。

将式（2）、式（3）代入式（1），得

$$\dot{U}_{z0\_1}=\left[\dot{U}_{f0\_2}-\dot{U}_{n0\_2}\frac{R+(R_k+jX_k)}{R}\cdot\frac{n_k}{n}\right]n \tag{4}$$

式（4）计算得到的发电机纵向零序电压不是由匝间专用 TV 直接测得，称为自产纵向零序电压。此方法不依赖于匝间专用 TV，但是需要通过实验或实测方法得到接地变压器的短路参数。

需要注意的是，有些电厂为防止变频启动过程中机端 TV 与发电机绕组发生铁磁谐振，机端 TV 一次侧中性点不接地，无法获取发电机机端对地的零序电压。此时，自产纵向零序电压匝间保护不再适用，可使用工频变化量负序功率方向保护来应对匝间短路故障。

3 失磁保护

大型的燃气—蒸汽联合循环机组，燃气轮机、蒸汽轮机和发电机共轴布置，转轴很长。在重

负荷情况下若发生失磁故障，转轴会受到很强且剧烈变化的力矩作用，容易造成转轴材质的疲劳损伤。为保护转轴，在此情况下失磁保护应尽快动作。

以异步阻抗圆为例，当发电机失磁后，其机端测量阻抗轨迹先经历等有功阻抗圆、然后才进入异步阻抗圆，如图2所示。P_1 为重负荷情况下的等有功阻抗圆；P_2 为轻负荷情况下的等有功阻抗圆。

等有功阻抗圆的圆心 Z_c 和半径 Z_r 分别为

$$\begin{cases} Z_c = \dfrac{U_s^2}{2P_s} + jX_s \\ Z_r = \dfrac{U_s^2}{2P_s} \end{cases} \tag{5}$$

由式（5）可以看出，失磁前有功功率越大，等有功阻抗圆越小。

重载情况下，机端测量轨迹需要较长时间才能进入异步阻抗圆内，而等有功阻抗圆 P_1 与异步阻抗圆的交集较少，容易出现机端测量阻抗变化很大，可能时而进入异步圆内，时而又跑出异步圆外，失磁保护难以动作的情况[4]。

针对以上情况，可增设一段失磁保护，动作阻抗圆的圆心位于虚轴，上边界为 $-0.5X'_d$，直径取发电机的额定阻抗，如图3所示。

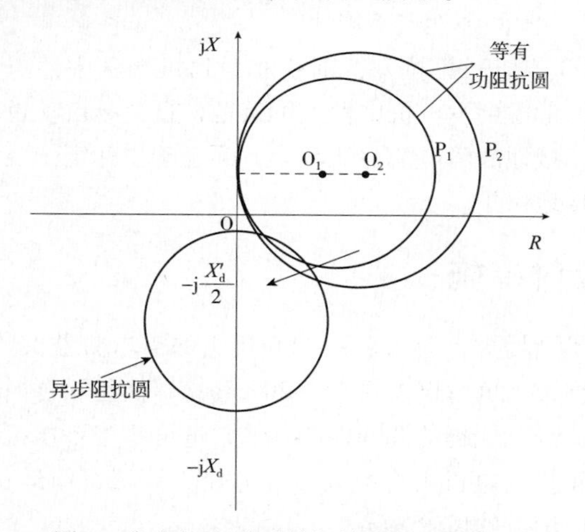

图2　发电机失磁后的机端测量阻抗轨迹

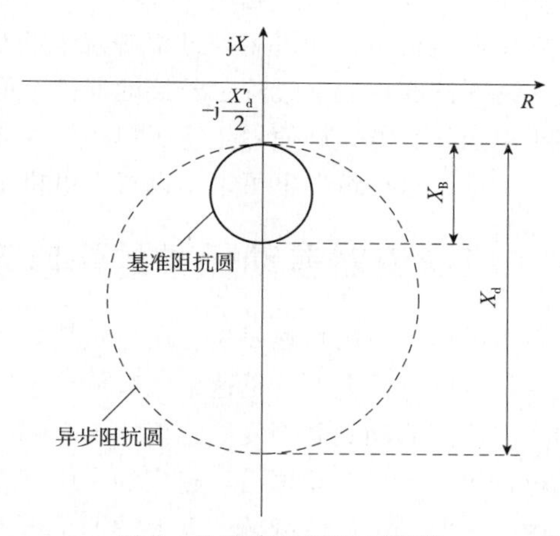

图3　失磁保护阻抗圆特性

阻抗圆动作方程为

$$270° \geqslant \frac{Z + j\ (X_B + 0.5X'_d)}{Z + j\ (0.5X'_d)} \geqslant 90° \tag{6}$$

式中：X_B 为发电机的额定阻抗，Ω；X'_d 为发电机的暂态电抗，Ω。

当机端测量阻抗进入此阻抗圆内，无需满足其他辅助判据，即经短延时动作于全停。

4　发电机定子接地保护

发电机正常运行时的定子接地保护有三次谐波电压定子接地保护、外加电源式定子接地保护和基波零序电压保护[5]。在变频启动过程中，受低频影响，需重新分析这些保护的动作行为。

在变频启动过程中，由于发电机频率不断变化，难以准确提取三次谐波分量，三次谐波电压定子接地保护灵敏度降低。而对于外加电源式定子接地保护，注入电源频率一般为 12.5 Hz 或 20 Hz，而启动过程中频率变化范围为 0 ~ 33.3 Hz，覆盖了注入电源频率，使得保护装置无法准确获取注入的信号量，注入式定子接地保护无法正常投用。为适应变频启动过程，基波零序电压保护须采用与频率无关的算法以保证测量的准确。

有些电厂在变频启动过程中将中性点接地变压器的隔离开关断开，启动完毕后再将其合上。其原因是：在变频启动过程中，若 LCI 系统直流侧发生接地故障，则直流故障电流经中性点接地变压器、发电机绕组、LCI 隔离开关等设备构成回路，中性点接地变压器和发电机绕组的直流电阻很小，故障电流较大，可能损坏接地变压器，断开中性点接地变压器的隔离开关，破坏了直流故障电流的流通回路，可防止 LCI 系统接地时损坏接地变压器。

此种情况下，既不能得到发电机中性点电压信号，也无法从接地变压器二次侧的负载电阻上注入低频信号，三次谐波电压定子接地保护和外加电源式定子接地保护均无法实现。基波零序电压保护可取机端零序电压进行判别，成为唯一可投入的定子接地保护功能。

进一步分析得知，在额定频率下，机端 TV 的感抗远大于发电机绕组对地容抗，而低频启动过程中，感抗 $j\omega L$ 下降，系统容抗 $1/(j\omega C)$ 上升，为系统发生 LC 并联谐振提供了可能[6]。另外，接地变压器一次等效电阻可看作是 LC 并联回路的阻尼电阻，若启动过程中接地变压器退出运行，则回路阻尼大大减小，更易发生 TV 谐振。TV 谐振会导致保险熔断，甚至损坏 TV，为预防此类事故的发生，有些电厂在设计时，机端 TV 一次侧中性点不接地。

对于此类机组，如果启动过程中发电机中性点接地开关拉开，则获取不到机端和中性点零序电压，无法实现启动过程定子接地保护。但是，考虑到发电机中性点不接地，且变频启动过程中定子电压比较低，即使发生定子单相接地故障，接地故障电流也比较小，不至于损坏定子绕组绝缘，因此，这种情况下可以不设置发电机定子接地保护。

5　和应涌流对差动保护的影响及应对措施

随着我国经济的快速发展，用电负荷峰谷差不断增大，对大容量调峰机组的需求日益突出。燃气轮机发电启停方便、迅速，一般从热态启动到带满负荷仅需要 15 ~ 20 min，即使是联合循环机组，从冷态启动到并网发电也仅需 1.5 ~ 2.0 h，具有优越的调峰性能，非常适合担当备用机组和调峰机组[7]。目前我国已经建成的大中型燃气轮机发电机组有很大一部分作为调峰机组运行。但是由于这些机组启停频繁，大大增加了出现和应涌流的风险。

对于主变压器差动保护来说，和应涌流与普通涌流的一次侧电流特征相同，二次谐波制动原理可以有效鉴别。但是在电流互感器发生饱和的情况下，此原理不能可靠地实现差动保护闭锁。现有的 TA 饱和识别判据可以降低和应涌流时差动保护误动的几率，但是不能从根本上解决问题[8-9]。

对于发电机差动保护来说，虽然和应涌流是穿越性电流，本身不产生差流，但是和应涌流中长期存在的非周期分量会导致电流互感器饱和，若差动保护两侧电流互感器特性不一致，也可能导致保护误动作。

为应对和应涌流，可从多个层面采取措施减少事故发生的概率。

（1）在电厂设计阶段，大型燃气轮发电机的机端 TA 和中性点 TA 可选用同型号的 TPY 级电流互感器，主变压器差动保护各侧 TA 也选用 TPY 级电流互感器，以利于保护装置进行 TA 饱和的判别。

（2）在运行方式上，在满足调度部门运行要求的前提下，通过策略优化，一方面减少机组的启停次数，另一方面，由于燃气轮机发电机组多为调峰机组，可尽量将变压器合闸操作安排在用电低谷时段发电机停运状态下进行。

（3）如果机组运行经验表明出现和应涌流的概率较高，且现有的差动保护难以躲过，可在计算论证和权衡利弊后，适当提高差动保护启动电流整定值或减小拐点电流，也可以躲过一部分和应涌流。

（4）差动保护中增加和应涌流的识别判据。变压器产生和应涌流一侧的线电流突变与差动电流出现时刻有一定时差，利用时差法鉴别和应涌流并闭锁差动保护[10]；通过检测负序电压突变来识别合闸时刻，利用合闸时刻与差动电流出现时刻的时间差也可以来鉴别和应涌流[11]。

6 结语

（1）对于没有安装匝间专用 TV 的电厂，可配置自产纵向零序电压保护来应对定子匝间短路故障，前提是通过实验或实测获得接地变压器的参数。已配置纵向零序电压匝间保护的电厂，也可增配此功能，以实现不同原理的匝间保护共同运行，形成更为完善的匝间保护方案。

（2）为应对机组在 30% 以上较重载情况下的失磁故障，可增配小阻抗圆特性的失磁保护，经短延时跳闸，以保护大轴安全。

（3）变频启动过程中，根据现场实际，若能够取得发电机中性点零序电压，则使用中性点零序电压实现定子接地保护，否则可取自发电机机端零序电压，且应采用与频率无关的算法。

（4）可从 TA 选型设计、机组运行方式、定值整定、保护判据等方面入手减少和应涌流对燃气轮机发电机组差动保护的影响。

参考文献：

[1] 刘志文，赵斌，沈燕华，等. 大容量燃气轮发电机在起动过程中继电保护应采取的措施［J］. 继电器，2006，34（20）：16－19.

[2] 吴笃贵，赵志华. 燃气轮发电机启停机保护方案的讨论［J］. 电力系统自动化，2006，30（20）：93－96.

[3] 王维俭. 电气主设备继电保护原理与应用［M］. 北京：中国电力出版社，1996.

[4] 陈俊，刘洪，严伟，等. 大型水轮发电机组保护若干技术问题探讨［J］. 水电自动化与大坝监测，2012，36（4）：41－44.

[5] 陈俊，陈佳胜，张琦雪，等，超超临界机组发电机定子和转子接地保护方案［J］. 电力系统自动化，2008，32（20）：101－103.

[6] 王文志，余芳. 浅析前湾燃气轮发电机继电保护配置及运行情况［J］. 电力系统保护与控制，2010，38（11）：130－132.

[7] 徐润涛，我国燃气轮机发电站的发展概况及其展望［J］. 燃气轮机技术，1998，11（3）：5－10.

[8] 毕大强，王祥珩，李德佳，等. 变压器和应涌流的理论探讨［J］. 电力系统自动化，2005，29（6）：1－8.

[9] 袁宇波，李德佳，陆于平，等. 变压器和应涌流的物理机理及其对差动保护的影响［J］. 电力系统自动化，2005，29（6）：9－14.

[10] 谷君，郑涛，肖仕武，等. 基于时差法的 Y/△接线变压器和应涌流鉴别新方法［J］. 中国电机工程学报，2007，27（13）：6－11.

[11] 毕大强，冯存亮，等. 一种牵引变电所变压器内和应涌流的鉴别方法：中国，201010623592.4［P］.

2011，06-15.

作者简介：

王　凯（1983—　），男，硕士，工程师，主要从事电气主设备继电保护。E-mail：wangkai3@nari-relays.com

许　峰（1972—　），男，工程师，从事燃机电厂运行管理工作。E-mail：xufeng73530@sina.com

陈　俊（1978—　），男，硕士，高级工程师，主要从事电气主设备继电保护。E-mail：chenj@nari-relays.com

王　光（1980—　），男，硕士，高级工程师，主要从事电气主设备继电保护。E-mail：wangg@nari-relays.com

大型水电站具有 GIL 出线的线路保护及 TA 配置设计方案探讨

王伟华

（中国长江三峡集团公司机电工程局，四川　成都　610041）

【摘　要】　本文给出了大型水电站具有 GIL 出线的线路保护及 TA 配置的多种设计方案，并对各种方案的优缺点进行了分析和评价。结合溪洛渡水电站实际案例，指出在进行设计时应综合考虑保护的可靠性、运行方式的灵活性、设备选型的经济性和电网公司的典型设计等要素确定线路保护 TA 的配置设计方案。

【关键词】　GIL；线路保护；TA 配置；设计方案

0　引言

自首台 700MW 超大容量水轮发电机组在三峡水电站投产以来，近年来一大批 700MW 及以上水轮发电机组相继安装并投入运营。目前我国最大容量的 800MW 水轮发电机组安装于向家坝水电站，并即将蓄水发电，规划设计中的白鹤滩水电站将采用 1000MW 级水轮发电机组。由于大型水电站多布置于山体峡谷地带，地下厂房一般设计在山体内，而出线场则布置在地面，兼顾可靠性和经济性，GIS（Gas Insulated Switchgear）室与出线场的连接越来越多地使用高电压大容量的气体绝缘金属封闭输电线路（Gas Insulated Line，简称 GIL）。对于这种出线方式，根据 GIL 的特点、电网的要求以及经济性、可靠性等多种因素，用于线路及 GIL 保护的 TA 配置设计有多种方案可以选择。本文以溪洛水电站为例，针对大型水电站线路保护的多种 TA 配置设计方案及其特点进行了分析和探讨，以期对类似电站出线方式的线路保护 TA 配置及选型设计有启示和参考作用。

1　具有 GIL 出线的一次系统接线特点

图 1 所示为溪洛渡水电站某一出线间隔的一次系统接线图。从 GIS 的出线隔离开关 52136 至出线场虚线框内部分为 GIL 及其附属 TA 等设备，TA2B ~ 2E 位于出线场，其余设备位于 GIS 室。

GIL 用于连接 GIS 与线路，从功能看，可视为线路的一部分，从结构看，又可作为 GIS 的一部分。充满 SF_6 气体的管道结构形式使 GIL 与 GIS 母线十分相似，其离相结构使它基本没有发生相间短路的可能性。因其导体处于充满压力的绝缘气体之中，外面还有金属外壳的保护，也几乎没有可能发生类似线路的对树枝放电、污闪、雷击等瞬时性单相接地故障，一旦发生单相接地，大多是因管道内气体泄漏、导体支持绝缘子击穿、管道气体含水量增大等因素导致的永久性故障。

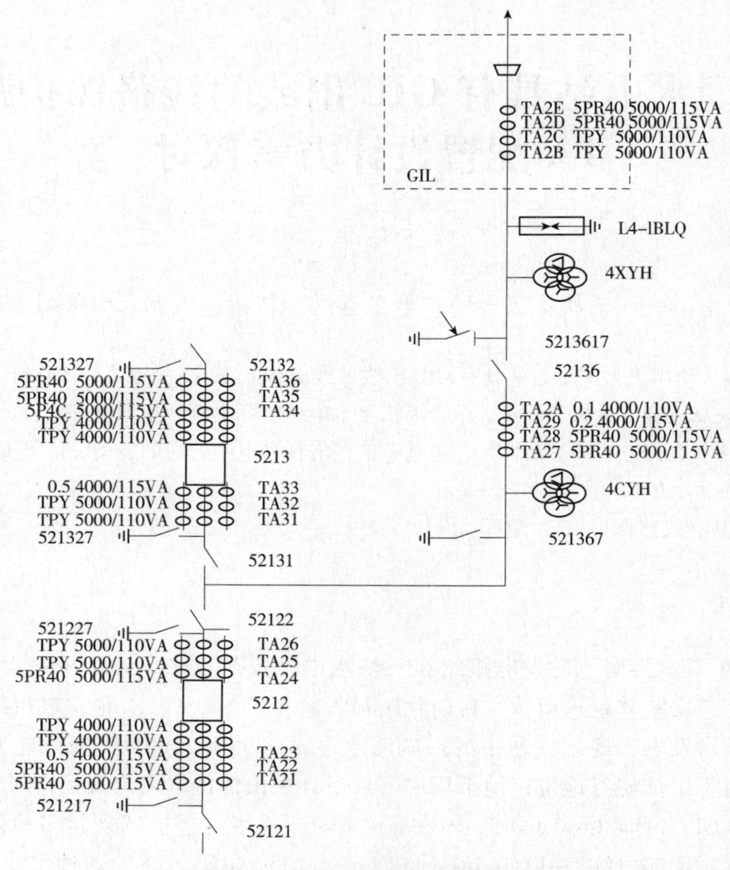

图 1　溪洛渡水电站某一出线间隔的一次系统接线图

2　线路保护 TA 配置设计方案及特点

2.1　线路保护采用 GIS 出线开关母线侧 TA

线路保护 TA 采用 GIS 出线断路器母线侧 TA，GIL 将置于线路保护的保护范围，即 GIL 故障，线路保护也动作跳闸。在种接线方式下，对于 GIL 的保护有两种方案。

方案一：GIL 本身设置 T 区保护，其 TA 分别取 GIS 出线断路器母线侧 TA 及出线场 TA 构成 T 区保护，保护断路器出线部分区域及 GIL。考虑到 GIL 为全封闭金属离相结构，一旦发生故障基本为永久性故障。这种方式下，可采取 T 区保护动作后三跳闭锁本侧重合闸，并通过远方跳闸方式启动对侧三跳并闭锁对侧重合闸，如图 2 所示。

这种配置方式，既便于区分 GIL 与线路故障点，又可避免 GIL 永久故障时线路重合闸对机组和设备造成冲击，还能够兼顾到线路停运但 GIS 出线断路器 5212、5213 运行时作为短引线保护使用，是一种较合理的配置方式。GIL 线路较短时 T 区保护装置可采用短引线保护，GIL 线路较长时 T 区保护装置可采用光纤差动保护，以避免长距离电缆引起 TA 二次负载电阻过大。不足之处是需要在两个出线断路器母线侧均配置 TPY 级二次绕组，经济性较差。

方案二：对 GIL 不设保护，将其视为线路的一部分，GIL 故障时靠线路保护动作跳闸。考虑

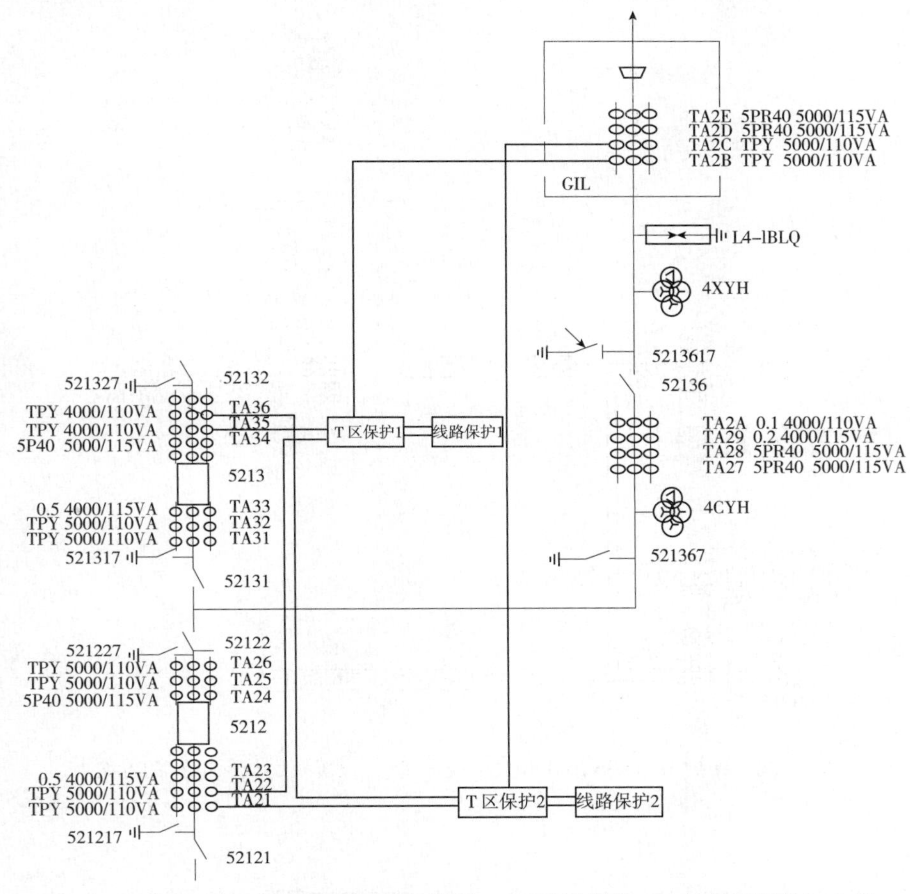

图 2　线路保护采用 GIS 出线开关母线侧 TA（设置保护 GIL 的 T 区保护）方案

线路停运时出线断路器可能运行的方式，另外设置短引线保护，短引线保护与线路保护共用一组 TA。线路正常运行时短引线保护退出，线路停运但出线侧断路器运行时投入，以线路隔离开关位置控制其投退，如图 3 所示。

这种配置方式接线比较简单，可使 GIL 故障时线路保护快速跳闸，有利于系统稳定。线路保护跳闸时无法区分是 GIL 故障还是线路故障，且当 GIL 发生单相永久故障时如果重合闸，会对机组和系统造成冲击。

2.2　线路保护采用 GIS 出线隔离开关侧 TA

这种接线方式下，针对是否设置保护 GIL 的 T 区保护，也有两种方案。

方案一：T 区保护的范围同 2.1 方案一，GIL 同时处于线路保护和 T 区保护范围内，如图 4 所示。

由于没有两侧断路器，TA 可节省两组 TPY 级二次绕组。且可根据需要灵活地选用是否用 T 区保护闭锁重合闸，既可防止重合于 GIL 侧永久故障，也可将线路故障与 GIL 故障区别开来。在线路停运但出线断路器运行时，T 区保护也可以兼做短引线保护使用，是一种比较经济、合理又能满足各种运行方式的接线方式。这种方式下，T 区保护动作需要通过远方跳闸去联跳对侧断路器，若需要对侧故障判据闭锁，可能延迟故障切除时间，对系统稳定有一定影响。但随着 OPGW

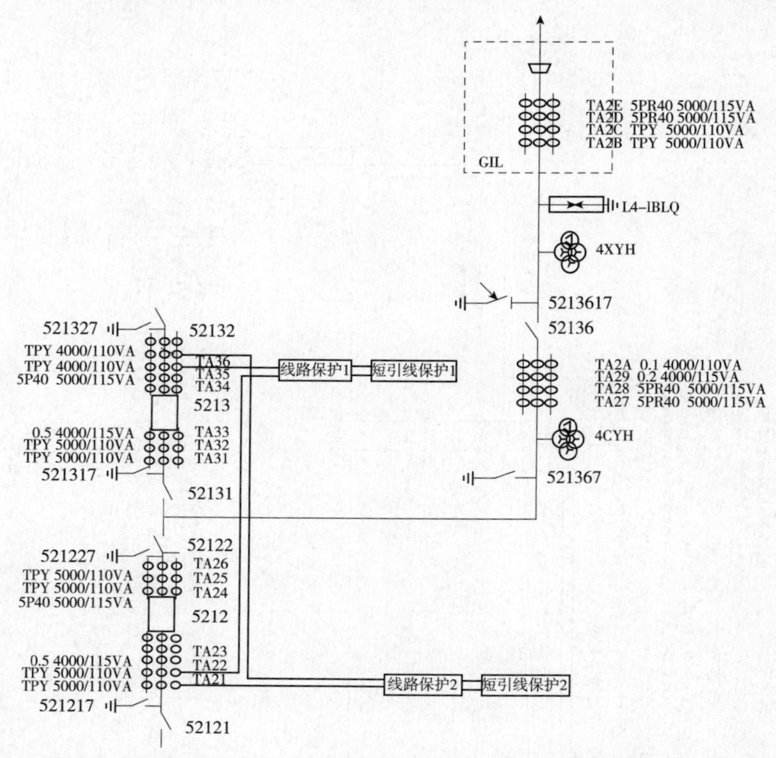

图 3　线路保护采用 GIS 出线开关母线侧 TA（设置短引线保护）的方案

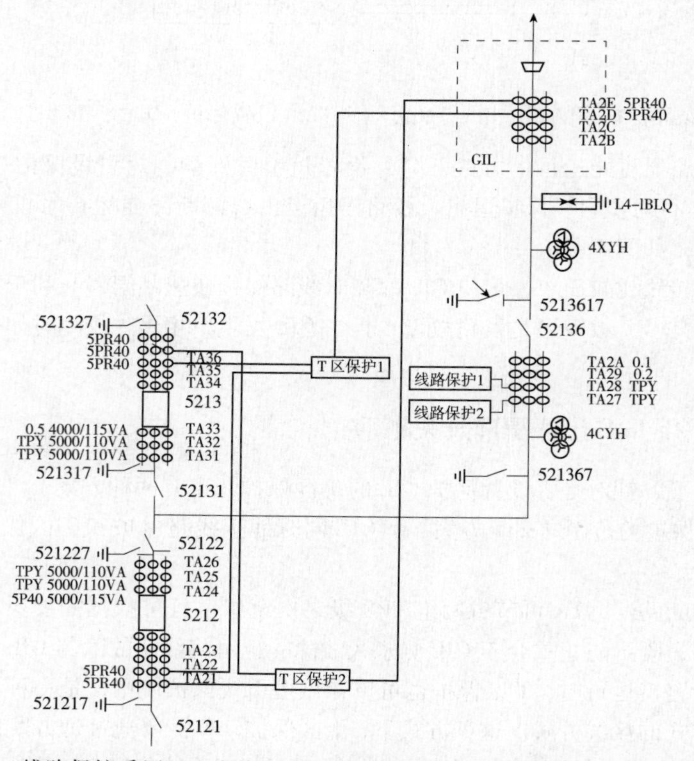

图 4　线路保护采用 GIS 出线隔离开关侧 TA（设置保护 GIL 的 T 区保护）

的广泛应用，现在一般均采取光纤数字通道作为远方跳闸传输通道，根据 GB/T 14285—2006《继电保护和安全自动装置技术规程》4.10.4 条规定“为提高远方跳闸的安全性，防止误动作，对采用非数字通道的，执行端应设置故障判别元件。对采用数字通道的，执行端可不设置故障判别元件。”这样可缩短对侧跳闸时间，满足系统稳定要求。

方案二：对 GIL 不设保护，将其视为线路的一部分，GIL 故障时靠线路保护动作跳闸，短引线保护的设置同 2.1 方案二。如图 5 所示。

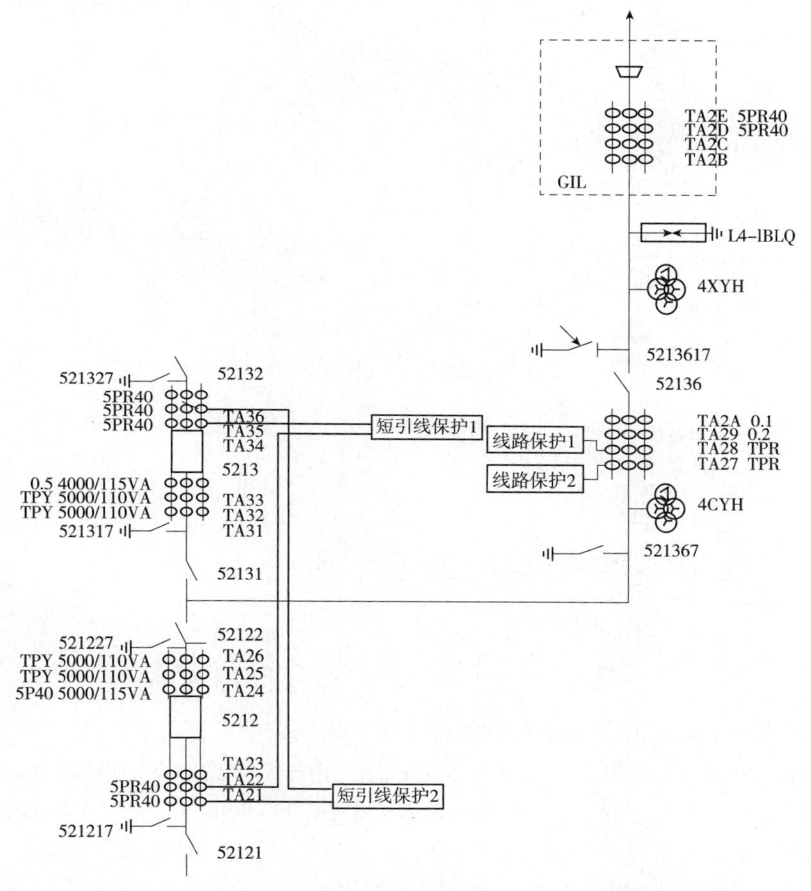

图 5　线路保护采用 GIS 出线隔离开关侧 TA（设置短引线保护）的方案

本方案接线比较简单，可使 GIL 故障时线路保护快速跳闸，有利于系统稳定。但跳闸时无法区分 GIL 故障还是线路故障，也无法实现 GIL 发生永久故障时闭锁重合闸功能。与 2.1 方案二相比，可节约两组 TPY 级二次绕组。

2.3　线路保护采用出线场侧 TA

如果线路保护采取出线场侧 TA，则线路保护与 GIL 的保护范围完全分开。必须设计保护 GIL 的 T 区保护，T 区保护采用 GIS 出线两个断路器的母线侧 TA 及出线场 TA，若出线场距 GIS 室距离较短，T 区保护装置可选用短引线保护，若距离较长，则宜选用光纤差动保护。T 区保护动作后，以远方跳闸方式实现对侧开关的联跳，并根据系统要求闭锁或不闭锁重合闸，如图 6 所示。

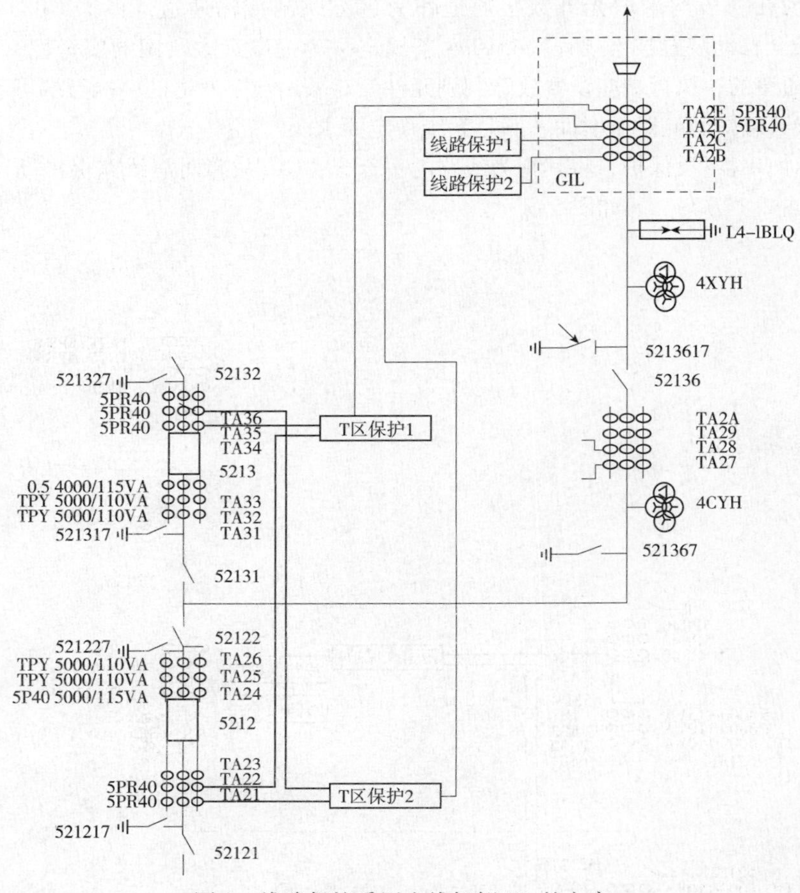

图 6　线路保护采用出线场侧 TA 的方案

这种配置方式由于采用出线 TA，因此不存在两侧断路器问题，可节约两组 TPY 级绕组。线路保护与 GIL 保护范围完全分开，便于区分故障范围。由于一般线路保护屏位于 GIS 室，如果出线场与 GIS 室距离较长，考虑到 TA 二次负载因素，将出线场侧的 TA 引入保护装置将需要采用大截面电缆，不利于安装接线，也会造成费用增加。另外，如果 GIL 故障，采用远方跳闸方式启动对方跳闸若需要对侧故障判别，则可能会延迟对侧故障切除时间，不利于系统稳定。

3　关于 TA 选型配置问题

根据 GB/T 14285—2006《继电保护和安全自动装置技术规程》和 DL/T 866—2004《电流互感器和电压互感器选择及计算导则》，330 ~ 500kV 线路保护宜选用 TPY 级电流互感器。

按照上述原则，线路保护选用 TPY 级 TA，本着经济的原则，T 区保护或短引线保护可选用 PR 级 TA。

特别值得注意的是，一般线路 TA 变比的选取均以线路额定电流选取，但对于线路保护用 TA，特别要考虑应满足保护灵敏度需求。DL 559—2007《220 ~ 750kV 电网继电保护装置运行整定规程》5.6.4 条规定“零序电流保护最末一段的动作电流定值一般应不大于 300A，对不满足精确工作电流要求的情况，可适当抬高定值。”目前国内微机线路保护为了满足精度要求，线路保护零序电流二次最小整定值应不低于 0.08A，为了满足保护的精度要求，若线路保护 TA 采用较大变比（如 5000/1），折算至一次侧电流值就会超过 300A，难以满足规程 DL 559—20075.6.4 条规定，对经过高阻接地的故障，影响零序保护的灵敏度。如果为了满足零序保护灵敏度要求而降低保护二次整定值，则又会造成较大的误差，可能使保护误动或拒动。线路保护的 TA 选型设计不能仅考虑一次系统的额定电流等因素，应综合考虑线路保护的需求，兼顾保护的灵敏度和保护的精度要求。南方电网曾在 2012 年 7 月召开的“基建前期继电保护相关技术问题专题会”会议纪要中明确要求，“设计过程中要重视保护用电流互感器选型及配置，500kV 系统继电保护用电流互感器选型要综合考虑一、二次设备要求，避免变比超出 4000/1 时影响保护动作灵敏度问题。设备额定电流水平超出 4000/1 时，可研及初设阶段中应明确继电保护用电流互感器二次绕组变比通过中间抽头方式；不超过 4000/1 时，根据《电流互感器和电压互感器选择和计算导则》等相关标准计算等效二次极限电动势、暂态系数等关键技术指标，对电流互感器暂态特性进行校核。”

4 结语

具有 GIL 出线的线路保护有多种 TA 配置方式，在进行设计时应综合考虑保护的可靠性、运行方式的灵活性、经济性和电网公司的典型设计等因素。溪洛渡左、右岸电站就分属国家电网和南方电网调度，由于国家电网和南方电网保护的典型设计方案不同，左岸电站的线路保护 TA 配置原设计采用 2.3 方案，因不符合国家电网的典型设计，之后改为采用 2.1 中方案二配置方式。右岸电站则采用 2.1 中方案一，但根据系统对零序保护灵敏度的要求，将原设计 5000/1 的 TA 变比更改为 4000/1。

参考文献：

[1] GB/T 14285—2006　继电保护和安全自动装置技术规程［S］.
[2] DL/T 866—2004　电流互感器和电压互感器选择及计算导则［S］.
[3] DL/T 559—2007　220kV ~ 750kV 电网继电保护装置运行整定规程［S］.

作者简介：

王伟华（1964—　），男，工学硕士，教授级高级工程师，长期从事水电站电气二次设备的安装、调试和技术管理工作。E - mail：wang_ weihua@ ctgpc. com. cn

高渗透率 DG 接入配电网对继电保护的影响及解决思路

严　伟，席康庆，徐光福，朱中华

（南京南瑞继保电气有限公司，江苏　南京　211102）

【摘　要】　高渗透率 DG 接入配电网，改变了传统配电网原有的辐射型无源网络结构，使潮流分布、短路电流大小及流向发生了变化，给保护之间协调配合带来了巨大影响；其次，高渗透率 DG 接入配电网，使电网失电时局部供电区域功率平衡的可能性越来越大，给孤岛检测提出了巨大的挑战。文中分析了高渗透率 DG 接入配电网后对继电保护的影响以及新的要求，并提出了按照 DG 容量配置不同的防孤岛保护、基于网络通信的差动保护、区域自适应保护等解决思路。

【关键词】　高渗透率；协调；孤岛检测；差动保护；区域保护系统

0　引言

分布式发电（DG）一般是指发电功率在几千瓦至数百兆瓦的小型模块化、分散式、布置在用户附近的高效、可靠的发电单元。按照发电能源类型，主要包括水力、太阳能、天然气、生物质能、风能、地热能、海洋能、资源综合利用发电等。DG 因其具有经济、高效、节能减排、解决边远地区用电等突出优点，是促进可再生能源和清洁能源利用的重要手段，因此已逐步成为全世界能源发展的重要方向之一。

近年来随着国家政策的导向，我国 DG 产业正在蓬勃发展。伴随着接入配电网的 DG 越来越多，配电网将逐渐呈现出 DG 高渗透率的态势。高渗透率 DG 接入配电网，改变了传统配电网原有的辐射型无源网络结构，使潮流分布、短路电流大小及流向发生了变化，给继电保护之间协调配合带来了巨大影响；其次，高渗透率 DG 接入配电网，使得电网失电时局部供电区域功率平衡的可能性越来越大，给孤岛检测提出了巨大的挑战[1]。

本文分析了高渗透率 DG 接入配电网后对继电保护的影响以及新的要求，并提出了一些解决的思路和方法。

1　高渗透率 DG 接入对配电网保护的影响及新要求

1.1　对过流保护的影响

如图 1 所示，在本线路和相邻线路没有 DG 接入时，当 F_1 点发生短路故障，流过馈线保护 RELAY1 的电流等于电网贡献的故障电流 I_{s_fault}。而当有 DG 接入到配网后，流过馈线保护 RELAY1 的电流还取决于 DG 的接入，将影响过流保护正确动作。

（1）引起过流保护越级跳闸，失去选择性。如果相邻线路有 DG1 接入，当 F_1 点发生短路故障，流过馈线保护 RELAY1 的故障电流等于电网贡献的故障电流 I_{s_fault} 与 DG1 贡献的故障电流

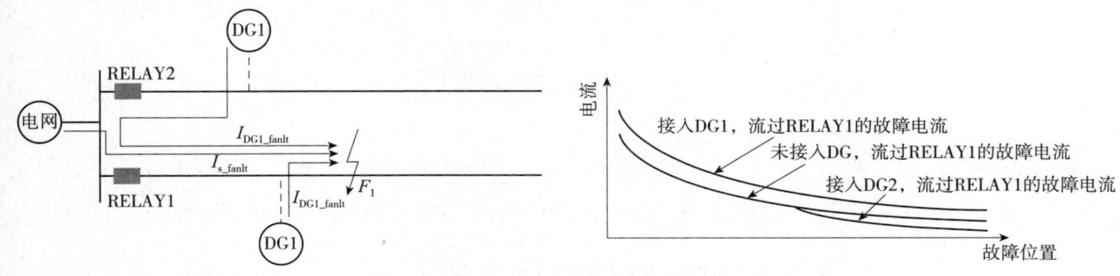

图 1　含 DG 接入的故障电流

I_{DG1_fault}之和，使得 RELAY1 过流保护灵敏度变高，如果 I_{DG1_fault}较大，可能会引起速断过流保护越级跳闸。

（2）引起过流保护反向误动。如果相邻线路有 DG1 接入，当 F_1 点发生短路故障，将有反向故障电流 I_{DG1_fault} 流过馈线保护 RELAY2，如果超过 RELAY2 的定值，就可能引起 RELAY2 过流保护误动。

（3）引起过流保护灵敏度降低甚至拒动。如果本线路有 DG2 接入，当 F_1 点发生短路故障，由电路叠加原理可知，流过馈线保护 RELAY1 的电流被削弱，即小于无 DG2 接入时电网贡献的故障电流 I_{s_fault}，因此 RELAY1 过流保护灵敏度降低，极端情况下保护拒动。

从上述分析可知，当有 DG 接入到配网后，DG 对故障电流具有助增、削弱和反向作用，影响过流保护正确动作。DG 对故障电流的影响与 DG 的类型、安装位置和实际容量等因素有关[2,3]。事实上，DG 接入使得运行方式多变，如光伏只有白天并网发电、风机发电功率受风力影响等，这些都影响故障电流的大小，进而影响过流保护的灵敏性和选择性。因此在高渗透率 DG 接入情况下，必须充分考虑 DG 类型、容量、投退等因素对故障电流的影响，只有做到根据运行方式的变化自动调整过流定值，才能确保保护的正确动作。

1.2　对重合闸的影响

国内配电网保护系统一般是建立在以配电网为单电源辐射状网络拓扑的基础上，馈线发生故障，保护动作后，重合闸经延时合闸（不检无压、同期），由于线路侧无源，因此在恢复瞬时性故障线路供电时，不会对配电系统产生任何冲击和破坏。当 DG 接入配电线路后，线路两侧连接的是两个电源，重合闸动作前，必须保证所有的 DG 已停止运行或者切除，否则面临非同期合闸的危险。

1.3　对备自投的影响

当主供电源失电，母线失去系统电源，由于失去主电源的母线 DG 的存在，母线不满足无压条件，造成备自投延迟合闸或合闸失败。

1.4　对 DG 涉网保护的影响

按保护的对象划分，DG 涉网保护可以分为短路保护和系统保护。其中短路保护主要包含过流保护、零序过流保护，目的是发生短路故障时保护电力设备不被损害；而系统保护出于保护电网系统安全运行的目的，主要包含频率保护（过频、低频）、电压保护（过压、低压）和防孤岛保护。

在分布式发电初期DG渗透率较低的情况下，因电网故障或遭遇扰动等引起的频率、电压短暂波动造成DG系统保护动作，并不会对电网的频率电压稳定造成影响。而随着DG渗透率的提高，DG对电网的稳定作用逐步提高，如果因故障或扰动引起大量DG系统保护动作而脱网，巨大的功率缺额可能会引起区域电网的崩溃。

高渗透率DG接入配电网后，为了避免连锁反应造成区域电网崩溃，一方面要求DG具备故障穿越（FRT）能力，另一方面要求DG系统保护的时限必须与故障穿越曲线相配合。

2 高渗透率DG接入配网的保护解决思路

2.1 防孤岛保护

孤岛检测是防孤岛保护的前提，目前常用的孤岛检测方法可分为主动法、被动法、基于通信法[4]。

主动法是指通过向电网注入扰动并利用扰动引起的系统电压、频率及阻抗等的相应变化来判断是否发生了孤岛，具体包括频率偏移检测法、滑模频漂检测法、周期电流干扰检测法、频率突变检测法等。尽管主动法具有检测盲区小、速度快的优点，但由于必须向电网施加扰动信号，因此一般多在逆变器里实现，在电网系统侧应用较少。

被动法是指利用电压、频率、相位或谐波的变化进行孤岛检测的方法，具体包括电压/频率检测法、电压谐波检测法和电压相位突变检测法等。被动法原理简单、成本低，但易受供电区域内DG与负载的功率平衡影响，检测盲区大，具有检测失败或检测时间长的缺点。

基于通信法是指电网侧联络开关跳闸失去主电网形成孤岛时，通过通信传输解列信号至DG。基于通信法不受孤岛内功率平衡以及系统频率、电压波动的影响，无检测盲区且检测速度快，是较理想的检测方法，但是需要依赖通信信道，成本高。

综上比较，在高渗透率DG接入环境下，可采取以下配置方案：

（1）容量较小的DG（如kW级DG），由于其对系统安全影响小，误解列引起的经济损失也较小，因此从经济性的角度，可配置被动法防孤岛保护。

（2）容量较大的DG（MW级DG），配置基于通信法防孤岛保护，通信介质可采用光纤、载波、无线等通信手段，为了防止通信异常造成的防孤岛保护拒动，可采取被动法作为后备保护，由于被动法易受电网电压、频率波动的影响而误动，因此须采取诸如频率变化率、电压变化率作为闭锁判据，避免因电网故障或扰动引起防孤岛保护误动。

2.2 配网线路差动保护

光纤差动保护具有优越的速动性、灵敏性和选择性，是解决DG接入配电网的保护理想选择，但是常规光纤差动保护需要为差动保护铺设点对点专用光纤，成本较高，在配电网全面推广是不现实的。本文提出复用配网自动化光纤通道实现差动保护的解决思路，具体实现包括以下两种原理。

2.2.1 基于网络通信的纵联保护

基于网络通信的纵联保护原理是通过网络交换相邻保护间的方向过流信息[5]，当满足以下任一条件时，保护动作。

条件1：本侧正方向过流元件启动，未收到任何相邻侧保护发送过来的反方向动作信息。

条件2：本侧方向过流保护未启动，收到相邻侧保护发送过来的正方向过流信息且未收到任何相邻侧保护发送过来的反方向动作信息。

如图2所示，虚框内表示纵联保护对应的各保护区域。如 F 点发生故障，保护区域1内位于CB1、CB2、CB3处的保护装置均不满足条件1或2，因此均不动作，保护区域2内位于CB2、CB6处的保护装置满足条件1、CB3满足条件2，因此均准确动作，保护区域3内位于CB3、CB4处的保护装置同样不满足条件1或2，因此也不动作。

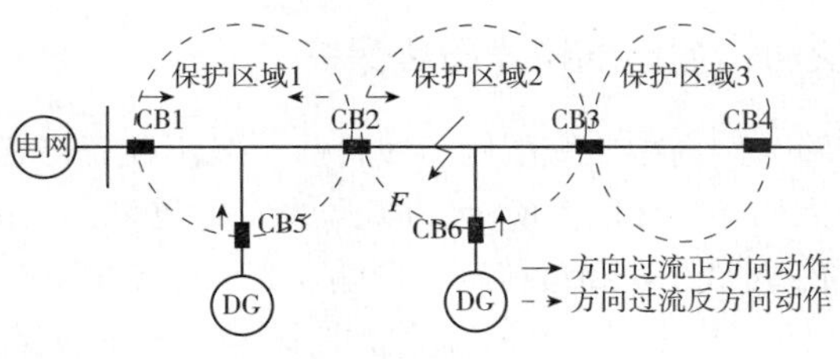

图2　配网纵联保护

优点：原理简单、易实现，对网络性能要求不高。

缺点：方向元件受TV断线、近端故障等影响，易误判。

2.2.2 基于网络通信的电流差动保护

文献［6］针对配电网的特点，提出了一种新的电流差动保护方法并研制了差动保护装置（图3）。该方法复用配网自动化EPON通信网络，通过IEC61850－9－2协议传输相邻保护间的采样数据（SV）报文，差动保护动作判据采用比率制动原理，能够准确、快速的定位并隔离故障。实际测试表明，差动保护能够在40ms内准确动作，充分满足配电网对保护的要求。

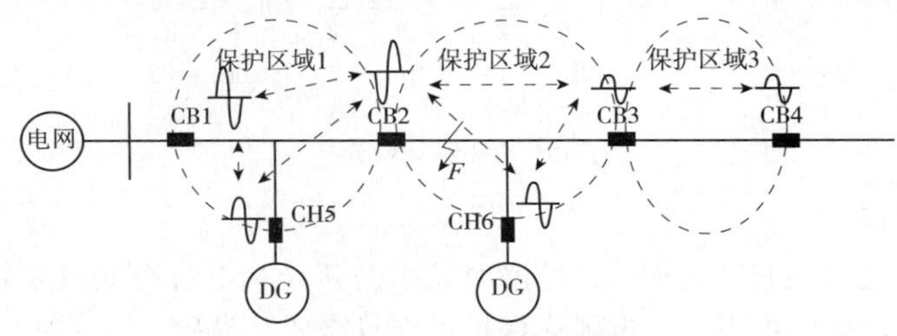

图3　配网电流差动保护

优点：速动性好、灵敏度高，不受运行方式影响，能够适应各种拓扑结构。

缺点：实现复杂；保护易受时钟同步影响；网络性能（延时、带宽）要求高。

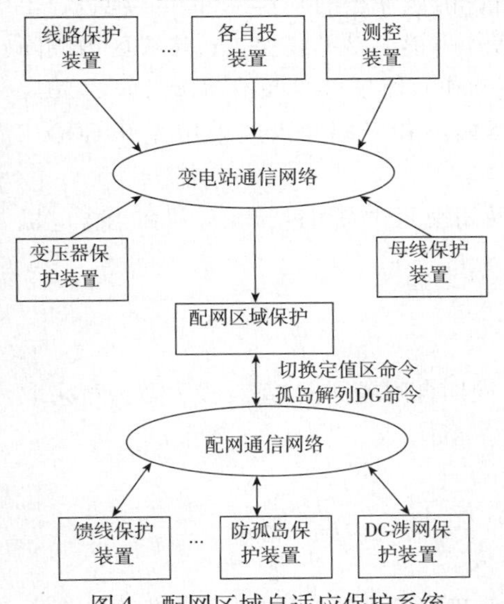

图4　配网区域自适应保护系统

2.3 配网区域自适应保护系统

2.3.1 自适应调整定值

前文提到，高渗透率DG接入配网存在运行方式多变的情况，影响故障电流的大小，因此只有做到根据运行方式的变化自动调整过流保护的定值，才能确保保护的正确动作。为了解决这个问题，馈线保护装置预先设置多组定值区，每组定值区对应一种运行方式，区域保护接收各DG的并网状态，自动识别运行方式并下发对应的定值区号至馈线保护装置，从而达到馈线保护随运行方式变化自动调整定值的目的。

2.3.2 孤岛检测

区域保护通过变电站及站间通信网络接收变电站开关位置信号及保护动作信号，当开关位置变化或保护动作时，区域保护根据网络拓扑自动识别是否形成孤岛，如果形成孤岛，下发解列信号至相应的 DG。

2.4 配电网快速母线保护

国内中压配电网母线目前一般不配置专门的母线保护，母线故障时通常是靠过流保护装置来切除。如图 5 所示，B2 母线发生故障，理论上由 CB1、CB2、CB3 的过流保护动作隔离故障，B1 母线 DG 和负荷不受影响。高渗透率 DG 接入后，带来以下问题：

1）由于 CB1 过流保护时限需要与下级保护时限配合，往往过流保护时限较长，如果因母线故障引起的低电压超出 DG 允许运行的时间，将造成 B1、B2、B3 母线连接的 DG 全部解列。

2）CB2、CB3 的故障电流与 B2、B3 母线的 DG 类型有关，如果 B2、B3 母线连接的为逆变型 DG，那么 CB2、CB3 的过流保护则可能并不能动作，此时依赖 B2、B3 母线上 DG 的低电压保护或防孤岛保护切除 DG，尽管切除了故障电流，但保护并没有准确定位故障，给后续的故障排查工作带来了不便。

因此高渗透率 DG 接入后，对母线保护提出了更高的要求。

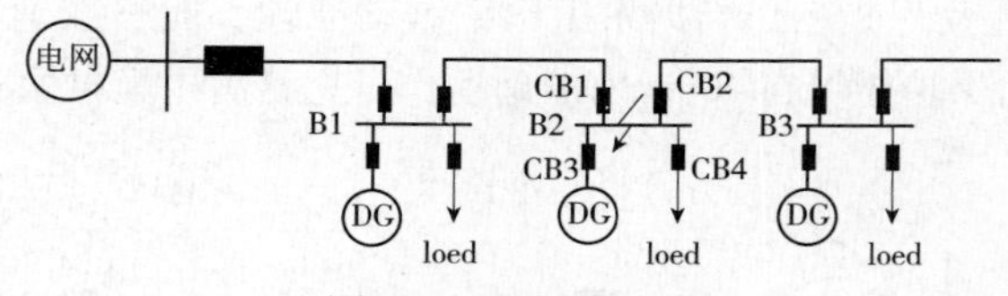

图 5　配网母线故障

2.4.1 电弧光保护

电弧光保护一般通过检测开关柜内部故障时发出的弧光和电流突变量来判断是否发生故障，具有灵敏度高、速动性好的特点[7]。电弧光保护动作只需要几毫秒，电流判据采用突变量，灵敏度高，很好的满足了高渗透率 DG 接入对中压母线保护的要求。

2.4.2 简易母线保护

简易母线保护一般集成在靠近电网侧的进线保护装置，由该保护的动作元件和其他进、出线闭锁元件构成。母线区外故障时，其他保护发出闭锁信号闭锁简易母线保护；母线区内故障时，相关保护不能发出闭锁信号，简易母线保护可以快速动作。简易母线保护动作时间约 50～100ms。常用闭锁信号的传递方法是采用电缆连接继电器输出和光耦开入或采用光纤 GOOSE 通信[8]。

对于仅含逆变型 DG 接入的场合，简易母线保护动作及闭锁元件采用过流元件，而当含电机类 DG 接入时，则需要采用方向过流元件。

2.5 重合闸/备自投

高渗透率 DG 接入配电网，为了避免重合闸/备自投非同期合闸或同期/备自投失败，可采取以下措施：

（1）重合闸/备自投延时与 DG 防孤岛保护延时配合。

（2）重合闸/备自投检无压合闸。

（3）重合闸/备自投启动，基于通信联切 DG。

采用重合闸/备自投与 DG 防孤岛保护时限配合，目的是确保 DG 解列后再合闸，但仍然存在因个别 DG 防孤岛保护拒动导致非同期合闸的可能性，因此采取检无压合闸十分重要。按照标准规定[9]，防孤岛保护动作时间不超过 2s，因此按照时限配合，重合闸/备自投延时一般大于 2s，容易造成敏感负荷脱网。而采用基于通信联切 DG 的方法可提高 DG 解列的速度，进而加快重合闸/备自投合闸的速度。

3 展望

随着大量 DG 接入配电网，配电网呈现 DG 高渗透率的态势，改变了配电网原有的网络结构及供电模式，给配电网继电保护提出了巨大的挑战。如何解决配电网保护之间的协调性以及提高防孤岛保护的可靠性对配电网稳定运行、供电可靠性具有十分重要的意义。

未来含高渗透率 DG 接入的配电网继电保护在继承成熟的就地化保护技术的同时，还应借助如光纤通信、载波、无线等通信手段以及 IEC61850 数字化技术，采用基于区域信息的保护新原理以提高配电网继电保护的选择性、速动性、灵敏性以及相互之间的协调性。

参考文献：

[1] Cigre working group B5. 34 TB421. The Impact of Renewable Energy Sources and Distributed Generation on Substation Protection and Automation. 2010.

[2] 孙鸣，赵月灵，王磊. DG 容量及接入方式对变电站继电保护定值的影响 [J]. 电力自动化设备，2009，29 (9)：46 -46.

[3] 冯希科，邰能灵，宋凯，等. DG 容量对配电网电流保护的影响及对策研究 [J]. 电力系统保护与控制，2010，38 (22)：156 - 161.

[4] 程启明，王映斐，程尹曼，等. 分布式发电并网系统中孤岛检测方法的综述研究 [J]. 电力系统保护与控制，2011，39 (6)：147 - 153.

[5] 刘健，赵树仁，贠保记，等. 分布智能型馈线自动化系统快速自愈技术及可靠性保障措施 [J]. 电力系统自动化，2011，35 (17)：67 - 71.

[6] 徐光福，张春合，严伟，等. 基于 EPON 通信的智能配电网馈线差动保护 [J]. 电力系统自动化，2014，38 (2)：91 - 96.

[7] 牛洪海，严伟，王杰. 中低压母线电弧光保护设计与应用 [J]. 江苏电机工程，2014，33 (1)：56 - 59.

[8] 陈杰明. 基于 GOOSE 的 10 kV 简易母线保护研究和应用 [J]. 电力系统自动化，2011，35 (4)：96 - 99.

[9] GB/T 29319—2012. 光伏发电系统接入配电网技术规定 [S].

作者简介：

严　伟 (1975—　)，男，研究员级高级工程师，硕士，从事电力系统自动化保护与控制研发及管理工作。E - mail：yanw@ nari - relays. com

席康庆 (1982—　)，男，工程师，主要从事电力系统继电保护研究及市场推广工作。

徐光福 (1982—　)，男，工程师，硕士，主要从事电力系统中低压继电保护、分布式发电保护控制研发工作。

朱中华 (1979—　)，男，工程师，硕士，主要从事配网自动化及继电保护研发工作。

智能化技术在电厂升压站的应用

潘仁秋，杨　健，孙　亮，何海波

（南京南瑞继保工程技术有限公司，江苏　南京　211102）

【摘　要】　基于IEC61850标准的智能化变电站已经在国内外得到了广泛应用，同时面向分布式能源发电、风力发电、水力发电等的IEC61850及其扩展标准已经制定。相比传统电力通信规约，IEC61850标准对模型的描述能力大大提高，装置互操作性大大增强，智能化技术必然会带动发电厂的自动化技术进步和发展。本文从基于IEC61850标准建设的葛洲坝500kV智能化开关站改造项目出发，讨论智能化技术在发电厂应用的优缺点。

【关键词】　智能化发电厂；网络结构；IEC61850

0　引言

IEC61850提出了一种公共的通信标准，通过对设备的一系列规范化，使其形成一个规范的输出，实现系统的无缝连接。IEC61850作为制定电力系统远动无缝通信系统基础，能大幅度改善信息技术和自动化技术的设备数据集成，减少工程量、现场验收、运行、监视、诊断和维护等费用，节约大量时间，增加自动化系统使用期间的灵活性，解决了变电站自动化系统产品的互操作性和协议转换问题。采用该标准还可使变电站自动化设备具有自描述、自诊断和即插即用（Plug and Play）的特性，极大地方便了系统的集成，降低了变电站自动化系统的工程费用。在我国采用该标准系列将大大提高变电站自动化系统的技术水平、提高变电站自动化系统安全稳定运行水平、节约开发验收维护的人力物力、实现完全的互操作性[1-3]。

1　葛洲坝水电站500kV智能化开关站工程改造设计

葛洲坝电站是华中电网的骨干电站之一，分为二江电站和大江电站，总装机21台，目前总容量2757MW，其中大江电站装机14台，总容量1771（13×125+1×146）MW，二江电站装机7台，总容量986（2×170+4×125+1×146）MW。大江电站发变组采用二机一变扩大单元接线，升压至500kV后，共4回架空进线接入电站上游右岸敞开式500kV开关站与500kV系统连接。

1981年7月，葛洲坝电站第一台机组并网发电，至今已运行近30年。由于多年长期高负荷运行，电站输变电系统设备，包括500kV和220kV开关站的设备均不同程度地发生老化和锈蚀，整体运行性能不断下降，给电站安全运行造成了严重威胁。为了提高开关站的整体运行性能及运行可靠性，满足电站和电网的安全稳定运行要求，将对葛洲坝大江电站500kV开关站进行整体改造。

1.1　改造内容

500kV开关站布置在大江电站上游右岸，原为敞开式设备，改造后将采用GIS配电装置，并布置在开关站内靠500kV进线杆塔侧的原联变及绿化区，在此修建GIS配电装置室，采用户内

GIS 配电装置。电气主接线仍采用原 3/2 断路器接线方式，共 6 串，出线 6 回。

1.2 组网方案

计算机监控系统采用分散分层分布式系统，采用 IEC61850 通信标准。物理结构上，智能化变电站由三个层次构成，分别为过程层、间隔层、站控层，每层均由相应的设备及网络设备构成。本工程过程层采用 GOOSE 与 SMV 共网模式。

（1）过程层主要设备包括互感器、合并单元、智能终端等，其主要功能是完成实时运行电气量的采集、设备运行状态的监测、控制命令的执行等。本工程采用常规电压及电流互感器，通过合并单元数字化的方案。

（2）间隔层主要设备包括各种保护装置、自动化装置、安全自动装置、计量装置等，其主要功能是：①各个间隔过程层实时数据信息的汇总；②完成各种保护、自动控制、逻辑控制功能的运算、判别、发令；③完成各个间隔及全站操作联闭锁以及同期功能的判别；④执行数据的承上启下通信传输功能，同时完成与过程层及站控层的网络通信功能。

站控层主要设备包括主机、操作员站、网络通信记录分析系统、卫星对时系统等，其主要功能是：①通过网络汇集全站的实时数据信息，不断刷新实时数据库，并定时将数据转入历史数据记录库；②按需要将有关实时数据信息送往调度端；③接受电网调度或控制中心的控制调节命令下发到间隔层、过程层执行；④全站操作闭锁控制功能；⑤站内当地监控、人机联系功能；⑥对间隔层、过程层二次设备的在线维护、参数修改功能[4-5,7]。

本工程最终的网络结构示意图如图 1 所示。智能化开关站智能终端合并单元配置如图 2 所示。

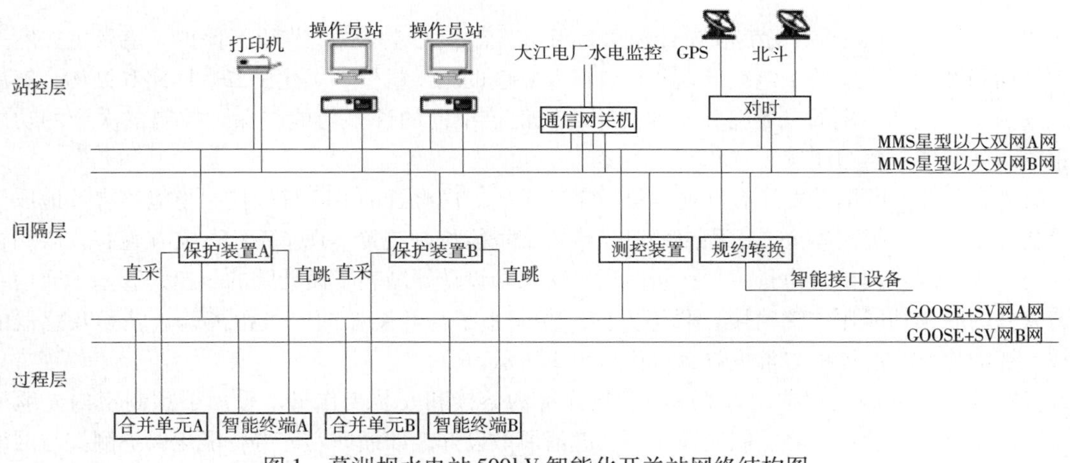

图 1 葛洲坝水电站 500kV 智能化开关站网络结构图

1.3 新尝试

（1）本工程采用智能 GIS 汇控柜方案，智能化 GIS 汇控柜特别适合室内 GIS 设备，智能化 GIS 通过先进的计算机技术实现对 GIS 设备的位置信号采集和监视、模拟量信号采集与显示、远方/就地控制、信号与操作事件记录与上传、谐波分析、储能电机的驱动和控制、在线监测、基于网络通信的软件联锁等一系列功能。将传统的二次测控功能与 GIS 监控有机结合在一起，联合组屏设计、优化控制回路，构成智能的控制功能。

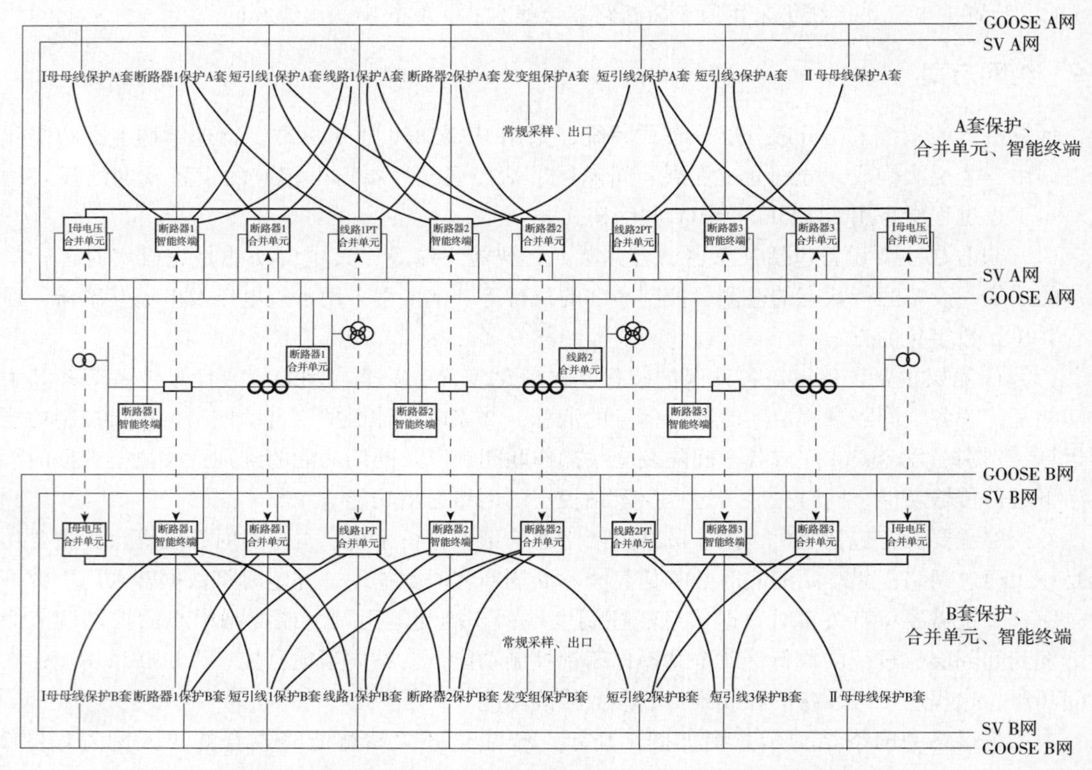

图2　葛洲坝水电站500kV智能化开关站一个完整串的配置图

GIS的全新变电站设计方案和设计理念为用户节省了大量投资，节约了保护小室及主控室等的占地面积和投资，节约了电缆等设备投资以及相应的施工投资，优化了二次回路和结构，解决了原来由于一次和二次的专业细分导致的原传统汇控柜内的许多功能与保护控制二次中的功能相重复，如防跳、压力闭锁、三相不一致等。

另外智能化GIS汇控柜还有其他优势：①基于一二次整合的GIS智能控制柜能够有效地取消和简化冗余回路，提高整个二次回路的可靠性；②智能控制装置实现了系统的交互性；③联调在出厂前完成，现场调试工作量减少；④一次二次联合设计，减轻了设计院的负担；⑤基于通信和组态软件的联锁功能比传统硬接点联锁方便；⑥缩小了与互感器的电气距离，减轻了互感器的负载。智能化GIS汇控柜与常规方案对比如图3所示。

（2）本工程实施过程中，为了减少现场光缆的熔接和安装工作量，采用了预制室内光缆模式。屏柜安装就位后仅需将定制光缆按照光缆清册敷设好，即插即用，将智能化保护测控与网络相连即可，大大减少施工工作量，同时减少了施工时间。

1.4　改造中遇到的问题

（1）基于水电站的特殊性，目前开关站的控制部分是由水电监控来实现，所以升压站的所有数据需要送给水电监控进行集中处理和控制。从网络结构图中可以看出本工程在站控层配置了网关接口装置，用于与水电监控系统通信，将开关站信息转发给水电监控作为流程控制信号，同时可将水电监控的控制信息通过网关装置下达给智能控制装置进行操作。目前水电监控集成厂家还无法实现基于IEC61850标准的通信处理能力，故需要通过网关装置来实现

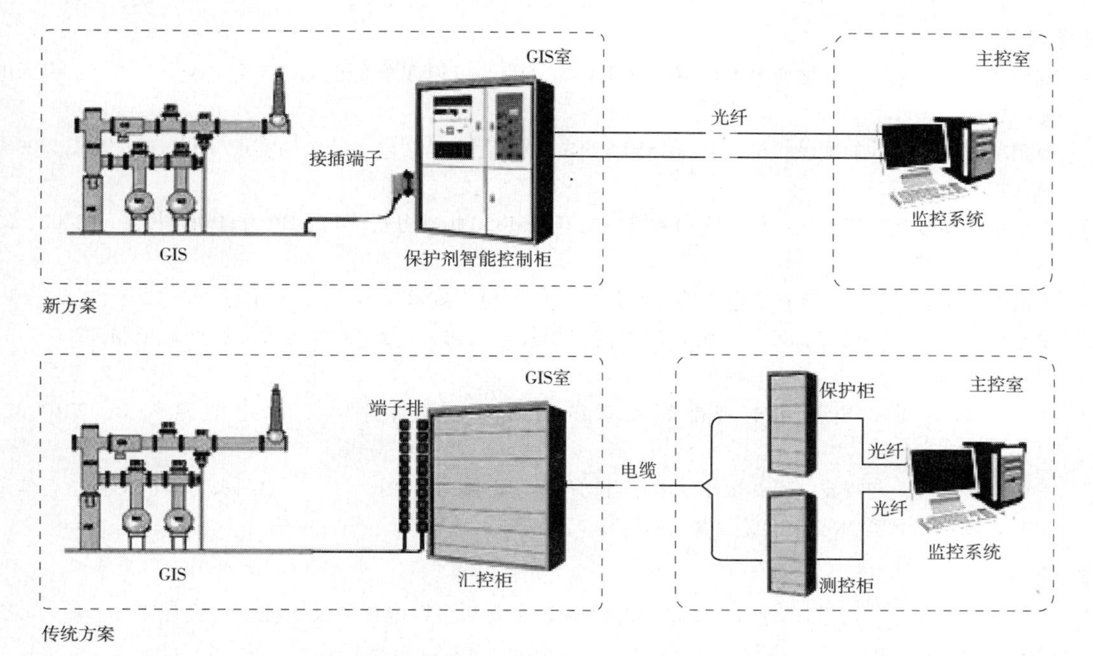

图3　基于保护及智能控制柜的变电站基本结构

信息的交互。随着水电监控厂家基于 IEC61850 标准产品的开发使用，今后必能实现智能化设备的无缝连接[6]。

对于火电厂，设置有 NCS（Network Control System）升压站电气监控系统，功能相对独立，所以火电厂的智能化升压站建设与系统智能化变电站基本一致。但是考虑与火电厂 MIS、SIS、DCS 等系统的信息交互，同样也需考虑配置网关接口装置。

（2）在火电厂或者水电厂中，采用 3/2 断路器主接线方式时，对于进、出线一般均配置有隔离开关，线路 TV 一般安装于隔离开关外侧，这样对于断路器同期电压的选择就存在近区优先的问题，也就是说对于同一个断路器在不同的运行方式下选取的同期电压不是固定不变的。对于常规工程，一般由近区优先同期电压切换装置来实现模拟量电压的切换。但是对于数字化变电站，所有的电压信号已经全部为数字量，无法通过常规回路来完成此功能，本工程尝试将此功能集成于智能测控装置中，智能测控通过网络采集串内运行方式，自动切换断路器两侧的同期电压，实现近区优先功能。

（3）对火电厂和水电厂，数字接口的发电机、变压器保护还未在实际工程中大量投入使用，发电机、变压器保护依然以常规采样保护方案为主，随着智能化技术的不断发展，数字化发变组保护将会在电厂中逐步推广使用。

2　结语

随着 IEC61850 标准的不断推广和普及，我国各种相关标准规范的发布，电厂相关系统对于 IEC61850 标准的支持，今后智能化技术在电厂的应用定会不断增多。这将大大提高电厂的技术水平和自动化系统安全稳定运行水平，节约开发验收维护的人力物力，实现各系统完全的互操作性。

参考文献：

[1] 刘振亚．国家电网公司输变电工程通用设计 110（66）~750kV 智能变电站部分［M］．北京：中国电力出版社，2011.

[2] 高鹏宇，游大海，刘国民．符合 IEC61850 标准的数字化变电站内部通信的实现［J］．继电器，2006，34（12）：69－72.

[3] 吴在军，胡敏强．变电站通信网络和系统协议 IEC 61850 标准分析［J］．电力自动化设备，2002，22（11）：70－72.

[4] 朱俊杰，张蓉．IEC61850 在变电站的应用分析［J］．电工技术，2013，2（11）：11－12

[5] 李兴源，魏巍，王渝红，等．坚强智能电网发展技术的研究［J］．电力系统保护与控制，2009，37（17），1－7.

[6] 王峰，黄春雷．电网水电智能调度系统的研究与设计［J］．水电能源科学，2010，28（1）：133－136.

[7] 王德宽，张毅，刘晓波，等．智能水电厂自动化系统总体构想初探［C］．中国水力发电工程学会信息化专委会 2010 年学术交流会论文集［C］：1－7. 丽江，2010. 7.

作者简介：

潘仁秋（1972—　），男，江苏南京人，工程师，主要从事继电保护及监控系统设计工作。E－mail：panrq@ nari－relays. com

杨　健（1983—　），男，江西九江人，助理工程师，主要从事继电保护及监控系统设计工作。

孙　亮（1988—　），男，江苏盐城人，助理工程师，主要从事继电保护及监控系统设计工作。

何海波（1981—　），男，河北廊坊人，工程师，主要从事继电保护及监控系统设计工作。

一种改进的发电侧电流突变量选相方案

黄 涛，陆于平

（东南大学电气工程学院，江苏 南京 210096）

【摘 要】 随着传统同步发电机容量的不断增大和新能源发电的大规模发展，电源正、负序阻抗之间的差异越来越凸显，给传统电流突变量选相带来了影响。本文提出了一种基于正序故障电流补偿的发电侧改进电流突变量选相方案，该方案不仅能够自适应电源阻抗差异的变化，而且原理简单、实现方便，仿真结果表明所提方案较大地改善了传统电流突变量选相元件的性能。

【关键词】 正负序阻抗；电流突变量选相；电流分配系数；正序故障电流补偿

0 引言

快速准确的选相是高压线路距离保护和单相重合闸正确工作的前提[1-3]，电流突变量选相是我国目前广泛采用的选相方法，具有速动性好、不受负荷和过渡电阻影响的优点[4-5]。但是电流突变量选相要求网络的正、负序电流分配系数相同，也即要求各元件的正、负序阻抗相等，否则会影响选相的灵敏性，甚至造成误选相。传统凸极同步发电机由于结构上的不对称，其正负序电抗差别较大，对于大型、特大型同步发电机，这种差异将更加明显；近年来大规模发展的新能源发电，如风力发电、太阳能发电，也存在正负序阻抗不相等的情况，文献[6－7]均指出撬棒保护的投入会造成风电场正、负序阻抗不再相等，其中文献［6］还分析了风电场的阻抗特性对选相元件造成的影响。

针对电源正负序阻抗差异对电流突变量选相的影响，广大学者做了很多的研究工作：文献［8］在电流突变量比较中采用三个相间电流突变量幅值中的最大值进行制动，但该方法只能削弱系统正、负序分支系数对选相元件的影响而不能完全消除；文献［9］提出了一种在电压突变量基础上引入单相电流突变量进行极化的选相原理，在系统正负序阻抗不相等的场合具有很好的优越性；文献［10］利用电流序分量之间的相位关系和幅值关系进行选相，也具有不受系统正负序阻抗不相等影响的特点。但是这些方法的速动性和灵敏性都不如传统的电流突变量选相。本文提出一种基于正序故障电流补偿的改进电流突变量选相方案，该方案能够完全消除电源正负序阻抗差异带来的影响，而且依然保留了传统电流突变量选相的优点，具有较好的工程应用价值。

1 传统电流突变量选相原理

电流突变量选相利用保护安装处相电流突变量或相电流差突变量之间的幅值大小关系进行选相。保护安装处的相电流突变量与故障点处各序电流之间的关系为

$$\begin{cases}\Delta\dot{I}_{\mathrm{A}}=C_1\dot{I}_{\mathrm{F1}}+C_2\dot{I}_{\mathrm{F2}}+C_0\dot{I}_{\mathrm{F0}}\\ \Delta\dot{I}_{\mathrm{B}}=\alpha^2C_1\dot{I}_{\mathrm{F1}}+\alpha C_2\dot{I}_{\mathrm{F2}}+C_0\dot{I}_{\mathrm{F0}}\\ \Delta\dot{I}_{\mathrm{C}}=\alpha C_1\dot{I}_{\mathrm{F1}}+\alpha^2C_2\dot{I}_{\mathrm{F2}}+C_0\dot{I}_{\mathrm{F0}}\end{cases} \tag{1}$$

式中：$\Delta\dot{I}_{A}$、$\Delta\dot{I}_{B}$、$\Delta\dot{I}_{C}$ 为保护安装处三相电流突变量；$\dot{I}_{F1}$、$\dot{I}_{F2}$、$\dot{I}_{F0}$为故障点处 A 相正、负、零序故障电流；C_1、C_2、C_0 为保护安装处正、负、零序故障电流分配系数；$\alpha = e^{j120°}$。

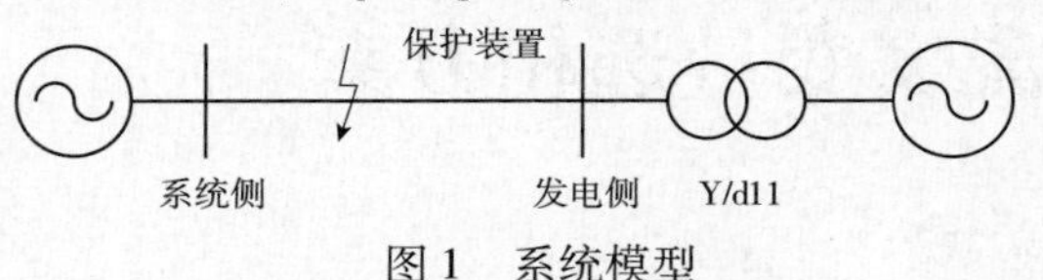

图 1　系统模型

对于图 1 所示的系统模型，相应的正、负序故障网络如图 2 所示。图中：Z_{S1}、Z_{L1}、Z_{T1}和 Z_{G1}分别为系统、输电线路、变压器和发电厂的正序阻抗；Z_{S2}、Z_{L2}、Z_{T2}和 Z_{G2}分别为系统、输电线路、变压器和发电厂的负序阻抗；$\Delta\dot{I}_1$、$\Delta\dot{I}_2$ 和 $\Delta\dot{U}_1$、$\Delta\dot{U}_2$ 分别为发电侧保护安装处的正、负序故障电流和电压；$\dot{I}_{F1}$、$\dot{I}_{F2}$和 $\dot{U}_{F1}$、$\dot{U}_{F2}$分别为故障点的正、负序电流和电压；m 为故障点距系统侧的距离占线路总长的比例。

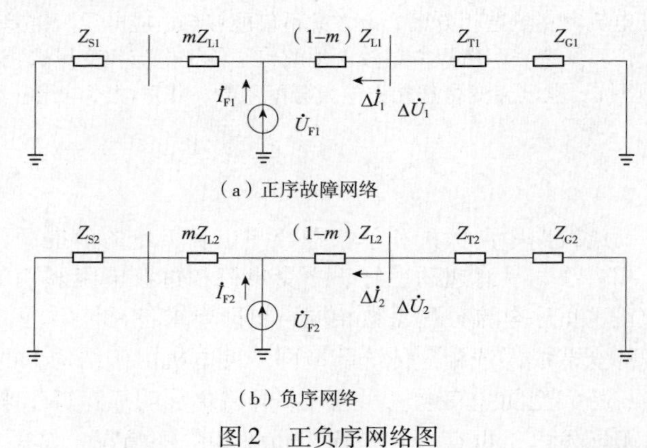

（a）正序故障网络

（b）负序网络

图 2　正负序网络图

从图 2 中可以得到保护安装处正、负序电流分配系数 C_1、C_2 为

$$C_1 = \frac{\Delta\dot{I}_1}{\dot{I}_{F1}} = -\frac{Z_{S1} + mZ_{L1}}{Z_{S1} + Z_{L1} + Z_{T1} + Z_{G1}} \tag{2}$$

$$C_2 = \frac{\Delta\dot{I}_2}{\dot{I}_{F2}} = -\frac{Z_{S2} + mZ_{L2}}{Z_{S2} + Z_{L2} + Z_{T2} + Z_{G2}} \tag{3}$$

假设电力系统中各元件的正、负序阻抗相等，根据式（2）、式（3）则有 $C_1 = C_2$。发生单相接地故障时，以 A 相为例，相电流差突变量 $\Delta\dot{I}_{AB}$、$\Delta\dot{I}_{BC}$、$\Delta\dot{I}_{CA}$的幅值大小为

$$\begin{cases} |\Delta\dot{I}_{BC}| = |\Delta\dot{I}_{B} - \Delta\dot{I}_{C}| = \sqrt{3}|(C_1 - C_2)\dot{I}_{F1}| = 0 \\ |\Delta\dot{I}_{AB}| = |\Delta\dot{I}_{A} - \Delta\dot{I}_{B}| = 3|C_1\dot{I}_{F1}| \\ |\Delta\dot{I}_{CA}| = |\Delta\dot{I}_{C} - \Delta\dot{I}_{A}| = 3|C_1\dot{I}_{F1}| \end{cases} \tag{4}$$

即单相接地故障时，非故障相的相电流差突变量幅值为 0，而故障相与非故障相之间的电流差突变量幅值很大，根据此特点即可判断出单相接地故障。

发生两相短路时，以 B、C 两相短路为例，此时相电流突变量的幅值大小满足

$$\begin{cases} |\Delta\dot{I}_{A}| = |(C_1 - C_2)\dot{I}_{F1}| = 0 \\ |\Delta\dot{I}_{B}| = \sqrt{3}|C_1\dot{I}_{F1}| \\ |\Delta\dot{I}_{C}| = \sqrt{3}|C_1\dot{I}_{F1}| \end{cases} \tag{5}$$

即两相短路时，非故障相的相电流突变量为0，而故障相的相电流突变量幅值很大，根据此特点可以判断出两相短路故障。

由前述介绍可知，电流突变量选相的正确动作必须基于保护安装处的电流分配系数 C_1 与 C_2 近似相等。但是由于凸极同步发电机及新能源发电的特点，发电厂的正负序阻抗 Z_{G1} 和 Z_{G2} 往往不再相等，甚至差别很大，由式（2）、式（3）知，此时 C_1 与 C_2 也会出现差异，式（4）、式（5）所示的规则可能不再满足，导致电流突变量选相的灵敏性降低甚至误选相。

2 改进的电流突变量选相方案

为了消除 C_1、C_2 的差异对突变量选相的影响，定义 k 为两者的差异系数，其表达式为

$$k = \frac{C_1}{C_2} \tag{6}$$

假设除发电厂外，系统其余元件的正、负序阻抗相等，将式（2）、式（3）代入式（6），得

$$k = \frac{C_1}{C_2} = \frac{Z_{\sum 1} + Z_{T2} + Z_{G2}}{Z_{\sum 1} + Z_{T1} + Z_{G1}} \tag{7}$$

其中

$$Z_{\sum 1} = Z_{S1} + Z_{L1}$$

另外，从图2可以得到

$$\begin{cases} Z_{T1} + Z_{G1} = -\dfrac{\Delta\dot{U}_1}{\Delta\dot{I}_1} \\ Z_{T2} + Z_{G2} = -\dfrac{\Delta\dot{U}_2}{\Delta\dot{I}_2} \end{cases} \tag{8}$$

则式（7）可以进一步写为

$$k = \left(Z_{\sum 1} - \frac{\Delta\dot{U}_2}{\Delta\dot{I}_2}\right) \Big/ \left(Z_{\sum 1} - \frac{\Delta\dot{U}_1}{\Delta\dot{I}_1}\right) \tag{9}$$

将 $C_1 = kC_2$ 代入式（1）并整理，可以得到

$$\begin{cases} \Delta\dot{I}_A + \left(\dfrac{1}{k} - 1\right)\Delta\dot{I}_1 = C_2\dot{I}_{F1} + C_2\dot{I}_{F2} + C_0\dot{I}_{F0} \\ \Delta\dot{I}_B + \alpha^2\left(\dfrac{1}{k} - 1\right)\Delta\dot{I}_1 = \alpha^2 C_2\dot{I}_{F1} + \alpha C_2\dot{I}_{F2} + C_0\dot{I}_{F0} \\ \Delta\dot{I}_C + \alpha\left(\dfrac{1}{k} - 1\right)\Delta\dot{I}_1 = \alpha C_2\dot{I}_{F1} + \alpha^2 C_2\dot{I}_{F2} + C_0\dot{I}_{F0} \end{cases} \tag{10}$$

从式（10）中可以得到三个改进的经正序故障电流补偿的相电流突变量 $\Delta\dot{I}'_A$、$\Delta\dot{I}'_B$ 和 $\Delta\dot{I}'_C$

$$\begin{cases} \Delta\dot{I}'_A = \Delta\dot{I}_A + \left(\dfrac{1}{k} - 1\right)\Delta\dot{I}_1 \\ \Delta\dot{I}'_B = \Delta\dot{I}_B + \alpha^2\left(\dfrac{1}{k} - 1\right)\Delta\dot{I}_1 \\ \Delta\dot{I}'_C = \Delta\dot{I}_C + \alpha\left(\dfrac{1}{k} - 1\right)\Delta\dot{I}_1 \end{cases} \tag{11}$$

改进的相电流差突变量 $\Delta\dot{I}'_{AB}$、$\Delta\dot{I}'_{BC}$ 和 $\Delta\dot{I}'_{CA}$ 也很容易由式（11）计算出来。

将式（10）与式（1）对比可知，改进后的选相元件中，原来的正序电流分配系数 C_1 已被

C_2 取代，正、负序电流分配系数完全相等，与其他因素无关。所以用改进的突变量代替原来的电流突变量之后，不管电源的正负序阻抗如何变化，第一节中所述的选相规则都能够适应，保留了传统电流突变量的所有优点。

需要说明的是：所提方案只适用于保护背侧正负序阻抗不相等的情况，即只适用于发电侧保护中的选相元件，对于系统侧的选相，该方案不起作用。

由于 $Z_{\sum 1}$ 在实践中是可以直接得到的，由式（9）、式（11）可知，$\Delta\dot{I}'_A$、$\Delta\dot{I}'_B$ 和 $\Delta\dot{I}'_C$ 的计算只需利用保护安装处的正、负序故障电压和电流等本地量，而序电流很容易利用原来的 $\Delta\dot{I}_A$、$\Delta\dot{I}_B$ 和 $\Delta\dot{I}_C$ 计算出来，保护只需增加故障序电压的提取，不会过多增加计算量，仍然能够保证选相元件的速动性。

3　仿真分析

在 Matlab/Simulink 平台上搭建如图 1 所示的系统模型，0.1s 时故障发生。考虑凸极同步发电机和双馈风电场两种发电侧情况，对传统电流突变量选相和改进的电流突变量选相进行比较分析。发电侧的主要参数见表 1。

表 1　　发电侧参数

凸极同步发电机		双馈风力发电机	
参数	数值	参数	数值
数量/台	1	数量/台	30
额定功率/MW	1000	额定功率/MW	1.5
定子额定电压/kV	27	定子额定电压/V	690
直轴同步电抗/p.u.	2.114	励磁电抗/p.u.	2.9
交轴同步电抗/p.u.	1.29	定子漏抗/p.u.	0.172
直轴次暂态同步电抗/p.u.	0.235	转子漏抗/p.u.	0.155
交轴次暂态同步电抗/p.u.	0.213	撬棒电阻/p.u.	0.1

图 3 和图 4 分别给出了发电侧为凸极同步发电机，线路发生 A 相接地故障和 B、C 两相短路故障时两种选相元件的电流突变量对比。图中实线表示传统电流突变量，虚线表示由式（11）计算的改进电流突变量（下同）。从图中看到，故障初期（约半个周期）由于同步发电机的正负序电抗均表现为次暂态电抗，差别不大，所以两种电流突变量也基本相等。但随着时间的推移，暂态分量逐渐衰减，正序电抗表现为数值较大的同步电抗，而负序电抗仍然为次暂态电抗，两者差异很大，从图中看到 0.12s 之后传统的电流突变量中，A 相接地时的 $|\Delta\dot{I}_{BC}|$ 和 B、C 两相短路时的 $|\Delta\dot{I}_A|$ 都有很大的数值，与式（4）和式（5）的规则不再相符，如果选相元件的裕度设置偏大，将会造成误选相；而采用改进的电流突变量 $|\Delta\dot{I}'_{BC}|$ 和 $|\Delta\dot{I}'_A|$ 后，其值在故障后始终保持接近于 0，而其他两个突变量都有很大的数值并基本相等，很好地保证了选相的灵敏性和可靠性。

图 5 和图 6 是发电侧为双馈风电场时的电流突变量对比结果，从图中看到，只有在故障发生后约 0.005s（1/4 个周期）的短时间内，$|\Delta\dot{I}_{BC}|$ 和 $|\Delta\dot{I}_A|$ 才接近于 0，但是随后这两个突变

量迅速增加，甚至都超过了其他突变量，这表明风电场的正负序阻抗在故障后差别非常大，严重恶化了传统电流突变量选相元件的性能。但是采用改进的电流突变量后，$|\Delta\dot{I}'_{BC}|$ 和 $|\Delta\dot{I}'_{A}|$ 仍然能够维持在0附近，而相应的其他两个突变量数值很大且基本相等，完全满足式（4）和式（5）所示的选相规则，能够正确选相。

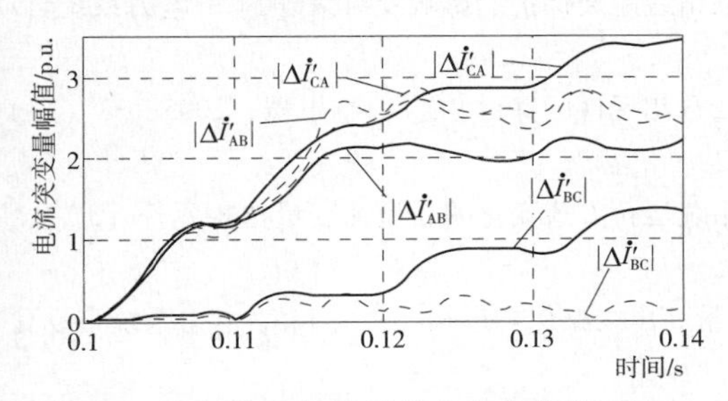

图3 A相接地故障时的电流突变量对比（同步发电机）

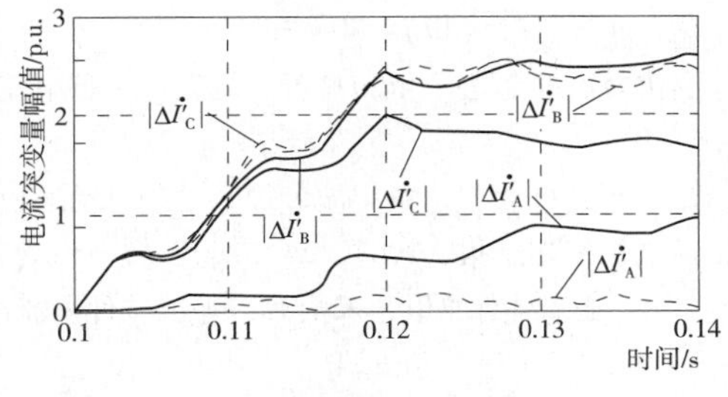

图4 B、C两相短路时的电流突变量对比（同步发电机）

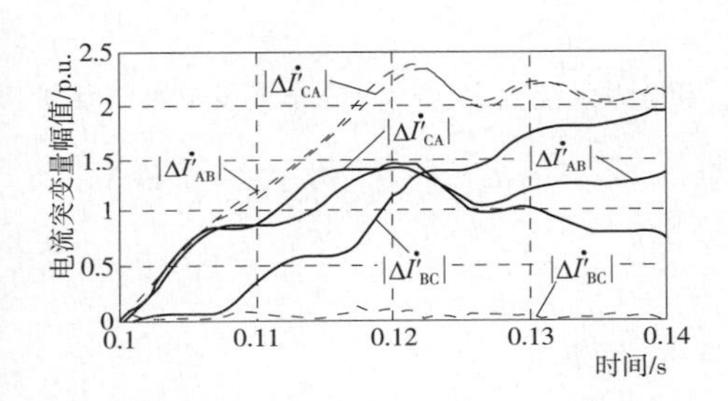

图5 A相接地故障时的电流突变量对比（风电场）

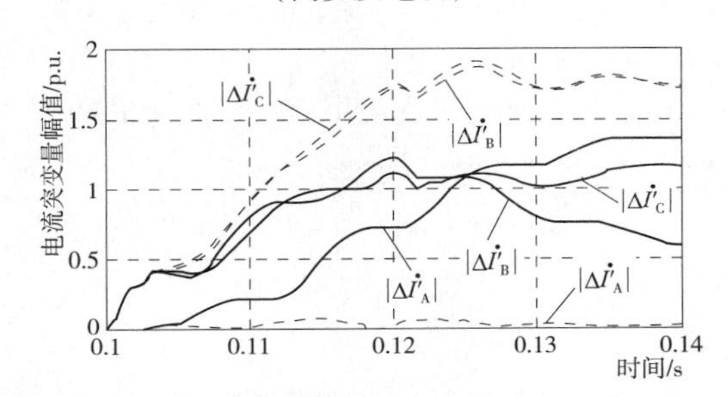

图6 B、C两相短路时的电流突变量对比（风电场）

以上仿真结果充分表明：改进的电流突变量经过正序故障电流补偿后，完全克服了发电侧正负序阻抗不相等对选相结果造成的影响，大幅改善了传统电流突变量选相元件的动作性能。

4 结语

电源的正负序阻抗不相等降低了传统电流突变量选相元件的灵敏性，甚至造成误选相。本文提出的改进电流突变量选相方案，通过引进正负序故障电流补偿，完全消除了正负序阻抗差异对发电侧选相元件的影响。仿真结果表明所提的改进选相方案克服了传统方案的缺点，提高了电流突变量选相元件的性能。

参考文献：

[1] 张海，黄少锋．利用电压辅助电流选相的同杆双回线单端电气量选相原理［J］．中国电机工程学报，2013，33（7）：139－148.

[2] 王爱军，李宏，张小桃．一种基于小波变换的超高压线路故障选相方法［J］．电力系统保护与控制，2013，41（12）：92－97.

[3] 林湘宁，刘沛，杨春明，等．基于相关分析的故障序分量选相元件［J］．中国电机工程学报，2002，22（5）：16－21.

[4] 马静，王希，王增平．一种基于电流突变量的故障选相新方法［J］．中国电机工程学报，2012，32（19）：117－124.

[5] 张健康，索南加乐，焦在滨，等．交直流混联电网突变量选相元件动作性能分析［J］．电力系统自动化，2011，35（17）：76–80.

[6] 沈枢，张沛超，方陈，等．双馈风电场故障序阻抗特征及对选相元件的影响［J］．电力系统自动化，2014，38（15）：87–92.

[7] 黄涛，陆于平，凌启程，等．撬棒电路对风电场侧联络线距离保护的影响及对策［J］．电力系统自动化，2013，37（17）：30－36.

[8] 赵洪峰，吐尔逊·依布拉音，晁勤．一种电流突变量选相元件的探讨［J］．继电器，2005，33（13）：6－9.

[9] 鲁文军，林湘宁，黄小波，等．一种自动适应电力系统运行方式变化的新型突变量选相元件［J］．中国电机工程学报，2007，27（28）：53－58.

[10] 许庆强，索南加乐，宋国兵，等．一种电流故障分量高压线路保护选相元件［J］．电力系统自动化，2003，27（7）：50－54.

作者简介：

黄　涛（1988—　），男，博士研究生，主要从事电力系统继电保护及风力发电保护与控制。E－mail：taoh545@ 126. com

陆于平（1962—　），男，教授，博士生导师，主要从事电力系统数字保护及分布式发电系统保护。E－mail：luyuping@ seu. edu. cn

景洪水电站备用电源自投系统的研制及应用

魏　巍，石　勇，牛洪海

（南京南瑞继保电气有限公司，江苏　南京　211102）

【摘　要】　针对景洪水电站10kV厂用电系统的结构特点，本文作者通过解耦的方式对用户提出的电源自投需求进行了归并和解耦，并最终利用2种自投逻辑和4台备自投装置实现了全厂8个电源之间的合理配合，完全满足了景洪水电站厂用电系统的技术要求。两年来的实际运行和多次正确动作说明，景洪水电站厂用电备自投系统的设计方案是合理的，特别是在方案设计过程中所使用到的系统解耦方法在之后大型水电站厂用电系统的设计中具有一定的推广应用价值。

【关键词】　备自投；水电站；厂用电；解耦

0　引言

景洪水电站位于云南省西双版纳州景洪市北郊的澜沧江干流，为澜沧江干流中下游两库八级开发方案的第6级，安装5台单机容量35万kW，总装机容量175万kW。

景洪水电站等大型水电机组，其厂用电系统通常由多级电源和母线通过“串联”甚至“成环”的方式构成，各级电源之间需要实现各种不同条件下的备用关系，保证2级甚至3级电源失去的情况下，厂用电系统的供电仍然不受影响，因此对厂用电备自投系统的要求是很高的。

本文提出一种设计方法，对复杂的各类应用需求进行归并，对水电站厂用电系统进行解耦，从而实现“化繁为简”的备用电源自投方案，既能够满足实际应用需求，也可以降低系统的维护难度，具有非常大的应用推广意义。

1　自投需求

景洪水电站10kV厂用电系统较为复杂，共设置了四段母线、7个电源和一台柴油发电机，如图1所示。

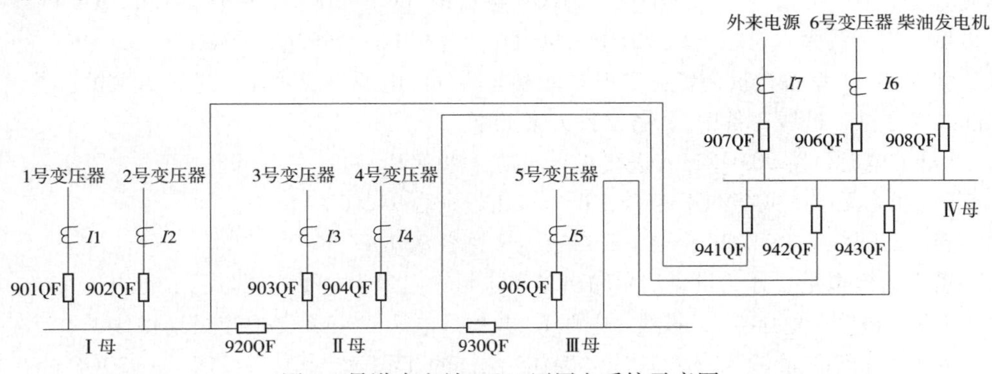

图1　景洪水电站10kV厂用电系统示意图

正常运行时，10kV 厂用电Ⅰ、Ⅱ、Ⅲ母三段独立运行，10kV Ⅳ母处于明备用状态，作为Ⅰ、Ⅱ、Ⅲ母失电的二级备用电源。当10kV 厂用电Ⅰ、Ⅱ、Ⅲ母三段中某段失电时：

（1）若本母线上有备用电源（Ⅰ母、Ⅱ母），则从本母线上的备用电源取电，作为第一备用电源。

（2）若备用电源无压或取电失败，则从外部母线Ⅳ母取电，作为二级备用电源。

（3）若外部母线仍无压或取电失败，则选择相邻母线作为最后一级备用电源（Ⅰ母失电合920QF，向Ⅱ母取电，Ⅱ母失电合920QF向Ⅰ母取电，Ⅲ母失电合930QF向Ⅱ母取电）。

（4）Ⅳ母的外来电源和6号变压器之间实现互相备用的自投关系，柴油发电机作为备用电源通过手动方式启动。

2　系统设计

通过以上需求分析，发现景洪水电站的厂用电系统自投需求可以划分为两种类型：第一种类型的备自投装置实现Ⅰ、Ⅱ、Ⅲ段母线的备自投功能，标记为T1装置；另一种类型的备自投装置实现Ⅳ母的备自投功能，标记为T2装置。

T1类型装置为“1主供3备供”类型的自投需求，主供电源丢失后，一次启动备用1、备用2、备用3电源，直至母线电压恢复为止。

T2类型装置为“1主1备带柴油机”类型的自投需求，主供电源丢失后，启动备用电源，主供电源和备用电源全部丢失后手动启动柴油发电机电源。

根据该设计思路，景洪水电站厂用电系统共需要配置4台RCS－9651CS型备用电源自投装置。前三台为T1型备用电源自投装置，分别实现Ⅰ、Ⅱ、Ⅲ段母线的备自投功能；第四台为T2型备用电源自投装置，实现Ⅳ母的备自投功能。详细设计如下。

（1）第一台T1型备自投装置：实现Ⅰ母失电的备用电源自投功能。进线1主供，进线2备用（或进线2主供，进线1备用），备自投方案如下：

1）Ⅰ母失电时，跳901QF，若进线2有压则合902QF。

2）若进线2无压，或902QF拒合，Ⅳ母有压，则合941QF。

3）若Ⅳ母无压，或941QF拒合，Ⅱ母有压，则合920QF。

需要接入的模拟量、开关量、信号输出量和跳闸输出量为：①电压量（Ⅰ母电压U_{ab1}、U_{bc1}，Ⅱ母电压U_{ab2}，进线1电压U_{x1}，进线2电压U_{x2}，Ⅳ母电压U_{a4}）；②电流量（进线1电流$I1$，进线2电流$I2$）；③开关量输入（901QF、902QF各自的TWJ和KKJ，941QF和920QF的TWJ）；④输出接点，用于跳闸、合闸（跳901QF、902QF，合901QF、902QF、941QF、920QF）。

（2）第二台T1型备自投装置：实现Ⅱ母失电的备用电源自投功能。进线3主供，进线4备用（或进线4主供，进线3备用），备自投方案如下：

1）Ⅱ母失电时，跳903QF，若进线4有压则合904QF。

2）若进线4无压，或904QF拒合，Ⅳ母有压，则合942QF。

3）若Ⅳ母无压，或942QF拒合，Ⅰ母有压，则合920QF。

需要接入的模拟量、开关量、信号输出量和跳闸输出量为：①电压量（Ⅱ母电压U_{ab2}、U_{bc2}，Ⅰ母电压U_{ab1}，进线3电压U_{x3}，进线4电压U_{x4}，Ⅳ母电压U_{ab4}）；②电流量（进线3电流$I3$，进线4电流$I4$）；③开关量输入（903QF、904QF各自的TWJ和KKJ，942QF和920QF的TWJ）；④输出接点，用于跳闸、合闸（跳903QF、904QF，合903QF、904QF、942QF、920QF）。

（3）第三台T1型备自投装置：实现Ⅲ母失电的备用电源自投功能。进线5主供，Ⅲ母上没有备用进线电源，备自投方案如下：

1）Ⅲ母失电时，跳905QF，若IV母有压，则合943QF。

2）若Ⅳ母无压，或943QF拒合，Ⅱ母有压，则合930QF。

需要接入的模拟量、开关量、信号输出量和跳闸输出量为：①电压量（Ⅲ母电压U_{ab3}、U_{bc3}，Ⅱ母电压U_{ab2}，进线5电压U_{x3}，Ⅳ母电压U_{ab4}）；②电流量（进线5电流$I5$）；③开关量输入（905QF的TWJ和KKJ，943QF和930QF的TWJ）；④输出接点，用于跳闸、合闸（跳905QF，合943QF、930QF）。

（4）第四台RCS－9651备自投装置（标准程序）：

1）实现Ⅳ母上的两个电源（是否检备用有压可整定）的互投功能。

2）两级备用电源同时失去，启动柴油发电机。

需要接入的模拟量、开关量、信号输出量和跳闸输出量为：①电压量（Ⅳ母电压U_{ab4}、U_{bc4}，进线6电压U_{x6}，进线4电压U_{x7}）；②电流量（进线6电流$I6$，进线7电流$I7$）；③开关量输入（906QF、907QF各自的TWJ和KKJ）；④输出接点，用于跳闸、合闸（跳906QF、907QF，合906QF、907QF）。

3 装置开发

根据以上的系统设计，T1型备自投装置设置了2种自投方式，每种自投方式又设置了充放电逻辑和动作逻辑，以保证备自投仅在条件满足时动作一次。T1装置的自投方式如下。

（1）方式一。

1）充电条件：Ⅰ母有压，1QF处于合位；2QF、3QF和4QF处于分位。

2）放电条件：

a. 2QF、3QF或4QF合上经短延时。

b. 三级备用电源全部无压（U_{x2}、U_{ab2}、U_{ab4}）经15s延时放电。

c. 自投总闭锁开入投入。

d. 本装置没有跳闸出口时，手跳1QF（即KKJ1变位0，本条件可由用户推出，即“手跳不闭锁备自投”控制字整为1）。

e. 1QF、2QF的TWJ异常。

f. 1QF开关拒跳。

g. 整定控制字或软压板不允许自投方式一自投。

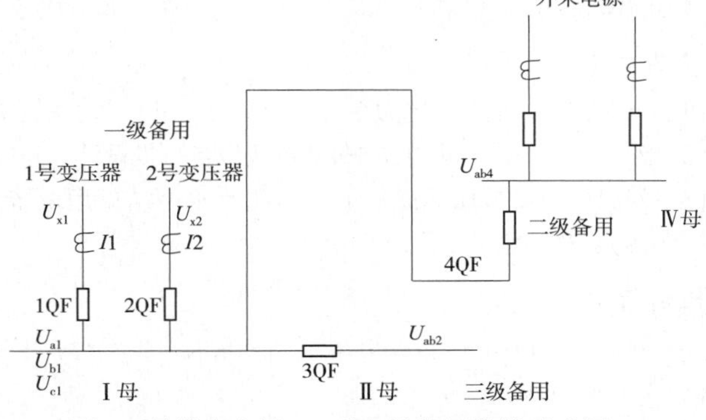

图2　景洪水电站T1型自投装置接线示意图

3）动作过程：充电完成后，Ⅰ母无压，$I1$无流启动，经延时T_{t1}跳1QF。确认1QF跳开，且Ⅰ母无压，若U_{x2}有压经T_{h1}延时合2QF，若U_{ab4}有压经T_{h2}延时合4QF，若U_{ab2}有压经T_{h3}延时合3QF。定值整定要求$T_{h1}+\Delta T<T_{h2}$；$T_{h2}+\Delta T<T_{h3}$。其中ΔT为“开关最大合闸延时”定值，整定时应考虑一定的裕度，以确保三级电源按顺序投入。

（2）方式二。

1）充电条件：Ⅰ母有压，2QF处于合位；1QF、3QF和4QF处于分位。

2）放电条件：

a. 1QF、3QF 或 4QF 合上经短延时。

b. 三级备用电源全部无压（U_{x1}、U_{ab2}、U_{ab4}）经 15s 延时放电。

c. 自投总闭锁开入投入。

d. 本装置没有跳闸出口时，手跳 2QF（即 KKJ2 变位 0）（本条件可由用户推出，即“手跳不闭锁备自投”控制字整为 1）。

e. 1QF、2QF 的 TWJ 异常。

f. 2QF 开关拒跳。

g. 整定控制字或软压板不允许自投方式二自投。

3）动作过程：充电完成后，Ⅰ母无压，$I2$ 无流起动，经延时 T_{t1} 跳 2QF。确认 2QF 跳开，且Ⅰ母无压，若 U_{x1} 有压经 T_{h1} 延时合 1QF，若 U_{ab4} 有压经 T_{h2} 延时合 4QF，若 U_{ab2} 有压经 T_{h3} 延时合 3QF。定值整定要求 $T_{h1}+\Delta T<T_{h2}$；$T_{h2}+\Delta T<T_{h3}$。其中 ΔT 为“开关最大合闸延时”定值，整定时应考虑一定的裕度，以确保三级电源按顺序投入。

T2 型备自投装置为常用的进线自投方式，在此不再详细论述。

4 结语

本文介绍了景洪水电站厂用电系统的备自投设计方案，该方案通过对系统自投需求的归并，简化了系统的设计；通过对自投方式的解耦，最终利用 4 台备自投装置的协调配合，实现了景洪水电站全厂 8 个电源之间的合理备用关系，满足了现场的实际需求。该套备自投系统自 2012 年 9 月在景洪水电站投入正式运行以来，多次正确动作，达到了最初的设计目标。

参考文献：

[1] 张保会，尹项根．电力系统继电保护［M］．北京：中国电力出版社，2005.

[2] 刘丽芳，殷丽．水电站 10kV 母线段备自投设计［J］．电力自动化设备，2008，28（2）：23－26.

[3] 刘润兵，郑雪琦，黄献生．糯扎渡水电站厂用电备自投设计方案改进［J］．水利发电，2012，38（9）：38－41.

作者简介：

魏　巍（1978—　），男，辽宁清原人，工程师，主要从事电气主设备保护的研究和开发。E－mail：weiw@ nari－relays. com

石　勇（1978—　），男，盐城临海人，工程师，主要从事电气主设备保护的研究和开发。

牛洪海（1980—　），男，辽宁鞍山人，工程师，主要从事电气主设备保护的研究和开发。

浅谈某厂励磁系统 TV 断线判别的改造

夏志凌，黄　龙

（浙江浙能兰溪发电有限责任公司，浙江　兰溪　321100）

【摘　要】　本文针对 UNITROL5000 型励磁调节器未能检测到 TV 一次熔丝慢熔造成的 TV 断线现象进行分析，并对其进行改造，能避免机组跳闸，增加了设备运行的安全性。

【关键词】　励磁系统；TV 断线

0　引言

励磁系统是同步发电机的重要组成部分，它通过向发电机转子绕组提供励磁电压，进而提供励磁电流，使转子绕组产生磁场，旋转的转子绕组磁场切割定子绕组后产生机端电压。故励磁系统的正常与否直接影响着发电机的运行。某厂选用的励磁调节装置是由瑞士 ABB 公司生产的，型号为 UNITROL 5000。装置采用双自动通道系统，并内含手动控制器，即由两个相同的自动电压调节器组成，一主一备的运行方式。每个通道分别通过各自独立的通道监视机端电压 U_g 和机端电流 I_g。在运行中，两通道之间的切换是自动且无扰动的。

1　事故情况

2011 年 1 月 31 日 2 时 08 分，某厂 2 号机组因发电机过激磁反时限动作跳闸。机组跳闸前，有功 594MW，无功 65Mvar。

查看机组跳闸前的运行状况现象如下：

（1）1 时 30 分，集控大屏告警：2 号发电机强励动作、2 号发电机过激磁发信、2 号发电机励磁系统故障并伴随 2 号机无功由 65Mvar 跳变至 65Mvar，机端电压 U_{ab} 由 21.45kV 突变至 22.73kV，U_{bc} 由 21.44kV 突变至 23.19kV，U_{ca} 由 21.43kV 突变至 20.33kV。

（2）1 时 32 分开始，“2 号发电机强励动作”、“2 号发电机过激磁发信”、“2 号发电机励磁系统故障”报警重复出现。2 号发电机无功在 50～80Mvar 之间跳变。

（3）2 时 07 分起，新增加“2 号发电机 TVGU001 断线”告警。

（4）2 时 08 分，2 号发电机过激磁反时限动作，2 号发电机跳闸。首出为发变组保护动作。

（5）对故障进行进一步检查，读取发变组保护装置及励磁调节器信息见表 1。

根据发变组保护 TV 断线告警信息，检查 2 号发电机机端压变；检查机端 3 组压变外观正常、测量压变绝缘和绕组电阻正常；一次熔丝与底座间接触均良好；一次动触头与静触头间，二次辅助插头、二次小开关，未发现异常。测量 9 只压变一次熔丝阻值，发现 GU001 压变 A 相熔丝熔断，而该压变正是发变组保护屏 A—G60 保护的模入量。取下所有一次熔丝，对压变进行伏安特性测试，数据正常。再一次对熔丝进行外观检查和阻值测量，发现 GU002 压变 C 相熔丝电阻由 99Ω 转为无穷大，且熔丝外观无异常。

表 1　　发变组保护装置及励磁调节器信息

发变组保护屏 A（G60—1）	发变组保护屏 B（G60—2）	励磁调节器（UNITROL5000）
Jan 31 2011 02：07：55 PTFF ON（TV 断线告警）； Jan 31 2011 02：08：15 VOLT PER HERTZ 2 OP（过激磁反时限动作）； Jan 31 2011 02：08：15 STOP ON（保护出口：全停）	Jan 31 2011 02：03：39 V/H 1 PKP； Jan 31 2011 02：03：40 V/H 1 OP（过激磁告警）； Jan 31 2011 02：07：45 VOLT PER HERTZ 2 PKP； Jan 31 2011 02：08：15 VOLT PER HERTZ 2 OP（过激磁反时限动作）； Jan 31 2011 02：08：15 STOP ON（保护出口：全停）	02：08：15. 8200—143—FCB external OFF（磁场开关跳闸复位）； 02：08：15. 6200—157 —Stabilizer active（PSS 退出）； 02：08：15. 6200—143 + FCB external OFF（磁场开关跳闸）

对 2 号发电机两套 G60 保护的过激磁保护和 TV 断线报警功能进行校验，结果正确。

对励磁调节器的 TV 断线通道切换功能进行测试，结果也正确。

2　原因分析

查看机组故障录波器在当天的第一次启动录波，是 1 时 30 分 39 秒由机端电压突变触发的录波（图 1）。

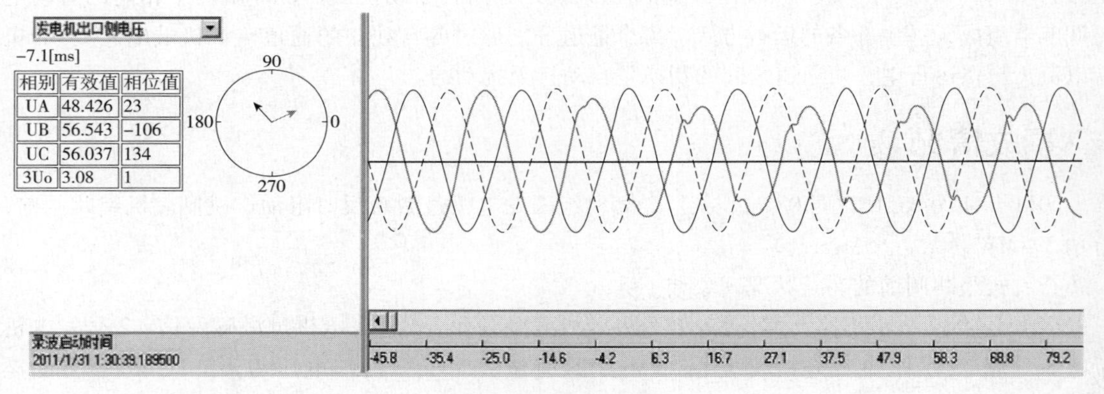

图 1　机端电压录波图

此时发电机机端 GU001 压变 A 相一次熔丝故障，引起二次电压开始出现畸变，A 相电压减小到 48V 左右，B 相、C 相电压基本无变化。此时励磁调节器运行在第一通道，当它发现发电机机端电压（取自 GU001）偏低时，便调整可控硅触发角来提升机端电压，当可控硅触发角小于 17°时，强励动作。期间运行人员对励磁调节器进行多次的手动干预，使机端电压有所下降的时候，而电压的下降导致强励的再次动作。在如此的反复调节下，最终机端电压还是被慢慢抬高，至发变组保护动作前，B 相、C 相电压被抬升至 62. 3V 左右（图 2），并最终导致过激磁保护动作。

UNITROL 5000 型励磁调节器 TV 断线通道切换的判据是：引用的机端三相电压平均值与同步电压三相平均值相差超过 15%。然而从第一次电压异常开始到最后过激磁保护动作跳机，期间长约 38min 的时间内，两者的电压差却未超过 10%。故励磁通道未能切换，导致机组跳停未能幸免。

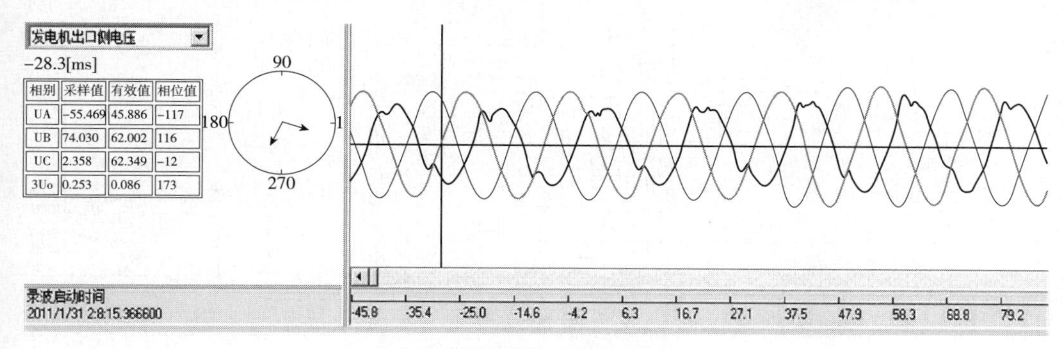

图 2　机端电压波形分析图

3　采取措施

（1）针对 UNITROL5000 型励磁调节器自带的 TV 断线判别功能不够灵敏，不能准确判断出 TV 断线的现状，某厂新增了四方公司的 TV 断线判别装置，型号为 CSS—306GB。该装置的逻辑判据如图 3 所示。

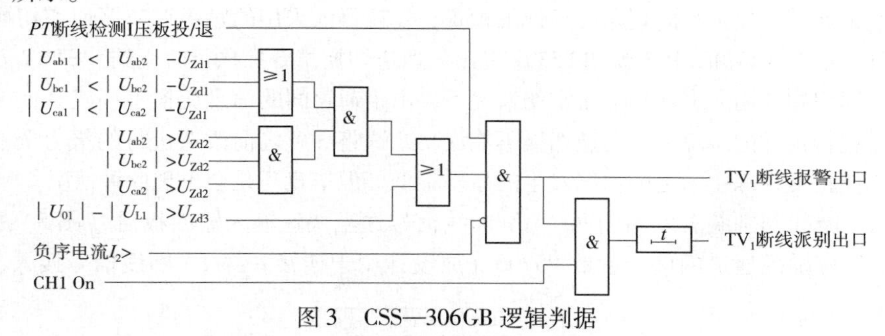

图 3　CSS—306GB 逻辑判据

图 3 中：U_{01} 为发电机机端开口三角电压，经三次谐波滤波，要求滤波比大于 95%；

U_{L1} 为发电机中性点电压，经三次谐波滤波，要求滤波比大于 95%；

U_{ab1}、U_{bc1}、U_{ca1} 为发电机机端 TV1 电压；

U_{ab2}、U_{bc2}、U_{ca2} 为发电机机端 TV2 电压；

I_2 为发电机机端负序电流。

由此逻辑判据可以看出，与原来 UNITROL 5000 型 TV 断线判据的三相线电压平均值与同步电压线电压平均值差值相比，任一线电压差值超过整定值的判据更灵敏，且加上零序电压和负序电流的闭锁条件，使其更具可靠性，故新装置具有较大的改进。

（2）新装置能监视 2 组机端 TV，将装置的 TV1 断线信号和 TV2 断线信号接入励磁调节器的快速输入输出板（FIO 板），分别赋值给备用参数 19721 和 19722。再修改励磁系统的软件参数将 TV 断线通道切换信号分别赋值于参数 P5308（通道 1 投入令）和 P5309（通道 2 投入令）。经过逻辑判断后，执行切换指令（图 4）。

（3）在 DCS 画面上新增“TV 断线”光字告警和励磁调节器通道切换按钮“通道 1”、“通道 2”，使运行人员在发现发电机机端 TV 断线时，可以在很短的时间内远方进行励磁系统的通道切换。

此次改造增强了对 TV 断线检测的灵敏性和可靠性，使得压变一次熔丝早期的缓慢熔断造成的电压变化能被及时监测到，并进行通道切换，避免机组跳机，增加了设备运行的安全性。

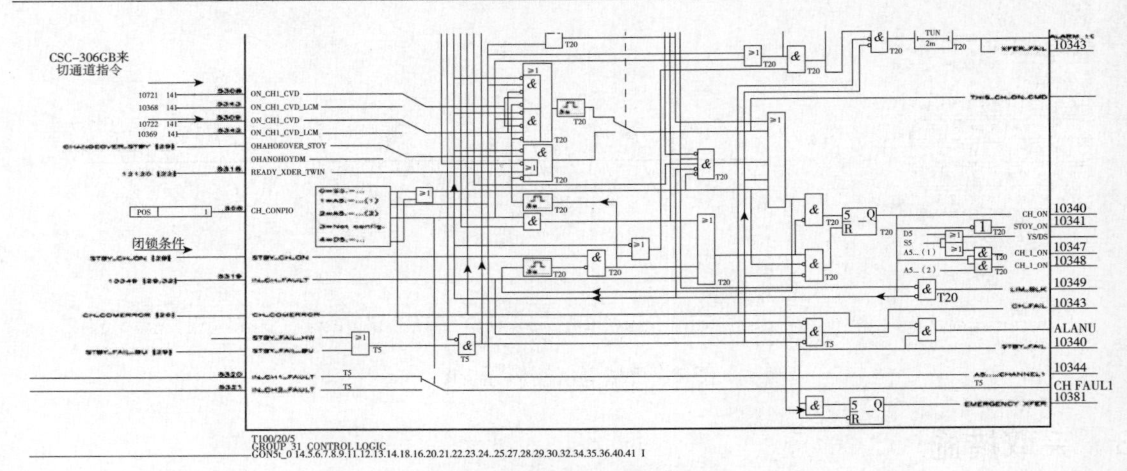

图 4　通道切换控制逻辑图

从上述的改造情况来看，装置实现了从发现 TV 断线发信给励磁系统再到启动通道的切换功能，最后也经过试验，达到了预期的效果。然而在改造完成之后的某次机组检修中，偶然的一次通道切换试验，发生了通道切换失败的现象。经仔细检查，发现目前采用的励磁调节器通道切换逻辑存在一个闭锁条件。由图 4 可知，P5308 和 P5309 发出的通道切换指令在执行时受到“STBY－CH－ON”信号的闭锁，即假如备用通道在功能正常的情况下，由于通道间的信息交换不畅或其他因素造成它不能对主通道进行正常的跟踪，则通道切换不能成功。这将导致之前改造进行的努力全部白费，虽然备用通道不能正常跟踪主通道的情况发生的概率很低，但毕竟还是会出现此种情况。

假如将 TV 断线判别装置发出的两个 TV 断线信号送至快速输入输出板后（图 5），再分别送给各自 TV 所对应励磁通道的信号参数 P5906（原设计用于连接外部 TA 断线信号接入，图 6）。

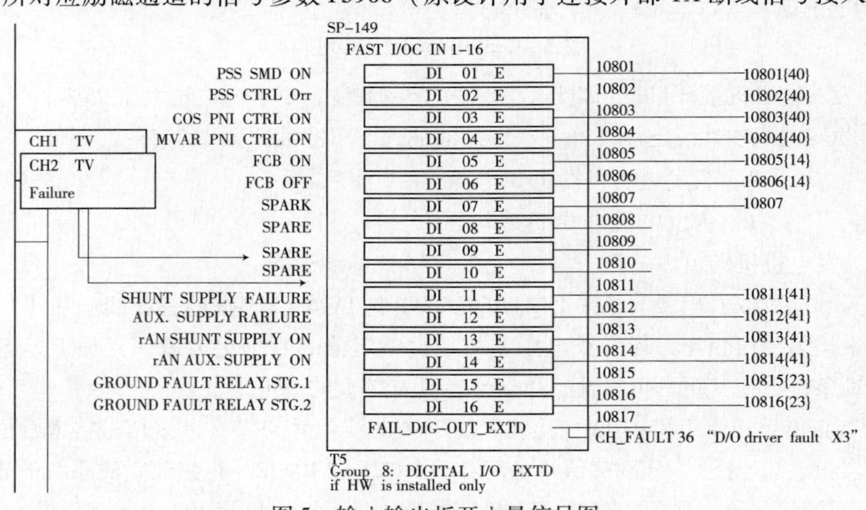

图 5　输入输出板开入量信号图

该 TV 断线信号不受任何条件闭锁，直接赋值至 P10908，并伴随装置告发电机 TV 断线告警“Machine P. T. fail”，再经过主备通道的信息交换（图 7），确认备用通道无发电机 TV 断线，则自动切换至备用通道。

通过此种方式来实现励磁调节器的通道切换，对备用通道跟踪主通道的情况不作要求，只需确认备用通道选用的机端 TV 正常，比之前的切换方式更安全、可靠。

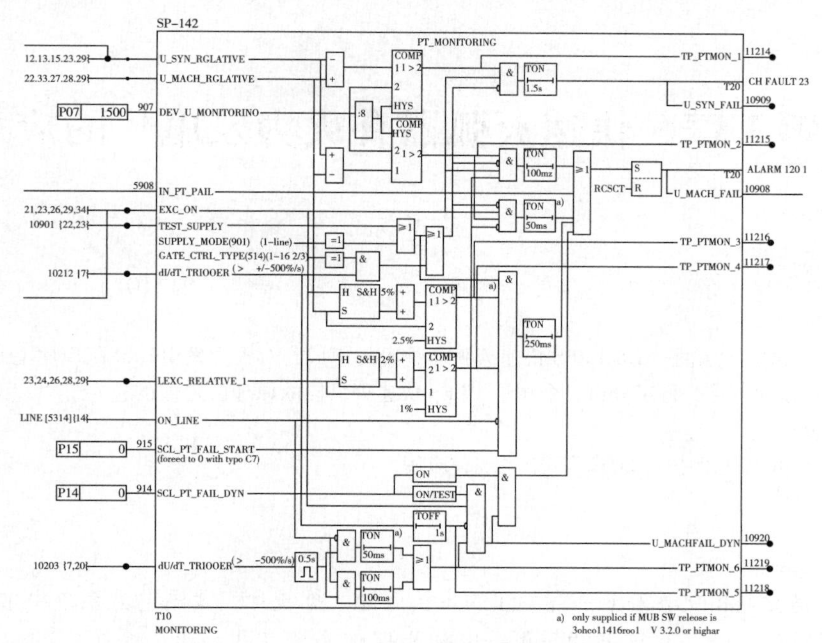

图 6　TV 断线监视逻辑图

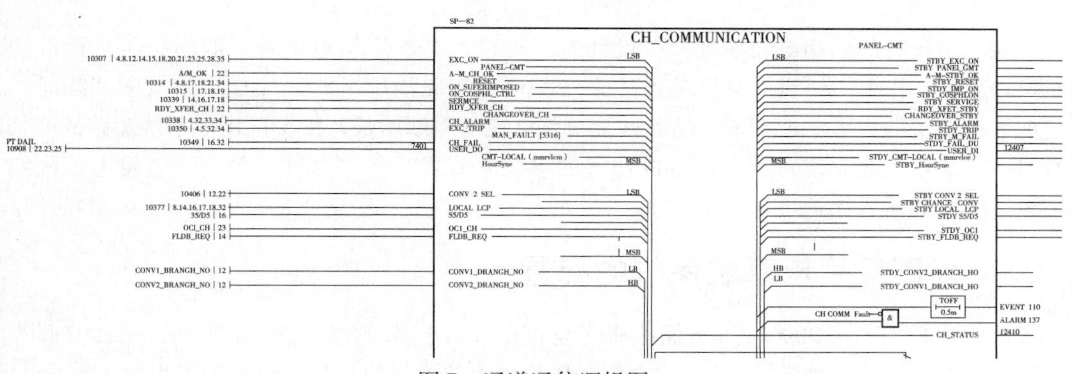

图 7　通道通信逻辑图

4　结语

电压互感器一次熔丝故障会引起励磁调节器误动，而采取新的保护装置和新的逻辑判据能有效解决这一问题，但同时更应该注意对熔丝的选型，保证设备的质量，并加强维护和检查，将事故扼杀在萌芽状态。

参考文献：

[1] ABB. 励磁系统运行维护手册 .

[2] 竺士章 . 发电机励磁系统试验 [M] . 北京：中国电力出版社，2005.

[3] 何仰赞 . 电力系统分析 [M] . 武汉：华中科技大学出版社，2002.

作者简介：

夏志凌（1980—　），男，浙江上虞人，从事发电厂继电保护专业。E - mail：XIAZHL@ LANDIDEAL. com

黄　龙（1980—　），男，浙江诸暨人，从事发电厂继电保护专业。

ABB UFES 快速灭弧器在火力发电厂的应用

葛宗琴

（华能南京金陵发电有限公司，江苏　南京　211102）

【摘　要】　本文介绍了 ABB UFES 快速灭弧器装置的组成，对火力发电厂高压厂用电系统保护的现状及存在的不足进行了分析，介绍了 UFES 快速灭弧器的原理、定值的整定计算以及装置调试注意事项。

【关键词】　电弧光保护；高压厂用电系统；应用

0　引言

安全问题是发电和配电领域一直关注的重要问题。据统计，我国电力系统中中压开关柜每年就有 200 多面被烧毁。在这种背景下，电弧光保护系统在我国电力系统中的应用开始加速发展。

按照我国现行的厂用电和继电保护设计规程规范，高压厂用电系统一般不配置专用的快速母线保护，而是由上一级元件的后备保护来切除母线短路故障。此种配置导致故障切除时间延长，加大了设备的损害。近年来，随着系统短路电流的不断增长，由于厂用电系统短路故障切除不及时引起的电弧光对设备及人员造成伤害的事故时有发生，在这种背景下，金陵电厂决定在厂用电系统安装弧光保护装置。

1　6kV 高压厂用电系统保护的配置

根据 GB/T 14285—2006《继电保护和安全自动装置技术规程》和 DL/T 5153—2002《火力发电厂厂用电设计技术规定》，火力发电厂高压厂用电源及母线故障的保护配置为：

（1）相间短路故障保护。厂用变压器装设过电流保护，用于保护变压器及相邻元件的相间短路故障，保护装于变压器电源侧；在变压器二次侧母线断路器上装设电流限时速断保护，带时限动作于该分支断路器。

（2）单相接地故障保护。6kV 高压厂用电源为低电阻接地系统，其厂用母线和厂用电源回路的单相接地保护由接于电源变压器中性点的电阻取得零序电流来实现，保护动作后带时限切除该回路断路器。

综上所述，6kV 高压厂用母线不配置专用的快速母线保护，而是由上一级元件的后备保护来切除母线短路故障，故障切除时间延长。

2　电弧危害和弧光保护的原理

2.1　电弧造成的危害

高压开关柜内断路器设备发生短路时产生的电弧使开关柜内的温度、压力迅速上升，从而造成重大危害。

（1）电弧温度极高。由于过热造成母线铜排、铝排熔毁，电缆熔毁，电缆绝缘层着火，严重时引发配电室或电缆沟火灾。

（2）压力、温度剧增造成开关设备爆炸。

（3）高温、强光、有害气体、爆炸等造成人员伤害。

（4）由于弧光引起事故扩大，会造成更大面积的停电和火灾事故，导致停机或全厂停电。

设备损坏程度与电弧燃烧时间的关系见表 1。

表 1　损坏程度与电弧燃烧时间对照表

电弧燃烧时间	设备损坏程度
35ms	没有显著的损坏，一般可在检测绝缘电阻后继续使用
100ms	设备损坏较小，在开关柜再次投入运行前仅需进行清洁或可能的某些小处理
500ms	设备损坏很严重，现场工作人员可能受到严重伤害，必须更换部分设备才能投入运行

可以看出电弧光在 10ms 时开始有轻微的设备和人员伤害，而在 100ms 附近会产生有限的设备和人员伤害。

2.2　弧光保护的原理

弧光保护装置分为如下两种类型：

（1）以 VAMP 公司、RIZNER 公司、UTU 公司生产的弧光保护为代表，保护原理如图 1 所示，动作判据为故障时产生的两个条件，即弧光和电流增量。当同时检测到弧光和电流增量时系统发出跳闸指令，当仅检测到弧光或者电流增量时发出报警信号，而不会发出跳闸指令。

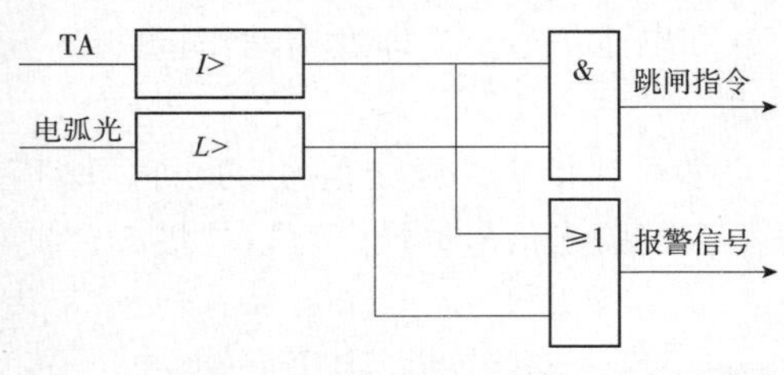

图 1　弧光保护装置动作原理图

弧光保护通过快速检测弧光后跳开断路器来缩短电弧燃烧时间，通常检测时间为 4～8ms，不需要考虑与负载保护的时限配合，与传统的电流保护相比优势明显。但此类弧光保护依然要依靠断路器跳闸来熄灭电弧，考虑断路器动作所需的时间，切除燃弧故障平均所需时间在 80～100ms 左右，可以在一定程度上减小事故危害，但无法从根本上避免人员受伤和设备损坏情况的发生。

（2）ABB UFES 快速灭弧器，在开关柜系统发生电弧故障时，检测控制装置检测到弧光和电流信号时，装置发出跳闸信号，同时将触发一次主元件（PSE）动作，实现系统三相金属性接地短路。在 4ms 左右的时间内即可以快速熄灭故障电弧，然后，通过上级断路器开断来切除一次主元件处的短路故障电流。

ABB UFES 二次原理接线如图 2 所示，装置采集工作电源开关以及备用电源开关电流，通过 TA 合成装置，TA 合成装置合成后的输出电流输出至 DTU，弧光传感器分散安装于开关柜母线室和断路器室内，作为光感应元件，检测在故障中增强的光强并将光信号转换为电信号传送给 TVOC 扩展模块，DTU 检测各通道的光强和电流信号并进行逻辑判定，符合条件即发出报警或动作指令。

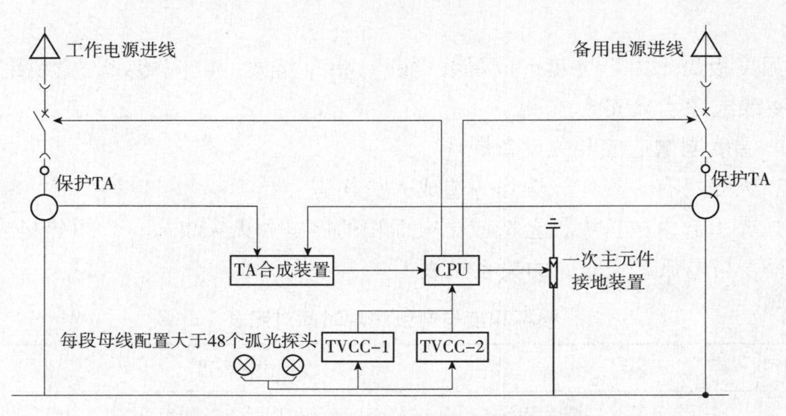

图 2　ABB UFES 二次原理接线原理图

ABB UFES 快速灭弧器动作时间更快，对设备以及人员的危害小，近几年在火力发电厂得到了快速应用。

3　ABB UFES 快速灭弧器的构成

3.1　基本单元

快速灭弧器基本单元是组成主动型电弧故障保护装置的基础元件，由 QRU 型检测控制装置、QRU 配套的弧光检测探头和 3 个一次主元件（PSE）组成，基本单元包括检测控制装置到 PSE 之间的连接电缆。

QRU 型检测控制装置（DTU）负责连续监测保护区，同时检测弧光信号和电流信号，如仅有一个条件满足则发出告警信号，如同时检测到弧光信号和电流信号，立即发出动作指令给一次主元件 PSE 和母线段电源开关。

DTU 集成三相电流检测功能，内置弧光检测单元，最多可连接 9 路弧光信号。此外，DTU 还可以通过连接扩展弧光检测单元（TVOC－2）来接入更多的弧光信号，最多可以连接 5 台扩展弧光检测单元，实现多达 159 路的光信号检测。

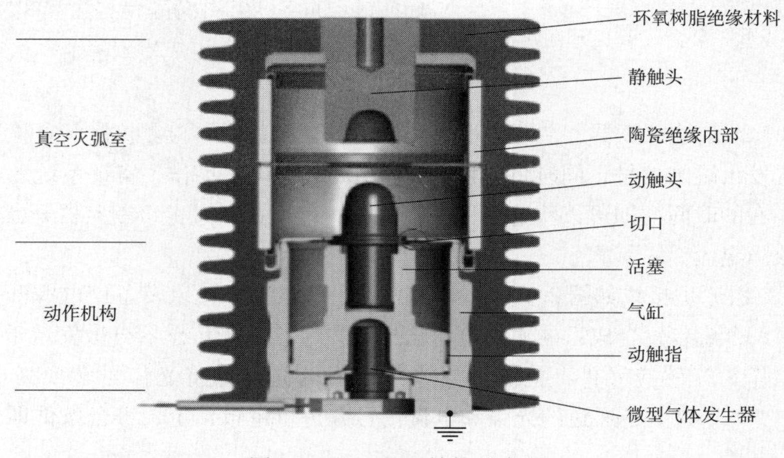

图 3　ABB UFES 结构示意图

一次主元件（PSE）是 ABB UFES 的核心部件，安装在高压母线及地之间。正常运行时，PSE 内动静触头间为真空绝缘。当 PSE 动作时，其内部微型气体发生器快速膨胀，驱动内部动触头与静触头可靠连接，实现母线金属性接地短路，快速熄灭故障电弧。由于金属性接地短路阻抗远远低于电弧故障点的弧阻，绝大部分故障电流将流向一次主元件形成的短路点，故障点的弧压急剧降低，电弧无法持续而立即熄灭，然后通过母线电源开关的开断来切除短路故障。

3.2 扩展单元

扩展单元包括弧光检测探头、扩展弧光检测单元，用于监测开关设备内更多分隔的隔室。

如果弧光检测探头输入信号多于 9 路，检测控制装置可以采用 ABB 公司的 TVOC－2 型弧光保护单元来扩展。每个系统最多可以连接 5 台扩展单元，因此，每个快速灭弧器系统最多可以拥有的弧光检测探头输入通道可达到 159 路。

弧光检测探头检测保护区内光信号并通过专用光纤将光信号传递到 DTU。

4 ABB UFES 快速灭弧器装置的整定以及调试

ABB UFES 快速灭弧装置的优点在于装置动作迅速，短路对设备和人员几乎无损伤，大大减少故障设备的维修时间，存在的安全隐患是如果装置误动作，由于一次主元件 PSE 装置的强制接地，造成高压厂变低压侧三相接地短路，短路电动力将对一次主设备的绝缘产生严重影响。

为确保装置的动作可靠性，必须完善 ABB UFES 快速灭弧装置保护定值，并认真进行装置的调试。

4.1 ABB UFES 快速灭弧器的保护整定

4.1.1 电流定值的整定

（1）计算在两相最小短路电流的情况下，TA 饱和前，电流互感器输入到 QRU 的最大电流值。

61A 段：为 21384A（启动变供电时：为 21384A，高厂变 AB 供电时：为 23194A，取小值 21384A）。

61B 段：为 21384A（启动变供电时：为 21384A，高厂变 AB 供电时：为 23194A，取小值 21384A）。

61C 段：为 21384A（启动变供电时：为 21384A，高厂变 C 供电时：为 26597A，取小值 21384A）。

A、B、C 三个段的保护区内两相短路电流的最小值相同。

（2）电流互感器准确限值系数效验。

$$R_{ct}=28.64\Omega \quad （电流互感器二次绕组阻抗值）$$

$$R_{总}=0.9\Omega=R_{wire}+R_{relay} \quad （TA 外回路二次负担）$$

TA 的参数为 5P20，60VA，5000/1，则 $F_r=20$（根据 TA 的参数得到），$S_r=60VA$（根据 TA 的参数得到）。

$$S_{ct}=Ir\cdot Ir\cdot R_{ct}=1A\times1A\cdot R_{ct}$$

故 $S_{ct}=28.64VA$。

$$S_a=I_r\cdot I_r\cdot（R_{wire}+R_{relay}）=1\times1\times0.9=0.9VA$$

$$F_A = F_r \frac{|S_{ct}+S_r|}{|S_{ct}+S_A|} = 20 \times (28.64+60) / (28.64+0.9) = 20 \times 88.64/29.54 = 60$$

出于安全考虑，推荐实际准确限值系数的计算结果乘以0.8，即

$$F_A \cdot 0.8 = 48$$

电流互感器二次侧额定电流 $I_n = 1A$，故定值只要小于 $48I_n$，即可适用。

（3）计算QRU的整定值。当保护区内发生电弧故障，由于弧压的存在，最小的短路电流将会减少。为了可靠设置DTU的动作电流值，将短路计算得到的最小短路电流计算值减少30%，故两相短路电流有效值的70%为 $21384 \times 0.7 = 14968.8$（A），$14968.8/5000 = 3I_n$。

QRU设定的动作值取两相短路电流最小值的70%和计算出的动作前电流互感器输入到QRU的最大电流值之间的最小值，故QRU整定值设置为 $3I_n$，考虑到本厂采用的是单母线、两路电源进线的系统模式，两路进线TV合成后输入到QRU装置中，合成TV变比为2:1，故其整定值应 $3I_n/2 = 1.5I_n$。

4.1.2 弧光探头光安装与强度的整定

弧光探头由连接光纤与测光镜头组成。生产厂内已对弧光强度进行测试与校准，不同长度的探头具有相同的灵敏度。除了探头后面极小的盲区，探头中的镜头能检测到各个角度的光，实际试验证明，在金属表面间反射的弧光强度已足够系统动作。

规划探头安装时，必须确保UFES的保护区内所有开关柜隔室和母线得到监测，不能将探头安装在断路器正常操作会出现弧光的位置以及运行人员巡视检查手电套可能直接照射到的部位。

在日常运行巡视时，开关前后柜门关闭手电筒对弧光探头照射时，装置不应误发信。

4.2 ABB UFES快速灭弧器装置的调试验收

4.2.1 调试验收前应具备的条件

（1）所有的连接，如弧光检测探头光纤、PSE到接地系统的铜排都已按照要求连接完毕并连接正确。

（2）检测控制装置的定值已经按整定值清单的定值表进行设定。

4.2.2 ABB UFES快速灭弧器装置验收

（1）弧光保护回路装置回路的绝缘测试，包括直流回路、信号回路、跳闸回路的绝缘测试正常。

（2）弧光保护信号回路传动试验，检查装置停用、异常信号正常。

（3）弧光保护装置电流定值检查，输入70%以及100%的电流整定值，检查QRE实测值正确。

（4）弧光探头测试。

1）弧光探头测试时，QRU电流加至100%动作电流，用强光电筒照射弧光探头，确认弧光保护动作，并且通道对应正确。扩展单元探头动作，则QRU扩展单元相对应的”Extension”指示灯点亮及扩展单元HMI的”Trip”灯会点亮，同时扩展单元HMI上显示检测到弧光对应的端口及动作时间。若为QUR本体探头动作，则观察QRU 7段数码管显示通道是否正确。

2）开关柜柜门关闭，现场实际使用海洋王JW7622型多功能强光电筒对弧光探头部位进行灵敏性测试，检查弧光探头应不至引起误报警和误动作。

（5）装置整组传动试验。

1）加 70% 的整定电流，选择任一开关柜用强光电筒直接照射，检查弧光装置报警信号发出，动作信号未发出。

2）工作电源开关模拟合闸，备用电源开关热备用，快切装置投入，加 100% 的整定电流，选择任一开关柜用强光电筒直接照射，检查弧光装置动作信号发出，工作电源开关动作跳闸，闭锁快切装置信号发出。

3）备用电源开关模拟合闸，工作电源开关冷备用，弧光保护跳闸压板投入，加 100% 的整定电流，选择任一开关柜用强光电筒直接照射，检查弧光装置动作信号发出，备用电源开关动作跳闸。

需要特别注意的是，在进行调试试验前，必须确保 DTU 已选择测试模式并锁定（通过 DTU 面板上的选择开关，将运行模式转为测试模式。），不会有动作脉冲信号传送到 PSE。

5 结语

ABB UFES 电弧光保护系统经安装、试验和运行，在模拟故障试验时只要同时发生弧光放电和采样电流超过电流整定值的情况，断路器都能正确快速跳闸，没有发生过误动和拒动的情况，完全达到设计要求。该系统的推广应用，将可彻底改变中、低压开关柜缺乏母线保护的现状，必将大大提高供电系统运行的安全可靠性。

参考文献：

[1] DL/T684—2012 大型发电机变压器继电保护整定计算导则［S］. 北京：中国电力出版社，2012.

[2] ABB UFES 快速灭弧器装置安装使用说明书.

[3] ABB UFES 快速灭弧器装置技术说明书.

作者简介：

葛宗琴，女，本科，高级工程师，从事火电厂电气专业技术管理工作。E - mail：gezongqin_ hnhy@163. com

双 Y 型绕组电动机差动保护研究

查晓毅[1]，张袁丰[2]

（1. 江苏国信靖江发电有限公司，江苏　靖江　214500；
2. 江苏方天电力技术有限公司，江苏　南京　210000）

【摘　要】　本文针对国信靖江发电厂厂用电系统基建调试阶段中由于各种原因造成厂用电保护误动作情况时有发生的问题，分析了在调试试运行阶段中误动的循环水泵双 Y 型绕组高速电动机差动保护误动的原因，并针对保护装置和现场安装情况，制定了防止电动机差动保护误动相应的对策，同时总结了维护和运行时经验和教训。

【关键词】　双 Y 型电动机；差动保护；误动

0　引言

随着电力系统的不断发展，电动机的容量也越来越大，大型高压电动机作为昂贵的电气主设备在发电厂、钢铁、化工等大型工业生产企业中广泛使用。目前，由于600MW 及以上机组的不断投入运行，对厂用电系统的保护和控制系统的性能要求越来越高，电动机的安全运行对保证厂用系统的正常工作起着决定性的作用。如果发生故障导致电机停运甚至绕组烧毁，将严重影响生产的正常进行，造成巨大的经济损失，因此必须对电动机提供完善的保护。

1　差动保护配置

差动保护是基于被保护设备的短路故障而设，快速反应于设备内部短路故障，是大型高压电气设备广泛采用的一种保护方式。现有的电动机综合保护装置主要针对中小型电动机，为其提供电流速断、热过载反时限过流、定时限负序、零序电流、转子停滞、启动时间过长、频繁启动等保护功能，而对于 2000kW 以上特大容量电动机，或 2000kW（含 2000kW）以下、具有 6 个引出线的重要电动机，当电流速断保护无法满足其内部故障对保护灵敏度与速动性的要求，也要装设纵差保护作为相间短路的主保护，为高压电动机提供更可靠更灵敏的保护措施。

国信靖江电厂 1 号、2 号机共设有 4 台循环水泵，水泵设计为双速控制水泵，根据不同季节以及机组不同工况对水泵电机采取不同转速运行，最大限度地节约能耗。循环水泵由上海凯士比泵有限公司成套提供，电机由上海电机厂提供，其型号为 YLKS1250 - 18/20，额定容量 2200/1700kVA，极数 18/20。国信靖江发电厂循环水泵 6kV 开关根据继保规程规定装设了纵联差动保护，采用常规差动保护做于西门子 7UT61 保护装置中。

2　差动保护动作原理

西门子 7UT61 装置所采用的差动保护系统是根据电流比较的原理来工作的，也就是大家所熟知的电流平衡保护系统。对于一个正常运行的保护对象，从一侧流入的电流等于从另一侧流出的电流。如果回路中出现了差流，则可以清楚地表明该范围出现了内部故障。具有相同变比的电流互感器 TA1 和 TA2 的二次线圈按照如图 1 所示连接，形成一个闭合的电流回路。如果在电气平衡点插入测量元件 M，那么这个测量元件就可以反映出电流的差流值。在没有扰动的条件下（如正常的带载运行），没有电流流经测量元件 M。在被保护对象发生内部故障的情况下，两侧馈入的电流 i_1+i_2（与故障电流 I_1+I_2 成正比）流经测量元件 M。这样，如图所示，只要在故障情况下流入保护范围（取决于电流互感器的位置）内的故障电流相对于测量元件 M 足够大时，就可以确保保护可靠跳闸。

对被保护范围区外故障引起区内电流变化的、电动机启动瞬间的暂态峰值差流、首尾端 TA 不平衡电流等容易引起保护误判的电流，对于不同的差动保护原理，有不同的消除措施。如果电流互感器 TA1 和 TA2 在饱和状况时的磁化特性不同，则当发生外部故障引起大电流穿越差动保护区时，可能会在测量元件 M 中产生明显的差流值，从而导致差动保护动作跳闸。为了防止差动保护在这种状况下发生误动作，就引入了制动电流。对于双侧差动的被保护对象，通常根据电流差 $|I_1-I_2|$ 或算术和 $|I_1|+|I_2|$ 得出制动量，这两种方法得出的制动特性相同。对于大于双侧的被保护对象，如多绕组互感器、母线等，只能采用算术和计算制动量。7UT61 中即采用后一种方法即通过算术和来计算制动量。

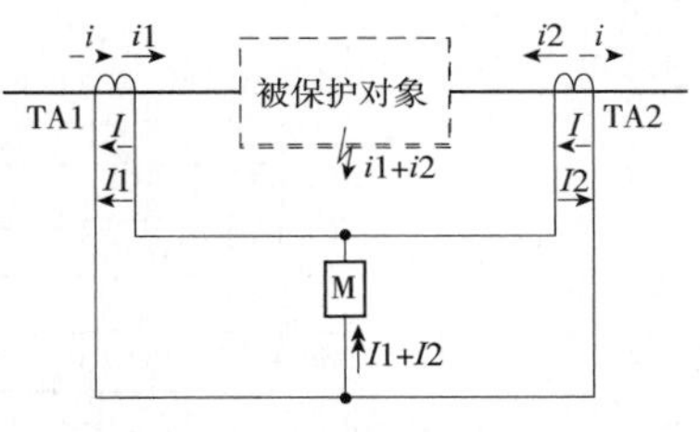

图 1　差动保护基本原理

以下通过 2 个测量点来说明

跳闸电流或者差动电流　　$I_{\text{diff}}=|I_1+I_2|$

制动电流　　$I_{\text{stab}}=|I_1|+|I_2|$

下面通过图 2 详细说明 7UT61 的跳闸特性。折线 a 代表差动保护启动值，主要为躲过变压器的误差电流如励磁电流等。折线 b 为比例制动段，主要考虑到那些与电流成正比的误差。这些误差主要来自外部电流互感器或者保护装置内部电流互感器的传变误差，以及由于变压器调压分接头变化带来的差动电流。折线 c 具有更大的斜率，主要为躲过电流互感器饱和带来的影响。

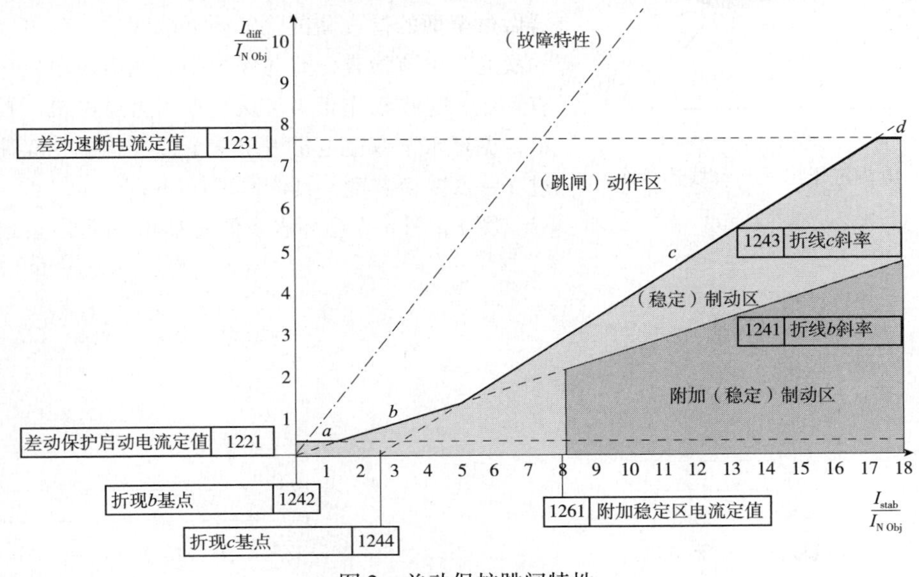

图 2　差动保护跳闸特性

折线 d 为差动保护速动段，本差动速断没有比例制动也没有谐波制动，这是严重故障情况下差动保护无制动跳闸的工作范围。

3 差动保护误动原因分析

从差动原理上看保护是完整的，在电动机试转时差动保护能可靠躲过启动过程。循环水泵低速泵启动时一切正常，但当高速泵启动时，差动保护每次都动作，保护动作时的数据如图 3 所示。

测量信号	值	相位
IDiff–L1	0.85 I/InO	
IDiff–L2	0.69 I/InO	
IDiff–L3	1.53 I/InO	
IRest–L1	1.47 I/InO	
IRest–L2	0.77 I/InO	
IRest–L3	1.23 I/InO	
iL1–M1	0.71 A	99.7°
iL2–M1	0.050 A	–55.0°
iL3–M1	0.67 A	–82.1°
3iO–M1	5.00 mA	116.4°
iL1–M2	0.26 A	–82.9°
iL2–M2	0.41 A	99.2°
iL3–M2	0.15 A	–76.9°
3iO–M2	2.96 mA	–88.1°

图 3 差动保护动作时电流

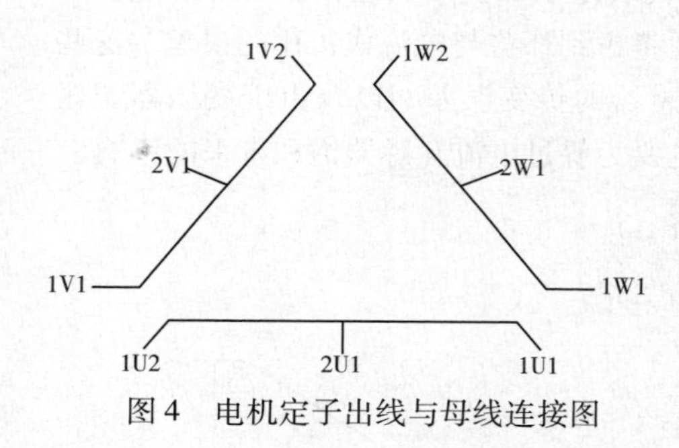

图 4 电机定子出线与母线连接图

差动保护启动过程中发现有很大的差流，导致保护动作。检查过电动机一次系统无异常，二次接线无异常，校验过差动继电器和保护装置也都正常。电流互感器做过全面的检查和试验确认无故障后，对电动机进行一次通入电流检查，差动保护中各侧电流电路正常，但有差流，保护动作正确。认真查阅上海电机厂提供的资料，循环水泵双速电机引出 9 个接线端子，双速切换通过 Y－△变换实现。具体原理如图 4 所示。

图 5、图 6 为循环水泵低速泵和高速泵接线图。

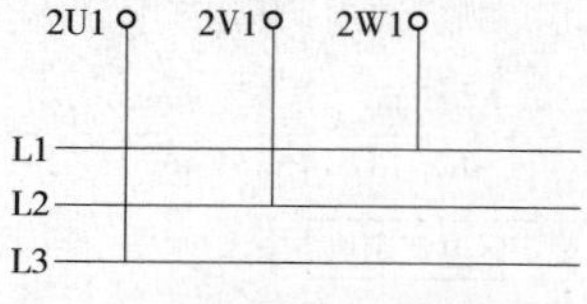

图 5 18 极接法（低速电机）

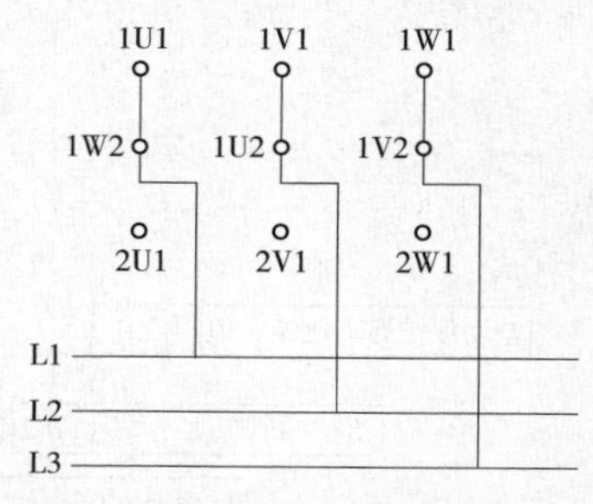

图 6 20 极接法（高速电机）

高速电机现场实际 TA 配置如图 7 所示，TA1、TA2 和 TA3、TA4 中的电流分别为 I_A、I_C 和 I_a、I_c。当高速泵电机开始运行时，理想状态下

$$\dot{I}_a = -\frac{1}{2}\left(\dot{I}_A + \dot{I}_B\right)$$

$$\dot{I}_c = -\frac{1}{2}\left(\dot{I}_A + \dot{I}_C\right)$$

差动电流为

$$I_{diff} = |\dot{I}_A + \dot{I}_a| = \left|\frac{1}{2}\left(\dot{I}_A - \dot{I}_B\right)\right| = \frac{\sqrt{3}}{2} I_A$$

制动电流为

$$I_{stab} = |\dot{I}_A| + |\dot{I}_a| = |\dot{I}_A| + \left|\frac{1}{2}\left(\dot{I}_A + \dot{I}_B\right)\right| = \frac{3}{2} I_A$$

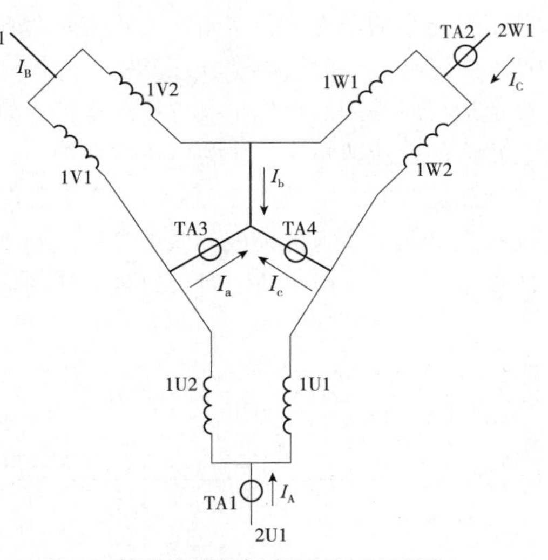

图 7　高速电机现场实际 TA 配置图

差动保护定值为斜率 1：$K_{bl1} = 0.3$，第一拐点电流 $I_{stab.01} = 1.0 I_e$，基点为 $0 I_e$。斜率 2：$K_{bl1} = 0.5$，第二拐点电流 $I_{stab.02} = 6.25 I_e$，基点为 $2.5 I_e$。正好落在差动动作区域，故差动动作导致跳开开关。最后得出结论：由于电机厂提供的资料有误，设计院并未发现，最终 TA 配置位置错误，导致差动保护误动。

4　差动保护误动对策

经与上海电机厂、设计院和方天调试所讨论，关于循泵电动机电流互感器接线问题，拟定以下两种解决方案：

（1）更改控制柜增加一组接线端子，如图 8 和图 9 所示，将电机的 1U1～1W2　6 根端子都引入控制柜，通过不同的接线方式使 TA 测量同相的电流。

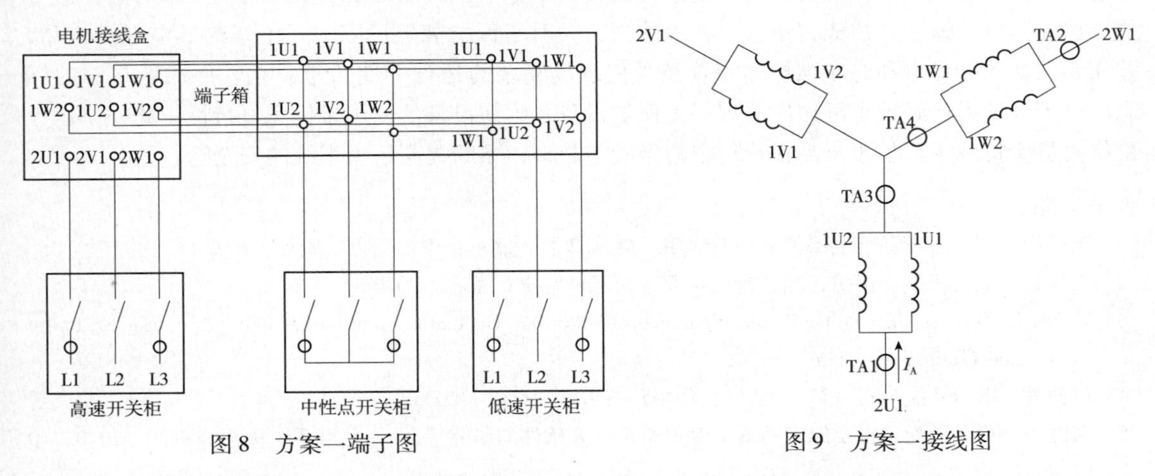

图 8　方案一端子图

图 9　方案一接线图

（2）改电机接线盒。如图 10 和图 11 所示，在电机接线盒中电机相接线上增加 4 个 TA，测量每相支路的相电流，相加后再同电源侧的相电流比较。

但国信靖江发电厂现场已安装调试的 4 台循泵电机主接线盒因空间限制，无法满足方案一改接线和方案二加装 4 台中性点 TA 的改造要求。通过上海电机厂确认，在厂用电力系统正常、负

载工况正常的条件下，退出电动机差动保护功能后，在其他保护投入的情况下可保持电动机长期稳定运行。经建设单位、江苏省电力设计院、上海电机厂以及方天调试所讨论确定，循泵电机高速运行时采用两套保护装置投入运行，原差动保护装置（7UT612）不投入差动保护功能，由装置内的电流速断保护作为电机主保护，另一套 7SJ68 保护作为电缆和电机的后备保护；循泵电机低速运行时，由低速开关柜内的 7SJ68 装置保护电机。经定值计算人员，按上海电机厂提供电动机阻抗和电缆阻抗校核，循泵高速运行时在退出差动保护功能情况下的电流速断保护，虽不能像差动保护在微小故障时可以灵敏速动地保护电机，但其灵敏度和速动性也满足厂家的要求。

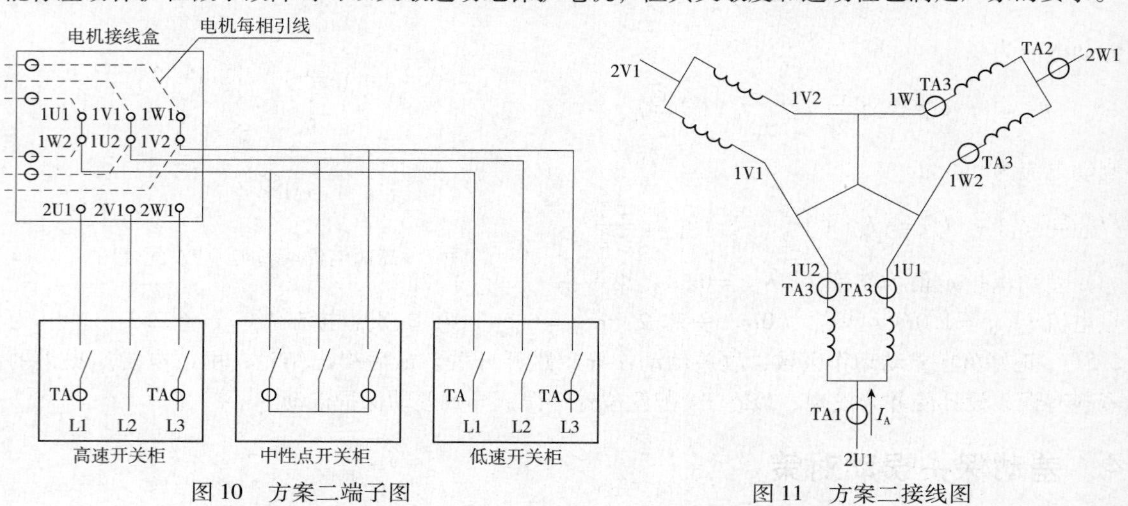

图 10　方案二端子图　　　　图 11　方案二接线图

5　结语

电动机差动保护的误动在电厂厂用系统调试期间时有发生。作为建设单位技术人员要仔细了解继电保护装置原理，并根据误动现象找出其根本原因，才能提出切实可行的处理方法，避免等一切安装好再返工，造成大量人力物力的损失。对于保护装置厂家，一个好的继电保护产品，首先要保证运行可靠和易于维护。能否经受住现场复杂的运行条件的考验是软件成熟与否的标志。对于设计人员必须了解相应的现场被保护设备及附属设备的使用条件和复杂性。此外，运行检修人员应特别注意积累产品在运行中的经验与教训，不断提高厂用系统的安全运行。

参考文献：

[1] 王维俭．电气主设备继电保护原理与应用［M］．2 版．北京：中国电力出版社，2002.
[2] 王保仓．电动机差动保护误动分析与对策［J］．江苏电机工程，2006，5（25）．
[3] YANG Li. Discussionon Protection Configuration of 1000 MW Generator - transformer unit［J］. Electric Power Automation Equipment，2006，26（10）．
[4] 何仰赞．电力系统分析［M］．武汉：华中科技大学出版社，2005.
[5] 高红艳．可灵活配置整定原则的继电保护整定计算软件的研究［J］．电力系统保护与控制，2010，10（38）．

作者简介：

查晓毅（1976—　），男，工程师，从事电厂运行设计技术管理工作。E - mail：zhaxiaoyi@ jsjjpp. com
张袁丰（1990—　），女，助理工程师，从事保护整定值计算工作。E - mail：942232920@ qq. com

提高水电机组 AGC 与一次调频调节性能的关键技术问题探究与改进

唐亚波

（重庆大唐国际武隆水电开发有限公司，重庆　408506）

【摘　要】　本文分析了常规水电机组 AGC 调节和一次调频调节中的不足，提出了一种新的调节方式，并在银盘水电厂调速器中加以运用。实践表明采用改进调节方式后，水电厂 AGC 调节性能和一次调频调节性能有较大提高，满足了两个细则考核要求。

【关键词】　水电厂；两个细则；调速器；功率模式

0　引言

目前电网为了提高供电质量，分别制定了《××区域发电厂并网运行管理实施细则》和《××区域并网发电厂辅助服务管理实施细则》（其中的××代表区域，如“华北”、“东北”），简称“两个细则”。其中对 AGC 和一次调频的投入率、调节指标的考核标准进行了严格的规定。大部分水电厂的 AGC 调节性能和一次调频性能跟两个细则中规定的要求尚有较大的差距，尤其是华中电网要求对水电厂 AGC 负荷调节速率达到了 80% 额定负荷每分钟，调节精度小于 3%，对一次调频的转速死区、响应时间、稳定时间和速度变动率都有明确的规定。

银盘水电厂地处重庆市武隆县，是乌江干流水电开发规划的第 11 个梯级，安装 4 台 150MW 轴流转桨式水轮发电机组，电厂 AGC 功能于 2013 年 10 月正式投运参与重庆电网调节，在运行过程中 AGC 调节性能和一次调频调节性能达不到华中电网两个细则的要求，受到调度考核，影响了电厂效益。故对两个细则要求下 AGC 与一次调频调节方法进行研究，并成功在 1~4 号机组中应用，满足了华中电网两个细则的要求。

1　常规水电机组 AGC 调节原理

AGC 调节系统分为调度层、监控层和调速器层。调度层负责下发全厂有功功率给定值至监控层。监控层由上位机（AGC 程序）和下位机（机组 LCU）构成，上位机 AGC 程序接收调度下发的全厂有功设定值，并根据当前全厂每台机组的振动区以及当前水头等信息将当前有功功率给定值合理分配到各台机组 LCU。机组 LCU 将上位机下发的有功功率给定值和实发值进行 PID 运算，在每一个 PID 运算周期，输出逐步递减的脉宽信号，驱动相应的增、减有功继电器同步动作及复归。增、减有功这 2 个继电器采用硬接线的方式将继电器输出接点传至调速器，调速器工作在开度模式，根据继电器节点信号对机组导叶开度、桨叶开度进行调节，继而达到调节机组有功功率的目的。

2　常规水电机组一次调频原理

目前大部分水电机组调速器工作在开度模式，根据频差换算成导叶开度，以导叶开度偏差作为调整目标值进行调节。

3 常规水电机组AGC与一次调频调节存在的问题及原因分析

3.1 AGC负荷调节品质差

改进前整个AGC调节系统由监控接收调度下发的有功功率给定值，并在上位机进行AGC运算后，将有功功率给定值分配到每台机组的现地LCU中，在现地LCU PID运算模块进行有功功率闭环控制后输出调节脉冲至调速器，调速器工作在开度模式，按调节脉冲控制导叶开度和桨叶开度（轴流转桨式机组需要同时调整桨叶开度）。由此可见，整个AGC调节系统的结构是监控AGC分配—现地LCU有功PID控制—调速器脉冲调节的结构形式，这样在整个AGC调节环节多了一个现地LCU有功PID控制的中间环节，导致有功功率的调节滞后于有功功率的变化。因为调速器实际上已成为一个随动系统，当调速器工作在开度模式，只负责接收监控输出的调节脉冲，将调节脉冲换算成开度给定，对机组导叶开度和桨叶开度进行调整，而不管机组有功功率如何变化，调速器对于有功功率调节来说是一个开环环节，这样往往会导致调速器调节机组出力时很容易造成超调，再加上机组有功功率的变化本身就滞后于水轮机导叶开度的变化[1]，而等监控现地LCU PID模块反应过来再进行调节时，指令已经滞后于有功功率的变化，所以AGC调节精度难以保证。

3.2 一次调频调节性能差

电网对一次调频的考核目标值是有功功率，而调速器工作在开度模式，在一次调频动作后，调速器根据频差换算成导叶开度，以导叶开度作为目标值进行调节，由于导叶开度和有功功率存在非线性关系，且在不同的水头下，同一导叶开度对应的有功功率变化值也不同[2]，所以调速器工作在开度模式下的一次调频调节性能往往难以满足电网考核要求。

3.3 一次调频与AGC负荷调整存在矛盾

改进前调度下发AGC负荷指令至监控系统，监控系统完成有功功率的闭环调节，一旦负荷偏差超过设定死区就进行实时调节，保证实际负荷值与给定值的偏差在死区范围内。一次调频是调速器根据系统频率偏差，通过调速器对导叶开度进行调节来实现负荷调整。当调速器因一次调频动作对机组负荷进行调整时，导致监控系统出现负荷偏差，由于监控系统是闭环调节，会将一次调频进行负荷调整后引起的与给定值的偏差重新调整过来，这样就导致机组一次调频功能失去作用。

4 改进措施

4.1 采用调速器功率闭环直接调节模式

通过以上分析，在AGC调节系统中，如果能够避开现地LCU PID运算模块这个环节，将监控AGC分配的有功功率给定值直接传送至调速器，由调速器依据一定的控制规律调节发电机组的有功功率，就能避免目前调节品质差的缺点，即监控系统只是根据AGC分配结果将有功设定值传送给调速器，由调速器完成有功功率闭环调节，直接以有功功率给定与当前有功功率的偏差进行 PID 运算，实时作用于导叶接力器和桨叶接力器，能够快速地将有功功率调整至有功功率目标值，保证了调节机组出力的速动性，减少了监控系统主动调节负荷这个中间环节，提高了功率调节的效率。

4.2 调速器在功率模式下改进一次调频算法

调速器在功率模式下，一次调频动作量为

$$\Delta P \equiv \pm\ (f_g - 50 - f_s)\ \div\ (50E_P \times 150)$$

式中：f_g 为机组频率；50 为频率给定值；f_s 为频率死区；E_P 为功率永态转差系数。

这样当一次调频动作后，调速器就直接将 ΔP 叠加在有功功率给定值中，就可以精确地根据频差实现对有功功率的调节，满足电网的要求。

4.3 调速器在功率模式下一次调频与 AGC 负荷调整的配合

在实现了调速器的功率调节后，监控系统的功率闭环调节功能就能够由调速器来完成，调速器功率目标值为监控有功功率给定与一次调频动作量叠加而成，频率偏离死区，实发功率为功率给定值与一次调频动作量的叠加量，频率回到死区内，实发功率恢复为监控系统上位机下发的给定功率，这样避免了监控 AGC 负荷调整与一次调频负荷调整的矛盾。

5 调速器功率模式改进效果

5.1 AGC 调节品质良好

以 1 号机组为例，进行改造后，AGC 调节速率在 140MW/min 以上，达到华中区域两个细则规定的大于 $0.8P_N$/min 要求，调节精度为 1% 左右，达到两个细则规定的小于 3% 要求（以 1 号机组为例）。银盘水电厂 1 号机组 AGC 调节试验数据表见表 1。

表 1　银盘水电厂 1 号机组 AGC 调节试验数据表

当前值/MW	目标值/MW	调节速率/（$MW \cdot min^{-1}$）	超调量/MW	调节精度/%
70	100	140	1.5	1.00
100	70	140	1.5	1.06

5.2 一次调频调节品质良好

5.2.1 响应性能好

在 50Hz 基础上，给调速器分别施加 ±0.1Hz、±0.15Hz、±0.2Hz 的阶跃频率信号，每个信号持续 60s，以检验调速系统的响应行为。试验结果表明，机组一次调频负荷响应滞后时间平均为 2.08s，符合小于 8s 的要求；机组一次调频负荷响应稳定时间（负荷调整幅度达 90%）平均为 7.67s，符合小于 15s 的要求；机组一次调频负荷完全响应时间平均为 28.0s，符合小于 30s 的要求。银盘水电厂 1 号机组次调频试验数据表见表 2。

表 2　　银盘水电厂 1 号机组一次调频试验数据表

频率差/Hz	起始功率/MW	稳定功率/MW	调整幅度/MW	响应时间/s	达 90% 时间/s	调整时间/s
0.1	120.38	112.67	5.14	2	8.5	28.8
-0.1	121.12	129.39	-5.51	2	6.5	27.8
0.15	120.04	109.03	7.34	1.75	8	27.8

5.2.2　一次调频限幅满足要求

在 50Hz 基础上，给调速器分别施加 ±0.25Hz 的阶跃频率信号，每个信号持续 60s，机组负荷变化值是未超过 ±10% 额定负荷（以 1 号机组为例）。银盘水电厂 1 号机组一次调频调整幅度试验表见表 3。

表 3　　银盘水电厂 1 号机组一次调频调整幅度试验表

频率差/Hz	起始功率/MW	稳定功率/MW	功率差/MW	调整幅度/MW
0.25	120.11	105.67	14.44	9.63
-0.25	121.21	135.99	-14.78	-9.85

5.3　AGC 与一次调频协调良好

机组带负荷稳定运行，AGC 投入，一次调频功能投入。在施加的频率扰动信号未回到一次调频死区范围内、同时监控系统未下发新的有功功率给定值情况下，机组有功功率稳态值 $P_1 = P_C + P_{PFC}$。

待一次调频调节稳定后，保持施加的频率扰动信号不变，监控系统下发给定值不低 5% 额定有功的扰动量 ΔP，机组有功功率稳态值 $P_2 = P_C + P_{PFC} + \Delta P$。

有功功率调节稳定后将频率信号恢复至 50Hz 额定值，此时有功功率稳态值 $P_3 = P_C + \Delta P$。

试验数据表明银盘水电厂机组的一次调频功能与 AGC 调节功能均能独立完成各自调节任务，互不影响。银盘水电厂 1 号机组一次调频与 AGC 协调试验表见表 4。

表 4　　银盘水电厂 1 号机组一次调频与 AGC 协调试验表

扰动频率/Hz	监控给定有功 P_C/MW	一次调频有功调节 P_{PFC}/MW	调节稳定后机组有功功率/MW	扰动有功量 ΔP/MW	稳定后有功功率 P_2/MW	一次调频恢复后有功功率 P_3/MW
0.18	121.35	-10.12	111.23	-20	90.96	100.77
0.18	100.93	10.59	111.52	20	131.97	120.97
0.18	111.41	-10.13	101.28	10	111.38	121.58

6　结语

本文分析了目前两个细则考核下常规水电机组 AGC 调节和一次调频调节存在的问题，研究采用调速器功率调节模式，由调速器完成功率闭环调节，实现了调速器功率模式下的一次调频功能，提高了 AGC 负荷调整品质，避免了 AGC 负荷调整与一次调频负荷调整的矛盾问题，将此改造方案在银盘水电厂 AGC 调节系统中实施，获得了满意的效果。

参考文献：

[1] 魏守平．数字电液调速器的功率调节［J］．水电自动化与大坝监测，2003：20－21.
[2] 魏守平．水轮机调节［M］．武汉：华中科技大学出版社，2009：58－59.

作者简介：

唐亚波（1987—　），男，学士，工程师，主要从事水电厂电气设备管理。E－mail：tyabo11@163.com

大型发电机电压互感器高压熔断器“慢熔”故障分析及处理

苏汉章

（望亭发电厂，江苏　苏州　215155）

【摘　要】　本文结合典型事例，对大型发电机电压互感器高压侧熔断器发生的“慢熔”故障所引起的运行异常情况进行了分析和判断，阐述了“慢熔”故障的现象、危害及处理措施，并提出了预防对策。

【关键词】　“慢熔”；现象；分析；判断；处理；措施；对策

0　引言

近年来，600MW大型发电机组运行中机端电压互感器高压熔断器熔断现象时有发生，主要原因为熔断体因“慢熔”现象而开断。因“慢熔”引起的熔断器熔断所呈现的故障现象有别于电压互感器及其回路故障所引起的熔断器熔断。

熔断器“慢熔”熔断时，电压互感器在正常负荷电流下发生。熔断体断口并不会由于发生过载或短路故障而立即灭弧开断，而且断口间隙随断口拉弧烧损由小逐步增大，因此电参数的变化及其引起的自动控制系统的变化比较缓慢，不易及时发现。往往等熔断体断口逐渐增大至二次电压严重跌落，导致发变组保护或励磁系统等电压断线报警时才发现，甚至会导致励磁电流跟随电压跌落而逐渐增大，最终导致发电机过激磁保护动作跳机，或导致DEH系统因功率变送器变化而引起功率跟随增加等异常工况出现。

发现电参数等不正常时，现场检查、检测和判断较难，而且可能延误处理时间，会引出一系列的问题，甚至导致严重后果。

1　故障现象分析

熔断体发生“慢熔”开断初期，断口电弧短、压降小，电压互感器二次电压、功率降低并不明显。保护和励磁系统、安稳装置等未到报警、闭锁等门槛值而不会发报警信号。因为整个熔断过程是一个缓慢的过程，期间DEH系统功率检测判断、AGC系统、励磁系统等的变化会导致运行监控、继电保护、励磁及稳控系统等运行异常，当电压影响到其中两个有功功率变送器时，因功率降低而导致发电机有功缓慢下降，可能会引起机组运行监控失误，尤其会在故障处理及恢复时带来安全隐患，如果“慢熔”故障电压跌落过程在励磁装置电压断线切换通道定值之前，励磁装置增大而导致过激磁保护特性以内时保护动作跳机。因此必须尽早发现和处理，并要重视励磁装置、保护等相关定值管理和检验校核工作。

列举几例“慢熔”故障发生、检测、分析和处理。

1.1　例一

容量为660MW的3号机组，电压互感器型号为JDZX－20W2；电压互感器高压绕组直流电阻实测为1.7kΩ；高压熔断器规格为RN2 0.5A 24kV；熔断体直流电阻为150Ω左右。

电压互感器基本接线：TV1供发变组保护A柜、AVR、DEH功率变送器1、DCS功率变送器1、2，安稳装置等；TV2供发变组保护B柜、AVR、DEH功率变送器2和3、DCS功率变送器3等。

2010年5月20日22时56分，DCS电气报警画面“发变组保护B屏装置报警”，“发变组保护B屏TV断线”报警。DCS上发变组有功功率1、2与有功功率3有偏差，有功功率1、2显示640MW，有功功率3偏低20MW。实测电压：发电机TV2各组B相电压均只有50V左右，A、C相电压正常，在58V；其余TV1、TV3各组电压均正常。

5月21日8时，测量数据为

$$U_{ab}=82\text{V}，U_{bc}=92\text{V}，U_{ca}=100\text{V}$$

$$U_{an}=58\text{V}，U_{bn}=45\text{V}，U_{cn}=58\text{V}$$

$$\varphi_{U_a}-\varphi_{U_b}=110°，\varphi_{U_b}-\varphi_{U_c}=130°，\varphi_{U_a}-\varphi_{U_c}=240°$$

B相电压降为45V左右，较前9h降低5V，并且电压相位有所偏移。

5月21日13时，更换熔断器前实测数据为

$$U_{ab}=80\text{V}，U_{bc}=91\text{V}，U_{ca}=100\text{V}$$

$$U_{an}=58\text{V}，U_{bn}=41\text{V}，U_{cn}=58\text{V}$$

$$\varphi_{U_a}-\varphi_{U_b}=109°，\varphi_{U_b}-\varphi_{U_c}=131°，\varphi_{U_a}-\varphi_{U_c}=240°$$

B相电压降为41V左右，较前5h降低5V，电压相位偏移较前有增大趋势。

1.2 例二

容量为660MW 4号机组，当时运行有功340～520MW左右。电压互感器型号为JDZX－20W2；电压互感器高压绕组直流电阻实测为1.7kΩ左右。高压熔断器规格为RN2 0.5A 24kV，熔断体直流电阻为150Ω左右。

电压互感器基本接线：TV1供发变组保护A柜、AVR、DEH功率变送器1、DCS功率变送器1和2等；TV2供发变组保护B柜、AVR、DEH功率变送器2和3、DCS功率变送器3、安稳装置等。

2014年2月1日10时，有功340MW左右，发现DCS发电机出口“功率3”信号相比其他两点功率偏小约10MW。10时50分，机组“发变组保护B屏装置报警”，“发变组保护B屏TV断线”报警。当时检测为发电机TV2，A相电压偏低，相电压只有50V，其余相电压正常。

以上两例发电机电压互感器高压熔断器出现的“慢熔”故障，显现出发展缓慢、逐渐严重的典型特征，如图1，图2所示。

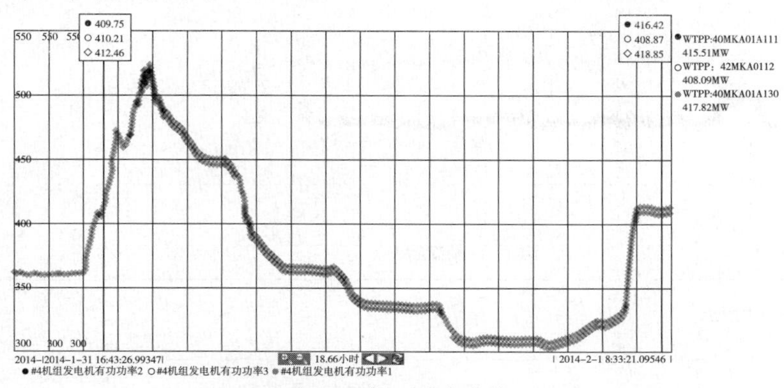

图1 示例一功率曲线

图 1 中，最上线为 DCS 功率 1 信号；中间线为 DCS 功率 2 信号；最下线为 DCS 功率 3 信号。从图中可以看出“慢熔”故障的发生及发展过程。熔断体“慢熔”开断始于发变组保护发出报警信号前 18h 左右。

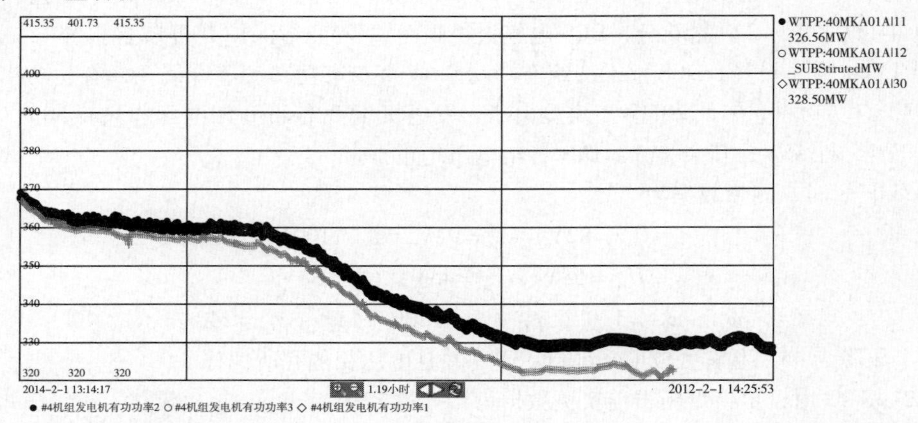

图 2　示例二功率曲线

图 2 中，最上线为 DCS 功率 1 信号；中间线为 DCS 功率 2 信号；最下线为 DCS 功率 3 信号。从图中可以看出，电压互感器二次电压跌落引起功率信号降低，说明高压熔断器“慢熔”断口间隙会随时间延长而加剧。

1.3　例三

2014 年 9 月 2 日，某 330MW 机组 TV1　C 相熔断器“慢熔”。C 相电压最低跌落至 94% 左右，引起 AVC 系统报警。经全面检测和保护、励磁等装置采样检查，并对故障发生和发展趋势分析，确认为 TV1　C 相高压熔断器发生“慢熔”故障。

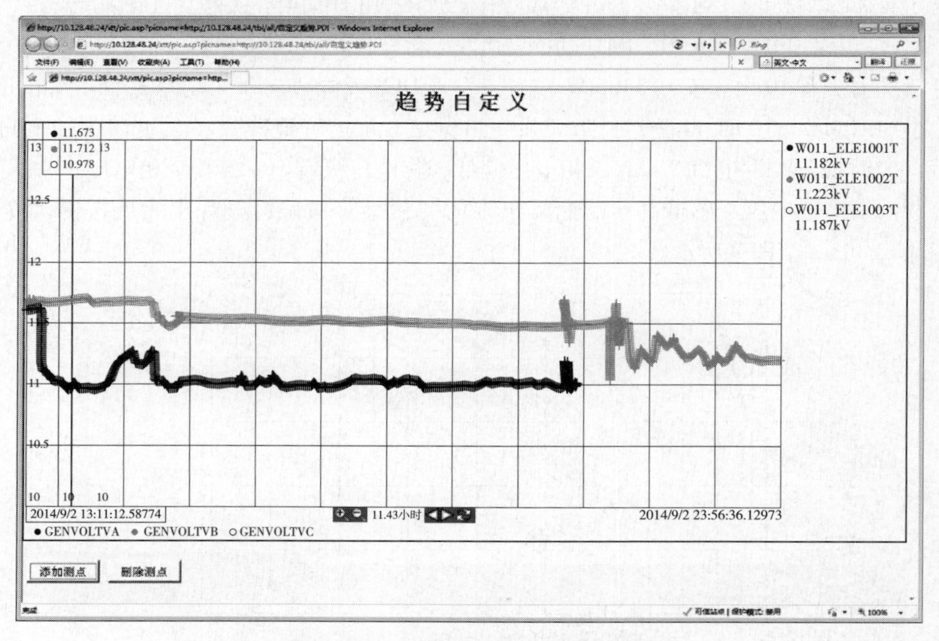

图 3　事例三电压互感器电压趋势图

从该故障发展过程中发现熔断器“慢熔”断口有不稳定的拉弧过程和二次电压随时间逐渐跌落的发展趋势。（趋势线从上至下分别为 A、B、C 三相二次电压。）

2 故障判断确认

经上述检测数据和分析，故障具备典型的高压熔断体“慢熔”熔断特征，但也没有完全排除其他故障，也可能是一、二次回路接触不良或电压互感器内部绕组、引线断线等引起的类似故障现象。

对于有窥视孔或门的压变仓，最直观、简单判别高压熔断体是否存在“慢熔”断口放电现象的方法是采用红外热成像仪检测。一旦出现上述电参数异常变化，在立即检测、分析电压互感器二次电压参数的同时，对相应的电压互感器高压熔断器进行红外热成像检测，效果显著，可以大大缩短故障判断时间。

事例 1 和事例 2 中的红外成像检测结果如图 4 ~ 图 7 所示。

图 4　事例一红外成像结果

图 4 中可以检测到高压熔断器中部温度明显高于环境温度。红外成像显示最高温度中心为 C01 Max45. 53℃，即熔断器表面最高为 45. 53 ℃，环境温度为 27 ℃。

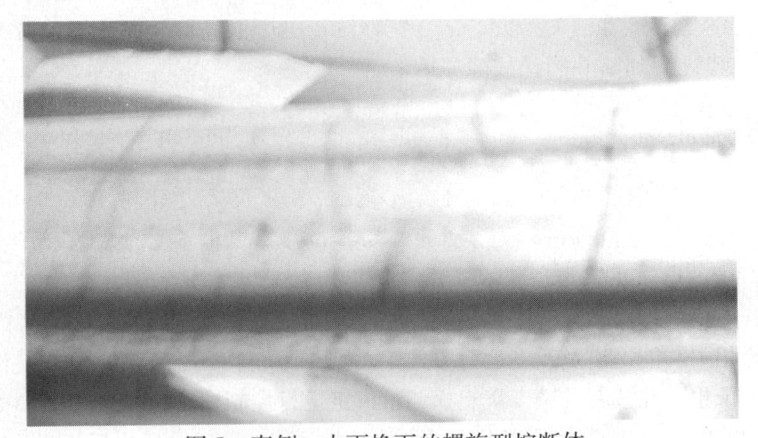

图 5　事例一中更换下的螺旋型熔断体

由图 5 可以看出重换下的熔断器支架上的熔断体在中心位置已经熔断，并有拉弧痕迹。

图 6 中可以检测到高压熔断器触头侧部位温度明显高于环境温度。红外成像显示最高温度中心为 C01 Max31. 74℃，即熔断器表面最高温度 31. 74℃，环境温度 15℃。

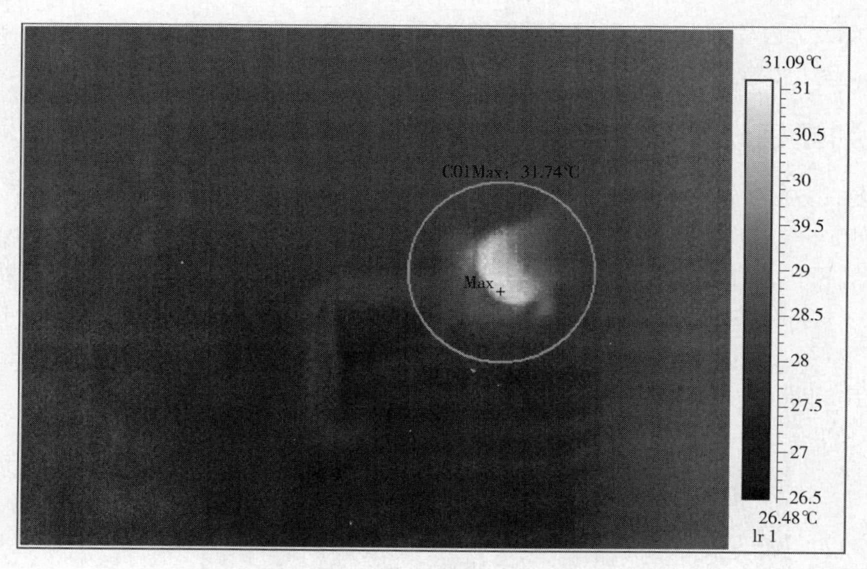

图 6　事例二红外成像结果

图 7　事例二中更换下的熔断体

图 7 中可见熔断器支架右侧端部的熔断体已经熔断。

对于无条件采用红外热成像仪检测封闭式压变仓，要全面检查电压互感器二次回路和相关保护、自动装置、励磁装置等相关参数，结合实际测量电压值进行全面分析，最关键的是要对故障发生、发展的趋势进行判断并确认故障原因。

3　故障处理措施

在排除了因其他因素引起的发电机电压互感器二次电压异常原因并确认为电压互感器高压熔断器“慢熔”熔断后，应立即进行更换处理，更换高压熔断器前必须做好相关技术安全措施。

发电机组运行中的电压互感器高压熔断器“慢熔”故障基本只发生在其中某一组电压互感器的某一相。因此，更换处理时，只需隔绝其中一组电压互感器即可。隔绝前必须考虑相关发变组保护、励磁、安稳等相关功能退出及改变运行方式，尤其要做好 DCS、DEH 系统相关信号数据量的强制措施和监控事故预想。并按有关调度规定，调整机组运行控制、励磁方式和保护投退操作。涉及调度遥测、遥信的 RTU、PMU 等信号以及有关电能计量系统的数据，要通报调度及做好记录。

发生电压互感器电压异常跌落引起的功率变送器参数下降时，首先发电机组需退出 AGC，机组改变为汽机跟踪（TF）方式监控运行。

隔绝故障组压变操作前，需由热工在 DEH 系统强制功率信号，DCS 系统将相应的功率信号强制为当前值，DCS侧主汽压力设定值放“手动”模式。

准备好同规格的电压互感器高压熔断器备品，核对检查和测量直流电阻相结合，做好更换记录。

因目前大型发电机组的保护均为双重化配置，相应电压互感器二次回路也对应配置。因此，隔绝故障压变前，按发变组保护配置情况，需退出与其对应并与发电机电压相关保护，如发电机电压保护、定子接地保护、失磁保护、失步保护、逆功率保护、过励磁及发变组后备保护等。

因励磁系统与发电机电压互感器二次相关配置不同，隔绝电压互感器时需采取不同方式。如双通道运行方式的励磁调节器（如ABB UNITROL），发电机电压互感器各自独立配置，只需投入与运行正常的电压互感器相对应的通道为“自动”方式。故障电压互感器对应的通道改为“手动”，维持励磁系统在自动方式运行。对于采用双电压互感器电压同时采样、互为交叉电压断线判别比较的励磁调节器（如SAVR2000），隔绝故障电压互感器前，可以将AVR测量用电压互感器正常的对应通道切为“主”控方式。当隔绝故障处理电压互感器时，故障电压互感器通道将自动转为励磁电流调节模式，作备用通道。

如确实无法判断电压互感器隔绝一相后励磁调节器的运行方式，可以将运行方式改为“手动”。

以上措施完备后，逐一断开需隔绝电压互感器对应相的次级分路开关或熔断器。涉及影响电能计量的电压互感器隔绝，要记录隔绝和恢复时间，以便电量补偿核算。

做好高压防护安全措施后，隔绝电压互感器进行更换操作。高压熔断器更换后，电压互感器投入运行，测量电压互感器二次三相电压幅值、相位正常后，逐一送上相应的电压互感器次级开关或熔断器。

检查各相关电测功率信号量、保护及励磁装置采样检查正常后，恢复投入相应的保护和正常运行方式。

如因高压熔断器“慢熔”故障未能及时发现，而导致机组有功功率已由DEH跟随降低的功率偏离实际值较大时，在电压互感器电压恢复后，机组汽机跟踪（TF）控制方式不能立即恢复原正常控制方式。必须以手动控制方式逐渐将故障处理前的功率调整至实际值，相平衡后才能恢复原控制方式。

4 “慢熔”预防对策

发电机电压互感器“慢熔”故障近年多发于600MW等大型发电机组。电压互感器高压熔断器均采用高压限流型，额定电流为0.5A。电压互感器正常负荷二次电流一般仅为几百毫安，一次电流更小，配置0.5A额定电流的熔断器冗余足够，高压限流熔断器熔断特性如图8所示。

（1）排除熔断器额定电流配置不合理原因，电压互感器高压熔断器熔断条件及可能的因素为：

1）电流超过额定电流。过流原因包括二次负载及回路故障、电压互感器本体故障、电压互感器伏安特性差等质量问题。

2）运行或操作中，出现过电压或低频，引起电压互感器过激磁。如近年许多大型机组在解列操作时，采取拍汽机紧急停机按钮停机，经逆功率动作跳开关解列方式。发电机跳闸后往往小电流灭磁效果差，灭磁时间相对较长。即使机组灭磁解列后，机组打闸降速过程中仍有低频机端残余电压。

3）熔断器有机械问题引起熔断体断裂。如外力、电磁等引起机械振动或谐振，熔断丝与支架相摩擦而断裂，因熔断丝非常纤细，支架又非常毛糙。

（2）基于上述分析，需做好以下预防措施：

1）做好发电机电压互感器高压熔断器的检查、试验、更换和分析记录。必须检查和测量各熔断器及其支流电阻，并与原始数据作比对，检测误差超5%时立即更换。各组电压互感器熔断

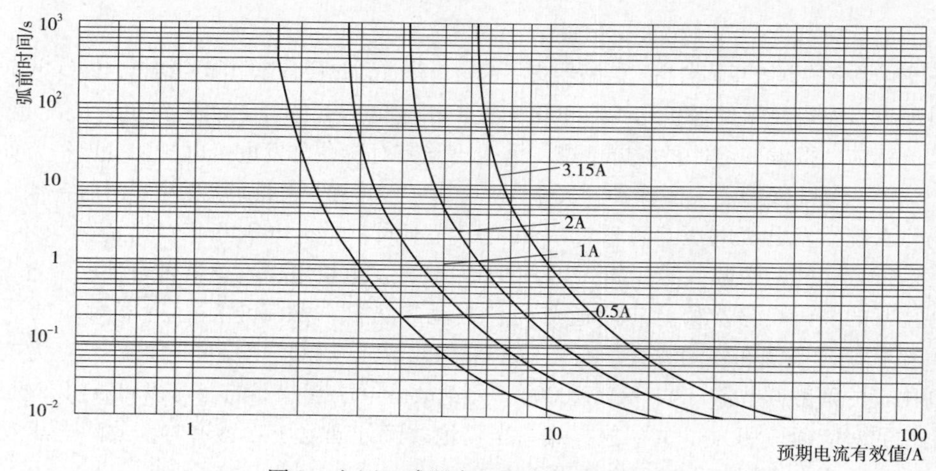

图8　电压互感器高压熔断器熔断特性

器直流电阻应尽量均衡配对使用。

2）要重视电压互感器及其一、二次回路的安装、调试及检查维护工作。新机组或回路改动后，要检测和核对二次负载电流，并做好检测记录。

3）一定要做好发电机电压互感器回路的消谐措施。新机组或机组大修后开机试验时，必须在电压互感器二次开三角侧接入消谐电阻或白炽灯，以防谐振过电压。

4）要重视电压互感器的伏安特性等试验检测工作，及时发现电压互感器等隐患缺陷。

5）发电机组停机解列操作，必须按常规操作：有功、无功减至零，先拉开关和灭磁后才能停机。

6）要加强运行分析工作，在运行中发现3个功率变送器显示出现偏差趋势时，要及时分析、检查，建议进行高压熔断器红外成像检测。

7）采用新型低电阻型电压互感器高压熔断器。

8）重视对励磁系统和过激磁保护相关定值参数和特性核算、检验工作，对有关不符合要求的隐患要及时进行整改。

9）对DEH用功率变送器应分别接入不同组别的电压互感器回路，提高电压互感器及回路故障时机组运行可靠性。

10）接入DCS的各发电机功率变送器，可以设置相对较灵敏的功率值比对逻辑用作报警，增强预警手段。

5　结语

发电机电压互感器高压熔断器存在不确定因素的“慢熔”故障会引发一系列机组运行异常，甚至跳机事件发生。在做好有关故障预防及处理的基础上，对励磁装置因电压回路断线判据不合理、不完善的，要修改和完善发电机互感器回路电压偏差检测逻辑、参数。如目前大量使用的ABB UNITROL5000励磁装置，部分电厂已经逐步展开对其电压断线检测判据逻辑、参数的修改和完善工作，提高了“慢熔”故障的检测判断灵敏性和励磁装置运行的可靠性。

作者简介：

苏汉章（1958—　），男，江苏无锡人，电气专工，高级技师，从事继电保护技术管理。E - mail: bd4th@ 126. com

某电厂1号炉乙排粉机变频器直流过电压故障的处理与防范

卜繁薇

（华电国际邹县发电厂，山东　邹城　273522）

【摘　要】　本文针对某电厂1号炉乙排粉机变频器直流过压跳闸的事故，对产生直流过压的原因进行分析，并制定消除电机在暂态过流后降频过程中出现直流过压隐患的防范措施，以满足设备稳定运行要求。

【关键词】　变频器；直流过压；故障处理；防范

0　1号炉乙排粉机变频器工况简介

1号炉乙排粉机变频器为湖北三环公司生产的空冷型SH－HVF系列Ⅱ型高压变频器。变频器安装于6kV开关与排粉机电机之间，为一拖一方式，如图1所示。其控制方式为开环调节，即由DCS系统根据负荷情况将调节指令发送至变频器，实现对电机的变频控制。

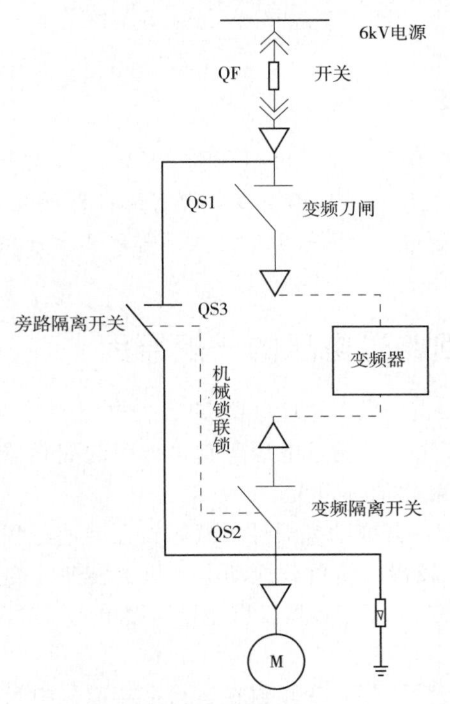

图1　变频器系统图

在变频器系统中，由移相变压器将6kV高压工频电变换成为多组彼此间相互绝缘、电位独立的900V低压工频电，并分别送到各个功率单元中。各功率单元将输入交流电整流滤波成直流电。功率单元采用三相全桥不可控整流，H 桥逆变方式，与控制部分采用光纤通信。功率单元三相输入采用熔断器保护，如图 2 所示。

每个功率单元输出电压为 630V，每相采用 6 单元串联，其中一单元为热备冗余单元，每单元配置旁路，单元故障时旁路动作，输出线电压 6kV，其连接示意图如图 3 所示。变频后的电源中性点采用不接地方式。

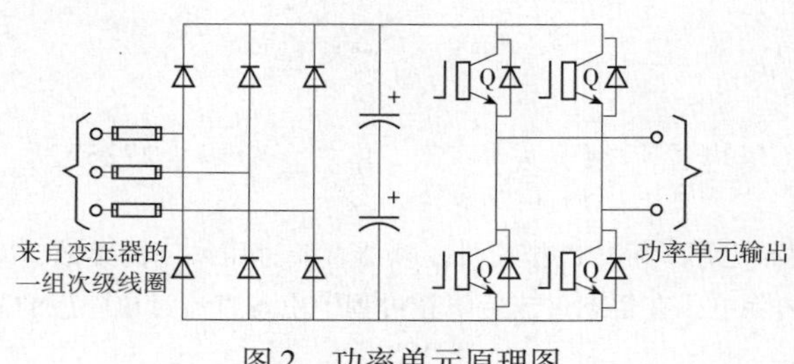

图 2　功率单元原理图

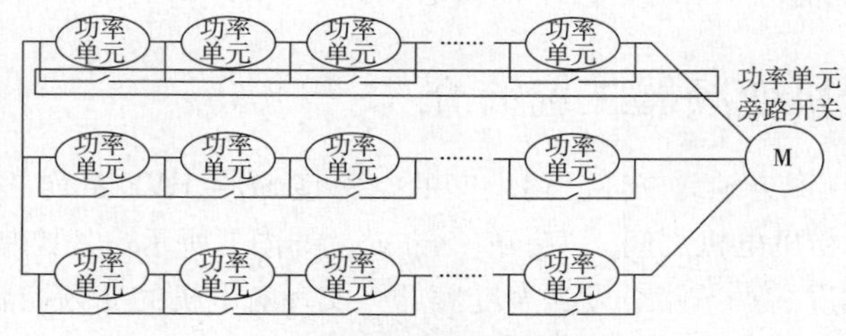

图 3　功率单元连接示意图

1　变频器故障的发生

2013 年 12 月 10 日 12 时 20 分，1 号机组负荷 206MW，1 号炉甲、乙、丙制粉系统运行，“乙排粉机变频器故障”信号发出。就地检查变频器各部件外观无异常，查看变频器事件记录，C6、A1 单元同时出现直流电压过压。因故障单元大于等于 2 个（系统参数设置为 2 个及以上单元过压故障跳闸），变频器跳闸。

2　变频器中间直流回路过电压的一般原因

（1）电源输入过电压。根据变频器原理（图 2），若电源侧有冲击过电压，如雷电引起的过电压、补偿电容在合闸或断开时形成的过电压等都可能引起变频器直流过电压，冲击过电压的主要特点是电压变化率 dv/dt 和幅值都很大。

（2）发电类过电压。当变频器拖动大惯性负载时，在减速过程中，变频器输出的速度比较快，而负载靠本身阻力减速比较慢，使负载拖动电动机的转速比变频器输出的频率所对应的转速还要高，电动机处于发电状态，而变频器没有能量回馈单元，造成变频器支流直流回路电压升高，超出保护值，出现故障。

（3）中间直流回路电容容量下降。变频器在运行多年后，中间直流回路电容容量下降将不可避免，中间直流回路对直流电压的调节程度减弱，在工况和设定参数未改变的情况下，发生变频器直流过电压跳闸几率会增大。

3 1号炉乙排粉机变频器直流过压故障的检查与分析

针对变频器出现直流过电压的原因主要进行了以下故障排查：

（1）6kV系统电压检查。查看DCS内及故障录波器内1号机6kV母线电压，未发现故障时段电压变动异常，可排除6kV系统电压不稳定的因素。

（2）变频器原件检查。

1）变频器静态试验：拖出6kV开关后，送上变频器控制电源，用380V调压器对变频器进行反送电测试，各功率单元输出直流电压平衡，变频器中间直流回路电容无异常。启动变频器进行升降频率测试，没有发现异常。

2）高压上电，对变频器进行空载试验没发现异常。

3）高压上电，对变频器负载试验：变频器带负载，变频状态下启动设备，远程控制升降频率，观察电流，电压在各个频率段的反馈无异常，设备运行稳定。

4）对各功率单元光缆接口、接口板进行振动、敲击，未发现有功率单元异常报警和通信失去等异常现象。

变频器内部承压部件为电解电容，一旦出现损坏则不能自动恢复；电解电容同时出现异常的几率非常低；变频器再次启动后的设备运行正常，说明变频器本身各元件无异常。

（3）变频器内部参数检查。对1号炉乙排粉机变频器参数进行核对，保护参数中“限幅降频时间间隔”参数为4，代表5Hz/s，与初始定值一致。但经三环变频器厂家确认，该变频器程序版本升级为V2.2后，“限幅降频时间间隔”内部参数的意义发生了重大变化，参数4不再代表5Hz/s，而是代表160Hz/s，而参数输入界面未及时更新，如图4所示。程序升级后“限幅降频时间间隔”参数一直在4（160Hz/s）运行。

（4）DCS检查。变频器故障时DCS记录波形如图5所示，1号炉乙粗粉分离器风压突然增大，排粉机负荷增加，变频器（6kV电源侧）电流增大，由45.15A突升至86A，之后立即突然到0，变频器运行状态变位，变频器跳闸，电机转速下降，变频器反馈频率下降。

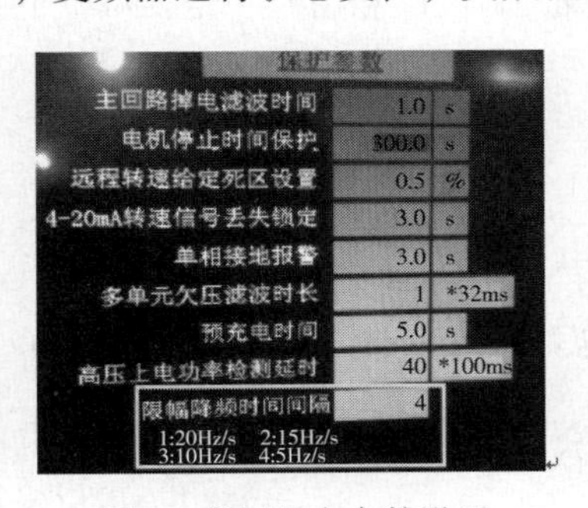

图4 变频器内参数设置

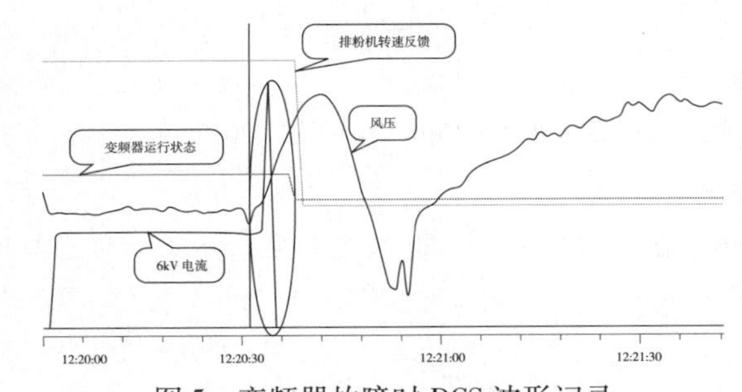

图5 变频器故障时DCS波形记录

对乙排粉机电流突变的原因进行以下分析：

1）变频器给定信号波动。变频给定信号受干扰，导致变频器给定频率不稳，引起变频输出变化，进而导致输出电流波动。查看故障时段DCS频率给定输出和反馈信号，平稳无突变现象。此原因可排除。

2）电流传感回路异常。根据现场反充电试验及实际带负载试验，电流传感回路正常。此原因可排除。

3）变频器内部调节异常。变频器发生故障前，图 5 中电动机反馈速度为 100%，即全速转动，电动机电流为 45.15A。由于风压突然增幅比较大，导致变频器一次电流增加到 86A，变频器中转矩限幅功能（1.1 倍额定转矩）保护动作，变频器自动降频，因降频速度过快（限幅降频时间间隔参数 160Hz/s），导致电流突降、频率突降，使电动机处于能量回馈状态，即变频器处于逆变状态，对直流母线进行充电，C6、A1 单元直流母线电压过高。过压保护动作后变频器故障信号发出，跳开 6kV 开关。

4 故障处理及防范措施

处理发电类过电压这种故障的方法主要有：①增加再生制动单元；②修改变频器参数，把变频器减速时间设的长一些。其中增加再生制动单元功能包括能量消耗型、并联直流母线吸收型、能量回馈型。能量消耗型是在变频器直流回路中并联一个制动电阻，通过检测直流母线电压来控制功率管的通断；并联直流母线吸收型使用在多电机传动系统，这种系统往往有一台或几台电机经常工作于发电状态，产生再生能量，这些能量通过并联母线被处于电动状态的电机吸收；能量回馈型为变频器网侧整流器是可逆的，当有再生能量产生时可逆变流器就将再生能量回馈给电网。

在本次事故处理中，由于变频器本身条件所限，使用了修改变频器参数的方法。将变频器“限幅降频时间间隔”参数由 4（160Hz/s）修改为 128（5Hz/s），消除在电机暂态过流后降频过程中出现直流过压的隐患。

为防止其他在运高压变频器出现类似问题，对变频器定值进行全面梳理，并与湖北三环公司共同确认，确定最终运行参数。

5 结语

将变频器“限幅降频时间间隔”参数由 4（160Hz/s）修改为 128（5Hz/s）后，变频器一直运行正常，没有再发生直流过电压的情况。对于程序版本升级，制造厂和用户一定要做好记录，严防由于参数设置错误引起设备运行中故障。

参考文献：

[1] 湖北三环高压变频器现场培训手册 . 2012.

作者简介：

卜繁薇（1974—　），高级工程师，大学本科，从事电气检修管理工作。E - mail：13355117261@163.com

国产励磁系统在进口225MW燃气发电机组上的应用

牟　伟，娄季献，吴　龙

（南京南瑞继保电气有限公司，江苏　南京　211102）

【摘　要】　与常规发电机组励磁系统比较，燃气发电机组励磁系统在系统配置、功能设计以及信号接口方面有其特殊之处。本文以某电厂新建进口225MW燃气发电机组为依托，讨论了PCS-9400国产励磁系统的功能需求和相关设计思路。通过现场实际成功应用，证明了相关设计的可靠性，为燃气发电机用国产励磁系统的功能完善、性能提升提供借鉴。

【关键词】　励磁系统；燃气轮机；SFC启动；信号交互

0　引言

由于燃气轮机联合循环系统（gas turbine combined-cycle，GTCC）将燃气轮机单循环及蒸汽轮机单循环结合在一起，运行灵活，技术先进，热效率高，机组启动快，自动化程度高，调峰性能好，成为当代最先进的商业化火力发电技术，能满足日益严格的环境保护要求[1]。随着我国经济进一步发展对电力高峰负荷和电网供电安全要求的增加，以及环保意识的增强，在国内发展天然气联合循环发电技术对于电力调峰、调整能源结构以及节能减排具有重要意义。

目前国内已投运或新建燃气联合循环电站采用进口GE、西门子、ALSTOM等厂商的燃气发电机，或采用由国内主机厂与上述国外厂商合作制造的燃气发电机组，而二次控制及保护设备，如静止变频器（Static Frequency Converter，SFC）、EXC励磁系统、GP保护设备则基本由国外进口设备垄断。随着国产二次设备技术的发展，目前燃气发电机二次设备已具备采用国产设备的条件，如国产励磁系统在控制性能、通信接口及自动化程度上已完全满足国内燃气发电机励磁控制的需要。本文以国内某新建燃气发电机电厂的进口2×300MW燃气发电机项目为背景，对应用在进口燃气发电机上的励磁系统特殊之处进行探讨。

2　励磁系统配置

燃气发电机用励磁系统一般采用自并励静止励磁方式。由于燃气发电机的启动过程采用SFC启动方式，在启动过程中需要励磁系统与其配合，因而燃气发电机用励磁系统与常规火电机组的自并励系统在配置上略有不同。SFC启动方式的基本原理就是将发电机作为同步电动机运行，在电机转子绕组中通入励磁电流建立转子磁场，同时在定子侧加入频率可变的交流电源，通过调节电源频率来实现转速调节，达到电机启动的目的[2]。SFC启动方式是目前国内燃气发电机组主要使用的启动方式。在机组启动过程中必须接入他励电源作为励磁整流电源，与发电工况下由机端励磁变压器供给的电源不同，需要开关进行切换。而励磁控制器、功率整流桥以及灭磁系统可实现在启动工况和发电工况下的复用，以节省设备成本。但励磁控制器需要根据外部信号正确识别机组当前工况，从而正确切换励磁电源开关并工作在正确模式。

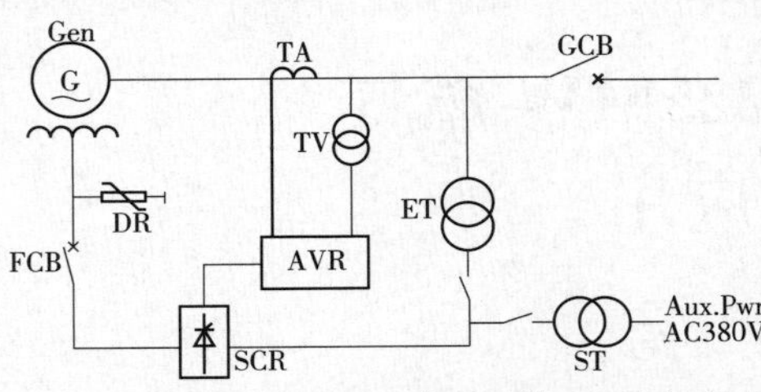

图 1　燃气发电机用励磁系统配置原理图

本项目燃气发电机为法国阿尔斯通 225MW 燃气发电机组，励磁系统采用新一代 PCS—9400 燃机智能励磁系统，系统配置原理如图 1 所示。

除常规自并励系统所具有的励磁变压器、调节控制柜、功率整流柜、灭磁和过压保护柜外，还配置开关切换柜，柜内设置启动变压器和切换开关。切换开关实现 SFC 启动工况和自励建压工况下的励磁电源切换。

PCS—9400 励磁系统配置冗余双通道励磁调节器，从套调节器处于热备用跟踪状态。任一通道调节器均包含电压闭环（AVR）、电流闭环（FCR）和定角度开环（OR）三种基本控制方式，在 AVR 方式下还可投切无功闭环、功率因数闭环、无功卸载、调差以及 PSS—2B/4B 等附加控制。调节器具有超高速的采样和计算能力，工频每周波采样 72 点，计算速度 4000 次/s，模型计算精确。

PCS—9400 励磁系统采用脉冲光纤传输方式和分布式触发脉冲，提高触发脉冲传输的抗干扰能力，解决了整流桥之间共用脉冲问题。运用抗交直流饱和的波形无畸变电流传感器，进行可控硅元件电流、励磁电压电流等励磁设备运行状态在线监测，实现整流桥元件级智能均流和灭磁电阻能耗在线计算。

PCS—9400 励磁系统还配置 PCS—9575 智能 IO 单元，实现与静止启动装置 SFC、燃气发电机控制系统（turbine control sys，TCS）的信号接口，并进行控制逻辑操作。IO 单元与调节器 AVR 之间通过光纤连接，向调节器发出不同工况下的控制指令，并接收 AVR 反馈的工作状态。

2　励磁设备信号交互

ALSTOM 燃气发电机主控系统 TCS 与 SFC、励磁等设备的信号交互量较多，采用 Profibus-DP 通信方式连接。为此励磁系统配置智能 IO 接口单元（PCS—9575）实现与静止变频器 SFC 和主控系统 TCS 的信号交互。IO 单元的应用能够灵活实现与外部设备或系统间的所有开关量、模拟量的交换，可以采用硬接线方式或通信方式。IO 单元根据外部输入信号和机组当前状态准确识别当前工况，根据 SFC 装置或 TCS 控制系统发出的指令正确进入启动工况或自励发电工况。

励磁系统与静止变频器 SFC 之间的信号交换不多，主要是励磁启停、电流设定、状态反馈以及故障停机信号，信号列表见表 1。并且由于相关信号的重要性与实时性，故励磁与 SFC 之间的信号交互宜采用硬接线方式实现。另外由于 2 台机组配置有 2 套 SFC 装置，每套 SFC 装置都可以启动任一台机组，即有直通启动和交叉启动的需求，因而对励磁系统而言需要与 2 套 SFC 装置建立信号交互，并且需要相互闭锁。实现时可以采用可编程逻辑器件 PLC，根据 TCS 发出的 SFC 选择指令建立励磁系统与被选择 SFC 设备间的信号通道。

表 1　　励磁系统与 SFC 系统的交互信号

信号类别	励磁系统输入	励磁系统输出
开关量	励磁启动	励磁已投入
	励磁停止	—
	SFC 故障（跳灭磁开关）	励磁故障（跳 SFC）
模拟量	励磁电流给定（4～20mA）	励磁电流反馈（4～20mA）

励磁系统与主控 TCS 之间采用一对一的信号交换，信号交换量较多但实时性要求不高，主要包括励磁启停指令、控制方式切换、多种附加控制投切、转速状态、多种模拟量参考给定，还有相应的开关量和模拟量状态反馈等，信号列表见表 2。现场励磁系统与 TCS 之间采用 Profibus-DP 的总线通信方式，它是一种国际化、不依赖于设备制造商的开放式现场总线标准，适合于快速、时间要求严格和可靠性高的通信任务，广泛应用于制造业自动化、轨道交通、电力自动化领域。采用冗余化的 profibus 总线通信，极大简化了信号电缆接线，扩展了励磁设备从站与主控系统的信号交换数量，提高了系统的安全可靠性。

表 2　　励磁系统与 TCS 系统的交互信号

信号类别	励磁系统输入	励磁系统输出
	（TCS 输出）	（TCS 输入）
开关量	励磁启停	励磁启停状态反馈
	转速 >90%	励磁就绪状态
	无功卸载投退	远方/就地状态
	自动/手动切换	自动/手动状态
	无功闭环控制投退	无功闭环投退状态
	因数闭环控制投退	因数闭环投退状态
	PSS 功能投退	PSS 功能投退状态
	同期使能	励磁告警
	机组并网（同时保留硬接线）	励磁故障
	—	从通道运行正常
	—	通道切换状态
	—	转子超温
	—	过励/低励限制
	—	伏赫兹限制
	—	参考越限
	—	启动电源开关状态
	—	励磁电源开关状态
	—	灭磁开关状态
模拟量	冷却温度 1	转子温度测量
	冷却温度 2	PSS 输出
	定子电压参考值	定子电压参考反馈
	无功功率参考值	无功功率参考反馈
	功率因数参考值	功率因数参考反馈
	励磁电流参考值	励磁电流参考反馈
	报文帧计数	报文帧计数
	对时用日期/时间	日期/时间反馈
	—	励磁电压/电流测量

3 SFC 启动过程的功能设计

励磁系统 IO 单元根据开入信号和 TCS 的通信信号识别机组当前工况，满足启动条件时向 TCS 系统发出 ready 信号，等待启动装置的启动励磁指令。TCS 系统在同时收到励磁设备和 SFC 设备的 ready 信号并且检查相关断路器和刀闸位置无误后向 SFC 装置发出启动命令。在 SFC 启动阶段，励磁系统工作的流程如图 2 所示。

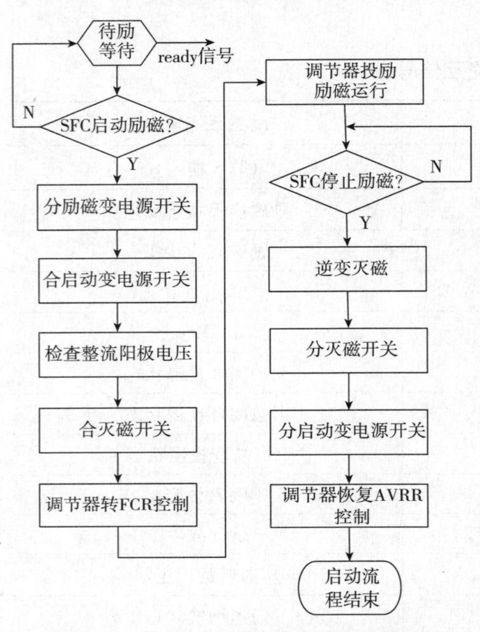

图 2　SFC 启动阶段励磁系统工作流程

由图 2 可知，当收到 SFC 发出励磁启动命令后智能 IO 单元首先检查整流电源开关状态，确保励磁变电源开关在分位且启动变开关在合位，二者不能同时处于合位；然后检查整流桥阳极电压的幅值、频率及相序相位特征，若无异常则 IO 单元合灭磁开关并控制调节器转为手动 FCR 方式。就绪后向调节器发出投励命令，并向 SFC 反馈励磁投入状态，调节器根据 SFC 装置设定的电流参考将励磁电流迅速调节至指定值。上述启机步骤若有任何异常，IO 单元将向 SFC 发出励磁故障信号，同时退出 SFC 启动流程、记录故障 ID 并向 TCS 发出告警信号。

若拖动过程无异常，燃气发电机达到自持转速后，SFC 装置发出停机令，IO 单元向调节器发出逆变指令，调节器逆变灭磁；而后 IO 单元分灭磁开关和启动电源开关，恢复调节器控制方式至电压闭环，SFC 启动流程结束。

励磁系统和 SFC 系统间需要建立完善的相互跳闸机制。在 SFC 拖动过程中，励磁 IO 单元需要全面监视励磁系统自身状态和他励启动电源状态，并等待 SFC 装置的停机指令。若出现励磁控制、整流或灭磁任一部分故障且不适宜后续并网发电运行时，IO 单元将向 SFC 装置和 TCS 系统发出励磁故障信号，通知 SFC 装置停机。或者若出现厂用电他励电源消失、跌落等异常，励磁 IO 单元将立刻通知 SFC 装置停机，避免发电机定子过流。反之，SFC 装置运行过程中一旦出现异常需要停机，比如定子过压或过流，SFC 装置发出跳灭磁开关命令和励磁停机令至励磁系统。灭磁开关分断接入灭磁电阻进行灭磁，励磁 IO 单元退出 SFC 启动流程。

另外，由于拖动阶段所需的励磁电流不大，一般小于机组空载额定励磁电流。调节器采用 SFC 发出的电流参考值时需要根据现场实际情况采取必要的限幅措施，防止硬接线回路干扰导致输出励磁电流偏离正常值。由于电流参考采用 4～20mA 信号输入，在拖动阶段输入信号不会小于 4mA，有必要对输入回路采取检测措施，一旦参考输入回路异常立刻通知 SFC 停机。

4 建压发电过程的功能设计

达到自持转速（该电厂为 2700r/min）后 SFC 退出运行，由燃气发电机带动发电机继续升速至同步转速。励磁系统 IO 单元根据 TCS 的通信信号识别机组当前工况，满足励磁开机条件时后向 TCS 系统发出 ready 信号，等待 TCS 系统的励磁启动指令。一旦 TCS 系统发出励磁开机指令，励磁系统工作的流程如图3所示。

当收到TCS发出的励磁开机命令后智能IO单元首先检查整流电源开关状态，确认启动变开关在分位且励磁变电源开关在合位；随后IO单元合灭磁开关，成功后向调节器发出投励命令，AVR自动按照整定速率将定子电压调节至额定值附近（如0.97U_{gn}）。上述开机步骤若有任何异常，IO单元将向AVR发出逆变指令，进而退出励磁开机流程、记录故障ID并向TCS发出励磁失败信号。

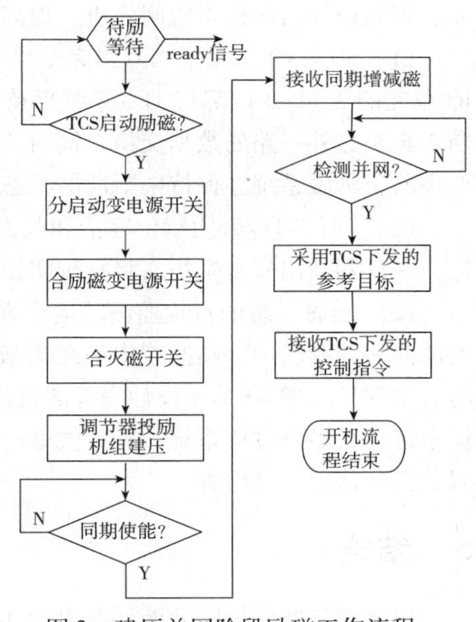

图3　建压并网阶段励磁工作流程

若建压过程无异常，在并网前励磁IO单元等待TCS发出的同期使能指令，接收同期装置的增减磁开出信号，调节机端电压至并网前的需要值，同时IO单元向TCS反馈当前的参考给定。正常建压及并网过程如图4所示。

并网后，电压参考值由TCS系统传送至励磁IO单元。运行人员在TCS操作界面上增减参考值，将使得TCS下发至励磁IO单元的电压参考值实时发生变化。IO单元将接收的参考值与当前AVR实际给定值比较，若二者不一致，则产生增磁或减磁信号至AVR，从而调整电压。当然在并网运行过程中，TCS可以切换励磁调节器控制方式，使之工作于不同的闭环模式下，如励磁电流环、无功环或功率因数环。还可以投切PSS、调差等附加控制。

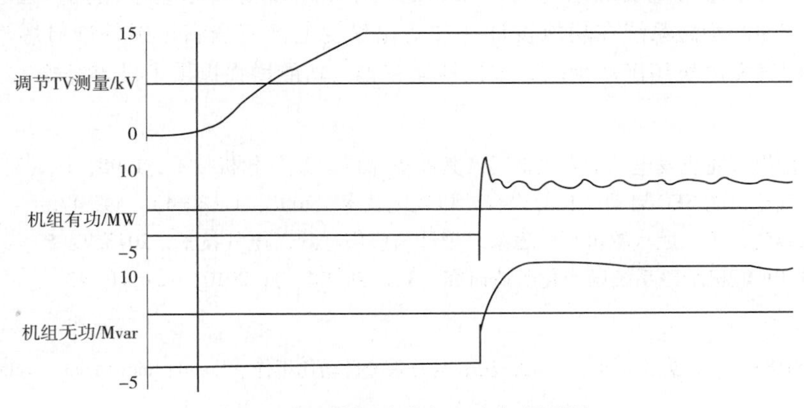

图4　建压并网阶段机组电气量录波

另外燃气发电机发电机启停频繁，启动和停机过程都比较快速，停机过程多采用程序逆功率保护解列以防止气机超速。为此励磁系统设置无功卸载功能，当输出有功下降时励磁系统减小输出，使机组无功功率跟随有功功率下降直到接近零，以至解列前定子电流接近零电流。并且无功卸载还能使解列前励磁电流接近空载电流，同时降低解列后的定子过电压水平。

程序逆功率解列后，励磁系统维持发电机运行在空载额定工况，励磁IO单元等待TCS系统发出的停机指令。一旦收到停机指令，IO单元采用无断口灭磁方式，逆变灭磁后再延时分灭磁开关，最大限度延长灭磁开关和灭磁电阻使用寿命。

另外应用于本燃气发电机项目的励磁系统在设计时还需注意总线通信的可靠性问题。由于从燃气发电机启动阶段到同步转速建压再到并网发电最后到解列停机，励磁系统与TCS系统的信号交互和指令控制完全采用基于485 总线的 profibus - DP 通信实现，因此通信的可靠性至关重要，否则极易引起机组跳闸停机。提高总线同通信的可靠性主要考虑三方面：

（1）励磁 IO 单元采用双路完全独立的 profibus 通信链路与 TCS 系统进行通信。正常情况下 IO 单元的 A 口/B 口都与 TCS 系统保持数据交换，且数据交换内容基本一致。任一路通信回路中断不影响另外一路的数据交换，同时 TCS 系统和励磁系统都会发出告警信号。即便双路通信完全中断，励磁系统亦保持中断前的状态继续运行，为人工手动停机创造条件。

（2）通信内容采用双位容错和收发动态比对。有效防止误操作，快速判断总线通信异常状态，一旦判断出异常帧报文将立刻闭锁数据刷新。

（3）励磁系统的自检监测功能全面，由于本项目的励磁设备屏柜与 SFC 屏柜装设在机岛附近的同一控制箱中，离监控中心距离较远。虽然运行人员定期巡视，但靠巡视发现异常不够及时。本项目励磁 IO 单元设计完善的自检与监测功能，实现对 IO 单元自身、调节器 AVR、功率整流系统、灭磁及过压系统、装置供电电源的全方位监测，一旦出现异常立刻向 TCS 发出告警信号，提示运行人员检查。

5 结语

由于燃气发电机联合循环发电技术的优势，其在我国电网中的应用比重逐渐增大，发展前景广阔。

本文探讨了应用于 ALSTOM 进口燃气轮机发电机组上的国产励磁系统在系统配置、功能设计与信号交互上有别于常规励磁系统的特殊之处，介绍了现场实际应用经验。通过在现场的成功应用，说明了国产励磁系统在功能设计、自动化程度上已完全满足国外进口燃汽机组的应用需求，为今后燃气发电机用国产励磁系统的性能完善、功能增强提供了借鉴经验。

参考文献：

[1] 徐润涛．我国燃气轮机发电站的发展概况及其展望［J］．燃气轮机技术，1998，11（3）．
[2] 赵昌宗．燃气轮机的 SFC 启动［J］．燃气轮机发电技术，2002，4（3-4）：44-47.
[3] 王亚晴，徐春建，等．燃汽轮机组励磁系统设计与应用［J］．电气技术，2013. 7：59-61
[4] 李国东．GE 9F 燃机励磁系统国产化改造研究［J］．浙江电力，2010，12：41-43.

作者简介：

牟　伟（1981. 8—　），男，硕士，高工，从事电力系统自动化工作。Email：muw@ nari - relays. com

PSVR 100 发电机励磁调节装置在谏壁电厂三机励磁中的成功应用

姜伟民

（江苏国电谏壁发电厂，江苏　镇江　212006）

【摘　要】　本文介绍了新一代发电机励磁调节装置 PSVR 100 在江苏国家电网公司谏壁发电厂的成功应用，着重说明了该装置的特点和系统功能及其优越性，分析了装置的高可靠性及稳定性的特点。

【关键词】　PSVR 100；励磁调节装置；发电机

0　引言

江苏谏壁电厂 4 台发电机组是燃煤汽轮机发电机组。发电机的励磁方式采用的是 350Hz 副励磁机、100Hz 主励磁机及发电机的三机同轴励磁系统。其励磁调节装置于 20 世纪 90 年代初投入运行以来，在 2002 年、2005 年多次发生误发信号、均流越限、电源故障等其他不同原因引起的故障现象，威胁机组安全运行。

为解决励磁系统的设备运行隐患，保证电网安全稳定运行，2007 年 9 月决定对该励磁控制系统进行技术改造。改造机组的励磁调节装置。经过多方面的综合考虑，最后选用了国家电网公司南京自动化股份有限公司研制的具有自主知识产权的新一代发电机励磁调节装置 PSVR 100。4 台机分别于 2007 年 10 月至 2010 年 3 月完成改造工作。经过 7 年多的运行表明，改造十分成功，装置完全能满足发电机组及电网的要求，且运行稳定可靠。

本次技术改造具有有很大的技术通用性，值得在其他电厂进行推广使用。

1　改造过程

1.1　原励磁调节装置存在的问题

（1）调节器为双柜并列运行方式，由 2 套调节装置同时进行调节，平时较容易发生均流越限，当任何一套有故障时即不能进行正常调节。尤其当一套死机后，误强励不可避免。

（2）元器件老化，抗干扰能力差。现场发生多起调节器功能紊乱现象，经分析主要为干扰问题。

（3）参数不能在线修改，无事件及事故记录，不利于对事故的分析。

（4）调试、维护不方便。由于设计上的原因，造成励磁柜内元器件多而无序，不仅使调试、维修不方便，更重要的是降低了设备运行的可靠性。

改造前控制系统结构示意图如图 1 所示。

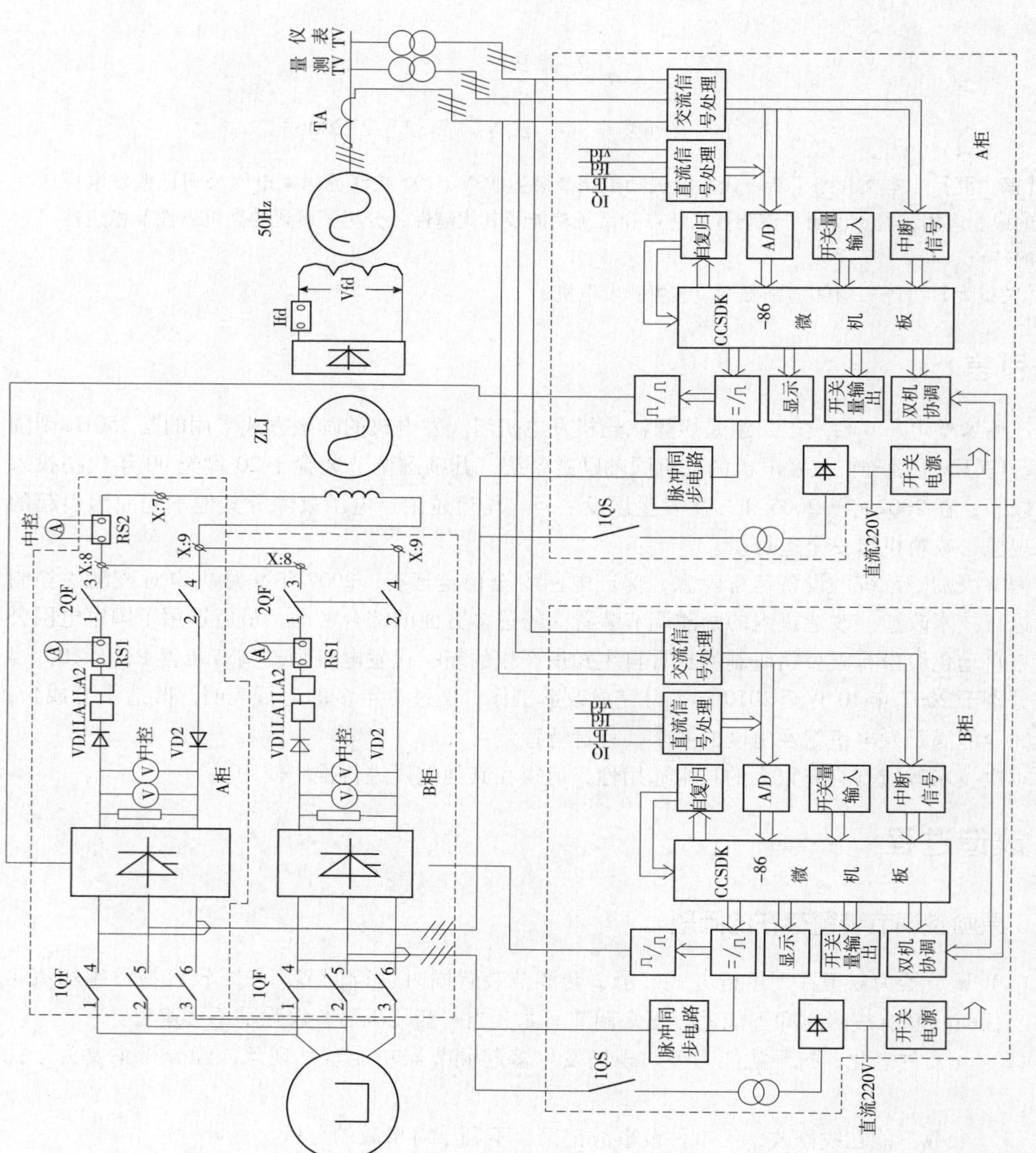

图1 控制系统结构示意图

1.2 改造方案

改造方案主要是更换励磁系统中的励磁调节装置，基本原则为：①以解决原微机励磁调节器为首要任务，保留原 50Hz 手励；②应考虑未来机组对提高电力系统稳定性（PSS）的要求；③处理好新、旧设备间的接口连接及信号的配合，做到界面明确。

具体方案是将原有励磁控制系统励磁调节装置，由 WKKL 型改为 PSVR 100 型励磁调节装置，运行方式由并列运行改为主从运行，保留 50Hz 手动励磁设备，使之与新励磁调节器自动部分之间建立相互跟踪、切换的逻辑关系。这样，励磁系统改造后，将有 2 个自动通道和 1 个手动通道。正常时有 2 个通道运行，其中一个自动通道作为主通道，另一自动通道作为热备用通道，50Hz 手动通道作为后备通道，可以实现无扰动切换，此方案如图 2 所示。

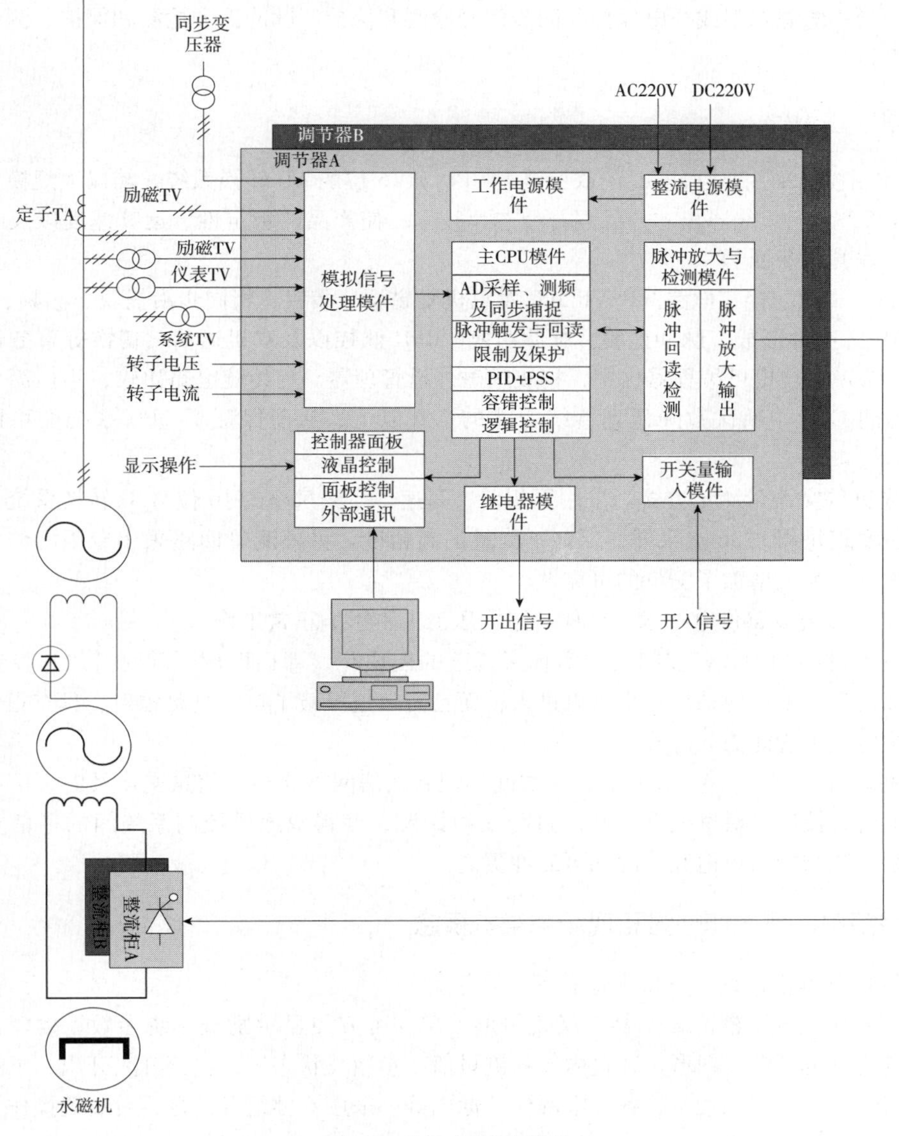

图 2 改造方案示意图

2 改造后的励磁系统

2.1 主要调节及控制功能

（1）恒发电机机端电压的 PID 调节规律。

（2）恒发电机转子电流的 PID 调节规律。

（3）采用转子电压负反馈减小励磁机时间常数。

（4）无功调差，调差参数灵活设置。

（5）电力系统稳定器（PSS）。

新增的其他功能及保护有：软件的数字给定和冗错处理、与计算机监控系统通信、完善的事件和故障记录；电源越限或掉电保护、同步信号检测和保护、脉冲丢失检测和保护、测量信号冗错检测和保护。

2.2 高可靠性设计

（1）控制模件采用高性能 32 位双核浮点 CPU 和 16 位的 AD 转换系统，辅以大规模可编程逻辑器件 FPGA，采用总线不出芯片的混合型芯片技术，使产品的稳定性、运算速度以及响应速度得到极大的提升和保证。

（2）高度集成的接口电路。PSVR 100 发电机励磁调节装置，将同步沿捕获、测频、测相位、AD 器件操作、脉冲形成、脉冲检测、脉冲切换、CPU 监控以及双机通信、切换等事务性功能全部集成在 FPGA 大规模可编程器件中，构成励磁外设管理器。与传统电路比较，不但简化了外围电路，而且将 CPU 中断次数降低到传统方式的 1/6 以下，从而保证了 CPU 系统的稳固性、平稳性。

（3）先进的交流量测量方式。采用无相差、高速、高分辨率的 16 位 A/D 转换系统，对励磁系统变量，实现每周波 36 点采样，保证了测量的高精度。另外测量回路采用专用的传感器、无源滤波技术等也大大增加了测量的可靠性。

（4）交、直流双路供电技术，任何一路电压消失不影响正常工作。

（5）在硬件结构上，各控制模件实现了真正的模块化，即插即用，随时升级；控制器采用全密封背插设计，不仅使外界灰尘难以进入，而且有效地屏蔽了空间电磁辐射，具有很强的抗震动能力和抗电磁干扰能力。

（6）在软件控制上，A、B 两套系统之间不但有通信网络联结，信息交换及时、可靠，而且在通信故障时直接通过对励磁系统状态进行实时跟踪，使得双通道控制系统间的通信更全面而真实，控制系统结构简单但冗余度和可靠性更高。

2.3 使用简单、可操作性强和现场免维护概念

（1）智能化操作设计，支持本地和远方操作。

（2）工业级大屏幕液晶显示器，汉化树形菜单。可方便显示励磁系统参数、故障报告、告警信息、定值整定、录波图形、装置内部的测量值、参数、状态等，包括开入开出，电压电流的有效值、相位、功率、触发角、各种限制保护标志等。采用八键组合键盘，对装置操作自如、易学易用。

（3）可视化的励磁控制软件包，励磁上位机控制软件 SGVIEW，作为励磁的专用软件产品，提供了各种励磁调节控制，限制保护，人机接口，通信规约，调试诊断，动态录波等模块。

（4）调试维护手段丰富，能迅速地对电源、硬件、软件的故障进行自诊断及处理，并可连续进行 500 个事件的记录和 50 以上故障录波。

（5）完善的自诊断功能。

2.4 PSVR 100 与其他厂商的励磁调节装置的主要不同点

（1）励磁外设管理器设计技术。励磁外设管理器由一块大规模逻辑可编程器件 FPGA 加上少量的外围电路构成，可灵活配置，用全硬件操作的方式完成励磁外设管理，它集开关逻辑控制、高速 16 位 AD 控制、测频、测速、相位跟踪、同步捕捉、脉冲触发、脉冲检测和对包括 CPU 等重要硬件的监视等各种处理功能于一体，硬件结构简单可靠，实时性强。

（2）多变量跟踪切换技术。本装置采用多变量跟踪切换技术。从套跟踪主套控制量、机端电压、励磁电压、励磁电流、有功无功。正常运行时，从套可跟踪主套控制量进行切换；当主套发生故障时，从套跟踪系统相关的物理量，可以避免由于主套故障产生的不利影响。

（3）图形化配置与编程技术。装置开发专有的图形化逻辑绘图软件平台，模拟量输入、通信、开关量输入、输出接点定义采用硬件配置编程技术；定值设置、标志量设置、测量值设置采用软件配置编程技术，可方便地根据不同励磁系统的需求进行灵活应用。

同时，通过把成熟、通用的算法和逻辑控制技术封装成算法逻辑图，通过配置逻辑图完成励磁控制过程，缩短软件的开发周期，提高软件的可维护性。

（4）无源信号处理技术。对所有模拟量采集全部采用无源互感器、无源 RC 滤波、高灵敏施密特比较器、高阻抗 AD 等；取消转子电压、转子电流有源变送器，通过对励磁机（或励磁变）定子侧 TV、TA 信号高速交流采样的方式计算出转子电压和转子电流。

（5）闭环实时自检技术。通过对实时采样回路、脉冲触发回路、控制规律回路等整个闭环系统的所有单元实时监视和综合保护判断，有效防止励磁系统失磁和误强励。

（6）实时异常状态检测和诊断。PSVR 100 每次上电时，系统会自动对整个装置进行自检，装置正常运行中，也会定时对整个系统进行自检，用户也可以手动自动自检，当在自检过程中发生异常时，自动报警，提醒检修人员。

3 改造后的应用情况

2007 年 10 月 10 日江苏谏壁电厂 10 号机组大修后启动时，对 PSVR 100 进行了动态空载和并网试验。通过空载试验，修正了控制器的 PID 参数及转子负反馈放大倍数；通过并网负载试验，确定了 PSS 参数，并投入。并网负荷下进行主、备通道切合试验，无功无扰动，切换正常。

3.1 改造后励磁系统性能指标

（1）调节装置精度，交流电流、电压：±0.1%；功率：±0.2%；频率：±0.01Hz；调压精度：<0.2%。

（2）调压范围：5%～130%。

（3）调差：由软件设置无功调差率，正负、大小可任意设置，精度±0.01%。

（4）频率特性：频率每变化1%，发电机端电压变化不大于额定值的±0.25%。

（5）整定值调节速度：可任意设置，满足不大于1%/s，不少于0.3%/s。

（6）励磁系统响应时间：>2 倍/s。

（7）10%阶跃响应试验：超调量小于10%，振荡次数小于2 次，调整时间小于2s。

（8）主/从、手/自动切换：无扰动。

3.2 安全运行分析

自2007 年10 月10 日10 号机组励磁系统改造工作结束并投运以来，至今已安全稳定运行7 年有余，其间还进行了10 号发电机进相运行试验，并满足了运行的要求，未出现任何影响机组安全稳定运行的故障。设备改造后的运行和使用情况说明，改造后的励磁系统具有以下优点：装置运行稳定、可靠，无故障发生；实现自动录波功能，便于调试与故障分析；运行中，励磁柜的各输出参数均较为稳定，未出现波动现象：主、从套跟踪，手动跟踪情况很好，满足了无扰切换的要求；低励限制功能正常，满足了机组进相运行的需要。

在2008 年3 月到2010 年3 月7 号、8 号、9 号机励磁装置也陆续投入运行。到目前为止，谏壁电厂的PSVR 100 装置的投运率为100%，其效果是令人满意的，它大大提高了励磁系统的运行可靠性及稳定性，基本达到了预期效果。

4 改造工程成功经验

江苏谏壁电厂在励磁改造过程中，主要采用以下一些方面来保证整个示范工程的可靠性及稳定性。

（1）在确定改造计划后，首先对可选厂商提供的产品进行详尽的考察了解，确定产品供方及型号。在订货期间，双方签订供货合同，明确装置的有关技术条件，签订详细的技术协议。同时合同中还规定产品出厂试验前，厂商必须安排需方的有关技术人员到场参与设备出厂调试，调试中有与合同及现场不符之处，责令供方进行修改，尽量在设备方面不要产生问题。

（2）装置到需方现场就位安装时，要求安装人员首先对装置进行全面检查，检查元器件是否缺失、损坏或松动，如有现场不可解决的问题，需提前通知供方技术人员。

（3）所铺设的控制电缆全部采用屏蔽电缆，并且两端屏蔽层同时接地。

（4）电缆接线全部完成后，从终端加入信号或从调节器发出指令，查看各光字牌和指示是否正确，检查完毕后，所有的孔洞要封堵好，以免鼠害，确保安全。

（5）PSVR 100 调试投运前，需方根据供方提供的现场调试说明书，结合现场情况进行删减，以符合现场的试验方案。同时根据说明书进行试验，力求全面、充分的检测检验励磁调节装置的各种性能指标，以满足发电机组的要求。

5 结语

PSVR 100 发电机励磁调节装置软、硬件均采用模块化结构，功能齐全、操作简便、工作可靠、调节平稳。

PSVR 100 发电机励磁调节装置采用励磁外设管理器设计技术、多变量跟踪切换技术、图形化配置与编程技术、无源信号处理技术、闭环实时自检技术、实时异常状态检测和诊断6 项先进技术，使整套励磁装置体现出很高的智能性，其性能指标显著高于国内外同类产品。

在电力体制深化改革的今天，降低发电成本，降低事故率，对企业的生存至关重要。因此，对电厂而言，一套性价比高的励磁设备，将会给企业带来各方面的收益。本次励磁改造工程表明PSVR 100 发电机励磁调节装置，在老机组的技术改造中应用良好，配套效果不错，值得在其他电厂推广使用。

参考文献：

[1] 樊俊. 同步发电机半导体励磁原理及应用 [M]. 北京：水利电力出版社，1991.
[2] 国电南京自动化股份有限公司. PSVR 100 发电机励磁调节装置技术说明书.
[3] 南京电力自动化设备总厂. WKKL—1、2 系列同步发电机三机交流微机励磁调节装置技术说明书.

作者简介：

姜伟民（1968— ），男，江苏丹阳人，工程师，从事发电厂电气继电保护整定与运行工作。E - mail：jbdcjwm@ 163. com

新型跨接器过电压保护回路设计介绍

韩　兵，牟　伟，施一峰，吴　龙

（南京南瑞继保电气有限公司，江苏　南京　211102）

【摘　要】　本文针对当前跨接器触发回路的不足，提出一种新型触发回路的设计方案。通过分压电阻值的整定，使用同一个低压转折二极管（Break Over Diode，BOD）实现不同电压等级的过压保护值检测，达到 BOD 转折电压时，BOD 电流经三极管放大和脉冲变压器隔离触发晶闸管，接入放电电阻。试验验证了设计电路的有效性和实用性。该跨接器采用低成本低压 BOD 元件，实现不同电压等级的正反向过电压保护，结构简单、动作电压准确，适合工程应用。

【关键词】　跨接器；过电压保护；触发回路；转折二极管

0　引言

跨接器作为一种过电压检测和保护装置，有着广泛应用：在发电机励磁系统中，用于发电机定子绕组故障或发电机异步运行时，抑制可能在励磁绕组引起的过电压；在磁控式可调并联电抗器中，用于电抗器本体或者一次系统侧出现故障时，抑制电抗器控制绕组暂态过电压，保护电抗器低压励磁设备等[1-3]。跨接器的设计直接影响到被保护设备的安全运行。本文将介绍跨接器的工作原理，分析现有触发电路的不足，并提出一种采用低压 BOD 元件实现不同的过压保护值检测和正反双向保护的触发回路设计方案，最后通过试验对设计方案进行验证。

1　跨接器工作原理

用于励磁系统的跨接器的基本电路如图 1 所示，两只晶闸管 SCR1 和 SCR2 正反向并联，串联放电电阻 FR，并联于励磁绕组两端；当跨接器过压触发电路 Trigger 检测到绕组正向或者反向过电压后，发出触发脉冲使晶闸管导通，利用放电电阻吸收过电压能量。放电电阻国内采用较多的是氧化锌非线性电阻，其具有抑制过电压能力强、漏电流及损耗小、对浪涌电压反应快、寿命长、运行可靠等优点，是一种较好的过电压保护元件。

触发电路是跨接器的控制部分，目前应用较多的成熟方案是利用 BOD 元件的转折特性检测两端的正向和反向过电压。从工作原理上看，BOD 就是一种不带触发控制极的晶闸管，即该管的导通与否，由施加在其两端的电压来决定。当施加在该管阳极与阴极间电压差值达到其本身的转折电压（U_{bo}）时，该管导通，能够通过很大的尖峰脉冲电流；而当通过的电流减小到低于其维持电流时，则自动阻断。

BOD 过电压保护典型应用电路如图 2 所示。其中，T 是过压保护用晶闸管，R_1是限流电阻，D_1是防止 BOD 反向击穿的二极管，R_2、C_2防止 dV/dt 导致寄生误触发。当施加在晶闸管 T 两端的正向过电压达到 BOD 的转折电压时，BOD 所在回路迅速导通，从而触发晶闸管 T 导通。目前，ABB、西门子等多个厂家励磁系统跨接器设计原理都基于该电路[4-5]。该回路的缺点是：对应于不同的应用场合，过电压保护设定值不同，必须要有不同转折电压的多个型号的 BOD 跨接器相对应；600V 以上电压的 BOD 元件本身成本较高；对于不同的跨接器主回路，触发电流不同，其整定电压离散性也较大。

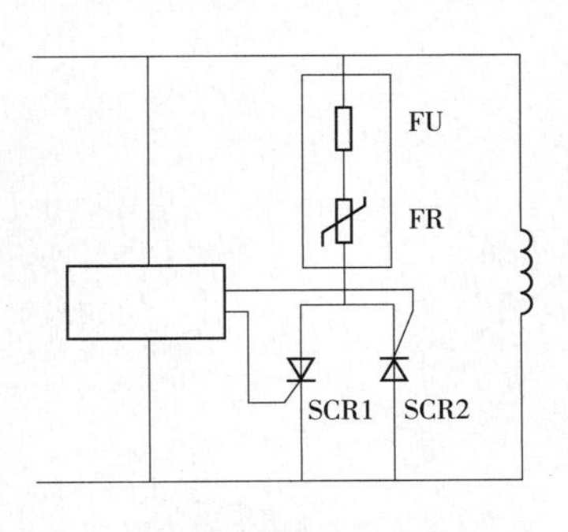

图 1　跨接器电路示意图

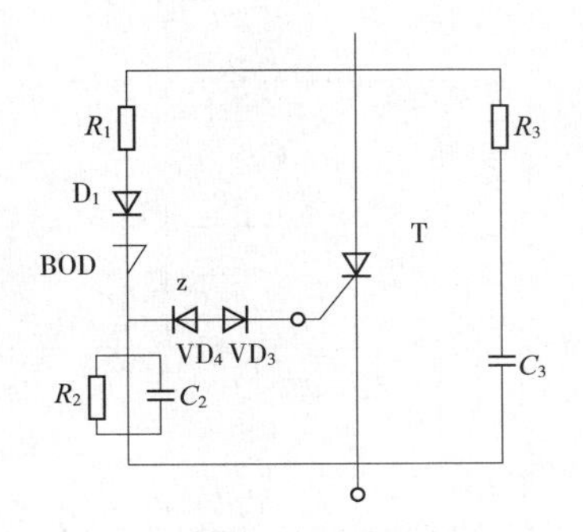

图2　BOD 晶闸管保护典型应用电路

2　新型跨接器的设计

2.1　设计原则

作为励磁系统保护设备，跨接器的设计应可靠准确，便于工程应用。产品设计中，需要考虑以下几个方面：

（1）跨接器的整体设计应该简单可靠。复杂的设计更容易出现晶闸管误触发或者不触发的故障情况，导致过压保护异常；触发电路应该不依赖外部电源，直接从过压回路取电。

（2）过压保护动作值应准确。当励磁绕组出现过电压，达到跨接器过压保护设定值时，应能准确触发可控硅，接入放电电阻。

（3）过压保护电压动作值应方便工程整定。通过动作值整定能够实现一款产品在一定范围里面适应不同电压等级的过压保护要求。

（4）采用一体式正反双向过压保护回路设计，能够同时满足正向和反向的过电压保护需求，减少器件数量，方便工程安装。

2.2　电路设计

不同于 BOD 直接作用到晶闸管门极的电路设计，本文提出一种采用低压 BOD 元件的跨接器触发电路，具体电路原理图如图 3 所示。

通过分压电阻 $R1$ 与 $R4$ 将电压分压后作用到 32V 转折电压的 BOD1 和 BOD2 两端，达到 BOD 转折电压时，将流过 BOD 的电流经过三极管放大作用于脉冲变压器，经过脉冲变的隔离最终作用到晶闸管门极。电阻 $R4$ 采用固定阻值，电阻 $R1$ 则采用电阻盒形式，内置多个 15kΩ 电阻，通过电阻的串并联组合实现不同电阻值输出。这样只需对 BOD 前端分压电阻值 $R1$ 进行整定，可以使用同一个低压 BOD 元件适应不同的过压保护值，设计过电压设定值分级为 100V。

脉冲电源无需另设开关电源供电，直接经 $R3$ 功率电阻取自过压保护点。电阻值设定考虑在过压保护设定值流过 200mA，保证晶闸管的可靠导通。同时，为了能在触发时提供瞬时的强触发脉冲，设计储能电容 $C1$（正向）/$C2$（反向）连接于脉冲变原边。正常运行时电容充电；过电压动作，晶闸管导通瞬间，电容放电，电流叠加在 200mA 稳定电流值，门极电流最终可达到 350mA 以上。

为了实现正反向触发，采用脉冲变压器进行电路隔离。正反触发回路采用对称设计，共用分

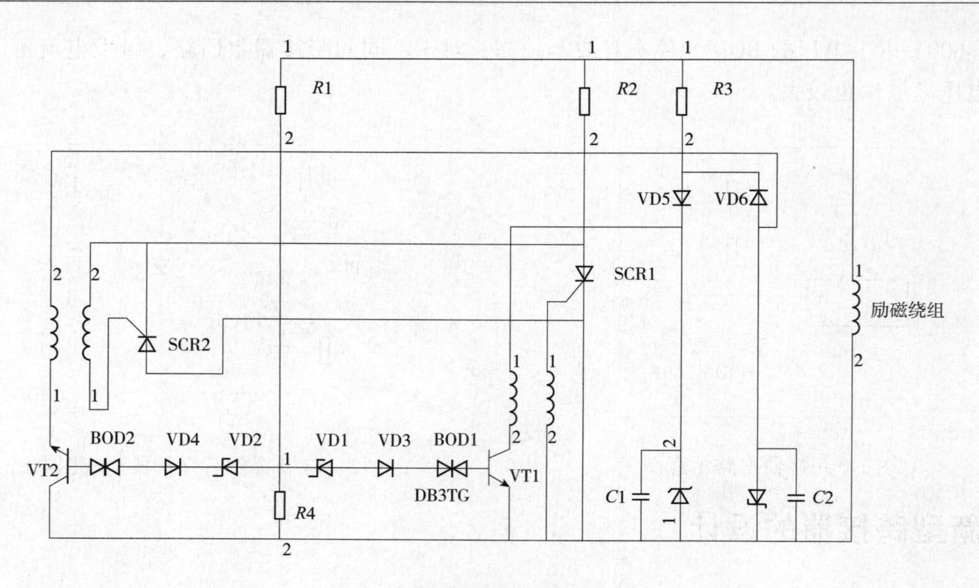

图 3　跨接器电路原理图

压电阻盒 $R1$ 和功率电阻 $R3$，节省成本，方便屏柜内安装。

3　试验验证

为验证跨接器电路的可行性，设计试验回路如图 4 所示。单相 50Hz 交流电源经感应调压器 T1、升压变 T2 接至跨接器两端；为减小对试验电源功率的要求，以线性电阻 $R1$ 代替氧化锌非线性电阻；示波器经分压器接入回路。电源合闸后，快速升压，电压上升到设计值后，触发回路应动作，晶闸管导通，过压保护动作，用示波器记录下晶闸管两端电压波形。

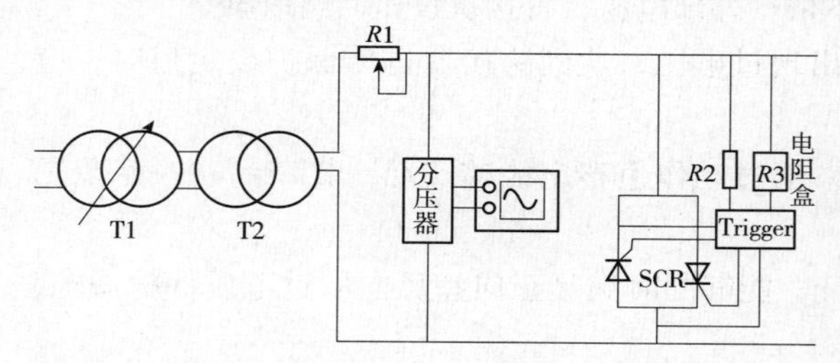

图 4　过压保护回路试验接线示意图

分别进行 300V、1200V 过压保护试验，晶闸管阳极—阴极电压波形如图 5 所示，分压器分别设置为 1/2 和 2/15，试验结果见表 1，过电压保护动作值与设定值最大偏差 5.7%。

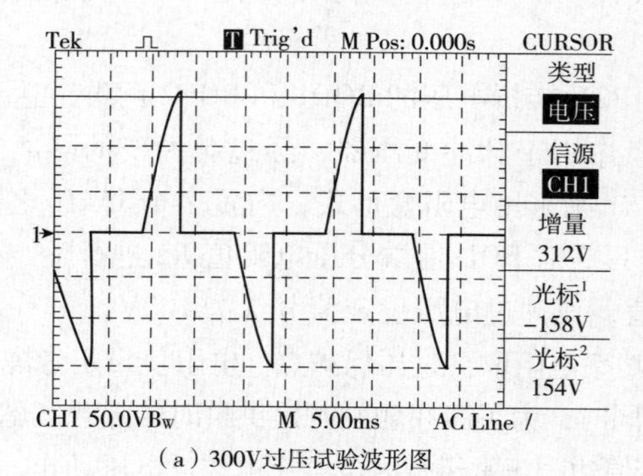

（a）300V过压试验波形图

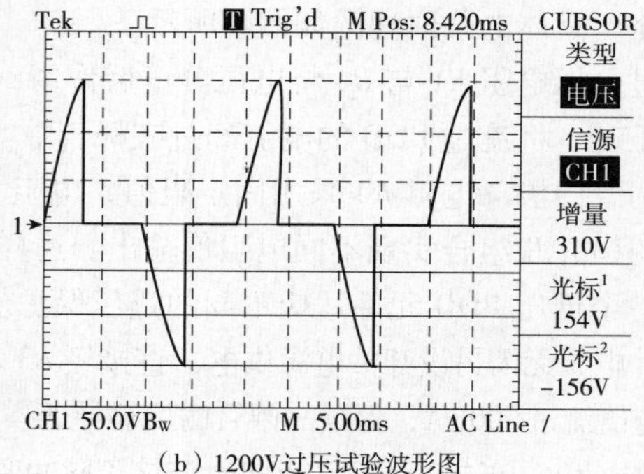

（b）1200V过压试验波形图

图 5　晶闸管阳极—阴极电压

表1　　过压保护试验数据表

过压设定值/V	正向动作值/V	反向动作值/V	最大偏差/%
300	154 × 2 = 308	− 158 × 2 = − 316	5.3
1200	154 × 15/2 = 1132V	− 152 × 15/2 = − 1140	5.7

在电压正向上升过程中，电压小于跨接器过压设定值时，晶闸管未导通，阳极—阴极电压波形同试验电源；电压大于跨接器过压设定值时，晶闸管导通，阳极—阴极电压降为导通压降，直至电压下降，电流小于维持电流晶闸管截止。反向过压保护过程同正向，不再累述。

门极电流试验波形如图6所示，其中1mV对应1mA。晶闸管过压保护动作时，由于电容放电，瞬时强触发使得门极电流达到了352mA，稳定值196mA，和设定稳定触发电流200mA接近。过压动作时，过压触发板内转折二极管电压被钳位在32V左右，如图6所示。

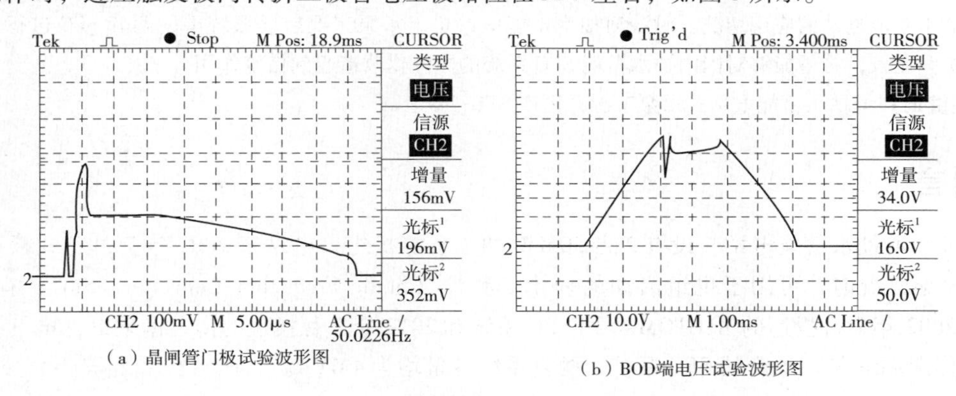

(a) 晶闸管门极试验波形图　　(b) BOD端电压试验波形图

图6　门极及BOD两端电压波形

4　结语

本文在分析现有跨接器原理的基础上，提出一种新型触发回路设计方案，并通过试验证明本设计方案在励磁系统出现过电压，达到跨接器过压保护设定值时，能准确触发晶闸管，接入放电电阻，实现正反双向保护，实际动作电压值和设定偏差在6%以内。跨接器设计简单，过压设定值整定方便，能够满足不同电压等级的过压保护要求，适合在工程应用。

参考文献：

[1] 李基成．现代同步发电机励磁系统设计及应用［M］．北京：中国电力出版社，2009.

[2] 黄耀群，李兴源．同步电机现代励磁系统及其控制［M］．成都：成都科技大学出版社，1993.

[3] 郑涛，赵彦杰，金颖．特高压磁控式并联电抗器保护配置方案及其性能分析［J］．电网技术，2014，05：1396－1401.

[4] 陈杰凤，姜国华，曹洪亮．UN5000励磁系统跨接器（CROWBAR）故障的技术分析与处理［J］．大电机技术，2007，05：49－52.

[5] 贺鹰．采用crowbar电路的发电机转子过电压保护试验分析［J］．湖南电力，2013，03：26－28.

作者简介：

韩兵（1985.3—　），男，山东人，硕士，工程师，主要从事电力系统和电力电子技术应用。

E－mail：hanb@ nari－relays. com

国产 SFC 设备在江苏沙河抽水蓄能电站的应用研究

闫 伟[1]，袁江伟[1] 司红建[2]，石祥建[1]，吴 龙[1]，刘为群[1]

（1. 南京南瑞继保电气有限公司，江苏 南京 211102；
2. 江苏沙河抽水蓄能发电有限公司，江苏 溧阳 213333）

【摘 要】 本文简要阐述静止变频器（SFC）的工作原理，着重描述了国产 SFC 设备在江苏沙河抽水蓄能电站的应用情况。对沙河抽水蓄能电站机组水泵工况启动系统中的两套 SFC 进行了分析和比较，希望能够对国内抽水蓄能 SFC 系统的国产化改造起到借鉴作用。

【关键词】 抽水蓄能电站；水泵工况；国产 SFC；双套

0 引言

江苏沙河抽水蓄能电站装设有 2 台 50MW 抽水蓄能机组，电站于 2002 年 7 月正式投产。电站机组水泵工况时，可用于机组启动的静止变频器（Static Frequency Converter，SFC）有 2 套，分别是 2002 年 7 月投运的 ALSTOM 公司 SFC 系统和 2012 年 7 月投运的南京南瑞继保电气有限公司（简称南瑞继保）生产的 SFC 系统，两套系统容量均为 4MVA。

沙河电站属于日调节运行电站，SFC 系统正常情况下每天至少启动两次，设备利用率比较高；投产时只有一套 SFC 系统，当 SFC 设备出现异常时，采用背靠背备用启动方式启动一台机并网抽水，有 50% 容量不能投入使用；原 SFC 设备运行时间已较长，备品备件采购困难，电站运行可靠性受到影响。对此，南瑞继保与沙河电站进行国产 SFC 系统试验合作，于 2012 年 7 月共同完成了全国产化系统的试验及投运工作。

1 SFC 系统工作原理

静止变频器（SFC）属于晶闸管型交—直—交变频器。变频器跟踪同步电机转子转速，向同步电机输入频率逐渐增加的电流，随着定子电流频率的升高，机组转速也逐渐升高，直到同步转速，再由同期装置实现机组并网，机组进入抽水或同步调相工况[1-2]。

SFC 系统包括一次功率设备和二次控制保护设备。根据从输入到输出电压高低分布情况可分为高—高、高—低—高方式，按照整流桥和逆变桥的脉波数可分为 6—6 脉波、12—6 脉波或 12—12 脉波方式[3]。

静止变频器控制过程包括三个阶段，其按照以下控制原理进行：

（1）转子初始位置检测原理。转子初始位置检测是要计算出电机启动前转子静止时的位置，以便于控制器确定要获得正向（电动机方向）转矩时，应该给电机的哪两相电枢绕组通电流。初始位置检测采用的方法是：首先给电机转子加励磁电流阶跃，根据电磁感应原理，电机定子将感应出三相电压，SFC 控制装置根据该电压信号计算出转子的初始位置，从而得到首次应该被触发的机桥阀组编号。电机定子感应电压图如图 1 所示。

图 1 中，在 t_0时刻由 SFC 控制器控制励磁给电机转子绕组施加励磁电压阶跃，则在电机定子上感应电压波形呈单调衰减趋势。电机静止时转子相对于 A 相电枢绕组的角度值 θ_0 为

$$\theta_0 = \arctan\left(\frac{u_b - u_c}{\sqrt{3}u_a}\right)$$

获得转子位置后即可得到首次应该被触发的机桥阀组编号。

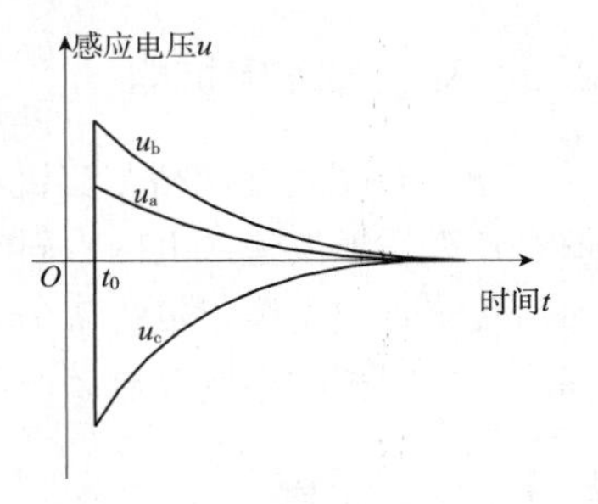

图 1　电机定子感应电压图

（2）脉冲换相控制原理。在电机频率较低时（如小于 5Hz），机端电压值较低，机桥阀组无法在反向电压作用下自然关断，要人为控制实现机桥换相，即脉冲换相。当机桥需要换相时，控制网桥和机桥，强迫回路中的电流衰减至零，则之前导通的阀组关断，然后启动网桥进入整流运行状态，再触发下一组机桥阀，完成机桥换相，此过程不断进行，直至转速上升到一定值，可以实现负载换相。脉冲换相控制是晶闸管型变频器特有的控制过程。

（3）负载换相控制原理。当电机频率较高时（如大于 5Hz），电机定子电压达到一定的数值，机桥能够借助定子电压实现自然关断，即进入负载换相控制阶段。在此阶段，网桥一直处于整流工作状态，机桥则一直处于逆变工作状态，这样就可以为电机定子提供持续的转动力矩，使电机转速不断上升，直到并网转速。

2　沙河电站原 SFC 系统的结构和特点

沙河原 SFC 系统是高—低—高、6—6 脉波结构，如图 2 所示。SI 隔离开关实现启动母线切换选择，S1、S2 隔离开关实现输出变压器 TR2 的投退操作；ST 为接地隔离开关，便于 SFC 系统检修。QFV11 及 QFV12 为两台 VD4 开关，分别用于选择启动 1 号机或 2 号机。

2.1　变流桥

变流桥包括整流桥（网桥）和逆变桥（机桥），均为晶闸管三相六脉波全控桥，每个桥臂由一个晶闸管组成。每个桥臂的晶闸管并联有阻容回路，以抑制换相过电压。变流桥交流侧电压为 1.4kV，交流额定电流 1536A，额定功率 3MW，直流回路额定电压 1900V，电流 1883A。

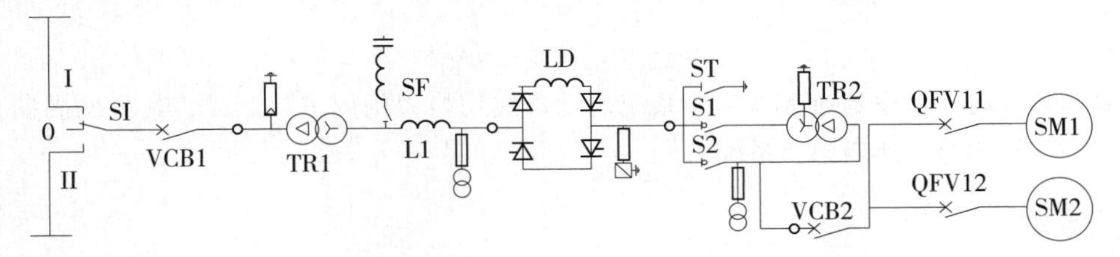

图 2　ALSTOM 公司 SFC 系统图

2.2　交流滤波器组

为了减小变流桥工作时注入母线的谐波，在电网交流侧加装有滤波器，同时滤波器可以起到无功补偿的作用。滤波器组由单调谐 3.2 次、5 次和 7 次滤波器组成，滤波器组屏柜体积约占整个系统屏柜体积的 1/3 多，曾经因更换滤波电容，滤波器退出，启动时并未发现电站其他设备受到谐波影响。

2.3 交、直流电抗器

原 SFC 系统在网桥与交流滤波器组之间串接 0.18mH 的电抗器，其与交流滤波器组配合，能够有效阻止谐波注入电网，同时在换流桥发生短路故障时也起到减小短路容量的作用。

接于直流母线正极的 2.2mH 直流电抗器，用以限制直流回路的电流上升率，起平波作用，同时也有利于减小变频启动产生的谐波。

2.4 冷却系统

原 SFC 系统采用内循环风冷、外循环水冷的冷却方式，通过热交换器将内循环热量由外循环带走。变流桥中的晶闸管、*RC* 阻容回路等都处于风道中，直流电抗器也处于内循环的风道中。

2.5 控制器

原 SFC 系统控制器由 PNC 和 PLC 组成。PNC 为核心控制器，完成模拟量采集、计算及变流桥控制，实现变频启动控制功能；PLC 控制器负责 SFC 系统辅助设备逻辑控制，以及与系统外设备相关联的逻辑控制。

3 国产 SFC 系统的结构和特点

沙河电站的国产静止变频系统也是一套完整、独立的系统，与 ALSTOM 公司 SFC 系统没有共用设备，TV、TA 等测量环节也完全独立。系统功率部分采用强迫风冷冷却方式。系统组成如图 3 所示，用两台 VD4 开关实现启动母线的切换选择。

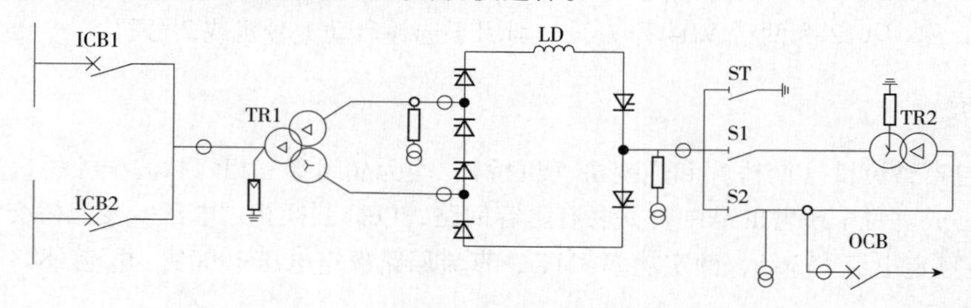

图 3 国产 SFC 系统结构

在系统设计时，考虑到原 ALSTOM 系统启动母线切换刀闸属进口产品，其采购周期长且后期备品备件采购困难，所以国产系统采。

3.1 变流桥

国产 SFC 系统整流部分由两个 6 脉动桥串联组成，为 12 脉波整流，逆变桥为 6 脉波桥，采用强迫风冷方式。功率桥触发通过一次回路在线取能获得触发能量，无外接脉冲电源；触发系统通过 VCU（阀组控制单元）及 TCU（晶闸管控制单元）实现触发脉冲从控制器到晶闸管之间的光电传输及光电隔离；同时实现对脉冲触发的状态监视。该触发系统可方便地实现桥臂中晶闸管元件的串联，以适应不同容量及电压等级 SFC 系统的需要。

与 6 脉波整流桥相比，12 脉波整流桥产生的特征谐波次数变高，为 $12k \pm 1$ 次，特征谐波含量也相应降低，比原 SFC 系统采用 6 脉波整流的特征谐波含量要小[4]。通过厂家的仿真对比分析，也证明 12 脉动整流方案的特征谐波含量要比 6 脉动的特征谐波含量小。所以，该套静止变频器没有设置滤波器环节，这对于节省现场设备布置空间带来了好处，减小了现场维护工作量，也提高了设备的运行可靠性。现场 220kV 母线测点、厂变高压侧测点及机端出口电抗器后测点在机组启动过程中的谐波实测值均满足国标长时间谐波标准要求。

3.2 控制保护部分

国产 SFC 系统控制部分由静止变频调节装置和智能 IO 控制装置组成。调节装置完成模拟量的采集计算，实现变频控制及变流桥脉冲触发控制，同时负责系统内设备监视及保护功能。IO 控制装置接收外部开关量信号，实现 IO 逻辑控制。两台装置通过内部光纤通信交换信息。

与原 SFC 系统不同，国产 SFC 系统在变频调节装置的保护功能外，还专门配置了 SFC 系统保护装置，即使在因变频调节装置自身出现异常而导致一次系统故障时，也可以由独立的 SFC 保护装置对设备起到保护作用。

4 两套变频器的连接方式

原电站电气系统最初设计时，没有考虑第二套 SFC 系统接入原系统的问题，而且现场施工工期短、任务重，国产 SFC 系统接入不能对原 SFC 系统的正常工作有任何影响，故在项目实施时必须仔细考虑、全盘分析，选择安全、合适的新系统接入方案。

4.1 两套 SFC 系统一次系统连接

从以上的介绍可以看到，国产 SFC 系统是一套完整、独立的系统，其测量设备均由系统内部提供，无测量环节与原系统的切换问题，这种设计给现场施工带来很大方便，也降低了对原系统产生不利影响的风险。主回路接入方案选择主要考虑两套系统处于并联运行状态，任何一套系统检修或处于备用状态时不影响另外一套设备的正常工作，最终选择图 4 所示的新系统接入方式。

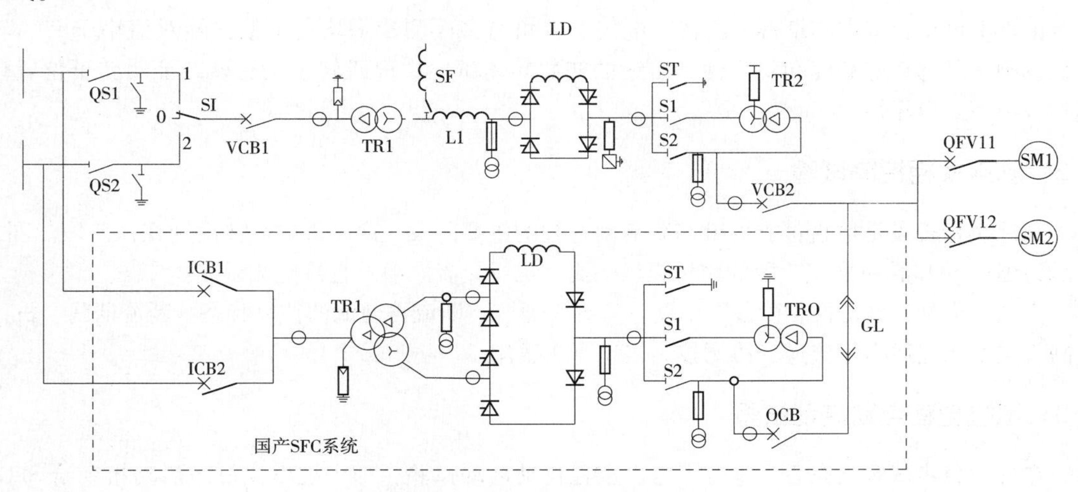

图 4 国产 SFC 系统接入原系统图

由图 4 可以看到国产 SFC 系统输入侧经系统内部的 ICB1、ICB2 开关分别与两段启动母线相连；国产 SFC 系统输出通过隔离排柜 GL（手车式隔离排）实现与原 SFC 隔离。当选择原 SFC 系统为工作设备、国产 SFC 系统为备用设备时，将国产 SFC 系统中的 ICB1、ICB2 输入开关及隔离排柜中的隔离手车摇出，合上原 SFC 系统中的 QS1 或 QS2 隔离开关；当选择国产 SFC 系统为工作设备、原 SFC 系统为备用设备时，将国产 SFC 系统中的 ICB1 或 ICB2 输入开关及隔离排柜中的隔离手车摇进，分开原 SFC 系统中的 QS1 和 QS2 隔离开关。

4.2 国产 SFC 系统接入电站二次系统

国产 SFC 系统与电站原二次部分接口主要涉及与每台机励磁系统、同期装置的接口以及与主控室控制台的接口。与机组励磁的接口包括 SFC 系统输出到励磁系统的 4 ~ 20mA 励磁控制信号，励磁系统送给 SFC 系统的 4 ~ 20mA 励磁电流测量信号；SFC 控制器要接收同期装置发送的增、减速信号及并网令信号；中控室需要发送 1 号机或 2 号机启动指令到 SFC 控制器，同时接收 SFC 发送的系统异常信号。这些接口通过二次电缆连接实现。同时，电站后台监控系统需要增加两套 SFC 系统切换逻辑及控制新 SFC 系统工作的逻辑。

5 试验情况

现场调试期间，对国产 SFC 设备进行了详细的功能试验，这里对部分试验数据进行介绍。

5.1 转子初始位置计算

电机转子处于某一静止位置，由国产 SFC 对其位置进行测量，测量结果见表 1。

表 1　　某位置时多次转子电气位置计算结果

序号	位置计算结果	与位置角平均值（138.44°）差	序号	位置计算结果	与位置角平均值（138.44°）差
1	137.78	-0.658	4	138.98	0.542
2	138.23	-0.208	5	138.74	0.302
3	137.46	-0.978			

由表 1 可见，多次测量得到的转子电气位置角与多次测量平均角度偏差绝对值小于 1°，转子位置测量具有良好精度和稳定性。后续的初始转动试验中电机转子均正转，证明转子位置计算具有很高的可靠性。

5.2 脉冲换相控制试验

脉冲换相阶段是抽水蓄能机组 SFC 启动过程的重要阶段，启动失败往往出现在该阶段。图 5 所示为国产 SFC 脉冲换相阶段的网桥交流电流、机桥交流波形及直流电流录波。

由图 5 可见，脉冲换相阶段，回路一直处于通流、断流再通流的往复状态。断流期间，机桥晶闸管关断，之后由整流逆变协调控制实现再次通流。

5.3 电机全程自动启动试验

在各项分步试验结束后，进行了电机全程自动启动试验，即中控发出机组启动指令给 SFC，由 SFC 自动将电机由静止拖动至同期转速，电机并网后 SFC 退出运行，机组并网抽水。图 6 给出了全程启动过程中，频率参考、频率测量、机端电压、直流电流、SFC 输出功率各量的变化趋势录波。由图可见，启动全过程中电机升速平稳、回路电流稳定，输出功率逐渐上升，整个启动

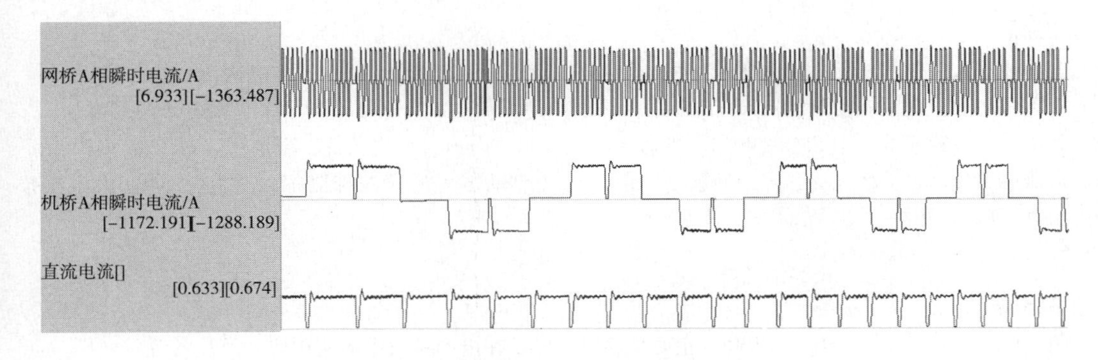

图 5　脉冲换相阶段电流录波

性能可靠、稳定。

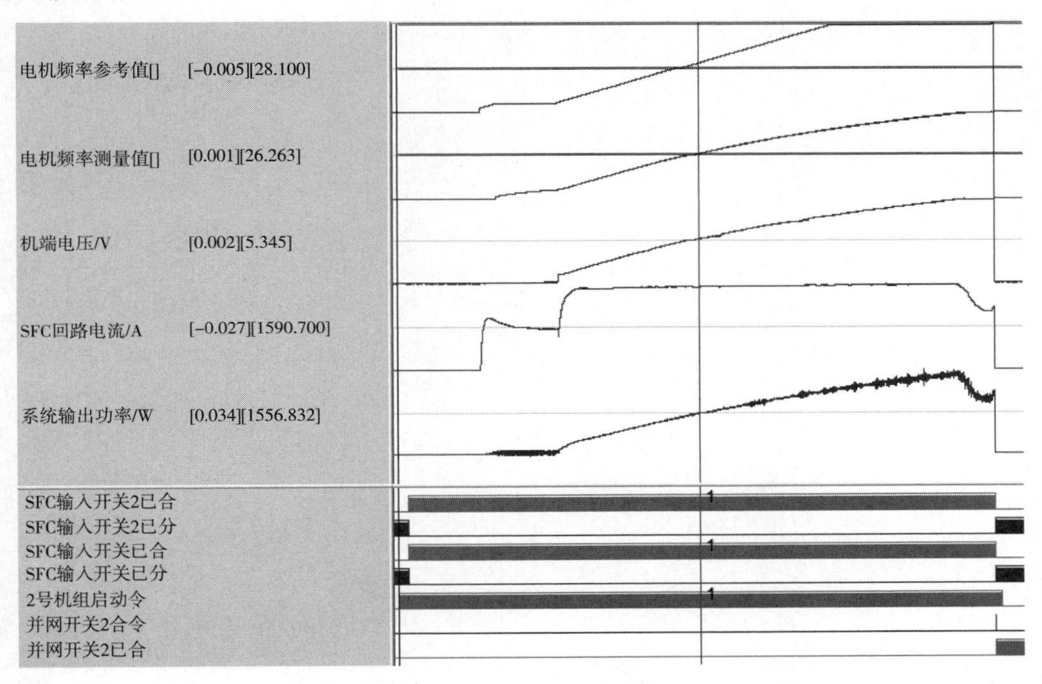

图 6　国产 SFC 系统启动录波

实际运行表明，国产 SFC 系统能够快速、稳定地将机组从静止拖动至并网转速，且实现平稳退出。在启动过程中，机组转动平稳，转速变化均匀，启动动态特别良好。

6　结语

全套具有自有知识产权的国产化 SFC 设备在沙河抽蓄电闸的成功使用，打破了国外厂家长期以来的技术垄断，为新建电站及面临 SFC 设备改造的老电站提供了新的选择。沙河机组水泵工况启动系统中的两套静止变频器能够快速、方便地实现相互切换，两套设备互为备用，为电站机组进入抽水工况时的成功启动提供了有力保证。沙河抽水蓄能公司 SFC 系统国产化改造方案的实现，既解决了设备的升级换代，同时保留的原设备作为备用，实现了系统 SFC 的冗余配置，对于国内抽水蓄能电站的 SFC 改造有较好的借鉴意义。

参考文献：

[1] 倪林林. 大型抽水蓄能机组的变频启动［J］. 水力发电学报，1993（4）：42-50.
[2] 胡雪琴. 静止变频启动装置（SFC）总结与探索［J］. 云南水力发电，2007（1）：109-114.
[3] 周军. 抽水蓄能电站中SFC变频启动的若干特点［J］. 电力自动化设备，2004（11）：99-101.
[4] 宿清华，吴国忠，杨成林，等. 抽水蓄能电站变频启动装置的谐波抑制探讨［J］. 浙江大学学报，2002（11）：707-712.

作者简介：

闫　伟（1981—　），男，工程师，主要从事电力电子在电力系统中的应用研究及设备开发。E-mail：yanwei@nari-relays.com

袁江伟（1984—　），男，工程师，主要从事电力电子在电力系统中的应用研究及设备开发。

司红建（1979—　），男，工程师，主要从事抽水蓄能电站安全技术管理工作。

静止变频器（SFC）启动机组泵工况过程浅析

王 熙，刘 聪，冯刚声

（湖北白莲河抽水蓄能有限公司，湖北 黄冈 438600）

【摘 要】 静止变频器（SFC）能够在较短的时间内平稳地将抽水蓄能机组由零转速拖动至泵工况的额定转速。本文以白莲河抽水蓄能电站SFC系统为例，简述了SFC系统的基本配置，包括组成部分和各部分的结构功能，继而根据SFC工作原理、启动系统控制策略以及SFC系统、监控系统和励磁系统三者之间配合的工作流程详细分析了SFC启动机组泵工况的完整过程。

【关键词】 静止变频器；变频启动；整流桥；晶闸管；控制流程

0 引言

湖北白莲河抽水蓄能电站位于黄冈市罗田县境内，电站装有4台300MW可逆式抽水蓄能机组，总装机容量1200MW。设计年利用小时数为613～948h，年发电量9.67亿kW·h，年抽水耗电量12.89亿kW·h。以500kV电压等级接入系统，在华中电网和湖北电网系统中发挥着调峰、填谷、调频、调相和事故备用等重要作用[1]。

静止变频器（SFC）是大型抽水蓄能电站的重要电气组成部分，抽水蓄能电站的核心技术之一为机组泵工况的变频启动[2]。SFC因具有无级变速、启动平稳、反应迅速、自诊断能力强、可靠性高等优点而被广泛应用于抽水蓄能机组泵工况启动。SFC变频启动机组泵工况是湖北白莲河抽水蓄能电站的主要启动方式，当SFC故障时采用背靠背拖动作为备用方式启动机组。

1 SFC系统的基本配置

1.1 SFC系统的组成部分

SFC是利用晶闸管变频装置将主变低压侧的网侧电压变为从零到额定频率值的变频电源，该电源产生的旋转磁场同步将转子由静止拖动到额定转速[3]。SFC系统由输入变压器、输出变压器、输入断路器、电网侧整流桥（网桥）、机组侧逆变桥（机桥）、输出断路器、直流平波电抗器、隔离开关、冷却系统、控制系统、保护、监测系统和控制柜等组成[4]。开始时网桥将由输入变输入的交流电整流为直流电送入回路中，在直流平波电抗器中完成平波和去耦，后在机桥的作用下逆变后以相应频率交流电形式送入机组[5]。SFC主回路接线如图1所示。

1.2 SFC各部分的结构和功能

湖北白莲河抽水蓄能电站4台机组共用一套型号为ALSTOM SD7000 Synchrodrive™的变频装置。网桥为两只相同整流桥（NB1和NB2）组成的六相全控桥，每只整流桥由18只晶闸管组成，每个整流桥由6个桥臂构成，每个桥臂按照2+1冗余配置晶闸管，即每个桥臂有3只晶闸管，获得12脉冲。机桥（MB1）为单个三相全控逆变桥，6桥臂，每个桥臂按照3+1冗余配置，获

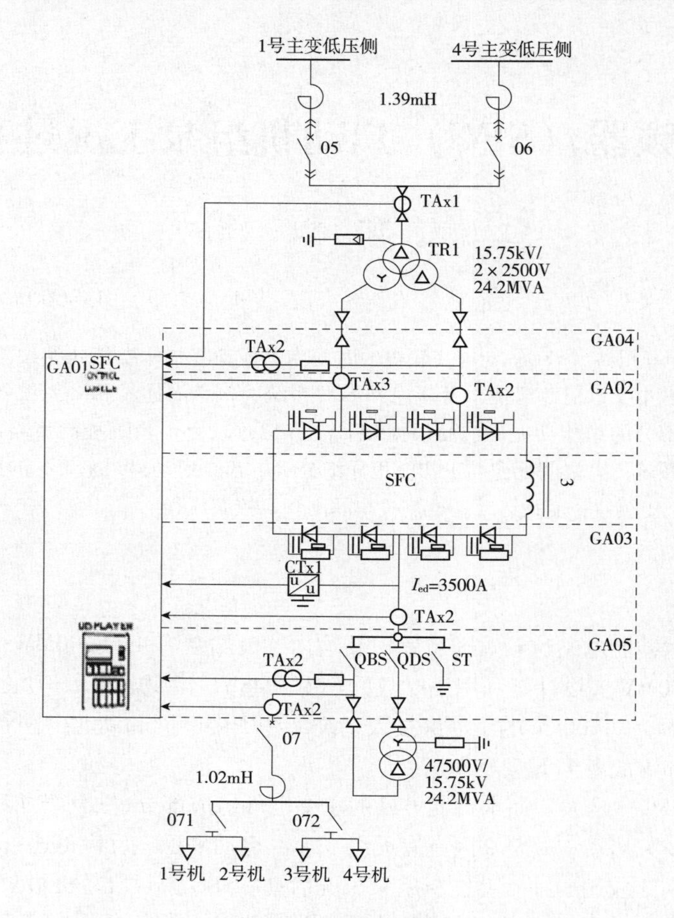

图 1　SFC 主回路接线

取 6 脉冲。NB1 和 NB2 分别与电网侧三绕组输入变压器的二次侧星型和三角形绕组连接，MB1 输出通过 QBS 或 QDS 分别可与启动母线或者输出变压器一次侧星型绕组连接。

输入变压器的低压侧星型二次电流与低压侧三角型二次侧电流相差 30°角，利于整流桥产生 12 脉冲电流。输入变和输出变使电网电压与机组出口电压相适应，有效地降低了 SFC 装置的工作电压，使 SFC 装置配置较少的晶闸管足以完成启动过程[2]。一次侧和二次侧采用三角形连接，有效地降低了网桥产生的谐波对电网和机组的干扰，并能够限制故障电流。

直流平波电抗器主要用改善 MB 中晶闸管的工作条件，通过 NB1 和 NB2 输出后的平波和去耦，抑制直流回路中电压和电流的谐波分量及直流上升速度，降低故障电流起始增长率。

当旁路电流频率低于 5Hz 时，QBS 合上，向电机输入低频电流，保证给机组较大的初始启动电磁力矩，同时避免输出变压在过低频状态运行。当 MB 输出频率上升至 5Hz 以上时，QBS 断开，QDS 接通输入变压器为电机供电。

2　SFC 启动控制分析

2.1　SFC 工作原理

MB 自动换相必须有一个合适的交流电压，当交流电压过低时，MB 失去自动换相的能力。

在泵工况下机组正常运行时，转子中加以恒定不变励磁电流。由机组端电压正比于转速可知，开始启动时，发电电动机处于停机状态或者速度较低，机端电压也较小，MB 不能进行自动换相。因此当机组处于低速运行阶段时 SFC 拖动采用脉冲耦合方式进行强迫换相，机组高速运行时 SFC 拖动采用同步运行方式进行自动换相。

（1）低速运行阶段：采用脉冲耦合工作方式，此时由程序检测转子位置决定何时由 MB 的哪两相导通。换相时为了将回路中的电流截止，强制使 NB 处于全逆变状态。当回路电流减小为 0 时，取消 NB 的全逆变并将触发脉冲传递至下一组需导通的晶闸管。

（2）高速运行阶段：此阶段采用同步运行，机组机端电压自然交替，SFC 晶闸管可靠的自动换相，SFC 控制单元通过控制 NB 以及 MB 的触发脉冲，将 SFC 输出的起动频率调整至 50Hz 左右。

需要说明的是，低速运行阶段转子位置和电磁力矩的方向是两个关键因素。湖北白莲河抽水蓄能电站 SFC 系统采用电气量测量转子初始位置。在机组启动前，投入励磁系统向转子突然施加电流到电流上升到一个稳定值时，从定子出口 TV 取三相的暂态感应电动势进行计算便可知转子的初始位置，在定子电流稳定后当转速在零附近一段数值时，感应电势低，无法通过其测出转子位置，只能运用电机运动方程对转子位置进行估算。对于电磁力矩的方向，通过调整控制回路，使 MB 的晶闸管触发脉冲按新的相序工作即可得到加速电磁力矩。当处于高速运行阶段时，不需要知道转子的初始位置，通过检测机组出口电压频率来协调 MB 的换流频率，使机组避免失步运行[6]。

2.2 SFC 启动系统控制策略

SFC 启动系统主要由 NB1、NB2 以及 MB、直流平波电抗器、电网侧交流电抗器以及交流滤波器组、晶闸管阀冷却系统、变频器控制保护系统、晶闸管的触发脉冲门控制单元、阀基电子设备、晶闸管电子触发板、晶闸管检测系统和水泵工况下的同期控制系统构成，其结构示意图如图 2 所示。

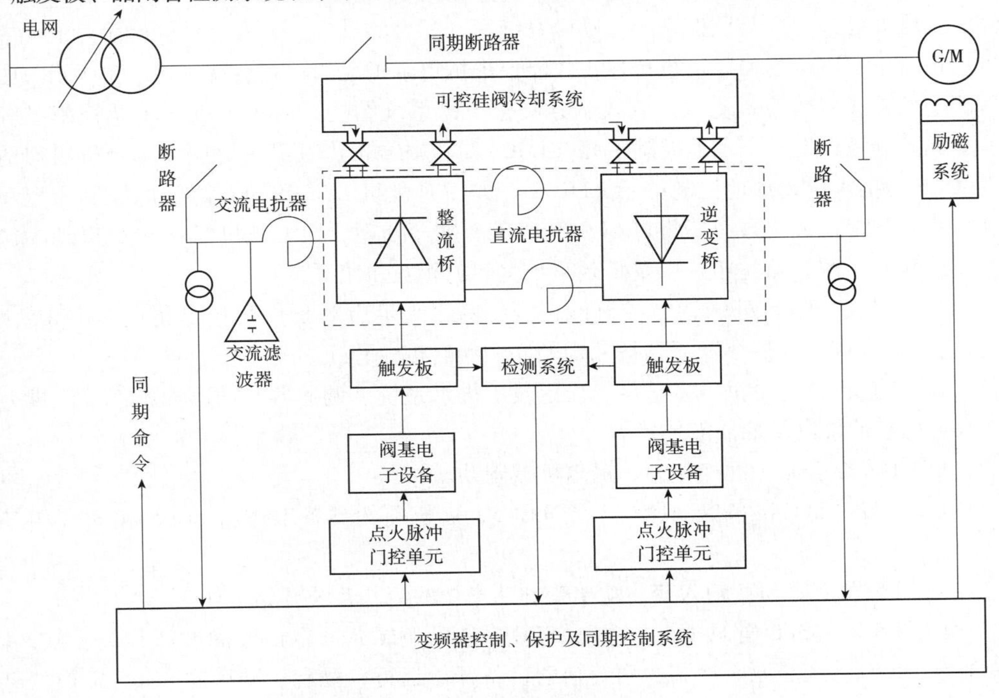

图 2　SFC 启动系统结构示意图

SFC 系统中的晶闸管触发脉冲门控制单元可以实现 SFC 控制保护系统到 NB1、NB2 以及 MB 各桥臂的触发脉冲分配。可控硅触发系统是由阀基电子设备和晶闸管电子触发板构成。阀基电子设备将门控单元输入的对应 NB1、NB2 以及 MB 各桥臂的电控信号转化成对应各阀臂上每只晶闸管的光触发信号；晶闸管电子触发板安装在 NB1、NB2 以及 MB 阀体框架上，每块晶闸管电子触发板控制一只晶闸管，它将接收到的光触发信号转化为电脉冲信号，直接触发晶闸管。同期并网控制系统中的同期测定装置与励磁系统同期调节系统配合，使机组出口电压跟随电网电压的频率和幅值。

SFC 控制器通过对同步电机电网侧电压、电流以及机组侧电压、电流测量以及监控系统开关量的读取，并通过相应的算法输出脉冲控制信号、励磁调节信号、开关量信号以达到机组变频启动的目的。当机组开始转动后，利用双闭环控制方式对 SFC 转速进行调控。将由 SFC 控制器给定的速度参考值与机组实际速度测量值进行对比。将误差信号送入转速调节器进行闭环处理。电流调节器以转速调节器输出的电网侧电流作为给定值，与电网侧实测电流值进行对比，将反馈结果送至电流调节器。电流调节器输入 NB1 和 NB2 触发脉冲指令，以达到电流闭环调节从而实现对机组转速的调节。

针对低速阶段和高速阶段，电流调节器分别采用脉冲耦合工作方式和同步运行方式（见前文 2.1）。机组转动过程中，利用双闭环控制方式对电压进行调控。将电压设定值与电压测量值的误差信号作为输入传递至电压调节器，励磁系统接收由电压调节器反馈的励磁电流调节指令，并以此指令为依据控制励磁系统的整流桥触发角，调节机组励磁电流的大小，以实现对机组的电压调节。

3 SFC 启动机组的工作流程

SFC 启动机组是 SFC 与监控系统、励磁系统紧密配合的过程。只有启动初始阶段上述三者间的信号和指令依照既定的顺序进行传递，才能保证机组泵工况的顺利启动，如图 3 所示。白莲河抽水蓄能电站计算机监控系统为开放式、分层分布的系统结构，由主控级和单元控制级等设备组成。单元控制级设有 9 个现地控制单元（LCU），其中 LCU1 ~ LCU4 对应为 4 台机组现地控制单元，LCU5 为抽水启动现地控制单元。LCU5 一方面对机组 LCU 和 SFC 之间的控制命令和状态信号进行判断处理，另一方面还将对 SFC 反馈命令进行处理。以 1 号机组在 SFC 启动为例，结合图 3 介绍 SFC 系统、监控系统以及励磁系统之间的相互作用关系。

若 SFC 自身无故障且处于远方控制级，SFC 将“满足启动条件”信号传送至 LCU5，机组 LCU1 收到“抽水调相启机令”后，按一定顺序开始启机流程。

（1）LCU1 启动机组辅助设备包括：机组技术供水系统、调速器和球阀油站系统、推力高压油泵、水导循环油泵以及抽油雾装置等。

（2）LCU1 发令合泵工况换相刀、退出机械制动。

（3）LCU1 发“SFC 准备启动命令”至 LCU5，启机前的预备工作由 LCU5 和 SFC 相互配合完成：

1）由 LCU5 发令使 SFC 输入变、输出变和功率柜的冷却系统开始工作。

2）由 LCU5 发“SFC 电源投入命令”，SFC 系统的逻辑判断令谐波滤波器开关合闸，输入、输出变油泵，SFC 去离子泵，冷却风扇等辅助设备开始运行，顺利启动后向 LCU5 反馈“SFC 辅助设备投入运行”信号[7]。

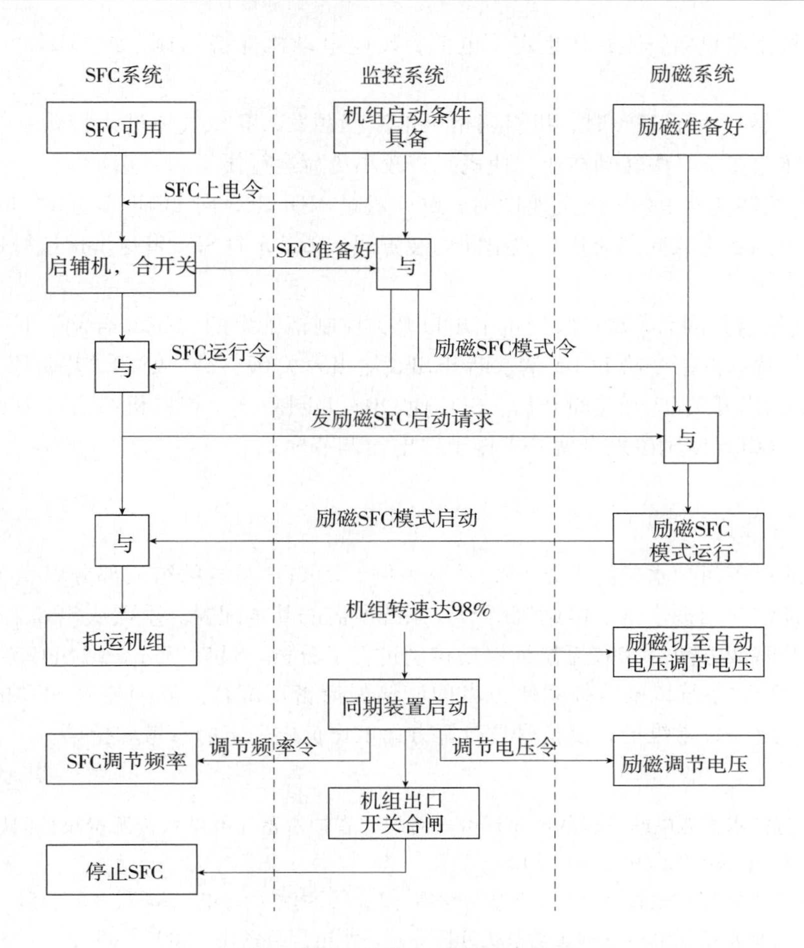

图3　SFC、监控、励磁配合过程

3）SFC 发指令给 LCU5 请求依据 1、4 号主变的运行情况来选择合 05 或 06，输入开关合闸后，SFC 进入“热备用”阶段。

4）SFC 发送合输出开关合闸命令，LCU5 将“SFC 进入热备用”信号传递至 LCU1。

（4）待被启动机组的启动刀和相应的启动母线刀闸合闸后，LCU5 发送“1 号机组启动令”，然后 SFC 发指令给 LCU5 请求合上 SFC 输出开关 VCB2（07 开关）；随后 SFC 根据 LCU5 给出的机组频率信号“F＜5Hz”合上旁路刀闸 QBS。

（5）LCU1 向励磁传递信号，励磁即处于 SFC 模式，励磁系统依据该模式的指令，令励磁变低压侧开关以及灭磁开关合闸，并置励磁为电流调节模式，将 SFC 启动所需要的励磁电流值作为初始励磁电流值，将“励磁准备完成”信号反馈至 LCU1[7]。

（6）LCU1 将“启动令”传递至 SFC，SFC 获取命令后将“释放令”传递至励磁系统，励磁整流桥立即解锁，机组出现转子电流，同时反馈 SFC“励磁 SFC 模式已投入”，SFC 接收该指令后开始计算转子的初始位置，给出晶闸管的出发脉冲，产生电流，使 SF 拖动机组转动起来，以脉冲耦合方式加速。

（7）当约 8.5% 额定频率时，SFC 闭锁触发脉冲，定子电流为零，旁路刀闸 QBS 断开，然后合上 QDS 刀闸。

（8）SFC控制器重新解锁，产生定子电流，发电电动机保持加速，约5Hz时，进入同步运行方式。

（9）当机组转速大于25%时，机组调相压水流程触发，高压气体进入转轮室并将水位压至转轮以下，使转轮在空气中转动造压，使机组带较小负荷运行便于SFC启动。

（10）当机组转速为98%额定速度时，SFC通过MODBUS向LCU5发送“SFC速度 > 98%”命令，监控判断进入同期流程。机组同期装置通过LCU5向SFC发送增速或减速命令以调节机组同期频率。

（11）启动机组并网后，SFC收到机组出口开关控制柜给出的“GCB合闸”信号，SFC立即闭锁触发脉冲，然后发指令给LCU5请求断开SFC输出开关07，SFC处于“热备用”状态。

（12）SFC输出开关07开关断开后，SFC使QDS刀闸断开；相应机组启动刀分闸后，启动母线刀闸分闸。LCU5向励磁发令使其工作于“电压调节模式”。

4 结语

本文以湖北白莲河抽水蓄能电站SFC系统为例，从SFC系统的组成部分以及各部分的结构和功能等方面详细介绍抽水蓄能电站机组SFC系统所需的基本配置。重点从SFC工作原理和SFC启动系统控制策略两方面对SFC系统的启动控制进行了分析。最后通过介绍SFC系统启机流程，详细说明SFC、励磁系统以及监控系统三者间应该如何密切配合。以期能为SFC的系统配置设计、运行方式优化、日常维护以及检修技改等方面工作提供一定的参考和指导。

参考文献：

[1] 胡广生. 促进抽水蓄能电站发展的政策研究—对湖北省抽水蓄能电站水资源费减免问题的探讨［J］. 价格理论与实践，2010，（9）：30-34.

[2] 胡雪琴. 静止变频启动装置（SFC）总结与探索［J］. 云南水利发电，2007，（5）：51-53.

[3] 杨洪涛. 天堂抽水蓄能电厂变频启动系统分析［J］. 水电厂自动化，2004，（5）：31-35.

[4] 冯刚声，阚朝辉. 白莲河抽水蓄能电站SFC系统运行中故障的分析与处理［J］. 水力发电，2012，（7）：67-68.

[5] 王建忠. 静止变频器（SFC）原理及设备［J］. 水电厂自动化，2006，（3）：198-201.

[6] 周军. 抽水蓄能电站中SFC变频启动的若干特点［J］. 电力自动化设备，2004，（11）：99-101.

[7] 杨文道，郑重. 桐柏抽水蓄能电站SFC启动机组的自动控制［J］. 水电厂自动化，2006，（4）：190-194.

作者简介：

王熙（1987— ），男，湖北武汉人，硕士研究生，助理工程师，主要从事抽水蓄能电站运行维护。E-mail：wangxiwust@163.com.

国产大型静止变频器（SFC）系统设计及应用

徐　峰[1]，高苏杰[2]，张亚武[2]，衣传宝[2]，石祥建[1]，刘为群[1]

（1. 南京南瑞继保电气有限公司，江苏　南京　211102；
2. 国网新源控股有限公司，北京　100761）

【摘　要】　SFC 长期以来依赖进口，SFC 系统技术及市场被国外少数公司垄断。南瑞继保电气有限公司依托国家电网 2013 年科技项目“百兆瓦级抽水蓄能机组静止启动变频器（SFC）关键技术研究”，研制满足 300MW 级抽水蓄能机组启动要求的 SFC 系统。本文介绍该国产大型静止变频器（SFC）在安徽响水涧电站的系统设计方案及现场应用情况。

【关键词】　抽水蓄能；静止变频器；SFC 国产化

0　引言

抽水蓄能电站在电力系统中担负着调峰填谷、旋转备用、事故备用、调频调相等任务[1]。抽水蓄能机组在电动机工况下，应尽可能平稳地启动，避免对电网造成过大冲击，因此，静止变频器（Static Frequency Converter，SFC）启动是大型抽水蓄能机组首选的启动方式。它把工频电流经整流及逆变变换后，根据电机转子位置或机端电压信息，以逐渐升高的频率交替向电机定子某两相通入电流，产生超前于转子磁场的定子旋转磁场，通过该磁场与励磁电流形成的转子磁场相互作用，生成加速力矩将电机转子加速到同步转速，再由同期装置实现机组并网[2-3]。

SFC 系统属于交直交变流器，SFC 系统一般由输入断路器、输入变压器、整流阀组（网桥）、直流电抗器、逆变阀组（机桥）、输出刀闸、输出变压器（可无）、输出断路器等设备组成。

SFC 常见的拓扑结构如图 1 所示。

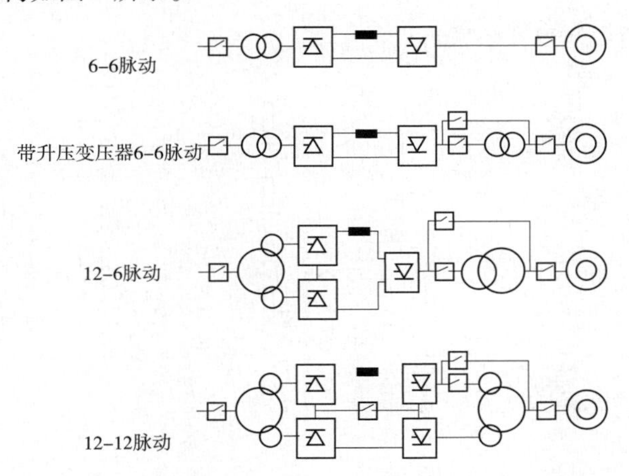

图 1　常见 SFC 拓扑结构

安徽响水涧抽水蓄能电站拥有 4 台 250MW 抽水蓄能机组，总装机容量 1000MW，电站临近华东电网负荷中心。设计为日调节纯抽水蓄能电站，其作为电网调峰电源之一，开发任务是为系统承担调峰填谷和提供事故备用，同时担任系统调频调相等任务，以缓解系统严重的调峰矛盾，改善系统火电、核电机组运行状况，提高系统供电质量，为电网安全运行提供保证。

1 设计方案

安徽响水涧抽水蓄能电站原 ABB 生产的静止变频系统（下称原 SFC）为高低高、6－6 脉动拓扑结构，主接线如图 2 所示。

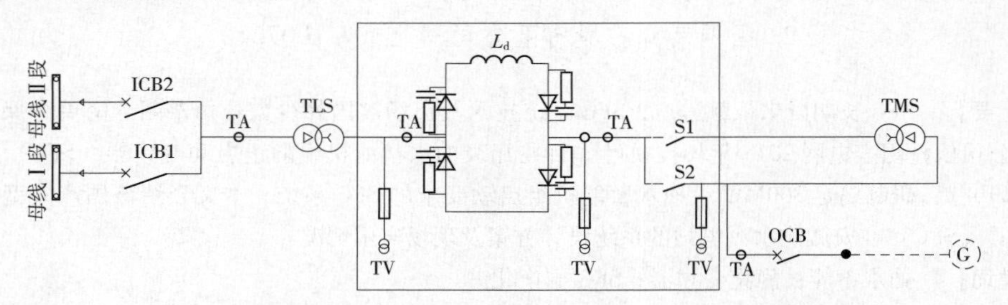

图 2　响水涧原 SFC 系统主接线图

本次依托国网科技项目“百兆瓦级抽水蓄能机组静止启动变频器（SFC）关键技术研究”，由南瑞继保电气有限公司为安徽响水涧抽水蓄能电站研制一套满足 300MW 级抽水蓄能机组变频启动要求的 PCS—9575 静止变频器系统。

由于厂房空间的限制及工程造价等方面的考虑，新增 PCS—9575 静止变频器（下称新 SFC）也采用高低高、6－6 脉动拓扑结构，并与原 SFC 系统共用输入断路器 ICB1、输入断路器 ICB2、输入变压器 TLS、输出变压器 TMS 及输出断路器 OCB。为了实现两套 SFC 系统相互间平稳切换和安全、可靠运行，需对两套 SFC 系统的一次系统及二次系统接口部分进行重新设计。

1.1 一次接口方案

两套 SFC 系统一次接口方案如图 3 所示。图中框内标出的为新 SFC 系统及两套 SFC 系统的隔离点，其余部分为原 SFC 系统设备。

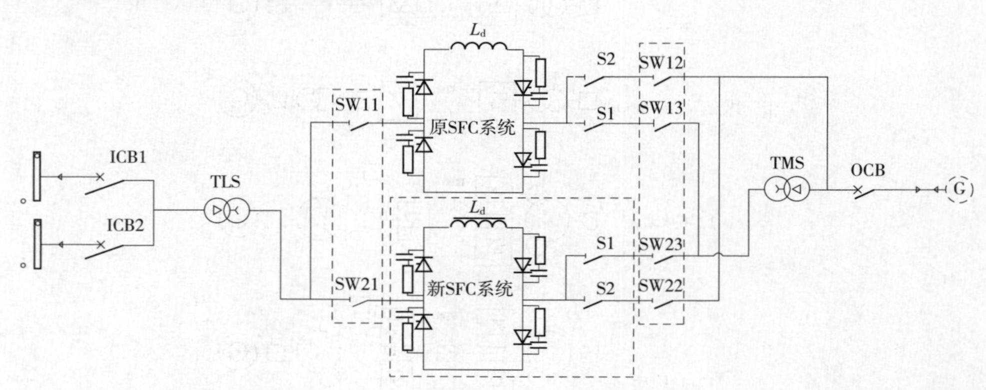

图 3　改造后两套 SFC 系统主接线图

两套 SFC 系统的隔离和切换通过 6 套隔离排实现（图中 SW11、SW12、SW13、SW21、SW22、SW23），隔离排装在 24kV 等级的中置式开关柜中，为手动操作，两套 SFC 系统的隔离排之间设计防误操作措施。

1.2 二次接口方案

两套 SFC 系统除了共用一次设备，还需共用二次控制信号。除了 SFC 系统内共用的断路器、变压器等一次设备的二次控制及状态信号，还包括机组相关信号。二次信号接口采用集中切换方式，即二次信号在进入原 SFC 机柜前，选择合适的位置布置切换柜，信号经过切换柜切换后，送给原 SFC 系统或新 SFC 系统。

1.3 PCS—9575 静止变频器系统介绍

PCS—9575 静止变频器系统是首套国产化 300MW 级抽水蓄能机组静止变频设备，南瑞继保公司拥有完全自主知识产权。一次功率部分基于南瑞继保 SVC 及直流融冰高压电力电子系统设计制造技术，二次控制保护部分基于南瑞继保 UAPC 通用平台，满足大型抽水蓄能机组变频启动要求。

1.3.1 一次功率部分

本次提供的 PCS—9575 静止变频器采用高—低—高，6—6 脉动，带输出变压器主回路拓扑结构，功率桥桥臂采用多管串联方式，由晶闸管元件、散热器、过压保护、触发单元组成整流组件单元，一个桥臂的多个整流组件单元串接成为一个阀串，六组阀串组成三相全控整流/逆变功率桥，功率桥使用强迫风冷方式，取消了复杂的水冷系统。

PCS—9575 静止变频器触发系统使用光电触发方式，晶闸管附近安装晶闸管控制单元（TCU）实现就地高压耦合取能，晶闸管触发，监视阀组的触发状态及正向过电压保护，结合常规的交流侧过电压保护及晶闸管并联阻容保护，完成对阀组的完整控制保护及状态检测。TCU 采用电子电路，实现晶闸管过电压保护，体积小、定值稳定、转折电压值偏差小。

1.3.2 二次控制保护部分

PCS—9575 静止变频器的控制系统基于南瑞继保自由知识产权的 UAPC 通用平台，该平台广泛应用于特高压、高压直流控制保护系统，FACTS（灵活交流输电）控制保护系统，数字化变电站控制保护系统等，是高性能分散、分布式系统，拥有友好的人机环境，方便进行功能扩展。

PCS—9575 静止变频器的控制系统包括 PCS—9575 静止变频器主控装置、采样装置、智能 IO 装置、PCS—9586 阀控装置和 PCS—985FA 静止变频器保护装置。采样装置实现输入变压器、网桥、机桥、输出变压器等设备的模拟量采集；智能 IO 装置实现 SFC 系统必需的各种开关量的采集、流程控制、开关刀闸的操作；主控装置根据采样装置和智能 IO 装置获得模拟量与开关量信息，完成控制保护计算、触发脉冲输出和励磁系统控制。主控装置分别形成网桥、机桥的触发信号送给 PCS—9586 阀控装置形成网桥、机桥阀组的光纤触发脉冲，输出经光纤送至晶闸管控制单元（TCU），TCU 高压就地取能形成触发晶闸管的电脉冲，触发机桥、网桥阀组，同时将阀组状态信息反馈阀控装置。

PCS—9575 静止变频器控制系统采用双闭环控制方式：外环为转速闭环，一般采用 PI（比例、积分）调节；内环为电流闭环，一般也采用 PI 调节方式。当机组频率可测时，计算机组转速给定值与机组转速测量值的差值，经过 PI 控制计算，产生网桥输出直流电流的给定值；直流电流给定值与网桥输出直流电流测量值的差值，经 PI 调节计算所得的控制量，经余弦移相产生触发角度值 α。逻辑图如图 4 所示。

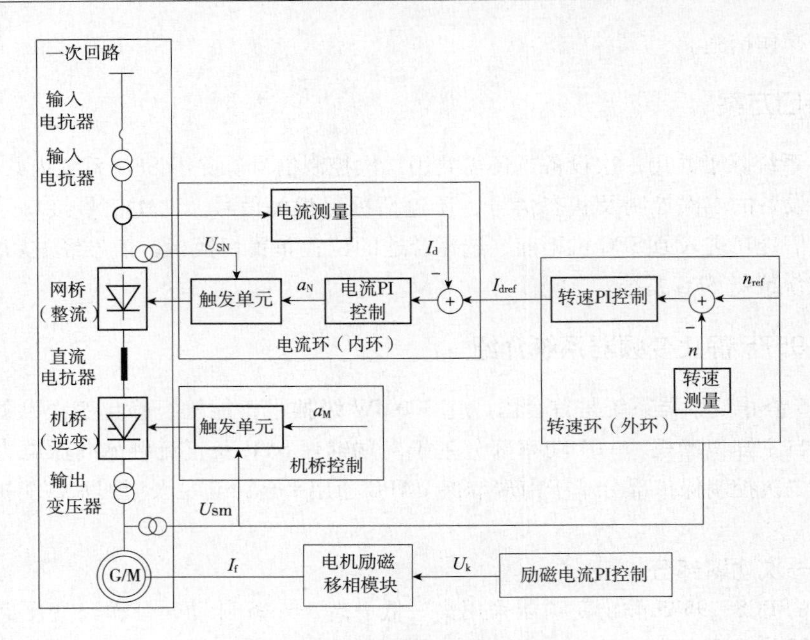

图 4　SFC 系统控制逻辑图

整个启动控制过程中，PCS—9575 静止变频器控制系统的控制可以分为三个阶段：

（1）初始触发控制。该阶段实现正确的电机初始转动。首先给电机转子加励磁电流阶跃，根据电磁感应原理，电机定子将感应出三相电压，SFC 控制装置根据该电压信号计算出转子的初始位置，从而得到首次应该被触发的机桥阀组编号。启动网桥，同时，触发机桥相应阀组，这样有励磁的转子就在定子磁场的牵引下开始转动。

（2）脉冲换相控制。在电机转动频率比较低时（比如小于 5Hz），机端感应的电压值比较低，不足以使机桥的阀组在需要换相时自然关断，需人为控制来实现机桥的换相，即脉冲换相。当根据机端电压判断出机桥需要换相时，首先使网桥逆变，当回路中电流降为零时，则机桥相应阀组由于无法续流而被关断，再给机桥下一对需要开通的阀组发送触发信号，同时恢复网桥整流输出，这样就完成了机桥的换相控制。

（3）负载换相控制。当电机频率比较高时（比如大于 5Hz），机端感应出的电压足够高，能够使机桥需要被关断的阀组自然关断，控制进入负载换相控制阶段。在这个阶段，网桥一直处于整流工作状态，机桥则一直处于逆变工作状态，这样就可以为电机定子提供持续的转动力矩，使电机转速不断上升，以达到需要的转速。

PCS—9575 静止变频器主控单元拥有完备的控制保护功能，如 SFC 系统差动保护、过流保护、电压越限保护、过磁通保护、电流变化率保护、电机过速保护等，同时为防止控制系统异常造成保护功能失效，另设一套独立的 SFC 保护装置 PCS—985FA，实现输入变压器、输出变压器、SFC 功率桥的差动保护、过流保护、电压异常保护等，构成控制系统保护和外加独立装置的双重化保护方案。

2　现场应用

2013 年 12 月—2014 年 3 月经过各方专家的共同努力，完成新 SFC 系统的设备安装和静态调试，3 月 24 日起进行新 SFC 设备的动态试验。

2014 年 4 月 1 日下午 2：03 新 SFC 系统完成全部动态试验，连续拖动 4 台机组成功并网，单台机组的全过程启动录波如图 5 所示。

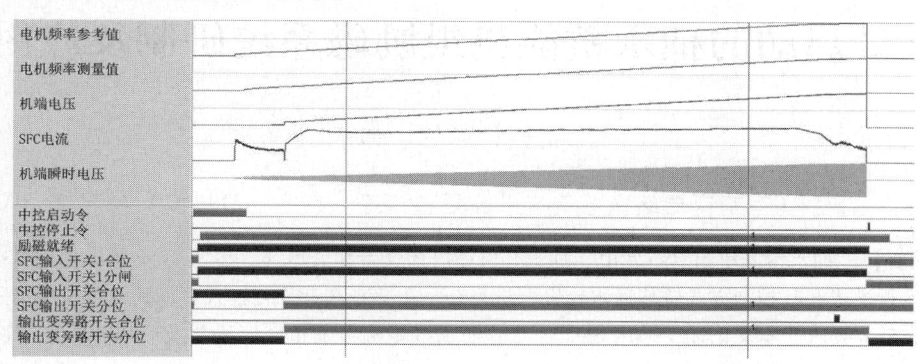

图 5　SFC 系统启动过程录波

3　结语

响水涧国产大容量 SFC 系统的成功投运彻底打破了国外厂家在抽水蓄能电站静止变频器领域的技术垄断，同时宣告大型抽水蓄能发电机组及其辅助设备的全部国产化已经实现。同时，新增 SFC 系统与原 SFC 系统共用部分设备的方案，节约了工程投资，为现场老设备改造及 SFC 系统双重化提供了一套完整的解决方案，有一定借鉴意义。

参考文献：

[1] 高苏杰，娄素华. 抽水蓄能电站综合效益评估综述［J］. 水电自动化与大坝检测 . 2008，32（1）：11 -15.

[2] 闫伟，石祥建，等. 抽水蓄能电站 SFC 系统研制及应用［C］. 第十八次中国水电设备学术讨论会论文集，2011.

[3] 舒建红，郑建锋. 静态变频器在抽水蓄能电站中的应用［J］. 华电技术. 2010，32（8）：39 -41.

作者简介：

徐峰（1981—　），男，辽宁沈阳人，工程师，从事静止变频器，发电机励磁系统等电力电子设备设计工作。E - mail：xufeng1@ nari - relays. com

高苏杰（1961—　），男，甘肃兰州人，高级工程师，从事抽水蓄能电站和新能源技术管理工作。

张亚武（1973—　），男，福建莆田人，高级工程师，从事抽水蓄能电站运行维护管理工作。

衣传宝（1982—　），男，山东临沂人，工程师，从事抽水蓄能电站和新能源技术管理工作。

石祥建（1980—　），男，江苏徐州人，工程师，从事电力电子设备在电力系统应用研究及工业过程自动控制研究。

刘为群（1966—　），男，安徽滁州人，高级工程师，从事电力电子设备在电力系统应用研究。

SFC启动的抽水蓄能机组励磁系统研制及应用

施一峰，牟　伟

（南京南瑞继保电气有限公司，江苏　南京　211102）

【摘　要】　抽水蓄能机组具有发电、抽水、SFC启动、背靠背水泵、背靠背发电、电气制动等多种运行模式，其控制方式较普通水轮发电机复杂，在SFC和背靠背模式下，其对励磁的控制时序具有较高要求。本文论述了采用SFC启动的抽水蓄能机组励磁系统研制及应用中需要解决的问题，并提出对应的工程解决方法。

【关键词】　抽水蓄能；励磁系统；静止变频器（SFC）；背靠背

0　引言

随着电网容量增加，负荷“峰谷”差越来越大，另外，随着国家新能源发展政策的实施，电网中新能源比例也逐渐增加，但是多数新能源有功功率调节能力差，例如，核电机组一般带电网基荷，风力和太阳能发电功率为脉动式，受自然条件影响较大，这些因素使得电网中快速调整有功功率机组的迫切性日益增加。

电网解决负荷“峰谷”差矛盾的重要手段是建设抽水蓄能机组，尤其在资源缺乏的电网，需要建设大量的抽水蓄能机组。抽水蓄能电站是既能抽水又能发电的水电站，在电力负荷低谷时抽水至上水库，消耗电网多余的有功功率，在电力负荷高峰期再放水至下游水库发电，补偿电网有功功率。它不仅可以削峰填谷，还可用于调频、调相，充当事故备用电源，对电网稳定高效运行有重要作用。[1]

抽水蓄能机组与常规水轮发电机组相比，工况复杂多样，除了常规水轮发电机组的发电工况外，还有水泵抽水、水泵启动、电气制动等工况，其中水泵启动又分为降压启动、背靠背启动、静止变频器（Static Frequency Convertor，SFC）启动等多种启动方式。降压启动仅适用于早期小型抽水蓄能机组，现在已不再使用，目前抽水蓄能电站均采用SFC启动和背靠背启动相结合的方式。

江苏沙河抽水蓄能水电站位于常州天目湖景区内，装机2台55MW可逆式抽水蓄能机组，总装机容量为110MW，配置法国阿尔斯通的静止晶闸管励磁系统和SFC，于2001年正式投产。在近10年的运行过程中，励磁系统的使用情况总体稳定。但随着产品运行时间的增加，备品备件采购和技术服务等日常维护费用逐渐升高，电站计划对励磁系统进行技术改造，这也是抽水蓄能机组励磁系统国产化的一次积极尝试。

1　抽水蓄能机组励磁系统技术特点

1.1　抽水蓄能机组运行范围

抽水蓄能机组运行范围比常规水电机组广，反映在*PQ*平面上就是四象限运行，如图1

所示。常规发电机只运行在第1、4象限，即发电状态下的进相和滞相。而抽水蓄能机组除了可以作为发电机外，还可以作为电动机，将水从低处抽往高处，因此多了第2、3象限运行范围[2]。当作为电动机运行时，水轮机需要反向转动，此时机端相序为反序，这将影响功率计算；机端电压频率变化范围大，从0Hz升至50Hz，需要对调节器的一些限制和保护做特殊处理（如伏赫兹限制），以满足电动机工况下的限制保护要求。

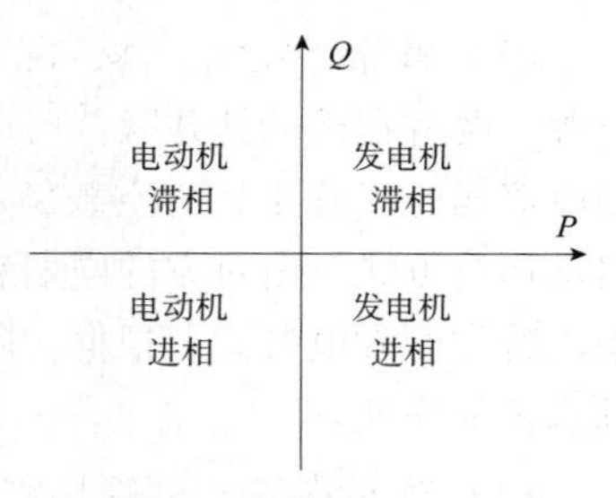

图1　抽水蓄能机组运行象限

1.2　各工况下励磁系统动作过程

抽水蓄能机组在不同工况的控制逻辑完全不同，工况的转换需要有严密的逻辑，任何地方时序不对都会使机组无法正常运行。

（1）常规发电工况。该工况下的励磁系统与常规励磁系统并没有本质上的区别，此时励磁调节器置为自动运行方式，当机组转速升至95%额定转速后，监控向调节器发出投励指令，机组自动升压至额定值，经同期后并入电网发电。

（2）SFC启动[3]。本工况较为复杂，需要SFC和励磁系统紧密配合，时序逻辑上稍有错位就会导致发电机启动失败。SFC启动时序如图2所示。在该工况下，首先监控系统向励磁系统发出SFC启动指令，调节器接收到指令后合灭磁开关，同时调节器进入SFC启动模式，开放SFC控制接口准备接收SFC发送来的控制信号。准备就绪后，励磁系统向SFC控制器发送励磁系统就绪信号，此时励磁系统等待SFC发送的控制信号。SFC控制器接收到励磁系统准备就绪信号后，通过控制接口向励磁系统发送控制信号，首先将励磁电流调节至空载额定励磁电流的一半，SFC控制器在正确计算出抽水蓄能机组转子位置后，进入启动流程，控制机组从静止开始加速，并随机组转速的升高逐步提高励磁电流至额定空载励磁电流。当机组转速达到95%额定值时，励磁系统切断SFC控制器发来的控制信号，转为自动运行方式，并跟踪系统电压，自动调节发电机电压与系统电压一致。此后SFC继续运行将机组带入同步转速，在满足同期条件后并网，SFC则在并网后自动退出。

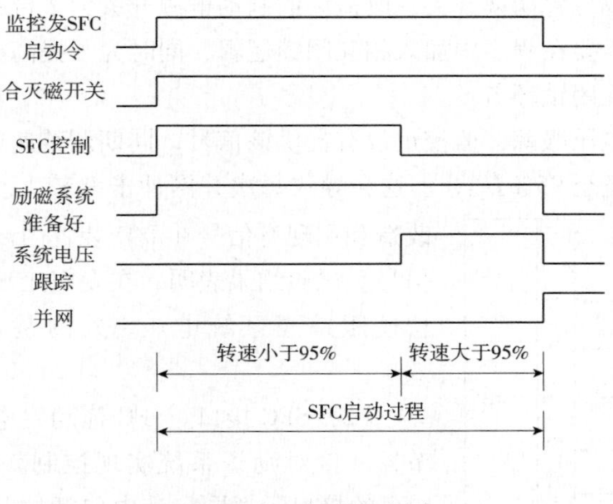

图2　SFC启动时序图

（3）背靠背发电。本工况下的机组作为发电机，为另一台处于背靠背水泵的机组提供启动电源，两者在机端处并联。启动时，励磁系统置为手动运行方式，以预先设置的励磁电流做恒励磁电流运行（通常置为空载额定励磁电流），当机组转速达到95%额定转速时，励磁系统切换为自动运行方式，由对方的同期装置调整本机组的定子电压，满足条件后并网，并网后本机组随即退出背靠背发电模式。根据实际需求可以选择停机后进行SFC启动，这样2台机组可以同时进行抽水蓄能作业。

（4）背靠背水泵。本工况下励磁系统的工作方式同背靠背发电类似，只是在并网前励磁系统始终处于手动运行方式，只有当并网后才切换至自动运行方式，因此本侧的机组无同期过程。从背靠背发电的流程可以看出，实际上本侧的同期装置是在调整发电侧机组的电压，从而间接达到调整本机组定子电压的目的。

（5）电气制动停机[4]。水电机组的转动惯量都很大，因此如果仅利用惯性，则要很长时间才能停下来，这不仅延长了转入另一种工况的时间，也对发电机轴瓦造成磨损，而电气制动可以有效缩短机组停机的时间。当机组从电网解列后，首先监控系统退出励磁，使发电机定子电压降为0，等待空气阻尼使发动机转子减速至50%额定转速，这个过程一般持续时间很短。当转子转速降为50%额定转速时，监控系统直接把定子绕组三相短路，再向励磁系统发出电气制动指令，励磁调节器合灭磁开关，并给出励磁电流，使转子减速，当转速降至5%额定转速时，退出电气制动，最后采用机械制动使机组停机。电气制动控制中一般采用双重目标控制，有效防止发电机进入过负荷范围。

1.3 智能在线编程I/O装置

（1）I/O接口。多工况需要传输大量I/O信号，但常规励磁调节器无法提供足够的接口，并且有些信号类型和调节器的输入类型不兼容，需要在进入调节器前进行类型转换。针对这些情况，开发了智能I/O控制装置，对I/O信号进行预处理。

为减少对调节器的改造所带来的技术风险，将抽水蓄能相关的控制逻辑全部放在智能I/O装置中实现，主要包括制动电源控制、灭磁开关分合闸、启动模式选择、控制模式切换、通道切换、开停机控制、系统电压跟踪等。

原制动电源开关为双位置切换开关，改造后的制动电源开关为2台断路器，为避免2台断路器同时合闸造成事故，需要在程序中加入相互闭锁逻辑，同时为了提高可靠性，在2台断路器的操作回路中也加入了相互闭锁环节。

原励磁系统无系统电压跟踪，监控也没有提供该信号，同期调整速度慢，为了达到快速并网的目的，将同期电压放宽至95% U_{gn}，但这会导致每次并网冲击都较大。为了解决该问题，本次改造利用现有信号在I/O装置内部合成一个系统电压跟踪信号。试验结果表明，在发电工况下，并网前机端电压能快速跟踪至系统电压，并网基本无冲击，达到了预期效果。

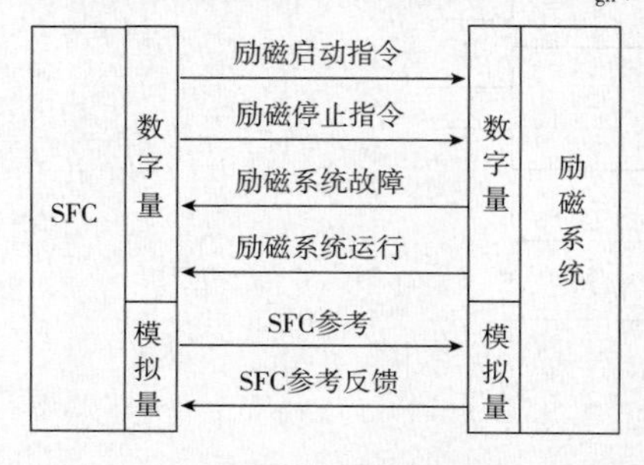

图3　励磁系统与SFC接口示意图

（2）SFC接口。SFC拖动发电机时，需要通过励磁调节器间接对励磁系统实现控制。图3所示为励磁系统与SFC的接口示意图，其中包括控制指令和模拟信号。模拟信号是指SFC参考，它由SFC给出并送至励磁系统，励磁系统接收后用于控制励磁系统实际输出励磁电流的大小。一般该信号采用 4～20mA 类型，不同厂家定义不同。

2　励磁系统控制流程设计

抽水蓄能励磁控制采用模块化设计，便于调试、修改和扩充。根据抽水蓄能机组励磁运行工况，励磁控制可以分为以下几个独立的控制模块。

2.1　SFC 启动

图 4 所示为励磁调节器在 SFC 启动模式下的程序流程图。

2.2　背靠背水泵

图 5 所示为励磁调节器在背靠背水泵模式下的程序流程图。

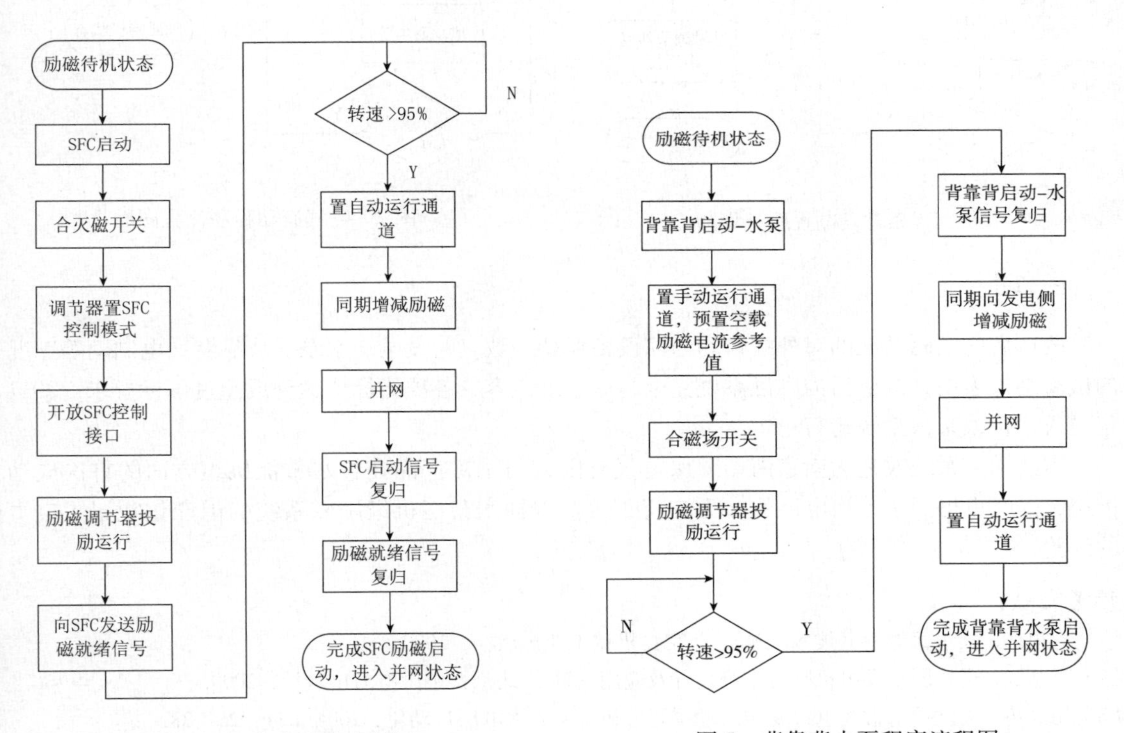

图 4　SFC 启动程序流程图　　　　图 5　背靠背水泵程序流程图

2.3　背靠背发电

图 6 所示为励磁调节器在背靠背发电模式下的程序流程图。

2.4　电气制动

图 7 所示为励磁调节器在电气制动模式下的程序流程图。

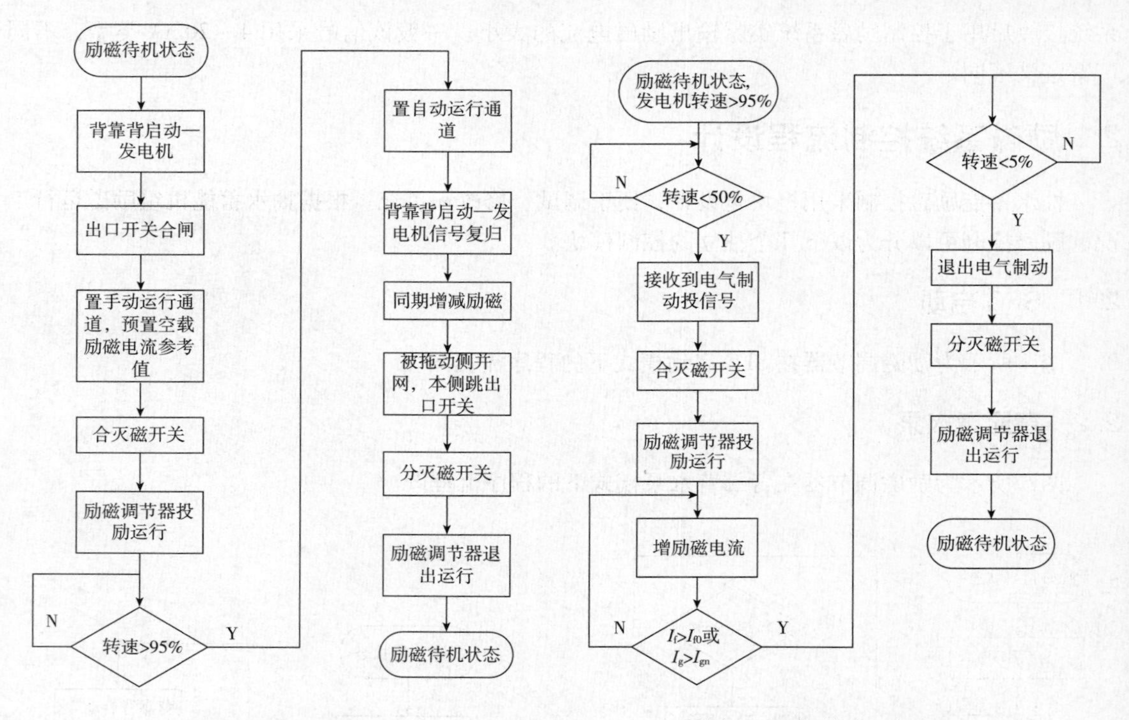

图 6　背靠背发电程序流程图　　图 7　电气制动程序流程图

3　结语

改造后的励磁系统的对外接口均与原设备保持一致，对发电、水泵、背靠背、电制动等工况的试验结果表明，改造后的励磁系统完全与原系统兼容，各项指标均达到或超过国标要求。2011 年投入运行以来该系统运行稳定。

本次励磁系统改造为南京南瑞继保电气有限公司励磁产品在抽水蓄能机组方面的首次成功应用，同时也得到了沙河电厂的大力支持，为实现抽水蓄能机组励磁系统的国产化积累了宝贵的经验。

参考文献：

[1] 梅祖彦. 抽水蓄能发电技术 [M]. 北京：机械工业出版社，2000.
[2] 李基成. 现代同步发电机励磁系统设计及应用 [M]. 北京：中国电力出版社，2009.
[3] 杨洪涛. 天堂抽水蓄能电厂变频启动系统分析 [J]. 水电厂自动化，2004 (2)：25 - 28.
[4] 杜志宏，程芳. 抽水蓄能电站电气制动技术的应用 [J]. 水电厂自动化，2007 (1)：95 - 97.

作者简介：

施一峰（1979—　），男，江苏南通人，工程师，从事发电机励磁系统研究。E - mail：shiyf@ nari - relays. com

牟伟（1981—　），男，四川成都人，工程师，从事发电机励磁系统研究。

1000MW 机组 PCS—9400 分布式智能励磁系统应用
——励磁系统状态检测及状态评估新技术

慈学敏[1]，王彦杰[1]，施一峰[2]，吴　龙[2]

（1. 华能国际玉环发电厂，浙江　玉环　317600；
2. 南京南瑞继保电气有限公司，江苏　南京　211102）

【摘　要】　发电机励磁系统是发电站的重要设备，直接控制发电机无功功率及系统稳定，励磁系统状态实时测量及状态评估新技术可以实时对发电机励磁系统的健康状态进行评估，发出预警信号，消除故障隐患。PCS—9400 分布式智能励磁系统状态信息在线监测及管理包括励磁调节器调节信息，可控硅整流桥主要元件电流、电压及温度信息，灭磁设备灭磁信息以及其他相关设备工作信息，全面反映励磁设备工作状态，并进行实时状态评估。

【关键词】　励磁系统；励磁调节器；晶闸管整流桥；灭磁开关；灭磁电阻；状态评估

0　引言

发电机励磁系统为典型实时自动控制调节系统，励磁调节器根据发电机实时变化工况需求实时调节励磁功率单元的输出，励磁调节器和励磁功率单元工作状态的异常很容易造成励磁功率单元输出电流偏大或偏小，导致发电机过励或低励等异常工况，严重时会造成故障解列，进而影响电力系统运行安全，灭磁单元是保护发电机故障时安全停机的最后一道“闸门”，简而言之，励磁系统中任意设备的异常都会影响发电机正常安全运行。

当前励磁系统中的检测功能大多为故障检测，即在故障时进行故障量录波，为故障分析和故障反措提供数据支持，但改变不了故障本身。随着发电机单机容量的扩大及计算机控制技术的发展，为进一步提高发电机励磁系统运行可靠性，需要对发电机励磁系统进行运行状态检测，对励磁系统运行状态是否健康进行状态评估，对励磁系统故障进行预估分析，实现在励磁系统故障前进行处理，从本质上提高发电机及励磁系统运行可靠性。

华能国际玉环发电厂总装机容量为 4 台 1000MW 发电机组，为国内最早投入运行的超超临界 1000MW 机组，励磁系统采用日本进口三菱励磁产品，运行过程中发生过局部元件过热损坏造成发电机跳闸的励磁故障，去年进行励磁改造，采用南京南瑞继保公司生产的 PCS—9400 分布式智能励磁系统，新系统采用南瑞继保公司统一的硬软件平台开发的基于光纤控制的新一代励磁系统，本文重点介绍 PCS—9400 分布式智能励磁系统中先进励磁系统状态测控及评估技术，励磁系统中包括各种智能测控单元，对发电机励磁系统各个部分进行实时状态监测和状态评估，可以对异常工况及时预警，提前消除故障隐患。

1　PCS—9400 分布式智能励磁系统组成

应用于华能国际玉环发电厂 1000MW 机组的 PCS—9400 分布式智能励磁系统包括 PPC—ER 励磁调节器柜 1 面、PPC—SR 晶闸管整流柜 2 面和 PPC—BM 灭磁及过电压保护柜 1 面，每个机柜均配置智能测控装置，如图1所示，PPC—ER励磁调节器包括2个PCS—9410励磁调节装置（含发电机、励磁变压器、励磁调节器信息检测）、每面PPC—SR晶闸管整流柜配置1台PCS—9425整流桥智能测控装置（一个PCS—9425对应一台晶闸管整流桥的信息检测）、PPC—BM灭磁及过电压保护柜配置一台PCS—9435灭磁柜智能测控装置（包括灭磁开关、灭磁电阻、过压保护等单元的信息检测）、励磁调节器中还安装一台PCS—9415励磁信息在线监测及管理装置（收集励磁信息、进行励磁设备运行状态评估）。

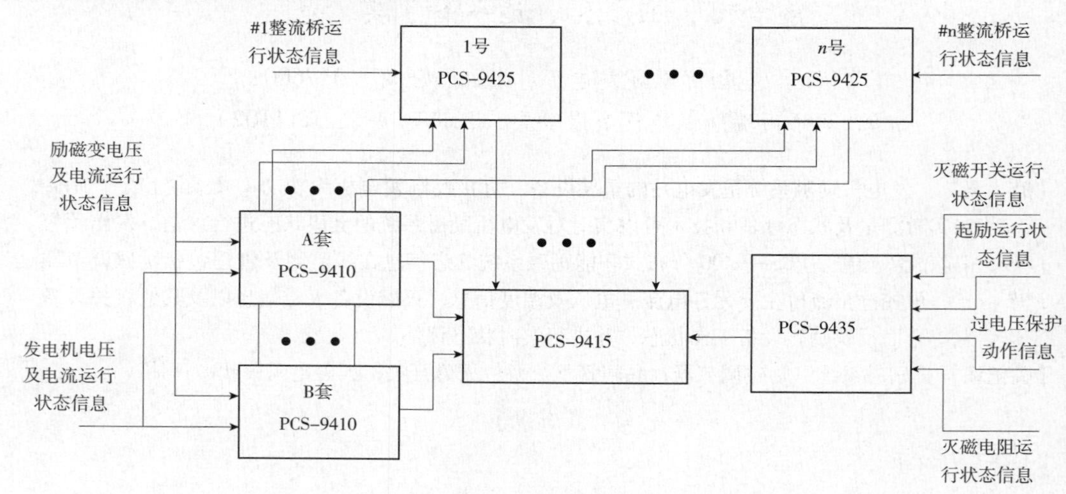

图1　励磁系统信息在线监测及状态评估组成示意图

PCS—9400分布式智能励磁系统状态信息在线监测及状态评估工作原理如下：各个智能测控单元配置相应的测量装置，通过电缆接入励磁设备运行模拟量及开关量信息，进行测量和计算，监测各个设备的运行状态信息，然后通过光纤通信方式（励磁调节器脉冲也通过光纤方式），将各个设备的运行状态信息送至状态评估装置（PCS—9415），完成励磁设备状态评估运算，检查励磁设备运行状态，提前预警设备异常状态，消除故障隐患。

2　PPC—ER励磁调节器信息测控功能

PPC—ER励磁调节器是PCS—9400分布式智能励磁系统的控制核心，根据发电机运行工况需求和输入信息，实时计算和调节发电机励磁电流，同时判断励磁调节器设备的工作状态。励磁调节器输入信息相对较少，主要包括发电机和整流电源运行状态信息，发电机运行状态信息主要有发电机定子电压、定子电流和出口开关状态，整流电源运行状态信息主要组成为整流电源输出电压和输出电流。励磁调节器输出信息较为复杂，包括所有中间信息和控制信息，既有大量的模拟量，也有大量的开关量，需要根据励磁调节器调节控制模型确定具体状态信息，下面以PCS—9410励磁调节装置AVR数学模型介绍相关在线监测内容，如图2所示。

要保证完全反映AVR数学模型，在线监测信息中至少要包括电压参考值、电压测量值、无功调差值、PSS输出值、无功过励限制值、无功低励限制值、滞相定子过流限制值、进相定子过流限制值、励磁过流限制值、最小励磁电流限制值、过励LV门输出值、低励HV门输出值、限制动作输出类型、PID相位校正环节定值及输出值、励磁电流值、最大励磁电流限制值、PSS附加控制值、硬负反馈输入及输出值、移相单元输入及输出值、触发电压及触发角度值。

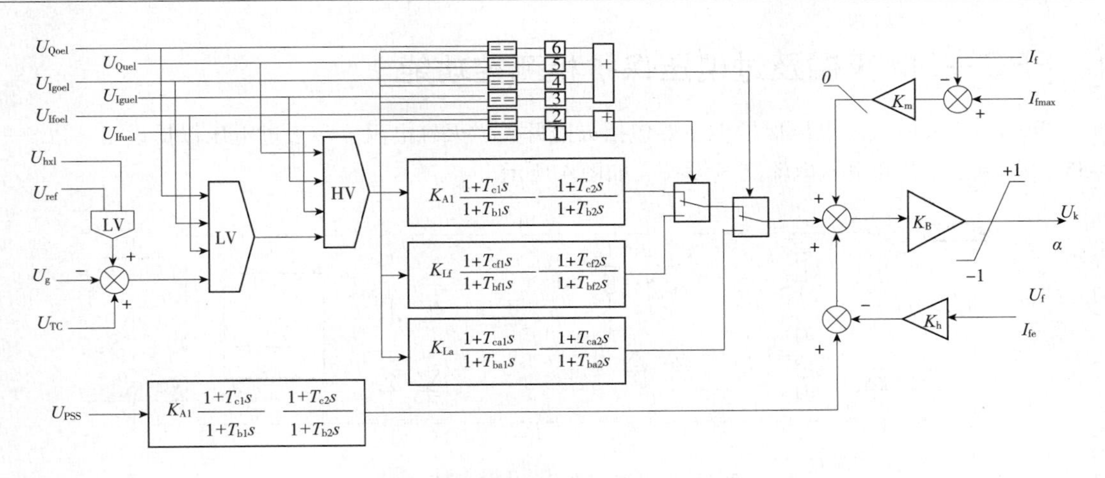

图 2　PCS—9410 调节器 AVR 数学模型

图 2 所示仅为 PCS—9410 励磁调节装置的一部分数学模型，此外至少还包括励磁电流调节数学模型、各种叠加控制数学模型、各种限制数学模型、调差数学模型、电力系统稳定器（PSS）数学模型、升压控制数学模型、系统电压跟踪数学模型等，每一个数学模型必须输出相关的状态信息，才能正确评估励磁调节器工作状态，不同的励磁调节器，其状态信息可能不完全相同，主要信息基本相似，一个励磁调节器完整的状态信息大约包括 100 多个模拟量、100 个开关量，具体状态信息这里就不详细介绍。

3　PPC—SR 励磁功率柜测控功能

PPC—SR 励磁功率单元在发电机励磁设备中起到电源转换的作用，励磁功率单元一般采用三相晶闸管全控整流桥形式，每套晶闸管整流桥由进线开关、出线开关、整流桥（6 只硅元件）、快速熔断器、过电压保护、冷却单元等部分组成，如图 3 所示。

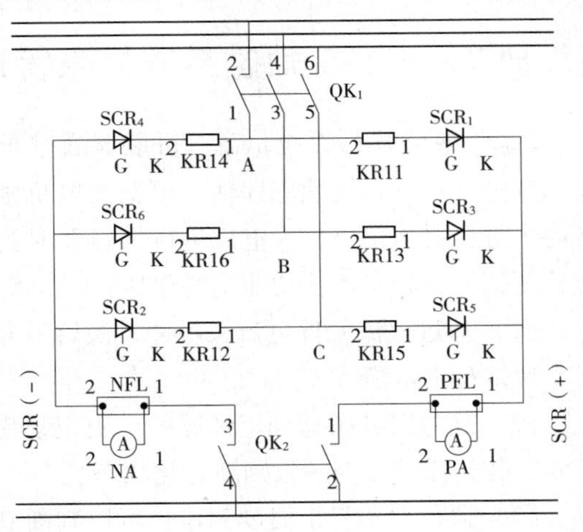

图 3　整流桥主回路电气原理图

PPC—SR 晶闸管整流柜中的测控功能由 PCS—9425 整流桥智能测控装置完成，PCS—9425 除接收 PCS—9410 励磁调节装置通过光纤传输的触发脉冲信息进行可控硅整流桥控制外，还对全控整流桥进行运行状态监测，全控可控硅整流桥检测信息主要包括：交流侧三相（A、B、C）电流、各整流可控硅元件（+A、−A、+B、−B、+C、−C）电流、直流侧正负极（+、−）电流、交流侧电压、直流侧电压、各整流元件温度、进风口温度、出风口温度、风机电源电压信号、各快速熔断器熔断信号、交流侧开关分合信号、直流侧开关分合信号、风压或风速继电器信号、风机启动命令信号、脉冲丢失信号、闭锁脉冲命令信号、整流桥故障信号等。此外，PCS—9425 整流桥智能测控装置还具有冷却系统自动控制、整流桥智能限流、元件间智能均流等功能。

4 PPC—BM 灭磁及过电压保护柜测控功能

PPC—BM 灭磁及过电压保护柜主要包括灭磁开关、灭磁电阻、转子过电压保护设备、PCS—9435 智能测控装置和电压电流测量设备，如图 4 所示。

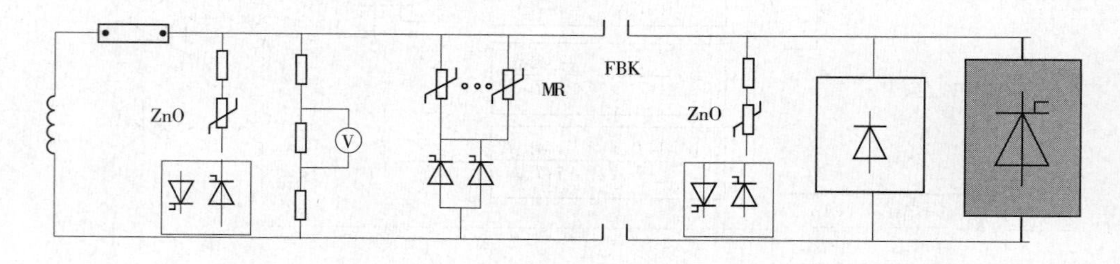

图 4　发电机灭磁主回路电气原理图

发电机内部故障或发生误强励事故时，灭磁开关安全分断事故电流及灭磁电阻平稳吸收励磁绕组储存能量，为发电机安全停机提供强有力的保证，但是由于灭磁电阻在正常运行中处于退出状态，必须根据每次灭磁过程的电流录波和吸能容量才能判断灭磁电阻的工作状态，因此灭磁电阻的状态评估显得尤为必要。

灭磁设备智能控制和状态监测由 PCS—9435 灭磁智能测控装置完成，正常停机时，PCS—9435 顺序控制逆变灭磁和开关分闸，故障停机时 PCS—9435 同时控制逆变灭磁和开关分闸，开关灭磁时进行灭磁电压和灭磁电流测量，灭磁相关设备状态评估所需要的检测信息主要包括：励磁电压、励磁电流、灭磁电阻支路电流、灭磁电阻吸能容量、灭磁电阻支路吸能容量、灭磁开关分合信号、过电压保护动作信号等。

5 PCS—9415 励磁系统信息管理装置状态评估功能

PCS—9415 励磁系统信息管理装置通过光纤接收 PCS—9410、PCS—9425 和 PCS—9435 的状态信息进行励磁系统状态评估，根据发电机励磁系统工作原理进行励磁设备智能分析，对故障及隐患进行提前预警，为电厂运行人员及时提供操作建议，为检修维护人员提供故障查找或重点检测依据，状态评估功能主要包括：

（1）通过整流元件电流、触冲、快熔信号综合判断晶闸管是否正常导通，触发脉冲是否正常，快熔是否熔断。

（2）通过对各桥臂均流情况的历史记录比较可以有效判断可控硅运行是否正常，压接是否正常，各整流臂是否一致判断老化状态。

（3）通过对功率柜温度测量，可以判断其散热状态是否良好，结合风机工作状态判断通风是否良好。

（4）通过对移相角和电流、电压的变化分析可以判断误强励类型，是调节器误强励，还是一次回路故障引起强励电流。

（5）通过对开关量实时监测可以判断发电机无功波动是电网波动、励磁系统故障还是外部调节引起。

（6）通过励磁电流与电压可以近似计算出发电机转子绕组温度，判断转子是否超温。

参考文献：

[1] 黄雅罗，黄树红．发电设备状态检修［M］．北京：中国电力出版社，2000.

[2] 李基成．现代同步发电机励磁系统设计及应用［M］．北京：中国电力出版社，2002.

[3] 孟凡超，吴龙．发电机励磁技术问答及事故分析［M］．北京：中国电力出版社，2009.

[4] 李桂红．发电机励磁系统状态检修的探讨［J］．水电站机电技术．2006，4：12－14.

[5] 李迪楚．励磁系统的状态检测装置及其应用［J］．湖南水利水电．2006，3：103－104.

作者简介：

慈学敏（1972—　），男，高级工程师，从事电气技术管理工作 20 年。

ABB Unitrol 5000 励磁系统专用高灵敏度发电机 TV 断线监测装置研制及应用

李军保[1]，裴丽秋[2]

（1. 浙江浙能电力股份有限公司，浙江　杭州　310007；
2. 淮浙煤电有限责任公司凤台发电分公司，安徽　淮南　232131）

【摘　要】　ABB Unitrol 5000 静态励磁系统在国内被普遍采用，但其 TV 断线判别逻辑对现场发生的一、二次熔丝非彻底熔断、接线接触不良等复杂 TV 断线，无法正确识别并进行通道切换，且不断增加励磁甚至达到强励状态，从而导致发电机组发生过激磁跳闸事故。为解决此问题，通过研制增设外部 TV 断线监测装置，对 ABB Unitrol 5000 励磁调节器逻辑进行简单修改完善。当励磁系统发生 TV 断线时，TV 断线监测装置对 TV 断线进行准确、灵敏判别，并向 Unitrol 5000 励磁调节器发出通道切换命令，由 Unitrol 5000 励磁调节器完成通道切换，从而消除励磁系统 TV 断线对机组安全运行造成的严重威胁。

【关键词】　静态励磁系统；TV 断线；过激磁

0　引言

淮浙煤电有限责任公司凤台发电分公司一期工程 2 号机组发电机容量 630MW，自并励励磁方式。励磁系统采用 ABB Unitrol 5000 静态励磁调节系统。2 号机组在 2008 年 10 月 18 日机组起机过程中，因发电机机端 TV 一次熔丝非彻底熔断导致 A 相 TV 电压降低，但未达到励磁调节器 TV 断线阀值，TV 断线未能准确判出。同时因励磁调节器测量的机端电压低于设定值，自动增磁，导致机端电压升高，致使机组过激磁，最后由发变组 V/Hz 保护动作跳机。事故发生后，经技术人员及 ABB 工程技术人员认真分析，发现事故原因为 ABB Unitrol 5000 励磁调节器 TV 断线判别逻辑存在设计缺陷，但 ABB 公司认为 TV 断线系外部故障拒绝进行逻辑修改。事后尽管采取了降低偏差设定值等防范措施，但 ABB Unitrol 5000 励磁调节器 TV 断线灵敏度仍不能对发电机机端 TV 一次熔丝非彻底熔断、二次接线松动等复杂异常工况进行准确判别。

1　ABB Unitrol 5000 TV 断线研究

1.1　TV 断线逻辑分析

ABB Unitrol 5000 静态励磁调节系统通过比较发电机机端电压与同步电压，根据其差值判断是否 TV 断线，逻辑如下：

U _ SYN _ RELATIVE – U _ MACH _ RELATIVE > DEV _ U _ MONITORING

不等式中 U _ MACH _ RELATIVE 为发电机机端电压相对值；

U _ SYN _ RELATIVE 为同步电压相对值；

DEV _ U _ MONITORING 为偏差设定值。

Unitrol 5000 静态励磁调节系统中，发电机机端电压相对值为发电机机端三相线电压平均值，同步电压相对值为励磁调节器交流母线三相线电压平均值，同步电压相对值与发电机机端电压相对值均为相对额定电压的百分比。偏差设定值 DEV _ U _ MONITORING 的厂家默认值为 15%，当发电机机端 TV 断线且发电机机端电压相对值与同步电压相对值差值大于 15% 时，励磁调节系统能够准确判断 TV 断线，并动作于通道切换。

1.2 TV 断线逻辑缺陷

由于在 Unitrol 5000 静态励磁调节系统中，发电机机端电压相对值由发电机机端 TV 采得三相线电压求取平均值后算得，根据试验数据仅当单相 TV 断线电压降低超过 45%，励磁调节系统才能判出 TV 断线。发电机机端 TV 一、二次熔丝缓慢熔断或二次回路接触不良是多发 TV 断线故障，但此时发电机机端电压相对值降低很难达到 45%，即计算偏差小于设定值 15%，不会进行通道切换。

以我厂发电机过激磁保护反时限启动值为 106% 为例，按 TV 断线正好导致发电机电压升至此值计算，发电机电压断线相电压值对应降低到 87.8%，即降低了 12.2%。但同步电压取自励磁变二次侧电压，此时励磁变电流至少可达 0.5 倍额定电流，因短路阻抗（8.26%）压降，同步电压降低 4.13%。导致励磁同步电压与机端电压的偏差远低于定值 15%，最终励磁调节器将不能正确判别 TV 断线，发电机过激磁保护将延时动作。另外同步电压含有大量谐波分量，将影响其测量精度。因同步电压测量精度难以保证，为确保 TV 断线判别可靠性，电压监视偏差设定值不能再低，否则将影响其可靠性。

由于以上原理缺陷，ABB Unitrol 5000 励磁调节器对现场一、二次熔丝的非彻底熔断、接线接触不良等复杂 TV 断线现象难以准确判断，极易引起机组过激磁，励磁电流、机组无功异常增大，机组调控紊乱，甚至发生误强励等严重事故。

2 ABB Unitrol 5000 TV 断线监测装置实施

为了能够准确、灵敏判断励磁系统 TV 断线，弥补 ABB Unitrol 5000 励磁调节器 TV 断线判别逻辑缺陷，增加 TV 断线判别装置，通过检测发电机机端两组 TV 电压、中性点电压，比较其相应电压差异，判别 TV 断线，并对 ABB Unitrol 5000 励磁调节器逻辑进行简单修改完善，并由 Unitrol 5000 励磁调节器完成通道切换，从而消除励磁系统 TV 断线对机组安全运行的严重威胁。

2.1 TV 断线监测装置原理及逻辑

TV 断线监测装置采用高性能、高可靠、大资源的硬件系统，装置内部各模块智能化设计、模拟量采集回路采用双 A/D 冗余设计，实现装置各模块及模拟量采集回路的实时自检。TV 断线监测装置逻辑图 1 所示。

图 1 中：

I_2 为发电机机端三相电流的自产负序电流，必须在低于对应的负序电流闭锁定值时，才判别机端 TV 的状态。

U_{ab1}、U_{bc1}、U_{ca1} 为发电机机端第一组 TV1 的三个相间电压。

U_{ab2}、U_{bc2}、U_{ca2} 为发电机机端第二组 TV2 的三个相间电压。

U_{01} 为发电机机端第一组 TV 开口三角电压。

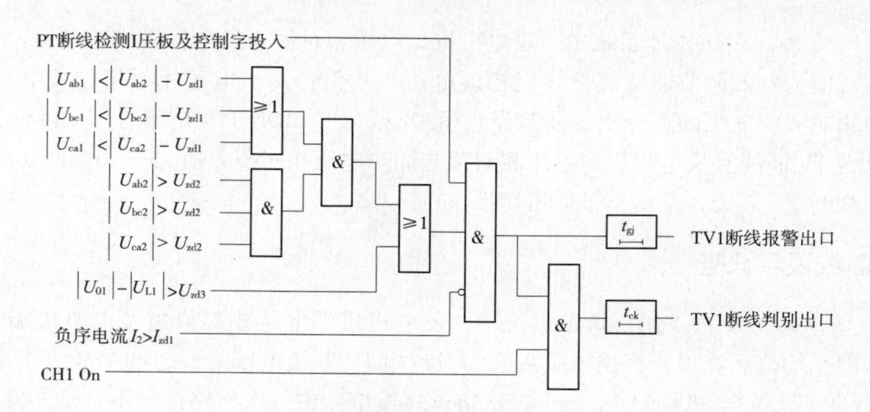

图 1　机端第一组 TV1 断线判别逻辑

U_{L1} 为发电机中性点侧零序电压。

U_{zd1} 为相间电压差定值。

U_{zd2} 为电压正常判别门槛。

U_{zd3} 为零序电压差定值。

I_{zd1} 为负序电流闭锁值。

CH1 On 为励磁系统运行通道开入。

以 TV1 断线为例，TV2 三相电压均正常（线电压均大于 U_{zd2}），当 TV1 中任一线电压低于 TV2 中对应线电压 U_{zd1} 或当机端开口三角电压与中性点电压绝对值之差大于 U_{zd3}，并经负序电流（外部故障特征）及 CH1 On 通道运行信号闭锁判别则判 TV1 断线。TV 断线报警及出口延时可单独整定。

2.2　TV 断线监测装置配置

TV 断线监测装置采用双冗余配置，两套 TV 断线监测装置组屏一面，每套装置可同时实现 TV1、TV2 断线判别功能。当判别出 TV1 断线时，若此时励磁工作在通道 1，且无 TV2 断线报警，则 TV 断线发出切换通道命令，励磁调节器切换至通道 2；当判别出 TV2 断线时，若此时励磁工作在通道 2，且无 TV1 断线报警，则 TV 断线发出切换通道命令，励磁调节器切换至通道 1。TV1、TV2 断线报警同时存在时则判两通道均断线，为防止频繁切换，装置闭锁通道切换命令，并发切手动命令。通道切换功能由 Unitrol 5000 配置“通道 1 投入”、“通道 2 投入” DI 点实现。

3　ABB Unitrol 5000 TV 断线监测装置性能优化

3.1　三次谐波滤过比

为提高 TV 断线检测的精度和准确性，发电机机端 U_{01}、中性点零压 U_{L1}，都经过了高性能的三次谐波滤波环节，滤过比高达 100 以上，可有效滤除其中的三次谐波成分，保留基波分量。

3.2　中性点零序电压基波分量补偿

考虑到中性点 TV 变比不为 $\frac{U_G}{\sqrt{3}}\Big/100$（$U_G$ 为发电机额定电压）的工程应用，中性点侧零序电

压的基波分量在保护装置中都已进行了变比补偿，机端零序电压基波分量不需补偿。中性点侧零压的变比补偿方法为

$$U'_{n0}=U_{n0}\frac{3n_{TVL}}{n_{TV0}}$$

式中：U_{n0}为实际中性点侧零序电压的基波分量；n_{TVL}、n_{TV0}分别为中性点侧和机端侧开口三角零序电压的 TV 变比。

3.3 线电压初始不平衡调整功能

正常时两组机端 TV 对应电压值应基本相同，考虑到由于 TV 特性不一致及外回路等原因造成的机端两组线电压值初始不平衡，影响 Unitrol 5000 励磁专用高灵敏度 TV 断线装置的灵敏度及可靠性，装置具备对机端两组线电压值进行初始不平衡调整的功能，此功能在机组空载电压达额定值后通过装置参数控制字“初始不平衡调整”置 1 实现，为防止修改参数控制字造成装置误出口，需将装置出口压板退出，同时在调整前还应仔细查看装置内两组电压及装置间电压值是否平衡。

若装置内两组电压差异较大（大于“自平衡调整线电压告警”定值），则在进行初始不平衡调整时，装置给出“电压不平衡超范围”告警。调整时以 TV1 的线电压为基准，对 TV2 的线电压进行调整，线电压不平衡补偿方法为：

$$Kbph_{U_{AB2}}=\frac{U_{AB1}}{U_{AB2}}$$

$$Kbph_{U_{BC2}}=\frac{U_{BC1}}{U_{BC2}}$$

$$Kbph_{U_{CA2}}=\frac{U_{AC1}}{U_{AC2}}$$

式中：U_{AB1}、U_{BC1}、U_{CA1}、U_{AB2}、U_{BC2}、U_{CA2}为调整时刻的装置电压测量值。

保护逻辑中用到的 *TV*2 的电压为经过以下补偿的值

$$U_{AB2'}=K\,bph_{U_{AB2}}\cdot U_{AB2}$$

$$U_{BC2'}=K\,bph_{U_{BC2}}\cdot U_{BC2}$$

$$U_{CA2'}=K\,bph_{U_{CA2}}\cdot U_{CA2}$$

装置保护逻辑、循环显示界面的 TV2 电压值为经过不平衡系数补偿后的值，模入菜单中的 TV2 电压为未经过补偿的原始值。

3.4 TA 断线检测

当任一个相电流值低于 TA 断线电流门槛（对于 5A 的 TA，此值为 0.3A；对于 1A 的 TA，此值为 0.15A）且自产零序电流或自产负序电流大于 TA 断线电流门槛时，持续 10s 发 TA 断线告警，5s 返回。

3.5 开入异常检测

若 CH1 ON、CH2 ON 两个开入同时存在或同时消失时，持续 2s 则装置发出开入异常告警信号。

4 技术效果评价

本研究项目实施前，发电机三相平均电压降低 15% 时即单相电压降低 45% 时，Unitrol 5000 励磁调节器才能准确判断出 TV 断线。本研究项目实施后，当机端两组 TV 任一线电压差值达 0. 3V，或机端与中性点零序电压差值达 0. 3V 时，便能可靠进行励磁通道切换。ABB Unitrol 5000 励磁专用高灵敏度发电机 TV 断线装置判别灵敏度较原先提高 150 倍，能够准确判断 TV 一、二次熔丝缓慢熔断或二次回路接触不良等 TV 断线故障，最大限度的防止过激磁事故的发生。

5 结语

本研究突破了人为监测发电机 TV 熔丝熔断及二次回路接线松动等相关 TV 断线故障的局限性，通过外部增设的 TV 断线监测装置，可实现实时在线监测熔丝熔断及二次回路接线松动等相关 TV 断线故障，并立即动作于励磁通道切换，避免机组过激磁保护动作甚至误强励。本研究仅对原有 ABB Unitrol 5000 中的逻辑做简单修改，且与 ABB Unitrol 5000 配套的 TV 断线逻辑不冲突，可实现无缝衔接，且外部增设的双重化 TV 断线监测装置，均配有出口压板，检修、维护方便，当出口压板退出时，对励磁系统及励磁系统内任何逻辑无任何影响，其适用于所有 ABB Unitrol 5000 及存在相同隐患的其他系列励磁系统，能彻底消除 TV 断线对机组安全运行造成的严重威胁。

参考文献：

[1] 张怿宁，索南加乐，徐丙根，等. 基于相间电压幅值比较原理的 PT 断线检测 [J]. 继电器，2005，33 (12)：22 - 25.

[2] 吴红斌，丁明，宋金川，等. 线路保护中 PT 断线判据的分析和改进 [J]. 继电器，2004，32 (3)：63 - 65.

作者简介：

李军保（1965— ），男，研究生，高级工程师，主要研究方向为电气。E - mail：lijb@zjenergy. com. cn

裴丽秋（1981— ），女，本科，工程师，主要研究方向为电气。E - mail：peiliqiu@hzmdft. com

730MW 机组并行三通道多冗余切换技术应用

刘兰海[1]，郑　雷[2]，吴　龙[2]

（1. 华能德州发电厂，山东　德州　243000；
2. 南京南瑞继保电气有限公司，江苏　南京　211102）

【摘　要】　发电机励磁系统是发电厂的重要设备，直接控制发电机无功功率及系统稳定，励磁调节器是励磁系统的控制核心，励磁调节器是否可靠运行直接影响发电机励磁系统运行安全，并行三通道励磁调节器由三个完全独立完全相同的励磁调节装置组成，任一通道均可独立完成发电机励磁系统调节及控制，与典型二通道相比，并行三通道无扰切换控制技术可以提高励磁调节器运行可靠性，值得在大型发电机励磁系统中推广。

【关键词】　励磁系统；励磁调节器；可控硅整流桥；灭磁开关

0　引言

发电机励磁系统是发电厂的重要设备之一，对电力系统及发电机本身的安全稳定运行有很大的影响。发电机励磁系统主要包括励磁电源、励磁功率单元、灭磁单元和励磁调节单元四个部分。励磁电源指为发电机转子电流提供能源的设备，分为静态电源和旋转电源，如励磁变压器、直流励磁机、永磁励磁机等。励磁功率单元是指向同步发电机转子绕组提供直流电流的功率设备，如将交流转化为直流的整流设备、将直流转化为可调直流的斩波设备，其中整流设备又包含静止整流设备和旋转整流设备。灭磁单元指在正常停机或内部故障消耗发电机转子磁场储能的设备，一般包括灭磁开关和灭磁电阻。励磁调节器是发电机励磁系统调节及控制核心，根据控制要求的输入信号和给定的调节准则控制励磁功率单元输出，为增加励磁调节运行可靠性，励磁调节器一般采用双通道配置方式。

主备通道切换的结构设计原本是增加励磁系统的运行可靠性，但由于通道切换逻辑存在缺陷，多个电厂实践中均发生励磁系统双通道切换不成功而造成转子直流电源消失的事故，通道切换故障原因可分为以下几类：

（1）切换逻辑不合理。工作调节器故障，切备用调节器不成功，造成失磁。

（2）结构不合理。工作通道和备用通道有公用部分，公用部分故障，造成失磁。

（3）跟踪原理不完善。工作调节器故障，切备用调节器成功，但跟踪措施有缺陷，跟踪工况偏离正常工作点。

（4）主回路应连续工作，不需要切换。工作通道的调节器和功率部分运行，备用部分功率环节无输出（冷备用），当工作通道发生故障时，切备用通道，功率部分转移负荷失败。

（5）逻辑设计不合理。两通道（调节器 + 功率部分）同时工作，当发生一个通道误强励，不能有效自动切除，造成系统误强励。

（6）自动均流策略不完善、实际上也不需要。两通道（调节器 + 功率部分）同时工作，配置自动均流措施，当发生均流异常时，自动退出一个通道，自动退通道逻辑设计有缺陷，造成两套同时退出。

华能山东德州发电厂装机容量包括 2 台 730MW 机组和 4 台 300MW 机组，2 台 730MW 机组采用自并励励磁方式，4 台 300MW 机组采用三机有刷励磁方式，自并励励磁系统励磁电源采用经机端并联的励磁变压器，励磁功率单元采用静止晶闸管整流桥（柜），灭磁单元采用专用磁场断路器和灭磁电阻，南京南瑞继保电气有限公司生产的 PCS—9400—700 自并励励磁系统应用在 730MW 机组，励磁调节器采用并行三通道主从运行方式，本文主要介绍并行三通道励磁调节器多冗余切换技术。

1 PCS—9400—700 自并励励磁系统组成

PCS—9400—700 自并励励磁系统为南瑞继保公司针对 700MW 系列发电机组提供的自并励励磁产品，PCS—9400—700 自并励励磁系统主要配置见表 1。

表 1　PCS—9400—700 自并励励磁系统配置

序号	名　称	规格型号	数量	备　注
1	励磁调节器	PPC—ER/3	1 面	采用三通道冗余结构，每通道由 RCS－9410A 励磁调节装置组成
2	可控硅整流柜	PPC—SR－2500	4 面	额定电压 1000V，额定电流 2500A，（强励 1min 4500A）
3	灭磁柜	PPC—BK	1 面	进口 Gerapid 灭磁开关灭磁电阻
4	进线柜	PRC－AI	1 面	交流侧过电压保护设备（交流进线侧 A、B、C 三相 3 个 TA 变比 5000/5A）
5	出线柜	PRC－DC	1 面	直流出线
6	转子接地保护装置	RCS－985RE	1 套	
7	转子过电压保护		1 套	
8	起励设备		1 套	

PPC—ER/3 发电机励磁调节器由三个 RCS—9410A 数字励磁调节装置组成，每个 RCS—9410A 数字励磁调节装置组成一个独立的发电机励磁调节通道，包括系统电源、脉冲电源、模拟量输入、数字量输入、信号输出、脉冲输出等全部硬件单元，可以实现励磁调节的全部功能。三个励磁调节通道采用主从工作方式，即励磁调节器运行时，只有一个励磁调节通道为主通道，其产生的脉冲直接输出控制晶闸管整流桥，从而调节发电机励磁电流，另外所有励磁调节通道为从通道，它们产生的脉冲由输出继电器闭锁，没有输出至晶闸管整流桥。

为保证发电机励磁运行的最大可靠性，三调节通道运行中，如果主调节通道发生故障，应能自动切换，即将工作正常的从调节通道切换为主调节通道，而将故障的主调节通道切换为从调节通道，以此保证励磁调节器总是工作在正常的调节通道上，而能及时将故障调节通道退出，以便进行维护。

2 常规双励磁调节通道的多冗余切换技术

为实现双励磁调节通道安全可靠切换，通道切换至少实现三重功能，即正常运行中的人工切换、故障运行中的自动切换和检修中的闭锁切换，切换条件采用多重信号，避免单个信号误动作导致通道切换故障，称为多冗余切换技术。

为叙述方便，定义两个调节通道分别为 A 通道和 B 通道，正常运行中的人工切换保证电厂运行人员能够以人工手动的方式选择励磁调节器的主调节通道，以便进行励磁调节通道测试，即设置一个操作把手，操作把手有“A”位和“B”位。当操作把手置于“A”位时，则励磁调节器选择 A 通道作为主调节通道，B 通道作为从调节通道；当操作把手置于“B”位时，励磁调节器选择 B 通道作为主调节通道，A 通道作为从调节通道。当人工操作把手不在“A”位也不在 B“位”时，则励磁调节器维持当前主通道和从通道不变，处于自动切换状态。

故障运行中的自动切换保证励磁调节器能自动将正常的调节通道作为主调节通道，而把故障通道作为从通道，以保证发电机运行的可靠性。如果运行时，A 通道为主调节通道，B 通道为从调节通道，A 通道发生故障后，向 B 通道发出 A 通道故障，B 通道接收到 A 通道故障后，如果 B 通道没有故障，同时操作把手在自动切换位（既不在“A”位也不在“B”位），则 B 通道自动设置为主调节通道，并把主调节通道信号发送给 A 通道，当 A 通道收到 B 通道为主调节通道后，再自动设置为从通道，至此，A 通道故障自动切换至 B 通道工作完成。同样，如果运行时，B 通道为主调节通道，A 通道为从调节通道，B 通道发生故障后，向 A 通道发出 B 通道故障，A 通道接收到 B 通道故障后，如果 A 通道没有故障，同时操作把手在自动切换位（既不在“A”位也不在“B”位），则 A 通道自动设置为主调节通道，并把主调节通道信号发送给 B 通道，当 B 通道收到 A 通道为主调节通道后，再自动设置为从通道，至此，B 通道故障自动切换至 A 通道工作完成。如果故障为从调节通道，则不发生任何切换操作。

为保证每个励磁调节通道的独立性和切换可靠性，每个调节通道均需要设置独立的整套切换逻辑系统，多冗余切换技术也有一层多重切换逻辑系统的意义。

3　并行三调节通道励磁调节器的多冗余切换技术

以前有很多励磁产品中有过三通道配置，如典型的英国罗－罗公司的三选一方式、日本三菱公司的三重复用方式以及国内某些三机励磁系统的手动备励通道，但三个完全相同完全独立励磁调节通道的并行主从运行方式的励磁调节器首次应用在华能德州 730MW 机组自并励系统中，虽然只增加一个独立调节通道，但要实现常规两通道励磁调节器的切换功能，多冗余切换中逻辑信号要复杂得多。

三主备通道类型针对特别发电机组接线，连接至励磁调节器要求有三组 TV 信号和三组 TA 信号，即 A 调节通道、B 调节通道和 C 调节通道完全对等，均可作长期运行通道。

该类型切换功能也包括人工切换、自动切换和检修闭锁功能，人工切换与前面类型相同，自动切换要求三个调节通道的切换逻辑应该对等，即等腰三角形原则，即要求：A 通道故障时先切换至 B 通道，如果 B 通道故障则切换至 C 通道；B 通道故障时先切换至 C 通道，如果 C 通道故障则切换至 A 通道；C 通道故障时切换至 A 通道，如果 A 通道故障则切换至 B 通道。

针对以上切换原则，需要两个人工操作把手，即自动切换把手和手动选择把手。自动切换把手为三位把手，“A”位、“B”位，“自动”位；手动选择把手为两位把手，“手动”位、“切除”位。切换信号接线如下：B 通道故障且 B 通道运行和 A 通道故障且 B 通道故障且 A 通道运行作为 C 通道的它套故障信号，A 通道主从和 B 通道主从并联作为 C 通道的它套主从信号；A 通道故障且 A 通道运行和 C 通道故障且 A 通道故障且 C 通道运行作为 B 通道的它套故障信号，A

通道主从和 C 通道主从并联作为 B 通道的它套主从信号；C 通道故障且 C 通道运行与 C 通道故障且 B 通道故障且 C 通道运行作为 A 通道的它套故障信号，B 通道主从和 C 通道主从并联作为 A 通道的它套主从信号。

为满足上述三种类型切换要求的三通道励磁调节器的全部切换要求，要求每个切换通道对于装置配置上应该完全相同，即保证完全独立性，对于励磁调节装置需设置三层切换逻辑：通道内切换逻辑、通道间信号组成单元及装置外部信号接线逻辑。

事实上，双通道励磁调节器仅为三通道励磁调节器中的一种特殊形式，或者当三通道励磁调节器中某一通道检修退出后的运行方式，那么双通道励磁调节的切换逻辑应该完全可以由三通道励磁调节器切换逻辑简化完成。实际上，只要有一个通道故障，则三通道调节器切换逻辑就转换为两通道切换逻辑。

4 结语

PCS—9400 励磁系统的多冗余切换技术通过多重信号、多重逻辑、多重系统的综合控制，保证切换可靠性，提高励磁运行安全性，在通道切换及励磁调节器结构上有以下优点：

（1）励磁调节通道从电气到物理上完全独立，可以采用分柜布置，有几个励磁调节通道就设置几个机柜，从结构设计开始保证真正意义上的完全独立性（运行独立性和检修独立性）。

（2）实现自愈合逻辑。并行三通道正常运行时一主两从运行，一通道故障后励磁调节器自动转换为常规双通道励磁调节器一主一从运行。

（3）故障切换逻辑要优先采用从通道先置主切换逻辑，保证切换过程中不能同时出现多通道均为从通道的过程，从而避免切换失败后通道全用从通道，造成发电机失磁。

（4）正常切换逻辑中考虑通道维护功能，确保励磁调节器不将运行通道切换为正在维护的励磁调节通道，杜绝误切换失磁事故。

（5）在故障切换逻辑外设计强迫切换逻辑，确保励磁调节通道故障时仍保留后备切换功能。

（6）保证切换冗错功能实现，保证切换异常时报出故障或告警信号，供运行人员及时处理。

参考文献：

[1] 孟凡超，吴龙．发电机励磁技术问答及事故分析［M］．北京：中国电力出版社，2009.

[2] 李基成．现代同步发电机励磁系统设计及应用［M］．北京：中国电力出版社，2002.

[3] 黄耀群，李兴源．同步电机现代励磁系统及其控制［M］．成都：成都科技大学出版社，1993.

[4] 樊俊，陈忠，涂光瑜，等．同步发电机半导体励磁原理及应用［M］．北京：电力工业出版社，1981.

作者简介：

刘兰海（1965—　），男，高级工程师，华能德州电厂设备管理部。

励磁系统采样 TA 故障引发机组跳闸处理方法

林长鹏

（辽宁大唐国际锦州热电有限责任公司，辽宁　锦州　121017）

【摘　要】　励磁系统是发电厂必要的组成部分，运行可靠性直接影响机组及电网的运行稳定。近年来，励磁系统故障导致机组跳闸事故所占比例仍然较高。文中结合某厂一起励磁系统采样 TA 故障导致机组跳闸实例，给出了该类型故障的处理方法及预防性措施。该型号励磁系统在国内广泛应用，对使用此型号产品单位具有借鉴意义。

【关键词】　励磁机故障；跳闸；TA；故障排除；结论

0　引言

目前国内部分 300MW 机组励磁系统采用电机厂成套提供组装的 ABB UN5000 型励磁调节器，该励磁系统在全国占有率极高。但由于设计、安装工艺、部件选型等方面原因，国内部分电厂发生过因励磁系统故障导致机组跳闸事件。

下面结合某厂一起励磁系统故障实例分析“励磁机故障”故障排除方法及解决方案。

1　事故经过

2013 年 09 月 25 日，某厂 1 号机组（300MW 机组容量）跳闸，跳闸前机组带 200MW 有功运行。经检查为励磁系统报警“F34 励磁机故障”，1 号机组励磁系统灭磁开关跳闸，励磁系统同时发“励磁系统故障”至发变组保护 A 柜（即外部重动 1 信号）、保护 B 柜，由保护 A、B 柜联跳 1 号机组主开关 2201、启动厂用电快切装置、发出关主气门指令，同时零功率切机装置也满足条件发出跳闸指令。

事后该厂继保维护人员从励磁调节器及 DCS 系统调出事故波形，发现励磁电流达到 1400A 左右时，励磁电流开始上下波动，电流波形呈连续矩形波，如图 1 所示。

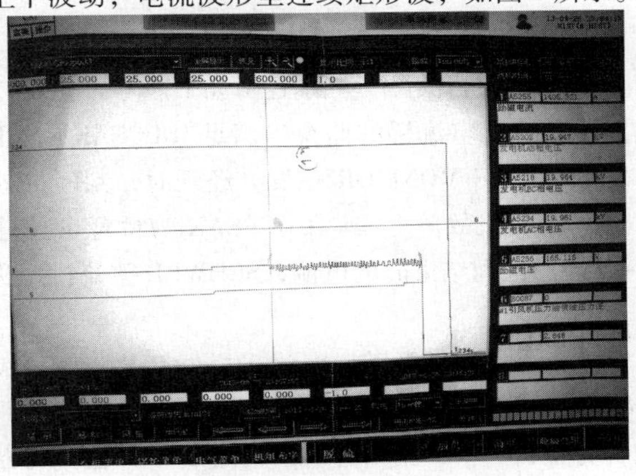

图 1　跳机前 DCS 系统数据趋势

励磁电流（曲线 1）发生矩形波状明显波动，励磁电压（曲线 5）、发电机机端电压（曲线 2、3、4 由于幅值相同重叠）均运行平稳，无明显波动。

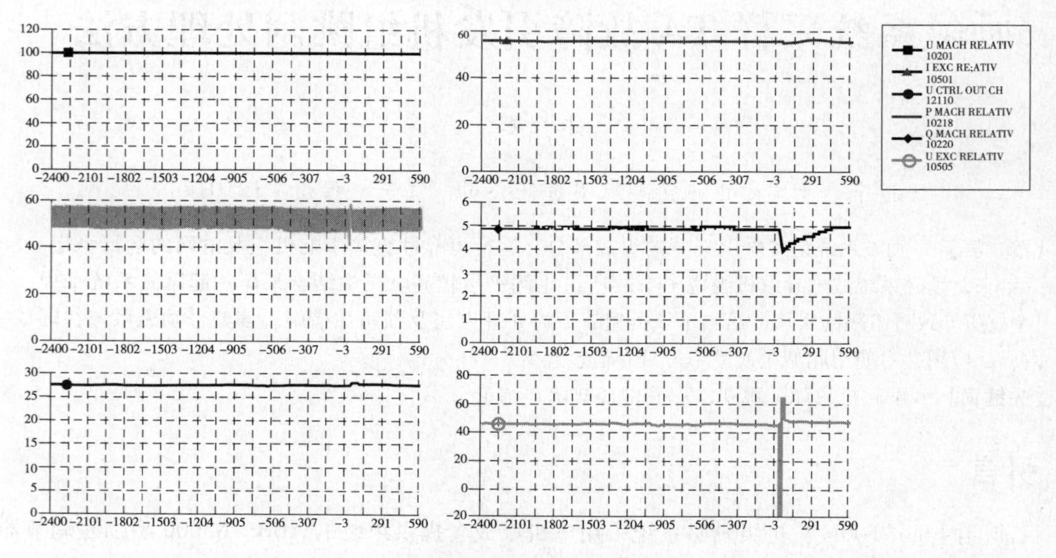

图 2　励磁系统故障记录波形

从上至下数第二条曲线为励磁电流相对值（即额定励磁电流的百分数），可见有明显波动。励磁电压、机端电压、机组无功均运行较为平稳。

2　故障排除方法

为便于大家理解，现将 ABB 励磁系统励磁电流采集及“励磁机故障”报警逻辑说明如下。

ABB 励磁电流采样通过安装在整流桥交流输入端（励磁变压器的二次侧）的 2 只电流互感器实现。电流测量回路设计为额定值为 1A 的电流信号（连接 1A 电流互感器输出）。电流互感器 TA 的二次侧电流通过二极管整流桥送到并联的取压电阻上。取压电阻的阻值取决于励磁系统的额定电流、电流互感器的变比和取压电阻的额定电压。取压电阻的额定电压在电流互感器电流额定时为 1.5V。

ABB 励磁系统发出“F”故障代码时表示为重故障，会跳开灭磁开关，同时发出励磁系统故障信号到发变组保护装置。“F34 励磁机故障”判别逻辑如下。

采样励磁电流纹波监视器实现对整流桥的监视当满足 IDCPEAK + SCHWEL > DCEND，在无闭锁（BLK）时，纹波监视器 RIPPLE MONITOR 触发，经延时，判断失效桥臂的臂号，再延时整流桥切换和报通道故障 34“励磁机故障”。其中 DCPEAK 为桥臂可控硅导通区间的电流峰值（在 30°），IDCEND 为上一个导通区间结束时的电流，SCHWEL 整流桥标称电流（对应于取压值 1.5V）的 6%。

通过上面分析，当发生整流桥故障或者励磁电流采样回路故障时可满足上述条件。弄清楚故障原因后，便可以对可能存在的故障点进行一一排查。

（1）检查励磁系统是否有报警“180 晶闸管熔断器熔断”并检查熔断器熔断节点，如无问题可排除晶闸管故障。

（2）检查控制极驱动器接口 GDI 和晶闸管之间连线、控制极驱动器接口 GDI 与功率信号板 U81 之间连线是否可靠。

（3）检查晶闸管控制极与阴极之间的电阻值并进行比较，如果其中一个晶闸管的电阻值明显高于其他电阻值，应更换此晶闸管。

（4）进行小电流试验，用示波器检查整流桥输出电压，观看波形（是否具备 6 个波形相同的波头），确认可控柜及脉冲触发是否正常。

（5）检查交流侧电流互感器至功率信号板 U81 连线是否可靠，并对 TA 进行变比、伏安特性试验。该厂试验发现，A 相 TA 直阻较小，变比试验不合格，可判定为 TA 运行过程中因绝缘降低发生匝间短路。对比故障时波形及 TA 匝间短路后现象（即 TA 匝间短路故障导致 TA 误差往负偏即电流互感器二次电流减小，导致 TA 故障初始阶段出现连续的下降幅值明显的矩形波）吻合；该厂人员更换 TA 后，进行起励试验均正常，目前机组运行稳定。

以上为完整检查步骤，紧急情况下，可进行简化。在完成跳闸数据及记录导出后，可检查整流柜是否有报警，如无报警且就地面板报警信息可以复位；便可以直接检查 TA 及测量回路。电机厂组装机组此种故障情况下大多数为此问题导致。

3 结语

通过文中的实例分析，结合 ABB 励磁系统实际运行情况，“励磁机故障”大多数是由于 TA 故障造成的，如 2009 年 8 月 3 日湖南娄底某公司机组跳闸，也是此原因造成。ABB 励磁系统板件质量及晶闸管运行情况均较为可靠，国内外均很少发生问题。在此需作出如下说明：ABB 公司原装进口 TA 为交流侧电流测量专用 TA，质量优良，而国内大多电机厂组装 ABB 励磁系统均采用国产某型号 TA，价格低廉，质量较差。望使用单位引起重视，吸取本次机组跳闸经验教训，及早进行解决处理。

参考文献：

[1] ABB 瑞士有限公司. UN 5000 用户手册.
[2] 席国权. ABB UNITROL 5000 励磁系统几例故障分析及处理 [J]. 中国西部科技，2011，234.
[3] 卢贺成. ABB 励磁系统 unitol5000 技术培训教材. 百度文库.

作者简介：

林长鹏（1983— ），男，本科，助理工程师，主要从事继电保护生产技术管理、技术改造及整定计算。E－mail：15804166207@126.com

自动电压控制系统在电厂中的应用

谭春力

（浙江大唐乌沙山发电有限责任公司，浙江　宁波　315722）

【摘　要】　自动电压控制（Automatic Voltage Control，简称 AVC）系统应用从全局对电网无功潮流及发电机无功功率进行协调控制，实现电厂母线电压与无功功率自动调控。本文介绍 AVC 系统结构、调节策略、参数设置、分配方式，同时阐述由调度主站下发母线电压值到电厂子站调节电压全过程，根据电厂实际应用得到相应数据达到调节效果。

【关键词】　AVC；无功功率；母线电压；自动励磁调节系统

0　引言

随着大机组、超高压电网的形成，电压不仅是电网电能质量的一项重要指标，而且是保证大电网安全稳定运行和经济运行的重要因素。自动电压控制（Automatic Voltage Control，简称 AVC）是以系统中各条母线的电压合格为约束条件，以电网功率损耗最小为目标，进行无功及电压优化，并向设备下发控制命令的调节过程，是一个满足全网网损最小，电压安全裕度最大，使控制过程短，控制动作次数少的综合优化控制问题[1]。

AVC 系统应用后从全局对电网无功潮流和发电机组无功功率进行协调控制，实现电厂母线电压和无功功率的自动调控，合理协调电网无功分布，以保证电网安全稳定运行，提高电压质量和减少网损，降低运行人员劳动强度。

1　AVC 系统结构

调度中心 AVC 主站根据系统电压及无功分布，定时计算各受控点高压侧母线电压目标，并将目标指令下发到发电侧 AVC 子站。如图 1 所示，AVC 系统中，主站定时以遥调方式向发电侧子站下发母线电压指令，具体下达方式为：主站每隔 5min 以通信方式向发电厂远动终端设备发送遥调量指令，电厂远动终端设备将遥调量转换为模拟量输出，送至 AVC 子站的模拟量采集单元，经 A/D 转换后以通信方式将转换结果送至 AVC 中控单元，解析后得到主站下发的遥调量，根据下述指令约定获得母线电压目标指令。

子站中控单元根据接收到的电压目标指令，计算各机组无功出力需求，以机组的实时数据和状态信号作为参考量，动态调节 AVR 系统的电压给定值，从而实现对目标指令的自动跟踪和控制。AVC 系统的计算过程如下：机组无功分配时，应保证各机组机端电压在安全极限内，同时尽可能同步变化，保持相似的调控裕度。在故障或受到扰动情况下，母线电压和无功出力可能会出现波动。为防止对系统和机组造成干扰，系统应及时闭锁控制出口，由机组 AVR 根据自身逻辑反应，避免出现误调节、频繁调节、振荡调节及其他非理性调节的情况。

当 AVC 装置异常或约束条件成立时，AVC 功能自动退出，并遥控输出一个无源接点信号至调度及电厂运行[2]。

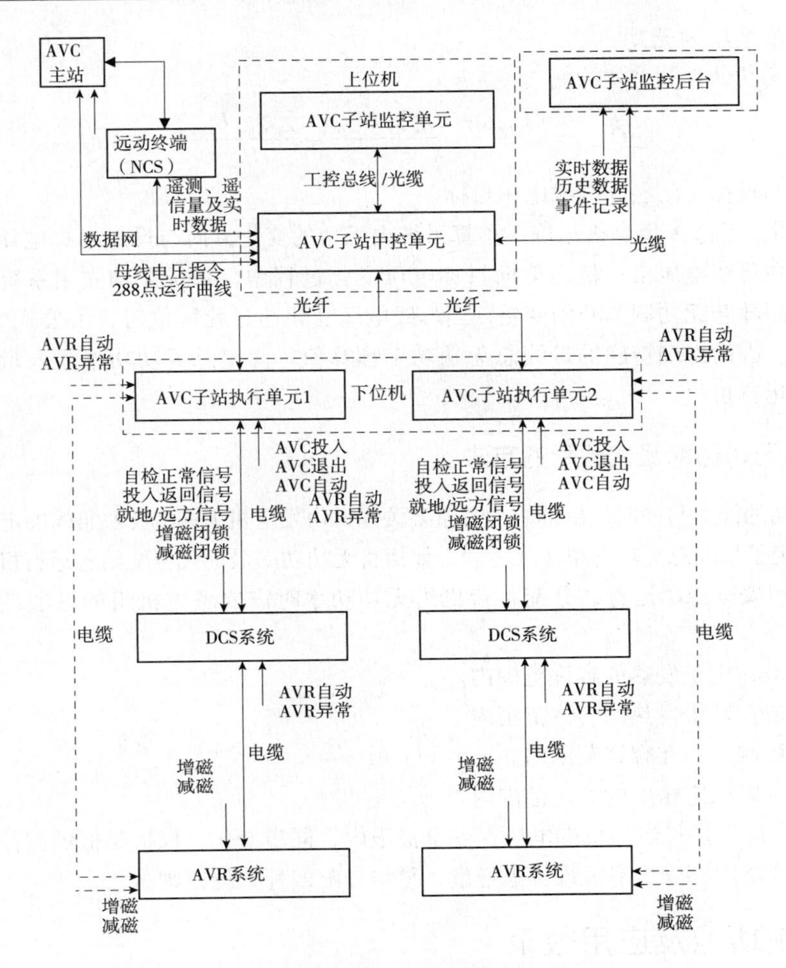

图1　电厂 AVC 系统结构及信号传递图

2　AVC 调节策略

2.1　根据厂内母线电压估算全厂总无功功率算法

2.1.1　计算系统阻抗

系统阻抗的基本计算式为

$$X = \frac{V_{now} - V_{last}}{\dfrac{Q_{now}}{V_{now}} - \dfrac{Q_{last}}{V_{last}}} \tag{1}$$

式中：V_{last}为前一次计算系统阻抗时的母线电压；Q_{last}为前一次计算系统阻抗时的母线送出的总无功；V_{now}为本次计算系统阻抗时的母线电压；Q_{now}为本次计算系统阻抗时的母线送出的总无功。

V_{now}和V_{last}的差值必须大于一定值，才能计算系统阻抗。V_{now}和V_{last}有效时间也有具有一定限制，如超过一定时间，则认为无效点。因此，需要设置系统的上、下限，当不能计算出系统阻抗时，取上限。

2.1.2 预算系统内无功

预算系统内无功的计算公式为

$$\sum Q_{\mathrm{target}}=\frac{(U_{\mathrm{target}}-U_{\mathrm{now}})\,U_{\mathrm{target}}}{X}+\frac{\sum Q_{\mathrm{now}}U_{\mathrm{target}}}{U_{\mathrm{now}}} \tag{2}$$

式中：Q_{target}为无功目标；U_{target}为母线电压目标。

式（2）表明，无论X值是否精确，预算系统内无功的变化方向与母线目标电压变化的方向始终是相同的。在母线电压由一稳态值向目标电压变化过程中，系统无功先用系统阻抗上限进行计算，母线电压随着无功调节开始变化，当母线电压变化超过死区值时，由公式（1）计算出准确的系统阻抗，因而得到精确的母线总无功功率预算值。确定总无功功率注入量后将无功功率最优分配给各运行机组。

2.2 发电机间无功功率最优分配的方法

机组发出无功的能力与同时发出的有功有重要关系，由发电机P—Q极限曲线决定，无功最优化分配是指在确定了母线总无功功率注入量后，如何将无功功率最优化分配给各运行机组的方法。

为了保证机组安全稳定运行，分配各台机组无功功率时需要考虑机组的各项性能，应满足以下条件：

（1）定子电流在定子发热的容许范围内。

（2）转子电流在转子发热的容许范围内。

（3）机组的机端电压在容许范围内。

（4）在具有一定稳定裕度的稳定范围内。

无功分配时，应保护机组的机端电压在安全极限内，同步变化，保持相似的调控裕度，无功分配方法主要有等裕度、等功率因数、等容量、平均分配四种分配原则。

3 AVC系统功能及应用效果

3.1 参数设置

数据采集模拟信息主要包括500kV母线电压、各台机组有功及无功、机端电压，各机组定子电流、转子电流，厂用电电压等[3]。

参数设置要求如下：

（1）对电压等级、机组台数、母线分段情况、控制开关的接线按要求进行配置。

（2）对机组参数、变压器参数、母线参数设置。

（3）对分配策略、控制策略参数设置。

（4）对闭锁参数设置。

（5）对数据采集转发参数通讯配置。

（6）对数据显示存储策略配置。

为了提高信息采集的可靠性，电厂AVC子站系统应能通过自带采集装置或远动装置的通信获取所需电气信息。AVC子站系统需采集的信息包括模拟量信息和开关量信息。

模拟量信息主要包括：500kV母线电压、各机组有功和无功出力、各机组机端电压、各机组定子电流和转子电流、厂用电电压、各机组主变高压侧无功功率等。

此外，AVC 主站通过电厂远动装置采集常规远动信息和 AVC 信息，同时 AVC 主站把发电厂电压目标控制值下发给 AVC 子站系统，目标值应该是目标绝对值或目标增量值。目标值包括电厂主变高压侧母线（节点）电压目标值（全厂模式）、单台机组无功出力目标值（单机模式）、AVC 子站远方/就地控制切换命令。

值得说明的一点是：AVC 子站数据采集功能应当提高可靠性和精度要求（电压和电流的测量精度不低于 0.2 级，有功功率、无功功率、频率和功率因数的测量精度不低于 0.5 级），这是保证 AVC 装置可靠性的基本要求。AVC 子站也可以通过通信的方式从电厂的远动装置或计算机监控系统获取上述的信息，但这只能作为一种备用手段。目前有的地方要求采集“双量测系统”，并且规定 AVC 子站的测量值与远动装置（或计算机监控系统）的测量值同时传送到上级调度中心，当两个测量值一致时，判断为正常状态，允许 AVC 设备正常运行，否则，判为非正常状态，AVC 设备停止运行。这种做法是不妥的，这是因为：①AVC 子站和远动装置（或计算机监控系统）的采样周期一般在 1s 到数秒范围，并且各个装置对于同一个采样点的排序也不可能一样，由于采样的时间不一致，必然产生采样偏差，并且该偏差是随机变量，无法人工预先消除；②AVC 子站和远动装置（或计算机监控系统）都有各自的采样误差，并且是正误差还是负误差也是多变的。

开入量信息主要包括：机组开关和刀闸位置信号、机组励磁系统正常/异常状态信号、AVC 投退信号、相关保护信号、相关故障的告警信号等。AVC 系统与机-炉协调系统（Distributed control system，简称 DCS）接口信号如表 1 所示。

表 1　　　　DCS 系统相关信号表

<table>
<tr><th>类　型</th><th colspan="2">信号名称</th><th>备　注</th></tr>
<tr><td rowspan="7">输出信号</td><td colspan="2">机组 AVC 投入</td><td>3s 脉冲信号</td></tr>
<tr><td colspan="2">机组 AVC 退出</td><td>3s 脉冲信号</td></tr>
<tr><td colspan="2">AVR 自动</td><td>持续接点信号</td></tr>
<tr><td rowspan="4">AVR 异常</td><td>AVR 低励</td><td rowspan="4">持续接点信号</td></tr>
<tr><td>AVR 过励</td></tr>
<tr><td>发变组 V/Hz 限制器动作</td></tr>
<tr><td>AVR 强励</td></tr>
<tr><td rowspan="6">输入信号</td><td colspan="2">增励磁控制</td><td>脉冲/脉宽调节方式</td></tr>
<tr><td colspan="2">减励磁控制</td><td>脉冲/脉宽调节方式</td></tr>
<tr><td colspan="2">AVC 投入</td><td>持续接点信号</td></tr>
<tr><td colspan="2">AVC 退出</td><td>持续接点信号</td></tr>
<tr><td colspan="2">增磁闭锁</td><td>持续接点信号作为状况点显示</td></tr>
<tr><td colspan="2">减磁闭锁</td><td>持续接点信号作为状况点显示</td></tr>
</table>

3.2　逻辑设置

3.2.1　正常投入流程

DCS 发出投入指令 10s 内收到 AVC 反馈的 AVC 投入状态信号后，DCS 需要把 AVR 励磁增/

减磁控制权限切至 AVC 自动控制方式，同时屏蔽 DCS 手动增/减磁方式；若 10s 后仍未收到 AVC 投入状态信号，DCS 不切换 AVR 励磁增/减磁控制权限，并且输出 AVC 装置异常告警[4]。

3.2.2 正常退出流程

DCS 发出退出指令，AVR 励磁增/减磁控制权限切回 DCS 手动控制方式。如果 10s 内 DCS 未收到 AVC 装置应反馈 AVC 退出状态信号，DCS 需产生 AVC 装置异常告警。

3.2.3 状态异常的处理逻辑

（1）在 AVC 已投入状态下，AVC 投入状态消失或 AVR 自动信号消失或 AVR 异常信号出现，DCS 自动发出 AVC 退出指令。

（2）在 AVC 退出状态下，AVC 投入状态不正确需给出 AVC 装置异常告警。

（3）在 AVC 退出状态下，实时数据采集异常、AVR 自动信号消失或 AVR 异常信号出现，DCS 闭锁 AVC 投入逻辑操作。

（4）在 AVC 已投入状态下，增/减磁信号输出大于 3s 或增磁、减磁信号同时输出，DCS 自动发出 AVC 退出指令。

3.2.4 DCS 增/减磁设置

DCS 装置在 AVC 投入状态下收到 AVC 装置发出的增/减磁指令后，需按照固定脉宽输出至 AVR 励磁装置。

在上述过程中，DCS 采用上升沿检测方式检测 AVC 的增/减磁指令；DCS 装置输出至 AVR 励磁。装置的增/减磁脉宽应在线设置[5]，图 2 所示为 AVC 逻辑图。

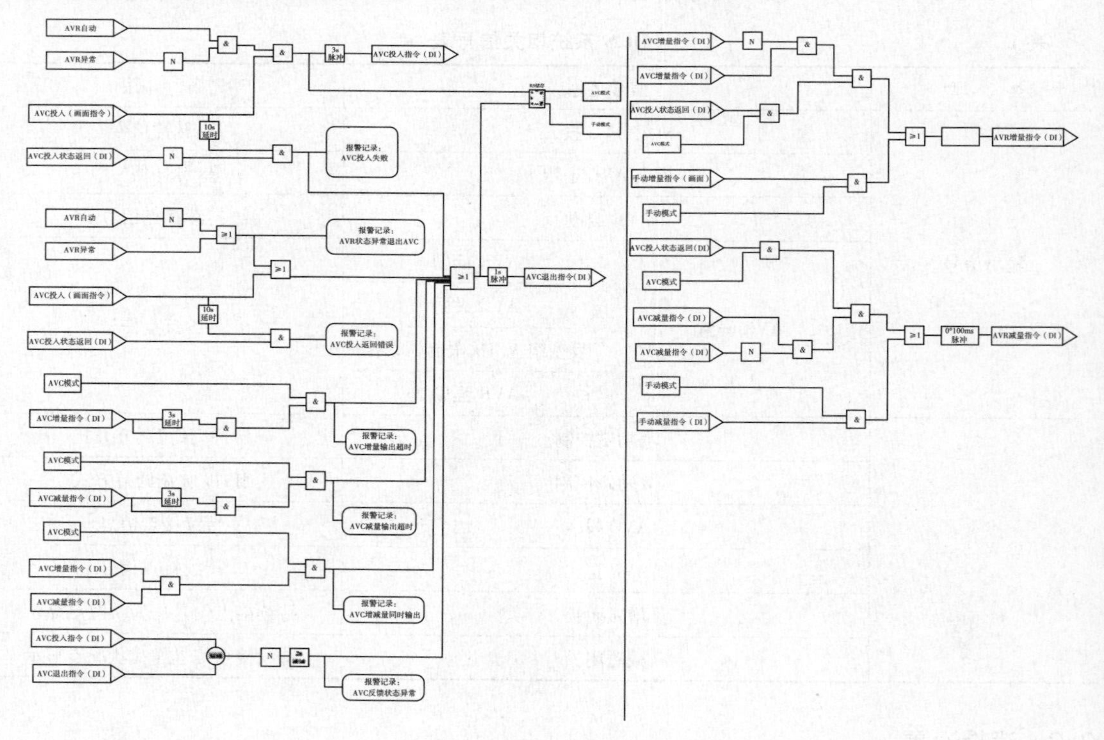

图 2　AVC 逻辑图

3.3 测试数据

某厂4×600MW机组，500kV出线方式，以某一天调度下发母线电压指令值为例，应用AVC系统后母线电压及机组无功分配数据如图3、图4所示。图3为母线电压分布图，图4为机组无功分配图。图4中1号机组停机，没有无功功率，波形与x轴重合，因此图中无法看出。

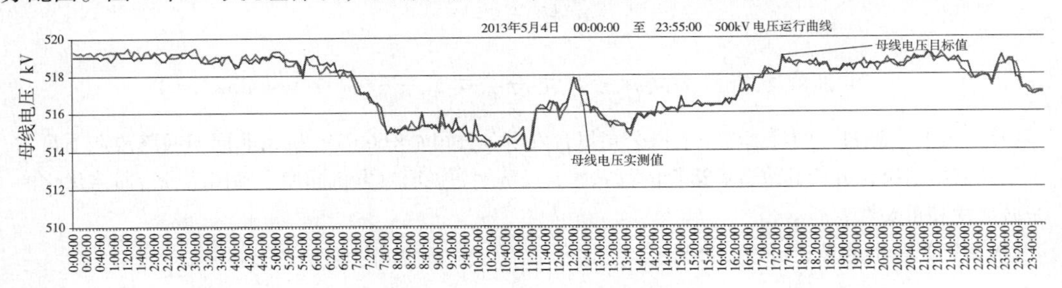

图3 母线电压分布图

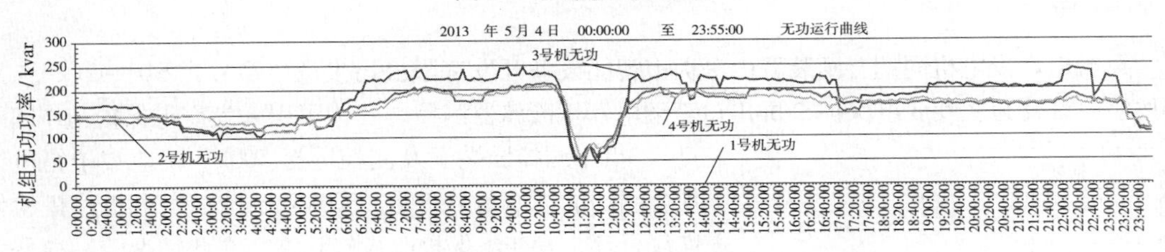

图4 机组无功分配图

4 结语

随着电网结构及运行条件的发展变化，电力已逐步形成巨大的互联系统，各节点的电压水平监控至关重要，因此AVC系统在电厂侧应用合理分配全网的母线电压，同时使电厂侧无功功率合理分配保证电能质量和电力系统安全运行[6]。

参考文献：

[1] 蒋建民. 电力网电压无功功率自动控制系统［M］. 沈阳：辽宁科学技术出版社，2010.
[2] 唐建惠，张立港. 自动电压控制系统（AVC）在发电厂侧的应用［J］. 电力系统保护与控件，2009.
[3] 陆安定. 发电厂变电所及电力系统的无功功率［M］. 北京：中国电力出版社，2003.
[4] 周全仁. 张海主. 现代电网自动控制系统及应用［M］. 北京：中国电力出版社，2004.
[5] 黄冬娜. 地区电网自动电压控制系统设计及应用［J］. 电力科学与工程，2012.
[6] 刘取. 电力系统稳定性及发电机励磁控制［M］. 北京：中国电力出版社，2007.

作者简介：

谭春力（1978— ），女，吉林双辽人，工程师，从事继电保护方面工作。E-mail：tclgl@163.com

发电机同期回路优化设计

杨长存

（淮浙煤电有限公司凤台发电分公司，安徽　淮南　232131）

【摘　要】　通过介绍淮浙煤电有限公司凤台发电分公司4×660MW机组非同期回路改造项目方案和实施情况，分析其改造后运行的可靠性、经济性，说明发电机同期合闸回路进行回路优化的必要性和重要性。

【关键词】　非同期；短路；合闸

0　引言

凤台电厂发电机同期合闸装置由深圳市智能设备开发有限公司生产，型号为SID－2C，该厂回路按照原设计为从发变组保护C屏出口至继电器楼断路器测控屏（为了引入发变组保护动作闭锁结点），借用测控屏端子及测控屏至500kV就地端子箱电缆实现合闸功能，如图1所示，500kV系统在发电机停机检修后恢复合环，发变组保护改检修状态，在此情况下，检修人员对发变组保护出口跳闸回路比较敏感，但是对同期合闸回路容易放松警惕，可能造成非同期合闸事件发生，该厂曾发生过在2号机组发变组保护装置改型改造过程中，因保护装置在出厂时未将出口短链片拆除，而维护人员也未将防500kV开关合闸安措考虑在内，在500kV开关合闸回路的接线过程中发出合闸指令，导致500kV开关误合闸，幸好机组检修，未导致非同期合闸，否者将导致不可估量的经济损失，因此同期合闸回路的确是一个很容易疏忽的安全隐患。为此通过该改造实现同期合闸回路在不满足同期条件时能够自动闭锁合闸以及采取回路优化防止误碰导致的出口，目的是为了避免非同期合闸事故发生，减少不必要的经济损失，保障机组的安全稳定运行。

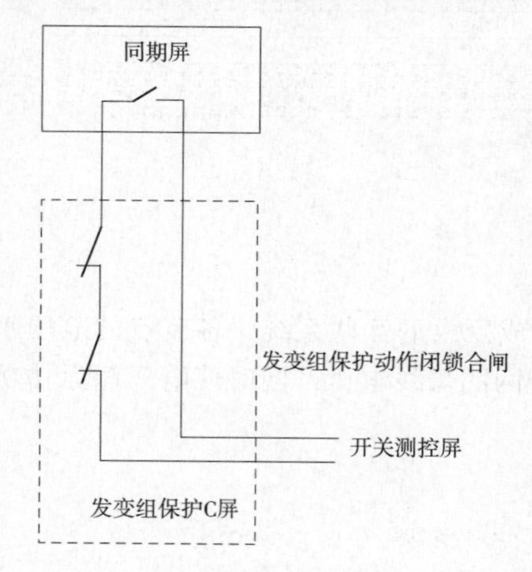

图1　原同期合闸回路走向

通过分析同期合闸装置的实际运行情况得出以下现状：

（1）发变组保护检修时有误合闸风险。

（2）同期装置检修时有误合闸风险。

（3）同期装置故障时有误出口风险。

（4）继电器触点黏连有误出口风险。

1　改造方法

本着安全可靠及经济性的前提，本次同期合闸回路改造（图2）采取以下两种方式来避免开关非同期合闸事故。

（1）将同期合闸回路出口由发变组保护 C 屏迁至发电机同期装置屏，发变组保护 C 屏仅提供合闸闭锁接点，避免发变组保护检修时思想麻痹或人员误碰导致的后果。

（2）利用 NCS 开关测控屏 AK1703 测控装置，通过编程使其对开关两侧电压进行同期判别，并配置开关量至端子排，串入发电机同期合闸回路。当满足同期条件时开放合闸回路。

同期判据：

压差小于 15% 额定电压，$\Delta U < 15\%\ Un$

频差小于 0.5Hz，$\Delta f < 0.5\text{Hz}$

相差小于 20°，$\Delta \Phi < 20°$

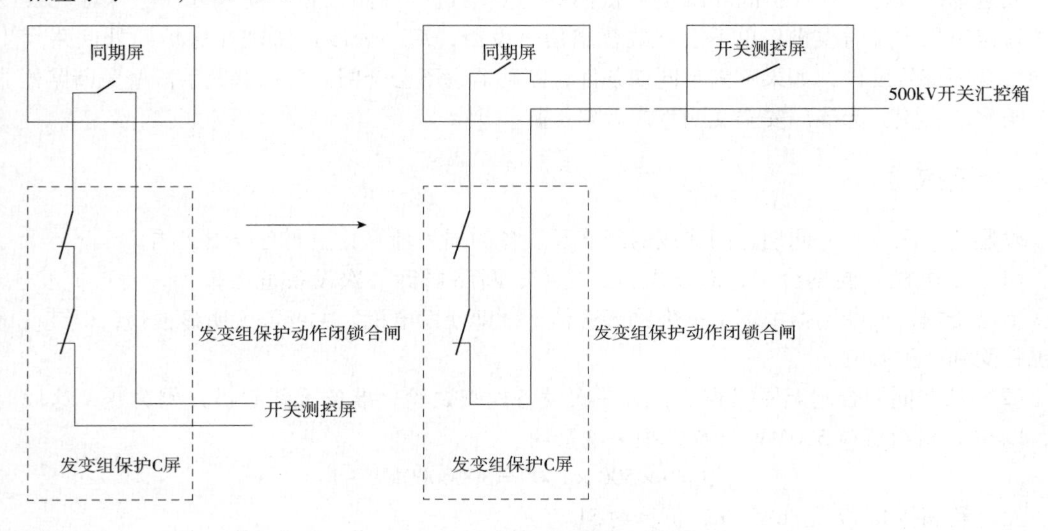

图 2　改造后同期合闸回路走向

在未加入此结点前，目前大多数做法是采用电磁型的同步电压检查继电器来提供这一结点，如图 3 所示，继电器放在对应开关测控屏内，两边电压也取至对应开关测控装置同期电压切换引入点，在使用 NCS 无压合 500kV 开关时却发现合不了开关，究其原因为该继电器两边均存在电压已不满足无压合条件，因电磁型继电器在一边带有电压时，会使另一边会感应出数值不小的

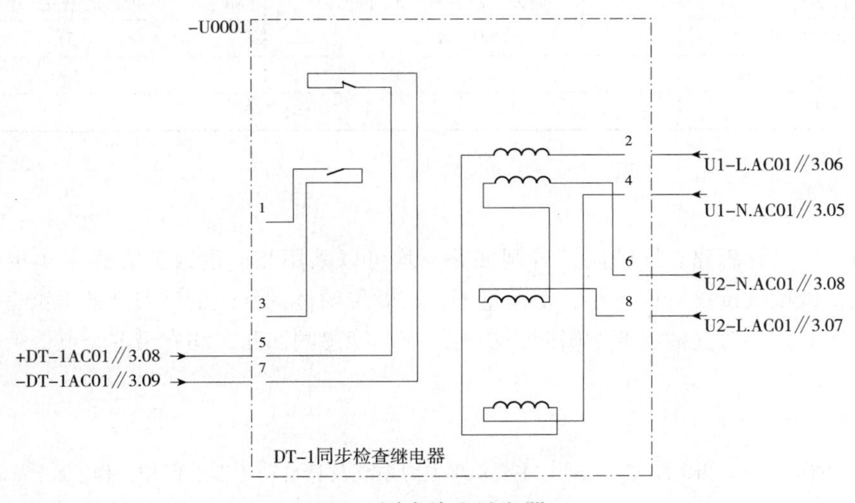

图 3　同步检查继电器

感应电压，我厂同期电压大小为100V，经测量另一边电压已经达到50V，此电压在反馈给测控装置，装置判定两边均存在电压，不满足条件。经与西门子测控厂家沟通，此测控装置可以定义一结点来用于同期合闸闭锁，且满足相应条件。

2 运行效果及经济分析

2.1 运行效果

通过本次改造，在保护间和继电器楼两处地点均进行回路改造。前一处改造保证在发变组保护检修工作中及时误操作也不会导致合闸信号发出，后一处改造实现在保护间处回路发生故障导致合闸信号发出，如果不满足同期条件，断路器也不会合闸。采用双重手段避免断路器非同期合闸事故发生，为该厂安全文明生产做出贡献。

2.2 经济效益

以避免一次机组非同期合闸造成的经济及设备的损失计算，主要有以下影响：

（1）发电机非同期合闸，对发电机、主变、断路器等一次设备危害极大，若造成发电机、主变绝缘受损，或断路器损坏，损失将无法估计。即使发电机、主变等无明显损伤，但其使用寿命也将受到严重影响。

（2）从非同期合闸至原因查明，对一次设备检查试验，准备重新起机并网为止，这段时间内，以6h、机组负荷500MW计算，损失电量约

$$Q=6\times500\times1000=3000000\text{kW}\cdot\text{h}$$

发电利润按0.17元/kW·h，折算约51万元。

（3）机组重新起机过程中消耗的油、水等合计约100万元。

（4）在起机烧油过程中，会造成环境污染，不符合节能减排相关政策。

表1为一次机组非停造成损失的经济汇总表。

表1　经济汇总表

项目名称	损失电量/kW·h	折算后费用/万元
非同期期间发电量损失	30000000	51
起机过程中油、水消耗		100
合计	151万元	

3 结语

对于与该厂设计思路相同的同期合闸回路，均可以采用相同的改造方式来实现避免非同期事故的发生，该项改造投资成本小，工作量不大，效果明显，且改造后安全效益高，自动化程度高，适合推广。并且对其他需要逻辑闭锁功能或存在隐患的回路，均有借鉴意义。

作者简介：

杨长存（1987—　），男，助理工程师，主要从事电力系统及其自动化继电保护工作。E-mail：yangchangcun@hzmdft.com

厂用电二次系统检修中需要注意的问题

张　峰，潘铁山

（华能济宁电厂，山东　济宁　272021）

【摘　要】　本文针对电气厂用电系统二次设备出现的故障，分析、判断原因，指出检修人员在工作中要进行400V电源开关的保护检验；对直流系统电源开关的级差配合进行检查试验。

【关键词】　二次回路；母线电源开关；保护检验；直流系统；级差配合

0　引言

电气厂用电系统二次回路相对比较简单，但也不能忽视。有时一个很小的疏忽，会造成设备运行后一些不必要的麻烦，甚至会引起较严重的后果。在电力系统中，直流电源系统作为继电保护、自动装置、控制操作回路、灯光音响信号及事故照明等的电源，是继电保护、自动装置和断路器正确动作的基本保证。由于直流系统的供电内容多，回路分布广，在一个直流网络中往往有许多支路需要设置断路器或熔断器来进行保护，并往往分成三至四级串联，在直流系统运行过程中，当下级用电设备出现短路故障时，经常引起上一级直流断路器的越级跳闸，从而引起其他馈电线路的断电事故，进而导致变电站一次设备如高压开关、变压器、电容器等的事故。

1　400V母线电源开关保护检验

某厂1号机组1号低压变压器高压侧配置江苏金智的微机保护，低压侧配置ABB开关自带的PR122脱扣器。

高压侧保护有速断保护、过流保护、负序过流保护、高压侧零序保护、低压侧零序保护等，低压侧保护只有短延时过流保护，长延时和速断保护均退出（速断退出、长延时调至最大）。从保护配置上看，上述保护基本满足要求。

该设备投入运行2年后，由于低压侧保护误动造成400V半段母线失压。通过对低压侧PR122脱扣器的检查，发现该脱扣器的长延时保护动作，检查DCS系统运行数据，未发现电流增大迹象，判断该保护误动。

由于该脱扣器属于开关自带的一次保护，只能用开关专用大型仪器进行检查，而开关专用大型仪器价格昂贵且只能在特定的试验室进行测试检测，因此该脱扣器投入运行后一直未进行检查。而长延时保护无法退出，只能调至最大，上述种种原因致使长延时保护失去监督，发生故障后导致误动。

电网直流系统中馈出开关安秒特性试验研究和馈出开关上、下级开关级差配合的试验研究是影响直流负载安全、稳定运行的关键。现在电力系统的直流系统用开关种类繁多，制造厂出厂试验一般没有统一给出安秒特性曲线，而具体一套直流系统馈出开关的上、下级开关级差配合受直流系统所用开关型号及容量，电源（充电、浮充电装置输出容量及蓄电池组）

的容量，直流系统上、下级负载之间连接电缆的截面大小及长度等诸多因素影响。但直流系统开关安秒特性和上、下级开关级差配合特性的好坏是影响直流系统运行安全的关键因素。如在直流负载或电缆出现短路故障时，直流开关安秒特性不适应，会造成充电、浮充电装置跳闸停运、蓄电池损坏或着火；级差配合不适应会造成开关越级动作，扩大直流系统故障范围。因此国内各地区电网采取了相应管理措施，但是目前为止没有相关权威试验单位出具的现场检测合格的报告。

通过以上分析总结，本文要对 400V 电源开关自带的脱扣器保护及电网间直流馈线等按照厂家要求定期进行检验，以防类似事故的发生。

2 直流系统电源开关的检验

某厂 400V 母线的直流系统在直流配电柜上有一个总开关，400V 母线上还有一级总开关，再分配至各路分支。

该直流系统运行 4 年后，由于一路分支的直流电源短路，造成 400V 母线的直流电源总开关跳闸，导致该母线上所有直流启停的设备全部跳闸，机组停运。

对该母线的直流系统进行全面检查，发现直流电源总开关配置较低，与故障分支直流开关的容量相同，只有 4A。这样就造成故障分支直流电源故障时，故障分支直流开关与直流电源总开关同时跳闸，导致母线上直流启停的设备全部跳闸。

需要通过与直流专业厂家合作开发一种便于现场使用的直流保护电气极差配合测试系统，建立一整套科学合理的级差配合管理系统，通过对两段型直流断路器之间的级差配合试验、三段保护直流断路器瞬时脱扣特性和级差配合试验、直流断路器和熔断器之间的级差配合试验、交直流两用断路器的瞬时脱扣特性与级差配合试验、熔断器和熔断器之间的级差配合试验的具体实施，得出各试验的结果，并分析和总结各配置在实际应用中的可行性、器件选用的合理性和存在的问题对直流断路器和熔断器在直流短路条件下的分断试验，以掌握在电力工程直流电源系统中常用的不同厂家不同型号的各种断路器和熔断器在多种组合下的级差拒动配合特性，探讨实现直流系统各级保护电器的选择性动作的条件，为直流系统保护电器的配置推荐合理的具有选择性保护的方案，为今后相关规程的修订、设计选型和运行设备的整定提供依据。

因此，要对直流回路电源开关的级差配合进行全面排查，按电力规程要求《直流电源系统运行规范》第十二条第八款规定“直流熔断器和空气断路器应采用质量合格的产品，其熔断体或定值应按有关规定分级配置和整定，并定期进行核对，防止因其不正确动作而扩大事故定期对直流回路级差配合进行试验。”《直流电源系统技术监督规定》第二十七条中规定：“自动空气断路器使用前应进行特性和动作电流抽查。”

3 结语

综上所述，在直流系统中低压断路器和熔断器是其主要的保护电器，其选型和动作值整定是否适当以及上下级之间是否具有保护的选择性配合，直接关系到能否把直流电源的故障限制在最小范围内，关系到系统运行的安全，对防止系统破坏、事故扩大和设备严重损坏至关重要。本文通过厂用电系统二次设备出现的故障，分析、判断原因，提出检修人员在工作中对 400V 电源开关、电子间电源开关等保护要进行定期检验；对直流系统各级电源开关的级差配合要定期检查，为现场提供有利条件进行试验。

作者简介：

张　峰（1974—　），男，专科，工程师，长期负责电气二次系统的检修工作。E－mail：zf5287@sina.com

潘铁山（1986—　），男，专科，工程师，电气自动化电专业。E－mail：18603103661@163.com

脱硝系统稀释风机过电流问题的分析研究

秦绍俊

（国电聊城发电有限公司，山东　聊城　252033）

【摘　要】　本文介绍了在脱硝系统的调试运行过程中，稀释风机出现了过电流运行的情况，在分析过电流问题产生的原因后，提出了在脱硝改造调试及正常运行中预防稀释风机过电流问题的有效措施。

【关键词】　脱硝；稀释风机；过电流

0　引言

稀释风机是一种为脱硝系统提供空气用来稀释氨气的风机，主要用于100～600MW机组的烟气脱硝还原剂氨气的稀释，将来自氨气缓冲槽的氨气经氨/空气混合器稀释混合后，使氨气的浓度得到稀释。脱硝稀释风机的现场实际性能优劣和运行稳定与否，直接影响锅炉安全性、经济性以及机组的脱硝效果和环保指标[1]。

1　脱硝系统概况

某电厂2号机组装机容量为600MW，采用亚临界、单炉膛、“W”火焰燃烧方式、一次中间再热、自然循环、平衡通风、固态排渣、露天布置的全钢架结构悬吊式燃煤汽包炉。2号机组脱硝采用高灰型烟气脱硝（SCR）工艺，设有两个SCR反应器，用以满足出口NO_x浓度符合环保指标。脱硝催化剂采用蜂窝式结构，按“3＋1”模式、备用层在下的方式布置。

2号机组脱硝系统自2013年11月投产以来，运行基本稳定。但脱硝反应区的稀释风机168h试运及前期运行中经常出现电机超过额定电流运行的情况。长时间的过电流运行导致开关接触器过热，同时稀释风机电机如长期超额定电流运行，将极大减少电机的运行寿命，也无法保证脱硝系统的长期安全稳定运行。

2　过电流问题的原因分析

2.1　现场检查情况

通常，电动机电流大、温升高的原因：①电源电压过低或单相断路；②联轴器联接不正；③主轴转速超过额定值或速比错误；④风机输送之气体密度过大或温度过低，使压力过大；⑤启动时风门未关，即带负荷启动；⑥轴承座振动剧烈的影响；⑦皮带过紧[2-4]。

经过现场仔细检查，发现开关接触器发热较严重，就地测量稀释风机电源电压正常、三相电流平衡，与远方上传电流一致，排除了电源电压过低或者电源单相断路的可能。施工中风机与电机之间联轴器的联接严格按照规范的施工工艺安装，减震橡胶垫减震效果良好，风机电机震动正常。

查看稀释风机运行电流曲线，长时间在57～62A电流运行，而电机的额定电流为58A，出现了超额定值情况，而且在稀释风机启动过程中，启动电流为额定电流的6～7倍，经4～5s后，才能恢复到额定电流。

2.2 稀释风机电机的选型

2号机组脱硝反应区共安装有3台稀释风机，正常运行方式为两运一备。稀释风机型号为5－486.2A型，联轴器联接，风机流量11800 m^3/h，全压4500Pa，效率82%。所配高效节能电机型号1TL0001－2AA4，额定电压380V，额定功率30kW，额定电流58A，电机效率92.9%。

根据风机的设计流量和风机的全压进行风机功率的计算，风机所需功率P的计算公式为

$$P=\frac{Qp}{3600\times1000\eta_0\eta_1} \tag{1}$$

式中：P为风机所需功率，kW；Q为风量，m^3/h；p为风机的全风压，Pa；η_0为风机的内效率，一般取0.75～0.85，小风机取低值、大风机取高值；η_1为机械效率，风机与电机直联取1；联轴器联接取0.95～0.98；用三角皮带联接取0.9～0.95；用平皮带传动取0.85。

根据上述的参数，风机所需功率计算η_0取0.82、η_1取0.98，代入式（1）得$P=\frac{Qp}{3600\times1000\eta_0\eta_1}=\frac{11800\times4500}{3600\times1000\times0.82\times0.98}=18.35$（kW）

经计算得出风机所需功率P为18.35kW。同时电机功率储备系数取1.3，电机效率取0.9，计算出电机功率$P_n=\frac{18.35}{0.9}\times1.3=26.5$（kW），按电机功率应选择配30kW电机。经查现场实际应用中稀释风机所配高效节能电机额定功率为30kW。

3.3 稀释风机开关接触器的选型

稀释风机所选用的开关型号为NSX100N，接触器型号LC1－D80，接触器主触点的额定电流为80A。主触点的额定电流应大于或等于被控设备的额定电流，控制电动机的接触器还应考虑电动机的启动电流；为防止频繁操作的接触器主触点烧蚀，频繁动作的接触器额定电流可降低使用[3]。在交流接触器的选择中有以下方案：

（1）持续运行的设备，接触器按67%～75%算，例如100A的交流接触器，只能控制最大额定电流是67～75A以下的设备。

（2）间断运行的设备，接触器按80%算，例如100A的交流接触器，只能控制最大额定电流是80A以下的设备。

（3）反复短时工作的设备，接触器按116%～120%算，例如100A的交流接触器，只能控制最大额定电流是116～120A以下的设备。

为防止稀释风管被灰堵塞，机组点火前就要提前运行稀释风机通风防止堵灰，即便脱硝不喷氨也要保持稀释风机始终运行。因此脱硝系统的稀释风机总是先于机组运行起来，在机组停运后，才能停下，属于长期持续运行的设备。而现场稀释风机所配高效节能电机额定电流58A，选用的接触器额定电流为80A，电机长时间在57～62A电流运行，所以现场检查发现开关接触器发热较严重。

一般情况下，接触器在正常负荷下运行一段时间后，因有电流流过，线圈和触点都会发热，并且用手摸上去能感觉有一定的温度，这属于正常情况。如果温度过高，或闻到异味，则运行不

正常。造成运行不正常的原因如下：

（1）接触器的额定功率与负荷的额定功率不匹配，主要表现为负荷的额定功率比接触器的大。

（2）接近满负荷运行，需要尽量避免出现这种情况。

（3）接触器运行年数已久，接触器的动静触头之间的接触电阻过大，导致接触器过热。

（4）接触器工作的环境恶劣，工作电压不稳，以及频繁使用等。

如果是接触器过热，建议根据现场的实际情况结合上述原因进行选择更换接触器。在选取接触器时要根据接触器的工作制式，负载特点等综合考虑，在长期运行或频繁起动时，则要提高一个等级选用。

2.4 脱硝稀释风机工艺系统的组成

脱硝稀释风机工艺系统的组成如图 1 所示。

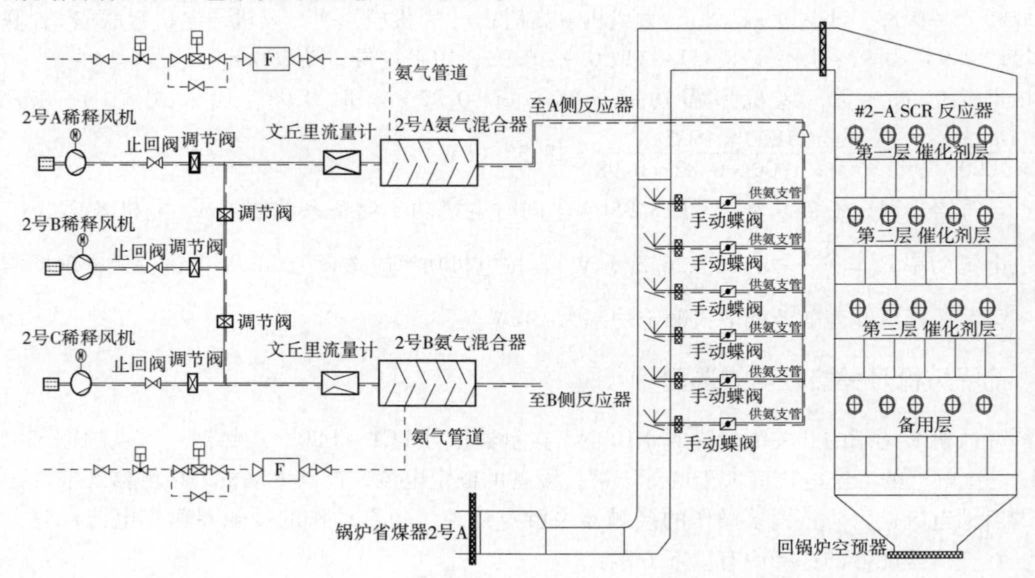

图 1　脱硝稀释风机工艺系统

2 号炉配置三台高压离心式鼓风机，二运一备。稀释风机采用离心式鼓风机，两台稀释风机的容量能够满足一台锅炉脱除烟气中 NO_x 最大值的要求，并能适应锅炉从启动至满负荷下的正常运行的需要。每台稀释风机的裕度要求：风量裕度不低于 10%，风压裕度不低于 20%。稀释空气流量测量装置采用文丘里管装置，该流量均通过变送器接入相应 DCS 上进行显示。

每个 SCR 反应器各设一套完整的氨/烟气混合系统，该系统能确保氨与空气混合物喷入烟道后，在较短的距离内使烟气中的氨与 NO_x 能充分混合，即顶层催化剂上部烟气中的氨与 NO_x 均匀分布，且能最大限度地适应锅炉负荷的变化。喷氨装置具备横向和纵向的分区调节功能，为每一个区域的支管设手动调节蝶阀，并分别配置流量测量装置。

进一步检查系统，发现稀释风机没有入口阀门，只有出口阀门，且出口阀门长期处于不关闭状态。正常情况，运行人员操作时，应先将出口阀门关闭，再启动稀释风机，而实际上由于这个出口阀门是手动门，且此手动门因实际位置太高经常无人操作，自在第一次调试时打开后，就再没有关上过，所以出现在启动稀释风机时，风门未关，即带负荷启动，启动瞬间电流达到额定电流的6~7倍，经4~5s后，才能恢复到额定电流以下。

脱硝系统设计风机流量11800 m^3/h，经实际查看，风机流量运行监视曲线已经达到14000 m^3/h，将实际风量值、压差值，代入式（1），计算得出风机所需功率21.8kW，电机的功率储备系数取1.3，电机效率取0.9，计算出电机功率为31.5kW，大于设计值30kW。

综上所述，对脱硝稀释风机长时间过电流运行原因分析如下：

（1）直接原因。由于稀释风机没有入口阀门，只有出口阀门，而且长期处于不关闭状态，仅能靠喷氨装置支管上的手动调节蝶阀来调节压力。调试人员在调试阶段，未将稀释风机上的出口阀门和喷氨装置支管上的手动调节蝶调节好，以保证实际风量值、压差值满足设计要求的风机流量11800m^3/h。由于阀门开度的原因，实际的风机流量已经达到14000m^3/h，导致风机过负荷。

（2）根本原因。设计的工艺系统不科学，文献［2］中的经验指出对离心式引风机而言，均应注意安装引风调节门。稀释风机仅设置手动出口阀门，而且此手动门又长期处于不关闭状态，所以出现在启动稀释风机时，风门未关，即带负荷启动，启动瞬间电流达到额定电流的6~7倍，经4~5s后，才能恢复到额定电流以下。

脱硝系统设计风机流量11800m^3/h，仅是设计值，实际运行中风机流量超过设计值时，无法保证足够的余量。实际脱硝系统风机流量值已经达到14000m^3/h，电机接近满负荷乃至过负荷运行，设计出力已经不能满足实际负载需要。

3 解决防范措施

脱硝效果的性能保证值是经过喷氨流量优化试验确定的，为保证氨气缓冲槽的氨气经氨/空气混合器稀释混合均匀，使氨气的浓度得到稀释，要求稀释风机工作负载需要保证恒压效果，所以稀释风机通常选用的是离心风机。离心风机，属于恒压风机，工作的主参数是风压，输出的风量随管道和负载的变化而变化，风压变化不大。文献［4］中指出离心风机的工况调节中，利用开大或关小风机压出管上阀门开度，从而改变管路的阻抗系数S，使管路性能曲线改变，以达到调节流量的目的，此种调节方法十分简单。

（1）根据分析可知，风压不变（保证氨气混合效果）的情况下，流量与阻力成反比的关系。如进气条件不变，风机出口门长开（手动门长期处于不关闭状态），可以针对实际的运行状况，尝试着将供氨支管的阀门开小，在保证喷氨量的前提下，完成风机流量调整，保证电机运行在额定电流。在以后的设计改造中，可将风门改成电动门，保证启动风机前，先将出口阀门关闭，以减小稀释风机的启动电流和启动时间，当稀释风机开起来后，再慢慢将出口阀门开至最大。

（2）根据现场工作制式、负载特点和实际运行的风量，稀释风机的选型及接触器的选型均应提高一个等级。更换较大容量的接触器，保证电机正常运行电流是接触器额定值的70%左右，以保证长期运行，接触器不会过热。

（3）针对运行中实际的工况，系统分析稀释风机超额定电流运行的原因，统一协调燃料、机务、电气、运行等各个专业，从脱硝系统整体的角度，解决电机长时间超过额定电流运行的问题，确保脱硝效果。

4 结语

本文系统分析了脱硝稀释风机过电流问题的原因，提出了在脱硝改造调试及正常运行中预防过电流问题的有效措施。从风机的选择，安装，使用等阶段中都要充分的重视，及时发现那些影响风机使用效果的问题，并让这些问题得到及时的解决。这样才能保障脱硝设备的安全稳定运行，确保机组烟气达标排放。

参考文献：

[1] 卢权，郝剑. 一次风代替脱硝稀释风在电站锅炉上的应用［J］. 节能，2013，(11)：57－59.
[2] 黄生琪. 新引风机投产时电流大故障的研究［J］. 化工设备与防腐蚀，2002，(02)：141－142，145.
[3] 卢军. 交流接触器的选用与维护［J］. 电气开关，2005，(02)：43－44.
[4] 蔡增基，龙天渝. 流体力学泵与风机［M］. 第5版. 中国建筑工业出版社，2009：324.

作者简介：

秦绍俊（1983— ）男，工程师，现任职国电聊城发电有限公司生产技术部环保技改办公室。E－mail：84925441@qq.com

浅谈漫湾电厂 AGC 优化策略

李天平，盛　蕊

（华能澜沧江水电有限公司漫湾水电厂，云南　临沧　675805）

【摘　要】　自动发电控制（AGC）对水电站全面提高自动化水平，实现“无人值班”（少人值守）有着极为现实的意义。AGC 与电站运行实践关系极为密切，本文根据 AGC 的理论与控制，设计出了 AGC 与一次调频控制协联配合策略方案并进行了实施。充分发挥了它在发电厂和电力系统中的作用，使发电厂运行和维护达到事半功倍的效果。

【关键词】　AGC；一次调频；监控系统；漫湾电厂

0　引言

在国外，大约从 50 年代起，联络线功率频率偏差就被广泛应用于各互联系统。AGC 的控制目标就是把本区域的控制误差（ACE）调整为零。

目前漫湾电厂计算机监控系统已经实现了 AGC 基本功能，但是仍然存在的问题是 AGC 与一次调频各自调节，在控制程序逻辑上互不叠加、干预。这种情况不符合电网系统 AGC 考核标准，而漫湾电厂具备调速器功率闭环控制模式，因此漫湾电厂应及时优化 AGC 策略，测试功率闭环控制模式调节性能和可靠性。为使漫湾电厂一次调频及 AGC 控制协联配合更加协调，满足 AGC 及一次调频相关技术指标要求，需优化及完善我厂一次调频及 AGC 控制协联配合策略。

1　AGC 简介

AGC 按等微增率进行分配负荷。漫湾电厂采用的就是这种方式。此方式的目的是在满足一定约束条件的前提下，尽可能地减少耗水量。机组单位时间消耗的能源与发出有功功率的关系（即机组耗量特性）是一条下凹单调递增曲线，如图 1 所示。

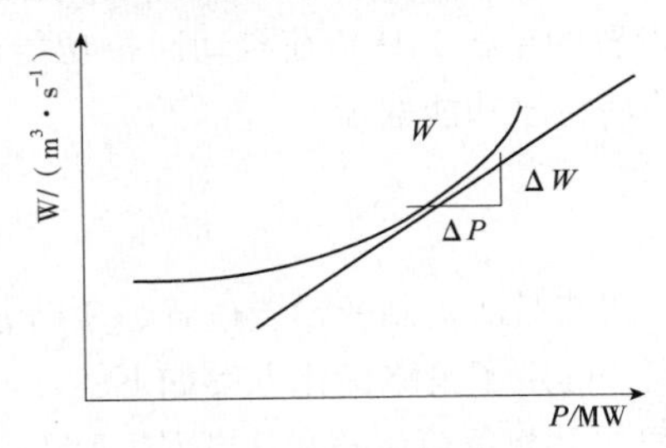

图 1　机组耗量特性曲线图

图 1 中纵座标为单位时间内消耗的水量 $W(m^3/s)$，横座标则为机组输出的有功功率 P（MW）。

机组耗量微增率在图 1 中可看作特性曲线上任意点切线的斜率，其物理意义为机组单位时间耗水量的增量与输出有功的增量之比值（$\lambda = \Delta W/\Delta P$）。

根据等耗量微增率准则：电站总有功 P_1 给定时，为使全站总耗水量最小，应按相等的耗量微增率在各发电机组间分配负荷。以上结论为数学分析结果，AGC 实际进行负荷分配时还必须考虑机组出力限制（最小出力 $P_{1\min}$；最大出力 $P_{1\max}$）、机组运行时的振动区、气蚀区以及设备定期切换等约束条件。

AGC 在“闭环控制”功能投入时，对机组的开停操作将按系统预先设置的机组开停机优先权进行顺序组合，以判断机组开停机的顺序。当未指定优先权时，AGC 将把机组运行时间和停机时间（在 AGC 控制下）作为判断机组开停机顺序的决定因素。

AGC 对故障的处理原则：①LCU 故障，对应机组自动退出 AGC；②调速器故障切手动，对应机组退出 AGC；③机组开机并网超时，该机组退出 AGC；④机组其他机械、电气事故出口等。

2 漫湾电厂存在的问题

漫湾电厂计算机监控系统 AGC 与一次调频策略为 AGC 与一次调频各自调节，在控制程序逻辑上互不叠加、干预。可能存在以下两种现象：

（1）当一次调频动作电量与 AGC 动作电量反向时，存在 AGC 将一次调频动作电量回拉现象，使得为 AGC 跟踪发电计划曲线而设置的单机 PID 负荷自动回拉一次调频动作电量而影响一次调频调节性能。

（2）当一次调频动作电量与 AGC 动作电量同向时，一次调频系统频率恢复后，AGC 控制将机组有功功率调节至一次调频动作前给定值，存在机组的一次调频动作引起的全厂总功率的偏差被监控系统重新调整回去的现象。

3 优化方案

3.1 基本原则

一次调频与 AGC 控制协联配合需遵循的基本原则：

（1）厂级 AGC 只有在调度下发新有功设定值、人工设定新值、集控计划曲线更新、机组处于振动区或分步穿越振动区及其他影响机组安全运行的情况下才进行负荷重新分配。

（2）为跟踪发电计划曲线而设置的单机 PID 负荷自动回拉功能严重影响一次调频调节性能，可在采取差值报警提示等相应措施后将该功能取消。

3.2 优化方案

为保证全厂负荷稳定，对 PID 调节激活机制的设置位置、激活方式、报警机制、AGC 及 PID 退出保护策略等进行了深入的研究，确定了策略优化方案如下：

（1）在机组 PID 控制逻辑中增加 PID 负荷调整激活/闭锁机制。具体如下：

1）在上位机 AGC 程序内设置 PID 负荷调整激活/闭锁软压板，各台机组现地控制单元内的 PID 控制逻辑均引用此测点，保证测点统一，接收 AGC 指令、设定值统一。

2）正常情况下 PID 负荷调节功能处于激活状态，机组能正常执行 PID 负荷调节功能。

3）当机组执行 PID 负荷调节命令过程中接收到一次调频命令时，PID 负荷调节功能处于激活状态，机组执行 PID 负荷调节指令，不受一次调频动作情况的干扰。

4）在机组 PID 负荷调节指令调节到位后，收到一次调频动作命令时，闭锁 PID 负荷调节功能，执行一次调频负荷调节功能。一次调频动作引起的负荷偏差将持续保持，直至收到下一次 PID 负荷调节指令。

5）一次调频在动作过程中，如果有新的 PID 负荷调节命令，将激活 PID 负荷调节功能，机组执行 PID 负荷调节指令，不受一次调频动作情况的干扰。

（2）在 PID 负荷调节功能闭锁期间，为及时干预机组负荷调节异常，在计算机监控系统 AGC 控制画面中，设置机组 PID 调节激活软压板，并显示 PID 激活机制激活/闭锁状态的反馈。

（3）在 PID 负荷调节功能闭锁期间，为及时发现 PID 设定值与实发值间的偏差过大的异常情况，建立单机 PID 设定值与实发值偏差报警机制。讨论确定报警偏差值，当偏差值大于限制报警时，值班人员根据负荷波动情况激活 PID 调节功能，由 PID 自动调节稳定负荷。

（4）为防止修改后 PID 调节功能闭锁后出现负荷大幅度偏差，造成单机有功功率调节异常得不到及时干预，功率调节异常情况恶化等现象的发生，采用机组收到一次调频动作命令时，闭锁 PID 负荷调节功能，执行一次调频负荷调节功能，延时一定的时间后（1min 左右），若 PID 仍未收到新的 AGC 设定值，则自动激活 PID 调节功能对机组负荷进行稳定。逻辑图如图 2 所示。

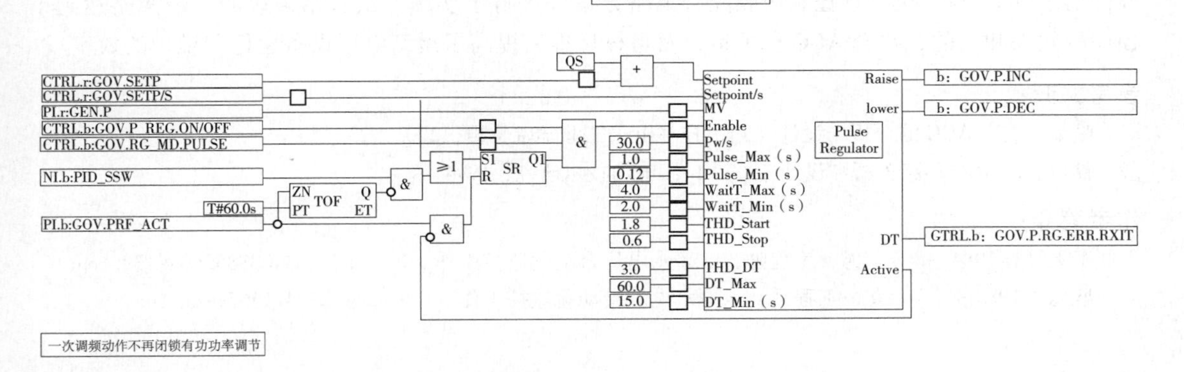

图 2　AGC 与一次调频逻辑图

4　试验

试验过程：在监控系统上位机切换 PID 符合调节软压板，切换效果正常；PID 调节处于激活状态，在下位机模拟调速器一次调频动作信号有效，PID 调节正常，不受一次调频动作影响；在下位机模拟一次调频信号有效，PID 负荷调节处于闭锁状态，执行一次调频负荷调节功能（试验中负荷上升 5MW），一次调频动作复归后仍没有收到新的 AGC 设定值，自动激活 PID 调节功能对负荷进行调节；在下位机模拟一次调频动作，执行一次调频负荷调节功能，此时 PID 调节处于闭锁状态，在一次调频执行负荷调节过程中发调节 PID 指令，此时 PID 调节由闭锁状态变为激活状态。试验曲线图如图 3 所示。结论：试验结果正常。

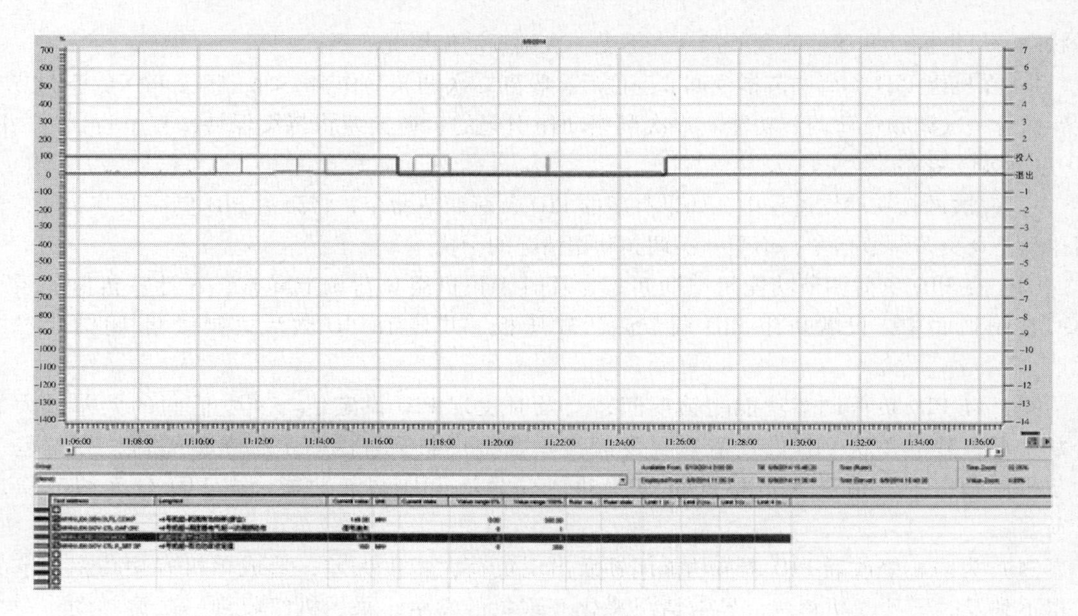

图3　试验结果

5　结语

本文根据漫湾电厂计算机监控系统、AGC和调速器的实际情况，针对漫湾电厂存在的缺陷，设计出了AGC与一次调频控制协联配合策略方案并进行了实施。试验结果表明，该策略达到了预期的效果和目的，符合AGC相关运行及考核标准，提高了漫湾电厂设备运行和维护的效率。

参考文献：

[1] 喻斌．数字AGC的分析与设计［J］．桂林电子工业学院学报，2003，23（5）．
[2] 徐成忠．AGC环路分析和设计考虑［J］．电信技术研究，1994，9．

作者简介：

李天平（1984—　），男，工程师，从事水电厂自动化监控工作。E-mail：13408885560@139.com
盛蕊（1983—　），女，工程师，从事水电厂自动化监控工作。E-mail：280471565@qq.com

电厂 NCS 系统网络优化探讨与应用

任晓骏，熊忠群

（浙江浙能长兴发电有限公司，浙江　湖州　313100）

【摘　要】　浙能长兴发电有限公司网络监控系统（NCS）在二期系统投运后多次出现远方无法操作、遥信延时变位、后台死机等故障，本文分析了产生这些现象的原因，提出了网络优化改造方案，并得到了成功应用，为同类电厂 NCS 系统设计、改造、优化提供借鉴。

【关键词】　NCS；通信；网络优化；改造；冗余

0　引言

电厂计算机网络监控系统（NCS）是电厂自动化控制组成部分之一，是集计算机、网络、通信技术为一体的综合自动化系统。其主要功能包括：升压站所有的断路器、电动隔离开关等一次设备的控制功能；继电保护信息以及相应的各测点的测量数据和状态的采集、传输、处理和告警功能；与远方调度中心的信息交换功能；在线统计计算、图形报表生成功能，以实现对发电厂升压站运行状况的远方监视和控制。NCS 系统的应用在提高了电厂整个升压站监控的自动化水平，减小了运行人员的劳动强度和设备的维护量的同时，其运行的稳定性和可靠性也将直接影响到升压站电气系统的安全经济运行。

浙能长兴发电有限公司一期网络监控系统于 2002 年 2 月投运、二期网络监控系统于 2005 年 3 月投运。在二期系统投运后，浙江长兴发电有限公司 NCS 系统多次发生 AGC 指令跃变、遥控指令无法下发，操作员站死机等异常现象。本文对这些故障进行了分析研究，提出了解决办法和改进措施，并在浙江长兴发电有限公司成功进行了实践论证。

1　浙能长兴发电有限公司 NCS 系统概况

1.1　网络结构

浙江长兴发电有限公司 NCS 系统采用双总线双以太网的分层分布式架构，分为间隔层、站控层和主控层，其中间隔层和站控层采用奥地利维奥机电公司生产的 HELIOS 太阳神变电站计算机监控系统，站控层包含 4 台间隔层站级控制单元 AK1703（以下简称总控 AK）、2 台远动控制单元 AK1703（以下简称远动 AK），间隔层由多个现地控制单元 AM1703（以下简称 AM）组成，间隔层通过冗余的光纤 IEC 现场总线与站控层进行通信。主控层采用南瑞科技生产的 BSJ2200 型计算机监控系统，包括 2 后台主机、3 台操作员站、1 台工程师站，主控层通过双以太网与站控层进行通信。系统拓扑结构如图 1 所示。

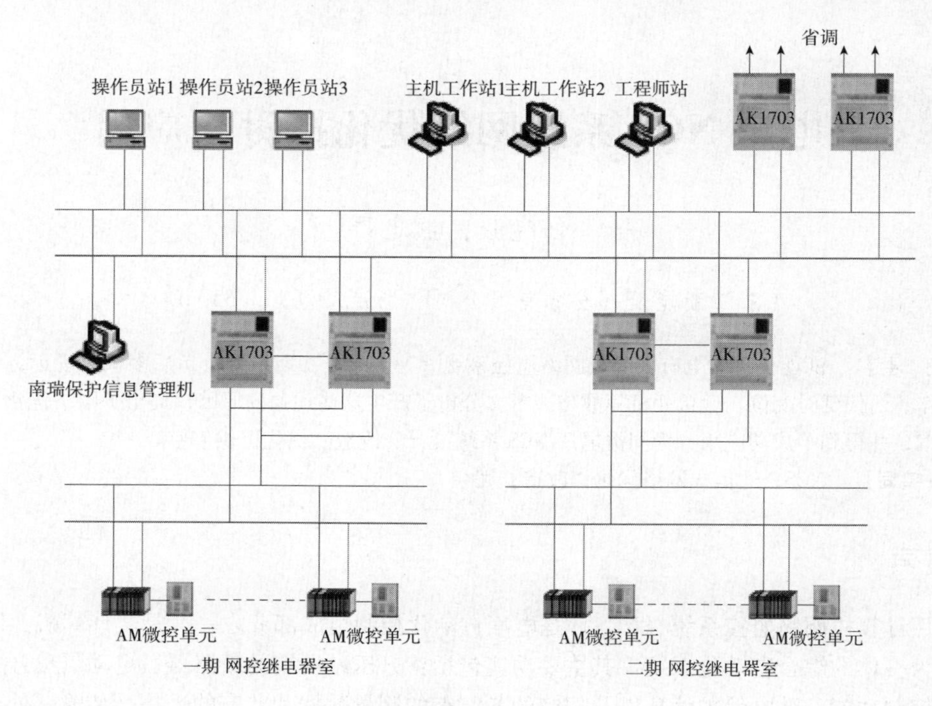

图 1　系统拓扑结构

1.2　硬件功能及冗余配置

1.2.1　主控层配置

主控层是升压站的实时监控中心，包含 2 台工作站、3 台操作员站。2 台工作站为主控层的核心设备，互为冗余，正常运行时一台工作站作主机，另一台作为从机。主机的主要作用是从总控 AK 接受数据并将数据转发至操作员站、工程师站，操作员站上的控制指令也通过主机转发至站控层进而传达至 AM，从机只接受数据并不发送数据，当主机发生故障时从机自动切换为主机。

操作员站也为主从配置，运行人员可通过操作员站对电厂电力网络全部一次、二次设备进行监视、测量、记录及处理各种信息，并通过主操作员站对升压站电气设备实现远方控制。

工程师工作站用于整个监控系统的维护和管理，例如程序开发、系统诊断、控制系统组态、数据库维护、画面修改、参数设置等。

1.2.2　站控层配置

站控层主要负责现地间隔层与主控层之间的数据中转，浙江长兴发电有限公司站控层共分一期和二期两套系统，每套系统配置两台总控 AK。作为站控层的核心设备，每台总控 AK 配有独立的电源模块、CPU 模块和通信模块，其中通信模块包含两块串口通信子板和两块以太网通信子板，总控 AK 可通过串口通信子板经光纤现场总线与 AM 进行通信，然后将采集的数据通过以太网通信子板经站控层网络交换机传输至主控层，同时，主控层的遥控指令也可通过总控 AK 转发至间隔层。正常运行时，1 台总控 AK 作主机运行，既能接收数据，也能发送数据。另一台总控 AK 作为从机备用，只接收数据并不发送。

1.2.3 间隔层配置

间隔层由 AM 构成，包含 AGC 测控单元、升压站一次设备测控单元、公共测控单元等，作为 NCS 系统的底层设备，AM 具有间隔设备的交流采样、开关量采集、遥控、五防闭锁以及同期检测等功能。

1.2.4 NCS 系统的冗余配置情况

（1）硬件冗余。浙江长兴发电有限公司 NCS 系统所有硬件包括主控层的主机、操作员站、站控层的总控 AK、远动 AK，均为冗余配置，任何一个设备故障不会对系统产生影响。间隔层的 AM 因只涉及到本身的监控，其故障并不影响整个系统的其他间隔，并未进行冗余配置。

（2）网络冗余。AM 与总控 AK 采用光纤介质的现场总线通信，站控层与主控层之间采用光纤介质的以太网通信。从图 1 系统拓扑结构图上可以看出，主控层所有的计算机，站控层的总控 AK、远动 AK 都配置有双网卡，每个网卡分别接在两个网络交换机上，形成了两个独立的局域网 A 网和 B 网，实现了站控层与主控层之间的网络通信冗余。同时每个 AM 也配置两块串口光纤通信子板，实现了间隔层与站控层之间通信冗余。

2 NCS 系统的主要故障及分析

2.1 通信电缆（光纤）故障

2.1.1 故障现象及检查情况

2009 年下半年至 2010 年年初，浙江长兴发电有限公司 4 台机组 AGC 指令频繁发生跃变现象。由于是 4 台机组同时出现异常现象，可排除就地测量设备的故障，问题肯定出现在机组有功功率数据传输过程中的某一环节。通过对传输环节中各个设备的检测，最终发现是由于远动 AK1 的 B 网光缆衰耗过大，造成通信链路的时断时续。由于远动 AK 在内存中设置有数据缓存区，当通信中断后又恢复时会将缓存区内历史数据再发送一次，从而引起有功功率跳变。通过对远动 AK1 B 网光缆的修复以及缓存区内历史数据保存机制的修改，上述问题得以解决。

2.1.2 故障分析

为确保远动 RTU 通信的可靠性，配置有两台互为备用的远动 AK，每台远动 AK 还配有 A 网和 B 网两个独立的通信网络，分别与后台交换机进行通信，当任何一个远动 AK 或网络出现故障时，都不会影响到系统的正常运行。浙江长兴发电有限公司远动 AK 的主备切换由省调进行控制，只有在发现远动 101 通道中断后才会切换远动 AK。当 AK1 的 B 网出现通信异常时，由于 A 网的通信没有故障，因此远动 101 通道仍然运行正常，省调侧不会对远动 AK 进行切换，从而导致上述异常现象的产生。由此可见，在某一个通信链路不是完全中断的情况下，远动网络的冗余机制不仅会影响到系统对故障点的判断，无法准确地将故障点隔离，还增加了故障查找的难度。

2.2 光电转换器故障

2.2.1 故障现象及处理

2011 年 2 月 7 日，网控操作员站数据不刷新，原因为两台操作员站均为主机，工作站不能正确识别，造成数据无法正常传输。重启操作员站后故障仍存在，排除操作员站主机故障，而此时工程师站中两台主机运行正常，证明站控层与主控层之间的通信没有问题，判断问题很有可能出现在网络交换机与操作员站的通信网络上。通过对网络设备的检查，发现操作员站 1 的 B 网、操作员站 2 的 A 网均有一光电转换器故障，造成操作员站 1 的 B 网中断，操作员站 2 的 A 网中断，操作员站故障网络图如图 2 所示。将操作员站 2 的 B 网改接至 A 网，两台操作员站通信即恢复正常。

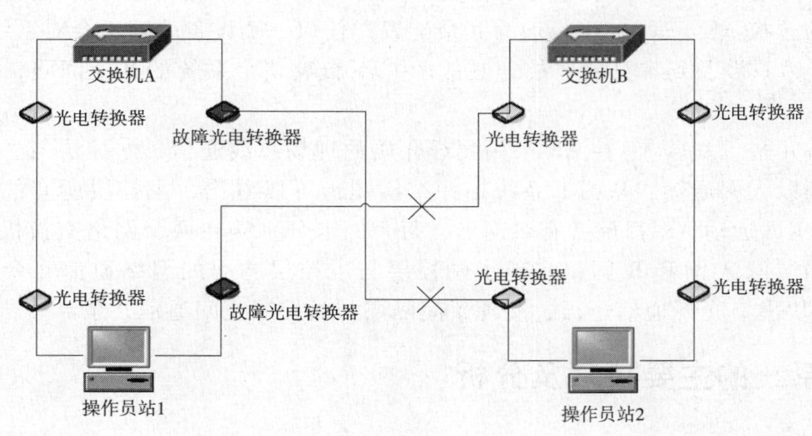

图 2　操作员站故障网络图

2.2.2　故障分析

操作员站主从切换机制为：由自身软件系统通过网络实现彼此之间的识别，当一台操作员站为主机时另外一台自动转为从机。上述现象产生的原因主要是两台操作员站的网络交叉故障，使其各自工作在不同的网络上，彼此之间无法互相识别，造成争做主机现象。NCS 系统对每台操作员站均配有 A、B 网两个独立的通信网络，任何一个网络的故障甚至两台操作员站各有一个网络故障都不会影响到操作员站的正常通信，但是操作员站软件系统的主从切换机制的存在扩大了故障范围，根本解决办法是使 A、B 网互通或者两台操作员站取消主从配置。

2.3　遥控指令无法下发

2.3.1　故障现象及检查情况

NCS 系统正常的操作控制是通过集控室的操作员站完成的，浙江长兴发电有限公司曾多次出现操作员站控制开出失败向下，具体故障表现为：在操作员站完成操作流程后，画面提示遥控指令已开出，然而在等待操作对象反馈时，报操作超时失败。经现场检查，总控 AK、现地测控单元 AM 运行正常，开关二次操作回路无异常报警，开关操作五防逻辑判据满足条件，此时重启总控 AK 或后台主机，遥控指令就能能正常下发。

2.3.2　故障分析[1]

NCS 系统遥控指令的下发流程为：主操作员站—主用的主机—主用的总控 AK—相应间隔的 AM 装置。据了解，玉环电厂也发生过类似情况，其 NCS 系统配置与浙江长兴发电有限公司相似。他们通过对指令下发过程中每一个环节进行监测分析，查出故障原因：在总控 AK 发生非正常切换情况下，此时升为主用的总控 AK 会进行总招，瞬间将大量的应用层报文发到后台主机上，后台主机可能会忽略总控 AK 切换标志报文而未能跟着切换，使其数据交换链路仍然维持与原主 AK 链路，因此下发的控制指令仍发至原主 AK 链路上，所以新主 AK 接收不到不进行处理。玉环电厂通过在总控 AK 的程序中增加切换标志报文的周期性发送（每 2s 发送一次）功能，确保后台程序跟着切换，解决了上述问题。

2.4 总结回顾

浙江长兴发电有限公司在 NCS 系统设计时，为确保系统运行的可靠稳定，不但对每个公用设备都进行了双重化配置，同时设置了相互独立的 A、B 两个网络，理论上系统任何一个环节甚至两个环节出现问题时，均不影响系统的正常运行。然而回顾上述问题的解决过程，在某一环节发生故障时，复杂的冗余机制以及不仅不能对故障点进行较好的隔离，还产生了一系列的次生问题，扩大了故障范围。另一方面复杂的网络结构使得系统无法对故障进行准确定位，增大了故障查找的难度。

3 网络优化改进

3.1 系统优化方案

现代工业网络应用的迫切需求，是网络的不间断性。网络的冗余是指系统中一些关键模块或网络在设计上有一个或多个备份，在当前工作的部分出现问题时，系统可以通过特殊的软件或硬件自动切换到备份上，从而保证了系统不间断工作。通常设计的冗余方式包括 CPU 冗余、网络冗余、电源冗余等。针对浙江长兴发电有限公司 NCS 系统的应用现状，为保证网络的不间断性，提出以下优化方案：

（1）取消后台主机与操作员站的主从设置。原 NCS 系统站控层的主机以及操作员站均采用主从机配置，彼此之间的冗余实际上是通过软件编程实现的，冗余程序十分依赖于两个冗余设备之间的通信，通信可靠性直接影响到切换判据的获取。因此，为尽量降低人为因素对系统的影响，避免网络通信对冗余设备的干扰，需去除后台主机与操作员站的软件冗余，最有效的方法是取消台主机与操作员站的主从设置，每台冗余设备相互独立。

（2）合理配置硬件冗余。为确保网络的不间断性，公用设备必须冗余，不会因某一个设备的故障影响系统的正常运行。对于 NCS 系统来说，公用设备包括后台主机、操作员站的冗余、网络设备、总控 AK、远动 AK 等，这些设备均需进行冗余配置。对于现地测控单元 AM，因其故障只会影响本电气单元，不会影响整个系统和其他间隔，可不进行冗余配置。

从图 1 可看出，浙江长兴发电有限公司一、二期 NCS 系统相互独立，配置了两套总控 AK，分别与后台通信，根据厂家说明书介绍，每台总控 AK 可配置 99 台现地测控单元 AM，因此可对站控层进行优化配置，即将一、二期两套总控 AK 合并成一套，这样既可以简化通信链路，又能减少数据流量，降低后台系统负担。

（3）优化网络结构。由于 NCS 系统主要设备都是冗余配置，所以没有必要配置双网卡，如主控层某台工作站网卡故障，另外一台仍可正常工作，不影响系统运行，若站控层一台总控 AK 网卡发生故障，切换到另一台总控 AK 运行即可。因此每台冗余设备只需配置一个网卡，分别连接到两个交换机上，同时可将两台交换机连成一个环网，这样整个网络就形成了一个单环网结构，站控层和主控层工作在同一网络上，无需进行网络的切换。

3.2 新系统的拓扑结构

原 NCS 系统是基于双总线以太网结构的分层分布式监控系统，一、二期总控 AK 又分别与后台通信。通过上述优化方案，将系统改为单环网结构，在保证主设备冗余的前提下，总控 AK 与后台的通信链路由 8 路减少为 2 路，网络结构更简洁明。优化后的新 NCS 系统网络拓扑结构图如图 3 所示。

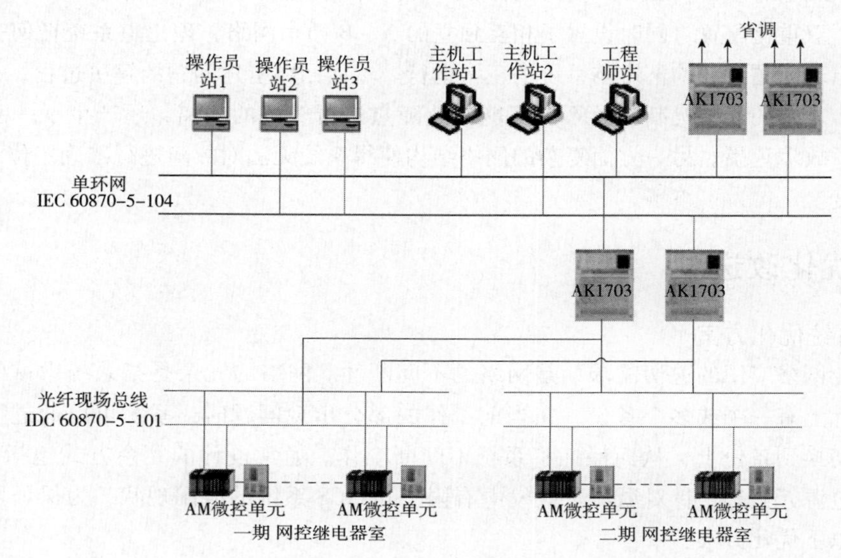

图 3 优化后的新 NCS 系统网络拓扑结构图

3.3 新系统应用效果

NCS 系统改造后，经过半年的运行实践，除了偶尔出现单体设备故障外，未发生过一次系统性故障，系统的可靠性和稳定性有了明显提高。在解决了原系统遥信变化响应延迟、遥控指令无法下发等异常现象的同时，还利用这次改造的机会，统一了主控层与站控层的生产厂家，这样后台主机就可以收集到站控层和间隔层所有的自诊断信息，便于系统出现异常时故障点的查找。

4 结语

在本次改造中，间隔层的 AM 作为一个独立的控制单元，其光纤现场总线也可不进行冗余配置，但要进行 AM 内部逻辑的修改，而改造又是在线进行，无法对改造后的五防逻辑进行验证，因此 AM 现场总线优化在本次改造中未能进行，希望同类电厂在设计时就予以考虑并优化。

一个可靠的稳定的 NCS 系统，并不是冗余越多越好，而是需要妥善处理好网络设备的可靠性和网络结构的合理性之间的关系，为此需要选择合理的网络拓扑结构，优化设备的冗余配置，这样不但能提高系统的可靠性，也有利于故障的快速定位及解决。本文希望通过此次网络监控系统的优化改造为同类电厂、电站提供借鉴，在系统设计之初就能采用冗余优化的网络结构，这样不仅能提高系统可靠性，也能降低建设成本。

参考文献：

[1] 段周朝，等. 从几次控制开出故障的处理来分析 NCS 系统的冗余配置 [J]. 电力技术，2009

(9): 46-49.
[2] DL/T 5226—2005，火力发电厂电力网络计算机监控系统设计技术规定 [S].

作者简介：

任晓骏（1981— ）男，浙江嘉兴人，工程师，从事电厂电气设备管理工作。E-mail：41772859@qq.com

熊忠群（1969— ）男，浙江湖州人，技师，从事电厂继电保护设备管理工作。

发电厂生产管理区主要业务分析及接入方案的设计与研究

刘梦欣，储真荣，杨 鹏

（华东电力设计院，上海 200001）

【摘 要】 为了满足相关管理部门对发电厂环保、调度等监测的要求，发电厂陆续建立了相应的生产管理业务。基于目前华东地区调度自动化专业相关传输网络的发展和建设情况，本文明确了发电厂二次系统的安全分区，分析了生产管理区的主要业务，提出了一套完整的生产管理区相关的系统配置和业务信息传输通道组织方案。设计方案通过对各业务系统的梳理，构建了发电厂生产管理区（安全区 III）业务系统高效的数据交换和信息共享平台，优化实现了电厂与调度端以及电厂内各子系统之间的信息传输，为今后发电厂调度自动化系统的建设和发展提供了参考思路。

【关键词】 生产管理区；发电负荷考核系统；热电信息采集系统；烟气排放连续监测系统；安全防护

0 引言

现代大型电厂逐步向大容量、高参数方向发展，在生产、经营和管理过程中，所需监视的参数剧增。同时，国家对环境保护越来越重视，在电厂安全发电的前提下对其环境监测提出了要求，并制定了相关的规程、规范[1-2]。为了满足这些新要求，电厂需要在生产管理区配置相应的业务系统，以实现电厂数据的收集、加工处理、信息存储、信息发布及共享。

生产控制大区的业务功能均在线运行，为电力生产的重要环节，国内对该安全分区所属的业务和接入方式有较为明确且统一的规定和要求；而管理信息大区的业务因不在线运行且不具备控制功能往往不受重视。就生产管理区的业务接入而言，目前尚无相关的国家标准或行业标准，地方标准发布还存在不同步或不一致的情况，而发电企业可以按其自身要求划分安全区，这些因素使得电厂生产管理区的业务系统配置和接入方式千差万别。

此外，在每一轮新技术进行推广应用或者新要求进行贯彻执行时，电厂建设的发展进程往往体现为一个个新系统、子系统的增加。为了减少对其他系统的影响，长久以来各专业对电厂内的二次设备全过程管理均各自为政，子系统往往也独立成套，很少考虑与其他子系统相融合，造成设备越来越多。

为此，有必要对电厂生产管理区的诸多生产和管理业务进行梳理，在保证所配置的系统设备满足调度运行和环保监测等多方面功能要求的基础上，进一步优化系统配置和接入方案，将电厂内的相关设备组织成一个有机整体，探究功能全面、结构简晰的典型接入方案。这不仅有助于实现电厂生产管理区各系统之间信息的全面共享和有序传输，还能够减少功能上或设备上的重复配置，从而达到技术经济真正意义上较为完美的融合。

本文在阐明了电厂信息层次和业务分区的基础上，明确了电厂生产管理区所需配置的业务系统；从整个电厂层面全局统筹考虑，提出了这些业务的整体接入方案，各子系统之间信息传输的实现方案和安全防护策略；并进一步明确了所涉及到的业务接口。

1 业务分析

1.1 电厂信息层次

电厂自动化系统主要包括管理信息系统（Management Information System，MIS）、厂级监控信息系统（Supervisory Information System，SIS）和分散控制系统（Distributed Control System，DCS）等。

综合考虑信息的作用、来源和处理方法等方面，可将整个电厂按信息功能分为五个层次，如图1所示。

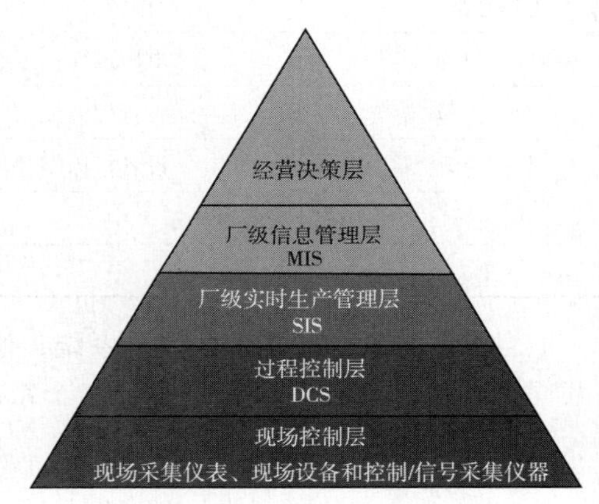

图1 电厂信息层次示意图

1.1.1 管理信息系统（MIS）

MIS是厂级自动化系统的一部分。一方面，它从SIS或控制系统（如DCS）取得实时数据及其处理后的信息；另一方面，采集和处理生产管理、行政管理的非实时信息，为生产管理服务，实现电厂内部管理现代化，同时还可向电厂上级管理部门发送管理、生产信息，满足对外市场营销的需要。

MIS系统的管理覆盖生产计划统计管理、生产运行管理、生产燃料管理、生产设备管理、安监和技监、生产环保、状态检修、人力资源管理、办公自动化管理等方面。

1.1.2 厂级监控信息系统（SIS）

SIS是面向生产管理层的厂级监控信息系统，其基础是单元机组DCS及各辅助车间（输煤、补给水处理、供水）的控制系统。它具有采集所有控制系统的实时数据、建立长期存储实时历史数据库，实现厂级生产过程监视和管理、机组性能计算和分析等基本功能，并向MIS提供过程数据和计算、分析结果。

数据库服务器是SIS系统的核心设备，用于保存所有生产过程的实时数据和厂级实时监控信息系统对这些数据的二次计算、分析结果，使全厂的运行管理和经营管理建立在统一的过程数据基础上。

1.1.3 分散控制系统（DCS）

DCS是为机组（车间）级自动化服务，通过高性能的控制网络、现场总线及控制处理器、过程 I/O 子系统、工程师站、操作员站和过程控制软件等来完成锅炉、汽机、发电机及其辅机热力生产过程的控制。

接入 DCS 公用网的系统包括：循环水泵房、压缩空气系统、热网加热站、燃油系统、空调控制系统、电气公用厂用电系统（包括厂用电源系统、保安系统、启动/备用电源系统、照明电源系统、直流和 UPS 系统等）。

1.1.4　MIS、SIS 和 DCS 的对比和相互关系

由于前述三个系统较易混淆，现对其功能比较见表 1。

表 1　　MIS、SIS 和 DCS 之间的功能比较

系统名称	MIS	SIS	DCS
系统种类	管理信息系统	厂级控制系统	过程控制系统
系统目标	管理经济性	运行经济性	安全性
控制对象	管理过程	电厂系统	电厂设备
使用对象	全厂人员	运行管理人员	运行操作人员
控制参数	管理流程	设备指标	运行数据
安全可靠性	低	中	高
实时性	低	中	高

MIS、SIS 和 DCS 是面向不同目标、具有不同功能的信息系统，他们不具有层次上的高低，而是分工合作、不可替代，共同实现电厂管控一体化服务。三个系统之间的相互关系如图 2 所示。

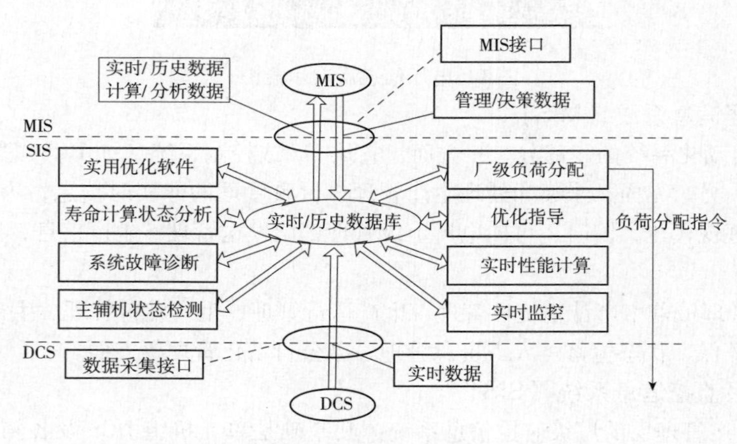

图 2　MIS、SIS 与 DCS 的关系示意图

1.2　业务系统分区

电力二次系统包括电力监控系统、电力通信及数据网络等[3]。根据系统中业务的重要性和对一次系统的影响程度进行分区，发电企业内部基于计算机和网络技术的业务系统，原则上划分为生产控制大区和管理信息大区。生产控制大区可以分为控制区（安全区 I）和非控制区（安全区 II）；管理信息大区一般可分为生产管理区（安全区 III）和管理信息区（安全区 IV）。但是，在不影响生产控制大区安全的前提下，可以根据各企业不同安全要求和应用系统实际情况，

简化安全区的设置，但应避免通过广域网形成不同安全区的纵向交叉连接。

各安全区所包含的业务系详如图3所示。

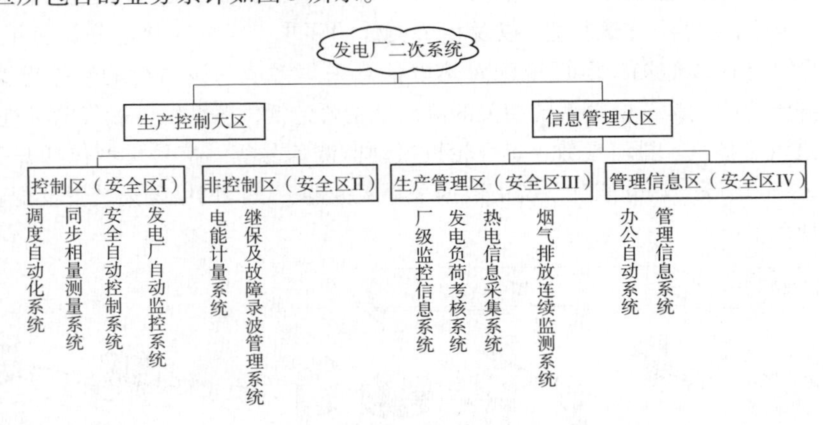

图3　发电厂二次系统安全分区图

图3中，安全区I中的业务系统是电力生产的重要环节、安全防护的重点与核心，直接实现对一次系统运行的实时监控；安全区II中的业务在线运行，但不具备控制功能。二者纵向使用电力调度数据网络。安全区III中的业务实现电力生产的管理功能，但不具备控制功能，不在线运行，可以不使用电力调度数据网，与调度中心或控制中心工作人员的终端直接相关，与安全区IV的办公自动化系统关系密切。

1.3　生产管理区主要业务

生产管理区的业务系统涉及热控和电气等多个专业或部门，本文对各系统本身的功能仅作简单说明，重点论述其信息的接入和传输方式，以及为组织信息传输通道所需的设备配置。

1.3.1　发电负荷考核系统

为确保电能的质量和电网的安全、优质、经济运行，适应发电负荷考核工作的开展，电厂需配置1套发电负荷考核系统，用于接收调度端的发电计划曲线、监视实际发电出力与计划曲线的对照，实现对电厂的执行日调度发电计划负荷和电量偏差的考核、机组调差能力的考核、机组非计划停运的考核、机组调节性能的考核等[4]，提高电厂的发电考核指标。

发电负荷考核系统由后台服务器、值长工作站、接口机等硬件和SCADA软件、288点考核软件、数据库等多个功能模块的软件组成，拓扑图如图4所示。其中，负荷考核子站系统服务器等设备一般组成1块屏，安装在继电器楼；工作站安装在集控楼主控制室。

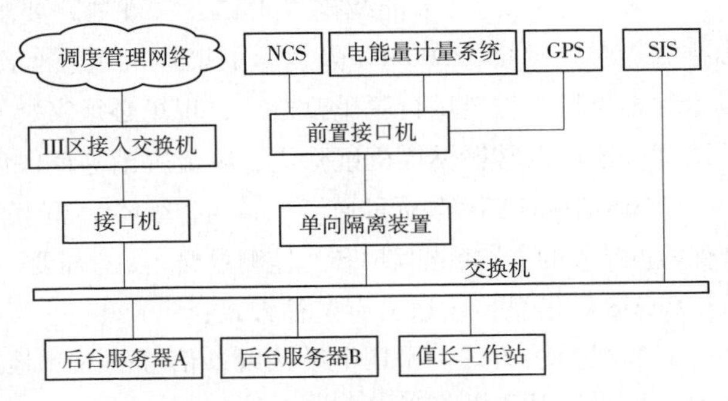

图4　发电负荷考核系统拓扑图

该系统能够与NCS、电能计量等系统进行通信，读入厂内各种数据并进行相应统计、处理等操作，以用户要求的格式形成报表，并以用户要求的图形方式显示各种数据曲线。此外，还具有与SIS进行网络通信的功能，电厂MIS系统的终端设备能调用显示本系统的数据、报表和画面。

1.3.2 热电信息采集系统

为了挖掘供热机组在电网低谷调峰能力，以确保电网低谷调峰安全稳定运行，根据国务院颁发的《节能发电调度办法（试行）》以及相关文件的要求，需要对热电联产机组供热期实施"以热定电"的实时在线监测，电厂应配置热电信息采集系统。该系统的数据源为电厂 DCS、SIS、MIS，所需要的测点是与供热系统相关的测点，主要包括供热系统，燃气轮机进气，排气参数，蒸汽轮机进汽、抽汽、排汽参数，燃气轮机振动监测信号等。信号类型包括开关量输入/输出、模拟量输入/输出等。热电信息系统由数据采集服务器、正向网络隔离装置及配套软件组成，拓扑图如图 5 所示。

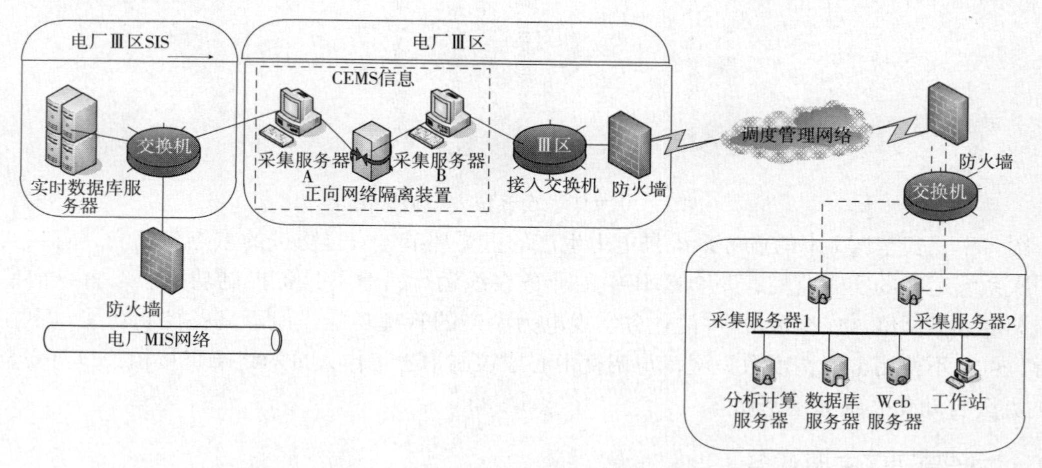

图 5 热电信息采集和传输路径示意图

电厂供热数据采集接口软件安装于采集服务器 A（接口机）上，从电厂Ⅲ区 SIS 实时数据库获取原始数据，按照指定的通信协议形成数据文件，经网络隔离装置传输后，至采集服务器 B，通过Ⅲ区省调度管理网络（不同省份该网络的名称可能会不同）上传至热电信息系统主站，最终数据存储应用程序将数据文件内容写入主站数据库。

1.3.3 烟气排放连续监测系统（CEMS）

火电厂在发电过程中，会消耗大量的煤粉，产生大量气体、液体和固体排放物，如烟气、废水、灰渣和粉尘等。《节能减排"十二五"规划》要求新建燃煤机组全面实施脱硫脱硝，实现达标排放。对单机容量 300MW 及以上的燃煤机组、东部地区和其他省会城市单机容量 200MW 及以上的燃煤机组均要试行脱硝改造[5]，现场必须安装 CEMS[6]。该系统不仅可以实时监测污染物的浓度，还可以掌握燃煤机组除尘、脱硫脱硝等环保设施的运行状态，达到节能减排的效果。

CEMS 必须能够实现远程通信[10]，与省级环保部门和省级及以上电网企业联网，向电网调度中心、环保检测站等的主站系统实时传送监测数据。如有需要，也可将检测信息传送至当地监控系统。

CEMS 的信息传输通常有两种方式：

（1）硬接线方式。采用电缆接线，信号一对一地连接并传输至数据采集服务器，再通过光纤或无线传送至环保监测中心站。

（2）通信方式。现场分析仪表的信号输送到 CEMS 机柜内的 PLC，经其处理后通过通信接口将实时数据传到数据采集服务器，其采集和处理软件可按当地环保的要求，计算烟气污染物排放率、排放量，显示和打印各种参数、图标，并将数据、图文以规定格式传输至管理部门[7-9]。

该方式的传输路径图如图 6 所示。

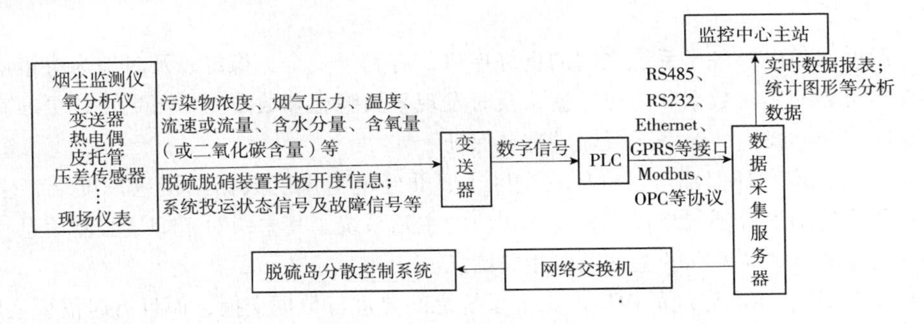

图 6　CEMS 直接采集方式传输路径示意图

烟气信息除了实时传输给电网和环保部门外，在脱硫装置的 DCS 系统也要做记录，确保脱硫 DCS 能随机调阅相关运行参数和历史趋势曲线，相关数据保存 6 个月以上[11]。

虽然 CEMS 通过直接采集的方式可以获得电厂的烟气和脱硝装置运行状态信息，但是，由于数据量多，给接线和运行、维护带来困难，因此建议采用通信方式。

2　接入方案设计

2.1　整体接入方案

前述各个子系统配置相应的设备在功能上可以实现信息的接入和传输，达到主站端对电厂相关信息的监测目的。

在此基础上，着眼于整个电厂层面，由于 SIS 系统已经具备了电厂的所有相关生产和管理信息，而且热电信息采集系统和 CEMS 的信息均要传送到调度端和环保部门，传输目的地相同。因此，考虑统筹优化和整合各业务系统的接入，两个系统均从 SIS 数据库中获得相关信息，共用采集服务器、隔离装置和信息传输路径，实现信息的有效采集、交换和共享，从而减少设备的重复配置。进而，综合全厂所有安全分区，整理出电厂主要业务接入方案的总体结构，如图 7 所示。

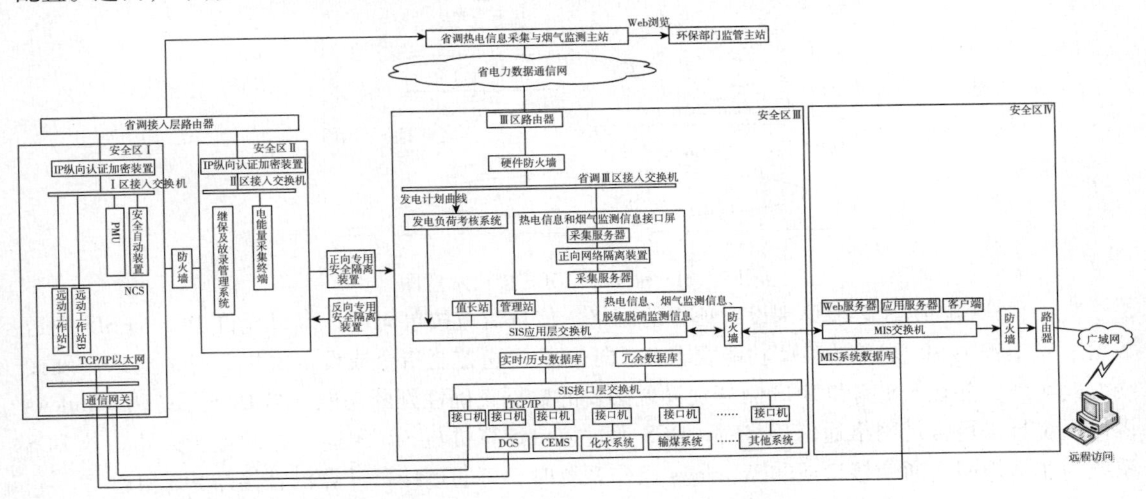

图 7　发电厂生产管理区业务接入总体结构图

2.2 接口与通信

电厂与调度部门以及各子系统之间的良好接口，有利于安全、稳定、及时地为决策层和有关单位提供真实可靠的实时数据和历史数据，及时发现事故隐患和故障点，可更快、更准确地处理故障，为电网安全、稳定、经济运行提供重要保证。

（1）电厂与调度和环保部门。电厂安全区Ⅰ、Ⅱ经电力调度数据网接入调度端，生产管理区的各项业务通过调度管理网络接至调度端相应的主站系统。其中，对于烟气监测信息，环保部门可以 web 浏览的方式从 CEMS 主站调取相关信息。

（2）SIS 和 MIS、DCS 之间的接口。三个系统之间要进行数据交换，而且有时需要实时交换，需要建立可靠、高效的数据库通信接口。SIS 与 MIS、DCS 之间的接口示意图如图 8 所示。

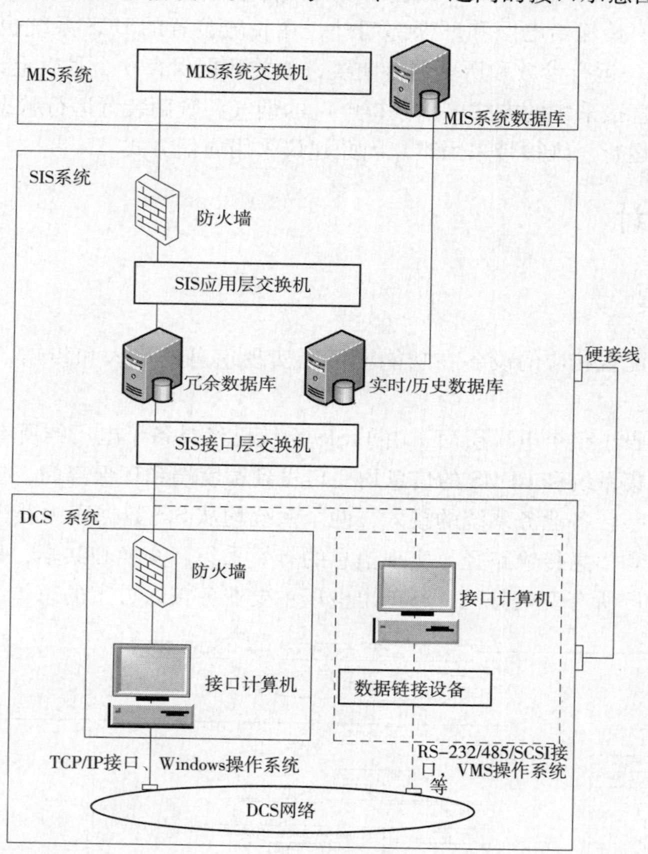

图 8 SIS 和 MIS、DCS 接口示意图

其中，SIS 和 DCS 必须分别设置独立的网络，信息流应按单向设计，只允许 DCS 向 SIS 发送数据。当工程中 SIS 配置的某些功能要求 SIS 向 DCS 发送控制指令或设定值指令时，应采用硬接线方式实现，并在 SIS 侧和 DCS 侧分别设置必要的数据正确性判断功能。当 DCS 系统为 Windows 操作系统且采用常规网络通信接口时，DCS 通过接口计算机与 SIS 相连，并设置防火墙；若 DCS 系统为非常规网络通信接口或非 Windows 操作系统时，可通过接口计算机直接与 SIS 相连。

SIS 系统的应用层网络通过防火墙连接到 MIS 系统骨干网上，在防火墙上设置安全策略限制 SIS 和 MIS 之间的数据交流。

2.3 安全防护策略

按照“安全分区、网络专用、横向隔离、纵向认证”的基本原则，安全区Ⅲ与安全区Ⅰ、Ⅱ之间应采用经国家指定部门检测认证的电力专用横向单向安全隔离装置。从安全区Ⅰ、Ⅱ往安全区Ⅲ必须采用正向安全隔离装置单向传输信息，由安全区Ⅲ往安全区Ⅱ甚至安全区Ⅰ的单向数据传输必须经反向安全隔离装置。严格禁止E-mail、Web、Telnet、Rlogin等网络服务和数据库访问功能穿越专用安全隔离装置，仅允许纯数据的单向安全传输。反向安全隔离装置采取签名认证和数据过滤措施，仅允许纯文本数据通过，并严格进行病毒、木马等恶意代码的查杀。安全区Ⅰ、Ⅱ与安全区Ⅲ、Ⅳ之间的专用安全隔离装置应达到或接近物理隔离的强度。

安全区Ⅲ与安全区Ⅳ之间的业务系统都属于管理信息系统，前者大多采用调度管理网络，后者大多采用电力数据通信网络。两个安全区之间的数据交换较多，应采用经有关部门认定核准的硬件防火墙或相当设备对其进行逻辑隔离；电力调度数据网与调度管理网络和电力数据通信网络实现物理隔离。

3 结语

近年来，我国行业内已经针对电厂生产管理区的相关业务，包括环境保护相关的监控系统，制定了一些相关的规程或规范，但仍处于摸索阶段。

建议在设备硬件技术不断发展的过程中，进一步细化电厂相关的建设和运行要求，逐步统一生产管理区各业务系统的设备配置和数据传输方式，这将不仅有利于今后更大规模数据的交换和共享，也有助于电厂自身和电网部门的规范化管理。

相关二次设备厂家应在设备实际运行和设计研发之间形成有效互馈，不断改进和完善设备功能和配置方案，突破技术瓶颈，更灵活地满足不断提高的调度运行和环境保护等多方面的要求。

此外，电厂建设除突出强调新配置系统功能所产生的效益外，也应同时考虑设备投资和运行维护费用的增加，但往往会忽略新旧系统功能应用的统筹考虑和优化；而计算机应用范围的推广使电气、热控和系统等专业的界面和分工更加模糊，专业渗透面及深度更加深广。这些因素都要求设计单位和电厂的各专业之间应紧密配合，相互合作，打破专业界限，顺应二次设备和监控信息大规模增加的趋势，并逐步推进二次设备的整合。

参考文献：

[1] HJ/T 75-2007 固定污染源烟气排放连续监测系统技术规范（试行）[S]. 国家环保局. 2007.7.

[2] 江苏统调燃煤机组烟气脱硫装置运行监管考核办法（试行）[S]. 南京电监办、江苏省经贸委.

[3] 电力二次系统安全防护规定 [S]. 国家电力监管委员会令第5号. 2005.2.

[4] 江苏电网统调发电企业考核办法 [S]. 苏经贸电力 [2006] 439号.

[5] 王卫群，贾涛，华伟，张恩先. 1000MW燃煤机组脱硝装置CEMS采样方式的改进措施 [J]. 电力科技与环保. 2014, 30 (2): 22-25.

[6] GB13223-2003 火电厂大气污染物排放标准 [S].

[7] GB13223-2011 火力发电厂大气污染物排放标准 [S].

[8] HJ/75-2007 固定污染源烟气排放连续监测技术规范（试行）[S].

[9] 张思锐. CEMS系统在火电厂应用和工程设计探讨 [J]. 电力科技与环保. 2013.29 (2): 45-47.

[10] 许晋宁，程明霄，孟凡群．烟气排放连续监测系统远程通讯的设计［J］．机床与液压．2012.40（2）：77－79.

[11] 环境保护部办公厅关于加强燃煤脱硫设施二氧化硫减排核查核算工作的通知，环办［2008］8号．环境保护部．2009.1.19.

作者简介：

刘梦欣（1983—　），女，硕士，高级工程师，从事电力系统二次规划和设计工作。E－mail：lmx@ecepdi.com

储真荣（1968—　），男，教授级高级工程师，从事电力系统二次规划和设计工作。

杨　鹏（1979—　），男，硕士，高级工程师，从事电力系统二次规划和设计工作。

IEC61850 标准在发电机变压器组保护装置中的应用

张为越，崔殿彬

（国电南京自动化股份有限公司，江苏 南京 210032）

【摘　要】　本文结合国内各地区电厂目前的通信标准和运行概况，以电厂工作环境下的通信需求（设备采样测量值和信号量）作为建模基础，以数字式发电机变压器组保护装置为例，从数据类型、模板定义、保护建模几方面介绍、设计并实现应用于电厂发变组保护的 IEC61850 通信技术。该研究结果对于电厂新一代电气设备通信模式设计开发具有参考意义。

【关键词】　逻辑节点；标准；建模；保护装置

0　引言

为使不同的设备制造厂商的产品具有互操作性，国际电工委员会制定颁布了面向对象的通信技术 IEC61850 标准。该通信标准目前在国内电网变电站自动化系统中已经广泛使用，而电厂普遍还在使用 CDT、101、103、MODBUS 等传统通信模式。由于 IEC61850 标准的出现，新建的电厂在通信模式上的选择成为基建时期采购设备的重要问题。很多国内外厂商新产品中已经开始提供此种规约的服务，同时部分客户提出保护装置须直接支持 IEC61850 标准规约的要求，所以在装置中推行 IEC61850 标准对于电厂设备厂商具有尤为重要的意义。

与变电站不同的是电厂的通信标准和通信环境相对不统一，装置在使用 IEC61850 上的设计思想大多参照变电站的样板和模型，但是那些没有模板可参考的典型保护（如发电机失磁保护、匝间保护等）如何建模就成为众厂商须解决的关键问题。这里笔者提出一些建模思想以作参考，相信后期电厂在不断推行和实践 IEC61850 标准的过程中会出现统一的标准。

1　装置简介

本文以国电南京自动化股份有限公司的 DGT801 系列保护装置为例。此类设备占据电厂电气继电保护类装置中比较重要的位置，其新一代产品推出 IEC61850 功能，并通过一致性测试。

装置由 CPUA、CPUB 和 CPUC 3 个 CPU 进行全部数据接收、发送和运算。其中 CPUA 和 CPUB 负责继电保护的所有工作，CPUC 负责除保护以外的运行工作，包括通信功能，装置系统示意图如图 1 所示。在硬件上装置本身具备实现 IEC61850 标准的条件，重点在于软件程序的设计。DGTViewer - MMS 软件在 CPUC 上运行，用来实现 DGT801U 系列保护装置的界面、通信、打印等功能。

2　XML 与保护建模

XML（扩展超文本标识语言，Extended Markup Language）模板的建立是 IEC61850 通信的第一步。现场后台工程人员可以通过设备厂家获得该模板，从而通过模板清晰地看到设备全部通信内容、方式和功能。在应用层面上，由于其面向对象的特点，IEC61850 具有非常大的优势。

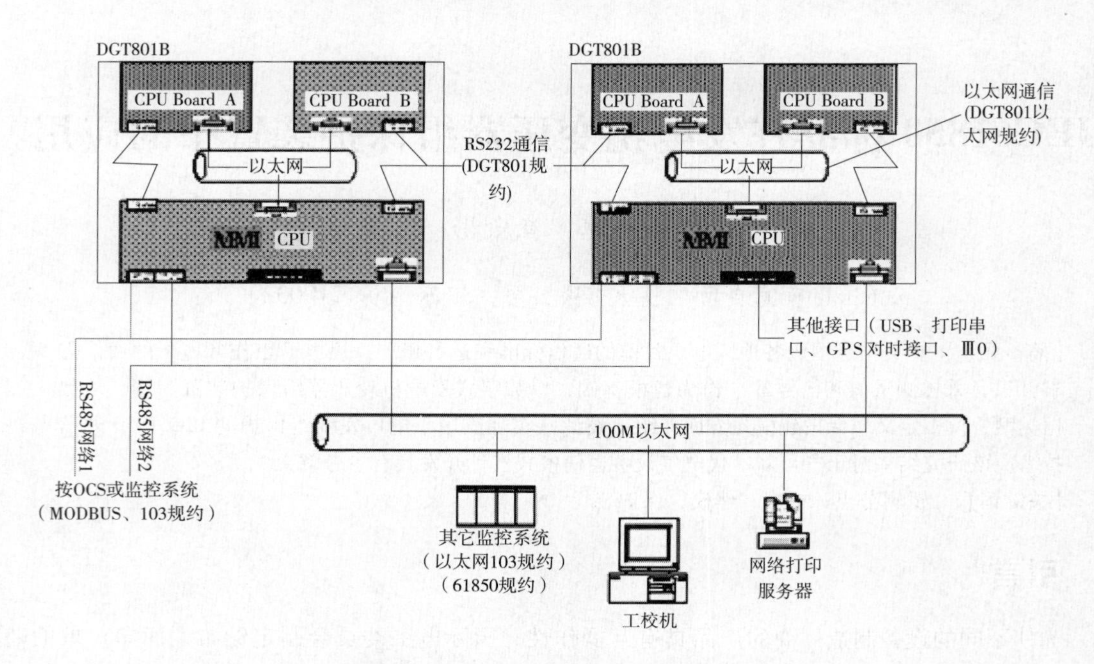

图 1　DGT801 系列保护装置系统示意图

根据工程人员的实际操作反馈，最明显的优点就是完成设备的通信工作不再需要了解该设备的规约点表再手动配置，直接一键导入 XML 模板即完成数据库组态。

2.1　电厂电气常用通信数据

根据 103 规约的基础和以往电厂运行的通信需求将信息汇集于表 2。因为本装置在电厂中只做纯继电保护装置使用不兼具测控和计量功能，所以不具备遥控、遥脉、遥调功能。从表中看数据内容没有新加，只是整个过程需要按照 IEC61850 标准进行，下文 XML 的模板建立主要通过该表。

表 2　　通信数据和信息方向

序号	1	2	3	4	5	6	7	8	9
通信数据	事件	遥信	遥测	定值	压板	定值区号	模拟量	录波	其他
信息方向	单向	单向	单向	双向	双向	双向	单向	单向	双向

2.2　GGIO

GGIO（通用输入输出逻辑节点）常用于配置信号类、非电量类保护的逻辑节点。进一步讲，很多电气量保护在只要求发送告警信号、跳闸信号、开入信号、信号复归、动作报告、SOE 事件等情况下均可以通过 GGIO 来实现。好处是可以节省装置更多资源，其次算法相对简单，更容易实现。下面开始配置 XML 模板，在模板前端设置 1 个访问点，其子项中配置“保护 LD”和“录波 LD”两个主要装置节点。如果现场不需要将保护装置的采样测量值实时传输至后台，即可全部使用 GGIO 节点完成。其中 MMS 访问点和保护 LD、录波 LD 的子项配置如下：

```
<AccessPoint name"S1" router ="false" clock ="false" desc ="MMS 访问点" >
<Server timecut ="30" >
<Authentication none ="true" > </Authentication >
```

```
  <LDevice inst ="PROT" desc ="保护 LD" >
  <LN0 InType ="SAC _ IED _ LLN0 _ LD0"InClass ="LLN0" inet =" " >
    </LN0 >
    <LN InType ="SAC _ IED _ LFHD" InClass ="LFHC"prefix =""inpt ="1"desc ="动物装置信息" > </LN >
    <LN InType ="SAC _ IED _ GGIO _ Evt" InClass ="GGIC" inst ="1" prefix ="EV" >
    </LN >
    <LN InType ="SAC _ IED _ GGIO _ DI" Inclass ="GGIO" inet ="1" prefix ="DI" >
    </LN >
    <LN InType ="SAC _ IED _ GGIO _ FMeas" InClass ="GGIC" Inet ="1" Prefix ="PME" >
    </LN >
    <LN InType ="SAC _ IED _ GGIO _ Set" InClass ="GGIC" Inet ="5" Prefix ="SG" >
    </LN >
    <LN InType ="SAC _ IED _ GGIO _ Set" InClass ="GGIC" Inet ="1" Prefix ="SG" >
    </LN >
    <LN InType ="SAC _ IED _ GGIO _ Set" InClass ="GGIC" Inet ="2" Prefix ="SG" >
    </LN >
    <LN InType ="SAC _ IED _ GGIO _ Set" InClass ="GGIC" Inet ="3" Prefix ="SG" >
    </LN >
    <LN InType ="SAC _ IED _ GGIO _ Set" InClass ="GGIC" Inet ="4" Prefix ="SG" >
    </LN >
  </LDevice >
  <LDevice inst ="RCD" desc ="录波 LD" >
    <Ln0 InType ="SAC _ IED _ LLN0" InClass ="LLN0" inst ="" >
    </LN0 >
    <LN InClass ="LPHC" inst ="1" InType ="SAC _ IED _ LPHE"desc ="物理装置信息“ > </LN >
    <LN InClass ="RDRE" inst ="1" prefix ="" InType ="SAC _ IED _ RDRE" desc ="扰动数据" >
    </LN >
    </LDevice >
  </Server >
</AccessPoint >
```

GGIO 逻辑节点的内容是根据表 1 的数据类型定义并分别纳入保护 LD 和录波 LD。由于录波数据和其他几项性质不同，故单独放在录波 LD 中，其他全部放在保护 LD 中。在保护 LD 中 LN0 节点分支中还需继续将各个数据内容分类以数据集的形式配置，内容如下：

```
<LN0 InType ="SAC _ IED _ LLN0 _ LD0" InClass ="LLN0" inst ="" >
  <DataSet desc ="保护事件" name ="dsTripInfo" >
  </DataSet >
  <DataSet desc ="保护遥信" name ="dsRelayDin" >
  </DataSet >
  <DataSet desc ="保护压板" name ="dsRelayEna" >
  </DataSet >
  <DataSet desc ="保护遥测" name ="dsRelayAin" >
  </DataSet >
  <DataSet desc ="保护定值" name ="dsSetting" >
  </DataSet >
  <ReportControl name ="brcbTripInfo" datSet ="dsTripInfo" intgPd ="0"
  </ReportControl >
  <ReportControl name ="brcbRelayDin" datSet ="dsTripDin" intgPd ="0"
  </ReportControl >
  <ReportControl name ="brcbRelayEna" datSet ="dsTripEna" intgPd ="0"
  </ReportControl >
  <ReportControl name ="urcbRelayAin" datSet ="dsRelayAin" intgPd ="0"
  </ReportControl >
```

2.3 保护建模

在应用层上，保护建模的原理与 GGIO 相同，只是将每个保护单独细化，并加入采样测量值的实时、可靠传输。最终达到能够在后台窗口完全显示保护装置监控调试画面的效果。下面以过电压保护建模为例：

```
<LNodeType InClass ="PTOV" id ="SAC _ IED _ PTOV"desc ="过电压" >
  <DC name ="Mod" type ="CN _ INC _ Mod" desc ="模式" transient ="false" > </DO >
  <DC name ="Beh" type ="CN _ INS _ Beh" desc ="性能" transient ="false" > </DO >
  <DC name ="Health" type ="CN _ INS _ Health" desc ="健康状态" transient ="false" > </DO >
  <DC name ="Namplt" type ="CN _ LPL" desc ="铭牌" transient ="false" > </DO >
  <DC name ="Str" type ="CN _ ACD _ 3P" desc ="启动" transient ="false" > </DO >
  <DC name ="Op" type ="CN _ ACT _ 3P" desc ="动作" transient ="false" > </DO >
  <DC name ="StrVal" type ="CN _ ASG _ SG" desc ="动作定值" transient ="false" > </DO >
  <DC name ="OpDlTmms" type ="CN _ ING _ SG" desc ="时间定值" transient ="false" > </DO >
  <DC name ="Strp" type ="CN _ SPC _ EX" desc ="压板" transient ="false" > </DO >
  <DC name ="Enable" type ="CN _ SPG _ SG _ EX" desc ="投入" transient ="false" > </DO >
  <DC name ="CBOpnBlkRT" type ="CN _ SPG _ SG _ EX" desc ="过电压远跳经跳位闭锁" transient ="false" > </DO >
  <DC name ="TrPsw" type ="CN _ ING _ SG _ EX" desc ="跳闸密码" transient ="false" > </DO >
  <DC name ="OnePhOVMod" type ="CN _ SPG _ SG _ EX" desc ="过电压三取一方式" transient ="false" > </DO >
  <DC name ="OpTxTmms" type ="CN _ ING _ SG _ EX" desc ="过电压发信动作时间" transient ="false" > </DO >
</LNodeType >
```

其中每一个子项仍需继续加以声明直至 DA 节点为止才算完成这一子项的定义，以“模拟定值”为例，其在 DOType 的中声明如下：

```
<DOType id ="CN _ ASG _ SG" cdc ="ASG" desc ="模拟定值" >
  <DA name ="setMag" bType ="Struct" type ="CN _ AnalogueValue" fc ="SG" > </DA >
  <DA name ="units" bType ="Struct" type ="CN _ units" fc ="CF" > </DA >
  <DA name ="sVC" bType ="Struct" type ="CN _ ScaledValueConfig" fc ="CF" > </DA >
  <DA name ="minVal" bType ="Struct" type ="CN _ AnalogueValue" fc ="CF" > </DA >
  <DA name ="maxVal" bType ="Struct" type ="CN _ AnalogueValue" fc ="CF" > </DA >
  <DA name ="stepSize" bType ="Struct" type ="CN _ AnalogueValue" fc ="CF" > </DA >
  <DA name ="dU" bType ="Unicode255" fc ="DC" > </DA >
</DOType >
```

同理将其他子项一一配置即完成 XML 模板建立的工作。在装置软件设计完毕的同时，还要附加一个 XML 模板导出功能，由于该装置使用上的特殊性，每一个现场对应一个数据库，无统一模板，所以在数据库生成之后直接导出 XML 模板，实现整个通信配置过程一键完成。对外，XML 是主站识别装置的唯一标识，所以 XML 的完善与否和符合标准与否直接影响装置的通信质量和被接纳的程度；对内，XML 是程序编辑的基础。一般来说，在程序中，装置按照模板中的访问点、逻辑节点名称和种类的配置对通信数据进行发送、接收和处理。完成模板之后，程序设计与编写代码的主体思想就已经体现出来。

3　程序设计

MMS（Manufacturing Message Specification）的设计是 IEC61850 程序部分的重中之重。scl _ srvr 提供了分析 SCL 文件动态创建 MMS 服务环境的总体框架如图 2 所示。

本文 DGT801 装置的软件构架借用这一模式，并在此基础上添加所需服务。MMS 通信进程 scl _ srvr 与其他进程不同，通过 QNX 操作系统 shell 命令编译，而不是在 QNX 自带的 IDE 下编译。scl _ srvr 对外与监控后台进行 MMS 通信，对内与 SC 进程通信以获取装置的实时数据。

MMS 服务启动后，程序进入主循环中。首先，程序调用 socket 的 I/O 操作函数 select（）监听端口，实现端口的同步多路复用。当监听到事件或时间到时，select（）函数返回，程序进入服务处理过程。

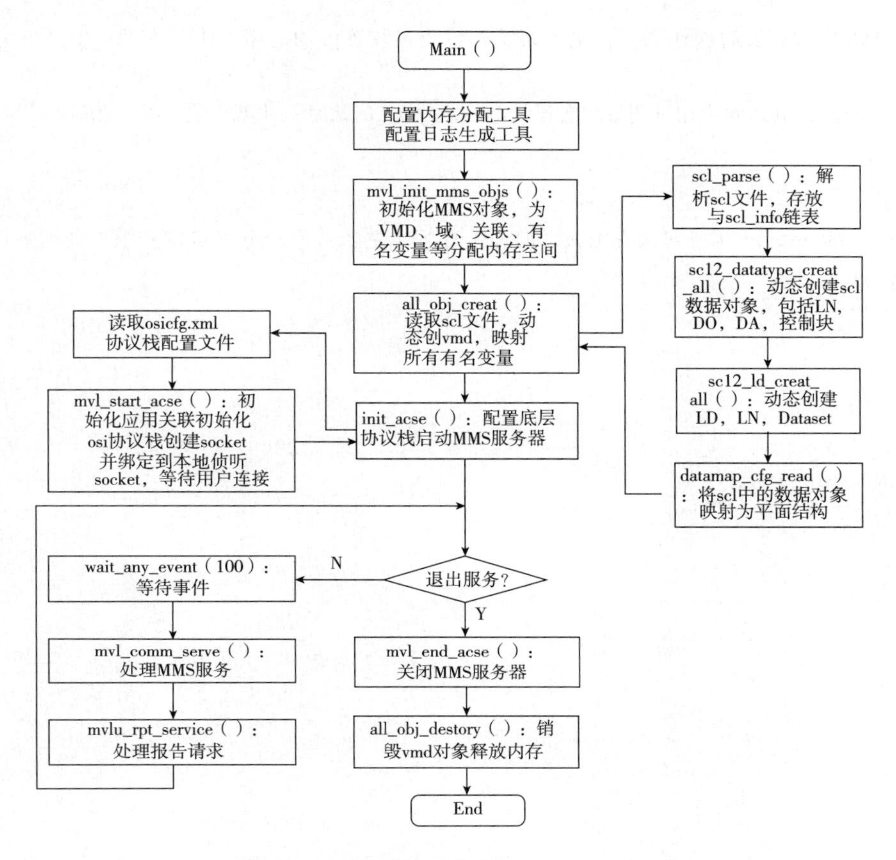

图 2　创建 MMS 服务环境总体框架图

程序调用 mvl _ comm _ serve（）处理客户端的请求服务。首先，调用 mvl _ msg _ rcvd 0 函数对接收到的协议数据单元 PDU 进行解码，接着根据 PDU 类型分别调用相关程序处理请求（MMS 共有 14 种 PDU），然后调用用户回调函数 u _ mvl _ xxx _ ind（）完成用户自定义的处理，最后调用 mvlas _ xxx _ resp（）函数回应客户端请求。myl _ comm _ serve（）函数必须被循环调用，以处理所有客户的请求。

4　结语

从 IEC61850 在电厂发变组保护中的应用可以看出它的诸多优势，尤其对于实际操作中减少各厂家之间在通信方面的沟通有很大帮助。面向对象的概念具有传统通信模式所不具备的优势，通信自描述功能很好地解决了不同厂商不同定义下保护数据如何识别的问题，相对于 103，IEC61850 旨在统一标准，所有设备在使用 IEC61850 的前提下不再需要规约转换，减少软件、硬件和人力的投入。相比优点，在其他方面 IEC61850 也没有明显的缺点，在未来厂用标准出现的情况下，IEC61580 的通信规约会在电厂方向得到更加广泛的使用。

参考文献：

[1] 变电站通信网络和系统 第 7 部分：变电站和馈线设备基本通信结构——兼容逻辑节点类和数据类.
[2] IEC61850 工程继电保护应用模型．国家电网公司.
[3] 李琪林，樊留敬．MMS 协议及其在数字化变电站中的应用研究［J］．四川电力技术，2010，33（3）：3－5.

[4] 许勇. QNX嵌入式实时操作系统在电力系统相量测量装置中的应用 [D]. 北京：中国电力科学研究院，2004.

[5] 唐维平. 智能变电站同步相量测量装置设计与实现 [D]. 北京：北就交通大学，2011.

作者简介：

张为越（1986— ），男，河北安国人，助理工程师，主要从事国电南自发变组专业研发。E - mail：zwy177@ qq. com

基于 DFR 的核电站中压事件记录系统

陈佳胜，钟守平，陈　俊

（南京南瑞继保电气有限公司，江苏　南京　211102）

【摘　要】　根据现场需求，本文提出以 DFR（Digital Fault Recorder，故障录波器）为核心的核电站中压事件记录系统，解决了电站丧失四级电源试验时录波综合分析的要求。本系统采用试验录波装置和常规录波装置的双重化配置，兼顾丧失四级电源试验和平常实时监测的要求；采用 HTM 高速总线实现大容量数据传输和冗余存储；支持全景录波方式；后台管理软件可提供试验分析、WEB 浏览服务等多种功能。该系统已在秦山核电 3 厂的中压系统上稳定运行 2 年，提高了工作效率，可在同类型应用场合推广应用。

【关键词】　故障录波；中压系统；事件记录；试验录波；全景录波

0　引言

随着我国核电站建设的加速发展以及对核电站严苛的安全性检查，核电站中压系统（10kV 或 6kV 系统，应急柴油发电机系统）作为保障核反应堆安全运行的支撑点[1]，重要性日益凸显。但是长期以来，核电站中压系统缺乏一个完整的、全局性的事件记录系统，导致故障分析困难、无法实现实时监测，降低了核电站中压系统的运行可靠性水平。

总结现存核电站中压系统事件记录的现状，发现存在以下不足：

（1）中压系统所接设备种类繁多，继电保护装置中有的自带故障录波功能，有的不具备。

（2）即便具有故障录波功能的设备，因是不同厂家设备，其录波数据的格式也各有差异，分析时需要进行数据预处理。

（3）不具备统一的 GPRS 时钟标准，各设备故障录波数据无法在同一时间标度下进行综合分析。

（4）故障录波的总时长和采样频率不满足试验要求，如失去四级电源试验时需要长达 240s 的 1200Hz 录波数据。

可采用基于 DFR 的中压事件记录系统，利用 DFR 装置高速率、大容量录波[2]、数据记录格式和时间标度统一的优势，提供全面完善的中压系统事件记录、实时监视和故障分析功能，提高效率，减少现场工作量。

1　核电站中压系统事件记录的总体需求

核电站中压系统一般指厂用电母线及重要负荷，以秦山核电 3 厂为例，其中压系统包括 10kV 和 6kV 母线、400V 母线部分重要负荷及备用柴油机系统。

秦山核电 3 厂每次大修时均安排进行机组丧失四级电源试验。为了分析和验证备用电源系统的可靠性，需要在各个监测的母线、柴油发电机系统处临时接线，接入便携式故障录波仪；试验过程中设置各种合适的触发条件，将从各个点获取的试验过程录波数据汇总；经过数据格式的预处理和各时间序列的对齐，最终形成一份完整的分析报告，提供给国家核安全局进行审核。

根据以往经验，该试验的录波分析费时费力，且有时因为部分录波数据不完整（接线错误、触发不当、仪器故障）导致分析报告无法通过审核而需要重新再做。该试验不通过，核反应堆（进口加拿大重水堆）不允许升到临界功率，导致核电站无法正常发电。

为了实现丧失四级电源试验的自动录波分析，实现全站中压系统重要电气量的实时监视和事件记录，对新系统提出了以下需求：

（1）适应丧失四级电源试验的录波分析要求，至少记录连续240s/1200Hz 的波形，包含柴油发电机母线电压和频率，可能动作的开关位置和需要监测的开入信息，可以通过手动操作，开始和结束该试验录波。

（2）试验录波数据具备统计分析功能，能显示该时段的最大值、最小值、平均幅值、有效值、峰峰值和谐波含量等。

（3）根据对本站中压系统录波通道的统计，考虑一定的冗余备用，对录波通道提出最低要求：提供41 路模拟量和40 路开关量。

（4）要求能对6kV 母线和备用柴油机系统等提供非故障启动的连续记录功能，即稳态录波要求，频率为1200Hz。

（5）需要接入仪控专业的相关物理量，如柴油发电机的转速信号、油门拉杆信号、润滑油压力信号、启动电磁阀状态接点、柴油机正常启动信号等，需要采取隔离变送方式接入。

（6）为便于分析比对，要求具备全站统一的 GPS 时钟，所记录数据的时间标度误差不得大于1ms。

（7）触发暂态录波的最高录波频率为10kHz，所记录数据格式要满足 COMTRADE 标准要求。

2　基于故障录波的中压系统事件记录方案

根据以上需求，提出了基于发变组故障录波器（102 路模拟量 + 200 路开关量）的核电站中压系统事件记录方案，由故障录波装置和故障录波信息子站/主站构成，满足现场需求，提高工作效率。

2.1　试验及常规录波的双重化配置

由于核电站中压系统内的电气设备种类多（包括应急柴油发电机系统和6kV 电源母线、重要负荷等），厂用运行方式复杂；接入的录波量除了常规的交流、直流模拟量和开关位置等开入量外，还需要接入部分物理量，如柴油发电机的转速信号、油门拉杆信号、润滑油压力信号等，为安全起见，控制回路和测量回路需要隔离，因此要选用通用型隔离变送器和对应的模块电源。

重点是满足丧失四级电源试验录波的要求，即要求手动触发和结束试验录波，并且录波频率一直为1200Hz，录波时间长达240s。

常规故障录波器的标准中，录波数据分 ABCD 时段按照不同频率进行存储[3-4]（不全部是波形，有的时段为波形有效值），主要是为了解决波形时间长和计算机内部存储容量有限的矛盾。按照试验录波 240s，每秒 1200 点计算，录波器的最大录波点数应设置为 288000 点，已经超出目前发变组故障录波装置的上限，必须特殊处理。解决方法是扩大录波器的数据缓存配置，底层驱动做相应改动，同时重点测试改动后的系统稳定性。

为了实现丧失四级电源试验的自动录波分析，同时保证对核电站中压系统的实时监视和事件记录，将试验分析功能和常规录波监视功能分离，实现试验录波和常规录波的双重化配置。即配置 1 台故障录波器，完成试验录波分析功能，平时不使用，仅在做 OT206 试验时启用；配置 1 台常规故障录波器，实现对本站中压系统的实时监视和事件记录，一直启用；在 OT206 试验时，也可通过常规录波器的稳态录波功能获得备份的试验数据，实现丧失四级电源试验时数据的多重备份。该方案兼顾了丧失四级电源试验和平常实时监视、事件记录的要求，可靠性高。

具体配置方案如图 1 所示。

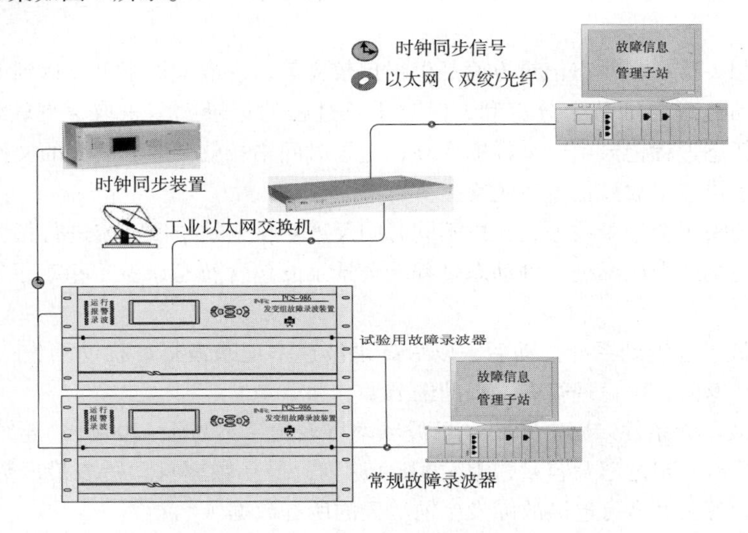

图 1　核电站中压事件记录系统构成

2.2　数据的冗余存储和高速传输

核电站中压事件记录系统由于接入录波通道多、录波速率高，在启动录波时存在短时大数据量高速传输的瓶颈。因此采用基于 HTM 总线的数据传输和冗余存储[5]，能较好地解决这些困难。

HTM 是一种实时多路复用同步高速传输串行总线协议。如图 2 所示，装置采用两条独立的、具有专利技术的 HTM 总线进行录波数据高速大容量传输。暂态录波和稳态录波数据存储分别采用完全独立的硬件（CPU1 和 CPU2）、软件模块（CPU1 进程和 CPU2 进程）和存储介质（32G 和 128G 电子盘），保证了数据的可靠性。

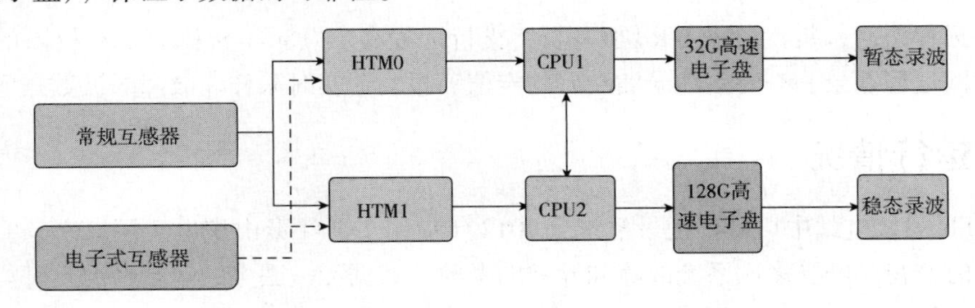

图 2　数据高速传输和冗余存储

录波数据存储的载体经历了胶卷、软盘、硬盘几个阶段。目前，录波装置几乎都采用旋转式硬盘作为记录载体，但硬盘不适合长期连续的写操作，容易损坏磁盘，此类型故障在现场多次出现。因此，本文存储介质采用自主研发的快速接口的 128G 大容量固态电子盘取代传统硬盘，克服了传统硬盘具有旋转部件且长期持续写硬盘易损坏的缺陷。

2.3 全景录波方式

如何全面、完整、有效地记录核电站中压系统在扰动过程中电气量变化的暂态过程和事件变化的时序关系，以及使暂态过程能在更广泛时间轴背景中再现前因后果，是本方案的重点之一。

目前国内外相关产品在暂态记录方面都做得比较完善，一般采样率可以达到 10kHz 左右，这对于再现暂态扰动过程的细节十分有利，但对于长过程的记录大多采取速率较低的记录方式，或者根本没有。暂态过程记录由于采样速率高，记录时间稍长就会形成巨大的文件，信息传输的效率较低，不适于快速与故障信息系统交互。

为此，本系统采用全景录波方式，以不同时间尺度对核电站中压系统进行无缝的监视、测量和记录，完整再现全站中压系统各种动态过程。全景录波包含暂态录波、稳态录波、慢速录波 3 种模式。

（1）暂态录波。检测到系统扰动后，以最高录波速率记录波形，扰动消失或单一持续故障超过设定的长度后返回，可再现暂态过程的细节。

（2）稳态录波。无条件以固定频率（录波频率可设定，不高于 1200Hz）连续记录波形，可记录 7 天以上的数据。超过记录容量，遵循 FIFO 原则，最新数据自动覆盖最旧数据。稳态录波作为暂态录波的后备，最多可追溯故障发生前 7 天的所有数据。

（3）慢速录波。以 1Hz 的记录速率连续记录厂站中压电气系统相关数据，包括频率、电压、序分量、谐波、功率等值，数据可保存 1 年以上，满足了对核电站中压系统运行情况长期监测的需要。

2.4 完备的管理分析功能

本系统提供完善的配套管理分析软件。在实时数据库平台上开发的软件，可提供功能强大的管理和配置功能，包括装置硬件配置、定值管理、波形管理、运行监视、故障诊断、故障简报短信提醒、邮件提醒等功能。

具有专业的波形分析工具，可提供阻抗分析、序分量分析、谐波分析、开机试验特性分析、公式计算、波形编辑、打印等功能。

为支持远程访问，装置内嵌 WEB 服务器，支持远程客户登录本机浏览。有权限的远方用户可通过互联网远程登录，查看就地录波装置的定值、报文、实时采样、故障录波数据等。

3 系统运行情况

基于 DFR 的核电站中压事件记录系统自 2012 年应用于浙江秦山核电 3 厂以来，实现了对中压系统的实时监视，经受多次系统故障和异常的考验，数据无一丢失，运行情况良好。

其中在 2013 年的丧失四级电源试验中，录下了全程 240s/1200Hz 的数据，极大减少现场工作量，提高了试验成功率，保证了核反应堆按时升到临界功率，核电站如期发电。

图 3 为 OT206 试验时的录波数据分析图，图中显示了柴油发电机母线电压波形、柴油发电机频率波形，同时还有 F 母线进线开关、柴油发电机出口开关等相应开入量变位记录，为试验分

析提供了极大方便。

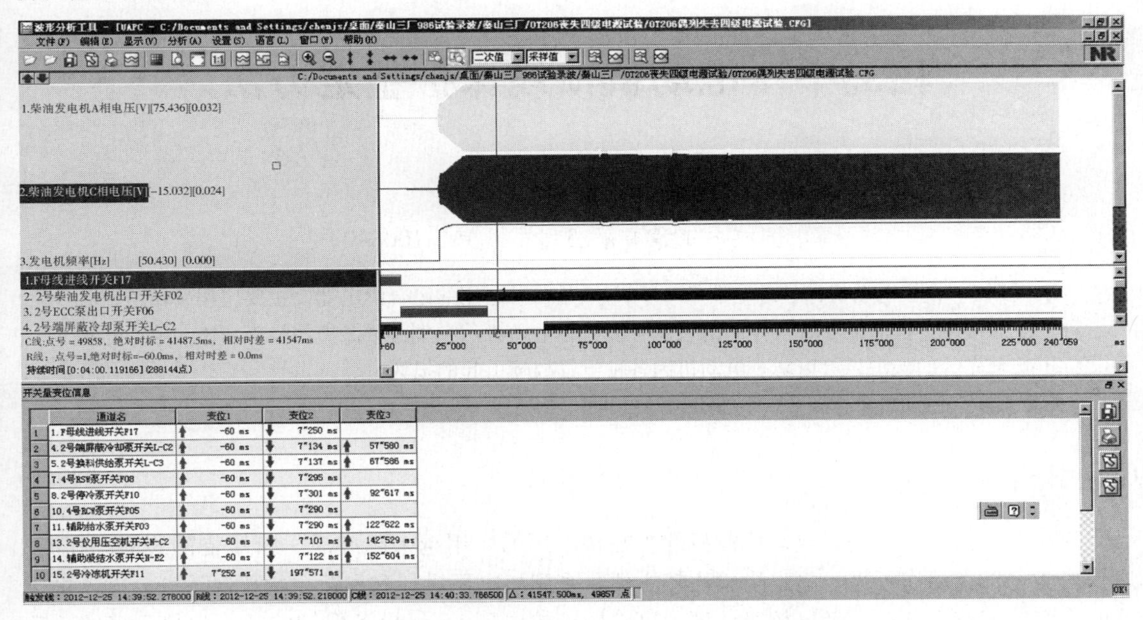

图 3　秦山核电 3 厂 OT206 丧失四级电源试验录波分析图

4　结语

基于 DFR 的核电站中压事件记录系统，以发变组故障录波装置为核心，采用试验和常规录波器的双重化配置，提高了系统可靠性；基于 HTM 总线的高速数据传输和冗余存储，保证了数据的完备性；全景录波方式，可将故障事件在不同时间维度进行复现，丰富了故障分析内容；配套管理分析软件功能齐备，提高了分析效率。该系统已在核电站可靠运行 2 年，可推广应用于有类似需求的核电站中压系统。

参考文献：

[1] 马晓静．核电站厂用电系统设计［J］．电气技术，2009（8）：152－156.

[3] 白青刚，夏瑞华，周海斌．采用高性能集成芯片的故障录波装置设计［J］．电力系统自动化，2005，29（22）：94－96.

[3] DL/T 553 220～500kV 电力系统故障动态记录技术准则［S］．1994.

[4] DL/T 873 微机型发电机变压器组动态记录装置技术条件［S］．2004.

[5] 一种实时多路复用同步高速传输串行总线协议：中国，200810242609.4［P］.

作者简介：

陈佳胜（1975—　），男，湖北大冶人，硕士，高级工程师，从事电力主设备微机保护及故障录波装置的研究和开发工作。E－mail：chenjs@ nari－relays. com

钟守平（1986—　），男，湖北钟祥人，硕士，工程师，从事电力主设备微机保护及故障录波装置的研究和开发工作。

陈俊（1978—　），男，江苏姜堰人，硕士，高级工程师，从事电力主设备微机保护及故障录波装置的研究和开发工作。

核岛中压电动机馈线保护整定方法

车　皓，李　嘉

（中国核电工程有限公司，北京　100840）

【摘　要】　微机电动机保护继电器 SPAM 150C 是一种通用的组合继电器，主要应用领域覆盖各种传统的接触器控制或断路器控制的大、中型三相电动机。它集大量保护功能于一体，继电器提供了整套完善的保护，可以防止电动机因各种电气故障引起的损坏。

【关键词】　电动机；微机保护；整定值

0　引言

随着电子技术的发展，电动机微机保护在核电厂的应用越来越广泛。综保装置的集成度高，保护功能完善，动作可靠，整定检验比较方便，受到核电厂设计院和业主的普遍认可。电动机保护的生产厂家较多，但是经过核级认证，可以用于核电厂 1E 级设备保护的只有为数不多的几家大公司的产品。本文就以在国内核电厂广泛应用的 SPAM 150C 为例，介绍核电厂中压电动机的保护整定方法。

1　继电器保护原理概述

多功能组合的电动机保护继电器是一个与所保护的电动机馈线电流互感器相连的二次继电保护装置，连续监测被保护设备的三相电流及中性点电流。根据所测量的值计算电动机的热状态，监测到故障时继电器的保护元件提供报警信号或使断路器跳闸。通过跳闸出口继电器矩阵的适当编程，优先报警或禁止再启动信号可作为接点功能送出到外部，可利用这些启动信号去闭锁上游侧相互配合的保护继电器。

继电器还包括一个外部逻辑控制输入，它是由一个具有辅助电源电压水平的控制信号来驱动的。控制输入信号对继电器的作用取决于测量模块上的编程开关组。这个控制输入信号可用来闭锁一个或更多的保护段，在手动复归方式下解除输入继电器的自保持，或者由远方控制来选择一组新的继电器整定值。

2　继电器保护单元

微机保护继电器是一种通用的组合继电器，它集成了电动机所需的大量保护功能，可以为电动机馈线提供整套完善的保护，从而防止电动机因为各种电气故障而引起的损坏。

SPAM 150C 型继电器提供诸如热过载保护、启动失速保护、高定值过流保护、接地故障保护、相不平衡保护等完善的保护功能。

2.1　热过载单元

热过载单元可以保护电动机避免短时和长时的过载。热过载单元的动作值由继电器的两个设定值决定：整定电流 I_{θ} 和安全堵转时间 t_{6x}。

最大允许的持续负荷取决于整定值 I_{θ}。通常该整定值取环境温度 40℃下电动机的额定满负荷电流。在上述条件下当电动机增加到 1.05 I_{θ} 时，热过载单元起动经一定延时后动作。如果电动机运行环境温度长期低于 40℃，整定值 I_{θ} 可以整定为电动机满负荷电流的 1.05～1.10 倍。

短时过载现象主要发生在电动机的启动过程。电动机通常在冷态条件下允许启动两次，热态条件下允许启动一次，因此根据电动机的启动时间，可以得出决定热过载单元特性的整定值 t_{6x}。该值可以很容易从热态的时间/电流曲线图中确定。t_{6x} 曲线由启动电流与对应的启动时间（加适当余量）选定。利用同样的 t_{6x} 值，从冷态曲线图中可以查出电动机在冷态条件下允许总的启动时间。根据经验，通常电动机冷态启动两次或热态启动一次的情况下，t_{6x} 值设定为电动机启动时间的 1.6～2.0 倍。

热过载预告警信号可以在电动机刚出现热过载时发出警告，提醒运行人员降低电动机的负荷，从而避免不必要的热过载跳闸。预告警信号整定值可单独设定为热过载跳闸值的某一百分数。因此，选用适当的预告警信号整定值可使电动机运行至接近热容量极限值而又避免因长时间过载而跳闸。

2.2 启动监视单元

启动监视保护是用来监测电动机启动时发热水平的。它与热过载保护的区别在于：

（1）热过载保护不仅能监测电动机启动时过热，在电动机运行中也能监测过热。启动监视保护只用来监测电动机启动时的发热水平。

（2）启动监视保护与热过载保护动作原理不同。电动机的每一次启动，启动监示单元都对电动机的热耗进行监示，通常该单元按照 I^2t 算式来监示。另外也可以采用定时限过电流的方式进行监示。后者主要适用于非电动机负载的设备。不管采用哪一种方式，还可以将诸如装在电动机转轴上用来区别电动机堵转或正常启动的速度开关信号通过编程引入继电器，以便控制输出的跳闸指令。

2.3 高定值过流保护单元

高定值过流保护单元提供电流速断保护，用于保护电动机绕组间短路和馈线的相间短路，其电流整定值可设定为在启动期间自动加倍。故该整定值可以设定得比电动机的启动电流还要低。通常可设定为电动机启动电流的 0.75 倍。另外还应设定某一适当的动作时间相配合，这样电动机在运行期间发生堵转时，电流速断保护单元能保证可靠动作。

当电动机由接触器控制时，应闭锁高定值过流保护单元，由熔断器来保护短路故障。

2.4 接地故障单元

接地故障单元检测电动机和馈线回路的接地故障。在中性点直接接地或经低阻抗接地系统中，可将 TA 接成残余电流接线方式获取零序电流，接地故障保护的动作时间通常可以整定的小一些，如 50ms。

在采用接触器控制的回路中，可设定成线路电流超过热过载单元中满负荷电流 I_{θ} 的 4（或 6、8）倍时，将接地故障单元闭锁，这样接触器就不会因不能分断大电流而损坏，故障电流将由后备熔断器来分断。该闭锁功能也用于防止启动期间因回路上的 TA 饱和产生虚假零序电流引起的误动作。为取得较高的灵敏度，接地故障电流动作值一般整定为电动机额定电流的15%～40%。

2.5 相不平衡单元

相不平衡单元监视系统电流的不平衡状况，并防止电动机因系统严重不平衡或单相运行而损坏。相不平衡单元应保证在重载情况下的稳定，防止误动作，当电动机运行在低于满负载电流时，允许有较大的不平衡度。因此本单元的动作时间是反时限特性。

2.6 逆相保护单元

逆相保护是一个独立的单元，当相序错误时该单元将以固定的延时（600ms）动作。

不平衡和逆相保护单元可以独立选用或退出，例如当电动机允许在反相序情况下运行时，逆相单元可以退出使用，这时就不会因电动机反转而跳闸。

2.7 低电流单元

低电流单元用于电动机的失载保护。该单元特别适用于以液体恒流冷却的设备，如潜水泵，当流量中断时，电动机的冷却能力下降，这种情况下将由低电流单元检测并使电动机回路跳闸。

2.8 启动时间累计器

启动时间累计器是另外一种用来控制在一定时间内启动次数的措施，可以根据电动机制造厂提供的允许启动次数进行设定。

3 常规接触器控制的电动机整定

在核电厂中，除了常规岛几台容量超过6000kW的电动机和主泵回路采用断路器以外，其他中压电动机都是采用接触器+熔断器的配置方案，并且电动机都是直接启动。因此本文将以在核电厂中应用最为广泛的接触器控制、直接启动的电动机为例，介绍如何对SPAM 150C进行整定。电机和系统参数见表1。

表1 设备和系统计算参数表

设备名称	辅助电动给水泵电机	设备名称	辅助电动给水泵电机
类型	全封闭、风冷、直接启动式鼠笼电动机	TA变比	100/1
额定功率 P_n/kW	560	零序TA变比	50/1
额定电压 U_n/kV	6.6	额定绝缘等级	F级
额定电流 I_n/A	56.3	额定温升	B级
启动电流 I_s	$6.6I_n$	启动方式	直接启动，即 $P=50\%$
启动时间 t_s/s	3	冷态允许启动次数	两次
环境温度/℃	<40	系统接地方式	消弧线圈接地

定值的计算如下：

（1）整定电流 I_θ。由于环境温度小于40℃，则满负荷电流增加10%，即为额定电流的1.1倍，$1.1\times56.3\text{A}=62\text{A}$。

则继电器整定电流为

$$I_{\theta}=1.1I_{n}\times 1/100=0.62A$$

（2）负荷权重。电动机直接启动，即 $P=50\%$。

（3）安全堵转时间 t_{6x}。定值 t_{6x} 由对应电动机热态条件下的时间/电流曲线图上选取，首先计算启动电流与满载电流的比值 $6.6I_{n}/62$；启动监示单元的设定，启动电流 $6.6\times 56.3A\times 1/100=3.7A$，启动时间考虑10%的安全余量，按 $1.1t_{s}=3.3s$，以 $I_{s}^{2}t_{s}$ 方式监示。由于启动时间小于电动机最大安全堵转时间，故不必设置速度开关作为堵转保护。

由热态曲线图选择 $t_{6x}=5s$，如图1所示。允许启动时间可比电动机给定的启动时间稍长。

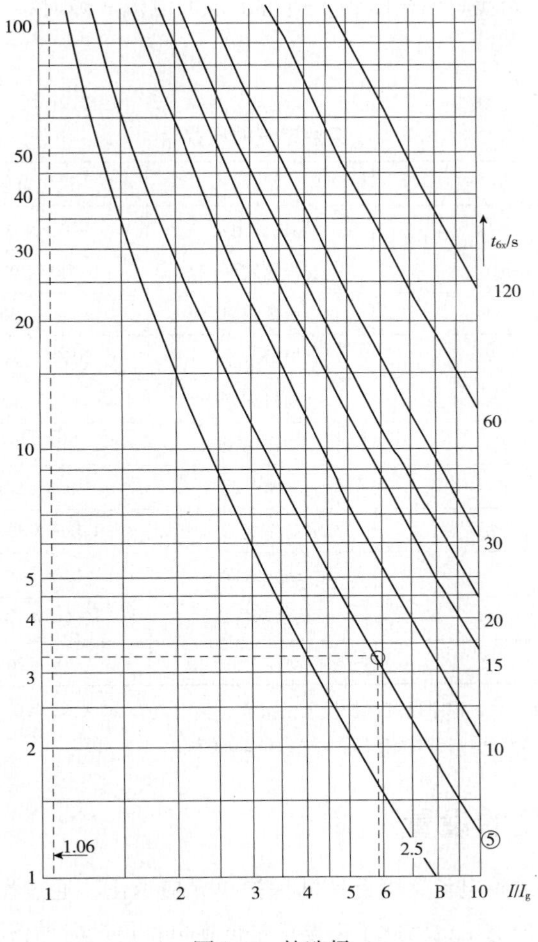

图1　t_{6x}的选择

4）报警水平 θ_{a}

预告警整定值可选定为 $\theta_{a}=85\%$。

5）禁止再启动水平 θ_{i}

由于启动消耗的热容量为 $3s/5s=60\%$，则禁止再启动整定值 $\theta_{i}=40\%$ 或更低。

6）冷却时间常数 K_{C}

由于电动机为常规全封闭式，冷却风扇装在转轴上，故冷却系数 K_{C} 设定为5。

7）速断保护

由于接触器不能分断故障电流，因此速断保护单元应退出运行。

8）接地故障单元

由于目前核电厂采取特殊的消弧线圈接地方式，并且根据实际情况可选择消弧线圈接地系统是否投入，因此接地保护定值设置为两套：

当消弧线圈接地系统未投入时，零序过流保护投入仅报警，整定值 $I_0 \geqslant 1\text{A}$，$t_0 \geqslant 0.05\text{s}$。

当消弧线圈接地系统投入时，零序过流保护投入报警并跳闸，整定值 $I_0 \geqslant 3\text{A}$，$t_0 \geqslant 0.05\text{s}$。

因为是接触器控制方式，因此出现大电流时必须闭锁接地故障单元。只要线电流增加到超过 6 倍 I_θ 时，接地故障单元就应该被闭锁，使得出现大电流故障时接触器不会动作，而由后备熔断器承担。

保护定值的设置见表 2。

表 2　保护定值的设置

保护	功能	描述	设定范围	设定值
热过载单元	I_θ	满负载电流	0.5～1.5 I_n	0.62
	t_{6x}	安全堵转时间	2.0～120s	5
	P	负荷权重	20%～100%	50
	θ_a	报警水平	50%～100%	85
	K_C	冷却时间常数	1～64x 加热时间常数	5
启动监视单元	$I>>$	动作电流	1.0～10I_n	3.7
	$t>>$	动作时间	0.3～80s	3.3
接地故障单元	I_0	动作电流	1.0～100% I_n	见注
	t_0	动作时间	0.05～30s	0.05s
相不平衡单元	ΔI	基本灵敏度	10%～40% I_L	20%
	$t\Delta$	动作时间	20～120s	40

注　当消弧线圈接地系统未投入时，零序过流保护投入仅报警，整定值 $I_0 \geqslant 1\text{A}$，$t_0 \geqslant 0.05\text{s}$；当消弧线圈接地系统投入时，零序过流保护投入报警并跳闸，整定值 $I_0 \geqslant 3\text{A}$，$t_0 \geqslant 0.05\text{s}$。

4　继电器编程开关的设置

由于接触器不能分断故障电流，因此速断保护单元应退出，通过设置开关组 $S_{11}=0$ 闭锁速断保护单元。由于速断保护退出，因此不需要整定值在电机启动时加倍的功能，因此 $S_{12}=0$。因为在线电流增加到超过 6 倍 I_θ 时，应闭锁接地故障单元，闭锁电流的限值由开关组 S_{13} 和 S_{14} 来整定。设置 $S_{13}=0$，$S_{14}=1$ 时，可以实现在 6 倍满负荷电流下的接地故障闭锁。设定相不平衡和逆相保护单元，开关组 $S_{15}=1$，$S_{16}=1$。堵转保护基于热应力监视，开关组 $S_{17}=1$。低电流保护单元不投入，开关组 $S_{18}=0$。

由于不存在外部控制输入信号闭锁功能，因此 S_{21}～S_{28} 均设为 0。

接地故障报警信号通过 80，81 端子输出，因此 $S_{36}=1$。

接地故障跳闸信号通过 68，69 端子输出，因此 $S_{47}=1$。

开关组整定见表3－7。

表3　　开关组1的设置

开关组1	S_{11}	S_{12}	S_{13}	S_{14}	S_{15}	S_{16}	S_{17}	S_{18}	校验和
设定值	0	0	0	1	1	1	1	0	120

表4　　开关组2的设置

开关组2	S_{21}	S_{22}	S_{23}	S_{24}	S_{25}	S_{26}	S_{27}	S_{28}	校验和
设定值	0	0	0	0	0	0	0	0	0

表5　　开关组3的设置

开关组3	S_{31}	S_{32}	S_{33}	S_{34}	S_{35}	S_{36}	S_{37}	S_{38}	校验和
设定值	0	0	0	0	0	1	0	0	32

表6　　开关组4的设置

开关组4	S_{41}	S_{42}	S_{43}	S_{44}	S_{45}	S_{46}	S_{47}	S_{48}	校验和
设定值	0	0	0	0	0	0	1	0	64

表7　　开关组5的设置

开关组5	S_{51}	S_{52}	S_{53}	校验和
设定值	0	0	0	0

5　结语

SPAM 150C保护功能非常完善，它考虑不同的负荷、不同的运行条件、不同的启动状态和不同的故障类型，通过保护面板上的开关组5进行功能的编程。在保护整定和校验中，必须仔细核对这些开关组的状态，保护的外部接线也必须正确，保护的整定必须和现场电动机的运行条件和参数一致，否则会产生很大危害。

参考文献：

[1]《SPAM 150C电动机保护技术指南》.
[2]《SPAM 150C继电器技术说明书》.
[3]《SPCJ 4D34电动机保护继电基础模件用户手册及技术说明》.

作者简介：

车皓（1984—　），男，硕士，工程师，从事继电保护工作。E－mail：chehao@cnpe.cc
李嘉（1983—　），女，硕士，工程师，从事继电保护工作。E－mail：lijiaa@cnpe.cc

火电机组有功功率变送器暂态性能分析

杨　涛，黄晓明，宣佳卓

（国网浙江省电力公司电力科学研究院，浙江　杭州　310014）

【摘　要】　电网故障时有功功率变送器的输出信号畸变导致了多起汽门快控误动事故，因此需对有功功率变送器的暂态特性进行测试以掌握其暂态性能。利用仿真系统模拟各种电网故障，对多种型号功率变送器进行暂态性能测试，从不同角度对试验结果进行分析。发现目前常用的功率变送器均不具备良好的暂态性能，得出了其输出量不宜应用于 DEH 汽门快控功能的结论，并针对该问题提出了相关建议。

【关键词】　火电机组；DEH；有功功率变送器；暂态性能

0　引言

传统的模拟式有功功率变送器在火电机组中应用十分广泛，其采集发电机电压电流量，利用时分割乘法器原理产生模拟量功率信号[1]。有功功率变送器的功率信号一般被用于机组集散控制系统（DCS）及汽轮机数字电液控制系统（DEH），DCS 利用该信号在后台显示发电机功率，而 DEH 将该信号作为其逻辑控制的基础数据。DEH 中的主要控制逻辑及 DCS 一般只要求功率变送器提供满足精度要求的稳态功率信号，但当 DEH 中具有汽门快控（KU 或 PLU）等功能时，其要求功率变送器在暂态情况下也能提供准确的功率信号，即在电网中发生暂态故障时，变送器的输出仍能实时、真实的反应发电机功率的相应变化。GB/T 13850《交流电量转换为模拟量或数字信号的电测量变送器》中对功率变送器的输出精度、响应时间等稳态性能指标有明确规定，目前常用功率变送器的输出精度、响应时间等均能够满足要求，但标准对于变送器的暂态性能并没有要求，变送器产品也不考虑暂态性能。实际上，国内火电机组已发生多起电网故障时由于功率变送器输出畸变导致 DEH 汽门快控误动作的事故[2]，有些情况下还造成多台机组的停机，后果相当严重。在以往的应用中一般没有生产厂家或电厂用户关注功率变送器的暂态性能，但在功率变送器引起多起调门快控误动事故后，其暂态性能开始引起越来越多的注意，因此，有必要对有功功率变送器的暂态特性进行相关测试，掌握其暂态性能。本文旨在利用仿真平台等手段，对多种型号的功率变送器进行暂态性能的测试，对测试结果进行分析，掌握常用功率变送器的暂态特性概况，发现其存在的问题，并分析其功率输出是否能够用于 DEH 控制逻辑，为火电机组设计及运行提供一定的数据参考。

1　试验方法

有功功率变送器一般是利用发电机机端电压电流来量测发电机的有功功率，由几起事故案例可知，功率变送器的输出畸变都是出现在发电厂出线或电网发生故障时。因此，为了测试功率变送器的暂态性能，可以在发电厂出线上模拟发生各种故障。由于变送器暂态性能测试无相关规程及参考资料，因此借鉴继电保护试验的方法，结合实际的故障类型，分别在出线线路上设置单相、相间、相间接地、三相短路等各种故障类型，测试变送器在各种情况下的暂态输出。同时，由于从故障发生到切除的过程对变送器的影响最大，所以只考虑故障存在时刻的情况，对于单相故障时等待重合闸及重合于故障等情况不做考虑。考虑到220kV及以上系统故障切除时间小于100ms，因此在测试中将故障时间设置为100ms，即仅考察在故障存在的100ms内变送器的输出。另外，保护动作行为为单相接地故障单跳单合，其他故障三跳不重合。

基于以上原则，利用殷图仿真系统，建立仿真模型。电厂侧有两台600MW发电机，通过500kV双回线与无穷大系统连接，线路长度100km。在线路1上模拟单相接地短路（AN、BN、CN）、两相接地短路（ABN、BCN、CAN）、相间故障（AB、BC、CA）、三相短路（ABC）等各种故障类型，故障100ms后被切除。将发电机1的机端电流电压输入被测有功功率变送器，并利用录波器对变送器功率输出信号进行录波，观察其在线路上发生各种类型故障时的暂态情况下的功率输出变化特性。

另外，在进行事故分析时，可从机组故障录波器取得故障时刻的发电机电气量波形，利用o-micron等继电保护测试仪对波形文件进行回放，以检查有功功率变送器的输出。由于故障回放的方式受限于实际故障情况，难以涵盖所有故障类型，因此，本文主要利用系统仿真的手段进行分析。

2 试验结果

通过上述仿真系统，对目前电厂常用多种型号功率变送器进行了各种故障情况下的暂态性能测试，这些变送器涵盖了不同的生产厂商、不同的接线方式、国内外产品等，下面从以下几个方面对试验结果进行分析。

2.1 不同故障类型

对于某一型号的功率变送器，在各种故障形式下对其进行了暂态性能测试，现以AN单相接地短路、BC相间短路、CAN两相接地短路、ABC三相短路时为例，对实际功率波形与变送器输出波形进行说明，如图1所示。由图中1可以看出，在各种故障类型下，实际功率波形与变送器输出波形都存在差别，这种差别主要表现在两个方面：①从波形上看，实际功率波形为U型，宽度为120ms左右，而变送器输出波形基本为抛物线形，宽度为280ms左右；②两者变化的大小也有较大差别，对两个波形均以其功率最小值作为基准进行比较（本文以下相同），变送器输出与实际功率波形存在较大的不同，例如，AN和BN单相接地故障时，发电机实际功率减小20%（以故障前功率为参考，本文中以下皆如此），但该变送器实际输出在AN故障时减小7%，在CN故障时减小36%。综合以上两点可知，在电厂出现或电网发生故障时，变送器输出波形存在畸变，其不能完全真实的反应实际功率变化的情况。另外，对于发电机功率瞬时快速变化，功率变送器均不能反应，如图1中发生AN故障瞬间，发电机功率在7ms左右先升高至故障前功率的130%，形成一个尖刺状波形，而变送器对这种功率快速变化无法反应。该型号功率变送器在其他形式故障情况下及其他型号变送器在各种故障情况下输出的功率信号波形形状均与图1中所示相似。

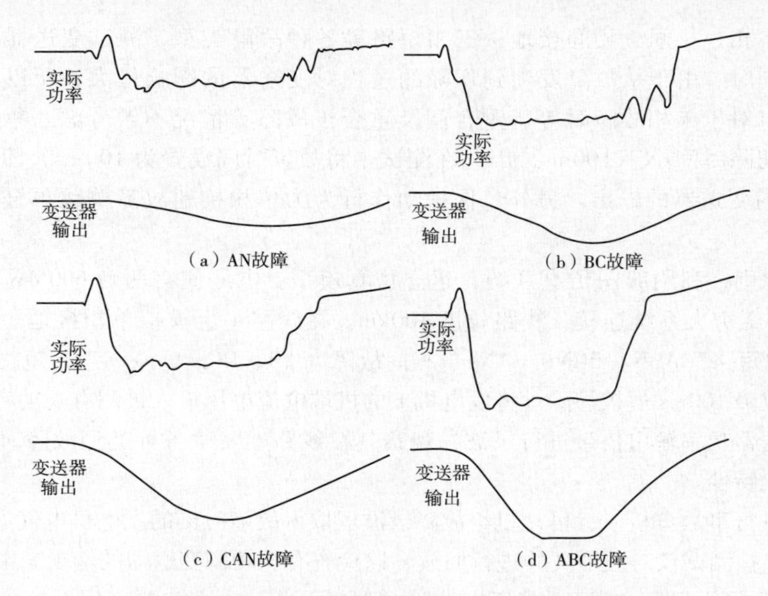

图 1　不同故障类型下实际功率与变送器输出波形

2.2　不同型号功率变送器

在各种故障情况下，电厂常用功率变送器输出结果变化值见表 1。表 1 中最大值、最小值是指在同一故障类型下不同故障相别及故障时刻情况下的最大值与最小值。由表 1 中数据可知，在各种故障情况下，所有被测功率变送器的功率输出均不能完全真实的与实际功率变化保持一致，有些变送器在某些情况下会将实际功率的变化值放大，在另外的故障情况下会将实际功率变化值缩小，如表 1 中变送器 1、2、3；而有些变送器在所有故障情况下均会缩小实际功率变化值，如表 1 中变送器 5。另外，根据 1 表中测试结果可知，功率变送器的输出结果变化没有规律可循，因此也难以判断出哪个型号的功率变送器暂态性能相较于其他变送器暂态性能更优。

表 1　　不同型号变送器输出下降值

故障类型	实际功率下降	变送器 1		变送器 2		变送器 3		变送器 4		变送器 5	
		最大值	最小值	最大值	最小值	最大值	最小值	最大值	最小值	最大值	最小值
单相接地	20%	42%	7%	15%	10%	29%	10%	16%	8%	8%	6%
相间短路	40%	105%	9%	80%	14%	94%	24%	46%	18%	15%	7%
两相接地	52%	91%	17%	84%	22%	90%	39%	42%	7%	18%	10%
三相短路	92%	130%	100%	147%	110%	128%	103%	46%	20%	33%	22%

2.3　不同故障相别

以某型号三相四线制功率变送器为例，其在单相及相间故障不同故障相别下的功率输出变化见表 2。由表 2 中数据可知，在同一故障类型及故障条件下，当故障发生时刻相同时，不同的故障相别下变送器的功率输出也不同，而且存在较大差异。因此，故障相别也是影响变送器暂态性能的一个重要因素，这与不同故障相别时短路电流中非周期分量含量不同有关。

表 2　　不同故障相别下变送器输出

故障相别	AN	BN	CN	AB	BC	CA
功率减小	7%	36%	19%	17%	36%	58%

2.4　不同接线方式

功率变送器有三相四线制及三相三线制两种接线方式。在单相接地故障下，对同一厂家及不同厂家的两种接线方式变送器均进行了测试，测试结果见表3。表3 中变送器1、2 分别为三相四线制及三相三线制，为同一厂家产品；变送器3、4 分别为三相四线制及三相三线制，为不同厂家产品，发电机实际功率下降20%。由表3 中数据分析可知，变送器1 功率下降值小于或等于变送器2 功率下降值，但两者的功率下降值均不等于20%；对于变送器3、4，变送器4 在BN 故障时的功率下降值反而小于变送器3，并且在三种故障情况下功率变化值较为平均。因此，即使对于同一厂家产品，也不能得出三相四线制变送器暂态性能优于三相三线制变送器的结论。

表 3　　不同接线方式下变送器输出

变送器编号	1	2	3	4
AN 故障	9%	9%	7%	25%
BN 故障	17%	28%	36%	16%
CN 故障	1%	9%	19%	28%

3　暂态性能分析

（1）对目前常用的各种模拟式有功功率变送器进行了暂态测试，综合测试结果来看，无论在何种故障情况下，目前各种型号的功率变送器在电网发生故障时其输出功率信号均不能完全真实且实时的反应发电机实际功率变化，其输出波形不能完全拟合实际功率波形，且会将实际功率变化值放大或缩小。从这个意义上来说，功率变送器的输出不能用于存在汽门快控功能的DEH 系统。当DEH 系统中的汽门快控功能利用该功率信号进行相关判断时，势必会出现汽门快关误动或拒动的情况。当功率变送器将实际功率变化值放大时，DEH 中汽门快控功能可能会误动作，出现相关文献中描述的汽门关闭引起机组扰动或跳机的情况；而当功率变送器将实际功率变化值缩小时，可能会造成汽门快控功能拒动，也许这种情况已经发生，但由于电厂中对汽门快控功能何时应该动作也没有明确标准，所以即使拒动也不会引起人们的注意。

（2）从测试结果可知，故障类型、故障相别、变送器接线方式、变送器额定电流等都是影响变送器暂态性能的因素。其中故障类型、故障相别及变送器额定电流对变送器暂态性能影响较大，而变送器接线方式对变送器影响性能较小。

（3）由于目前常用的功率变送器暂态性能均存在问题，所以用某一型号变送器去替换（改造）已投入运行的功率变送器的做法是不应该提倡的，因为即使对不同型号变送器进行暂态性能对比试验，也很难能够得出某型功率变送器的暂态性能优于其他功率变送器的结论。目前，该问题的最根本途径是利用现有的技术开发一种新型功率变送装置，其能够真实反应功率实际变化，具备良好的暂态性能，同时还应在稳态情况下具备良好的输出精度，这样才能彻底解决该问题。如果目前无替代装置，应考虑给DEH 中的汽门快控增加辅助判据或退出该功能，防止可能出现的汽门快控误动情况。

（4）值得指出的是三相四线制功率变送器暂态性能并不比三相三线制功率变送器暂态性能更好，可以从对上述测试结果的分析中得出该结论，同时三相四线制功率变送器的暂态性能优于三相三线制的想法也是缺乏理论基础的，故用三相四线制变送器取代三相三线制功率变送器的方法并不可取的。有人认为三相三线制功率变送器在电网发生故障时，由于发电机机端电流不再平衡，故三相三线制功率变送器不能真实反应发电机功率。而实际上，只要发电机机端电流不存在零序分量，三相三线制变送器的测量理论基础就是成立的，目前大型发电机中性点均采用高阻接地方式，机端不存在零序电流，故三相三线制变送器理论上在电网故障时是可以测量发电机有功功率的。

4 结语

有功功率变送器一般具备良好的稳态精度，其可以用于 DCS 及 DEH 中对稳态精度有要求的功能模块。但经过功率变送器暂态性能测试发现，目前的功率变送器均不具备良好的暂态性能，当 DEH 中汽门快控等功能需要用到瞬时功率时，目前功率变送器均不能满足其要求。因此，需要新型功率变送装置来替代目前使用的功率变送器，其既能提供高精度稳态功率信号，也应具备良好的暂态性能，以满足 DEH 中所有功能的要求，防止电网故障时机组扰动或跳机事故的发生。

参考文献：

[1] 钱伟康，方宗达. 影响时分割乘法器准确度的主要因素分析 [J]. 上海理工大学学报，2002，24（3）：268－271.

[2] 张宝，杨涛，等. 电网瞬时故障时汽轮机汽门快控误动作原因分析 [J]. 中国电力，2014，47（5）：18－22.

[3] 过小玲，郑渭建. 取消东汽机组 PLU 保护的可行性探讨 [J]. 浙江电力，2013，1：52－54.

[4] 田丰，陈兴华，等. 完善机组涉网控制提高电网可靠性 [J]. 电力系统及其自动化学报，2010，22（1）：116－119.

作者简介：

杨 涛（1978— ），男，硕士，高级工程师，主要研究方向为电力系统及其自动化。E－mail：13588423768@163. com

黄晓明（1969— ），男，通信作者，高级工程师，主要研究方向为电力系统及其自动化。E－mail：13605717725@139. com

宣佳卓（1986— ），男，硕士，主要研究方向为电力系统及其自动化。E－mail：277425460@qq. com

浅谈变压器智能在线监测装置的使用

曹小燕

（淮浙煤电有限公司凤台发电分公司，安徽　淮南　232131）

【摘　要】　本文主要介绍大型油变压器绝缘套管分析和油中溶解气体的气相色谱分析两种智能在线监测装置的使用原理、作用。智能在线监测将会成为电力设备安全运行和合理高效检修策略制定的一种重要手段。

【关键词】　智能在线监测；变压器；套管；色谱分析；持续

0　引言

变压器作为发电侧重要的电气设备，它的安全稳定运行至关重要。变压器在长期运行中由于受到大气条件和其他物理化学作用的影响，其绝缘的机械强度和电气强度均会逐渐衰退，即绝缘老化。常用来判断其绝缘状况的方法就是定期进行预防性绝缘试验，但各个试验的周期根据试验的难易程度、现场条件以及试验的必要性而不同，因此就很难及时检测出运行工况下的绝缘。绝缘老化的不断发展不但会严重影响变压器的寿命，同时也会造成不必要的意外停电，带来重大的经济损失。随着计算机技术发展，变压器智能在线监测已成为变压器管理中的一个重要部分。它可以在线不间断地对主油箱及附件中发生的任何故障起到预警的作用，特别是故障初期，还不足以引起相应继电器动作，却可以从本地控制室或远程工作站实施监控，及时评估情况的严重性。目前使用较多的智能在线监测主要有铁芯电流、测量电容型设备的介质损耗角和电容量以及油中色谱分析等，在信号检测、数据处理、传感器技术等方面技术都有了明显的改进，并未在维护上增加难度，相反减少了维护盲目性，实现了真正的状态检修。下面就绝缘套管分析和油中溶解气体的气相色谱分析这两种在线监测进行讨论。

1　绝缘套管分析

套管是变压器重要组成部分，套管的安全稳定运行对变压器的稳定运行有十分重要的意义。而识别套管绝缘系统检修的最佳时机最常规的方法是测量电容容量和损耗因数、功率因数。绝缘套管分析用于测量绝缘套管分接头上的电信号。测量从中心导体通过绝缘介质到分接头的泄漏电流，以此来评估绝缘套管的状况。目前大型变压器的套管多为油纸电容型套管，电容型套管的结构如图 1 所示。将信号取样点选择在变压器高压套管末屏引出线处，非常有效且合理。在任何情况下它都不会影响变压器的正常运行。要确定绝缘介质的电容和百分比功率因数，需要在试验过程中测量泄漏电流的有功和无功分量。通常，泄漏电流是作为外加电

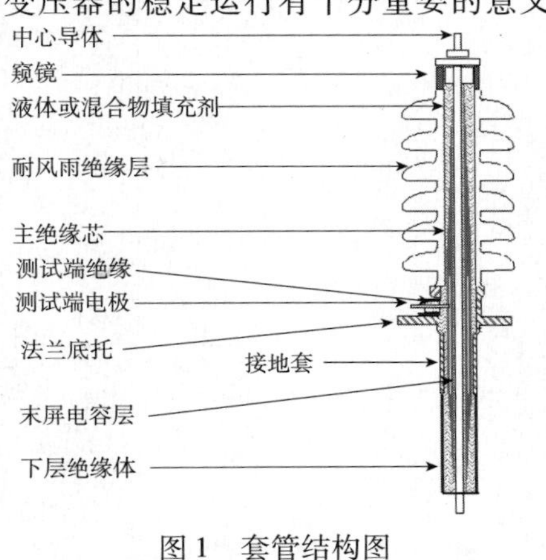

图 1　套管结构图

压的一个参考向量。绝对测量可通过外加电压的方法进行，是标准 10kV 离线测试所采用的方法。采用现有的系统电压进行相同的在线测量无法实现，使绝缘套管漏电流量的线电压测量达到所需的精确度也同样不能现实。因而，引出了一种相对测量方法。该方法是以其他绝缘套管作为参照。原来传统的相对测量方法是以三个泄漏电流进行矢量求和得出一矢量作为基准，该方法的不足是无论是物理几何尺寸方面的变化还是受到了污染，得出的结论都是电容容量或功率因数的增加。改进后的分析方法针对两个非参考套管相对于参考套管分别提取出各自的矢量变化，而不是得出一个矢量 。下面对该方法做简单的介绍。油纸电容型套管的模拟图如图 2 所示，在线监测原理图如图 3 所示。其中主绝缘 C_1 为中心导体对末屏绝缘层 ；测试端绝缘 C_2 为末屏绝缘层对接地法兰 ；整体绝缘为中心导体对法兰。经过电容式绝缘套管各层的电压相等。如图 4（a）所示，将中间电流相量作为参照的相对测量方法。由公式$\frac{U}{I}=X_{\mathrm{C}}=\frac{1}{2\pi fC}$可发现电容量与

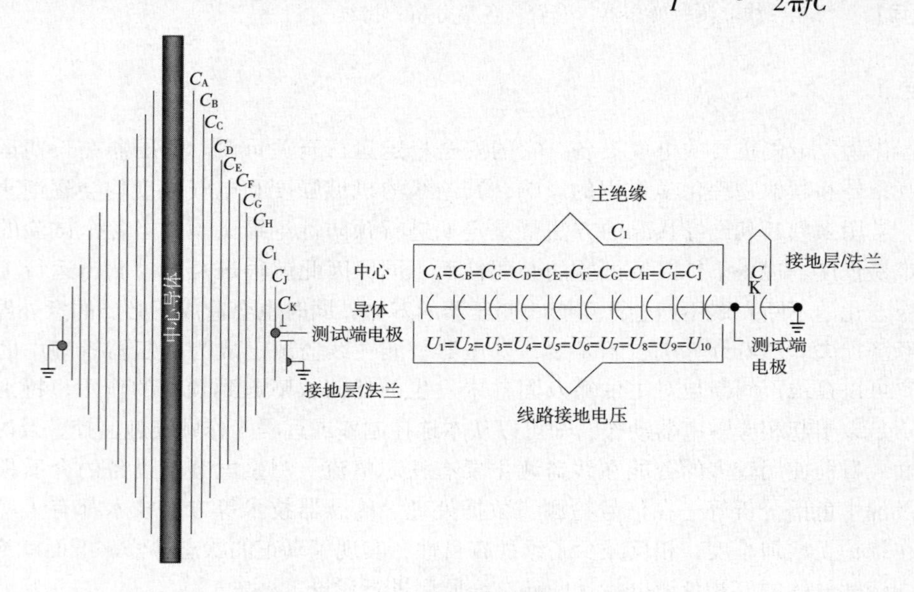

图 2　套管模型图

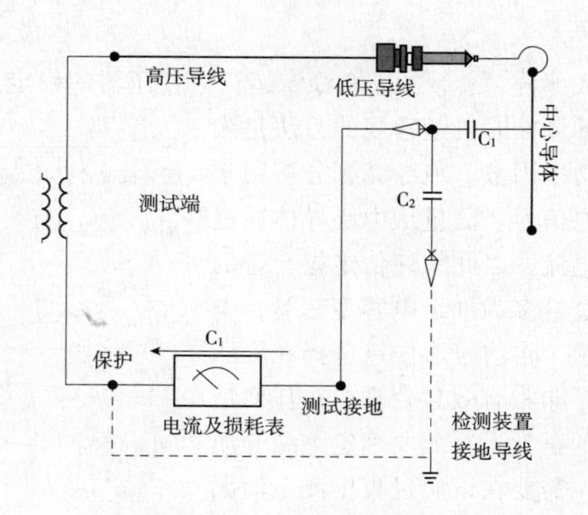

图 3　某套管在线监测原理图

电流的幅值成正比，则电容变化表现为某一相量相对于另外两相量幅值的变化，如图4（b）所示。功率因数的变化表现为某一相量对于另外两相量的方向变化，如图4（c）所示。非基准相两相的套管测试端电流相角均增加则表示基准相功率因数增加，如图4（d）所示。智能在线监测系统将会识别有问题的绝缘套管和异常情况，并计算由设定的趋势周期分析电流、功率系数和电容值，保存相关数据，并及时做出报警。

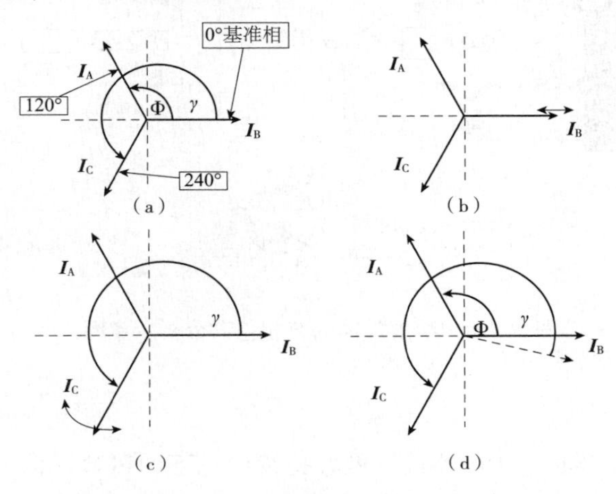

图4　相对测量法示意图

智能套管在线监测采用相对测量的特点主要是计算功率因数和电容需要参考基准；评估有功分量与无功分量的关系；为降低外界因素如系统电压波动的影响以及假设引入的误差，需要延长趋势采样周期或进行必要的平均值计算。

2　油中溶解气体的气相色谱分析

变压器在运行过程中，变压器油在过热、电弧和放电等作用下会产生故障气体，如氢气、一氧化碳、甲烷、乙烯、乙炔、乙烷等。而故障特征气体成分、含量以及增长率与变压器内部故障的类型及故障的严重程度秘密相关。通过分析变压器油中溶解的气体诊断变压器内部故障，其准确性和有效性已被几十年的监测实践所证明。

目前油分析在线监测主要有上位机和下位机：上位机主要是数据处理单元，包括谱图分析、故障诊断、数据归档等；下位机主要是就地控制单元、油气分离单元、气体分析单元等组成。在整个环节中影响分析结果的主要因素是脱气环节，因为该过程受油的黏度、温度和大气压力的影响较大。目前有一种新的脱气方法，利用油中气体在油气两相之间重建平衡的原理所建立起来的溶解平衡法（图5）。这种脱气方法需要加入高纯氮气。在恒定的温度下，经过一定时间的振荡，油中溶解的气体与高纯氮气之间建立新的平衡，通过检测新的平衡后气体中各组分的浓度来求出溶解气体各组分的原有浓度。该方法可以提高分析结果的准确度。目前色谱柱是色谱分析中把混合气体彼此分离并使同种气体汇集浓缩的关键性部件。最常用的是填充色谱柱。通过填充一定粒度的吸附剂，通过吸附作用的大小使不同气体的流动速率产生差异反复作用，并按相对固定的顺序先后流出色谱柱。再通过气敏传感器把检测到的各种气体的不同浓度转化为电压信号传输给现场控制单元。再利用主控板统筹各个部件有条不紊的工作，实现上、下位机的通讯。后台软件把下位机采集到的数据传输到上位机，然后保存到数据库中，管理软件从数据库中读取数据进行谱图分析和数据诊断。数据库是后台软件和管理软件的一个桥梁。根据后台软件设定各气体报警值，出现异常及时告警并做出风险预控和应急处理。

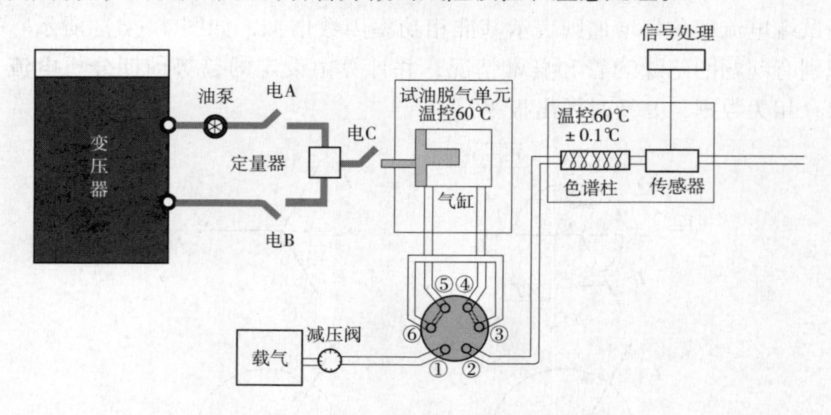

图 5　油中溶解气体的气相色谱分析示意图

3　结语

智能在线监测系统能及时对变压器运行做好持续状态下的风险评估。这种风险不仅包括固有的技术风险，而且也包括故障可能带来的经济损失。首先，可以通过持续监测能有效发现设备运行中潜在的绝缘隐患；第二，减少设备停电维护的盲目性，通过集中人力和资金资源到优先需要维护的地方，这样只需花费制定的传统维修计划中的一小部分费用，就可以提高变压器可靠性。因此随着电网可靠性的不断提高以及电力设备基于运行状态的检修方式日益普及，使用各类监测系统对电力设备的运行状态进行连续在线的实时监测，确保电力设备的安全运行和合理高效的检修策略制定的一种重要手段。

参考文献：

[1] 李建明，朱康. 高压电气设备试验方法［M］. 2 版. 北京：中国电力出版社，2001.

作者简介：

曹小燕（1988—　），女，助理工程师，主要研究方向为电力系统及其自动化。E－mail：caoxiaoyan@hzmdft.com

基于智能控制装置 PCS—9821 的 GIS 智能汇控柜在三峡地下电站的应用

王　慧

（南京南瑞继保电气有限公司，江苏　南京　211102）

【摘　要】　三峡地下电站因地形条件的限制，按照常规设计电站二次保护控制设备室已无法满足现场要求，基于智能控制装置 PCS—9821 的 GIS 智能汇控柜将电站二次测控功能与 GIS 就地汇控功能结合在一起，并与间隔保护装置一起组屏安放于 GIS 设备旁，实现面向间隔的保护、测控和 GIS 就地控制一体化，可以有效的解决三峡地下电站因场地狭小，二次设备布置困难的问题。同时针对电站电缆使用量大，安装、调试周期长等问题，以 GIS 智能汇控柜为核心的一、二次一体化解决方案也给出了最佳答案。

【关键词】　GIS 智能汇控；柜智能装置 PCS—9821；一、二次一体化

0　引言

长期以来，我国电力系统由于专业细分，从制造厂家、设计、维护、运行等都分为一次和二次两个专业领域，这种模式已成为制约技术进步的瓶颈，近年来，随着电力系统对电力设备数字化、网络化的要求不断提高，随着计算机技术、通讯技术的不断发展，基于智能化一次设备、网络化二次设备的一、二次设备融合已成为电气系统未来发展的大趋势。

目前全封闭组合电器设备（GIS）的控制系统大多仍沿用传统的继电器、接触器及各种信号继电器搭接的二次信号、控制回路。这种控制回路存在以下缺陷：①继电器、接触器、信号继电器等设备占用空间大，安装和维护起来不方便；②继电器提供的触点有限，有些回路往往需要经过多重重动后才能满足回路的要求，大大降低了系统的可靠性；③电气回路连线复杂，工作量大，出错后很难查到问题，调试周期很长；④系统灵活性差，当出现改动时有些甚至需要更换元器件；⑤系统功能单一，无法实现复杂的智能功能需求，如设备的顺序控制、在线状态监测等；⑥继电器自身不具备自我检测功能，当回路发生断线或继电器线圈短路后，不到现场是不能发现的；⑦系统中的很多信号是直接和继电器等设备连接的，中间没有隔离，容易遭受干扰；⑧GIS设备控制系统没有数字接口，保护、测控等智能装置依然需要通过传统的电缆连接来实现的操作，无法实现网络控制方式，限制了电站自动化技术的进一步发展。

面向 GIS 间隔的智能汇控柜通过以计算机技术为核心的 GIS 智能控制装置 PCS—9821 实现对 GIS 间隔数据的采集与分析、远方与就地控制、事件记录、GIS 在线状态监测、GIS 电气联锁等功能[8]，是面向 GIS 间隔将二次测控功能与 GIS 就地汇控功能结合在一起，具有智能功能的 GIS 汇控柜。这种 GIS 智能汇控柜在大多数情况下，还可以与保护装置组屏，实现面向间隔的保护、测控和 GIS 智能控制一体化。它不但能够完全替代 GIS 传统意义上的就地控制柜，而且还为就地控制柜提供了其他附加功能。

1 GIS 智能汇控柜的功能

110～500kV GIS 智能汇控柜（图 1），主要由本间隔 PCS—900 系列保护装置 1（选配）、电源切换装置 2（选配）、分相操作箱 3（220kV 电压等级以上）、GIS 智能装置 PCS—98214（可集成 110kV 以下断路器操作回路）、压板 5、模拟操作盘 6 等部件组成，主要完成以下功能：

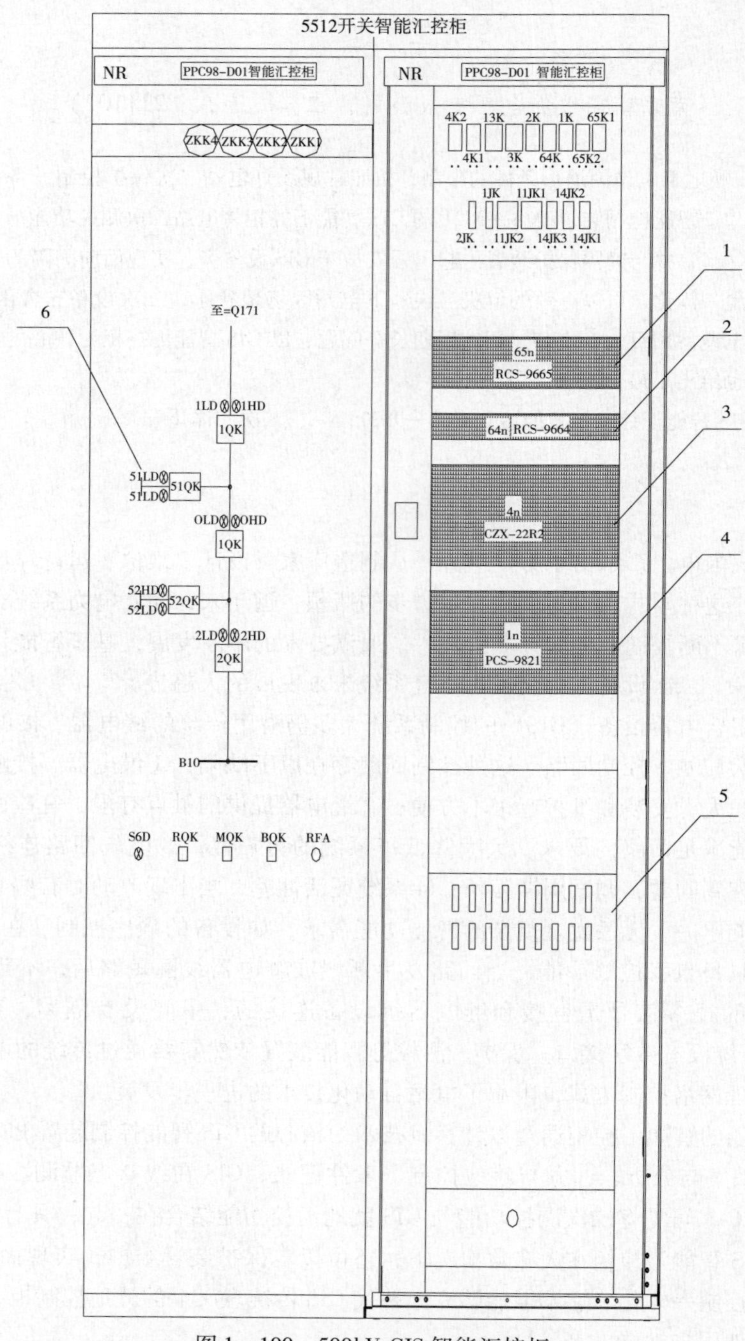

图 1　100～500kV GIS 智能汇控柜

（1）数据就地采集和处理：主要有本间隔电流，电压信息及GIS各元件的位置信息、GIS故障信息等。

（2）智能控制：实现GIS断路器、储能电机、隔、地刀的电气控制。

（3）GIS电气连锁：GIS元件间的软件、硬件电气连锁。

（4）“四遥”功能：能够完成遥信、遥测、遥控等操作。

（5）就地显示操作：在保留GIS模拟母线指示操作面板的同时，配备汉显大屏幕液晶人机对话接口，可以对主接线图、开关、刀闸及模拟量进行显示。

（6）在线监测接口：预留的15路直流变送器输入单元，4路脉冲累单元；能够完成256次操作事件（包括就地操作）和顺序事件记录。

2 GIS智能汇控柜的原理

（1）间隔内的电流、电压量和GIS状态信息如断路器、隔、地刀位置、SF_6压力、密度信号（模拟量或开关量）及各种状态信号直接接入智能装置PCS—9821并进行就地处理，其基本计算量有电流、电压、电度计算、频率、功率及功率因素，15次谐波测量、SF_6压力、密度值等。这些计算、处理后的信息可以在智能装置的汉显大屏幕上显示并通过通讯方式直接上送到监控系统后台。当GIS有故障发生时智能装置上设置的面板报警指示灯会点亮提示巡检人员，除此之外汉显大屏幕还可以作为就地操作的接口显示本间隔主接线形式，并对GIS设备进行就地操作。

（2）利用智能装置内的操作回路或操作箱实现断路器电气控制回路如电气防跳、压力闭锁、三相不一致、储能电机控制等，并在智能汇控柜内进行一、二次一体化设计，取消和简化了因专业细分导致的某些功能重复的冗余回路，提高了整个二次控制回路的可靠性。

（3）GIS元件间的电气连锁方式可以在软件连锁、硬件连锁、解除连锁、连锁之间自由切换，由于PCS—9821智能装置能够采集到间隔内所有刀闸位置，且间隔间也有光缆连接，所以可以方便地实现基于软件和通信方式的电气联锁，这能显著减少机构辅助接点数量，提高系统的可靠性。

（4）智能装置PCS—9821支持电力行业标准DL/T 667—1999（IEC60870—5—103）《运动设备及系统第5部分　传输规约第103篇继电保护设备信息接口配套标准》的通讯规约，配有以太网，双网，100Mbit/s，超五类线或光纤通讯接口能够完成遥信、遥测、遥控、遥调“四遥”功能。

（5）智能装置的15路直流变送器采集接口可以对GIS间隔设备内安装的传感器数据就地处理，实现对GIS关键数据的在线监测，智能装置能够完成256次操作事件（包括就地操作）和顺序事件记录。

（6）智能汇控柜可以与本间隔保护装置组屏就地下放至GIS间隔，保护装置就地采集GIS的电流、电压信号进行保护算法，同时通过与操作回路整体设计后，出口通过屏内连线至智能汇控柜内的断路器分、合闸回路完成保护动作。由于保护装置与GIS互感器之间的电气距离大大缩短，使GIS互感器的容量选择更为容易，也为小功率的互感器使用创造了条件。

（7）GIS智能汇控柜与保护装置的组屏方案可以根据GIS主接线方式及布置方式划分保护区域、确定保护方式、协调保护与控制系统，实现面向GIS间隔单元的保护、测控一体化。由于保护和控制的一体化就地解决方案使电站的保护小室和主控制室的占地面积减少、保护装置和智能控制装置均通过光纤通讯方式与保护子站、监控后台连接，设备层与主控制室、保护小室的电缆的使用量大为减少，显著减少电站的投资，这对一些需要尽量减少土地应用的城市变电站和地下电站来说有明显的效益。

（8）智能汇控柜保留了传统就地控制柜的电气控制模拟盘，电气模拟盘上不但能明确表示 GIS 一次主接线的形式而且还通过灯光信号显示断路器、隔离开关（包括三工位隔离开关）、接地开关的工作状态，同时模拟盘上的操作把手、模式选择把手实现断路器、隔离开关、接地开关的就地—远方、智能—直接、连锁—连锁解除等控制方式的选择操作和集中控制。

3 可靠性的验证

因 GIS 智能汇控柜就地布置在 GIS 设备旁，所以要充分考虑设备层相对恶劣的运行环境，GIS 智能汇控柜及柜内安装的所有智能装置在软、硬件设计上都要采取相应措施使其具有抗电磁干扰能力强，抗震能力强，工作温度范围宽的特点。为了验证 GIS 智能汇控柜的可靠性，安装在柜内的智能装置除了按国标、IEC 标准、电力标准的相关要求进行大气环境试验、机械试验、电气绝缘性能和最高等级的电磁兼容试验外，GIS 智能汇控柜还应作为 GIS 设备的一部分，随 GIS 进行表 1 中的试验来验证在最严酷运行工况下，GIS 干扰源对智能汇控柜稳定性的影响。

表 1　　可靠性验证试验

操作可靠性试验	（1）智能汇控柜紧邻断路器放置，试验控制台发分、合操作命令，通过智能汇控柜控制断路器的操作，验证 GIS 智能装置的动作可靠性及断路器操作振动对智能装置的影响 （2）操作频率：1 次/3min 随断路器进行 500 次机械操作试验试验验证中，智能控制柜不出现拒分、拒合、误分、误合现象。显示屏准确显示了所有事件变位信息，智能装置准确记录了所有操作事件
绝缘冲击试验	（1）随 550kV GIS 试品进行雷电冲击（1675kV）、操作冲击（1300kV）、短时工频耐受电压（790kV）、局部放电测试及无线电干扰试验 （2）智能汇控柜放置在断路器前方 2.5m 处，验证试验时对智能装置和控制回路有无干扰 （3）试验时所有智能装置保持正常通电状态。 试验中智能装置运行正常，试验后智能柜能够正常进行开关操作，装置能够准确记录所有操作报告及事件变位信息。
隔离开关开合母线充电电流试验	将智能汇控柜置于试品隔离开关 1.5m 处，智能装置处于正常通电状态，随 550GIS 试品隔离开关进行开合母线充电电流（开合 2A，开合次数：分合各 50 次），试验中智能装置运行灯正常，试验后能通过智能汇控柜对设备进行正常操作，且装置准确记录了所有操作报告及事件变位信息
隔离开关开合母线转换电流试验	将智能汇控柜置于试品隔离开关 1.5m 处，智能装置处于正常通电状态，随 550GIS 试品隔离开关进行母线转换电流开合试验（试验电流 1600A，转换电压 40V，试验次数：100 次），试验中智能装置运行灯正常，试验后能通过智能汇控柜对设备进行正常操作，且装置准确记录了所有操作报告及事件变位信息
快接地开关开合静电感应试验	将智能汇控柜置于试品快接地开关 1.5m 处，智能装置处于正常通电状态，随 550GIS 试品快接地开关进行感应电流开合试验（静电感应：50kV，50A，试验次数：10 次），试验中智能装置运行灯正常，试验后能通过智能汇控柜对设备进行正常操作，且装置准确记录了所有操作报告及事件变位信息
快接地开关开合电磁感应试验	将智能汇控柜置于试品快接地开关 1.5m 处，智能装置处于正常通电状态，随 550GIS 试品快接地开关进行感应电流开合试验（电磁感应：50kV，200A，试验次数：10 次），试验中智能装置运行灯正常，试验后能通过智能汇控柜对设备进行正常操作，且装置准确记录了所有操作报告及事件变位信息

4 实际应用的效果

第一套具备就地联锁功能的 GIS 智能汇控柜完成于 2002 年，于 2005 年应用于 110kV 变电站内。之后，继续完成了基于 GIS 智能汇控柜的电站一、二次一体化解决方案，实现面向单元间隔将电站二次测控功能与 GIS 就地汇控功能结合在一起，构成智能开关功能，并与单元间隔有关的保护装置一起组屏安放于 GIS 设备旁，能够有效解决三峡地下电站和大多数水电站因场地狭小，二次设备布置困难的问题，同时针对常规电站电缆使用量大，安装、调试周期长等现实问题，以 GIS 智能汇控柜为核心的一、二次一体化解决方案也给出了最佳的答案。

南瑞继保为三峡电站的右岸地下电站工程提供的智能汇控柜目前已顺利投运，并通过现场评审。实现了以下技术经济指标：

（1）技术先进性：采用当前先进的硬件平台技术和软件技术，新开发的智能装置以计算机技术实现数据采集与分析、远方与就地控制、事件记录、在线检测、电机控制、联锁等功能，完全满足分布式系统的设计要求，智能开关功能与保护装置配合应用在电站控制领域属技术创新，其技术水平达到国际先进水平。

（2）系统性能指标：达到三峡地下电站对控制保护系统的各项性能指标和可靠性的要求。

（3）满足电站整体要求：GIS 智能汇控柜和控制系统能够同时满足对 GIS 设备的控制、保护、测量和水电监控系统的信息采集和控制要求。

5 结语

GIS 智能汇控柜与传统的汇控柜相比有以下方面的优势[8]：

（1）节约了电缆等设备投资以及相应的施工投资：GIS 智能汇控柜的一个主要目标是为了减少电站内控制电缆的数量，一方面由于原材料的涨价，电缆成本越来越高，而一方面，光缆电磁兼容性能远好于电缆，能显著提高电站内信号传输的可靠性。另外，变模拟信号为数字信号能大大增加传输的带宽和信息量。

（2）节约了保护小室及主控室等的占地面积和投资：应用 GIS 智能汇控柜使得保护控制下放成为可能，从而能够显著减少保护小室和主控室的占地面积，这对一些需要尽量减少土地应用的城市变电站和地下变电站来说有明显的效益。

（3）GIS 智能汇控柜优化了二次回路和结构：原来由于一次和二次的专业细分，使得传统汇控柜内的许多功能与二次设备中的某些功能重复，例如防跳、压力闭锁、三相不一致等。基于一二次整合的 GIS 智能汇控柜能够有效地取消和简化冗余回路，提高了整个二次回路的可靠性。

（4）智能控制装置 PCS—9821 提高了系统的交互性：引入智能控制装置以后，友好的中文液晶人机界面以及丰富的自检和就地操作报告功能，使得运行维护人员无论在就地还是远方都能及时了解 GIS 的运行情况。

（5）联调在出厂前完成，现场调试工作量减少，投运时间缩短：传统方案中，一次设备和二次设备的电缆连接和调试只能到现场后完成，调试周期比较长，新方案中一二次设备联调在厂内完成，到现场后调试工作量极小。能够显著地缩短投运周期。

（6）一次二次联合设计，减轻了设计院的工作量：原来一次和二次设备分别由双方厂家出图，中间的电缆信号连接由设计院完成，采用新方案后，两个厂家根据设计院要求联合出图并对图纸的正确性负责。

（7）基于通讯和组态软件的联锁功能比传统硬接点联锁方便：由于智能控制装置能够采集到间隔内所有刀闸位置，且间隔间也有光缆连接，所以可以方便地实现基于软件和通讯的联锁，这能显著减少机构辅助接点数量，提高系统的可靠性。

（8）缩小了与互感器的电气距离，减轻了互感器的负载：新方案下互感器与保护控制设备的电气距离大大缩短，使得互感器的容量选择更为容易，也为小功率互感器（LPCT）的应用创造了条件。

（9）智能控制装置的应用为日后的扩展功能，如顺序控制、在线监测等提供了保证。

参考文献：

[1] 刘忠源. 水电站自动化［M］. 北京：中国水利水电出版社，2003.

[2] 黎斌. GCB/GIS 设计［M］. 西安：西安高压开关厂，2008.

[3] 王维俭. 电气主设备继电保护原理与应用［M］. 北京：中国电力出版社，1996.

[4] 杨胜保 水电站监控系统设计探讨［J］. 中国农村水利水电，2007，5.

[5] DL/T　578—95. 水电厂计算机监控系统基本技术条件［S］.

[6] DL/T　5132—2001. 水力发电厂二次接线设计规范.

[7] DL/T　5065—99. 水利发电厂计算机监控系统设计规定［S］.

[8] 南瑞继保电气有限公司. PCS—9821—X 说明书. V1.0 版. 2013.

作者简介：

王慧（1965—　），女，高级工程师，从事继电保护工作。E - mail：wangh@ nari - relays. com

基于 WEBGIS 平台的电网台风预警系统研究

黄山峰，金岩磊

（南京南瑞继保电气有限公司，江苏　南京　211102）

【摘　要】　气象自然灾害是威胁现代电网安全的主要因素，特别是台风对于我国东南部沿海省份电力系统的危害更是巨大。本文将台风路径气象信息、台风预报路径气象信息和电网生产信息与 WEBGIS 平台融合形成新的系统。该系统能够根据台风预报信息提取风力等值面形成预报风力色斑图。得到的风力色斑图不仅展示了台风可能的影响范围和变化趋势，还能通过不同预报风力分析出台风可能影响到的电网设备，对电网设备起到灾前防护预警的作用。本文系统的研究与应用，对电力设施的防灾、减灾及电网安全运行精细化管理，起到了重要的作用。

【关键词】　WEBGIS；台风；等值面提取；色斑图；防护预警

0　引言

气象自然灾害是威胁现代电网安全的主要因素。据国内外有关统计，自然灾害引发的电网事故约占 70%。特别是东南部沿海的台风灾害对电网的影响是巨大的甚至是毁灭性的。例如最近在海南、广东、广西连续登陆的超强台风“威马逊”，中心附近最大风力达 17 级，持续时间超过了 13h，是 1973 年以来登陆华南区域的最强台风。由于台风强度远远超过电网最大设计风速，“威马逊”对区域电网及电力供应造成非常大的影响，累计造成全网 183 座变电站失压，7.8 万座基杆塔受损，533 万客户用电受到影响，直接经济损失约 13.5 亿元，为近年台风灾害之最。

所以如何做到有效地预报台风，并能预报出台风可能影响到的电力设备，从而达到减少台风灾害对电力设备的危害，减少电网故障和停电事故的目的，成为电力企业迫切需要解决的难题。近年来，科研人员对电网气象灾害监测预警进行了大量有益的探索和研究，取得了一些成果，但也存在缺陷[1-4]。现有的文献中台风预报信息与电网生产信息相对独立，没有适用于电网运行的台风灾害预警模型，只能简单的查看气象部门提供的台风预报数据，不能对预报台风影响设备进行精确的定位，不能及时的预报和监控电网灾情，而本文的研究能够弥补并有效解决这一系列问题。

本文所提系统把台风实时监测信息、台风预报信息、电网设备基础信息融合到先进的 WEBGIS 平台中，在 GIS 中直观的展示台风路径信息和各个预报机构给出的台风预报信息。根据台风预报信息提取预报风力等值面，形成预报风力色斑图，展示该台风可能的影响范围和变化趋势，并且根据色斑图分析出不同预报风力下台风可能影响到的电网设备，从而在灾前对电网设备起到有效的防护预警作用。

1　系统支撑数据

本文系统把基础地理数据、基础电网数据、台风气象数据等关键数据融合到 WEBGIS 平台中，如图 1 所示。

WEBGIS															
基础电网数据				基础地理数据						台风气象数据					
变电站	输电线路	配电线路	发电厂	行政边界	行政区域	地名	交通	水系	植被	台风路径	台风预报路径	台风路径点风速	台风路径点风圈	预报路径点风速	预报路径点风圈预报数据

图 1　系统数据组成

图 1 中的基础地理数据是系统中所有业务数据空间定位和参考的依据。基础地理数据通常按照不同的要素内容进行分层，每种地图要素都具有基本的空间范围、坐标系统、比例尺大小、更新时间等基本属性。

图 1 中的基础电网数据主要包括输变电线路名称、坐标位置、电压等级、线路类型、所属区域公司等信息，输变电线路的所有杆塔坐标位置信息，所有变电站名称、坐标位置、电压等级、变电类型、所属区域公司等信息，所有发电厂名称、坐标位置、电压等级、发电厂类型、所属区域公司等信息。通过 WEBGIS 平台，基础电网数据能够在基础地理图上定位和显示，如图 2 所示。以基础电网数据为依托，就可以把台风预警数据与 GIS 上的电网数据相关联，实现针对台风灾害的电网故障预警。

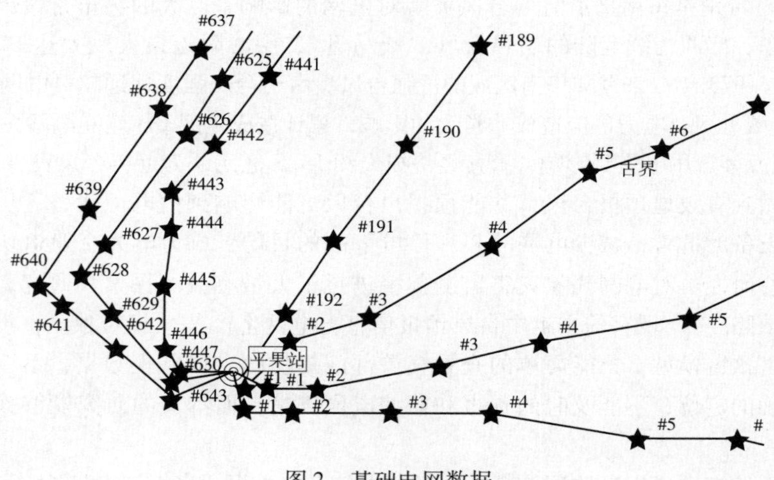

图 2　基础电网数据

台风数据是本文系统的核心。近 20 年来，随着气象观测技术的发展、计算机性能的提高以及数值预报模式的改进和升级，尤其是资料同化技术的发展应用等，数值模式的准确性越来越高，预报时效越来越长，预报指导产品也越来越丰富。国内外对台风的历史统计资料比较齐全，能够通过分析掌握历年来登陆和影响我国东南部沿海的热带气旋的规律。

一条完整的台风路径由台风路径点组成。每个路径点都记录有当前时间、气压、风速等级、中心位置、移速移向、七级风圈半径、十级风圈半径、十二级风圈半径等信息。此外，每个路径点都有对应的预报路径，预报路径也是由预报路径点组成的，每个预报路径点都有预报时间、预报气压、预报风速等级、预报中心位置、预报移速移向和风圈预报数据等信息。

风圈预报数据是含有经纬度坐标的风力等级数据，可用来做等值面分析形成色斑图，如图 3 所示。

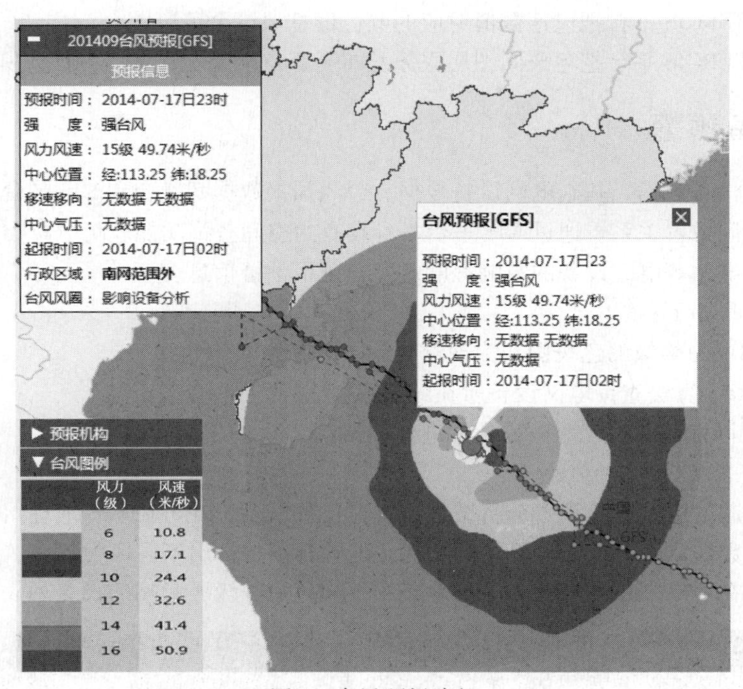

图 3　台风预报路径

2　等值面提取与发布

台风风圈预报等值面分析是根据台风风圈预报数据（经纬度坐标、风速值）进行空间数据内部插值计算，并按照预定间隔进行等值面分析，最后通过相同数据值的点聚合形成的等值面即为所要求取的台风风圈预报的等值面。

通常常规方法无法对空间中的所有点进行观测，但空间数据内插法可以根据已知的空间数据估计预测未知空间的数据值[5]。常用的空间数据内插方法有多种，本文采用反距离权重法（IDW）。由于风圈预报数据是均匀分布且密集程度足以反映局部差异的样点数据，因此 IDW 法较为适用。该方法所提取的等值面是由相邻的等值线封闭形成的面组成，可以直观的表示相邻等值线之间的变化。色斑图是通过提取等值面，并将各等值面以一定顺序渲染而形成的。

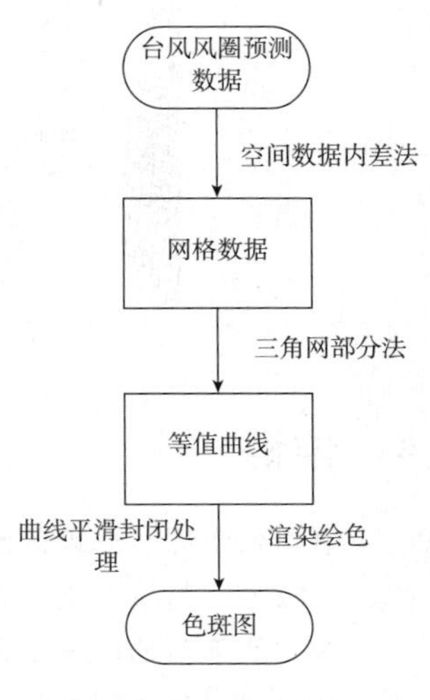

图 4　色斑图流程

图 4 所示是利用 WEBGIS 平台的等值面提取功能形成风圈预报风力色斑图的流程。

步骤如下：

（1） WEBGIS 平台把均匀分布的风圈风力预报数据通过 IDW 法处理成适合要求的网格数据。

（2） WEBGIS 平台利用三角网剖分法[6-7]进行等值线跟踪分析，

并记录下所有等值线经过点位置。

（3）对等值线进行平滑封闭处理。

（4）通过 WEBGIS 平台把风速数值对应的颜色信息填绘至色斑图。

（5）最后 WEBGIS 平台把色斑图图层服务发布至客户端显示出来，如图 3 所示。

3　电网设备预警

当基础地理信息数据、基础电网设备数据、台风预报数据都融合到 GIS 平台内时，它们之间就已经建立了空间位置关系。通过 GIS 平台本身具有的空间查询功能就可分析出台风对所在区域的输电线路、变电站等电力设备的影响程度，发布预报预警信息。

空间分析过程如下：

（1）将不同风力等级的色斑图作为搜索对象。

（2）用 Contain 算法查询电网设备所在的图层。

（3）利用电网设备属性作为过滤条件进行检索。

（4）得到符合条件的电网设备列表。

台风灾害引起的电网故障预警分析结果以表格数据展示，并可在 GIS 地理图中闪烁定位，如图 5 所示。表格数据具有统计影响设备的功能，能够分别统计出不同风力等级、不同电压等级的电网设备数量。在表格中也可以较为直观地查看不同风力等级所影响的设备列表。

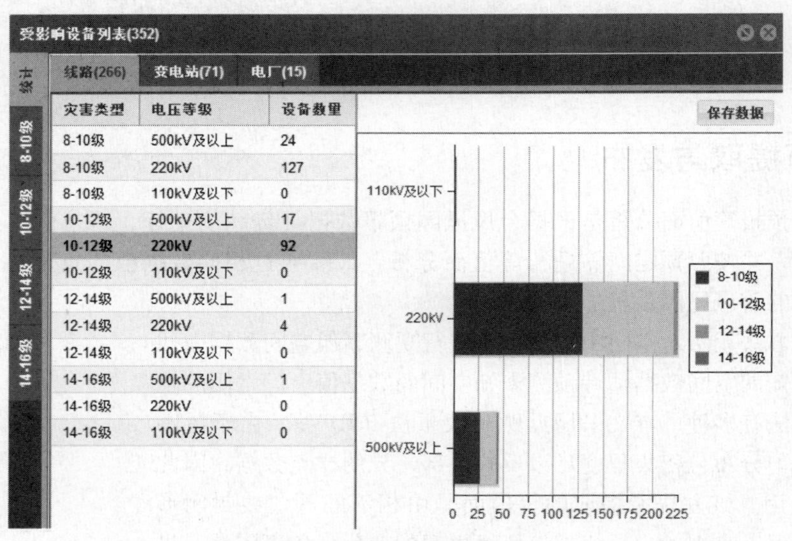

图 5　电网故障预警列表

4　结语

中国东南部沿海地区经济发达、人口众多，因此电网分布密度大，电网稳定运行对工业生产、人民生活起着至关重要的作用，但台风对此类地区构成巨大威胁。

本文基于 WEBGIS 平台，针对台风灾害的电网故障预警的研究，有效的把基础地理数据、基础电网数据、台风预报数据融合在一起建立了以台风为主要气象因子的电网预报模型并提出了电网台风预警机制。该系统能够根据预警模型建立电网抗台风风险评估，为电网规划、建设、运行与维护提供科学依据，提前做好台风来袭前的各种预防措施，减少对国家经济的损失，提高电网抗灾处置能力，减少台风对电网的破坏，减轻对电网安全稳定运行造成的威胁和损失，维护正常的生产和社会活动秩序。

参考文献：

[1] 史彩霞，吴剑锋，刘世学，等．广西电网气象综合信息系统的设计和开发［J］．气象研究与应用，2010，31（2）：94－97.

[2] 张继芬，张世钦，胡永洪．福建电网气象信息预警系统的设计与实现［J］．电力系统保护与控制，2009，37（13）：72－74.

[3] 曹年红，曹翊军，江海深，等．水利水电与电网气象综合监测系统［J］．水电自动化与大坝监测，2010，34（3）：71－75.

[4] 陆建宇，王亮，王强，等．华东电网气象负荷特性分析［J］．华东电力，2006，34（11）：38－41.

[5] 任斌，吴可，陈洁．基于 ArcGIS 的降雨量等值面生成系统研究［J］信息技术，2013，9：125－127.

[6] 贾宏元，赵光平，孙银川，等．基于 Surfer Automation 对象技术的等值线自动绘图方法研究与应用［J］．计算机系统应用，2006，15（7）：21－24.

[7] 戴泽军，苗春生，禹伟，等．一种绘制地面天气图及要素场等值线方法［J］．南京气象学院学报，2003，26（1）：130－135.

作者简介：

黄山峰（1985—　），男，江苏南京，研发工程师，从事电力系统监控 B/S 应用研发。E－mail：huangsf@ nari－relays. com

金岩磊（1978—　），男，江苏南京，研发工程师，从事电力系统监控研发。E－mail：jinyl@ nari－relays. com

智能变电站顺序控制功能的研究与应用

滕井玉

（南京南瑞继保电气有限公司，江苏　南京　211102）

【摘　要】　分析了目前智能变电站顺序控制系统的现状和存在的问题，研究并开发了一套支持多种操作类型的顺控系统，解决了非典型状态下如何进行顺控操作的问题，通过双确认提高了顺控操作的安全性。该系统能够满足厂站内复杂多变的操作需求，提高了操作人员执行复杂操作任务的工作效率，进一步提高了全站的智能化水平。该系统已在实际工程中获得应用。

【关键词】　程序化操作；顺序控制；智能变电站；一键式顺控；双确认

0　引言

顺序控制又称程序化操作，是指由操作人员从变电站监控主机或远方调控中心发出一条操作指令，按照预先设定好的控制逻辑去操作多个控制对象，一次性完成多个控制步骤的操作。顺序控制每执行一步操作前自动进行各种控制和防误闭锁逻辑判断，以确定操作任务是否能够执行，并实时反馈操作过程信息，达到较少或无需人工操作，减少人为误操作，提高操作效率的目的。

顺序控制有多种实现方式，可归纳为集中式、分布式、集中式和分布式相结合3种方式。集中式主要是采用监控主站、变电站后台监控系统、远动装置或设置独立程序化操作服务器；分布式主要是利用间隔层设备实现顺序控制；集中式和分布式相结合方式是间隔层设备与后台监控或远动装置或独立程序化操作服务器的结合[1-3]。文献［1］分析指出，在后台系统中实现顺序控制功能将成为变电站技术发展的趋势。本文讨论集中式方式，即在变电站后台监控系统实现顺序控制功能。

顺序控制（以下简称顺控）是智能变电站高级应用的基本功能之一[4]。目前大多顺控系统仅实现了遥控、软压板切换的功能，且只能针对典型的间隔状态进行操作，顺控操作票非常固定，一经审核并经测试、验收合格投入使用后，不能随便更改[5]。为解决上述问题，开发了一套顺控系统，支持多种类型的顺控操作，解决了间隔在非典型状态下的顺控操作问题，通过开关闸刀操作的双确认提高了顺控操作的安全性。

2　系统设计

本系统由三层体系组成，分别为表示层、逻辑层、数据层。系统架构图如图1所示。

2.1　表示层

表示层面向用户，由设备态定义工具、顺控票定义工具、人机界面构成。设备态定义工具以绘图的方式生成间隔设备态，定义运行、热备用、冷备用、检修等间隔状态；间隔设备态转换时，相关的遥控、软压板切换、定值区号设定、提示等操作的定义通过顺控流程定义工具实现；人机界面展示顺控操作票的预演和执行过程，提供人机接口与顺控服务器进行交互。

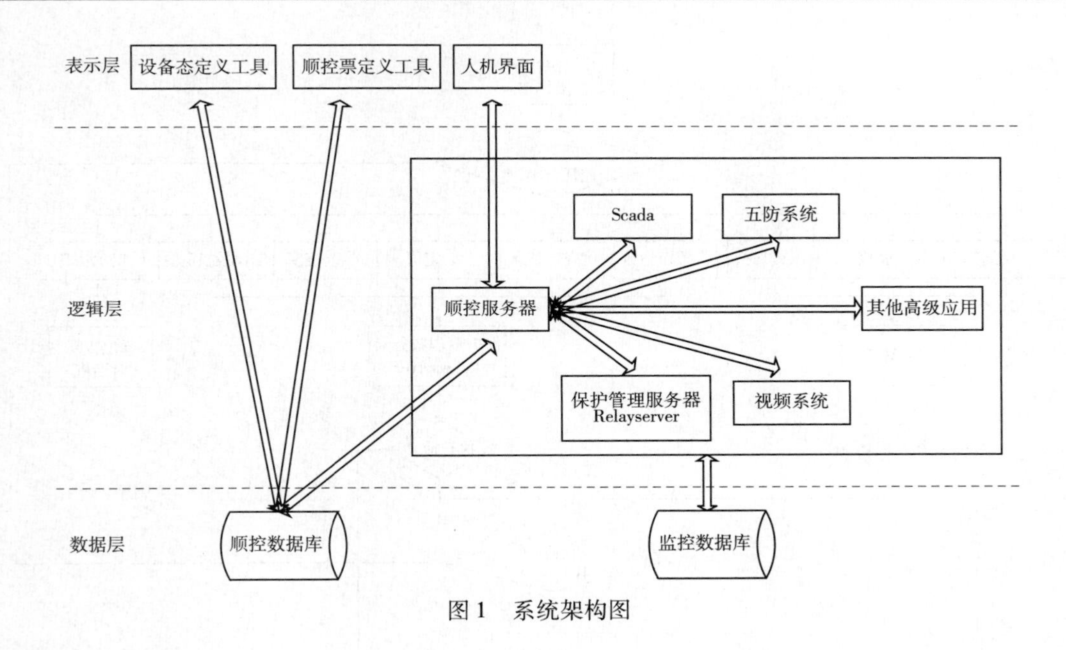

图1　系统架构图

2.2　逻辑层

逻辑层是顺控应用的功能实现层，其核心模块是顺控服务器。顺控服务器主要需完成以下任务：

（1）实时计算间隔设备态的当前状态。

（2）响应用户执行顺控操作的请求，包括解析顺控票、预演顺控票、执行顺控票、暂停暂行、取消执行等操作。

（3）和SCADA、五防、保护管理、视频等高级应用进行交互，利用这些高级应用完成各种类型的操作任务。

2.3　数据层

数据层由顺控数据库和监控数据库构成。顺控数据库用于存放间隔设备态定义、顺控操作票定义。

3　系统关键技术

3.1　支持多种顺控操作类型

顺序控制通过程序来自动执行预先定义的操作序列，以达到一键式操作的目的。在这个过程中操作序列存储在操作票中，操作票中包含多步有先后顺序的操作步骤，每一个操作步骤都包括操作内容、执行前条件、确认条件、判断电流、出错遥信、出错处理、延时时间、超时判断等内容。本系统实现了多种顺控操作类型，支持开关刀闸遥控、软压板投退、装置遥控、定值区切换、上装定值、自动校核定值等功能，满足运行人员在多个场景下的操作需求。顺控操作票的执行流程如图2所示。

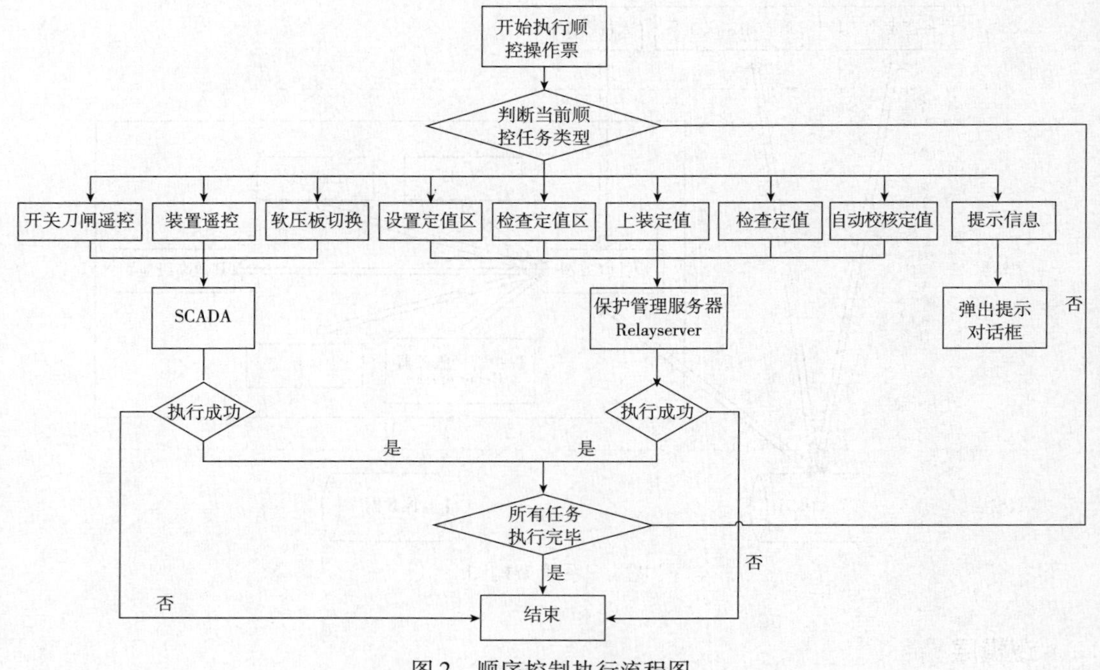

图 2　顺序控制执行流程图

开关刀闸遥控、装置遥控、软压板切换需要顺控服务器和 SCADA 系统交互，由 SCADA 系统来完成实际的遥控操作，并将遥控执行结果返回给顺控服务器；设置定值区、检查定值区、上装定值、检查定值、自动校核定值需要顺控服务器和保护管理系统交互，由保护管理系统来完成实际操作，并将执行结果返回给顺控服务器。

以自动校核定值为例，在定义顺控票时，顺控任务中设定好需要校核的装置及其标准定值单文件，执行此步顺控任务时，顺控服务器通知保护管理服务器执行指定装置的自动校核定值操作，保护管理服务器将装置的当前定值和标准定值单文件中的定值进行比对，将比对结果返回给顺控服务器，最后人机界面展示定值比对结果，这样就完成了一步自动校核定值的顺控操作。

3.2　支持多种顺控模式

常规的顺控操作通过设备态切换来完成间隔在运行、热备用、冷备用、检修等已定义好的状态之间转换，本系统除了支持这种一键式的操作方式，还考虑了非典型状态下的顺控操作方式，在非典型状态下也可通过顺序控制快速高效安全地进行各种操作。

3.2.1　一键式顺控模式

一键式顺控是指预先设置间隔不同的运行状态和状态转换的操作票，执行已定义好的顺控操作票，实现各个态之间的一键式转换。

在人机界面上开顺控操作票时，在画面上选定源设备态和目标设备态，即可生成一步顺控类型的操作步骤。开顺控步骤的同时可以进行预演。

执行顺控操作票时，人机界面和顺控服务器交互，顺控服务器是顺控任务的执行机构。人机界面通知顺控服务器需要执行的顺控步骤，顺控服务器查找并解析指定的顺控操作票，自动生成操作任务列表，顺控服务器通过 SCADA 系统、前置系统来和装置进行交互，根据每一步操作任务对装置下发相应的操作命令。在执行每一步操作任务时，顺控服务器对执行前的状态和执行后的状态进行校验，并进行出错、超时等处理。顺控任务执行时具有自适应功能，即在执行某步顺控任务时，先判断其确认条件，若满足，则继续执行下一步或提示用户。

操作人员可在人机界面上全程控制顺控任务的执行。例如，可以暂停顺控过程或继续顺控过程；当顺控操作因条件不满足或其他原因中断时，可以将顺控操作票打印成纸质操作票，用人工操作的方式继续执行中断步骤以后的操作；具备容错功能，出错后不立即中止当前票的执行，提示用户是否重试，可以将此步骤重复执行几次。

3.2.2 基于一体化五防操作票系统的顺控模式

基于一体化五防操作票系统的顺控是顺序控制和智能操作票系统相互配合，智能操作票系统先开列操作票，操作票中的步骤可以包含多种类型，如顺控、遥控、就地、置数、提示等[6]。开票的时候进行防误规则校验，保证每一步操作都满足五防逻辑，生成操作序列。操作票先进行预演，预演成功才允许执行，其流程如图3所示。

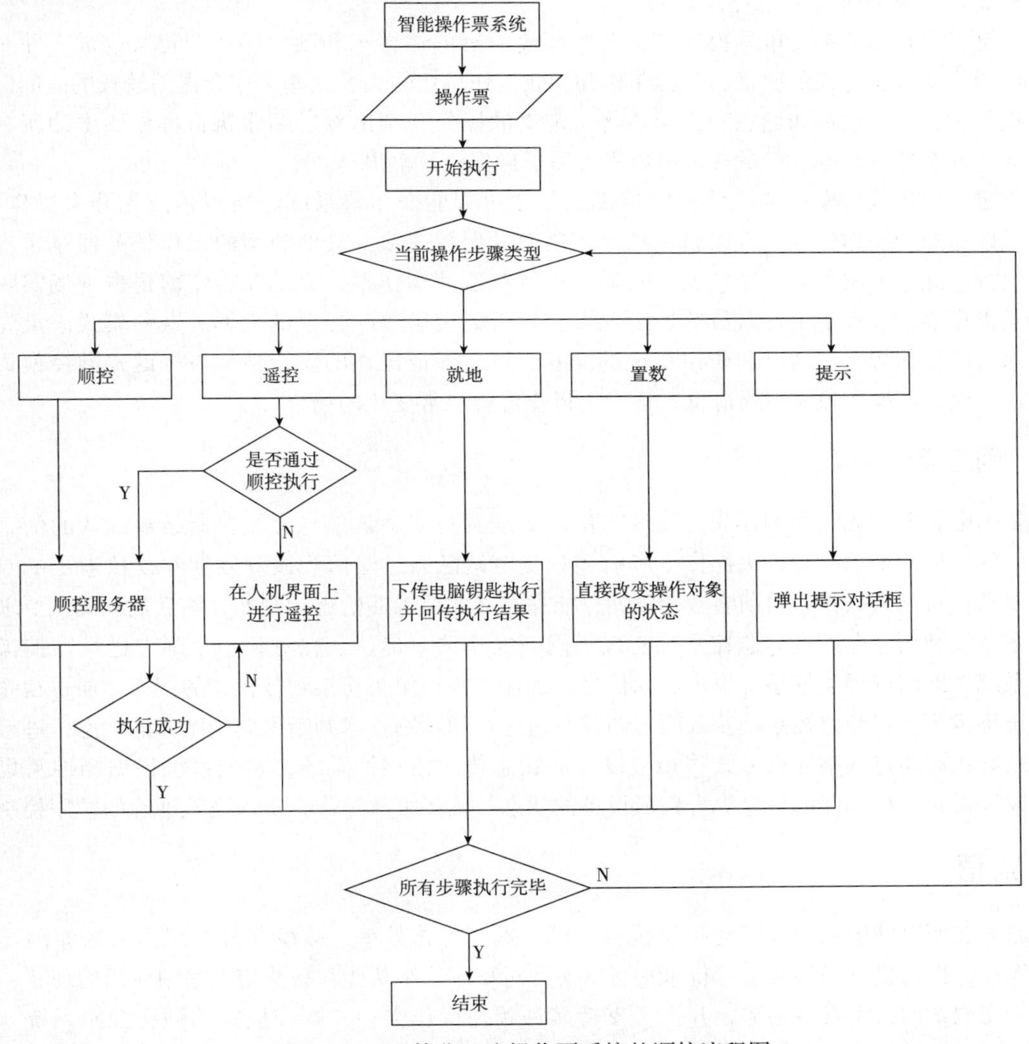

图3 基于一体化五防操作票系统的顺控流程图

顺控操作票执行时根据操作步骤的类型进行以下操作：

（1）顺控类型的操作：系统直接通过顺控服务器进行顺控操作。操作前检查执行前条件以判断能否操作，操作完成后要检查确认条件，以判断操作是否结束。操作时还要进行判断电流、超时时间、延时时间等条件判断。

（2）遥控类型的操作：可以选择通过顺控服务器执行或常规遥控执行。若选择通过顺控服务器执行，则由顺控服务器来执行本步操作。如果顺控操作失败，可选择再次通过在监控后台由操作人员按照常规遥控进行操作。顺控服务器执行操作时，首先进行五防逻辑判断，从而保证了操作的安全性。

（3）就地类型的操作：将操作票下传到电脑钥匙，进行就地操作。操作完成后回传操作结果。

（4）置数类型的操作：直接改变操作对象的状态。

（5）提示类型的操作：弹出对话框，提示用户。

3.2.3 两种模式的特点及比较

一键式顺控需要在变电站投运前将各个间隔所有的运行态和顺控操作票定义完成，并对已定义的操作票进行详细的验证，工程制作和验收工作量比较大，这些工作会占用较长的时间。在实际操作过程中，根据初始态和目标态将已定义的操作票调出然后顺序执行操作票中的所有操作任务，各个运行状态之间的转换可以视为原子操作，效率很高。

基于一体化五防操作票系统的顺控模式是通过智能操作票系统经模拟预演先开出操作票，对于可以遥控的操作任务，可以通过顺序控制自动遥控完成，其他类型的操作任务通过常规方式来执行。这个方案不需要预先设置间隔的运行状态和操作票，而是在操作前根据现场实际情况开具操作票，节省了工程人员顺控配置以及运行人员验收顺控票的工作。这种模式满足先预演后执行的操作规程，通过和防误系统的交互，可以保证操作的安全性。与一键式顺控模式相比，这种模式的操作效率有所降低，适合于操作流程经常变化的场合。

3.3 闸刀操作双确认

根据电力安全规程和调控规程，远方操作必须具备双确认信息交互机制，双确认的信息须为不同的原理和来源。对开关操作，当前多数变电站已通过遥信和遥测数据双校核满足了双确认的要求；对闸刀操作，目前多数变电站仅能通过其双位置遥信进行判断，不满足双确认要求。

本系统利用变电站视频监控系统实现了闸刀操作的双确认。在对某一个闸刀进行顺控操作时，系统立即向视频监控系统发出联动信号，确保监控摄像头切换到被操作的闸刀，通过视频监控系统摄像头，视频监控系统获取闸刀图像，通过图像识别技术判断出此刻闸刀的状态，进行自动判断确认后通过网络通讯方式将相应设备的状态传送给顺控系统，顺控系统根据测控采集的信息以及视频系统返回的信息综合判断设备的状态，确保可靠操作，实现高效准确的顺序控制。

4 结语

通过在变电站中采用程序化控制技术，可以提高操作效率，减少或杜绝因为人为原因导致的误操作，提高变电站的安全运行水平。本文针对顺序控制功能在智能变电站中应用的现状，结合智能变电站的技术发展趋势，开发了支持多种顺控操作类型和顺控模式的顺序控制系统，实现了闸刀操作的双确认，提高了顺控操作的安全性。本系统功能强大，操作方式灵活，能够满足厂站内复杂多变的操作需求，提高了操作人员执行复杂操作任务的工作效率，减少了误操作的风险，进一步提高了全站的智能化水平。

参考文献：

[1] 樊陈，倪益民，窦仁晖，等. 智能变电站顺序控制功能模块化设计 [J]. 电力系统自动化. 2012，36 (17)：67－71.

[2] 叶锋，沈峻，杨世骅，等. 程序化操作在变电站自动化系统中的实现 [J]. 电力系统自动化. 2006，30 (21)：90－94.

[3] 王文龙，胡绍谦，汤震宇，等. 程序化操作在变电站中实现的几个关键问题 [J]. 电力系统自动化. 2008，32 (22)：66－68.

[4] Q/GDW 383—2009. 智能变电站技术导则 [S].

[5] 黄文韬. 对变电站实现程序化操作的探讨 [J]. 电力系统保护与控制. 2008，36 (22)：100－103.

[6] 滕井玉. 支持一键式顺控的智能操作票生成和管理系统 [A]. 2011 年中国电机工程学会年会论文集 [C]. 2011.

作者简介：

滕井玉（1980— ），男，江苏徐州人，工程师，从事电力系统应用软件的研究和开发工作。E－mail：tengjy@ nari－relays. com

应用于智能站的中低压线路光纤纵差保护装置

徐　舒[1]，余群兵[1]，丁　力[1]，徐光福[1]，柴铁洪[2]

（1. 南京南瑞继保电气有限公司，江苏　南京　211100；
2. 国网浙江上虞供电公司，浙江　上虞　312300）

【摘　要】　智能变电站要求中低压线路光纤纵差保护具备保护、测控、合并单元、智能终端、计量等功能，这种集多种角色于一身的使用方式，使得中低压线路光纤纵差保护在处理差动数据同步时，相对高压线路光纤纵差保护往往需要考虑更多的方面。本文针对中低压保护的三种装置类别：常规装置、多合一装置、智能化装置，提出了一个适用于中低压线路光纤纵差保护的差动数据同步处理方案。

【关键词】　中低压；线路光纤纵差；差动数据同步；多合一装置；智能化装置

0　引言

近年来，中低压线路保护的应用场景正在经历着一场变革。一方面，随着国家对可再生能源的大力推广，越来越多的分布式电源的接入改变了中低压电网单向的潮流方向，与此同时，城市地铁项目的大量开工建设，几公里及十几公里的中低压短线路和短线路群的出现，以及配网中环形网架结构的运用，这些都推动着中低压电网中线路光纤纵差保护的应用愈加普及。另一方面，在建变电站中智能变电站的比例越来越高，低压保护装置的内涵发生了变化，不仅仅有传统的保护测控一体装置，还有集保护、测控、合并单元、智能终端为一体的多合一装置，以及具备数字化采样和数字化输出的智能化装置。

关于智能站的线路光纤纵差保护涉及到的一些技术革新在不少论文中都有探讨，但都相对集中在高压领域，对于中低压等级的线路光纤纵差保护而言，在应用上存在一些特殊需求，导致技术实现上与高电压等级线路光纤纵差保护有所差异。

1　采样方式分析

智能站中低压保护装置按照功能类型来划分可以分为常规装置、多合一装置和智能化装置三类。常规装置和常规变电站里的保护装置从采样方式到功能上都没有区别，在光纤数据的同步处理上可以直接采用常规站线路光纤纵差保护的做法。下面着重分析多合一装置和智能化装置在数据采样处理方面的特点。

1.1　多合一装置采样

多合一装置采用就地安装、常规采样方式，往往还承担起合并单元的功能，需要将常规采样数据转换为9－2数据发送给智能电表或智能录波器。同时兼作为智能终端，接受来自备自投或集中式减载装置的GOOSE跳闸命令等。主流保护设备厂家的方案是单独配一块过程层数字插件来专门处理过程层SV和GOOSE数据。以南瑞继保的PCS—9613装置为例，CPU插件负责保护逻辑的运算、开入开出的处理和生成各种报告，过程层插件负责提供保护所需的采样数据和处理过程层数据交换。首先，CPU 插件以 1.2k/s 频率产生采样中断，同时发送同步信号给过程层插件。过程层插件固定以 4k/s 的采样率将从互感器传来的模拟量转为数字量，再通过 FPGA 将数字采样值编码成 IEC—60044—9—2 报文通过光纤发送给其他 IED 设备，同时，以来自 CPU 插件的同步信号为基准对 4k 数据进行插值，重新采样为 1.2k 数据，并以 IEC—60044—8 报文格式传递给 CPU 插件，如图 1 所示。

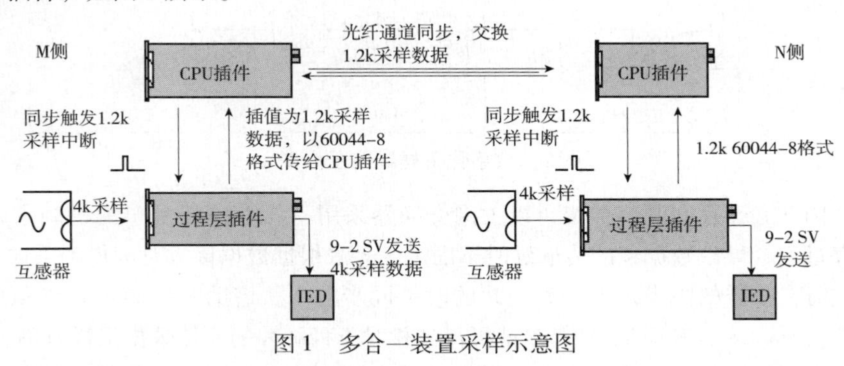

图 1　多合一装置采样示意图

CPU 插件得到 1.2k 采样数据用于保护计算，并与对侧装置通过专用光纤通道交换采样数据，在进行同步处理后，得到用于差动计算的电流数据。

1.2　智能化装置采样

对于智能化装置，需要接收来自独立合并单元（MU）的数字化采样数据，同时将保护动作命令以 GOOSE 方式输出给智能终端。由于 MU 的采样频率固定为 4k 采样，采样点间隔固定，且电子式互感器（ET）及其 MU 并不具备接收从保护装置到 MU 方向的控制命令（如采样时刻调整）的接口，这样，导致通过调整采样时刻实现两侧数据同步的方法在 ET 接入的光纤差动保护装置中不能适用[1]。

从合并单元过来的 9－2 数据有两种方式传给装置，一种是光纤直联点对点方式，另一种是组网方式。

图 2 显示了数字化采样所经历的一系列环节，一次电信号在采集和传输的各个环节都存在时间延迟，电子式互感器、合并单元对信号的处理以及以太网通信信道的特性决定了信号时延的大小[2]。采样信号在电子式互感器和合并单元中经历的时延可以表示为：

$$T_1 = t_a + t_b + t_c + t_d$$

这其中包含了线圈传变角差、低通滤波、电子互感器数据处理及发送、合并单元滤波、重采样的延时，这部分延时是可以通过测算得到的，相对固定。

$T_2 = t_e$表示 SV 报文从合并单元发布直到被间隔层的 IED 接收，在以太网中经历的传输延时。合并单元的采样速率、以太网流量、交换机的缓存容量、数据包的传输速率等都会对 T_2产生影响，造成 T_2的不确定[2]。

采用点对点方式传输采样值时，由于保护设备与合并单元之间直接用光纤通道连接，不存在数据帧相互冲突的问题，采样值传输延时 T_2可固定。这样，保护装置根据本地报文接收时刻，减去延时 delay _ time = $T_1 + T_2$，就可得到原始数据的采样时刻。

采用组网方式时，多个间隔的采样数据会同时传输到同一网络，需同时向同一个交换机网

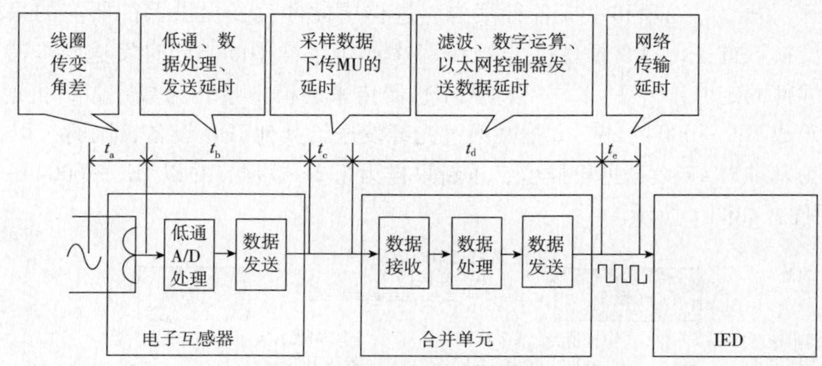

图2　数字化采样延时示意图

络端口转发，因此必然存在网络冲突，以太网交换器采用“缓存—转发”的机制来解决网络冲突问题，缓存过程会导致数据包的传输延时不固定，无法根据数据接收时刻得到采样时刻。因此采用组网方式时，采样的同步必须依赖全站的时钟同步技术。借助时钟同步系统和采样值报文中采样计数器（SmpCnt，其值记为 N），就可得到相对于秒脉冲的原始数据采样时刻 $T_n = N_n T$，T 为采样间隔；由于保护装置与时钟系统也同步，可将保护装置的采样数据目标时刻转换为相对于秒脉冲的时刻，这样2个时刻就是同一时标域的时标，从而可进行插值计算[3]。

2　差动数据同步

2.1　利用乒乓法和数据插值实现同步

从多合一装置与智能化装置的采样过程可见，与常规装置不一样，无论是多合一装置的数字插件采样还是从智能化装置接收 MU 过来的数字量，得到的都是采样频率固定的高速 4k 采样数据，采样点间隔固定，不能实时调整，必须通过插值处理为 1.2k 的保护用数据。

在同一个变电站内，借助对已知固定采样延时的回退或全站使用统一的时钟源等方法，可以实现各 MU 采样同步，对于母差保护和变压器保护而言已经足够，但是对于线路光纤纵差保护来说，用于差动保护的电流数据来自2个不同变电站，在站间没有使用统一时钟源的前提下，线路光纤纵差保护需实现变电站之间的数据采集同步，关键在于选择合适的插值点，通过插值时刻一致来实现重采样后的数据对齐。

如2.1节中提到过，现在各保护厂家的智能站保护装置通常都有单独的过程层插件来负责处理 SV 和 GOOSE 信号，而负责保护计算的功能则是放在另一块 CPU 插件上。光纤纵差数据同步处理可以概括为以下几个步骤：

（1）采用乒乓法调整使两侧装置 CPU 插件的采样中断时刻一致[4-5]。

（2）DSP 插件根据自身采样中断信号发送同步信号给数字插件，使得数字插件也可以同步产生 1.2k/s 的插值时刻。

（3）过程层插件计算出收到的 9-2 SV 数据（4k/s）延时 delay _ time，将采样值和时标存放到数组 sample _ 4k [ ] 中。以各采样中断时刻进行插值，重采样得到的 1.2k/s 数据存放在数组 sample _ 1p2k [ ] 中。

（4）数字插件参考两侧 SV 最大的延时时间，推出一个最大的历史回退点数 n，取出历史采样数据 sample _ 1p2k ［ptr - n］，作为保护采样数据发送给 CPU 插件。

（5）两侧 CPU 插件通过光纤交换采样数据，用于差动保护计算。

对于第（1）步中的采样中断时刻调整法，在多个文献中都有论述，此方法是建立在光纤通道对称，向上通道延时与向下通道延时一致的前提下，如图 3 所示，数据帧从 N 侧发给 M 侧到 N 侧收到 M 侧回的数据帧，构成一个等腰梯形 abcd，M 侧收到 N 侧的数据时记录下时刻 t_b，发送数据给 N 侧的时标记录为 t_c，并将两者的时间差 t_{cb} 传给 N 侧；N 侧根据收到 M 侧数据时刻 t_d 和上一次发送时刻 t_a，可以计算出 a 点和 d 点之间时间差 t_{da}，通过公式可以计算出通道延时 $T_{dly}=(t_{da}-t_{cb})/2$，再根据发送时刻相对采样中断的时间 T_{send}，可以得到 M 侧采样时刻 t_1 对应于 N 侧时标体系下的采样时刻 $t_2=t_d-T_{dly}-T_{send}$，与 N 侧采样时刻 t_0 进行比较，可以得到两侧采样时刻差 Δt。根据 Δt 调整从侧的中断间隔，逐渐缩小采样时刻差，保证用于各侧的采样中断时刻一致，进而使采样插值时刻一致。

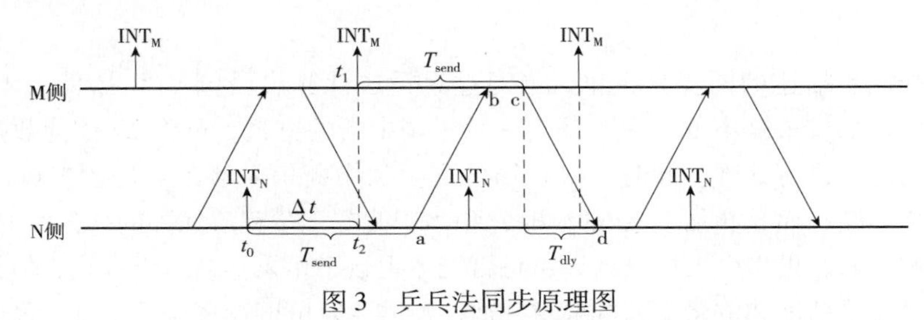

图 3　乒乓法同步原理图

图 4 则显示了通过同步 CPU 插件的采样时刻，间接调整了数字插件的插值时刻，从而保证了生成的 1.2k 重采样数据的同步。

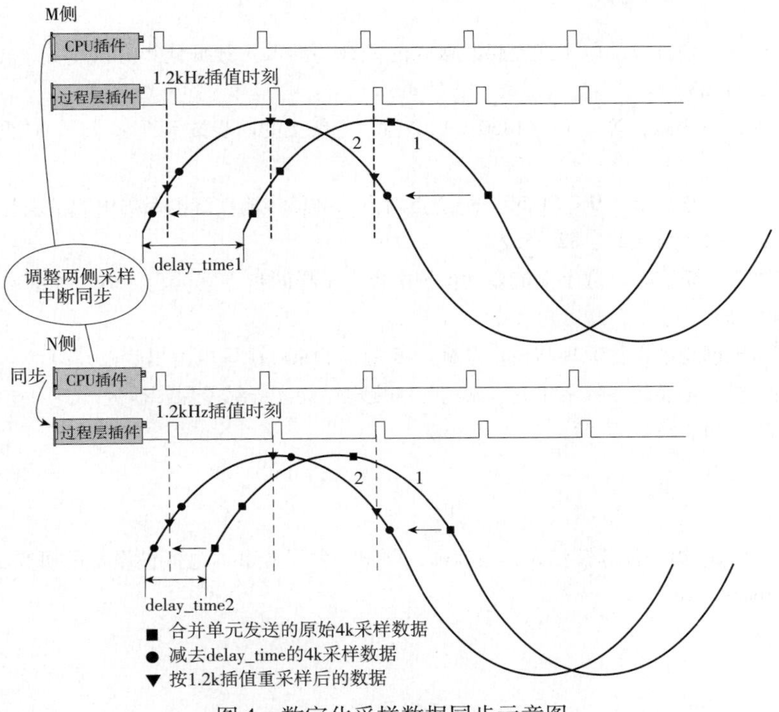

图 4　数字化采样数据同步示意图

2.2 数字站与常规站之间的同步处理

在现阶段，一侧为智能站，一侧为常规站的工程应用模式也并不少见，常规采样的低通、滤波、采样环节带来的延时是固定可测的，之前讲到的同步方法依然适用。

按照 IEC61850—5 中 13.6.1 的定义，间隔合并单元和保护装置之间的通信属于 P3 类，要求传输时延不大于 3ms[6]，可以认为智能站一侧装置的采样额定时延 delay _ time1 不大于 3ms。而传统变电站一侧常规采样产生的固定延时一般也小于 3ms。

为了使两侧交流量同步，传统侧固定选取 n 个点以前的历史数据发给对侧，确保发送的数据相对于当前中断的延时 delay _ time2 接近 3ms，用乒乓法调整使两侧的采样中断时刻一致，智能站端则以 delay _ time2 为目标时刻进行插值，得到的电流数据可用于差动计算。

3 结语

在差动数据同步描述的同步方案里，当通过乒乓法计算出两侧 CPU 插件的中断时刻差 Δt 后，采用了调中断的方式缩小 Δt，其实还有一种不调中断的方式，可将 Δt 作为数据延迟的一部分，在重采样的时候进行处理，此时，CPU 插件产生的中断信号将不再经固定延时同步触发过程层插件的采样中断，而是叠加上 Δt 的延时，相当于改变了过程层插件的插值时刻。

诚然，不调中断，更多引入插值计算，是更能体现数字化采样的思维方式，但作为保测一体装置，为了满足测量精度和测量变差等要求，往往还需要对电网频率进行跟踪，最常用的手段依然是调中断，所以要想完全杜绝调中断的方式，还有很多的工作要做，中低压线路光纤纵差保护装置也就是这样一步步在继承的基础上创新发展。

参考文献：

[1] 曹团结，陈建玉，俞拙非．电子式互感器接入的光纤差动保护数据同步方法［J］．电力系统自动化，2009，33（23）：65－68.

[2] 罗彦，段雄英，张明志，等．IEC 61850－9－2 过程总线上的同步技术研究［J］．电网技术，2012，36（11）：229－234.

[3] 冯亚东，李彦，王松，等．IEC 61850－9－2 点对点采样值传输在继电保护中的实现与应用［J］．电力系统自动化，2012，36（2）：82－85.

[4] 高厚磊，江世芳，贺家李．数字电流差动保护中集中采样同步方案［J］．电力系统自动化，1996，20（9）：46－49，53.

[5] 朱声石．高压电网继电保护原理与技术［M］．3 版．北京：中国电力出版社，2005.

[6] 张兆云，刘宏君，张润超．数字化变电站与传统变电站间光纤纵差保护研究［J］．电力系统保护与控制，2010，38（3）：58－60.

作者简介：

徐舒（1979—　），男，江苏镇江人，工程师，硕士，主要从事继电保护设备的研究和开发工作。E－mai：xus@nari－relays. com

分布式光伏运行监控系统设计探讨

邹国惠[1]，罗奕飞[1]，张春合[2]，徐光福[2]，严　伟[2]，徐　浩[2]，赵云峰[2]

（1. 广东电网珠海供电局，广东　珠海　519000；
2. 南京南瑞继保电气有限公司，江苏　南京　211102）

【摘　要】　本文提出了区域分布式光伏运行监控系统设计方案，采用信息采集层、通信网络层以及主站层三层结构，其中信息采集层依托分布式光伏并网接口一体化装置实现光伏电站信息的采集与传输，通信网络层采用无线与光纤的混合通信模式为电站与主站之间提供网络信道，主站层在统一应用支撑平台的支持下，集成分布式光伏数据采集与监视控制、电能质量监测、保护及故障信息管理、电能量计量、区域分布式光伏功率预测、分布式光伏发电控制、分布式光伏发电效益分析等高级应用软件模块，实现对分布式光伏电站的实时监控和运营。

【关键词】　分布式光伏；并网接口一体化装置；混合通信；功率预测；实时监控

0　引言

近年来，随着光伏发电在国内市场的大规模开发和利用，大量的分布式光伏电站接入配电网。分布式光伏电站尽管容量小，但点多面广。大量分布式光伏电站接入电网后，若无法将光伏电站信息上传至电网调度中心，将对电网的稳定运行造成威胁[1-2]，因此有必要建立分布式光伏发电运行监控系统，对区域内分布式光伏电站发电进行信息采集，实现分布式光伏电站的实时监控，满足光伏发电入网的要求，确保电网的稳定性和安全性。

实现对分布式光伏电站的监控一般可采用以下两种解决方案：①将分布式光伏电站信息接入现有的调度自动化系统（EMS）或配网自动化系统（DMS），充分利用现有资源，有利于数据整合应用；②建设一套独立的分布式光伏运行监控系统，实现对分布式光伏电站的信息采集和监控，并通过信息交互总线把信息与 EMS、DMS 以及其他系统共享。

若采用方案 1，现阶段由于许多地区分布式光伏电站建设点多面广，接入信息点总数量大且各个站接入时间不确定，较大的信息量接入对现有的 EMS 或 DMS 系统运行会产生压力，其次，各个电站接入时间不一致，每一次新站接入都需要对现有系统进行配置和数据加载，这对实时性与安全性要求较高的 EMS 或 DMS 来说是不利的。另外由于目前区域分布式光伏监控系统建设还处于研究摸索阶段，因此直接接入 EMS 或 DMS 并不稳妥。相比之下，建立一套独立的区域分布式光伏运行监控系统，不仅能够实现对分布式光伏全方位的监控，而且对现有的 EMS、DMS 系统的运行不造成影响，因此现阶段采取方案 2 更加适宜。

本文提出了一种区域分布式光伏运行监控系统的设计方案，目的是通过对分布式光伏电站的实时监控降低分布式光伏发电对配电网安全稳定运行的影响，促进分布式光伏成为电网友好型清洁能源。

1　分布式光伏电站信息采集

分布式光伏电站中需要监控的设备包括逆变器、环境监测仪、保护装置、计量电度表、电能质量监测装置，信息点主要包括：①电站并网状态、公共连接点电压、电流、有功功率、无功功率、功率因数、频率；②逆变器的实时有功功率、无功功率、功率因数、发电量（日、月、年）、二氧化碳减排量（日、月、年）、运行状态（运行、关闭、待机）等；③保护动作信号；④并网点电能质量，包括电压电流谐波、电压偏差、频率偏差、负序和零序电压/电流三相不平衡、长/短时电压闪变；⑤电站总上网电量和所用电量；⑥电站气象数据，包括温度、辐照度、风向。

文献［1］研制了一种分布式光伏并网接口一体化装置，并投入了实际应用，该装置集成了分布式光伏发电保护、测控、电能质量监测、运行控制、通信管理、远动、信息安全加密等功能，支持多种通信方式接入站内设备，与调度端主站通信实时反馈电站信息，接受远程控制公共连接点开关投切及逆变器启停命令。该装置技术高度融合，克服了常规分布式光伏电站设计方案中信息采集系统设备多、投资大、安装困难、运行维护工作量大等问题，因此本文优先选择分布式光伏并网接口一体化装置实现电站信息的采集与控制。

并网颁布式光伏信息采集如图1所示，公共连接点的电压互感器（TV）、电流互感器（TA）接入分布式光伏并网接口一体化装置交流采样插件，经过软件测量模块计算得分布式光伏电站公共连接点处的电压、电流、有功功率、无功功率、功率因数、频率、谐波。分布式光伏并网接口一体化装置I/O插件连接公共连接点处断路器及其他开关（如接地开关、隔离开关等）跳合闸回路，获得开关的位置及控制开关的分合，当保护动作或收到光伏运行监控主站系统的遥控开关命令时，进行相应的开关分合。

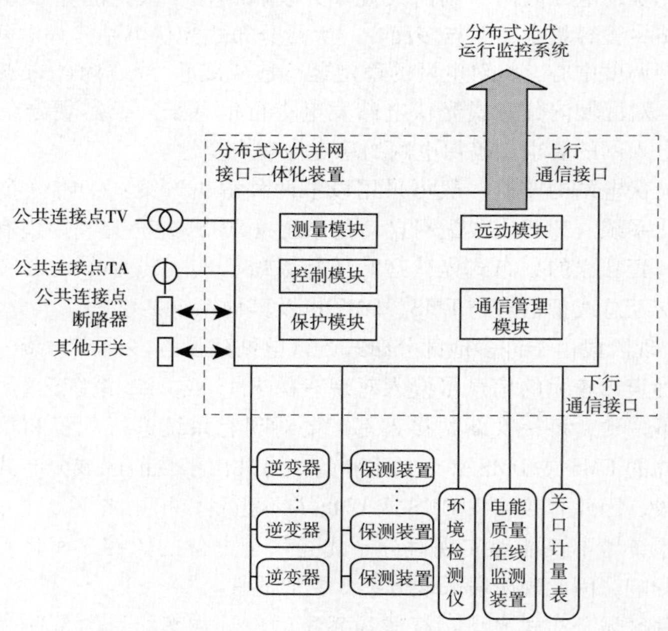

图1　并网分布式光伏信息采集

分布式光伏并网接口一体化装置下行通信接口通过RS485通信总线连接站内逆变器、保护测控装置、电能质量在线监测装置、环境检测仪、电度表，采集通信设备的信息。在实际工程中，一般相同通信规约的设备连接在同一条总线上，逆变器、环境监测仪、电能质量装置采用Modbus规约，计量表采用DL/T 645规约，保护测控装置采用IEC103或Modbus规约。

分布式光伏并网接口一体化装置上行通信接口采用光纤或无线通信将采集的电站信息上送至光伏运行监控主站并接受主站的遥控、遥调命令，对开关或逆变器进行相应的操作。

2　分布式光伏电站通信方案

2.1　通信介质

分布式光伏电站特点是点多面广，许多区域光纤无法覆盖，结合国家相关标准，并根据实际情况，因地制宜，可采取以下几种通信接入方式。

（1）对于专用架空线或电缆接入变电站的分布式光伏电站，建议在铺设架空线或电缆的同时铺设光纤接入就近变电站的 SDH 设备。

（2）对于分布式光伏电站接入区域具备配网自动化通信网络（如 EPON 网络）的环境，建议铺设光纤接入就近的配网自动化的通信网络。

（3）不满足上述情况或 380V 接入的千瓦级分布式光伏电站，从节约成本的角度可以采用无线通信，如 GPRS、CDMA 等。

2.2　通信协议

目前电站和调度主站之间的远动协议一般为 IEC60870—5—101/104，其传输内容单一，只能传输四遥信息，不能传输保护定值、录波、电量、电能质量等综合数据。文献［2］、［3］提出了 IEC 104 扩展 IEC 103 规约出站方案和 IEC61850 出站方案，能够解决综合数据出站问题。

2.3　通信信息安全防护

分布式光伏监控系统传输的信息须遵循电监会《电力二次系统安全防护总体方案》及国家电网公司《配电二次系统安全防护方案》的要求。运行监控主站对分布式光伏并网接口装置下发的控制指令不论采用何种通信模式（以太网、无线）都需要使用基于非对称密钥的加密技术进行单向身份认证；运行监控主站采用基于调度证书的非对称密钥算法实现控制命令及参数设置指令的单向身份认证与报文完整性保护。

3　分布式光伏运行监控主站功能设计

光伏运行监控主站系统总体架构如图 2 所示。

整个系统供分为五层，其中统一应用支撑平台层（ASP）和电力系统应用软件层在整个体系结构中处于核心地位。统一应用支撑平台层向各种电力应用软件提供统一的模型、通信、数据、画面、管理服务，为各种电力系统软件的集成提供核心技术支持。在统一平台的支持下，将数据采集与监视控制（SCADA）、电能质量监测（PQMS）、保护及故障信息管理（DRMS）、电能量计量（TMR）、区域分布式光伏功率预测、分布式光伏发电控制、分布式光伏发电效益分析应用软件模块集成在一起，组成区域光伏运行监控主站系统。统一应用支撑平台层能够支持应用软件模块化功能方便地裁剪和扩展，以适应分布式光伏不断发展对主站系统的各种需求[4]。

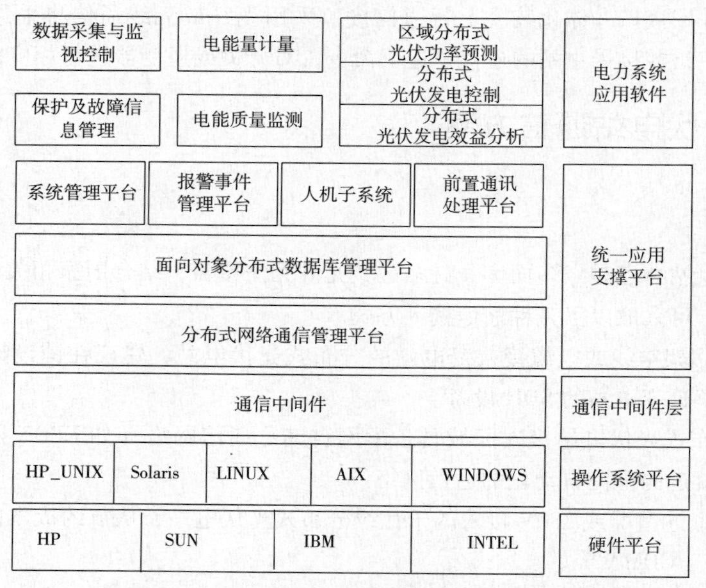

图2　光伏运行监控主站系统的系统架构

3.1　数据采集与监视控制（SCADA）

系统实时在线显示各分布式光伏电站并网断路器、逆变器的启停等开关量的状态以及并网点潮流、发电量等模拟量，记录各开关量的变位和时间顺序，模拟量值以可调的存储周期存入历史库中。可在画面上对分布式光伏电站的并网开关和光伏逆变器进行遥控。

系统可按责任分区监视实时生产统计数据、环境参数、电气接线图与参数、设备通信联络与工况、设备参数、并网点参数等信息。

3.2　分布式光伏功率优化调度

（1）区域分布式光伏功率预测。光伏发电出力具有波动性、间歇性的特点，大规模分布式光伏接入区域电网后给电网的调度带来影响，有必要对分布式光伏发电进行功率预测，为EMS系统制定调度计划提供分布式光伏发电预测数据。由于分布式光伏电站多为屋顶式光伏，数量多但容量小，对每个电站进行功率预测然后作累加，将会面临投资成本高、预测精度低的问题。而若在监控区域内统一建设一套太阳能辐射数值天气预报系统，对区域内所有分布式光伏出力进行统一预测，一方面减少预测投资成本，另一方面可以提高预测精度。具体做法是按照若干平方公里建设一套太阳能辐射监测子站，形成地区级太阳能辐射数值天气预报系统，将地区内各分布式光伏并网点的太阳能输出功率、实时并网太阳能装机容量、辐射强度、温度、风速等量测统一上送光伏运行监控主站，经由防火墙传送到光伏功率预测系统，光伏功率预测系统再将预测结果上送至EMS系统。

（2）发电单元控制。分布式光伏发电单元控制软件模块接收调度EMS的有功目标值、电压目标值指令，通过对各分布式光伏发电单元有功功率、无功功率的分配、调节以及发电单元的启/停实现对调度指令的实时跟踪。

（3）发电能效与投资效益分析。结合区域分布式光伏发电总上网电量、国家相应补贴政策、节能减排等要素，对分布式光伏发电经济、社会效益作出分析。包括基于经济模型的光伏项目投资与收益分析、基于经济模型的光伏产业发展辅助预测、结合能效分析进行产业发展和扶持政策宣传三个方面。

3.3 保护及故障信息管理（DRMS）

保护及故障信息管理系统接收分布式光伏电站保护、测控装置的定值、压板、测量、运行自检、保护动作事件、告警信息、故障录波文件，能够实时掌握分布式光伏电站防孤岛等保护投入以及动作情况，提高事故分析的速度和准确性。

3.4 电能量计量（TMR）

电能量计量计费子系统完成区域内所有分布式光伏电能表计量数据读取、存储与处理，所获得的上网电量数据可与营销部门用电信息采集系统进行交互，与用电信息采集系统采集的上网电量进行相互校验，确保数据的准确性，另外上网电量数据也可以发布给政府相关电价补贴机构，作为电价补偿的依据。

3.5 电能质量监测（PQMS）

电能质量监测系统实现对光伏运行并网点各项电能质量指标的在线监测和统计分析，为治理和改善光伏发电并网运行电能质量提供监测手段。

3.6 与其他系统接口

区域分布式光伏运行监控主站应具备与外部系统互联的功能。通过信息交互总线与 EMS、DMS、用电信息采集等系统互连，实现分布式电源发电功率、发电量、并网状态等数据交互。

（1）与 EMS 系统接口。EMS 系统和光伏运行监控主站系统使用基于 IEC 61970 的 CIM/ XML 格式文件进行交互，AGC 命令和实时数据采用国际标准 IEC60870—5—104 或 DL476 标准通信规约通信。

光伏运行监控主站向 EMS 系统转发本光伏运行监控主站系统下辖的子站相关光伏实时运行监控数据并接收 EMS 系统 AGC、AVC 命令，根据调度下发的出力目标值调整光伏系统的输出功率，包括增大、减小或起停发电功率，提高电网运行的经济性和稳定性。

（2）与 DMS 系统接口。采用基于 IEC 61968 的 CIM/XML、CIS 接口方式与配电自动化 DMS 系统通信，互联可以采用 XML 文件的方式。通过 XML 文件的交换，双方可以交换电网模型的描述信息，通过 E 格式文件双方可以传送遥信、遥测数据断面。

（3）与其他外部系统接口。系统还可根据需求实现与其他电力自动化系统或生产信息管理系统的接口（如计量系统、电能质量监测系统等），与其他外部系统的接口方案包括基于专用通信协议的接口方式和基于 Web Service 接口方式两种方案，实现分布式光伏运行监控主站与其他外部系统之间所需数据的交换[5]。

3.7 区域分布式光伏运行监控系统整体架构[6]

区域分布式光伏运行监控系统整体框架图如图 3 所示，按分层分布式体系结构设计，采用三层结构，分别为信息采集层、通信网络层以及监控主站层。

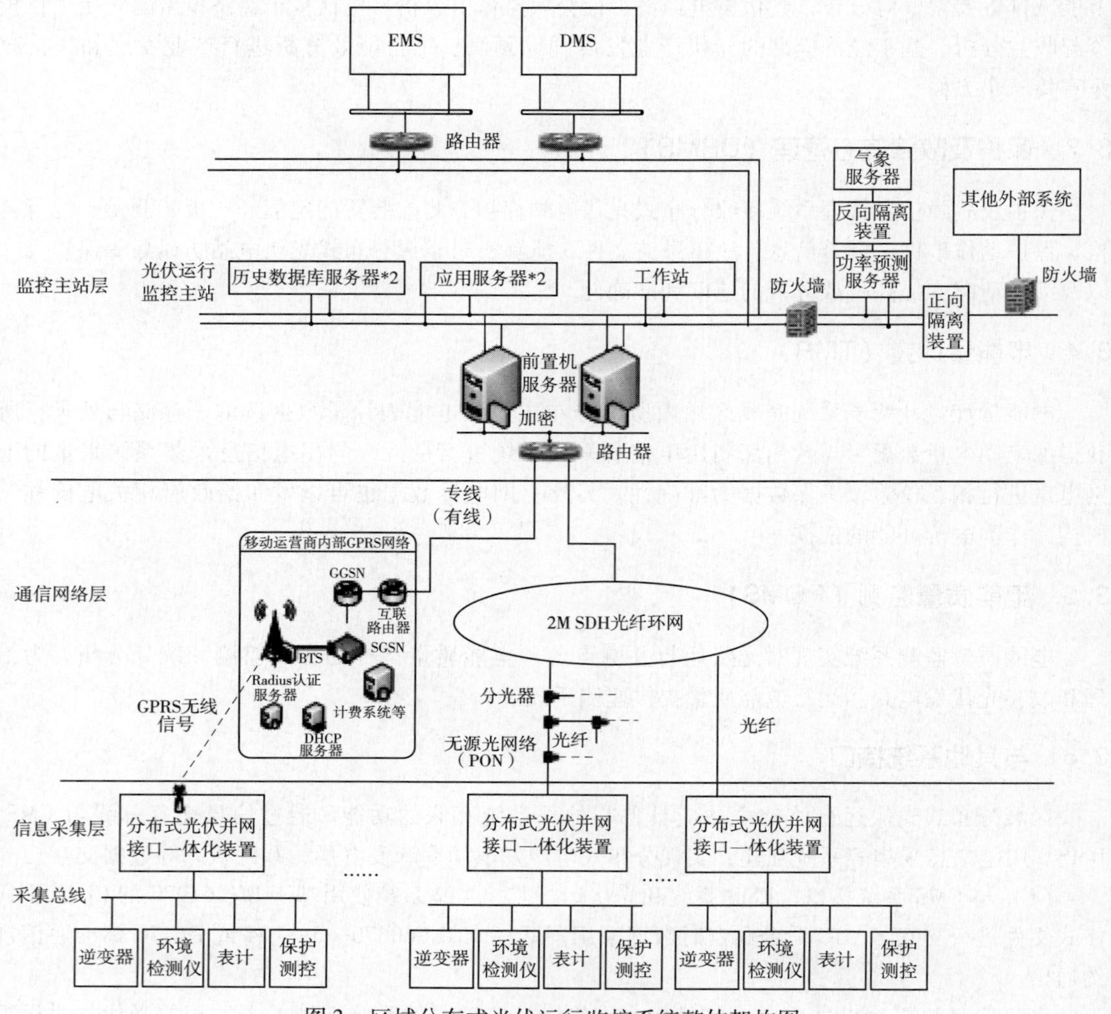

图 3　区域分布式光伏运行监控系统整体架构图

第 1 层为信息采集层，依托分布式光伏并网接口一体化装置实现对分布式光伏电站逆变器、电度表、保护测控、环境等信息的采集，所采集的信息经过通信网络层传送至监控主站层。

第 2 层为通信网络层，为信息采集层与监控主站层之间的信息收发提供信道，通信网络层包括无线（GPRS/CDMA 等）和光纤混合通信。从信息安全角度，无线通信应启用公网自身提供的安全措施，光纤通信根据现场的条件，可以采用专用光纤接入就近变电站（所）SDH 调度数据网或接入配网自动化的通信网络（如 EPON 网）[5]。

第 3 层为区域分布式光伏运行监控主站层，由前置机、后台应用服务器、工作站、GPS 对时装置、打印机、防火墙、安全隔离装置等设备组成，从功能角度可划分为前置采集子系统、运行监控子系统、高级应用子系统。遵循《电力二次系统安全防护总体方案》规定，各子系统划分相应的安全网络区域，前置采集子系统与运行监控子系统位于安全 I 区，高级应用子系统横跨安全 I 区和 II 区，在不同网络区域之间采用防火墙或者物理安全装置隔离。系统采用开放式网络实现与 EMS、DMS 等系统的连接[7]。

4 结语

本文就分布式光伏接入电网后构建一套区域分布式光伏运行监控系统作了一些有益的探讨，可为各地方分布式光伏发电运行监控系统的建设和运营提供参考。随着分布式发电的不断发展，越来越多的分布式能源发电类型接入电网，该系统可以扩展适应多种分布式能源的运行监控系统。

参考文献：

[1] 赵波，张雪松，洪博文．大量分布式光伏电源接入智能配电网后的能量渗透率研究［J］．电力自动化设备，2012，32（8）：95-100.

[2] 陈炜，艾欣，吴涛，等．光伏并网发电系统对电网的影响研究综述［J］．电力自动化设备，2013，32（2）：26-32.

[3] Q/GDW 677—2011 分布式电源接入配电网监控系统功能规范［S］.

[4] 黄小鉥，翟长国，郭剑虹，等．光伏电站远程数据中心系统架构设计［J］．电力系统自动化，2011，35（7）：61-63.

[5] 王文龙，等．二次一体化框架下变电站站控层体系架构探讨［J］．电力系统自动化，2013，37（14）：113-116.

[6] 周华锋，李鹏，吴小辰．二次一体化框架下智能远动机建设初步方案［J］．南方电力技术，2012，6（3）：69-72.

[7] 中低压配电网自动化系统安全防护补充规定（试行）［S］.

作者简介：

邹国惠（1965— ），男，高级工程师，从事广东电网自动化和继电保护管理工作。

徐光福（1982— ），男，安徽天长人，工程师，从事配网及分布式发电保护控制研发工作。E-mail：xugf@nari-relays.com

分布式电源接入对配网过流保护及距离保护的影响和应对策略

赵月灵，程秋秋，代　莹，张庆伟，张春雷，王高明

（国电南瑞科技股份有限公司，江苏　南京　211106）

【摘　要】　为研究分布式电源（DG）对所接入配电网过流保护及距离保护的影响，以 DG 接入单电源配电网的 110kV 终端变电站为例，以故障点是否出现在系统电源进线段为切入点，通过分析 DG 接入对线路短路电流增量的影响以及线路故障尚未切除时 DG 能够满足暂态稳定运行时间的长短，研究分布式电源的不同容量、不同接入方式对所接入配网原有三段式过流及距离保护的影响以及避免此影响的应对策略。通过 EMTDC/PSCAD 仿真验证，结果表明，分布式电源对所接入配网的过流保护及距离保护的影响主要取决于 DG 的容量大小及故障时 DG 失稳时间的长短。

【关键词】　分布式电源；过流保护；距离保护；故障；应对策略

0　引言

分布式电源（DG）不仅局限于功率较小的微型燃气轮机、光伏发电和风力发电等，还包含了生物质能发电、热电联产以及大型风电场等装机容量相对较大的机组[1-2]。

随着分布式电源的大量接入，配电网的网络结构将由辐射性单电源转变为双电源，甚至是多电源和负荷共存的复杂拓扑结构。原有馈线保护的保护范围、选择性、灵敏性、可靠性将受到严重影响，从而使保护装置误动、拒动，严重影响配电网安全稳定运行，大大降低供电可靠性[3-7]。

本文以分布式电源接入单电源配电网的 110kV 终端变电站为例，主要分析了 DG 对所接入配网的过流保护及距离保护的影响，以及避免此影响的相应控制策略。

1　DG 接入对配网过流保护及距离保护的影响及应对策略的理论分析

1.1　系统电源进线段故障时的影响分析

DG 通过 110kV 母线接入系统时的等效网络如图 1 所示。若故障出现在系统电源进线段（图 1 中 F_1 点故障），保护 1 动作切除故障线路，系统电源 S 将与变电站解列。由于 DG 仍和变电站相连接，则 QF1 处的重合闸无法进行检无压重合；失去系统电源 S 的支撑后，小容量的 DG 机组将快速失去稳定性，因此无法实现同期重合功能，此时若强行手动重合，则系统电源 S 与 DG 之间将出现非同期合闸的问题，将对配网系统及 DG 产生冲击和破坏。

为避免轻载时 DG 向系统倒送功率，当前绝大多数 DG 无论通过中压母线接入还是通过高压母线接入，其容量均小于负荷容量，所以系统故障时暂不考虑 DG 孤岛运行。为避免分布式电源接入造成的非同期合闸问题，故障后应迅速切除 DG 机组。具体实现方法为：在系统电源进线段

QF2 处加装功率方向元件，功率方向作为保护 8 动作的判据之一；当 QF2 处的功率方向为母线流向线路，且流过保护 8 的短路电流大于其额定值时，可以判断故障发生在系统电源进线段，此时由远方集控室发出遥控信号断开保护 8 处的 QF8，若远方集控室没有收到 QF8 成功跳闸的返回信号，且 QF2 处仍能检测到功率方向为母线流向线路，则在自动重合闸装置动作之前应就地断开 QF7；待瞬时故障切除后，系统电源 S 由 QF1 处的重合闸装置检无压将其重新投入运行，而 DG 机组则由其端口处的检同期装置将其重新并入变电站系统恢复供电。

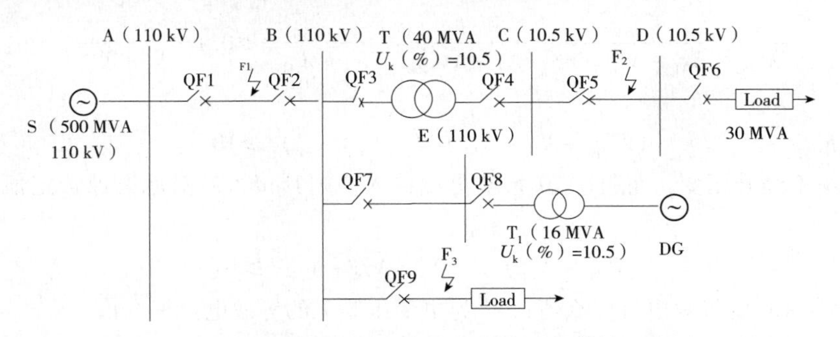

图 1　DG 通过 110kV 母线接入系统时的等效网络图

系统电源进线段故障时，为避免非同期合闸问题，迅速切除 DG 机组，此时分布式电源的接入对配电网原有过流保护及距离保护不会产生影响。

1.2　非系统电源进线段故障时的影响分析

若故障出现在非系统电源进线段（图 1 中 F_2 点、F_3 点故障），DG 在解列之前将会与系统电源 S 共同向故障点注入短路电流，此时分布式发电接入将对配网原有过流保护及距离保护产生影响。

1.2.1　DG 接入对故障点提供短路电流增量

图 1 中 F_2、F_3 点故障时，将由 DG 与系统电源 S 共同向故障线路提供短路电流，此时 DG 对故障点提供的短路电流增量为

$$I_{DG*}=\frac{1}{1+\frac{X''_{DG}+X_{T1}+X_{BE}}{X_S+X_{AB}}}\tag{1}$$

式中：X_S 为系统的等效电抗标幺值；X''_{DG} 为 DG 机组的等效次暂态电抗标幺值；X_{T1} 为升压变 T_1 的等效电抗标幺值；X_{AB} 的为线路 AB 的等效电抗标幺值；X_{BE} 为线路 BE 的等效电抗标幺值。

由式（1）分析可知，DG 对故障点提供的短路电流增量取决于 DG 至接入点的等效电抗标幺值与接入点处至系统 S 的等效电抗标幺值的比值（$X''_{DG}+X_{T1}+X_{BE}$）/（X_S+X_{AB}），此比值越大，DG 向故障线路提供的短路电流增量就越小；反之，它向故障线路提供的短路电流增量就越大。

DG 接入后对故障点提供的短路电流增量取决于其容量的大小及故障后其稳定运行的时间。就同一故障点而言，当系统 S 等效电抗一定时，DG 机组容量越大越不易失稳，容量越小越易失稳；对于相同容量的 DG 机组而言，故障点和 DG 接入母线为同一电压等级时较其和接入母线不为同一电压等级时更易失稳。

1.2.2　DG 机组正向助增电流对原有过流保护及距离保护的影响

（1）DG 正向助增电流对原有过流保护的影响。图 1 中 F_2 点故障时，若 DG 机组失稳前向故

障线路提供的助增电流小于 DG 机组接入前速断保护整定值的 10%，则 DG 机组的接入对保护 5 的速断保护定值无影响，所以 DG 机组的正向助增电流将提高保护 5 的过流保护的灵敏度；若大于 10%，DG 的接入将可能影响原有过流保护的 I、II 段定值，提高 III 段保护的灵敏度，为避免原有速断保护失去选择性，此时应重新校验保护 5 的原有速断保护定值。

DG 机组通过 110kV 母线接入后，其失稳前向故障线路提供的短路电流是否大于原整定值的 10% 的判断方法为

$$\frac{1}{(X''_{DG}+X_{T1}+X_{BE})\ //\ (X_S+X_{AB})}-\frac{1}{(X_S+X_{AB})}\leqslant 0.1\frac{1}{(X_S+X_{AB})} \tag{2}$$

化简可得

$$(X''_{DG}+X_{T1}+X_{BE})\ /\ (X_S+X_{AB})\geqslant 10 \tag{3}$$

若 DG 机组不经升压变，而通过 10.5kV 母线接入，则其接入后对原有保护定值有无影响的判断方法为

$$(X''_{DG}+X_{CE})\ /\ (X_S+X_{AB}+X_T)\geqslant 10 \tag{4}$$

式中：X_{CE}为线路 CE 的等效电抗标么值；X_T 为主变压器 T 的等效电抗标幺值。

（2）DG 正向助增电流对原有距离保护的影响。距离保护 I 段瞬时动作，其整定阻抗一般按躲开本线路末端短路时的测量阻抗进行整定。距离保护同时反应于电压和电流量，当有 DG 助增作用时，继电器的测量电流增大，相应的测量电压也增大，因此，可以认为 DG 机组的接入对原有距离 I 段保护无影响。

图 1 中 F_2 点故障时，由于 DG 机组助增电流的影响，与无 DG 机组的情况相比，将使保护 1 处的测量阻抗增大，所以 DG 机组的接入只会使保护 1 距离Ⅱ段的保护范围缩小，可能会影响其灵敏度，但不会失去选择性。DG 机组接入对原有距离Ⅱ段保护的灵敏度有无影响，视其助增电流的大小及稳定运行时间的长短而定。若 DG 机组失稳前向故障线路提供的短路电流增量小于 DG 机组接入前速断保护整定值的 10%，则 DG 机组的接入对原有距离Ⅱ段保护的灵敏度无影响；如果 DG 机组失稳前向故障线路提供的短路电流增量大于其接入前速断保护整定值的 10%，则 DG 机组的接入将可能影响原有距离Ⅱ段保护的灵敏度，此时为满足其灵敏度的要求，应重新校验原有距离Ⅱ段保护的定值。

因小容量的 DG 机组向距离保护Ⅲ段提供的助增电流很小，并且距离保护Ⅲ段能够从动作时限上躲过 DG 机组正向助增电流对它的影响，因此可以认为分布式电源的接入对距离保护Ⅲ段无影响。

1.2.3 DG 机组反向助增电流对原有过流保护及距离保护的影响

（1）DG 反向助增电流对原有过流保护的影响。如图 1 所示，保护 7 的过流保护作为 DG 机组的后备保护，F_2、F_3 点故障时，DG 机组对保护 7 提供的反向助增电流对其过流保护有无影响，视 DG 机组的稳定运行时间而定。若故障后 DG 机组稳定运行时间小于出线中所有过流保护（保护 5、6 的过流保护）的最小动作时限，则 DG 机组的稳控装置会将其迅速切除，所以 DG 机组的接入不会影响保护 7 的过流保护；若 DG 机组的稳定运行时间至少大于出线中一个过流保护的动作时间，则在保护 7 处加装功率方向元件，保护 7 的过流保护动作时限与保护 5、6 的过流保护相配合，此时保护 7 的过流保护可以从动作时限上躲过 DG 反向助增电流对它的影响，并提高其灵敏度。

（2）DG 反向助增电流对原有距离保护的影响。距离保护可以在多电源的复杂网络中保证动

作的选择性，因此 DG 机组的反向助增电流对原有距离保护无影响。

1.3 避免 DG 接入对过流保护及距离保护影响的应对策略

当 DG 机组失稳前向故障线路提供的正向助增电流大于其接入前速断保护整定值的 10% 时，DG 机组的接入将可能影响原有速断保护、距离Ⅱ段保护的灵敏度。此时为避免原有速断保护失去选择性、并满足原有距离Ⅱ段保护灵敏度要求，DG 机组投入运行时，速断保护、距离Ⅱ段保护应采用重新校验后的保护定值。因此，应实时检测 DG 机组是否投入运行，若 DG 机组投入运行，速断保护、距离Ⅱ段保护应采用重新校验后的保护定值；若 DG 机组退出运行，则速断保护、距离Ⅱ段保护应采用原有保护定值。

2 仿真分析

由上述理论分析可知，DG 对接入配网继电保护定值及灵敏度的影响取决于其对故障线路助增电流的大小，即 DG 机组容量的大小；而对过流保护及距离保护的影响程度取决于故障时 DG 机组失稳时间的长短。因此，下文给出了分布式电源接入配电网后，系统发生三相短路时，DG 机组对故障线路助增电流的波形图，以及系统不同点故障时 DG 机组稳定运行的情况。

2.1 DG 机组不同容量、不同接入方式对故障线路助增电流的影响仿真

2.1.1 DG 机组通过 110kV 母线接入时对故障线路的助增电流仿真

DG 机组通过 110kV 母线接入时，系统等效网络图及相关参数如图 1 所示。当系统出线故障（图 1 中 F_2 点故障）时，DG 相当于助增电源。DG 容量为 30MVA 时，计算可得

$$(X''_{DG}+X_{T1}+X_{BE})/(X_S+X_{AB})=44.8>10 \tag{5}$$

显然式（5）满足式（3），此时 DG 的接入不会影响原有速断保护的定值及距离Ⅱ段保护的灵敏度。DG 机组对故障线路助增短路电流的仿真结果如图 2 所示。在式（5）中，为了简化计算，系统电源等效为无限大功率系统，所以计算值稍偏大，但不影响分析结论。

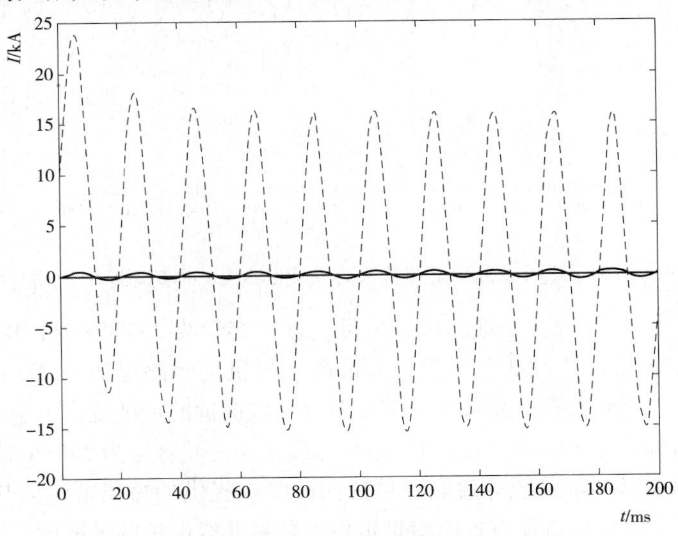

图2 DG 通过 110kV 母线接入容量为 30MVA 时其短路电流增量

图中虚线为 DG 接入前系统等效电源单独向故障点提供的短路电流，实线为系统故障时 DG 失稳前向故障点提供的短路电流增量。由图 2 分析可知，当 DG 机组通过 110kV 母线接入容量为 30MVA 时，DG 向故障点提供的短路电流增量为其接入前系统等效电源向故障点提供的短路电流的 2.6%，小于 10%，即满足式（2），表明此时 DG 的接入不会对原有速断保护定值产生影响，也不会影响距离Ⅱ段保护的灵敏度。显然，若 DG 机组通过 110kV 母线接入容量为 8MVA 时，更不会影响原有速断保护的定值及距离Ⅱ段保护的灵敏度。

2.1.2 DG 机组通过 10.5kV 母线接入时对故障线路的助增电流仿真

DG 机组通过 10.5kV 母线接入时，当系统出线故障（图 1 中 F_2 点故障）时，DG 机组相当于助增电源。

$$(X''_{DG}+X_{CE})/(X_S+X_T+X_{AB})=2.8<10 \tag{6}$$

$$(X''_{DG}+X_{CE})/(X_S+X_T+X_{AB})=10.65>10 \tag{7}$$

当 DG 机组容量为 30MVA 时，计算可得式（6），显然式（6）不能满足式（4），则此时 DG 机组的接入将会影响原有速断保护的定值及距离Ⅱ段保护的灵敏度。

当 DG 机组容量为 8MVA 时，计算可得式（7），显然式（7）能够满足式（4），则此时 DG 的接入不会影响原有速断保护定值及距离Ⅱ段保护的灵敏度。DG 对故障线路助增的短路电流仿真结果如图 3、4 所示。

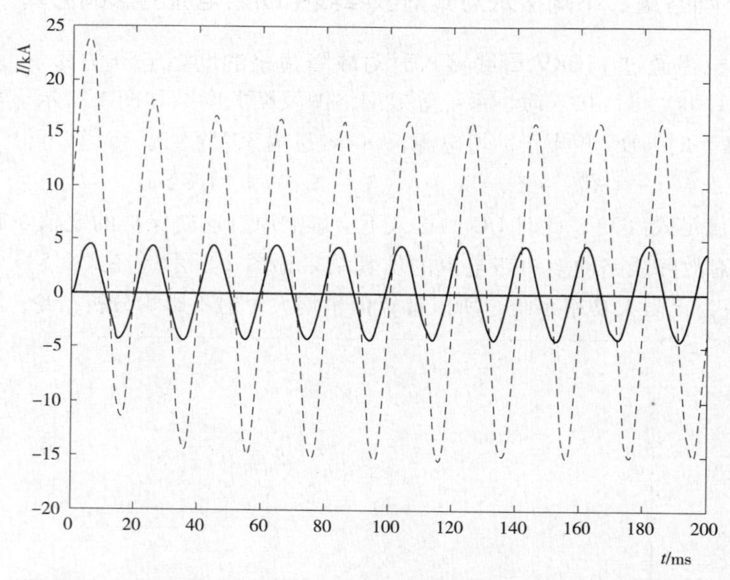

图 3　DG 通过 10.5kV 母线接入容量为 30MVA 时其短路电流增量

由图 3 分析可知，当 DG 机组通过 10.5kV 母线接入容量为 30MVA 时，DG 向故障点提供的短路电流增量为其接入前系统等效电源单独向故障点提供的短路电流的 27.3%，远大于 10%，此时 DG 机组的接入将会对原有速断保护定值及距离Ⅱ段保护的灵敏度产生影响。

同理，由图 4 可知，当 DG 机组通过 10.5kV 母线接入，其容量为 8MVA 时，DG 向故障点提供的短路电流增量为其接入前系统等效电源单独向故障点提供的短路电流的 9.1%，小于 10%，则此时 DG 机组的接入不会影响原有速断保护定值及距离Ⅱ段保护的灵敏度。

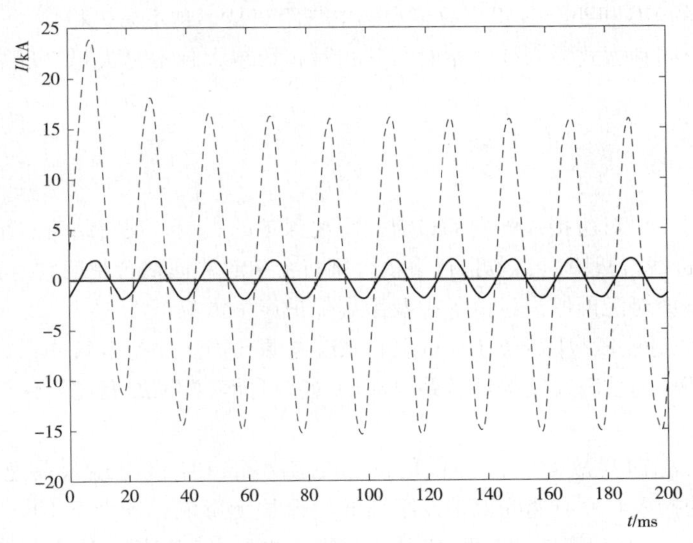

图4　DG 通过 10.5kV 母线接入容量为 8MVA 时其短路电流增量

2.2　不同接入方式、不同容量及系统不同故障点对 DG 机组失稳时间的影响仿真

DG 机组通过 110kV、10.5kV 接入，系统等效网络及主要参数如图 1 所示，在使用 PSCAD/EMTDC 中的发电机模型进行仿真时，考虑了 DG 机组的惯性时间常数，针对不同的接入方式、不同容量及系统不同的故障点对 DG 失稳的情况进行了仿真，部分仿真结果见表 1、表 2。

表 1　　不同容量 DG 机组通过 110kV 母线接入时不同点三相短路故障时稳定运行时间

S_{DG}/MVA	t/s		
	F_1	F_2	F_3
30	0.27	不失稳	0.3
15	0.21	不失稳	0.26
6	0.18	不失稳	0.21

表 2　　不同容量 DG 机组通过 10.5kV 母线接入时不同点三相短路故障时稳定运行时间

S_{DG}/MVA	t/s		
	F_1	F_2	F_3
30	0.34	不失稳	0.35
15	0.29	不失稳	0.31
6	0.21	0.24	0.23

由表 1、2 中的数据比较分析可知：

（1）DG 机组无论以何种方式并网，系统电源进线段故障（表 1、表 2 中的 F_1 点故障）时机组均快速失稳，进一步证明了为避免非同期重合闸需迅速切除 DG 机组。

（2）相同容量的DG机组，其距离故障点的电气距离越远越不易失稳。

（3）DG机组以同种方式接入变电站时，其相对容量越大越不易失稳，反之，其相对容量越小越容易失稳。

3 结语

本文主要研究了DG对所接入配网的过流及距离保护的影响，现将结论总结如下：

（1）系统电源进线段故障时，若强行手动合闸将会引起非同期合闸问题，若快速切除DG机组，则DG的接入不会对配网原有过流保护及距离保护产生影响。

（2）非系统电源进线段故障时，DG机组和系统电源S仍然保持电气联系，不会出现非同期合闸问题，但此时DG向故障线路提供短路电流增量将可能对配网原有过流保护及距离保护产生影响。

（3）DG机组失稳前向故障线路提供的助增电流小于DG机组接入前速断保护整定值的10%，则DG机组的接入对原有速断保护及距离Ⅱ段保护无影响；若大于10%，DG的接入将可能影响原有过流保护Ⅰ、Ⅱ段及距离保护Ⅱ段的定值，此时应重新校验原有速断保护及距离保护的定值。

参考文献：

[1] 梁振锋，杨晓萍，张娉．分布式发电技术及其在中国的发展［J］．西北水电，2006，1：51-53.

[2] Davis M W，Distributed Resource Electric Power System Offer Significant Advantages over Central Station Generation and T&G Power System（Part Ⅱ）［A］．in：Proceeding of IEEE/PES Winter Meeting［C］．New York（USA）：2002，1034-1036.

[3] 庞建业，夏晓宾，房牧．分布式发电对配电网继电保护的影响［J］．继电器，2007，35（11）：5-8.

[4] 张超，计建仁，夏翔．分布式发电对配电网馈线保护的影响［J］．继电器，2006，34（13）：9-12.

[5] 胡成志，卢继平，胡利华，等．分布式电源对配电网继电保护影响的分析［J］．重庆大学学报，2006，29（8）：36-39.

[6] 高飞翎，蔡金锭．分布式发电对配电网电流保护的影响分析［J］．电力科学与技术学报，2008，23（3）：58-61.

[7] 丁磊，潘贞存，王宾．分散电源并网对供电可靠性的影响分析［J］．电力系统自动化，2007，31（20）：89-93.

作者简介：

赵月灵（1983—　），女，工程师，主要从事电力系统继电保护的工作。E-mail：zhaoyueling@sgepri.sgcc.com.cn

分散式新能源并网方案设计及技术研究

杜振华，赵　靖，王志华，王　立

（北京四方继保自动化股份有限公司，北京　100085）

【摘　要】　针对全球倡导绿色能源、节能减排以及能源紧缺的现状，新能源的使用越来越受到人们的重视。本文介绍了新能源发电的趋势，结合我国能源分布状况，对新能源电力应用及管理方面展开了分析，并给出了一套分布式新能源应用及管理方面的设计方案，能够有效地解决我国能源分布不均，电力供应压力不均等问题。本方案提出了分布式新能源设备在电网中不仅可以作为电能补充，同时还有存储电网多余电能，改善电网瞬间负载过轻的新功能。

【关键词】　新能源；分布式发电；微网

0　新能源发电应用当前水平及前景

对于新能源发电应用的研究，发达国家远远超前于我国的研究水平，因此借鉴发达国家对新能源研究的动态可以了解到新能源发展的前景。德国计划于 2014 年上半年调整可再生能源政策，限制地上及海上可再生能源发展。英国的苏格兰地区计划 2020 年可再生能源发电占全部电力供应的 100%。美国大力发展采用天然气发电的分布式电网模式，并计划到 2017 年分布式发电占全美发电份额的 1/3；以当前美国在电力建设方面的能力，如果建设一座传统发电站需要有 6 个月的时间，但是建设一座天然气发电站则只需要有 2 周的时间就可以完成，同时当前的天然气发电技术也逐渐成熟，不但能够减轻传统电力所带来的资源消耗以及能源浪费，同时还能减轻环境污染。日本东京大学研制新型锂离子电解液，提高锂离子电池充电效率，对电动汽车、电动设备的大批量使用提供了条件。英国出台更为严格的核管制，保证核发展的安全使用；并已研制吸光土，铺设城市道路，减少晚上照明用电。新加坡研制新型太阳能材料，用于建筑玻璃，降低光伏发电门槛[1]。

1　分布式新能源建设方案设计

1.1　分布式新能源地域分布

我国领土面积为 960 万 km^2，海域面积为 473 万 km^2，根据当前已经探明的能源表明，我国能源分布并不均衡，而是呈现出区域特点。不同的区域具有不同的能源，这些能源的利用技术水平发展也不一样，以东西部来划分，东部地区呈现出传统能源稀缺，新能源丰富便利，但海域资源使用程度低的特点。而西部地区则是传统能源丰富，同时新能源也较为丰富，以当前东西部经济发展不平衡的角度来看，依照这样的能源分布建立新的电能供应系统，不但可以促进东部地区对于新能源的研究，同时还可以促进西部地区经济的发展，从而使我国的能源得到更为合理的利用。

1.2 分布式电网设计

虽然各个区域的能源不同，但是完全可以因地制宜，采取就近原则，彻底改变以往的大电网结构，而是采用区域电网模式，降低铺设大电网所需要的人力、物力、财力消耗。据此可以得到国内的发电模式结构如图 1 所示。

图 1　当前国内发电结构图

图 1 可以看出，当前国内供电主要由几大地区电网以及五个省级电网构成，各大电网都主要以火力发电为主，在黄河及长江流域还会有大大小小的一些水力发电站，在沿海地区也分散分布了几个核电站，而太阳能及风能这类新能源供电目前在整个供电系统中的成分不到 1%，可见新能源供电在我国还有很大的发展空间。

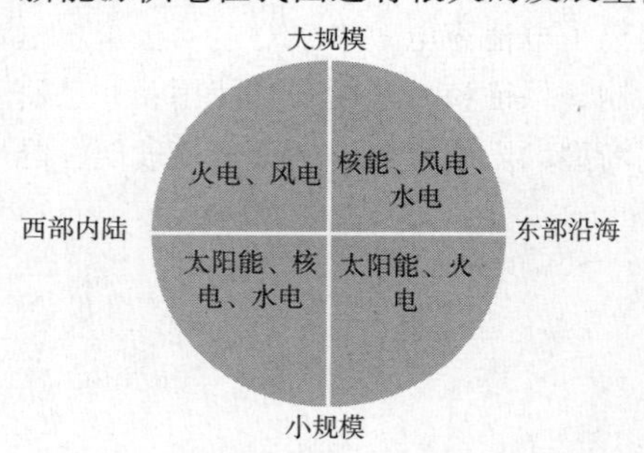

图 2　未来国内发电结构图

结合我国能源分布的特点，设计新的供电网体系，应按照能源分布的区域进行划分，取消当前地方政府的参与，按照就近原则建立小电网体系，采用多种能源参与供电，降低电力供应对某一单一能源的依赖。同时根据能源自身的特点设计发电站规模。如图 2 所示，在西部内陆地区煤炭、天然气及风能等资源丰富，因此可以建立大型的火电站以及风电站，而水电站以及核电站则可以以较小规模出现；而在东部沿海地区，则有丰富的水力资源以及海上风能资源，但是煤炭资源并不丰富，因此可以建立大型的核电站、海上风电站、水电站，而火电站则可以以小规模的形式出现。

对于太阳能发电，以目前的水平只适合建立小规模发电站，原因如下：

首先太阳能电池发电较多地依赖于特定的材料，当前对于太阳能发电材料的研究水平还不高，因此近年内太阳能发电技术不会有太快的发展；

其次，太阳能电池板发电效率不高，但是占地面积很大，并且太阳能发电装置较脆弱，需要有足够的人员进行维护，这就限制了大规模太阳能发电的发展；

最后，大规模发电就需要配备大规模的储电设备，而当前废旧电池回收技术水平还较低，采用大规模储能设备的同时也就为日后大规模废旧电池的处理埋下了隐患。

因此，应该合理安排新能源的适用场合以及使用范围，太阳能发电装置应该按照地区以及使用场合进行多种模式的安排。

当采用如图3所示的电力供应方式后，有以下几点好处：

(1) 能够减少能源运输成本，因此可以降低运输过程中造成的各类污染。

(2) 能够减少供电结构，采用就地发电就地用电的模式，降低了大面积停电的风险。

(3) 新能源发电与传统火力、水力发电相结合，有利于提高新能源的利用，降低对传统能源的使用。

(4) 微网结构，有利于新能源发电、分配、并网等多项技术的迅速发展[2]。

(5) 采用区域发电模式，有利于均衡能源分布，便于全国经济均衡发展[3]。

因此本文接下来关于分布式能源并网的研究都是基于微网结构进行展开[4]。

2 分散式新能源并网方案设计

本文针对新能源分布的普遍性以及不适合大规模建设的特点设计了一套分散式新能源并网方案。图3为新能源与常规能源的网络架构设计。此方案中，在供电端，新能源电力设备受电力总监控的调配，根据电网的具体需要来控制微网是以电源还是以负荷的形式并入电网中；在用户端，用户可以根据自己的需要，决定是使用主电网还是使用微网。

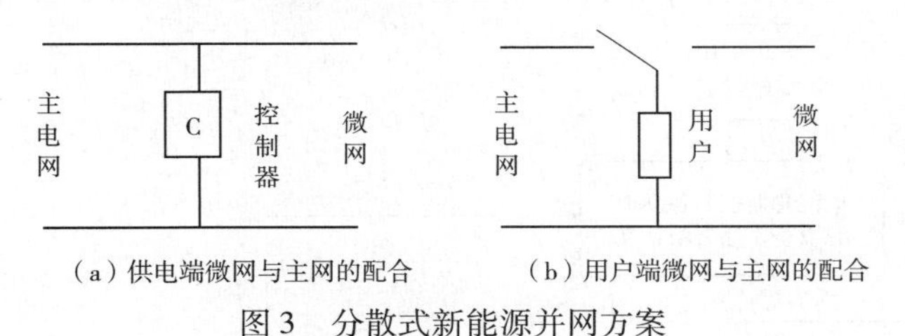

(a) 供电端微网与主网的配合　　(b) 用户端微网与主网的配合

图3　分散式新能源并网方案

2.1 微网并网逻辑

在本方案中，新能源电网在正常情况下独立运行，公共场所中的新能源设备对公共设施如路灯、交通指挥灯等公共设施进行供电，而私人场所中的新能源设备对家庭用电供应。而当电网上出现供电不足或负荷过轻时，电网判断对新能源设备的所需状态，控制新能源设备并入电网，由于新能源设备具有储能设备，同时又有电力电子转换设备，因此完全可以实现电源以及负荷的双重身份。

但是并不是所有的新能源设备可以任意的接入电网，这些新能源设备必须是经过电力部门的硬件鉴定，确保无误，并且已经在电网总监控中心建立标示号。

2.1.1 电网电量不足的情况

当电网电量不足时，需要新能源设备并入电网，减轻电网的供电压力，此时新能源设备上的控制装置选择新能源设备为电源模式。电网与新能源设备间的控制逻辑如图4所示。

2.1.2 电网电量过饱和的情况

当电网负荷过轻时，需要新能源设备并入电网，从电网上获取多余的电能，此时新能源设备

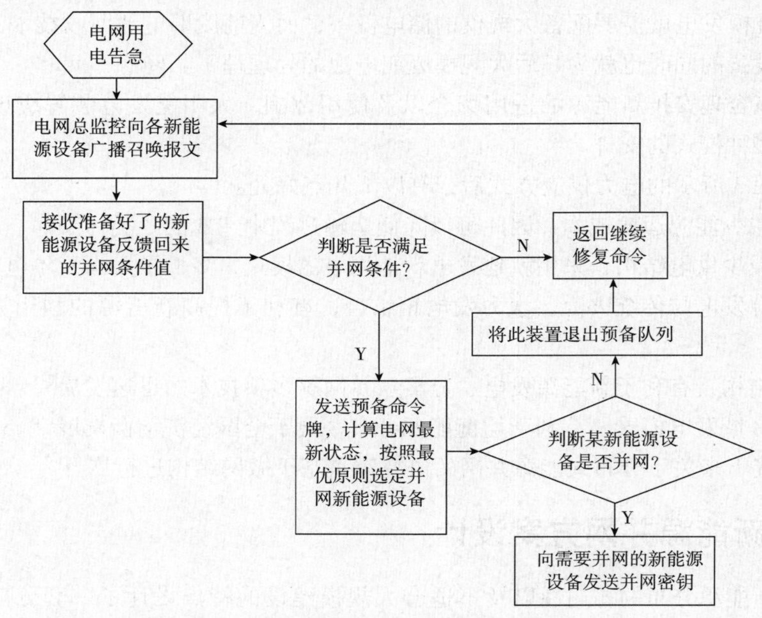

图 4　电网管理方面——电网电量不足

上的控制装置选择新能源设备为用电模式，对储能电池进行充电。电网与新能源设备间的控制逻辑如图 5 所示。

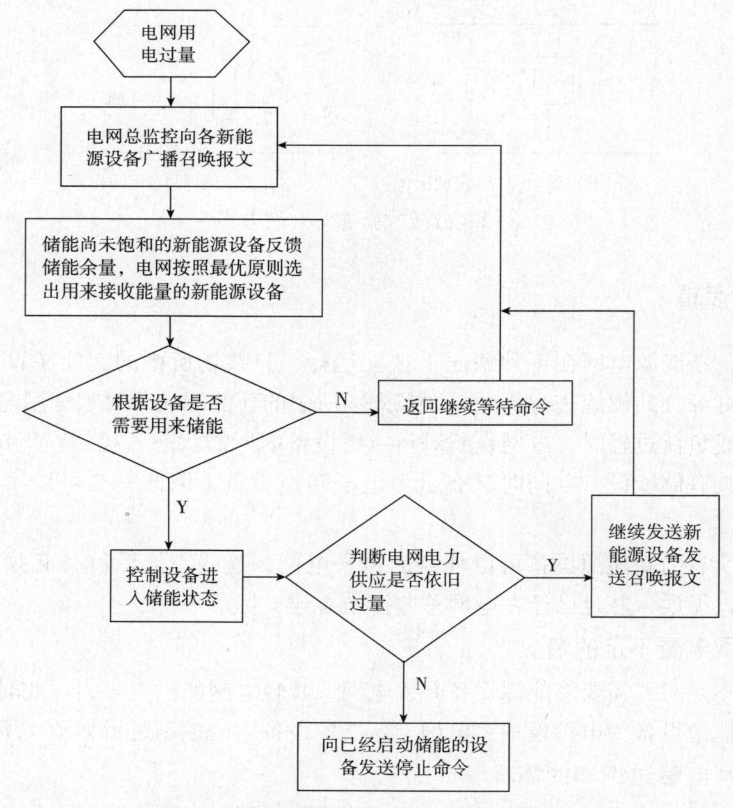

图 5　电网管理方面——电网电量过量

2.2 分散式新能源并网以及离网无缝切换

分散式新能源设备与电网的配合过程中存在新能源设备的并网和离网。在并网过程中，新能源设备必须与电网相幅值同步后才可以并入电网；在离网过程中，新能源设备也会对电网带来冲击，文献[5]《基于储能的可再生能源微网运行控制技术》中提出了新能源设备的并网及离网控制技术，能够实现并网与离网的无缝切换。

3 结语

本文提出一种适合分布式新能源与电网配合运行的实现方案。采用基于智能电网的信息化及智能化优势，根据电网的实时数据调控新能源装置以电网需要的形式并入电网内，减轻电网压力。在整个过程中采用先进的技术控制新能源设备能够在供电与用电这两种角色之间转换，不但推动了新能源技术在供电方面的利用，同时还可以提高对新能源装置的利用。

参考文献：

[1]《电信息》，2014年4月5日第9期（总第400期），中国电机工程学会.

[2] 霍群海，唐西胜．微电网与公共电网即插即用技术研究［J］．电力自动化设备，2013，33（7）：105-110.

[3] 周晓燕，刘天琪，沈浩东，孙国城，杜红卫，李兴源．含多种分布式电源的微网调度经济研究［J］．电工电能新技术，2013，32（1）：5-8.

[4] 张道斌，谢晨．微网技术在解决分布式电源并网问题中的应用［J］．电源技术应用，2013，9：238.

[5] 唐西胜，邓卫，李宁宁，齐智平．基于储能的可再生能源微网运行控制技术［J］．电力自动化设备，2012，32（3）：99-108.

作者简介：

杜振华（1974— ），男，高级工程师，主要从事智能变电站保护装置及过程层设备研发工作。E-mail：duzhenhua@ sf-auto. com

赵 靖（1987— ），女，硕士，主要从事智能变电站保护装置数字化接口技术研究工作。E-mail：zhaojing@ sf-auto. com

王志华（1986— ），男，硕士，主要从事继电保护数字化接口及智能一次设备研发工作。E-mail：wangzhihua@ sf-auto. com

王立（1986— ），女，硕士，主要从事继电保护站控层设备稳控技术研究工作。E-mail：wangli@ sf-auto. com

基于永磁同步发电机的风力发电系统的数学建模

刘永生，牛洪海，魏　巍，陈　俊

（南京南瑞继保电气有限公司，江苏　南京　211102）

【摘　要】　本文对于变速恒频风力发电系统各个部分进行数学分析，并利用 Matlab/Simulink 作为工具对各个部分进行数学模型的构建，进而搭建基于永磁同步风力发电机的变速恒频风力发电系统，最后利用空间矢量 SVPWM 调制方法对所建立的风力发电系统进行控制，验证了通过数学模型搭建的变速恒频风力发电系统进行研究分析的可行性和有效性。

【关键词】　变速恒频风力发电系统；数学模型；空间矢量 SVPWM；永磁同步发电机

0　引言

随着经济社会的发展，人们对于清洁可再生能源的需求变得日益突出。其中，风能因其使用清洁、成本较低，具有广阔的市场空间和前景。近年来，风机的装机容量快速增长，各国加大了对风力发电技术的研究投入，以应对机组容量持续增长、变速恒频机组渐成主流、传统陆上风电向海洋风电发展的趋势[1]。

风力发电系统主要分为恒速恒频风力发电系统和变速恒频风力发电系统两大类。变速恒频风力发电系统一般采用永磁同步电机或者双馈电机作为发电机，整个系统可以在很大的速度范围内按照最佳的效率运行，是目前风力发电技术的主流。变速恒频风力发电系统由风力机获取风能，利用永磁同步发电机将风能转换为电能，最终通过背靠背 PWM 变换器将电能传送至电网，如图 1 所示[2]。

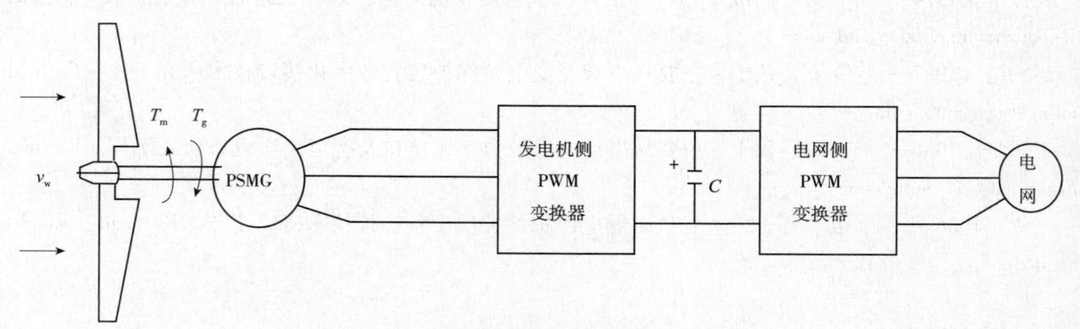

图 1　变速恒频风力发电系统

虽然目前可以利用 Matlab/Simulink 中的现有模型来搭建变速恒频风力发电系统，但所搭建的系统往往无法满足不同的应用需求，本文通过数学模型来完成变速恒频风力发电系统中各个部分的构建，并利用空间矢量 SVPWM 调制方法作为控制方法对此变速恒频风力发电系统进行了仿真验证。

1　风力发电系统的模型

本文所建立的变速恒频风力发电系统的模型包含风力机模型、永磁同步发电机模型、PWM

变换器模型，为了减少建模的复杂程度和加快仿真的速度，在不影响仿真结果的前提下，将电网侧 PWM 变换器和电网模型简化为一个阻性负载。

1.1 风力机模型

风力机是利用风轮从风中吸收能量，把风能转变为风轮旋转的机械能的装置。风以一定的风速和攻角作用在风力机叶片上，使风叶旋转而产生机械转矩，根据风轮旋转轴和风向的关系，风力机可分为水平轴风力机和垂直轴风力机，水平轴风力机的风轮通常是 1 ~3 个叶片组成的。随着材料科学的发展，叶片的结构形式多样，如木心外蒙玻璃钢叶片、玻璃纤维增强塑料树脂叶片等。

根据贝茨理论，风力机从风能中获取的机械能的大小与风力机以及风场等因素有关，并与风速的立方成正比，可由下式来表示：

$$P=\frac{1}{2}C_{P}A\rho v^{3} \tag{1}$$

式中：ρ 为空气密度；A 为为叶片面积；C_p为风能利用系数；v 为风速；P 为风力机吸收的功率。

其中风能利用系数的公式

$$C_{P}=f(\lambda,\ \beta) \tag{2}$$

由式（2）可知，C_P值取决于桨距角 β 和叶尖速比 λ，其中叶尖速比指的是转速和风速的比

$$\lambda=\frac{\omega R}{v} \tag{3}$$

式中：R 为叶片半径；ω 为风力机机械角速度。

则风力机输出的转矩为

$$T_{m}=\frac{P}{\omega} \tag{4}$$

式中：T_m为风力机的输出的机械转矩。

这样便得到了风力机输出到风力发电机的机械转矩。根据式（1）-（4），可以建立如图 2 所示的风力机模型。其中 windspeed 输入端口即为风速的输入端。

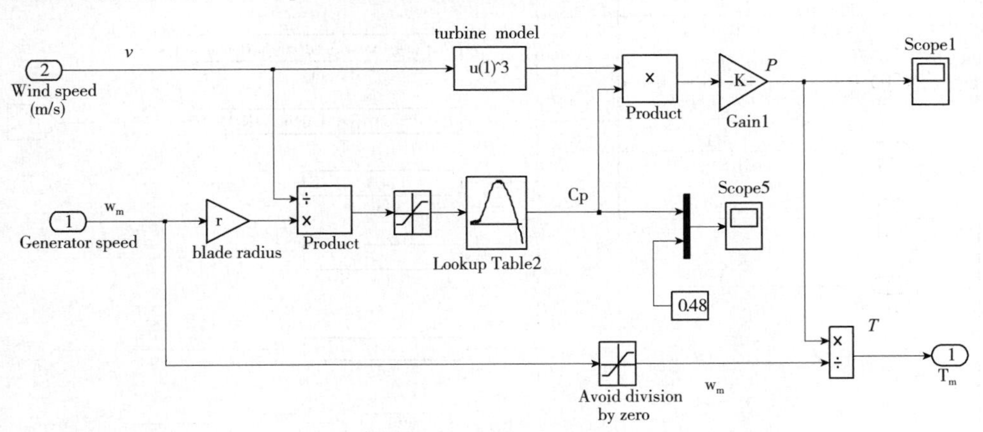

图 2　风力机模型

1.2 永磁同步风力发电机模型

风力发电机将机械能转化为电能。永磁同步发电机由永磁铁励磁，转子上无需励磁绕组，因

此不存在励磁绕组的铜损耗，使得其效率明显高于普通的电励磁式发电机；并且转子上没有了滑环，使其更加的可靠。永磁同步发电机已在中小型风力发电机系统中广泛应用，随着高性能永磁材料制造工艺的提高，大容量的风力发电系统也渐渐倾向于使用永磁同步发电机。

为了简化模型，可以假定转子永磁磁极在定子上产生的感应磁通是正弦分布的，并且由于通常永磁同步电机的气隙较大，可以近似地忽略电机定子铁芯的磁饱和，因此永磁同步电机在 d、q 轴的电压方程为[3]

$$u_{\mathrm{d}} = Ri_{\mathrm{d}} + L_{\mathrm{d}} \frac{\mathrm{d}}{\mathrm{d}t} i_{\mathrm{d}} - \omega_{\mathrm{r}} L_{\mathrm{q}} i_{\mathrm{q}} \tag{5}$$

$$u_{\mathrm{q}} = Ri_{\mathrm{q}} + L_{\mathrm{q}} \frac{\mathrm{d}}{\mathrm{d}t} i_{\mathrm{q}} + \omega_{\mathrm{r}} L_{\mathrm{d}} i_{\mathrm{d}} + \omega_{\mathrm{r}} \psi_{\mathrm{m}} \tag{6}$$

式中：R 为定子绕组电阻；L_{d}、L_{q} 为 d、q 轴上的电感系数；i_{d}、i_{q} 为 d、q 轴定子电流；ω_{r} 为转子角速度。

则发电机的电磁转矩为

$$T_{\mathrm{e}} = \frac{3}{2} p [\psi_{\mathrm{m}} i_{\mathrm{q}} + (L_{\mathrm{d}} - L_{\mathrm{q}}) i_{\mathrm{d}} i_{\mathrm{q}}] \tag{7}$$

式中：p 为发电机磁极对数；T_{e} 为电磁转矩；ψ_{m} 为永磁体产生的磁链。

$$T_{\mathrm{m}} - T_{\mathrm{e}} = J \frac{\mathrm{d}\omega_{\mathrm{r}}}{\mathrm{d}t} + F\omega_{\mathrm{r}} \tag{8}$$

式中：J 为发电机的转动惯量；F 为机械阻尼系数。

根据永磁同步风力发电机的数学模型，依据式（5）–（8）可以搭建其仿真模型，如图 3 所示。

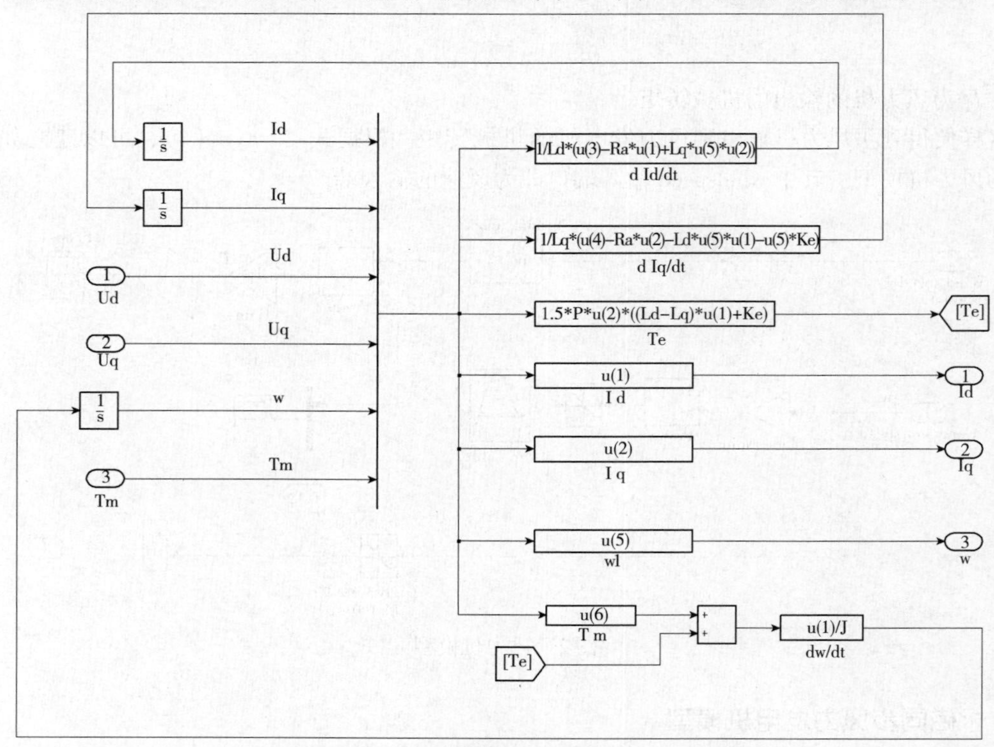

图 3　永磁同步风力发电机模型

1.3 电压型 PWM 变换器模型

背靠背式 PWM 变换器（Back - to - Back PWM Converter）由发电机侧 PWM 变换器和网侧 PWM 变换器两部分构成，二者通过中间直流环节连接，构成一个背靠背/交直交的四象限运行变换器，其结构图如图 4 所示。发电机产生的幅值频率均变化的交流电，通过发电机侧变换器整流为直流电，经直流环节电容稳压后输送至网侧变换器，控制系统通过 PWM 矢量控制技术将直流电转换为频率幅值稳定的交流电，馈入电网。通过背靠背式 PWM 变换器的控制作用，不仅可以将不断变化的风能转化为频率、电压恒定的交流电馈入电网，保证风力发电机组稳定可靠地并网运行，而且通过对发电机电磁转矩的控制，实现最大功率输出。由于两个变换器之间的直流环节使两个变换器的控制实现了解耦，这使得两个变换器可以独立分开进行控制而不会相互干扰。与电机直接并网的风力发电系统相比，减少了由风力发电系统给电网带来的谐波含量，避免了因电网波动对发电机组稳定运行所带来的不利影响。

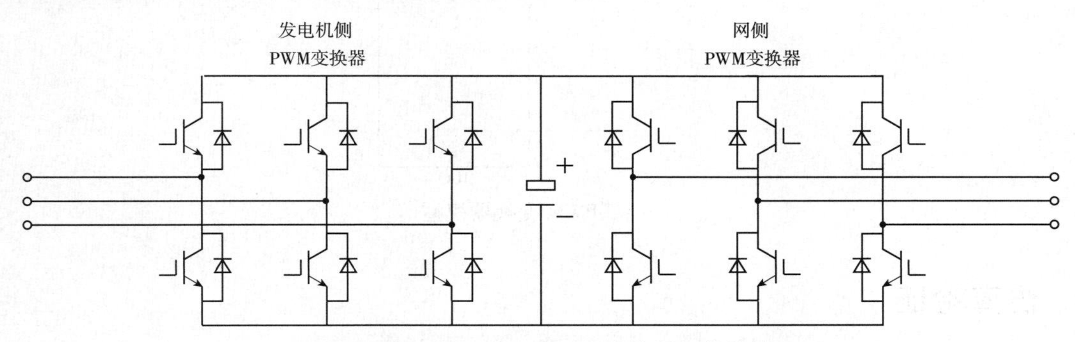

图 4　两电平电压型双 PWM 变换器拓扑结构

由于背靠背式 PWM 变换器主电路简单，性能可靠，通过 PWM 控制可以非常容易地实现功率变换器的四象限运行以及功率因数的调节，因此背靠背 PWM 变换器已经大量应用于风力发电系统，特别适用于永磁同步风力发电机系统。

依据三相电压型 PWM 变换器的拓扑结构，在三相静止坐标系中，利用基尔霍夫定律，可以建立采用开关函数描述的三相电压型 PWM 变换器一般数学模型。此模型是对电压型 PWM 变换器开关过程的精确描述，其包括了开关过程的高频分量，适用于对电压型变换器控制系统进行仿真分析，从而验证控制系统设计的性能[4-6]。

$$\begin{cases} u_a = \dfrac{u_{dc}}{3}(2S_a - S_b - S_c) \\ u_b = \dfrac{u_{dc}}{3}(-S_a + 2S_b - S_c) \\ u_c = \dfrac{u_{dc}}{3}(-S_a - S_b + 2S_c) \end{cases} \tag{9}$$

$$i_{dc} = i_a S_a + i_b S_b + i_c S_c \tag{10}$$

式中：u_a、u_b、u_c为发电机定子上的三相电压，i_a、i_b、i_c为发电机定子上的三相电流，u_{dc}和 i_{dc}分别为直流侧电压和电流，定义 S_a、S_b、S_c为单极性二值逻辑开关函数，其中“1”表示上桥臂导通，下桥臂关断；“0”表示上桥臂关断，下桥臂导通。

根据 PWM 变换器的数学模型，依据式（9）－（10）可以搭建其仿真模型，如图 5 所示。

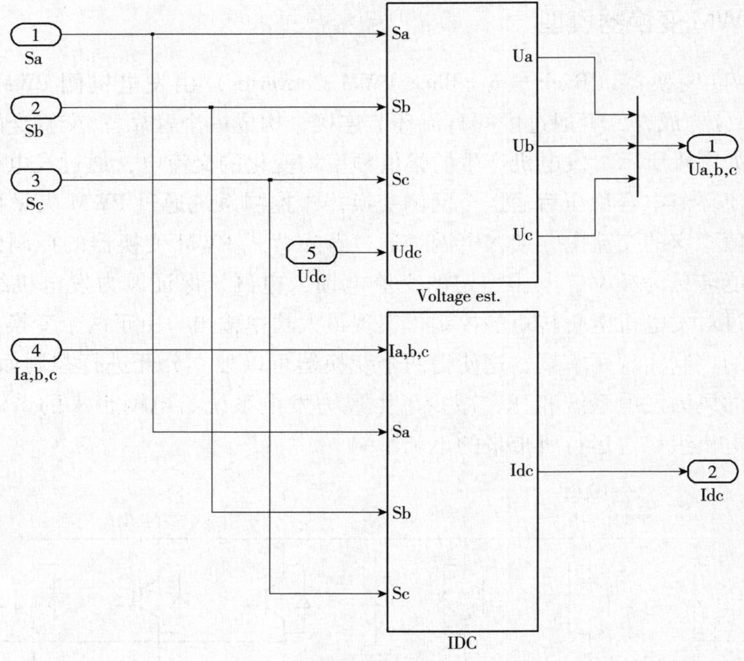

图 5 PWM 变换器模型

2 仿真验证

为了验证上述变速恒频风力发电系统的正确性，在 Matlab/Simulink 中构建了包括控制系统模型在内的风力发电系统仿真模型，进行仿真运行。

2.1 风力发电系统仿真模型

变速恒频风力发电系统由风力机、永磁同步风力发电机、发电机侧 PWM 变换器及其控制系统等几部分组成。其中开关频率设定为 10kHz，控制系统采用前述磁链定向矢量控制和空间矢量 SVPWM 调制方法，风力发电系统的仿真模型如图 6 所示。

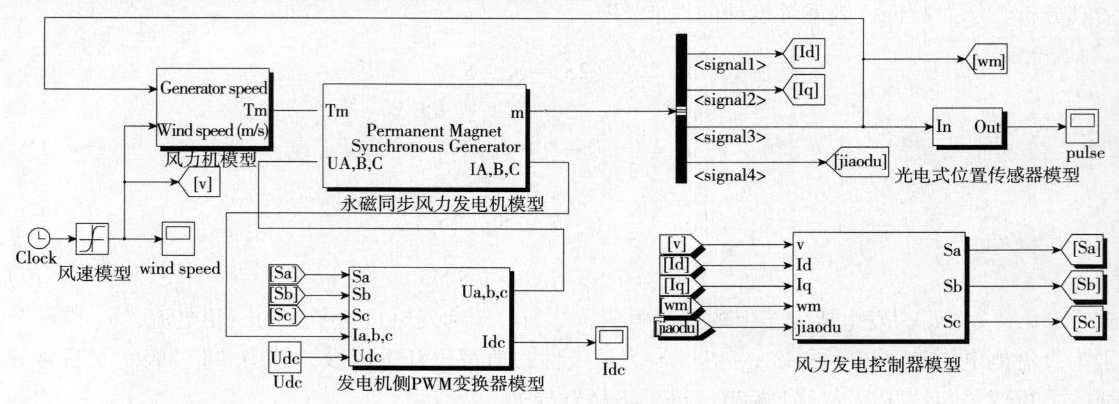

图 6 风力发电数字仿真系统模型

2.2 仿真结果与分析

在不同输入风速模型下，对所建立的基于永磁同步发电机的风力发电系统模型进行仿真运行和研究。其中，风力机的半径 R 为 1.2m，最佳叶尖速比 λ_{opt} 为 8.1，最大风能利用系数 C_{Pmax} 为 0.48。设背靠背 PWM 变换器中直流环节电压稳定在 700V。

本文采用美国国家可再生能源实验室（NREL）开发的 TurbSim 软件来仿真风场的随机风速。随机风速模型如图 7 所示，该随机风速的平均风速为 7m/s。

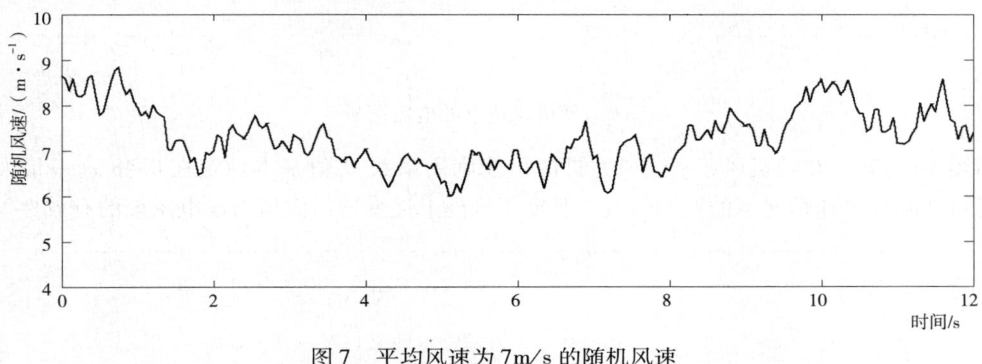

图 7　平均风速为 7m/s 的随机风速

图 8 给出了发电机的实际转速与参考转速的对比，其中参考转速是根据关系式 $\omega^* = \lambda_{opt} v/R$ 得到的。可以看出，发电机能够非常快速地跟踪参考转速。图 9 是发电机三相电流值，由此可以看出电流随着风速不断地变化，即发电机从风中获取的能量随着风速不断发生变化。

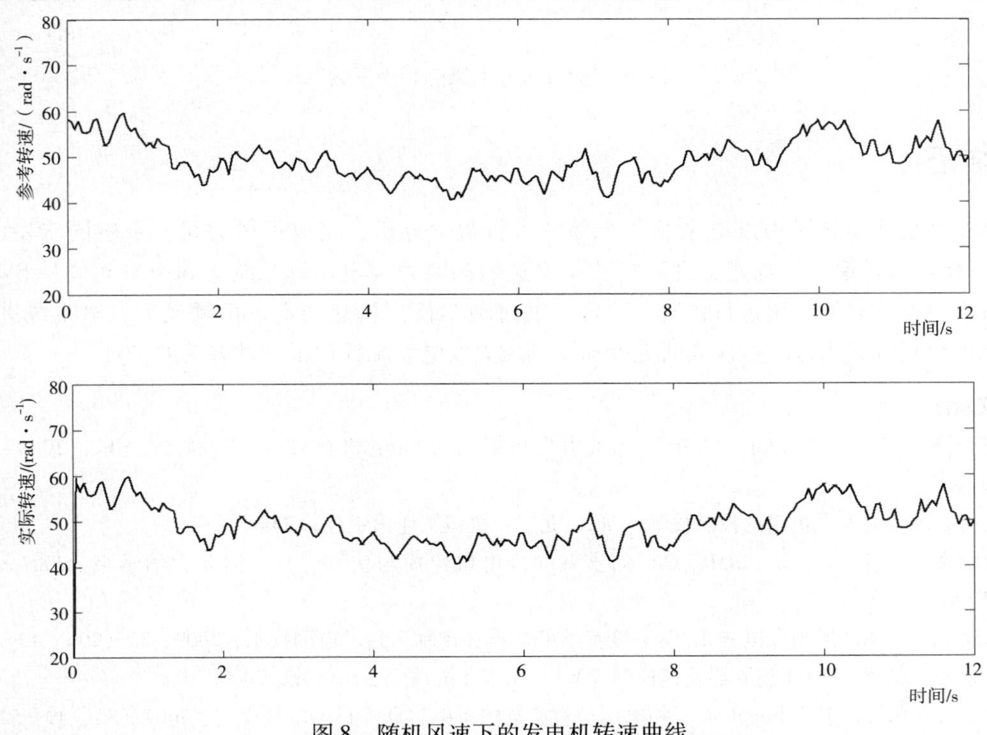

图 8　随机风速下的发电机转速曲线

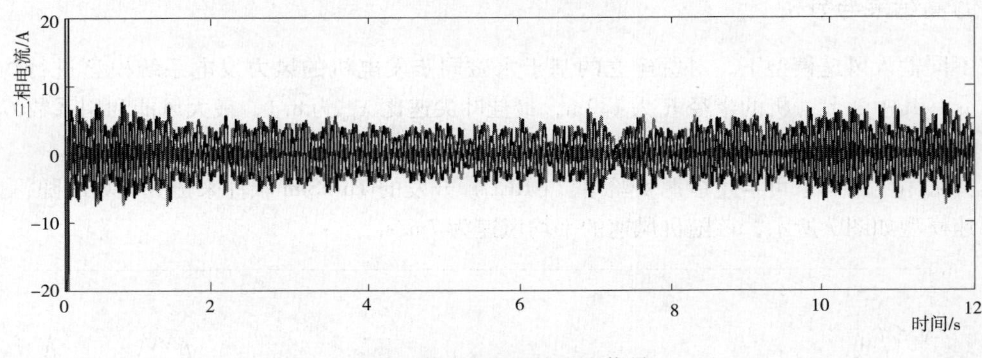

图 9　随机风速下的电流信号

由图 10 可知，在随机风速下，风力机的风能利用系数 C_p 值基本稳定在 0.48 这一最大值附近。通过在随机风速情况下的控制仿真，验证了构建上述变速恒频风力发电系统的有效性。

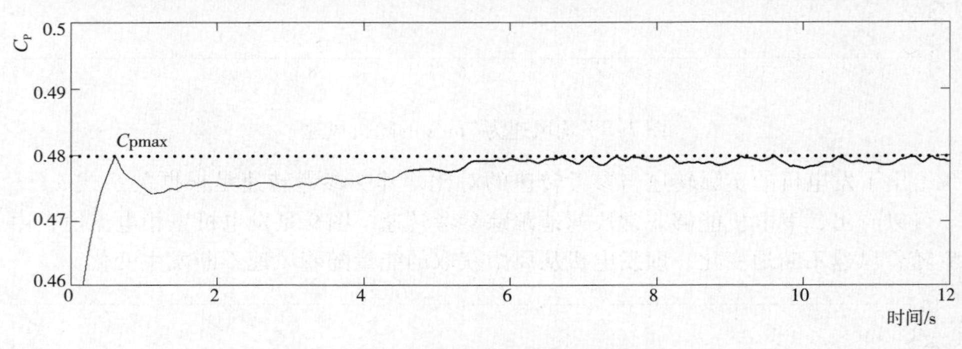

图 10　随机风速下风能利用系数

3　结语

本文对变速恒频风力发电系统各个部分进行数学分析，完成了风力机、永磁同步发电机、PWM 变换器数学模型的构建，进而搭建了变速恒频风力发电仿真系统。利用空间矢量 SVPWM 控制方法对所建立的系统进行仿真，验证了通过数学模型构建的变速恒频风力发电系统进行分析研究的可行性，为进一步深入研究变速恒频风力发电系统提供了一种有效的工具。

参考文献：

[1] 宋金梅，王波，肖海勃. 中外常用风力发电技术及风电机概述 [J]. 电气技术，2009 (8)：79 -82.

[2] 叶杭冶. 风力发电机组的控制技术 [M]. 北京：机械工业出版社，2006.

[3] 李学文，李学军. 基于 SIMULINK 的永磁同步电机建模与仿真 [J]. 河北大学学报，2007 (27)：22 -25.

[4] 张建忠，程明. 风力发电三相 PWM 变换器的建模和控制 [J]. 电网技术，2009，33 (20)：43 -48.

[5] 张崇巍，张兴. PWM 整流器及其控制 [M]. 北京：机械工业出版社，2003.

[6] 蔡昌文，张波. 基于 Simulink 三相电压型整流器的系统仿真 [J]. 电气应用，2007 (8)：49 -52.

作者简介：

刘永生（1986—　），男，安徽无为人，工程师，从事电气主设备继电保护研究。E-mail：liuys@nari-relays.com

牛洪海（1980—　），男，辽宁鞍山人，工程师，从事电气主设备继电保护研究和管理工作。

魏　巍（1978—　），男，辽宁清原人，工程师，从事电气主设备继电保护研究。

陈　俊（1978—　），男，江苏姜堰人，高级工程师，从事电气主设备继电保护研究和管理工作。

风电场升压站中性点接地方式分析

王 威

（东北电力设计院，吉林 长春 130021）

【摘 要】 风电场升压站中性点接地方式的选择，是风电场安全稳定运行的关键问题，选择一种安全可靠的接地方式是非常重要的。本文对风电场升压站中性点经消弧线圈接地、经小电阻接地两种接地方式的特点进行分析，提出了风电场升压站中性点接地方式的选择方案，并给出小电阻阻值以及接地变容量的计算方法。

【关键词】 风电场升压站；中性点接地；小电阻阻值

0 引言

中性点接地方式的选择是风电场安全稳定运行的关键问题，合理选择风电场升压站中性点接地方式，有利于防止故障的发展及大面积停机事故，提高风电场运行的安全性和可靠性。

国网公司于2011年颁布的《风电并网运行反事故措施要点》（国家电网调［2011］974号文）要求："风电场汇集线系统单相故障应快速切除。汇集线系统应采用经电阻或消弧线圈接地方式，不应采用不接地或经消弧柜接地方式。经电阻接地的汇集线系统发生单相接地故障时，应能通过相应保护快速切除，同时应兼顾机组运行电压适应性要求。经消弧线圈接地的汇集线系统发生单相接地故障时，应能可靠选线，快速切除。"

1 中性点经消弧线圈接地方式

在中性点不接地系统中，当单相接地电容电流过大时，会在接地点产生电弧，引起间歇性过电压，采取中性点经消弧线圈接地方式，可减小电容电流，熄灭电弧，避免过电压产生。

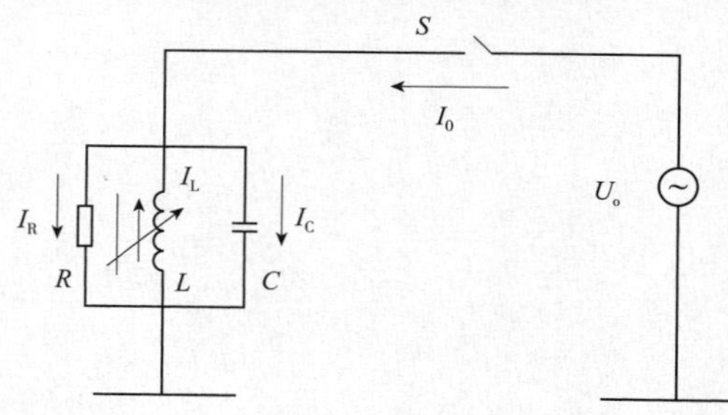

图1 中性点经消弧线圈接地式等值电路

中性点经消弧线圈接地也称为谐振接地，即在中性点和大地之间接入一个可调电感消弧线圈，提供一个感性电流来补偿故障点的容性电流。当系统发生单相接地故障时，产生的电弧往往不能自熄，利用消弧线圈的电感电流对接地容性电流进行补偿，使通过故障点的容性电流减小，降低故障相接地电弧两端的过电压，使其能自行熄灭。中性点经消弧线圈接地方式等值电路如图1所示。

当采用中性点经消弧线圈接地方式时，需配有小电流接地选线装置，并配有选线跳闸出口压板。当消弧线圈投入运行时，发生单相接地允许继续运行2h，此时选线后可打开跳闸出口连接片，仅进行报警；当消弧线圈检修退出运行时，投入跳闸出口连接片，此时接地选线装置动作于跳闸，并发出报警信号。

2 中性点经小电阻接地方式

中性点经小电阻接地方式，即在中性点与大地之间接入一定阻值的小电阻，与系统对地电容构成并联回路，由于电阻是耗能元件，也是电容电荷的释放元件和谐振的阻压元件，对防止谐振过电压和间歇式电弧接地的过电压有一定的优越性。小电阻接地等值电路如图2所示。

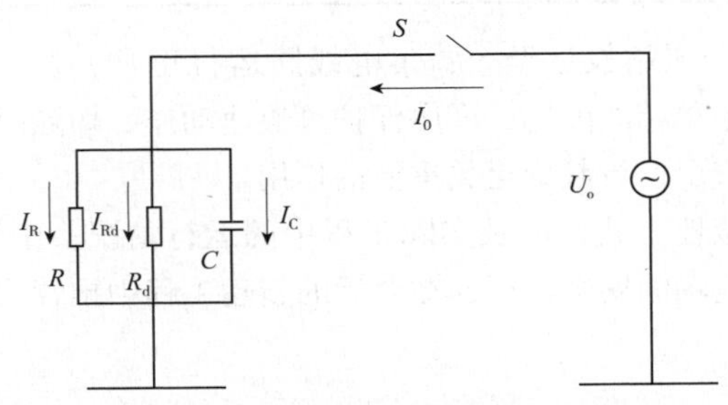

图2 中性点经消弧线圈接地式等值电路

采用小电阻接地方式，一旦发生单相接地故障，将产生一个三相不平衡电流，因此可配置零序电流互感器，通过零序保护装置可靠迅速地检测不平衡电流，并快速切除故障，从而有效地保证了电网的安全稳定运行。

3 中性点接地方式比较

中性点经消弧线圈接地方式下，由于系统在单相接地故障下允许运行2h，有效地保证了供电的可靠性和连续性，降低线路跳闸次数，同时也起到了降低接地工频电流和地电位升高的作用，减小跨步电压和接地电位差。

近年来，国内大多数采用消弧线圈接地方式的风电场，当发生接地故障时，接地选线装置无法正确选线，由于风电场多采用拉手线路方式隔离故障点，有时甚至需拉开多条相关线路方可选出故障线路，造成不必要的损失。同时当发生单相接地故障时，非故障相电压由相电压升高为线电压，导致另一条线路非故障相绝缘受损，并在薄弱处击穿，造成相间短路故障，导致两条线路速断保护动作跳闸，扩大了故障范围。

中性点经小电阻接地方式下进行快速跳闸，可大大减小故障持续时间，有效提高变压器和其他设备的使用寿命，同时有效地限制工频过电压和接地故障电弧的产生，可起到降低设备绝缘水平的作用。中性点经小电阻接地方式有利于降低操作过电压，对于全电缆线路，大部分接地故障为永久性故障，可不引入线路重合闸，不会引起操作过电压。中性点经小电阻接地运行方式下，通过线路零序保护，可准确判断出故障线路并迅速切除。

但是中性点经小电阻接地方式也存在一定弊端。发生短路故障时，保护设备立即动作切除故障，增加了停电次数，降低了供电可靠性和连续性。而且几百安培的接地电流会引起故障点接地网的地电位升高，危及设备和人身安全。

4 工程案例分析

双鸭山220kV风电场升压站于2012年投入运行，35kV接地变采用小电阻接地方式。至2013年，已发生数次集电线路跳闸事件，见表1。

表 1　双鸭山 220kV 风电场升压站线路跳闸统计

序号	时间	跳闸线路	故障原因	跳闸情况
1	2013 年 02 月	2 号机群线	线路避雷器两相击穿	过流保护动作
2	2013 年 05 月 12 日	8、9 号机群线及电容器	线路落雷	零序保护动作
3	2013 年 03 月 02 日	2 号机群线	18 号箱变 35kV 电缆头 A、B 相放电	保护正确动作

双鸭山 220kV 风电场升压站投运至今，集电线路运行正常，发生故障时，均能正确跳闸，隔离故障点，尤其是当发生单相故障时，零序保护可快速动作，切除故障，有效防止故障范围扩大，对保证整个升压站的安全运行起到至关重要的作用。

综合比较以上中性点接地方式，以及实际工程中的运行情况，中性点经小电阻接地的运行方式可更加有效地确保风电场的安全运行，在今后的新建工程中推荐采用小电阻接地方式。

6　小电阻阻值选择

小电阻接地系统零序电流较大，由于零序电流互感器的灵敏度为 100A，为了保证零序电流保护的灵敏性，必须有足够大的接地电流 I_0，通常选取接地电流为 200～400A。

以双鸭山 220kV 风电场为例，双鸭山风电场 35kV 集电线路共 9 条，其中 35kV 锅盔山甲线接入风机数量最多，共接入 13 台风机，每台风机容量为 1.5MVA，13 台风机总容量为 19.5MVA，线路满发额定电流为

$$\frac{19.5\text{MVA}}{\sqrt{3}\times 35\text{kV}}\times 1000 = 321.67\text{A}$$

考虑风机会输送一定的无功功率，功率因数按 0.98 考虑，321.67A ÷ 0.98 = 328.23A，即工作状态下，最大工作电流为 328.23A，所以接地电流至少要大于 328.23A，按 400A 进行计算，双鸭山风电场容性电流大约为 145A。

根据图 2 所示，得出

$$I_0 = \sqrt{{I_r}^2 + {I_c}^2}$$

取 $I_0 = 400\text{A}$，$I_c = 145\text{A}$，得出 $I_r = 373\text{A}$。

$$R = \frac{U_1}{\sqrt{3}I_r} = \frac{35\times 10^3}{\sqrt{3}\times 373} = 54\Omega$$

$$P = I^2R = 373^2 \times 54 = 7512\text{kW}$$

即小电阻阻值为 54Ω，接地变功率为 7512kW。

7　结语

本文初步分析了风电场升压站中性点经消弧线圈接地和经小电阻接地两种接地方式的工作原理以及优缺点，结合实际工程中所遇到的问题，推荐在今后的工程中采用小电阻接地方式，并给出了小电阻阻值计算方法以及接地变功率的计算方法，为今后风电场升压站接地方式的选择提供理论依据。

参考文献：

[1] 姚天亮．大型风电场内部 35kV 汇集系统接地方式选择［J］．电力电气，2013，32（13）．

[2] 吴小洪. 风电场接地方式与接地保护探讨 [J]. 水利水电工程设计，2012，31 (3).
[3] 李正然. 风电场升压站中性点接地方式的选择 [C]. 云南电力技术论坛，2011.
[4] 刘荣波. 风电场中性点接地方式改造探讨 [J]. 科学之友，2013，6.

作者简介：

王威（1985— ），男，吉林省长春市人，工程师，主要从事变电工程的设计和研究。E - mail：wangweib@ nepdi. net

分布式光功率预测方案研究

徐　浩[1]，吴智刚[2]，黄宏盛[2]，翟剑华[1]，王小平[1]，赵玉灿[1]

（1. 南京南瑞继保电气有限公司，江苏　南京　211102；
2. 国网浙江嘉善县供电公司，浙江　嘉善　314100）

【摘　要】　本文分析了分布式光功率预测的意义和特点，并与并网型光伏电站功率预测比较，对分布式光功率预测的产物提出了自己的观点，提出了分布式光功率预测的建设方案，详细分析了分布式光功率预测所需的实时采集量和参数，并讨论了分布式光功率预测系统的预测方法。

【关键词】　分布式；光伏；功率预测；光功率预测；分布式光伏发电；并网型光伏电站

0　引言

目前太阳能发电是新能源发展的主要方向之一，而光资源丰富、适宜建设大规模集中式并网型光伏电站的地区一般为经济欠发达地区，由于无法就地吸纳，且送出存在瓶颈，大规模集中式并网光伏发电的发展遭遇到困难。

与大规模集中式接入方案不同，分布式光伏发电有如下特点：

（1）规模很小，通常只有几十千瓦到几兆瓦不等。

（2）接入配网，因此分布式光伏并网点非常分散。

（3）遵循就近发电、就近并网、就近转换、就近使用的原则，用途一般为自发自用，余电上网。

由于分布式光伏发电可以建在城市建筑物屋顶且污染小，因此在全球倡导绿色发展的背景下发展迅速。

基于分布式光伏发电的特点，对于区、县级电网，有必要部署光功率预测系统，对该级别的电网光伏发电整体做出评估。

1　分布式光功率预测的意义

由于太阳能属于间歇能源，分布式光伏电源属于不可控电源，接入电网达到一定规模会对电网产生安全威胁。

根据最新规划，分布式光伏发电装机容量将达8GW；作为示范地区的嘉兴，仅秀洲新区10多平方公里的地区分布式光伏发电总规划装机容量达200MW。规划完成时分布式光伏电源对电网的影响已经不能被完全忽视。因此有必要对整个地区的分布式光伏发电输出功率趋势做出预测，方便调度部门合理安排各类电源协同工作。

2　分布式光功率预测的建设目标

2.1　集中式光功率预测产物

（1）短期光功率预测。预测光伏电站次日24h，分辨率15min，共96点输出功率，每日执行预测任务 1 ~2 次。

（2）超短期光功率预测。预测光伏电站未来4h，分辨率15min，共16 点输出功率，每 15min 执行 1 次，每日执行任务 96 次。

2.2 分布式光功率预测产物探讨

分析认为短期、超短期预测模式可以和并网型光伏电站光功率预测模式保持一致，其关键是确定预测对象。

结合分布式光伏发电的特点，并通过对嘉善县分布式光伏子站分布结构特点进行详细分析，认为预测对象主要为以下类型：

（1）全网分布式光伏发电输出功率预测。主要用于县调级单位预估网内分布式光伏电站未来数小时、数十小时的整体输出功率变化趋势。

（2）重要片区分布式光伏发电输出功率预测。由于分布式光伏发电重点片区容量较大、且接入点相对集中，可以看作一个大的光伏电源，其作用与并网型光伏电站功率预测类似。

（3）重点母线分布式光伏发电输出功率预测。预测并入分布式光伏发电输出功率数量较大的母线上的总体注入光伏功率。该预测结果可以用于在线仿真分析等应用。

3 分布式光功率预测的建设方案

3.1 分布式辐射监测系统

根据分布式光伏站点的密度，每 3 ×3 ~15 ×15km 范围建设 1 套太阳能辐射监测子站。装机密度大的地区可以采用 3 ×3km 方案，装机密度小的地区可以采用 15 ×15km 方案，没有分布式光伏装机或装机很小的区域则可以不安装，组成网状分布式太阳能辐射监测系统。

太阳辐射数据实时采集系统价格较为低廉，上述方案可以兼顾覆盖和成本。分布式光伏发电项目密集地区目前已经具备大量的辐射监测站，直接利用这些设备的测量数据更经济。

3.2 分布式辐射预报系统

配置地区级太阳能辐射预报系统，太阳能辐射预报地理坐标与各分布式太阳能辐射监测子站相对应，形成地区级太阳能辐射数值天气预报系统。地区级辐射预报更有利于分布式光伏发电输出功率的评估。

3.3 数据采集系统

将地区内各并网点的太阳能输出功率、实时并网太阳能装机容量、辐射强度、温度、风速等量测信息上送到监控中心分布式光伏功率预测系统，由功率预测系统统一分析、处理、存储。

3.4 分布式光伏功率预测系统

方案考虑了电力二次安全防护的要求和安全区的划分，如图 1 所示。

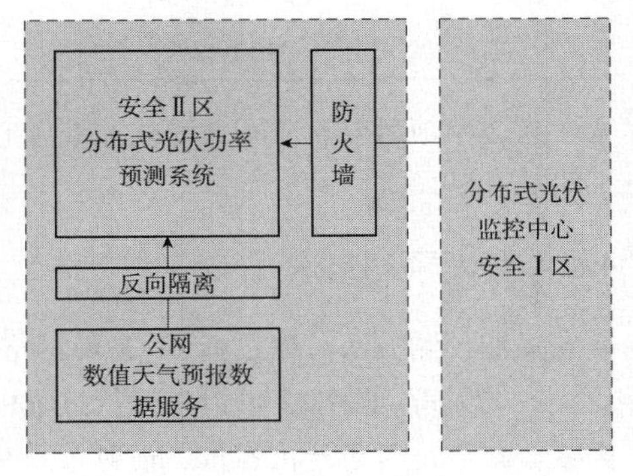

图 1　分布式光伏功率预测系统框架

在分布式光伏监控中心 II 区建立分布式光伏功率预测系统，预测结果可以上送调度主站。

4　分布式光功率预测方法

4.1　分布式光伏发电子站定义

分布式光伏发电子站专指功率预测意义上的子站，下文简称“子站”，其特征是：

（1）一个分布式光伏电站，其发电功率可以被监控。

（2）若干个地理位置靠近的分布式光伏电站经由统一的并网点并网，其整体发电功率可以被监控。

4.2　子站信息收集/申报

需要收集的项目见表 1。

表 1　　需收集/申报项目的信息表

收集/申报项目	作　用
收集地理信息，包括经度、纬度、海拔、地面信息	作为太阳能辐射预报系统的输入
收集装机信息，包括装机容量和逆变器基本参数	发电设备基本信息
申报开机计划，包括参与发电的逆变器数量	直接决定站点输出功率的数值；在智能学习算法中是重要的输入

表 1 中信息的收集并不困难，通常由于故障、检修等因素导致开机容量改变，因此开机计划可以在停机时申报，这样可以有效减少申报工作量，对于有大量子站的分布式系统有重要意义。

4.3　子站实时数据采集

需要采集的项目见表 2。

表 2　　需采集项目的信息表

采集项目	作　用
子站实时输出功率	子站主要量测，功率预测标的
子站辐射数据	光伏发电关键气象信息

表 2 中项目信息分布式光伏监控中心已经采集，此处只需要转发到分布式光伏功率预测系统即可。

4.4　短期预测方法

短期预测方法可以选择 BP 神经网络和在线学习的数学方法。优点是：①原理简单；②对于历史数据无苛刻要求，可以在运行过程中累积历史数据；③可以及时反映发电设备老化、覆尘等因素。缺点是对于开机容量、辐射量测有较高的要求。

由于分布式光功率预测在探索阶段，本文认为 BP 神经网络和在线学习的方案是比较理想的方案。

针对分布式光伏发电的特点，可以做一些简化，如图2所示。

可以只考虑辐射强度、输出功率建立单输入单输出的神经网络，大量分布式光伏站点输出功率预测结果合并后，可以消除部分系统误差，因此对神经网络的简化是合理的。

由于神经网络输入输出的简化，隐含层节点数可以固定为10个，这样在大量神经网络在线学习时服务器硬件规格可以降低，以节约成本。

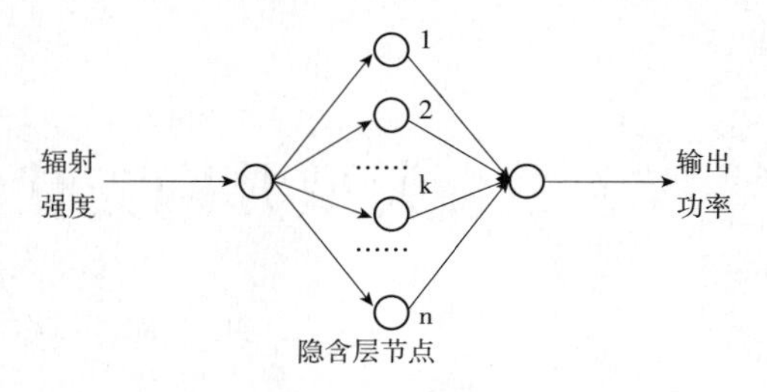

图2 分布式光伏功率预测系统框架

4.5 超短期预测方法

由于大量分布式子站的抵消效应，时序分析法对于超短期预测会更加有效。具体方法可以参考相关文献［4］，本文不再赘述。

5 结语

2014年9月4日，能源局发布了光伏重磅级文件《关于进一步落实分布式光伏发电有关政策的通知》（简称“406号文”），该文件从并网、融资、配额等多个角度展开，对今年第四季度及明后两年的分布式光伏发电拉动起到了重大作用。

由于太阳能的间歇特性及分布式光伏发电容量的骤增，达到一定数量后将对电网产生不利的影响。

对分布式光伏发电数量各个层面较为可信的预测将为电网运行提供重要参考，为更多的分布式光伏电网并网提供技术支撑。

参考文献：

［1］王锡凡．现代电力系统分析［M］．北京：科学出版社，2003．

［2］范高锋，王伟胜，刘纯，等．基于人工神经网络的风电功率预测［J］．中国电机工程学报，2008，28（34）：118－123．

［3］冯双磊，王伟胜，刘纯，等．风电场功率预测物理方法研究［J］．中国电机工程学报，2010，30（2）：1－6．

［4］丁明，张立军，吴义纯．基于时间序列分析的风电场风速预测模型［J］．电力自动化设备，2005，25（8）：32－34．

作者简介：

徐　浩（1981—　），男，工程师，主要从事电力系统自动优化、新能源功率预测/控制技术研究及软件研发工作。E－mail：xuh@nari－relays.com

吴智刚（1973—　），男，高级工程师，主要从事电网管理及运维检修技术研究与应用。

黄宏盛（1981—　），男，工程师，主要从事电力系统自动化技术研究及应用。

翟剑华（1986—　），男，工程师，主要从事电力系统自动化、新能源技术研究及软件研发工作。

王小平（1987—　），男，工程师，主要从事电力系统自动化、新能源技术研究及软件研发工作。

赵玉灿（1985—　），男，工程师，主要从事电力系统、新能源综合自动化上层应用研发工作。

大型并网光伏电站光伏组件的维护

郭少刚，张存峰，周　国，王丰绪

（北京京能新能源有限公司，北京　100028）

【摘　要】　近年来随着光伏电站并网政策利好，以及光伏组件和逆变器等价格走低，国内大型并网光伏电站相继建成投产。2013 年，国内并网光伏电站新增装机容量预计为 12.12GWp，累计装机容量已达到 16.32GWp[1]，预计 2015 年光伏发电总装机容量将达到 35GWp 以上。截止 2013 年底，京能新能源公司共运营 5 座光伏电站，总装机容量已达到 210MWp，到 2014 年底光伏电站总装机容量将达到 470MWp。其中太阳山光伏电站于 2011 年 12 月 31 日并网发电，是新能源公司首个并网的光伏项目，在光伏电站运行、检修和管理方面积累了许多经验。本文介绍了光伏组件在生产运行中的维护方法。

【关键词】　新能源；并网光伏电站；光伏组件；热斑

0　引言

2009 年，甘肃省敦煌市 10MWp 光伏并网发电特许权示范项目获批，并网电价为 1.09 元/kWh，标志着我国大型并网光伏电站的建设拉开帷幕。2013 年 8 月国家发改委发布的《关于发挥价格杠杆作用促进光伏产业健康发展的通知》（发改价格〔2013〕1638 号）将我国分为 3 类资源区，分别设定了不同区域的光伏标杆上网电价。2013 年 10 月国家能源局新能源司发布的《关于征求 2013、2014 年光伏发电建设规模意见的函》中提到，2014 年计划新增光伏发电 12GW，其中并网光伏电站 4GW，主要集中在青海、新疆、宁夏、甘肃等西部地区。该政策明确了光伏发电的发展目标，更加有序的推进了光伏发电项目的建设，同时也表明国家将继续大力发展新能源和可再生能源。随着大型并网光伏电站增多，光伏电站人员配置少、设备厂家多、光伏区日常巡视和维护量大等问题暴露出来。因此，光伏电站的日常维护成为了一个新的问题，本文采用红外成像方法对光伏组件进行日常巡视，实现了“热斑”组件的检查和处理。

1　光伏电站建设成本

过去几年中，在光伏制造产能快速扩张的同时，其制造技术也越来越成熟，生产效率和管理水平都有了较大幅度的提升，光伏产业链从多晶硅原材料、组件到逆变器的生产成本和价格迅速降低。与此同时，通过对大型光伏电站的建设与维护，使得整个光伏产业积累了大量宝贵的电站设计、建设和运营管理经验，这也是电站系统价格得以下降的一个原因。2009 年并网光伏电站的单位造价约为 20 元/Wp[2]，2013 年单位造价已降低到 9 元/Wp。通过计算，在光照资源丰富地区，大型并网光伏电站的度电成本已经接近 0.6 元/kWh[3]。

2　并网光伏电站主要设备

光伏电站是利用一定数量光伏组件经过串、并联后，将太阳辐射能转换为直流电能，直流电能经过汇流箱输送至并网逆变器，通过逆变电路将直流电能转换为符合电网需求的交流电，并经过配送电设备接入升压站，最后通过主变压器将电压升高至符合电网要求的电压等级后再并入电网。大型并网光伏电站具有环境适应性强、建设周期短、运行和维护简便、无人值守、无噪音、无燃料费用、无废气污染等优点[4]。

2.1 光伏组件

光伏组件由数十个太阳能电池单元经过串、并联连接并进行耐候性封装构成[5]。光伏电站常用的光伏组件分为：单晶硅电池组件、多晶硅电池组件、非晶硅薄膜组件和化合物半导体组件（CdS，CdTe，GaAs 等）等，如图 1 所示，目前 P 型、N 型单晶电池效率已分别达到 18.5% ~ 20% 和 21% ~24%，多晶电池效率达到 17% ~17.5%，非晶硅电池效率达到 8.2% ~10.5%，CdTe 和 GaAs 电池效率分别达到 18.3% 和 28.8%[6]。考虑到光伏电站投资成本和光伏组件稳定性等因素，目前大部分光伏电站选用多晶硅光伏组件。

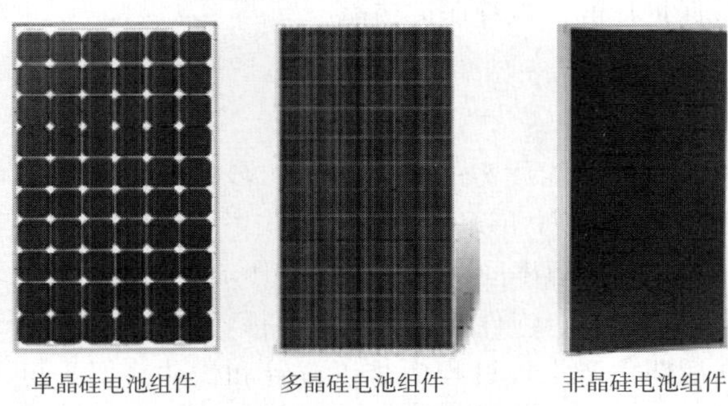

图 1　电站常用的三类光伏组件

2.2 光伏支架

光伏支架是太阳能光伏发电系统中为了得到最大功率输出，结合光伏电站的地理、气候及太阳能资源条件，将光伏组件以一定的朝向、排列方式和间距固定的支撑结构。光伏电站中常用的支架分为：固定式支架、单轴跟踪支架、双轴跟踪支架等，如图 2 所示。与传统的固定支架相比较，采用单轴跟踪支架组件的单位容量发电量可以提高 20%，而双轴跟踪支架甚至可以提高 30% 以上[7]。由于单轴跟踪和双轴跟踪支架存在建设成本高、后期维护量大和征地面积大等问题，目前光伏电站多采用固定支架。

图 2　斜单轴跟踪支架和双轴跟踪支架

3.3 光伏并网逆变器

并网光伏逆变器（下称逆变器）是光伏电站的核心设备。逆变器可以将光伏方阵产生的直流电（DC）逆变为三相正弦交流电（AC），输出符合电网要求的电能，以及在光伏电站或电网发生故障时，可以按照电网要求断开连接。光伏逆变器主要由功率单元（IGBT）、主控芯片、母线支撑电容、直流滤波器、交流滤波器和电流传感器等部件构成。

逆变器需具备以下功能：

（1）并网逆变器的功率因数和电能质量满足电网要求。

（2）无论光伏组件的温度和日照强度如何变化，光伏组串输出的功率始终保持最大（MPPT技术）。

（3）配备远程监控终端，可以对逆变器进行远程监控，功率调度等。

（4）具有极性反接保护、短路保护、低电压穿越、孤岛效应保护、过温保护、光伏阵列及逆变器本身的接地检测及保护功能等多种保护功能。

3 影响发电量的因素

发电量是衡量光伏发电系统性能优劣的最终指标，影响光伏系统发电量的因素是来自多个方面的，例如太阳辐射量、组件倾斜角度、组件转换效率、组件热斑损失、遮挡、浮沉散射损失、环境温度、组件间匹配损耗、组串间匹配损失、低压输电线路、最大输出功率跟踪、控制器和逆变器效率等。其中太阳辐射量、组件倾斜角度、组件转换效率等多个因素在选址建场或组件制造过程中就已确定，在后期生产维护过程中难以改善和优化。但是可以通过改善组件热斑损失、遮挡、浮沉散射损失、组件间匹配损耗等因素，达到提高发电量的目的。

4 光伏组件日常维护

光伏组件在日常运行中应保持表面清洁，无阴影遮挡，输出线路正负极正确、连接牢靠。光伏组件运行过程中不存在移动部件，所以光伏组件厂家保证寿命在25年以上。但是在运行过程中仍需进行定期检查，检查项目包括：

（1）光伏组件是否存在玻璃破碎、背板灼焦、明显的颜色变化。

（2）光伏组件中是否存在与组件边缘或任何电路之间形成连通通道的气泡。

（3）光伏组件接线盒是否变形、扭曲、开裂或烧毁，接线端子无法良好连接。

（4）使用直流钳型电流表在太阳辐射强度基本一致的条件下，测量同一汇流箱各光伏组串的输入电流，偏差不应超过5%。

一旦发现光伏组件存在以上现象应及时更换该组件，以防止该问题组件影响整个组串的发电量。

4.1 光伏组件清洗

光伏组件表面灰尘会严重影响光伏电站发电量，例如，光伏电站经过一次沙尘暴过后，光伏组件的功率损失将达到10%以上[8]。日常运行中光伏组件表面灰尘造成的损失率，保守估计在5%以上，且随着清洗时间间隔的增长会进一步增大，因此需要根据光伏电站现场的降尘程度以及清洗的成本来选择最佳清洗时间。一般光伏电站负荷损失达到5%～8%后，结合当地天气情况组织人员对光伏组件进行清洗。

4.2 阴影遮挡对光伏组件影响

阴影遮挡带来的发电量损失和安全隐患也是需要引起重视的，由于阴影遮挡的太阳电池不能正常工作，该太阳电池会变为负载消耗能量而发热，称为“热斑”，当“热斑”温度高于150℃时，会导致电池或玻璃龟裂、焊料熔化和封装材料烧坏等严重后果[9]。采用红外成像仪对受植被遮挡的光伏组件进行了测量，结果如图4所示，可以看出光伏组件正常温度为34℃，被遮挡部分温度为62℃。将光伏组件遮挡部分清理后，局部高温会逐渐下降至正常范围内。因此，应及时对光伏电站内杂草和光伏组件表面遮挡物进行清理，防止阴影遮挡造成的局部高温对发电量产生影响。

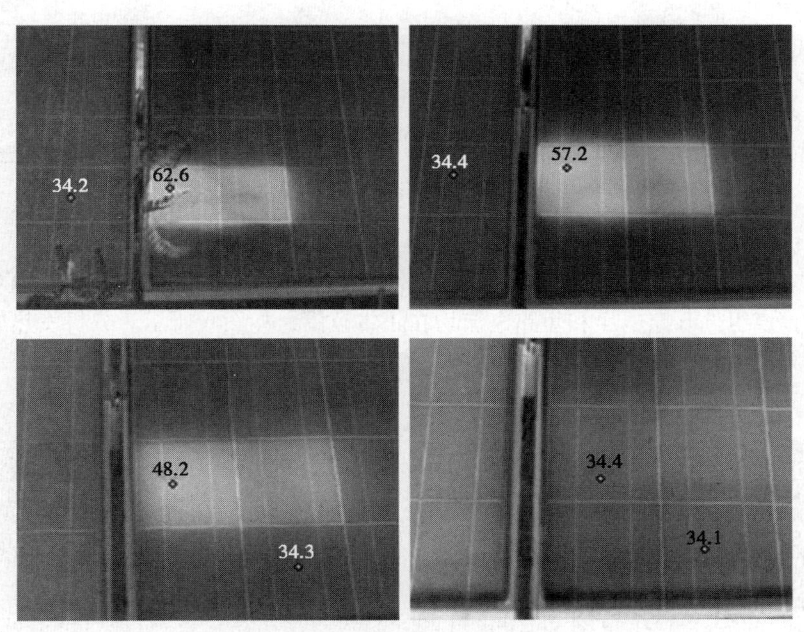

图4 由于阴影遮挡造成的局部高温

4.3 光伏组件检测和维护

光伏组件作为光伏电站的主要器件，日常运行中仅通过观察组件外观和测量组串电流，无法达到对光伏组件内电池片检测目的，对光伏组件内部结构的检测一直困扰着大家，因此寻找一种方法检测光伏组件内部缺陷是十分必要和迫切的。目前，光伏组件厂家一般采用电致发光（EL）技术对光伏组件进行检测，EL可以对光伏组件内部缺陷（晶粒间界、位错、分流及其他工艺失效）和外部缺陷（电池片断裂或电极接触不良）等问题进行详细检测和研究。然而，EL检测技术对检测设备、检测环境以及对数据的分析处理能力要求非常高，在光伏电站日常运行中，很难对光伏组件的缺陷进行及时检测。

我们发现光伏电池短路、断路、分流、无效部件、水蒸气和有缺陷的旁路二极管等缺陷，都会引起电池片出现不同程度发热，因此决定采用红外成像（IR）技术对运行中的光伏组件进行缺陷检测，正常组件和存在缺陷组件的红外图片如图5所示。可以看出，红外成像检测方法具有准确、简单、快速、对检测环境要求低和不影响组件正常运行等优点，其缺点是对光资源和环境温度要求较高（推荐在辐照度较强的夏季测量最佳）。红外成像仪检测发现光伏组件存在“热斑”后，需配合电学特性测量和观察组件外观等手段（必要时进行 EL 测试），以确定光伏组件缺陷类型，及时对存在缺陷的光伏组件进行维修或更换。

图 5　正常和存在缺陷光伏组件的红外图片

通过对光伏组件进行红外成像观测，发现以下三种不同的“热斑”现象：

（1）单片电池表面温度呈现温度异常区域，相对于正常电池片温度升高在 10℃以内，电池片外观无异常，该组件开路电压和短路电流均在正常范围，如图 6 所示。分析发热原因可能是由于该电池片与其他电池片电学性能差异形成失谐电池，由于影响发电量程度较低，建议做进一步观察。

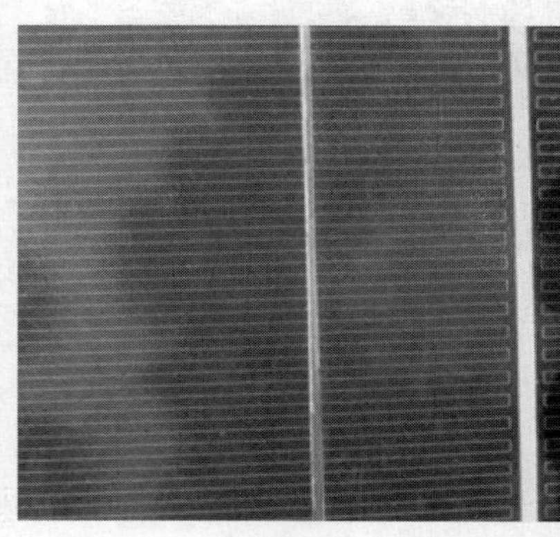
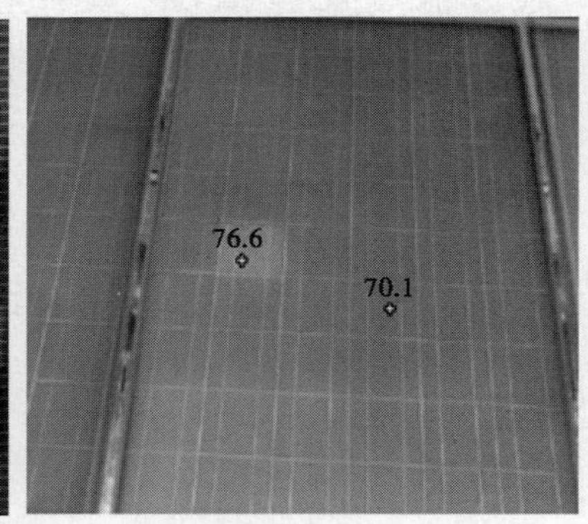

图 6　“热斑”温差 10℃以内的光伏组件

（2）单片电池或点表面温度出现高温区域，相对于正常电池片温度升高在 10℃以上，近距离观察发现电池表面有细微裂纹或栅线虚接造成的烧毁等现象，如图 7 所示。裂纹是由于光伏组件在制造、运输或安装过程中的不合理操作（如冲击、振动），造成电池片隐裂发展为裂纹，栅线虚接一般为光伏组件自身缺陷。由于这类光伏组件“热斑”温度较高，长时间运行会导致封装材料变色和烧毁，建议及时更换，而表面温度高于 100℃的缺陷组件必须马上更换。

（3）光伏组件 2 串或 4 串电池片出现温度异常，该组件开路电压降低为 22V 或 11V（标准条件下正常组件开路电压为 36V），如图 8 所示。造成以上结果的原因有两种：①光伏组件接线盒中对应电池串的汇流条虚接或断路，此时电池片处于开路状态，产生的电能被电池片漏电流消

图 7 “热斑”温差 10℃以上光伏组件

耗，转换为热能；②接线盒中对应电池串的旁路二极管被击穿，电池片处于短路状态，电池片产生的电能被自己消耗，转换为热能。以上两种光伏组件热斑现象对光伏组件发电量影响较大，应及时联系厂家修理或更换。

图 8 电池串发热的光伏组件

5 结语

大型并网光伏电站作为一种新型电站，近年来在国家政策和建设成本的双重利好条件下发展迅速。本文介绍了光伏组件、支架和逆变器等常用设备，以及光伏组件在生产运行中的维护项目，采用红外成像方法实现了“热斑”组件的定期检查，并分类说明了“热斑”组件产生原因和处理方法，规范和完善了光伏组件的日常检查和维护工作，提高了光伏电站发电量，降低了组件失火风险。

参考文献：

[1] 国家能源局. 2013 年光伏发电统计数据.
[2] 国家能源局. 2013 年光伏产业发展报告.
[3] 霍沫霖，张希良，何建坤. 光伏组件价格影响因素—基于计量的案例分析 [J]. 清华大学学报，2011，6：796.
[4] 太阳能光伏发电技术的应用方式及发展前景.
[5] 黄浩，吴志学. 光伏组件变形对组件性能的影响研究. 机械工程与自动化，2011，4：107 - 109.
[6] solar cell efficiency tablesprogress in photovoltaics.
[7] 李天下. 太阳能光伏支架系统的应用. 阳光能源，2010，5：70 - 72.
[8] 曾鹏飞. 气象条件对光伏电站发电量的影响. 中国高新技术企业，2013，5：120 - 121.
[9] 王军，王鹤，杨宏，等. 太阳电池热斑现象的研究. 电源技术应用，2008，4：48 - 51.

作者简介：

郭少刚，男，中级工程师。E - mail：shaogangg@ 163. com
张村峰，男，工程师。E - mail：zhangcunfeng@ bjnewenergy. com
周　国，男，高级工程师，E - mail：zhouguo@ bjnewenergy. com
王丰绪，男，高级工程师，E - mail：wangfengxu@ bjnewenergy. com

不同容量光伏发电场综合自动化监控系统组网方案探讨

何海波，杨　健，孙　亮，姬生飞

（南京南瑞继保工程技术有限公司，江苏　南京　211102）

【摘　要】　伴随国家新能源发展规范的发布，光伏发电系统以其安全、清洁、永不衰竭的优势，在全国大部分地区开始大面积开发建设。光伏发电场的安装容量也在不断增加，大于100MWp的光伏发电场逐渐增多。本文从不同容量的光伏发电场组网方案出发，讨论各种组网方案的优缺点，寻找适用于不同容量光伏发电场的组网方案。

【关键词】　光伏发电；网络结构；通讯系统

0　引言

随着中国新能源“十二五规划”的逐步落实和实施，光伏发电系统以其安全、清洁、永不衰竭的优势，在全国大部分地区开始大面积开发建设。容量在100MWp以上的大型或者超大型光伏发电场逐渐增多。

光伏发电场综合自动化监控系统是二次系统的一个重要组成部分，实现对一次设备、箱变、逆变器、电池板等设备的数据采集、监示、控制、操作、故障记录及其他自动化功能，是保证发电场安全、经济运行的一种新型技术手段。另外对于光伏发电场，光功率预测系统及光伏发电AGC/AVC系统同样与监控系统也密不可分，合理的监控系统组网方案对于以上2个系统的稳定及可靠运行也至关重要。下面分别以小于50MWp和大于50MWp的光伏发电场为例，探讨其组网方案[1]。

1　光伏发电场容量在50MWp及以下的组网方案

以50MWp的光伏发电场来说，一般是由50个1MWp光伏组件子方阵组成，1MWp光伏组件子方阵由若干路光伏组件串并联而成，每个光伏组件串由20块光伏组件串联组成，50个1MWp光伏组件子方阵通过组串式逆变器或集中式逆变器两种方式变换为交流电后通过箱变后汇流输送到升压站或开关站后并网接入电网。

光伏发电系统基本结构如图1所示。

光伏发电场的占地面积大，对于集中式逆变器方式来说，50个逆变器室分布在光伏厂区的不同位置，位置比较分散，故光伏逆变器室间的通讯均采用单模光缆组成单环网方式接入站控层交换机。逆变器室配置就地通讯管理机及环网交换机，负责采集光伏子方阵的逆变器、汇流箱、箱变测控等设备的信息，上送监控系统[2,4]。

典型网络结构如图2所示。

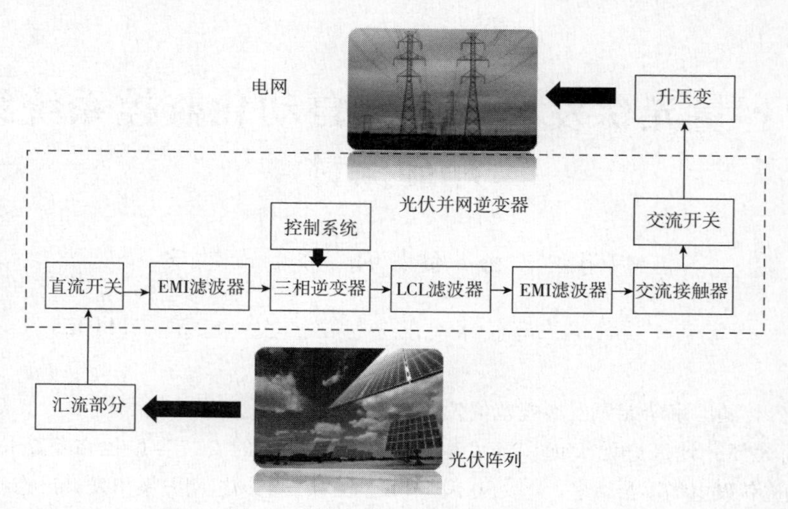

图1　光伏发电系统基本结构图

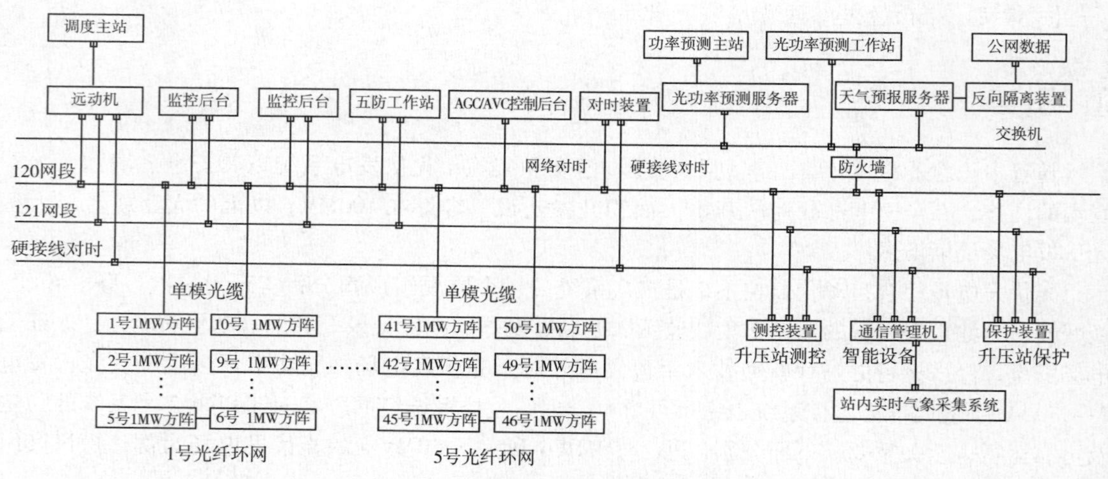

图2　50MWp光伏发电系统网络结构图

对于集中式逆变器方式，每个1MWp的光伏组件子阵含2台500kW的逆变器、16台直流汇流箱、1台箱变测控。按每台逆变器通信数据量低于60个测点，每台直流汇流箱通信数据量低于50个测点，每台箱变测控通信数据量低于50个测点计算，光伏区总通信数据点数计算如下：

逆变器点数　$60\times2\times50=6000$（个）

汇流箱点数　$50\times16\times50=40000$（个）

箱变点数　$50\times1\times50=2500$（个）

根据以上数据计算出光伏区的测点数量为48500个，50MWp的光伏升压站测点数量可按照3000点考虑，最终可预估整个光伏发电场综合自动化监控系统需要接入的总测点数量为51500点。

以上计算测点是按照集中式逆变器方式计算，如果光伏发电场采用组串式逆变器，则每台逆变器的通信数据量低于120个测点，每台箱变测控通信数据量低于50个测点。组串式逆变器方式的交流汇流箱无通信接口，不做通信。一般1个1MWp的光伏子阵按照40台组串逆变器考虑，光伏区总通信数据点数计算如下：

逆变器点数 120 × 40 × 50 = 24000（个）

箱变点数 50 × 1 × 50 = 2500（个）

根据以上数据计算出光伏区的测点数量为 26500 个，50MWp 的光伏升压站测点数量可按照 3000 点考虑，最终可预估整个光伏发电场综合自动化监控系统需要接入的总测点数量为 29500 点[3]。

这些数据测点集中由站控层的监控系统电脑完成数据处理、监示、控制等功能，对于目前主流的监控服务器配置，运行和维护无任何影响。

2 光伏发电场容量在 50MWP 以上的组网方案

以 200MWP 的光伏发电场来说，一般是由 200 个 1MWP 光伏组件子方阵组成。

对于全部按照集中式逆变器方式考虑，光伏区总通信数据点数计算如下

逆变器点数 60 × 2 × 200 = 24000（个）

汇流箱点数 50 × 16 × 200 = 160000（个）

箱变点数 50 × 1 × 200 = 10000（个）

根据以上数据计算出光伏区的测点数量为 194000 个，200MWp 的光伏升压站一般均通过升压变升压接入 110kV 及以上电压等级电网，光伏升压站的测点数量可按照 10000 点考虑，最终可预估整个光伏发电场综合自动化监控系统需要接入的总测点数量将超过 200000 点。这些数据如集中到一台综合自动化监控系统电脑中来完成数据处理、监示、控制等功能，如此庞大的光伏区数据除影响计算机处理速度，对升压站核心数据的监控也会造成很大的干扰，影响到了光伏发电站的安全稳定运行[3,5]。

现可优化网络结构如图 3 所示。

从分层、分布网络结构、模块化管理角度出发，当前对于大型光伏电站通常需要划分光伏发电分区，常规按 50MW 为一个发电分区。

从网络结构图 3 中可看出本系统由全站主监控系统、主光伏发电 AGC/AVC 系统、分区监控系统、分区 AGC/AVC 系统系统组成。

分区监控用于本光伏分区内的逆变器、箱变、汇流箱等设备的数据采集、监示、控制、操作、故障记录。该监控后台安装在升压站，供值班员随时监控查阅。分区远动用于转发本光伏区重要数据给升压站监控及升压站远动系统，将光伏区重要级别较低的数据在此处过滤，并在链路上加以隔离，从而不会对升压站的核心设备造成网络冲击。同样每个分区 AGC/AVC 系统可按照主 AGC/AVC 系统下发的策略控制本分区内的相关设备。

每个分区将分区重要数据上送全站主监控系统进行集中显示。

这样结构清晰、便于管理，且易于后期扩建，将大量的测点数据分散处理，降低了单一监控的处理负担，降低了故障概率。同时网络分布隔离，增加了系统整体通信的可靠性，另外 AGC、AVC 分层并行控制，集中管理，大幅度提高控制效率。

3 结语

本文分别以小于 50MWp 和大于 50MWp 的光伏发电场为例，探讨了适用于不同容量光伏发电场的组网方案，可供设计院和相关同行参考。对于 100MWp 及以上的大型光伏发电场，可考

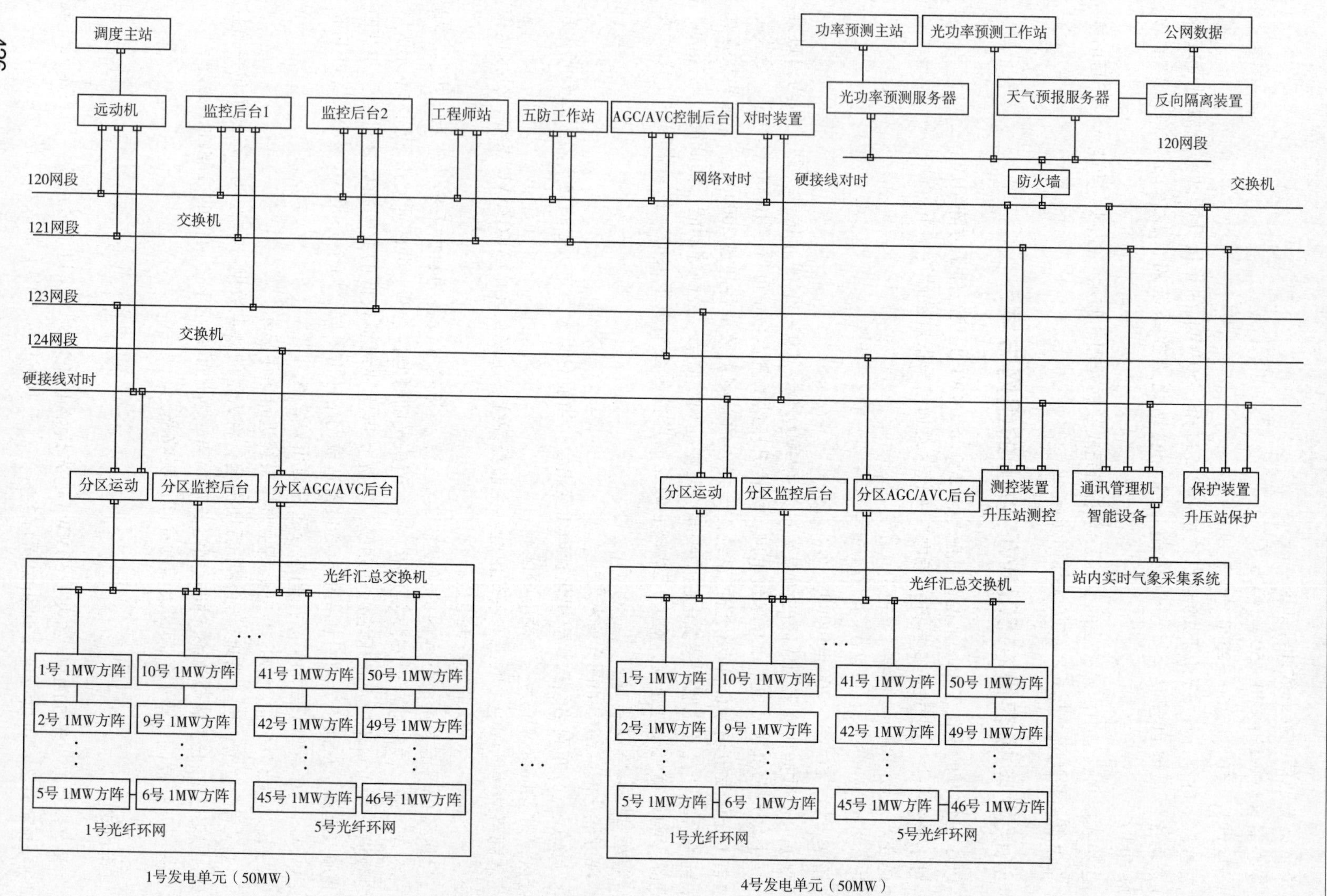

图3　200MWp 光伏发电系统网络结构图

虑采用本文中分区监控系统方案。

参考文献：

[1] 赵晶，赵争鸣，周德佳. 太阳能光伏发电技术现状及其发展 [J]. 电气应用，2007，26 (10)：6-10.

[2] 刘福才，高秀伟，牛海涛，等. 太阳能光伏电站远程监控系统的设计 [J]. 仪器仪表学报，2002，23 (增刊1)：418-419.

[3] 章坚民，章谦之，王娜，等. 光伏电站电能采集系统的发电模型及参数率定 [J]. 电力系统自动化，2011，35 (13)：22-26.

[4] 李立伟，王英，包书哲. 光伏电站智能监控系统的研制 [J]. 电源技术，2007，31 (1)：76-79.

[5] 严晓蓉. 电力自动化系统中的数据处理 [J]. 电力自动化设备. 2005，25 (3)：101-106.

作者简介：

何海波 (1981—)，男，学士，工程师，主要从事继电保护及监控系统设计工作。E-mail：hehb@nari-relays.com

杨 健 (1983—)，男，学士，助理工程师，主要从事继电保护及监控系统设计工作。

孙 亮 (1988—)，男，学士，助理工程师，主要从事继电保护及监控系统设计工作。

姬生飞 (1983—)，男，学士，工程师，主要从事继电保护及监控系统设计工作。

分布式光伏发电监控与管理

张 琪[1]，徐 浩[2]

（1. 中国南方电网电力调度控制中心，广东 广州 510623；
2. 南京南瑞继保电气有限公司，江苏 南京 211102）

【摘 要】 分析了分布式光伏发展的前景以及政策支持，结合分布式光伏发电的特点，阐述了分布式光伏电源对电网的影响。论述为了消除分布式光伏电源并网的负面影响，对分布式电源实时监控管理是必要条件。分析了分布式电源实时监控实现的监控终端、通信通道、信息安全三大难点，并提出了解决方案。最后，本文从分布式光伏功率预测、AGC、AVC角度探讨了分布式光伏高级应用功能。

【关键词】 分布式；光伏；分布式光伏并网接口装置；无线通信；功率预测；功率控制

0 引言

太阳能发电是新能源开发利用的主要方向之一，而光资源丰富、适宜建设大规模集中式并网型光伏电站的地区一般为经济欠发达地区，由于无法就地吸纳、送出存在困难，大规模集中式并网光伏电站的发展模式出现明显的瓶颈。

分布式光伏发电项目可以建在城市建筑物屋顶且污染小，因此在全球倡导绿色发展的背景下，分布式光伏发电项目飞速发展。珠三角、长三角等经济发达地区是全国的负荷中心，就地吸纳能力强，未来必将是分布式光伏发电发展的重点地区。

2014年政策层面对分布式光伏发电支持力度空前，国能新能〔2014〕406号《国家能源局关于进一步落实分布式光伏发电有关政策的通知》的发布，把分布式光伏发电的重要性推到前所未有的高度。根据我国光伏发展规划，2014年我国光伏装机将会达到14GW，而其中分布式光伏将达到60%，分布式光伏在审批、并网、补贴等方面均得到相关部门的鼎力支持。

对于电网来说，分布式光伏电源并网方式与传统电源完全不同，对电网管理是个很大的挑战，本文主要从电网对分布式光伏电源管理角度，分析提出方案。

1 分布式光发电特点

1.1 特点概述

（1）规模很小，通常只有几十千瓦至几兆瓦不等。

（2）多半接入配电网，分布式光伏并网点非常分散。

（3）遵循就近发电。就近并网、就近转换、就近使用的原则，用途一般为自发自用，余电上网。

（4）发电过程无污染。

分布式光伏发电的特点，决定了它是当前太阳能在城市负荷中心大规模直接开发利用的唯一可能途径。

1.2 对电网的影响

（1）由于太阳能的间歇特性，分布式光伏电源属于不可控电源，接入电网达到一定规模，会对电网安全造成威胁。一般来说间歇能源占比小于5%，系统等效负荷特性基本不变；而大于5%时，系统等效负荷特性将发生变化。

（2）对电网电源结构产生影响。传统电网基于大电源中心、辐射状输出电能的架构，分布式光伏电源的大规模发展，将彻底改变这一架构，将对电网电源规划、继电保护配置及整定计算产生深远的影响。

2 分布式光伏发电监控分析

2.1 监控必要性

为了消除分布式光伏发电对电网造成的负面影响，促进产业健康发展，必须对分布式光伏电源进行有效的监控。实时掌握分布式光伏发电相关设备运行状态，是对分布式光伏发电进行有效管理的前提。

2.2 监控定位分析

分布式光伏电源主要接入配电网，而经过几年的发展，配电网的配套监控系统已经比较完善，地级调度系统中配电网监控主站已经是必要的子系统。

分布式光伏电源监控与传统配电网监控关系：

（1）分布式光伏电源主要接入配电网，因此监控不能完全隔离建设。

（2）配电网监控主要定位于负荷侧的监控，而分布式光伏监控侧重于电源侧。

（3）分布式光伏电源分散，信息量巨大，远超传统配电网信息量。

鉴于此，我们认为，分布式光伏监控主站可以建设为与配电网监控主站平行且能充分数据共享的系统。

2.3 监控难点分析

主要是成本问题和安全问题。

（1）分布式光伏站点没有并网型光伏电站动辄数亿的投资，因此无法实施挖沟、埋光纤等耗资巨大的项目，采用专用光纤网络的方式实现信息接入；也无法采用大量保护、测控装置方案对电源点实施保护、控制。

（2）采用公共网络带来的电网信息安全问题。

3 分布式光伏发电监控解决方案

3.1 系统定位

在配电网接入的基础上，构建基于分布式电源的智能配电网：

（1）实现与调度系统的双向交互。

（2）兼作地区调度备用监控中心。

该方案既能与地调融合，又能起到对原先系统的升级作用，一举两得，思路如图 1 所示。

3.2 监控终端解决方案

分布式光伏电源投入较小，如何在充分压缩监控终端成本的基础上，实现分布式光伏电源的保护、测控等功能成为关键。

集成多种传统装置功能的分布式光伏并网接口装置如图 2 所示。

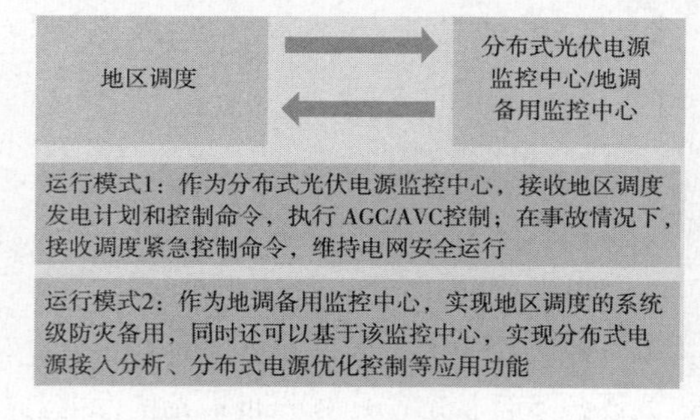

图 1　分布式光伏电源监控中心定位

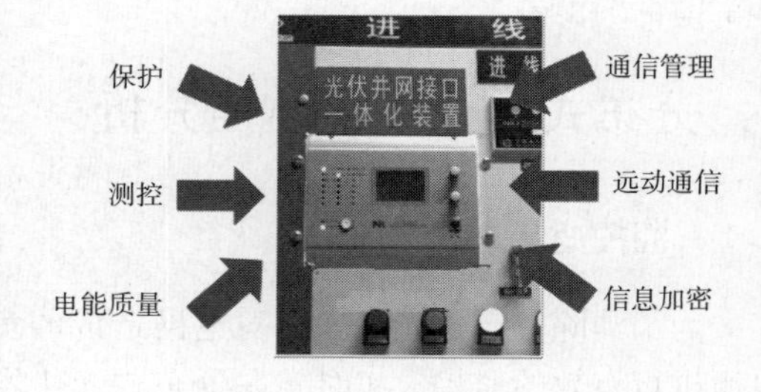

图 2　分布式光伏并网接口装置

高集成度、低成本的并网接口装置，可以解决监控终端成本问题。另外，接口装置必须整合符合电监会要求的信息加密功能，解决分布式光伏电源接入带来的信息安全问题。分布式光伏并网接口装置应具备的功能见表 1。

表 1　　分布式发电并网接口装置应具备的功能

序号	功能模块	具 体 功 能
1	保护	防孤岛保护（频率电压保护原理）、过流保护、零序过流保护、逆功率保护
2	测量	并网点电压、电流、频率、有功、无功、功率因素、发电量
3	控制	根据电网调度机构指令控制光伏电站各分布式光伏发电单元启/停及并网点断路器分断
4	电能质量监测	并网点三相电压、电流不平衡度、负序电流、谐波
5	自动离、并网	当检测到系统无压，经 10s 延时自动分闸；当检测到系统侧有压，经 10s 延时自动合闸
6	状态监视	并网开关跳合位监视、PT 断线监视、CT 断线监视、电压不平衡率越上限、电流不平衡率越上限
7	通信功能	对上通信（与本地光伏监控系统、远方调控主站通信） （1）规约：IEC 101、IEC 103、IEC104 （2）接口：10kV 光纤通讯、GPRS/CDMA （3）对下通信（可接入逆变器、电度表、环境检测仪等装置） （4）规约：支持 MODBUS、IEC103 等 （5）接口：RS485/232、RJ45
8	信息加密	满足电监会《电力二次系统安全防护总体方案》及国网公司 168 号文件《配电二次系统安全防护方案》的要求，对装置进行基于非对称加密的数字证书单向身份鉴别技术软件加密

3.3 监控通信通道解决方案

分布式光伏电源投入较小，如何避免挖沟、埋光纤等耗资巨大的工程，降低通信通道建设成本是另外一个关键。

无线通讯技术已经发展到4G时代，为解决通信通道建设成本问题，利用无线网络传输分布式光伏监控信息是必由之路。图3是一种典型的基于无线方式的通信解决方案。

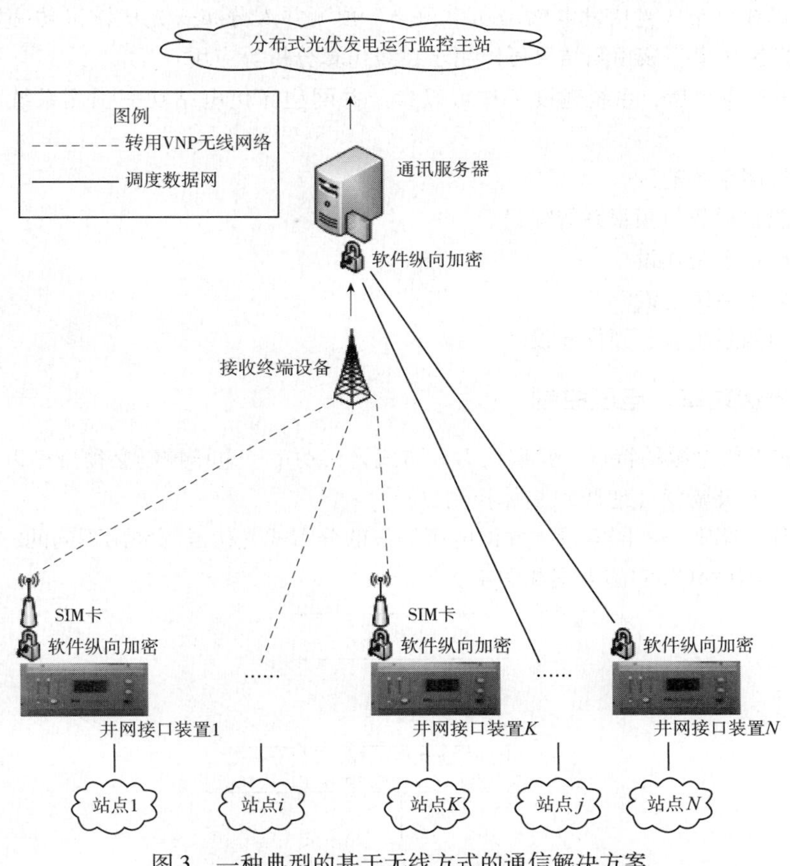

图3 一种典型的基于无线方式的通信解决方案

3.4 信息安全解决方案

信息安全解决方案是在终端、主站加装加密卡（软件）。如图3所示，本文中提出的方案如下：

（1）在并网接口装置中安装加密卡。

（2）在主站前置服务器上安装加密软件。

（3）加密卡和加密软件均获得电监会颁发的安全认证。

4 高级管理功能

4.1 分布式光伏功率预测

经过分析，我们认为预测模式短期、超短期可以和并网型光伏电站光功率预测模式保持一致，其关键是预测对象的确定。

结合分布式光伏发电的特点，预测的对象主要有以下类型：

（1）全网分布式光伏发电输出功率预测：主要用于县调级单位预估网内分布式光伏未来数小时、数十小时整体输出功率变化趋势。

（2）重要片区分布式光伏发电输出功率预测：由于分布式光伏发电重点片区容量较大、且接入点相对集中，可以看作一个大的光伏电源，其作用和对并网型光伏电站的功率预测类似。

（3）重点母线分布式光伏发电输出功率预测：预测并入分布式光伏输出功率数量较大的母线上总体注入光伏功率。该预测结果可以用于在线仿真分析等应用。

确定了预测对象之后，系统建设工作可以参照并网型光伏电站功率预测系统相关模块展开以下项目：

（1）辐射检测系统建设。

（2）太阳能辐射数值预报系统建设。

（3）信息申报系统建设。

（4）数据采集系统建设。

（5）功率预测系统软、硬件建设。

4.2 分布式光伏功率、电压控制

基于分布式光伏电源的特点，我们认为分布式光伏功率、电压控制必须遵循以下原则：

（1）服务于上级调度（地调）整体控制目标。

（2）采用分层原则，不同容量、并网电压等级的分布式光伏电源采用不同的方式参与调节。

分布式光伏电源AGC实施方案如图4所示。

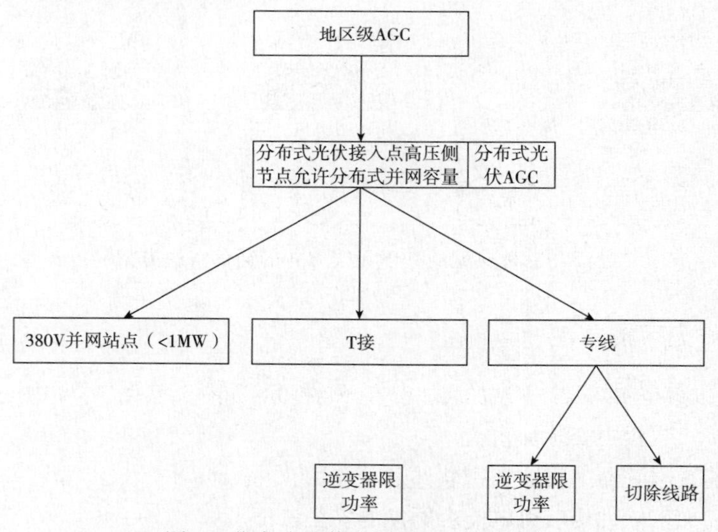

图4 分布式光伏电源AGC实施方案

（1）微型并网点不参与功率调节。

（2）小型并网点只采用直接切除的方式。

（3）大型并网点采用切除、限功率方式调节。

分布式光伏电源AVC实施方案如图5所示。

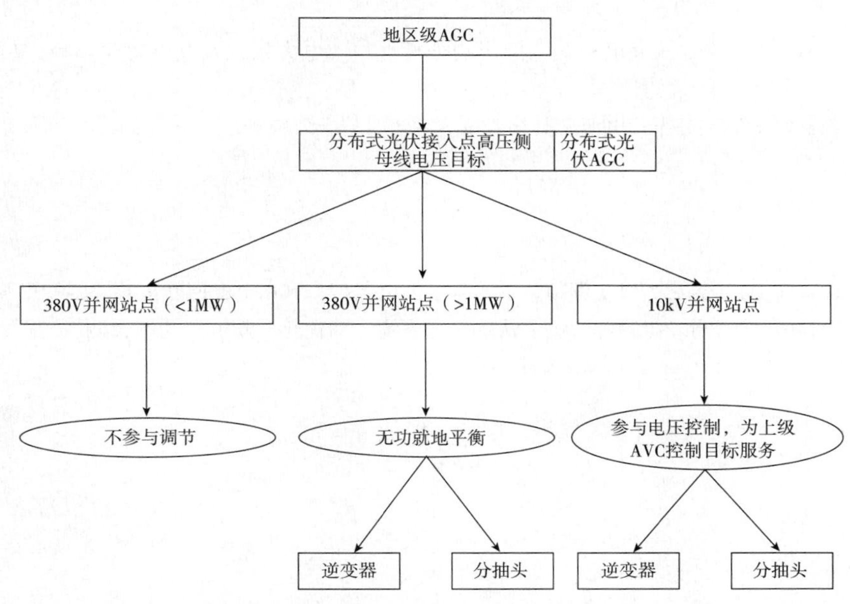

图5　分布式光伏电源 AVC 实施方案

（1）微型并网点不参与电压调节。

（2）小型并网点采用自平衡的方式调节。

（3）大型并网点统一以高压侧母线电压为目标调节。

5　结语

2014 年 9 月 4 日，能源局发布了光伏重磅级文件《关于进一步落实分布式光伏发电有关政策的通知》（下称“406 号文”），该文件在并网、融资、配额等多个角度展开，对今年第四季度及明后两年的分布式光伏发电的发展起到重要指导作用。

分布式光伏发电容量的骤增，达到一定的数量，由于太阳能间歇特性，将对电网产生不利的影响。实现对分布式光伏发电的监控是进行有效管理的前提。

本文中论述的方案期待与广东省等经济发达地区的分布式光伏发电项目的建设实践相结合，做进一步验证、改进。

参考文献：

[1] 王锡凡. 现代电力系统分析［M］. 北京：科学出版社，2003.

[2] 陶晓农. 分散式变电站监控系统中的通信技术方案［J］. 电力系统自动化，1998，22（4）：51－53.

[3] 杨奇逊. 变电站综合自动化技术发展趋势［J］. 电力系统自动化，1995，19（10）：7－9.

[4] 范高锋，王伟胜，刘纯，等. 基于人工神经网络的风电功率预测［J］. 中国电机工程学报，2008，28（34）：118－123.

[5] 冯双磊，王伟胜，刘纯，等. 风电场功率预测物理方法研究［J］. 中国电机工程学报，2010，30（2）：1－6.

[6] 丁明，张立军，吴义纯. 基于时间序列分析的风电场风速预测模型［J］. 电力自动化设备，2005，25（8）：32－34.

[7] 王成山，李鹏. 分布式发电、微网与智能配电网的发展与挑战［J］. 电力系统自动化，2010，34

（2）：11－14.
［8］陆志刚，王科，等．分布式发电对配电网影响分析［J］．电力系统及其自动化学报，2012，2（6）：100－106.
［9］康龙云，郭红霞，等．分布式电源及其接入电力系统时若干研究课题综述［J］．电网技术，2010，34（11）：43－47.

作者简介：

张 琪（1956— ），男，高级工程师，主要从事继电保护、农用电配网管理、调度管理等工作。

徐 浩（1981— ），男，工程师，主要从事电力系统自动优化、新能源功率预测/控制技术研究及软件研发工作。E－mail：xuh@ nari－relays. com

风电场侧 AVC 系统实现方法及应用

王小平[1]，黄宏盛[2]，徐　浩[1]，黄　伟[1]，翟剑华[1]，李陶旺[1]

（1. 南京南瑞继保电气有限公司，江苏　南京　211102；
2. 国家电网浙江嘉善县供电公司，浙江　嘉善　314100）

【摘　要】　针对风电场装机容量日益扩大对电网电压稳定的影响，风电场侧自动电压控制（AVC）系统将在风电场端得到大力推广和应用。文中提出了一种基于服务器平台的风电场侧AVC系统实现方法，阐述了风电场侧AVC系统控制功能实现流程和实现过程中关键问题的处理方法，以实际工程应用的实施效果验证了所提方法的有效性。该方法已在全国众多风电场中得到实际应用，效果良好。

【关键词】　风电场；AVC；服务器平台；无功分配策略

0　引言

风电场出力具有波动性和间歇性，大规模风电并网运行会对电网运行和调度有一定的影响，关系着电力系统的安全、稳定、经济运行。风电场无功功率特性与风电场有功功率特性有关[1]。风电场有功功率输出较低时，充电功率过剩，风电场向电网注入无功功率；风电场有功功率输出增大时，线路无功损耗和变压器无功损耗远大于线路充电功率，风电场从电网吸收无功。风电场大多处于电网末端，电网电压水平低，而风电场装机容量不断增大，地区电网电压水平受风电场出力变化影响明显，不利于电网的安全运行。根据2011年底颁布的国家标准GB/T 19963—2011《风电场接入电力系统技术规定》的要求，风电场应配置无功电压控制系统，具备无功功率调节及电压控制能力。根据电力系统调度机构指令，风电场自动调节其发出（或吸收）的无功功率，实现对风电场并网点电压的控制，其调节速度和控制精度应能满足电力系统电压调节的要求[2]。因此，加强风电场侧AVC系统建设很有必要。

1　风电场侧 AVC 系统功能

风电场侧AVC系统可实时采集并处理风电场内各系统（风电场升压站监控系统、风机监控/风电集控系统、无功补偿控制系统等）运行信息并实时上送调度所需的风电场运行信息、AVC系统运行信息，自动接收调度下发的无功电压控制指令并采用安全、经济、优化的控制策略调节和控制风电场风机监控系统/风机、SVC/SVG、电容器/电抗器、主变分抽头等无功调节设备，满足调度对风电场无功电压的控制要求。同时AVC系统具备曲线/报表管理、设备安全监视、用户权限管理、事件顺序记录（SOE）、友好人机界面、对时等配套功能，便于风电场运行人员进行运行管理。风电场侧AVC系统可有效提高风电场无功电压水平，改善调度对风电场的调控管理水平，提高电网对风电的消纳能力。

2　基于服务器平台的风电场侧 AVC 系统

随着计算机技术、通信网络技术的快速发展，服务器的稳定性和计算性能大幅提升，以太网通信方式在变电站综合自动化领域得以全面普及和大量应用。目前服务器平台和以太网通信方式在电力系统中已经被广泛应用于各级调度自动化系统、集控站等大型项目。

目前变电站监控室无需在恶劣环境下运行，服务器平台的稳定性能够完全满足厂站自动化运行要求。另外服务器平台具备强大的计算性能（负荷率低）、友好的人机界面和方便灵活的功能扩展性，成为开发风电场侧 AVC 系统一个很好的选择。

2.1 系统架构

图1为基于服务器平台的风电场侧 AVC 系统实现架构。图1中采用单机双网配置，为保证 AVC 系统运行可靠性，也可采用双机双网配置。

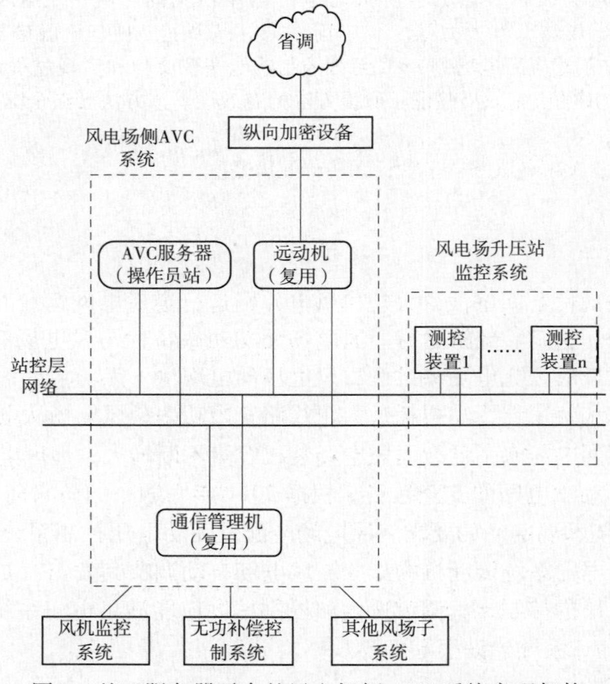

图1　基于服务器平台的风电场侧 AVC 系统实现架构

风电场 AVC 系统和升压站监控系统共用一个平台，AVC 系统所需要的运行数据采集通道和控制指令下发通道都可共用升压站监控系统通道。在实现风电场侧 AVC 控制功能时，可将 AVC 控制应用作为一个功能模块部署在风电场升压站监控系统服务器中，作为风电场升压站监控系统的一部分，无需额外增加硬件设备；也可独立配置 AVC 服务器，实现 AVC 功能和升压站监控功能的严格划分，这样对于运行人员的监视、维护及操作都有很多好处。这两种方式下，远动机、通信管理机等通信设备都可复用升压站监控系统设备，无需额外配置。

2.2 系统控制功能实现流程

在风电场侧 AVC 系统功能投入情况下，AVC 系统自动接收调度下达的风电场升压站高压侧母线电压/无功计划曲线或实时指令，并计算处理得到当前 AVC 实时控制指令。在 AVC 满足启动判别条件后，AVC 将实时控制指令转化为风机、SVC/SVG 等无功设备所需调节的总无功量，综合采集到的风电场内各设备运行数据，制定安全、经济的控制策略对站内所有无功设备（包括风机、SVC/SVG、电容器/电抗器等）进行无功分配、协调优化并发出控制指令，实现对风电场升压站电压和无功功率的自动调节和闭环控制。

图 2 为风电场侧 AVC 系统控制流程。

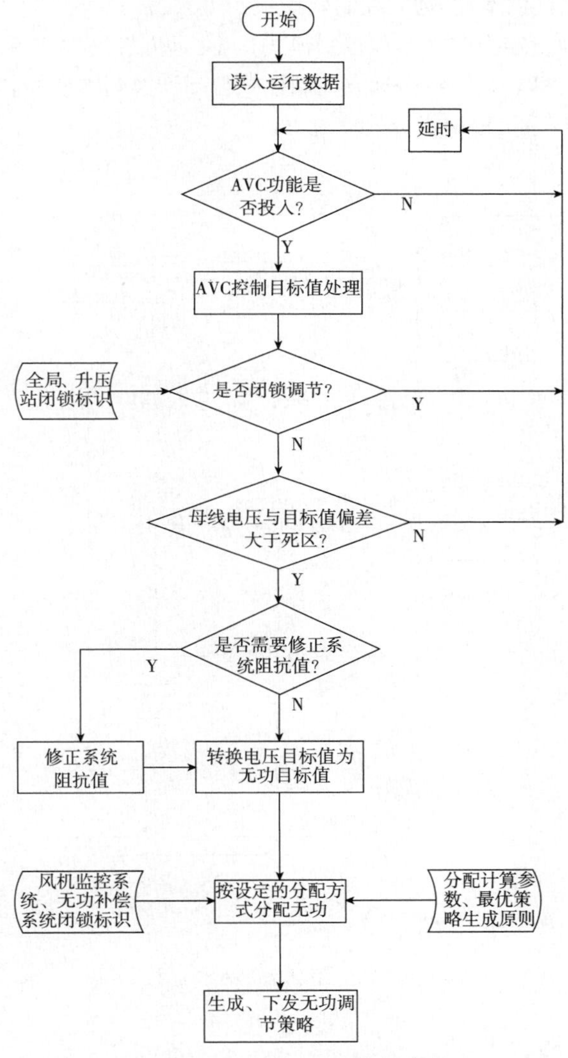

图 2　风电场侧 AVC 控制流程

3　系统实现关键点

3.1　AVC 控制指令处理

风电场侧 AVC 系统的控制指令来源于调度下发或本地设定。调度下发支持调度下发实时遥调指令方式和调度下发计划曲线（一天的控制计划，通常是 15min 一个点，全天共 96 个点）方式。相应地，本地设定支持本地设定实时指令和本地计划曲线方式。由于调度 AVC 主站的多样性，需要满足调度不同的下发指令方式：①调度下发实时指令采用了编码值，需进行相应解码才能得到实际指令值；②调度下发计划曲线可通过 ftp 文件方式，也可通过通信报文方式，得到计划曲线后还需要将计划曲线解析为各个时段的控制指令。

风电场侧 AVC 系统提供人工设定本地电压/无功计划曲线接口（本地曲线设定工具），计划曲线值可编辑、可存储；提供本地/远方控制软压板，可人工切换选择采用调度下发指令（远方控制模式）还是采用本地设定指令（本地控制模式）。在远方控制模式下，若出现调度指令无效或与调度主站通信中断，AVC 系统将由远方控制模式自动切换到本地控制模式。

图 3 为风电场侧 AVC 系统控制指令处理流程。

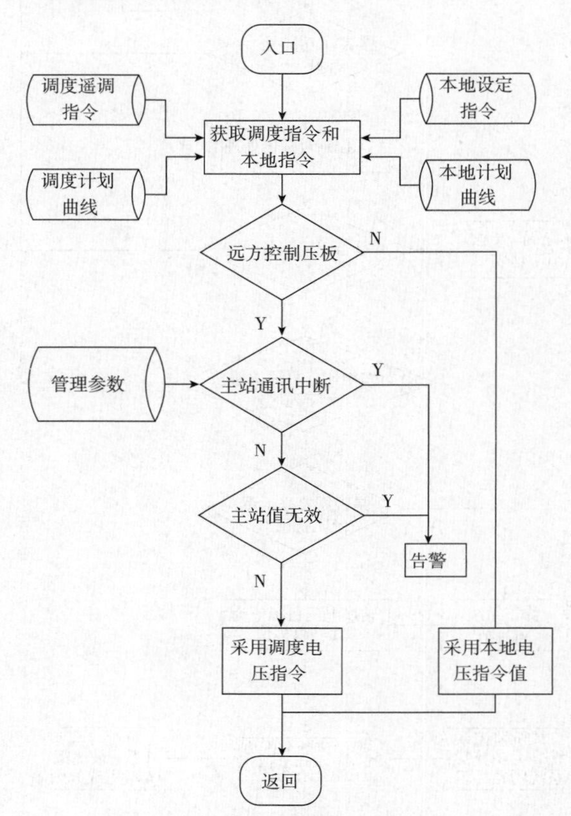

图 3　AVC 控制指令处理流程

3.2　AVC 无功目标计算

调度常以风电场升压站高压侧母线电压作为考核点。当给定母线电压目标值后，需将此值转化为母线注入电网的总无功功率。设调节前母线电压为 U，调节前母线注入电网无功功率为 Q，母线目标电压为U_{tar}，母线注入电网目标无功功率为Q_{tar}，系统阻抗为 X，则根据线路输送功率和电压降落的关系可得

$$(U_{tar}-U)=X\cdot\left(\frac{Q_{tar}}{U_{tar}}-\frac{Q}{U}\right) \tag{1}$$

根据式（1）可计算目标无功功率Q_{tar}

$$Q_{tar}=\frac{(U_{tar}-U)U_{tar}}{X}+\frac{Q}{U}U_{tar} \tag{2}$$

系统阻抗 X 会随着系统运行方式改变而动态变化，因此需对系统阻抗进行动态修正计算。从式（2）中可以看出无论 X 值的设置是否准确，无功的调整方向与母线目标电压的调整方向始终保持相同，可以保证整个无功电压调节是一个逐步逼近的过程。因此，在系统第一次运行时，系统阻抗可通过现场做试验测算获得初始定值并进行人工设定。在进行第一次调节时，无功目标值按照这个初始设定值根据式（2）折算。每次调节后计算考核本次调节后电压的增量，如果电压增量比预期的大，则自动增大系统阻抗值，否则自动减小系统阻抗值，以此实现系统阻抗的动态修正，之后的每次无功目标值计算将采用修正后的系统阻抗值进行折算。

3.3 AVC 无功分配策略

电容器组和有载调压变压器为离散型控制设备，调节响应慢，只能实现阶跃控制，不能精细平滑调节，且都不能频繁调节。因此在 AVC 系统无功分配时优先调节风机和 SVC/SVG 等动态连续可调、响应速度快的无功设备，而电容器组和主变分抽头作为 AVC 系统的辅助调节手段。目前建设的风电场风机大都采用双馈型异步电机或直驱同步电机，风机无功动态可调，且容量较大。另外，SVC/SVG 等动态无功补偿装置也逐步取代了电容器/电抗器等固定式投切设备，风机加上 SVC/SVG 的无功容量已满足风场无功配置需求，采用风机和 SVC/SVG 无功联合控制方式成为 AVC 系统主流控制方式。

在对风机和 SVC/SVG 无功联合控制时，应优先使用风机的无功调节能力，尽量减少 SVC/SVG 的无功输出。一方面，SVC/SVG 留有足够的无功调节裕度，可以在出现电网电压严重跌落情况下快速提供无功支撑；另一方面，电网故障时引起部分风电机组脱网，而 SVC/SVG 仍挂网运行，可能会导致局部电网无功功率过剩进而引起事故扩大，而风机在脱网时，有功功率和无功功率都不再向电网注入，可有效避免因风机脱网造成无功功率过剩情况。在实际风场建设过程中存在风机厂家繁多、风机无功调节性能参差不齐的情况，风机往往难以满足快速调节无功要求。在这种情况下，当并网点电压在合格范围外时，可以优先调节 SVC/SVG 设备进行电压校正，使电压尽快调节到合格范围内，满足调度对风电场侧 AVC 系统控制速度和控制精度的要求。然后利用风机的无功输出置换出 SVC/SVG 的无功输出，充分利用风机的无功调节能力，尽量使 SVC/SVG 的无功调节裕度最大化。

4 风电场侧 AVC 系统的应用

上文所述方法已在全国多个省份的风电场投入使用。图 4 给出了山西省某风电场 AVC 系统的实际控制效果。

该风电场总装机容量为 148.5MW，两个风机厂家，共 99 台 1.5MW 双馈式异步风电机组，所有风机无功均可调，单台机组功率因数调节范围为［-0.95，0.95］。另外配置了 2 台 SVG 装置，单台无功调节容量均为 ±8MVar。从图 4 可以看出，在电压指令变化幅度较大的情况下，AVC 系统仍能够快速跟踪电压指令，将母线电压调节在合格范围内，电压调节精度为 0.4kV，调节速度大于 1kV/min，有效提高了风电场电压合格率，满足了调度的考核要求。

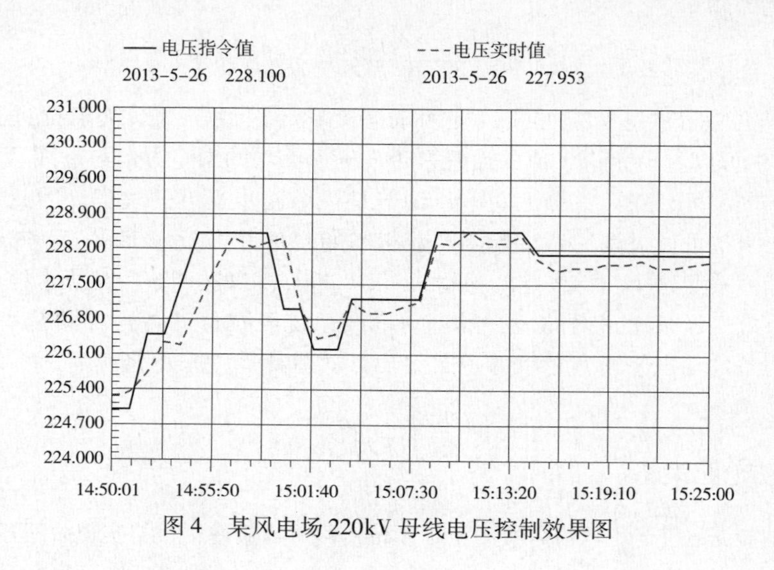

图4 某风电场220kV母线电压控制效果图

5 结语

风电场侧AVC系统建设和应用可有效改善大容量风电场接入地区的电网电压水平，提高电网运行的经济性和可靠性。本文提出了一种基于服务器平台的风电场侧AVC系统实现方法，结合实际工程应用经验总结了AVC系统建设过程中相关关键问题的处理方法。所提方法已在国内不少工程得到实际应用，并起到了很好的效果。

参考文献：

[1] 朱永强，迟永宁，李琰．风电场无功补偿与电压控制［M］．北京：电子工业出版社，2012.

[2] GB/T 19963—2011．风电场接入电力系统技术规定［S］.

[3] 乔颖，鲁宗相，徐飞．双馈风电场自动电压协调控制策略［J］．电力系统自动化，2010，34（5）：96-101.

[4] 迟永宁，刘燕华，王伟胜，等．风电接入对电力系统的影响［J］．电网技术，2007，31（3）：77-81.

作者简介：

王小平（1987— ），男，工程师，主要从事电力系统自动控制技术研究及软件研发工作。E-mail：wangxp@nari-relays.com

黄宏盛（1981— ），男，工程师，主要从事电力系统自动化技术研究及应用。

徐　浩（1981— ），男，工程师，主要从事电力系统自动控制技术研究及软件研发工作。

黄　伟（1981— ），男，工程师，主要从事电力系统自动控制技术研究及软件研发工作。

翟剑华（1986— ），男，工程师，主要从事电力系统自动控制技术研究及软件研发工作。

李陶旺（1980— ），男，工程师，主要从事电力系统自动化调试及继电保护试验工作。

并网风电场调度自动化信息平台的优化与探究

李　燚[1]，刘梦欣[2]

（1. 华东空管局气象中心，上海　200335；2. 华东电力设计院，上海　200001）

【摘　要】　分析了风力发电的特性及其与常规火电的区别，明确了满足现行规程规范要求的并网风电场调度自动化系统配置。基于目前国内风电场监控设备的实际状况，提出了一种可行的建设思路和技术方案，通过采用综合通信管理终端构建并网风电场调度自动化系统统一高效的数据交换和信息共享平台，优化实现了风电场与调度端以及电场内各子系统之间的信息传输，为今后风电场调度自动化系统的建设和发展提供了参考思路。

【关键词】　并网风电场；监控系统；综合通信管理终端；数值天气预报；风电功率预测

0　引言

近年来，风电作为一种经济、清洁的可再生能源，得到了大规模的发展，但其接入给电网运行带来了深远的影响和巨大的挑战[1]。风电本身所具有的特性使得系统对运行信息的实时性和电力系统维持供需平衡的能力要求更高，对风电场实施调度和监控的难度更大，尤其是有功功率控制和无功功率控制方面[2,3]。

目前，各风电场的实际情况差别很大，特别是存在同一风电场采用多套机组控制系统的情况。不同厂家的监控系统，互不兼容，且与我国现有电网调度控制系统接口困难。这种异构性[4]表现在应用程序运行于不同的平台，其相应的数据格式也是私有的非标准格式，同时由于缺乏统一的标准和信息命名规范，各厂商开发出的调度自动化系统没有一个统一的网络模型和数据结构，系统之间很难进行数据交换和共享。

在这种情况下，综合考虑风电场各个层面的数据采集和监控实施方案，形成完善的调度自动化系统，将有效提高风电调度运行的精细化水平，增强系统安全稳定运行能力，并为风电的发展和消纳提供技术支撑。

本文通过与常规火电厂调度自动化系统的对比，结合国内现有的风电并网相关的规程、规范，阐明了风电场调度自动化系统所需配置的子系统，并提出了各子系统之间的连接和信息传输功能的优化方案。

1　风电与常规火电的区别

发电机组的有功输出受制于一次能源的供给，因此风电机组的有功控制根本上受制于风电场所能捕获的风能，而火力发电则取决于可储存、可量化的煤炭等资源。

常规火电机组的一次能源供应稳定，原动机输出功率平稳、调节次数较少，有功的调节能力较强，但常规火电机组不能实现输出功率在大范围内的连续调节。风电场内由于风能的分布存在着时间和空间上的随机性，风机和发电机的运行状态改变频繁、调节次数增多，这就决定了风电场有功功率的调节速度要加快，并能实现输出功率在大范围内的连续调节。

此外，由于风力发电受自然条件影响较大，具有波动性、间歇性和无规律性[5]。因此，在实际生产和运行过程中，需要将气象数据纳入监测范围，并作为生成控制策略、安排发电计划的重要依据。准确地预测风电场出力的变化趋势对于保障电网的安全稳定运行、实现安全经济调度具有重大意义。

2 系统构成

完整的风电场调度自动化系统是由部署在调度端的主站系统、厂站端的子站系统或终端装置，以及相应的通信介质或数据传输网络构成的整体。主要包括数据采集与监控、电力系统实时动态监测、风电功率预测、电能量计量、调度计划管理、调度生产管理、电力调度数据网络和二次系统安全防护等调度技术支持系统。

本文对风电场与常规火电厂一样配置的相量测量装置（PMU）、电能量计量系统、调度数据网和调度管理信息网接入设备及二次安全防护设备不再赘述，重点说明除前述设备外，风电场还需具备的其他功能和相应系统。

2.1 升压站监控系统

风电场升压站监控系统主要负责对升压站、配电装置和风机变电单元、站用电源系统等集中监控，同时对其他电器设备如直流电源、UPS、保护设备等实施监视和监测。

风电场升压站监控系统与常规火电厂的监控系统相同，主要用于采集主变、线路并网运行状态、有功、无功、电压和电流等实时数据，下发主变分接头调节等指令。

2.2 风机监控系统

风机实时运行信息是风电功率预测和监控的重要基础数据，新建风电场需配置一套能够完成所有风机数据采集与控制功能的风机监控系统。

风机监控系统主要用于采集相关机组运行状态、上传风机运行的实时信息，并接收有功功率、无功电压控制指令等。

2.3 风电功率预测系统

根据风电场所处地理位置的气候特征和风电场历史数据情况，采用适合的预测模型进行本风电场发电预测，根据预测时间尺度的不同和实际应用的具体需求，采用多方法及模型，形成最优预测策略。

功率预测功能分为短期功率预测和超短期功率预测。短期功率预测应能够预测风电场未来三天72h的96点出力曲线；超短期功率预测应能够预测未来0~4h的风电场出力曲线，时间分辨率均为15min。

2.4 气象预报系统[6]

风电的运行状况受天气影响大，需要精确的气象预报系统作为安排生产和运行计划的依据和支持。电力调度关心的主要是未来一段时间内的发电量，属于短期预报时段，而数值天气预报系统恰恰是要求建立一个较好的反映预报时段（短期的、中期的）数值预报模式和误差较小、计算稳定并相对运算较快的计算方法。

目前，国内接收并利用的48h内地面风场格点预报产品有T639数值预报、日本数值预报、美国数值预报和江苏MM5数值预报等预报模式，选取与当地实际风速接近的数值预报模式与发电量分析预报关系式进行发电量拟合，反复订正适用于该地区的数值预报产品，以获得最接近于实际的预报效果，从而为风电场进行功率预测提供准确的技术依据。

目前，风电场所能取得的气象数据主要来源于气象部门提供的数值天气预报，即10m、30m、70m、100m及170m等高程的气象E语言文本历史数据。此外，还有风电场本地所装设的测风塔测量的实时气象数据。

2.5 有功功率控制

为了实现对有功功率的控制，风电场远动系统需具备有功功率调节能力[5]，能够接收调度主站系统下发的风电场发电出力计划、有功控制指令，按调度部门给定的速率自动执行发送至风机监控系统，并由其根据风电机组的不同运行、控制特性和实时运行工况，进行目标出力在具体风电机组上的优化分配控制，确保电场最大输出功率及功率变化率不超过电网调度部门的给定值（图1）。

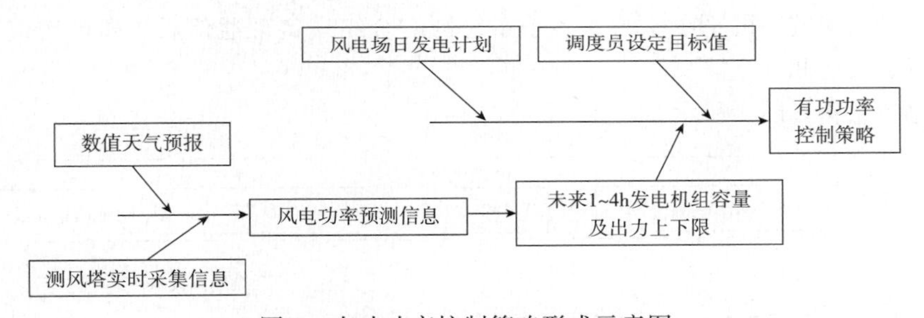

图1　有功功率控制策略形成示意图

2.6 无功电压控制

为了提高电网电压动态调控能力，实现无功分层分区平衡，从而达到提高电网电压质量、减少网损的目的，要求风电场具备协调控制机组和无功补偿的能力，能够自动接收调度主站系统下发的风电场无功电压考核指标、无功电压控制指令等，并通过控制风电场无功补偿装置控制风电场无功和电压满足调度端的要求。

风电场应安装具有自动电压调节能力的动态无功补偿装置，在电力系统发生故障、并网点电压出现跌落时，能够调整机组无功功率和场内无功补偿容量，配合系统将并网点电压和机端电压快速恢复到正常范围内。

2.7 电能质量监测系统

风电场电能质量问题一般指三个主要方面：电压闪变、电压变动、谐波。当风电场并网点的这三项背景电能质量指标满足相应的国家标准[7-9]要求时，风电机组应能正常运行。

风电场应配置电能质量监测设备，以实时监测风电场电能质量指标是否满足要求；若不满足要求，风电场需安装电能质量治理设备以确保风电场合格的电能质量。

3 调度自动化系统的整体设计

3.1 综合通信管理终端

风电场调度自动化系统涉及多个子系统。关于信息交换，不仅各个子系统所采集到的信息需要上传至调度端，而且一些子系统之间也需要交换信息。例如，风电功率预测需要风电场每台风机的风速、风向角、有功功率等大量的基础数据，还需接入数值天气预报的数据。

目前，风电场自动化设备本身也存在一定的局限性，比如，不同厂家的风机都有一套独立的风机监控系统，而其风电场监控技术一般都互不兼容；而国内测风塔系统只有 1 个通讯口。在这种情况下，为了实现其信息的传输，引入综合通信管理终端（简称“综合终端”）的概念。

综合终端除具备传统的串行接口通信外，在满足调度数据网安全管理要求的前提下进行内部设备组网，通过以太网方式进行通信，支持国内多种主流通信协议，如 IEC870—5—101、IEC870—5—104、CDT、Modbus 和 DNP 等，这就解决了前述不同子系统之间不兼容的问题。

3.2 总体结构

以综合终端构建统一的系统平台，各子系统与综合终端实现通信后，即可实现风电场内信息的有效采集、交换和共享。

系统的总体结构如图 2 所示。

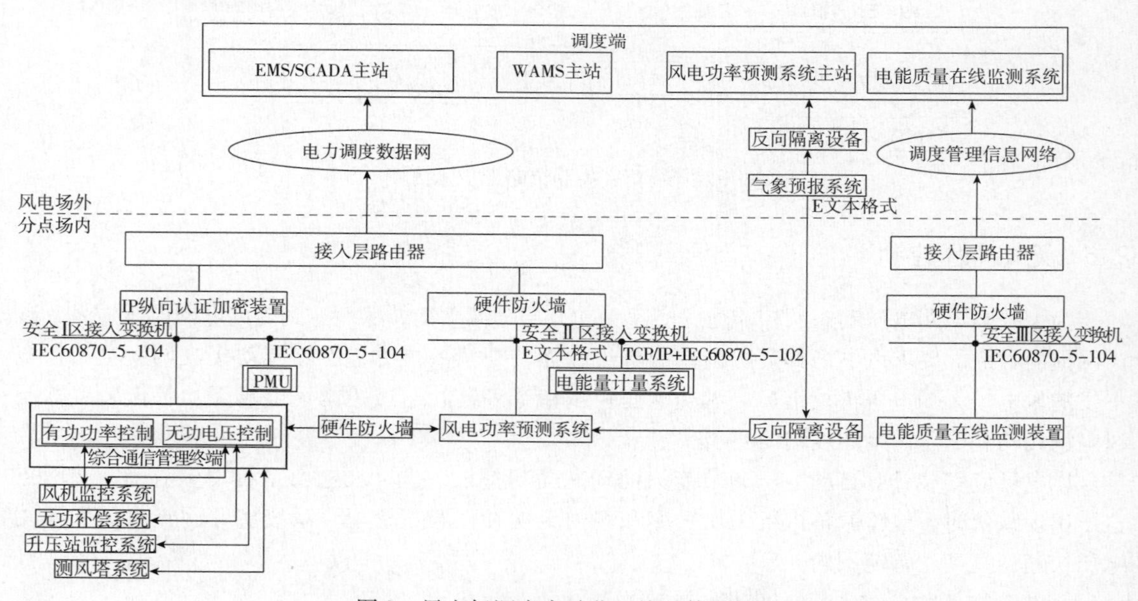

图 2 风电场调度自动化系统总体结构图

整个风电场内所有需要上传的实时数据和历史数据均直接由综合通信管理终端通过电力调度数据网向主站系统发送，同时从调度中心主站系统接收有功/无功的调节控制指令，转发给风机监控系统、无功补偿装置等进行远方调节和控制。

风电场侧监控及功率预测主要包括安全 I 区风电场监控、安全 II 区风电功率预测两部分，两者整体设计和统一建设，其相应的数据通过电力调度数据网实现风电场与调度端之间的通信。

3.3 接口与通信

（1）综合终端与升压站监控系统通信。综合终端与升压站的风电场监控系统直接通过远动通信规约进行通信实现信息交互，实时运行信息包括升压站电气模拟参数和电气运行状态参数。

（2）综合终端与无功补偿装置通信。为实现无功电压控制的需要，综合终端将调度端下发的无功/电压目标值下发至无功补偿装置。调度要求无功补偿装置应具备 DL/T 634.5101—2002《远动设备及系统第 5－101 部分：传输规约基本远动任务配套标准》或 DL/T 634.5104—2009《远动设备及系统第 5－104 部分：传输规约采用标准传输协议》通信规约的传输功能。

（3）综合终端与风电功率预测系统通信。综合终端与风电功率预测系统之间双向传输数据。风电功率预测系统通过综合终端接收调度主站系统下发的功率预测结果、风电发电计划，向主站上传数值气象预报信息，并根据历史和运行数据计算、分析、修正和校核，将风电场实时的气象预报信息和本地功率预测结果上传到调度主站。

综合终端应具备串口或网络方式远动通信规约通信和文件传输功能，实现实时数据和历史数据交互，预留数值天气预报文件的下载上传、功率预测结果文件的上传下达等接口功能。

（4）综合终端与风机监控系统通信。风电场综合终端采用以太网或串行口 RS232/485 方式与风机监控系统通信，以获得相关风机运行投入/退出状态、有功、无功、电压及电流等实时数据。由于涉及到实时数据，调度要求其传输需采用标准远动实时通信协议。

（5）风电场与主站通信。综合终端安装在风电场当地，与风电场监控系统、风机监控系统、无功补偿等设备通信读取实时运行信息，对实时信息进行定时采样，形成历史数据存储在终端中，并将实时数据和历史数据，包括风电场功率预测结果等，通过电力调度数据网上传到主站系统；同时从主站接收经联合优化后确定的发电出力计划曲线、风电场功率预测结果，以及有功/无功的调节控制指令等，并转发给风机监控系统、无功补偿装置等进行远方调节和控制。

（6）天气预报系统与风电场功率预测系统通信。天气预报系统位于安全Ⅲ区，其文件服务器上的 E 格式文本数据每天定时传送到Ⅱ区风电功率预测应用服务器。风电场功率预测系统综合气象部门提供的天气预报数据和风电场本地测风塔的数据，根据历史和运行数据计算、分析、修正和校核，将风电场的本地功率预测结果上传到调度主站。

（7）测风塔与风电场功率预测系统通信。测风塔系统经唯一的接口与综合终端建立通信后，将有关数据转发给风电功率预测系统。

（8）电能质量在线监测系统与主站通信。安全Ⅲ区的电能质量监测设备，通过调度管理信息网实现与调度端的信息交互。

3.4 安全防护策略

综合终端和 PMU 接入调度数据网实时 VPN，电能量计量系统和风电功率预测系统接入非实时 VPN，采用纵向加密认证装置，实现网络层双向身份认证、数据加密和访问控制。安全 I、II 区之间采用国产硬件防火墙进行逻辑隔离。

此外，从前述各子系统之间的通信方式可以发现，位于安全 II 区的风电功率预测系统分别与位于安全 I 区的综合终端和安全 III 区的数值气象预报系统相联系，即不同安全区域的子系统之间存在直接交互的专用接口。因此，为了保证调度自动化系统自身的安全性，需采用横向隔离防护措施来降低这种信息接口交叉穿越不同安全区域所带来的安全风险。

4 结语

风电这种新能源形式自身的特点决定了其相应的调度自动化系统内容更加丰富，更加复杂。

近年来，我国行业内已经针对风电场的接入、监控系统等制定了一些相关的规程或规范，但仍处于摸索阶段。为了应对大规模风电的接入，建议在设备硬件技术不断发展的过程中，进一步细化并网风电场建设和运行要求，逐步统一风电场调度自动化系统相关的数据格式和功能实现模式，这将不仅有利于今后更大规模数据的交换和共享，也有助于风电场自身的规范化管理。

最优的数值预报系统模式还有待深入探索。风电场发电量的预报及其准确性与气象部门密切相关，如何进一步提高预报的准确性，还需要不断地进行大量试报和总结，研究出天气变化规律与发电量之间的规律，逐步提高电力调度对风电场发电量预测的准确性。

此外，风电监控设备厂家应在设备实际运行和设计研发之间形成有效反馈，不断改进和完善风电监控设备，突破技术瓶颈，以更灵活地满足不断提高的风电场调度自动化系统要求。

参考文献：

[1] 孙元章，吴俊，李国杰. 风力发电对电力系统的影响［J］. 电网技术，2007，31（20）：55－62.

[2] 李俊峰，施鹏飞，高虎. 中国风电发展报告［M］. 海口：海南出版社，2010.

[3] 石一辉，张毅威，闵勇，等. 并网运行风电场有功功率控制研究综述［J］. 中国电力，2010，43（6）：10－15.

[4] 储真荣. “十一五”期间升级电网调度自动化系统的整体设计［J］. 华东电力，2007，35（2）：28－31.

[5] Q/GDW 392—2009《风电场接入电网技术规定》，国家电网公司，2009.

[6] 李俊，纪飞，齐琳琳，等. 集合数值天气预报的研究进展［J］. 气象，2010，31（2）：3－7.

[7] GB 12326—2008. 电能质量 电压波动和闪变［S］.

[8] GB/T 14549—1993. 电能质量 公用电网谐波［S］.

[9] GB/T 15543—2008. 电能质量 三相电压不平衡［S］.

作者简介：

李燚（1980— ），男，硕士，工程师，主要从事民航区域数值天气气象预报工作，业余从事风电场环评、设计方面研究。Email：leoleely@126.com

大型并网光伏电站AGC/AVC应用

黄　伟[1]，刘永朝[2]，金岩磊[1]，周　敬[1]，唐儒海[1]，王小平[1]

（1. 南京南瑞继保电气有限公司，江苏　南京　211100；
2. 青海黄河水电公司格尔木太阳能发电分公司，青海　格尔木　816000）

【摘　要】　针对太阳能资源本身具有随机性、间歇性、周期性以及波动性的特点，当大型光伏发电系统与电网并网时对电网运行以及配网和高压输电网的电压质量均有一定影响，为保证电网的安全稳定运行并提高供电质量光伏电站中应配置功率/电压控制系统（光伏AGC/AVC）。文中介绍了在光伏电站中应用的一种光伏AGC/AVC控制系统的结构、控制模式、控制策略并给出了控制流程图，该系统已在青海格尔木黄河200MW光伏电站等多个大型光伏电站中成功应用，并取得良好效果。

【关键词】　并网光伏电站；AGC；AVC；控制策略

0　引言

太阳能资源本身具有随机性、间歇性、周期性以及波动性的特点，以太阳能为能源的光伏电站的出力同样具有以上特点，为了解决大容量并网光伏电站发电系统对电网运行以及对配网和高压输电网的电压影响，需要对光伏电站进行科学的调度控制。国家电网公司于2011年5月发布的《光伏电站接入电网技术规定》[2]中规定："大中型光伏电站应配置有功功率控制系统，具备有功功率调节能力。能够接收并自动执行调度部门发送的有功功率及有功功率变化的控制指令，确保有功功率及有功功率变化按照电力调度部门的要求运行。大中型光伏电站应配置无功电压控制系统，具备无功功率及电压控制能力。根据电力调度部门的指令，光伏电站自动调节其发出（吸收）的无功功率，控制光伏电站并网点电压在正常运行范围内"。

1　光伏AGC/AVC的主要功能

在光伏电站中，光伏自动发电控制（光伏AGC）接收来自调度指令或电站本地内的有功需求，并按照制定好的控制策略分配给光伏电站内的逆变器，逆变器根据分配出力值，实时调节出力，从而实现整个光伏电站有功功率的分配和调节，维持光伏电站高压侧电压接近目标值。

光伏AVC接收来自调度的并网点电压目标值，通过控制策略实时调节并网逆变器、无功补偿设备（SVG/SVC）的无功补偿值或变电站升压变压器的分接头进行光伏电站内的整体无功补偿，从而使并网点电压处在正常运行范围内。

2　光伏AGC/AVC的总体架构

光伏AGC/AVC由光伏AGC/AVC服务器和操作员站组成，系统结构如图1所示。光伏AGC/AVC服务器一般由高性能PC服务器担任，是光伏AGC/AVC控制系统部署机器，主要完成和站内逆变器、SVG/SVC 设备以及远动机的通信和数据采集；光伏 AGC/AVC 控制系统进行具体控制逻辑判别，生成最优调节策略的组合，通过网络下发调节命令来实现 AGC/AVC 功能。

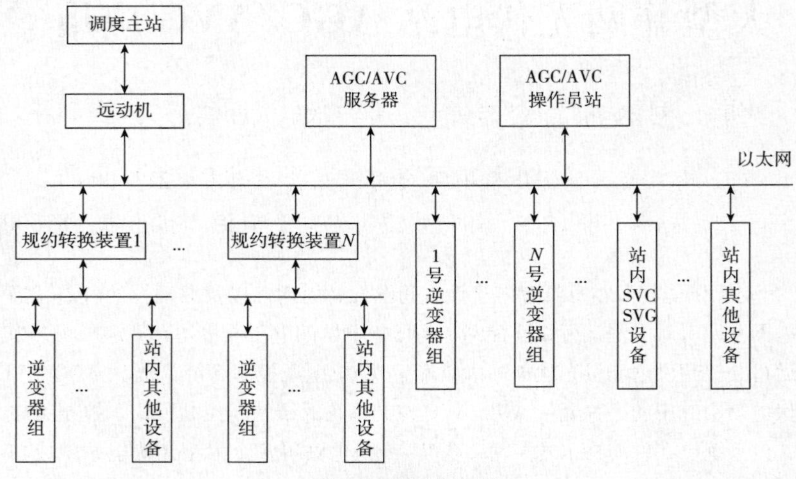

图 1　系统结构图

操作员站以图形界面的方式直观对系统进行监视，不仅可以显示光伏 AGC/AVC 服务器的调节状态（压板投入、运行状态、超出调节能力等），还可以实时显示站内逆变器、SVG/SVC 的实时信息及告警信息，以及通过操作员站对功率控制系统进行设定，使之按要求的方式运行。

光伏 AGC/AVC 服务器和远动机以及站内逆变器、SVC/SVG 等设备都接在同一个网络上（如果不能直接接入以太网，可以通过规约转换装置实现接入），服务器通过远动机向调度主站上送光伏电站 AGC/AVC 站内各种控制信息和实时数据；同时通过远动机接收调度主站下发的有功、无功/电压控制和调节指令，服务器根据接收的指令，按照预先制定的控制策略进行计算，并将计算结果或者命令通过网络下发到各个逆变器或者 SVC/SVG 装置，最终实现全站的有功、无功功率/并网点电压的控制，达到电力系统并网技术要求。

3　光伏 AGC/AVC 的控制模式

光伏 AGC/AVC 系统的工作模式主要有远方模式和就地模式两种。远方模式（即接收来自调度中心的有功目标值或者无功/电压目标值）和就地模式（本地内预先设定好有功、无功/电压的本地计划曲线值）可通过站内控制软压板进行切换。当与调度主站出现暂时性通信中断时，光伏 AGC/AVC 服务器将自动切换至本地模式运行，根据预先设定的本地有功、无功/电压计划曲线值进行调整。

AGC 有功功率值设定有总有功方式和当日有功计划曲线方式两种。总有功方式是接收调度下发的总有功目标值，直接以目标值方式设定全站总有功；当日有功计划曲线方式为调度预先给出下一个 24h 的负荷曲线（实际为每 5min 对负荷进行 1 次设定，一天共 288 个点），负荷曲线存储在光伏 AGC/AVC 计划曲线库中，AGC 从中读取数据以决定某一时刻负荷的大小。

AVC 有总无功模式和电压控制模式两种控制模式。总无功模式是直接接收来自调度下发的总无功设定值，电压控制模式则根据调度下发的母线电压目标值或母线电压范围，折算为无功负荷后在可调逆变器、无功补偿装置间进行分配。在电压控制模式下，母线电压的设定值不仅可以接收调度下发实时设定值，也可选择投入电压曲线模式，按照调度曲线中的电压设定值进行调节。

AGC 有功功率值设定有总有功方式和当日有功计划曲线方式两种方式。总有功方式是接收调度下发的总有功目标值，直接以目标值方式设定全站总有功；当日有功计划曲线方式为调度预先给出下一个 24h 的负荷曲线（实际为每 5min 对负荷进行 1 次设定，一天共 288 个点），负荷曲线存储在光伏 AGC/AVC 计划曲线库中，AGC 从中读取数据以决定某一时刻负荷的大小。

AVC 有总无功模式和电压控制模式两种控制模式。总无功模式是直接接收来自调度下发的总无功设定值，电压控制模式则根据调度下发的母线电压目标值或母线电压范围，折算为无功负荷后在可调逆变器、无功补偿装置间进行分配。在电压控制模式下，母线电压的设定值不仅可以接收调度下发实时设定值，也可选择投入电压曲线模式，按照调度曲线中的电压设定值进行调节。

4　光伏 AGC/AVC 的控制策略

有功分配策略为光伏电站接收到省调主站下发的有功目标值，然后在所有运行且可调逆变器中进行负荷分配。分配的方式主要是将有功目标值平均分配到各台逆变器。

有功分配流程图如图 2 所示。

有功分配的公式为

$$P_{AGC}=P_{target}-P_{free} \tag{1}$$

$$P_{iAGC}=P_{AGC}/\sum_{i=1}^{n}1(i=1\ldots n) \tag{2}$$

式中：P_{AGC} 为可调逆变器总有功之和；P_{target} 为调度主站下发的总有功；P_{free} 为不可控逆变器的有功之和，不可控逆变器表示由于通信等原因，光伏 AGC/AVC 服务器无法控制但在自由发电的逆变器；P_{iAGC} 为每台逆变器分配到的有功负荷，求和公式表示当前可控逆变器数量的总和。

由于不可控逆变器的存在，且其有功处在“自由发”状态，这部分有功极易受到天气的波动而有较大的变化，势必会影响到分配到可控逆变器那部分的有功总和。

$$P_{ixAGC}=P_{xAGC}/\sum_{i=1}^{n}1(i=1\ldots n) \tag{3}$$

式中：P_{xAGC} 是一个修正值，其目的主要是修正由于不可控逆变器存在而产生的有功分配差异，P_{ixAGC} 是修正后分配到每台逆变器的有功负荷。

无功分配流程图如图 3 所示。

无功预测值为

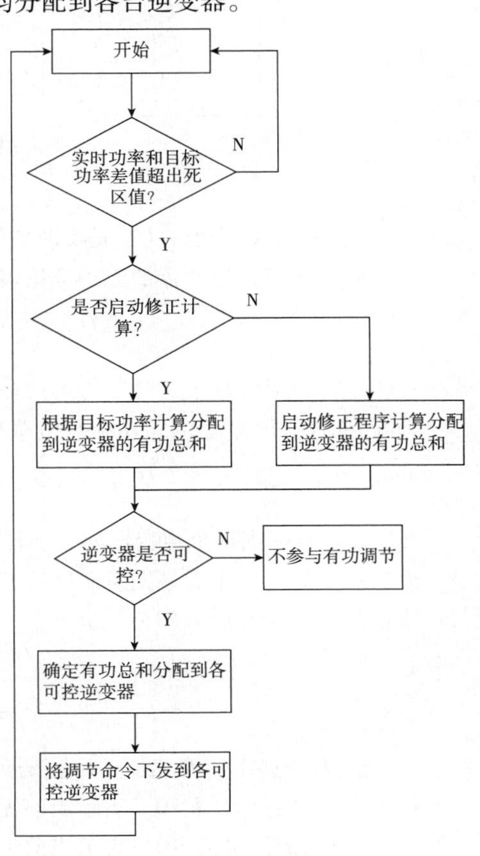

图 2　有功分配流程图

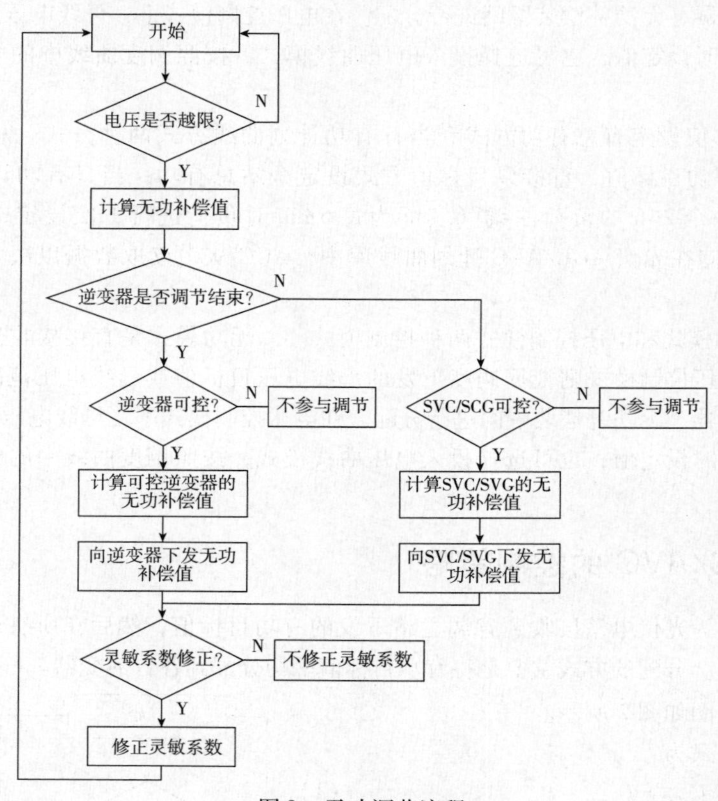

图3　无功调节流程

$$Q_{forecast}=K\left(U_{target}-U_{real}\right) \tag{4}$$

式中：U_{target}是目标电压值；U_{real}是实时电压值；K是灵敏系数。

分配到每个可控逆变器的无功补偿值总和为

$$Q_{iAVC}=Q_{forecast}/\sum_{i=1}^{n}1(i=1\ldots n) \tag{5}$$

式中：Q_{iAVC}是分配到每个逆变器的无功补偿值；求和公式是计算可控逆变器的数目总和。

分配到SVC/SVG上的无功补偿值总和为

$$Q_{iSVC}=(Q_{forecast}-Q_{iAVC})/\sum_{i=1}^{n}1(i=1\ldots n) \tag{6}$$

式中：Q_{iSVC}是分配到每个逆变器的无功补偿值。

无功补偿的优先原则是先逆变器后SVC/SVG装置。

修正灵敏系数K的判别公式为

$$\left(U_{\Delta target}U_{\Delta real}\right)>0\&\&\left(U_{\Delta target}-U_{\Delta real}\right)/U_{\Delta target} \tag{7}$$

$$\left(U_{\Delta target}U_{\Delta real}\right)>0\&\&\left(U_{\Delta real}-U_{\Delta target}\right)/U_{\Delta target} \tag{8}$$

式中：$U_{\Delta target}$是预测电压变化值；$U_{\Delta real}$是实际变化电压值。

若式（7）的结果值>0，表示当前无功补偿值不够，需要扩大灵敏系数K。

公式（5）的结果值>0，表示当前无功补偿值过多，需要减小灵敏系数K。

运用以上策略的AGC和AVC效果如图4、图5所示。

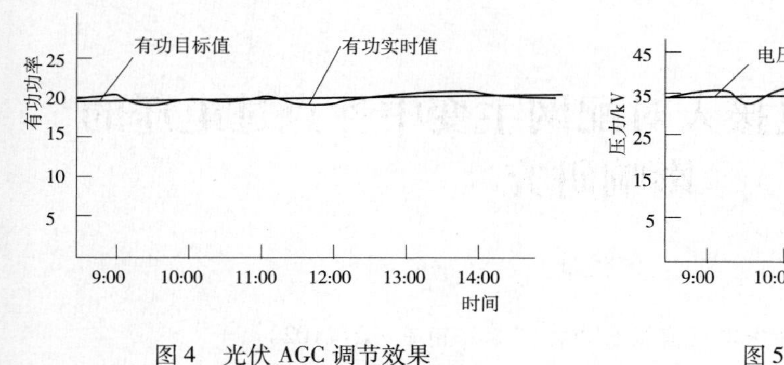

图 4　光伏 AGC 调节效果

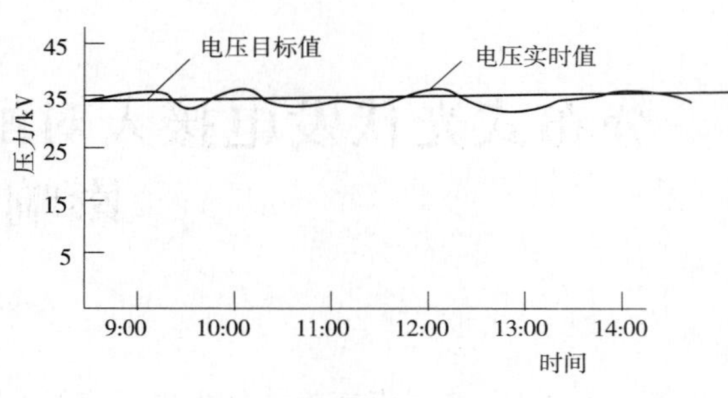

图 5　光伏 AVC 调节效果图

5　光伏 AGC/AVC 的应用

对光伏电站的有功、无功\电压状态动态跟踪，迅速通过调节光伏电站的逆变器和无功补偿设备（SVC/SVG）实现有功调节和电压调节，能够更好地控制光伏电站实际出力和无功补偿。该光伏 AGC/AVC 系统已经应用于青海、宁夏、新疆、甘肃等多个大型光伏电站，为并网光伏电站的运行稳定运行提供可靠保障。

参考文献：

[1] Q/GDW617—2011. 光伏电站接入电网技术规定 [S].
[2] 黄华，陈建华. 光伏并网运行无功控制技术报告 [R]. 国网电力科学研究院，2011.

作者简介：

黄　伟（1981—　），男，工程师，主要从事电力系统自动化、新能源技术研究及软件研发工作。E - mail：huangw@ nari - relays. com

刘永朝（1985—　），男，助理工程师，主要从事电力系统自动化、大型并网光伏电站系统运行及维护作用。

金岩磊（1978—　），男，工程师，主要从事电力系统自动化、新能源技术研究及软件研发管理工作。

周　敬（1981—　），男，工程师，主要从事电力系统自动化及新能源技术调试工作。

唐儒海（1987—　），男，工程师，主要从事电力系统自动化及新能源技术调试工作。

王小平（1987—　），男，工程师，主要从事电力系统自动化、新能源技术研究及软件研发工作。

分布式光伏发电接入对配网主变中性点过电压的影响研究

何俊峰

（南京南瑞继保电气有限公司，江苏　南京　211102）

【摘　要】　因某种原因导致110kV变电站处于不接地状态时，若有分布式光伏发电从低压侧接入，在110kV侧发生非对称性故障时可能导致110kV主变中性点过电压。故障期间主变中性点电压与分布式光伏发电的穿透功率水平密切相关。

【关键词】　分布式光伏发电；主变中性点过电压；配电网；穿透功率水平

0　引言

由于110kV系统的接地点一般都在220kV变电站的110kV侧，系统结构如图1所示。若因某种原因导致110kV线路断开，则此时110kV变电站处于不接地状态。若有分布式电源从低压侧接入，此时若110kV侧发生非对称性故障，将有可能导致110kV主变中性点过电压。本文针对分布式光伏发电接入后可能造成的110kV主变中性点过电压问题进行研究。

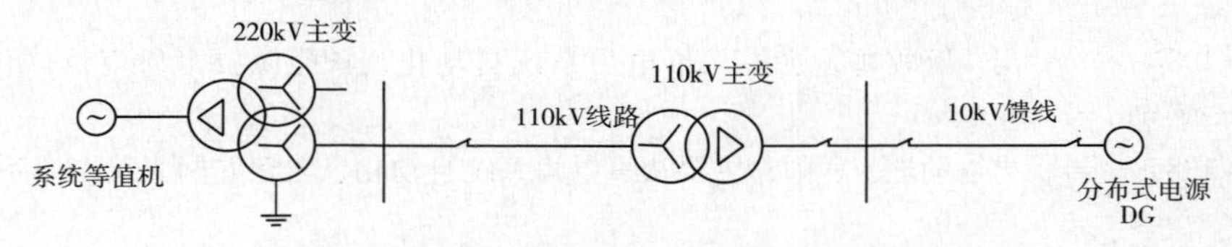

图1　配电网结构示意图

1　仿真模型及说明

针对上节提出的问题，搭建了PSCAD/EMTDC仿真模型，如图2所示。仿真时将110kV线路断开，研究不同光伏穿透功率水平（即光伏容量与总负荷的比值）时发生110kV主变高压侧发生单相接地故障时主变中性点的过电压问题。图中E0为110kV主变中性点电压测点。5.0s时发生110kV主变高压侧单相接地故障，故障持续时间0.1s。需要说明的是，在2s时间之内，故障持续时间的长短对于主变中性点过电压的大小并没有影响，因为故障期间光伏提供的短路电流都是一样的。由于现行的标准，只要求光伏逆变器低电压穿越能维持2s，因此2s之后，光伏逆变器可以脱网。若光伏逆变器全都脱网，则主变中性点的过电压自然随之消失。

1.1　光伏发电接入配网的要求

国家电网公司和南方电网公司均先后出台了分布式电源接入电网的技术规定和光伏电站接入电网的技术规定[1-4]。根据国家电网公司Q/GDW480－2010《分布式电源接入电网技术规定》

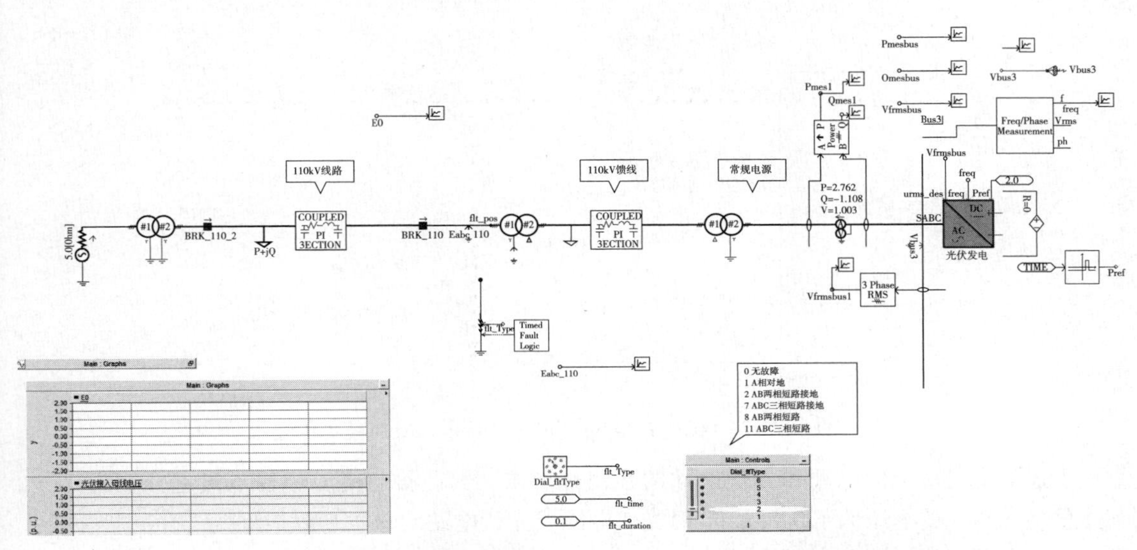

图2　光伏接入后对主变中性点过电压分析的 PSCAD/EMTDC 仿真模型

的要求，当光伏发电系统并网点电压处于表1规定的电压范围时，应在相应的时间内停止向电网线路送电。此要求适用于多相系统中的任何一相。

表1　　分布式电源的电压响应时间要求

并网点电压	要　求
$U<50\%U_N$	最大分闸时间不超过0.2s
$50\%U_N \leq U<85\%U_N$	最大分闸时间不超过2.0s
$85\%U_N \leq U<110\%U_N$	连续运行
$110\%U_N \leq U<135\%U_N$	最大分闸时间不超过2.0s
$135\%U_N \leq U$	最大分闸时间不超过0.2s

注　1. U_N 为并网点电网额定电压。

2. 最大分闸时间是指异常状态发生到电源停止向电网送电时间。

Q/GDW480—2010《分布式电源接入电网技术规定》要求变流器类型的分布式电源必须具备快速监测孤岛且监测到孤岛后立即断开与电网连接的能力。但Q/GDW480—2010对防孤岛保护动作时间没有做明确要求。

南方电网公司Q/CSG1211001—2014《分布式光伏发电系统接入电网技术规范》对分布式光伏发电的电压响应时间要求与国家电网Q/GDW480—2010中的要求一致。南方电网公司Q/CSG1211001—2014也对分布式光伏的防孤岛保护提出了要求，即要求分布式光伏发电系统应具备快速监测孤岛且立即断开与电网连接的能力，防孤岛保护动作时间不大于2s，防孤岛保护应与配电网侧线路保护相配合。

国家电网公司Q/GDW 617—2011《光伏电站接入电网技术规定》和南方电网公司Q/CSG1211002—2014《光伏发电站接入电网技术规范》对光伏电站接入电网提出了低电压穿越等方面的要求。Q/CSG1211002—2014对光伏电站低电压穿越能力的要求如图3所示。

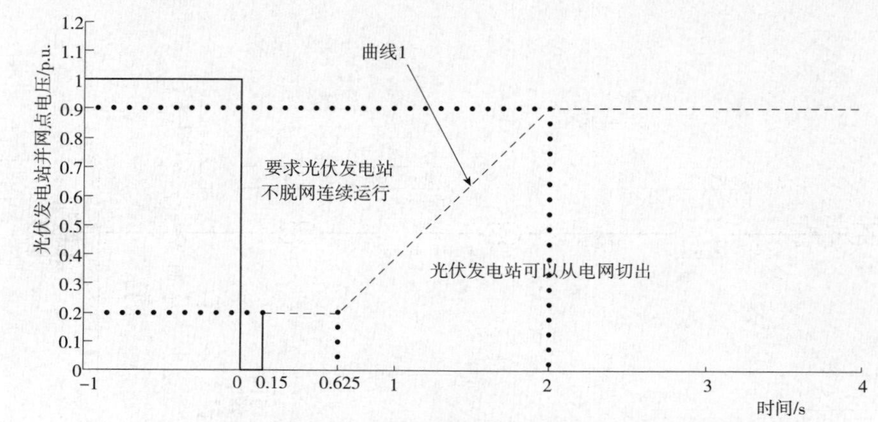

图 3　Q/CSG1211002—2014 对光伏电站低电压穿越能力的要求

上述规定是对光伏电源和光伏电站的强制性要求。因此对与主变中性点过电压问题来说，如光伏接入母线的电压低于 0.85p.u. 时光伏电源或光伏电站的最大切除时间为 2.0s，即主变中性点的过电压可能持续 2.0s 之久。

1.2　光伏发电的短路电流特性

按照 Q/GDW 617—2011 和 Q/CSG1211002—2014 技术规范要求，在系统故障导致系统电压跌落光伏电站低电压穿越要求期间，光伏电站保持并网运行，仍向系统输出电流即提供短路电流。由于光伏逆变器的开关器件均有容量限制，电流值必须小于规定的数值，否则将烧坏开关器件。一般而言，开关器件在短时间内可以承受 1～1.5 倍额定电流。因此逆变器为保证自身设备安全起见，逆变器内部控制逻辑会做限流处理。大容量光伏逆变器在电压跌落期间的限流值一般为 0.8～1.0p.u.，某公司 1MW 光伏逆变器的限流值为 0.8p.u.，如图 4 所示（故障前输出为额定电流）。图 4 中，0～1000ms 时光伏逆变器输出额定电流；1000～1800ms 为系统侧故障时间，此时光伏逆变器进入限流模式。输出电流约为额定电流的 0.8 倍；故障消失后光伏逆变器输出为额定电流。

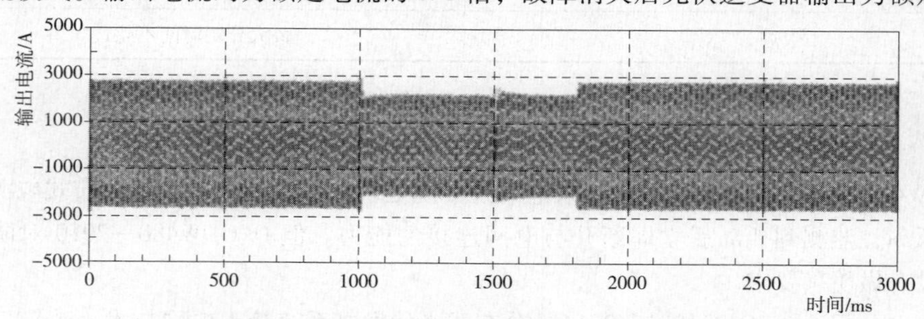

图 4　某公司 1MW 光伏逆变器在系统故障前后输出电流

小容量的光伏逆变器没有低电压穿越的要求，但在故障瞬间也能提供少量短路电流，电流值一般限定为额定电流的 1.0～1.5 倍。

2　影响分析

2.1　空载运行

空载运行，5.0s 时发生 110kV 主变高压侧单相接地故障时，主变中性点（E0）及光伏接入母线电压如图5所示。

从图5可见，当系统空载运行时，若因某种原因出现配网不接地，当110kV主变高压侧发生单相接地故障时，光伏接入母线电压基本可以维持在1.0p.u.附近，而此时110kV主变中性点电压幅值达到90kV。由于光伏接入母线电压仍可维持在额定值附近，若光伏发电系统不具备主动式孤岛检测能力，主变中性点的过电压将一直存在。

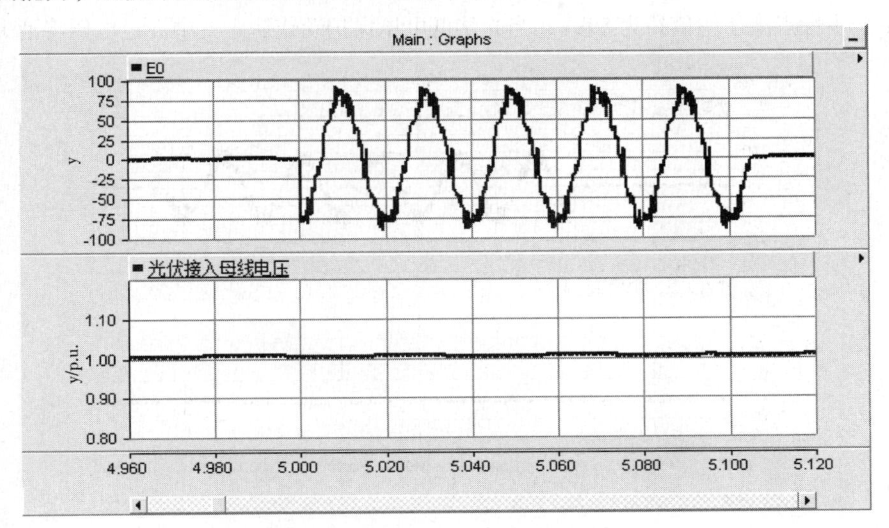

图5　空载运行时主变中性点电压

2.2　穿透功率水平为100%

穿透功率水平为100%即光伏容量等于负荷时，5.0s时发生110kV主变高压侧单相接地故障时，主变中性点电压如图6所示。从图6可见，当穿透功率水平为100%时，光伏接入母线电压可维持在0.88左右，按照分布式电源保护动作要求，若光伏发电系统不具备主动式孤岛检测能力，此时光伏仍可连续运行，而主变中性点电压幅值达到75kV。

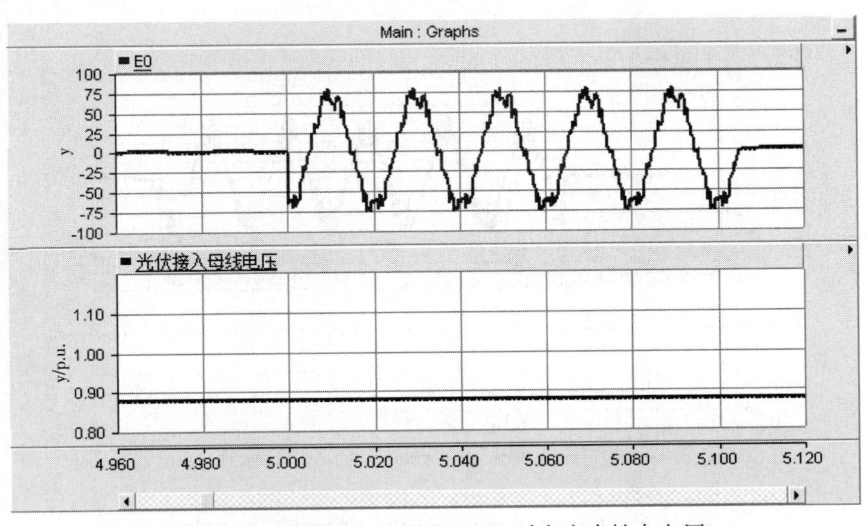

图6　光伏穿透功率水平为100%时主变中性点电压

2.3 穿透功率水平为 50%

穿透功率水平为 50% 时，5.0s 时发生 110kV 主变高压侧单相接地故障时，主变中性点电压如图 7 所示。从图 7 可见，当穿透功率水平为 50% 时，光伏接入母线电压降至在 0.70 左右，按照分布式电源保护动作要求，若光伏发电系统不具备主动式孤岛检测能力，此时光伏最大分闸时间不超过 2.0s，而主变中性点电压幅值约为 50kV，当光伏低电压保护动作后主变中性过电压将消失。

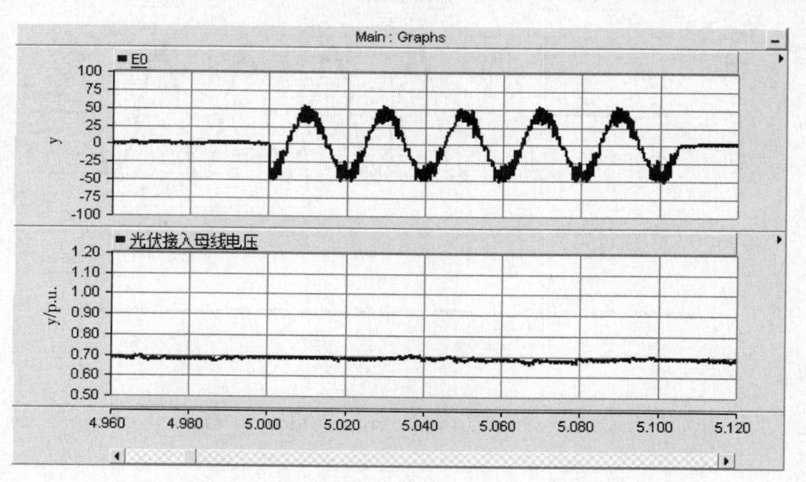

图 7 光伏穿透功率水平为 50% 时主变中性点电压

2.4 穿透功率水平为 25%

穿透功率水平为 25% 时，5.0s 时发生 110kV 主变高压侧单相接地故障时，主变中性点电压如图 8 所示。从图 8 可见，当穿透功率水平为 25% 时，光伏接入母线电压降至在 0.70 以下，按照分布式电源保护动作要求，若光伏发电系统不具备主动式孤岛检测能力，此时光伏最大分闸时间不超过 2.0s，而主变中性点电压幅值约为 30kV，当光伏低电压保护动作后主变中性过电压将消失。

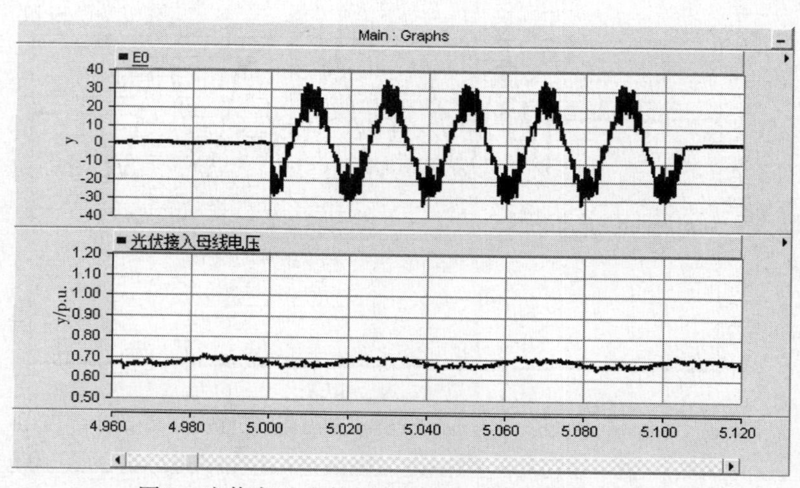

图 8 光伏穿透功率水平为 25% 时主变中性点电压

3 关于主变中性点过电压问题的建议措施

主变中性点过电压的问题由来已久，不光是光伏发电接入后有可能出现主变中性点过电压，其他小电源接入同样有可能会导致主变中性点过电压。防范主变中性点过电压应从以下方面加以考虑：

（1）恰当选择并适当增加系统接地点。主变中性点过电压出现的前提是配电网没有了中性点接地点。合理选择系统接地点可以降低主变中性点过电压出现的概率。

（2）确保自动重合闸能可靠动作。线路因故障跳开后，若能及时重合闸，系统中性点接地点便可恢复，同样可以降低主变中性点过电压出现的概率。有分布式电源接入时自动重合闸应采用检同期的方式。

（3）适当控制配网中分布式电源接入容量。前面的仿真结果表明，当分布式电源穿透功率水平（即分布电源容量与负荷的比值）小于25%时，主变中性点的过电压问题并不严重。而当穿透功率水平达到50%时，主变中性点电压幅值达到50kV。

（4）主变中性点出现过电压的风险取决于分布式电源和配网中负荷的比值，而不是分布式电源的绝对容量。控制配网中分布式电源接入容量，降低分布式电源穿透功率水平即分布式电源与配网中负荷的比值，可以降低分布式电源与负荷形成孤岛后的孤岛效应即分布式电源出力与负荷刚好匹配概率；分布式电源出力与实际负荷的比值越小，对母线电压的支撑能力越弱，从而可以更快的切除分布式电源，降低孤岛效应及主变中性点过电压的风险。

（5）尽量选用具有主动式孤岛检测能力的分布式电源。当分布式电源具有主动式孤岛检测能力时，一旦配网与主网分离形成孤岛，分布式电源可以快速检测到孤岛状态，从而使防孤岛保护动作，将分布式电源快速切除，减少主变中性点过电压的持续时间。

参考文献：

[1] 国家电网公司. Q/GDW480—2010 分布式电源接入电网技术规定 [S].
[2] 国家电网公司. Q/GDW 617—2011 光伏电站接入电网技术规定 [S].
[3] 中国南方电网有限公司. Q/CSG1211001—2014 分布式光伏发电系统接入电网技术规范 [S].
[4] 中国南方电网有限公司. Q/CSG 1211002—2014 光伏发电站接入电网技术规范 [S].

作者简介：

何俊峰（1978—　），男，湖南郴州人，工程师，主要从事电力系统分析工作。hejf@ nari - relays. com

基于SCADA的多风电场远程监控系统的设计

张海超

（辽宁大唐国际新能源有限公司，辽宁　沈阳　110000）

【摘　要】　为了提升风力发电场群综合管理水平，实现无人值班，少人值守，便于统一管理，减少运行维护成本，满足对风电场设备实行在线监测、故障诊断及故障预警和风电机组集群运行的需要而设计一套基于SCADA技术、能够实现跨平台的远程监控系统。

【关键词】　SCADA；风电场；远程监控；跨平台

0　引言

到2013年年底，全国风电装机超过7500万千瓦，风电发电量达到1400亿千瓦时，中国目前已是全球风电装机最多国家。在风电产业的大规模发展的同时，由于历史原因，单个风电场的容量大多小于50MW，而且各个风场较为分散，当风电场数目过多时，单个监控系统已不能满足集约化、控制成本的需求。因此，为了提升风力发电场群综合管理水平，实现无人值班，少人值守，统一管理，减少运行维护成本，实现对风电场设备实行在线监测、故障诊断及故障预警和实现风电机组集群运行，设计一套能够实现跨平台的远程监控系统显得尤为重要。

即数据采集与监视控制系统（Supervisory Control And Data Acquisition，简称SCADA）广泛应用于电力系统、给水系统、石油、化工等领域的数据采集与监视控制以及过程控制等诸多领域。SCADA系统是以计算机为基础的生产过程控制与调度自动化系统。它可以对现场的运行设备进行监视和控制，有着信息完整、提高效率、正确掌握系统运行状态、加快决策、快速诊断系统故障状态等优势，现已经成为电力调度不可缺少的工具。它对提高电网运行的可靠性、安全性与经济效益，减轻调度员的负担，实现电力调度自动化与现代化，提高调度的效率和水平等方面有着不可替代的作用。

当前风电场监控系统所遇到的几个问题：

首先，我国大多数风电场一般都使用风力发电机组配套相应的监控系统，每个风机厂家有自己的设计思路和通讯规约，致使风电场监控技术互不兼容。同时，控制界面也不利于运行人员操作。一个风电场中往往有多个厂家的多种机型的风电机组，这会给风电场的运行管理造成一定困难。与此同时，风电场升压站的电气设备也有自己单独的监控系统。

其次，我国风电的大规模发展时间较短，风电运行管理主要参照火力发电运行的经验，尚未形成适合风电场特点的生产管理模式，安全生产管理制度不完善，缺乏对风电的整体控制管理经验和手段。

最后，由于风电所特有的间歇性和波动性给电网调度带来了极大的困难与挑战。而集中风电场统一管理将有助于电网调度部门及时制定合理的日运行方式并准确地调整调度计划，以保证电力系统的可靠、优质、经济运行。

1　系统设计原则

系统本着区域化集中管理的思想进行方案设计，分为风电场子站、集中监控中心（简称控制中心）两层对多个风电场进行监控和集中管理。系统的设计应遵循以下几点原则：

（1）实用性和完整性。从风场的实际需要出发，配置一个功能完善、设备齐全、管理方便的智能控制及管理系统。

（2）实时性。属于不停机系统，以保证系统的正常运行。

（3）可靠性和稳定性。选用技术成熟、运行稳定的产品，在设备选型、网络设计、软件设计等各个方面充分考虑软件、硬件的可靠性和稳定性，并可在非理想环境下有效工作。

（4）安全性。系统设有安全权限管理。不同范围的人员对不同功能模块有不同的使用权。

（5）易管理性。管理员能对系统进行在线控制和管理，具备在不中断系统运行的情况下对系统进行调整的能力。

（6）易维护性。故障易于排除，日常管理易于操作。真正做到开电即可工作，插上就能运行，维护无需过多专用工具。

（7）先进性。本系统在保证相对成熟的前提下采用先进的技术和设备，使其具有强大的发展潜力，可在尽可能长的时间内满足业务需求增长，适应社会和企业的发展。

（8）规范性。本系统是一个集多种功能于一体的综合性管理及监控系统，遵从各个相关行业的标准与规范，使系统满足标准化设计与管理的要求。

（9）开放性。本系统必须是开放系统，满足相关通行的国际标准或工业标准，确保能与其他系统的设备协同运行。

（10）可扩充性。本系统的设计与实施考虑今后发展的需要，可灵活增减或更新各个子系统。本系统必须在产品系列、容量与处理能力等方面有扩充与换代的可能，满足不同时期的需要。

（11）不间断性。本系统投入运行后，必须保证连续、稳定、可靠运行，确保各风电场正常运行的要求。

2　软件功能设计

按照其功能可划分数据采集执行层、通信层、数据库层、应用层。

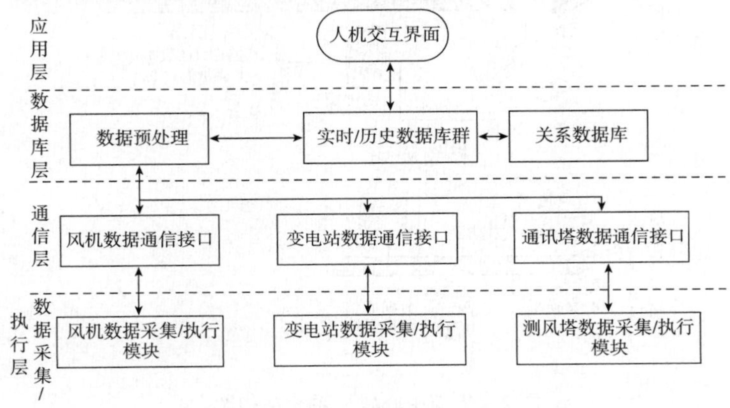

图1　系统软件设计架构图

2.1 数据采集/执行层

负责采集各风电场基础数据及信息，其中包括风速、风向、发电机转速、温度、变桨系统状态等。同时，将集中控制中心下达的控制指令进行执行，并将反馈信息传回会集中控制中心。

2.2 通信层

相关信息传送到实时历史数据库上，同时对通信链路、性能进行侦听，并可以协调远程各个风电场的数据采集。

2.3 数据库层

历史数据库服务器主要负责的是历史数据的存储、为数据的查询分析提供数据依据。关系型数据库主要保存关系型的数据。为保证数据不丢失，本系统采用两个历史数据库服务器都进行冗余配置。

2.4 应用层

展示分析工作站主要负责对实时历史数据进行计算统计、报警和事件的检测和生成。展示分析工作站和 SCADA 服务器将对实时、历史的数据通过图形、趋势、动画、图表等多种方式进行展示（包括数据应用层进行计算统计后的数据），当发生事故时调度工作站上可进行历史回放。可以将视频等信息一并集成进来。除此之外，操作人员也可在此处触发一些控制指令，具体的执行命令由 SCADA 服务器进行下发。

3 硬件系统设计

监控系统主要由：关系型数据库服务器、实时数据库服务器、监控 SCADA 服务器，工作站等组成。集控中心计算机监控系统结构图见图 2。

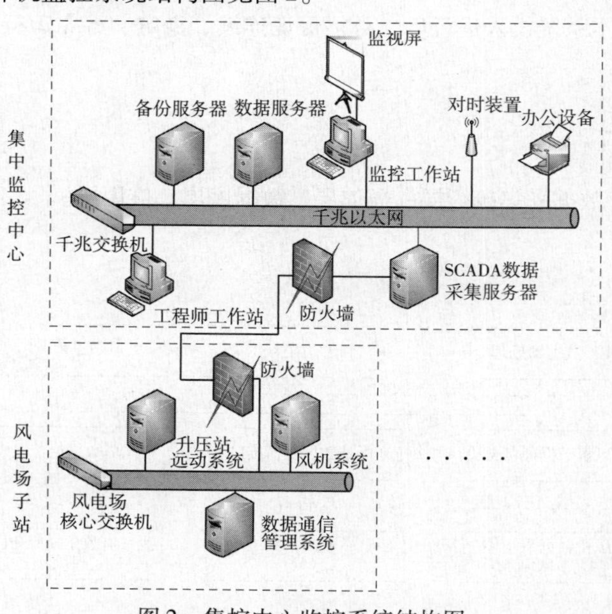

图 2 集控中心监控系统结构图

硬件基础设施系统设计将按照终期将接入各风电场的各类信息考虑。集中监控系统的关键部分按照冗余方式进行建设，SCADA 数据处理、实时数据库服务器、历史数据服务器等关键服务器采用双机热备用方式，系统故障时自动切换；通道接入也采用主备通道方式，单个通道的故障不影响系统的监控。集控中心控制系统采用 1000M 以太网组网，网络采用星型方式建立。系统正常情况下，双网分流运行，也能充分利用带宽，而单网故障时，系统还能正常运行。

另外，为了满足电监会《电力二次系统安全防护总体方案》“安全分区、网络专用、横向隔离、纵向认证”的基本要求，系统在相关网络节点配置了加密装置。

3 结语

通过该系统的上线运行和推广可以实现对风场设备进行远程监视和控制，为风电安全并网提供参考数据，使整个风电场安全、可靠、经济地运行。从而为逐步实现风电场无人值班提供技术支持，达到了节省人力物力，并促进风电行业标准化、规范化的目的。

参考文献：

[1] 黄玲，戴秋萍. 风电场及风电场群远程监控系统及其应用 [C]. 2011 电力系统自动化专委会学术交流研讨会论文集，2011：1-10.

[2] 孙树敏，王尚斌，张华伟，赵俊，程艳. 风电场群远程监控系统的现状及发展趋势 [J]. 山东电力技术，2012 (06)：18-21.

[3] 杨大全，鲍金艳，邢作霞，王晓东，侯君. 风电场 SCADA 系统的数据传输技术 [J]. 沈阳工业大学学报，2008，30 (6)：632-638.

[4] 任国庆. 围场地区风电场集中 SCADA 平台设计与实现 [D]. 北京：华北电力大学，2013.

作者简介：

张海超（1985— ），男，本科，助理工程师，主要研究方向为风电场远程控制。E-mail：dtlnzhanghaichao@163.com

电力生产信息计算平台架构设计

秦冠军，张军华，金岩磊，葛立青，黄山峰

（南京南瑞继保电气有限公司，江苏　南京　211102）

【摘　要】　电力生产特别是新能源发电过程中，对各种生产指标计算分析的要求繁多，本文基于对大量实际项目需求的调研分析，抽取并总结了电力生产数据分析的共性特征，在南瑞继保pcs9700监控系统基础上，设计了平台化的电力生产数据分析架构，极大增强了该监控系统生产指标计算的能力和算法的扩展性，作为该系统的关键搭载功能在电力生产和新能源发电行业得到推广。

【关键词】　数据分析；指标计算；架构设计；电力生产信息计算

0　引言

目前各级电力管理部门对电力生产数据的统计要求越来越高，大量的数据计算和统计要求准确、灵活[1]。经过对电力生产信息计算需求的深入分析[2]-[4]，本文认为对于复杂的数据分析不应依赖于报表来完成，而应该在报表与原始数据之间添加数据计算层，对上向数据查询和展示层提供统一的对象检索和取数服务，对下以通用的框架集成各类数据用于指标计算。本文针对电力生产中的统计计算需求，介绍了包括数据收集和数据计算在内的信息计算平台架构的设计。

1　架构设计思路

从数据调用流程看，本平台自上而下分为四层：数据提供接口层、平台计算层、数据源集成层、数据收集层，如图1所示。

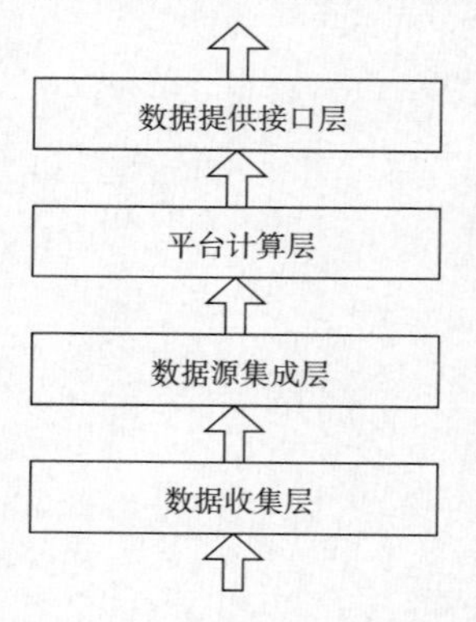

图1　数据调用流程

1.1　数据提供接口层

数据提供接口层负责向报表、自定义查询工具等数据展示模块提供数据服务，本层包括两类接口：对象检索服务接口和数据计算服务接口。

对象检索服务接口以统一的方式对外提供基于本平台的对象及指标算法列表，用于报表模板编辑或自定义查询工具选定数据对象。

数据计算服务接口接收外部传入的计算参数，包括对象、指标算法、时段、计算结果时段粒度四个维度的参数信息。其中对象和指标算法来源于对象检索服务接口提供的列表，时段和计算结果时段粒度在数据展示层工具界面指定。

统一的对象检索和数据计算服务的设计模式，实现了数据展示与数据计算的解耦，当增加新的信息计算需求时，只需在计算平台增加相应对象和指标算法即可。

1.2 平台计算层

平台计算层负责完成数据提供接口的实际计算任务。为满足灵活多样的计算需求，平台计算层算法基于两个原则设计：

（1）指标算法与实际对象、数据分离，使同一个指标算法可重用于类似计算需求的不同场景下。

（2）基于Yacc公式系统，把指标算法分解为一个个独立的算法因子项。平台计算层以插件的方式实现各算法因子项的算法，算法可重用于相同计算需求的各种算法因子项中。

基于此，可使本平台算法具备很强的扩展性，也使开发的各种算法得到最大限度的重用。

1.3 数据源集成层

计算平台需要为每个对象对应的每个算法因子项配置数据源参数，涉及数据源的检索和数据源参数的验证。

计算需求和应用场景的多样性，决定了数据源的多样性：可能来源于实时系统或历史系统，或者两者并存。对此，本平台没有试图一劳永逸的去设计统一的数据源检索器，而是设计一套数据源检索器的集成框架，具体的数据源检索功能根据各应用的自身需求以插件方式实现，这样既满足了不同数据检索需求，又实现了数据源配置工具的平台化。

平台把数据源参数分为两大类：实时参数和历史参数。每个算法插件在构建时都需提供“本算法是否需要配置实时参数”、“本算法是否需要配置历史参数”两个接口，用于指导数据源配置工具对各对象所属算法因子项参数的配置；配置完成后，由验证程序验证数据源参数配置的完整性。

1.4 数据收集层

实时数据收集是统计计算的基础，即把实时子系统中时间纵向断面的信息，序列化为时间横向变化信息。对于一些复杂的信息计算，在实时数据收集阶段有针对性的对数据做时间纵向断面的信息综合与处理，以获得经过初步加工的数据，会大大提高后续算法的效率。比如对于设备各状态持续时间的统计，如果按周期实时统计并存储各状态持续时间，则历史计算阶段只需通过SQL语句的sum函数便可高效的获取所需指标。

由于应用场景的多样性，很难以统一的方式做数据收集（比如周期采集、触发采集等）。基于此，本平台设计方案如下：

（1）数据收集插件化，针对具体需求实现对应的数据收集方案。

（2）本平台提供数据收集服务框架，统一调度数据收集插件。

同时，可在每个分支内配置数据预处理任务，把收集来的生数据做进一步加工，比如风电行业对月损失发电量的计算要求：风机故障时段内，根据风速周期采样值和风机功率曲线估算这段时间风机正常运行应该发出的电量。这种算法涉及大量的碎片数据的计算和拼接。如果事先按一定时间粒度计算并存储每个小周期内损失电量值（比如每小时或每日），则在查询月损失电量时，只需用SQL语句的sum函数把每个小周期的损失电量累加即可，可极大提高接口计算效率。

2 架构设计方案

基于以上思路，设计信息计算平台架构方案如图2所示。

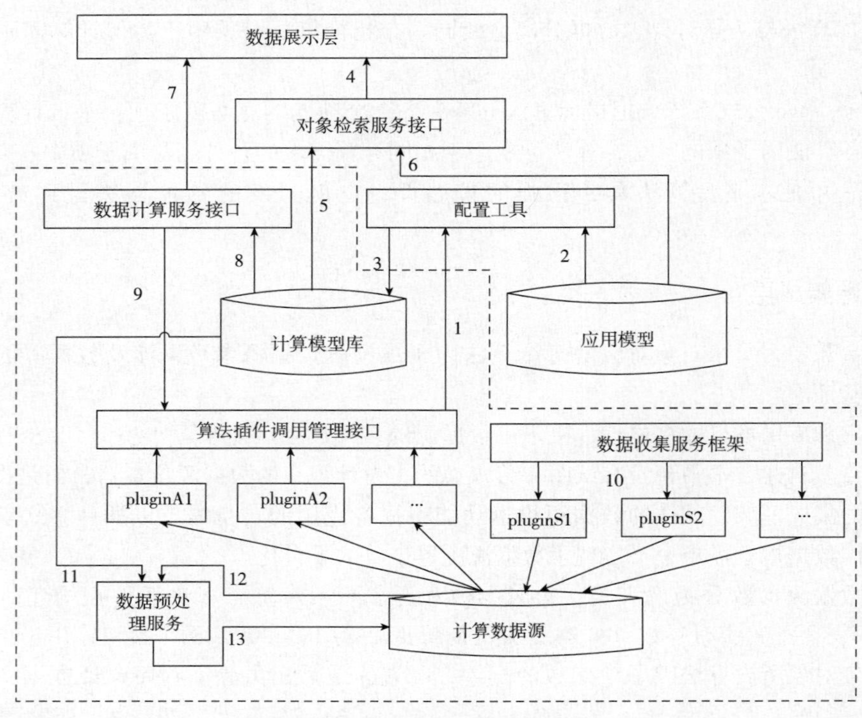

图2 信息计算平台总体架构

（1）配置工具从算法插件调用管理接口获取所有算法列表。每个算法包含描述、算法代码。

（2）配置工具从应用模型获取数据源参数信息。

（3）配置工具定义指标算法和计算对象，并配置各参数。

（4）数据展示层通过调用对象检索服务接口获取计算对象和指标算法列表。

（5）对象检索服务接口从计算模型库获取计算对象和指标算法列表。

（6）对象检索服务接口从应用模型获取应用对象列表。

（7）数据展示层调用数据计算服务接口获取指标数据。

（8）数据计算服务接口根据输入对象和指标算法从计算模型库获取对象实例化因子数据源参数和每个因子的算法代码。

（9）数据计算服务接口把步骤8获取的信息和时间参数传入算法插件调用管理接口，调用相应插件算法，实现模型无关、应用无关的历史计算。

（10）数据收集服务框架集成各应用的数据收集插件，收集针对各计算指标的计算数据源。

（11）数据预处理服务从计算模型库读取数据预处理任务。

（12）数据预处理服务根据预处理任务从计算数据源获取数据。

（13）数据预处理服务保存预处理结果，作为新的计算数据源使用。

计算平台的具体架构分为以下5个部分。

2.1 计算模型的构建

计算模型以树形层次结构定义，根节点下可定义多个计算分支，同一类计算指标归入同一计算分支下，如电量类计算分支、遥测最值类计算分支、设备分析类计算分支等，每个计算分支内部层次如图3所示。

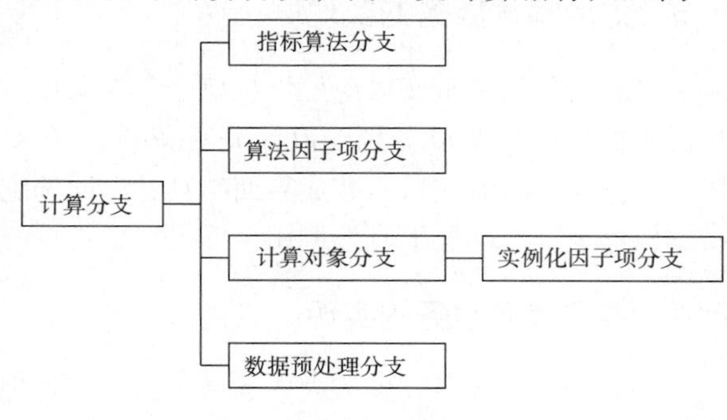

图3 计算分支内部层次

(1) 在每个计算分支下层根据指标算法需求定义 Yacc 计算公式，组成指标算法分支，由 Yacc 公式提取出算法因子项列表组成算法因子项分支。

(2) 为每个算法因子项配置插件算法代码。

(3) 在每个计算分支下层定义计算对象子分支层，每个计算对象继承本计算分支下算法因子项分支中的所有算法因子项，形成对象实例化因子列表，组成每个对象分支下的实例化因子项分支。

(4) 为实例化因子项分支下的每个实例化因子配置数据源参数。

具体计算模型的构建如图4所示。

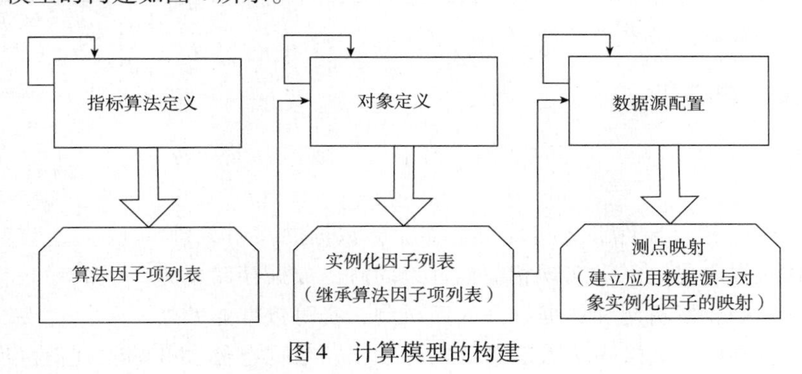

图4 计算模型的构建

2.2 配置工具的实现

配置工具可将不同的应用场景划分为不同的计算分支，把各种指标映射成相应的计算公式。计算公式包括计算符号和算法因子项，配置工具将每个算法因子项抽象化成一个符号，采用 Yacc 和 Lex 分析器解析公式描述，获取计算符号和算法因子项。为了简化后续的数据源配置过程，算法因子项在计算公式中可重用，在配置工具提取本分支下所有公式形成算法因子项列表的过程中，重用的算法因子项只提取一次。工具可对每个算法因子项设置算法代码，便于平台计算层的数据计算。

指标算法确定后，根据实际的应用场景添加计算对象，每个计算对象支持本计算分支下的所有指标算法。计算对象添加后，配置工具自动实例化本计算分支下的算法因子项到该计算对象下。最后需对实例化因子设置数据源：根据算法因子项的算法代码，配置实时数据或历史数据作为实例化因子的数据源，作为计算层的数据来源。

在使用配置工具过程中有可能会出现配置不合理、参数不完整等情况，导致无法完成想要的指标计算。为了避免该情况，配置工具提供了验证功能，对公式表达式、算法因子项、实例化因子参数进行检查，保证了配置的合理性。

2.3 对象检索服务的实现

平台对外提供整套对象检索接口，首先调用“获取计算分支列表”接口获取全部计算分支，然后根据计算分支 id 分别获取计算对象列表（来自计算分支下的对象分支）和指标算法列表。同时，把这套检索接口封装成界面工具，返回选定的对象列表和选定的指标算法列表，供报表模板编辑这类应用场景下直接调用。

2.4 数据计算服务的实现

数据计算服务层收到传入参数后，做如下处理，如图 5 所示。

（1）根据指标算法确定算法因子项列表，进而确定每个算法因子项所使用的算法插件代码。

（2）根据对象确定每个实例化因子项所对应的数据源参数。

（3）根据插件算法、对象数据源、时段、计算结果时段粒度，依次计算本对象所对应的每个实例化因子数据结果。

（4）把实例化因子项数据结果列表与公式信息提交给 Yacc 公式系统，得到最终的指标算法结果并返回。

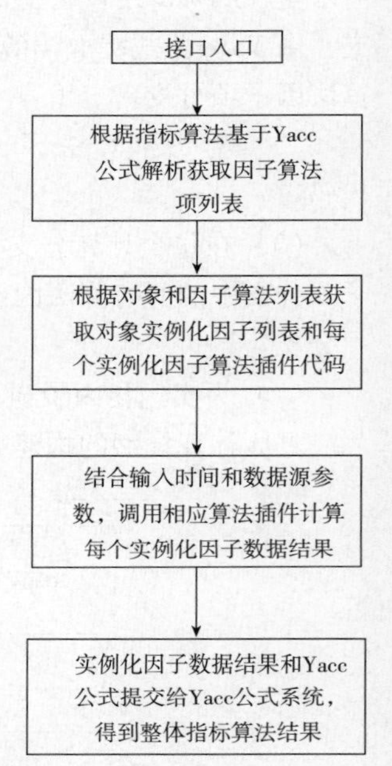

图 5　数据计算流程

2.5 数据收集模块的实现

数据收集模块分为 3 部分：实时数据处理服务、数据存储服务、数据预处理服务。

实时数据处理服务以插件形式实现对各类业务数据的实时处理。各应用针对具体数据收集的需求实现相应插件，同时，数据存储服务构建了一套消息数据收发机制和数据统一入库机制，实时数据业务处理把收集到的数据和历史表格式填入消息结构并发出，数据存储服务端收到消息后，分别解析出数据区和历史表格式描述区，提交给数据入库线程存入历史库。

数据预处理服务负责周期执行计算模型每个计算分支中定义的预处理任务。每个预处理任务指定了执行周期 ECycle，并带有“执行时标”和“下次执行时标”动态属性，当系统时间越过了“下次执行时标”后，预处理服务就会处理刚刚过去的一个周期里的数据：首先获取本计算分支下的对象列表和指标算法列表，以“执行时标”作为开始时间，以“下次执行时标”作为结束时间，以任务执行周期为计算结果时段粒度，依次计算每个对象的每个指标算法，并把结果入库。完成后用“下次执行时标”值 T 刷新“执行时标”属性，用 T + ECycle 时间值刷新“下次执行指标”属性，并等待进入下一个预处理周期。数据悼念模块架构如图 6 所示。

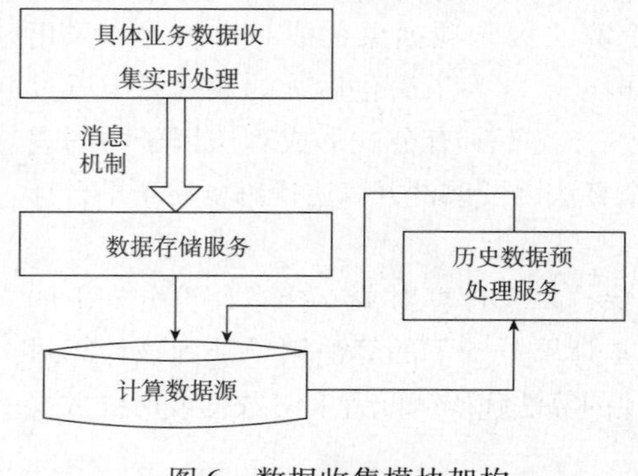

图 6　数据收集模块架构

3 算例

本计算平台实现指标计算，需经过以下步骤：首先，对需求指标进行分解，生成算法因子项列表；其次，根据实际应用场景确定实际测点对象；第三，实现数据收集插件和算法插件；最后，配置指标算法、计算对象，并为每个对象实例化因子配置数据源。下面以北京大唐集团总部风电集控系统电量数据查询功能的实现为例，说明基于本平台实现指标计算的步骤。

需求描述：集控系统要求实现任意时间段内各种组合的电量指标查询，见表1。

表1　　电量指标含义列表

指标算法	含义/计算关系
总发电量	各集电线路发电量之和
上网电量	主变高压侧正向有功电量
购网电量	主变高压侧反向有功电量
综合厂用电量	总发电量＋购网电量－上网电量
厂用电量	场用变高压侧有功电量
综合厂用电率	综合厂用电量/总发电量
厂用电率	厂用电量/总发电量
厂损率	（总发电量－上网电量－厂用电量）/总发电量

（1）步骤1：指标算法分解。总体分析这些指标算法，实际只包含了四个算法因子项，见表2。

表2　　算法因子项列表

算法因子项	因子项代码	算法因子项	因子项代码
总发电量	[A]	购网电量	[C]
上网电量	[B]	厂用电量	[D]

（2）步骤2：确定实际测点对象。根据表1的“含义/计算关系”列到SCADA模型中找到实际测点。

（3）步骤3：实现数据收集和算法。数据收集，即对步骤2中确定的实际测点对象做遥脉周期采样，此处利用南瑞继保pcs9700监控后台的标准采样功能。基于遥脉数据计算电量的算法为：时段内最后一个值－第一个值。

（4）步骤4：指标、对象、数据源的配置。利用配套的配置工具，依次定义指标、定义计算对象、配置数据源。配置各指标算法的Yacc公式如表3所示；定义计算对象时，每个计算对象根据表2的算法因子项列表生成各自的对象实例化因子项列表；最后对每个对象实例化因子项配置步骤2中确定的实际测点。

表 3　指标公式定义列表

指标算法	Yacc 公式
总发电量	[A]
上网电量	[B]
购网电量	[C]
综合厂用电量	[A] + [C] - [B]
厂用电量	[D]
综合厂用电率	([A] + [C] - [B]) / [A]
厂用电率	[D] / [A]
厂损率	([A] - [B] - [D]) / [A]

4　结语

本设计方案以灵活的架构最大限度地实现了统计计算的平台化，面对相似的指标分析需求，经过配置便可用同一算法实现，减少了开发工作量，保证了系统指标计算的扩展性。

参考文献：

[1] 石光亮，王拓，弋长青，张根周. 电力生产信息统计报表生成器的设计与实现 [J]. 电力系统自动化，2003，27 (21)：86-88.

[2] 秦冠军，笃峻，徐浩，刘鎏. 基于风机状态细分的风机运营可靠性考核算法 [J]. 可再生能源，2014，32 (5)：668-672.

[3] 赵春凤，刘群. 电力生产系统 OLAP 与数据挖掘技术的实现 [J]. 哈尔滨工程大学学报，2002，23 (3)：82-86.

[4] 王德文. 基于云计算的电力数据中心基础架构及其关键技术 [J]. 电力系统自动化，2012，36 (11)：67-71.

[5] 胡笳琨，李跃宇. OEE 多维数据分析系统的应用研究 [J]. 工业工程，2009，12 (6)：106-111.

[6] 周勇，卢晓伟，程春田. 非规则流中高维数据流典型相关性分析并行计算方法 [J]. 软件学报，2012，23 (5)：1053-1072.

[7] 纪俊. 一种基于云计算的数据挖掘平台架构设计与实现 [D]. 青岛大学，2009.

作者简介：

秦冠军（1982—　），男，研发工程师，硕士，主要从事电力监控系统数据分析的研究。E-mail：qingj@nari-relays.com

张军华（1980—　），男，研发工程师，本科，主要从事电力系统综合自动化的研究。

金岩磊（1978—　），男，研发工程师，硕士，主要从事电力系统监控研发。

葛立青（1975—　），男，高级工程师，硕士，主要从事电力系统监控软件开发。

黄山峰（1985—　），男，研发工程师，硕士，主要从事电力监控系统 B/S 方式应用的研究。

微网协调控制保护装置的研制及 RTDS 仿真验证

徐光福，何俊峰，郭　勇，王景霄，张春合，余群兵

（南京南瑞继保电气有限公司，江苏　南京　211102）

【摘　要】　微网协调控制保护装置作为微网协调控制层的核心设备，对微电网的安全稳定运行起到十分关键的作用。本文提出了微网并/离网切换控制、孤岛运行紧急控制以及区域纵联保护策略，基于 UAPC 平台研制了微网协调控制保护装置。RTDS 试验验证表明，所研制的微网协调控制保护装置在微电网并/离网状态切换、负荷波动等扰动时，通过对 DG 的控制模式、控制参数的快速设置和对负荷的控制，对微电网系统的安全稳定运行起到了积极有效的作用。

【关键词】　协调控制；并/离网切换；区域纵联；DG 控制

0　引言

微网是指由分布式电源、储能装置、能量转换装置、相关负荷和监控、保护装置汇集而成的小型发配电系统，是一个能够实现自我控制、保护和管理的自治系统，既可以与外部电网并网运行，也可以孤立运行[1]。微电网为远离配电网地区的供电及分布式电源（DG）的消纳提供了有效的途径。

在微电网运行方式发生改变或遭遇扰动时，采取有效地控制是保证微电网安全稳定运行的关键。目前微电网控制方式一般可分为主从控制、对等控制、分层控制[2,3]，其中包含就地控制保护层、协调控制保护层及优化控制层的三层控制策略作为多层控制的典型方案在实际工程中广为应用[4,5]。本文介绍了三层控制策略中协调控制保护层的核心设备微网协调控制保护装置（MGCC），目的是实现微电网在经受并/离网状态切换或系统发生负荷波动、电源故障等扰动时，通过对各分布式电源的控制模式、控制参数的快速设置，同时结合对负荷的快速控制，确保电压、频率均维持在允许的范围内，保证微电网系统的安全稳定运行。

1　总体设计

微网系统内包若干个 DG，其中有一个 DG 作为主控 DG，即在并网状态时采用 P/Q 控制，在孤岛运行时采取 V/f 控制，用于向微网中的其他 DG 提供电压和频率参考，而其余 DG 为从控 DG，即固定采用 P/Q 控制。

如图 1 所示，MGCC 安装在公共连接点（PCC）附近，采集 PCC 处电压、电流，对下与各 DG 控制器以及负荷馈线综保装置通信，对上与微网运行监控系统通信。MGCC 对下通信，接收 DG 发电信息和负荷线路综保装置的测量信息，并发送控制指令。对于主控 DG 模式切换控制指令以及跳闸信号等传输实时性要求高的控制信号，采用 GOOSE 协议传输。而对于测量、开关量等信息采集以及从控 DG 参数修改的控制指令，实时性要求低，对于不具备 GOOSE 通信功能的 DG，可以采用 Modbus 通信协议传输。MGCC 对上采用 IEC61850 MMS 与微网运行监控系统通信，接受微网运行监控系统控制指令，并向微网运行监控系统反馈控制结果。

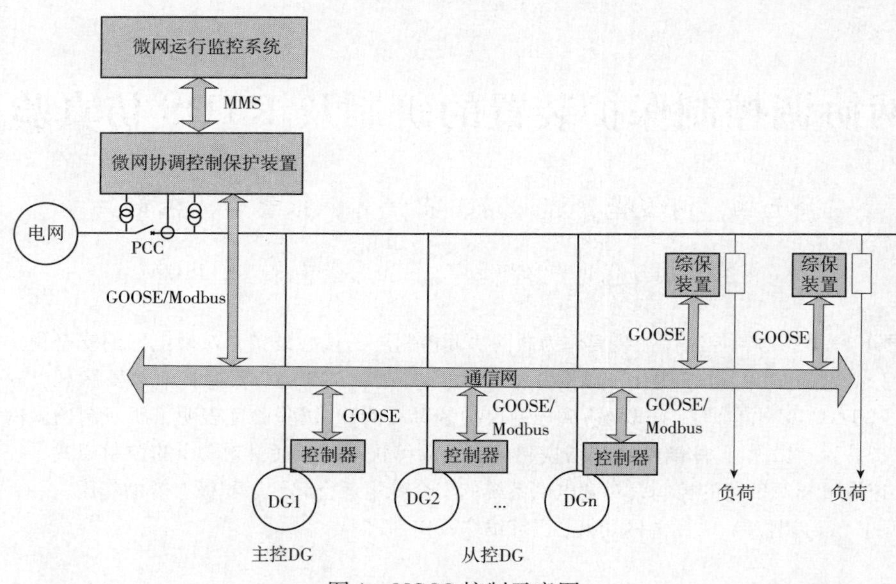

图 1　MGCC 控制示意图

概括起来，MGCC 主要功能包括：

（1）孤岛检测：电网失电，MGCC 快速检测到非计划性孤岛状态，跳开 PCC 开关，进入并网转孤岛运行状态切换。

（2）并网转孤岛运行状态切换：进行微网并网和孤岛运行状态之间切换时，MGCC 同步下发控制模式切换控制指令至主控 DG。

（3）计划性离网控制：接收计划性离网控制指令，设置从控 DG 发电功率参数、控制负荷投切，从而达到限制 PCC 点交换功率的目的，减小离网暂态过程中频率电压波动。

（4）计划性并网控制：接收微网运行监控系统计划性并网控制指令，设置主控 DG 频率、电压参数，确保满足同期条件并网。

（5）孤岛运行紧急控制：当孤岛运行的微网内功率严重不平衡，频率、电压上升或下降时，切负荷或解列 DG。

2　微网协调控制保护装置研制

2.1　软硬件设计

微网协调控制保护装置 PCS—9617MG 基于南瑞继保的新一代控制保护平台 UAPC 平台研制，该平台专门面向控制、保护应用设计，全面支持 IEC 61850 站控层和过程层通信，支持多 CPU、多 DSP 插件协同工作完成复杂的控制保护功能，具有高性能、高集成度的特点[6]。UAPC 硬件平台选用嵌入式 CPU，DSP 和大容量的 FPGA 进行设计，同时采用符合工业标准的高速以太网和 IEC 标准的模拟数据采集的光纤通道作为数据传输链路，内部采用高可靠性、高实时性、高效率的数据交换接口。

如图 2 所示，PCS—9617MG 装置采用背插式结构，通过总线板将各功能插件连接起来，主要包括管理 CPU 插件、控制 DSP 插件、保护 DSP 插件，通信 DSP 插件、交流插件、智能 I/O 插件以及电源插件。其中，管理 CPU 插件完成装置管理、对上通信、事件记录、录波、后台通信、人机界面等功能；保护 DSP 插件完成模拟量采集、保护逻辑计算、跳闸命令输出等功能；控制 DSP 插件完成控制逻辑运算、跳合闸命令输出等功能；通信 DSP 插件主要完成对下通信，支持 GOOSE 和 Modbus 通信。交流插件完成微网 PCC 处电压、电流的采集；智能 I/O 插件完成开入和开出的功能，通过总线发送开入变位信息及接收并执行保护 DSP 板、控制 DSP 板发出的跳闸命令。

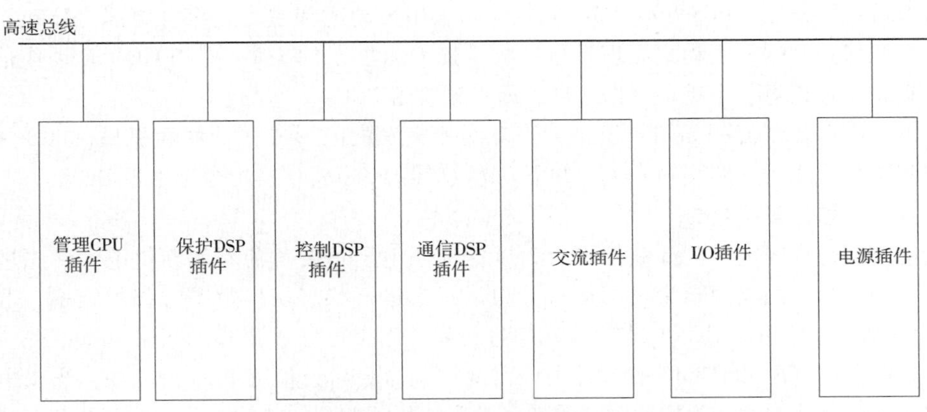

图 2　PCS—9617MG 硬件结构

PCS—9617MG 软件系统由各种类型的硬件板卡和相关的运行软件构成。各插件软件均使用面向对象的程序设计方法，由模块化的“元件”组成，功能划分明确，接口简单。装置由管理 CPU 板 ARM 的管理程序（MASTER）与各个插件的应用程序协调配合，完成计算、逻辑等工作。图 3 为装置软件结构图。

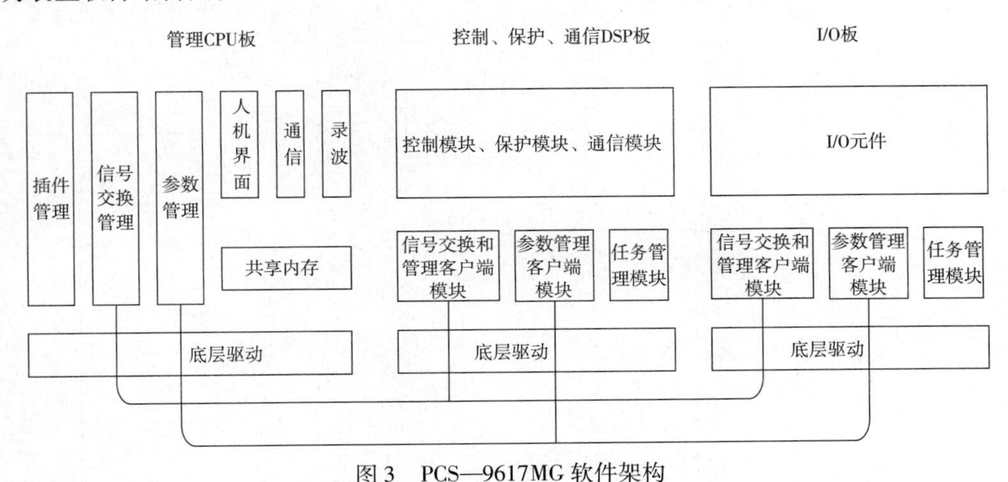

图 3　PCS—9617MG 软件架构

2.2　应用功能

2.2.1　主控 DG 控制模式切换

微网在离/并网切换过程时，需要对主控 DG 控制模式进行快速的切换，PCS—9617MG 设置一主控 DG 控制模式切换 GOOSE 信号。当微网并网运行时，PCS—9617MG 发送值为 0 的 GOOSE

信号至主控 DG，代表主控 DG 采用 P/Q 控制，当微网转为孤岛运行时，GOOSE 值立刻翻转为 1，代表主控 DG 需要切换至 V/f 控制，为微网整个系统提供参考频率和电压。

2.2.2 非计划性离网控制

非计划性离网是指由于电网侧突发失电形成非计划性孤岛，为了保证微网系统继续稳定运行，需要将非计划性孤岛转为计划性孤岛运行。

孤岛检测是微电网由非计划孤岛转变为孤岛运行的前提，并对改变微电网内的控制策略和保护配置有着重要作用。PCS—9617MG 孤岛检测采用被动式和主动式综合原理，被动式原理基于频率、电压保护判据，主动式原理是指接收主控 DG 主动式防孤岛保护 GOOSE 动作信号。被动式和主动式原理任意一个满足判据条件，即立刻跳闸 PCC。

非计划性离网控制流程如图 4 所示，当电网侧突发失电形成非计划性孤岛，PCS—9617MG 快速检测到孤岛形成，立即跳闸 PCC，并下发 P/Q 转 V/f 模式切换指令至主控 DG。

2.2.3 计划性离网控制

计划性离网是指因电网侧计划停电，为了保证微电网重要负荷不间断供电，事先进行有计划性的将并网运行的微电网转为离网运行。为了减小运行状态切换暂态过程中频率、电压波动幅度，PCS—9617MG 采取对 PCC 点交换功率进行先控制，再分闸 PCC 的策略。

如图 5 所示，PCS—9617MG 收到计划性离网控制命令后，检测 PCC 点功率，当微电网从电网侧吸收功率，且功率大于设定值时，采取启动柴油机、调节储能输出或切非重要负荷措施，减少从电网侧吸收功率，直到 PCC 点功率小于设定值；当微电网往电网侧输送功率，且功率大于设定值时，采取限制 DG 功率输出或切 DG 的措施，从而减少往电网侧输送功率，直到 PCC 点功率小于设定值。当检测到 PCC 点功率小于设定值后，跳开 PCC 开关，然后发 P/Q 转 V/f 控制模式切换命令至主控 DG。

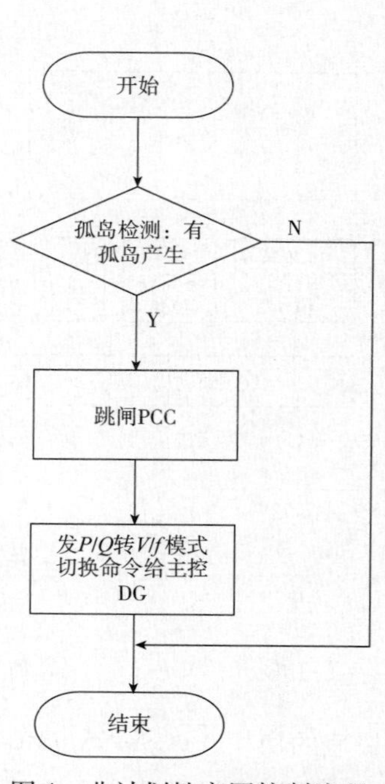

图 4 非计划性离网控制流程

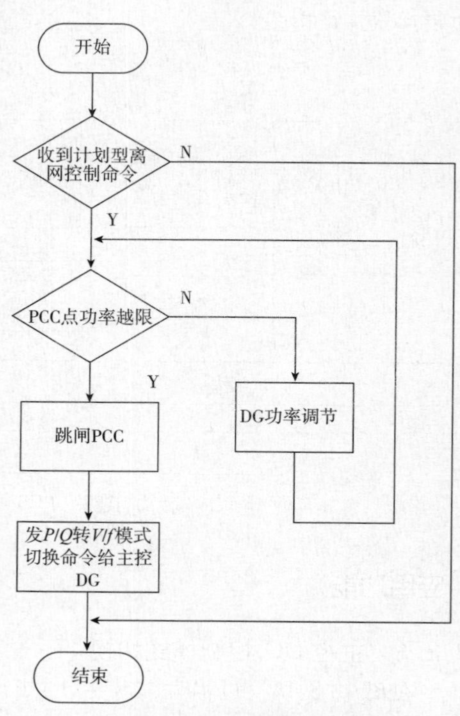

图 5 计划性离网控制流程

2.2.4 并网控制

当电网侧供电正常时，为了恢复非重要负荷供电，提高微电网供电可靠性，一般将孤岛运行的微电网重新并入到电网中。微电网孤岛运行切换到并网运行时，PCS—9617MG 采取先调节主控 DG 直到满足同期条件时再合闸的策略。

如图 6 所示，PCS—9617MG 收到并网控制命令后，通过控制主控 DG 电压、频率输出来保证同期合闸，具体流程：

（1）若 PCC 两侧压差 ΔU 大于设定值 U_{set}，则发送电压目标值至主控 DG，调节主控 DG 输出电压幅值，直到 ΔU 小于 U_{set}。

（2）若 PCC 两侧频差 Δf 大于设定值 f_{set} 或小于 0.05Hz，则发送频率目标值 $f_n+0.1$ 至主控 DG，调节主控 DG 输出电压频率，其中 f_n 为电网侧频率。

（3）同期等待，直到满足 PCC 两侧电压相位差 $\Delta\theta$ 小于设定值 θ_{set}，合闸 PCC 开关。

（4）发 V/f 转 P/Q 控制模式切换命令至主控 DG。

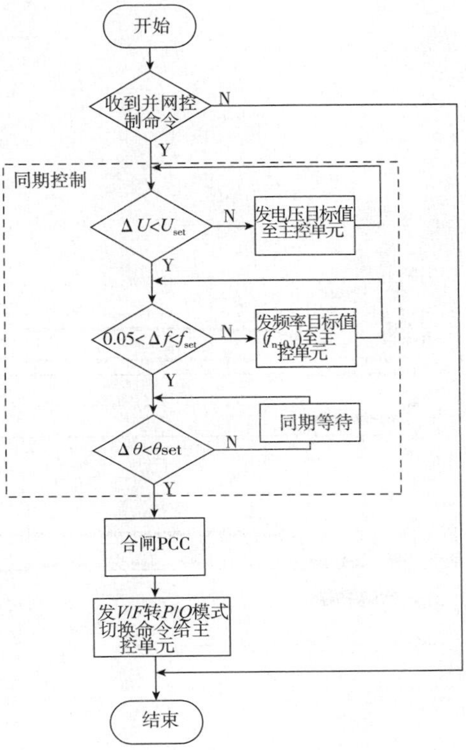

（5）孤岛运行状态紧急控制。微电网运行于孤岛运行状态，遭遇较小的负荷扰动，通常通过主控 DG 的就地下垂控制即能迅速使系统恢复到一个新的稳定状态；而当遭遇较大负荷扰动，如负荷突变或某 DG 因故障退出运行，孤岛系统内功率严重失衡，会引起频率、电压快速上升或下降，如不采取紧急控制措施，将可能导致微网内 DG 全部解列，进而造成微网系统崩溃。

图 6　并网控制流程

为了避免微网系统因负荷扰动引起的系统崩溃，PCS—9617MG 设置了低频、低压减载控制和过频、过压解列 DG 控制。

（6）区域纵联保护功能。PCS—9617MG 接收各综保装置发送的电流、电压模拟量信号，利用多端信息构成区域纵联保护。微网发生故障时，区域纵联保护快速定位故障点，并下发跳闸 GOOSE 命令至相应的综保装置，综保装置收到 GOOSE 跳闸命令后实施跳闸。

3 RTDS 验证

为了验证 PCS—9617MG 各项功能，应用 RTDS 搭建了含光伏、储能的微网仿真系统，如图 7 所示，光伏和储能最大容量为 500kW，其中光伏逆变控制器 PCS—9563、储能变流控制器 PCS—9567 均为商用设备，提高了仿真的真实性。储能变流控制器 PCS—9567 能够运行在 P/Q 和 V/f 两种运行模式下，通过 GOOSE 协议与 PCS—9617MG 通信，实现运行模式的切换。

3.1 非计划性离网控制仿真

非计划性离网控制仿真波形如图 8 所示。

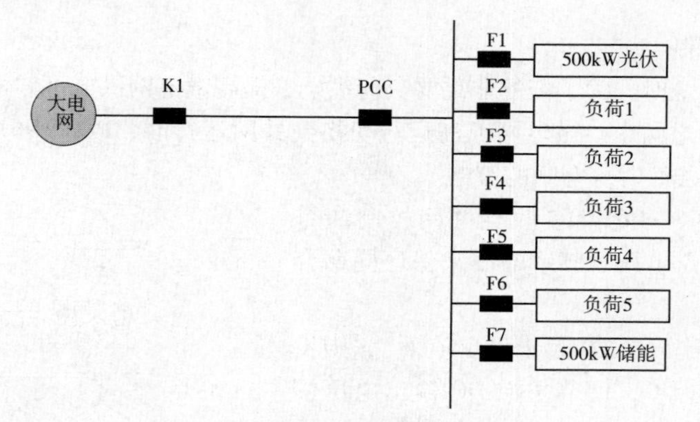

图 7　仿真模型

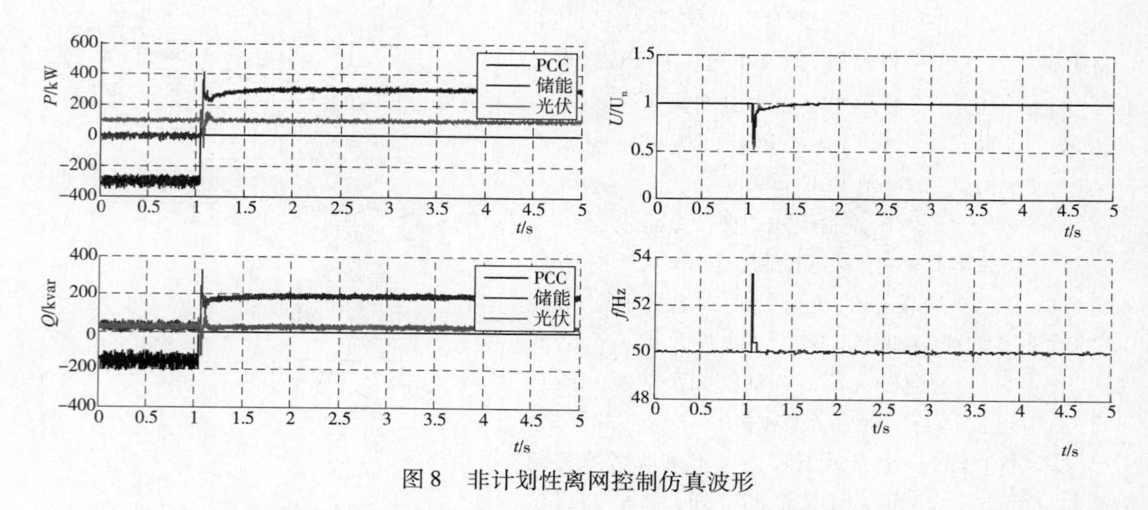

图 8　非计划性离网控制仿真波形

状态 1：0～1s，运行在并网稳定状态。光伏出力 100kW，储能处于浮充状态，由于光伏出力不能满足微网内负荷需求，从电网侧吸收有功 300kW、无功 180kvar。

状态 2：1～1.5s，离网切换暂态。1s 时 K1 断开，PCS—9617MG 快速检测到孤岛状态，1.05s 跳开 PCC，发控制模式切换指令至储能。PCC 跳开起始，频率快速上升、电压快速下降，50ms 后，由于储能迅速提高有功、无功出力，频率、电压逐渐恢复。

状态 3：1.5s 后，孤岛稳定运行状态。光伏出力 100kW，储能有功输出 380kW、无功输出 180kvar，频率、电压处于额定范围内。

3.2　计划性离网控制仿真

微网初始运行在并网状态，光伏出力 500kW，储能系统处于浮充状态，从电网吸收有功 300kW、无功 150kvar。PCS—9617MG 收到计划性离网控制命令，其仿真波形如图 9 所示，经历以下几个状态：

状态 1：0～1s，PCC 点功率调节，PCS—9617MG 下发 300kW 有功、150kvar 无功出力指标给储能，储能收到控制命令后，由浮充状态转为发电状态。从图 9 可以看出，经过功率调节后 PCC 点功率变得很小。

状态 2：1～1.5s，离网切换暂态。PCS—9617MG 跳开 PCC，发控制模式切换指令至储能。

PCC 跳开起始，电压略微下降、频率小范围波动，500ms 后频率、电压逐渐恢复。

状态 3：1.5s 后，孤岛稳定运行状态。

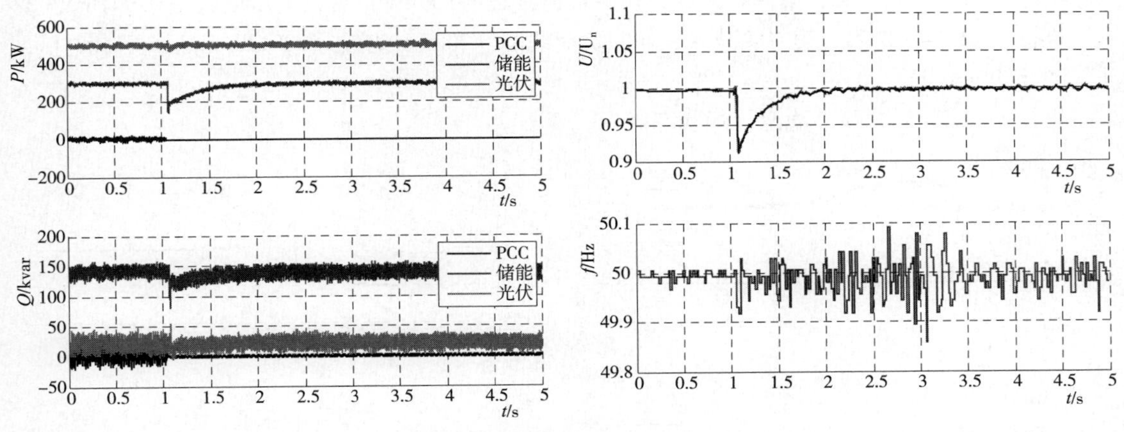

图 9　计划性离网控制仿真波形

3.3　并网控制仿真

PCS—9617MG 收到并网控制命令，调节储能电压和频率参数，使得微网侧与电网侧频差和角度在设定范围内，角差小于设定值 10°时，合闸 PCC，并控制模式切换指令至储能，同期合闸波形如图 10 所示。

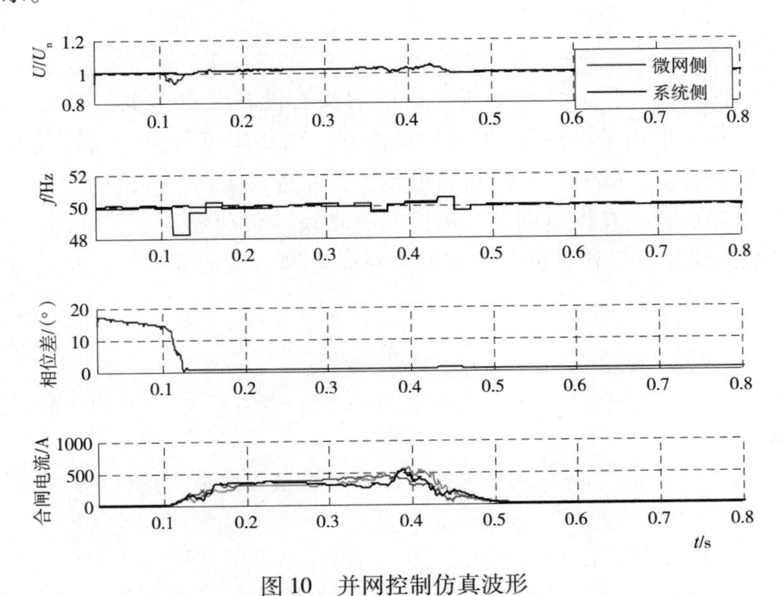

图 10　并网控制仿真波形

3.4　孤岛状态低压减载仿真

状态 1：0~1s，微网运行在孤岛状态，光伏出力 300kW，储能发 400kW 有功、300kvar 无功，频率电压处于稳定。

状态 2：1 ~ 1. 65s，一 300kW 负荷线路突然投入，储能增发有功至最高值 500kW，仍然不能与负荷平衡，电压下降至 0. 9U_n，其中 U_n 为额定电压，仿真波形如图 11 所示。

状态 3：1. 65 ~ 2. 14s，第一轮减载，切除负荷线路（100kW）后，电压回升至 0. 94Un。

状态 4：2. 14 ~ 2. 7s，第二轮减载，切除负荷线路（200kW 有功、200kW 无功）后，电压回升，接近额定电压。

状态 4：2. 7s 后，孤岛稳定运行状态。

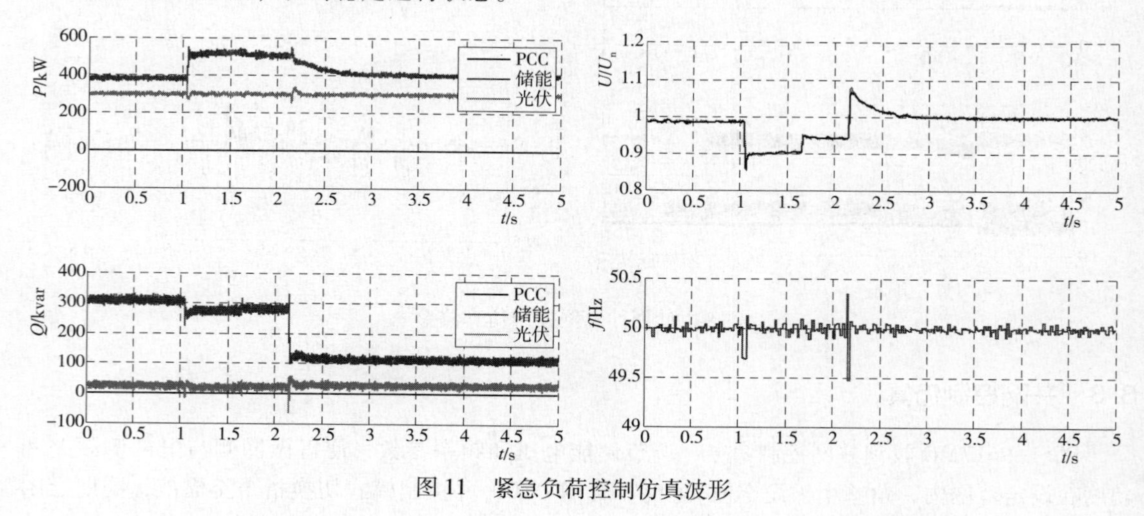

图 11　紧急负荷控制仿真波形

4　结语

微网协调控制保护装置作为微网协调控制层的核心设备，对微电网的安全稳定运行起到十分关键的作用。本文提出了微网并/离网切换控制、孤岛运行紧急控制以及区域纵联保护策略，基于 UAPC 平台研制了微网协调控制保护装置，并进行了 RTDS 试验验证。试验表明所研制的微网协调控制保护装置在微电网并、离网状态切换，负荷波动等扰动时，通过对 DG 的控制模式、控制参数的快速设置和对负荷的控制，对微电网系统的安全稳定运行起到了积极有效的作用。

参考文献：

[1] 王成山，李鹏. 分布式发电、微网与智能配电网的发展与挑战［J］. 电力系统自动化，2010，34（2）：10 - 14.

[2] 王成山，杨占刚，王守相，等. 微网实验系统结构特征及控制模式分析［J］. 电力系统自动化，2010，34（1）：99 - 105.

[3] 杨向真. 微网逆变器及其协调控制策略研究［D］. 合肥：合肥工业大学，2011.

[4] 李瑞生，郭宝甫，傅美平，等. 海岛微电网运行模式切换控制研究与装置研制［J］. 第十四届全国保护和控制学术研讨会，2013.

[5] 杨恢宏，余高旺，樊占峰，等. 微电网系统控制器的研发及实际应用［J］. 电力系统保护与控制，2011，39（19）：126 - 129.

[6] 李响，刘国伟，冯亚东，等. 新一代控制保护系统通用硬件平台设计与应用［J］. 电力系统自动化，2012，36（14）：52 - 55.

[7] 裴玮，李澍森，李惠宇，等. 微网运行控制的关键技术及其测试平台［J］. 电力系统自动化，2010，34（1）：94－111.

作者简介：

徐光福（1982—　），男，工程师，硕士，主要从事电力系统中低压继电保护、分布式发电保护控制研发工作。xugf@ nari－relays. com

何俊峰（1978—　），男，工程师，硕士，主要从事电力系统分析及研发工作。

基于 IEC61850 的二次设备台账管理系统

滕井玉

（南京南瑞继保电气有限公司，江苏　南京　211102）

【摘　要】　设备台账管理系统位于安全Ⅲ区，一般采用人工录入的方式采集二次设备的台账信息，工作量较大，录入时信息的可靠性和准确性易出现问题。本文提出了通过对站内保护测控等设备的 IEC61850 模型进行扩展并通过 61850 通信采集装置台账信息的解决方案，在安全Ⅰ区采集全站装置台账信息并自动同步到安全Ⅲ区，通过Ⅲ区的综合数据网上送到主站，克服了传统设备台账管理系统的缺点。该系统已在实际工程中成功应用。

【关键词】　设备台账；台账管理；二次设备；IEC61850

0　引言

设备台账中记录了设备的各种描述信息，例如设备名称、设备类型、电压等级、设备型号、制造商、出厂日期、投运日期等，设备台账管理是电力企业生产管理信息系统的一个重要功能，通过设备台账管理系统，可以确保有形资产物尽其用，降低运行成本[1]。电力企业通过信息管理系统（MIS 系统）来进行设备台账管理。MIS 系统位于安全Ⅲ区，一般采用人工录入的方式采集二次设备的台账信息，工作量较大，录入时信息的可靠性和准确性易出现问题，使统计和汇总数据失去参考意义[2-3]。

本文提出了一种通过 61850 通信采集装置台账信息的方法，解决了二次设备台账的存储、采集、发布等问题，方便用户快速、全面地掌握厂站的设备状况，以便及时调整运维方案。

1　系统特点

本系统运行在厂站内，是一套完整的二次设备台账管理系统，具有台账采集、台账管理、Ⅰ、Ⅲ区同步、台账发布等功能，主要特点如下：

（1）从装置直接采集台账信息。传统的台账管理系统一般通过人工录入的方式将台账信息录入到台账管理系统。本系统通过对站内保护测控等装置的 IEC61850 模型进行扩展，将二次设备台帐信息写入装置模型，装置本身存储自己的台账信息，并上送到二次设备台账管理系统，避免了人工录入。

（2）多种采集方式。和传统台账管理系统单一的人工录入采集方式不同，本系统对于采用 61850 建模的装置，采用 MMS 通信的方式采集装置台账信息；对于非 61850 建模的装置（如交换机、UPS 等），采用人工录入的方式采集台账信息，然后将全站装置台账信息综合处理。

（3）Ⅰ、Ⅲ区同步。本系统部署在厂站端的安全Ⅰ区（生产控制区）和安全Ⅲ区（管理信息区），在安全Ⅰ区采集全站二次设备的台账信息，并将台账信息自动同步到安全Ⅲ区，以便发布到主站端的台账管理系统。

2 系统架构

二次设备台账管理系统部署在厂站端的安全Ⅰ区和安全Ⅲ区，中间通过隔离装置进行横向隔离。

在安全Ⅰ区，二次设备台账管理系统通过MMS通信从保护、测控或其他智能装置直接实时采集装置的台账信息，并自动同步到Ⅲ区的二次设备台账管理系统，Ⅲ区的二次设备台账管理系统汇总了全站的台账信息，提供接口，使得其他主站系统可以获取全站的台账信息。例如，通过站内配置的站端WEB服务器将全站装置台账信息发布到主站。

系统架构图如图1所示。

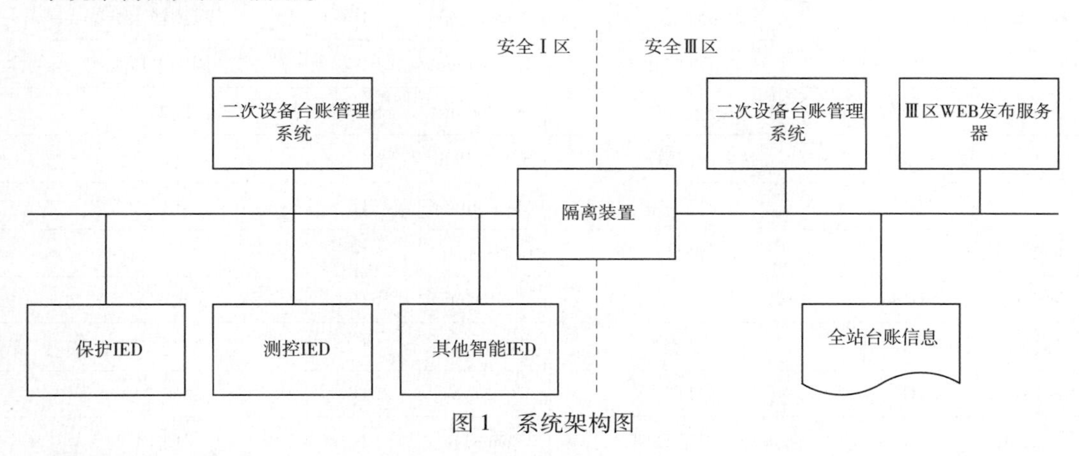

图1 系统架构图

系统应用结构图如图2所示。

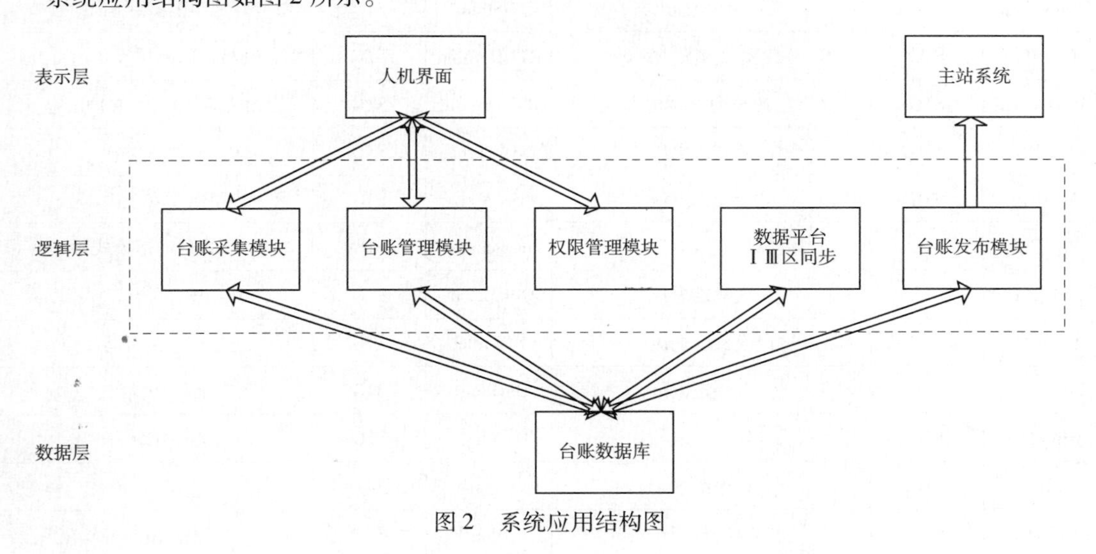

图2 系统应用结构图

3 系统功能

本系统由台账采集、台账管理、工区和Ⅰ区和Ⅲ区同步、台账发布和权限管理等5个功能模块构成。

3.1 台账采集

厂站内可能有多个厂家的装置，为了能够采集多个厂家装置的台账信息，对装置模型进行统一扩展，装置模型中定义了一个扩展的逻辑节点 SCIF 专门用于记录台账信息，见表 1。

表 1　　台账信息节点 SCIF

属性名	属性类型	中文语义	属性名	属性类型	中文语义
Mod	INC	模式	VerifCode	STG	检验码
Beh	INS	行为	SwSerNum	STG	序列号
Health	INS	健康状态	MeasInTyp	STG	遥测输入类型
NamPlt	LPL	逻辑节点铭牌	LinModInfo	STG	同期电压类型
Location	STG	安装地点	SynModInfo	STG	同期方式
PwrLev	STG	站电压等级	SyTModInfo	STG	对时方式
Vendor	STG	制造厂商	MeasDbInfo	STG	死区设置
DevTyp	STG	设备型号	DeTmmsInfo	STG	防抖时间
MnfDate	STG	出厂日期	BayFAInfo	STG	是否实现间隔五防功能
RelayTyp	STG	保护产品类型	Ch1Typ	STG	通道 1 类型
RunDate	STG	投运日期	Ch2Typ	STG	通道 2 类型
PwrPlgDate	STG	电源件投运日期	CommTyp	STG	通信类型
GenPwrTyp	STG	工作电压	OSInfo	STG	操作系统
DCPwrTyp	STG	工作直流电压	RTUDevMod	STG	双远动机对间隔层设备运行方式
DevPwrTyp	STG	装置电源类型（供电方式）	RTUMaxBuf	STG	远动机遥信/SOE 缓冲区容量
ACVRtg	STG	额定交流电压	SWITyp	STG	交换机类别
ACARtg	STG	额定交流电流	SecArea	STG	所属安全区
PriVRtg	STG	一次额定电压	PhCommMod	STG	物理通信模式
SedVRtg	STG	二次额定电压	OuProtocol	STG	输出协议
PriARtg	STG	一次额定电流	BIWithQ	STG	遥信信息是否品质位
SedARtg	STG	二次额定电流	DevPlug1	STG	插件 01 信息
BIPwrTyp	STG	信号电压	DevPlug2	STG	插件 02 信息
SwRev	STG	程序版本	⋮	⋮	⋮
SwDate	STG	程序日期	DevPlug30	STG	插件 30 信息

装置的台账信息在出厂之前编辑好。间隔层装置将台账信息放在一个数据集中，二次设备台账管理系统通过前置直接和装置通信，读取数据集的内容，通过 MMS 通信获取装置的台账信息[4]。

对于过程层装置，如果监控系统能够直接与过程层装置通信，二次设备台账管理系统可以直接采集过程层装置的台账信息。如果监控系统不直接与过程层装置通信，可以通过一台公用测控装置获取全站所有过程层设备的台账信息。公共测控装置模型中建立多个台账信息逻辑节点，根据台账信息节点描述（或对应数据集描述）区分不同过程层设备，一个过程层装置对应一个台账信息逻辑节点。二次设备台账管理系统解析公共测控装置模型，在台账数据库中创建多个过程层装置对象，这些装置对象在监控系统的数据库中是不存在的。二次设备台账管理系统通过与公共测控装置通信采集过程层装置的台账信息。

二次设备台账管理系统中建立了与装置模型中台账信息相对应的数据结构，将采集到的台账信息存储到台账数据库中。

当装置发生变化时，例如增加或减少插件、升级装置程序，二次设备台账管理系统通过MMS通信从装置获取实时台账信息，更新台账数据库。

二次设备台账管理系统采集到全站的台账信息后，通过统一应用支撑平台网络中间件自动同步到Ⅲ区。

3.2 台账管理

二次设备台账管理系统可以定时自动召唤全站装置的台账信息，也可根据需要手动召唤某个装置的台账信息。提供人机界面展示台账信息，并提供丰富的管理功能。

新建厂站或扩建间隔时，监控系统数据库中增加装置，二次设备台账管理系统检测到有新增装置，自动在台账数据库中新建对应的装置，然后召唤新增装置的台账信息，存储到台账数据库。

装置所提供的台账信息有限，不能够完全覆盖生产管理系统中要求的全部台账信息数据，例如设备检修、更换插件/配件等管理信息。因此，除了从装置召唤上来的台账信息，二次设备台账管理系统还对台账信息进行扩展，用户可以自定义额外的台账信息。

在二次设备台账管理系统中，不允许对从装置召唤上来的台账信息进行编辑操作，只允许查看和导出。对自定义的台账信息，允许进行增加、删除、修改等编辑操作。这些信息也可以在生产管理系统中自行完善。

对于非61850建模的装置（例如交换机、UPS等），可以在二次设备台账管理系统中新建对应的装置，手动录入其台账信息。若设备发生变化，需要在二次设备台账管理工具中手动更新其台账信息。

厂站投运之后，台账信息不会频繁改动。因此，台账管理系统不需要频繁的更新全站台账信息，根据设置可以每周或每几天自动更新全站的台账信息。

3.3 Ⅰ、Ⅲ区同步

二次设备台账管理系统基于具有分布式的统一应用支撑平台。统一应用支撑平台遵循分布式、开放性设计原则，具有可移植性的体系结构，为系统上级应用提供了一套强大通用的服务，用于实现分布式实时数据库数据管理、人机交互界面协调、网络消息传递、进程间通信、多现场系统管理、数据转发等功能。

二次设备台账管理系统利用统一应用支撑平台进行Ⅰ、Ⅲ区同步。在安全Ⅰ区采集全站装置台账信息，自动同步到安全Ⅲ区，在安全Ⅲ区可以查看实时台账信息。二次设备台账管理系统屏蔽了不同的硬件平台、操作系统、安全分区。

3.4 台账发布

二次设备台账信息可通过Ⅲ区的综合数据网上送到主站。

为实现站端设备台账信息的详细查阅，避免大量上传信息，通过在站内配置站端 WEB 服务器方案实现站端信息发布功能。站端 WEB 发布系统基于 B/S（Browser/Server）结构[5]，在厂站内安装服务器、正向隔离装置、防火墙及相应软件，在客户端可通过浏览器直接访问厂站内的台账数据库。站端 WEB 服务器部署在安全三区，通过正向隔离装置、防火墙实现与安全一区 SCADA 服务器的数据隔离。站端 WEB 发布系统基于综合数据网，数据仅在企业内部网上流通，同时只支持浏览功能，大大提高了系统安全性。

二次设备台账管理系统将采集到的二次设备台账信息存储在台账数据库中，并将台账数据同步到站端 WEB 服务器，通过站端 WEB 服务器实现二次设备台帐信息的发布。

3.5 权限管理

为使用本系统的不同用户分配不同的角色和权限，提供定制工具对权限进行管理。对于从装置召唤的台账信息、自定义的台账信息、61850 建模的装置台账信息、非 61850 建模的装置台账信息，不同用户根据不同角色不同权限具有不同的管理能力。

4 工程应用

本系统在多个数字化电厂、变电站投入应用。

以广东中山 110kV 申堂站为例，站端在安全Ⅰ区的监控主机和安全Ⅲ区的 WEB 发布服务器上配置了二次设备台账管理系统，在安全Ⅲ区还配置了物联网服务器。二次设备台账管理系统将监控主机采集到的二次设备台账信息同步到站端 WEB 发布服务器，WEB 发布服务器将二次设备台帐信息传送到物联网服务器，物联网服务器通过综合数据网与主站端通信，将整合后的物联网数据上送到主站端，实现了二次设备台帐信息与其他物联网数据的整合。

5 结语

通过对站内保护测控等设备的 IEC61850 模型进行扩展，将二次设备台帐信息写入装置模型，通过 MMS 通信采集二次设备台账信息并上送到二次设备台账管理系统。将监控系统与电网生产管理信息系统结合起来，在现有监控系统功能的基础上实现了厂站的检修辅助、运行辅助、资产全寿命周期管理，构建了厂站及设备的全景模型，提高了厂站的信息化、自动化、智能化水平，为厂站运行、检修及综合管理提供了强有力的支持。

参考文献：

[1] 王传旭，侯汝锋，吴轲. 设备台账在信息系统中的实现及应用［J］. 中国高新技术企业. 2011，(19)：81－82.

[2] 徐驰. 继电保护设备管理信息系统的开发与应用［J］. 电力自动化设备. 2004，28（12）：98－99.

[3] 许志华，蔡泽祥，刘德志，等. 面向设备的二次系统设备管理系统［J］. 电力自动化设备. 2004，24(6)：34－36.

[4] 吴在军，胡敏强. 基于 IEC 61850 标准的变电站自动化系统研究［J］. 电网技术. 2003，27（10）：61－65.

[5] 李艳涛，栗然，赵敏. 基于Web的继电保护管理信息系统研究与实现［J］. 电力自动化设备. 2003，23（11）：41－43.

作者简介：

滕井玉（1980— ），男，工程师，主要从事电力系统应用软件的研究和开发工作。E－mail：tengjy@nari－relays. com

TV 一次保险熔断引起的高频保护误动原因分析研究

胡小燕

（大唐国际大坝发电有限责任公司，宁夏　青铜峡　751607）

【摘　要】　宁夏大唐大坝发电公司6号机组发变组保护B柜DGT－801B保护装置因发电机出口TV相一次保险熔断引起“发电机过频”动作保护动作出口跳闸。本文分析讨论了该事故的具体原因并根据故障波形回放以及试验研究了TV因一次保险熔断引起的二次电压输出异常，造成频率保护采集频率信息传变异常而引起的保护误动作情况，继而提出了在保护装置中增加谐波闭锁功能，以增强保护动作的灵敏性和可靠性的方法，并分析研究其特性。

【关键词】　TV保险熔断；异常；方案

0　引言

近年来由于电压互感器二次电压回路在运行中出现故障，引起电压异常导致保护装置不正确动作的事件时有发生，严重危害了机组的安全运行，是继电保护工作中的一个薄弱环节。

TV二次电压回路与保护作为继电保护测量设备的起始点，其二次电压的正常输出至关重要，由于TV二次电压输出异常而导致的严重后果是保护误动或拒动。

1　问题提出

宁夏大唐国际大坝发电公司6号机组发变组保护采用双重化保护配置，A屏采用南瑞RCS－985发变组保护，B屏采用南自生产的DGT—801发变组保护装置，2009年8月13日01时45分，6号机组发电机出口第三组TV　B相一次保险熔断，导致6号机组发变组保护B柜DGT－801B保护装置“发电机高频”动作保护动作出口跳闸。而南瑞发变组A屏保护则正常。发变组保护B柜DGT－801B保护装置高频保护的定值为51.5Hz，延时0.5s出口；而保护动作时的CPUA动作值为52.4023Hz，CPUB动作值为52.4863Hz，满足保护动作条件。由于宁夏大唐国际大坝发电公司750kV高压出线的特殊性，根据西北网调要求发电机高频保护投入跳闸。在此之前，国内并未发生过发电机高频保护在电压互感器一次熔断器熔断拉弧过程中动作出口的事件，宁夏大唐大坝发电公司为首例。同时，本次保护误动也反映出了DGT－801B型“发电机高频保护”频率采样回路抗扰动能力较差，保护动作逻辑无电压波形畸变闭锁判据的不足。因此有必要进行分析探讨。

2　关于发电机频率保护

2.1　发电机频率保护的原理

电力系统中同步发电机产生的交流正弦基波电压的频率，在稳态条件下各发电机同步运行，整个电力系统的频率相等，它是一个全系统一致的运行参数，我国电力系统的额定频率为50Hz。只有系统中所有发电机的总有功出力与总有功负荷（包括电网的所有损耗，如输送无功时的有功损耗等）相等时，电力系统的频率才能保持不变，而当总有功出力与总负荷发生不平衡时，各发电机组的转速及相应的频率就要发生变化。电力系统中任意一处负荷的变化，都会引起全系统功率的不平衡，导致频率变化。因此，电力系统运行时，要及时调节各发电机的出力，以保持频率的偏移在允许的范围之内。

大型汽轮发电机组对电力系统频率偏离值有严格的要求，在电力系统发生事故期间，系统频率必须限制在允许的范围内，以免损坏汽轮机叶片。发电机频率保护的高频段整定应根据发电机运行时间与频率的关系曲线来确定。发电机可以长期运行的最高频率一般为50.5Hz，由于发电机在高频条件下运行的危害比较大，所以允许运行的时间（包括累计时间）比较短。

目前，电力系统中的装机容量越来越多，各系统之间的联系也越来越紧密。长期低频或高频运行的可能性几乎等于零。因此，当频率异常保护作用于切除发电机时，其各段频率及累计时间，应与低频减载或高周切机装置相配合。各段频率的取值及累计时间，一般根据汽轮机制造厂提供的数据乘以可靠系数进行整定。工程应用时，可根据需要选择为低频、高频、或频率积累保护。应按要求选择保护出口段数。

2.2 南自 DGT-801B 保护装置发电机频率异常保护原理及构成

汽轮机叶片有自己的自振频率。并网运行的发电机，当系统频率异常时，汽轮机叶片可能产生共振，从而使叶片发生疲劳，长久下去可能损坏汽轮机的叶片。发电机频率异常保护是保护汽轮机安全的。

高频保护接入机端 TV 某一相间电压（如 U_{AB}）。其中，高频保护逻辑框图如图1所示。

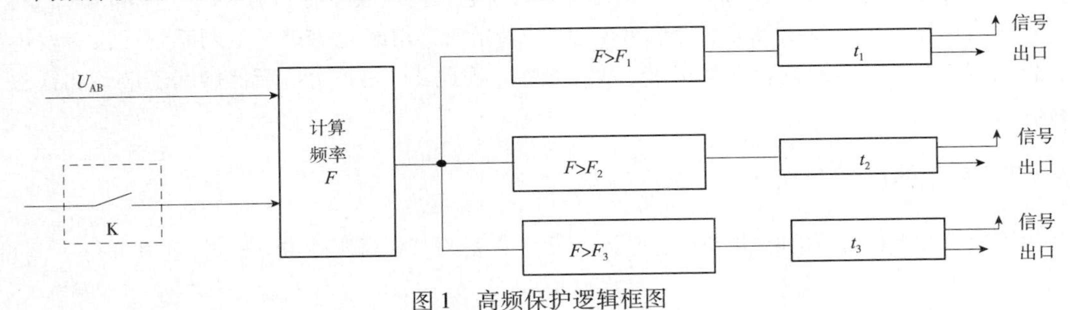

图1 高频保护逻辑框图

图中 U_{AB}为机端 TV 二次相间电压；K 为断路器辅助接点，断路器合上时闭合；F_1、F_2、F_3为频率保护1、2、3段的整定值；t_1、t_2、t_3 为频率保护1、2、3段的延时时间定值。

宁夏大唐国际大坝发电公司6号机组频率异常保护，从构成原理及逻辑框图上可分为三种：①反应频率过低的低频保护；②反应频率过高的高频保护；③反应累积效应的频率积累保护，它主要用来反映汽轮机叶片疲劳的累积效应，可作为低频积累保护或高频积累保护。

3 TV 一次熔断器熔断原因分析

TV 熔断器熔断通常有以下原因：

（1）铁磁谐振过电压可引起 TV 一、二次侧熔断器熔断。

（2）低频饱和电流可引起 TV 一、二次熔断器熔断。

（3）TV一、二次绕组绝缘降低、短路故障或消谐器绝缘下降可引起一、二次侧熔断器熔断。

（4）TV X端绝缘水平与消谐器不匹配导致一、二次侧熔断器熔断。

熔断器一般情况下在TV线圈发生短路或接地时用于切除故障点的。另外，在TV发生铁磁谐振扰动以及在其他外界因素的影响下的一次熔断器也有熔断的可能。

3.1 铁磁谐振扰动分析

铁磁谐振扰动主要表现为电磁式TV的励磁特性为非线性，它与电网中的分布电容或杂散电容在一定条件下可能形成铁磁谐振。一般情况下TV的感性电抗大于电网的容性电抗。当电力系统正常操作或某种情况产生暂态过程中，如需要断路器切合线路（尤其是切合空载母线），会出现操作过电压，引起互感器的工作点移动，严重时可能出现饱和，此时在TV感抗降低的过程中，当与电网的容性电抗恰好匹配时，将出现铁磁谐振。

铁磁谐振的谐振频率是根据电网的电容值而定，谐振频率可为工频和较高的工频或较低的工频所产生的谐波。铁磁谐振产生的过电流或高电压都会造成TV的损坏，特别是低频谐振时，TV相应的励磁阻抗大为降低而导致铁芯深度饱和，励磁电流急剧增大，高达额定值的数十倍至百倍，严重时会损坏TV。主要表现为：

（1）TV的一次绕组烧坏是由持续的铁磁谐振造成。一般是发生在空载母线合闸时，该相母线的对地电容较小，产生三倍频的高频谐振过电压。

（2）高压熔断器频繁熔断，是由超低频铁磁谐振造成。超低频铁磁谐振是在单相接地故障消失瞬间，电网对地电容与TV励磁电感产生的一种短暂电磁振荡。这种情况出现在空载母线合闸时有较大母线对地电容的电网中。尤其是在间隙性电弧接地故障时，更为严重。

宁夏大唐国际大坝发电公司6号机组TV的一次熔断器熔断前750kV电网系统并没有发生扰动，也没有空载母线合闸现象和单相接地故障发生。因此TV的一次熔断器熔断不应该和铁磁谐振扰动有关。

3.2 TV高压熔断器分析

为了搞清楚TV高压熔断器熔断的原因，技术人员对TV高压熔断器的电阻值进行了测量，其结果见表1。

表1　　TV高压熔断器电阻值测量表　　单位：Ω

相次	Ⅰ组	Ⅱ组	Ⅲ组
A相	120.9	118.6	167.2
B相	123.5	130.6	168.5
C相	121.5	122.7	166.3

从表1可以看出，发电机出口Ⅱ组TV高压熔断器电阻值有明显不匹配现象。不可以排除在TV的一次熔断器熔断前，Ⅲ组TV高压熔断器电阻值也有不匹配现象，而且，在与其他发电公司的同行交流时发现，其他发电公司也曾出现过，由于TV高压熔断器电阻值不匹配而造成熔断器熔断的现象。因此，不排除TV高压熔断器电阻值不匹配是熔断器熔断的原因之一。

根据以上分析可以看出，TV 高压熔断器熔断的原因是非电因素引起，包括温度变化引起的应力、振动、腐蚀等。根据现场情况，Ⅲ组 B 相 TV 处于安装位置下部，振动较其他 TV 小。因熔断器容量较小，金属熔丝很细，应该认为最可能的因素是夜间温度变化引起的应力导致熔断器保险丝断裂的可能性最大。

4　事故原因分析

4.1　机组高频保护装置故障波形分析

某机组高频保护装置的电压取自机端Ⅲ组 TV，故障录波如图 2 所示，从图中可以看到，受 TV 一次熔丝拉弧影响，传变到二次是一个电压畸变波形，含有丰富的谐波分量和非周期分量，分析其中各次谐波分量，如图 3 及图 4 所示。

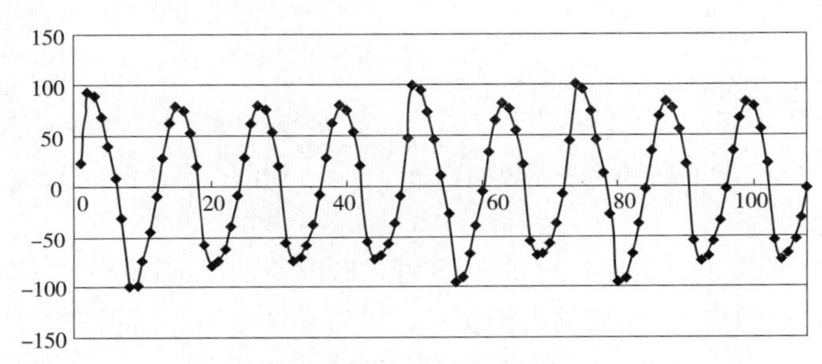

图 2　保护装置的原始录波图

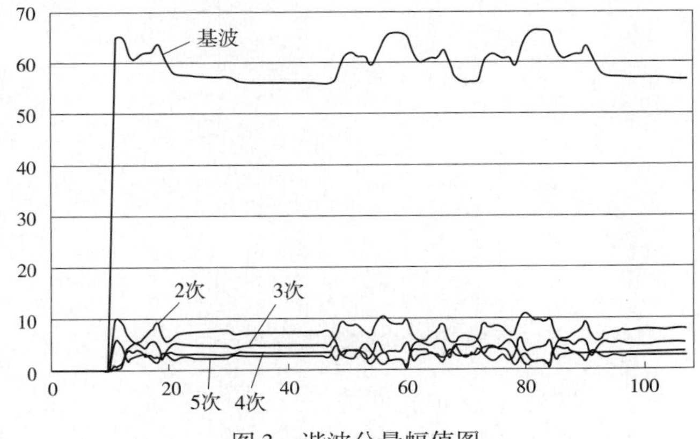

图 3　谐波分量幅值图

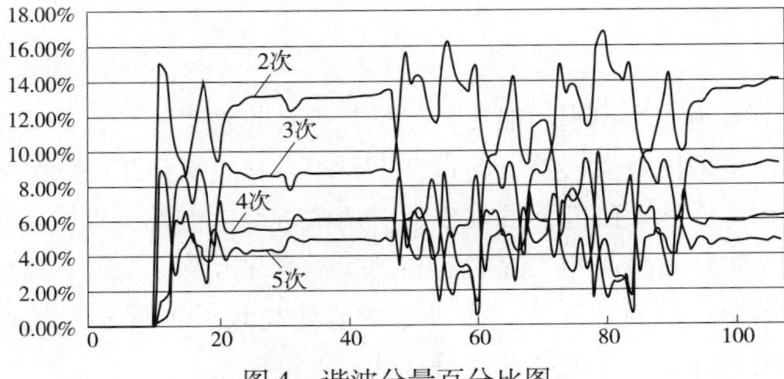

图 4　谐波分量百分比图

从图2和图3的谐波分析信息可以看出，基波分量在55~66V之间无规则变化，二次、三次、四次、五次谐波及非整数次谐波丰富，最大可以达到基波分量的16%以上，一次电气系统正常，而传变到二次的电压信息受TV异常的影响，且由于TV熔断拉弧过程比较长，该保护曾多次动作、返回持续时间较长（从保护动作次数、返回可见），使得保护装置获得错误的信息。每次动作时间都在0.5s以上，满足保护延时条件。因此，引发了发电机高频保护的动作出口。

4.2 最终得出原因

在TV一次保险整个熔断过程中，保险熔丝在熔断拉弧中，经暂态过程过渡到稳定熔断状态，电气回路中产生了变化的附加阻抗，导致二次绕组的电压输出异常，保护装置获取的电气量受燃弧影响，频率信息传变异常，因为高频保护主要是反应频率异常，频率取自TV二次线电压信息，对于保护装置的频率计算也会带来暂态影响，从而导致高频保护满足动作条件，高频保护误出口动作。

5 确定方案及实施

通过以上研究分析找出了高频保护误动作原因，经过相关专家深入研究决定采取以下方案从根本上解决此问题：

（1）在DGT-801B保护装置保护软件中增加波形识别功能，加入TV熔断暂态过程中的抗干扰措施。当判断电压波形畸变时闭锁高频保护，其流程图如图5所示。

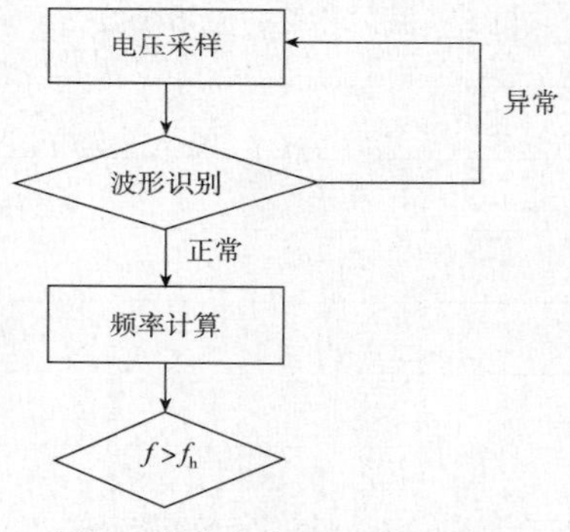

图5 优化方案的软件流程图

（2）对机组DGT-801B保护装置保护软件进行升级和升级后的全部校验，并针对TV断线异常运行状况进行各相关保护TV断线闭锁试验。

6 结语

当高频保护装置中采用波形识别功能后，保护频率计算仿真结果如图6所示，在二次波形异常的情况下，保护的频率采样最大误差不超过0.1Hz，可有效增强TV一次熔断丝拉弧暂态过程中保护动作的灵敏性和可靠性。研究人员发现，应用改进后的方案，通过波形回放真机试验，高频保护可靠不动作；在实际发生高频工况时，高频保护可靠动作。在TV高压侧一次熔断器熔断产生的谐波分量和非周期分量的情况下，改进方案能使高频保护可靠不动作。此方案经过相关专家共同探讨研究审核，肯定了其灵敏性和可靠性。

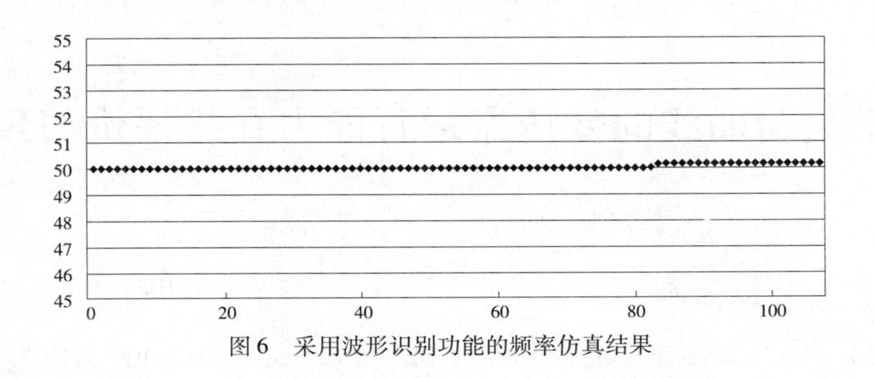

图 6　采用波形识别功能的频率仿真结果

7　对策

对于此类因 TV 一次保险熔断造成保护误动作现象，存在一定的偶然性，同时也说明了宁夏大唐国际大坝发电有限责任公司 DGT－801B 型“发电机高频保护”频率采样回路抗扰动能力较差，保护动作逻辑无电压波形畸变，闭锁判据不足的问题。对此，根据试验研究的结论可以在现场采用性能良好的高压熔断器（由弹簧拉开的断路器，即在熔丝熔断时在熔丝的两端由弹簧迅速拉大熔断点两端的距离），可避免保险熔断时暂态过程引起的保护误发发电机高频保护跳闸信号。同时，保护装置自身也可加强保护装置自身的抗干扰能力，以避免此类现象的发生。

参考文献：

[1] 王维俭，候炳蕴. 大型机组继电保护理论基础 [M]. 北京：中国电力出版社，1996.

作者简介：

胡小燕（1977—　），女，工学学士，从事继电保护应用工作。E－mail：370349069@ qq. com

基于负荷曲线的变压器运行能力在线评价与预警

尹　凯，葛立青，王　永，张代新

（南京南瑞继保电气有限公司，江苏　南京　211102）

【摘　要】　变压器作为最重要的变电设备，其电流、电压、功率及温度等电网运行数据监控较为完整，部分变电站还装备了局部放电、油中气体及红外测温等在线监测装置。然而传统的电网运行数据难以对变压器运行状态完整评估，在线监测装置上送的数据相对专业，使用者需要一定的专业知识才能够解读。本文提出一种基于负荷曲线的方法，将变压器的电网运行数据和在线监测数据结合起来，对其运行能力提供量化的计算结果，为运行和维护人员提供更为直观展示方式。

【关键词】　变压器；负荷曲线；在线监测；运行能力；评价；预警

0　引言

为满足未来持续增长的电力需求，实现更大范围的资源优化配置，众多国家和组织不约而同的将发展智能电网作为主要技术方向。其中厂站智能化是智能电网的重要组成部分。目前厂站中已有的自动化系统偏重于变电站运行，国内外也开展了很多和运行相关的智能高级应用的研究工作。但是对于厂站设备维护和管理的智能化研究还处于初始阶段。设备在线监测系统是实现设备状态运行检修管理、提升输变电专业生产运行管理精益化水平的重要手段[1,2]。

变压器作为最重要的变电设备，其电流、电压、功率及温度等电网运行数据监控较为完整，部分变电站还装备了局部放电、油中气体及红外测温等在线监测装置。然而传统的电网运行数据难以对变压器运行状态完整评估；在线监测数据提供了更为完备的监控手段，但在线监测装置上送的数据相对专业，使用者需要一定的专业知识才能够解读，并且缺乏和离线数据的比较。

本文采用基于负荷曲线的方法，将变压器的电网运行数据和在线监测数据结合起来，对其运行能力提供量化的计算结果，为运行和维护人员提供更为直观展示方式。

1　智能变电站设备在线监测数据流分析

1.1　网络结构

智能变电站的网络结构横向可以分为站控层网络、间隔层网络及过程层网络三个层次，纵向可以划分为安全Ⅰ、Ⅱ、Ⅲ、Ⅳ分区[3]。变电站内设备在线监测装置多位于安全Ⅱ区，保护测控装置位于安全Ⅰ区。以变压器为例，变电站内与设备在线监测相关的典型网络结构图如图1所示。

在安全Ⅰ区，站控层监控系统遵循 DL/T 860 标准与间隔层测控、保护装置进行实时数据交换。间隔层测控、保护装置通过 GOOSE 网、SV 网过程层网络获得设备实时运行信息。在安全Ⅱ区，站控层监控系统遵循 DL/T 860 标准与在线监测装置进行实时、准实时数据交互获得设备监

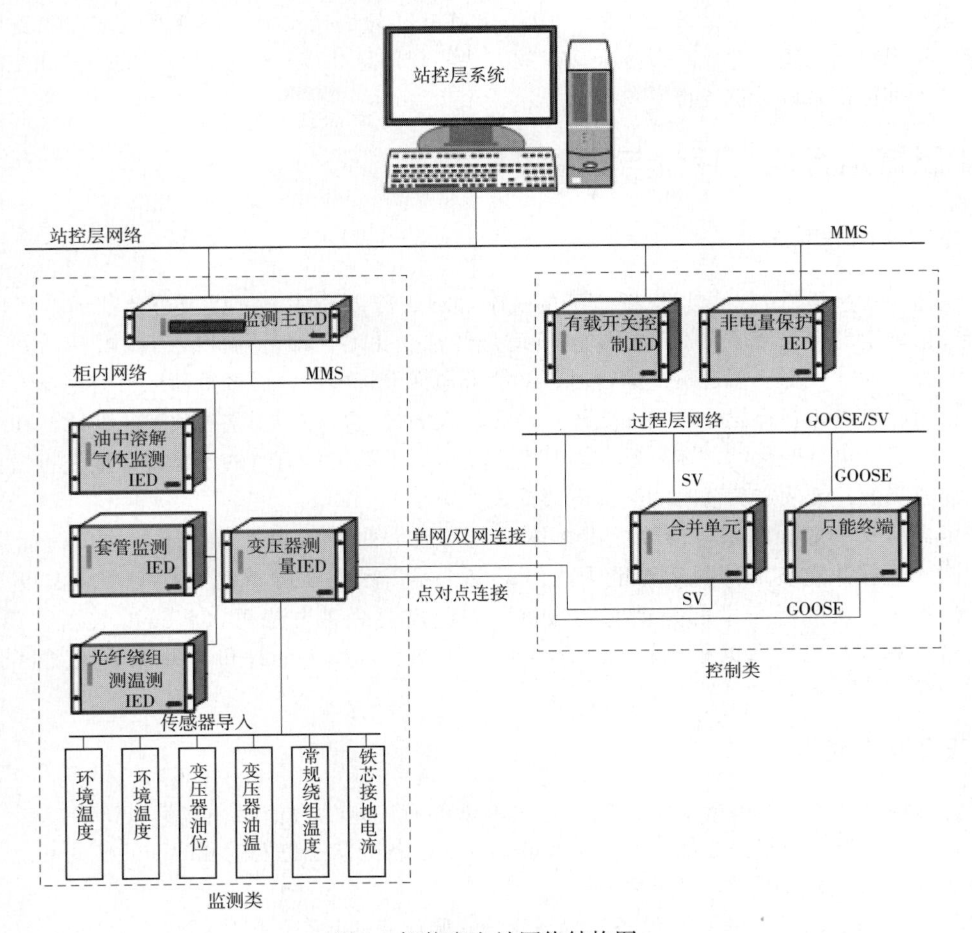

图1　智能变电站网络结构图

测信息。在线监测装置的传感器一般就地安装于一次设备，通过内部规约上传设备监测信息至在线监测装置。在安全Ⅲ、Ⅳ区的其他系统如生产管理系统，可以通过 JSON、SOAP 或文件交换等方式跨越隔离装置实现与监控系统的离线数据交换。

1.2　设备在线监测数据流分析

从上文可知，变电站内与设备在线监测的数据来源较为复杂，跨越不同的网络层次和安全分区。这些数据可以分为运行状态、变化趋势及家族缺陷三类。运行状态主要反映当前设备的电气或机械特征。变化趋势用于表明微小量的渐变，反映故障的前期征兆。家族缺陷由设计、材质、工艺等共性因素导致，具有共性因素的其他设备认为具有相同的家族缺陷。影响设备状态的因素众多，包括电气、化学、机械多种数据；数据来源复杂，来自不同网络层次的不同设备、系统；不同来源的数据时效性也不相同，既包含了智能电子设备（IED）的实时、准实时数据，还包含了历史统计及其他系统的离线数据；数据跨越多个安全分区。

1.3　信息集成

由以上设备状态相关数据流分析可知，设备状态的监测前提是统一的全景数据平台，即实现统一建模，统一采集。全景数据平台以 DL/T 860 标准为依托，统一整合变电站内的各类数据与信息，实现数据的统一存储。以标准接口的方式实现信息共享，为电力系统的保护和控制、运行及维护管理提供基础数据支撑。

2 变压器运行能力评价与预警

2.1 变压器负荷曲线

变压器正常过负荷能力，是根据全天的负荷曲线、冷却介质温度以及过负荷前变压器所带的负荷等来确定的[4]。变压器在运行中的负荷是经常变化的，即负荷曲线有高峰和低谷，在高峰时可能过负荷。当变压器过负荷运行时，绝缘寿命损失将增加，而轻负荷运行时绝缘寿命损失将减小，因此可以相互补偿，不增加变压器寿命损失的过负荷称为正常过负荷。变压器在运行中冷却介质的温度也是变化的，在夏季油温升高，变压器带额定负荷时的绝缘寿命损失将增加，而在冬季油温降低，带额定负荷时的绝缘寿命损失将减小。

变压器厂家一般会随基本参数提供本体过负荷能力曲线或列表。变压器过负荷能力将作为特性因素直接决定变压器的运行能力。由于变压器厂家提供的特性数据中环境温度、起始负荷、油温等在实际运行中都是动态的数据，因此需要一种方法可以将站内数据收集起来，通过实时计算并与离线数据相比较，从而获知变压器运行能力的评价，并能够对紧急情况进行提前预警。

2.2 设备状态函数

尽管影响设备状态的因素众多，但当这些因素都有确定的数值时，就可以认为设备处在一定状态[5]。如果设备的某一个性质发生了改变，那么设备的状态也发生了改变。换句话说，设备处在一定的状态，这些因素有确定之值。

设 X_{n}（n＝1，2，3，…）为设备的状态变量，则设备的状态可以用函数表示为

$$S = F\ (X_1,\ X_2,\ \cdots,\ X_n) \tag{1}$$

以变压器为例，当变压器的电流、电压、温度、气体含量等确定时，认为变压器处于某个确定状态，电流、电压、温度、气体含量等则是变压器这个体系的状态变量。

2.3 变压器等效初始负荷与等效过负荷计算

实际运行中负荷电流 I 是不断变化的，特别是某条线路或变压器故障导致运行方式改变时，这种变化往往会很大。这时需要根据电流所引起的损耗与不变负荷电流引起的损耗在温度上相等效的原则，计算等效负荷等效电流 I_{eqv}。对于等效初始负荷 I_{eqv1} 可取过负荷前一段时间内的电流按照式（2）计算。

$$I_{\mathrm{eqv1}} = \sqrt{\frac{I_1^2 t_1 + I_1^2 t_2 + \cdots I_n^2 t_n}{t_1 + t_2 + \cdots + t_n}} \tag{2}$$

式中：I_1，$I_2 \cdots$，I_n 为各段电流平均值的标幺值；t_1，$t_2 \cdots$，t_n 为对应各段负荷电流的时间间隔，s。

对于等效过负荷 I_{eqv2}，可取过负荷后至当前时刻的一系列电流参照式（2）计算。

2.4 变压器运行能力评价函数

理论上，变量确定后设备状态可以通过式（1）计算出来。但设备是一个复杂的体系，其运

行状态很难通过类似式（1）的公式计算出来。尽管设备状态计算的较为复杂，但对于设备状态的评价却是相对统一的。例如，对特定设备都可以按照一定的原则评价为正常、异常、故障等。设备状态评价可以用函数表示为

$$R = E\ (X_1,\ X_2,\ \cdots,\ X_n) \tag{3}$$

因此，相比通过状态函数计算设备状态，直接根据式（3）为使用者提供设备状态的评价结果更具有实际意义。以变压器运行能力为例，可以根据其某些可计算或可直接获取的运行特征，如等效初始负荷、等效过负荷、环境温度、油温、绕组温度、离线过负荷能力曲线、容量，来评价变压器设备状态。

2.5 变压器运行能力预警

对于变电站监控系统，不仅希望可以知道当前设备运行情况，更希望可以对将要发生的设备异常进行预警，预防事故的发生。设设备变化前的状态为始态 S_1，变化后的状态为终态 S_2，则设备终态与始态的关系可表示为

$$S_2 = S_1 + \Delta S \tag{4}$$

需要注意的是设备从一个状态转变为另一个状态，即 ΔS 可以经过不同的途径引起。因此设备状态的变化途径，可以用一系列类似式（4）的公式来表示。

3 程序设计与实现

3.1 程序结构

程序自下而上分为数据采集、数据建模、数据存储、数据分析及数据展现共 5 个模块（图 2）。数据采集基于 DL/T860 标准，实现站内各专业数据（测控、保护、故障录波、在线监测等）的综合采集。数据建模在电网模型基础上进行扩展，实现设备在线监测模型建模。数据存储提供在线监测历史储存服务进程，提供数据及文件的历史储存功能。数据分析提供在线监测分析算法、电网运行数据分析算法、结合在线监测数据与电网运行数据实现对设备的综合诊断算法。数据展现主要提供：信息集成，以设备为导向对关键信息进行数据分析与展示；运行支持，提供常规操作（遥控、顺控等）结合诊断结果提示与判断功能。

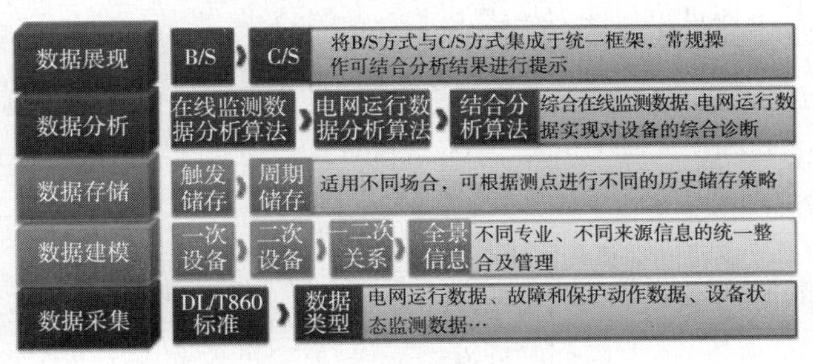

图 2　程序结构

3.2 计算流程

程序首先根据变压器型号读取对应的原厂实验曲线，然后归集计算需要的函数变量，并将归集好的变量储存于实时库中供下一步计算和实时显示，最后根据负荷曲线计算出当前过负荷

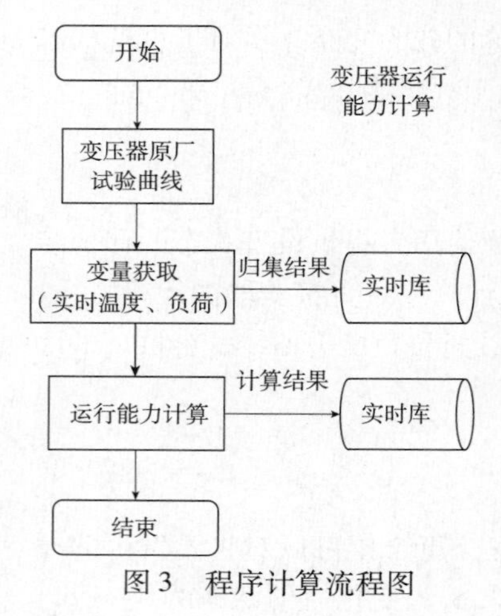

图 3　程序计算流程图

下变压器允许时间（分钟计），同时根据负荷的增速及剩余允许时间，对变压器运行能力进行预测。程序计算流程如图 3 所示。

从图 3 可以看出，程序主要包含原厂实验曲线读取、变量获取和运行能力计算三个模块。下面对模块实现进行介绍。

变量获取模块流程图如图 4 所示。首先生成变量列表，然后根据变量特性从全景数据平台直接获取或者根据当前变量进行推算，最后将计算结果储存于实时库中。

运行能力计算模块流程图如图 5 所示。程序根据输入的变量选取对的负荷曲线，进而计算出当前过负荷允许运行时间，并根据过负荷增速及允许运行时间对变压器运行能力进行预警，最后将结果输出至图形和告警。

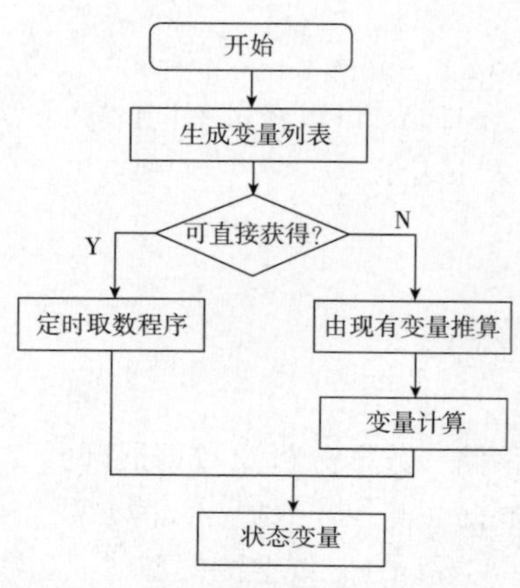

图 4　变量获取模块流程图

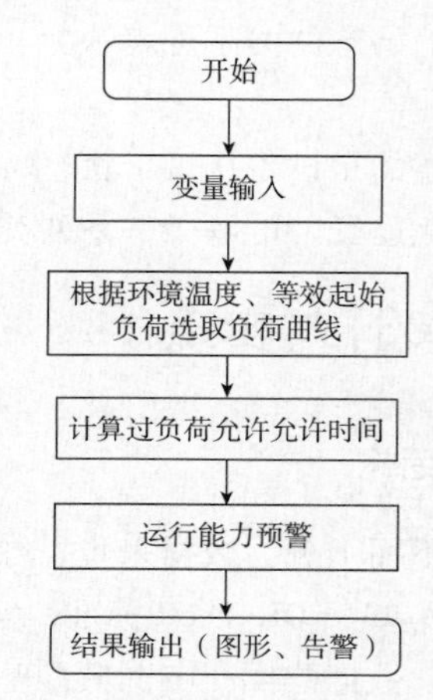

图 5　运行能力计算流程图

4　计算实例

下面根据一个实际的变压器实例对计算流程进行进一步说明。某 220kV 变电站 1 号主变额定容量为 180000kVA，其本体过负荷能力见表 1。

表 1　　**变压器过负荷能力表**

计算边界条件				允许运行时间/min					
				环境温度（10℃）		环境温度（20℃）		环境温度（30℃）	
起始负荷/%	过载能力/倍	变压器油温/℃	绕组热点温度/℃	以油温为控制目标	以绕组热点温度为控制目标	以油温为控制目标	以绕组热点温度为控制目标	以油温为控制目标	以绕组热点温度为控制目标
50	1.1	105	150	连续	连续	连续	连续	连续	连续
	1.4			连续	连续	连续	375	247	173
	1.6			309	129	176	92	120	66
	1.8			140	60	104	47	78	37
	2			92	36	73	30	57	24

续表

计算边界条件				允许运行时间/min					
				环境温度（10℃）		环境温度（20℃）		环境温度（30℃）	
起始负荷/%	过载能力/倍	变压器油温/℃	绕组热点温度/℃	以油温为控制目标	以绕组热点温度为控制目标	以油温为控制目标	以绕组热点温度为控制目标	以油温为控制目标	以绕组热点温度为控制目标
60	1.1	105	150	连续	连续	连续	连续	连续	连续
	1.4			连续	连续	连续	366	239	164
	1.6			302	123	170	86	114	61
	1.8			135	56	100	43	74	34
	2			88	34	69	27	53	22
70	1.1	105	150	连续	连续	连续	连续	连续	连续
	1.4			连续	连续	连续	355	228	154
	1.6			295	116	162	79	106	55
	1.8			129	52	94	39	68	30
	2			84	31	65	25	49	20
80	1.1	105	150	连续	连续	连续	连续	连续	连续
	1.4			连续	连续	连续	342	215	141
	1.6			286	107	153	71	97	48
	1.8			123	47	87	35	61	26
	2			79	28	59	22	43	17
90	1.1	105	150	连续	连续	连续	连续	连续	连续
	1.4			连续	连续	连续	326	198	125
	1.6			275	96	142	61	86	40
	1.8			115	41	79	30	54	22
	2			73	24	54	19	37	14
100	1.1	105	150	连续	连续	连续	连续	连续	连续
	1.4			连续	连续	连续	305	177	104
	1.6			262	84	129	51	73	32
	1.8			106	35	70	25	44	17
	2			66	21	47	15	31	11

变量输入模块计算结果见表2，其中等效起始负荷按照过负荷前的12h进行计算。

表2 变量输入模块计算结果

环境温度/℃	油温/℃	绕组温度/℃	等效起始负荷	等效过负荷
20	105	150	0.78（3s），0.79（3s），…，0.86（1s）	1.59（3s），1.60（1s），…，1.62（1s）
			0.81	1.62

运行能力计算模块计算结果见表3。

表3　运行能力计算模块计算结果

运行运行时间/min	过负荷增速	预警结果
152	0.01	注意

5　结语

本文首先对智能变电站内和设备监测相关的数据流进行了分析，提出一种基于负荷曲线的方法，将变压器的电网运行数据和在线监测数据结合起来，对其运行能力提供量化的计算结果并给出预警，为运行和维护人员提供了更为直观的展示方式。通过在多个智能变电站的实施表明，本文的方法具有良好的易读性，能够及时反映变压器设备状态变化，提前预知设备状态，从而减轻变电站设备运行和维护的压力。

参考文献：

[1] 李孟超，王允平，李献伟，等. 智能变电站及技术特点分析［J］. 电力系统保护与控制. 2011，39（5）：61－65.

[2] 曹楠，李刚，王冬青. 智能变电站关键技术及其构建方式的探讨［J］. 电力系统保护与控制. 2011，39（5）：57－60.

[3] 国家电网公司. Q/GDW 383—2009　智能变电站技术导则［S］.

[4] Riffin P. Continuous condition assessment and rating of transformer［J］. In：1999 proceedings of the sixty－sixth annual international conference of doble clients. 1999.

[5] Feser K，Maier H A，Freund H，et al. On－line diagnostic system for monitoring the thermal behaviour of transformers［J］. In：CIGRE Diagnostics and maintenance techniques symposium. Berlin：1993.

作者简介：

尹凯（1981—　），男，山东济南人，工程师，从事变电站自动化研究与开发工作。E－mail：yink@nari－relays. com

一种基于 EMS 实时数据及故障录波数据的故障分析系统

刘焕志，祁　忠

（南京南瑞继保电气有限公司，江苏　南京　211102）

【摘　要】　为有效提高调度员处理电网事故的效率，充分利用各种数据类型采集特性，本文提出一种基于 EMS 实时数据和故障录波数据的故障分析系统。本文详细介绍了该系统的设计与实现，并阐述了系统采用的基于 IEC61970 标准扩展的电网一二次设备全景建模、基于保护动作链的快速故障诊断、基于可伸缩时间窗处理的电网事件采集群组分析等关键技术。该系统已经在厦门地调和福建省调稳定运行两年有余，省调诊断故障 30 余次，为电网调度提供有力的辅助决策，提高了电网调度以及继电保护专业管理的智能化水平。

【关键词】　实时数据；录波数据；故障诊断；故障分析；保护动作评估；全景建模

0　引言

随着电网规模的不断扩大和电网结构的日益复杂，电力系统的安全可靠运行变得至关重要。在电网故障时段，大量的故障信息（如保护动作、开关分合、越限告警、异常告警、暂态数据、故障简报等）在短时间内涌入调度中心，超过了调度主站值班人员的处理能力，易使调度员误判、漏判。为了适应各种简单和复杂事故情况下故障的快速、准确识别，迫切需要一个能在电网故障初发时段，快速从海量数据中获取重要信息，快速准确诊断出故障位置、分析故障性质、给出处理方案的智能继电保护故障信息分析系统（简称故障分析系统），为调度中心调度人员和保护人员的工作提供决策参考。

随着网络技术、通信技术的快速发展及故障录波器联网系统的建成，电网调度端可以随时收集分布于各个厂站端的故障录波器的信息[1-2]。

基于此，本文提出一种基于 EMS 实时数据和故障录波数据的故障分析系统。利用开关分合和保护动作实时信息进行快速故障诊断，生成快速故障诊断报告；利用故障录波数据进行故障点详细分析，保护动作正确性和完整性分析，生成综合故障分析报告展示给调度人员，为调度人员及时准确处理电网故障提供信息支持、辅助分析与决策参考。

1　系统设计

1.1　系统软件架构

故障分析系统采用分布式、可扩展、可异构的软件体系架构，如图 1 所示。该系统包括 5 层，自底向上分别为硬件平台、操作系统平台、通用中间件层、统一支撑平台层和应用软件层。

快速故障诊断 | 录波信息故障分析 | 保护动作行为评价

定值管理 | 波形数据管理 | 模型管理 | 故障信息组群管理

前置通信 | 数据处理 | 告警及事件记录 | 可视化运行监视

跨平台图形开发平台

面向对象数据库管理平台

分布式网络通信管理平台

通用中间件

Windows　Linux　Soluris　ALX　HP_UX

SUN　IBM　HP　NEC　Sugon　Inspur

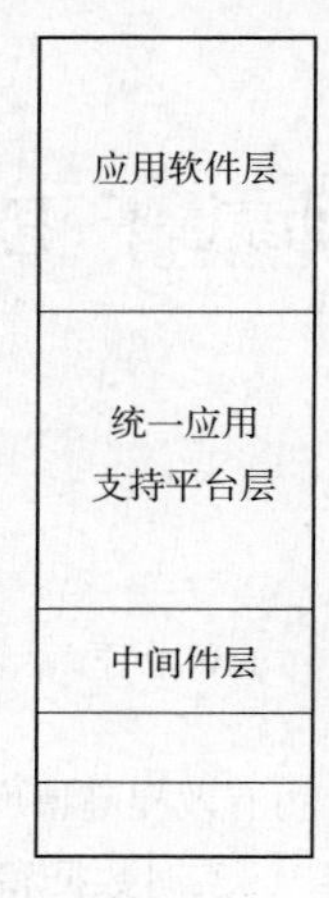

图 1　系统软件结构图

1.2　系统结构特点

（1）采用中间件技术，实现跨平台混合运行。通用中间件层包括操作系统屏蔽中间件层和公共对象请求代理结构（CORBA）中间件层。操作系统屏蔽中间件层使得故障分析系统能够运行在多种硬件平台和操作系统上，具有很好的可移植性。CORBA 中间件层使得故障分析系统具有应用组件技术所带来的优越性，如可伸缩性、异构系统、可互操作性等。

（2）统一分布式支撑平台。支撑平台包括支持订阅和发布的网络管理系统、面向对象的分布式实时数据库管理系统、多现场的系统管理和任务管理系统、分布式的人机管理系统、通用的事件和告警管理系统、历史数据管理和报表系统等。在基础平台上构建故障分析系统应用，从应用功能、图模库维护、人机界面展示等方面考虑与其他应用系统的一体化设计，实现应用系统之间的相互融合和信息集成，有利于逐步实现更多的综合智能应用功能。

（3）分布式系统设计。应用由独立数据库和进程组成，不同应用分布在不同节点，应用分布式运行，实现节点间负载均衡，同时满足大规模保信子站接入需要；分布式数据库设计，突破集中式数据库容量限制。

（4）模块化设计，方便系统功能扩展。

1.3　故障分析主流程

系统故障分析主流程如图 2 所示。系统从 EMS 获得开关分合 SOE 信息和电网实时潮流断面信息，收到保信子站上送的保护动作信息，召唤获得装置定值信息。首先，系统判断快速故障诊断的启动条件满足后，进行快速故障诊断，初步确定故障范围和故障设备，并生成快速故障诊断报告，报告内容包括故障时间、故障设备和故障性质；然后，系统判断若有可疑故障设备，将同一事故导致的相关继电保护故障信息进行智能组群，并对暂态数据召唤优先级进行优先级排序；最后，系统召唤所需的故障简报和故障录波数据，准备就绪故障波形分析所需的数据后，进行故障点详细分析和保护动作行为评价，生成综合故障分析报告。

故障分析报告以 xml 文件形式存储，故障分析结果的综合展示分为基于在线画面的展示和基于实时告警窗的展示两个部分。当故障发生后，分析进程得出分析结果，将在线画面上相应的故障元件标记出来，并将此刻的故障报告关联到这个元件上，同时，还将分析结果以告警事件的形式发送至实时告警窗。

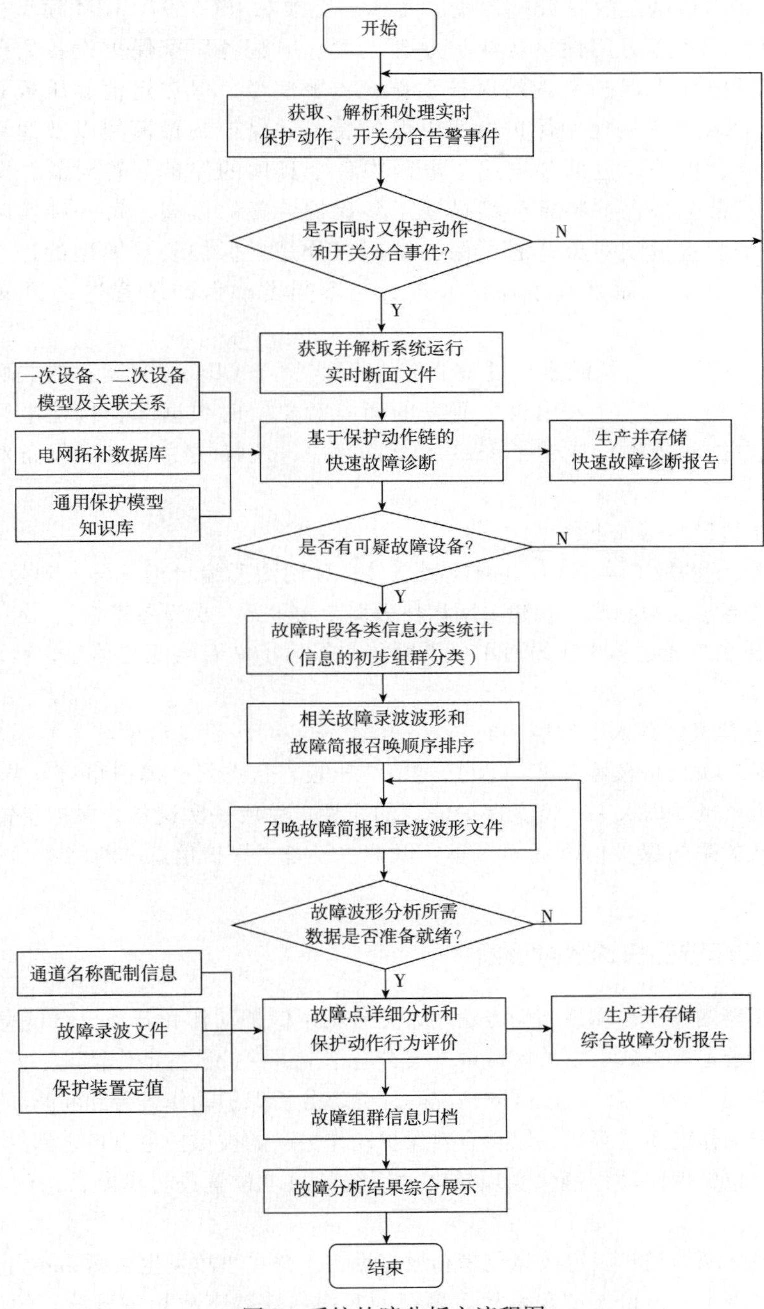

图 2　系统故障分析主流程图

2　关键技术

2.1　基于 IEC61970 标准扩展的电网一二次设备全景建模

由于 IEC61970 CIM 模型完成定义了一次设备参数和电网拓扑结构，关于二次设备的建模信息比较简单，不能满足故障分析系统的要求，必须对 IEC61970 CIM 模型进行扩展。扩展的二次设备模型应考虑通用性，从保护原理出发，屏蔽各厂家保护设备的差异，同时又能够完整表达实际电网中保护装置的保护动作、告警信号、保护定值、压板状态、故障信息等信息。基于 CIM 扩展的通用保护模型由保护装置、保护装置模型以及通用保护模型三个部分组成。其中，保护装置部分描述了电网中各个具体的保护装置对象，即保护装置实例；保护装置模型部分按保护装置类型描述了各保护装置的模型，每一种实际保护装置类型对应了一个保护装置模型对象；通用保护模型部分是对保护装置模型的进一步抽象，它不涉及具体的保护装置，而是基于保护原理，对不同类型保护装置进行语义和功能上的规范。

在建立保护通用模型的基础上，建立保护装置实例与 CIM 一次设备的关联关系，实现电网一二次设备的全景建模。采用自主研发的面向对象实时数据库，构建电网一二次设备全景数据库，在数据库中不仅描述了一二次设备属性，还描述了一二次设备对象之间的关联关系。

故障分析系统建模步骤如下：

（1）从 EMS 系统获取 CIM/XML 电网模型文件，利用图形编辑工具导入到数据库中，将一次设备及其连接关系填入数据库，构建电网拓扑数据库和主站一次设备模型。

（2）故障分析系统通过 103 规约通用分类服务向保信子站召唤配置信息，获取保信子站的模型文件。

（3）保护信息建模。导入子站模型时，首先建立子站一次设备对象与主站一次设备对象的关联关系，将子站二次设备模型信息（包括定值、压板、状态量、模拟量等）导入到数据库，建立一次、二次设备的关联关系；定义保护信息的属性。完成一次设备，保护装置，保护信息，断路器跳闸的层次关系的保护信息建模，建立保护主设备—保护信息—断路器动作之间的关联关系。

2.2 基于保护动作链的快速故障诊断

基于保护动作链的快速故障诊断的方法[3]，充分利用保护动作和开关分合信息的易获取性，根据事故前后的系统运行方式、事故区域内开关分合情况、保护装置动作情况、安全自动装置动作情况、事故后全网设备电流、电压越限情况等信息，分析保护动作告警和断路器开断告警之间的配合关系，保护动作的重要等级，以及有效保护动作关联的被保护主设备之间的关系，形成以可疑故障元件为单位的保护动作链，实现对电力系统的故障位置进行诊断，达到分析快速的诊断效果。

经过快速故障诊断，初步确定故障范围和故障设备，并在事故发生后两 min 内生成快速诊断事故简报，以便调度中心值班人员在事故后最短的时间内获得事故相关最核心的信息，以及这一系列二次设备动作和开关分合背后隐藏的电力系统事故真相。

2.3 基于可伸缩时间窗处理的电网事件采集群组分析

系统将同一事故导致的相关继电保护故障信息进行智能组群，包括保护动作信息、安全自动装置信息、开关分合信息、故障简报、故障录波数据索引、可疑故障设备（可疑故障设备集）、可疑误动保护装置、可疑拒动保护装置、可疑开关误动作、可疑拒动开关等等，为数据的综合展示和后续进一步深入的事故分析做准备。

采集时间窗太小，电网同一故障的不同事件被划分在不同事件群组的概率增大，影响诊断的准确性甚至导致诊断结果错误；采集时间窗太大，不相关的事件被划分在同一个群组的几率增大，导致诊断耗时并降低准确性；同时，电力系统在同一时间内可能发生多次复杂故障，必须对采集时间窗的事件进行归类划分。所以，系统采用了可伸缩时间窗处理的电网事件采集群组分析技术既保证了诊断的准确性又减少诊断耗时。可伸缩时间窗等于最小固定时间窗（默认10s）加浮动时间窗，如果 $\Delta alarm/\Delta t$（t 时间间隔内的告警数量）大于一定的基准值，浮动时间窗一直延伸，否则，浮动时间窗停止。群组分析根据电网实时网络拓扑和关联规则对采集时间窗内的事件进行关联性归类划分。

2.4 基于故障录波数据的故障详细分析

系统对暂态数据（例如故障录波数据、保护录波数据、保护装置故障简报等）的召唤优先级进行自动排序，在优先级排序结果基础上，主动对故障涉及的暂态数据进行主动召唤；对优先级高的装置波形数据进行优先召唤、读取、展示和分析，从而告别“捞网式”的波形采集和分析模式，提高分析效率。

系统根据快速故障诊断结果、故障信息智能组群结果以及暂态数据召唤优先级排序结果，主动召唤装置波形数据，进行故障详细分析。主要进行如下两类动作事件的详细分析。

（1）快速诊断中正确动作事件的详细分析。根据快速诊断结果，对判为正确的动作事件，召唤相应故障录波装置信息进行解析，并与保护装置的故障信息进行对比，给出故障位置、故障类型、故障相别、过渡电阻、保护安装处测量阻抗、故障电流（含相电流、零序电流、负序电流大小和方向）、故障电压等信息。

（2）快速诊断中置可疑标志动作事件的详细分析。对可疑动作事件，系统快速召唤相关故障录波波形文件进行进一步分析，检验疑似故障设备是否确实发生故障。对区外故障引起的开关越级动作或误动事件，系统通过波形分析并结合动作开关的保护信息，明确可疑事件动作具体原因。给出波形信息分析结果，如相电流、负序电流、零序电流、零序电压、方向等。

2.5 基于软保护的保护动作行为分析

基于软保护的保护动作行为分析过程为，将故障录波数据记录的 TA 和 TV 测量值作为保护的采样输入，通过保护功能函数的计算与整定值比较来判断保护是否正确动作[4]。软保护对计算速度要求不高，可以改进滤波算法，提高结果的精度，诊断结果的可靠性更高。

系统基于故障录波波形分析实现保护动作完整性的判断，对可疑的动作元件、遗漏元件进行提示。系统有对于双重化配置情况下两套保护的动作行为互校功能，记录行为差异，在行为不一致的情况下通过录波波形分析，对保护异常行为进行校验。

系统诊断元件保护动作行为时，对线路选用差动、距离Ⅰ段、距离Ⅱ段和距离Ⅲ段保护模型，对母线选用差动保护模型，对变压器选用差动保护模型。

（1）线路差动保护动作行为分析过程为：①按相计算出差动电流和制动电流；②计算零序差动电流和零序制动电流；③判断差动是否该动作，如果动作，则根据这些结果计算出故障相别和故障动作时刻。

（2）线路距离Ⅰ段动作行为分析过程为：①计算出故障测距的结果；②利用录波数据计算出距离Ⅰ段阻抗继电器的动作情况；③结合差动继电器的动作情况，判断距离Ⅰ段是该动、不动作、还是处于边界无法确定的情况，把结果分析展示给用户。母线差动保护动作行为分析过程为：①利用拓扑结构，确定母差保护的电气量；②计算大差的差动电流和制动电流；③计算小差的差动电流和制动电流；④根据差动电流和制动电流以及复合电压，判断大差、小差是否该动作；⑤判断故障点是否在区内，同时给出故障相别和故障相的各种电气量。

（3）变压器差动保护动作行为分析过程为：①根据主变接线方式和变比不同，进行采样电流调整，消除变压器各侧幅值和相位的差异；②计算差动电流和制动电流；③计算谐波用于识别励磁涌流；④按相进行差动保护判断，确定故障点在区内还是区外，同时给出故障点的各种电气量。

3 现场运行情况

智能故障分析系统已经应用于福建省厦门地调和福建省调两年多，系统自投运以来，运行状况良好，省调诊断故障 30 余次，为电网调度提供有力的辅助决策。该系统从 SCADA 系统周期获得系统断面数据和开关动作信息，从保护信息系统获得保护动作信息和保护波形文件，从故障录波管理主站系统获得故障录波信息，进行实时快速智能故障分析、综合故障诊断、故障重演和动作逻辑展示，如图 3 ~ 图 5 所示。根据分层分区的原则，省调主站系统负责 500kV 网架的智能故障分析，各地调负责本地区 220kV、110kV 智能故障分析并将分析结果上传至省调主站。故障分析报告内容包含故障时间、故障元件、故障性质、开关动作信息、保护动作信息、故障相别、故障电流、故障测距结果、保护动作行为评价结果、故障的相关波形集群索引。

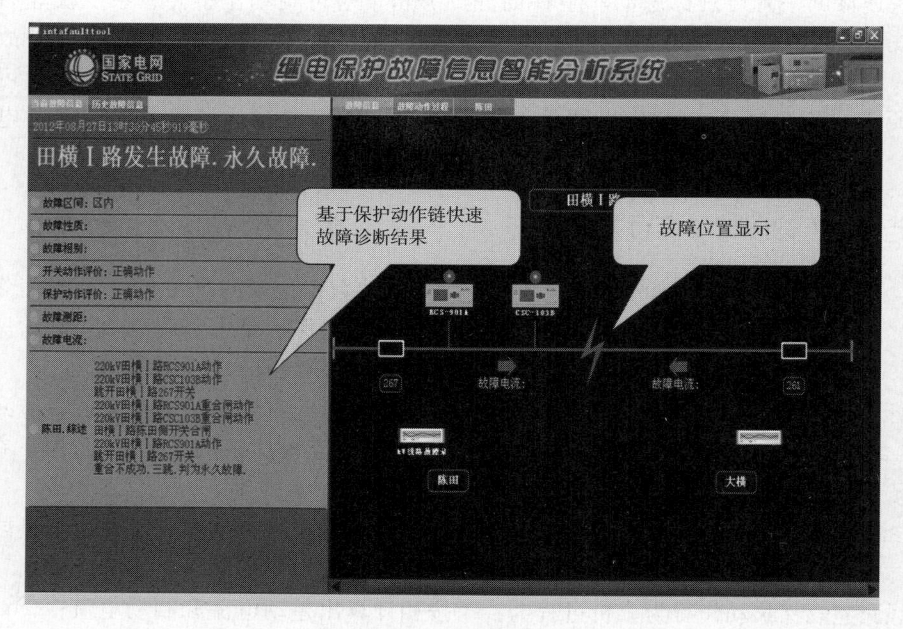

图 3　快速故障诊断结果展示

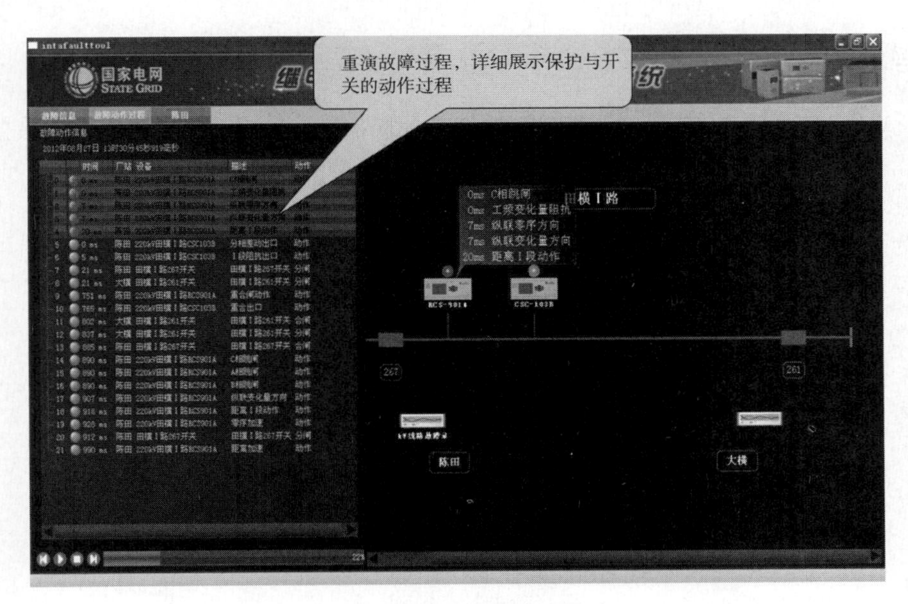

图 4　故障过程重演展示

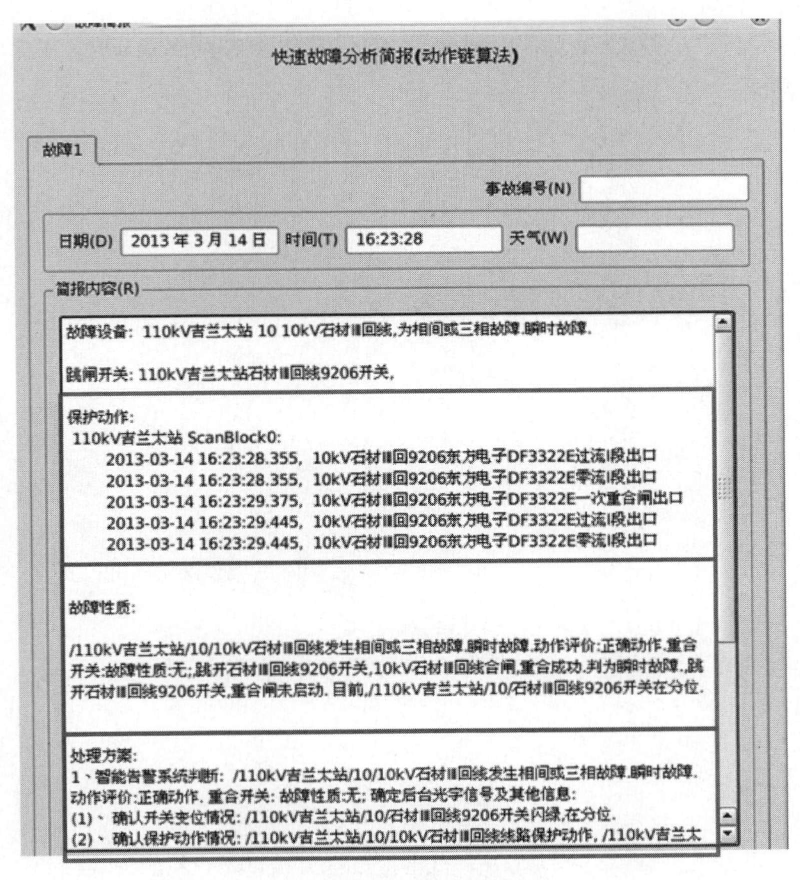

图 5　故障分析简报展示

4 结语

基于EMS实时数据及故障录波数据的智能故障分析系统，从实时性、适用性、综合性角度出发，根据不同数据类型的采集特性、不同领域算法的适用范围，将分析系统分为若干子系统，分阶段的开展电网故障诊断，提高了系统的适应性；同时使调度端迅速掌握电网故障情况和保护动作行为，缩短故障分析时间，提高事故处理效率，有力保证电网安全稳定运行，进一步提高了电网调度以及继电保护专业管理的智能化水平。

参考文献：

[1] 王立新，郭登峰，张小川. 微机保护和故障录波器联网系统［J］. 继电器，2000，28（4）：46-49.
[2] 骆敬年. 华东500kV电网故障录波器联网系统［J］. 华东电力，2000，(1)：4-6.
[3] 夏可青，顾全，姜彬. 基于保护动作链的故障诊断方法：中国，200910183872.5［P］. 2009—08—03.
[4] 王颖，王增平，潘明九. 一种基于故障录波信息的调度端电网故障诊断系统［J］. 继电器，2003，31（12）：37-40.

作者简介：

刘焕志（1977— ），女，硕士研究生，从事继电保护及故障信息管理系统的开发和测试工作。E-mail：liuhz@nari-relays.com

祁忠（1977— ），男，高级工程师，从事继电保护及故障信息管理系统的研究和开发工作。

利用短路电流校验差动保护的技术应用

杨长存，方　浩

（淮浙煤电有限公司凤台发电分公司，安徽　淮南　232131）

【摘　要】　根据《继电保护及电网安全自动装置检验条例》的规定，母差保护在新接入设备之后以及新投运的启备变差动保护在正式投运之前，必须电流校验一次，以判断新接入的电流回路接线是否牢靠、极性是否正确以及变比设置是否合理。本文针对淮浙煤电凤台发电分公司 4 × 660MW 机组二期扩建工程母差保护的校验中存在的难点及如何使用短路法来校验，为同类型机组校验工作提供技术方向。

【关键词】　母线差动保护；短路；启动备用变压器

0　引言

淮浙煤电凤台电厂系统采用 3/2 接线方式，为了满足二期扩建工程两台 660MW 超临界燃煤机组并网发电和启动备用电源的需要，在一期 500kV 升压站的基础上扩建 500kV 第三串和启备变间隔。在 500kV 第三串和启备变受电之前，需要校验接入差动保护的电流回路正确性。

启备变间隔不是完整串，不能用环流校验母差保护电流回路的正确性。在以往的工程中，有利用负荷电流检查差动保护极性的先例，但是该工程启备变容量有限（50MVA），且高压侧为 500kV，接入母差保护的电流回路为 2000/1A。启备变满负荷高压侧二次电流只有 29mA 左右，且在工程初期难以组织大的负荷。如果提供临时负载，需要提供额外的电抗器组，租赁临时负荷的费用较大，采购供货需要一定的周期，并且属于一次性使用，不太经济。为此解决母差保护和启备变差动保护电流回路校验成了一个难题。某变电站就因为母差保护无法校验，导致母差保护长时间没法投入，影响了母线受电和工期。

1　现状分析

如何校验母差保护和启备变差动保护中电流回路极性是一个迫切需要解决的问题，该问题的顺利解决与否关系到电网的安全和工程的进度，利用现有的条件，在满足经济性和可靠行的前提下校验母差保护和启备变差动保护电流回路正确性，必须找到合适的方法。

通过查阅资料结合机组的实际情况总结出以下几点方法：

（1）组织大量辅机试转，利用负荷电流校验差动保护电流回路正确性。

（2）提供临时负载，例如电抗器等，利用负荷电流校验差动保护电流回路正确性。

（3）利用一次通流方法，校验差动保护电流回路正确性。

（4）利用电动机的启动电流校验差动保护电流回路正确性。

（5）利用大修结束的 2 号机组作为短路试验电源，在升压站和启备变低压侧分别设置短路点。

根据以上方法进行分析，见表 1。

表 1　选择方式与分析

序号	方式	分析
1	组织大量辅机试转	（1）大量辅机未到货； （2）负荷电流有限； （3）辅机到货需要时间； （4）影响工期
2	提供临时负载	（1）较易实施； （2）租赁需要一定费用； （3）购买有一定周期
3	一次通流	（1）电源容量较大； （2）设备沉重不以运输； （3）现场搬运不易； （4）费用较大
4	电动机启动电流	（1）较易实施； （2）有一定效果； （3）电流有限效果有限； （4）时间短，需要默契配合
5	利用短路电流	（1）危险点较多； （2）效果好； （3）配合要求高

通过可行性、资金投入、预计效果、影响面及机组的实际情况等综合判断，方式 5 利用短路电流来校验差动保护为最佳方法。

因该厂 2 号机组处于检修状态，可以用 2 号机作为短路源试验电源或者利用大电流发生器来作为短路试验电源，表 2 为两种方法的可行性分析。

表 2　方案可行性分析

序号	方案	可行性分析
1	2 号机组作为短路试验电源	（1）2 号机可用； （2）6kV 临时电缆可用； （3）短路排和短路线可与二期机组整套启动共用
2	大电流发生器作为短路试验电源	（1）大容量电源，不易找到，租用价格高； （2）设备重量大，不易运输和搬运； （3）购买时间长，一次性使用，不经济

为了更好地制定对策实施计划，全面、直观地把握全过程，经反复研究，制定了 1 方案的短路试验实现方案，利用 2 号机组作为短路试验电源。

2 项目实施

在升压站设置短路点 K1 和 K2，在厂变低压侧设置短路点 K3、K4、K5 和 K6，位置如图 2 所示，通过短路电流校验差动保护电流回路的正确性。

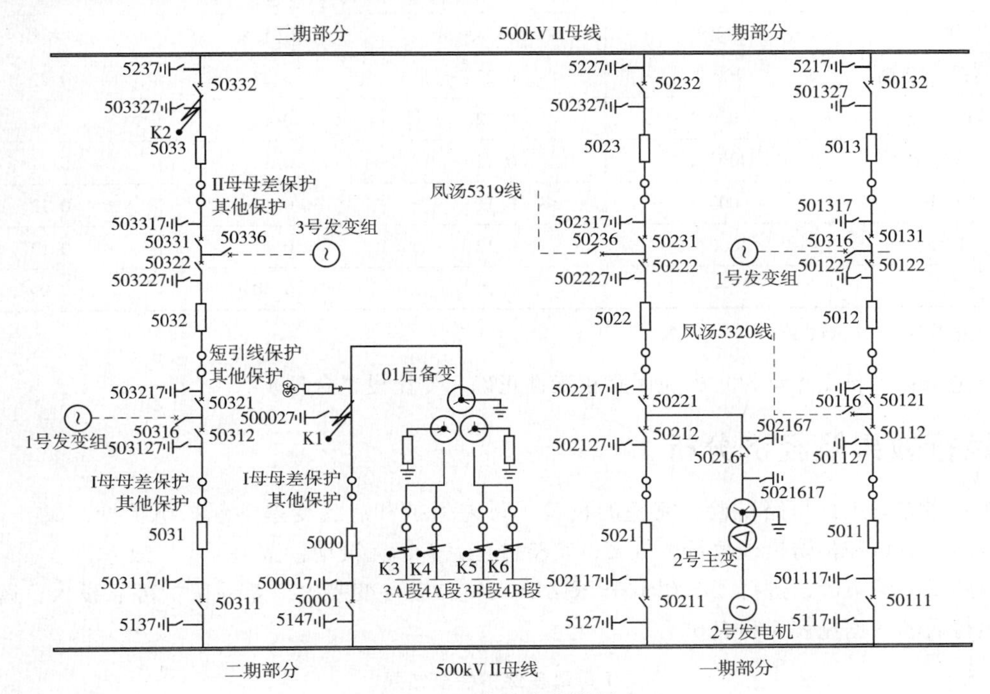

图 2　短路试验接线图

升压站 K1 和 K2 点短路试验校验 I 母母差保护电流回路极性。

2 号机组缓缓增磁，升 2 号主变高压侧电流为 360A 左右时，此时启备变 5000 间隔电流为 200A 左右，5031 间隔电流为 160A 左右，检查 I 母母差保护 I 屏、II 屏差动保护电流，校验差动保护电流回路极性和变比设置是否合理。以 I 母母差保护 I 屏为例，校验结果见表 3。

表 3　I 母母差保护检查结果

I 母母差保护 I 屏采样检查结果						
对应间隔	5011 间隔	5021 间隔	5031 间隔	5000 间隔	差流	制动电流
变比	4000/1	4000/1	4000/1	2000/1	—	—
A 相/mA	0.00	90	40	100	0.00	90
B 相/mA	0.00	90	40	100	0.00	90
C 相/mA	0.00	90	40	100	0.00	90

注：表中数据为二次侧数值。

结论一：I 母母差保护电流回路极性正确，变比设置合理。

6kV K3、K4、K5 和 K6 点短路试验校验启备变差动保护保护电流回路极性。

2 号机组缓缓增磁，升 2 号主变高压侧电流为 23A 左右时，启备变 5000 间隔电流为 23A 左右，启备变低压侧3A、3B、4A和4B分支电流约为500A，检查启备变保护A屏、B屏差动保护电流，校验差动保护电流回路极性和变比设置是否合理。以保护A屏为例，记录见表4。

表4　　启备变差动保护检查结果

启备变保护A屏短路试验时数据				
项目	变比	A相/A	B相/A	C相/A
启备变高压侧	100/1	0.23	0.23	0.23
3A分支	4000/1	0.12	0.12	0.11
3B分支	4000/1	0.12	0.12	0.12
4A分支	4000/1	0.12	0.12	0.12
4B分支	4000/1	0.12	0.11	0.12
差流	—	0.00	0.00	0.00

注：表中数据为二次侧数值。

结论二：启备变差动保护电流回路正确性正确，变比设置合理。

3　运行效果及经济分析

按照本方案进行短路试验，完整的校验了母差保护和启备变差动保护电流回路的正确性，按照危险点分析和预防措施执行本方案，实验过程完美，无误动，做到了零事故率。

短路试验结束后，进行了500kV升压站第三串和启备变受电，差动保护可靠投入，运行良好。运行后的数据见表5和表6。

表5　　I母母差保护检查结果

I母母差保护I屏采样检查结果						
对应间隔	5011间隔	5021间隔	5031间隔	5000间隔	差流	制动电流
变比	4000/1	4000/1	4000/1	2000/1	—	—
A相/mA	156	9	142	10	0.00	156
B相/mA	156	10	142	9	0.00	156
C相/mA	156	10	141	9	0.00	156

注：表中数据为二次侧数值。

表6　　启备变保护运行时数据

启备变保护A屏运行时数据				
项目	变比	A相/A	B相/A	C相/A
启备变高压侧	100/1	0.25	0.25	0.25
3A分支	4000/1	0.21	0.21	0.21
3B分支	4000/1	0.10	0.10	0.10
4A分支	4000/1	0.12	0.12	0.12
4B分支	4000/1	0.09	0.09	0.09
差流	—	0.00	0.00	0.00

注：表中数据为二次侧数值。

运行后的差动保护数据再次表明，利用短路试验校验母差保护和启备变差动保护电流回路正确性是可靠的，可行的。

4 结语

在利用升压站和启备变低压侧短路试验校验母差保护和启备变差动保护电流回路的正确性过程中，对全过程进行了总结分析，并且对危险点分析、预防措施、实验条件检查确认表、成本分析进行了完善整理并归档，为同类型工程提供技术支持。

作者简介：

杨长存（1987—　），男，助理工程师，主要研究方向电力系统及其自动化继电保护方向。E－mail：yangchangcun@ hzmdft. com ，317212224@ qq. com

方浩（1984—　），男，工程师，主要研究方向电力系统及其自动化继电保护方向。E－mail：fanghao @ hzmdft. com

“两渡”直流投产后严重故障下南方电网的失步特性分析

常宝立[1]，涂　亮[2]，方胜文[2]，俞秋阳[1]，柳勇军[1]

（1. 南瑞继保电气有限公司，江苏　南京　211100；
2. 南方电网技术研究中心，广东　广州　510623）

【摘　要】　本文基于“两渡”直流投产的2014年南方电网运行方式，分析了“两渡”直流及“云广”直流闭锁稳控拒动的严重故障下电网的失步特性以及目前配置的失步解列装置动作情况，同时对溪洛渡直流所在的滇东北地区也进行了分析。根据分析的结果，建议对现有失步解列装置的配置和定值进行修订，同时在永丰—多乐断面上加装失步解列装置。

【关键词】　“两渡”直流；南方电网；振荡中心；特性分析

0　引言

“两渡”直流投产后，南方电网形成“八交八直”西电东送大通道，直流送电容量占比陡增至72%，系统强直弱交特性更加突出，交直流相互影响问题更加严重；溪洛渡直流（简称牛从直流）、糯扎渡直流（简称普侨直流）、云广直流（简称楚穗直流）长期满负荷运行，直流双回（双极）闭锁后一旦稳控拒动将可能导致系统失步。为防止南方电网发生严重故障失去同步时系统因整体崩溃、瓦解而造成大面积停电，目前南方电网500kV主网在主要送受电断面均配置了失步解列装置[1-3]，主要采用$u\cos\varphi$或相位角判别原理[1,4]，装置根据测量点电压值及振荡周期决定是否解列相关线路。

为了准确把握“两渡”直流投运后电网的失步特征并采取适当的解列措施，防止事故扩大，确保电网安全稳定[5-7]，本文对“两渡”直流投产的2014年，在丰大极限、丰大计划和丰小方式下，对云南送出的楚穗直流、普侨直流、牛从直流双回（双极）闭锁稳控拒动后南方电网的失稳模式、失稳过程中失步解列装置的动作行为等进行了分析，同时对牛从直流所在的滇东北地区在严重故障下的振荡中心特性也进行了分析，根据分析的结果，建议对现有失步解列装置的配置和定值进行修订，在永丰—多乐断面上加装失步解列装置。

计算中，失步振荡中心采用相角差原理进行判别，通过线路两侧电压相量之间的角度差变化轨迹判别失步和振荡中心的位置[8]；装置的动作行为根据其判别原理和定值判别装置是否动作；计算中考虑了高周切机、低频/低压减载等安全自动装置的作用。

1　失步解列装置配置简介

南方电网500kV主网的广东与广西断面、天生桥出口断面、云南出口断面、贵州与天生桥断面、贵州与广西断面以及海南与主网断面均配置了失步解列装置，装置配置情况见表1。

表 1　　2014 南方电网及失步解列装置一览

断面名称	地点	定值	解列线路	正常运行要求
两广断面	罗洞变电站	$0.65U_{n}$，2 周	梧罗Ⅰ、Ⅱ线	投跳闸
	梧州变电站	$0.5U_{n}$，2 周	梧罗Ⅰ、Ⅱ线	投跳闸
	来宾变电站	$0.5U_{n}$，2 周	来梧Ⅰ、Ⅱ线（备用解列点）	投信号
	茂名变电站	$0.5U_{n}$，2 周	玉茂线	投信号
	玉林变电站	$0.6U_{n}$，2 周	玉茂线（备用解列点）	投信号
	贺州变电站	$0.5U_{n}$，2 周	贺罗Ⅰ、Ⅱ线	投跳闸
	贤令山变电站	$0.5U_{n}$，2 周	桂山甲乙线	投跳闸
	蝶岭变电站	$0.5U_{n}$，2 周	茂蝶甲乙线	投跳闸
天生桥出口断面	平果变电站	$0.5U_{n}$，3 周	天平Ⅰ、Ⅱ线	投跳闸
	百色变电站	$0.5U_{n}$，3 周	马百线	投跳闸
		$0.5U_{n}$，3 周	罗百Ⅰ、Ⅱ线	投跳闸
云南出口断面	罗平变电站	$0.5U_{n}$，2 周	罗马线	投跳闸
		$0.5U_{n}$，2 周	罗百Ⅰ、Ⅱ线	投跳闸
	砚山变电站	$0.6U_{n}$，2 周	砚崇甲线	投跳闸
	崇左变电站	$0.5U_{n}$，2 周	砚崇甲线	投跳闸
贵州与天生桥断面	兴仁换流站	$0.5U_{n}$，2 周	金换甲、乙线	投跳闸
	天生桥二级站	$0.5U_{n}$，2 周	天金线（备用解列点）	投信号
贵州与广西断面	青岩变电站	$0.6U_{n}$，3 周	青山Ⅰ、Ⅱ线	投信号
	独山变电站	$0.6U_{n}$，3 周	山河Ⅰ、Ⅱ线	投跳闸
	黎平变电站	$0.5U_{n}$，3 周	黎桂甲、乙线	投跳闸
海南与主网	福山变电站	$0.6U_{n}$，2 周	福港线	投跳闸
	港城变电站	$0.5U_{n}$，2 周	福港线	投跳闸
		49.2Hz，0.4s 50.6Hz，0.15s	福港线	投跳闸

表 1 中，来宾站、蝶岭站、罗平站、崇左站、福山站和港城站采用了相位角原理的失步解列装置，其他站采用了 $u\cos\varphi$ 原理的失步解列装置，同时在港城站配置了高频/低频解列装置。天生桥出口断面和贵州与广西断面的装置整定周期比其他断面长一个周期，为 3 周。失步解列装置分布如图 1 所示。

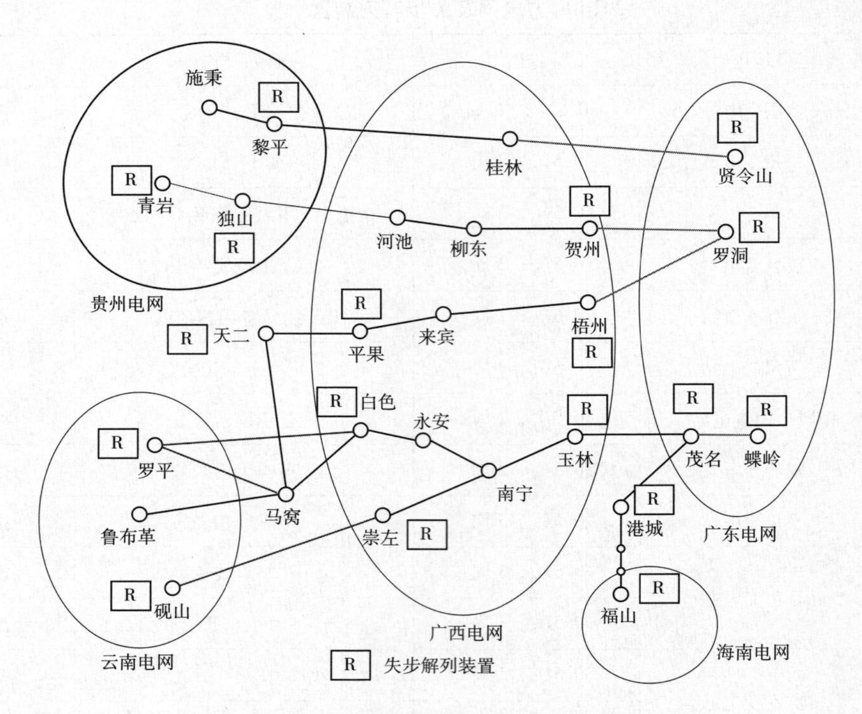

图 1　2014 南方电网及失步解列装置分布

2　云南送出直流故障分析

“两渡”直流的送端为云南电网，受端为广东电网，对此在丰大极限、丰大计划和丰小方式下分析云南送出的楚穗直流、普侨直流和牛从直流闭锁稳控拒动后系统的失步情况。

2.1　楚穗直流双极闭锁稳控拒动

楚穗直流双极闭锁后，需采取稳控措施切除小湾、金安桥机组，如稳控拒动将导致系统失步。具体分析如下：

（1）丰大极限方式。故障后两广断面失稳，振荡中心位于桂山线（山花线）、贺罗线、梧罗线（来梧线）和玉茂线（茂碟线）；两广断面的失步解列装置均能动作。另外，港城高频解列满足解列条件解列海南电网，其解列时间将早于两广断面。

（2）丰大计划方式。故障后两广断面失稳，第 1 个周期的振荡中心位于山花线、贺罗线、梧罗线和玉茂线，但从第 2 个周期开始，振荡中心转移至天青断面的黎桂线（施黎线）、山河线（青山线）、天平线、永南线（百永线）和崇南线。振荡中心转移情况如图 2 所示（图中的数字代表第几个振荡周期）。

由于振荡中心两广断面仅持续 1 个周期，而装置整定为 2 个周期，所以两广断面的失步解列装置均无法动作。在到达第 4 个振荡周期时，由其他断面的装置将系统解列，装置动作情况见表 2。

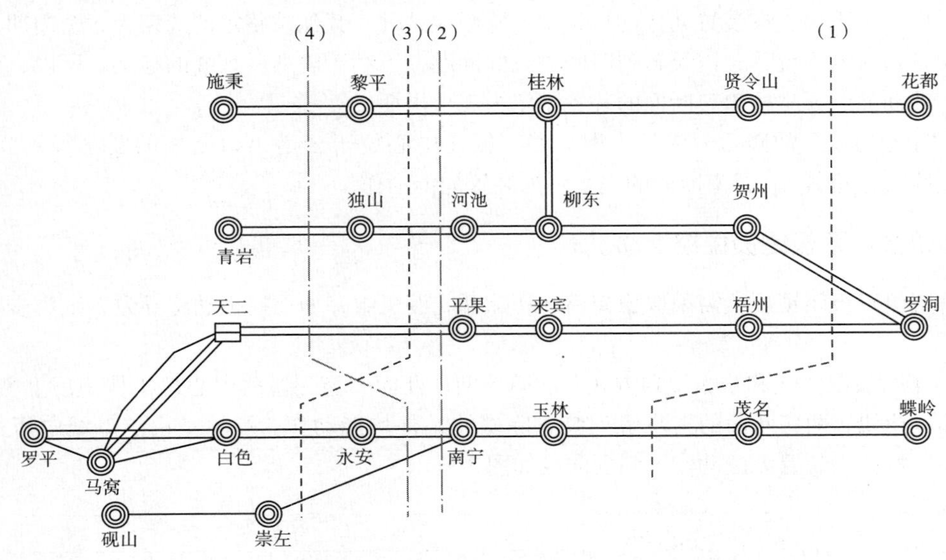

图2　振荡中心位置分布

表2　　**失步解列装置动作情况一览**

断面名称	地点	定值	能否动作
两广断面	罗洞变电站	$0.65U_n$，2周	否
	梧州变电站	$0.5U_n$，2周	否
	来宾变电站	$0.5U_n$，2周	否
	茂名变电站	$0.5U_n$，2周	否
	玉林变电站	$0.6U_n$，2周	否
	贺州变电站	$0.5U_n$，2周	否
	贤令山变电站	$0.5U_n$，2周	否
	蝶岭变电站	$0.5U_n$，2周	否
天生桥出口断面	平果变电站	$0.5U_n$，3周	能
	百色变电站	$0.5U_n$，3周	能
		$0.5U_n$，3周	能
云南出口断面	罗平变电站	$0.5U_n$，2周	否
		$0.5U_n$，2周	否
	砚山变电站	$0.6U_n$，2周	否
	崇左变电站	$0.5U_n$，2周	能
贵州与天生桥断面	兴仁换流站	$0.5U_n$，2周	否
	天生桥二级站	$0.5U_n$，2周	否
贵州与广西断面	青岩变电站	$0.6U_n$，3周	能
	独山变电站	$0.6U_n$，3周	能
	黎平变电站	$0.5U_n$，3周	能

从表中可以看出，在装置动作的厂站中，除崇左站外，其他站整定的周期为 3 个周期，所以存在系统解列时刻不统一，以及解列时间过长的问题，不利于解列后系统的稳定。所以，建议将贵州与广西断面、天生桥出口断面的装置整定为 2 个周期。

（3）丰小方式。故障后云南与主网失稳，振荡中心位于云南出口断面的罗马线、罗百线，以及崇左线（崇南线），云南断面的失步解列装置均能动作。

2.2 普侨直流双极闭锁稳控拒动

普侨直流双极闭锁后，需采取稳控措施切除糯扎渡机组，如稳控拒动将导致系统失步。具体分析如下：

（1）丰大极限方式和丰大计划方式。故障后两广断面失稳，振荡中心位于桂山线、贺罗线、来梧线和玉茂线；两广断面的失步解列装置除蝶岭站外均能动作。蝶岭站由于母线电压过高且不满足穿区特性，装置无法动作，判别曲线如图 3 所示。

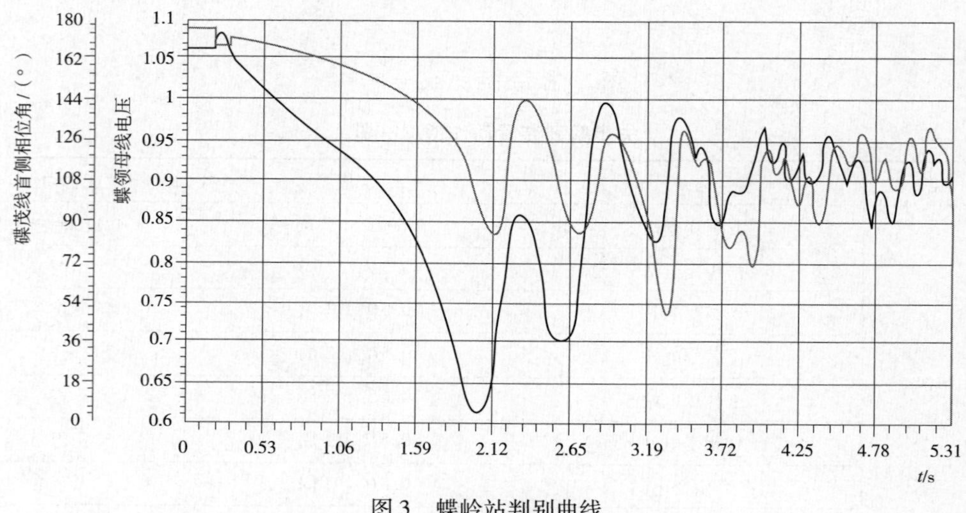

图 3 蝶岭站判别曲线

由于目前的失步解列配置方案中，玉林—茂名—蝶岭通道上只有蝶岭站设为“投跳闸”，将导致两广断面无法完全解列。所以，建议将茂名站改为“投跳闸”，蝶岭站改为“投信号”；或将两个站都改为“投跳闸”，解列线路都设为茂蝶线。

（2）丰小方式。故障后云南与主网失稳，振荡中心位于云南出口断面的罗马线、罗百线，以及崇左线（崇南线），云南断面的失步解列装置均能动作。

2.3 牛从直流四极闭锁稳控拒动

牛从直流四极闭锁后，需采取稳控措施切除溪洛渡机组，如稳控拒动将导致系统失步。其中滇东北地区的机组首先与主网失步，振荡中心位于永丰断面（500kV 永丰—多乐和 220kV 永丰—迤车），如在永丰站加装该断面的失步解列装置（$u\cos\varphi$ 原理或相位角原理，2 个周期），装置均能动作。具体分析如下：

（1）丰大极限方式。首先滇东北机组与主网失稳后，又出现两广断面失稳，振荡中心位于桂山线（山花线）、贺罗线、来梧线（梧罗线）和玉茂线（茂碟线）；两广断面的失步解列装置均能动作。另外，港城高频解列满足解列条件解列海南电网，其解列时间将早于两广断面。

（2）丰大计划方式。仅出现滇东北机组与主网失稳。

（3）丰小方式。首先滇东北机组与主网失稳后，如不解列永丰断面，则又将出现云南与主网失稳，振荡中心位于云南出口断面；如解列永丰断面，则主网不再出现失步。

3 滇东北地区分析

牛从直流送端的溪洛渡电厂位于云南滇东北地区，220kV 及以上的电网结构如图 4 所示。

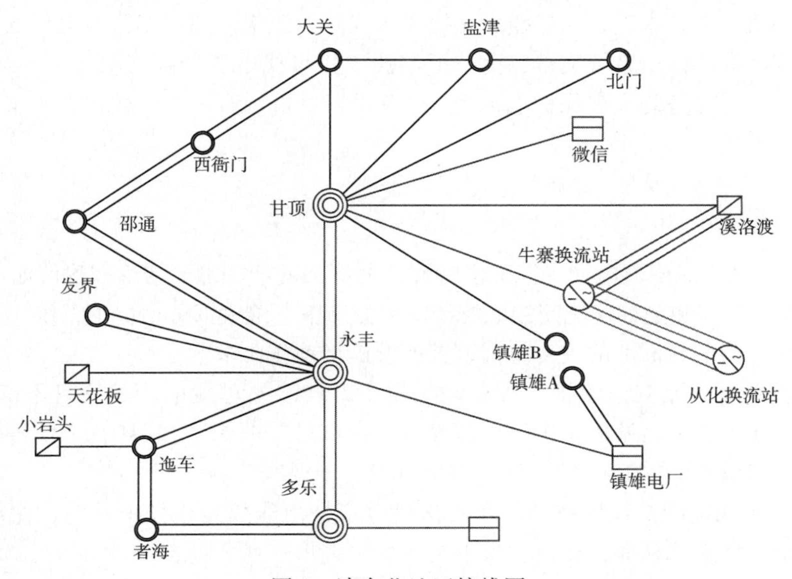

图 4 滇东北地区接线图

牛从直流四极闭锁稳控拒动以及溪洛渡电厂送出线故障稳控拒动时，将导致滇东北地区与主网失步。在丰大极限及相应的检修方式下，系统的失步特性分析如下。

3.1 牛从直流四极闭锁稳控拒动

正常方式以及 500kV 溪换线（溪洛渡电厂—牛寨换流站）检修方式下，故障后振荡中心出现在永丰断面，解列该断面后，振荡中心仍将出现在两广断面，两广断面的失步解列装置能够动作。

在 500kV 永多线（永丰—多乐）检修、甘永线（甘顶—永丰）检修方式下，故障后振荡中心出现在永丰断面，如解列该断面，主网将不再失步；如未解列将导致两广断面失稳。

在 500kV 溪甘线（甘顶—溪洛渡电厂）检修方式下，振荡中心位于甘顶断面（500kV 甘顶—永丰线和 220kV 大关—西衙门），此时永丰断面的失步解列装置满足动作条件，可解列永丰断面，解列后主网将不再失步；如未解列将导致两广断面失稳。

3.2 溪洛渡电厂送出线故障稳控拒动

考虑溪换线 N—2 和溪换 + 溪甘 N—2 两种故障形式，故障后稳控拒动，未切除溪洛渡机组以及回降牛从直流功率。将导致溪洛渡机组及滇东北机组与主网失步，各故障下系统的振荡特性见表 3。

表3　　溪洛渡电厂出线故障分析结果

方式	故障	振荡中心
丰大极限	溪换+溪甘N-2	振荡中心位于甘永线
溪换检修	溪换线N-2	振荡中心位于永多线
	溪换+溪甘N-2	振荡中心位于甘换线
溪甘检修	溪换线N-2	振荡中心位于甘永线

振荡中心一般位于甘永线、永多线、甘换线等线路上，未出现在溪洛渡电厂送出线上。故障后甘顶和永丰等站均可判出系统失步，由于溪洛渡电厂母线电压较高（高于0.8pu），难以判出系统失步，同时机组自身的失步保护也不满足动作要求。经综合考虑，建议在永丰站加装失步解列装置，解列永丰断面。

4　结语

“两渡”直流投产后南方电网主网失步特性变的更加复杂，主要结论和建议如下：

（1）“两渡”直流和楚穗直流闭锁稳控拒动的故障下，绝大部分情况下系统失步的振荡中心仍位于两广断面，两广断面上的失步解列装置能够满足动作要求。

（2）考虑到普侨直流双极闭锁稳控拒动情况下，蝶岭站母线电压偏高且不满足穿区特性，装置无法动作。建议将茂名站的失步解列装置由“投信号”改为“投跳闸”，蝶岭站改为“投信号”；或将两个站都改为“投跳闸”，解列线路都设为茂蝶线。

（3）牛从直流四极闭锁稳控拒动以及溪洛渡电厂送出线故障稳控拒动时，振荡中心位于滇东北地区的永丰、甘永等断面，建议在永丰断面加装失步解列装置。

（4）在丰大计划方式下，楚穗直流双极闭锁稳控拒动后，存在振荡中心由两广断面转移至天青断面的情况。目前贵州与广西断面、天生桥出口断面失步解列装置周期设定为3周，故障发生到装置出口解列时间过长，对解列后系统稳定不利，建议改为2周。

参考文献：

[1] 高鹏，王建全，甘德强，韩祯祥. 电力系统失步解列综述 [J]. 电力系统自动化，2005，29（19）：90-96.

[2] 宗洪良，孙光辉，刘志，王荣. 大型电力系统失步解列装置的协调方案 [J]. 电力系统自动化，2003，27（22）：72-75.

[3] 白杨，高鹏，孙光辉，陈松林. 中国南方电网失步解列装置的配合 [J]. 电力系统自动化，2006：30（7）：85-88.

[4] 宗洪良，任祖怡，郑玉平，邵学俭，孙光辉，沈国荣. 基于ucosφ的失步解列装置 [J]. 电力系统自动化，2003：27（19）：83-85.

[5] 孙光辉，吴小辰，曾勇刚，等. 电网第三道防线问题分析及失步解列解决方案构想 [J]. 南方电网技术，2008，2（3）：7-11.

[6] 黄河，曾勇刚，俞秋阳，等. 南方电网失步解列装置整定方案 [J]. 电力系统自动化，2008，32（5）：90-94.

[7] 李战鹰，张建设，黄河. 南方电网失步解列系统特性RTDS仿真试验研究 [J]. 南方电网技术，2008，2（1）：31-35.

[8] 柳勇军，彭波，许爱东，等. 南方电网新型失步解列系统研制［R］. 南网研究中心，南京南瑞继保电气有限公司，2008.

作者简介：

常宝立（1981—　），男，河北唐山人，工程师，从事电力系统稳定分析控制研究和相关软件开发工作。E-mail：changbl@nari-relays.com

涂亮（1982—　），男，湖北天门人，工程师，从事电力系统稳定分析与控制研究工作。

方胜文（1986—　），男，江苏句容人，硕士，从事电力系统稳定分析控制研究和相关软件开发工作。

俞秋阳（1980—　），男，江苏泰州人，高级工程师，从事电力系统稳定分析控制研究和相关软件开发工作。

柳勇军（1978—　），男，安徽庐江人，高级工程师，从事电力系统稳定分析与控制研究工作。

区域保护控制系统研究及应用

施永健[1]，周继馨[2]

（1. 南京南瑞继保电气有限公司，江苏　南京　211102；
2. 广东省输变电工程公司，广东　广州　510160）

【摘　要】　介绍广州市荔城区域电网使用的南网第一套区域保护控制系统，深度剖析站域保护、区域备投、站域备投、区域控制等技术。基于区域控制策略，能更为有效地解决后备保护和站内独立保护遇到的问题，增强了快速隔离故障以及恢复供电的能力，大大提高区域电网的供电可靠性。

【关键词】　主站；子站；区域保护；区域备投；站域备投

0　引言

根据广州电网的应用需求以及目前区域保护与控制技术[1-6]的研究现状，针对复杂片网（包含强相关联的电网设备在内的有限区域，如荔城片网）研究基于区域实时运行信息的保护与控制系统，以缓解现有继电保护的运行压力，增强快速隔离故障的能力，同时提高电网的自愈能力，提高区域内负荷的供电可靠性。

1　系统架构和基本功能

图1中椭圆框中的七个变电站为本次工程需实施的变电站。

按照分层控制的原则来配置整个区域保护控制系统。在220kV荔城站设置控制主站，在220kV荔城站、110kV荔电降压站、东方站、正果站、小楼站、朱村站、中新站设置控制子站。控制主站主要完成整个区域电网的控制功能，例如区域备用电源自投功能、区域低频低压优化减负荷等功能。各个控制子站除了完成各自的站域保护和控制功能以外，还要和主站以及其他相关子站一起完成区域保护和控制功能。

荔城片网实施区域保护和控制系统的框架如图2所示。

图2中，在220kV荔城站配置了区域控制主站PCS—998M，主要实现区域备用电源自投功能、区域低频低压优化减负荷功能等的控制策略计算。

考虑到220kV荔城站需要和其他110kV变电站配合实现区域保护功能，因此还要配置一套PCS—998S控制子站，该子站和主站之间通过站内2M多模尾纤互联。

除了上述控制子站外，还在110kV荔电降压站、东方站、正果站、小楼站、朱村站、中新站配置了控制子站，各个控制子站均配置了一台PCS—998S和两台PCS—222EA智能采集单元。

PCS—222EA智能采集单元，负责常规模拟量的采集和常规开入开出，把采集到的常规模拟量以 IEC 61850—9—2 协议输出给区域控制子站 PCS—998S，同时与区域控制子站 PCS—998S 以 GOOSE 方式进行开入开出信息交互。每台 PCS—222EA 要求具备最大化 24 路常规模拟量接入，40 个开入，40 个开出[2]。

SV 和 GOOSE 采用共网的方式，PCS—998S 和 PCS—222EA 装置之间采用点对点的以太网通信，考虑到帧报文容量问题，每台 PCS—222EA 需要配置多个点对点以太网端口。

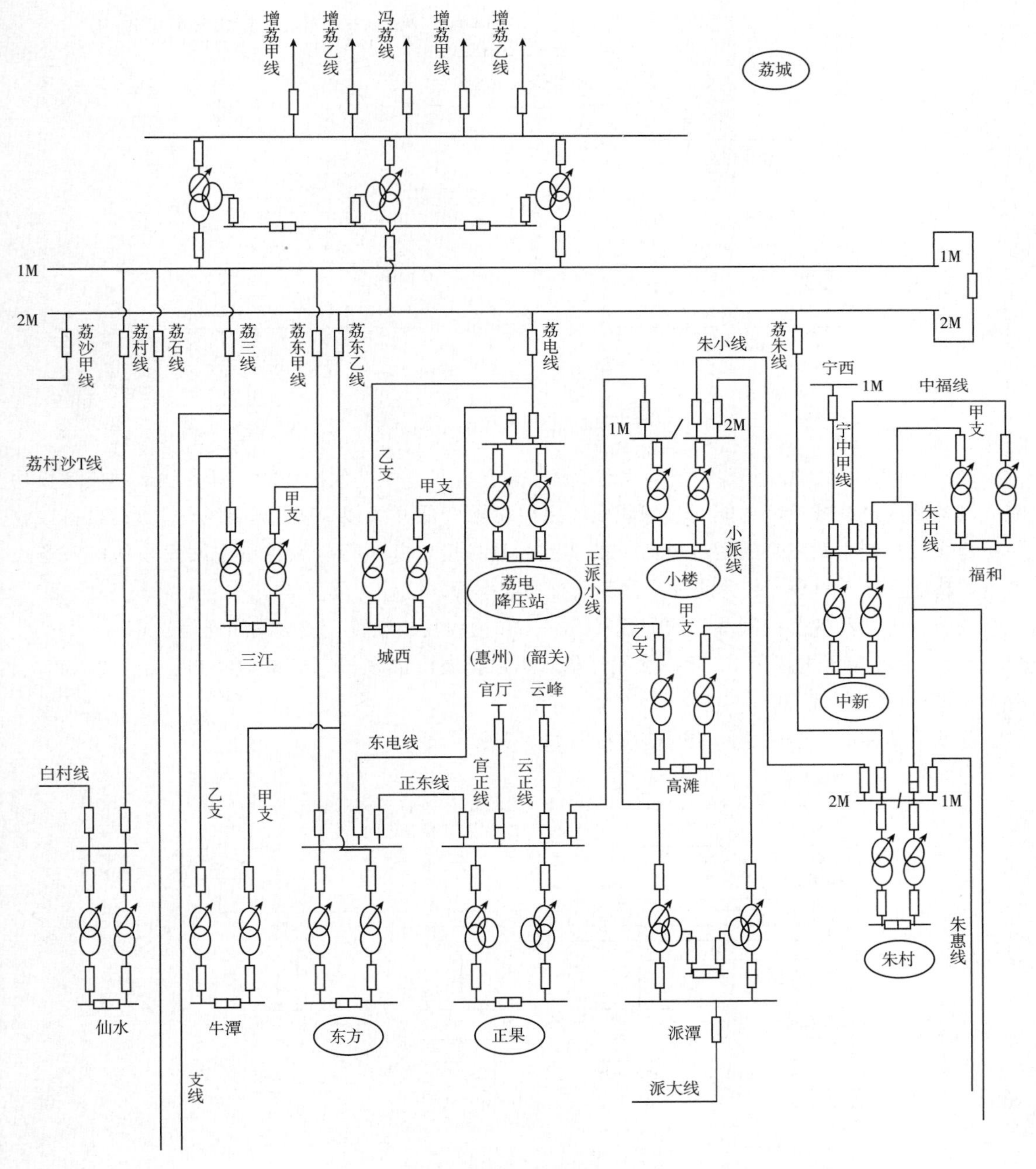

图1　一次系统图

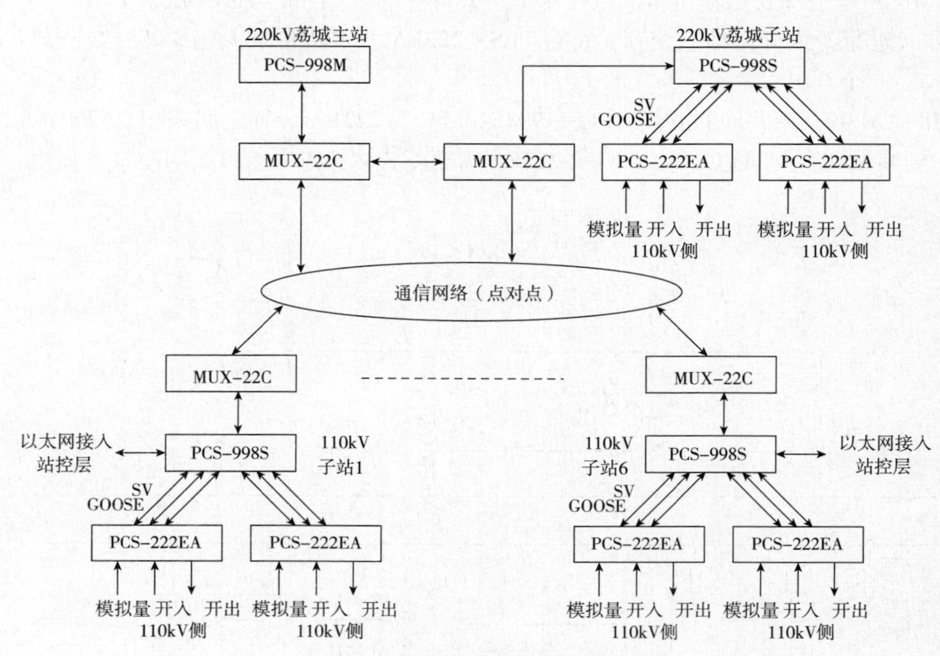

图 2　控制系统框架图

PCS—998S 区域控制子站，具备线路保护、母差保护、主变保护功能；具备就地站域备投功能；具备站内过载减负荷功能（过载减负荷出口切除变低开关或 10kV 侧出线开关）；具备接收并执行区域控制主站发来的切负荷命令的功能；具备接收并执行区域控制主站发来的区域备投命令的功能。PCS—998S 装置通过测量变低有功功率，来统计切负荷量。

在控制主站和各个控制子站均配置 MUX—22C 通信复接装置，负责站间通信，MUX—22C 装置和 PCS—998 装置之间用 100M 以太网通信，可以扩展出最多 22 个 2M 电接口，用于以点对点的方式进行站间通信。

荔城主站和七个子站之间的通信连接图如图 3 所示。

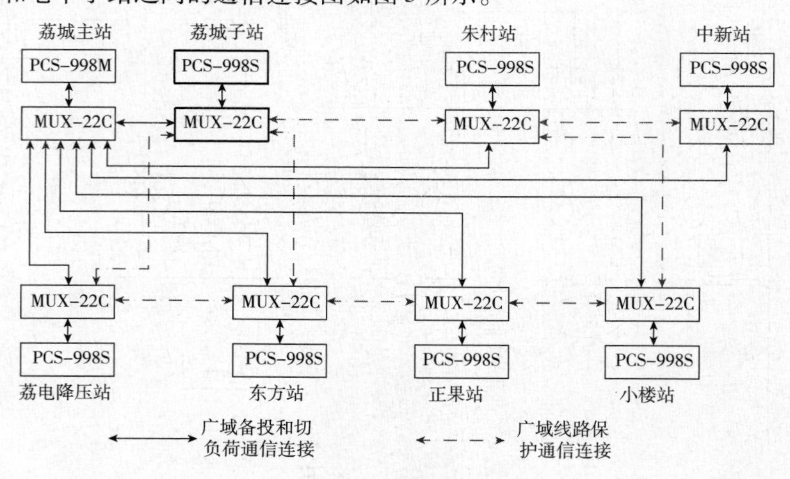

图 3　通信连接图

2 区域保护功能

区域保护的设计和安装为一套独立的系统，不影响原有的传统保护装置的功能和定值整定配合关系，区域保护功能集成在控制子站中。控制子站在保护方面集成了线路保护[3-6]、断路器失灵保护、母差保护和主变差动保护功能，区域保护不与原有的传统保护装置有功能和定值上的配合关系。

荔城主站和六个子站之间的系统接线示意图如图 4 所示，其中实线图为区域保护的保护范围，虚线为对端不在范围内的站内出线。

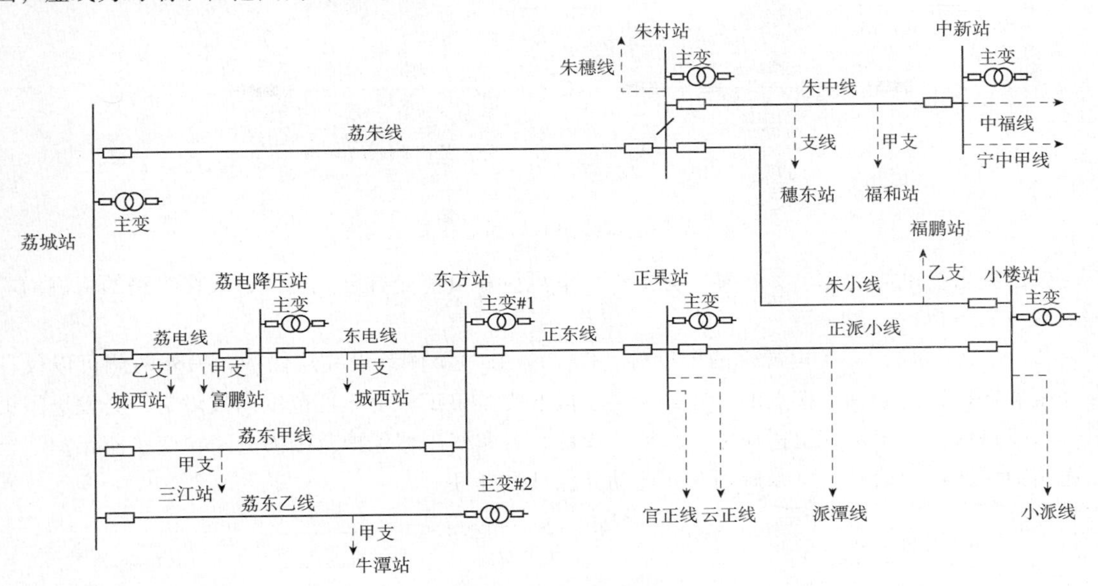

图 4 系统接线示意图

2.1 借助区域 SDH 网传输允许信号实现线路主保护

在线路两侧装设线路保护（对应 PCS—998S 装置中的一个线路 DSP 插件），发生线路区内故障，两侧线路保护装置的距离Ⅱ段元件若动作，则借助区域网络向对侧发送允许信号。保护装置根据接收的允许信号，结合自己距离保护Ⅱ段元件的动作情况，实现全线快速跳闸。即借助区域网络通道，在无需建立专用纵联通道的情况下，实现传统线路保护的全线速动功能，提高保护性能。荔城片网共有荔朱线、朱小线和正东线三条线路实现区域主保护功能。

线路区域主保护示意图如图 5 所示。

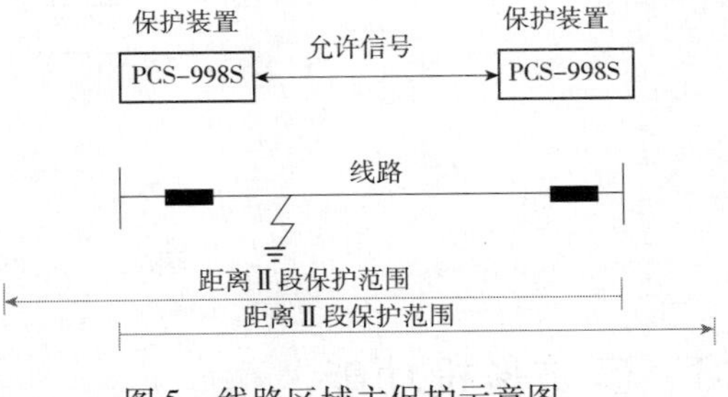

图 5 线路区域主保护示意图

考虑到备投电源动作后，在某些方式下，电源侧和负荷侧有可能交换，故需考虑实现自适应强弱电变化的弱馈侧发信逻辑。

2.2 线路区域后备保护

利用可配置的区域信息，进行综合逻辑判断，可提高保护装置的动作速度，并能够保证选择性，解决各种配合问题。

（1）单端电源串供多级线路仅需要在电源侧装设线路保护，若发生下一级线路出口故障，下一级线路保护能够快速跳闸，同时发送闭锁快速跳闸信号，上一级线路不能快速跳闸，保证选择性。若发生本线路故障，下级线路保护不发送闭锁信号，结合自己距离保护的动作情况，快速跳闸，可以提高末端短路的动作速度，整定简单，与下一级线路配合容易。单端电源线路区域后备保护示意图如图6所示。

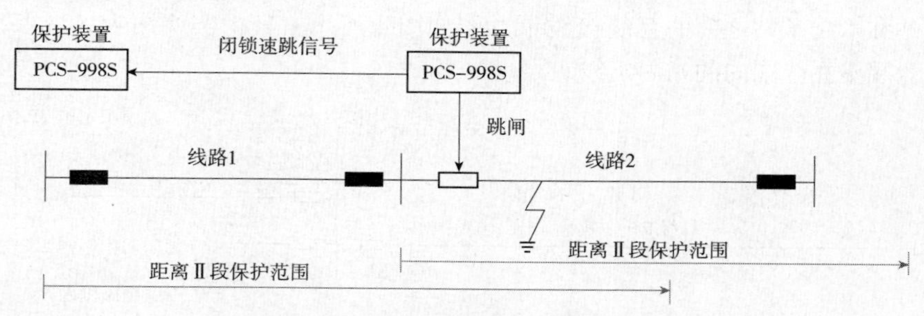

图6　单端电源线路区域后备保护示意图

考虑到备投电源动作后，在某些方式下，电源侧和负荷侧有可能交换，故在线路的两侧均应配置区域后备保护。

（2）三端线路，一个电源带两个负荷（图7）。在电源侧装设线路保护，另外两侧可以仅存在变压器保护，由于有T接点的存在，距离Ⅰ段非常难整定，变压器范围内故障时，会发送闭锁信号给线路保护，闭锁其快速动作，保证选择性，若非变压器保护范围内故障，变压器保护不会发送闭锁快速跳闸信号，可以做到全线速动并保证选择性。

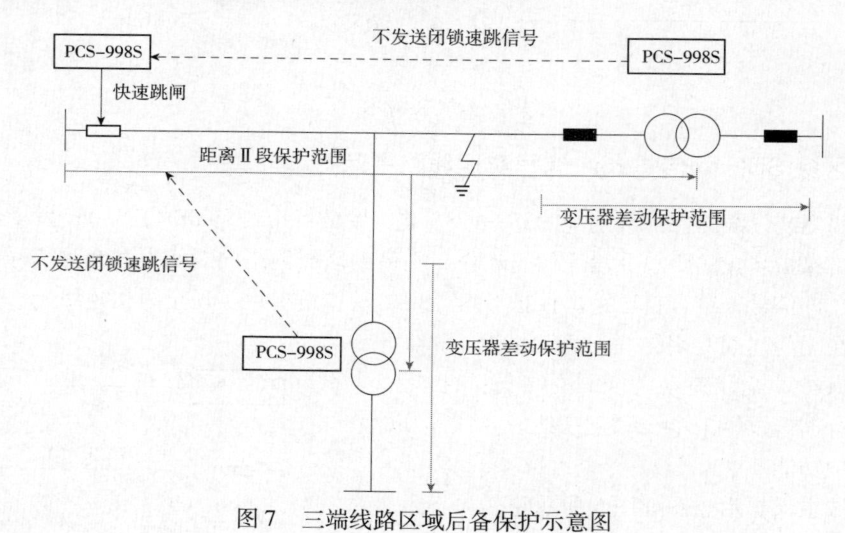

图7　三端线路区域后备保护示意图

3　区域备投功能

对于电网中的链式结构串供的多个110kV变电站，每个站的常规备自投装置仅能实现本站作为开环点当主供失电时的备用电源自投功能，而处于非开环点的变电站在失电时无法由本站常规备自投装置来实现恢复供电。为了解决此问题，提出了区域备自投[8-9]方案。

基于“广域实时采样、实时交换数据、实时判别、实时控制”的思路来实现区域电网备用电源自投的功能，解决了基于调度自动化的备用电源自投系统的实时性相对较差、数据发生时刻的时序关系不准确等的问题，从而能使电网快速准确地恢复供电。

3.1 区域备投的系统框架

在荔城片网实现区域备自投，系统框架为：子站实现各自站内的站域备自投功能，220kV 荔城站主站实现区域备自投功能。这种分层设计的优点在于：概念清晰，功能相对独立。

子站的站域备自投功能就是将一个变电站内的高低压侧常规备自投功能有机地集成在一起。

子站和主站的关系为：子站站域装置将本站的 110kV 线路有功功率、由 110kV 线路电流转化成的电流标志位、由 110kV 母线电压转换成的电压标志位以及保护动作信号和开关位置信号等输出给主站装置 PCS—998M。主站装置 PCS—998M 下发跳合闸命令信号以及过载或安稳装置动作闭锁站域备自投的信号输送给子站站域装置 PCS—998S[2]。

3.2 主站区域备投和子站站域备投的关系

（1）区域备自投的闭锁条件之一是预判 110kV 线路过载闭锁区域备自投，而站域备自投无法获知备用线路对侧站的主供线路的负荷量，故必须依靠主站装置的负荷预判决策命令来闭锁相关的站域备自投。

（2）区域备自投要把接收到的安稳装置动作信号下发给站域备自投用来闭锁站域备自投。

（3）当区域备自投和站域备自投均具备动作条件时，区域备自投动作优先。

（4）当主站装置或通信回路故障时，子站站域备自投能实现常规备自投功能。

3.3 区域备投和就地常规备自投装置的关系

串供回路上仅仅在开环点变电站安装的常规备自投装置可能会充电，备自投可用，其他非开环点变电站安装的常规备自投装置不可能处于充电状态，备自投不可用。当串供回路上发生故障时，开环点变电站的常规备自投装置可能会先动作跳开本站主供线路，合上原开环的备用开关。这对于区域备自投来说，为了恢复原开环点站的上级变电站的供电，需要再次合被原开环点变电站的常规备自投装置动作跳开的开关[2-3]。

所以综合考虑，还是建议把就地常规备自投装置动作时间整定长些，以确保区域备自投先动作。

另外本方案的站域备自投与就地常规备自投装置之间无任何关系。

3.4 区域备投与现场原有安稳装置之间的关系

220kV 荔城站的安稳装置要输出动作接点给区域备自投，用于闭锁自投。

3.5 区域备投与区域保护之间的关系

区域保护中的各子站母差保护和失灵保护动作信号要传送给本站站域备自投和主站区域备自投，用来闭锁故障站的备自投。

3.6 区域备投与切负荷控制之间的关系

用户需求如下：

（1）在自投合闸前预先判断是否会引起备用电源线路过载，若不过载则闭锁自投。

（2）在自投合闸前预先判断是否会引起备用电源线路过载，若过载则先切除失电站的部分负荷，之后再自投合闸。

（3）备自投合闸后过载，需要切负荷，仅切原失电站的负荷。

（4）无需考虑正常运行情况下的过载。

（5）不考虑旁代操作的中间过程。（同区域保护中的旁代处理）

为此，针对上述的（1）、（2）、（3），需要备自投专业和稳控专业之间相互配合，备自投专业做区域备自投方面的工作，稳控专业做过负荷判断及切负荷方面的工作。

3.7 各站站域备投功能

域备投功能其实就是实现站内常规备自投的功能。

站域备投中的备用线路自投时可通过投退相应的检线路电压控制字来决定是否要判备用线路有压。

由于主供开关手跳或遥跳时要闭锁备自投，所以需要开关的 KKJ 或手跳接点输入，这虽是两种不同的接点，但只需选择一个开入到智能采集单元，可在子站站域装置设置参数来定义接入的到底是哪一种接点。

站域备投的其他闭锁条件类同于常规备自投装置的，此处不再累述了。

需要指出的是，由于本次工程项目的实施不跟现场已投运的保护装置发生关系，也就是说区域保护控制系统不输出过负荷闭锁接点给原有的常规备自投装置，所以当主供失电时，原有的常规备自投装置会动作，可能导致备用线路过载[2-3]。

3.8 区域备投功能

（1）当 220kV 荔城站 110kV 双母线失电时，要考虑相应串供回路（由其他系统提供备用电源）的备自投能够动作。

（2）当 110kV 串供回路上的线路故障或母线故障导致后续串供的负荷站失电时，要实现区域备自投恢复供电。

（3）要考虑小电源上网的情况，当主供失电时首先识别出失电范围内的串供回路上是否有小电源，若有则首先切除小电源。对于串供回路上发生故障的情况，可以根据开关跳位无流来识别故障点，再判断出故障点和备用开关之间是否有小电源。对于上级电源失电而整个串供回路无故障点的情况，可以根据串供回路上的母线无压线路无流（因为小电源供不起整个一个串供回路）来先切除小电源开关。

3.9 区域备投自适应性

荔城片网中可划分出 3 个链式结构的串供回路，分别是第一串“荔东甲线—东方站—东电线—荔电降压站—荔电线”，第二串“荔东甲线—东方站—正东线—正果站—云正线”；第三串

“荔朱线—朱村站—朱中线—中新站—宁中甲乙线”。只要串供回路的开环点开关不同，运行方式就不同。区域备自投能够识别每个串供回路的开环点开关，自动提供不同运行方式下的备自投逻辑行为。

4 区域控制功能

4.1 实现基于区域信息的电网过载减负荷控制

一般区域电网的过负荷问题主要如下：

(1) 正常线路或主变运行下的过载问题。

(2) 双回线路或主变供电时一回跳闸后另一回过载问题，区域电网内某条供电线路跳闸后其他变电站的线路问题。

(3) 备用电源投入后备用线路或变压器过载问题。

在荔城区域电网中，由于合理的运行方式控制，第一种过载问题不存在，即使在极端情况下存在第一种问题，也通过调度员安排限负荷操作。

目前，荔城电网基本不存在第二种情况，但是考虑到以后运行方式的变化，本方案考虑这一问题。

在目前荔城电网的运行方式下，是存在第三种情况的。

传统的过载切负荷方案是设备过载后经过一定延时固定切除部分负荷，此时元件已经承受了一定时间的过载，切除的负荷量也不太准确，有可能造成过切或者欠切。因此针对以上问题，我们设计了三套控制方案，三套控制方案各有特点，由用户根据实际情况选择使用[2-3]。

4.2 实现基于区域信息的电网低频、低压减载控制

目前就地集中式的低频、低压减载装置的主要功能是监视系统频率及低压变化，在发生低频低压时，根据预定切负荷轮级切除一定量的负荷。例如装置根据本地110kV母线的频率和电压水平，设置多个轮次的低压和低频减载级（低频和低压各四轮基本轮，两轮加速轮，两轮特殊轮），根据相应的动作逻辑，每轮动作元件给予一个切负荷的线路的出口组态定值，某轮元件动作后即须切除该定值设定的负荷线路，直至频率和电压恢复正常值。每一轮切除的负荷线路都是根据离线计算好的切负荷量，再匹配负荷统计的结果来设定好的，负荷潮流的大小每天不同的阶段都有较大的变化，而事故发生的时刻是不可预知的，所以这种方法集中切负荷可能造成过切或者欠切。

而利用区域信息的电网低频电压减负荷控制可采用以下方案。

各个控制子站从站控层网络上获取10kV负荷线路的三相功率或者直接采集变低的三相功率，实时记录在自身的装置中，并上送到控制主站。

当低频或低压事故发生后，控制主站实时采集系统的频率或电压，主站的低频或低压逻辑启动后，进入控制逻辑，相应轮次动作后得出需要切除的负荷量，这个负荷量是定值的形式在主站装置中设定。整个区域的可切负荷对象在主站对应一个优先级定值。某一轮低频或低压元件动作后根据需要切除的负荷量按照优先级顺序匹配出可切负荷对象。

以东方子站为例，逻辑信息及输入输出联系图如图8、图9所示。

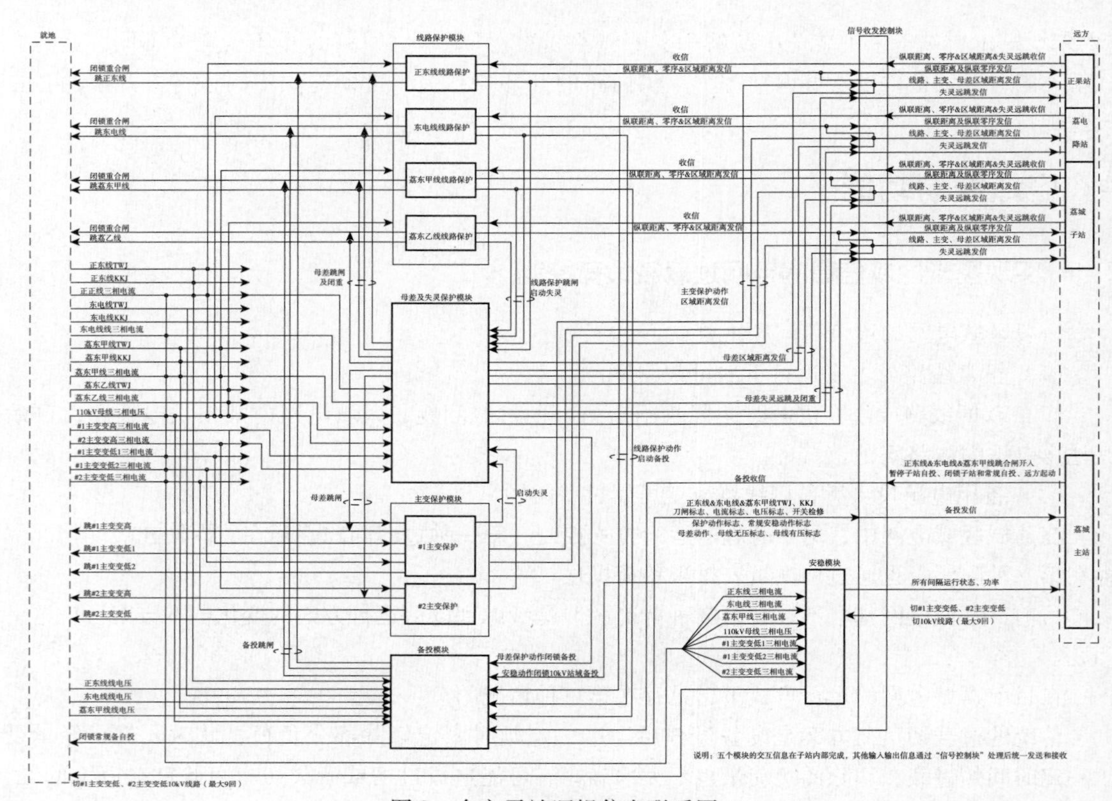

图 8　东方子站逻辑信息联系图

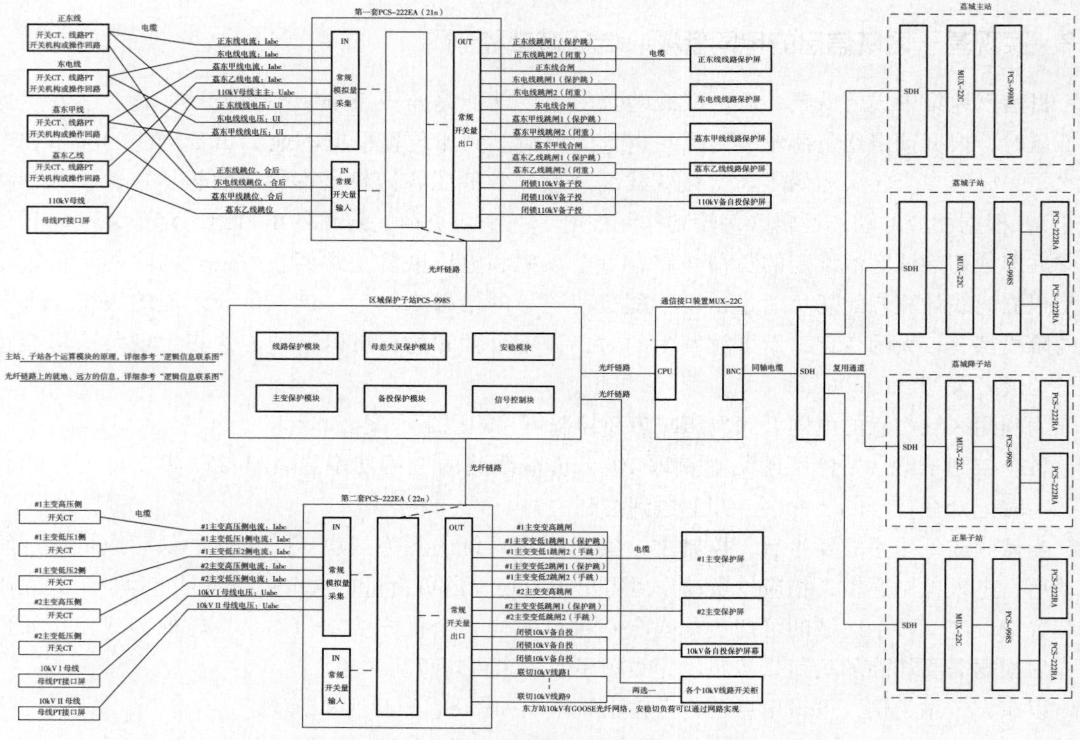

图 9　东方子站输入输出联系图

5 注意事项

运行人员必须定期检查广域保护控制装置是否正常运行，压板投退是否正确，PT 空气开关有否跳开，装置时钟显示是否正确，当工作班组进行与广域保护控制装置电流电压回路有关工作时，提醒和检查工作班组有否做好安全措施。

当电力系统发生事故，广域保护控制装置动作时，运行人员应迅速、准确、全面记录、打印装置动作信号及有关信息，到相关录波器打印录波图，立即向广州中调当值调度员汇报；未做完动作记录时，不准按动复归按钮及进行影响装置报文信息的操作，以免丢失动作信息。

当广域保护控制装置出现异常告警信号时，运行人员应马上打印自检报告，初步分析告警原因，向广州中调当值调度员汇报情况，通知专业班组进行处理。

继保人员在站内 110kV 间隔的电流、电压回路上进行工作，工作前必须查清图纸和现场回路，确认所工作回路与广域保护控制装置是否有关，确保工作不造成广域保护控制装置的不正确，否则应向广州中调申请退出广域保护控制装置。

如果涉及广域保护控制装置的 CT 回路、PT 回路进行了更换，必须带负荷测试确认 CT、PT 回路极性和变比的正确性。

6 其他应用案例

继 2012 年荔城项目后，2013 年南方电网公司在韶关又做了一个珠玑区域保护控制项目，韶关地区有很多小水电，区域控制的实现对其供电可靠性的提高有着极其重要的意义。2014 年贵州兴义、广东开平又分别上了区域保护控制项目，这是在不断探索以及验证区域保护控制系统的可行性，也充分说明其对区域电网的安全稳定有着很积极的意义。

7 结语

随着电网的不断发展，区域保护控制系统会得到广泛运用，这个理念可以很好提高区域电网系统的安全稳定，是在继电保护、安稳系统、区域备投上的融合和升华，具有很好的发展前景。

参考文献：

[1] 张保会. 加强继电保护与紧急控制系统的研究提高互联电网安全防御能力 [J]. 中国电机工程学报，2004，24（7）：1-6.

[2] 易俊，周孝信. 电力系统广域保护与控制技术 [J]. 电网技术，2006，30（8）：7-14.

[3] 从伟，潘贞存，赵建国，等. 基于电流差动原理的广域继电保护系统 [J]. 电网技术，2006，30（5）：91-96.

[4] 苗世洪，刘沛，林湘宁，等. 基于数据网的新型广域后备保护系统实现 [J]，电力系统自动化，2008，32（10）：32-36.

[5] 吴科成，林湘宁，鲁文军，等. 分层式电网区域保护系统的原理和实现 [J]. 电力系统自动化，2007，31（3）：72-77.

[6] 汪旸，尹项根，赵逸君，等. 基于遗传算法的区域电网智能保护 [J]. 电力系统自动化，2008，32（17）：40-45.

[7] 尹项根，汪旸，张哲. 适应智能电网的有限广域继电保护分区与跳闸策略 [J]. 中国电机工程学报，

2010，30（7）：1－7.

［8］徐希，韩韬，杜红卫，等. 主站集中式广域备用电源自动投入系统［J］. 电力系统自动化，2010，34（21）：112－115.

［9］周伊琳，孙建伟，陈炯聪. 区域网络备自投及测试关键技术［J］. 电力系统自动化，2012，36（23）：109－113.

作者简介：

施永健（1979—　），男，江苏启东人，工程师，从事电力系统电气设计工作。E－mail：shiyj@nari－relays.com

周继馨（1973—　），女，河南郑州人，高级工程师，从事电气二次专业设计工作。

稳定控制装置在镇海电厂的应用

高　军

（浙江浙能镇海发电有限责任公司，浙江　宁波　315208）

【摘　要】　电力系统的稳定问题，始终是电力安全生产的一个课题，本文结合稳定控制装置的系统结构、功能、控制策略及运行校验情况，介绍 RCS－992A 稳定控制装置在镇海电厂的应用，说明稳定控制装置目前存在的一些问题，以及实施效果。

【关键词】　稳定控制；功能；过载；切机

0　引言

安全稳定控制装置是电网区域安全稳定控制装置的简称，这种控制系统是电力系统整个安全控制的重要组成部分。其基本思想是当电网受到大扰动而出现紧急状态时，执行切机、切负荷等紧急控制措施，使系统恢复到正常运行状态。装设安全稳定控制系统，是提高电力系统安全稳定性、防范电网稳定事故、防止发生大面积停电事故的有效措施。

1　电网及电厂的安全稳定问题

由于浙江省宁波市电网结构薄弱，近 2 年来随着宁波电网负荷的不断增加，镇海电厂向宁波电网输送电力的潮流日益加重，在局部电网运行方式变化较大时，部分 220kV 线路载流超额，电网稳定问题突出，电网的安全运行受到一定影响，发电机组的出力受到了制约。

镇海电厂共装有 9 台发电机组和 2 个升压站，分别为 4 台 200MW 燃煤机组、3 台 100MW 燃气机组和 2 台 350MW 燃气机组，按照宁波电网分层分区的要求，4 台燃煤机组和 3 台 100MW 燃气机组通过老升压站的 4 条 220kV 线路（分别为 2301、2302、2305、2306 线）与天一变供区并网运行，2 台 350MW 燃气机组通过 GIS 升压站的 4 条 220kV 线路（分别为 2311、2314、2P32、2P33 线）与句章变供区并网运行。

在正常方式下，受 2305、2306 双线载流能力制约，镇海电厂 4 台燃煤机组和 3 台 100MW 燃气机组送出受到限制。为减少“窝电”损失，确保镇海电厂 4 台燃煤机组和 3 台 100MW 燃气机组正常送出，在镇海电厂安装线路过载联切安全自动装置，即 220kV Ⅰ－Ⅱ 段安全稳定控制装置，检测 4 台燃煤机组和 3 台 100MW 燃气机组出线及机组的运行状况。

在夏季高峰和冬季高峰潮流时，若 2 台 350MW 燃气机组同时发电，2P32、2P33 双线超额，限制 2 台燃气机组送出，或若 2P32、2P33 线的任一回运行线路发生跳闸，也将造成另一条运行线路过载，根据浙江省电力调度中心要求，安装线路过载联切安全自动装置，即 220kV Ⅲ 段安全稳定控制装置，检测 2P32、2P33 双线及 2 台 350MW 燃气机组的运行状况。

2 安全稳定控制装置的应用

2.1 安全稳定控制装置的系统结构

220kV Ⅰ-Ⅱ段安全稳定控制装置和220kV Ⅲ段安全稳定控制装置全部按照双重化要求配置，4套装置完全独立，每套装置均采用主从式单层结构，该结构中有一个站为主站，其余的为子站，主站与子站之间通过光纤连接，系统连接如图1所示。

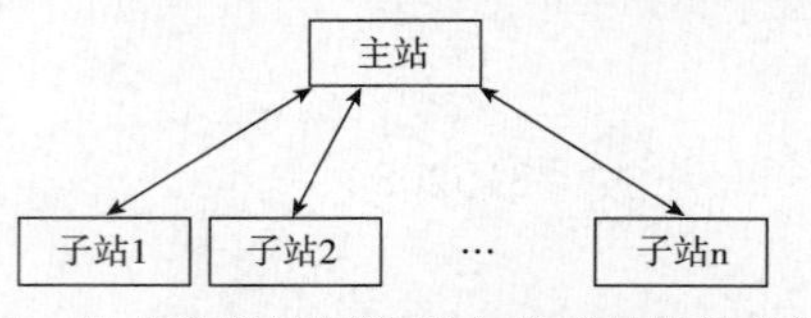

图1 安全稳定控制装置主从式单层结构图

主机负责整套保护装置的计算策略，从机负责各间隔模拟量的采集及开入、开出量的处理。

2.2 安全稳定控制装置的主要功能

2.2.1 220kV Ⅰ-Ⅱ段安全稳定控制装置的主要功能

2.2.1.1 线路过载切机功能

当2301、2302、2305、2306四回线路中的任一回线路正向（流出镇海电厂）跳闸时，造成其余任意一回线路过载，则以循环联切方式在可切机组范围内按照切机排序表联切相应的一台机组，若切机后线路仍过载，则下一轮动作，再切除一台机组，以此类推，对每台机组都设置7轮过载切机，直至过载现象完全消除为止。

（1）功率方向判别。

装置具有功率方向判别功能，并规定四回线路功率方向为正（送出）时，才允许判为线路过载。

（2）线路过载判据。

装置监测四回线路的三相电流、电压，计算出各线路的三相有功功率。若任意一回线路的有功功率 P 的绝对值持续 t_{gj} 秒大于其设定的过负荷告警定值 P_{gj}，即 $|P|\geqslant P_{gj}$，且 $t\geqslant t_{gj}$，t_s 为线路过载告警延时时间定值，发出告警信号，判为该线路过载。

（3）判断线路跳闸。

装置采用有功功率值 $P\leqslant P_{mk}$，P_{mk} 为投运的功率门槛值，判别线路的投/停运行状态，即当任意一回线路输送的有功功率绝对值低于门槛值，判断该线路跳闸。

（4）过载切机启动判据。

装置采用功率突变量启动、过频启动两种启动方式。

1）功率突变量启动。系统发生故障引起双线输送的有功功率发生突变，当有功功率绝对值突变量大于动作门槛值，则装置启动，即

$$|P_t|-|P_{t-0.2s}|\geqslant\Delta P_s$$

式中：ΔP_s 为正值。

2）过功率延时启动。系统发生故障导致双线中任意一回线输送功率绝对值持续 t_s 秒大于动作门槛值 P_s，则装置启动，即

$$|P|\geqslant P_s\text{且 } t\geqslant t_s$$

以上两种启动逻辑为“或”的关系。

（5）过载切机动作策略。

装置启动后，这4回送出线路中任一回线有功功率绝对值小于低功率门槛值，剩余3回线中任一回线有功功率绝对值大于其第 X 轮（$X=1\sim3$）过功率定值，且经过第 X 轮（$X=1\sim3$）出口时间后，装置第 X 轮（$X=1\sim3$）动作切除相应的机组。

其逻辑示意图如图2所示。

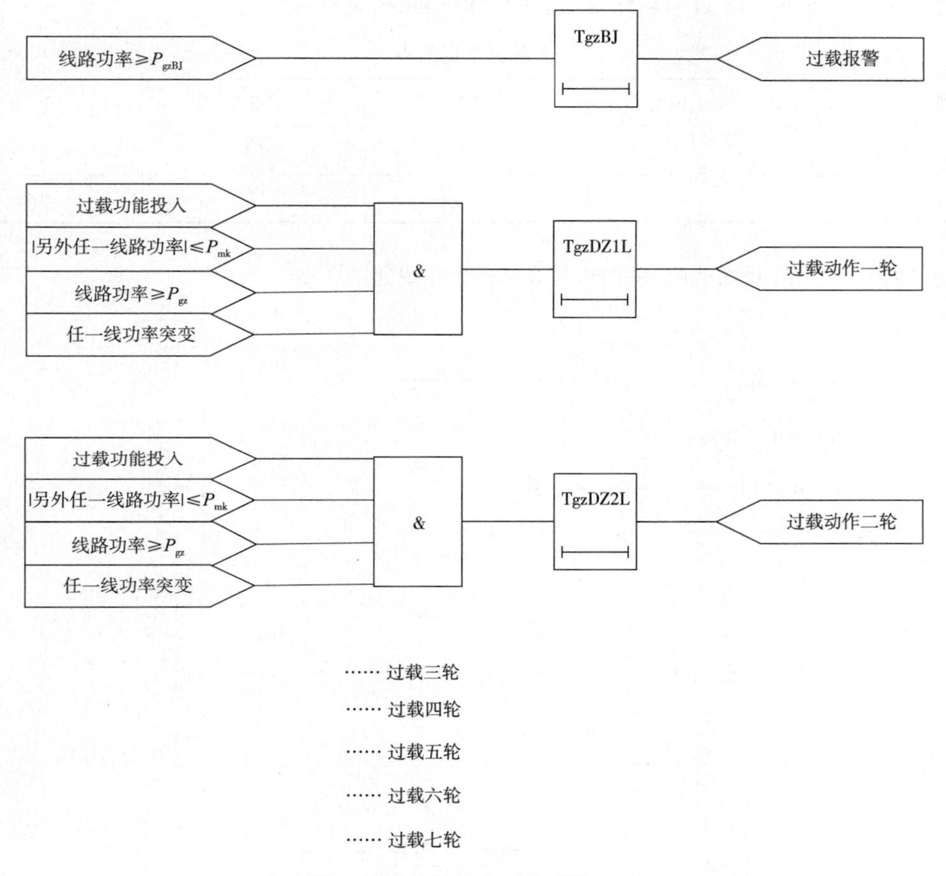

图2　线路过载判别逻辑图

（6）选切原则。

考虑到4台燃煤机组兼负供热任务，且正常必须保证至少有2台机组供热，而3台100MW燃气机组为“二拖一”联合循环方式，对每台机组设置切除优先级，编排出切机排序表，见表1。

表1　切机排序表

轮次	第1轮	第2轮	第3轮	第4轮	第5轮	第6轮	第7轮
机组号	7	9	8	3	5	4	6

所有机组均设“允许压板”，正常情况下由电厂根据机组状态和调度下达切除机组台数的要求，自行选择确定相应机组投入“允许压板”。

各轮次切机采用顺序动作的模式，共设置7轮过载，每轮动作切除一台机组。各机组按照表

1 的排序表的优先级顺序，逐轮切除指定机组，跳过“允切压板”未投的机组。

2. 2. 1. 2　母线过频切机功能

装置监测 220kV 母线的运行情况，根据被监测母线的电压值，可实时计算出母线的频率，并以此判断过频事故．过频分 4 轮切出 4 台机组，每轮的频率值和时间定值均可以单独设定，即每轮都为独立轮，根据表 2 过频动作定值表的定值切除相应机组。

表 2　　过频动作定值表

轮次	第 1 轮	第 2 轮	第 3 轮	第 4 轮
过频动作频率/Hz	51	51. 5	52	52. 5
动作时延/s	1	2	3	4

切机顺序与线路过载切机顺序一样，其逻辑示意图如图 3 所示。

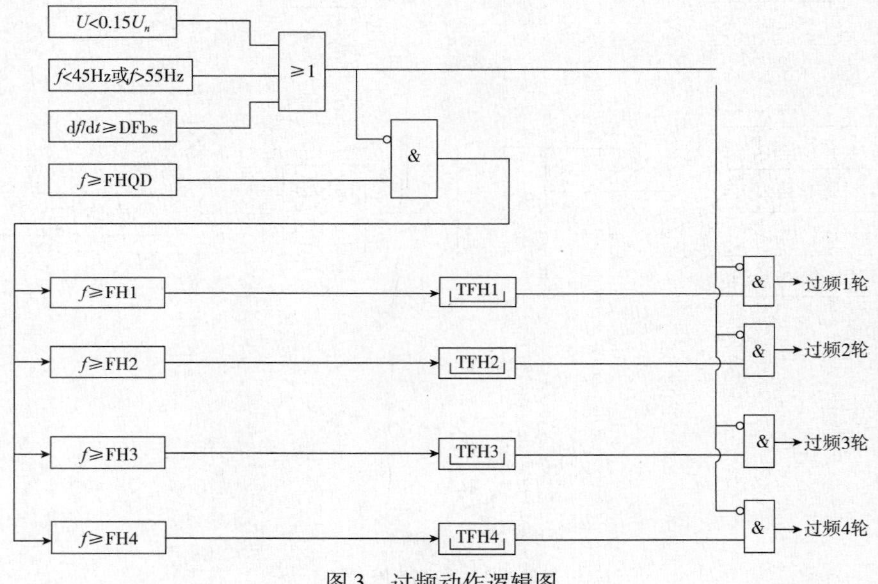

图 3　过频动作逻辑图

2. 2. 1. 3　装置整组复归

装置启动后，若系统无异常（即启动条件不再满足），则经过 7s 后装置自动复归，否则装置启动自保持。

2. 2. 2　220kV Ⅲ段安全稳定控制装置的主要功能

2. 2. 2. 1　线路过载切机功能

当 2P32、2P33 两回线路中的任一回线路过载，或 2P32、2P33 两回线路中的任一回线路正向（流出镇海电厂）跳闸时，造成另一回线路过载，则按照先 11 号机组后 12 号机组的顺序联切一台机组，若切机后线路仍过载，则下一轮动作，再切除一台机组。

由于采用相同的安全稳定控制装置，装置的功率方向判别、线路过载判据、判断线路跳闸等和 220kV Ⅰ－Ⅱ段安全稳定控制装置一样。

过载切机动作策略如下：

（1）第一轮出口动作判断逻辑：装置启动后如果镇殿 2P32、镇跟 2P33 双线中一回线输送的有功功率绝对值低于门槛值、另一回线送出的有功功率持续 t_{gz1} 秒超过设定的第一轮动作定值，则装置第一轮动作切除一台315MW燃气机组，即

$$|P_{l1}| \leqslant P_{mk} \text{且} P_{l2} \geqslant P_{gz2} \text{且} t \geqslant t_{gz2} \text{或} |P_{l2}| \leqslant P_{mk} \text{且} P_{l1} \geqslant P_{gz2} \text{且} t \geqslant t_{gz2}$$

（2）第二轮出口动作判断逻辑：装置第一轮动作后如果镇殿2P32、镇跟2P33双线中一回线输送的有功功率绝对值低于门槛值、另一回线送出的有功功率持续 t_{gz2} 秒超过设定的第二轮动作定值，则装置第二轮动作切除另一台315MW燃气机组，即

$$|P_{l1}| \leqslant P_{mk} \text{且} P_{l2} \geqslant P_{gz2} \text{且} t \geqslant t_{gz2} \text{或} |P_{l2}| \leqslant P_{mk} \text{且} P_{l1} \geqslant P_{gz2} \text{且} t \geqslant t_{gz2}$$

2.2.2.2 远方切机功能

装置通过2组2M光纤通道向电网稳控主站发送本站2台机组的运行工况，并接收电网稳控主站发来的联切本厂机组的远切命令。两组双通道采取先到逻辑，即执行最先收到的一路通道发来的远方命令。

远切回路无本地突变量启动判据，无延时定值，连续收到三帧远方命令时立即采取相应措施。

柜面配设了通道信息压板，当某通道检修或中断时，为避免装置长期发通道告警信号，可退出相应的通道信息压板，这时装置不接收电网稳控主站所发的信息，但是仍然向电网稳控主站发送信息，不进行该通道的异常判断（不告警）。

远方命令消失后，装置经1s延时清远方启动标志后才返回，并开始打印，因此在短暂远方切机命令的情况下，仍可保证跳闸脉冲长度不小于1s。

2.3 安全稳定控制装置的运行及校验

目前，两套安全稳定控制装置运行状况良好，值得注意的是在每次机组或线路停运时，运行人员均应按照规定，退出相应的切机保护允切压板，防止造成误动。

在定期对保护的校验中，220kVⅠ-Ⅱ段安全稳定控制装置由于版本较高，新增了实验模式，即在没有外加电源的情况下，也能够通过参数设置，模拟电流电压出现突变时的状况，对一般保护校验较为方便，而220kVⅢ段安全稳定控制装置没有这个功能，建议下次更换时能够增加。同时，220kVⅢ段安全稳定控制装置的线路电流采集先经过故障录波器，再进入切机装置，因此当故障录波器检修更换时会出现切机装置无法使用的问题，也需要加以改进，应先经过切机装置最后进入故障录波器。

3 结语

随着电力系统容量的不断扩大，微机安全稳定控制装置是除传统继电保护装置后保障电力系统区域稳定运行的又一道安全屏障，对提高区域供电可靠性，保护重大电力设备的安全将起到至关重要的作用。

（1）提高了正常方式下电厂机组的送出能力，减少“窝电”损失。

据浙江省电力调度中心分析计算，如无稳控措施，正常方式下将窝电180MW。计算结果表明，采取稳控措施后，基本上可按导线的热稳定能力送电，提高了镇海电厂的机组负荷，有效保障了电厂所发电力的送出，经济效益和社会效益显著。

（2）在出线事故跳闸或过流情况下，按照控制策略，采取切机措施，确保电网的热稳定和暂态稳定，保证电厂机组的安全运行。

（3）需要进一步研究的内容：为了确保4台燃煤机组供热的可靠性，如何通过机电炉联合控制实现快减燃煤机组负荷，避免4台燃煤机组被切除。

参考文献：

[1] 南京南瑞继保电气有限公司. RCS—992A型分布式稳控装置技术和使用说明书.
[2] 高建宏. 李家峡电厂稳定控制装置的运行分析 [J]. 中国水能及电气化，2008，Z1（22）：76-82.
[3] 刘滢. 姚孟电厂安全稳定控制装置的设计与应用 [J]. 电力设备，2008，03（19）：55-57.

作者简介：

高军（1966— ），男，工程师，从事发电厂电气及自动化的技术管理工作。E-mail：gaojun@zh-fd.com

基于可视化配置平台的标准化稳控切负荷执行站实施方案

洪丽强，徐　柯，常东旭，任祖怡

（南京南瑞继保电气有限公司，江苏　南京　211102）

【摘　要】　通过可视化编程技术在稳定控制领域的应用，完成了稳定控制策略表的可视化配置，提高了策略开发与修改的效率，增加了控制策略的易懂性，提高了运行管理人员和工程技术人员实施稳定控制策略的参与度。

【关键词】　稳定控制；可视化配置；标准化切负荷执行站；智能变电站

0　引言

中国智能电网建设的发展，对于稳定控制装置提出了新的要求：要求支持电子式互感器与常规互感器，支持常规输入输出及面向通用对象的变电站事件（GOOSE）输入输出等，支持组网和点对点方式的 IEC 61850—9—2 和 GOOSE，支持 IRIG—B、简单网络时间协议（SNTP）等对时方式，以及 IEEE1588 V2 高精度网络同步对时方式[1-4]。

随着2010年广东电网对广东稳控装置标准化推进[5]，2014年广东电网对切负荷站稳控装置功能提出了新的要求：支持调度端SIP协议、对主变过载的定值整定采用按标幺值整定、增加对线路N—2相继故障进行判别等。

为了解决上述问题，迫切需要研制新一代的稳控装置，本文将介绍 PCS—992 电力系统稳定控制装置采用的关键技术及在广东标准化切负荷执行站项目中实施方案。

1　硬件平台

PCS—992 电力系统稳定控制装置基于新一代控制保护硬件平台 UAPC 平台实现，该平台主要面向控制保护系统，全面支持电子式互感器和分布式 I/O，全面支持 IEC 61850、GOOSE 及采样测量值（SMV），具有高性能、高集成度的特点，支持多个 CPU，数字信号处理器（DSP）插件组合在一起完成复杂的控制保护功能，满足变电站自动化系统一体化的要求。

UAPC 硬件平台选用嵌入式 CPU，DSP 和大容量的现场课编程逻辑门阵列（FPGA）进行设计，同时采用复合工业标准的高速以太网和国际电工委员会（IEC）标准的模拟数据采集的光纤通道作为数据传输链路，内部采用高可靠性、高实时性、高效率的数据交换接口。所有板块采用标准化、模块化思想设计、支持多板块同步并行工作，能够灵活组成系统需要的各种装置。系统硬件结构如图1所示。

PCS—992 电力系统稳定控制装置配有交流插件、保护和启动 DSP 板、PowerPC 板、智能 I/O 板。保护和启动 DSP 分别采用2组完全独立的 A/D 采样数据来完成保护和启动功能，保护 DSP 主要完成控制的逻辑极跳闸出口功能，DSP 板启动后开放出口继电器的正电源；PowerPC 板用于

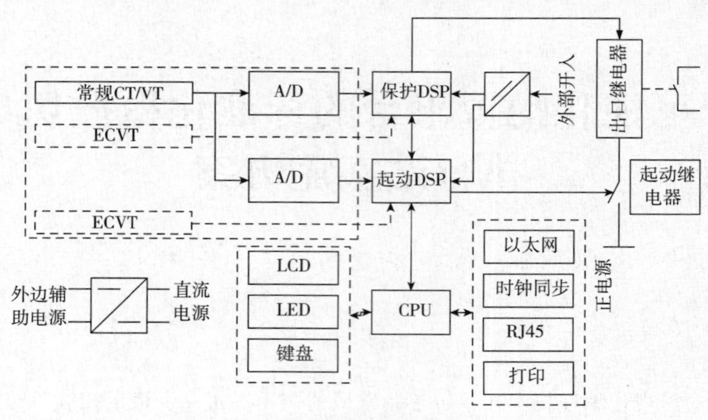

图 1　系统硬件结构

完成时间记录和打印、后台通信及与面板 CPU 的通信等功能；智能 I/O 进行压板等开入的采样和跳闸及信号输出。

2　可视化配置平台

PCS—992 电力系统稳定控制装置利用可视化编程环境完成电力系统稳定控制功能设计，这是可视化编程技术在国内稳定控制装置中的首次应用。由于电力系统各厂站面临的稳定问题形态各异，各个厂站的稳定控制功能往往由用户进行定制，导致最终应用于现场的稳控装置功能不尽相同。采用传统的编程方案实现稳控装置功能，效率低、易出错、用户参与度低。

采用可视化配置平台完成稳控装置功能开发具有如下优点：

（1）实现了控制策略表的可视化配置，大大提高了策略开发与修改的效率，增加了控制策略的易懂性，提高了运行管理人员和工程技术人员实施稳定控制策略的参与度。

（2）元件封装处理：经典的稳定控制功能封装为独立元件，元件具有透明的外部接口，即输入、输出对开发人员及用户是可见的。根据规范编写好的标准元件可以重复使用，每个元件既可以在程序中灵活组合，也可以在可编程逻辑中来重新搭建功能，从而有效提高了产品在工程化中的规范性、可靠性和安全性，也使得稳定控制装置的开发周期更短。

（3）方便更新和调整功能元件：由于每个元件都有透明的外部接口，所以每个元件之间彼此独立或者依赖性很低，当需要对某个功能模块进行调整与升级时，不要考虑该元件会对其他元件的正常工作产生影响，也因此大大的缩短了稳控装置的升级和开发周期。

（4）软件生命周期长：封装的稳定功能元件采用 C 语言编写，可在不同硬件平台间移植，不依赖于单一硬件平台。

3　广东标准化切负荷执行站实施方案

广东电网于 2010 年全面推进稳控装置标准化设计方案[1]，其功能配置和硬件规模能够满足绝大多数应用需求，具备在全网推广应用的基础。2014 年 6 月，广东电网对《广东电力系统安自装置标准化设计要求》进行了修订，提出了新的要求。

3.1　配置规模

根据南方电网变电站标准化设计细化方案，220kV 变电站标准化方案共设计有 9 种典型方案，110kV 变电站标准化方案共设计有 13 种典型方案。以 220kV 变电站为例，在各种典型方案中最大规模为配置 4 台主变，6 回 220kV 出线（包括架空线和电缆线路）、14 回 110kV 线路，30 回 10kV 出线。

按照兼顾适应性和经济性的原则，广东标准化切负荷执行站配置规模见表 1。

表 1　　切负荷执行站规模标准化方案

项目	接入对象	方案 1
输入模拟量	母线	2 路
	主变	4 台
	进线	6 回
	旁路	1 回
	负荷间隔	16 回

注：负荷间隔仅接入单相电压电流量。

3.2　功能配置方案

基于功能最大化的标准化原则，广东切负荷执行站标准化功能配置包含以下几个方面：

（1）远方切负荷功能，包括上传本站可切负荷量和切负荷优先级序列，接收远方控制站的切负荷命令。

（2）就地稳定控制功能，包括线路过载切负荷、主变过载切负荷、双回线跳闸联切负荷功能以及低频减负荷、低压减负荷功能。

3.3　主变过载切负荷实施方案

以往的主变过载切负荷功能设置主变过载告警电流、主变过载告警功率、主变过载动作电流、主变过载动作功率等定值以主变一次值进行整定，其特点是较为直观，方便测试及校验。但其定值由省调方式科进行整定，发生了现场变电站更换主变，未及时告知省调，导致其定值不适应的问题。为了解决此问题，2014 年广东标准化切负荷执行站要求采用主变标幺值倍数进行主变过载定值整定。

采用可视化配置平台的主变过载判别元件如图 2 所示。

3.4　双回线相继故障切负荷实施方案

2010 版标准化方案中双回线 N－2 故障只考虑装置整组（5s）内故障，这是由于同一故障源引起的 N－2 故障，参考线路保护后备保护动作时间，5s 内 N－2 故障均会切除。目前实际系统发生故障时，N－2 故障经常是发展性故障，间隔时间较长，这种情况下调度员来不及处理，仍会破坏系统稳定。为解决此问题，2014 年标准化方案增加线路相继故障判别，其功能为：构成断面的双回线路均运行，发生相继跳闸，则装置根据故障前断面潮流，采取联切本地负荷措施。需切量为

$$P_{需切} = (P_{事前\Sigma} - P_{基值})K$$

式中：K 为动作系数。

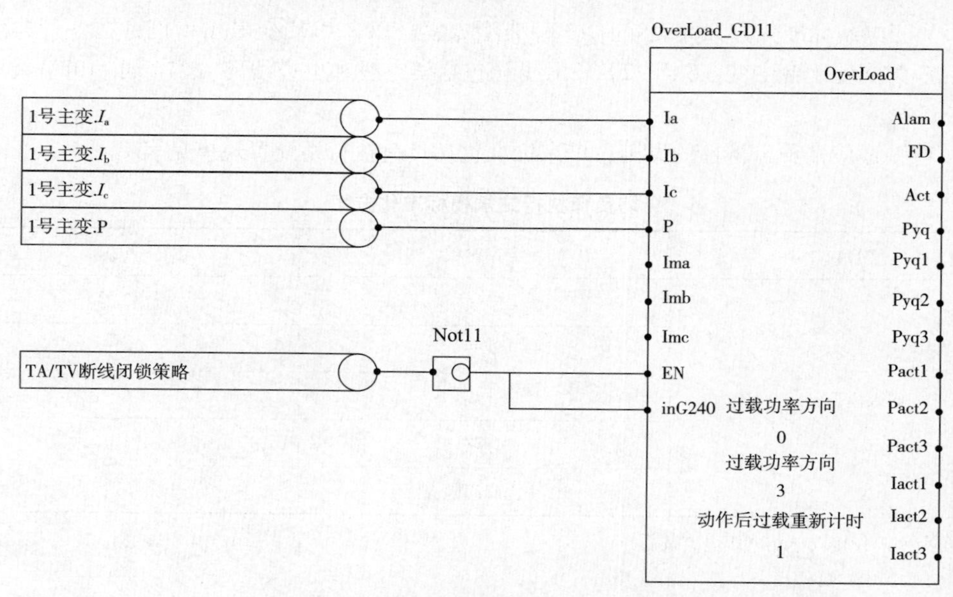

图 2　可视化平台过载元件

若两回线路相继跳闸的时间在装置起动的整组时间 T 整组内，则 $P_{事前\Sigma}$ 取启动时刻前 200ms 断面潮流和；若两回线路相继跳闸的时间大于 T 整组，则 $P_{事前\Sigma}$ 取第二回线路跳闸前 200ms 的断面潮流和。

采用可视化配置平台的双回线相继跳闸判别元件如图 3 所示。

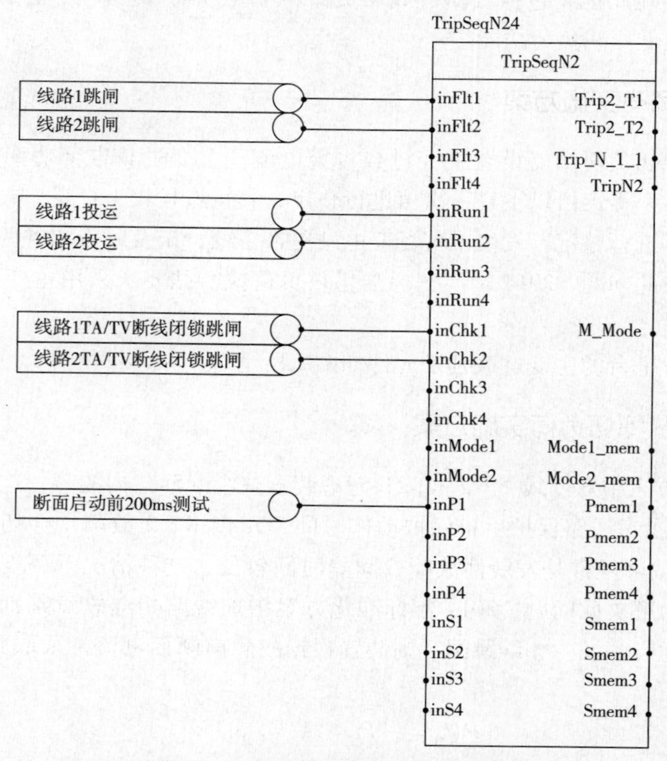

图 3　可视化平台相继跳闸判别元件

4　智能变电站的应用

目前《广东电力系统安全自动装置标准化设计要求》中智能变电站并未涉及，智能化变电站中的稳控装置设计标准正在讨论、定制过程中。本文结合稳定控制装置技术规范[6]和数字化变电站继电保护规范[7]，设计标准化切负荷装置组网配置方案。

4.1　220kV 间隔配置方案

广东切负荷执行站 220kV 均采用双母线接线型式，装置 SV 采样采用点对点采样方式，为免于装置进行电压切换，可接入由 220kV 间隔合并单元输入的切换后的母线电压和间隔电流；由于需要采集母线电压用于低频低压减负荷判别，装置 SV 采样直接接入母线合并单元的两段母线电压，如图 4 所示。

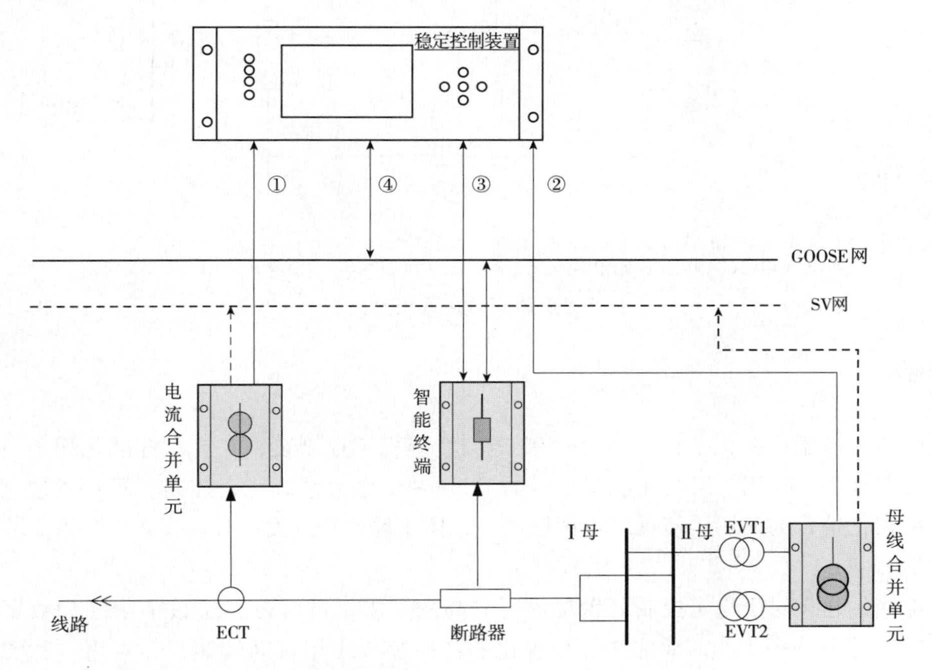

图 4　220kV 间隔接入典型配置

4.2　负荷间隔配置方案

广东标准化切负荷执行站中设计接入 16 回负荷间隔，一般是 110kV 间隔与 10kV 间隔，其中 110kV 间隔多采用双母线接线型式，10kV 间隔多采用单母或单母分段接线型式，由于接入的负荷间隔较多，负荷间隔仅接入间隔的单相电压和单相电流。

装置负荷间隔 SV 采样和跳闸出口可根据实际工程采用“直采直跳”或网络传输方式；由于需要接入装置的间隔数量多，推荐使用网络传输方式，减少站内光缆连接。采用网络传输的典型配置方案如图 5 所示。

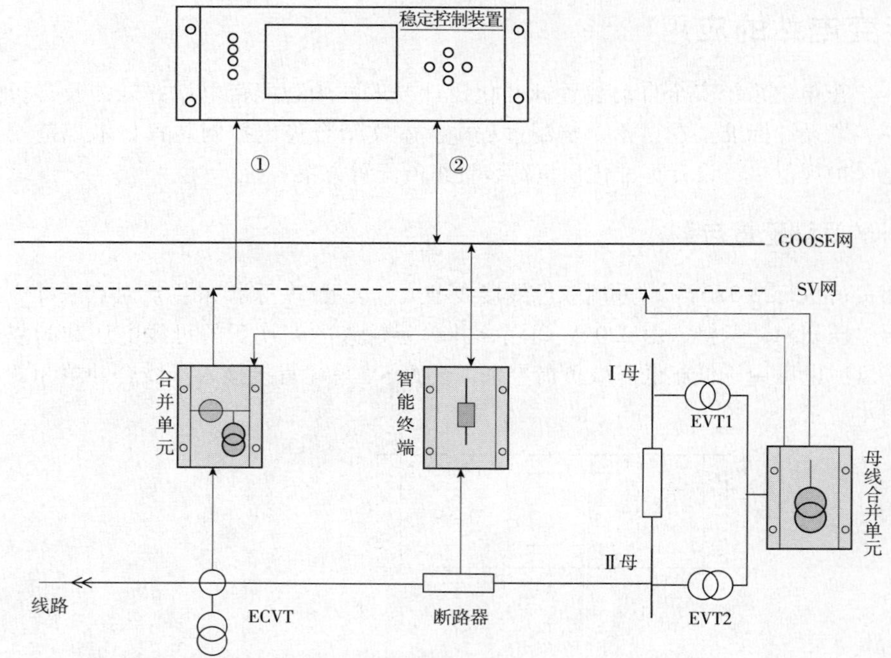

图 5　负荷间隔接入典型配置

5　结语

本文介绍了基于可视化平台的 PCS—992 电力系统稳定控制装置在广东标准化切负荷站的实施方案，实践证明，采用了可视化配置平台的 PCS—992 电力系统稳定控制装置技术起点高、可靠性好，可视化编程的使用，使程序可读性增强，便于修改和开发，提高了工作效率，具有很高的实用价值。

智能电网的建设对于稳定控制装置提出了更高的要求，针对过程层数字化（如数据品质的优化处理等）还有许多工作需要完善，可视化的稳控装置应用时间较短，针对用户和实际应用中的不同需求，有待进一步研究开发。

参考文献：

[1] 张春合，陆征军，李九虎，等. 数字化变电站的保护配置方案和应用［J］. 电力自动化设备，2011，31（6）：122 - 125.

[2] 冯亚东，李 彦，王 松，等. IEC 61850—9—2 点对点采样值传输在继电保护中的实现与应用［J］. 电力系统自动化，2012，36（2）：82 - 85

[3] 徐成斌，孙一民. 数字化变电站过程层 GOOSE 通信方案［J］. 电力系统自动化，2007，31（19）：91 - 94.

[4] 曹海欧，严国平，徐宁，等. 数字化变电站 GOOSE 组网方案［J］. 电力自动化设备，2011，31（4）：143 - 147.

[5] 陈兴华，吴国炳，张荫群，等. 电网安全稳定控制装置标准化设计［J］. 南方电网技术，2010，4（1）：39 - 42.

[6] Q/GDW 441—2010. 智能变电站继电保护技术规范 [S].
[7] DL/T 1092—2008. 电力系统安全稳定控制系统通用技术规范 [S].

作者简介:

洪丽强（1979— ），男，江苏宜兴人，大学学历，工程师，主要从事电力系统继电保护及电网安全稳定控制系统的设计和研究工作。E-mail：honglq@ nari-relays. com

徐柯（1978— ），男，山西长治人，硕士，工程师，主要从事电力系统继电保护及电网安全稳定控制系统的研究工作。

常东旭（1982— ），男，河南鲁山人，硕士，工程师，主要从事电力系统继电保护及电网安全稳定控制系统的研究工作。

任祖怡（1972— ），男，江苏南通人，硕士，研究员级高工，主要从事电力系统继电保护及电网安全稳定控制系统的研究工作。

预制舱在太原南智能站中的应用

王　凯

（南京南瑞继保电气有限公司，江苏　南京　211102）

【摘　要】　山西500kV太原南智能站采用预制舱方案。舱内二次设备采用前接线技术，柜体采用前开门双排布置方式，舱体对外采用预制光缆统一接口，实现了预制舱的“标准化设计、工厂化加工、装配式建设”，全站具有结构紧凑，占地面积小，选址灵活，移动方便、投资小等特点，达到减少资源消耗和土地占用、提高工作效率，缩短建设周期、提高工程质量、保护生态环境的目的。

【关键词】　预制舱；前接线技术；预制光缆

0　引言

随着国民经济和社会的快速发展，城市土地和空间资源越来越稀缺，电网规划站址和线路通道的落实也愈加困难[1]。电网项目建设难度加大、周期加长成为必然趋势[1]。如何减少资源消耗和土地占用、提高现场工作效率、降低投资成本是电网建设发展的关键。通过预制舱技术，预制式光缆插接方案，为智能化变电站发展提供了新的发展思路。

1　太原南变电站概况

太原南变电站分三个电压等级，500kV部分本期及远景都采用3/2接线。500kV采用户外HGIS，远景共5个完整串，本期建设1个完整串，2个不完整串。220kV部分本期及远景采用双母双分段接线，220kV采用户外GIS，本期共安装12台断路器。35kV部分采用单元接线为户外HGIS。主变压器为自耦型，星形接线，500kV和220kV为中性点直接接地，35kV为Δ形接线，为不接地系统。

全站采用智能化监控系统，按标准配送、无人值守设计。智能化监控系统采用开放式分层分布式系统，三层两网结构，采用DL/T 860通信标准，信息共享。

站控层与间隔层设备之间采用双星型拓扑结构，传输MMS报文和GOOSE报文。500kV过程层SV、GOOSE网络独立设置，双网配置；220kV过程层SV与GOOSE共网传输，双网配置，35kV不配置独立过程层网络[2]。

间隔层设备采用预制式二次设备舱分散就地布置，公用设备采用二次室集中布置。站内的合并单元、智能终端均采用就地智能控制柜布置。

2　预制舱结构分析

从早期投资、后续维护及美观实用等多个方面综合考虑，太原南项目采用金邦板预制舱，具有绿色环保、轻质高强、隔音隔热、耐水防火、耐候抗冻等方面的特点。

依据ISO标准以及GB 1413—2008，太原南预制舱的尺寸参考行业中通用的标准加高集装箱。根据本期及远景设备配置情况，本次工程共配置7个预制舱。其中Ⅰ型20尺舱体（6200mm

×2500mm×3133mm）5个，Ⅱ型30尺（9200mm×2800mm×3133mm）2个。

500kV二次设备预制舱按串配置，每串设置一个预制舱体，采用Ⅰ型20尺预制舱3个，分别为第1、2、4串；主变二次设备预制舱按主变配置，每台主变设置一个Ⅰ型20尺预制舱，分别为2号、3号主变；220kV二次设备预制舱按母线配置，I/II母设置一个预制舱，III/IV母设置一个预制舱，采用Ⅱ型30尺预制舱。

太原南预制舱设计最大风压0.85kN/m^2；地面活载4kN/m^2，不上人屋面活载0.7kN/m^2；最大雪压0.85kN/m^2；抗震设防烈度8度。

底座骨架由HW200×200型H钢、HW100×100型H钢、18号槽钢和8号槽钢焊接而成，最外部4根主梁为HW200×200型H钢，中部用HW100×100型H钢来加强结构，槽钢用于安装屏柜。

侧壁骨架四个角用100mm×100mm×4mm厚度无缝方管做立柱，强度较高；侧壁上每隔600mm竖直焊接一根方管作为金邦板龙骨，在水平方向上，在每两根方钢间焊接2根方管加强整个侧壁的强度。方管为5号，材料为Q235。

骨架力学仿真分析结果：最大位移变形2.8708mm，位于底层槽钢的中间位置，最大应力99.1MPa，小于钢的屈服强度235MPa，满足强度要求。

墙体采用保温复合墙体，预制舱墙体由外墙（饰面FC板）、聚乙烯防湿密封膜、保温材料、龙骨架、内墙（铝塑板）等材料组成。屋面采用彩钢瓦，坡屋面采用双坡型式，坡度5%；舱内吊顶采用铝塑板，地面采用陶瓷面防静电地板，高度200~250mm。

预制舱采用底部进线方式，预制舱底部设条形基础。光缆、电缆进入基础后，由统一的三个进线口分别进入舱内。舱内防静电地板下设置槽盒，光缆槽和电缆槽分层设置。光缆设置专用的集中转接柜，光缆进入光缆转接柜，出来后先分为两路进入两排柜前各自得光缆槽盒中。

3　预制舱温度控制分析

每个预制舱内设置两台工业空调，形成冗余备份，进行内部环境温湿度控制。两台空调的工作状态按一定的逻辑程序控制，保证舱体内始终有1台空调正常运行，当一台空调出现故障时，及时切换至另一台空调运行，同时发出故障警报，保障柜内环境的稳定。同时2台空调设定不同的启动温度，可保证当逻辑控制系统发生故障，舱内温度升至一定高度时，备用空调及时启动，实现控制系统的冗余保障，舱内温度控制在18~25℃范围内，在任一台空调故障时舱内温度可在5~30℃范围内。

基于室内25℃控制，室外35℃，进风口可控制在13℃，出风口最高温度控制在20℃左右，仿真结果如图1~图3所示。

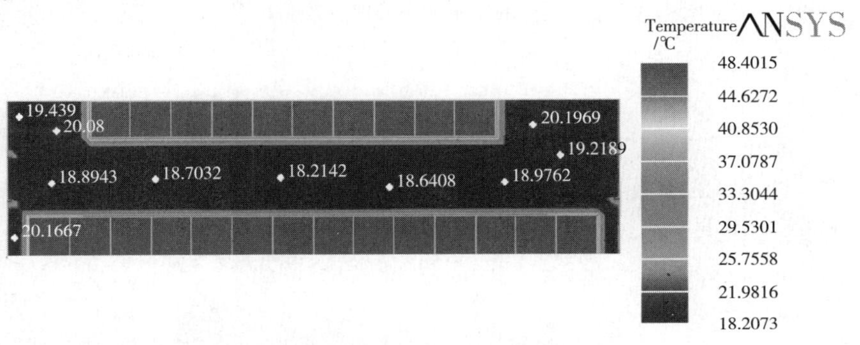

图1　舱内0.75m高度平面最高温度控制在21℃以下

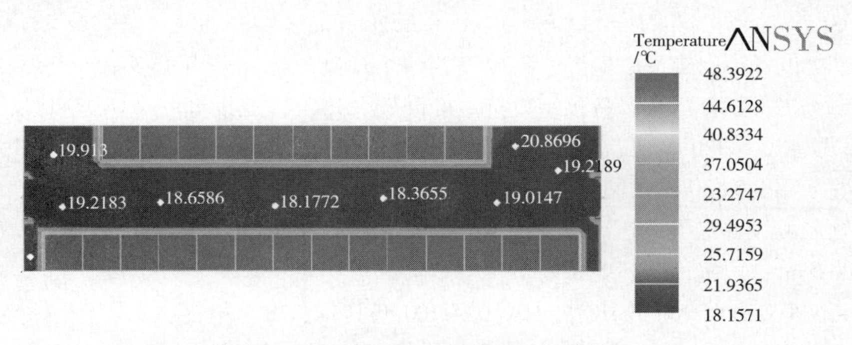

图 2　舱内 1. 155m 高度平面最高温度控制在 21℃以下

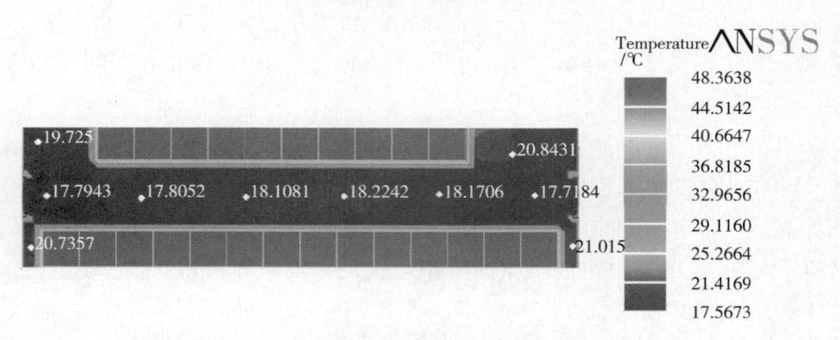

图 3　舱内 1. 65m 高度平面最高温度控制在 21℃以下

基于室内 18℃控制，室外 −23℃，进风口可控制在 30℃，出风口最高温度控制在 20℃左右，仿真结果如图 4 ~ 图 6 所示。

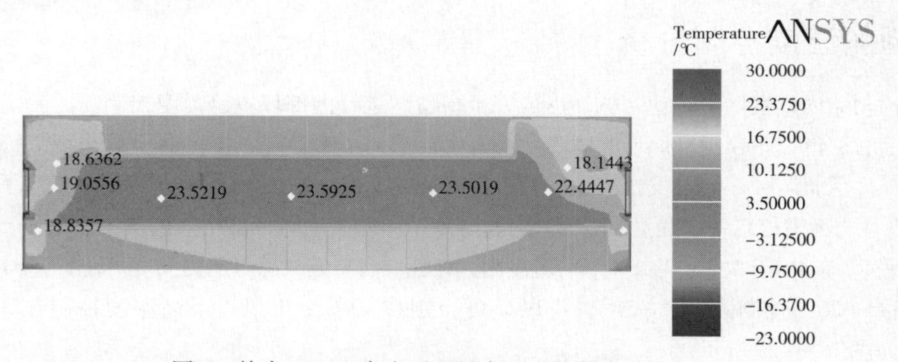

图 4　舱内 0. 75m 高度平面最高温度控制在 18 ~ 24℃

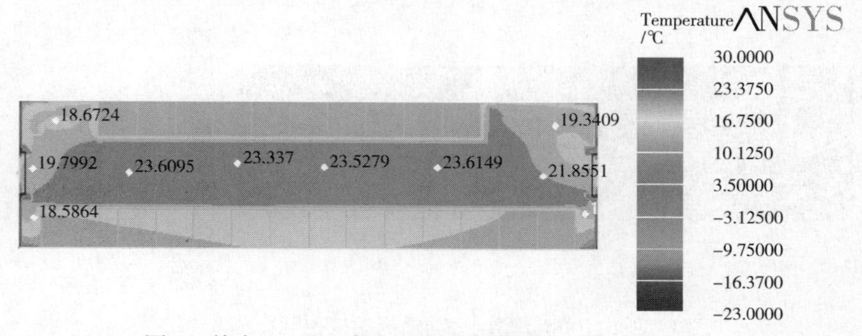

图 5　舱内 1. 155m 高度平面最高温度控制在 19 ~ 24℃

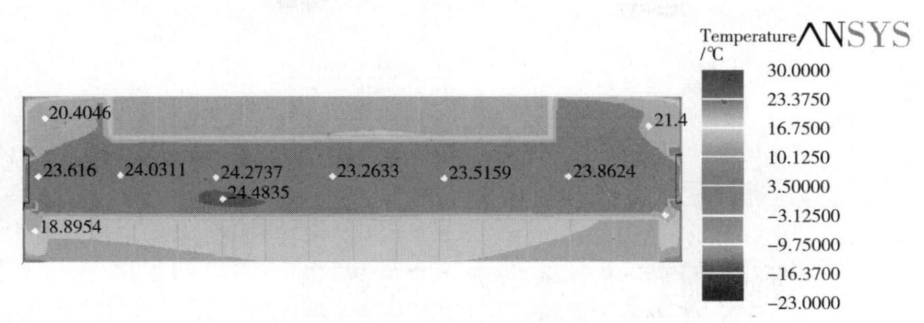

图6　舱内1.65m高度平面最高温度控制在20～24℃

从上面仿真结果来看，当环境温度为35℃时，预制舱内部空气温度在13～21℃之间，空调回风口温度低于25℃，散热满足要求。当环境温度为-23℃时，预制舱内部空气温度在18～24℃之间，空调回风口温度20℃左右，散热满足要求。

4　预制舱通风系统应用

因舱门长期关闭，为防止在进入检修或维护时舱内空气质量差，必须采取通风措施。在舱体两侧端面对角处各设置一台换气扇及通风窗，换气扇位于左侧较低位置，通风扇位于右侧较高位置。采用正压通风方式，新鲜冷空气由左侧较低位置进入，热空气由右侧较高位置排出。由于舱内空气压力大于舱外，灰尘不易从可能的缝隙进入舱内。不工作是内外无空气交换，不影响空调制冷或加热效果。

通风量按照家居标准设置（每小时换气6次），详细计算如下：

风机所需排风量计算公式

$$Q = Vn/N$$

式中：Q为所选风机型号的单台风量，m^3/h；V为场地体积，m^3；n为换气次数，次/h；N为风机数量，台。

5　太原南舱内屏柜布置应用

舱内保护测控屏柜尺寸统一采用600mm×600mm，服务器柜尺寸统一为900mm×600mm。对于预制舱内置于本期已上屏柜中间的远期屏柜，本期一次性安装好空屏柜，并预留好相关布线。预制舱采用“前接线前显示”二次装置、屏柜双列布置。屏柜门轴统一设置在右手侧（面对屏柜），布置示意图如图7所示。

500kV间隔及主变间隔采用Ⅰ型20尺预制舱，舱内屏柜布置12面柜体，舱内屏柜采用双排靠墙并柜布置方式，可以有效的利用舱内空间。舱内屏柜较少，基本上以单排有效屏柜为主，舱体尺寸采用6200mm×2500mm×3133mm，中间过道大小为1084mm，能满足施工操作空间要求（图8）。

220kV间隔配置Ⅱ型30尺预制舱，舱内屏柜布置23面。太原南项目舱内屏柜采用双排靠墙并柜布置方式，可以有效的利用舱内空间。舱内屏柜较多，舱体两侧屏柜都为有效屏柜，舱体尺寸采用9200mm×28500mm×3133mm，中间过道大小为1384mm，能满足施工操作空间要求（图9）。

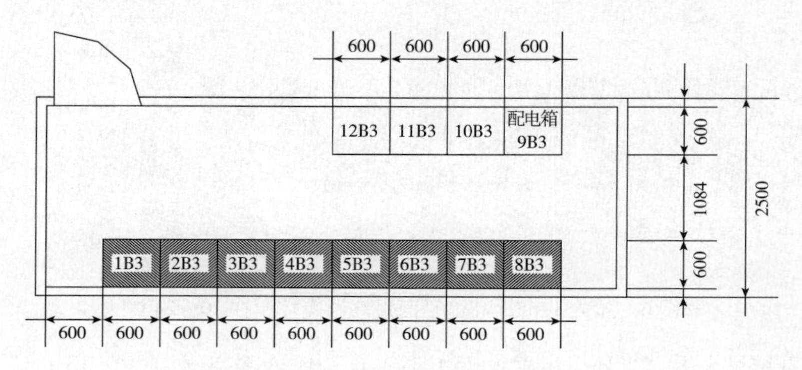

3号主变二次设备舱			
编号	名称	编号	名称
1B3	主变保护柜A	7B3	直流分电柜
2B3	主变保护柜B	8B3	光缆集中柜
3B3	主变中低压侧及本体测控柜	9B3	交流配电箱
4B3	电容器保护测控柜	10B3	备用
5B3	站用变、电抗器保护测控柜	11B3	备用
6B3	公用测控及时间同步柜	12B3	备用

图7　主变预制舱屏柜布置示意图

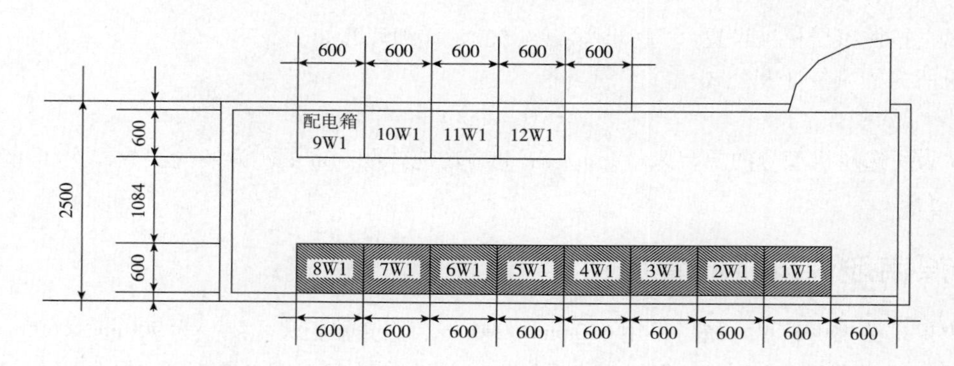

500kV第1串二次设备舱			
编号	名称	编号	名称
1W1	500kV线路保护柜	7W1	直流分电柜
2W1	500kV断路器测控柜	8W1	光缆集中柜
3W1	500kV断路器保护柜1	9W1	交流配电箱
4W1	500kV断路器保护柜2	10W1	备用
5W1	500kV过程层交换机柜	11W1	备用
6W1	500kV公用测控及时间同步柜	12W1	备用

图8　500kV按串配置预制舱屏柜布置示意图

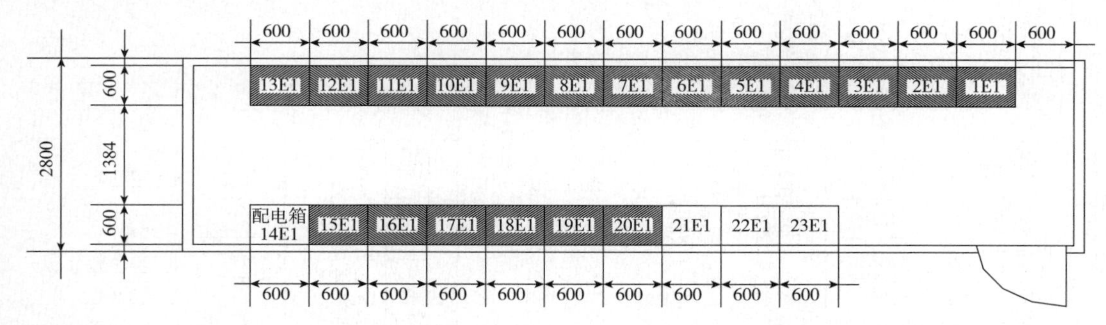

220kV二次设备舱1			
编号	名称	编号	名称
1E1	220kV线路保护测控柜(远期)	12E1	光缆集中柜
2E1	220kV线路保护测控柜(远期)	13E1	光缆集中柜
3E1	220kV线路保护测控柜(远期)	14E1	交流配电箱
4E1	220kV线路保护测控柜(远期)	15E1	直流分电柜1
5E1	220kV线路保护测控柜(远期)	16E1	直流分电柜2
6E1	220kV线路保护测控柜(远期)	17E1	1M/2M母线保护柜
7E1	220kV线路保护测控柜	18E1	220kV公用测控及时间同步柜
8E1	220kV线路保护测控柜	19E1	220kV电度表柜1
9E1	220kV线路保护测控柜	20E1	220kV电度表柜1(远期)
10E1	1M/3M分段保护测控柜	21~23E1	备用
11E1	1M/2M母联保护测控柜		

图 9　220kV 预制舱屏柜布置示意图

6　预制光缆应用分析

太原南项目为智能化变电站，舱内外配合的电缆回路接线较少，主要为直流电源电缆，直接从舱内各柜体直接引至舱外，不设置电缆集中接口柜用。

舱内外配合的二次回路部分主要为光缆接线，太原南预制舱统一采用预制光缆，按舱体设置光纤集中接口柜，实现二次接线现场“即插即用”。

目前智能变电站光缆连接模式主要有两种：熔接方式及尾缆方式。户外施工采用熔接方式，智能户外设备接入二次设备柜体，利用光纤终端盒或配线架，通过熔接方式将光缆的纤芯与尾纤连接起来，再通过法兰盘与二次装置光口连接[3-4]。同一个小室内部采用定长尾缆方案，尾缆方案避免了熔接工作，但是由于尾缆实际为室内光缆，不能应用于户外，使用具有一定的局限性。

预制光缆是一种在光缆两端事先预制连接器的室外光缆连接技术。与智能变电站常用的室内尾缆相比，预制光缆具备室外光缆的高防护性，防护等级达到 IP68[5]。预制光缆采用公母头对接方式，与通过采用新型多芯连接器，牢固保护预制分支，使之具备室外长距离、复杂环境、恶劣条件下的施工可靠性与安全性。具备在光路中减少或消除熔接接续断点、降低损耗，通插接简便等优势[6]。

太原南项目预制光缆采用双端预制方式，现场不需熔接，预制光缆的光芯上直接安装连接器，并以可靠方式加以固定保护。在消除繁冗熔接工作量的同时，又降低光路损耗，提高了系统通信可靠性。

太原南预制舱内采用“光纤集中接口柜”方式，可以更好的实现“工厂化生产、装配式建设”。预制舱内部的接线工作在舱体出厂前完成接线调试，在现场与舱外的相应接头通过接插的方式快速连接，大大缩短了现场施工的工作量。全站预制光缆统一采用非金属加强型多模阻燃光缆，规格合并为 12 芯、24 芯。

预制舱光缆接口示意图如图 10 所示。

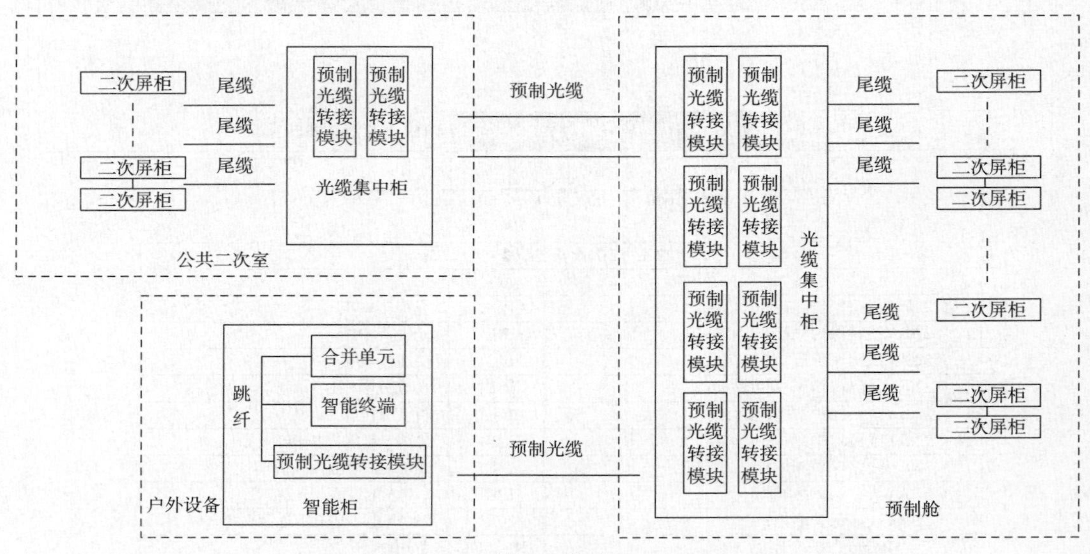

图 10　预制舱光缆接口示意图

预制舱与公共二次室中设置光缆集中接口柜（图 11），柜内安装预制光缆转接模块。转接模块接入 2 根 12 芯预制光缆，采用接插头连接方式，通过转接模块转成 2×12 组 ST 法兰接口。舱内及

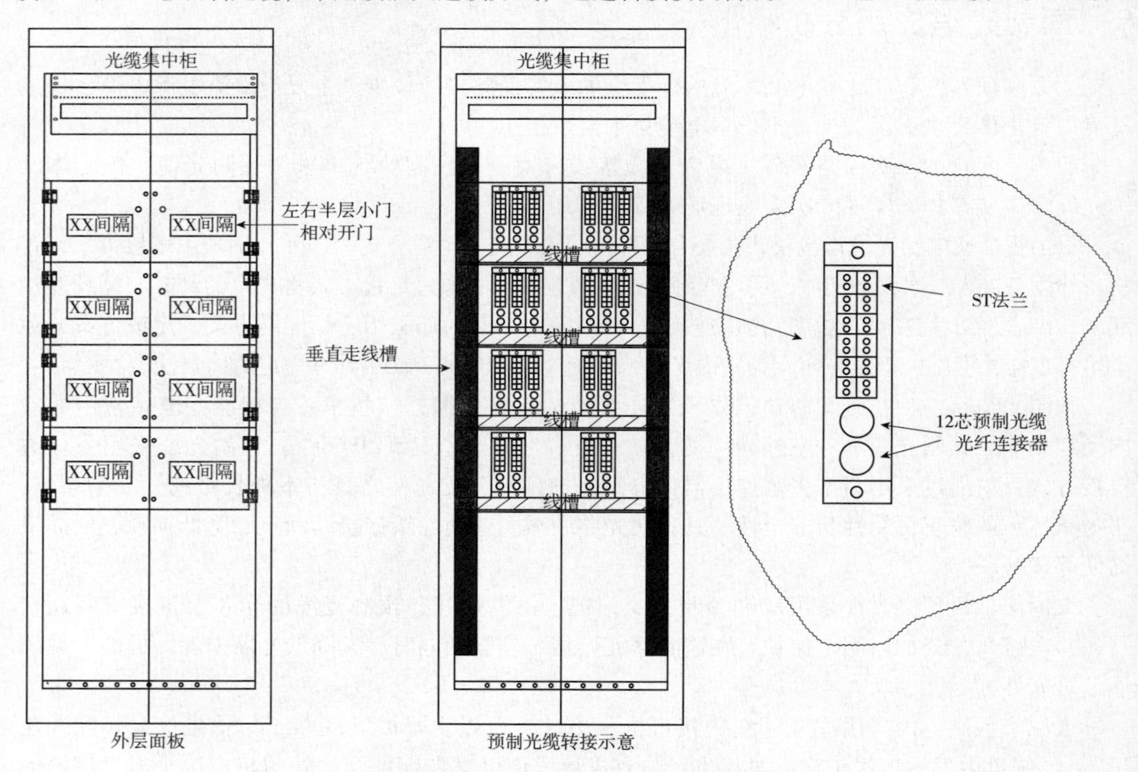

图 11　预制舱光缆集中接口柜示意图

二次室中其他屏柜通过尾缆连接至转换模块的ST法兰。户外智能柜内合并单元、智能终端设备通过跳纤连接至预制光缆转接模块。预制光缆转接模块各芯定义在设计阶段统一设计确定，舱内、二次室的尾缆铺设连接，户外智能柜内跳纤布置连接，都在设备出厂前完成。现场施工时只需要将预制光缆通过接插头连接至光缆转接模块即可完成外部光缆回路的连接，实现了即插即用。

7 结语

太原南变电站是目前国内第一个500kV智能化配送式变电站。

本次预制舱率先采用了舱内双排布置屏柜，“前接线前显示”设备方案，在不改变预制舱标准尺寸的基础上，提升了舱体内屏柜安装容量，优化了间隔层二次设备就地安装方案。

预制舱除了完成二次组合设备安装外，还一体化集成了暖通、照明、安防、图像等辅助系统，与变电站原有系统有机结合，有效地替代了传统的二次设备小室方案。

预制舱与外部回路接口采用预制光缆方式，可以替代传统的现场光纤熔接，即插即用，减小光纤连接损耗，既提高了工程实施的可靠性，又有效的缩短施工工期，提高智能变电站设计的标准化。

太原南项目按间隔设置预制舱，二次回路采用预制光缆接口方案，实现整套二次设备的厂家集成，通过工厂生产预制、现场装配安装两大阶段缩短土建施工周期，减少现场的二次接线，减少设计、施工、调试工作量，简化了后期检修维护工作量，大大缩短建设周期，提升了变电站科技含量、降低了资源消耗。为新一代智能化技术进一步发展打下了良好的基础。

参考文献：

[1] 国家电网公司基建部. 预制舱式二次组合设备专题研究 [R]. 2013：3.
[2] 刘振亚. 国家电网公司输变电工程通用设计110（66）~750kV智能变电站部分 [M]. 北京：中国电力出版社，2011：6-10.
[3] 赵燃. 浅析光缆熔接技术 [J]. 科技咨询，2012（4）：78-81.
[4] 齐新杰. 浅析风电通信工程中的光缆熔接 [J]. 电力与能源，2011（27）：755-756.
[5] 丁腾波，李慧. 基于预制光缆的智能变电站户外组网方案 [J]. 电力建设，2013（34）：50-54.
[6] 江苏省电力设计院. 智能变电站预制光缆选型及敷设研究报告 [R]. 2013：19.

作者简介：

王凯（1979—　），男，江苏南京人，工程师，从事智能化变电站技术研究。E-mail：wangkai3@nari-relays.com

一种测试继电保护装置跳闸出口接点性能的新方法

施静辉，张延冬，于　哲

（南京南瑞继保电气有限公司，江苏　南京　211102）

【摘　要】　继电保护装置跳闸出口接点性能是衡量继电保护装置性能一项重要的指标，其在相关标准中有严格的安全性能规定和要求。本文提出一种测试继电保护装置跳闸出口接点性能的新方法，使用该方法可以按照预先设置的通断时间和次数等参数以及相关标准和规范中要求的测试逻辑和时序，实现对继电保护装置跳闸出口接点性能的精确测试。

【关键词】　跳闸出口接点；接点性能；绝缘栅双极型晶体管（IGBT）；固态继电器（SSR）

0　引言

由于电力行业的特殊性和重要性，所以对继电保护装置的跳闸出口接点具有严格的要求，相关标准中都有明确的要求，通常也是继电保护装置获得“准入”资格的重要条件之一（比如中国国家电网认证、美国的UL认证等）。在标准IEEE Std C37.95—2005和国标DL/T 478—2013《继电保护和安全自动装置通用技术条件》中对继电保护装置的跳闸出口接点的各种指标有着明确的要求，但是对于采用何种方法进行测试，标准中却没有明确规定。本文提出一种测试的新方法来实现对继电器跳闸出口接点性能的精确测量。

1　问题的提出

对于继电保护装置跳闸出口接点性能的测试，目前的测试方法都是使用接触器来控制被测试接点所在回路的通断，同时使用传统的电磁型继电器来控制被测试跳闸出口接点的分合。由于接触器的分合时间相对比较长，通常在30ms左右，同样由于电磁型继电器动作时间相对比较长，通常在10ms左右，而且两者的分合时间的离散性比较大。由于上述原因，无法对继电保护装置跳闸出口接点性能进行精确的测量，有时甚至导致被测试接点的损坏。比如对于被测试出口跳闸接点的带载闭合通断时间的控制，常常是要么时间过短而不能满足相关标准的要求，要么时间过长导致被测试跳闸出口接点过热而烧坏，或者由于时序控制不精确导致被测试跳闸出口接点开断时因为“拉弧”而损坏。由此可见，使用一种合理的方法来控制被测试接点的开断以及被测试接点所在回路的通断，是实现对继电保护装置跳闸出口接点性能精确测试的重要前提。

2　测试电路

由于电力电子器件IGBT具有通断时间极短（通常小于0.3ms）、导通电流大等优点，使其在多个行业中得到了广泛而成功的应用。其次，SSR具有动作时间短（通常小于1ms）、控制与被控制的隔离度高等优点，也已经在现代控制领域中得到了广泛而成功的应用。

本文提出一种新的继电保护装置跳闸出口接点性能测试方法，采用IGBT器件替换传统的接触器作为被测试回路的通断控制输出，采用SSR替换传统电磁型继电器作为被测试跳闸出口接点的分合控制输出，通过微处理器模块来控制IGBT器件的通断和SSR的分合，来实现对被测试回路通断和被测试跳闸出口接点分合的精确控制。

图1为利用本文中提及的方法来测试继电保护装置跳闸出口接点性能的电气连接示意图。图1中用IGBT器件替代了传统的接触器，用SSR代替了传统的电磁型继电器，被测试回路的通断和被测试接点的分合由按照本方法开发的专用测试装置来控制，虚线部分表示专用测试装置，电源1和电源2为两个独立电源。通过调节测试回路中可调大功率电阻的阻值以及在回路中串联大功率电感，同时通过测试装置控制IGBT器件和SSR来实现对不同接点性能的测试。

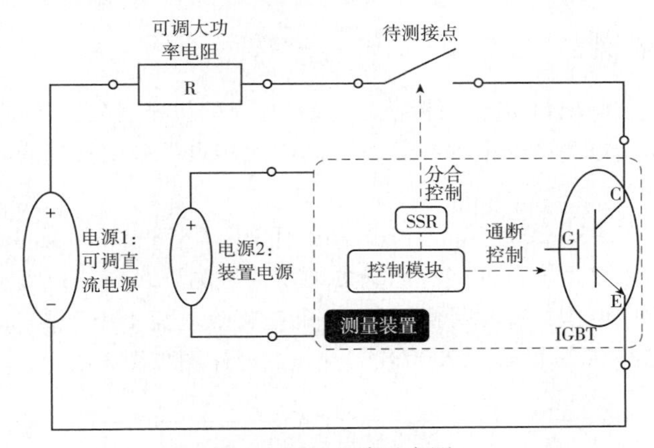

图1　测试电路示意图

3　测试装置

使用上述方法设计了专用的继电保护装置跳闸出口接点性能测试装置，可以实现对多种继电保护装置跳闸出口接点性能的自动测试，比如接点的机械耐久、极限接通容量、通流能力和断开容量能力等。

测试装置的模块示意图如图2所示，继电保护装置跳闸出口接点性能测试装置，其主要包括CPU模块、电源模块、人机界面（HMI）模块、IGBT模块、SSR模块和A/D采样模块。各模块的功能和作用描述如下。

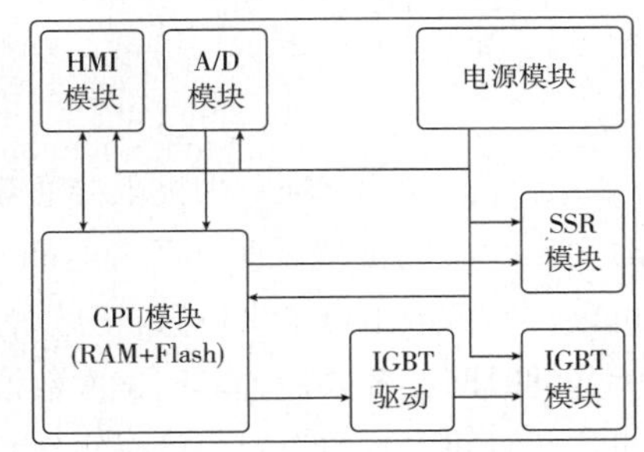

图2　测试装置模块示意图

CPU模块采用32位80MHz主频的高性能单片机，自带64kB的程序Flash和32kB的RAM，所以不需要外扩程序存储和外部RAM。CPU模块负责整个装置的协调工作，按照设定的各时间参数来控制IGBT模块和SSR的通断，读取A/D模块的采样值来记录每一个测试循环的数据，同时和设定的电压和电流参数比较来判断本次测试是否达到标准中的规定，在整个测试结束后，根据记录的历史数据统计生成最终的测试报告，显示在液晶上。

电源模块的输入为110～220V，交直流两用。主要为本装置内其他各模块提供电源，同时可提供5V、12V、24V、48V的直流电源输出，可以用作被测继电保护装置跳闸出口接点继电器的驱动电源。

HMI 模块包括键盘和液晶显示，用于设置测试参数和显示测试过程数据和查阅测试报告。CPU 模块通过 I/O 口直接控制 HMI 模块。

IGBT 模块在 CPU 模块的控制下来实现被测试继电保护跳闸出口接点所在回路的通断。CPU 模块通过 IGBT 专用驱动芯片来控制 IGBT 模块。

SSR 模块在 CPU 模块的控制下来分合被测继电保护装置跳闸出口接点继电器。

A/D 采样模块采用 16 位的高精度 A/D 采样芯片，主要用于采集闭合前被测试跳闸出口接点两端电压和闭合后通过被测试跳闸出口接点的电流。A/D 采样模块和 CPU 模块之间使用 SPI 总线通讯。

4 测试方法及举例

对于继电保护装置跳闸出口接点性能测试，包括接点的机械耐久、极限接通容量、通流能力和断开容量能力等。本文以测试继电保护装置跳闸出口接点的极限接通容量为例，说明测试的方法及过程。

在标准 IEEE Std C37. 95—2005 第 5. 7. 1 节和国标 DL/T 478—2013 第 4. 5. 3. 3 节中对继电保护装置跳闸出口接点极限接通容量性能有明确的要求：被测试跳闸出口接点两端电压在闭合前为标准中规定的某个额定电压；短时闭合 200ms，通过接点电流不小于 30A；短时额定工作周期为接通 200ms，断开 15s，重复次数为 2000 次。测试的时序图如图 3 所示，具体过程如下。

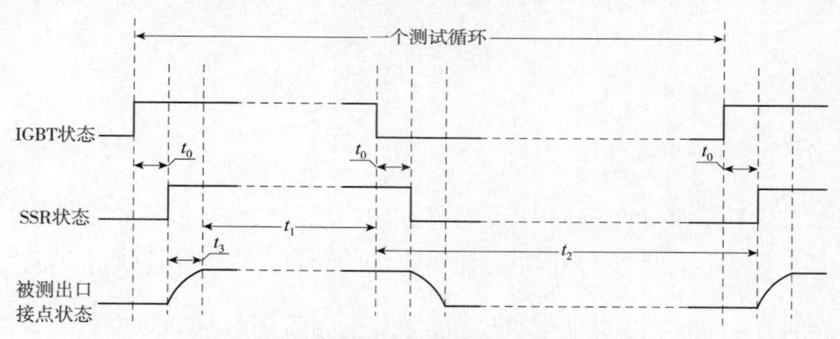

图 3　接点极限接通容量性能的测试时序图

首先选择测试项目为极限接通容量，然后设置该项目的相关定值。考虑到 IGBT 器件的通断时间比 SSR 的更快，而且两者通断时间都小于 1ms，所以推荐把“t_0”设置为 2ms；“t_1”、“t_2”可以按照标准中要求来设置，分别为 200ms 和 15000ms；“t_3”则按照被测试跳闸出口接点的最大起动时间参数来设置。测试次数设置为 2000，导通后流过测试接点电流大小设置为 30A。通过对这些时间参数的设置，可以实现对跳闸出口接点极限接通容量性能的精确测试。

每个测试循环开始时，首先使串联在被测试回路中的 IGBT 器件导通，这样被测试继电保护跳闸出口接点两端的电压等于电源 1 两端的电压，即为闭合前的被测试跳闸出口接点的承受电压，可以通过测试装置采样计算得到。经过“t_0”延时后，通过 SSR 来控制被测试跳闸出口接点闭合，再经过被测试继电保护跳闸出口接点的最大起动时间“t_3”后，被测试跳闸出口接点完全闭合，此后的“t_1”时间内被测试跳闸出口接点一直稳定导通，流过被测试跳闸出口接点的电流即为被测试跳闸出口接点的承受电流，可以通过测试装置采样计算得到。在“t_1”延时结束后断开 IGBT 器件，使得测试回路断开，再经过“t_0”延时后，通过 SSR 来控制被测试跳闸出口接点断开，这样做是为了防止被测试接点“拉弧”而损坏。此时，IGBT 器件和被测试跳闸出口接点都在断开状态，等待“t_2-2t_0”后，开始下一次测试循环。

在每次测试循环中对被测试接点闭合前的承受电压和闭合后的承受电流都实时监测记录，通过和设定的电压监视定值和电流监视定值的比较，确定本次测试是否达到标准值，对于不合格的某次测试进行自动记录。

5 结语

本文提出一种新的继电保护装置跳闸出口接点性能测试方法，采用 IGBT 器件替换传统的接触器作为被测试回路的通断控制输出，采用 SSR 替换传统电磁型继电器作为被测试跳闸出口接点的分合控制输出，并以此设计的专用的继电保护装置跳闸出口接点性能测试装置，能够自动测试多种跳闸出口接点的机械耐久、极限接通容量、通流能力和断开容量能力等多种性能。

通过实际测试证明，该方法具有可靠易用的特点，同时提高了继电保护装置跳闸出口接点性能测试的自动化程度，尤其提高了测试过程的精确度。

参考文献：

[1] IEEE Std C37. 90—2005 IEEE Standard for relays and relay systems associated with electric power apparatus [S]. IEEE, 2005.

[2] DL/T 478—2010 继电保护和安全自动装置通用技术条件 [S].

作者简介：

施静辉（1976—　），男，硕士，高级工程师，主要从事电力系统继电保护相关研发工作。E - mail: shijh@ nari - relays. com

张延冬（1978—　），男，硕士，高级工程师，主要从事电力系统继电保护相关研发工作。

于哲（1978—　），男，硕士，工程师，主要从事电力系统继电保护相关研发工作。

基于预估信息的配电网自适应电流保护方法

李 伟，杨国生，李仲青，王兴国

（中国电力科学研究院，北京 100192）

【摘 要】 为解决分布式电源对配电网保护的不利影响，提出一种基于预估信息的配电网自适应电流保护方法。跟随分布式电源发出的功率对传统的电流保护整定定值进行了调整，保证了含分布式电源接入的配电系统保护的灵敏度和选择性。仿真表明，该方法自适应分布式光伏功率变动引起故障电流变化对保护的影响，提高了配电网电流保护动作的准确性，保证了含分布式电源接入的配电系统故障的可靠切除。

【关键词】 预估信息；配电网；分布式电源；自适应；电流保护

0 引言

对于含光伏等类型分布式电源（DG）的配电系统，由于其电源出力受其控制策略的影响，故障特性与常规电源差异很大[1-2]。分布式电源接入容量、位置、种类的不同[3-4]，对配网保护的影响也不一，将导致传统电流保护的定值难以整定，可能会导致配网保护完全失去配合和保护功能[5-9]。

现有方法主要有限制分布式电源接入规模或禁止倒送电流以及采用基于光纤等通信信道的纵联保护等方法（如光纤纵联差动保护）[9-10]。第一种方法早期应用较多，但不符合国家支持分布式电源接入配电网的政策；第二种方法需大规模改造配网，成本高，只在分布式电源专线接入等特殊情况下适用。在未对配电网进行大规模改造的条件下，只有考虑分布式光伏电源输出功率与故障电流的关系，同时结合配电网结构参数分析其对上下游线路电流的影响，才能研究出分布式光伏电源接入后的配电网自适应电流保护。

本文提出基于预估信息的配电网自适应电流保护方法，结合天气预测预估出分布式光伏电源的近期功率曲线，依据分布式光伏电源的输出功率和供给故障电流的关系，预先调整配电网电流保护定值门槛，从而实现配电网自适应电流保护。

1 含分布式电源的配电网故障特性分析

以分布式光伏电源为例，假定日照曲线某时刻的强度为 M（kW/m^2），光电转换效率为12%，则 $1m^2$ 的光伏电源的功率为 $12\%M$（kW）。本地区某配电网接入点安装的分布式光伏面积为 S（m^2），则输出功率为 $12\%MS$（kW），其他时刻的输出功率由此类推。据此，可由地区日照曲线得到配电网各分布式光伏接入点的功率曲线变化图。

分布式光伏电源限制条件[3]和分布式电源接入电网条件[4]分别为

$$\begin{cases} 20\%U_N \leqslant U \leqslant 85\%U_N \\ I_{IIDG} \leqslant 1.5I_{IIDG-N} \\ P_{IIDG-OUT} \leqslant P_{IIDG-N} \end{cases} \tag{1}$$

$$\begin{cases} U < 20\%\ U_{N} \\ I_{IIDG} = 0 \end{cases} \tag{2}$$

分布式光伏电源提供的故障电流满足

$$\begin{cases} I_{fDG} \leqslant S_{DG}/\mathrm{U} \\ I_{fDG} \leqslant 1.5 I_{DGN} \end{cases} \tag{3}$$

式中：I_{fs}、I_{DGN}、S_{DG}和U分别表示分布式光伏电源提供的故障电流，分布式光伏电源提供的额定电流，分布式光伏电源的功率和分布式光伏电源接入点的线路电压。

其中，第一个不等式表示距接入点较远处（对应于分布式电源接入点的线路电压高于额定电压的66.7%）发生故障分布式电源提供的故障电流，第二个不等式表示距接入点较近处（此时，对应于分布式电源接入点的线路电压在额定电压的20%至66.7%之间）发生故障时分布式电源提供的故障电流。

线路发生故障后，由于分布式光伏电源受输出功率和逆变器容量的限制，其输出故障电流可认为在最严重故障情况下不超过额定电流的1.5倍，在故障分析过程中以电流源进行替代。考虑严重情况，即分布式光伏电源提供的故障电流满足式（3）。在不同时段，分布式电源提供的故障电流需满足式（3），从而可得分布式光伏电源在不同时段的故障电流变化曲线。

图1所示为配电网模型图，多个分布式光伏电源（图1中以DG表示）接入配电网中。线路中黑色矩形表示开关，且具备电流测量功能；线路中白色矩形为线路等值阻抗。E_S和Z_S分别为系统电源的电压和阻抗等值参数，线路参数和负荷如图2所示。符号S带有不同下标表示不同地点的负荷。例中的数值均已折算成标幺值。

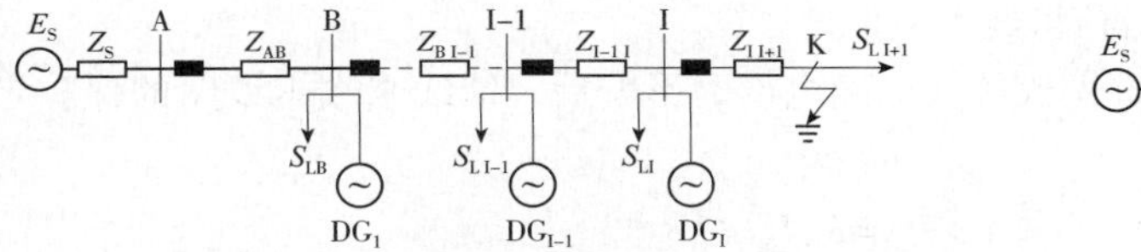

图1　配电网模型图

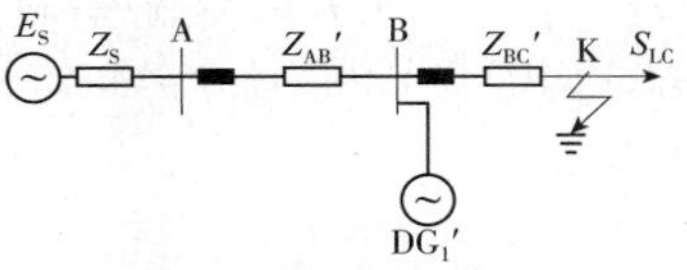

图2　配电网模型等值图

以馈线末端发生故障为例进行分析，对于馈线末端I+1流过的故障电流为所有分布式光伏电源的故障电流与系统提供的故障电流之和；而对于系统母线的馈线AB流过的故障电流，也需考虑所有分布式光伏电源提供的故障电流对其上游线路的影响，如图2所示。而电流源之间未分流，因此，根据叠加定理，可将系统电源和所有分布式光伏电源分成两部分叠加求取每段线路流过的故障电流，如图3和图4所示。

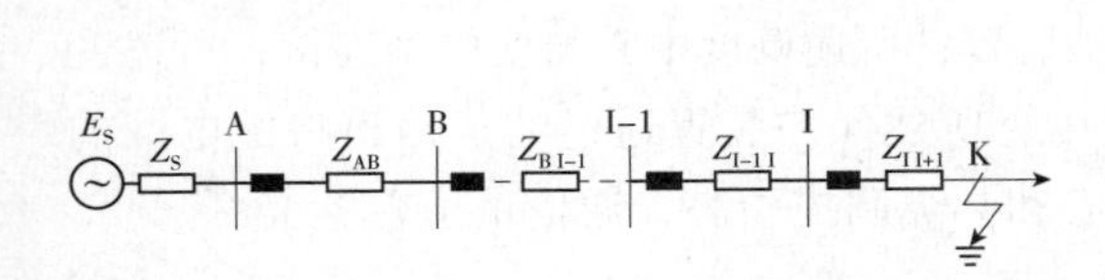

图3　配电网电源提供故障电流示意图

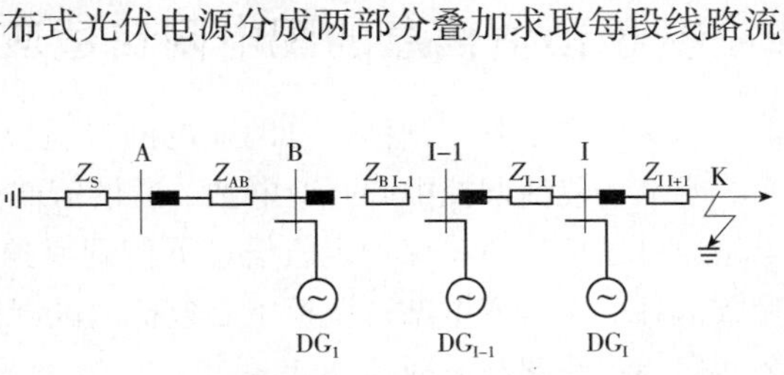

图4　分布式电源提供故障电流示意图

根据图3，故障电流的为

$$I_{fs} = E_S / Z_{\sum} \tag{4}$$

其中

$$Z_{\sum} = Z_S + Z_{AB} + Z_{BI-1} + Z_{I-1I} + Z_{II+1}$$

式中：E_S 和 Z_Σ 分别为系统电源电压和线路总阻抗；Z_{AB} 为馈线 AB 的等值阻抗；Z_{BI-1}、Z_{I-1I}、Z_{II+1} 分别为馈线 BI－1、馈线 I－1I、馈线 II＋1 的等值阻抗。

图 4 中分布式光伏电源给下游线路提供的故障电流的计算为

$$I_{\Sigma fDG} = I_{fDG1} + I_{fDGI-1} + I_{fDGI} \tag{5}$$

式中：I_{fDG1}、I_{fDGI-1}、I_{fDGI} 分别为分布式电源 DG_1、DG_{I-1}、DG_I 给下游提供的故障电流。

分布式光伏电源给上游线路提供的故障电流的计算方法为

$$I'_{\Sigma fDG} = I'_{fDG1} + I'_{fDGI-1} + I'_{fDGI} \tag{6}$$

式中：I'_{fDG1}、I'_{fDGI-1}、I'_{fDGI} 分别为分布式光伏电源 DG_1、DG_{I-1}、DG_I 给上游提供的故障电流。

其中，第 I 个分布式光伏电源给下游线路提供的故障电流为

$$I_{fDGI} = \frac{Z_S + Z_{AB} + Z_{BI-1} + Z_{I-1I}}{Z_\Sigma} 1.5 I_{DGI} \tag{7}$$

第 I 个分布式光伏电源给上游线路提供的故障电流为

$$I'_{fDGI} = \frac{Z_{II+1}}{Z_\Sigma} 1.5 I_{DGI} \tag{8}$$

其他分布式电源提供的故障电流推导公式类似。

则 K 发生故障时馈线末端流过的故障电流为

$$I_{fK} = I_{fs} + I_{\Sigma fDG} \tag{9}$$

则馈线末端 K 发生故障时馈线出口线路流过的故障电流为

$$I'_{fK} = I_{fs} - I'_{\Sigma fDG} \tag{10}$$

通过上述推导，可计算出馈线末端发生故障时，馈线出口和末端的故障电流值。馈线中间段发生故障时，其上下游的故障电流值可经类似推导计算。

由式（10）可得在计及分布式光伏接入对配电网的影响后，馈线末端本线路的保护定值可整定为

$$I_{dz} = K_m I_{fK} \tag{11}$$

式中：K_m 为保护灵敏系数，一般取 1.2 ~1.3。

由于分布式光伏电源的功率变化，尤其在线路夜间发生故障时，不提供短路故障电流，因此，求出了电流保护定值为随时间变化的定值曲线。其他定值整定，如限时电流保护定值，与此类似。

2 基于预估信息的配电网自适应电流保护方案

本文提出了基于预估信息的配电网自适应电流保护方法，该方法采用的配电网系统构成如图 1 所示，包括调控中心、变电站、通信信道和保护装置；所述调度中心与变电站连接；所述变电站通过通信信道将保护定值信息下传到保护装置中；所述保护装置通过通信信道将配电网的参数信息上送至变电站；调控中心包括地区调控中心和县级调控中心，通信信道包括光纤通信、公共通信和线路载波通信。

该方法的流程图如图 5 所示。图 5 中系统信息流首先是调控中心从当地气象单位获取未来时间段的一段气象信息（可根据预报精度决定时段长短），尤其是日照强度信息和温度信息，并绘制未来时间段的日照曲线。然后结合本地区安装的分布式光伏电源情况，可预估出配电网各分布式光伏接入点的功率曲线变化图。

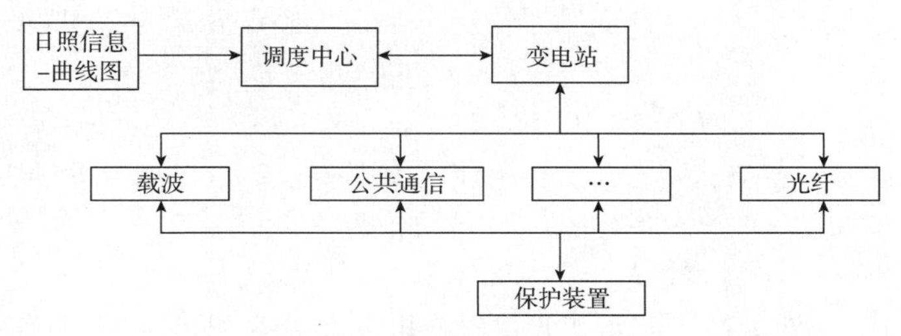

图 5　配电网信息流构成图

在县级或地区调控中心获取了本地变电站及配电网的系统参数和线路相关参数后，结合某时刻的分布式光伏的故障电流变化曲线，可得此时刻的配电网电流保护的定值。依次类推，结合分布式光伏电源在不同时段的故障电流变化曲线，可计算出不同时刻的配电网电流保护的定值曲线。

将调控中心计算得到的配电网电流保护的定值单经通讯信道载入本地保护装置，从而使得本地保护装置具有自适应分布式电源功率变化的电流保护定值，使其能在故障发生时正确动作。

其中，预估信息包括分布式光伏电源接入点的功率变化、分布式光伏电源的故障电流变化和配电网电流保护定值。

线路发生故障后，分布式光伏电源提供的故障特征受最大功率和最大输出电流限制，并同时满足分布式电源接入电网的相关技术规定。结合预估得到的功率曲线和逆变器的故障特性限制，可求得故障发生后分布式光伏电源在不同时段的故障电流变化曲线。

在县级或地区调控中心获取了本地变电站及配电网的系统参数和线路相关参数后，结合某时刻的分布式光伏的故障电流变化曲线，可得此时刻的配电网电流保护的定值。依此类推，结合分布式光伏电源在不同时段的故障电流变化曲线，可计算出不同时刻的配电网电流保护的定值曲线。

将调控中心计算得到的配电网电流保护的定值通过通信信道载入本地保护装置，从而使得本地保护装置具有自适应分布式电源功率变化的电流保护定值，使其能在故障发生时正确动作。

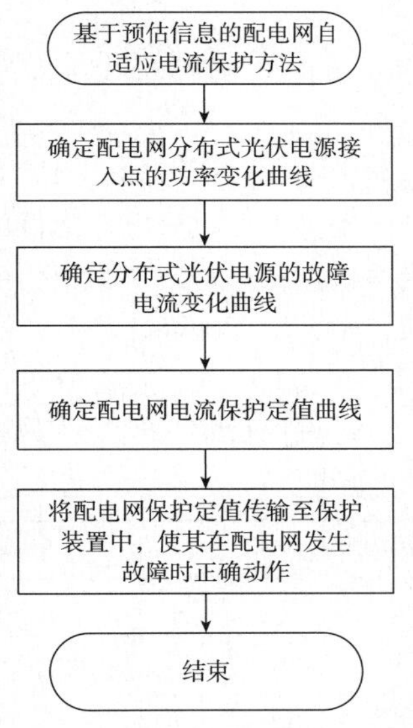

图 6　基于预估信息的配电网自适应电流保护流程图

3　仿真验证

仿真模型如图 3 所示。仿真模型的系统参数为：110kV 侧电源短路容量为 384.3MW，配网线路额定电压为 10kV。架空线参数：LGJ－120/25（钢芯铝绞线）载流量 400A，$R=0.27/\text{km}$；$X=0.347/\text{km}$；电缆线路参数：YJLV22－150/60（铜芯交联聚氯乙烯电缆），$R=0.259/\text{km}$；$X=0.093/\text{km}$；变压器为双绕组有载调压变压器，额定容量为 25MW/台，型号为：SZ10－25000/110 双绕组有载调压变压器；短路阻抗为 10.5；$110\pm8\times1.25\%/10.5$；YgD 接线。

以变压器过流保护的定值整定为例。变压器过流保护主要是防止变压器外部故障引起的过电流，并作为变压器的后备保护及出线的远后备保护。按上述整定原则，对电网 10kV 及以上变压器低压侧过流保护作为本侧出线远后备保护时的灵敏度进行分析，一般需达到 1.2 的灵敏度要求。

结合仿真模型，在投入运行一台变压器情况下，系统额定容量为25MVA，则低压侧额定电流为

$$I_N=25/10.5/1.732=1.375\ (\mathrm{kA}) \tag{12}$$

（1）躲主变低压侧额定电流整定。所得电流定值 $I_{zd}=1.2\times1.375/0.85=1.941$（kA）

（2）未接入分布式光伏时，AC 线路末端相间故障电流为 2.432kA。

$$K_m=2.432/1.941\approx1.250 \tag{13}$$

（3）AC 线路中的 B 处 T 接入分布式光伏时，B 距 A 点为 1km，AC 线路末端相间故障电流为 2.336kA。

$$Km'=2.336/1.941\approx1.204 \tag{14}$$

（4）AC 线路中点 B 处 T 接入分布式光伏时，AC 线路末端相间故障电流为 2.275kA。

$$Km'=2.275/1.941\approx1.172 \tag{15}$$

（5）AC 线路 B 处 T 接入分布式光伏时，B 距 A 点为 3km，AC 线路末端相间故障电流为 2.207kA。

$$Km'=2.027/1.941\approx1.044 \tag{16}$$

（6）AC 线路母线接入分布式光伏时，AC 线路末端相间故障电流为 2.458kA。

$$Km'=2.458/1.941\approx1.266 \tag{17}$$

由上述分析可知，由于光伏输出电流受故障点电压和额定功率限制，在配电变压器容量不变的条件下，故障电流降低的数值与光伏容量、线路结构、故障位置有关。当分布式光伏电源 T 接的地点靠近母线侧，提供的短路电流越大时，变压器过流保护的灵敏系数将降低。但若专线接入，则灵敏度提高，将延长过流保护的保护范围。

如表 1 所列，随着分布式光伏电源容量增加，提供的短路电流 IDG 越大时，变压器上安装的主变过流保护感受到的故障电流 I_{AB} 越小，过流保护的灵敏系数将降低。

表 1　不同容量分布式电源接入后的故障电流

S_{DG}/S_N	S_{DG}/MW	I_{DG}/kA	I_{AB}/kA	I_{BC}/kA
0	0	0	2.647	2.647
10%	2.5	0.216	2.582	2.725
20%	5	0.433	2.522	2.802
24%	6	0.519	2.501	2.832
25%	6.25	0.541	2.496	2.840
30%	7.5	0.649	2.471	2.876
40%	10	0.866	2.426	2.876
50%	12.5	1.082	2.390	3.011
60%	15	1.301	2.339	3.067
70%	17.5	1.517	2.321	3.124
80%	20	1.735	2.314	3.178
90%	22.5	1.951	2.317	3.227
100%	25	2.166	2.327	3.280

如图7所示，分布式光伏电源的容量与当地负荷的比率为横坐标，对应纵坐标为主变过流保护的灵敏系数。

对于分布式电源接入线路的背侧时，该线路保护的保护范围随着分布式电源容量增大而伸长，在考虑了其对保护范围影响，自适应调整定值后，将不受其影响。对于上游线路感受到的故障电流随着分布式电源容量增大而逐渐减小时，上下级的保护定值难以做到完全配合，可考虑保证选择性的前提下，降低上级电流保护定值，而从时间上与下级保护进行配合。

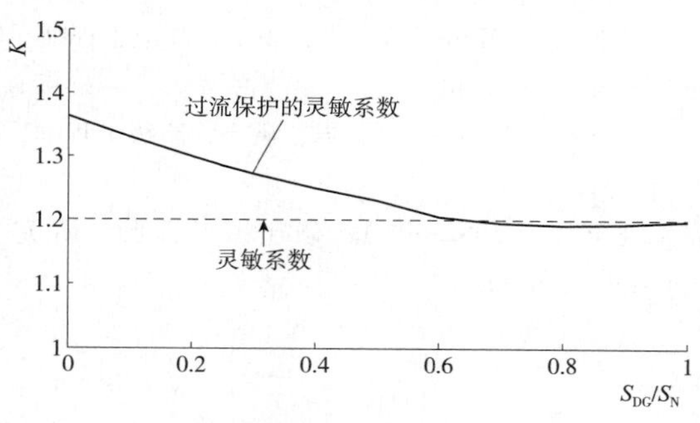

图7　主变过流保护的灵敏系数变化图

4　结语

本文提出的一种基于预估信息的配电网自适应电流保护方法，通过跟随分布式电源发出的功率对传统的电流保护整定定值进行了调整，自适应分布式光伏功率变动引起故障电流变化对保护的影响，提高了配电网电流保护动作的准确性，保证了含分布式电源接入的配电系统故障的可靠切除。该方法避免了对配电网的大规模改造，借助现有通信设施就能使其电流保护达到较好的性能，可行性强且节省投资，在工程实践中具有很强的实用性。

参考文献：

[1] Natthaphob Nimpitiwan, Gerald Thomas Heydt, Raja Ayyanar, et al. Fault Current Contribution From Synchronous Machine and Inverter Based Distributed Generator [J]. IEEE Transactions on Power Delivery, 2007, 22 (1): 634-641.

[2] 毕天姝，刘素梅，薛安成，等. 逆变型新能源电源故障暂态特性分析 [J]. 中国电机工程学报，2013, 33 (13): 165-171.

[3] IEEE. IEEE Std 1547 IEEE Standard for Interconnecting Distributed Resources with Electric Power Systems [S]. USA: IEEE Press, 2003.

[4] Q/GDW 480—2010. 分布式电源接入电网技术规定 [S].

[5] Baran M E, Ei-Markaby I. Fault Analysis on Distribution Feeders with Distributed Generators [J]. IEEE Transaction on Power System, 2005, 20 (4): 1757-1764.

[6] 孙鸣，余娟，邓博. 分布式发电对配电网线路保护影响的分析 [J]. 电网技术，2009, 33 (8): 104-107.

[7] 黄伟，雷金勇，夏翔，等. 分布式电源对于配电网相间短路保护的影响 [J]. 电力系统自动化，2008, 32 (1): 93-97.

[8] 孙景钌，李永丽，李盛伟，等. 含逆变器型分布式电源配电网自适应电流速断保护 [J]. 电力系统自动化，2009, 33 (14): 71-76.

[9] Sukumar M Brahma, Adly A Girgis. Development of Adaptive Scheme for Distribution Systems with High Penetration of Distributed Generation [J]. IEEE Transactions on Power Delivery, 2004, 19 (1): 56-63.

作者简介：

李伟（1983—　），男，博士，工程师，主要研究方向为电力系统继电保护。E-mail: liwei2@epri.sgcc.com.cn

李仲青（1978—　），男，硕士，高级工程师，研究方向继电保护及智能变电站技术。E - mail：lzqing@ epri. sgcc. com. cn

杨国生（1977—　），男，硕士，高级工程师，研究方向为电力系统继电保护。E - mail：yangguosheng@ epri. sgcc. com. cn

王兴国（1982—　），硕士，工程师，研究方向电力系统继电保护。E - mail：wangxingguo@ epri. sgcc. com. cn

一种基于 PSD—BPA 的复杂故障下的临界切除时间自动计算方法

常宝立[1]，徐光虎[2]，李　敏[1]，何俊峰[1]，夏彦辉[1]，梅　勇[2]

（1. 南京南瑞继保电气有限公司，江苏　南京　211102；
2. 中国南方电网电力调度控制中心，广东　广州　510623）

【摘　要】　基于直接法的临界切除时间计算，无法考虑电网各种动态元件模型和负荷模型，以及各种类型的故障，尤其是复杂的故障，影响计算的准确度。对此，本文采用基于 PSD - BPA 的时域仿真方法，自动修改故障卡中的故障时间，自动判断系统的功角、频率、暂态电压、阻尼强度等稳定性，然后采用二分法来查找故障的临界切除时间。该方法能实现各种复杂故障的计算，计算结果准确，适用于对系统进行离线分析研究，计算过程无需人工干预，可明显提高工作效率。

【关键词】　BPA；临界切除时间；时域仿真；自动计算

0　引言

电力系统中的事故种类繁多，对系统安全性的影响的也大小不同，临界切除时间是系统暂稳分析中最受关注的临界参数之一，对系统安全经济调度以及预防控制具有重要的指导意义。

临界切除时间的计算方法主要有[1-4]：直接法、时域仿真法、轨迹灵敏度法，以及直接法和时域仿真法相结合的混合方法。时域仿真法能够考虑电网各种动态元件模型和负荷的模型，以及各种类型的故障，计算准确度最高。以南方电网为例，目前已形成“八交八直”西电东送大通道，在实际运行中发现，对于受端的广东电网 500kV 层面的某些故障将导致多回直流出现换相失败，直流输送功率大幅降低，功率大量转移至交流通道，如果故障持续时间过长将对系统的安全运行造成严重的威胁，对此需要获知故障的临界切除时间，以制定相关的应对措施。对于上述问题需考虑故障及直流系统的动态过程，所以采用时域仿真法进行求解最为合适和准确。虽然时域仿真法计算时间长，但用于对系统进行离线分析研究是能够满足要求的。

PSD - BPA 是中国电力科学研究院开发的机电暂态仿真软件包[5]，在我国的电力调度运行机构、电力系统的规划、设计、试验等相关单位和各高校中都得到了广泛的应用，本文研究了通过调用 PSD - BPA 的 SWNT 程序进行时域仿真，自动修改故障卡中的故障时间，自动判断系统的功角、频率、暂态电压、阻尼强度等稳定性，然后采用二分法来查找故障的临界切除时间。本文所示方法的计算过程无需人工干预，可明显提高工作效率。

1　系统稳定性自动判别

在基于时域仿真法的临界切除时间计算过程中，需要对当前故障时间下系统的稳定性进行判断。由于 SWNT 程序并未提供稳定性的自动判别，一般需要手动查看计算结果曲线来判断故障后系统的稳定性。对此，本文实现了由程序读取 BPA 计算结果文件来自动进行系统稳定性判别的功能。对于临界切除时间计算，系统稳定性的判别主要涉及以下几个方面：

（1）功角稳定。BPA 暂稳仿真后结果文件中会输出系统内最大的功角差，即使故障后电网分成两个孤立网络，BPA 程序也会自动选取两个孤网内部功角差最大的值。所以，通过判断结果文件中最大功角差是否超过一定数值来判别系统是否功角失稳。

（2）频率稳定。BPA 暂稳仿真后结果文件中会输出系统内的最高、最低频率，所以，可以通过读取故障切除后的频率结果，判断最高、最低频率是否超出指定的上下限来判别系统是否频率失稳。

（3）暂态电压失稳。BPA 提供了 BV 卡来进行暂态电压失稳的判别，判别结果保存在结果文件中，可以通过设置该卡，并读取结果文件来进行判别。

（4）动态稳定。虽然 BPA 提供了仿真过程中对相关曲线进行 Prony 分析的功能，但使用起来并不方便，且没有提供配套的程序对计算结果进行校核和后续分析。所以，本文采取将需要进行 Prony 分析的曲线在输出卡中设为 7[5]，计算完毕后，调用专门开发的暂稳仿真结果曲线查看工具（简称曲线工具），自动从对应的 SWX 文件中读取曲线数据进行 Prony 分析，并根据自定义数据卡中设定的频率范围、振荡模式幅值范围、最小阻尼比，对结果进行自动筛选，筛选出主导振荡模式，并判断这些模式是否为弱阻尼，从而自动实现系统动态稳定的判别。

由上所述，为了实现上述稳定性的自动判别，需自定义卡片来设置相关参数。对此定义了 NR_ SC 卡用于功角、频率、暂态电压失稳的判断；NR_ PY 卡用于动态稳定判断。程序计算时，将自定义卡片放置在 swi 文件的 99 卡后，暂稳仿真计算完毕后调用曲线工具进行稳定性判别。

在进行系统稳定性判别时，可根据研究的目的人为指定是否进行暂态电压失稳和动态稳定的判别。稳定性判别的流程如图 1 所示。

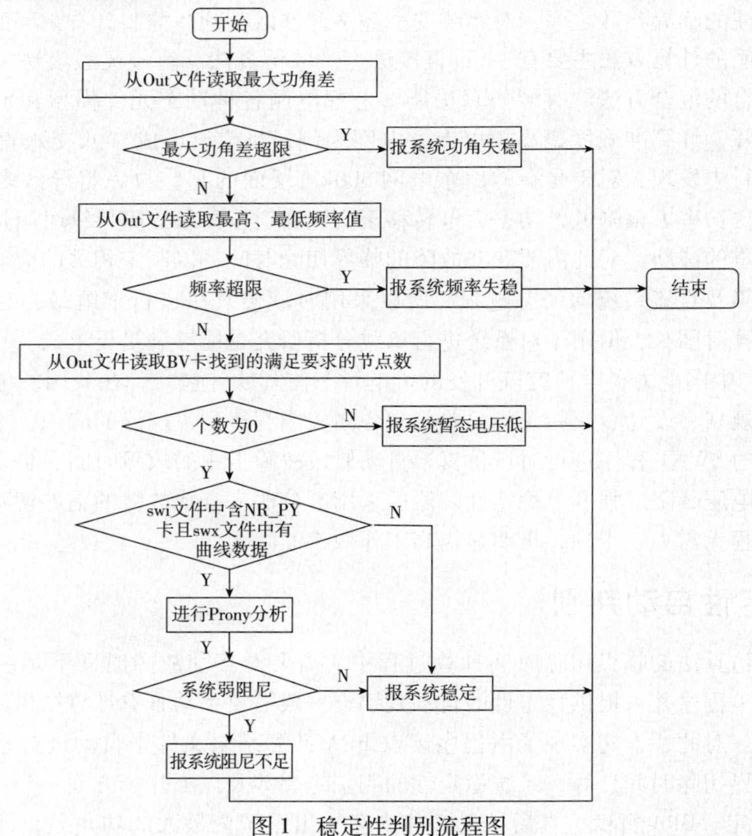

图 1　稳定性判别流程图

2　故障时间自动修改

BPA 通过填写故障卡来实现对故障的模拟，对于复杂的故障需要填写多张故障卡，如故障发生卡、故障消失卡以及相关操作卡（如跳线），卡片中都包含对应的动作时间。为了自动计算临界切除时间，需识别是故障发生卡还是其他类型的卡片，然后根据当前需计算的故障持续时间以及故障发生时间，修改故障消失卡和相关操作卡的动作时间。

BPA 目前有两大类故障卡：LS 卡和 FLT 卡，其中 LS 卡可实现各种复杂故障的设置，FLT 卡为了简化故障卡的填写实现了一些常用的故障，如单永、单瞬、三相短路等故障。另外 LS 卡和 FLT 卡中还包含了很多不涉及临界切除时间计算的类型卡片，如线路参数修改、计算潜供电流等，所以计算前需对卡片进行识别。

为了实现某些特殊故障下临界切除时间的计算，如线路故障后一侧开关正常断开，计算另一侧开关断开的临界切除时间，以及故障后同时考虑直流因换相失败导致功率降低的临界切除时间，存在部分非故障发生卡的动作时间在计算过程中是固定不变的情况。为了实现这些复杂故障的计算，本文将 LS 卡进行扩展，在第 90 列增加一个“动作时间是否固定不变”的字段，如果设为 1，则计算过程中动作时间保持不变，否则将根据故障持续时间进行修改。举例如图 2 所示。

```
 1 LS  BEIJIAO=500.  HUADU=  500. 1    9  5.0                        1 1 1
 2 LS  BEIJIAO=500.  HUADU=  500. 1    9  10.0                       7 1 2              1
 3 LS  BEIJIAO=500.  HUADU=  500. 1   -9  20.0                       1 1 1
 4 LS  BEIJIAO=500.  HUADU=  500. 1   -9  20.0                       7 1 2
 5 LS -BEIJIAO=500. -HUADU=  500. 1   -1  20.0
 6 LS -BEIJIAO=500. -XUNENG1=500.     -1  20.0
 7 ..直流1换相失败
 8 LS  YN01-POS340.  GD01-POS330.  9   5   5.                      2500. 0000.  7        1
 9 LS  YN01-NEG340.  GD01-NEG330.  9   5   5.                      2500. 0000.  7        1
10 LS  YN01-POS340.  GD01-POS330.  9   5  20                       0000. 2500. 22
11 LS  YN01-NEG340.  GD01-NEG330.  9   5  20                       0000. 2500. 22
12 ..直流2换相失败
13 LS  TSQ_POS 209.  GNG_POS 198.  9   5   5.                      0900. 0000.  7        1
14 LS  TSQ_NEG 209.  GNG_NEG 198.  9   5   5.                      0900. 0000.  7        1
15 LS  TSQ_POS 209.  GNG_POS 198.  9   5  20                       0000. 0900. 22
16 LS  TSQ_NEG 209.  GNG_NEG 198.  9   5  20                       0000. 0900. 22
```

图 2　复杂故障卡示例

图 2 所示故障为 500kV 线路单相短路一侧开关拒动跳同串线路，故障切除前由于直流换流母线电压低，导致其中两条直流发生换相失败，直流功率降为 0，故障切除后直流功率恢复正常。计算该故障时，第 1 行的故障卡为故障发生卡，第 2、8、9、13 行和第 14 行故障卡的动作时间保持不变，随着故障持续时间设置不同的数值，其他卡的动作时间进行相应的修改。

3　临界切除时间自动计算

为了自动计算故障的临界切除时间，需设定故障持续时间的计算范围，即临界切除时间计算的最大、最小值。如果在最大的时间下系统是稳定的，或在最小的时间下系统就失稳，则无需进行进一步的计算，否则需要继续查找故障下的临界切除时间，为了实现快速查找，本文采用了二分法进行查找，其处理思路如下：

（1）先计算最大的临界切除时间，如果系统稳定则给出临界切除时间 > 最大设定时间，结束计算。如果不稳则设置 $T_{c\_up} = T_{c\_max}$，执行下步计算。

（2）计算最小临界切除时间，如果系统不稳定则给出临界切除时间 < 最小设定时间，结束

计算。如果稳定则 $T_{c\_down}=T_{c\_min}$，执行下步计算。

（3）设置当前故障持续时间 $T_{c\_cur}=(T_{c\_up}+T_{c\_down})/2$，然后再次计算，如果系统稳定，则设 $T_{c\_down}=T_{c\_cur}$，如果系统不稳定则设 $T_{c\_up}=T_{c\_cur}$，然后再次执行计算，直到本次计算的时间与上次计算的时间只差一个仿真步长，如果本次计算系统稳定，则临界切除时间 = 本次计算时间，否则临界切除时间 = 本次计算时间减去一个仿真步长。

临界切除时间的计算流程如图 3 所示。由于通过二分法进行临界切除时间的查找，计算过程中需要进行多次的暂稳仿真仿真，计算速度较慢，不适于在线稳定分析计算，但对于方式人员以及相关系统研究人员来说，是能够满足需求的，避免了手动计算的繁琐。

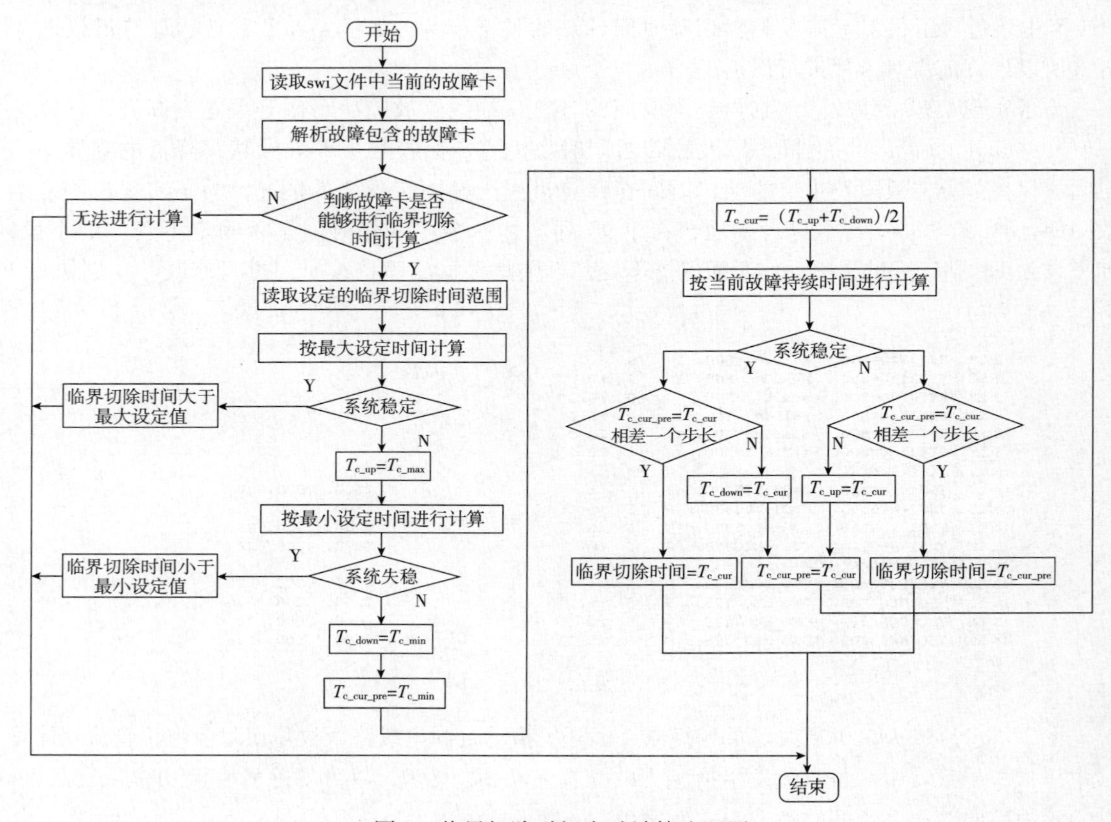

图 3　临界切除时间自动计算流程图

按照上述思路开发的临界切除时间自动计算程序，程序还进一步实现了多故障的临界切除时间自动批量计算，在南方电网总调历年的年度方式计算和日常工作中得到了广泛的应用，应用效果良好，能明显提高工作效率。

4　结语

基于时域仿真法进行临界切除时间计算，能够保证计算结果的准确性。本文实现了自动调用 PSD—BPA 的 SWNT 程序进行时域仿真，并实现了故障卡中故障时间的自动修改功能和系统稳定性的自动判别功能，通过采用二分法来自动查找故障的临界切除时间。该方法适用于方式人员以及相关系统研究人员进行离线的系统分析，在南方电网的实际应用表明，该方法能明显提高工作效率。

参考文献：

[1] 倪以信，等. 动态电力系统的理论和分析 [M]. 北京：清华大学出版社，2002.

[2] Llamas A, De La Ree Lopez J, Mili L, et al. Clarifications of the BCU method for transient stability analysis [J]. IEEE Transactions on Power Systems, 1995, 10 (1): 210-219.

[3] 吴政球，陈辉华，唐外文，等. 以单机等面积稳定判据分析多机系统暂态稳定性 [J]. 中国电机工程学报，2003，23 (04): 48-52.

[4] 房大中，秦益飞. 应用轨迹灵敏度计算临界切除时间新方法研究 [J]. 中国电机工程学报，2005，25 (14): 7-11.

[5] PSD—BPA 暂态稳定程序 4.15 版用户手册. 中国电力科学研究院 [Z]. 2010.

作者简介：

常宝立（1981— ），男，河北唐山人，工程师，从事电力系统稳定分析控制研究和相关软件开发工作。E-mail：changbl@nari-relays.com

徐光虎（1974— ），男，安徽合肥人，高级工程师，从事电力系统稳定分析与控制研究工作。

李敏（1982— ），女，湖南娄底人，工程师，从事电力系统稳定分析与控制研究工作。

降低凝泵电机电耗

杨长存，任池银

（淮浙煤电有限公司凤台发电分公司，安徽　淮南　232131）

【摘　要】　本文针对淮浙煤电凤台发电分公司4×660MW机组中凝泵电机存在效率低、电耗高的问题，提出采用变频技术方案，降低其电耗及厂用电率，节能减排并减少了经济损失，为同类型机组改造工作提供技术方向。

【关键词】　凝泵；变频；节能

0　引言

随着经济社会发展，人类对环境的影响越来越大，因此节能减排成为全国人民越来越关注的话题。用电率是发电企业体现节能效果的一个非常直接的指标，降低厂用电率成为企业勇担社会责任，践行节能指标达标的一项重要任务。影响厂用电率的指标很多，大容量辅机在厂用电率中起着举足轻重的作用，通过研究发现降低凝泵单泵的电耗有益于降低厂用电率及节能减排。

1　凝泵运行现状分析

凝结水泵的作用是在高度真空条件下将凝汽器热井中的凝结水抽出，将接近于凝汽器压力下饱和温度的水压提高至一定值，使其能够经过低压加热器回热后进入除氧器，凤台电厂一期工程每台机组设置两台凝结水泵，一台运行，一台备用，由沈阳水泵厂制造，型号为10LDTNB－4PJX/A，额定转速1480r/min，效率85%，出口流量1660t/h。

通过调取DCS曲线发现，在机组满负荷的时候凝泵效率只能达到75%，当晚上低估负荷时，凝泵效率只有60%左右，根据计算，凝泵全天的平均效率约为71%，按照目前的设计制造水平，以及从调研情况来看，一般情况下，水泵的效率应该在90%以上。所以凝泵应该有比较大的节能空间。因此凝泵变频装置改造迫在眉睫。

从整个凝结水系统来说影响效率的原因有以下3点：①凝泵效率低；②凝泵电机效率低；③凝结水管系效率低。

凤台电厂630MW凝泵电机为由湘潭电机厂生产的YKKL630－4立式电机，经调取现场数据，凝泵电机效率高于85%，铭牌数据为87%，符合要求。所以，从电动机效率上来看不是主要原因。调取DCS数据，核对凝泵压力流量曲线，虽然凝泵未能工作在设计工况，但凝泵工作在厂家提供的压力—流量曲线附近。所以此原因也不是导致凝泵单机电耗高的原因。该厂凝结水的调节方式为截流调节，靠除氧器水位调节站的调阀来调节。调取DCS曲线如图1所示。

可见，当满负荷时调阀开度只有40%，当低负荷时阀门开度只有20%。以此可见，在机组运行时阀门截流损失很大，该原因是导致凝泵单机电耗大的主要原因之一。

因此凝结水系统运行过程中存在以下问题：

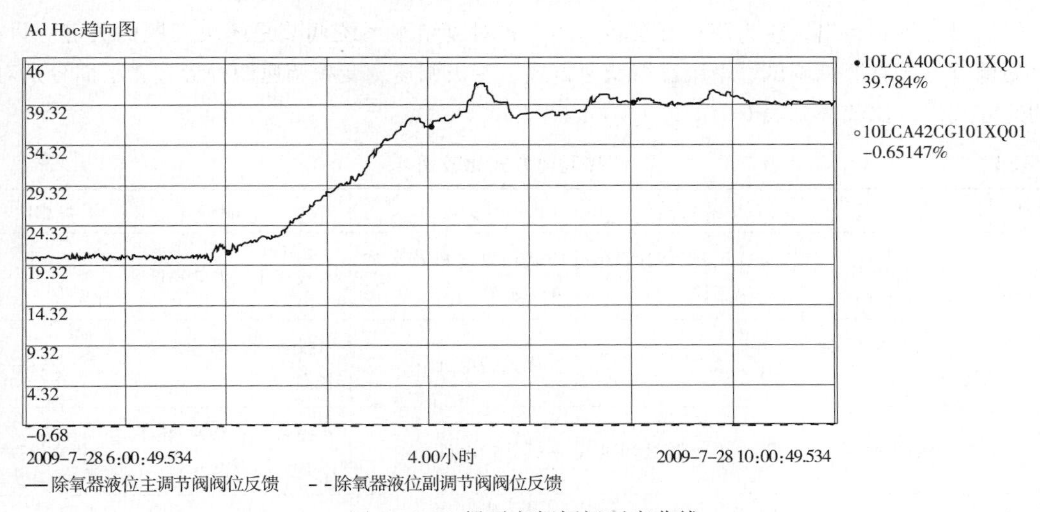

图1　DCS凝泵变频阀门开度曲线

（1）因改变除氧器水位是通过调整门开度进行的，因此出口压力很高、扬程的富裕量较大，造成节流损失非常大。

（2）在机组负荷发生变化时，只能通过调整阀门来调节，控制比较困难且经常操作易导致阀门损坏。

（3）机组负荷低时，凝结水泵电动机出现了大马拉小车现象，浪费掉大量的电能。

2　改进措施

由以上分析可知，导致凝泵单机电耗高的原因主要为阀门截流损失大，阀门截流导致管系特性未能和凝泵特性很好匹配，从而导致凝泵未能工作在最佳工况，从而导致效率低下。针对以上问题小组展开研究。根据流体力学原理可知，对泵＋管系系统调节有两种方式，一种为调整泵的特性曲线，另一种为调整管系的特性曲线（图2）。下面就对以上两种调节方式做一个简要的说明。泵的功率 $P=HQ$。如图2（a）所示采用调节阀门调节流量时，泵定速运行，在调节过程中泵的特性曲线不变，管系特性曲线变化；流量由 Q_1 变为 Q_2 时，工作点将由B变为A点，压力将由 P_1 升高至 P_2，功率变化不明显。当如图2（b）所示采用调速调节流量时，泵变速运行，调节阀全开，在调节过程中泵的特性曲线变化，管系特性曲线不变；流量由 Q_1 变为 Q_2 时，工作点将由B变为A点，压力将由 P_1 变为 P_2。

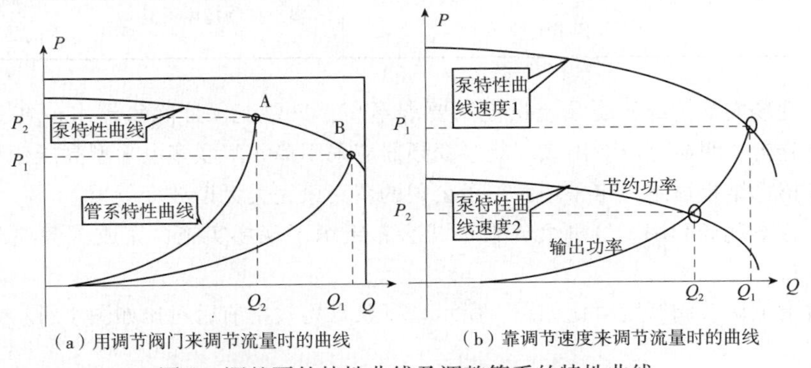

（a）用调节阀门来调节流量时的曲线　（b）靠调节速度来调节流量时的曲线

图2　调整泵的特性曲线及调整管系的特性曲线

根据以上不难得出，改为调整凝泵转速的方式对凝结水系统调节是解决问题的关键。目前，成熟的调节方式有液耦调试、串级反馈调速方式、变极调速、变频调速四种形式，下面分别对四种调速方式进行比较，见表 1。

表 1　　四种调速方式比较图

序号	调节方式	有效性	可实施性	经济性	可靠性
1	液耦调速	可以实现调速，但调速范围较窄	需改动电机及水泵的基础结构	投资小，但效率低	可靠性一般维护量大
2	串级内反馈调速	调速范围窄	需改造电机	投资大，效率相对较高	可靠性一般
3	变级调速	不能实现连续调速	需改造电机	投资小，效率相对不是太高	可靠性高
4	变频调速	可以实现连续调速，调速范围宽	电机和开关均无需改造，只需断开电缆，在中间增加变频器即可	投资适中，效率高	可靠性高

根据表 1 关于有效性、可实施性、经济性、可靠性的分析，显然采用变频调速方式是实施简单、有效、节能效果好、可靠性高的方式。所以选定变频调速方式做为本次节能改造的首选方案。

目前应用较多、技术比较可靠的高压变频器有两电平电流源型高压变频器、三电平电压源型高压变频器和单元串联多电平型高压变频器（表 2）。

表 2　　调速方式优缺点比较

序号	高压变频器	优点	缺点	应用场合
1	两电平电流源型高压变频器	可以四象限运行	发热量大，抗干扰能力差，输入侧功率因数低	频繁正反转的轧机
2	两电平电流源型高压变频器	主回路结构环节少，易于实现能量反馈	输出电压低	一般用在低压电机上
3	单元串联多电平型高压变频器	谐波少，模块化设计，便于维护	输出控制精度不高	控制精度要求不是太高的泵和风机上

根据该厂现场实际情况，凝泵流量控制要求不高，只要能保证除氧器水位在一定范围内即可，根据表 2 分析，明显可以看出该厂凝泵变频器应采用单元串联多电平型高压变频器。根据技术要求，商务招标结果最终决定采用西门子公司的罗宾康完美无谐波变频器。

根据以上方案现场利用 1 号机组 A 修的机会，组织了现场实施，完成了各项调试任务，变频器投入了运行。

改造前后水位调节阀开度对比如图 3 所示。凝泵日均效率前后对比如图 4 所示。

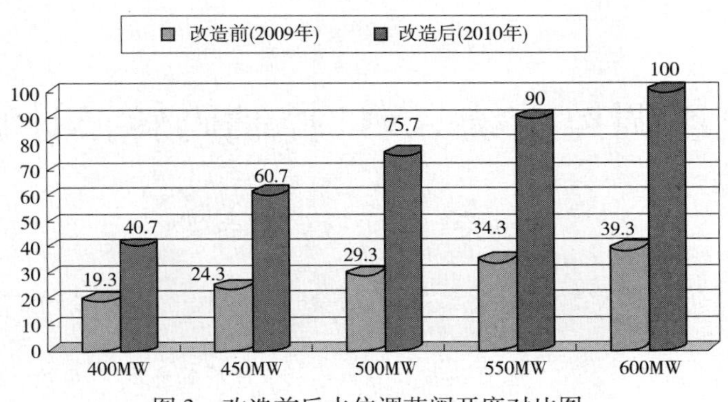

图3　改造前后水位调节阀开度对比图

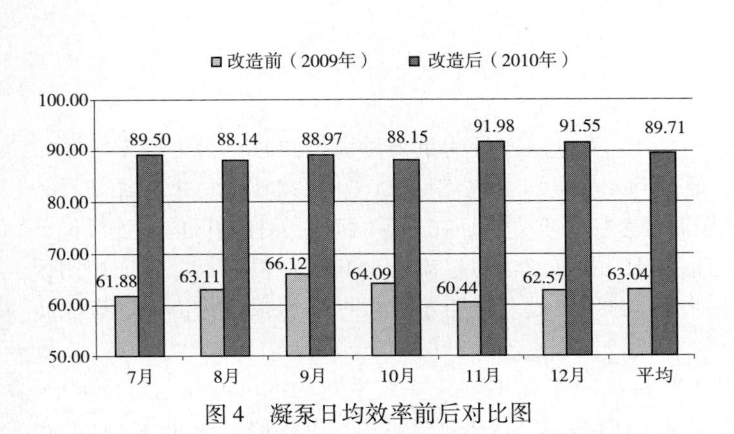

图4　凝泵日均效率前后对比图

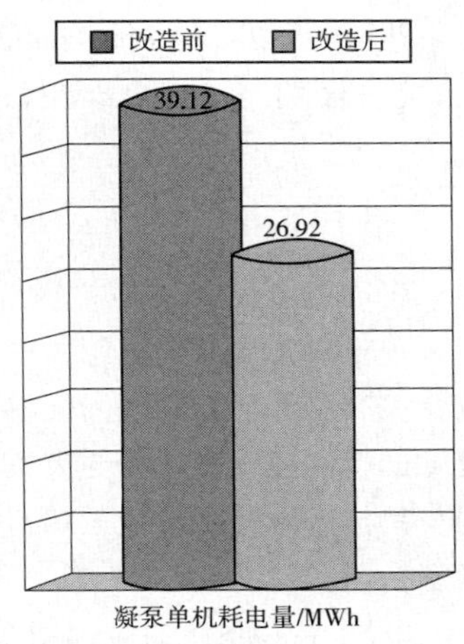

图5　凝泵单机耗电量前后对比图

根据图5标分析凝泵单机电耗降低了32%，很大程度上降低了损耗，对节能环保做出了贡献。

3　结语

根据以上改造方案的成功经验，下一步可以在变频6kV中压开关的保护上所存在的投退问题上进行攻关改进。同时可协同热控、机务专业继续努力，在凝结水压力及凝泵最低转速上做改进，争取让凝泵变频器的节电能力发挥至最大。

作者简介：

杨长存（1987—　），男，助理工程师，主要研究方向电力系统及其自动化继电保护方向。E - mail：yangchangcun@ hzmdft. com ，317212224@ qq. com

任池银（1984—　），男，工程师，主要研究方向电力系统及其自动化继电保护方向。E - mail：renchiyinn@ hzmdft. com

自动电压调控系统 AVC 控制码转换计算研究

师淑英，苏荣芳，刘春雷

（河北大唐国际王滩发电厂，河北　唐山　063611）

【摘　要】　自动电压调控 AVC 控制码转换计算器能够快速准确地将 AVC 控制码转换成 AO 数值，反之根据测量的 AO 也可以通过控制码转换器计算出码值，能够直观地确定出网调下发指令与厂内 AVC 装置接收到的偏差，有利于自动电压调控系统的维护、消缺。

【关键词】　自动电压调控；AVC；控制码；指令

0　引言

自动电压控制装置（AVC）是保证电网电能电压质量的重要手段，同时也为电网安全稳定运行提供决策支持。电网 AVC 系统，通过对无功电压的优化计算，并依据计算结果对无功设备进行控制，保证控制区内中枢节点电压满足考核要求；保证在一定时间内，控制区内非连续调节设备调整次数满足运行约束条件；保证控制区内由无功功率流动引起的网损最小；保证控制区内与其他区域的联络线无功交换为计划值；进行在线电压稳定分析评估和预警，给出静态电压稳定指标。

电厂 AVC 系统通过远动系统（RTU）接收网调 AVC 主站系统下达的电厂母线电压目标值/增量值，而这一增量值是 4～20mA 模拟量，而输入到 AVC 执行机构是以码值出现的，这样就很难快速的判别出接受控制码与下发 4～20mA 指令值是否存在偏差。每当有问题核查时都需要大量的计算，且容易造成人为错误和计算误差，这为日常维护增加很大的工作量。为了提高工作效率，提高数据的准确性，为此本文研究了 AVC 控制码转换计算器。

1　AVC 控制码转换计算程序编制依据

1.1　华北电网 AVC 系统主站—发电侧子站母线电压指令下达方式

华北电网 AVC 系统中，主站定时向发电侧子站下发母线电压指令，指令采用遥调方式下达。

具体下达方式为：主站每隔一段时间（不超过 15min），以通信方式向发电厂 RTU 发送遥调量指令，电厂 RTU 将遥调量转换为一路 4～20mA 模拟量输出，使用铜质屏蔽电缆送至 AVC 子站的模拟量采集单元，经 A/D 转换后以通讯方式将转换结果送至 AVC 中控单元，解析后得到主站下发的遥调量，根据下述指令约定获得母线电压目标指令。

1.2　自动电压调控系统 AVC 指令约定

（1）下发的遥调量通过编码的方式实现，而不是简单的母线电压设定值。

（2）主站下发的遥调量由三位数组成。

（3）其中百位表示调节增减方向，2 表示上调，1 表示下调，其他数据认为是通信错误。

（4）十位是一个计数器，从 1 ~5 循环，主站每次下发命令时保证该位与上次命令不同，子站每次保存上次命令值，如果发现新的遥调值的十位与上次不同，认为收到新的命令；如果十位数不在 1 ~5 范围内，认为命令非法。

（5）如果 15min 内没有收到新的命令，认为主站退出，子站系统自动切换到本地运行。

（6）个位数表示调节增量，如“7”表示增量为 0.7kV，结合百位的调节增减方向，决定如何修改目标电压设定值。

（7）主站下发的遥调量（*YT*）与 RTU 输出的模拟量（*MN*）对应计算关系为

$$MN=\frac{(YT-\alpha)\times 16}{(\beta-\alpha)}+4 \tag{1}$$

式中：*MN* 为模拟量；*YT* 为遥调量；α 为低值（参数，可设置）；β 为高值（参数，可设置）。

（8）α 暂取 100，β 暂取 270。

（9）小数点之后的数据子站端自动四舍五入。

举例：比如子站收到遥调量为 216，表示目标电压设定值需要上调 0.6kV，而收到 135，表示目标电压需要下调 0.5kV。

由于下发的命令描述的是在母线电压当前值基础上调节的增量，因此即使主站系统和子站系统之间存在测量偏差也不会影响控制效果，而独特的编码方式保证了子站系统可以判断是否与主站系统通信正常，在非正常情况下可以即时切换到本地运行，从而保证了控制的可靠性和鲁棒性。

1.3 拓扑图

主站定时向发电侧子站下发母线电压指令，指令采用遥调方式下达。电厂子站 RTU 将遥调量转换为一路 4 ~20mA 模拟量输出，送至 AVC 子站的模拟量采集单元，经 A/D 转换后将电压指令送至 AVC 中控单元（图 1）。

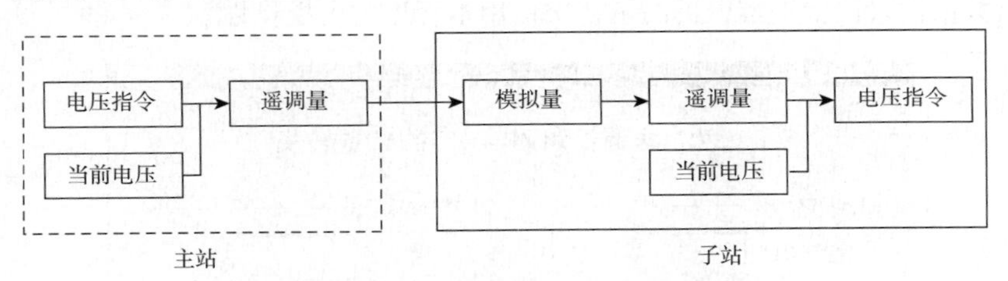

图 1　自动电压调控电压指令下发拓扑图

1.4 计算举例

1.4.1 根据指令计算模拟量

（1）假设电厂当前高压侧母线电压为 526kV，需要调整至 526.7kV，升高 0.7kV。

（2）根据指令约定，得知主站下发的遥调量为 $2x7$，其中 x 为可变量，根据上一次下发指令修正，这里假设 $x=3$，也就是下发的遥调量为 237。

（3）将 $\alpha=100$，$\beta=300$，$YT=237$ 代入式（1），计算出对应的模拟量为 14.96mA。

1.4.2 根据模拟量计算指令

（1）假设当前接收到的模拟量为 8.1mA。

（2）将 $\alpha=100$，$\beta=300$，$MN=8.1$ 代入上式，计算出对应的遥调量为 151.25，四舍五入后取 151。

（3）根据指令约定，得知母线电压需要降低 0.1kV。

（4）假设电厂当前母线电压为 526kV，则目标值为 525.9kV。

2 AVC 控制码转换计算需解决的问题

AVC 控制码转换计算器所要解决的技术问题是能够快速准确的将 AVC 控制码转换成 4～20mA 的模拟量，反之输入测量的 4～20mA 模拟量数值，通过控制码转换计算器计算出码值，非常直观的确定出网调下发指令与厂内远动机接收到指令的偏差。AVC 控制码转换计算器，适合于自动电压调控 AVC 指令码值与 AO 的相互转换。

3 AVC 控制码转换计算技术方案

AVC 控制码转换计算器的程序运行环境放在独立于生产设备的计算机应用系统，该程序的入口数据和出口数据均独立于生产控制区网络，这样可以有效地避免因本程序产生的电网二次安全威胁。可以用不联网的电脑，甚至用手机运行该程序，手动输入需要转码的原始数据，即可转换出对应的码值。

按照华北电网 AVC 指令约定，本着简单实用的原则，编写了 AVC 控制码转换计算器应用程序，能够运行于 Windows 操作系统。该程序能运行于 Windows98、Windows2000、Windows Me、Windows XP、Windows Vista、Windows 7 等各种版本。AVC 控制码转换计算器分为两个转换窗口，分别为“控制码转 AO”和“AO 转控制码”窗口（图 2），可以在网调下发的 AVC 调节指令控制码和厂内 AVC 控制装置 AO 输出之间任意转换。为了控制转换方向，在转换窗口中数据入口文本框设置为“可读写”模式，而数据出口设置为“只读”模式，当鼠标放置于数据出口附近时，自动弹出数据输入位置提醒，提高了初次使用本程序的可操作性。

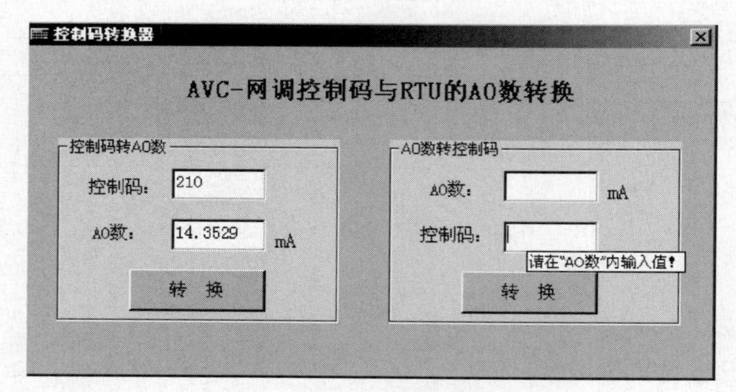

图 2　AVC 控制码计算器操作界面

4 结语

AVC 控制码转换计算器能够快速准确的将 AVC 控制码转换成 AO 数值，反之通过测量的 AO 也可以通过控制码转换器计算出码值，非常直观的确定出网调下发指令与厂内 AVC 装置接收到的偏差。操作简便、易学，实用性强，适合各电力企业运用。

参考文献：

[1] 张昆，冯立群，余昌钰，等. 机器人柔性手腕的球面齿轮设计研究［J］. 清华大学学报，1994，34(2)：1-7.
[2] DL/T 634—1997 远动设备及系统［S］.
[3] 京津唐电网调度管理规程. 华北电网有限公司发布.
[4] 何升，等. 远动自动化［M］. 北京：中国电力出版社，1991.
[5] 邱军，梁才浩. 电厂的电压无功控制策略和实现方式［J］. 电力系统及其自动化学报，2004，02.

作者简介：

师淑英（1971— ），女，高级工程师，从事发电厂继电保护工作。E-mail：923040798@qq.com
苏荣芳（1964— ），女，技师，从事发电厂自动化工作。
刘春雷（1987— ），男，助理工程师，从事发电厂继电保护工作。

双端远方备自投技术研究及应用

施永健[1]，陈智远[2]

（1. 南京南瑞继保电气有限公司，江苏　南京　211102；
2. 深圳供电局有限公司，广东　深圳　518000）

【摘　要】　结合深圳地区110kV电力系统广泛使用的PCS－9654型备自投装置，重点阐述和分析双端远方备自投的技术相对于常规备自投的优越性，在联络线的两侧变电站失压情况下最大限度的恢复供电，为地区电网的稳定提供保障。

【关键词】　双端远方备自投；联络线；就地状态；远方属性；断口

0　引言

随着时代的发展、经济的腾飞、科技的进步，随着国家对电网的大力投入以及庞大的社会需求，整个电力系统在原有的基础上不断扩大，从而使得电网越来越复杂，110kV电压系统的变电站之间通常采用联络线以保证供电可靠性，此时常规进线备投[1-3]很难实现失电后备投。而双端远方备自投技术[2]即在本地备自投功能的基础上增加远方备投功能，基本原则是能够自动识别双端站点的运行断口（即两个电源点的开环运行点），并根据两座变电站失压情况投入备用电源，最大程度的恢复供电。

1　常规备自投的缺陷

就图1的典型主接线来看，以往我们会在A、B站就地各配置一台常规备自投，仅实现本站内的备自投逻辑，不与对侧站交互信息，这样很多情况下导致电源无法恢复。下面举两个典型例子进行分析。

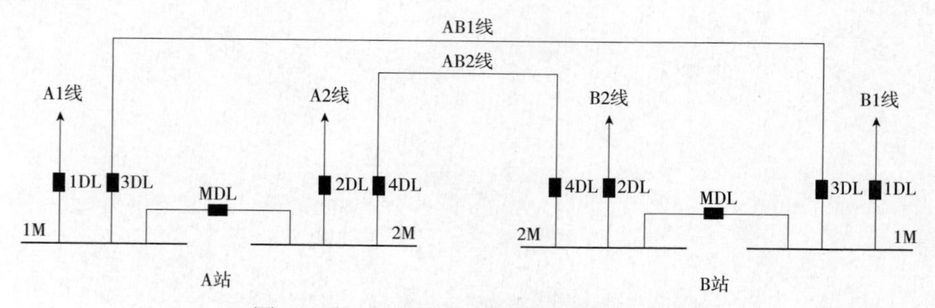

图1　适用于双端远方备投的典型主接线

情况一（联络线在合位[6]）：A站所有开关在合位，1DL为电源线，其他为负荷出线。B站3DL、4DL在合位，作为主供电源，1DL分位是备用电源，2DL是负荷出线。此时如果A、B两站全站失压，A站常规备自投不动作，而B站常规备自投会跳掉3DL、4DL，合上1DL。结果就是B站恢复供电，A站仍旧失电。而此时如果用远方备投，A站会跳开1DL，B站也不会选择跳联络线3DL、4DL而直接合上1DL，保证B站恢复供电的基础上，A站也能恢复供电。

情况二（联络线在分位[6]）：A站所有开关在合位，1DL为电源线。B站3DL、4DL在分位，其余开关全在合位，其中1DL是电源线。此时，如果A站失压B站不失压，A、B站就地备自投都不动作导致A站一直失电，而远方备投可以跳开A站1DL后合上B站的3DL、4DL从而恢复A站供电。

2 双端远方备自投装置PCS－9654的性能特征

A、B变电站两侧各配置一台微机装置PCS－9654，可实现双母线、单母线分段及其他扩展方式的多进线或母联备用电源自投逻辑，同时具备双端远方备自投功能。最大规模可接入2段母线电压，4路进线和1路旁路间隔。

双端远方备自投装置引入本侧变电站两段母线三相电压。引入4回主（备）供单元（不含旁路）的抽取电压，用于备用线路状态判别。

自投装置通过强电开入获取5回主（备）供单元（含旁路）开关的三相电流。

引入5回主（备）供单元（含旁路）开关合位开入、合后位置，母联开关合位开入、合后位置，母差/失灵闭锁自投输入、外部闭锁信号输入1、外部闭锁信号输入2。用于系统运行方式判别，自投准备及自投动作。

另外装置引入硬压板如下：打印、投检修、信号复归、就地自投投入压板、进线单元1检修压板、进线单元2检修压板、进线单元3检修压板、进线单元4检修压板、分段检修压板、I母检修压板、II母检修压板、单元1旁代、单元2旁代、单元3旁代、单元4旁代、远方自投投入压板，方便运行人员投退。

装置输出5回主（备）供单元（含旁路）的跳闸出口、闭锁重合闸出口、合闸出口；分段（母联）开关的跳闸出口和合闸出口。

信号输出分别为：装置闭锁（可监视直流失电，常闭接点），装置报警、起动录波各一付接点。自投跳闸、自投合闸各一组保持和不保持的接点。

3 双端远方备自投装置对系统运行方式的判别

110kV间隔要进行就地状态和远方属性的判别。

线路或旁路的就地状态分为主供电源、备用电源和检修电源三种状态。特别强调，该三种电源状态指的是元件开关的状态，而非元件本身的状态，例如110kV某某线间隔检修，即指该线路开关检修（不参与自投），并非线路检修（线路旁代时其部分电气量同样参与自投）。

分段的就地状态分为运行分段、备用分段和检修分段三种状态。

所有间隔的远方属性分为断口属性和一般属性两种属性，其中断口属性的开关能够将失去电源的设备恢复至另一个电源供电。

4 双端远方备自投原理

A、B两侧变电站的备投装置PCS－9654是通过单模专用光纤通道交互信息[4-5]，以实现双端远方备自投功能。

4.1 充电逻辑

当检测到两侧装置“备自投远方功能压板”在投入状态，两侧全部接入间隔有且仅有一组进线电源或分段开关远方属性为断口属性，两侧装置“远方备自投是否投入”控制自投入，两侧分段检修压板退出，经过充电延时时间，进入充电状态。

4.2 启动逻辑

当满足“两侧变电站任意一段及以上母线失压”与“任一段失压母线对应主供电源满足无流条件”两个条件超过启动延时时间，备自投装置启动。

4.3 远方备投逻辑

若判断 A、B 两个站同时全部失压，断口属性开关不为分段开关或联络线开关，则跟切全部非联络线主供电源；在规定时间内当所跟跳非联络线主供电源的开关均处于分位时，向断口属性开关所在变电站侧装置发送断口开关合闸命令。

若判断 A 站全部失压和 B 站一段母线失压，断口属性开关为分段开关，则跟切全部失压的 A 站非联络线主供电源；在规定时间内当所跟跳 A 站非联络线主供电源的开关均处于分位时，向断口属性开关所在变电站侧装置发送断口开关合闸命令。

若判断仅 A 站全部失压，断口属性开关不为联络线开关且 A 站有断口属性进线，则跟切联络线开关，在规定时间内当所跟跳 A 站联络线主供电源的开关均处于分位时，向断口属性开关所在变电站侧装置发送断口开关合闸命令。

若判断仅 A 站全部失压，断口属性开关为联络线开关，则跟切全部失压的 A 站非联络线主供电源；在规定时间内当所跟跳 A 站非联络线主供电源的开关均处于分位时，向断口属性开关所在变电站侧装置发送断口开关合闸命令。

若判断仅 A 站一段母线和 B 站一段母线失压，则直接报远方备投失败（正常两个站均分列运行，远方备投不能充电，依靠两侧就地分段备自投恢复供电）。

若判断仅 A 站一段母线失压，断口属性开关为 A 站分段开关，则跟切 A 站失压母线的主供电源；在规定时间内当所跟跳 A 站失压母线的主供电源的开关均处于分位时，向断口属性开关所在变电站侧装置发送断口开关合闸命令。

断口属性开关所在变电站侧装置接受到开关合闸命令后，立即向断口属性开关发送合闸命令。

当“自投于故障后加速切”功能投入时，断口属性开关变为合位或有流后，在规定时间内若该备投元件任一相电流大于整定值，则向备投元件发跳闸信号，并报备自投失败。

若在规定时间内失压母线电压恢复，则报远方备自投成功，否则报远方备自投失败。

4.4 放电逻辑

双端远方备自投装置检测到满足以下条件之一时放电：

（1）任一侧“远方备自投功能压板”退出，经防抖延时立刻放电。

（2）任一侧“远方备自投是否投入控制字”退出，立刻放电。

（3）任一侧“分段检修压板”投入。

（4）装置检测到两个及以上运行断口或断口消失，延时10s放电。

需要注意，若装置未启动，主供电源全部消失，逻辑不放电仅告警。

5 应用情况和注意事项

目前，深圳碧头、下沙、塘坑、盐田、阳光、海景、文锦、大浪、科技园等至少九个110kV变电站使用双端远方备自投PCS-9654，充分说明双端远方备自投技术的广泛应用价值，能大大提高区域电网的稳定性。

这也要求相关部门及技术人员充分关注双端远方备投项目的定值整定、联跳验收以及运行维护的各个环节，提高警惕性，稍有不慎会引起更大面积的电网瘫痪。

定值整定方面重点要注意以下几个方面：“进线1-4（图1中1DL-4DL对应的进线）电源组别及备投优先级”、“进线1-4、旁路所在母线”、“进线1-4是否为联络线”。

联跳试验一定要把“进线备投”、“分段备投”、“特殊进线备投”以及“远方备投”等各项功能做完整，注意充放电条件的测试，以及启动、动作、自投与故障后加速切的验证，并带上开关做整套传动试验。

运维时，一定要严格注意间隔/母线检修和线路旁带两类压板的投退。

6 结语

随着电网的不断发展，双端远方备自投技术可以进一步升级完善，这个理念可以很好的运用于复杂的110kV电力系统，可以有效的弥补传统就地备自投的缺陷，使得区域电网系统更加安全稳定，为大区域系统控制技术提供很高的参考价值。

参考文献：

[1] 董立天，魏志军，徐英强，等. 微机备用电源自投装置现场运行分析［J］. 继电器，2007，35（13）：70-73.

[2] 李雪明，秦文韬，胥鸣，等. 基于稳控装置平台的电网双向备用电源自投功能的实现［J］. 电力系统保护与控制，2009，37（14）：77-81.

[3] 袁和刚，秦鹏，梁俊. 110kV进线备自投装置应用问题分析［J］. 电力科学与工程，2008，24（9）：65-67.

[4] 唐海军. 基于光纤通信的远方备自投设计与实现［J］. 继电器，2006，34（4）：80-83.

[5] 卜明新，武晋文，吴孔松. 基于光纤通信交互式远方自投装置的研发与应用［J］. 电力系统保护与控制，2009，37（22）：126-128.

[6] 刘忠政. 自适应式主变、母联、联络线备自投实施方法及其动作原理的分析［J］. 电力标准与技术经济，2006，58（4）：26-29.

作者简介：

施永健（1979— ），男，江苏启东人，工程师，从事电力系统电气设计工作。E-mail：shiyj@nari-relays.com

陈智远（1988— ），男，山东微山人，助理工程师，从事继电保护专业管理工作。

IEC/TR 61850—90—5 关键技术概述及工程实施展望

陈玉林，胡绍谦，杨　贵，刘明慧

（南京南瑞继保电气有限公司，江苏　南京　211102）

【摘　要】　IEC/TR 61850—90—5（以下简称为IEC 61850—90—5）是采用IEC 61850传输同步相量数据的技术报告，本文根据同步相量通信技术的发展历程，系统介绍了本报告的主要内容和关键技术，并初步探讨了工程实施的若干细节。为能传输C37.118所定义的同步相量，IEC 61850对相关的模型进行了改进和扩充，包括改进逻辑节点MMXU，定义可路由的R-SV和R-GOOSE，增加模型配置文件SED和IID，增加与C37.118对等的相关服务等。IEC 61850—90—5提出了PMU和PDC的建模原则和工程集成方法，给出了与C37.118对等的IEC 61850机制或服务，并提出了从C37.118逐步迁移到IEC 61850的分步策略。为提升站间通信的网络安全性，IEC 61850—90—5要求在会话协议数据单元上使用基于对称密钥和哈希算法的数字签名，并采用密钥分配中心（KDC）实现密钥管理。为提高多播UDP传输R-SV和R-GOOSE的效率，要求使用网络组群管理协议第3版（IGMPv3），使路由器可确定出合适、必要的路径来发送多播数据。IEC 61850—90—5还明确了同步相量、KDC和IGMPv3各应用协议集（A-Profile）到传输协议集（T-Profile）的映射。文章最后对IEC 61850—90—5的工程实施进行了展望。

【关键词】　同步相量；IEC/TR 61850—90—5；C37.118

0　引言

2003年IEC TC57发布IEC 61850标准第1版，并从2009年开始发布IEC 61850标准第2版[1]。在第2版中，IEC 61850的应用从变电站拓展到发电厂、分布式能源、输变电设备监测以及配电自动化系统等领域。标准名称也由《变电站通信网络和系统（Communication networks and systems in substations)》改为《电力企业自动化系统与网络（Communication networks and systems for power utility automation)》，这表明标准制定者拓展其应用领域的愿望[2-3]。

目前，IEC 61850本身已演变为一个庞大的技术体系。IEC 61850技术体系由国际标准（IS）、技术报告（TR）和技术规范（TS）构成。其中，IEC 61850—90—1是关于采用IEC 61850实现站间通信的通用技术报告[8]。由于IEC 61850标准已在变电站自动化系统中得到广泛应用，同时同步相量的重要性越来越受到重视，因此IEC还专门制定了采用IEC 61850传输同步相量数据的技术报告IEC 61850—90—5—2012[9]。

为制定IEC 61850—90—5，IEEE和IEC联合制定了同步相量测量（PMU）的性能标准IEEE C37.118.1—2011[6]。同时，为实现同步相量的传输，IEC 61850在第2版的公共部分中进行了逻辑节点及数据对象等相关扩充。由于同步相量通常出站跨网络传输，因此IEC 61850—90—5以传输变电站事件的GOOSE机制和传输周期性采样值的SV机制为基础，制定了可路由GOOSE机制和可路由SV机制，并制定了网络安全机制。对于IEC 16850的工程集成方案，IEC 61850—90—5采用了

IEC 61850 第 2 版中新增的 SED 文件和 IID 文件交换接口，并设计了相量数据集中器（PDC）的代理建模方式。

下文将对同步相量标准的发展历程进行概述，并重点介绍 IEC 61850—90—5 的主要内容和关键技术，并初步探讨若干实现细节。

1 同步相量标准的发展历程[4-11]

最早的 PMU 国际标准是 IEEE 1344—1995[4]，2003 年 8 月的北美大停电使人们意识到该标准的不足，因此在 2005 年制定了 C37. 118—2005 代替 IEEE 1344。

C37. 118—2005 标准包含同步相量测量性能和同步相量的传输格式两个方面的内容[5]。由于 IEEE 想把 C37. 118 变为 IEC 认可的双徽标标准，但 IEC 只接受 C37. 118 中 PMU 性能部分的标准，因此 IEEE 将 C37. 118 拆分为两个标准[6-7]：

（1）IEEE C37. 118. 1—2011。关于 PMU 测量性能的标准，此标准被 IEC 61850 等同采用，为双徽标标准。目前 IEEE 在继续完善该标准，计划升级为 IEEE C37. 118. 1a—2014。

（2）IEEE C37. 118. 2—2011。IEEE 体系的 PMU 通信规约的标准。在原来 C37. 118—2005 通信模式的基础上稍作修改（例如增加了 CFG3 帧定义），并保持了对以前标准的兼容性。

IEEE 目前还在制定 PMU 的检测指南（PC37. 242）和 PDC 的要求指南（PC37. 244）[10-11]。IEC 在 2012 年 5 月发布了与 C37. 118. 2—2011 对等的技术报告，即本文介绍的 IEC/TR 61850—90—5。此外，IEEE 和 IEC 准备在 2016 年联合发布替代 C37. 118. 1—2011 的标准 IEC/IEEE 60255—118—1。届时，IEC 将具备完整的 PMU 性能和通信标准。

2 IEC 61850 针对同步相量的模型改进

IEC 61850 为能传输同步相量数据，对相关模型进行了扩展和改进，主要有：

（1）根据 C37. 118. 1 将 MMXU 进行了保护类（P 类）和测量类（M 类）的区分，此部分体现在计算方法（ClcMth）的列举表扩展，把 P 类、M 类均包含在内。

（2）MMXU 增加数据对象 HzRte 用于表征频率变化率（df/dt）。

（3）合理配置计算模式 ClcMod、计算周期类型 ClcIntvTyp、计算间隔周期 ClcIntvPer，用于表达同步相量的传输速率。例如计算模式设为周期性（ClcMod = PERIOD）、周期类型设为毫秒（ClcIntvTyp = MS）、指定间隔周期（ClcIntvPer = 10），即可表示 100 帧/S 的传输速率。

（4）定义了多播 UDP 实现 GOOSE 和 SV 可路由传输的通信规则，称为 R - GOOSE 和 R - SV。新增可路由 SV 的功能约束 RS，新增可路由 GOOSE 的功能约束。对应的控制块分别被定义为可路由多播 SV 控制块（R—MSVCB）和可路由 GOOSE 控制块（R—GoCB）。

（5）在 SV 信息头中增加绝对时标 t，该值应按 IEC 61850—8—1 的格式设置，建议使用国际原子时，并将时间品质的闰秒属性（LeapSecondsKnown）设置为 FALSE。

（6）IEC 16850 V2. 0 为实现站间通信，新增了 SED 文件（系统交换描述文件）和 IID 文件（实例化 IED 描述文件）两种模型配置文件。SED 和 IID 作为接口文件，方便了站间工程的集成，这部分新增内容在 IEC 61850—90—5 的跨站同步相量传输中也得到应用。

（7）其他一些扩展。例如，为了提供与 C37. 118. 2 的 CFG—2、CFG—3 配置命令等效的服务，IEC 61850 增加了 GetSavReference 和 GetSavElementNumber 服务。时间管理逻辑节点 LTIM 增加闰秒标志数据类型（TmLeaps）。

以上这些模型改进和扩展涉及 IEC 61850—5、IEC 61850—6、IEC 61850—7—2 和 IEC 61850—7—4 等部分。

3 IEC 61850 传输同步相量的关键技术

3.1 PMU 和 PDC 的建模和工程集成

采用同步相量实现的广域量测监控系统通常是多层级结构，其中 PMU 位于最底层，相量数据集中器（PDC）位于不同的层级，最高层级为控制中心。同步相量理论上有隧道（tunnel）和网关（gateway）两种传输模式，但通常采用站内的 PDC 作为网关进行传输。

PMU 是 IED 设备的一个功能，负责实现 C37.118.1 所规定的相量计算和发布。PMU 采用 MMXU 表征各相相量信息，以及功率、频率、频率变化率信息，并采用 MSQI 表征序分量信息。

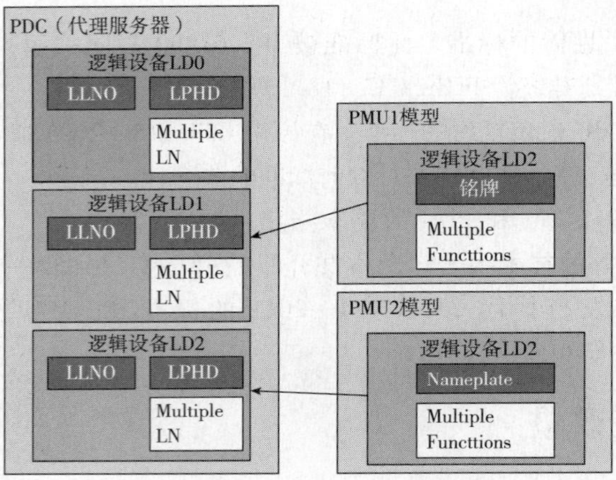

PDC（代理服务器）
逻辑设备LD0
LLNO
LPHD
Multiple LN
逻辑设备LD1
LLNO
LPHD
Multiple LN
逻辑设备LD2
LLNO
LPHD
Multiple LN
PMU1模型
逻辑设备LD2
铭牌
Multiple Functtions
PMU2模型
逻辑设备LD2
Nameplate
Multiple Functtions

图 1 PDC 的嵌套建模

PDC 可能是站内 PDC，也可能是区域级 PDC。PDC 是作为代理网关（proxy）方式存在，采用 IEC 61850—7—1 中描述的逻辑设备的嵌套建模方式，一个上一层级的 PDC 包含了多个下一层级的 PMU 或 PDC，如图 1 所示。

PMU 和 PDC 的站内或站间工程集成用到了 IEC 61850 V2.0 中定义的 SED 文件（系统交换描述文件）和 IID 文件（实例化 IED 描述文件）。基本过程为，首先确定 PMU 侧需要传输到 PDC 的信号，然后在 SCL 中产生 PMU 的映像（SED、IID、ICD），并将 PMU 映像导入到 PDC 工程，将输入信号连线到客户端。

3.2 与 C37.118 对等的 IEC 61850 通信模式

C37.118 标准中定义了相量数据帧、配置帧、头帧、命令帧四类信息帧。IEC 61850 均有对应的机制实现对等的功能。

C37.118 的相量数据帧包括相量、模拟量、开关量三类信息，均是周期性发送。而 IEC 61850 的典型周期性传输机制为 SV，其他事件类型的数据可采用 GOOSE 或报告方式，但均不适宜做站间传输。为此，IEC 61850—90—5 在 SV 和 GOOSE 的基础上封装了基于 IP 的 UDP 多播协议，从而用可路由的 R-SV 传输相量和模拟量，用可路由的 R-GOOSE 传输开关量。

C37.118 的配置帧用于 PMU 与 PDC 之间交换配置信息。配置帧包括 CFG1（传输能力）、CFG2 或 CFG3（实际量测）。IEC 61850 可用 SCL 语言描述 CFG1 和 CFG2，具体体现在 CID 文件或动态数据集中。IEC 61850 获取服务器的数据模型结构可等效于召唤 CFG1 帧，而 IEC 61850 获取特殊控制块的数据集成员定义（GetSavReference）则等效于召唤 CFG2。

C37.118 的头帧用于提供人工识别的信息。IEC 61850 定义的数据语义可提供高度可读的人工识别信息，此外，描述属性 d 和 dU 可为数据属性提供更多的描述信息。

C37.118 的命令帧包括使能和禁止数据流，召唤 CFG1 帧、CFG2 帧、头帧。IEC 61850 的对等操作或服务为使能或禁止 SV 控制块，获取 PMU 的数据模型，从数据模型的实际测量（如 MMXU）读功能约束 DC 或读 SV 控制块的信息。

为实现从 C37.118 到 IEC 61850 的迁移，IEC 61850—90—5 提出了分步、可控的迁移策略：

第 1 步：使用 SCL 语言来配置 C37.118 设备。例如，用 SCL 定义 CFG1，用数据集定义 CFG2。

第 2 步：IEC 61850 的初步使用。用户可以使用 IEC 61850—90—5 定义的协议、模型和安全机制，但不需要使用 ISO 9506（例如 MMS），因此不能实现数据流的使能和禁止，这些功能需要 SCL 文件来实现。

第 3 步：完全的 IEC 61850 能力。例如，可以让控制块动态地使能和禁止数据流，并可动态创建数据集。

3.3 网络安全

计算机网络安全问题包括截获、中断、篡改和伪造。由于同步相量涉及站间传输，因此 IEC 16850 加强了网络安全方面的规定，要求进行信息合法性和完整性认证（防篡改、防伪造），并可提供加密机制（防截获）。在整个会话协议数据单元（SPDU）上使用识别标识（数字签名），识别标识是用“对称密钥”创建的哈希运算消息认证码（HMAC）。之所以优先采用对称密钥，是因为对称密钥加密处理简单，加解密速度快，密钥较短，适宜于在 IED 设备上实现[12]。

由于对称密钥用于数字签名时，密钥容易被人盗得或破解，因此 IEC 61850—9—5 要求加密密钥以某种特定方式轮转，至少 48h 就更换一次，并能给订阅者发出密钥即将更新的警示通知。这个工作是由密钥分发中心（KDC）实现的，KDC 负责在发布方和订阅方之间提供对称密钥的协调，主要过程包括密钥预告、密钥分发和密钥更新。KDC 可以是发布 IED 的一个功能，也可以用一个外部的 KDC 设备。让 IED 设备直接提供 KDC 功能的好处是设备能决定何时使用新的密钥。使用 KDC 也存在一些弊端。首先，进行安全通信前需要以安全方式进行密钥交换，因此需采用不同的信道或方式实现密钥交换，另外 KDC 是整个通信成败的关键和受攻击的焦点，它是一个庞大组织通信服务的“瓶颈”。

3.4 网组管理协议（IGMPv3）

由于 IEC 61850 采用多播 UDP 传输同步相量数据，UDP 数据帧会通过路由器所支持的所有路径发送出去，由目的端进行过滤，从而增加了网络和接收方的负担。为提升多播 UDP 的效率，IEC 61850—90—5 要求使用网络组群管理协议第 3 版（IGMPv3 - 2002），它可实现源地址过滤，路由器可确定出合适的路径来发送多播数据，因此数据包不会发到所有可能的路径，而是只发给订阅者。

3.5 应用协议到传输协议的映射

IEC 61850—90—5 定义了三种不同的应用协议集（A - Profile），每种 A - Profile 分别采用对应的传输协议集（T - Profile）。

三种 A - Profile 分别如下：

（1）GOOSE、SV 和管理的 A - Profile。采用可路由的 GOOSE（R - GOOSE）和 SV（R - SV），并增加管理服务协议（对应 MNGT 载荷）。

（2）KDC 的 A－Profile。包括建立连接和认证，对正在要求的组群确定规则，以及确定待用的密钥。

（3）IGMPv3 的 A－Profile。对可路由 SV 和 GOOSE 的订阅者，其应用应支持网组管理协议 IGMPv3。

三种 A－Profile 对应的 T－Profile 分别如下：

（1）支持可路由 GOOSE 和 SV 的 T－Profile。采用 UDP 协议，根据 RFC1240，目标端口应是 102。

（2）支持 KDC 的 T－Profile。采用 TCP 和 UDP 协议，根据 IANA（互联网数字分配机构），目标端口应是 898。

（3）支持 GIMPv3 的 T－Profile。采用 UDP 协议，根据 RFC1240，目标端口应是 465。

三种 A－Profile 到 T－Profile 的映射如图 2 所示。

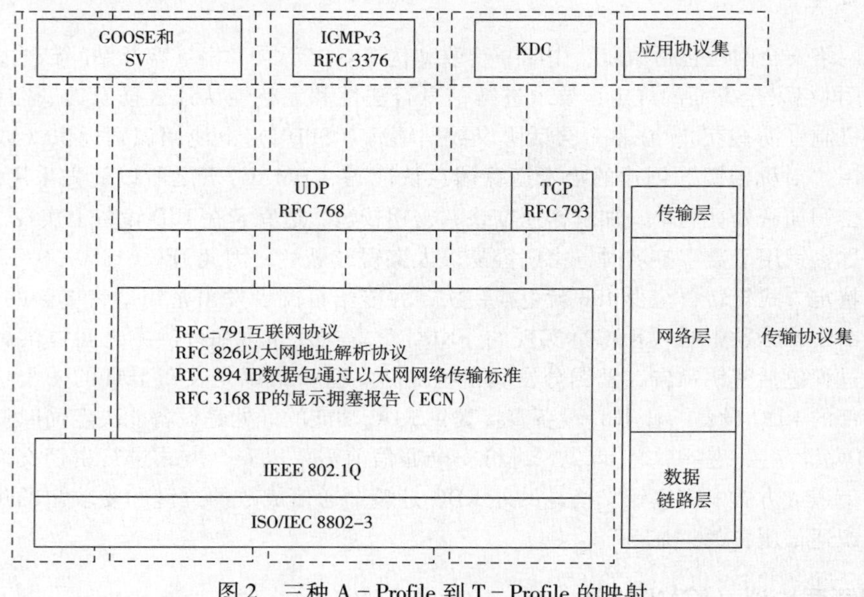

图 2　三种 A－Profile 到 T－Profile 的映射

4　IEC 61850—90—5 的工程实施

4.1　R－SV 和 R－GOOSE 数据帧的实现

为传输同步相量数据，需将链路层的 SV 和 GOOSE 封装为网络层的多播 UDP，实现可路由的 R－SV 和 R－GOOSE，并加入数字签名实现网络安全，这些信息由会话层数据单元（SPDU）承载。

SPDU 有四种类型：Tunnel、GOOSE、SV 和 Mgnt（管理），包括两大部分的内容，分别如下：

（1）会话层的头部。会话层的头部包括会话层标识（Session Identifier，SI）、SPDU 长度（SPDU Length，SL）、SPDU 序号（SPDU Number）、版本信息（Session Version）、安全信息（Security Information），其中安全信息包括当前密钥的时间（TimeofCurrentKey）、下一个密钥的时间（TimetoNextKey）、加密算法（SecurityAlgorithms）、密钥索引（Key ID）。

（2）会话层用户信息和数字签名。包括用户数据的长度（Length）、用户数据（User Payload）、数字签名（Signature）。

SPDU 通过 SI 区分四种类型，并在 User Payload 填入对应的应用协议数据单元（APDU）。Signature 的数据计算对象包括 SI 和用户数据，但不包含 Signature 自身。SPDU 可能包含多个 APDU（但必须是同一种类型的），而一个 APDU 则可能包含多个应用服务数据单元（ASDU）。

一个典型的 R－SV 的 SPDU 如图 3 所示。

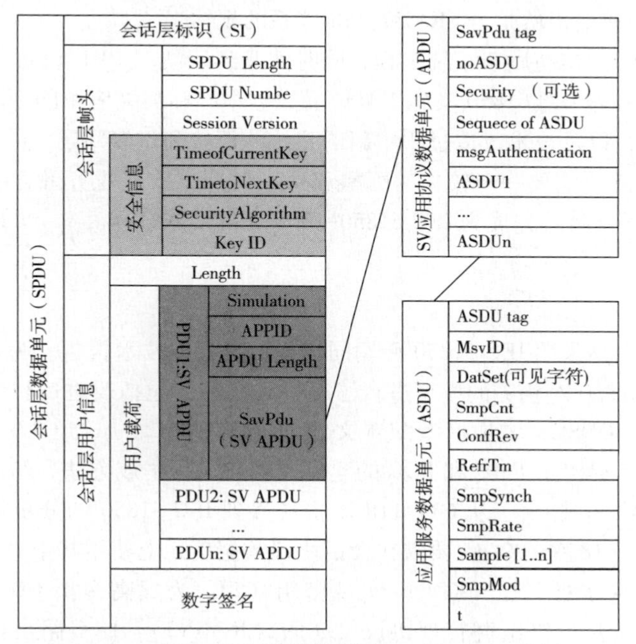

图 3　R－SV 的会话层数据单元（SPDU）示例

具体组建数据集（dataset）时，可有数据对象级（DO）和数据属性级（DA）两种层级方式。IEC 61850—90—5 建议每个数据集元素均包含自身的时标（t）和数据品质，因此建议将 FCD（对应 DO 级）而非 FCDA（对应 DA 级）作为数据集成员。但考虑到站间通信带宽有限，且数据帧可共用时标 t，并可汇总数据品质（QUALITY），因此本文建议按 DA 级组件数据集。

4.2　密钥分发中心 KDC 的实现

KDC 的实现有采用专门的 KDC 服务器和由发送方 IED 设备兼有 KDC 功能两种方式。

如果是采用专门的 KDC 服务器，则宜建立用于站间通信的统一 KDC 服务器，同步相量传输业务只是其中一个密钥分配业务，这样便于集中统一管理，同时也可节省工程造价。

如果由 PMU 或 PDC 设备实现 KDC 功能，则一方面应使 IED 设备的硬件性能足以完成 KDC 功能，另一方面需建立 PMU 或 PDC 与订阅者间其他的通信通道或方式，而比较现实的方式是通信通道共用，而密钥分配采用 TCP 方式，订阅者的相关信息需要预先在 PMU 或 PDC 中注册，从而实现身份认证。这种方式下，KDC 可以更为方便地根据目标 MAC 和 IP 地址实现密钥组管理，且能与数据集关联。

目前国内厂站端 PMU 与控制中心通信均是采用 TCP 方式，且实时数据通信业务通常位于安全 I 区，厂站与主站之间配对使用纵向加密装置。采用 IEC 61850—9—5 的 KDC 密钥分发机制后，原有的通信网络或设备依然可保留。

4.3 IEC 61850—90—5 工程实施展望

目前，IEC 61850—90—5 主要处于理论研究阶段，国内外尚无完全遵循 IEC 61850—90—5 的 PMU/WAMS 系统实施案例。国内高电压等级的智能站虽然已广泛配置了 PMU 装置，但本质上属于典型的 IED 设备类型，只是过程层改为 SV 和 GOOSE 通信，并增加站控层 MMS 通信，而 PMU 与 WAMS 主站的通信仍然是 IEEE C37.118 体系的规约[13-14]。

IEC 61850—90—5 的实施属于系统工程，同时涉及到厂站端 PMU 设备、主站侧 WAMS 系统和中间的网络设备，并与 IEC 61850 实施工具链、数据中心和高级应用的部署密切相关，还需要考虑技术改造的效益，以及技术改造过程中新旧系统的衔接和过渡问题。因此，总体看来，国内实施 IEC 61850—90—5 将需要一个较长的酝酿和探索时期，按多业务融合、成立大数据中心的新建 IEC 61850 主、子站将首先成为 IEC 61850—90—5 的实施载体。

5 结语

IEC 61850—90—5 是采用 IEC 61850 传输同步相量数据的技术报告。为能传输 C37.118 所定义的同步相量，IEC 61850 对相关的模型进行了改进和扩充，包括改进逻辑节点 MMXU，定义可路由的 R-SV 和 R-GOOSE，增加模型配置文件 SED 和 IID，增加与 C37.118 对等的相关服务等。IEC 61850—90—5 提出了 PMU 和 PDC 的建模原则和工程集成方法，给出了 C37.118 对等的 IEC 61850 机制或服务，并提出了从 C37.118 逐步迁移到 IEC 61850 的分步策略。为提升站间通信的网络安全性，IEC 61850—90—5 要求在会话协议数据单元上使用基于对称密钥和哈希算法的数字签名，并采用密钥分配中心（KDC）实现密钥管理。为提高多播 UDP 传输 R-SV 和 R-GOOSE 的效率，要求使用网络组群管理协议第 3 版（IGMPv3），使得路由器可确定出合适、必要的路径来发送多播数据。IEC 61850—90—5 还明确了同步相量、KDC 和 IGMPv3 各应用协议集（A-Profile）到传输协议集（T-Profile）的映射。考虑到 IEC 61850 标准的应用越来越广泛，需考虑 IEC 61850—90—5 的工程实施细节，包括如何节省网络带宽，如何配置 KDC 等具体问题，这些都有待于今后的进一步技术研究和工程验证。

参考文献：

[1] 任雁铭，秦立军，杨奇逊. IEC 61850 通信协议体系介绍和分析 [J]. 电力系统自动化，2000，24（8）：62-64.

[2] 李永亮，李刚. IEC 61850 第 2 版简介及其在智能电网中的应用展望 [J]. 电网技术，2010，34（4）：11-16.

[3] 任雁铭，操丰梅. IEC 61850 新动向和新应用 [J]. 电力系统自动化，2013，37（2）：1-6.

[4] IEEE Std 1344—1995 IEEE standard for synchrophasors for power systems [S].

[5] IEEE Std C37. 118—2005 IEEE standard for synchrophasors for power systems [S].

[6] IEEE Std C37. 118. 1—2011 Synchrophasor Measurements for Power Systems [S].

[7] IEEE Std C37. 118. 2—2011 IEEE Standard for Synchrophasor Data Transfer for Power Systems [S].

[8] IEC/TR 61850—90—1 Use of IEC 61850 for the communication between substations [R].

[9] IEC/TR 61850—90—5 Use of IEC 61850 to transmit synchrophasor information according to IEEE C37. 118 [R].

[10] IEEE PC37. 242/D7—2012 Guide for Synchronization, Calibration, Testing, and Installation of Phasor Measurement Units (PMU) for Power System Protection and Control [R].

[11] IEEE PC37. 244—2012 Guide for Phasor Data Concentrator Requirements for Power System Protection, Control and Monitoring [R].

[12] 谢希仁. 计算机网络（第5版）[M]. 北京：电子工业出版社，2008.

[13] 许勇，张道农，于跃海，等. 智能变电站PMU装置研究 [J]. 电力科学与技术学报，2011，26（2）：37-43.

[14] 许勇，王慧铮，李倩，等. 智能变电站同步相量测量装置研制 [J]. 电网技术，2010，34（11）：1-5.

作者简介：

陈玉林（1980— ），男，湖北武汉人，工程师，主要从事电力系统运行控制和PMU研发工作。E-mail：chenyl@nari-relays.com

胡绍谦（1978— ），男，山东聊城人，高级工程师，主要从事IEC 61850规范、变电站自动化系统研发工作。

杨 贵（1976— ），男，吉林通化人，工程师，主要从事变电站自动化系统的研发工作。

刘明慧（1980— ），男，吉林磐石人，工程师，主要从事变电站自动化系统的研发工作。

数字化变电站网络流量分析与丢帧控制

李广华，冯亚东，周　强，王自成

（南京南瑞继保电气有限公司，江苏　南京　211102）

【摘　要】　数字化变电站过程层网络的运行状态影响着整个变电站的运行安全。本文对过程层SV与GOOSE报文的网络特性进行了定性与定量的分析，首次提出了暂态流量与稳态流量的概念，并结合交换机的存储转发机制介绍了过程层网络丢帧的发生原因。具体的测试实验结果也验证了GOOSE报文瞬时突发流量对网络运行所造成的影响。在实际工程实施中，建议通过估算网络暂态流量、优化交换机与网络配置、使用大缓存容量的交换机、进行千兆级联结合数据源防抖等抑制措施，实现对过程层网络的进一步优化，提高过程层网络的安全性与实时性。本文对过程层网络的运行与配置管理有现实的参考意义。

【关键词】　数字化变电站；过程层通信；网络流量；存储转发交换机

0　引言

随着数字化变电站的不断普及，IEC 61850过程层通信服务得到了越来越广泛的应用。过程层通信服务主要包括SV（采样值）和GOOSE（通用变电站事件）服务，主要负责互感器采样、二次设备的跳合闸与一次开关位置等信息的传输[1-3]。数字化变电站过程层服务运行的可靠性，对整个变电站的安全运行起着至关重要的作用。

IEC 61850过程层通信对网络传输的可靠性、实时性有着非常高的要求。尤其过程层SV服务的应用，由于其报文量巨大，极大增加了过程层交换网络的运行负荷。目前，主要通过VLAN划分、GMRP、静态组播、交换机端口流量抑制等技术，实现对过程层网络SV的流量控制，有效增强过程层网络传输的可靠性。但由于GOOSE的平均流量小，常忽视了GOOSE暂态流量对过程层网络的影响，造成在实际的调试、运行中，仍偶有过程层数据传输丢帧现象发生，给变电站的运行带来安全隐患。目前国内主要通过点对点通信回避网络通信带来的问题，但接线的数量与复杂性也会增加，导致系统整体可靠性下降。

1　过程层网络传输特性

数字化变电站过程层通信不仅包含SV、GOOSE服务，还包括一些其他内容，如IEEE 1588对时、GMRP组播管理、交换机内部管理报文等。其中，主要是SV与GOOSE占用了过程层网络的通信带宽，其他报文的通信量非常小，常忽略不计[4]。

网络在单位时间内传输的数据量称为网络流量，通常以每秒传输的bit数进行计算。本文以在较短时间内，如1ms，统计的平均网络流量称为暂态流量；以在较长一段时间内，如1s，统计的平均网络流量称为稳态网络流量。在IEC 61850中，SV与GOOSE服务有着不同的传输机制，其网络流量传输特性也存在很大的差异。

1.1 SV 网络传输特性

过程层 SV 服务用来传输变电站中的电流、电压等模拟量信息，是数字化过程层通信的一个核心组成部分。在实际运行中，SV 服务将实时采集的采样数据以 IEC 61850—9—2 帧格式编码成以太网报文，以固定的频率通过网络将 SV 报文实时传输给站内其他智能设备。SV 传输具有报文间隔时间短、报文量大、实时性要求高的特点。

由于 SV 传输采用的是一种间隔时间短、传输频率固定的报文发送方式，且每帧 SV 报文长度一致，故其不仅网络传输流量大，还具有暂态与稳态流量一致的传输特性。通过对实际网络报文抓包，使用 Ethereal 工具的 IO Graphs 功能绘制出的网络流量示意图很好地反映了 SV 的这种网络传输特性，如图 1 所示。

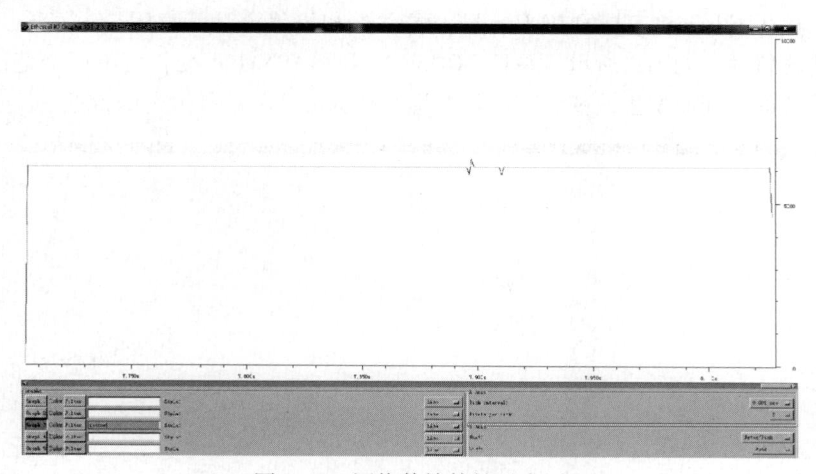

图 1　SV 网络传输特性示意图

也可以对 SV 的网络流量进行定量分析，SV 的网络流量为

$$Q_{SV-9-2}=L_{SV}S_{R}$$

式中：L_{SV} 为 SV 报文长度；S_R 为 SV 报文发送频率[5]。

以国内普遍采用的双 AD 采样为例，每 SV 帧包含一个 ASDU、每 ASDU 包含 24 通道、采样率为 4kHz，其 SV 报文长约 250 字节，则单个采样链路对应的网络流量约为：250 字节 ×8bit/字节 ×4kHz≈8Mbit/s。

1.2 GOOSE 网络传输特性

过程层 GOOSE 服务是过程层通信的另外一个核心组成部分，负责传输跳合闸、开关位置、在线检测等过程层信息。与 SV 的周期性发送不同，GOOSE 采用了非固定周期的报文发送机制，事件立即触发结合快速重传与稳定条件下慢速心跳重传相结合的传输机制，如图 2 所示。

在 GOOSE 的传输示意图中，T_0 为稳定条件下慢速重传，（T_0）标识稳定条件下的重传可能被事件缩短；T_1 为事件发生后最短时间的快速重传；T_2/T_3 表示直到稳定条件下的快速重传。GOOSE 的非周期传输特性，决定了其网络传输特性：稳态情况下，平均网络流量小；在事件突发时，具有暂态突发流量大的特点。

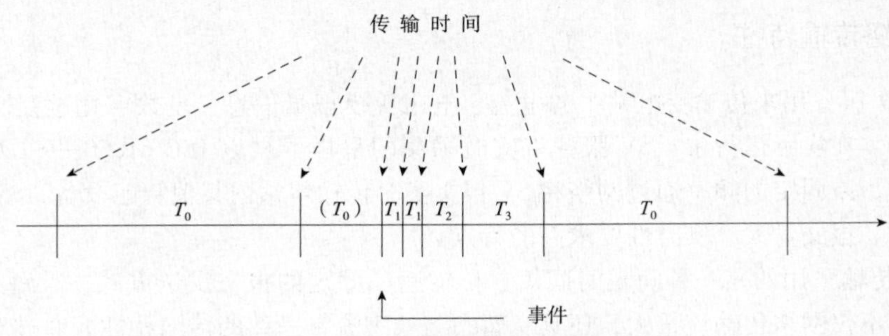

图2　GOOSE事件传输时间示意图

GOOSE的非周期传输特性使GOOSE在瞬态与暂态的传输特性上有巨大差异。通过对实际网络报文抓包，使用Ethereal工具的IO Graphs功能绘制出网络流量示意图，很好地反映了GOOSE的这种网络传输特性，如图3所示。并且GOOSE采用了ASN.1可变长度编码规范，其报文长度会根据具体数值的不同而发生改变，其也具有稳态平均流量不总是恒定的特性。

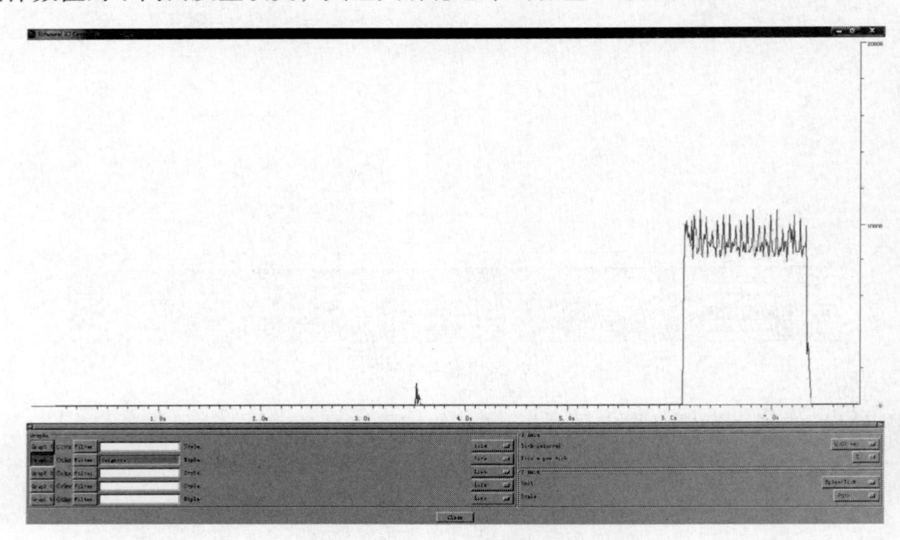

图3　GOOSE网络传输特性示意图

也可以对GOOSE的网络流量进行定量分析，该时间段内GOOSE的平均网络流量为

$$Q_{\text{GOOSE}} = \sum_{T=T_{\text{Start}}}^{T_{\text{End}}} L_{\text{Goose. Ti}} / (T_{\text{End}} - T_{\text{Start}})$$

式中：$L_{\text{GOOSE. Ti}}$为T_i时间内传输的GOOSE报文长度；T_{Start}、T_{End}分别为流量统计的开始/结束时间。

参考实际工程配置，假定GOOSE报文长为500字节（不考虑长度变化），其发送参数$T_1 = 2\text{ms}$，$T_0 = 5\text{s}$。GOOSE的稳态与暂态流量的定量评估如下：

（1）稳态情况下，GOOSE报文每隔5s重传一次，此时的平均流量为$Q_{\text{GOOSE. 稳态}} = L_{\text{Goose}}/5\text{s} = 500 \times 8/5\text{s} \approx 0.8\text{kbit/s}$，相比100M带宽几乎可考虑不计。

（2）暂态情况下，如开关状态突发连续变位，假定每毫秒都发生一个事件且持续多个毫秒，此时的暂态网络流量为$Q_{\text{GOOSE. 暂态}} = L_{\text{Goose}}/1\text{ms} = 500 \times 8/1\text{ms} \approx 4\text{Mbit/s}$，其暂态流量已经相当可观。

在实际工程中，智能终端发送的GOOSE报文通常包含更多的信息，其长度通常大于500字节，有的甚至超过 1000 字节；二次设备常采用每周波 24 点的运算方式，其事件扫描频率为 0.833ms，也比 1ms 更快；在实际运行中，更长的报文与更快的扫描频率都将导致 GOOSE 具有更高的暂态流量冲击特性。

2 过程层网络丢帧分析

在数字化变电站中，目前广泛使用存储转发式交换机进行网络数据传输，从根本上解决了传统共享式以太网在大流量传输时存在的网络拥塞与传输延迟不确定性问题[6]。这些交换网络又广泛使用了 VLAN、优先级、GMRP 等技术，进一步优化了对网络流量的控制管理，有效解决了网络传输的大部分问题。但是这些技术手段并不能完全避免过程层网络丢帧与延迟增大的问题[7-8]。

存储转发交换机的工作原理为：在帧被转发前，整帧内容都被接收并保存在内部缓存中，并通过 CRC（循环冗余校验码）过滤掉错误报文；然后用查找表法根据目的地址将报文转发到对应输出端口。这种基于交换式的交换机，只向特定端口转发报文，配合很高的内部交换带宽，可以满足各个网口之间的 100M 全速率传输，避免了网络拥塞的发生；其存储转发机制又可有效过滤错误报文，因此该类交换机整个计算机领域都得到了极其广泛的应用。

存储转发交换机需要内部缓存空间来保存数据帧，其缓存空间越大，处理拥塞的能力也越强。当多个交换机端口同时向同一个目的端口转发数据，且超出目的端口输出能力的情况下，部分报文被存储在缓存中等待发送；如果这样情况持续时间过长，超出了缓存的存储能力，将导致数据丢失；缓存数据的累积，也会造成报文转发延迟的增加。其转发示例如图 4 所示。

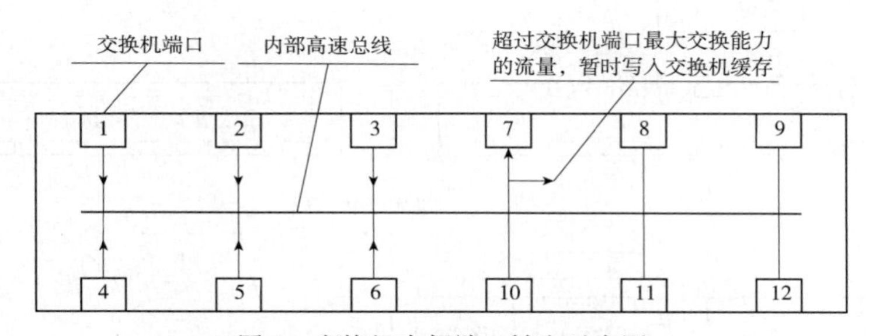

图 4　交换机内部端口转发示意图

假定图 4 中为百兆交换机，其端口 1～6 同时给端口 7 转发数据，且网络流量均为 20M。则汇集给端口 7 的流量为 120M，超过了其最大 100M 的转发速率，导致每秒将有 20Mb 的数据被交换机缓存而无法转发；待汇集流量不足 100M 时，端口 7 才能将这些报文转发出去；若超 100M 的汇集流量一直持续，缓存空间终将耗尽，交换机将丢弃部分报文，导致交换网络丢帧现象发生。

数字化变电站的跨间隔设备，如主变、母差保护，需接收多个间隔的 SV、GOOSE 数据，从而无可避免地会导致多间隔数据向一个端口的流量汇集。流量汇集是导致交换机端口暂态流量突然增加并导致丢帧的根本原因，其暂态流量的突然增加可概况为如下三种原因：

（1）静态流量同时到达。变电站中大部分设备以各自的时钟频率独立运行，报文的发送时间点呈随机分布；随着时钟频率的不断偏移，在某个特定时间点会发生所有报文同时发送的情况，此时暂态流量会瞬时增加。

（2）事件触发导致的暂态流量汇集。变电站的突发事件，会同步大规模设备同时发送报文而导致暂态流量瞬时增加。如线路开关失灵导致的母差保护动作，将引起所有智能终端的同时动作并反馈开关状态信息。

（3）异常故障引起的暂态流量突发。开关状态抖动以及雪崩实验都会导致一台或多台智能设备同时发送大量的 GOOSE 报文，也会造成汇集端口暂态流量的瞬时增加。

在多端口进行流量汇集、SV 稳态流量占用大量网络带宽的情况下，GOOSE 暂态高流量的突发特性，是造成交换机端口流量瞬时超 100M，从而引发短时网络运行丢帧、报文延迟增大的根本原因。

3 网络流量实验测试

为了验证 SV 的高网络流量与 GOOSE 暂态冲击流量对过程层网络的影响，本文搭建了一个实验系统进行了网络流量测试。实验系统包括 2 台交换机、6 台 MU（合并单元）、6 台智能终端、1 台母线保护，另外还使用了网络分析仪与网络报文发生设备。

实验系统如图 5 所示，所有 MU 与智能终端连接交换机 A；交换机 A、B 通过 100M 口级联；母线保护连接交换机 B，并接收所有 MU、智能终端的过程层数据。每个 MU 发送 24 通道采样数据，其基本流量为 8. 13M（每帧 254 字节）。每个智能终端发送两个 GOOSE 控制块：一个传输开关状态，报文长约 200 字节；一个传输 SOE 与告警信息，报文长约 500 字节。

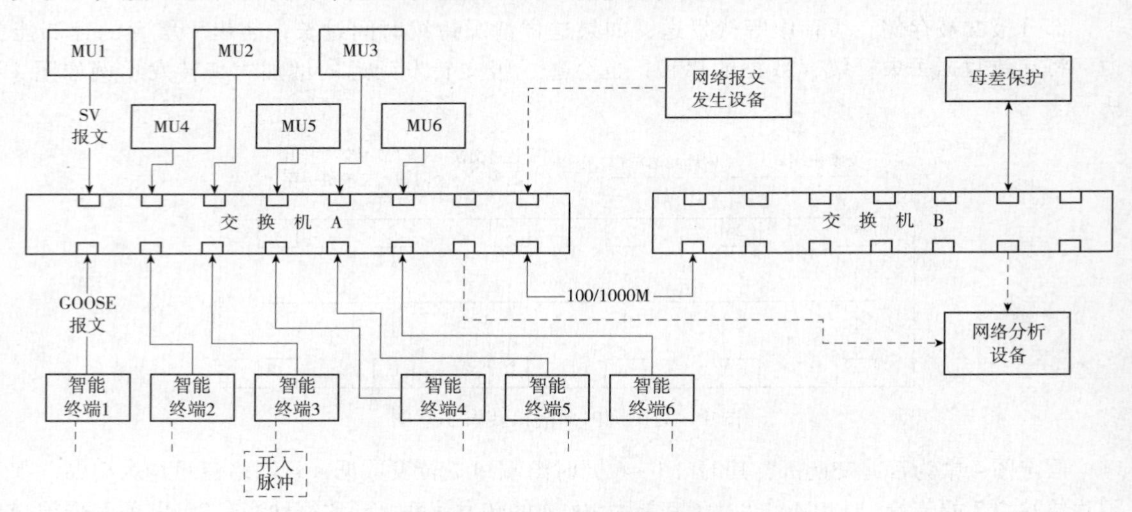

图 5 网络传输特性实验测试图

测试实验分为稳态测试与暂态测试。稳态测试为智能终端在无突发事件下的网络测试。暂态测试为同时给每个智能终端输入一个每 0. 833ms 进行一次变位的开入量，且不进行防抖且并触发 GOOSE 发送，模拟暂态流量突发的情况，并进行网络测试。测试方法为抓取交换机镜像端口报文（镜像交换机 A 的级联端口，交换机 B 与母线保护装置连接端口），使用网络分析仪对报文进行分析，并记录过程层网络的运行状态。

为进一步验证过程层网络在有干扰流量情况下的运行状况，实验通过网络报文发生设备对交换机 A 注入 10 ~ 30M 组播报文，分析并记录网络的运行状况。将交换机改为 1000M 级联，重复上述实验。测试结果见表 1。

表1　交换机100M/1000M级联测试结果

测试方法		100M级联				1000M级联			
		交换机A		交换机B		交换机A		交换机B	
		流量	丢帧	流量	丢帧	流量	丢帧	流量	丢帧
稳态	0M	48.77	—	48.77	—	—	—	—	—
	10M	58.76	—	58.76	—	—	—	—	—
	20M	68.76	—	68.76	—	—	—	—	—
	30M	78.77	—	78.77	—	—	—	—	—
暂态	0M	89.01	—	89.01	—	89.01	—	89.01	—
	10M	99.00	—	99.00	—	99.00	—	99.00	—
	20M	100	丢帧	100	—	109.00	—	100	丢帧
	30M	100	丢帧	100	—	119.00	—	100	丢帧

4　过程层流量控制管理

实验验证了GOOSE暂态流量对过程层网络的影响。在实际的数字化变电站中，其网络的级联层数更多，报文量更大，网络交换情况也更复杂。本文建议使用一些网络配置管理的方法来有效降低GOOSE的突发流量对过程层网络的影响。

首先，通过配置的方式尽量避免GOOSE暂态流量对交换网络的影响。在过程层网络设计时，重视GOOSE的暂态冲击特性，尽量避免过多网络端口对同一端口的流量汇集。在实际应用中不建议配置超过6个间隔数据对同一端口进行数据汇集。

其次，使用大缓存流量的交换机来降低GOOSE暂态流量的冲击影响。大缓冲容量以及更优的使用算法对超100M导致丢帧的情况具有更好的容忍度[9-10]。

再次，使用千兆级联可有效避免级联口流量过高而导致的级联端口丢帧，千兆网级联也可显著降低跨交换机传输报文的网络延迟时间。另外，对GOOSE信号进行有效防抖，也可以大大减小GOOSE的暂态冲击能量，降低对过程层网络的影响。

从根本防止过程层网络故障的方法，仍然是在网络设计与配置时为网络报文的传输留有足够的带宽余量。目前，网络报文分析设备可精确评估网络的稳态流量，但缺乏有效针对GOOSE暂态流量的评估手段。针对交换机端口，本文提供了一个简单有效的最大GOOSE暂态流量评估方法，可作为过程层网络设计与配置的参考依据。GOOSE报文的最大暂态流量为

$$Q_{\text{暂态.max}} = \sum_{i=0}^{n} L_{\text{GoCB.}i} \times 8/t$$

式中：$Q_{\text{暂态.max}}$为端口的最大暂态流量；$L_{\text{GoCB.}i}$为通过该端口传输的n个GOOSE控制块中第i个控制块的报文长度；t为GOOSE发送侧的数据扫描周期（通常为1或0.833ms）。

5　结语

本文根据过程层SV、GOOSE服务传输机制，首次提出了稳态流量与暂态流量的概念，指出了GOOSE暂态流量可能对过程层网络运行造成的影响，并通过实验的方法进行了技术验证。针

对在过程层网络设计与配置中被容易忽视的一些细节，本文给出了过程层 GOOSE 暂态流量的估算方法，并对过程层网络的配置管理提出了一些建议。本文对数字化变电站过程层网络的运行与配置有现实的参考意义。

参考文献：

[1] IEC 61850—7—2 Communication Networks and System in Substation：Part 7—3：Base Communication Structure for Substation and Feeder Equipment - Abstract Communication Service Interface（ACSI）. 2003.

[2] IEC 61850—8—1 Communication Networks and System in Substation：Part 8—1：Specific Communication Service Mapping （SCSM） - Mappings to MMS （ISO 9506—1 and ISO 9506—2） and to ISO/IEC 8802—3. 2004.

[3] IEC 61850—9—2 Communication Networks and System in Substation：Part 9—2：Specific Communication Service Mapping（SCSM） - Sampled Values Over ISO/IEC 8802—3. 2004.

[4] 魏勇，罗思需. 基于 IEC 61850—9—2 及 GOOSE 共网传输的数字化变电站技术应用与分析 [J]. 电力系统保护与控制，2010，38（24）：146 - 152.

[5] 曹津平，李伟. 数字化变电站过程层的通信技术研究 [J]. 电力系统保护与控制，2008，36（12）：60 - 63.

[6] 范兴刚，王智，孙优闲. 以太网交换技术现状及展望 [J]. 化工自动及仪表，2002，29（5）：51 - 55.

[7] 辛建波，蔡子亮. 数字化变电站通信网络的传输延时不确定性分析 [J]. 继电器，2007，35（5）：45 - 49.

[8] 梁国坚，段新辉，高新华. 数字化变电站过程层组网方案 [J]. 电力自动化设备，2011，31（2）：94 - 98.

[9] 舒炎泰，赵增华，高德云. 带有输入输出队列的交换结构性能研究 [J]. 天津大学学报，2002，35（3）：271 - 274.

[10] 程东年，刘增基. 一种新的缓存空间动态分配机制及其分组丢失率分析 [J]. 电子学报，2001，29（5）：1 - 4.

作者简介：

李广华（1977— ），男，河北冀州人，工程师，从事电力自动化设备的研发工作。E - mail：ligh@ nari - relays. com

冯亚东（1972— ），男，江苏如皋人，高级工程师，主要从事交直流控制保护技术、变电站一次设备智能化、柔性直流输电技术研究与开发。E - mail：fengyd@ nari - relays. com

周强（1979— ），男，湖北武穴人，工程师，从事控制保护平台及应用研发工作。E - mail：zhouqiang @ nari - relays. com

王自成（1984— ），男，湖北十堰人，工程师，从事电力自动化设备的研发工作。E - mail：wangzc@ nari - relays. com

220kV 线路保护标准化设计改造

高　军

（浙江浙能镇海发电有限责任公司，浙江　宁波　315208）

【摘　要】　介绍了220kV线路改造后新继电保护的配置情况和功能，并重点介绍了220kV线路保护标准化设计原则。

【关键词】　保护改造；保护配置；标准化设计

0　引言

镇海电厂2301、2302两回线路，为配合宁波电网改造，将2301、2302两回线路开口，开口后接至新的变电站。2301、2302两回线路原为高频保护，开口后新的保护改为光纤保护，配置光纤距离保护和分相电流差动保护各一套，第一套保护采用复用2M方式，第二套保护采用OPGW专用纤芯。

1　220kV 线路改造后新保护的配置

220kV线路新保护的第一套保护配置北京四方的GXH101B－114CQ保护柜，包含光纤高频保护装置CSC－101B（含重合闸）、光纤接口装置CSY－102AZ、断路器失灵装置CSC－122A、断路器操作箱JFZ－11FB（一组合闸线圈、一组跳闸线圈）。

220kV线路新保护的第二套保护配置南京南瑞的PPC31－01保护柜，包含光纤差动保护装置PCS－931（含重合闸）、断路器失灵装置RCS－923A、断路器操作箱CZX－11G（一组合闸线圈、一组跳闸线圈）。

2　220kV 线路改造后新保护装置的功能

（1）光纤高频保护装置CSC－101B（含重合闸）：包括纵联距离保护、三段式距离保护、四段式零序保护、综合重合闸。

（2）断路器失灵装置CSC－122A：包括综合重合闸、三相不一致保护、充电保护和失灵启动。

（3）光纤差动保护装置PCS－931：包括分相电流差动和零序电流差动，由工频变化量距离元件构成的快速Ⅰ段保护，由三段式相间和接地距离及二个延时段零序方向过流构成全套后备保护，还包含自动重合闸功能。

（4）断路器失灵装置RCS－923A：包括失灵启动、三相不一致、两段相过流和两段零序过流保护、充电保护等功能。

（5）断路器操作箱JFZ－11FB及CZX－11G：均含有一组分相跳闸回路，一组合闸回路，跳合闸电流可采用跳线方式进行整定。

3 保护的标准化设计原则

3.1 标准化设计依据

新保护的设计原则是按浙江省电力公司最新的企业标准 Q/GDW—11—219—2009《浙江电网 220kV 线路保护标准化设计规范》（2010 年 2 月 16 日发布并实施）的要求设计的，并满足 GB/T 14285—2006《继电保护和安全自动装置技术规程》、DL/T 5218—2012《220kV ~ 750kV 变电站设计技术规程》、Q/GDW 161—2007《线路保护及辅助装置标准化设计规范》、调继〔2005〕222 号《国家电网公司十八项电网重点反事故措施（试行）继电保护专业重点实施要求》等技术要求。

3.2 保护装置总的要求

（1）两套线路保护由不同保护动作原理、不同厂家硬件结构构成。

（2）两套线路保护相互完全独立，两套保护、重合闸之间不交叉启动、闭锁。

（3）两套线路保护的外部输入回路、输出回路、压板设置、端子排排列完全相同。

（4）两套线路保护所用的交流电流回路、断路器和隔离开关辅助接点、交流电压切换回路以及与其他保护配合的相关回路亦遵循相互独立的双重化配置原则。

（5）两套保护装置的直流电源取自不同蓄电池组供电的直流母线段，需说明：调度楼只有一组蓄电池组，直流母线也只有一段，二套保护电源只能分别从直流母线上单独引接。

3.3 跳、合闸回路和保护操作箱的要求

（1）操作箱按双重化设置，每套操作箱设置一组跳、合闸回路和一组电压切换回路；两套保护的开关量输入与两套操作箱一一对应；两套保护的跳闸输出与两套操作箱跳闸回路一一对应，分别作用于断路器的两个跳闸线圈。

（2）若断路器具备两组合闸线圈，则每个操作箱分别对应一组合闸线圈；若只有一组合闸线圈，则固定由第一组操作箱进行合闸，第二套线路保护的重合闸动作接点也接入线路保护一柜操作箱的合闸回路；第二组操作箱内的合闸回路备用，其跳位监视回路通过接入断路器常闭辅助接点来解决（实际情况为 4U45、4U46 线开关机构箱有一组合闸线圈、二组跳闸线圈，则采用后者的接入方式）。

（3）电压切换继电器采用单位置继电器，隔离开关辅助接点采用常开接点单接点输入方式，电压切换回路和保护装置采用同一直流电源。

3.4 对断路器的要求

（1）三相不一致保护功能应由断路器本体机构实现。

（2）断路器防跳功能应由断路器本体机构实现。

（3）断路器跳、合闸压力异常闭锁功能应由断路器本体机构实现，并能提供两组完全独立的压力闭锁触点。

4 保护改造中标准化设计相关重点说明

4.1 交流电流回路

两套线路保护均使用独立的 TA 次级，第一套保护的保护范围大于第二套保护。第一套保护用 TA 次级第二组绕组，第二套保护用 TA 次级第一组绕组。

4.2 交流电压回路

两面线路保护柜各配置一个操作箱，操作箱内含一组电压切换回路，两套保护电压输入与两套电压切换回路一一对应。因此需新引出 1G 常开接点两副（一副用于第一套保护电压切换回路，一副用于控制屏上位置指示）；常闭接点一副（用于控制屏上位置指示）。需新接出 2G 常开接点两副（一副用于第一套保护电压切换回路，一副用于控制屏上位置指示）；常闭接点一副（用于控制屏上位置指示）。

4.3 启动失灵回路

两套线路保护并接启动失灵保护。两面线路保护柜上各增加一个独立的失灵电流判别装置。线路保护分相动作接点分别与分相电流判据接点串联后再并联，经失灵总压板，同时接入 220kV 母差保护的失灵开入（回路在母差保护柜上并接），如图 1 所示。两套电流判别装置应同时投退。

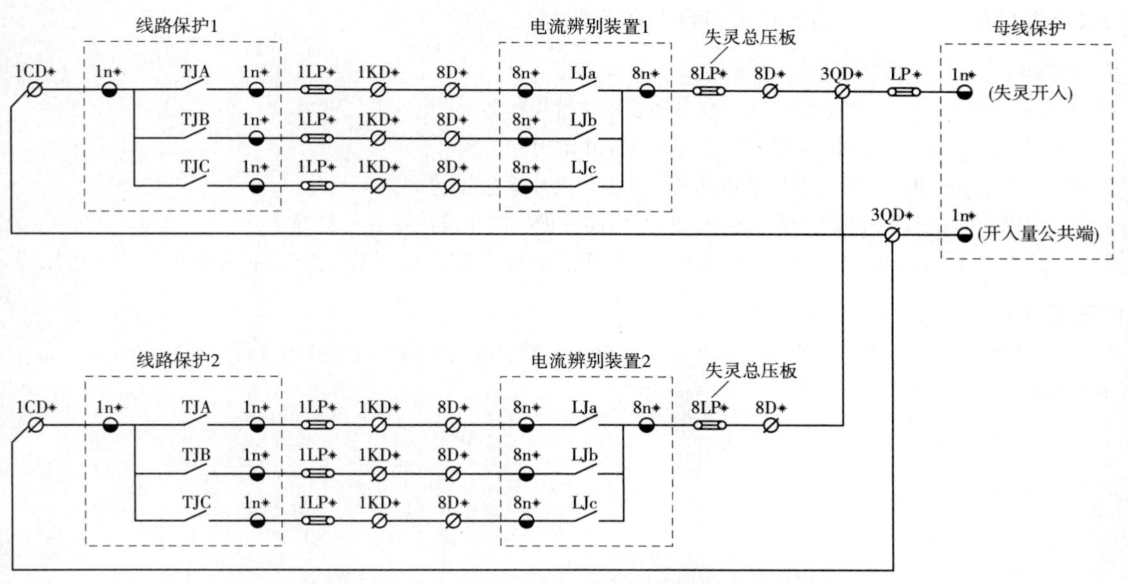

图 1 线路保护与 220kV 母差保护配合启动失灵回路示意图

4.4 开入量回路

两套线路保护的断路器和隔离开关辅助接点按双重化配置。两套线路保护的开关量输入与两套操作箱一一对应。第一套保护操作箱（JFZ－11FB）下列回路接入：第一套保护出口，手合、手跳回路，第一、第二套保护自动重合出口，母差保护第一组出口。第二套保护操作箱（CZX－11G）下列回路接入：第二套保护出口，手跳回路，母差保护第二组出口（需引接）。需引接断路器分相辅助常闭接点各一付，接入第二个操作箱的 TWJ 继电器回路。

4.5 重合闸回路

重合闸功能分别由二套保护装置分别实现，不单列设重合闸装置。

4.6 断路器回路

（1）断路器机构箱内需新增一个重合闸闭锁及跳闸闭锁回路（由开关厂家来完成），这样二套重合闸闭锁及跳闸闭锁回路完全独立了。

（2）断路器防跳功能原设计的是由保护装置的操作箱内实现，现要求由断路器本体机构实现，因此相关回路需改接。

5 结语

由于电厂在 220kV 线路保护改造工程中第一次采用新的标准化要求设计，因此与以往的保护改造的思路有许多不同：保护装置上多了一个操作箱，一个电压切换装置，一个断路器失灵启动装置，二套保护跳闸闭锁完全独立，启动重合闸功能由二套保护自带并完全独立，不单独设重合闸装置，为此在断路器机构箱需增加跳闸闭锁回路一套，重合闸闭锁一套，机构箱内部接线改动较大。在以后的新建、扩建及技改工程中，线路保护均要求按标准化要求配置及设计，因此掌握线路保护标准化设计方面的相关内容很有必要。

参考文献：

[1] GB/T 14285—2006. 继电保护和安全自动装置技术规程［S］.

[2] DL/T 5218—2012. 220kV ~750kV 变电所设计技术规程［S］.

[3] Q/GDW 161—2007. 线路保护及辅助装置标准化设计规范［S］.

[4] Q/GDW—11—219—2009. 浙江电网 220kV 线路保护标准化设计规范［S］.

[5] 调继〔2005〕222 号国家电网公司十八项电网重点反事故措施（试行）继电保护专业重点实施要求.

作者简介：

高军（1966—　），男，工程师，从事发电厂电气工程及电气自动装置的技术管理工作。E－mail：gaojun@ zhfd. com

分布式电源接入配电网继电保护策略研究

张　嵩

（东北电力设计院，吉林　长春　130021）

【摘　要】　随着可再生能源的推广，分布式电源已成为一种重要的电力能源形式。分布式电源接入配电网后，改变了配电网辐射状的网络结构和潮流流向。同时，分布式电源的运行特性与常规电源有很大的不同，其故障电流较小、低电压穿越能力较低等特性均对继电保护装置正确动作产生了较大的影响。因此，常规配电网的继电保护策略不再适用。本文针对分布式电源运行特性以及配电网网络结构的特点，提出了适用于分布式电源接入配电网后的继电保护策略，即以环网差动保护作为主保护、以阶段式过流保护和分布式电源本体保护作为后备保护、以防孤岛保护的多层次保护体系，并对各种保护动作时序的配合进行分析，旨在实现故障的快速定位和切除，保障配电网的安全稳定运行。

【关键词】　环网差动保护；阶段式过流保护；防孤岛保护；本体保护

0　引言

目前，电力系统内常规配电网多为单侧电源、辐射状电网结构，潮流方向为单方向，一般仅在系统侧配置阶段式过流保护或距离保护。分布式电源接入配电网后，对配电网的影响主要有：①光伏、风机、微燃机、蓄电池等分布式电源接入配电网后，配电网变为多侧电源结构；②分布式电源多采用电力电子逆变器，其运行特性与常规电源差别很大，分布式电源提供的故障电流较小，尤其在系统扰动期间，由于其低电压穿越能力较低可能导致自行脱网；③分布式电源接入配电网后，配电网存在非计划孤岛情况。

因此，分布式电源接入配电网后，常规配电网保护不再适用。本文将对常规继电保护方案存在的问题进行分析，并研究适用于分布式电源接入配电网后的继电保护策略。

1　常规继电保护方案存在的问题

本文研究的典型配电网网络结构如图 1 所示，其中 QF0 ~ QF12 为可控断路器，$F1$ ~ $F6$ 为故障点。

保护设备配置为：①在主网 QF1 处配置距离保护；②在各断路器 QF0 ~ QF12 处配置阶段式过流保护。

对于含有分布式电源的配电网，针对图 1 所示配电网网络结构，常规继电保护配置方案存在如下问题：

（1）主网故障。当 $F1$ 处故障时，QF1 处的距离保护断开断路器 QF1；但配电网中的分布式电源会通过断路器 QF1. 1 向故障点 $F1$ 提供短路电流，由于配电网中的分布式电源多采用电力电子逆变器，能提供的短路电流较小，QF1. 1 的短路电流不足以启动该点的过流保护，最终将导致分布式电源自身保护动作，造成配电网内不必要的停电。

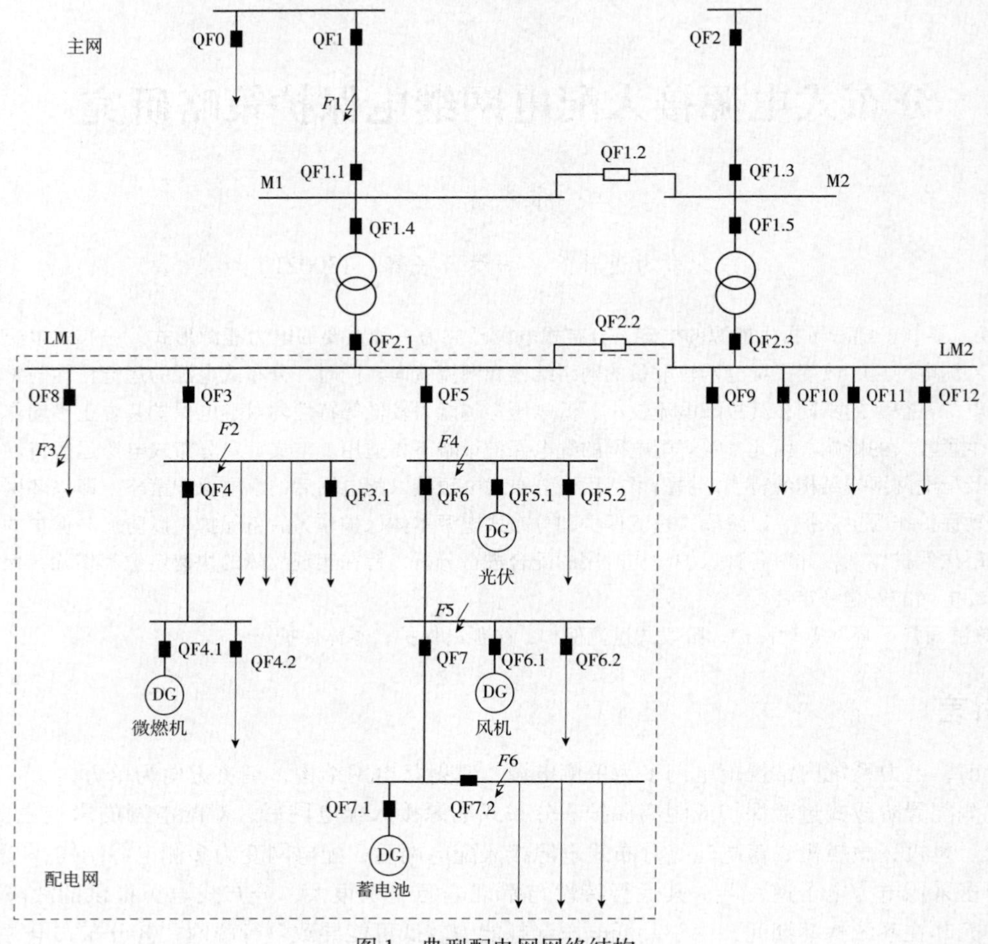

图 1　典型配电网网络结构

（2）备自投。分布式电源的接入对备自投装置正确动作有很大影响，当断路器 QF1 或 QF1.1 断开时，该回进线失电，当备自投装置检测到 M1 母线失压、M2 母线有压时，将闭合断路器 QF1.2。但由于分布式电源存在，M1 母线电压可能不为 0，可能导致备自投装置检无压失败；同时由于分布式电源没有脱网，备自投进行电源切换时可能导致非同期合闸，对系统造成冲击。

（3）配电网内部故障。当 *F*5 处故障时，断路器 QF5 的过流保护本应作为断路器 QF6 的后备保护，依据电流整定值实现选择性。如果断路器 QF6 失灵，由于 QF5.1 接入的分布式电源向故障点提供短路电流，流过 QF5 的短路电流较小，可能使得 QF5 的过流保护无法动作，只能延长保护动作时间。由于分布式电源提供短路电流时间较短，如果故障不能及时切除，会导致配电网内分布式电源自身的低频或低压保护动作，造成不必要的电源损失。

2　环网差动保护

配电网环网差动保护采集配电网内各个断路器的电压、电流和开闭位置信息，对各子区域进行差流计算，以快速定位故障点，并控制故障区域相关断路器断开以隔离故障点，尽量减少停电区域。

根据不同的运行方式，环网保护应预置不同的保护定值配置：

（1）当某个子区域各支路均具有可控断路器时，如果该区域内各节点之间的差流大于0，可判定该区域出现短路故障，例如：①当 *F*4 处故障时，QF5、QF6、QF5.1、QF5.2 的矢量电流之和大于0，环网保护控制上述断路器断开以隔离故障点；②当 *F*5 处故障时，QF6、QF7、QF6.1、QF6.2 的矢量电流之和大于0，环网保护控制上述断路器断开以隔离故障点。

（2）当某个子区域存在独立支路（该支路无可控断路器）时，如果该区域内各节点之间的差流大于独立分支的最大负荷电流之和时，可判定该区域出现短路故障，例如：当 *F*2 处故障时，QF3、QF4、QF3.1 的矢量电流之和大于其间三个独立支路的最大负荷电流之和，环网保护控制上述断路器断开以隔离故障点。

（3）对于末端区域，当流经末端断路器的电流大于末端各独立分支的最大负荷电流之和时，可判定该区域出现短路故障，例如：当 *F*6 处故障时，流经 QF7.2 的电流大于末端三个独立分支的最大负荷电流之和，环网保护控制 QF7.2 断开以隔离故障点。

3 后备保护及保护动作时序配合

除配电网环网差动保护外，在配电网内各断路器处配置阶段式过流保护，主要实现以下功能：

（1）配电网环网差动保护对通信通道的可靠性依赖较大，在通信中断时主要由过流保护实现对配电网的保护。

（2）在断路器失灵或环网差动保护拒动时作为系统后备保护。

（3）实现重合闸功能。

（4）在环网保护区外的支路出现故障时，由该支路的过流保护切除故障。

（5）对于负荷支路，保护还应具备低频、低压减负荷功能。

配电网各分布式电源逆变器配置有本体保护，包括低电压保护、过电压保护、过流速断保护、低频保护、高频保护等。

配电网环网差动保护、各断路器过流保护以及分布式电源本体保护存在动作时序配合关系。具体如下：配电网环网差动保护在故障发生后20ms内判别故障区域并发出跳闸指令；当故障发生后200ms故障点仍未隔离，可判断断路器失灵或环网保护拒动，断路器过流保护动作；当故障发生后500ms故障点仍未隔离，分布式电源本体保护动作。配电网各保护动作时序配合如图2所示。

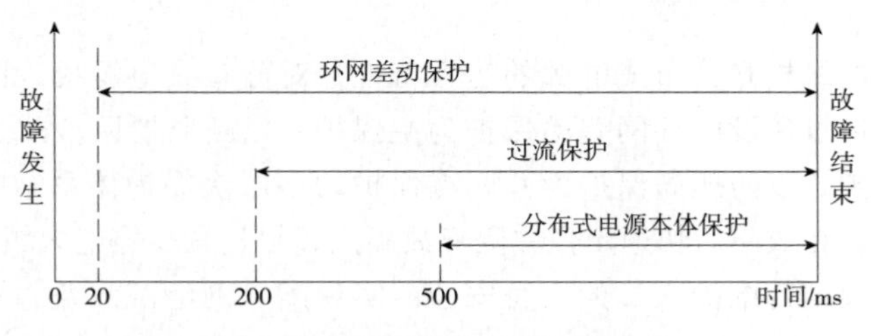

图2　配电网各保护动作时序配合

4 防孤岛保护

由于主网故障跳闸（断路器 QF1 和 QF1.1 跳闸断开）等原因造成的范围不确定、偶然形成的孤岛运行，称为非计划孤岛运行。由于孤岛内功率不平衡，会引起频率、电压发生变化，降低供电安全和电能质量；同时由于非计划孤岛范围具有不确定性，不能确定线路、断路器是否带电，将对维修人员和公众的安全造成威胁。因此，配电网在并网点应配置防孤岛保护。

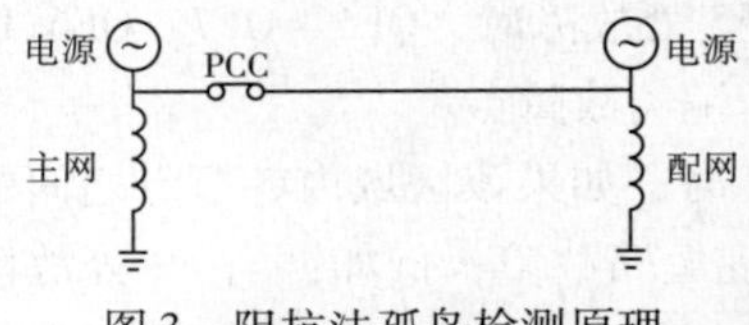

图 3　阻抗法孤岛检测原理

防孤岛保护可采用阻抗法原理进行孤岛检测，如图 3 所示。

直接在并网点处进行阻抗测量较难实现，可通过在并网点处加装高频信号源的方式，将阻抗大小的变化转变为联络线连接处信号电压的变化，如图 4 所示。

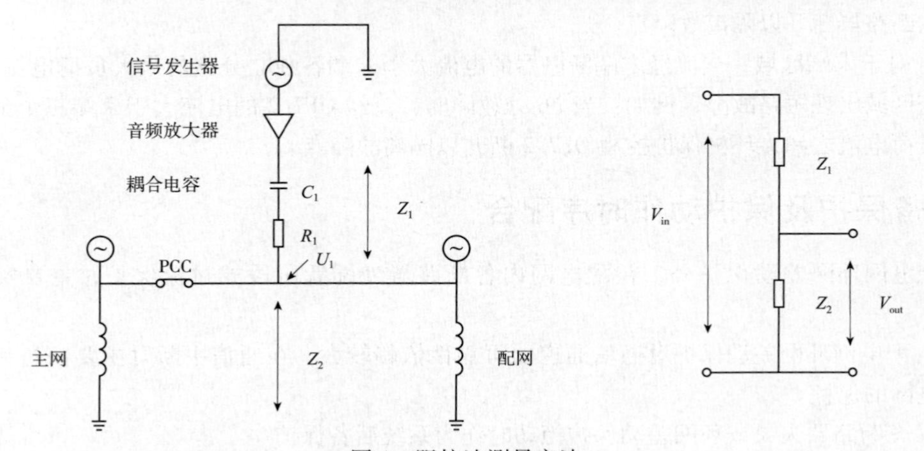

图 4　阻抗法测量方法

图 4 中，信号源电压为 V_{in}，测量电压为 V_{out}，Z_1 为给定阻抗，Z_2 为配电网等值阻抗。

$$V_{out}=\frac{Z_2}{Z_1+Z_2}V_{in} \tag{1}$$

当配电网与主网并网运行时，系统等值阻抗 Z_2 较小，测量电压 V_{out} 较小；当配电网处于孤岛运行时，系统等值阻抗 Z_2 较大，测量电压 V_{out} 较大。通过检测测量电压 V_{out} 即可判断配电网运行状态。在配电网与主网失去联系后，防孤岛保护将配电网内各分布式电源断开，以防止非计划孤岛运行状态的发生。

5　结语

本文针对配电网的结构和分布式电源的运行特性，对分布式电源接入配电网后各种继电保护策略进行了研究，通过建设以环网差动保护为主保护、以断路器阶段式过流保护和分布式电源本体保护为后备保护、以防孤岛保护为并网点保护的多层次保护体系结构，并通过各种保护动作时序的有效配合，在故障后快速定位并隔离故障点，尽量减少停电区域和电源损失，保证配电网安全稳定运行以及运行维护人员的人身安全，实现配电网经济效益、社会效益和环境效益的最大化。

参考文献：

［1］王成山，肖朝霞，王守相. 微网综合控制与分析［J］. 电力系统自动化，2008，32（7）：98－103.
［2］王成山，郑海峰，谢英华. 计及分布式发电配电系统随机潮流计算［J］. 电力系统自动化，2005，29（24）：39－45.

[3] 王希舟，陈鑫，罗龙等. 分布式发电与配电网保护协调性研究 [J]. 继电器，2006，34 (3)：15 - 19.
[4] 王守相，李晓静，肖朝霞. 含分布式电源的配电网供电恢复的多代理方法 [J]. 电力系统自动化，2007，31 (10)：61 - 65.
[5] 朱鹏程，刘黎明，刘小圆. 统一潮流控制器的分析与控制策略 [J]. 电力系统自动化，2006，30 (1)：45 - 51.
[6] 童晓阳，王晓茹，丁力. 采用 IEC 61850 构造广域保护代理的信息模型 [J]. 电力系统自动化，2008，32 (5)：63 - 67.

作者简介：

张嵩（1984. 2—　），男，吉林长春人，工程师，从事继电保护、远动、变电二次专业。E - mail：zhangsong@ nepdi. net，zsmaster@ 163. com